TECHNOLOGIE DER TEXTILFASERN

HERAUSGEGEBEN VON

DR. R. O. HERZOG

PROFESSOR, DIREKTOR DES KAISER-WILHELM-INSTITUTS FÜR FASERSTOFFCHEMIE
BERLIN-DAHLEM

VI. BAND, 2. TEIL

TECHNOLOGIE UND WIRTSCHAFT DER SEIDE

BEARBEITET VON

HERMANN LEY, ERICH RAEMISCH

SPRINGER-VERLAG
BERLIN HEIDELBERG GMBH
1929

TECHNOLOGIE UND WIRTSCHAFT DER SEIDE

BEARBEITET VON

DR. HERMANN LEY
ELBERFELD

DR. ERICH RAEMISCH
KREFELD

MIT 375 TEXTABBILDUNGEN

SPRINGER-VERLAG
BERLIN HEIDELBERG GMBH
1929

URSPRÜNGLICH ERSCHIENEN BEI JULIUS SPRINGER IN BERLIN 1929
SOFTCOVER REPRINT OF THE HARDCOVER 1ST EDITION 1929

ISBN 978-3-642-98444-0 ISBN 978-3-642-99258-2 (eBook)
DOI 10.1007/ 978-3-642-99258-2

Vorwort.

Die „Technologie der Seide“ schildert das Gesamtgebiet der Seidenverarbeitung. Die Rohseide vom Kokon bis zum verkaufsfähigen Gewebe wird in den einzelnen Arbeitsgängen verfolgt. Besonderer Wert ist darauf gelegt worden, die verschiedenen Arbeitsgänge nicht nur aneinander zu reihen, sondern sie im Zusammenhang untereinander und den praktischen Verhältnissen gemäß im Einzelnen zu schildern. Zum Verständnis der Darstellung dienen die zahlreichen Abbildungen, die nicht nur die Fertigprodukte, sondern auch die Zwischenstufen der Fabrikation erkennen lassen. Neu ist u. a. die ausführliche Behandlung der Ausrüstung der Seide in der Gewebeform sowie die eingehende Übersicht über die Seidenschäden. Das Schrifttum ist bis in die neuste Zeit berücksichtigt worden.

Der Abschnitt über „Die Seidenwirtschaft der Welt“ gibt einen Überblick über die historische Bewegung der Rohseidenproduktion und -verarbeitung und eine recht eine recht eingehende Darstellung der Weltproduktion von Rohseide, des Rohseidenhandels und der Weltwirtschaft von Seidengeweben. Besonders ausführlich ist der Seidenwarenhandel berücksichtigt. Schließlich wird auf die internationale Organisation der Seidenindustrie hingewiesen.

Technologe und Techniker, Wirtschaftler und Kaufmann finden in diesem Bande Material über den Gegenstand, wie es bisher noch an keiner Stelle vereinigt, zum Teil überhaupt nicht mitgeteilt war.

Berlin-Dahlem, März 1929.

Der Herausgeber.

Inhaltsverzeichnis.

Technologie der Seide.

Von Dr. Hermann Ley, Elberfeld.

Mit 375 Abbildungen.

Die Gewinnung der Rohseide.

Die Verarbeitung der Seidenabfälle.

Die Veredelung der Rohseiden.

Die Verarbeitung der Seide zu Geweben.

Prüfung der gefärbten Seiden und Seidengewebe.

Die Seidenwirtschaft der Welt.

Von Dr. E. Raemisch, Krefeld.

Technologie der Seide.

Von

Dr. **Hermann Ley**, Elberfeld.

Die Gewinnung der Rohseide.

I. Der Seidenkokon.

1. Der Aufbau, die Gestalt und die Beschaffenheit des Kokons.

Sobald die ausgewachsene Seidenraupe sich in den sogenannten Spinnhütten, Kunstbauten aus dürrem Reisig, einen zum Einspinnen geeigneten Platz ausgesucht hat, schlingt sie an der betreffenden Stelle in mehreren Verzweigungen des Reisigs aus dem Saft ihrer Spinndrüse ein Gewirr von Seidenfäden, welches als Halt für den eigentlichen Kokon dienen soll.

Ist diese sogenannte Spelaja, Bourette oder Flockseide hergestellt, dann beginnt eigentlich erst der Aufbau des Kokons, indem die Raupe durch regelmäßige Bewegungen des Kopfes den Seidenfaden in 8-förmigen Windungen oder Schleifen spinnt. Nach Angaben verschiedener Autoren, wie Silbermann, Provasi, Colombo u. a. m. bilden 15 bis 20 derartiger Windungen dann ein kleines Bündel, sogenannte Pacchetti von einer Flächengröße von je etwa 4 bis 5 mm². Die Raupe lagert diese kleinen Paketchen an den verschiedensten Stellen der Kokonwandung in einer Gesamtzahl von etwa 60000 ab, jedoch ohne den Spinnfaden abzureißen, so daß sämtliche Bündel miteinander verbunden sind. Verfasser ist es allerdings trotz vorsichtigster Präparation nicht gelungen, in den fertig ausgebildeten Kokons derartige Paketchen zu isolieren. Wohl konnte festgestellt werden, wie aus umstehender Abbildung ersichtlich ist, daß tatsächlich 8-förmige Schleifen vorhanden sind, jedoch kann von einer regelmäßigen Lagerung dieser Paketchen etwa nebeneinander keine Rede sein.

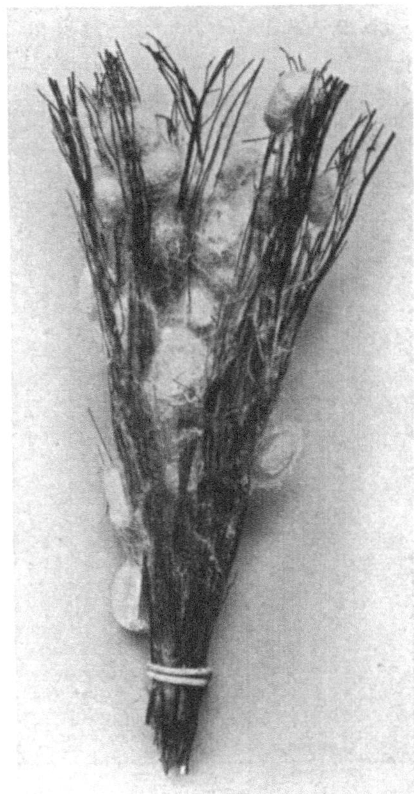

Abb. 1. Zweig einer Spinnhütte[1]).

[1]) Sämtliche Aufnahmen sind vom Verfasser im Mikrophotogr. Laboratorium der Seidentrocknungs-A.-G. Elberfeld mit Apparaten der Firma E. Leitz, Wetzlar, hergestellt.

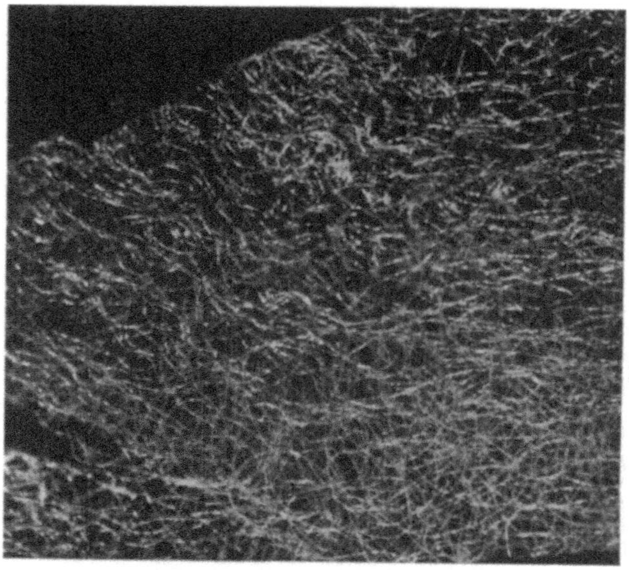

Abb. 2. Teil der Spinnfadenschicht herauspräpariert im Aufblick. Vergr. 1:15.

Die Bündel werden jedoch keineswegs wahllos angeordnet, sondern die Kokonhülle wird damit in ziemlich regelmäßigen Schichten ausgelegt, und zwar solange, bis der Innenraum so weit verkleinert ist, daß er als Bett für die Puppe dienen kann. Ist dieser Punkt erreicht, dann wird die letzte Innenschicht in Form eines sehr dichten und gazeartigen Säckchens gesponnen, der sogenannten Telette, in dem dann die Verpuppung der Raupe sich vollzieht. Die Gesamtdauer der Einspinntätigkeit der Raupe beträgt etwa 65 bis 70 Stunden. Die Anzahl dieser erwähnten aus den kleinen Paketchen gebildeten Schichten — welche im übrigen in der Weise zustande kommen, daß die Seidenraupe den Kokon nicht ohne jegliche Unterbrechung fortspinnt, sondern in Zeitabschnitten von je drei Stunden mit dazwischenliegenden Ruhepausen — ist natürlich sehr verschieden. Die Zahl schwankt von 10 bis 30 und mehr, je nach der Art des Kokons. Die Schichtenbildung ist bei den durchsichtigen und luftigen Satiné-Kokons sehr gut zu erkennen, während es bei den anderen Arten hier schon eines optischen Instrumentes bedarf. Es sind so drei Teile am Kokon zu unterscheiden:

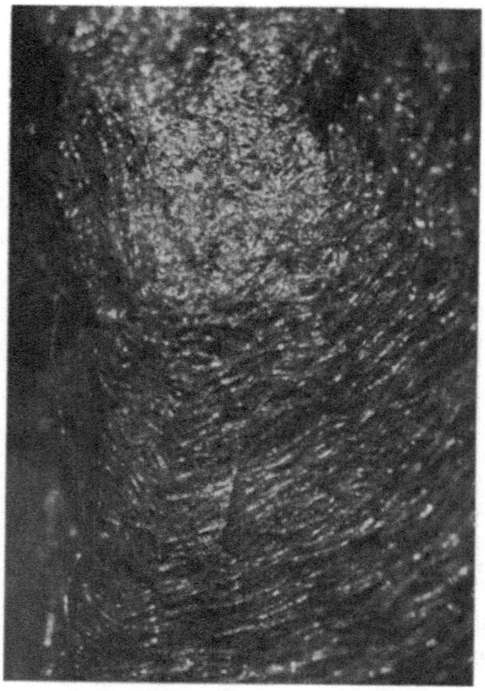

Abb. 3. Spinnfadenschicht am Kokon im Aufblick. Vergr. 1:15.

1. Das äußere Nest, die sogenanten Flaum- oder Flockseide oder Watte (Bourette, Spelaja, Frisons, blaze).
2. Die mittlere Schicht, die eigentliche abhaspelbare Rohseide, die Bave.
3. Die innerste Haut, das Bett der Puppe, die Telette, im Handel auch als Bassinés oder Galettame bezeichnet.

Aus der nebenstehenden Abbildung ist diese Schichtenbildung deutlich ersichtlich. Das Bild stellt einen halbierten Kokon dar, aus dem die einzelnen Schichten herauspräpariert sind.

Die äußere Gestalt des Kokons, soweit derselbe nicht noch von der lockeren Flockseide umgeben ist, schwankt je nach der Rasse, der Art und der Zucht der betreffenden Seide. Die Größe des normalen Kokons beträgt in der Länge zwischen 3 bis 3,5 cm und in der Breite zwischen 1,75 bis 2,5 cm. Die Gestalt wechselt ebenfalls nach der Rasse, und zwar von der kugelrunden

Abb. 4. Gelöste Schichten am halbierten Kokon, innen die Telette, mitten die abhaspelbare Seidenschicht, außen die Flockseide. Natürliche Größe.

Abb. 5. Kokons von goldgelber Italiener-Rasse. Natürliche Größe.

bis zur ovalen Form, die teilweise sogar an den Enden etwas ausgezogen erscheint.

Auch nach dem Geschlecht unterscheiden sich die Kokons insofern, als die weiblichen Kokons etwas mehr rundlich, dagegen die männlichen Kokons mit einer Einschnürung versehen und mehr länglich sind.

Abb. 6. Kokons, grün-weiße Kreta. Natürliche Größe.

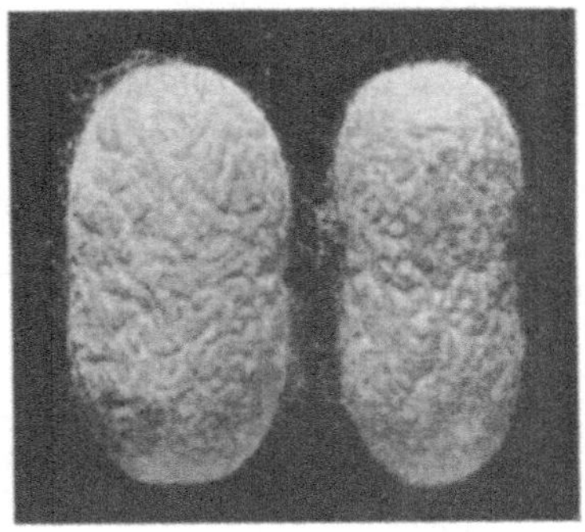

Abb. 7. Kokons, weiße Japaner. Links weiblicher, rechts männlicher Kokon. Natürliche Größe.

Von einem guten Kokon verlangt man, daß er gleichmäßig dick und an den Enden gleichmäßig abgerundet sein soll. Immerhin kommt es auch bei einer guten und modernen Zucht vor, daß in einer gleichen Ernte die Größe der

Kokons erheblich schwankt. Die Oberfläche des eigentlichen Kokons, welcher von der Flockseide befreit ist, ist feinkörnig und mattglänzend.

Der Farbe nach unterscheidet man die Kokons hauptsächlich in silberweiße (China), weißliche (Levante, Broussa, Adrianopel), grünlichweiße und graue (Japan), und gelbe (europäische). Außerdem findet man, wenn auch seltener, blau und rosa gefärbte Kokons (China). Selbstverständlich sind in der Farbe Abstufungen vorhanden. Namentlich bei den gelben Rassen unterscheidet man blaß-, stroh-, gold-, orange- bis zu rotgelben. Es mag gleich hier Erwähnung finden, daß die Farbe der Kokons keineswegs übereinzustimmen braucht mit derjenigen der aus demselben gehaspelten Rohseide. Es können z. B. blaßgelbe Kokons eine schön goldgelbe Spinnseide liefern, und umgekehrt goldgelbe Kokons eine gelbliche. Der Farbstoff der Seide befindet sich zur Hauptsache im Serizin, dem Seidenleim, während der eigentliche Seidenfaden, das Fibroin, weiß ist.

2. Das Gewicht des Kokons.

Eins der wichtigsten Momente für den Handel ist natürlich das Gewicht des Kokons und sein Gehalt an abhaspelbarer Seide, Flockseide und Puppe. Kleine Kokons können mehr Seide enthalten als große, insofern als große Kokons eine größere Puppe enthalten. Der gleiche Unterschied besteht bezüglich männlicher und weiblicher Kokons, da der männliche Kokon eine kleinere Puppe und demgemäß mehr haspelbare Seide besitzt.

Die Kokons werden durchweg nach dem Gewicht gehandelt, doch fand man früher vielfach z. B. in Japan, daß auch nach Maß verkauft wurde. Das Gewicht des lebenden Kokons nimmt vom Tage der Ernte täglich ab bis zum Ausfallen des Schmetterlings. — 100 kg frischer Kokons verlieren in zehn Tagen etwa 8, in 20 Tagen etwa 22 kg an Gewicht. Dieser Gewichtsverlust ist nicht nur auf das Eintrocknen zurückzuführen, sondern hauptsächlich auf die Stoffwechselvorgänge, die sich in der Raupe bzw. in der Puppe abspielen. Beim Abtöten und Austrocknen der Puppe und dem Austrocknen der Kokons verliert der Kokon etwa ein Drittel des Gewichtes. Das Gewicht des einzelnen Kokons schwankt natürlich seiner Größe entsprechend. Während z. B. von den kleinen chinesischen Kokons (Woozies) etwa 3000 auf 1 kg gehen, wiegen von den europäischen Kokons bereits 1200 Stück 1 kg. Einen Überblick hierüber, gemessen an ausgetrockneten Kokons, gibt nachstehende Tabelle, welche von Prof. Colombo[1]) veröffentlicht wurde.

Rasse	Herkunft	Mittleres Gewicht der einzelnen Kokons g	Zahl der Kokons in einem Kilogramm
Weißliche	Kutais	0,636	1571
,,	Turkestan	0,563	1776
,,	Persien	0,586	1705
Weiße	Woozies	0,298	3350
,,	Shaoshing	0,493	2026
,,	Dong-Ding	0,375	2666
Gelbe	Chin. Kreuzung	0,500	1997
,,	Griechenland	0,606	1650
,,	Adrianopel	0,632	1580
,,	Saloniki	0,577	1731
,,	Toscana	0,709	1410
,,	Piemonte	0,739	1353
,,	Ungarn	0,656	1524
Goldgelbe	Chinesische	0,453	2206

[1]) Sunto delle Lezioni di Merceologia e Tecnologia dei Bozzoli e della Seta, Mailand 1917.

3. Der abhaspelbare Spinnfaden des Kokons.

Der Gehalt des Kokons an eigentlicher Seidenfaser beträgt beim frischen Kokon ungefähr 14% des Gesamtgewichtes und die Länge durchschnittlich etwa 3500 m, wovon auf den inneren, für die Gewinnung des spinnbaren Rohseidenfadens brauchbaren Teil nur etwa 500—750 m, in seltenen Fällen 900 m entfallen.

Nach Jos. Sponar[1]) ist die Gesamtlänge auf 3600 bis 3700 m zu normieren und der Gehalt an eigentlicher Haspelseide 800 bis 1000 m je nach Güte der Seide und der Geschicklichkeit der Arbeiterin. Eine ausführliche Übersicht über die Längenverhältnisse der spinnbaren Seide der verschiedensten Rassen gibt Colombo in seinem bereits erwähnten Werke.

Rasse	Herkunft	Durchschnittl. Länge d. abhaspelbaren Seide m	Grenzwerte untere m	Grenzwerte obere m
Weißliche	Kutais	691	600	980
„	Turkestan	732	602	1140
„	Persien	779	620	1100
Weiße	Woozies	464	335	670
„	Shaoshing	613	425	785
„	Dong-Ding	574	470	820
Gelbe	Chin. Kreuzung	603	440	795
„	Griechische	731	610	1102
„	Adrianopel	810	620	1000
„	Saloniki	682	520	900
„	Toscana	771	465	1080
„	Piemonte	787	620	940
„	Ungarn	757	525	1235
Goldgelbe	China	618	430	820

Wie bereits erwähnt, spielt das Geschlecht eine große Rolle insofern, als der Gehalt an eigentlicher Seidenfaser bei dem männlichen Kokon größer ist als bei dem weiblichen, da der letztere eine größere Puppe enthält. Ebenso ist auch die Rasse und die Herkunft sowie die jeweilige Ernte in dieser Hinsicht wesentlich. So geben nach Provasi[2]) europäische reingelbe Rassen 750 m, gekreuzte 700 m, grauweiße 650 m, chinesische weiße oder goldgelbe Woozies 550 bis 650 m spinnbare Seide. Bei der Sorgfalt, welche man der europäischen Seidenzucht angedeihen läßt, kann es nicht wundernehmen, daß die europäischen Rassen den asiatischen und fremdländischen bezüglich regelmäßiger Ausbildung des Kokons überlegen waren und nur von den japanischen Züchtereien der Neuzeit erreicht wurden.

Die Zusammensetzung des frischen Kokons nach der Menge der einzelnen Bestandteile ist etwa folgende:

äußere Flockseide 0,7%
eigentlicher Seidenfaden 14,3%
Puppe und Feuchtigkeit . . . . 85%.

Der Gehalt an haspelbarer Seidensubstanz einschließlich der Puppenhülle beträgt beim lebenden Kokon 11—13% für weibliche, und 14—16% für männliche. Das eigentliche Gewicht der haspelbaren Seidensubstanz beträgt aber nur etwa 8 bis 10%, da beim Abhaspeln des Kokons der Anfang, die sogenannte Struse, und die Telette als das Ende des Spinnfadens abfallen. Diese ange-

[1]) Sponar, Jos.: Z. ges. Textilind- 1924, S. 6.
[2]) Provasi: Filatura e Torcitura della Seta. Mailand 1923.

führten Gewichtsverhältnisse verschieben sich jedoch wesentlich nach dem Geschlecht und der Rasse, der Ernte und den Aufzuchtsbedingungen. Hierüber sind besonders von italienischen Fachleuten sehr weitgehende Untersuchungen durchgeführt worden. Unter diesen sei nur eine Versuchsreihe von Castellotti[1]), Cremona, angeführt, welche den Beweis erbringt, daß z. B. eine und dieselbe Rasse, an den verschiedenen Orten aufgezogen, wesentliche Unterschiede in der Ausbildung der Kokons aufweist. Außerdem gibt die Tabelle auch einen guten Überblick über das Gewicht des Kokons, die Länge der abhaspelbaren Seide und deren Titer.

Rasse	Aufzucht in	Gewicht des einz. Kokons g	Länge des haspelb. Spinnf. m	Titer desselben
Gelb. Italiener	Cremona	0,675	718	2,86
,, ,,	Caserta	0,675	646	2,74
,, ,,	Cremona	0,684	718	2,89
,, ,,	Bologna	0,806	749	2,94
,, ,,	Cremona	0,609	671	2,69
,, ,,	Torino	0,769	769	2,68
,, ,,	Cremona	0,649	745	2,66
,, ,,	Perugia	0,819	877	2,64
Chin. Kreuzung	Cremona	0,625	664	2,96
,, ,,	Palermo	0,555	584	2,84
,, ,,	Cremona	0,684	679	3,21
,, ,,	Brianza	0,641	599	2,96
,, ,,	Cremona	0,657	665	2,84
,, ,,	Ascoli-Piceno	0,724	629	2,60
,, ,,	Cremona	0,657	736	2,73
,, ,,	Perugia	0,714	676	2,71
,, ,,	Cremona	0,847	779	3,18
,, ,,	Cesena	0,781	697	2,88
,, ,,	Cremona	0,581	634	2,70
,, ,,	Casteggio	0,714	680	2,73

Überhaupt ist der Unterschied zwischen einer sorgfältig geführten Aufzucht und einer weniger gut geführten Zucht ein derartig gewaltiger, daß man annehmen kann, der Ertrag der Haspelseide ist bei einer regelrecht geleiteten Zucht etwa 15 bis 25% größer und der Abfall an Struse etwa 15% geringer als dieses bei der weniger guten Aufzucht der Fall ist. Die Folge hiervon ist natürlich, daß ernsthafte Züchter in jeder Art und Weise darauf bedacht sind, die Grundbedingungen für die möglichst ausgiebigste Ernte zu erforschen und sich zunutze zu machen.

4. Einteilung der Kokons nach Rasse, Herkunft und Beschaffenheit.

Im Handel beurteilt man die Kokons nach Herkunft und Güte.

A. Rasse.

Auf Grund der Farbe unterscheidet man vier Rassen, nämlich gelbe, weiße, weißliche (biancastri) und grüne Kokonrassen. Unter diesen einzelnen Rassen gibt es dann wieder Kreuzungen zwischen den verschiedenen Farben oder zwischen den gleichen Farben mit den verschiedenen Ursprungsländern. Im folgenden sollen die wesentlichsten aufgeführt werden.

[1]) Castellotti, C.: Nell' alevamento razionale del filugello e la salvezza dell' industria serica, Cremona Tipografia Agricola Commerciale 1910.

a) Gelbe Kokons mit den Unterabteilungen:
a) Reingelbe (europäische gelbe).
b) Kreuzung mit weißer China (gelbe europäische und weiße China).
c) Kreuzung mit goldgelber China (gelbe europäische und goldgelbe China).
d) Kreuzung mit Japaner (gelbe europäische und weiße Japan).
e) Kreuzung der gleichen Rasse (zwei gelbe europäische).

Zu dieser Gruppe zählen in der Hauptsache Kokons von Italien, Frankreich, Spanien, Ungarn, Griechenland und Kreta, Serbien, Bulgarien, Kleinasien (Broussa und Syrien), europäische Türkei (Adrianopel), Persien, Kaukasien, Turkestan, Vorderindien (Bengal).

b) Weiße Kokons mit der einzigen und gleichen Unterabteilung, nämlich Kreuzung von zwei weißen Rassen.

Hierzu zählen die Kokons von China, Japan und der Levante (Adrianopel, Broussa usw.), Persien, Kaukasien.

c) Weißliche Kokons (Biancastri). Zu dieser Gruppe, auch vielfach als Bagdadrasse bezeichnet, zählen in der Hauptsache die Kokons der Levante, Persien und Kaukasien, die heute einen sehr erheblichen Anteil der Welternte darstellen.

d) Grüne Kokons. Hierzu gehören in der Hauptsache japanische, einzelne chinesische und levantinische Kokons. Außer den aufgeführten Rassen sind natürlich noch eine ganze Reihe der verschiedenen Kreuzungen im Handel, zumal jeder Züchter darauf bedacht ist, durch selbstgewählte Kreuzung ein möglichst gutes Rohmaterial zu ziehen, welches den besten Ertrag an abhaspelbarer Seide verspricht.

B. Herkunft.

Bezüglich der handelsüblichen Einteilung der Kokons nach ihren Herkunftsländern unterscheiden wir europäische, levantiner und asiatische Seidenkokons. Als Handelsware werden diese Kokons dann wiederum nach ihrer Herkunft aus den einzelnen Ländern bzw. aus den Provinzen dieser Länder bezeichnet. Im folgenden soll eine diesbezügliche kurze Übersicht gegeben sein.

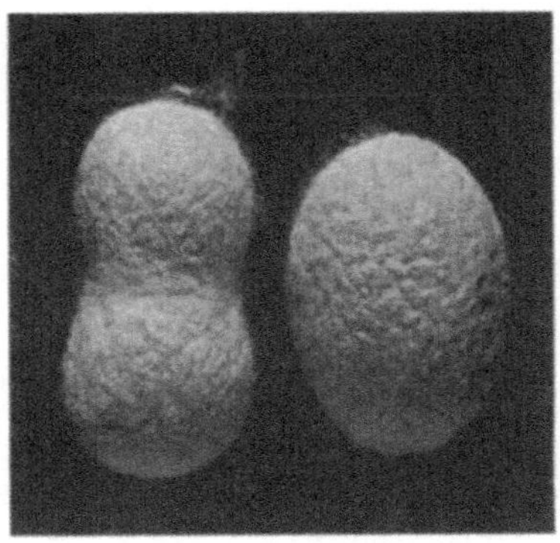

Abb. 8. Reingelbe Italiener-Rasse. Natürl. Größe.

a) Europäische Seidenkokons. Italien. Die hauptsächlichsten Landesteile, welche der Seidenzucht obliegen, sind die Lombardei, Ligurien, Venetien, Piemonte und Istrien. Die reingelben Italiener-Kokons stammen zur Hauptsache von Piemonte, Istrien und Görz. Sie sind etwas kleiner als die übrigen italienischen Seidenkokons es gehen etwa 1500 bis 1600 Stück auf 1 kg. Die Seiden der Lombardei, von Ligurien und Venetien sind meistens Kreuzungen von einheimischen mit chinesischen Seiden, sie sind ebenfalls von gelber Farbe; es gehen ca. 1700 bis 1800 Stück Kokons auf 1 kg.

Frankreich. Es werden nur einheimische gelbe Seidenrassen gezüchtet, und zwar die in der Gegend Varo, Cévennes, Ardèche und in den Pyrenäen.

Spanien. Die ebenfalls gelben Kokons stammen zumeist von Murcia, Valencia, Toledo und Saragossa. Sie dürften einer Kreuzung italienischer und französischer Rasse entstammen.

Ungarn. Als Erzeugungsland kommt Transsylvanien in Betracht. Die Rasse besteht meistens aus einer Kreuzung von Italienern und Chinesen.

Schweiz. Für die Seidenzucht kommt nur Kanton Tessin in Frage. Es sind durchweg Seiden italienischer Abstammung.

b) Levantinische Seidenkokons. Persien. Die Kokons sind von weißlicher Farbe. Sie sind weniger lang als die europäischen, wohl etwas größer und gehen ca. 1700 auf 1 kg. Es handelt sich um die sogenannte Bagdadrasse; Hauptausfuhrorte sind die Provinzen Guilam, Aderbeidschan, Korassan.

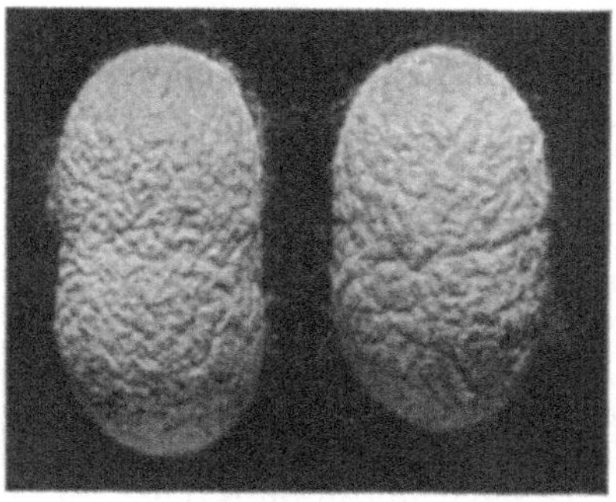

Abb. 9. Grauweiße Persische Kokons. Natürl. Größe.

Abb. 10. Weißliche Adrianopel-Kokons. Natürl. Größe.

Kaukasien und Turkestan. Die Kokons sind von gelber oder weißlicher Farbe. Sie lehnen sich in ihrer Form an die Bagdadrasse an. Die Hauptausfuhrstätten sind Georgien, Kutais und Curan.

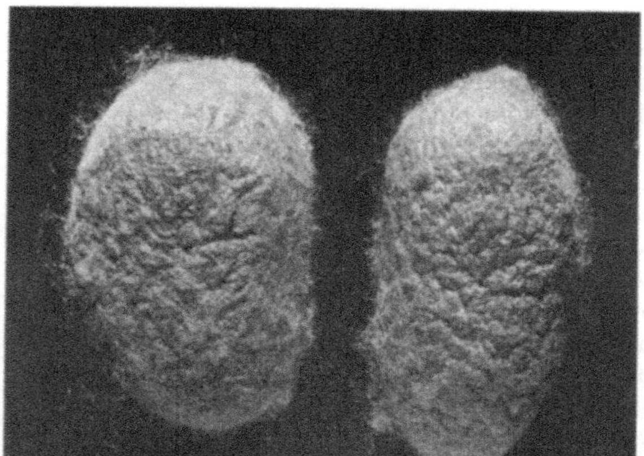

Abb. 11. Gelbe Adrianopel-Kokons. Natürl. Größe.

Griechenland. Bei den griechischen Kokons unterscheiden wir in der Hauptsache diejenigen von Saloniki, welche den mazedonischen Ländern angehören; sie sind vielfach gelbe europäische, von denen etwa 1700 auf 1 kg gehen. Sodann die von Adrianopol, Rumelien, Kreta usw., welche zum Teil aus gelben italienischen oder französischen, zum Teil aus weißlichen Bagdadrassen stammen. Außerdem liefern noch Zypern und die griechischen Inseln geringe Mengen gelber und grünweißer Kokons.

Bulgarien. Bulgarien liefert meistens ähnliche Kokons wie Griechenland, und zwar gemischt weißliche oder gelbe europäische.

Asiatische Türkei. Auch hier unterscheiden wir hauptsächlich zwei Sorten, nämlich diejenigen von Anatolien mit den Hauptausfuhrstätten

Broussa, Smyrna und Adana. Sie werden allgemein als Broussa-Kokons angesprochen und stellen die weißliche Bagdadrasse dar.

Die zweite Sorte ist diejenige von Syrien mit den anschließenden Landstreifen Libanon und Palästina. Die Hauptausfuhrstätten sind Tripolis, Damaskus und Antiochia. Sie werden als syrische Kokons gehandelt und sind ebenfalls von weißlicher Farbe.

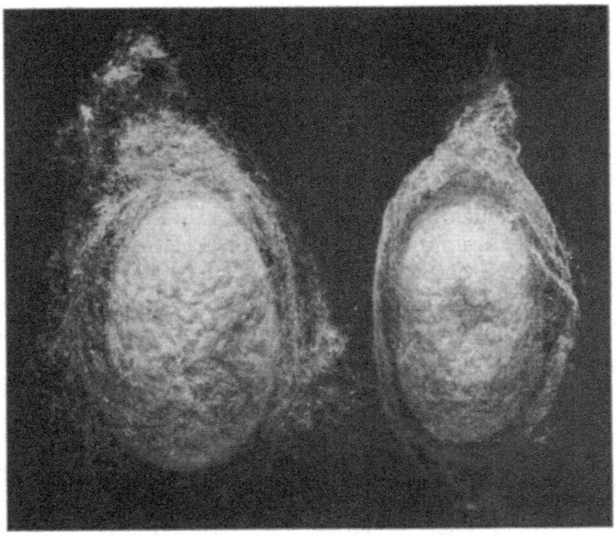

Abb. 12. Weiße Woozies. Natürl. Größe.

c) Asiatische Kokons. China. Die chinesischen Kokons sind der Hauptsache nach weiß und von kleiner Gestalt, so daß 3300 Kokons auf 1 kg gehen. Es gehören hierzu die Kokons von Woozies, Shoshing, Hangchow, Skeins, Kaking, und besonders Kanton, welche letztere aber mehr eine grauweiße Farbe haben. Kokons von gelber Farbe sind diejenigen von Minshew und Shantung.

Japan. Die Kokons sind zumeist von weißer Farbe, einzelne Sorten auch grünweiß. Sie sind etwas kleiner als die europäischen Kokons, aber größer als die chinesischen.

Die Einteilung geschieht nach Nordjapan, Mittel- und Südjapan, doch kommen diese Kokons als Handelsartikel überhaupt wenig in Frage.

Abb. 13. Grüne Japaner-Kokons. Natürl. Größe.

Indien. Die Haupterzeugungsländer sind Bengal und Kaschmir. Sie sind von weißlicher Farbe und vielfach noch kleiner als die chinesischen Kokons.

Indochina. Die Kokons dieses Landes sind französischen Ursprungs.

Es gibt natürlich noch eine ganze Reihe anderer Kokons, die jedoch als Handelsware nicht in Frage kommen. Es sei hier nur an die Seidenzuchtversuche in Amerika erinnert, die aber über das Stadium des Versuches nicht hinausgekommen sind, ferner an die Erzeugnisse der nördlichen Länder, Deutschland und Rußland.

C. Güte oder Qualität.

Die Beurteilung der Güte einer Kokonsernte richtet sich nicht nur nach der äußeren Beschaffenheit und dem Gewicht der Kokons, sondern auch nach der Menge etwa vorhandener fehlerhafter, beschmutzter oder irgendwie beschädigter Kokons. Die Hauptanforderung bei der Qualifizierung ist jedoch die Feststellung der Menge abhaspelbarer Rohseide und deren Beschaffenheit. Kein vorsichtiger Käufer wird es unterlassen, in dieser Hinsicht sich durch entsprechende Prüfung in den dafür in Betracht kommenden Untersuchungsanstalten bei der Abnahme einer Ware vor Verlust zu schützen. Die Anforderungen, die an die Güte einer Kokonsernte gestellt werden, sind in den einzelnen Erzeugungsländern und Handelsplätzen vollständig verschieden. Es liegt hier die Beurteilung vielfach in den Händen einer dazu speziell von der Regierung ernannten Prüfungskommission, wie dieses auch vielfach bei der Klassifizierung der gehaspelten oder gezwirnten Rohseide der Fall ist.

Die Einteilung der Kokons nach ihrer Qualität geschieht meistens in drei oder vier Sorten. Hier möge nur die in Italien übliche Einteilung Erwähnung finden, weil Italien für Europa jedenfalls das führende Erzeugungsland ist.

Man teilt die Seidenkokons als Handelsware in vier Qualitäten ein, nämlich:

1. Realissimo, sehr gute Ware. 2. Reale, gute Ware. 3. Realino, minder gute Ware. 4. Scarto, Ausschuß.

Die Qualifizierung der Kokons spielt heute eine um so größere Rolle, als die europäischen Haspelbetriebe (Filanden) vielfach bedeutend mehr vom Ausland eingeführte Kokons verarbeiten, als im eigenen Lande erzeugt werden können.

5. Fehlerhafte Kokons.

Außer den normalen weist die Seidenzucht naturgemäß noch eine ganze Reihe fehlerhafter Kokons auf. Diese sind teils ohne weiteres wahrzunehmen, teils sind die Fehler verborgen, so daß nur dem Sachverständigen das Erkennen möglich ist. Zu diesen fehlerhaften Kokons zählt eine ganze Reihe der verschiedensten Formen, von denen im folgenden die hauptsächlichsten kurze Erwähnung finden sollen.

Nicht fertig ausgebildete Kokons (Immaturi) sind solche, bei denen die Verpuppung der Raupe, durch äußere Umstände (Temperatur) u. a. verzögert oder ganz hintangehalten ist. Dieser Kokonfehler, der vielfach äußerlich kaum erkennbar ist, wird von den Filanden sehr gefürchtet, weil die Menge der abhaspelbaren Seide sehr gering ist, hier kann auch eine Schwächung der Raupe durch Krankheit die Ursache sein, indem die Raupe das Spinngeschäft nur unvollständig besorgt. Solche Kokons werden auch als Faloppe bezeichnet.

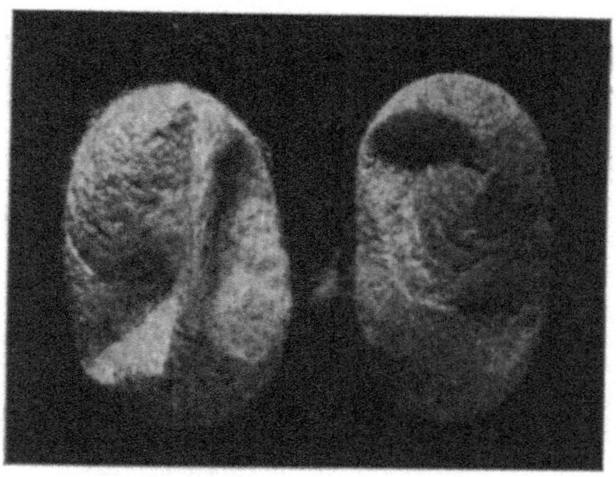

Abb. 14. Weiße Satinés. Natürl. Größe.

Taube Kokons (Sordi) lassen beim Schütteln nicht die Anwesenheit der Chrysalide erkennen. Die Puppe ist entweder erkrankt, gestorben und vielfach mit Schimmelpilzen überzogen oder sie ist an der Kokonwandung festgeklebt bzw. angewachsen.

Schwache Kokons (Satinato, Satinés, Coralons, Souflons) sind daran erkenntlich, daß sie nicht, wie die guten, fest sind, sondern weich und papierartig. Vor allem saugen sie sich beim Einweichen mit Wasser voll und sinken unter, was die regelrechten Kokons nicht tun. Vielfach weisen diese

Kokons eine wie Atlas glänzende Flockseide auf, worauf auch die Bezeichnung Satiné zurückzuführen sein dürfte.

Hierher sind auch die Kokons mit schwachen Spitzen (Punte deboli, Cocons â pointes faibles) zu rechnen, bei denen die Erscheinung, daß die Kokonswandung gegen Druck nachgiebig ist, besonders an den Kokonenden wahrzunehmen ist. Manchmal findet man sogar, daß an den Enden direkte Öffnungen vorhanden sind.

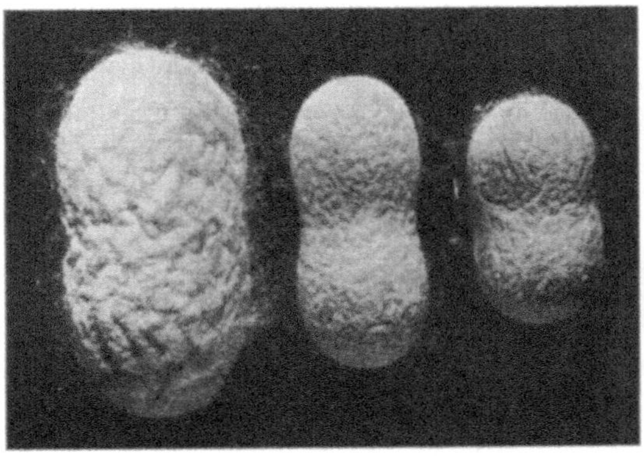

Abb. 15. Weißliche Adrianopel, männliche Kokons, normale und kleine.
Natürl. Größe.

Abb. 16. Gelbe Italiener, weibliche Kokons, normale und kleine.
Natürl. Größe.

Ähnlich sind die sog. Cocons enchemisés, bei denen aber nur die an und für sich normalen Kokons mit einer Schicht einer leichten durchsichtigen, perlmutterglänzenden Flockseide umgeben sind, eine Eigenart, welche vielfach in Friaul beobachtet wird.

Kleine oder halbe Kokons (Mezza gallette) haben im Vergleich zu den übrigen Kokons der gleichen Sorte kleinere Gestalt. Sie sind wohl gerundet und gleichmäßig geformt, haben aber eine sehr dünne Wandung und geben demgemäß nur sehr geringe Ausbeute. Auch hier spielen Witterungsverhältnisse und die Art der Raupenzucht eine große Rolle.

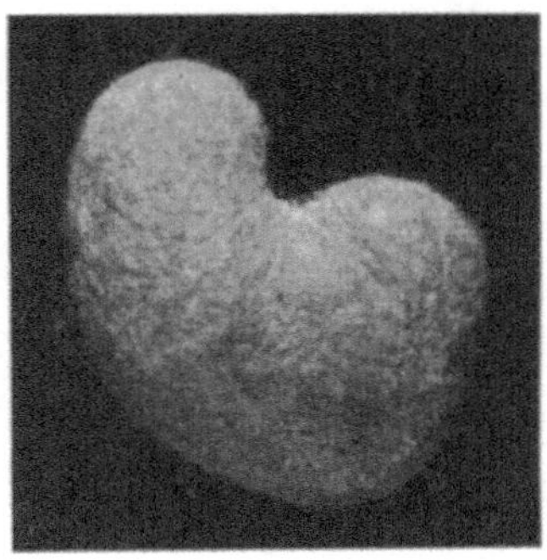

Abb. 17. Weißlicher Adrianopel-Kokon, mißgestaltet. Nat. Größe.

Mißgestaltete Kokons (Malfatti). Es handelt sich um an und für sich gesunde Kokons, deren Gestalt aber aus Anlaß schlechter oder unsachgemäßer Pflege namentlich bei der Errichtung der Spinnhütten nicht regelmäßig, sondern ungebogen und kantig ausgebildet worden ist.

Hierher gehören auch die sog. étranglés, die zusammengeschnürten Kokons, welche an den Enden eine starke Anhäufung des spinnbaren Fadens aufweisen, während die Mitte nur von wenigen Fäden gebildet wird. Sie sind insofern anormal, als der Kokon beim Abhaspeln in der Mitte zusammenbricht und so Schwierigkeiten in der Verarbeitung bietet.

Doppel-Kokons oder Multipel. Eine andere Form der fehlerhaften Kokons sind die Doppel- bzw. Multipelkokons (doupions), welche schon durch ihre Größe auffallen. Es gibt allerdings auch Doppelkokons, welche nur von normaler Größe sind, die sog. Fin doublés. Diese Doppies entstehen dadurch, daß sich an dem Aufbau eines Kokons zwei oder mehrere Raupen beteiligen. Derartige Kokons sind wirr durcheinandergesponnen und können deshalb für die Rohseidengewinnung nicht in Frage kommen. Dieses ist namentlich dann der Fall, wenn sich kranke und gesunde Raupen gleichzeitig am Bau eines derartigen Doppelkokons beteiligen, da dann die gesunde Raupe zum Schutze gegen Ansteckung durch die kranke Raupe eine feste, unentwirrbare Scheidewand zieht.

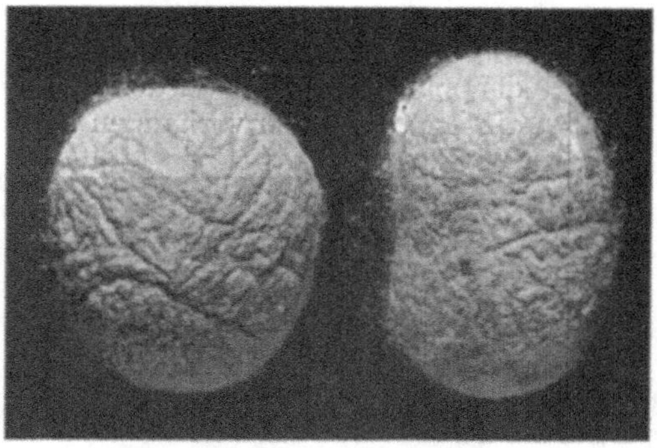

Abb. 18. Doppies italienischer gelber Rasse. Natürl. Größe.

Das Vorkommen der Doupions in der Gesamternte ist je nach der Rasse, dem Alter und dem Jahre sehr verschieden. So soll es asiatische Rassen geben, die 20 bis 40% Doupions liefern, während europäische Rassen nur 2 bis 4% Doupions aufweisen. Wahrscheinlich besteht ein Zusammenhang damit, ob es sich um einerntige oder mehrerntige Rassen handelt, daher also bei den einerntigen europäischen Rassen der verhältnismäßig geringe Anteil an der Gesamternte. Nach Robinet ist das Entstehen der Doupions auf körperliche Schwäche der Raupe zurückzuführen, nach Quajat jedoch auf eine Rasseneigentümlichkeit, die allerdings nicht erblich ist. Der Gehalt an Doupions beträgt bei gelben Rassen 3 bis 5%, bei japanischen Rassen und deren Kreuzung 12 bis 15%. Bei chinesischen Kreuzungen 9% und bei mehrerntigen Rassen 30 bis 40%. In den Doppies sind bis zu sechs und mehr Puppen gefunden worden. Der Spinnfaden der Doppies ist schwer abzuhaspeln, und soweit man dieses kann, gibt er im Verhältnis zu der Seide der normalen Kokons einen gröberen Faden, welcher demgemäß auch zu gröberen Gespinsten (Nähseiden u. a. m.) Verwendung findet. Doupions, welche sich nicht abhaspeln lassen, werden für die Chappe-Fabrikation gebraucht.

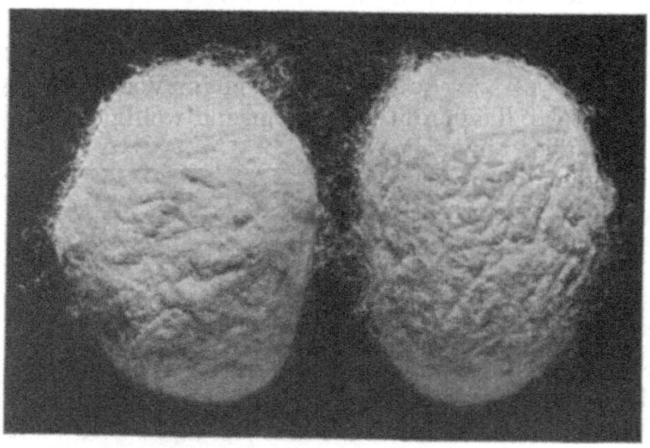

Abb. 19. Doppies, weißliche Syrische Rasse. Natürl. Größe.

Zweifelhafte Kokons (Dubbiosi) sind durchweg sehr große oder dicke Kokons, bei denen man im Zweifel sein kann, ob es sich um einfache oder Doppelkokons handelt. Hier vermag natürlich nur die persönliche fachmännische Erfahrung genügende Anhaltspunkte zur einwandfreien Erkennung zu geben.

Aufgetriebene Kokons (Bambagiati-Cocons cotonneaux) sind Kokons, die sonst regelmäßig ausgebildet, kleine Auftreibungen und Hohlräume in der Kokonschale aufweisen; diese führen teilweise dazu, daß die Seide wie zerrissen erscheint. Man findet diese Art hin und wieder bei Levanteseiden und bei einzelnen asiatischen Seiden (Bengal). Die Ursache ist eine unregelmäßige Spinnart der Raupe. Vielfach werden diese fehlerhaften Kokons auch als Satinés angesprochen, sind aber mit diesen nicht identisch.

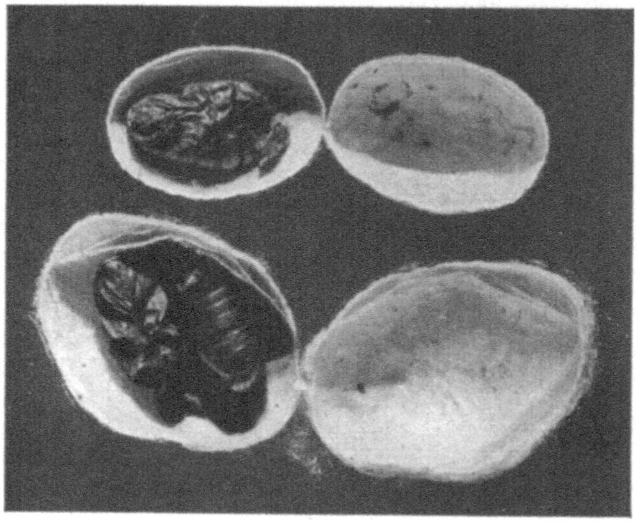

Abb. 20. Geöffnete Kokons mit Puppe.
Oben: Einzelkokon. Unten: Doppelkokon. Natürl. Größe.

Schwarze Kokons (negronati). Diese sehr gefürchtete Erscheinung ist auf eine Krankheit des Seidenwurms zurückzuführen, welcher eine dunkle Abscheidung aussondert, die allmählich die Kokonhülle durchdringt und sogar die Kokons, welche sich in direkter Nähe befinden, zu infizieren vermag. Man bezeichnet diese Erscheinung auch als carbonchio-Pestbeulen und ist natürlich sehr darauf bedacht, derart befallene Kokons sorgfältig auszulesen.

Rostige Kokons (rugginosi, Cocons rouillés). Diese Kokons weisen auf ihrer Oberfläche kleine rotbraune Flecken auf, die wie Eisenrost aussehen, deren Ursache entweder mit der feuchten Jahreszeit oder feuchter Umgebung zusammenhängt oder auf Anschmutzung zurückzuführen ist. Besonders tritt diese Erscheinung bei grünen Japanern und deren Kreuzungen auf.

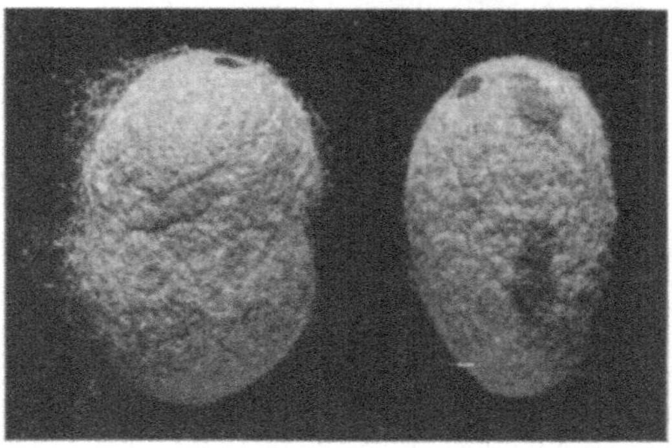

Abb. 21. Rostige weiße Adrianopel-Kokons.
Natürl. Größe.

Beschmutzte Kokons (Macchiati, Cocons tâchés). Diese Kokons weisen Flecken verschiedenster Farbe und mannigfachen Ursprungs auf, seien es solche, welche durch Fäulnis der Raupe entstanden sind, seien es solche, welche äußerlich angeschmutzt sind, durch Berührung mit anderen fehlerhaften Kokons oder direkt mit Schmutzpartikeln, Straßenschmutz, Kohle u. a. m. Diese braunen Flecke können auch durch das in der Chrysalide enthaltene Fett veranlaßt werden, sobald die Kokons beim Austrocknen zu stark erhitzt werden. Das braune Fett schmilzt aus und durchdringt die Kokonwandung.

Verkalkte Kokons (Calcinati, Calcinés oder Platrés). Es sind eigenartige weiße, außerordentliche leichte und teilweise durchsichtige Kokons, welche wie mit Kalk bestaubt erscheinen. Es handelt sich hier um eine parasitäre Erkrankung des Seidenwurms, die sowohl mit der Zuchtweise, als auch mit der Witterung in Zusammenhang gebracht wird. Die Puppe ist durchsetzt mit Kristallen von Magnesiumoxalat, Ammoniumoxalat und den Schimmelsporen eines Pilzes, Botritis Bassiana. Die Seide der Calcinati ist durchaus minderwertig, da die bei dem Zersetzungsprozeß der Chrysalide gebildeten Stoffe nach Conte und Levrat[1]) die Seidensubstanz auflösen.

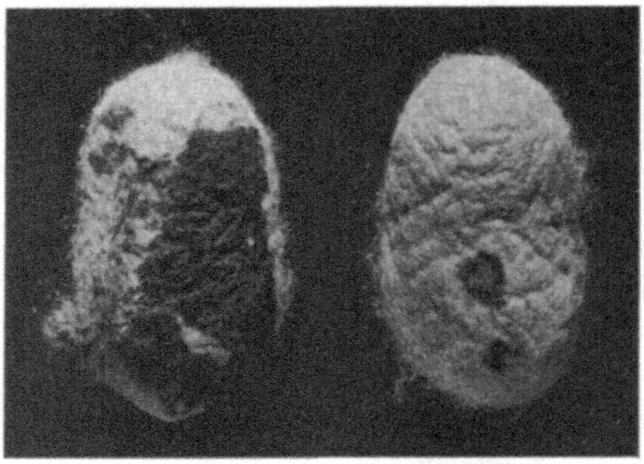

Abb. 22. Beschmutzte weißliche Adrianopel. Natürl. Größe.

Verschimmelte Kokons (ammuffati) sind Kokons, die von den verschiedensten Schimmelsorten befallen sind. Die Ursache hierzu ist meist dem Umstande zuzuschreiben, daß die Kokons nach dem Abtöten der Puppen nicht genügend getrocknet oder feucht gelagert worden sind.

Vergaste Kokons (Suffumigati). Es sind dieses an und für sich einwandfreie Kokons, die unter Verwendung von schwefliger Säure oder Formalin konserviert wurden. Man erkennt sie weniger am Aussehen als am Geruch, sie lassen sich meist nur mit Hilfe von schwachen Alkalien und Seife, Borax, Phosphat usw. abhaspeln und müssen schnell verarbeitet werden.

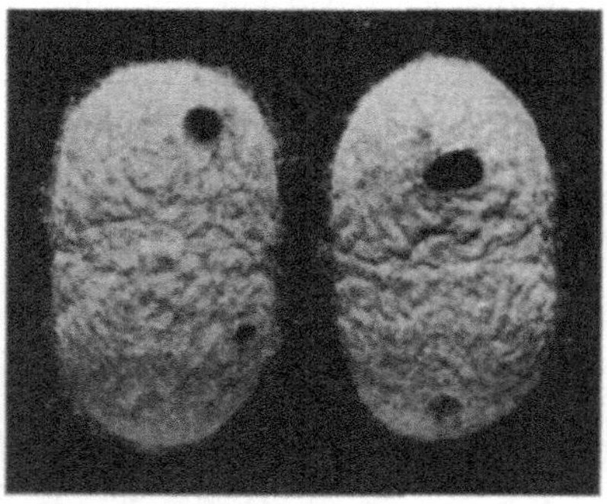

Abb. 23. Von Käfern angefressene Kokons. Natürl. Größe.

Es sind noch anzuführen die direkt beschädigten Kokons, nämlich Cocons papillonnés, aus denen der Schmetterling ausgeschlüpft ist. Ferner die Cocons percés, die von Käfern und Larven durchbohrt sind, und alle Kokons die durch Mäuse oder Ratten angefressen worden sind.

Diese drei Arten kommen für ein Abhaspeln nicht in Frage, da durch die Verletzung der ganze Kokonbau derart in Mitleidenschaft gezogen ist, daß kein fortlaufender Faden mehr abgehaspelt werden kann. Derartige Kokons können nurmehr als Material für Abfallseide in Betracht kommen.

6. Kokons der wilden Seiden.

Einer besonderen Art von Kokons muß hier noch Erwähnung getan werden, wenn sie auch im Grunde genommen mit der echten Seide, dem Erzeugnis des echten Seidenspinners Bombyx mori, nichts zu tun haben, das sind die Kokons der sog. „wilden“ Seiden oder Tussah.

[1]) Laboratoire d'Etudes de la soie, S. 730. Lyon 1909.

Unter den Begriff „Tussah“ fallen die Produkte verschiedener wilder Seidenspinner, von denen als die wichtigsten Vertreter zu nennen sind

Bombyx Mylitta . . . . in Indien
Antheraea Perny . . . . in China
Bombyx Yamamay . . . . in Japan.

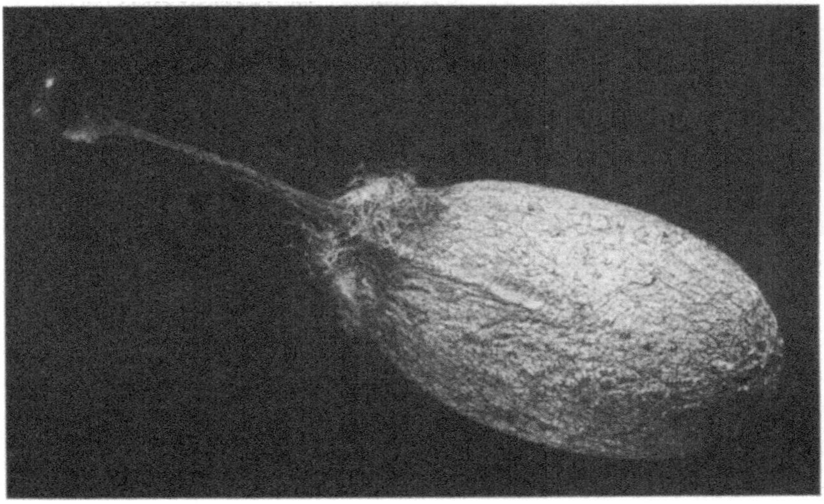

Abb. 24. Kokon von Bombyx Mylitta. Natürl. Größe.

Diese wilden Seiden zeichnen sich durch die größere Form der Kokons, ihre dunklere hellbraune bis kaffeebraune Farbe und die besondere Gestalt und Dicke des Spinnfadens aus.

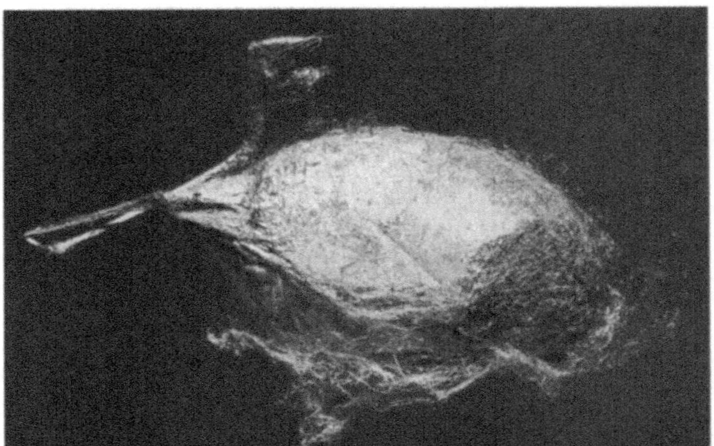

Abb. 25. Kokon von Antheraea Perny. Natürl. Größe.

Die Farbe von Yamamay ist allerdings vielfach heller, bis zu einem Grünlichweiß. Es hängt dieses jedenfalls damit zusammen, daß man in Japan dazu übergegangen ist, die Zuchtverhältnisse dieses Seidenspinners planmäßig zu verbessern.

Charakteristisch für die verschiedenen Tussahseidenfäden ist übrigens, daß sie deutlich sichtbare Längsstreifung und riegelförmige Querwülste aufweisen. Der Titer des Tussahfadens ist erheblich größer als derjenige der echten Seide und beträgt bei Yamamay 5 bis 6 Denier, bei Mylitta 8 bis 10 Denier und bei Antheraea Perny ebenfalls 5 bis 6 Denier.

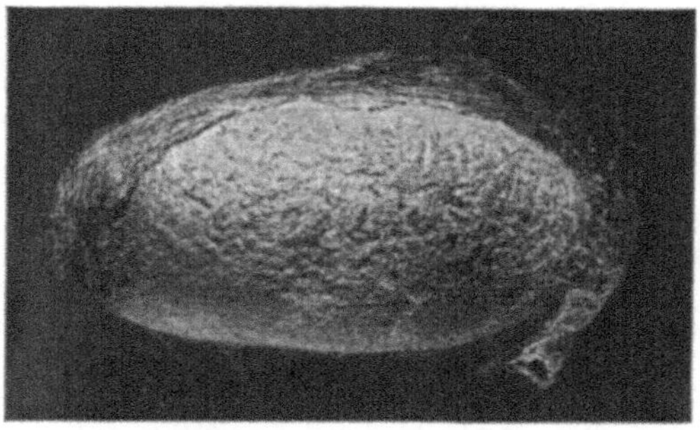

Abb. 26. Kokon von Bombyx Yamamay. Natürl. Größe.

Diese wilden Seiden spielen in den Erzeugungsländern eine sehr große Rolle und werden dort gehaspelt und weiter verarbeitet zu den beliebten Rohseidenstoffen.

II. Der Spinnfaden.

1. Äußere Gestalt.

Ist so in wesentlichen Zügen die Gewinnung, der innere Aufbau und die äußere Gestalt des Seidenkokons geschildert worden, so bedarf es jetzt einer Beschreibung der Beschaffenheit und Eigenschaften des eigentlichen Spinnfadens, die bei der Gewinnung der Rohseide eine erhebliche Rolle spielen.

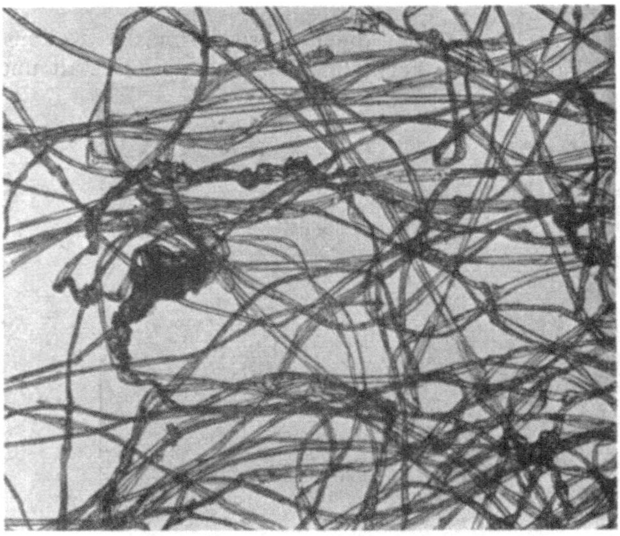

Abb. 27. Flockseide im Durchblick. Vergr. 1 : 45.

Der Seidenfaden verläßt die Spinndrüse nicht als einheitlicher Faden, sondern in Form von zwei aneinandergeklebten Fasern. Er tritt in flüssiger Form aus und erstarrt an der Luft, durch welche Umstände ist noch nicht bekannt. Es dürfte aber eine ähnliche Erscheinung sein, wie wir solche bei der Koagulation des tierischen Blutes beobachten. Da die Seidensubstanz aus der Spinndrüse nicht in Form eines dünnen Fadens, sondern in Form kleiner Tropfen heraustritt, so besteht der Faden nicht aus einer vollständig einheitlichen Masse, sondern aus einer großen Anzahl aneinandersitzender, feinster Fäserchen, die man auch als Fibrillen bezeichnet. Diese Fibrillen lösen sich vielfach vom Hauptfaden ab und bilden dann Unregelmäßigkeiten, welche man als Duvet oder Fiochetti bezeichnet.

Wie eben erwähnt, verläßt der Seidenfaden die Spinndrüse der Seidenraupe in Form von zwei aneinandergeklebten Einzelfäden. Dieselben sind ihrer äußeren

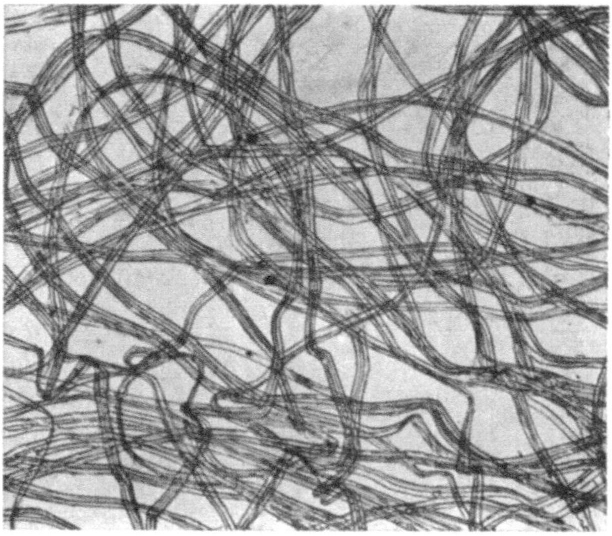

Abb. 28. Eigentlicher Spinnfaden im Durchblick. Vergr. 1 : 45.

Beschaffenheit nach nicht rund, sondern zeigen eine unregelmäßige, höckrige, teilweise aufgerauhte Oberfläche. Auch sind die beiden Einzelfäden nicht etwa gleichmäßig aneinandergeheftet, sondern sind teilweise gelöst. Während der eigentliche Spinnfaden eine ziemlich gleichmäßige Dicke aufweist, zeigt der Faden der Flockseide viele grobe, knotenförmige Verdickungen und auch feinere Einzelfasern.

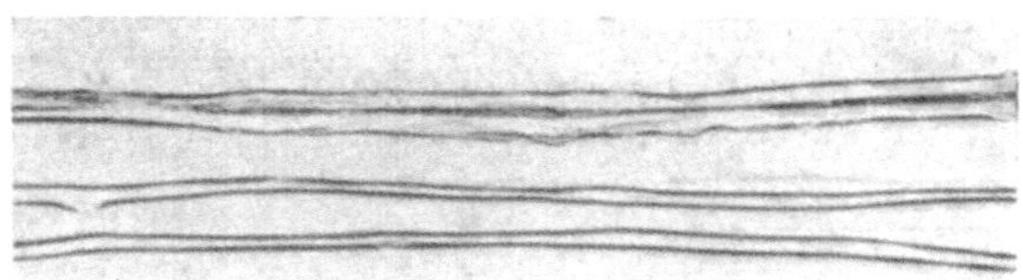

Abb. 29. Spinnfaden.
Oben: roh. Unten: abgekocht. Vergr. 1 : 95.

Im Querschnitt geben sie das Bild von zwei Dreiecken, welche mit einer Breitseite aneinandergeheftet erscheinen.

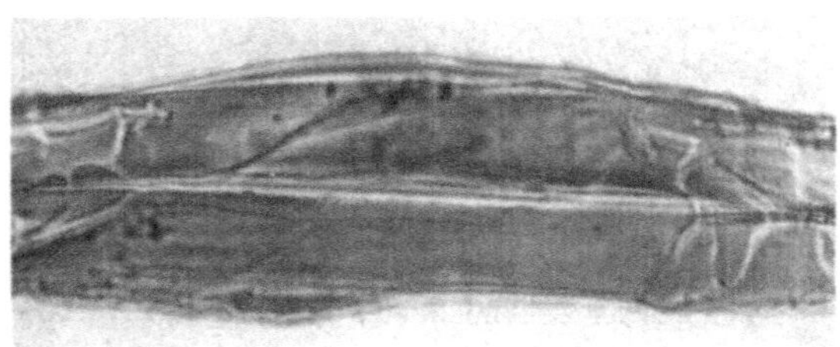

Abb. 30. Spinnfaden, roh.
Vergr. 1 : 450.

2. Zusammensetzung.

Der Seidenfaden ist kein einheitliches Gebilde, weder seiner chemischen Zusammensetzung nach, noch bezüglich seines physikalischen Aufbaues. Man unterscheidet bei der Seidenfaser zwei Hauptteile, die eigentliche Seidensubstanz, das Fibroin, und den Seidenbast oder Seidenleim, das Serizin. Das Fibroin wird von dem Serizin in Form einer mehr oder minder dicken Schicht eingeschlossen, so daß man das Serizin mechanisch ablösen kann.

Die relativen Mengen der chemischen Bestandteile des Seidenfadens sind:

Fibroin	72,0 bis 81,0%	Fett	0,5 bis 1,0%
Serizin	19,0 bis 28,0%	Farbstoff und Mineralstoffe	1,0 bis 1,4%

Fett, Farbstoff, sowie Mineralstoffe sind durchweg im Seidenbast enthalten.

Abb. 31. Tussahspinnfaden, roh. Vergr. 1 : 95.

Das Fibroin[1]), ein zu den Eiweißstoffen gehöriger Körper, ist durchweg von weißer Farbe und gleichmäßig glänzender Oberfläche. Es ist im Wasser unlöslich und gegen die Einwirkung von Säuren weniger, von Alkalien dagegen sehr empfindlich. Der Gehalt im Seidenfaden schwankt zwischen 72 bis 81%, je nach Art der Rasse, Herkunft und Zuchtverhältnisse.

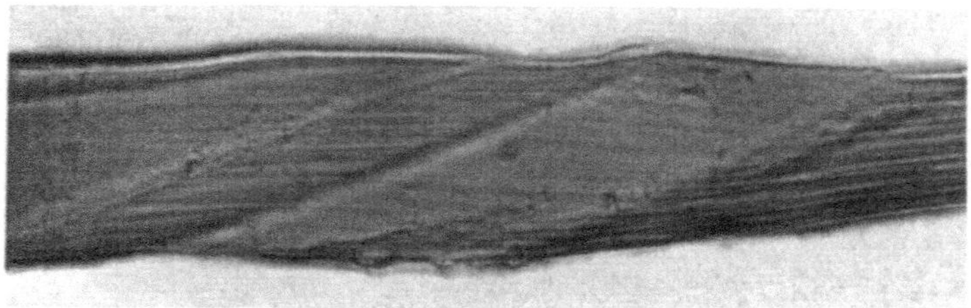

Abb. 32. Tussahspinnfaden, roh. Vergr. 1 : 450.

Der Stickstoffgehalt des Fibroins schwankt nach verschiedenen Autoren, wie Stadeler, Gerhardt, Cramer, Schützenberger u. a. m., zwischen 17,35 bis 18,89% und ist höher als derjenige des Keratins der Wolle.

Das Serizin[1]) ist ebenfalls ein Eiweißstoff. Es ist von weißer, gelber oder grüner Farbe und löst sich in heißem Wasser bei Gegenwart von schwachen

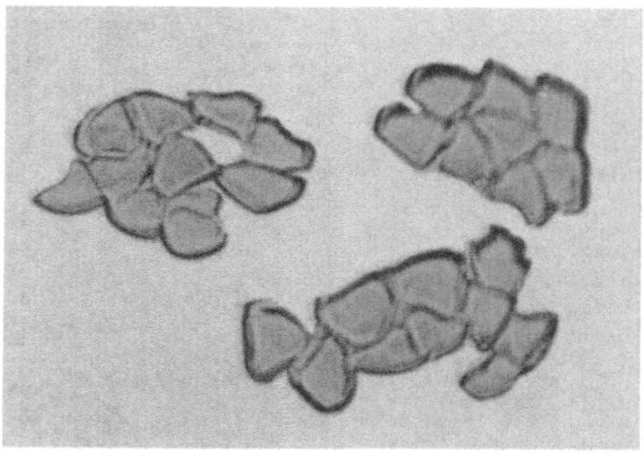

Abb. 33. Natürliche Seide, Querschnitt. Vergr. 1 : 450.

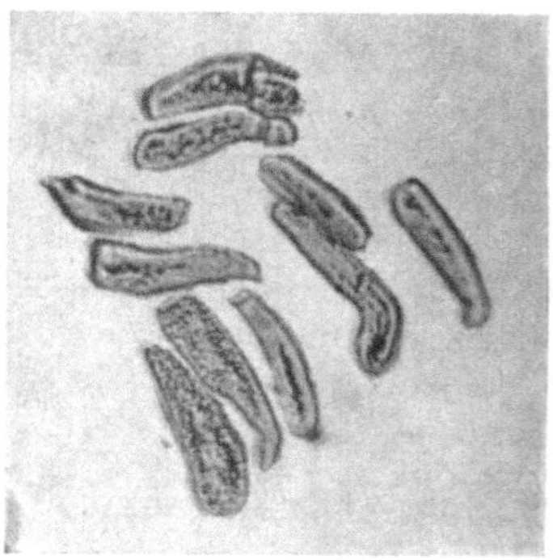

Abb. 34. Tussah, Querschnitt. Vergr. 1 : 450.

Alkalien wie Seife, Soda, Natriumphosphatlösung, aber auch in reinem Wasser, sobald die Temperatur auf 120° C erhöht und unter Druck gearbeitet wird. Der Serizingehalt der Seidensubstanz, wie er in der Spinndrüse enthalten ist, schwankt zwischen 19 bis 28%. Die Schwankungen des Serizingehaltes sind

[1]) Nähere chemische Angaben wird der I. Band dieses Handbuches enthalten.

jedoch nicht nur bei den einzelnen Rassen, nach der Art der Aufzucht und nach der Herkunft verschieden, sondern treten bereits bei dem einzelnen Kokon in Erscheinung, je nachdem, ob es sich um den Anfang, die Mitte oder das Ende des Spinnfadens handelt.

Die durch die Rasse und Herkunft veranlaßten Unterschiede in bezug auf Serizingehalt bzw. Abkochverlust zeigt die nebenstehende Tabelle (nach Prof. Colombo, Mailand)

Die Mengen in einem und demselben Spinnfaden sind nach demselben Autor im Durchschnitt folgende:

Rasse	Herkunft	Serizingehalt %
Grauweiße	Kutais	25,01
„	Turkestan	25,74
„	Persien	25,67
Weiße	Woozie	21,65
„	Shaoshing	23,44
„	Dong-Ding	21,79
Gelbe	Incrocio Chinese	26,48
„	Griechen	28,41
„	Adrianopel	26,27
„	Saloniki	28,32
„	Toscana	26,99
„	Piemonte	28,08
„	Ungarn	27,49
„	Chinesi oro	24,24

Probe	Bastverlust des Seidenfadens in %		
	außen	in der Mitte	innen
1	32,49	32,00	25,90
2	27,38	23,42	25,49
3	28,57	24,57	22,80
4	31,12	28,57	28,25
5	35,53	27,30	26,57
6	22,69	21,99	24,59
7	30,61	20,99	30,36
8	30,32	29,54	30,78
7	34,17	27,05	31,38
10	28,90	25,88	26,61
Durchschnitt	30,17	26,31	28,27

Die Menge des in dem Seidenfaden enthaltenen Fettes, dessen nähere chemische Zusammensetzung noch nicht bekannt ist, beträgt etwa 0,5%. Es dient nicht nur dazu, dem Spinnfaden eine gewisse Elastizität zu verleihen, sondern auch dazu, den Seidenkokon vor übermäßiger Aufnahme von Feuchtigkeit zu schützen. Das Fett dürfte identisch sein mit dem sog. Chrysalidenfett, welches man durch entsprechendes Ausziehen aus der Puppe erhält und welches auch vielfach dazu dient, den Seidenfaden unnötig zu erschweren.

Die Farbsubstanz befindet sich durchweg in den oberen Schichten der Seidenfaser, also in dem Serizin- oder Seidenleim, kann aber auch in die Fibroinschicht eindringen. Der Farbstoff ist teilweise in sehr geringer Menge vorhanden, so daß die Seide abgeblaßt erscheint. Mitunter färbt man den Seidenfaden mit Anilinfarbstoffen auf, die meist ins Haspelwasser getan werden.

Der Mineralstoffgehalt der Seidensubstanz schwankt nach den Feststellungen von Prof. Colombo, Mailand, zwischen 1,07% bei gelber chinesischer Kreuzung und 1,8% bei persischer Rasse. Es wurde festgestellt die Anwesenheit von Kalium, Natrium, Kalzium, Magnesium, Chlor, Schwefelsäure, Phosphorsäure. Die Zusammensetzung der Asche dürfte aber auch hier je nach den besonderen Verhältnissen wechseln, unter denen die Aufzucht vor sich gegangen ist.

Der Seidenfaden wird von der Raupe in seiner ganzen Länge weder seiner Zusammensetzung, noch seiner Dicke nach vollkommen gleichmäßig gesponnen, sondern weist erhebliche Verschiedenheiten auf. Es hängt dieses damit zusammen, daß der Bastgehalt der Seidenfaser, je nach Anfang oder Ende der Spinntätigkeit der Raupe, sehr wechselt. So enthält die äußere Flockseide durchschittlich 44% Serizin und 56% Fibroin. Die der Flockseide zunächst liegenden Schichten der eigentlichen Spinnseide weisen durchschnittlich 31,5% Serizin und 68,5% Fibroin auf, die innere Schicht dagegen 26% Serizin und 74% Fibroin, während die Mittelschicht etwa 29% Bast und 71% Seide besitzt.

3. Dicke und Gewicht.

Die Raupe spinnt zu Beginn des Einspinnens einen dickeren Faden als am Schlusse des Spinnprozesses, so daß derselbe also an Dicke mehr und mehr abnimmt. Es ist dieses eine Erscheinung, welche beim Abhaspeln der Seide sehr zu berücksichtigen ist, um einen Faden von möglichst gleichmäßiger Dicke zu erzielen. Allerdings ist die Dicke der Flockseide etwas geringer als diejenige der äußeren Partie der eigentlichen Spinnseidenschicht. Auch hier zeigen sich natürliche Unterschiede bei der Rasse, Ernte und den einzelnen Jahrgängen. Nach Haberlandt sind die Durchmesser der verschiedenen Seidenfäden folgende:

Herkunft	Äußere Schicht mm	Mittelschicht mm	Innenschicht mm
Mailand, gelb	0,03	0,04	0,025
Frankreich	0,025	0,035	0,025
Japan, grüne Rasse . . .	0,03	0,04	0,020
Japan, weiße Rasse . . .	0,02	0,03	0,017

Demgemäß nimmt natürlich auch das Gewicht der Seide, auf eine bestimmte Länge gemessen, von außen nach innen ab, es sind Gewichtsunterschiede bis zu 50% gefunden worden. Dies ist für die Feststellung des sogenannten Titers, d. h. das Grammgewicht einer bestimmten Fadenlänge, z. B. 9000 m in Grammgewicht ausgedrückt = 1 Denier, von großer Bedeutung. Hinzu kommt, daß auch das spezifische Gewicht des Spinnfadens in ähnlicher Weise sich vermindert. Es beträgt dasselbe für die Außenschicht 1,442, für die Mittelschicht 1,4000 und für die Innenschicht 1,3200.

Als durchschnittliches spezifisches Gewicht der Rohseide, auch nach der Entbastung, ist nach Vignon 1,34 anzunehmen.

Der Titer ist für die Wertbestimmung einer Seide eines der wichtigsten Momente; es ist daher angebracht, kurz der Bedingungen Erwähnung zu tun, von deren Vorhandensein die Veränderung des Titers abhängig ist. Der Titer wird durch eine ganze Reihe von Einflüssen, seien sie nun örtlicher Natur, seien sie veranlaßt durch den Bau des Kokons, durch die Art der Herkunft u. a. m. verändert. Auch über diese Verhältnisse liegen von seiten italienischer Forscher interessante Übersichten vor.

1. Einfluß der Herkunft der Kokons auf den Titer.

Herkunft	Farbe	Titer des Seidenfadens	Herkunft	Farbe	Titer des Seidenfadens
Kutais.	weißlich	2,82	Incrocio-Chinese	gelb	2,57
Turkestan . . .	„	2,68	Griechen	„	2,61
Persia	„	2,87	Andrianopel . .	„	2,84
Woozie.	weiß	2,03	Saloniki	„	2,73
Shaoshing . . .	„	2,50	Toscana	„	2,81
Dong-Ding . . .	„	2,32	Piemonte	„	3,06

1. Einfluß der Herkunft des Kokons auf den Titer (Fortsetzung).

Herkunft	Farbe	Titer des Seidenfadens	Herkunft	Farbe	Titer des Seidenfadens
Ungarn	gelb	2,54	Ascoli	gelb	2,46
Chinesische	goldgelb	2,64	Syrische	„	2,41
Cévennes	gelb	2,36	Bulgarische	weiß	2,21
Bione	weiß	2,07	Broussa	„	2,68
Bione Varo	gelb	2,36	China	„	2,75
Carpi	„	2,85	Shantung	gelb	1,61
Novi	weiß	2,42	Japan	weiß	2,81
Messina	gelb	2,30			

2. Höchst- und Mindestwert des Titers in ein und derselben Partie.

Herkunft	Farbe	Titer des Seidenfadens Mindestwert	Titer des Seidenfadens Höchstwert
Kutais	weißlich	2,04	4,16
Turkestan	„	2,02	3,59
Persische	„	2,12	3,54
Woozie	weiß	1,41	2,81
Shaoshing	„	1,90	3,10
Dong-Ding	„	1,55	2,84
Incrocio-Chinese	gelb	1,69	3,24
Griechische	„	1,95	3,37
Adrianopel	„	2,11	3,68
Saloniki	„	2,25	3,25
Toscana	„	2,05	3,83
Piemonte	„	2,08	3,77
Ungarn	„	1,99	3,66
China	goldgelb	1,83	3,43

3. Örtlicher Einfluß.

Rasse	Ort der Zucht	Titer d. Rohseidenfadens	Rasse	Ort der Zucht	Titer d. Rohseidenfadens
Reingelbe	Cremona	2,86	Chin. Kreuzung	Cremona	3,21
„	Caserta	2,74	„ „	Brianza	2,96
„	Cremona	2,89	„ „	Cremona	2,84
„	Bologna	2,94	„ „	Ascoli Piceno	2,60
„	Cremona	2,69	„ „	Cremona	2,73
„	Torino	2,68	„ „	Perugia	2,71
„	Cremona	2,66	„ „	Cremona	3,18
„	Perugia	2,64	„ „	Cesena	2,88
Chin. Kreuzung	Cremona	2,96	„ „	Cremona	2,70
„ „	Palermo	2,84	„ „	Casteggio	2,73

4. Einfluß der Kokongröße auf den Titer.

Herkunft	Farbe	Größe	Titer des Seidenfadens
Saloniki	gelb	groß	2,76
„	„	klein	2,69
Griechen	weißlich	groß	2,83
„	„	klein	2,22
Syrische	gelb	groß	2,88
„	„	klein	2,16

5. Einfluß der verschiedenen Strecken des Spinnfadens.
Die Werte wurden ermittelt am fortlaufenden Faden in Abständen von 33 Metern.

Kutais grauweiß	Persien grauweiß	Saloniki gelb	Toscana gelb	China goldgelb	Ungarn gelb
3,10	5,38	3,40	3,83	2,72	3,37
3,75	5,54	3,12	4,46	2,93	3,70
4,02	5,38	3,02	4,59	3,31	4,08
4,13	5,54	2,93	4,73	3,75	4,08
4,18	5,57	2,91	4,84	3,70	3,86
4,08	5,60	2,99	4,97	3,42	3,75
3,99	5,57	2,99	4,86	3,20	3,64
3,86	6,09	2,99	4,81	3,15	3,54
3,91	5,57	3,02	4,84	3,15	3,42
3,42	5,54	2,02	4,46	2,91	3,37
3,26	5,05	2,78	4,21	2,91	3,10
3,12	4,43	2,53	3,97	2,72	2,93
2,99	4,05	2,34	3,64	2,50	2,72
2,74	3,64	2,34	3,42	2,28	2,72
2,56	3,48	1,90	3,15	2,12	2,66
2,42	3,37	1,71	2,85	1,90	2,61
2,31	3,15	1,52	2,72	1,74	2,50
2,07	3,04	1,36	2,50	1,68	2,44
1,85	2,61	1,25	2,25	1,36	2,44
1,58	2,31	0,92	1,87		2,40
1,33	2,01				2,40

Die Tabellen, die hier auszugsweise aus dem bereits mehrfach erwähnten Werk von Prof. Colombo wiedergegeben worden sind, zeigen zur Genüge, daß der Titer einer Seide nicht nur von dem Gewicht eines Kokons, sondern auch von der Größe desselben abhängig ist, sowie ferner, daß nicht nur die Herkunft des Kokons, sondern auch die örtlichen Bedingungen der Aufzucht eine Rolle spielen. Namentlich aber ergibt sich, daß die Verschiedenheit des Titers nicht nur in ein und derselben Kokonart, sondern auch im einzelnen Faden sich bemerkbar macht. Durchweg kann man annehmen, daß der Titer im Seidenfaden von außen nach innen zu abnimmt.

Die ersten Strecken des Seidenfadens, welche nach der Flockseide gebildet werden, sind von feinerem Titer als die folgenden, so daß man beim Abhaspeln eines Kokons für die ersten Meter einen feineren Titer feststellt, als nach Verlauf von einigen hundert Metern. Ist der höchste Titer erreicht, so fällt er gegen das Ende des Spinnfadens wieder ab. Die ersten dünnen Strecken sind zum Teil in dem sog. Strusen-Abfall enthalten. Aus alledem erklärt sich auch die Tatsache, daß die Hasplerin bei der Herstellung der Grège die verschiedensten Kokons, nämlich frische, alte und halbabgehaspelte verwendet, um ein Gespinst von gleichmäßiger Dicke zu erzielen.

4. Dynamometrische Eigenschaften.

Aber nicht nur die eben besprochenen Eigenschaften des Seidenfadens, seine Ausbildung, Zusammensetzung und Titer sind für die technische Verwendung der Seide allein ausschlaggebend gewesen; dasjenige, was die Seide von den übrigen Textilfasern ganz wesentlich unterscheidet, ist das Verhalten der Seidenfaser in bezug auf Reißfestigkeit oder Stärke (tenacité) und Dehnbarkeit.

Nachstehend seien einige Daten über die Deformationseigenschaften von Seide zusammengestellt[1]):

Luftfeuchtigkeit . . .	trocken	50%	70%	100%
Zerreißfestigkeit kg/mm²	36	42	38	52

[1]) Zum größten Teil nach Karger u. Schmidt: Z. techn. Phys. Bd. 6, S. 124. 1925.

Reißlänge	30 bis 35 km
Bruchdehnung	13,5%
Elastischer Anteil aus der Bruchdehnung	37%
Mittlere Zerreißarbeit	186 cm kg pro g Substanz
Elastischer Anteil an der Zerreißarbeit . .	31%
Elastizitätsmodul	700 bis 864 kg/mm^2
Torsionsmodul	180 kg/mm^2

Praktisch werden die Stärke und Elastizität an Fäden von einem halben Meter vermittels des Serimeters bestimmt, von dem noch später bei der Prüfung der Seide die Rede sein wird.

Bezogen wird die Stärke in Grammen und die Dehnbarkeit in Millimeter auf 1 m der Faser.

Es ist wohl ohne weiteres klar, daß die dynamometrischen Eigenschaften der Seidenfaser einer sehr großen Schwankung unterworfen sind, die einerseits wieder auf Verhältnisse zurückzuführen sind, wie solche die Schwankungen des Titers hervorbringen, andererseits mit äußeren Bedingungen, wie Feuchtigkeit, Bastgehalt, Alter, Lagerung u. a. m. zusammenhängen. Es wird hiervon auch noch später bei der Beurteilung und Prüfung der Grège die Rede sein.

Immerhin steht die Stärke in einem gewissen Verhältnis zum Titer, so daß man bei der Beurteilung einer Seide stets gut tun wird, die Stärke pro Denier zu errechnen. Die Elastizität ist dagegen nur unwesentlich abhängig vom Titer. Je größer die Stärke, desto geringer ist die Elastizität. Auch hierüber gibt uns eine Versuchsreihe Aufschluß, die von Prof. Colombo, Mailand, durchgeführt wurde.

Herkunft und Rasse	Stärke pro Denier			Elastizität		
	außen	Mitte	innen	außen	Mitte	innen
Sagnew oval weiß . . .	3,41	3,97	4,50	191	192	176
Sagnew rund weiß . . .	3,56	4,15	4,55	194	179	175
Woozie weiß	3,16	4,33	4,60	225	206	175
Woozie goldgelb	3,80	4,17	4,57	231	206	187
Brianca gelb	3,62	3,96	4,04	255	221	176
Calabria gelb	3,82	4,14	4,38	237	229	184

Die Stärke des Spinnfadens beträgt durchschnittlich 2,8—3,0 g pro Denier, die Elastizität etwa 160 mm pro Meter.

5. Unregelmäßigkeiten und Fehler.

In der gleichen Weise wie die Kokons Fehler aufweisen, kennt man auch Fehler des einzelnen Spinnfadens, von denen im folgenden die Rede sein soll.

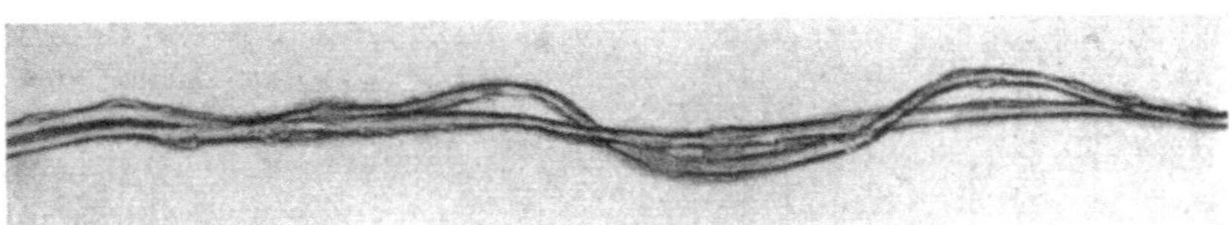

Abb. 35. Spinnfaden, ungleichmäßig verklebt. Vergr. 1 : 95.

Wie bereits oben erwähnt wurde, besteht der Rohseidenfaden aus zwei einzelnen Fäden, welche durch den anhaftenden Seidenbast miteinander verklebt werden. Hier macht sich bemerkbar, daß diese beiden Einzelfäden nicht, wie bei den normalen Fäden, gleichmäßig parallel nebeneinander hergeführt worden sind, sondern der eine der beiden Fäden ist wellig mit Schlingen versehen, an den anderen angeheftet, oder der eine Einzelfaden zeigt knotenförmige Verdikkungen, welche durch Anhäufungen von Serizin veranlaßt sind.

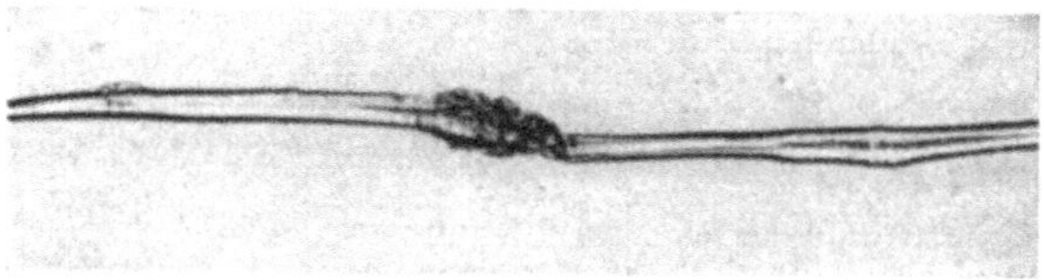

Abb. 36. Knotenförmige Verdickung des Spinnfadens. Vergr. 1:95.

Mitunter haben sich stellenweise die bereits obenerwähnten Fibrillen losgelöst, entweder in Form von einzelnen loshängenden Schleifen oder zu einem Nest zusammengeballt.

Deutlich sichtbar werden diese Fehler beim Entfernen des Serizins, beim Entbasten. Ja, man muß sogar annehmen, daß es eine ganze Anzahl

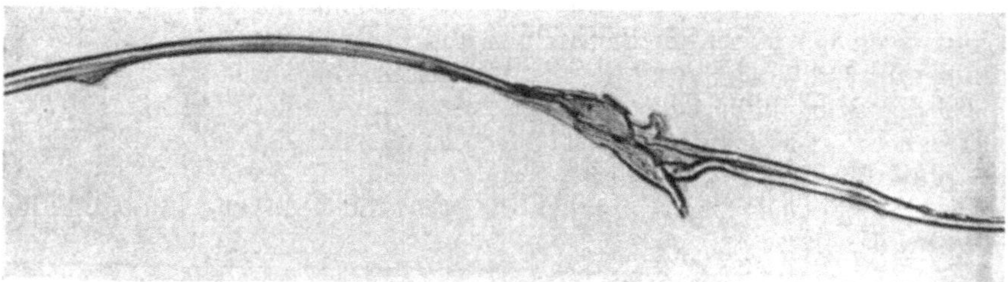

Abb. 37. Knotenförmige Verdickung des Spinnfadens. Vergr. 1 : 95.

von Seiden gibt, bei denen das Ablösen dieser Fibrillen erst durch den Abkochprozeß bzw. sonstige Behandlungen bei der Veredelung der Seiden hervorgerufen wird.

Während z. B. Seiden französischen oder japanischen Ursprungs sich dadurch auszeichnen, daß sie nahezu frei von diesen Absplitterungen, auch Flaum oder Duvet genannt, sind, sehen wir bei einzelnen italienischen und spanischen Seiden ein derart starkes Auftreten des Duvets, daß die Seiden wie übersät mit Duvet erscheinen. Aber auch bei den letzteren ist wieder ein Unterschied in der Menge des auftretenden Duvets zu beobachten, je nach der Zeitdauer des Entbastens oder der chemischen Zusammensetzung des Entbastungsmittels, z. B. im Zusammenhang mit der mehr oder minder großen Alkalinität der Abkochbäder. Ein charakteristisches Beispiel bietet in der Hinsicht die bekannte Tatsache, daß eine nach dem noch später zu erörternden Schaumabkochverfahren entbastete Seide bedeutend duvetarmer — nahezu duvetfrei — ist, als die gleiche Seide nach dem gewöhnlichen Verfahren auf der Barke abgekocht. Hier spielt unbedingt die Zeit der Einwirkungsdauer — beim Schaumabkochen 20 bis 30 Minuten, beim Barkenabkochen zwei Stunden — eine wesentliche Rolle.

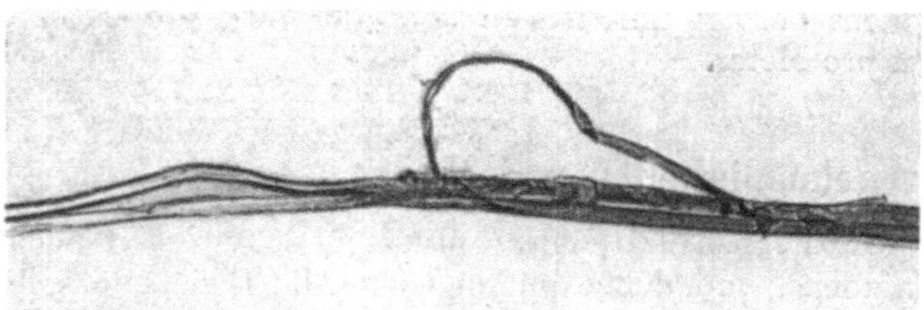

Abb. 38. Spinnfaden mit losgelöster Fibrille. Vergr. 1 : 95.

Abgesehen davon, daß eine duvetreiche Seide im fertigen Gewebe als solche ein unregelmäßiges Bild darbietet, färben sich aber auch die abgesplitterten Fibrillen nicht in dem Maßstabe an wie der eigentliche Seidenfaden, und nicht

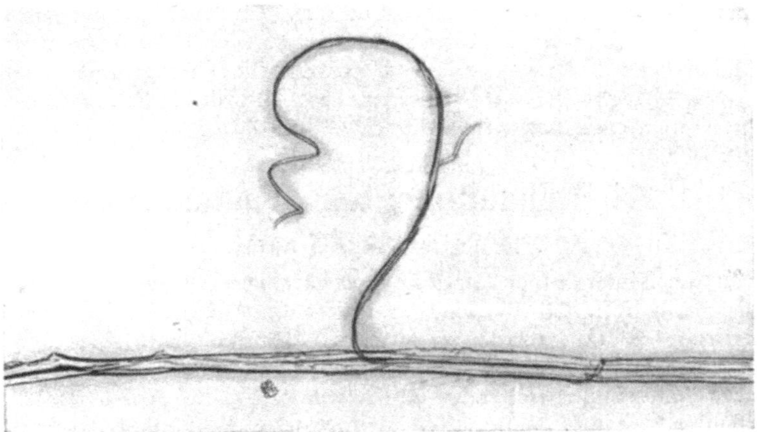

Abb. 39. Spinnfaden mit losgelöster Fibrille. Vergr. 1 : 95.

nur die gefärbte Seide, sondern auch das fertiggestellte Gewebe zeigt einen mehligen, weißen Überzug.

Dieses „Duvet" ist bereits Gegenstand zahlreicher Untersuchungen gewesen, die Meinungen über die Entstehungsursache dieser Erscheinung sind geteilt. Vielfach wurde angenommen, daß es sich bei dem Duvet um mechanische Verletzungen des Kokonfadens handelte, veranlaßt durch fehlerhaftes Arbeiten beim Haspeln oder bei den verschiedenen Veredelungsverfahren. Es ist dieses eine Annahme, die besonders zuungunsten der Seidenfärber gedeutet wird. Von anderen Autoren, wie Feubel, Krefeld, wurde aber bereits vor Jahren darauf hingewiesen, daß es sich um eine dem Seidenfaden als solchem eigentümliche Erscheinung handelt.

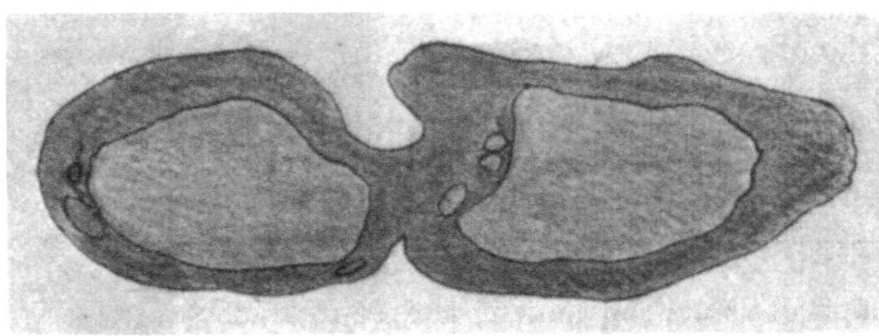

Abb. 40. Querschnitt eines Seidenfadens, stark vergrößert.
Aufnahme von Dr. Wagner, Krefeld.

Restlos geklärt worden ist diese Streitfrage jedoch in jüngster Zeit durch die interessanten Arbeiten von Dr. Wagner[1]), Krefeld, auf diesem Gebiet. Derselbe stellte fest, daß sich die das Duvet veranlassenden Fäden von den Einzelfasern, den „Fibrillen", ablösen. Es gelang ihm durch sehr sinnreiche Doppelfärbung, das Fibroin und Serizin auf dem Querschnitt deutlich erkennbar zu machen. Und hierbei zeigte sich nun einwandfrei, daß in der Serizinschicht Fremdkörper eingebettet waren, welche ihrer Färbung nach als Fibroin

---

[1]) Wagner, Dr.: Veröffentlich. des Seidenforschungsinstitutes Krefeld 1924.

anzusprechen waren. Die vom Autor als Sekundär-Fasern bezeichneten Abspaltungen ließen sich durch Reihenquerschnitte ihrer teilweise sehr erheblichen Länge nach gut verfolgen. Es liegt nach diesen Feststellungen wohl auf der Hand, daß dieses Duvet entsprechend der mehr oder weniger schonenden Behandlung beim Abkochen oder den folgenden Veredelungsprozessen in größerem oder geringerem Maßstabe sich dem Auge bemerkbar machen wird.

Bezüglich Verminderung der Seidenflöckchen hat Wagner[1]) diesbezügliche besondere Zuchtversuche am Seidenspinner mit gutem Erfolge durchgeführt, worüber er eingehend berichtet.

III. Behandlung der Kokonernte.

1. Auslese der Kokons.

Haben die Seidenraupen ihr Spinngeschäft beendet und sind sie zur Verpuppung geschritten, so werden die Kokons aus dem Reisiggewirr losgelöst und geerntet. Hierauf werden sie in große Haufen geschichtet und so oberflächlich getrocknet. Alsdann werden sie entweder im eigenen Betriebe weiterverarbeitet (Hausindustrie) oder sie werden an die großen Haspelbetriebe oder Filanden verkauft. Wo letztere nicht vorhanden sind, tritt auch der Verkauf an Händler ein. Entweder werden dieselben telquel verkauft, d. h. so wie sie ausfallen, oder sie werden auf Rendite gehandelt, d. h. nach einem Durchschnittsmuster, bei welchem die Ergiebigkeit und Güte der Ware festgestellt worden ist. Nicht nur der Feuchtigkeitsgehalt der Kokons spielt eine Rolle, wird doch zu betrügerischen Zwecken eine direkte Befeuchtung der Kokons vorgenommen, auch das Aussehen, der Prozentsatz an fleckigen und kranken Kokons sowie an Doppelkokons ist für den Kauf von ausschlaggebender Bedeutung. Es bedarf daher von seiten der Filanden, welche von den Züchtereien die ganze Ernte, so wie sie ausfällt, kaufen, großer Sachkenntnis und Übung, um sich vor Überraschungen zu schützen. Die Händler verfahren meistens in der Weise, daß sie die Ernte in einer Seidentrocknungsanstalt konditionieren, aussuchen und auf gute Haspelfähigkeit bzw. auf den Gehalt an spinnbarer Seide prüfen lassen.

Es dürfte zum besseren Verständnis beitragen, kurz den Gang dieses Verfahrens zu schildern, wie er sich nicht nur in den Seidentrocknungsanstalten, sondern auch in den größeren Filanden abspielt.

Die Kokons kommen in Säcken oder Fässern zu etwa 50 kg in die Anstalt oder die Filanden, werden gewogen und dann auf einem Apparat in Form eines breiten Tisches oder einer Wanne ausgeschüttet und gut durcheinandergemengt, um eine Durchschnittsprobe in sachgemäßer Weise ziehen zu können. Darauf werden die durcheinandergemischten Kokons — also graue, grüne, verschiedenfarbige, Doppelkokons, schwächliche, kranke, beschädigte Kokons — ausgesucht, entweder durch Hand oder maschinell. An einem Tisch sitzen etwa sechs Arbeiterinnen, die die ausgebreiteten Kokons aussuchen. Auf dem Tisch stehen verschiedene bestimmte Körbe zur Aufnahme der Doupions, der kranken und beschädigten Kokons. Die einzelne Arbeiterin greift eine Anzahl Kokons, streift mit der Hand die Hauptmenge der Flockseide ab und beginnt dann die Kokons auszulesen.

Jede Sorte, ob Doupions, beschädigte, fehlerhafte Kokons usw., kommt in die betreffenden Körbe, während die als einwandfrei ausgelesenen Kokons wieder in den ursprünglichen Behälter, Sack, Faß usw. kommen. Das Ausge-

[1]) Wagner: Seide 1927, S. 34 u. 199.

schiedene wird dann entsprechend der Sorte gewogen und einzeln für sich verpackt. Die Arbeitsleistung beträgt pro Tag mehrere hundert Kilo Kokons.

Mit bedeutend größerer Ausbeute und dem Vorteile, daß die Kokons auch zugleich entsprechend ihrer Größe sortiert werden, arbeitet man mit dem Apparat von Carini, Mailand, der imstande ist, in einer Stunde soviel zu leisten, als mehrere Arbeiterinnen in einem Tag. Auch hier wird die Flockseide ab-

Abb. 41. Apparat zum Auslesen der Kokons (mondatura) von Guiseppe Carini, Mailand.

Abb. 42. Apparat zum Sortieren der Kokons nach Größe (cernitura) von Guiseppe Carini, Mailand.

gelöst durch in den einzelnen Fächern rotierende Eisenstangen, auf denen sich die äußere Flockseide aufwickelt. Die so gesäuberten Kokons fallen dann aus dem Fach in eine aus Drahtstäben gebaute Trommel, die ebenfalls rotiert, und von hier aus fallen sie dann entsprechend ihrer Größe bzw. der mehr oder weniger dichten Einstellung der Drahtstäbe in Sammelkästen.

Wie aus den Abbildungen ersichtlich ist, werden die Kokons nach drei Größen geordnet, und zwar nach zwei normalen Größen und nach einer diese Maße übersteigenden, wozu durchweg die Doppelkokons zu zählen sind. Aber auch hier muß bezüglich minderwertiger Kokons entweder vorher oder nachher mit der Hand ausgesucht werden.

Die so ausgesuchten Kokons werden wieder in Säcke verpackt und gelagert, bis sie zum Haspeln oder zum Verkauf kommen.

Von einer guten Ware kann man verlangen, daß die Kokons von mittlerer Größe und gleichmäßigem Bau sind, daß sie einen gleichmäßigen Faden und körnige Beschaffenheit der Kokonrinde und gute normale Färbung aufweisen; ferner, daß der Gehalt an Doppelkokons und fehlerhaften Kokons sich in normalen Grenzen hält. Schließlich muß die Haspelfähigkeit und die Güte der gehaspelten Seiden den zu stellenden Ansprüchen genügen. Hierüber bestehen an den einzelnen Verkaufsplätzen besondere Normen, nach denen die Kokons bezüglich ihrer Güte klassifiziert werden.

Dieses Auslesen der Kokons nach Art (ital. mondatura) oder nach Qualität und Größe (ital. cernitura) ist eine sehr wichtige Arbeit, so leicht und einfach sie auch erscheint. Von ihr hängt nicht nur die kaufmännische Bewertung der Ware ab, sondern sie ist unbedingt erforderlich, um eine günstige und einigermaßen regelmäßige Arbeit des späteren Abhaspelns zu gewährleisten.

2. Das Töten der Puppe.

Hand in Hand mit dieser Auslese der Kokons, oder in den meisten Fällen vor derselben, geht jedoch noch eine Operation vor sich, nämlich das „Abtöten der Puppe", und das „Austrocknen des Kokons". Nur noch in seltenen Fällen dürfte die Seide von lebenden Kokons abgehaspelt werden, wie solches z. B. früher in einzelnen Gegenden Chinas der Fall gewesen ist. Schon die heutigen Handelsverhältnisse machen das Abtöten und Austrocknen der Kokons ohne weiteres erforderlich, zumal der Handel mit Kokons heute einen gewaltigen Umfang angenommen hat. Wird doch z. B. der weitgrößte Anteil der Seidenernten des Orients in Form von Kokons auf den Markt gebracht.

Außerdem muß dieses Abtöten der Puppe und das Austrocknen schon aus dem Grunde geschehen, weil die Ernte eine so gewaltige ist, daß es mindestens ¾ Jahr dauert, bis sie in den Filanden aufgearbeitet worden ist. Würde man die Kokons, ohne die Puppe zu töten, so lagern, dann würde der Schmetterling nach einer bestimmten Zeitdauer ausschlüpfen und so das wertvolle Material minderwertig machen bzw. vernichten.

Das Abtöten und Austrocknen der Kokons geschieht aber nicht nur, um ein Ausschlüpfen der Schmetterlinge zu verhüten oder für den Kokonhandel eine gleichmäßige Basis zu schaffen, zur Hauptsache verfolgt es auch den Zweck, die Kokons zu konservieren, um für das ganze Jahr Vorrat und für den Haspelbetrieb stets Rohmaterial zur Verfügung zu haben. Würde das Austrocknen nicht sorgfältig durchgeführt, so liefen die Kokons Gefahr, zu verschimmeln, oder Fäulnisprozesse im Innern würden die haspelfähige Seidenfaser derartig ungünstig beeinflussen, daß die Menge des Abfalls beim Haspeln der Kokons wesentlich erhöht würde.

Das Austrocknen erfordert eine sehr sorgfältige Überwachung, da eine zu plötzliche oder zu starke Erhitzung die Seidenfaser in ihrer physikalischen Beschaffenheit schwer beschädigen kann. Die Austrocknung geschieht daher besser bei niedriger Temperatur und längerer Einwirkungsdauer, als umgekehrt. Man beginnt meistens mit niedriger Temperatur, etwa 40° C, und steigert sie gegen das Ende plötzlich auf 95° C. Ebenso ist es erforderlich, daß die Austrocknung mit strömender und sich stets erneuernder heißer bzw. kalter Luft geschieht, um die entweichende Feuchtigkeit gleich fortzuführen. Es ist daher gut, die Temperatur sowie den Feuchtigkeitsgehalt der Luft im Trocknungsapparat unter ständiger Aufsicht zu halten.

Nicht alle Kokons werden dieser Behandlungsweise unterworfen, sondern vorher wird eine Auslese derjenigen Kokons, welche zu Zuchtzwecken verwendet werden sollen, vorgenommen, wie dieses ja bereits im Abschnitt über die Seidenraupenzucht ausgeführt worden ist.

Das Abtöten der Kokons, welches schon in den ältesten Zeiten vorgenommen wurde, geschieht auf die verschiedenste Weise.

Die einfachste Methode, die in den ursprünglichen Erzeugungsländern, z. B. China, von jeher und auch noch heute vielfach Anwendung findet, besteht darin, daß man die Kokons der intensiven Hitze der Tropensonne aussetzt. Abgesehen davon, daß dieses Verfahren von der Jahreszeit abhängig ist, bietet es aber auch insofern Schwierigkeiten, als eine ganze Anzahl Puppen diese Behandlungsweise übersteht und durch Ausschlüpfen des Schmetterlings ein Teil der Kokonernte unbrauchbar gemacht wird.

Ein ähnlich primitives Verfahren besteht darin, daß man die Kokons auf Tücher ausbreitet, die sich über Töpfen oder Schalen mit kochendem Wasser befinden.

Heute ist man dazu übergegangen, die Kokons in geeigneten Apparaten durch Hitze zu töten. Man bedient sich hierzu entweder der einfachen Erhitzung oder des Wasserdampfes oder des überhitzten Dampfes.

Im ersten Falle verwendet man einen glühenden Ofen oder Backofen, ein primitives Verfahren, das schon in der ältesten Zeit bei den Chinesen und Japanern üblich war. Auch findet man gemauerte Kammern mit doppelter Wandung, zwischen denen die Feuerung bzw. die heißen Brenngase herstreichen.

Abb. 43. Fahrbarer Ofen.

In Europa baut man Öfen, die in einem Wagen eingebaut und mit einer auswechselbaren Trockenhürden-Einrichtung ausgestattet werden. Diese gestatten nicht nur die Behandlung von mehreren tausend Kilos von Kokons, sondern können auch gleichzeitig von einer zur anderen Erntestätte gefahren werden. Derartige Apparate sind von Vareille und Baretta konstruiert worden.

Da dieses Arbeiten mit trockner Hitze aber die Gefahr des Überhitzens nicht ausschließt, wodurch leicht das wertvolle Material an seiner Dehnbarkeit und Festigkeit Einbuße erleidet, ging man dazu über, das Dörren der Kokons in luftdicht schließenden Kästen vorzunehmen, welche in einen Behälter gestellt wurden, der mit heißer Luft oder mit Dampfschlangen erhitzt wurde. Nach einem Verfahren von Fontana und Giraud tauchte man die mit den Kokons beschickten Kästen oder Röhren in siedendes Wasser und beließ sie eine Stunde darin. Diesem Verfahren haftet aber der Übelstand an, daß das in dem Körper der Seidenpuppe vorhandene und verdampfende Wasser nicht entweichen konnte und beim Kondensieren einzelne Kokons annetzte und so Flecken hervorrief, was eine spätere Auslese dieser fleckigen Kokons nach dem Dörren erforderte. Der Vorteil dieses Verfahrens, daß die Kokons sich besser abhaspeln ließen als die mit direkter Ofenhitze behandelten Kokons, welche leicht brüchig werden, wurde durch diesen Übelstand nahezu aufgehoben.

Das beste Verfahren, wenn man sich der trockenen Hitze zum Abtöten der Puppen bedienen will, besteht jedenfalls darin, daß man die Kokons in entsprechenden Apparaten mit einem Heißluftstrom von etwa 70 °C eine halbe Stunde behandelt, und zwar mit der Vorsicht, daß die Eigenfeuchtigkeit der Kokons nicht wesentlich beeinträchtigt wird.

Es haftet aber der Verwendung trockner Erhitzung bei nicht genügender Beobachtung stets der Übelstand an, daß die Kokons leicht überhitzt werden und dadurch sich bei dem späteren Abhaspeln des Seidenfadens Schwierigkeiten durch Brüche einstellen.

Für das Verfahren des Tötens der Puppen mittels Wasserdampf kommen Apparate von Gensoul und Chatauneuf sowie von Baretta in Frage. Das Verfahren hat wohl den Vorzug, die Puppen schnell und restlos zu töten, aber den großen Nachteil, daß die Kokons zu feucht und daher bei der späteren Verarbeitung leicht schimmelig werden und verderben. Man hat diese Nachteile auszuschalten versucht, indem man eine sofortige Trocknung durch Ausbreiten der Kokons in dünnen Schichten in gut ventilierten Räumen und durch häufigere Umlagerung derselben vornahm.

Die dritte Art der Tötung der Puppen mittels überhitzten Dampfes entstand aus den Versuchen, die Nachteile der oben geschilderten Verfahren zu überwinden, und stellt jedenfalls heute eine viel gebräuchliche Form der Kokonsdörrung dar. Auch hier sind die verschiedenartigsten Apparate konstruiert worden, so von Van der Schuijt, Gauthier und Boniol. Das Grundprinzip dieser Konstruktionen ist, in den Apparat, der mit den Kokons gefüllt ist, Wasserdampf einzublasen oder zu erzeugen und diesen Dampf durch Heizung des Raumes zu überhitzen. Durch entsprechendes Absaugen des Wasserdampfes wird dann die überschüssige Feuchtigkeit entfernt.

Ein derartiger Apparat nach Gauthier besteht aus einem Schrank mit doppelter Wandung, zwischen der heiße Luft zirkuliert. Am Boden befinden sich mehrere Rohre mit sehr feinen Düsen, durch welche Wasserdampf in den Behälter tritt. Durch diese Anordnung wird bezweckt, eine Verdichtung des Dampfes und ein Herabtropfen von Kondenswasser auf das Dörrgut zu verhindern. Ferner ist am Apparat ein Ventilator angebracht, welcher den überhitzten Dampf absaugt, während die nachdrängende Luft durch Hindurchgehen durch erhitzte Rohre genügend vorgewärmt wird, um die Innentemperatur nicht abzukühlen. Dadurch hält sich die Innentemperatur auf etwa 80 bis 85 ^{0} C und behält so viel Feuchtigkeit, daß der Seide die notwendige Dehnbarkeit erhalten bleibt.

Bei dem Apparat von Boniol wird durch eine doppelte Düse ein Dampfstrahl und kalte Luft in den Apparat gepreßt. Dieses Gemisch wird durch Hindurchleiten durch erhitzte Röhren von der überschüssigen Feuchtigkeit befreit und geht jetzt kontinuierlich durch den Apparat, in dem sich die Kokons befinden. Dieses Arbeiten mit überhitztem Dampf soll einmal den Vorteil großer Arbeitsleistung haben, indem das Abtöten der Puppen in 15 bis 20 Minuten erledigt ist, sodann aber soll die Elastizität des Seidenfadens in einer für den nachfolgenden Spinnprozeß günstigen Weise beeinflußt und Schädigungen der Kokons durch Überhitzen oder Fleckigwerden der Ware vermieden werden. Auch bei diesem Verfahren darf man eine nachfolgende Auslese der Kokons auf fleckig gewordene Kokons nicht außer acht lassen.

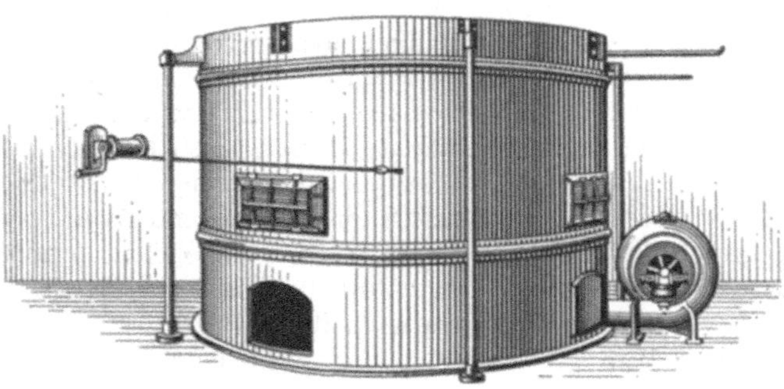

Abb. 44. Apparat zum Dörren der Kokons von Dubini.

Ein namentlich in Italien gebräuchlicher und vom Verfasser in den verschiedensten Filanden angetroffener Apparat zum Dörren der Kokons ist derjenige von Dubini nach dem Patent Bianchi, Dubini und Kachel. Wie aus den Abbildungen ersichtlich ist, besteht derselbe aus einem großen runden Kessel, in dem sich eine in vier Fächer geteilte, um ihre Mittelachse drehbare Trommel befindet, von etwas kleineren Ausmaßen als der Kessel selbst. Außerdem befindet sich an dem Kessel eine Vorrichtung zum Einblasen heißer Luft, sowie Türen zur Entnahme der ausgetrockneten Kokons. Die Arbeitsweise des Apparates ist aus der schematischen Zeichnung des Apparates leicht zu ersehen.

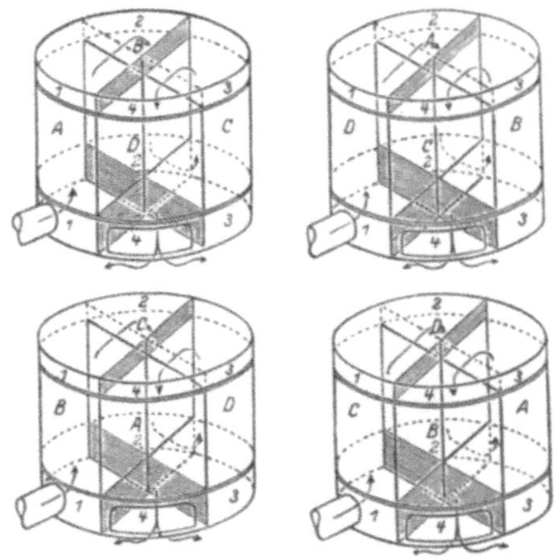

Abb. 45. Schematischer Riß des Apparates von Dubini.

Wenn die vier Abteilungen *a* bis *d* mit den frischen Kokons gefüllt sind, wird in die Kammer *a* die heiße Luft von 80 bis 95 bis 100 ° C eingelassen. Sie strömt von der Kammer *a* in die Kammern *b*, *c* und *d*, und zwar in der Weise, daß das Kokonsgut in allen Kammern gleichmäßig durchströmt wird, dieses geschieht in der Weise, daß die Luft abwechselnd von oben oder von unten her in die verschiedenen Kammern eintritt. Einerseits erniedrigt sich die Temperatur der durchströmenden Luft von Kammer zu Kammer, belädt sich aber mit Feuchtigkeit aus den Kokons mehr und mehr. Andererseits aber werden die Kokons allmählich ausgetrocknet. Die Heißluft tritt, nachdem sie die vier Kammern passiert hat, am Grunde der letzten Kammer ins Freie. Hat man jetzt die heiße Luft vier Stunden durch die Kammern strömen lassen, so dreht man die innere Trommel um die Länge eines Faches weiter, so daß jetzt der Inhalt der Kammer *b* von der Heißluft durchströmt wird. Dieses wiederholt man nach je weiteren vier Stunden so lange, bis die Kammer *a* sich vor der Kammer mit dem Heißlufteintritt befindet. Dann entleert man die Kammer *a* und füllt sie mit frischen Kokons. Der ganze Prozeß dauert also 16 Stunden, bzw. alle 4 Stunden wird ein Sektor des Kessels entleert und neu gefüllt. Die Größe der Apparate ist derart bemessen, daß die Tagesleistung dieser Dubinischen Apparate zwischen 10 bis 2500 kg Kokons beträgt. Die Apparate haben den großen Vorteil, daß einmal durch die vierstündige Heißlufteinwirkung von 95 bis 100 ° die Kokons sicher abgetötet werden und daß durch die folgende zwölfstündige Behandlung mit mehr oder weniger feuchter Luft dem Seidenfaden des Kokons Gelegenheit gegeben wird, seine natürliche Feuchtigkeit und dem-

Abb. 46. Apparat zum Austrocknen der Kokons nach Chiesa.

entsprechend Dehnungsfähigkeit wieder auszugleichen. Außerdem eignen sich diese Apparate auch tadellos zum Austrocknen und Konservieren, wobei man die Zeitdauer bedeutend herabmindern kann.

Ein anderer Apparat zum Töten und Austrocknen der Kokons ist der nach dem Patent von Carlo Chiesa von der Firma Societá-Caimmi und Bonifaci, Mailand, erbaute. Auch dieser Apparat findet sich in zahlreichen Filanden vor. Seine Arbeitsweise ist aus umstehender Abbildung leicht ersichtlich.

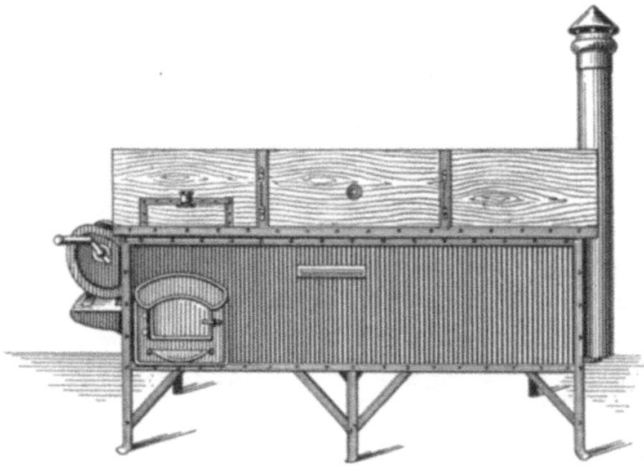

Abb. 47. Apparat zum Rösten der Kokons. Typ. Agreste.

Er besteht aus einer wagerecht gelagerten drehbaren sechs- bis zwölfeckigen Trommel, welche eine entsprechende Anzahl von Fächern aufweist. In diese Fächer wird ein Heißluftstrom hineingedrückt, der dann ebenfalls von Kammer zu Kammer hindurchdringt und das Austrocknen der Kokons in einer Zeitdauer von etwa 10 Stunden besorgt. Die Arbeitsleistung beträgt je nach Größe 500 bis 1500 kg.

Ein weiterer von der gleichen Firma erbauter Apparat zum Austrocknen, der sog. Agreste, dessen Einrichtung aus der Abbildung hervorgeht, zeichnet sich durch seine leichte Transportfähigkeit aus. Er ist eigentlich nichts weiter als ein herdförmiger Ofen, über dessen Heizfläche sich ein herausnehmbarer Behälter aus Drahtgeflecht zur Aufnahme der Kokons befindet. Seitlich ist ein Ventilator angebracht, durch den die feuchten Dämpfe abgesogen werden. Die Arbeitsleistung dieser Apparate beträgt etwa 200 kg Kokons in 24 Stunden. Erwähnt sei noch das durch Brit. Pat. 204286 (4/5. 23) Kobori und Kwaisha, Japan geschützte Verfahren[1]). Der dazu nötige Apparat besteht aus einem Ofen mit zwei Kammern, in dem sich rotierende Führungsbänder befinden. Die obere Kammer wird durch eine in ihr befindliche Heizanlage erhitzt, in die untere Kammer wird von außen heiße Luft eingeblasen. Vor der unteren Kammer befindet sich eine dritte Kammer, in welche die aus dem Ofen strömende Heizluft hineingedrückt wird und so zum Austrocknen frischer Kokons dient.

Abb. 48. Derselbe Apparat von der Seite gesehen.

[1]) Melliands Textil-Ber. 1924, S. 276, Patentbericht.

Außer diesen wohl gebräuchlichsten Verfahren der Abtötung der Seidenlarven durch Hitze gibt es noch eine ganze Reihe anderer, welche darauf begründet sind, die Gefahren einer zu starken Erhitzung und dadurch bedingten Schädigung des Seidenfadens zu verhüten.

Hierzu gehören in erster Linie diejenigen, welche auf Anwendung von chemischen Präparaten zur Abtötung beruhen. Hier ist an erster Stelle das Arbeiten mit gasförmiger schwefliger Säure nach Vinzent zu nennen. Durch die Einwirkung dieses Gases werden die Puppen sicher getötet, aber diese Einwirkung erstreckt sich auch auf die Zusammensetzung der Seidensubstanz. Der Seidenleim wird verändert, der Kokon verliert an Gewicht, die Ausbeute an spinnbarer Seide wird verringert und der Abfall vermehrt, ja bei nicht sachgemäßer Handhabung werden die Kokons derartig verändert, daß sie überhaupt nicht mehr gehaspelt werden können. Außerdem liegt die Gefahr vor, daß durch Oxydation im Zusammenhang mit der Feuchtigkeit Schwefelsäure entsteht, die direkt zerstörend auf die Seidensubstanz einzuwirken vermag.

Auch die Verwendung von Ammoniak (Polo) oder Schwefelwasserstoff gewährleistet ein sicheres Abtöten der Puppen, aber die Geruchsbelästigung und die gesundheitsschädlichen Gefahren beim Arbeiten mit diesen Gasen haben der allseitigen Einführung entgegengestanden. Das gleiche gilt von der Anwendung von Kohlensäure (Gauthier), Kampfer (Bouisson) und Eintauchen in Alkohol (Caire) oder sogar in alkoholische Quecksilberchloridlösung (Lamonta), ganz abgesehen davon, daß diese Verfahren ein sicheres Abtöten der Puppen nicht gewährleisten.

Das D. R. P. 451363 von B. Löwe, Zürich, 1923 schützt ein Verfahren zum Töten der Seidenraupen, dadurch gekennzeichnet, daß die Kokons in ein Bad von alkalischen oder erdalkalischen Lösungen, neutralen, alkalischen oder sauren Salzen, mineralischen oder organischen Säuren, von in Alkohol emulgiertem Öl oder sulfurierten Ölen, kurze oder längere Zeit eingetaucht werden, je nach der Konzentration und Temperatur des Bades. Auch läßt sich hierbei Druck oder Vakuum verwenden. Die so behandelten Kokons werden in Trockenvorrichtungen bei einer Temperatur von 30 bis 50° C getrocknet. Als Salze kommen in Frage Natriumazetat, Natriumformiat, Zinkazetat, Ammoniumsulfat, Magnesiumsulfat, ferner Salzsäure, Essigsäure, Milchsäure usw.

Durch Kohlenoxyd werden nach Versuchen Francezons[1]) die Raupen nur betäubt und nicht abgetötet. Nach G. Bertrand[2]) soll sich gasförmiges Chlorpikrin, welches bei 20° C in kleinen Mengen verwandt wird, sehr gut zum einwandfreien Abtöten der Puppen eignen.

Man ersieht aus dieser kurzen Übersicht, daß die Verwendung von Chemikalien zur Abtötung der Puppen bisher keineswegs Ergebnisse gezeitigt hat, die eine allgemeine Einführung gutheißen können, zumal auch in den meisten Fällen die Seide an Glanz und äußerer Beschaffenheit wesentliche Einbuße erlitt. Ein besonderes Verfahren zum Abtöten der Puppen, dessen Einführung in die Praxis wegen der zu überwältigenden Schwierigkeiten aber kaum angängig sein wird, wurde von J. de Loverdo[3]) beschrieben, nämlich das Abtöten bei einer Temperatur von 0 bis —8° C vorzunehmen. Bei einer Einwirkungsdauer von etwa einem Monat soll ein sicheres Abtöten der Puppen gewährleistet sein, und die Kokons sollen sich leicht und rein abhaspeln lassen.

---

[1]) Francezon: Etude sur les étouffoirs chimiques. Lyon 1880.

[2]) Bertrand G.: Dt. Färber-Zg. 1905, S. 13.

[3]) Loverdo J. de: Umschau 1924, S. 757.

Übrigens wurden bereits 1879 von Dr. Colosanti ähnliche Versuche durchgeführt. Er arbeitete mit Temperatur von — 10 bis 12° mit einer Einwirkungsdauer von zwei Tagen.

Zum Schluß sei noch ein Verfahren angeführt, die Puppen durch abwechselnde Luftverdünnung und Luftdruck bei gewöhnlicher Temperatur oder in der Hitze zu töten. Die Erfolge sollen gute gewesen sein; aber für die Praxis ist das Verfahren ohne Bedeutung geblieben, zumal auch Bedenken laut geworden sind, daß durch die fehlende Durchlüftung Schwierigkeiten entstehen würden.

3. Das Konservieren der Kokons.

Die Lagerung der getöteten und ausgebreiteten Kokons erfordert sehr sorgfältige Aufsicht. Die getrockneten Kokons, die evtl. noch sortiert worden sind, werden in Säcken von etwa 50 kg Inhalt übereinandergeschichtet und in trockenen und mit guter Durchlüftungsvorrichtung versehenen Kammern aufbewahrt. Durch häufige Kontrolle wird festgestellt, daß der Zustand der Kokons einwandfrei ist. Ist dieses nicht der Fall und treten Schimmelbildungen auf, so bleibt nichts anderes übrig, als die Behandlung in einem der Dörrapparate (Dubini) zu wiederholen. Desinfizierung mit schwefliger Säure oder Formalin wird weniger angewandt.

Ein sehr gefährlicher Feind der Seide bei der Lagerung ist ein kleiner Käfer, Dermestes Lardarius, bzw. dessen Larve, welche die Kokons durchbohrt, teilweise an mehreren Stellen. Dieser Parasit ist einer der lästigsten Schädlinge, der nicht nur die Kokons heimsucht, sondern auch die fertig gehaspelten Rohseiden. Der Kampf gegen dieses Insekt ist um so schwieriger, als es nicht nur in der Seide nistet, sondern auch in dem Holz der Aufbewahrungsräume, und man andererseits zur Vertilgung der Dermestes sich nur solcher Mittel bedienen darf, welche die Seide nicht angreifen können. Man wird zuerst darauf bedacht sein, nach Möglichkeit alles das zu entfernen, was das Insekt anlockt, also die fleckigen, schimmeligen und irgendwie beschädigten Kokons. Ebenso wird man durch geeignete Maßnahmen dafür sorgen, daß die Weiterverbreitung durch Verschleppung von einem Raum in den anderen nach Möglichkeit vermieden wird. Wände und Holzteile werden mit Desinfektionsmitteln bestrichen, um ein Eindringen des Käfers zu verhüten. Ist das Tier einmal vorhanden, so sucht man es auf alle mögliche Art zu vertreiben, durch Legen von Kampfer, Naphthalin, Insektenpulver, Tabakstaub oder Terpentinöl mit Schwefelkohlenstoff, allerdings mit zweifelhaftem Erfolg, so daß auch hier nichts weiter übrigbleibt, als seine Zuflucht zu einer Wiederholung des Dörrens zu nehmen. Vielfach schützt man sich in der Weise vor dem Insekt, daß man die Waren, sowohl Kokons wie gehaspelte Seide, in Metallbehältern mit hermetischem Verschluß aufbewahrt. In der Neuzeit wird schon bei der baulichen Einrichtung eines Lagerraumes alle Vorsicht getroffen, um das Eindringen dieses Schädlings zu vermeiden.

Jedenfalls vermag man aus diesen Ausführungen zu ersehen, daß die Lagerung der Seide, sei es der Kokons oder der Rohseide, sei es der Seidengewebe oder der Seidenabfälle, eine Frage ist, der man große Aufmerksamkeit zu schenken hat.

IV. Vorbereitung der Kokons zum Spinnen.

Sind die Puppen abgetötet und die Kokons ausgelesen, so kann mit der eigentlichen Gewinnung der Rohseide, dem Abhaspeln der Kokons, begonnen werden.

Die Gewinnung der Rohseide wird in der Praxis fälschlich als „Spinnprozeß" bezeichnet. Um aber keine Verwirrung aufkommen zu lassen, zumal der Handel unter Abhaspeln der Seide auch die Titerbestimmung der Seide versteht, soll im folgenden die Gewinnung der Rohseide auch als Spinnen bezeichnet werden.

Die Kokons als solche abhaspeln zu wollen, wie sie nach dem Abtöten der Larven sind, würde ein fruchtloses Beginnen sein. Dem Spinnprozeß gehen zwei vorbereitende Vorgänge voran, nämlich einmal das Einweichen der Kokons, um den die Fäden verklebenden Seidenleim zu erweichen und zu lösen, und zweitens das Entfernen der oberen Kokonhülle, der Flockseide, durch das Schlagen erzielt wird. Namentlich das Einweichen des Kokons spielt eine sehr große Rolle, nicht nur bei der eigentlichen Arbeit des Spinnens, sondern auch um einen Rohseidenfaden von guter äußerer Beschaffenheit (Glanz und Gleichmäßigkeit) und von guter Dehnungsfähigkeit und Festigkeit zu erzielen.

Die eben erwähnten beiden Vorbehandlungsprozesse ermöglichen, daß der Faden gefaßt und abgehaspelt werden kann. Dieses Ziel wird erreicht durch Verwendung von Wasser. Es ist aber unbedingt erforderlich, einen kurzen Überblick über die zu stellenden Anforderungen und die Vorteile oder Nachteile der verschiedenen Wässer zu geben, bevor mit der Beschreibung der Behandlungsweise selbst begonnen wird.

1. Beschaffenheit des Wassers.

Wie in vielen anderen Betrieben, so spielt auch bei der Herstellung der Rohseide das während des Spinnprozesses verwandte Wasser eine ganz hervorragende Rolle und zwar sowohl was seine Beschaffenheit und Zusammensetzung als auch, was die Temperatur anbetrifft.

Was die Beschaffenheit des Wassers anbelangt, so sind es hauptsächlich drei Punkte, welche bei der Rohseidengewinnung in Frage kommen, nämlich die Reaktion und die Härte des Wassers, weiter ist das Fehlen jeglicher Schwebestoffe erste Bedingung. Die Seide adsorbiert jede derartige Trübung des Wassers und es entstehen vollständig glanzlose Seiden. Ist die Bildung der Trübstoffe auf einen Tonerdegehalt zurückzuführen, so wird das Gefühl der Seide weich und stumpf. Bestehen sie gar aus Eisenoxyd, dann sind Rostbildungen und direkte Schädigungen der Faser zu erwarten. Ebenso bleibt auch die gelbe Färbung eines Wassers durch gelöste organische Stoffe nicht ohne Einfluß auf die Farbe der gesponnenen Seiden. Selbstverständlich machen direkt anormale Bestandteile, wie insbesondere Salpetersäure, Ammoniak, Eisen, Mangan, größere Mengen Kohlensäure, Huminsäuren, Magnesiumchlorid u. a. m. auch bei dieser Industrie das Wasser unbrauchbar.

Alkalische Reaktion kann Ursache sein, daß die Seiden trübe werden und den Griff verlieren, daß der Bastverlust erhöht wird und schließlich die physikalischen Eigenschaften, Stärke und Dehnbarkeit, sehr beeinträchtigt werden. Alkalisches Wasser läßt sich mit einem Chrysalidenauszug korrigieren, da derselbe geringe Mengen Säuren enthält. Aber auch ein Zusatz von Gipswasser hat neutralisierende Eigenschaften. Die letzteren Zusätze dürfen aber natürlich nur unter entsprechender Aufsicht der Betriebsleitung vor sich gehen.

Mitunter ist die Alkalinität erforderlich und man fügt direkt Alkalien hinzu, weil hierdurch die Lösungsfähigkeit des Wassers beim Einweichen der Kokons erhöht wird. Man benutzt diesen Zusatz bei einzelnen frischen Kokons oder auch bei Satinés, namentlich aber auch bei Kokons mit harter Schale, ferner bei zu stark ausgetrockneten oder mit Formalin konservierten Kokons.

Die Härte eines Wassers spielt wohl mit die Hauptrolle bei seiner Beurteilung auf Brauchbarkeit für die Gewinnung der Rohseide.

Ein weiches Wasser wirkt lösend auf die Chrysalidensubstanz ein, wobei das Wasser sauer wird. Ein längerer Gebrauch eines derartig mit diesen Stoffen angereicherten Wassers beeinflußt die Seide ungünstig, sie wird flusig, grifflos und nimmt eine braune Farbe an, teilweise sogar eine schmierige Beschaffenheit. Wasser, welches wenigstens etwas Kalksalze enthält, wirkt dagegen auf die Farbe der gelben Seide gut ein, während harte Wässer wieder umgekehrt den Farbstoff ungünstig beeinflussen. Daß sehr weiches Wasser die Seide ungünstig beeinflußt, ist mehrfach bestätigt worden. Man nahm früher an, daß weiche Wässer mehr Stoffe aus den Kokons herauslösen als harte Wässer und so Hand in Hand mit diesem Substanzverlust sich auch die physikalischen Eigenschaften des Seidenfadens verändern, und zwar zu ihrem Nachteil. So führten z. B. de Bernardi[1]) und später Francezon[2]) aus, daß destilliertes Wasser das beste Einweichwasser sein müßte und daß bei einer derartigen Arbeitsweise das Äußere der Seide, namentlich ihr Glanz, sehr günstig beeinflußt würde. Diese Annahme wird von Quajat[3]) widerlegt durch den Nachweis, daß die Festigkeit und Dehnbarkeit einer Seide, mit destilliertem Wasser eingeweicht, geringer wurde als diejenige einer Seide, bei deren Einweichung Wasser von sechs Härtegraden verwandt worden war. Aus den ausführlichen Untersuchungen von Gabba und Textor[4]) und anderen Autoren ist zu entnehmen, daß der Gehalt des Einweichwassers an Kalk und Magnesiumsalzen, wie überhaupt an Salzen, für die mehr oder minder gute Abwindbarkeit des Rohseidenfadens eine sehr große Rolle spielt. Genannte Autoren haben Härteunterschiede von 4 bis 20° zu ihren Versuchen herangezogen und schlagen vor, zu weiche Wässer durch künstlichen Zusatz von Härtebildnern härter zu machen.

Durch die Verbindung der die Härte bedingenden alkalischen Erden mit dem Chrysalidenfett entstehen unlösliche Kalkseifen, die nicht nur dem Faden ein unansehnliches Äußere verleihen, sondern auch die dynamometrischen Eigenschaften der Seiden ungünstig beeinflussen. Andererseits ist hartes Wasser imstande, prozentual mehr aus der Seide herauszulösen, als dieses bei Verwendung von weichem Wasser der Fall ist. So führt z. B. Prof. Colombo in einer Versuchsreihe aus, daß Kokons mit destilliertem Wasser bei einer Temperatur von 90° C etwa eine Stunde behandelt 4,40% an wasserlöslicher Substanz verlieren, während die gleichen Kokons mit einem Wasser, welches 0,5 g Kalziumkarbonat in einem Liter enthielt, behandelt, einen Substanzverlust von 5,96% aufwiesen. Ein Wasser mit 0,5 g Magnesiumkarbonat im Liter löste bei derselben Behandlungsweise 5,11% wasserlösliche Substanz aus den Kokons heraus.

Ferner ist zu beachten, daß hartes Wasser in den Einweich- und Haspelbecken, welche mit direkten Dämpfen geheizt werden, leicht Abscheidungen entstehen läßt, welche ihrerseits wieder auf die Seide gelangen und das Äußere der Seiden bezüglich Glanz und Farbe wesentlich beeinflussen.

Diese eben geschilderten drei Momente, welche bei der Beurteilung eines Wassers für Spinnzwecke beobachtet werden müssen, sind aber nicht nur wegen der direkten Einwirkung zu beachten, sondern auch aus dem Gesichtspunkt heraus, daß durch alle drei zusammen der ganze Haspelbetrieb als solcher beeinflußt wird. Nicht nur die Dauer des Einweichens, des Schlagens, die Temperatur,

---

[1]) Bernardi: Filiamo lavona seta Torrino 1886.
[2]) Francezon: Moniteur des soies 1890.
[3]) Quajat: Bolletino mensile di Bachicoltura S. 128, 148, Padowa 1888.
[4]) Gabba und Textor: Ber. d. dtsch. chem. Ges. Bd. 12, S. 17.

die Länge der Torta hängen mit diesen drei Eigenschaften des Wassers zusammen, sondern auch die ganze Produktion insofern, als die Schnelligkeit des Aufhaspelns des gesponnenen Fadens hiervon abhängt.

2. Verwendung des Wassers.

Aber nicht nur die Beschaffenheit des Wassers selbst spielt eine Rolle, sondern auch die Art und Weise bzw. die Zeitdauer, wie das Wasser verwandt wird. Durch Verwendung eines mit Chrysalidensubstanzen angereicherten Wassers wird wohl der Bastverlust vergrößert, die dynamometrischen Eigenschaften des Seidenfadens werden aber etwas verbessert. Als nachteilig ist zu bemerken, daß einmal das Übermaß an Fremdstoffen auf der Seide so vergrößert werden kann, daß es teilweise als unerlaubte Erschwerung angesehen werden muß; andererseits nehmen die Seiden vielfach aber auch einen unangenehmen Geruch an, ganz abgesehen davon, daß der Glanz der Seide leidet. Wird dagegen das Wasser beim Spinnprozeß, also beim Einweichen, Schlagen und Spinnen stets wieder erneuert, dann ergeben sich insofern Vorteile, als die Seiden nicht an Farbe, Gefühl, Glanz und äußerer Beschaffenheit verlieren.

Nach Gianoli ist z. B. das Spinnen aus frischem oder mehrfach gebrauchtem Haspelwasser insofern von Einfluß, als Seiden, mit stets erneuertem Wasser gehaspelt, nur 18,85% Bastverlust aufweisen, während Seiden, in nicht stets frischem Wasser gehaspelt, 22,63% Bastverlust hatten. Auch beim einfachen Behandeln mit heißem Wasser waren die entsprechenden Verlustziffern 0,18% bzw. 3,83%. Daher ist man auch in Italien zur Vorschrift übergegangen, daß Seiden nicht mehr als 1,5% von in Wasser löslichen Stoffen enthalten dürfen [Jos. Sponar[1])].

Es hat in dieser Streitfrage der Kampf hin und her gewogt, und es hat an den verschiedensten Vorschlägen bezüglich günstiger Beschaffenheit des Einweichwassers nicht gefehlt. Heute darf man es wohl als durchgängig üblich hinstellen, weiches und möglichst reines Wasser zu verwenden, welches häufig zu erneuern ist oder durch ständiges Zufließenlassen frischen Wassers fortdauernd erneuert wird.

Hierzu trug übrigens ein anderer Umstand noch mit bei, der immerhin noch für die Notwendigkeit einer besonderen Beschaffenheit des Einweichwassers für Spinnzwecke spricht.

Es ist eine Erfahrung der Praxis daß bereits die Alkalinität des Einweichwassers der Seide unzuträglich ist, indem die allgemeinen Eigenschaften derselben dadurch in Mitleidenschaft gezogen werden. Diese Alkalinität des Wassers welche durch die temporäre Härte bzw. durch die Bikarbonate der akalischen Erden veranlaßt wird, ist von jeher in der Praxis dadurch aufgehoben worden, daß man dem Wasser einen Zusatz gab, indem man eine Anzahl der vom Abhaspeln übrigbleibenden Puppenreste (Chrysaliden) zerrieb und diese gelbe trübe Flüssigkeit dem Wasser beimischte. Diese Chrysaliden enthalten außer Fett, Leim und Eiweißstoffen eine eigenartige wasserlösliche Säure, welche nach Rotondi[2]) als Harnsäure anzusprechen ist. Diese Säure hebt nicht nur die Alkalinität des Wassers auf, sondern wirkt auch als solche auf die Eigenschaften der Seide günstig ein. Bei besonders harten Wässern bilden sich jedoch Trübungen, welche sich auf den Seidenfaden setzen und das Äußere desselben unansehnlich grau und glanzlos machen. Dieses schadet aber insofern nicht, als nur der Seidenbast in dieser Richtung in Mitleidenschaft gezogen wird, während

[1]) Sponar Jos.: Z. ges. Textilind. 1924, S. 5.

[2]) Rotondi: Sull' influenza della qualita delle aque usate nella tratura dei bozzoli. Roma 1890.

das eigentliche Fibroin nach dem Abkochen seinen Glanz wieder in unveränderter Weise zeigt. Ferner übt diese allgemein als „Puppensäure“ angesprochene Verbindung auch insofern beim Einweichen auf die Kokons einen günstigen Einfluß aus, als der Verlust an Seidenleim ein geringer sein soll.

Dieses Verfahren hat sich heute aber nahezu überlebt, und man ist dazu übergegangen, nur reines, allerdings seiner chemischen Zusammensetzung nach für den Einweichprozeß vorteilhaftes Wasser zu verwenden. Der Handel bevorzugt eben eine schon äußerlich einwandfreie und glänzende Ware, ganz abgesehen davon, daß diese Arbeitsweise, wie schon erwähnt, vielfach dahin ausartete, daß durch den Überzug mit Kalksalzen und Puppenfett eine unzulässige, wenn nicht betrügerische künstliche Beschwerung der Ware herbeigeführt wurde.

Ein weiteres äußerst wichtiges Moment beim Haspeln ist die Temperatur des Wassers beim Einweichen, beim Bürsten und beim Spinnen. Die Temperatur des Wassers im Spinnbecken wechselt von 45 bis 70 ° und schwankt, je nach der Beschaffenheit und chemischen Zusammensetzung des Wassers, nach der Art der Kokons und nach der Schnelligkeit des Haspelumlaufes. Vielfach zieht man vor, die Temperatur beim Schlagen zu erniedrigen und beim Spinnen zu erhöhen. Eine zu große Temperaturerhöhung vermindert den Glanz und die Farbe des Fadens und kann Anlaß werden zu Bildung von Schleifen, Duvet und anderen Fehlern des Fadens. Im Gegensatz hierzu bedingt die Temperaturerhöhung eine Verbesserung der Elastizität, wie aus nachfolgender Tabelle nach Versuchen von Dr. Colombo, Mailand, hervorgeht.

Rasse	Haspelung bei 40° Elastizität	Haspelung bei 65° Elastizität
Chinesische Kreuzung	204	228
„ „	209	221
Gelbe Italiener	205	240
„ „	226	230
„ „	226	245
„ „	233	243

Durch höhere Temperatur im Spinnbecken ist eine bessere Erweichung der Kokons und dadurch ein schnellerer Lauf des Haspels gewährleistet. Allerdings darf die Temperatur des Wassers nicht so hoch gesteigert werden, daß es ins Wallen gerät, weil hierdurch das Abhaspeln des Fadens wieder ungünstig beeinflußt werden kann.

Eine Frage, die schon oft aufgeworfen und Gegenstand zahlreicher Versuche gewesen ist, ist die nach der Möglichkeit, Seide in der Kälte zu spinnen. Da Abhaspeln in der Kälte hat insofern interessiert, als dadurch die Unkosten des Spinnbetriebes, namentlich das Heizen der verschiedenen Becken einerseits und der Entnebelungsanlagen andererseits, wesentlich herabgedrückt werden. Bei den Versuchen hat sich aber herausgestellt, daß das Spinnen in der Kälte ganz besonderer Verfahren bedarf, um den Seidenfaden zu lockern, und zwar der Anwendung von leichten Alkalien oder von Fermenten. Aber hierdurch wird die Klebkraft des erweichten bzw. im Wasser aufgelösten Seidenleims so stark beeinflußt, daß der erzielte Grègefaden Strecken aufweist, wo die einzelnen Fäden nicht mehr zusammengeklebt sind. Außerdem muß von Fall zu Fall mit dem Zusatz der erwähnten Substanzen gewechselt werden, da die einzelnen Kokons besondere Eigenschaften aufweisen und eine besondere Behandlungsart beanspruchen. Derartige Versuche, die Kokons in kaltem Wasser einzuweichen und die Wirkung durch Zusatz von chemischen Stoffen, wie Pottasche, Soda, Phosphat, Harn u. a. m. zu verstärken, sind von Giordona, Castelli, Zeno, Locatelli und anderen durchgeführt worden. Es haben aber diese Versuche zu keinem für die Praxis brauchbaren Ergebnis geführt, und man ist wieder zu dem Einweichen in heißem Wasser zurückgekehrt.

Neuerdings sind die Versuche, die Kokons kalt abzuhaspeln nach einem Verfahren von Ing. Löwe nach Mitteilung von G. Gallese[1]) verschiedentlich in der Praxis ausprobiert worden; aber auch diese Versuche haben zu keinem einwandfreien Ergebnis geführt, da die dynamometrischen Eigenschaften der so gesponnenen Seide zu wünschen übrig ließen, wenn auch die Ausbeute den zu stellenden Anforderungen genügte.

3. Das Einweichen der Kokons.

Einrichtung und Arbeitsweise beim Einweichen oder Kochen der Kokons sind sehr verschieden. Ursprünglich bediente man sich einfacher Schalen oder Kessel von einem Fassungsvermögen von etwa zehn Litern, sog. Kochpfannen, welche mit offenem Feuer geheizt wurden; bei kleineren Betriebsstätten mag dieses noch heute vielfach der Fall sein. Um die Hitze besser ausnutzen zu können und andererseits die Arbeitsweise ergiebiger zu gestalten, ging man aber bald dazu über, sich der Dampfheizung und größerer Wasserkästen zu bedienen.

Eine derartige Apparatur, die heute noch vielfach in Gebrauch ist, besteht aus einer Kochpfanne, in deren Mitte eine mit Schaufeln versehene Mittelachse angebracht ist, welche drehbar und mit einer Dampfzuleitung versehen ist. Durch feine Bohrungen tritt der Dampf aus dieser Achse in das in der Kochpfanne vorhandene Einweichwasser und erhitzt dasselbe. Ferner ist eine Einrichtung angebracht, damit das warme Wasser beständig von der einen Seite hineinströmt und an der anderen Seite wieder das Becken verläßt. Die Schaufeln drehen sich mit geringer Geschwindigkeit und befördern die in das Wasser geworfenen Kokons in einem bestimmten Zeitraum von einer Seite zur anderen, bzw. von unten nach oben, wo sie dann zur weiteren Verarbeitung entnommen werden.

Bedeutend einfacher geschieht vielfach das Einweichen, wenn die Kokons in siebartig gelochte Behälter geschüttet werden und diese in Wasserkästen, in denen das Einweichwasser durch Dampf zum Sieden erhitzt wird, in entsprechender Weise eingetaucht werden.

Es ist dieses wohl das Verfahren, das sich am meisten eingebürgert hat, weil es gestattet, die Prozesse des Einweichens und Bürstens miteinander zu verbinden. Es wird davon noch bei der Beschreibung des mechanischen Bürstverfahrens die Rede sein.

Die von Limel konstruierte Cuiseuse besteht aus einer mit Kokons gefüllten Glocke, in welche Dampf eingeleitet wird. Der Dampf wird künstlich feucht gehalten, indem durch zeitweilige Abkühlung des Apparates von außen der Dampf kondensiert wird und dann die Kokons einnetzt und aufweicht.

Das Patent von Dreyfous[2]) baut sich auf demselben Prinzip auf, indem die Kokons in dem besonderen Apparat mit Wasser und Dampf behandelt werden. Anschließend wird den Kokons das überschüssige Wasser durch Ausschleudern derselben in Netzsäckchen entzogen, wobei, als Hauptvorteil des Verfahrens, die Flockseide soweit gelockert wird, daß die Spinnerin gleich das Fadenende zu ergreifen vermag.

Erwähnt sei noch das Einweichverfahren von Serrel[3]), wobei das Einweichen mit kaltem Wasser vor sich geht, und zwar mittels einer Einrichtung,

---

[1]) Europäischer Seidenkongreß Juni 1927, Mailand.

[2]) Dreyfous: Franz. Pat. 55560. [3]) Serrel: Ital. Pat. 1267/1891.

durch welche das Einweichwasser stoßweise zu- und abfließt. Durch die hervorgebrachte starke Strömung wird so das ganze Gefüge der Kokons gelockert und das Abhaspeln ermöglicht.

Um die Kokonschale schnell mit dem Wasser zu durchdringen, kann man auch so verfahren, daß man die Kokons in kaltes Wasser wirft, dieses schnell zum Sieden bringt und durch Zusatz von kaltem Wasser wieder rasch abkühlt. Bei diesem plötzlichen Abkühlen soll sich das Wasser in die Kokons hineinsaugen und so ein schnelles Durchtränken mit Wasser gewährleisten. Der Erfolg soll aber in der Praxis ein negativer gewesen sein, die Seide büßte nicht nur an Glanz ein, sondern auch an Stärke und Elastizität. Nach anderen Versuchen soll es sich bewährt haben, die Kokons bei 30° C einzusetzen und die Wärmezufuhr langsam zu steigern.

Ist das Erweichen der Kokons schwierig, wie bei stark ausgetrockneten oder mit Formalin konservierten, sowie bei beschädigten oder beschmutzten Kokons, so ist ein geringer Zusatz von Alkalien in Form von Seife, Borax, Ammoniak, Natriumphosphat oder Soda erforderlich.

Die Kokons werden der Einwirkung des heißen Einweichwassers während einiger Minuten ausgesetzt. Es bedarf dazu der praktischen Erfahrung, eine genaue Zeitdauer kann nicht schematisch innegehalten werden, ein zu langes Einweichen beeinflußt die Farbe der Rohseide. Der Hauptzweck des Einweichens ist lediglich die Erweichung des Seidenleims, um das Fadengewirr zu lockern, keineswegs darf aber der Leim gelöst werden. Der Kokon muß beim Einweichen als solcher vollständig erhalten bleiben, es darf nicht etwa die Flockseide ganz oder teilweise abgelöst werden.

Beim Einweichen ist unerläßliche Bedingung, daß einmal eingeweichte Kokons stets anschließend weiter verarbeitet werden, da sie sonst schlechte Ausbeute und zuviel Abfall ergeben.

4. Das Schlagen der Kokons.

An das Einweichen der Kokons schließt sich das Schlagen oder Bürsten der Kokons („battage", „skopinatura"), wodurch die äußere Hülle der Kokons entfernt und der Anfang des Spinnfadens gefunden werden soll. Auch diese Prozedur wird in einem Becken mit heißem Wasser vorgenommen, und zwar in der Weise, daß die in das Becken geworfenen Kokons mit einem Reisigbesen leise geschlagen und in eine kreisende Bewegung gesetzt werden. Hierdurch wird ein Ablösen der Flockseide und auch der oberen lockeren Seidenfäden bewirkt, indem dieselben an den Reisern hängenbleiben, während die Kokons in Becken schwimmen. Die Hasplerin braucht dann nur den dazwischenhängenden Rohseidenfaden zu ergreifen, ihn von dem Abfall, den Strusen, zu lösen und weiter zu verarbeiten. Diese Arbeit erfordert Handfertigkeit und Geschicklichkeit seitens der Arbeiterin.

Eine Rolle spielt bei diesem Schlagen übrigens auch die Temperatur des Wassers. Während man für dickwandige Kokons bei einer Temperatur von 75° C arbeitet, geht man bei feineren Arten bis auf 50° C hinunter. Andererseits geht man bei den sog. klassischen Gespinsten beim Schlagen sogar auf eine Temperatur von 90 bis 100° C und erzielt dadurch einen äußert elastischen Faden, natürlich unter Berücksichtigung der betreffenden Spinntemperatur in dem Spinnbecken selbst. Um einen guten Erfolg beim Bürsten zu erzielen, ist es unbedingt erforderlich, daß die Kokons vorher bezüglich Größe und Rasse gut ausgesucht worden sind. Ist dieses nicht der Fall, so wird dadurch der Abfall in Form von Strusen erhöht. Der Abfallverlust kann 20 bis 25% betragen und man muß selbstverständlich darauf bedacht sein, ihn soviel wie möglich herunterzudrücken.

Man wird daher die Arbeit des Bürstens bezüglich Dauer und Stärke den Kokons anpassen und versuchen, den eigentlichen Spinnfaden möglichst nahe der Flockseide zu erfassen und so die Strusen möglichst zu vermindern.

Das Einweichen und Schlagen muß verschieden sein, je nachdem, ob neue oder alte, ob schwache oder harte oder ob Doppies zu verarbeiten sind.

Wenn auch noch heutzutage in sehr vielen Betrieben das Schlagen mit der Hand üblich ist, weil sich dadurch ein besseres Anpassen an die jeweiligen Eigenschaften der Kokons ermöglichen läßt, so besteht kein Mangel an Apparaten, welche die Handarbeit ersetzen und die Arbeitsleistung erhöhen sollen.

Das maschinelle Bürsten wurde 1871 von Giulio-Monguzzi aus Valmadrena eingeführt. Das Grundprinzip dieser Apparate besteht aus einer beweglichen, an einer Wellenachse angebrachten Zusammenstellung von bürstenartigen Vorrichtungen, aus Drähten, Borsten, Reisern usw. gebildet.

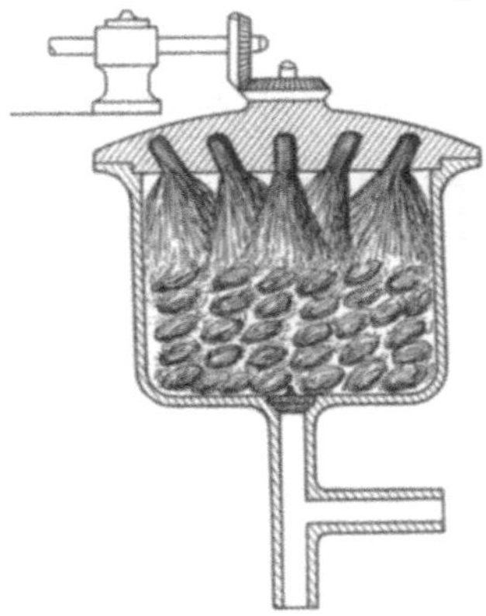

Abb. 49. Schematische Darstellung des maschinellen Bürstens.

Diese Vorrichtung ist über dem zur Aufnahme der Kokons bestimmten Becken angebracht und arbeitet in der Weise, daß die Bürsten meistens in rotierender Bewegung, in regelmäßigen Abständen auf die schwimmenden Kokons einen Schlag ausüben, sich allmählich aus dem Wasser herausheben und sich nach einer bestimmten Zeitdauer selbsttätig ausschalten. Das Hauptaugenmerk bei den zahlreichen Konstruktionen dieser Art ist darauf gerichtet, dem Schlag nur eine solche Stärke zu geben, daß eine Schädigung der Kokons ausgeschlossen ist. Dieses geschieht durch besondere Federungen nicht nur der einzelnen Schlagbürsten, sondern auch der verschiedensten Bewegungs- und Antriebsvorrichtungen.

Derartige Kokonschläger (batteuses mécaniques) sind von Nourrit und Coren, von Camel, von Coren-Buire, von Giretti[1]), von Bruno[2]), von Serrel[3]), von See[4]) und vielen anderen konstruiert worden, ihre Beschreibung würde im einzelnen zu weit führen. Eine ganze Reihe von anderen diesbezüglichen Apparaten suchen das eigentliche Schlagen überhaupt zu vermeiden, indem sie sich die Eigenschaft der Kokons zunutze machen, daß beim längeren Kochen derselben die Flockseide sich selbsttätig vom Spinnfaden ablöst.

Durch entsprechende Einrichtung wird auf die Kokons eine Reibwirkung ausgeübt, wodurch dann eine vollständige Entfernung der Flockseide erreicht wird. Wie aber bereits oben ausgeführt wurde, beeinflußt ein zu starkes oder zu langes Einweichen den Kokon insofern ungünstig, als sich der Seidenbast des Spinnfadens teilweise löst, anstatt nur zu erweichen, und so ein sehr unregelmäßiger Faden entsteht. Diesen Übelstand sucht Serrel[5]) in der Weise zu vermeiden, daß er die Einweichdauer herabsetzt, die Reibwirkung aber vergrößert. Der Apparat besteht aus einem mit Dampf heizbaren Kochbecken, an dessen Boden ein Abfluß mit einer Pumpvorrichtung angebracht ist, sie gestattet, das im Becken befindliche Wasser abzusaugen und wieder hineinzudrücken.

[1]) Giretti: Ital. Pat. 31418/1892. [2]) Bruno: Ital. Pat. 32437/1892.
[3]) Serrel: D.R.P. 40742. [4]) See: Zentralbl. Textilind. 1875.
[5]) Serrel: D.R.P. 39537.

In das Becken wird ein korbförmiger Einsatz aus weitmaschigem Drahtgeflecht eingesetzt, welcher so gebaut ist, daß das Geflecht über der Abflußöffnung einen im übrigen für sich herauszunehmenden Zylinder bildet; dadurch wird vermieden, daß die im Korb befindlichen Kokons durch Abfluß abgesogen werden. Die Arbeitsweise des Apparates ist leicht verständlich. Der Gitterkorb wird mit der entsprechenden Menge Kokons beschickt und in das Einweichbecken hineingesetzt. Jetzt wird durch die Pumpvorrichtung das heiße Einweichwasser in rasch folgenden Abständen abgesogen und wieder hineingepreßt. Die Folge hiervon ist, daß die Kokons in heftige Bewegung gesetzt werden, sich gegenseitig reiben und sich die Flockseide abscheuert. Während die Kokons zu Boden sinken, setzt sich die Flockseide an den Mittelzylinder. Ist der Prozeß beendigt,

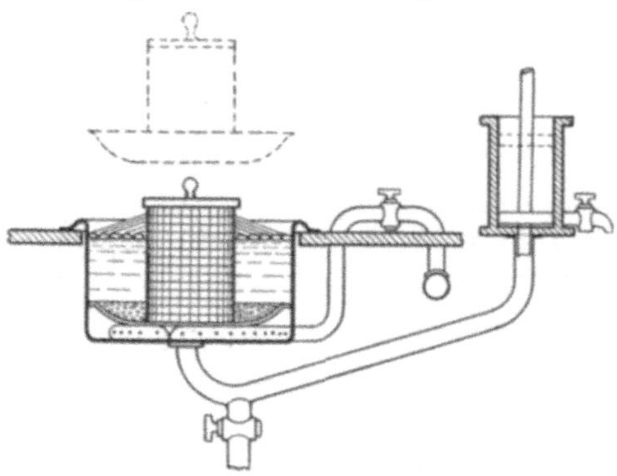

Abb. 50. Kokonschläger nach Serrel.

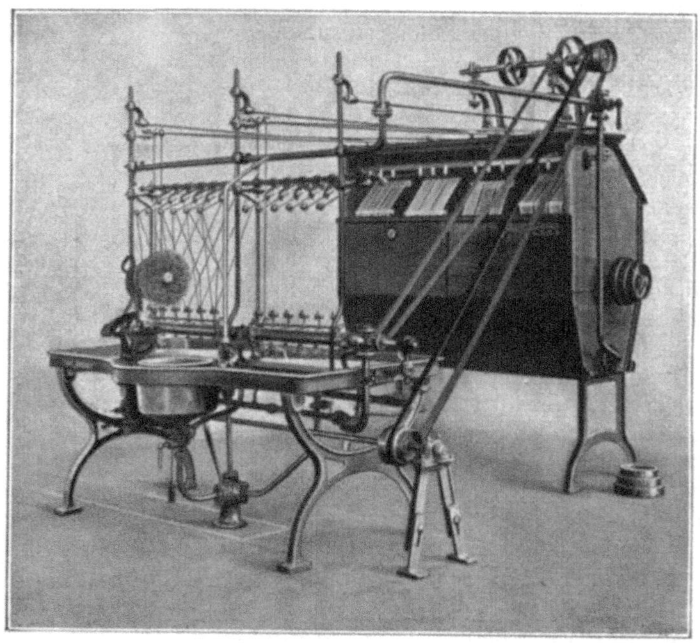

Abb. 51. Haspeltisch mit Bürstvorrichtung nach Giovanni Battaglia Luino.

so wird die Pumpe abgestellt, der Zylinder herausgehoben und von der Arbeiterin der noch an der Flockseide festhaftende Spinnfaden gefaßt und zum Haspel geführt.

Ähnlich wie das Serrelsche Verfahren arbeitet dasjenige von Rhéotor[1]).

[1]) Rhéotor: Ital. Pat. 841/1891.

Genannt sei ferner noch der Entflockungsapparat (Déblazeuse) von Gorde[1]), in welchem die Kokons durch eine Anordnung schnell rotierender kleiner geriffelter Walzen von der Flockseide befreit werden.

Die gebräuchlichste und vom Verfasser in den meisten Filanden angetroffene mechanische Bürstenvorrichtung ist die von Giovanni Battaglia, Mailand. Der Apparat vereinigt zudem das Einweichen und Schlagen der Kokons in einer Operation. Er besteht aus einem etwa 30 cm tiefen Kochbecken, in welches man in etwa mittlerer Höhe einen Einsatz in Form einer schaumlöffelartig durchlochten mit einem seitlichen Stiel versehenen Pfanne einbringen kann. Der Apparat wird geschlossen mit einem nach der Seite aufklappbaren Deckel, an dessen Unterseite eine Bürste aus feinen Reisern angebracht ist. Dieser Deckel mit der Bürste läßt sich durch ein entsprechendes Zahnradgetriebe in eine um seine Achse rotierende Bewegung setzen. Durch besondere Einrichtung ist ferner dafür gesorgt, daß diese rotierende Bewegung der Bürste nicht ständig in einer Richtung vor sich geht, sondern in gewissen Abständen tritt eine Umschaltung ein, so daß die Bürste teils links herum, teils rechts herum kreist.

Die Arbeitsweise mit diesem Apparat ist folgende: Der Apparat ist mit heißem Wasser von entsprechender Temperatur gefüllt, und zwar bis zu solcher Höhe, daß die Reiserbesen der Bürste in das Wasser genügend eintauchen können. Der Deckel mit der Bürste ist zur Seite geklappt. Jetzt wirft die Arbeiterin die erforderliche Anzahl Kokons, etwa 50 bis 100, in das Becken und drückt dieselben mit Hilfe des Schaumlöffeleinsatzes unter Wasser und beläßt sie darin etwa drei Minuten. Nach Ablauf dieser Zeit faßt sie die eingeweichten Kokons mit dem Schaumlöffel in der Weise, daß sie dieselben nach Senkrechtstellen des Löffels zur Seite drückt. Hierauf schüttet sie beim Arbeiten im fortlaufenden Betrieb eine neue Menge frischer Kokons in die jetzt freigewordene Hälfte des Beckens und fängt die eingeweichten Kokons mit dem Schaumlöffel so auf, daß sie sich oberhalb desselben befinden, während die frischen Kokons unter Wasser gedrückt werden. Jetzt senkt sie den Deckel mit der Bürste auf das Bassin und läßt die Bürste etwa 3 bis 4 Minuten in der oben beschriebenen Weise laufen. Hiernach hebt sie die Bürste wieder zurück, faßt die jetzt an den Reisigbesen befestigten Enden kurz unterhalb der Reiser und überzeugt sich durch mehrmaliges Auf- und Niederziehen der Seidenfäden, ob alle Kokons tatsächlich von der Bürste gefaßt sind. Sollte dieses nicht der Fall sein, setzt sie die Bürste noch einmal ein und wiederholt den ganzen Prozeß noch einmal. Sind aber alle Fäden befestigt, dann faßt sie die gesamten Fäden möglichst kurz unter der Bürste, reißt dieselben mit kurzem Ruck ab, hebt mit dem Schaumlöffel die Gesamtmenge der Kokons heraus, legt dieselben der Spinnerin links in ihr Spinnbecken und befestigt sie an einem zu diesem Zweck angebrachten kleinen Häkchen. Ist dieses geschehen, so nimmt sie die von der Hasplerin zur Seite gelegten und nochmals einzuweichenden Kokons, seien es nun schlecht ablaufende oder halb abgehaspelte Kokons, in Empfang und wiederholt jetzt am Abkochbecken die gleiche Arbeitsweise, indem sie neue Kokons mit den erhaltenen bereits mehr oder minder abgehaspelten Kokons ins Becken hineinwirft, die bereits eingeweichten Kokons auf die Oberseite des Schaumlöffels befördert und dann die neue Partie Kokons bürstet. Vor dem Schließen der Bürste bzw. nach einigen Wiederholungen wird aber das Fadengewirr von dem Seidenabfall an den Reisern, die Strusen (strozzi), von denselben abgelöst und einer besonderen dazu bestimmten Arbeiterin übergeben, welche das Gewirr durch entsprechendes Zupfen und Langziehen lockert und so zur weiteren Verarbeitung vorbereitet.

[1]) Gorde: Ital. Pat. 1456/1891.

Die Arbeit der Einweicherin bzw. Schlägerin muß in einem bestimmten Verhältnis stehen zu der Anzahl von Spinnerinnen, die sie bedient, und deren Arbeiten. Meistens versorgt sie ein bis zwei Spinnbecken, ausnahmsweise mehrere. Sie hat natürlich die Arbeit der Hasplerin scharf im Auge zu behalten, damit keine Stockung eintritt.

Wenn auch jedes maschinelle Arbeiten die Möglichkeit einer individuellen Anpassung an das zu bearbeitende Gut ausschließt, so haben diese Entflockungsapparate im großen und ganzen doch den Erfolg zu erringen vermocht, wie man

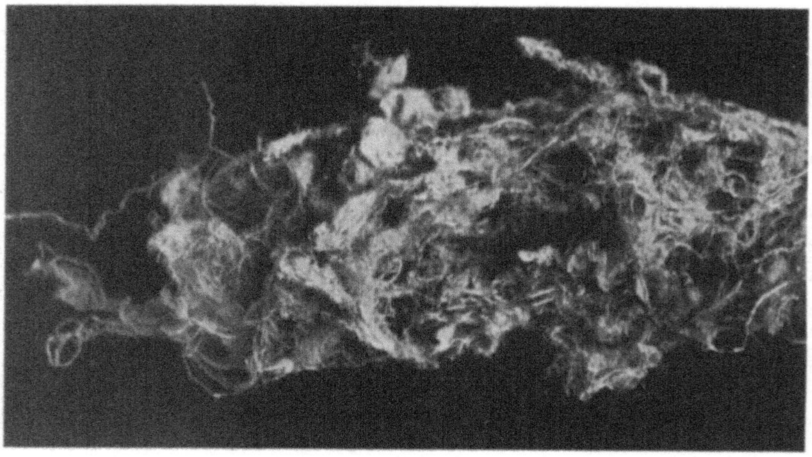

Abb. 52. Strusen, durch das Schlagen der Kokons losgelöste Flockseide.

ihn erhofft hatte. Für die Verarbeitung gröberen und geringwertigen Materials, zumal wenn es auf Massenleistungen ankommt, wird das Schlagen mit mechanischen Vorrichtungen seine unbedingten Vorteile aufweisen, bei zarterem wird es die Handarbeit aber vielleicht nicht zu ersetzen vermögen. Bedarf es doch bei der Arbeit des Schlagens nicht nur einer gefühlsmäßigen Beurteilung bezüglich der Dauer und der Stärke des Schlagens, sondern auch einer genauen Kenntnis der besonderen Eigenschaften von Rasse und Gattung der Kokons.

V. Das Spinnen der Rohseide.

Nach dem Einweichen und Bürsten erfolgt das Abhaspeln der Rohseide. Dieses „Spinnen“ wird nun von einer Arbeiterin ausgeführt, welche vor einem Tisch sitzt, auf dem sich das Spinnbecken befindet.

1. Das Spinnbecken.

Dieses besitzt die Form eines rechtwinkligen Dreiecks mit abgerundeten Ecken. Die der Tischkante, an welchem die Spinnerin sitzt, abgewandte und die linke Seite des Beckens, von der Hasplerin aus gesehen, bilden den rechten Winkel, während die dritte der Hasplerin zugekehrte Seite schräg über den Tisch läuft. An dieser schrägen Seite befindet sich ein kleines rundes Becken mit Wasser, mit dem die Arbeiterin beim Spinnen ihre Finger anfeuchten kann. An der linken Seite des Beckens befindet sich ein kleiner Haken, an dem die Hasplerin, wie schon oben erwähnt, die frischen geschlagenen Kokons anhängt. Das Becken ist ungefähr 10 cm tief und mit heißem Wasser von entsprechender Temperatur, durchschnittlich 60 °C, angefüllt. In das Wasser taucht ein Thermometer, damit die Arbeiterin sich jederzeit von der Temperatur überzeugen, gegebenenfalls durch Wärmezufuhr die Temperatur erhöhen kann. An der Seite des Beckens, welche der Spinnerin gegenüberliegt, befinden sich oberhalb des Beckens sechs oder acht Fadenführer, von denen noch später die Rede sein wird. Durch die Fadenführer geht der Rohseidenfaden hindurch und gelangt auf ein kleines Röllchen, welches sich ungefähr in einer Höhe von 80 bis 100 cm über dem Tisch an einem beweglichen Hebel befindet. Von hier aus läuft der Faden über ein zweites Röllchen, welches sich über dem eben erwähnten Spinner in einer Höhe von etwa 20 cm befindet. Von diesem Röllchen geht der Faden, nachdem er um den vom Fadenspinner kommenden Faden mehrmals herumgeschlungen ist, zu einem dritten Röllchen, welches sich an dem gleichen Hebel befindet wie das schon genannte obere Röllchen. Von hier tritt der Faden dann zum Haspel.

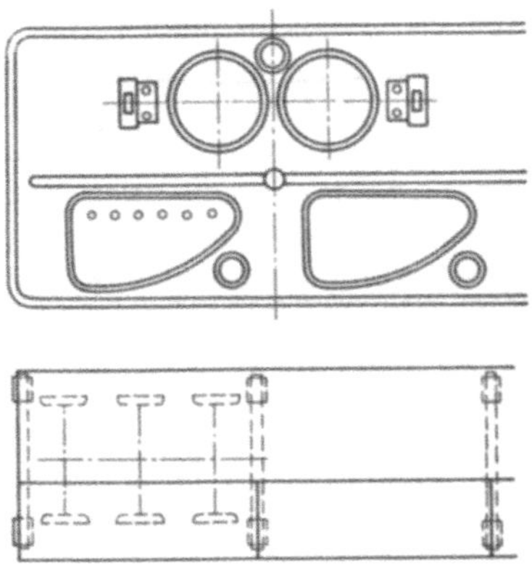

Abb. 54. Haspeltisch, schematische Übersicht.

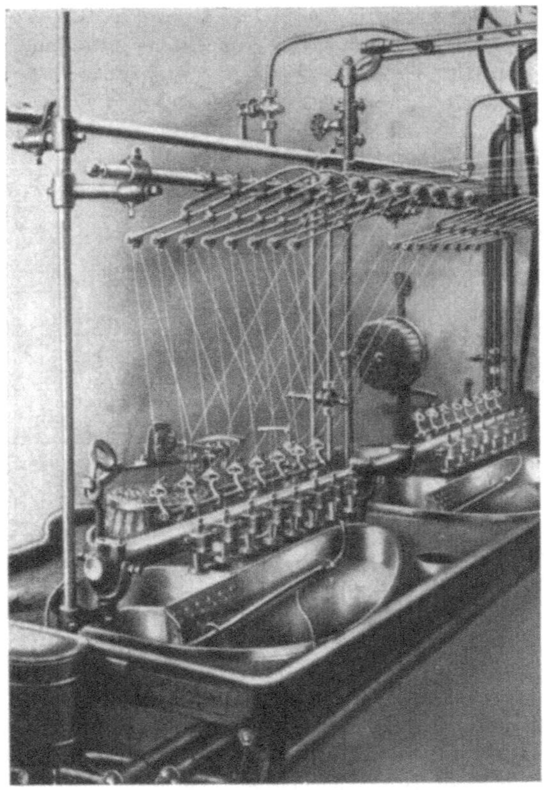

Abb. 53. Haspelbecken. Vorderansicht. Fabrikat L. Pontiggia, Varese.

2. Das Spinnen.

Wie wir gesehen haben, heften sich bei dem Schlagen der Kokons die äußeren Schichten derselben fest an die Reiser, während die Kokons selbst im Wasser schwimmen, aber durch den eigentlichen Seidenfaden mit der in Form von Bärten, Strusen oder Strozzi, an den Zweigen hängenden Flockseide verbunden sind. Diese Seidenfäden oder Kokonfäden werden von der Arbeiterin gefaßt, von den Strozzi abgerissen und in das Spinnbecken befördert.

Die Spinnerin faßt von diesen Kokonsfäden drei, vier, fünf oder mehr, bis zu acht, verbindet sie miteinander und legt sie in den Spinner. Die noch feuchten

Kokonfäden kleben durch den erweichten Seidenleim zu einem Ganzen zusammen und bilden das, was man handelsüblich als den „Rohseidenfaden" bezeichnet, und zwar bedient jetzt die Arbeiterin die über dem Becken befindlichen sechs bis acht Fadenführer.

Der zusammengeklebte Rohseidenfaden geht zuerst durch den sog. Spinner, welcher nun entweder aus einem einfachen Glasauge besteht, oder aus einem kleinen Apparat, welcher gleichzeitig das Anlegen von neuen Kokonsfäden selbständig besorgt (später noch näher besprochen). Bei dem Durchgang durch diesen Spinner wird dafür gesorgt, daß die einzelnen Kokonfäden gleichmäßig und fest zusammengeklebt werden. Nachdem der Rohseidenfaden die beiden erwähnten Röllchen passiert hat, vollführt die Hasplerin eine Kreuzung durch mehrfaches Umschlingen des Anfangsfadens um den fortlaufenden. Dies ist die Kreuzung oder Torta, eine sehr wichtige Vorrichtung, wodurch nochmals ein Abglätten des Fadens erzielt wird. Es wird hiervon noch weiter unten die Rede sein. Nachdem dann der Rohseidenfaden das dritte Röllchen, den Knotenreißer (Coupe mariage[1]), passiert hat, geht er von hier aus dann schließlich zum Haspel. Man hat früher noch besondere Einrichtungen angebracht, um den Faden zu runden und zu glätten, sie haben sich aber in der Praxis nicht eingeführt. Hierzu gehört z. B. eine Poliervorrichtung nach Denezot, eine kleine rotierende mit Tuch bekleidete Scheibe, an welcher der Faden vorbeigeleitet und abgeschliffen wurde.

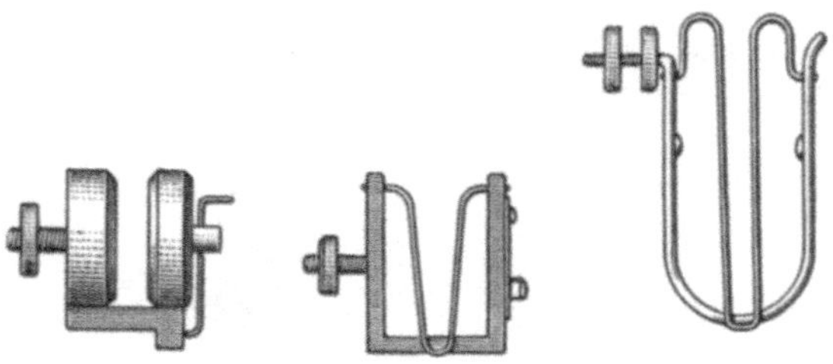

Abb. 55. Knotenreißer.

Ferner gehört hierher der Spinntrichter nach Barbier, eine rotierende, trichterförmig erweiterte Röhre, durch die der Faden hindurchgeleitet wurde. Hier war nicht nur das Glätten des Fadens, sondern auch die Erzielung einer geringen Drehung beabsichtigt.

3. Die Kreuzung.

Die wesentlichste Vorrichtung beim Spinnen ist die Kreuzung oder Torta, weil dieselbe nicht nur zur Abglättung des Fadens dient, sondern auch die beste Handhabe bietet, um sich von der Gleichmäßigkeit des Fadens zu überzeugen.

Die älteste Vorrichtung zum Glätten bestand aus einem Walzenpaar, durch welches der Rohseidenfaden hindurchging; hierbei wurde der Faden von den Walzen zusammengepreßt und ging dann auf den Haspel.

Eine Verbesserung, die der heutigen Kreuzung nahekam und jedenfalls zu dieser anregte, wurde im 18. Jahrhundert in Italien angewandt. Sie bestand aus einer Schnur, welche um den Rohseidenfaden spiralig herumgezogen wurde, um eine gleichmäßige Rundung des Fadens zu erzielen.

Heute benutzt man den bzw. die Rohseidenfäden selbst zum Abglätten, indem man sie an einer Stelle spiralig umeinanderdreht. Je nachdem man diese Kreuzung mit zwei verschiedenen Rohseidenfäden oder mit ein und demselben Faden vornimmt, unterscheidet man die zwei hauptsächlichsten Arten

[1]) Das sind zwei Glasstangen, Metallbänder oder Scheiben, welche so nahe aneinanderbefestigt oder verstellbar angebracht sind, daß durch den zwischen ihnen befindlichen Schlitz nur ein Faden von vollständiger Gleichmäßigkeit in der Dicke hindurchgeht.

des Spinnens, nämlich mit Kreuzung à la Chambon oder mit Kreuzung à la Tavelle. Letztere ist die italienische, während die erstere die französische Art der Kreuzung darstellt. Beide Arten arbeiten bezüglich Beschaffenheit des Fadens und Arbeitsleistung nahezu gleich. Im Hinblick auf Ausbeute soll die Methode à la Chambon etwas günstiger arbeiten als die à la Tavelle.

Ein Nachteil des Verfahrens à la Chambon ist der durch die Verarbeitung von zwei Fäden bedingte stärkere Zug, der naturgemäß öfter zu Fadenbrüchen führt, wodurch ein nicht so reines Gespinst erzielt wird.

Die Ausführungsweisen der Kreuzung sind aus der beigefügten Zeichnung leicht ersichtlich. Die Torta befindet sich in Sehhöhe der Arbeiterin, so daß sie

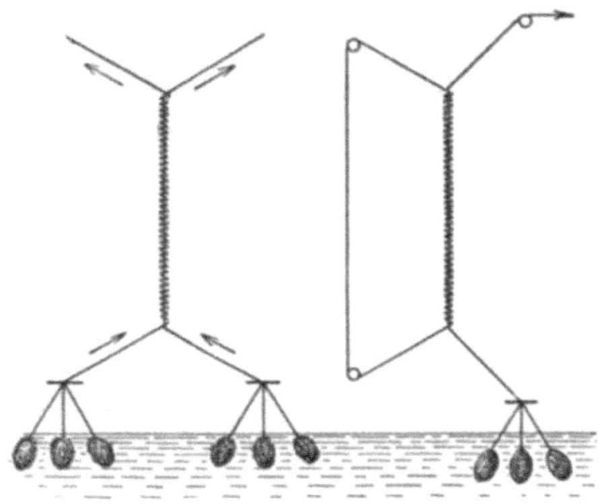

Abb. 56. Links Torta à la Chambon, rechts Torta à la Tavelle.

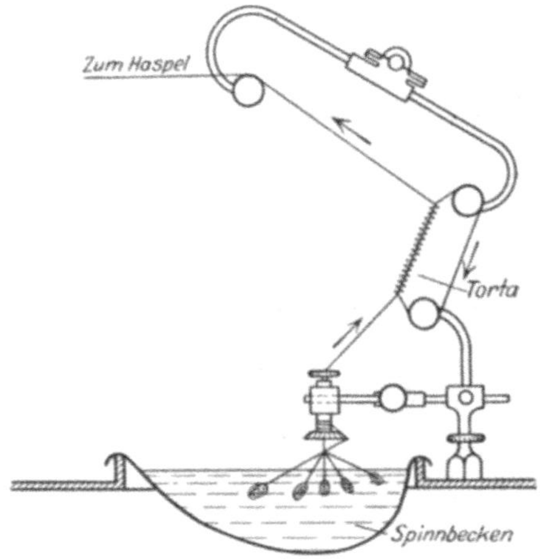

Abb. 57. Schematische Zeichnung des Spinnvorganges.

von dieser stets im Auge behalten werden kann. Die geübte Spinnerin erkennt, ob das Anlegen eines neuen Kokonfadens nötig ist, ob Unregelmäßigkeiten im Faden vorhanden sind u. a. m.

Die Torta dient für die Spinnerin aber auch dazu, den aus den einzelnen Kokonfäden gebildeten Rohseidenfaden von überschüssiger Feuchtigkeit zu befreien, die einzelnen Fäden aneinanderzukleben, sie abzurunden, die Ungleichmäßigkeit der Kokonsfäden zu glätten und evtl. Brüche zu erkennen, auf der anderen Seite aber auch, um die Spannung zu vermindern, welche der Faden auf seinem Wege vom Spinnbecken bis zum Haspel erleidet. Der Faden verläßt die Torta glänzend, regelmäßiger und in sich gefestigt.

Wesentlich ist die Länge der Torta, d. h. die Zahl der Umdrehungen der Faden an dieser Stelle. Dieselbe kann von 50 bis 450 wechseln, als Durchschnitt nimmt man etwa 250 Umdrehungen an. Durch die Vermehrung der Umdrehungen wird die Torta länger und andererseits der Winkel, den die beiden Fäden zwischen den beiden oberen Röllchen bilden, stumpfer. Abgesehen davon, daß durch die längere Torta der Faden als solcher sich besser glättet, wird auch die Spannung des Fadens etwas ausgeglichen und so indirekt ein schnellerer Lauf des Haspels ermöglicht.

Die Torta als solche übt keine Drehung auf den Spinnfaden aus. Diese entsteht in geringem Maßstab nur durch die rotierende Bewegung der Kokons im Haspelbecken während des Spinnens. Man hat versucht, verschiedentlich der Grège eine Eigendrehung zu geben, aber bisher vergebens.

Es gibt noch eine Reihe von Kreuzungen, die aber für die Praxis keine größere Bedeutung erlangt haben. Hierhin gehört die doppelte Torta nach dem System Galbiati. Ferner diejenige nach Vocansoni, Locatelli und Vasco. Die Wirkungsweise solcher Systeme ist aus den beigefügten Zeichnungen unschwer zu ersehen.

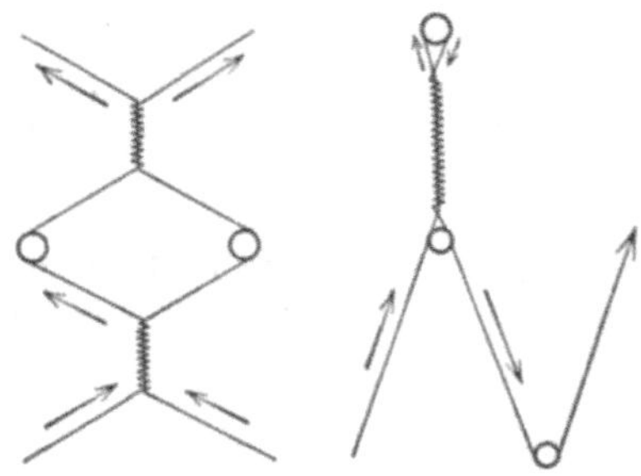

Abb. 58. Links Torta nach Vocansoni, rechts Torta nach Locatelli.

4. Die Trocknung des Spinnfadens.

Die Trocknung des abgehaspelten Seidenfadens, der immerhin noch ungefähr ein Drittel seines Gewichtes an Feuchtigkeit enthält, ist eine Frage, der man von seiten der Spinnereien oder Filanden eine große Aufmerksamkeit schenkt. Naturgemäß ist in einem Haspelraum durch die große Verdampfung des Wassers aus den Einweich-, Bürst- und Spinnbecken die Luft teilweise mit Wasserdampf gesättigt, namentlich bei niedrigerer Außentemperatur. Dagegen sind meistens große Entneblungsanlagen eingebaut. Eine ganze Reihe sinnreicher Konstruktionen soll bewirken, daß der gesponnene Rohseidenfaden möglichst trocken auf den Haspel aufläuft und nur die letzte endgültige Austrocknung im Haspelkasten selbst erhält.

Für die Austrocknung des Rohseidenfadens spielen aber nicht nur die Austrocknung außerhalb des Haspelkastens, sondern auch noch andere Bedingungen eine Rolle.

5. Der Haspel.

Hier ist zuerst die äußere Gestalt des Haspels zu nennen. Wie oben bereits erwähnt, besteht der Haspel aus einer sechsseitigen Trommel, bei der jedoch

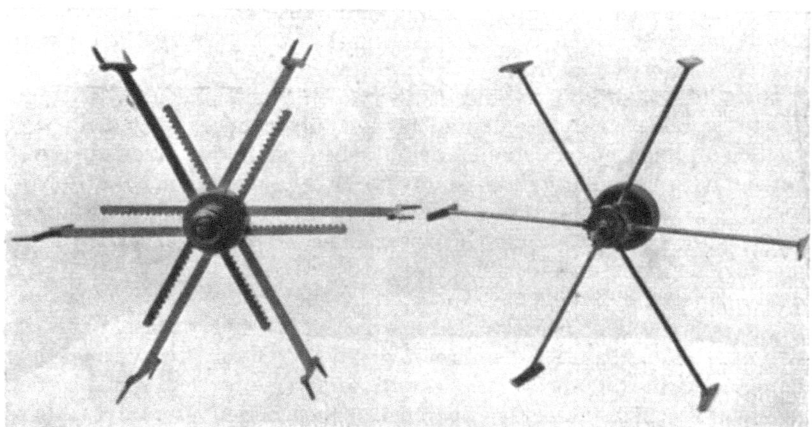

Abb. 59. Links Haspel aus Holz, rechts Haspel aus Eisen.

nur die Kanten ausgebildet sind, während die Zwischenwände zwischen den einzelnen Kanten fehlen. Der einfachste Haspel, ganz aus Holz oder aus Eisen mit Holz umkleidet gebaut, hat also, wie die Abbildung zeigt, eine Mittelachse, von welcher sechsmal je zwei Seitenstäbe ausgehen, von denen je zwei miteinander durch eine Holzleiste verbunden sind. Je breiter diese Holzleisten sind, desto eher hat der immer noch etwas feuchte Seidenfaden hier Gelegenheit, entweder am Haspelholz selbst oder beim Aufeinanderlegen der verschiedenen Seidenfäden an diesen festzukleben, weil die über dieser Holzfläche befindlichen Strecken des Rohseidenfadens ihre Feuchtigkeit nur allmählich abzugeben vermögen. Man ist daher dazu übergegangen, diese Holzleisten durch Metalleisten zu ersetzen, welche nur geringe Ausdehnung haben und durchlocht sind, um der warmen Luft des Haspelkastens Gelegenheit zu geben, auf die Seide von innen heraus austrocknend zu wirken. Um die beim Trocknen eintretende Anspannung abzuschwächen, hat man auch versucht, elastische Haspel zu konstruieren, indem man die Leisten des Haspels mit Gummi überzog. Ein praktischer Erfolg dieser Neuerung ist jedoch ausgeblieben.

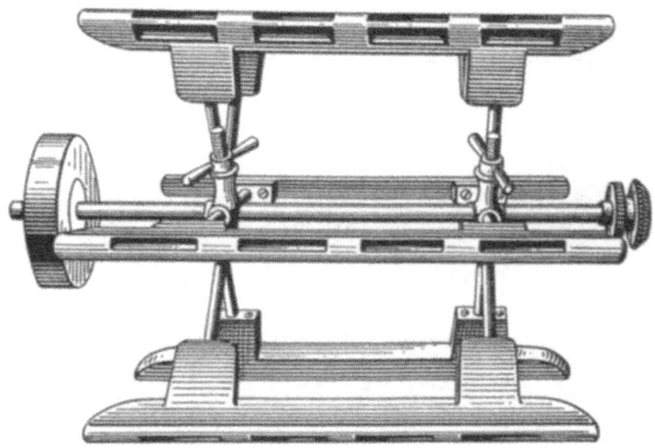

Abb. 60. Haspel mit durchlochten Querhölzern.

Ein zweites Moment, welches die Austrocknung des Seidenfadens bewirken soll, ist das Einblasen von auf 40 °C vorgewärmter Luft in die Haspelkästen. Andererseits ist Fürsorge dafür getroffen, daß die mit Wasserdampf geschwängerte Luft durch entsprechende Vorrichtung abgesogen wird.

Wichtig für die Austrocknung der Rohseiden ist auch die Schnelligkeit des Haspellaufes. Je schneller der Haspel läuft, um so stärker ist natürlich die Durchmischung der verschieden feuchten Luft im Haspelkasten.

Um diese eben beschriebenen Bedingungen zu erfüllen, sind eine ganze Reihe Konstruktionen an diesen Haspelkästen angebracht worden. Unbedingt ist darauf zu achten, daß die Temperaturerhöhung keine zu starke ist — es genügt 40 ° C —, da hierdurch, abgesehen von der Einwirkung auf die dynamometrischen Eigenschaften des Rohseidenfadens, auch insofern eine direkte Beschädigung desselben eintreten kann, als der Seidenleim durch die Wärme erweicht wird und nun erst recht Verklebungen auftreten.

Daß bei der Austrocknung auch die Länge des Seidenfadens, also die Entfernung vom Spinnbecken bis zum Haspelkasten eine Rolle spielt, versteht sich wohl von selbst. Auch die Größe des Haspels spielt eine Rolle. Die großen Haspelumfänge von mehr als 2,5 m bis zu 4 m sind jedenfalls aus dem Grunde verwandt worden, um dem Seidenfaden durch große Fläche des Seidenmastens Gelegenheit zum Austrocknen zu geben.

Erwähnt sei hier noch ein spezieller Austrocknungsapparat, der von der Firma Bonavia, Novara, gebaut wird. Derselbe, elektrisch geheizt, trocknet nicht nur den Rohseidenfaden selbständig aus, sondern ist durch eine besondere Einrichtung auch imstande, den Faden so zu glätten und zu reinigen, daß das vielfach erforderliche Umhaspeln der Seide vollständig überflüssig wird, wodurch eine bedeutende Ersparnis an Zeit bei der Fabrikation der verschiedenen Gespinste erzielt wird. Der Apparat besteht aus zwei runden, ineinanderpassenden Schalen. In der einen derselben befinden sich eine Anzahl leicht rotierender Röllchen, über welche der Faden geleitet wird. Nachdem der Apparat mit dem

Rohseidenfaden beschickt ist, werden die Schalen ineinandergeschoben und geschlossen. Die Mittelachse wird aus einem walzenartigen Heizkörper gebildet. Das Nähere der Einrichtung und der Arbeitsweise geht aus der untenstehenden Abbildung hervor.

Damit man den Faden in Kreuzform auf den Haspel legen kann, geht der Seidenfaden, nachdem er den Knotenreißer passiert hat, durch einen beweglichen Fadenführer. Dieser bewegt sich vor der Längsseite des Haspels automatisch vorwärts oder rückwärts oder seitlich hin und her. Er hat hierzu einen Spielraum von etwa 6 bis 8 cm und macht seine Bewegungen auf dieser Wegelänge in einer Zeitspanne, in der sich der Haspel um etwa zwei Drittel seines Umfanges gedreht hat. Dadurch wird einmal der Faden im Kreuz gelegt und andererseits vermieden, daß ein Faden gleichlaufend über den anderen gelegt wird.

Abb. 61. Elektrischer Trockenapparat von Bonavia, vor dem Haspelkasten angebracht.

Die Breite, in der der Masten auf den Haspel gelegt wird, beträgt etwa 6 cm. Für jede Hasplerin sind im Haspelkasten sechs oder acht Haspel vorgesehen, welche an einer gemeinschaftlichen Achse drehbar sitzen. Eine besondere Vorrichtung ermöglicht die selbsttätige Aussetzung des Haspelumlaufes bei eintretenden Fadenbrüchen, den Mariagen. Hier ist die Hauptsache, daß bei eintretendem Bruch dieses der Spinnerin sofort offenbar gemacht wird, damit nicht ein Fadengewirr entsteht, sobald der Haspel weiterläuft. Es geschieht entweder dadurch, daß der Faden bei Mariagen sofort abgeschnitten wird, mittels der

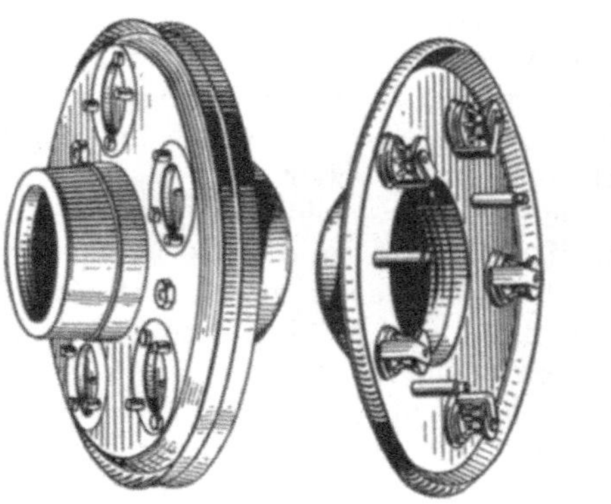

Abb. 62. Der einzelne Trockenkörper des Apparates von Bonavia, geschlossen und geöffnet.

Abb. 63. Haspel mit der im Kreuz gelegten Seide.

Coupe-Mariagen. Es ist dieses ein Apparat entsprechend dem Knotenreißer, oder es findet eine automatische Ausschaltung und Stillsetzung des Haspels statt, ein Verfahren, welches vor ersterem jedenfalls den Vorzug verdient. Derartige Einrichtungen existieren eine ganze Reihe, so von Rodier, Gauthier, Traverso[1]) u. a. m.

Der Umfang des Haspels ist in den einzelnen Ländern verschieden und schwankt in den meisten Fällen zwischen 1,10 bis 1,80 m. Doch sind auch Haspelumfänge von über 2 bis zu 4 m und mehr, namentlich in der Hausindustrie Chinas und der Levante, keine Seltenheit. Der heutige europäische Durchschnittshaspel hat einen Umfang von 1,20, 1,50 und 1,80 m. Der Haspel hat durchweg eine Umdrehungsgeschwindigkeit von 60 bis 100 Touren in der Minute, und die Seide wird mit einer Geschwindigkeit von 700 bis 1200 m in der Minute aufgehaspelt. Nach ca. 2500 bis 3000 Umdrehungen wird der Haspel durch einen neuen ersetzt.

6. Die Schnelligkeit des Haspellaufes.

Die Schnelligkeit des Haspels ist von verschiedenen Umständen abhängig. In erster Linie spielen hier die Arten der Kokons eine Rolle. Wie schon oben erwähnt, ist der Ablauf des spinnbaren Fadens bei verschiedenen Kokons ein sehr verschiedener. Ferner ist der Titer der Seide, die gehaspelt wird, zu beachten. Daß der Unterschied des Titers eine verschiedene Beanspruchung der Dehnungsfähigkeit des Fadens gestatten wird, ist wohl ohne weiteres klar. Sodann kommt der Umfang des Haspels selbst in Frage. Einen weiteren indirekten Einfluß auf die Geschwindigkeit des Haspels übt dann auch die Temperatur und die chemische Zusammensetzung des Wassers im Haspelbecken aus. Am wichtigsten ist aber für die Haspelgeschwindigkeit die Erfahrung und Geschicklichkeit der Arbeiterin. Die erhöhte Schnelligkeit des Haspels dient nicht nur dazu, dem Seidenfaden einen besseren Glanz und besseren Schliff zu geben, auch die Stärke des Fadens wird nach Colombo vergrößert, während die Elastizität etwas verringert wird. Aus der nachfolgenden Tabelle des genannten Autors wird dieses ersichtlich.

Geschwindigkeit des Haspels

50 m pro Min.			400 m pro Min.		
Titer	Stärke g	Elastizität mm	Titer	Stärke g	Elastizität mm
14,85	46,38	220,22	15,30	49,25	214,75
14,25	47,12	219,84	14,25	51,72	226,64
15,37	52,86	231,94	14,92	54,26	228,66
14,55	47,25	234,04	14,55	51,67	234,02
14,17	50,50	253,78	14,17	49,22	223,34
Durchschnitt 14,63	48,82	229,96	14,63	51,22	225,48

Die Erhöhung der Haspelgeschwindigkeit wird durch eine Übersetzungsvorrichtung erzielt, welche von der Hasplerin selbst bedient wird.

7. Die Arbeiten der Spinnerin.

Die Arbeit der Spinnerin erfordert große Aufmerksamkeit, Überlegung und manuelle Geschicklichkeit. Ganz abgesehen von den schon erwähnten Brüchen, müssen, sobald die Kokons abgelaufen sind, neue eingeschaltet werden. Ferner hat die Spinnerin auf die gleichmäßige Dicke des Fadens

[1]) Traverso: Ital. Pat. 1463/1891.

zu achten und muß zu diesem Zweck gegebenenfalls eine Auswechslung der Kokons oder Hinzunahme eines neuen Kokons bewerkstelligen. Das Anlegen eines neuen Kokonfadens erfordert eine nur durch jahrelange Übung zu erreichende Geschicklichkeit; es geschieht in der Weise, daß die Spinnerin den anzulegenden neuen Kokonfaden mit Zeigefinger und Daumen ergreift, das überstehende Ende abreißt und nun das auf dem Zeigefinger liegende Ende des Fadens an einen der aus dem Haspelbecken kommenden Spinnfäden anlegt, von dem es dann weiter mitgeführt wird. War das Ende zu kurz angelegt, so ist das Bemühen vergeblich, der Faden wird nicht mitgezogen; war er dagegen zu lang, dann wickelt er sich auf den Rohseidenfaden auf und bildet ein Gewirr von Kokonfäden, die als Flaum, Seidenläuse oder Duvet auf dem fertigen Gespinst in Erscheinung treten. Ungeschicktes Anlegen des Fadens zieht Fadenbrüche, Zeitverlust, Dehnung des Fadens und Materialverlust nach sich.

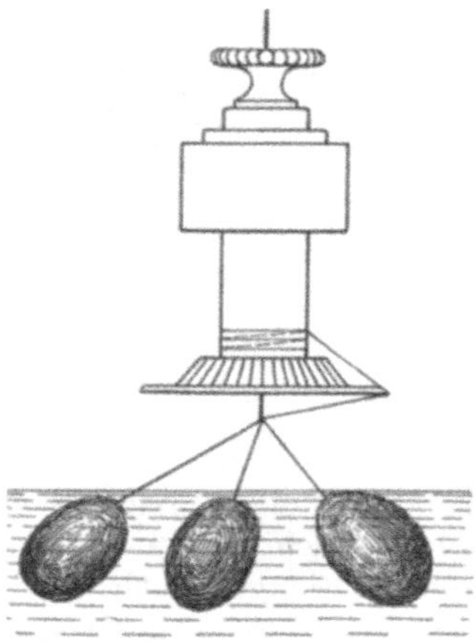

Abb. 64. Schematische Zeichnung eines Fadenanlegers.

Es hat daher auch hier die Handarbeit der Maschine Platz machen müssen und man findet heute in den größten Betrieben nur noch mechanische Fadenanleger der verschiedensten Bauart. Das Prinzip der Arbeitsweise ist bei allen ähnlich.

Es ist nämlich an dem Spinner oder Fadenleiter eine Vorrichtung angebracht in Gestalt eines Rohres, das den Spinner dicht umschließt, aber nur so weit, daß die untere Öffnung des Spinners ein wenig hervorschaut. Dieses Rohr ist

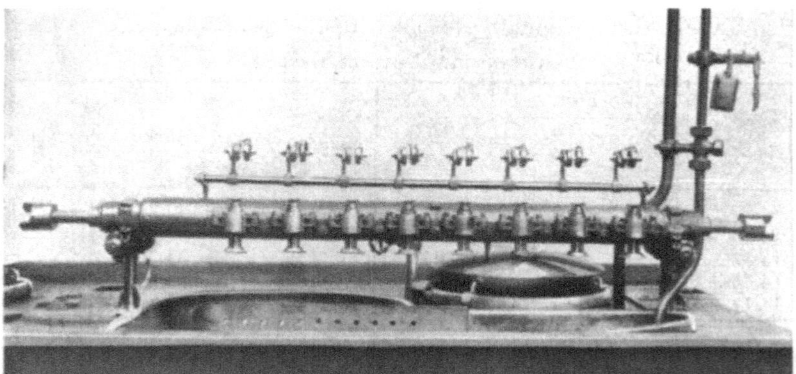

Abb. 65. Mechanischer Fadenanleger von G. Battaglia, Luino.

an einer Scheibe befestigt, vermittels derer es in eine rotierende Bewegung (etwa 1800 Umdrehungen in der Minute) versetzt werden kann. An diesem Rohr ist einige Zentimeter oberhalb des unteren Endes eine Scheibe befestigt, deren Rand und obere Seite eingekerbt ist.

Soll nun ein neuer Faden angelegt werden, so geschieht dieses in der Weise, daß man das Fadenende an den schnell rotierenden Fadenanleger, und zwar an den oberhalb der Scheibe befindlichen Teil, anlegt. Bei der schnellen Bewegung wickelt sich der Kokonfaden auf, biegt sich über die Scheibe hinaus nach unten und wickelt sich um die untere Röhre spiralig herum. Sowie er diese passiert hat und an den feststehenden Spinner gelangt, reißt der Faden ab, wird von der Schwere des im Haspelbecken befindlichen Kokons herabgezogen und legt sich auf einen der in Bewegung befindlichen Kokonfäden und wird von ihm mitgenommen.

Diese Art mechanischer Fadenanleger — der beschriebene ist derjenige von Camel (Lyon), auch attache bave oder filière attache bave genannt — gibt es eine ganze Reihe, so von Michaud, von Chiesa u. a., von denen der in der Praxis beliebteste derjenige von Battaglia, Luino ist.

Durch diese Fadenanleger ist es tatsächlich gelungen, die Nachteile, die ein ungeschicktes Anlegen des Fadens zeitigen, ganz bedeutend zu mindern.

Aber nicht nur das Anlegen des neuen Kokonfadens erfordert die größte Aufmerksamkeit der Hasplerin, sondern ebenso — wenn nicht sogar noch mehr — das Einhalten der Gleichmäßigkeit in der Dicke des Rohseidenfadens. Wir wir gesehen haben, nimmt die Dicke des Spinnfadens der Seidenraupe ab, je mehr die Raupe sich ihrem Verpuppungsbett, der Telette, nähert. Mit anderen Worten, der Spinnfaden der äußeren Kokonschicht, welcher zuerst abgehaspelt wird, ist dicker als der innere Faden. Mithin würde, sobald man nur mit ein und demselben Kokon bis zum Schluß spinnen würde, ein Gespinstfaden resultieren, welcher allmählich immer dünner würde. Hier ist es nun Aufgabe der Arbeiterin, durch ständiges Beobachten der Torta zu beurteilen, wie sie diese Ungleichmäßigkeiten auszugleichen hat. Es geschieht dieses in der verschiedensten Weise, sei es nun durch Anlegen eines frischen, also dickeren Kokonfadens, sei es durch Zuhilfenahme mehrerer bereits abgehaspelter Kokons mit dünnerem Faden. Wie sie am besten die Dicke des Fadens ausgleicht und einen gleichmäßigen Titer spinnt, das vermag die erfahrene Hasplerin nicht nur aus der Torta, sondern auch daraus, wie weit die Kokons abgehaspelt sind, unschwer zu ersehen.

Durchweg spinnt sie den Seidenfaden unter Verwendung von vier bis acht Kokons, bei groben Seiden auch zwölf und mehr Kokons. Ihrer Erfahrung muß überlassen bleiben, ob und wann sie mit der Abhasplung aufhört und einen neuen Kokon zum Spinnen anlegt, bzw. wann sie einen bereits halb abgehaspelten Kokonfaden zum Ausgleich des Titers verwendet.

Ferner hat sie, um zu einem bestimmten Titer zu gelangen, auch die Eigenarten der verschiedenen Rassen in Betracht zu ziehen; sie muß von der einen Rasse vielleicht vier Kokonfäden nehmen, von einer anderen dagegen fünf oder mehr Fäden. Hinzu kommt, daß auch die Dehnungsfähigkeit des Kokonfadens der verschiedenen Rassen eine sehr verschiedene ist. Um Brüche und unnötigen Abfall zu vermeiden, muß die Hasplerin diesbezügliche praktische Erfahrung besitzen. Die Arbeiterin spinnt, wenn von Hand angelegt wird, höchstens fünf bis sechs Fäden, bei mechanischen Anlagen jedoch sechs bis acht Fäden. Diese Zahl verringert sich jedoch auf fünf oder noch weniger, wenn das zu verarbeitende Kokonmaterial ein schlechtes ist.

Bei der Gewinnung der Rohseide im großen ist natürlich das Leistungsvermögen der einzelnen Hasplerin von großer Bedeutung. Die Arbeitsleistung jeder Arbeiterin wird genau kontrolliert. Zu Arbeitsbeginn wird ihr eine bestimmte Menge Kokons, etwa 1½ bis 2 kg, abgewogen und nach Fertigstellung der Grège diese gewogen. Es ergibt sich dann meistens eine Arbeitsleistung von 300 bis 500 g Seide pro Tag.

Durch genaue Buchführung kann so jede Arbeiterin bezüglich Arbeitsleistung kontrolliert werden. Aber nicht nur in dieser Weise wird die Arbeit der Spinnerin überwacht, sondern auch dadurch, daß während der Arbeit von dem gesponnenen Rohseidenfaden Proben zur Bestimmung des Titers und der äußeren Beschaffenheit gezogen werden.

Eines wichtigen Umstandes bei dem Spinnen der Rohseide muß noch gedacht werden, das ist das von Hand zu besorgende Putzen des Grègefadens bei Knoten und etwaigen Unregelmäßigkeiten des Fadens. Früher hatte die Spinnerin diese Arbeit selbst zu erledigen, heute geschieht dieses von einer besonderen Arbeiterin, welche hinter der Spinnerin die Haspelkästen und die auf diese Haspeln auflaufende Seide zu kontrollieren hat. Wenn ein Grègefaden durch irgendeinen

Abb. 66. Größere Haspelbank.

Anlaß bricht, so müssen die beiden Enden nach Ausmerzung der schadhaften Stelle wieder aneinandergeknüpft werden. Auch hier bedarf es wieder großer Handfertigkeit und Geschicklichkeit der Arbeiterin, einmal, um nicht die Arbeitsleistung zu beeinträchtigen, sodann aber auch, um die Ausführung des Knotens in einer Form zu machen, daß er möglichst unsichtbar ist.

Wie schon oben ausgeführt wurde, setzt der Haspelumlauf bei Fadenbruch automatisch aus. Dieses kann aber auch gleichzeitig auf die Apparatur des Spinnbeckens übertragen werden, so daß die Weiterhaspelung der Kokons nicht eher fortgesetzt werden kann, als bis der Haspellauf wieder begonnen hat.

8. Die Schlußbehandlung der gesponnenen Rohseide.

Hat die Arbeiterin die ihr zugemessenen Kokons fertiggesponnen, so liefert sie die fertiggestellten Haspeln ab. Die Seide wird von dem Haspel, wenn es sich um Verkaufsware handelt, nochmals umgehaspelt, zur Prüfung und auch zur endgültigen Reinigung, indem irgendwelche Unebenheiten im Faden, überstehende Enden von Knoten und angelegten Fäden, ferner gebrochene Kokonfäden, sowie überhaupt Unreinigkeiten usw. entfernt werden. Auch hier wird die Spannung von Haspel zu Haspel vergrößert, um etwa spröde Fäden zum Bruch zu bringen und so auszumerzen.

Schon hier muß die Seide einen quellenden Griff haben, und die Verklebungen der einzelnen Fäden, die Gommures, müssen sich mit Leichtigkeit lösen. Ist beabsichtigt, die erhaltenen Rohseiden im gleichen Betriebe auf Organzin oder Trame zu verarbeiten, so wird sie nicht erst umgehaspelt, sondern gleich auf Bobinen gespult. Bei der Umhaspelung wird die Seide von der Aufsicht eingehend begutachtet und nochmals der Titer bestimmt.

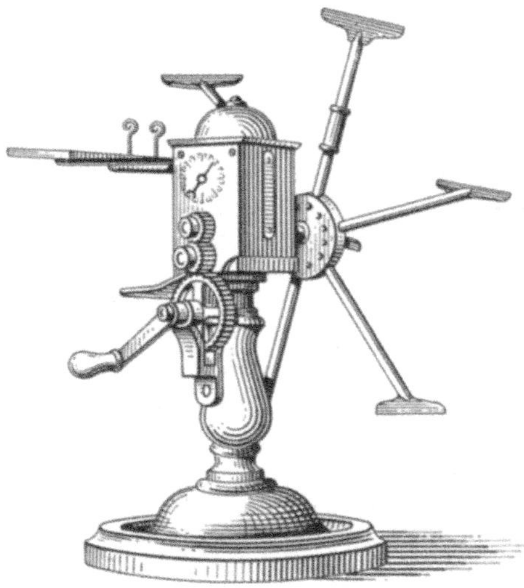

Abb. 67. Haspel mit Meßvorrichtung für Handbetrieb.

Abb. 68. Umhaspelmaschine auf Kreuzhaspel.

Abb. 69. Umhaspelmaschine auf Bobinen.

Der Haspel ist mit einer Zählvorrichtung versehen, mit deren Hilfe es möglich ist, eine bestimmte Länge von verschiedenen tausend Metern abzuhaspeln.

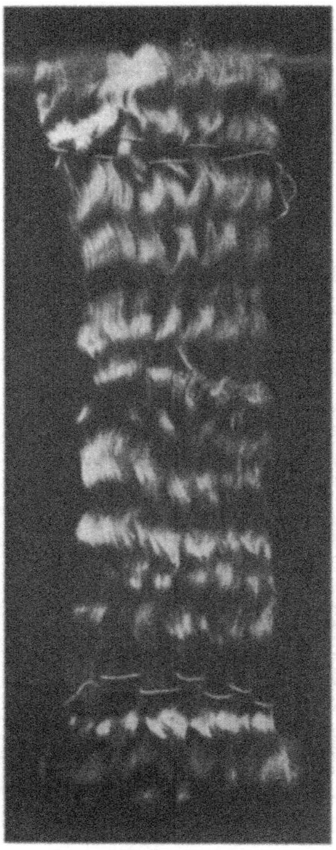

Abb. 70. Unterbindung eines Seidenmastes im Kreuz.

Die Einrichtung derartiger Umhaspelmaschinen ist aus umstehenden Abbildungen ersichtlich.

Die Haspelung geschieht, wie bei dem ersten Spinnen, so auch hier im Kreuz; jeder einzelne Masten wird durch entsprechende Bändel unterbunden, und zwar an drei Stellen.

Diese Unterbindung gibt dem Masten nicht nur einen bestimmten Halt, so daß das spätere Abhaspeln ohne Widerstand vor sich gehen kann, sondern sie dient auch dazu, sowohl den Anfangsfaden wie den Endfaden in der Weise zu befestigen, daß derselbe in der Unterbindung festgeknotet wird. Diese Unterbindung ist immerhin wesentlich insofern, als sowohl zu enge, als auch zu weite Umbindung für die spätere Verarbeitung von Nachteil sind. Die Unterbindung soll mindestens 40 cm und höchstens 45 cm lang sein.

Ist jeder einzelne Strang so unterbunden, dann wird er von der Arbeiterin genommen, auf einen Haken gehängt und ihm durch entsprechende Drehung mit der Hand die Gestalt eines geflochtenen Zopfes gegeben.

Es geschieht dieses unter Verwendung einer dünnen Eisenröhre und eines in dieselbe hineinpassenden Eisenstabes, wodurch ermöglicht werden soll, daß das beim Drehen übrigbleibende Ende durch die entstehende Schleife hindurchgezogen werden kann, damit sich der so aufgewickelte Masten nicht wieder lösen kann. Die Gestalt dieser Masten

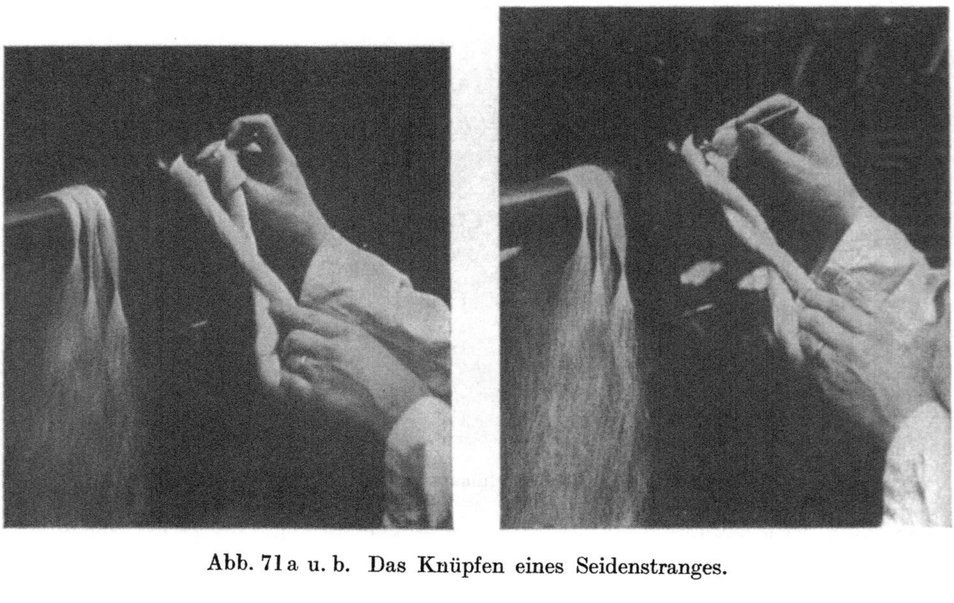

Abb. 71 a u. b. Das Knüpfen eines Seidenstranges.

oder Stränge ist je nach dem Material oder dem Ursprungsland sehr verschieden, wie aus den nebenstehenden Abbildungen hervorgeht.

Nach dieser Operation wird die Seide gewogen, das Gewicht und der Titer in ein entsprechendes Arbeitsbuch eingetragen, um so eine Übersicht über die Ausbeute, die Qualität der Seide und die Arbeitsleistung der Spinnerin führen zu können.

Abb. 72. Form verschiedener Seidenstränge. Von links nach rechts: Broussa-Grège, Tussah-Grège, Japan-Grège, Italiener-Grège.

9. Das Spinnen der Rohseide im Orient.

Nachdem im vorstehenden die Gewinnung der Rohseide beschrieben worden ist, mag kurz dargestellt werden, in welcher Weise in den außereuropäischen Ländern die Rohseide gesponnen wird, insoweit die großen Filanden der außereuropäischen Länder nicht in der gleichen Weise arbeiten.

In Japan findet man in zahlreichen Provinzen, die von den großen Handelszentren entfernt liegen, Seidenzucht und Spinnereien miteinander verbunden. Zum Abtöten der Kokons bedient man sich auf dem Lande meistens kleiner gemauerter Öfen, während in den großen Erzeugungsstätten nur Trockenapparate neuester und eigener Konstruktionen verwendet werden. Zum Abhaspeln der Kokons verwendet man in der Hausindustrie zweierlei Arten, nämlich des Haspelns mit Handbetrieb und mit Fußbetrieb.

Abb. 73. Japanischer Haspel für Handbetrieb nach „Seide“ von Prof. Y. Mimuro-do Tokio.

a) Hand-Haspelbetrieb, auch Za-guri genannt. Wie in China, haspelt man aus zwei, höchstens drei Becken, und zwar auf sehr kleine Haspeln; die Feuchtigkeit entfernt man mittels Lüftung und erhält daher stets verklebte Fäden bzw. mit Gommures behaftete Masten. Das Bürsten der Kokons geschieht in kleinen Metall- oder Porzellanbecken, welche auf einem kleinen Öfchen und diese wieder auf einem Schemel stehen. Mit der rechten Hand wird der Seidenfaden geformt, mit der linken wird der kleine leichte Haspel zur Aufnahme des Fadens gedreht. Vielfach findet sich auch eine Apparatur in Form einer drehbaren Holzscheibe, über welche eine Schnur zu einem Röllchen führt, das an der Mittelachse des Haspels angebracht ist, so daß die Linke also nur die Holzscheibe und nicht den Haspel selbst zu drehen braucht, und die Arbeit für die Hand nicht so ermüdend ist. Merkwürdigerweise findet man auch in großen Spinnereien, die abseits der Transportwege liegen, aber sonst ganz nach europäischem Muster eingerichtet sind, eine derartige Za-guri-Arbeitsweise, aber immerhin doch sehr selten. Das Haspeln geschieht, ohne dem Faden irgendeine Drehung zu geben, ohne jegliche Kreuzung, der Faden passiert lediglich eine Porzellan- oder Metallöse und geht dann vielfach über eine Art Polster, das aus Haaren, Wolle oder Flockseide besteht, wodurch er geglättet wird. Das Bürsten geschieht von Hand mit einem Heidebesen. Die Arbeiterin haspelt meistens zwei Fäden, mitunter auch mehr. Die Tagesleistung beträgt bei zehn- bis elfstündiger Arbeitszeit etwa 170 bis 180 g. Der gesponnene Titer schwankt zwischen $^8/_{10}$ bis $^9/_{11}$ Den. Die Produktion ist bei derartiger Arbeitsweise natürlich gering und der Abfall groß, was aber insofern keine Rolle spielt, als die derart hergestellten Grègen meistens im Inland verwendet werden, wo die Anforderung bezüglich Qualität keine so große ist.

Abb. 74. Japanischer Haspel für Fußbetrieb nach „Seide" von Prof. Y. Mimuro-do Tokio.

b) Die zweite Art des Haspelns ist diejenige mit Fußbetrieb, die ashibumi. Hierbei wird das Drehen des Haspels von Hand ersetzt durch ein Schwungrad, welches entweder mit dem Fuß oder auch durch Wasserkraft angetrieben wird. Die Verbesserung gegenüber dem Haspeln mit Handbetrieb besteht darin, daß die Arbeiterin ihre Aufmerksamkeit leichter dem eigentlichen Haspeln zuzuwenden vermag. Das Produkt kommt demgemäß an Qualität auch den Filatures näher. Auch hier wird durchweg mit zwei Fäden, sehr selten mit drei gearbeitet, Kreuzung und Dehnung sind nach europäischem Muster, die Titer sind fein. Die Tagesleistung bei zehnstündiger Arbeitszeit beträgt pro Arbeiterin etwa 180 bis 200 g.

In China ist der Verkauf von Kokons eine Seltenheit, da jeder Züchter auch gleichzeitig haspelt, sei es nun, daß er die Kokons vorher tötet, sei es, daß er lebende Kokons verwendet. Nur bei überreichen Ernten werden die Kokons ausgeführt und dann meistens nach Japan, sonst ist die Ausfuhr von Kokons nicht erlaubt. Wenn die Raupen in den Kokons abgetötet werden, so geschieht es auf dreierlei Arten, entweder mittels der Sonnenhitze, oder in einem siebartigen Gefäß, welches über Wasserdampf gehalten wird, oder mittels Kohlenfeuer, indem man die Kokons in entsprechenden Gefäßen über dem Kohlenbecken hält. Richtige Öfen oder Austrocknungsapparate findet man in China nur in den großen Spinnereien, nicht dagegen in der Hausspinnerei. Im übrigen verläuft der Haspelprozeß in ähnlicher Weise wie in Japan. Auch in China sind die Hausgespinste oder Natives heute durch die nach europäischem Muster eingerichteten Filanden verdrängt worden, allerdings nicht in dem Maßstabe, wie dieses in Japan der Fall ist.

Außer diesen beiden außereuropäischen Erzeugungsländern wird natürlich bei der großen Gruppe der Levanteseiden vielfach in ähnlich primitiver Weise gehaspelt. Doch kommt in diesen Ländern, wie Persien, Kaukasien, der asiatischen Türkei, der Haspelprozeß nur insoweit in Frage, als es sich um Gespinste handelt, welche in der Heimat selbst verwandt werden. Die Hauptmenge der Kokons wird dagegen nicht gehaspelt, sondern kommt nur als Handelsartikel in Betracht und wird an die europäischen Filanden verkauft.

10. Das Spinnen von Ausschuß, Doppies und Tussah.

Die schwachen Kokons, die als anormal ausgeschiedenen Kokons, die beschmutzten, befleckten und schimmeligen Kokons gehen zum Teil als Rohmaterial in die Chappe-Fabrikation, zum größeren Teil werden sie aber doch noch zur Gewinnung von Rohseide verwandt.

Dasjenige, was beim Abhaspeln dieser Kokons Schwierigkeiten macht, ist die Beschaffenheit der Kokonhaut. Auf der einen Seite bedarf der Spinnfaden bei den schwachen Kokons einer sorgfältigeren Behandlung, als dieses bei normalen Kokons der Fall ist, andererseits sind die befleckten Kokons durch das Austreten des Chrysalidensaftes und das nachfolgende Austrocknen teilweise steinhart verklebt. Darum muß das Einweichen dieser fehlerhaften Kokons mit der größten Vorsicht und in Anpassung an ihre Beschaffenheit geschehen. Man wird auf der einen Seite die Temperatur des Einweich- und Spinnwassers niedriger oder höher halten, auf der anderen Seite wird es sich nicht umgehen lassen, chemische Hilfsmittel zur Aufweichung des Kokonfadens zu verwenden. Derartige Stoffe sind entweder leichte Alkalien, wie Seife, Soda und Borax (auch Kochsalz wird verschiedentlich angewandt) oder aber auch schwache organische Säuren, wie Zitronensäure, Weinsäure, Milchsäure.

Das Spinnen geschieht in der gleichen Weise wie bei normalen Kokons, aber es bedarf hier noch einer größeren Erfahrung, um einen richtigen Titer zu erzielen, weil naturgemäß bei den beschädigten Kokons die Dicke des Fadens eine äußerst wechselnde ist. Bei schwachen Kokons findet man daher auch häufig, daß dieselben nicht für sich allein verarbeitet werden, sondern in Verbindung mit Fäden von gesunden Kokons. Die Qualität einer derartigen Grège ist bedeutend geringer als diejenige einer aus gutem Material gewonnenen Grège, immerhin kann auch hier die Geschicklichkeit der Hasplerin ein gutes Resultat erzielen. Die Tagesausbeute beim Haspeln einer derartigen Seide ist natürlich bedeutend geringer, als dieses beim Haspeln normaler Kokons der Fall ist.

Beim Spinnen der Doppies handelt es sich entweder um die Herstellung eines bestimmten oder eines beliebigen Titers. Während im ersteren Fall die Haspelung große Aufmerksamkeit erfordert, ist dieses beim Spinnen auf beliebigen Titer nicht der Fall da man hier nur darauf bedacht ist, möglichst viel Ausbeute zu erzielen, denn bei der schweren Abhaspelungsfähigkeit der Doppelkokons und andererseits der größeren Dicke der Fäden eines Doppelkokons muß die Arbeiterin eine sehr geschickte und genaue Auswahl ihrer Fäden treffen, während sie dies beim Spinnen auf beliebigen Titer nicht nötig hat, sondern Fäden ganz verschiedener Dicke zur Herstellung des Grègefadens verwenden kann. Wichtig ist daher, daß die vorherige Auswahl der Kokons sehr sorgfältig geschieht, es bedarf hierzu aber auch sehr großer fachmännischer Erfahrung, die es ermöglicht, die Produktion einigermaßen gewinnbringend zu gestalten.

Das Einweichen geschieht länger beim Spinnen von normalen Kokons und auch bei höherer Temperatur, und zwar beläßt man die Doppies so lange im

Einweichbecken, bis sie von der Spinnerin benötigt werden. Ebenso wie bei den Abfallkokons, bedient man sich auch hier zum Einweichen gewisser Chemikalien, wie Seife, Soda usw.

Nach dem Einweichen wird entweder von Hand oder mit den üblichen maschinellen Bürsten geschlagen. Allerdings nur, wenn auf bestimmten Titer gesponnen wird. Beim Spinnen auf beliebigen Titer unterbleibt vielfach das Schlagen, die Spinnerin übernimmt die Kokons direkt von der Einweicherin in ihr Spinnbecken. Das Wasser im Spinnbecken ist durchweg von hoher Temperatur, ganz gleich, welches Erzeugnis gesponnen wird. Damit sich die Arbeiterin nicht ihre Hände verbrennt, bedient sie sich eines kleinen Löffels, mit dem sie die frischen Kokons in die Nähe der bereits abgehaspelten Kokons bringt. Der Faden der Seidenkokons wird von dem schnell ablaufenden Faden mitgerissen und so der Grègefaden gebildet. Meistens bedient man sich auch hier des maschinellen Fadenlegers.

Durchweg arbeitet man mit zwei bis vier, auch mit fünf Fäden unter Verwendung von 20 bis 25 Kokons. Das Spinnen als solches unterscheidet sich insofern von dem gewöhnlichen, als keine Torta gemacht wird. Nur bei ganz besonderen Artikeln macht man eine ganz kleine Torta, um die Fäden etwas auszutrocknen. Man begnügt sich eben mit der Abglättung des Fadens im Spinner und auf den verschiedenen Röllchen.

Wahrscheinlich hängt dieses damit zusammen, daß die Spinnfäden durch das Einweichen bei höherer Temperatur einen derart erweichten Seidenleim aufweisen, daß sie beim Berühren zweier Fäden ohne weiteres aneinander kleben bleiben.

Die beim Spinnen der Doppies verwandten Haspeln sind größer, die Masten sind dementsprechend ebenfalls größer und breiter. Die Titer schwanken bei Doppiegrègen von bestimmtem Titer zwischen 30/40 bis 90/100, bei den Grègen mit beliebigem Titer dagegen von 60/90, 80/120 und 100/150. Auch bei der Herstellung dieser Grègen ist die Ausbeute verhältnismäßig gering und beträgt etwa 1 bis 1½ kg pro Tag. Die Doppiegrègen werden meistenteils zur Herstellung von Trame, seltener von Organzin verwandt, diese ihrerseits wieder zur Herstellung von Näh- und Stickseiden sowie von Kordonett.

Bei den wilden Seiden ist die Trennung der Fibroinschicht gegenüber der Serizinschicht nicht so ausgeprägt wie bei der echten Seide, vielmehr durchdringt das Serizin in unregelmäßiger Form das Fibroin des Seidenfadens. Außerdem ist zu bemerken, daß die Schicht der eigentlich abhaspelbaren Seide im Kokon ziemlich hart verklebt ist und es daher besonderer Einweichmethoden bedarf, um den Spinnfaden zum Abhaspeln zu lockern. Da die wilden Seiden in der Mehrzahl nicht das Produkt einer regelmäßigen und überlegten Züchtung darstellen, so ist auch der Bau der Kokons ein sehr unregelmäßiger und erinnert in mancher Hinsicht an den Aufbau der Doppelkokons.

Die Hauptschwierigkeit beim Abhaspeln der Tussahseiden bildet das Einweichen oder die Erweichung des Seidenfadens, wobei die verschiedensten Verfahren Verwendung gefunden haben. Es genügt nicht, daß man zum Einweichen die Temperatur des Einweichwassers erhöht, evtl. dieses Wasser mit Zusätzen von alkalischen oder sauren Substanzen versetzt, sondern der Einweichprozeß muß derart durchgeführt werden, daß er schon mehr einem Abkochprozeß nahekommt. Hierbei muß obendrein beachtet werden, daß das Spinnen der Tussah im Erzeugungslande selbst vor sich geht und demgemäß in ähnlich primitiver Weise, wie wir das beim Spinnen der Natives in China oder Japan gesehen haben.

Das Einweichen geschieht einmal in der Weise, daß man die Kokons in siedendes Wasser wirft und darin solange beläßt, bis die Erweichung eine genügende ist. Eine zweite Form des Einweichens ist die, daß man die Kokons in einen durchlochten Behälter hineinschüttet und durch diesen bis zum gewünschten Erfolge heißen Wasserdampf hindurchströmen läßt.

Die dritte Art des Einweichens besteht darin, daß man die Kokons mit einer Lauge aus Holzasche bis zur genügenden Erweichung auskocht und vor dem Haspeln mit reinem Wasser abspült.

Sind die Kokons in einer der vorbeschriebenen Weise eingeweicht worden, so werden sie nicht erst gebürstet, sondern kommen so in das Spinnbecken und werden jetzt von der Spinnerin verarbeitet.

Er wird durchweg mit vier bis acht Kokons aus dem Spinnbecken gehaspelt. Die Nativeserzeugnisse sind von rauher und spröder Beschaffenheit, während die sog. Filatures aus europäisch eingerichteten Filanden schon wesentlich besser sind.

Stets wird nicht auf bestimmten Titer gesponnen, sondern auf beliebigen, wie er eben beim Spinnen ausfällt, also ebenso wie beim Spinnen der Doppies. Entsprechend dem dicken Faden der Tussah bewegen sich die Titer zwischen 40/50 und 80/90. Die Tussahgrègen weisen natürlich entsprechend dem Verhalten ihres Serizins starke Verklebungen auf, so daß ein Umhaspeln derselben, sobald es sich um eine Tussahgrège handelt, unbedingt erforderlich ist. Man handelt diese umgehaspelten Grègen ebenso wie die chinesischen und japanischen Hausgespinste unter der Bezeichnung Rédevidées oder Rereeleds.

Der Abkochverlust der Tussahgrège ist geringer als derjenige der echten Seide und beträgt 15 bis 20%, was aber jedenfalls seine Ursache darin findet, daß durch das intensive Einweichen der Kokons ein großer Teil der Bastbestandteile bereits entfernt worden ist. Aus dem starken Einweichen dürfte auch die den Faden vollständig durchdringende braune Farbe zu erklären sein, sowie auch weiter, daß dieser Farbstoff so ungemein schwer und nur durch intensive Bleichprozesse zu entfernen ist.

Tussahgrègen werden zu Trame bzw. Nähseide und Posamenten verarbeitet. Eine sehr große Verwendung finden sie aber auch in der Weberei zur Herstellung von rohseidenen Kleiderstoffen. Da die Tussah ein sehr großer Handelsartikel geworden ist, hat es nicht an Versuchen gefehlt, die wilden Seidenspinner auch in Europa zu züchten, sie sind jedoch fehlgeschlagen, es fehlen nicht nur die entsprechenden Ernährungsbedingungen, sondern es wirken auch die klimatischen Verhältnisse ungünstig.

11. Das automatische Spinnen der Rohseide.

Bevor der Abschnitt über die Haspelung der Rohseide geschlossen wird, ist es noch erforderlich, kurz die Bestrebungen zu streifen, den ganzen Spinnvorgang auf maschinenmäßigem Wege vor sich gehen zu lassen. Es mag gleich vorausgeschickt werden, daß sich diese automatischen Spinnmaschinen nicht allgemein haben einbürgern können und auf Amerika beschränkt geblieben sind. Die Ursache liegt darin, daß die Dehnbarkeit bei der Naturseide derart verschieden ist, daß sich eben nur unter besonderer Berücksichtigung derselben ein gleichmäßiges Gespinst herstellen läßt. Das Gefühl für die Spannungsdifferenzen hat wohl die geübte Arbeiterin, aber niemals die Maschine.

Die hauptsächlichste Forderung, welche an die Spinnerin gestellt wird, ist die, einen Faden von größter Gleichmäßigkeit in der Dicke zu erhalten, und dieses ist auch die Hauptforderung, welche man bei dem Bau der Maschine zu berücksichtigen hat. Gelöst hat diese Frage Serrel in seinem automatischen Haspel. Das Grundprinzip dieser Maschine nützt schon ein anderer auch von Serrel erfundener Apparat aus, welcher zur Feststellung der verschiedenen Fadendicke der Rohseide dient. Bei diesem Apparat ist davon ausgegangen, daß die Dehnungsfähigkeit eines Fadens in einem gewissen Verhältnis zur Dicke des Fadens steht. Die Schwankungen werden durch eine Kombination verschiedener Hebel zur Messung gebracht und durch Übertragung mittels eines Schreibstiftes auf einem Papierstreifen dem Auge sichtbar gemacht.

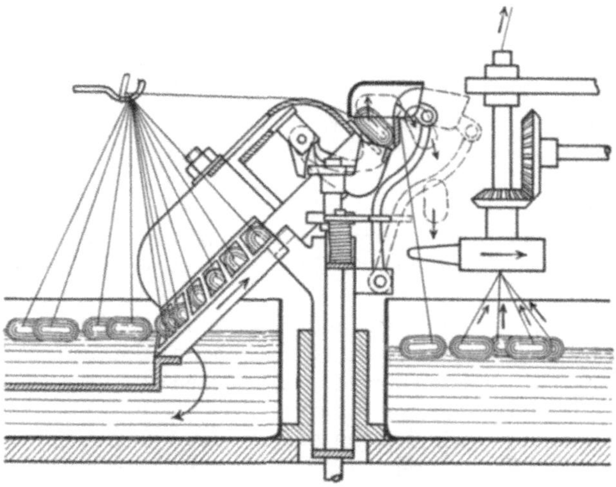

Abb. 75. Serrels automatischer Haspel.

Stellt man sich vor, daß die Vorrichtung, welche die Verschiedenheiten der Fadenstärke anzeigt, also der federnde Zeichenstift, verbunden ist mit einer anderen Vorrichtung, welche beim Dünnerwerden des Fadens denselben durch Anlegen eines neuen Kokonfadens automatisch verstärkt, so hat man den Grundgedanken der automatischen Spinnmaschine. Es würde hier zu weit führen, die Einzelheiten der Maschine zu beschreiben. Wir beschränken uns auf die Beschreibung der Arbeitsweise des Apparates.

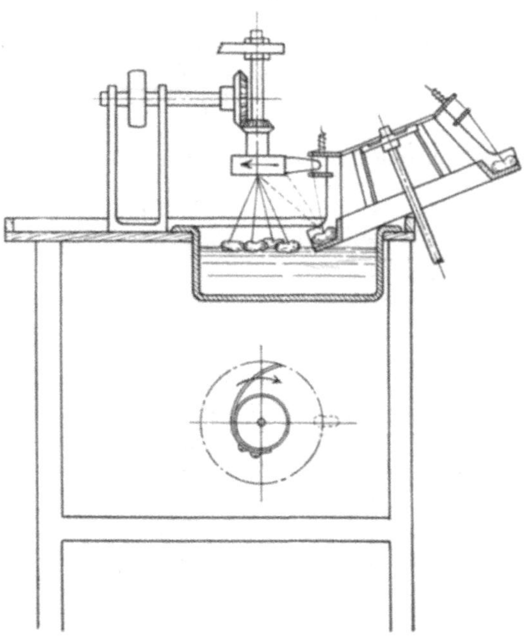

Abb. 76. Serrels automatischer Haspel: „Der Kokonfänger."

In dem Haspeltisch befindet sich ein Haspelbecken zur Aufnahme der jeweils erforderlichen Anzahl von Kokons. Die Kokonfäden gehen durch einen Spinner, welcher mit automatischem Fadenanleger versehen ist. Von hier läuft der Rohseidenfaden über eine drehbare Walze, dann über kleine Röllchen, welche an zwei äußerst empfindlichen, federnden Hebeln befestigt sind, und von hier aus zum Haspel. Der Haspel besitzt eine etwas größere Umdrehungsgeschwindigkeit als die Walze, wodurch auf den Rohseidenfaden eine Spannung ausgeübt wird, auf welche die federnden Hebel reagieren. Je nachdem der Grègefaden nun dicker oder dünner ist, ändert sich das Spannungsvermögen und wirkt so, daß die genannten Hebel mehr oder weniger herabgezogen werden. Durch diese Lagenveränderung der Hebel wird nun ein elektrischer Stromkreis geschlossen bzw. geöffnet, welcher auf einer zweiten Apparatur einen Elektromagneten ebenso ein- und ausschaltet. Diese zweite

Vorrichtung besteht aus einem Kokonträger, d. i. eine runde, an einer drehbaren Achse befestigte Scheibe, welche schräg in das Haspelbecken hineinragt, und zwar so, daß der äußere Rand sich in einer Ebene mit der Oberfläche des Wassers befindet. Auf der Scheibe liegen am Rande in kleinen Behältern die einzelnen Kokons mit nach oben gerichtetem Fadenende. Vor diesen Behältern befindet sich eine Sperrvorrichtung, welche elektromagnetisch gesperrt und geöffnet werden kann und die durch die oben erwähnten zwei Hebel bzw. durch den von diesen jeweils ausgelösten elektrischen Stromkreis in Tätigkeit gesetzt wird. Sowie diese Sperrvorrichtung beim Dünnerwerden des Rohseidenfadens automatisch in Funktion tritt, kommt der Kokonträger zum Stehen und neigt den Kokon mit seinem aufrecht stehenden Fadenende dem automatischen Fadenanleger entgegen, derselbe faßt ihn und führt ihn dem Fadenleiter zu. Sobald der Faden seine gewünschte Dicke wieder erreicht hat, wird der Stromkreis wieder automatisch geöffnet und die Sperrvorrichtung ausgeschaltet. Schließlich ist noch am Haspel eine Vorrichtung angebracht, welche denselben selbständig ausschaltet, sobald der Faden reißen sollte.

Man wird sich aus dieser kurzen Beschreibung ein Bild über die Arbeitsweise des automatischen Seidenhaspels machen können und daraus ersehen, daß die automatische Zuführung der Kokons jedenfalls die wichtigste Arbeitsleistung darstellt. Wenn man in Erwägung zieht, wie verschieden die Kokons bezüglich ihrer äußeren Beschaffenheit, Größe und Gestalt ausfallen, dann wird man unschwer erkennen, daß dieser Kokonzuführer, wenn auch die sinnreichste, so doch die schwächste Seite des ganzen automatischen Seidenhaspels darstellt.

Es hat naturgemäß nicht an Verbesserungen an diesen Spinnmaschinen gefehlt, auf dieselben hier näher einzugehen, würde jedoch zu weit führen.

Abb. 77. Spinnerei-Anlagen nach Battaglia, Luino.

Der automatische Haspel von Serrel ist neuerdings durch die Erfindung von Dr. Fioruzzi und den automatischen Haspel der Mechanischen Spinnerei Bacapa in einer Weise verbessert worden, daß nach den Ausführungen von G. Gallese[1])

[1]) Gallese, G.: Europäischer Seidenkongreß Mailand 1927.

es nicht ausgeschlossen erscheint, daß mit einer allgemeinen Einführung des automatischen Haspelbetriebes in absehbarer Zeit zu rechnen sein wird. Es sei hier als neueste nur die „Abwindemaschine für Seidenkokons“ von Naito und Niwa[1]) erwähnt. Der Apparat besteht aus drei Behältern, von denen der erste heißes Wasser enthält, um das Fadenende der Kokons zu lösen. Die Fadenenden werden gefaßt und die Kokons in einen zweiten, mit Wasser gefüllten Raum gebracht und ihre Enden auf einen Haken gehängt. Durch diese Behälter läuft eine Rinne, auf dem kleinere Behälter zur Aufnahme des Kokons sich befinden. Diese Behälter fassen die einzelnen Kokons und führen sie in eine Rinne, von wo aus sie in das dritte Becken fallen. Die Fadenenden des Kokons hängen sich hier zwischen zwei gezahnte Scheiben, werden zusammengedreht und durch ein Auge abgeführt. Durch entsprechende Übertragung wird der Riemen mit den Kokonbehältern nur so lange in Tätigkeit gehalten, als die genügende Anzahl von Kokonfäden miteinander verbunden ist, dann setzt die Tätigkeit aus. Sie wird aber auch automatisch wieder eingeschaltet, sobald ein Faden reißt.

VI. Die Beurteilung der gesponnenen Rohseide.

Die in dem vorigen Abschnitt beschriebene Herstellung der Rohseide liefert ein Produkt, welches im Handel als „Grège“ oder „Rohseide“ bezeichnet wird. Wie aus der Beschreibung hervorgeht, besteht dieser Grègefaden aus

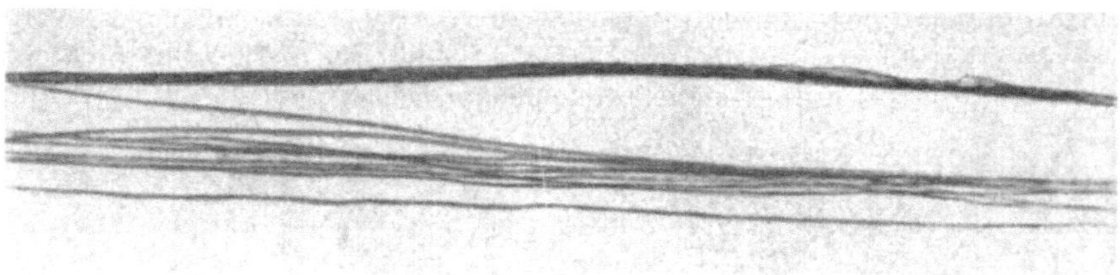

Abb. 78. Grègefäden. Oben roh; unten abgekocht. Vergr. 1:25.

4 bis 6 oder höchstens 8 vom Kokon abgehaspelter Spinnfäden, die einfach durch die Erweichung des Seidenleims miteinander verklebt sind, ohne daß dem Faden eine ins Gewicht fallende Drehung gegeben wird. Wird ein solcher Grègefaden abgekocht, so zeigt er die doppelte Anzahl von Einzelfäden, da ja jeder Kokonfaden ein Doppelfaden ist. Die Bezeichnung der Grège als Rohseide ist allerdings nicht einwandfrei, da der Handel auch gezwirnte Seiden wie Organzin und Trame als Rohseiden bezeichnet und unter dem Begriff Rohseide alle solche Seiden versteht, bei denen der Seidenbast noch nicht entfernt ist, die also noch nicht abgekocht sind. Dagegen ist es nicht üblich, den von Kokons abgehaspelten Faden, der ja eigentlich mit größerer Berechtigung den Namen Rohseide führen könnte, als solche zu bezeichnen.

Nachdem so die Herstellung der Grège beschrieben worden ist, kommen wir jetzt zur Beantwortung der Frage: Welche Anforderungen sind an eine normale Grège zu stellen?

In der Hauptsache erstreckt sich die Untersuchung einer Grège auf:

1. Die Feststellung der Fadendicke, des Titers.
2. Die Untersuchung der dynamometrischen Eigenschaften des Fadens.
3. Die Feststellung der Unreinlichkeiten und Fehler des Fadens.

[1]) Naito und Niwa: Brit. Pat. 208980 4/523.

1. Feststellung der Fadendicke oder des Titers.

Wie oben bereits angeführt wurde, ist das Hauptaugenmerk der Spinnerin darauf gerichtet, den Grègefaden von einer größtmöglichen Gleichmäßigkeit in der Dicke herzustellen. Abgesehen von dieser Gleichmäßigkeit ist es aber wesentlich, einen vorgeschriebenen Wert der Dicke — dieser Wert wird als Titer bezeichnet — zu erzielen. Man drückt die Dicke des Rohseidenfadens nicht mit einer bestimmten metrischen Maßeinheit aus, sondern durch den Denier. Unter einem Denier, abgekürzt Den. oder D. oder Dnr., versteht man eine Gewichtseinheit, welche durchschnittlich 0,05 g entspricht. Der Titer wird errechnet, indem man feststellt, wieviel Deniers eine gewisse Länge, etwa 450 m, des Seidenfadens wiegt. Mit anderen Worten, es bedeutet die Bezeichnung "eine Seide vom Titer 20", daß 450 m dieser Seide $20 \times 0,05 = 1$ g wiegen. Man errechnet auch den Titer so, daß man 9000 m zur Wägung bringt, dann entspricht die Anzahl der ermittelten Gramme dem Titer, also bei einem Titer von 20 wiegen 9000 m 20 g. Heute ist die Bezeichnung des Titers international festgelegt. Der legale Titer entspricht dem Gewicht von 450 m in Gewichtseinheiten von genau 0,05 g. Früher waren dagegen eine ganze Anzahl verschiedener Titer im Gebrauch, wie Mailänder, Piemonteser, Französischer und der alte internationale Titer. Dieselben unterscheiden sich nicht nur durch die Größe des Haspelumfanges und der daraus sich ergebenden Verschiedenheiten in der Meteranzahl, sondern auch durch das Gewicht des Deniers. Die Haspelumläufe sind dagegen bei allen, auch bei dem neuen legalen Titer, die gleichen geblieben, nämlich 400. Die Einzelheiten sind aus der nachstehenden Tabelle ersichtlich.

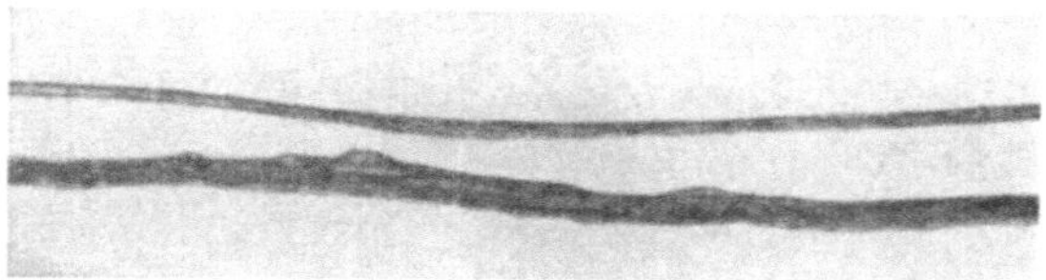

Abb. 79. Grègen von verschiedenem Titer. Oben Titer 10 Den.; unten Titer 23 Den. Vergr. 1:25.

Titerart	Haspelumläufe	Haspelumfang cm	Meterzahl m	Gewicht g	Den.
Mailänder	400	119,1	476,4	0,0511	1,06
Piemonteser	400	120	480	0,0533	1,07
Französischer	400	120	480	0,0533	1,07
Alter internationaler	400	125	500	0,05	1,11
Neuer internationaler	400	112,5	450	0,05	1,00

Heute gilt, wie gesagt, nur der neue legale Titer 450 m und 0,05 g oder 9000 m und 1 g = 1 Denier.

Bei der Verschiedenheit der Dicke der einzelnen Kokonfäden sind natürlich Schwankungen des Titers nicht zu vermeiden, in je engeren Grenzen dieselben sich jedoch halten, um so mehr spricht dieses für die Güte der betreffenden Seide. Es wird noch später bei der Prüfung der Seide hierauf näher einzugehen sein.

Außer der Bestimmung des Titers hat man jedoch für die Begutachtung der Dicke des Seidenfadens noch andere Möglichkeiten in Form von Vorrichtungen, welche imstande sind, die Ungleichmäßigkeiten im Titer nicht nur zahlenmäßig, sondern auch dem Auge sichtbar erkennen zu lassen.

Ein derartiger Apparat von Serrel ist oben beschrieben worden (S. 62).

Außerdem prüft man auch die Ungleichmäßigkeiten des Fadens in der Weise, daß man den Faden auf Tafeln aufwickelt oder aber auch über eine schwarze Tafel laufen läßt. Derartige Apparate sind häufig noch mit Vorrichtungen versehen, um die beobachteten Unregelmäßigkeiten zu notieren.

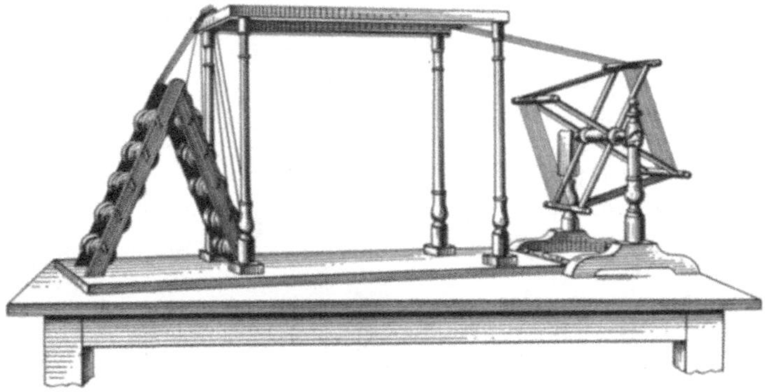

Abb. 80. Prüfungsapparat für Rohseide nach Prof. Colombo, Mailand.

2. Untersuchung der dynamometrischen Eigenschaften des Fadens.

Im großen und ganzen genommen, gilt für den Grègefaden das, was für den einzelnen Faden gültig war, allerdings mit dem Unterschied, daß die Festigkeit mit der Anzahl der einzelnen Kokonfäden im Grègefaden stark zunimmt, während die Dehnungsfähigkeit oder die Elastizität nur unwesentlich beeinflußt wird.

Die Bestimmung der dynamometrischen Eigenschaften wird mit Hilfe des Serimeters vorgenommen. Die nähere Beschreibung desselben wird später in dem Abschnitt über die Prüfung der Seide gegeben werden. Die wesentlichsten Momente, durch die die Festigkeitseigenschaften beeinflußt werden, sind einmal die Feuchtigkeit der Seide, sodann der Titer und die Anzahl der Kokonfäden, aus der sich der Grègefaden zusammensetzt. Man kann daher nicht ohne weiteres feststehende Normen zur Beurteilung aufstellen, wenn man keine Daten über diese drei Tatsachen besitzt. Eine ausgetrocknete Seide oder eine Seide mit normaler Feuchtigkeit, bei welcher die Untersuchung in einem heißen Trockenraum vorgenommen wird, wird eine andere Dehnbarkeit und Festigkeit aufweisen, als es bei anderen Prüfungsbedingungen der Fall wäre. Es ist stets erforderlich, bei diesen Versuchen einen Ausgleich zwischen der Feuchtigkeit der Seide und der umgebenden Luftfeuchtigkeit zu schaffen.

Was nun die Einwirkung des Titers bezüglich der Anzahl der Spinnfäden anbelangt, so wird durchweg angenommen, daß die Stärke zunimmt mit der Erhöhung des Titers, daß also z. B. bei einem und demselben Faden des Kokons diejenigen Stellen, welche einen höheren Titer aufweisen — das sind die äußeren Partien des Spinnfadens —, eine größere Stärke haben als die Fäden des gleichen Kokons, welche den inneren Partien entstammen. Hat man zwei Grègefäden, von denen der eine aus fünf inneren Kokonfäden, der andere aus fünf äußeren Kokonfäden hergestellt ist, so wird der letztere eine größere Stärke aufweisen.

Die Festigkeit der Grège nimmt zu, wenn man bei gleichem Titer die Anzahl der Spinnfäden vermehrt. Es beträgt z. B. nach Dr. Colombo, Mailand, die Stärke in Gramm pro Denier ausgedrückt bei gelber italienischer Seide

bei 3 Fäden 3,11 g,
„ 6 „ 3,30 g,
„ 9 „ 3,39 g.

Bei Gleichheit in der Anzahl der Spinnfäden haben eine größere Elastizität diejenigen Fäden, welche einen höheren Titer haben, also die der äußeren Kokonhüllen, während die Fäden mit geringerem Titer, also die inneren Anteile des Spinnfadens im Kokon, eine geringere Elastizität aufweisen.

Auch hier mag eine Übersicht dieses näher erklären, die von Dr. Colombo veröffentlicht wurde. Verglichen werden zwei Grègen, von denen die eine aus 6 Kokonfäden, aber neu angefangenen, also mit gröberem Titer, hergestellt ist, während die andere aus 8 Kokonfäden besteht, jedoch aus solchen, welche bereits vorher abgehaspelt waren. Der Titer ist bei den Versuchsgrègen stets der gleiche.

Titer	Grège von 6 Fäden mm	Grège von 8 Fäden mm
17,60	248	202
19,20	251	234
20,08	261	238
19,60	237	214
21,20	236	226
22,00	232	235
22,40	231	214
22,80	215	214
17,60	221	197
18,40	234	205
18,80	214	185
20,00	235	203
20,80	223	208

Ferner nimmt die Dehnbarkeit zu mit der Anzahl der Fäden bzw. mit der Erhöhung des Titers. Die nachstehende Übersicht des gleichen Autors gibt den entsprechenden Aufschluß.

Anzahl der Fäden	Titer	Elastizität
3	—	173
6	—	242
9	—	257
4	14,88	219
7	26,00	249
8	30,00	259
4	11,34	227
5	11,23	235
6	16,93	252

Auch hier ist natürlich Voraussetzung, daß das Kokonmaterial übereinstimmt. Man begnügt sich zur Feststellung der Dehnbarkeit und Festigkeit aber nicht mit der Prüfung mittels des Serimeters, sondern verwendet noch eine empirische Methode. Es ist dieses die Feststellung der Windbarkeit. Wenn auch die Windbarkeit nicht allein mit Festigkeit und Dehnbarkeit zusammenhängt, vielmehr durch andere Eigenschaften, wie Kleben der Seide, Unreinigkeiten des Fadens u. a. m. beeinflußt werden kann, in der Hauptsache sind es doch die dynamometrischen Eigenschaften der Seide, welche ihre gute Windbarkeit bedingen.

Die Prüfung auf Windbarkeit wird in der Weise durchgeführt, daß man die Rohseide, meistens 10 Masten, auf einen Haspel legt und von diesem Haspel auf einen zweiten oder auf eine Bobine umhaspelt. Man läßt die Seide mit einer Geschwindigkeit von 60 Umdrehungen pro Minute ablaufen, so daß also bei einem Haspelumfang von 112,5 cm in der Minute 67,5 m ablaufen. Diesen Versuch dehnt man über eine Stunde aus und zählt dabei die auftretenden Brüche. Diese Haspeln sind durchweg mit automatischem Zählwerk und einer Uhr versehen und lassen sowohl die Länge des abgehaspelten Fadens, wie die Brüche und die Zeitdauer des Versuches erkennen.

Die Zahl der festgestellten Brüche könnte ja schon als solche zur Beurteilung herangezogen werden, aber erst durch Umrechnung mit einem bestimmten Faktor kommt man zu einem für die Praxis wertvollen Resultat, nämlich zu

Abb. 81. Maschine zur Feststellung der Windbarkeit. (Seidentrocknungs-A.-G. Elberfeld.)

der Arbeitsleistung, die der Winderin durch die Beschaffenheit der Seide ermöglicht wird.

Diesen Umrechnungsfaktor erhält man in der Weise, daß man die Zahl 800 durch die während einer Stunde erhaltenen Brüche teilt. Man ist zu dieser Formel $\frac{800}{N}$, wobei N die Zahl der ermittelten Brüche darstellt, durch die Erfahrung gekommen, daß eine Arbeiterin durchschnittlich etwa 80 Knoten in einer Stunde machen kann. Die Formel entspricht der Überlegung, daß, wenn N Brüche in 10 Masten oder Haspeln sind und 80 Brüche in den Masten pro Stunde als Durchschnittsleistung einer Winderin zu knoten möglich sind, sich der Faktor ergibt

$$\frac{10 \times 80}{N}.$$

Wenn also die Winderin beim Abwinden von 10 Masten einer Grège 10 Brüche in der Stunde feststellt, so heißt das mit andern Worten, daß diese 10 Brüche sich auf $\frac{80 \times 10}{10}$, also 80 Masten verteilen könnte, sie mithin 80 Haspeln in einer Stunde beaufsichtigen kann.

Hin und wieder kommt es bei der Prüfung der Grège vor, daß dieselbe hart und verklebt und so zum Abhaspeln nicht geeignet ist. Man hilft sich dann in der Weise, daß die betreffende Seide mit einer schwachen Seifenlösung vorher eingenetzt wird. Natürlich ist eine derartige Behandlungsweise bei der Ausstellung eines Prüfungsscheines besonders zu vermerken. Die Prüfung auf Windbarkeit ist wohl eine der wichtigsten praktischen Prüfungen, welche namentlich bei der Beurteilung einer Seide auf Verwendungsfähigkeit eine sehr große Rolle spielt. Sie wird deshalb, namentlich in solchen Fällen, wo eine Grège auf verzwirnte Seide verarbeitet werden soll, stets vorher ausgeführt.

Daß man bei der Windbarkeit, um nicht zu falschen Schlüssen zu kommen, den Titerwert der Grège berücksichtigen muß, versteht sich wohl von selbst, da eine Seide feineren Titers mehr Brüche aufweisen kann, als eine solche gröberen Titers.

3. Feststellung der äußeren Beschaffenheit der Seide und ihre Fehler.

Man verlangt von der Rohseide einen vollen seidigen Glanz und quellenden Griff, sowie eine gleichmäßige bzw. für die betr. Seidenart typische Farbe. Was den Glanz anbelangt, so wird derselbe beeinträchtigt, sobald nicht aus stets erneuertem Wasser gesponnen worden ist. Auch zu hohe Temperatur beim Einweichen oder Spinnen, sowie nicht genügende Spannung beim Spinnen einschließlich des Austrocknens hierbei, können den Glanz ungünstig beeinflussen. Man beobachtet dieses Fehlen des Glanzes aber auch namentlich dort, wo die Seiden künstlich erschwert worden sind.

Der Griff der Seide ist ein ganz spezifischer, er soll nicht hart und nicht weich sein, sondern ein gewisses leises Knirschen empfinden lassen. Dieser knirschende Griff, das Cracquant, ist namentlich bei fertig ausgerüsteter und mit Säuren avivierter Seide zu beobachten.

Harter Griff deutet auf Verklebungen des Seidenbastes, man überzeugt sich bei der Prüfung der gehaspelten Grège in erster Linie davon, daß dieselbe keine Verklebungen (Gommures) aufweist. Wenn sie aber doch vorhanden sind, dann sollen sie sich beim Anschlagen des Mastes von Hand leicht lösen lassen. Namentlich die Grègen der außereuropäischen Länder, so die Chinagrègen, weisen sehr häufig so starke Verklebungen auf, daß man gezwungen ist, die Stränge mit leichter Seifenlösung vor dem Abhaspeln einzuweichen.

Aber auch andere Umstände können den Faden hart und spröde machen, wie zu langes Erhitzen, Einwirkungen von Chemikalien (Formaldehyd) und anderes mehr.

Was die Farbe anbelangt, so kann man an dieselbe keine anderen Anforderungen stellen, als daß sie der für die betreffende Seidenart üblichen entspricht. Im Masten fleckige oder bräunlich verfärbte Seide deutet nicht nur auf ein mangelhaftes Rohmaterial hin, diese Mißfärbung kann auch veranlaßt sein durch die Art des Abtötens der Puppen und des Austrocknens der Kokons, durch die Einwirkung verschiedener chemischer Einflüsse beim Konservieren, auch beim Spinnprozeß, und schließlich durch die Art der Aufbewahrung sowohl der Kokons wie der fertig gesponnenen Seide. Es wird dieser Fehler aber vielfach vom Spinner verdeckt; hin und wieder kommt es vor, daß derart fehlerhafte Seiden mit Anilinfarbstoffen überfärbt werden.

So brachte z. B. Lewitzko[1]) einen Fall von künstlicher Färbung zur Sprache. Der Verfasser berichtet über ein häufigeres Vorkommen einer Fälschung der Rohseide, die sich später in Form fleckiger und unstarker Seide bemerkbar macht. Die Unterschiede des Titers im Strang gingen von 17 bis 29 Denier. Der Abkochverlust betrug 28 bis 29%, so daß die Seide beschwert sein mußte. Bei näherer Prüfung wurde dieses bestätigt, die Beschwerung bestand aus Fett, Seife und Glyzerin. Hierbei wurde auch noch die Anwesenheit von Methylorange festgestellt. Nach Abzug des Farbstoffes mit Hydrosulfit

[1]) Färber-Zg. 1911, S. 42.

zeigten die einzelnen Seidenmasten große Farbunterschiede, weiß, grau und gelb, so daß anzunehmen war, daß es um eine Seide handelte, die aus verschiedenen alten Kokons zusammengehaspelt war.

Demgegenüber bestreitet Dr. H. Ravizza[1]), daß es sich um eine „Mailänder Organzin" gehandelt haben könnte, weniger wegen des Buntseins und Vorhandenseins von künstlichen Farbstoffen, als vielmehr wegen der Titerschwankung, die er bei regulärer Ware für ausgeschlossen hält.

Daß es bei der Seide auf die Farbe nicht ankommt und daß auch verfärbte Seiden noch einwandfrei sein können, ist bereits früher erwähnt (Francezon und Silbermann). Andererseits ist es allgemein üblich, bei der Verarbeitung der Grège — namentlich der China- und Orient-Grègen — zu Organzin oder Trame besondere Präparate zu gebrauchen, um einerseits die Verklebungen zu lösen und andererseits einen glatten und gut laufenden Faden zu erzielen. Es handelt sich um ein lauwarmes, leicht alkalisches Bad aus Glyzerin, Vaselin, Vaselinöl, Borax, Kokos- oder Palmölseifen und — jedoch nur bei gelben Seiden — etwas gelben Anilinfarbstoff (Azoflavin, Indischgelb). Selbstverständlich dürften von einem derartigen Präparat nur ganz geringe Mengen verwandt werden, da größere Mengen als Verfälschung anzusprechen seien.

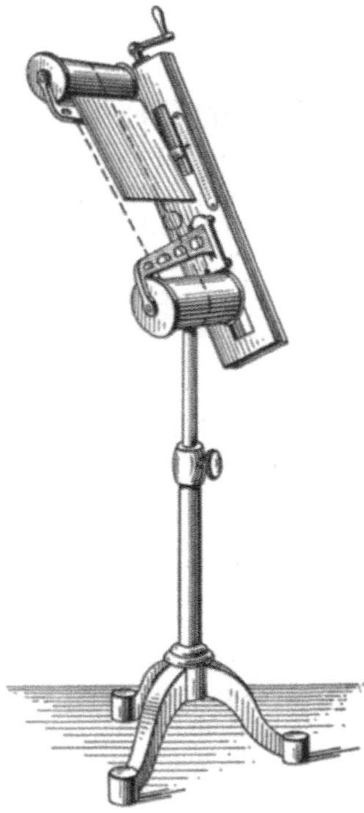
Abb. 82. Prüfungsapparat für Rohseide.

Man wird gut tun, einer fleckigen oder mißfarbigen Seide kein Vertrauen entgegenzubringen, da es sich meistens um ältere oder irgendwie beschädigte Waren handelt.

Es ist hier übrigens zu erwähnen, daß auch der einzelne Grègefaden bunt oder gestreift erscheinen kann, sobald Kokons verschiedener Rasse bei der Herstellung der Rohseide verwandt werden.

Außer diesen eben geschilderten Eigenschaften der Grège hat man bei der Prüfung der äußeren Beschaffenheit aber auch noch auf eine ganze Reihe von direkten Fehlern sein Augenmerk zu richten, die beim einfachen Besichtigen eines Seidenmastens leicht entgehen. Um derartige Fehler erkennen zu können bzw. die Menge ihres Vorkommens auf einer bestimmten Fadenlänge festzustellen, bedient man sich heute in den größeren Spinnbetrieben verschiedener Vorrichtungen.

Ein häufig gebrauchter Apparat besteht aus zwei drehbaren Walzen, über welche der Seidenmasten breit gespannt wird, während sich zwischen den beiden Rollen ein schwarzes Tuch oder eine schwarze Platte befindet. Werden die beiden Walzen gedreht, dann gleitet der ausgebreitete Seidenmasten langsam über das schwarze Tuch, so daß sich die einzelnen Fehler sehr gut erkennen lassen.

Eine andere Vorrichtung ist diejenige von Francezon, bei der eine Anzahl von auf Bobinen befindlichen Grègefäden gleichzeitig über eine schwarze Marmorplatte und auf einen Haspel auflaufen. Die Länge dieser Fäden beträgt einige tausend Meter, man stellt durch Zählung die Menge der Fehler auf einer bestimmten Länge des Fadens fest.

[1]) Färber-Zg. 1911, S. 82.

Der Apparat von Dusuzeau ermöglicht ein noch schärferes Erkennen der Fehler, indem die Seidenfäden statt über einer schwarzen Platte unter einem Vergrößerungsglase hergeführt werden.

Vielfach findet man an den Apparaten auch eine Vorrichtung, um durch Druck auf einen Knopf die Zahl der Fehler registrieren zu können.

Abb. 83. Aufwicklungsapparat von Schopper.

Um sich ein Gesamtbild von der Beschaffenheit des Fadens machen zu können, bedient man sich auch zweckmäßig des Aufwicklungsapparates von L. Schopper, Leipzig, bei dem der Faden auf eine schwarze Papptafel aufgewickelt wird und so ein gutes Abbild der Beschaffenheit der Seide im ganzen darstellt.

Im folgenden sei nun der hauptsächlichsten der in Betracht kommenden Fehler Erwähnung getan, soweit sie nicht schon oben besprochen worden sind.

Ein fast in jeder Grège je nach Qualität mehr oder minder häufig auftretender Fehler sind die Ungleichmäßigkeiten in der Dicke des Fadens. Dieser Fehler wird in den meisten Fällen dadurch verursacht, daß die Spinnerin nicht rechtzeitig einen neuen oder dickeren Kokonfaden angelegt hat.

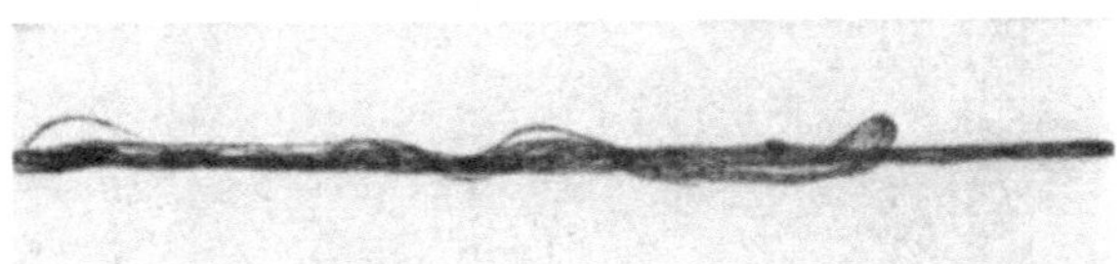

Abb. 84. Dicke und dünne Stellen in der Grège. Vergr. 1:25.

Ist dieser Fehler auf ein unsachgemäßes Arbeiten zurückzuführen, so kommen wir jetzt zu einem solchen, den zu vermeiden nicht immer im Bereich der Möglichkeit liegt, und den man eigentlich bei jeder Grège beobachten kann. Es handelt sich um Stellen, welche auch als Sfiloni, Sgruppi oder Bouchons bezeichnet werden. Die Ursache dieser Erscheinung liegt im Haspeln, sei es infolge zu langen Einweichens, sei es nicht genügender Torta, sei es zu langen Liegenlassens der eingeweichten oder halbgehaspelten Kokons. Unter dem Mikroskop erkennt man ein Fadengewirr, gebildet aus einem oder mehreren

Kokonfäden, die also beim Haspeln nicht glatt gezogen, sondern in Wirrnis geraten sind.

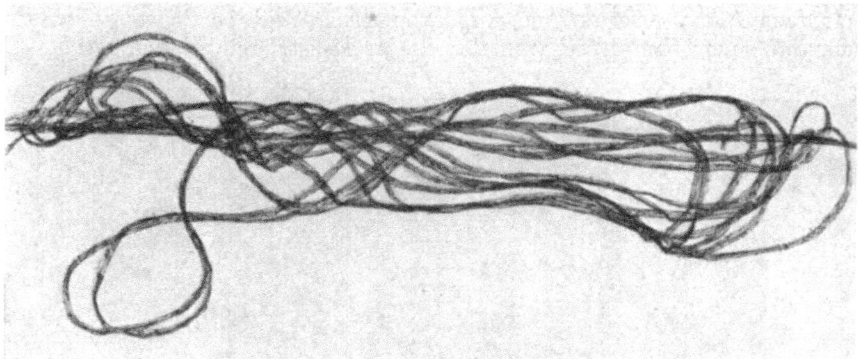

Abb. 85. Grègefehler „Sfiloni“. Vergr. 1:25.

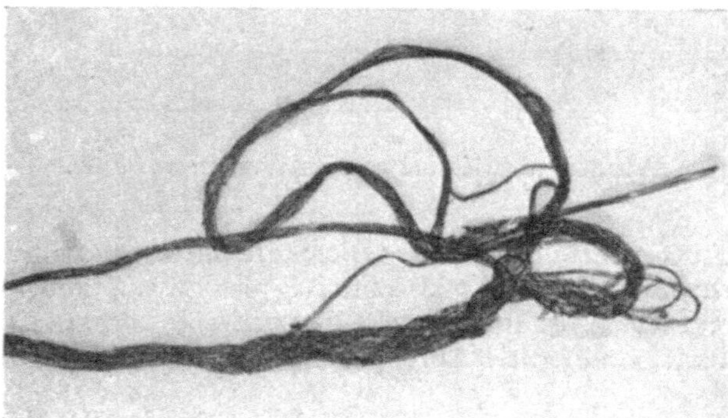

Abb. 86. Grègefehler „Sfiloni“, mit dicken und dünnen Stellen. Vergr. 1:25.

Eine ähnliche Erscheinung sind die sog. Occhielli oder Duvet, welche in der Weise entstehen, daß sich ein einzelner Kokonfaden schleifenförmig von den

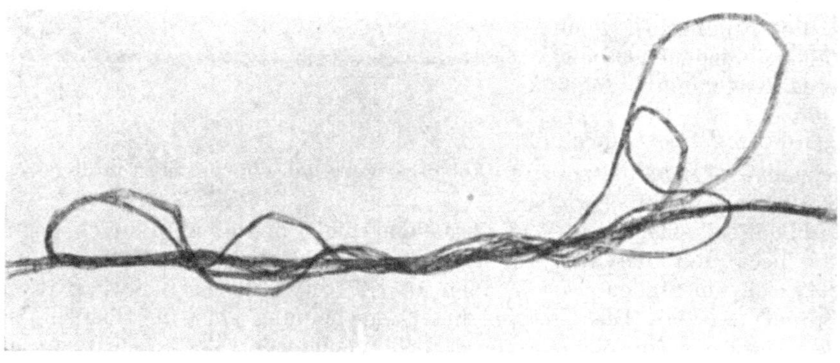

Abb. 87. Grègefehler „Occhielli“. Vergr. 1:25.

anderen abhebt, doch meistens in einer einfachen Schleife, nicht etwa in einem Fadengewirr, wie dieses bei den Sfiloni der Fall war.

Abb. 88. Grègefehler „Occhielli". Vergr. 1:25.

Ein weiterer Fehler, der der vorstehend beschriebenen Erscheinung ähnlich ist, sind die Morts volants oder Duvet libre oder Bave volants. Hier handelt es sich um Abspleißungen von Fibrillen des einzelnen Kokonfadens. Auch hier zeigen sich schleifenförmige Fadengebilde, die jedoch, was Durchmesser des Fadens anbelangt, bedeutend feiner sind als der einzelne Kokonfaden und meistens ein loses Ende erkennen lassen, das sich im Gegensatz zu den Sfilonis leicht von dem Grègefaden abheben läßt.

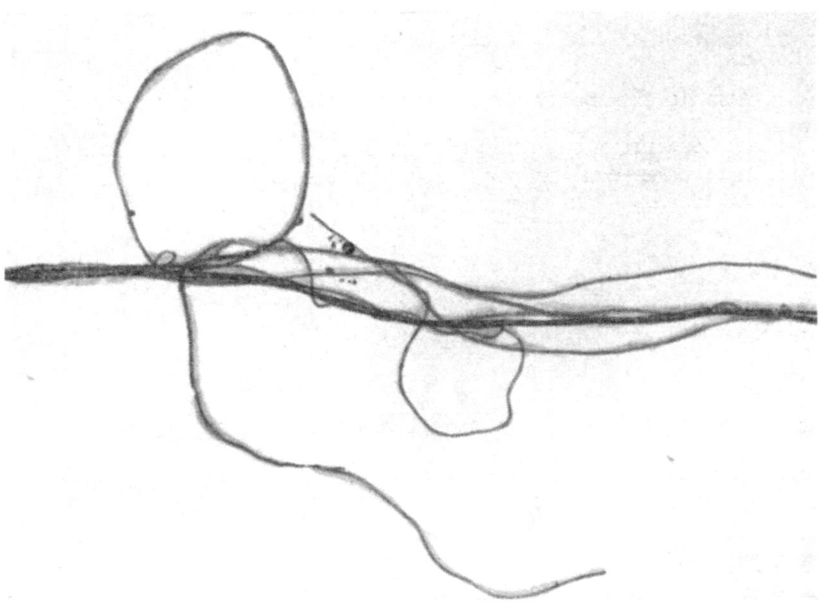

Abb. 89. Grègefehler „Morts volants". Vergr. 1:25.

Dem Duvet libre entspricht das Duvet fixe, bei dem das Gewirr der Fibrillen ebenfalls vorhanden ist, aber keine freien Enden erkennen läßt.

Ein Fehler, der auch häufig bemerkt wird, ist die ungenügende Verklebung der einzelnen Kokonfäden miteinander, was jedenfalls damit zusammenhängt, daß die Torta nicht lang genug oder auch der Zug zum Haspel ein ungenügender gewesen und so der Zusammenhang der feuchten Einzelfäden nicht entsprechend gewesen ist.

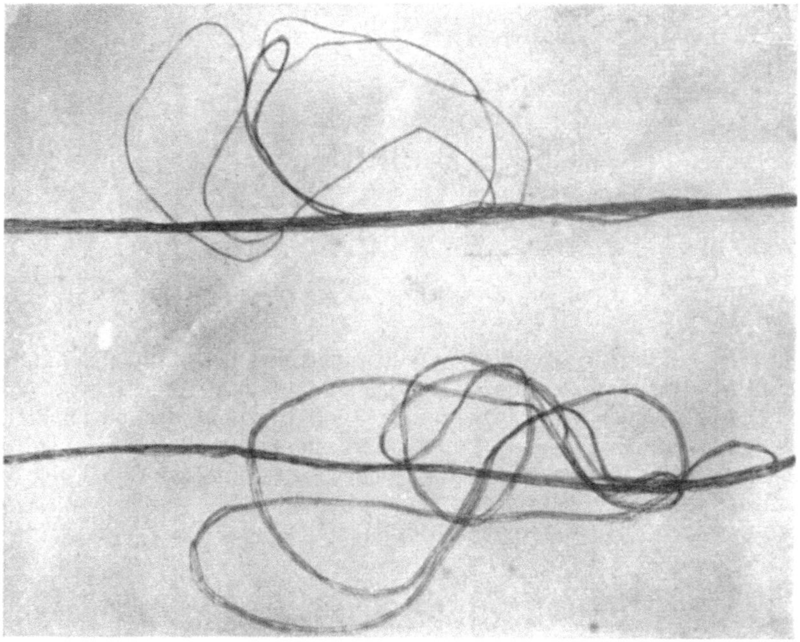

Abb. 90. Grègefehler. Oben „Duvet fixe"; unten „Occhielli". Vergr. 1:25.

Im engen Zusammenhang mit diesem Fehler steht ein weiterer, welcher als Raggrinzati oder Vrilles oder Spirale bezeichnet wird. Hierbei ist ein

Abb. 91. Grègefehler „ungenügende Verklebung". Vergr. 1:25.

Teil der den Grègefaden bildenden Einzelfaden stramm gespannt, während der andere denselben unregelmäßig spiralig umgibt.

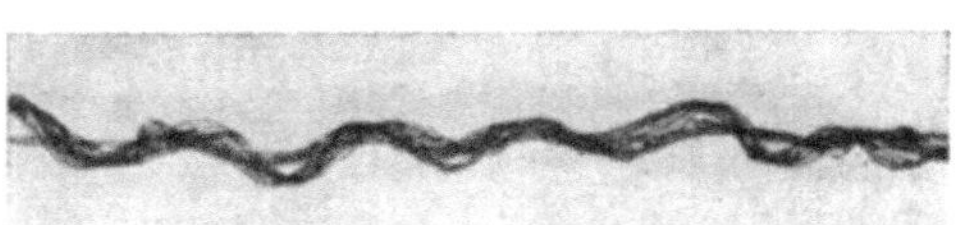

Abb. 92. Grègefehler „Spirale." Vergr. 1:25.

Zum Schlusse seien noch die Knoten, nodi oder mariage, erwähnt, die auch vielfach als Fehler sich bemerkbar machen, sobald sie unsachgemäß ausgeführt worden sind.

Wie aus den obigen Ausführungen hervorgeht, hat man also Seidenfehler, welche mit der Seidensubstanz als solcher zusammenhängen, und solche, welche auf fehlerhafte Verarbeitung des Spinnfadens zurückzuführen sind. Die erstere Gruppe überwiegt bei weitem, so sind sogar z. B. die verschiedenen Formen des

Duvets für manche Seidensorten direkt typisch. Während z. B. die Japanseiden nahezu duvetfrei sind, sehen wir Seiden italienischer und spanischer Herkunft mit diesem Fehler sehr häufig und stark behaftet. Die vom Ausrüster wenig geschätzten Seidenläuse hängen durchweg mit dem Vorhandensein der verschiedenen Duvetarten zusammen. Naturgemäß vergrößert sich der Übelstand bei den verschiedenen Ausrüstungsprozessen wie Abkochen und Erschweren, so daß eine derart mit Duvet behaftete Seide wie filzig und aufgerauht erscheint.

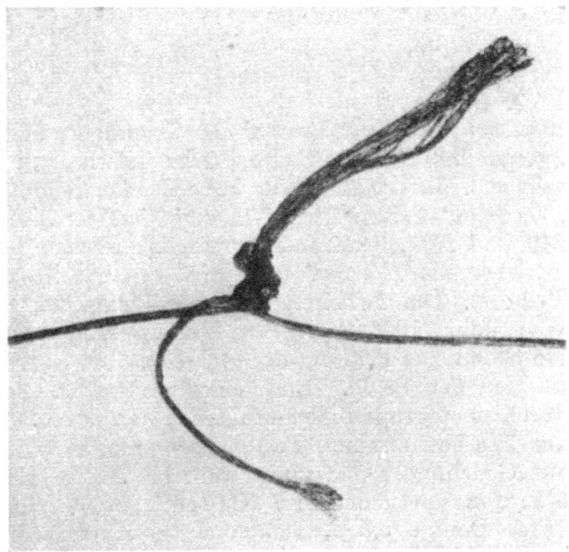

Abb. 93. Grègefehler „schlechter Knoten". Vergr. 1:25.

4. Qualifikation der Grège.

Es sei gleich von vornherein bemerkt, daß die Klassifikation der Seide, ihre Beurteilung, keineswegs international einheitlich durchgeführt ist, vielmehr obliegt diese besonderen an den Hauptplätzen des Seidenhandels tätigen Kommissionen. In Europa treten im übrigen diese Gutachter weniger in Erscheinung als in China oder Japan, insofern als die europäischen Spinner ihr Produkt selbst begutachten und mit ihrem Namen für die Güte ihres Fabrikates einstehen. Der Rohseidenhändler, der europäische Seide handelt, kennt seinen Lieferanten und kann immer auf denselben zurückgreifen. Anders ist es dagegen, sobald er asiatische Seide kauft, hier kennt er nur den Verkäufer, nicht dagegen den Spinner. In Japan oder China werden die Erzeugnisse an eine Zentralstelle eingeliefert, wo sie zu „Chops" oder Stapel zusammengestellt, von einer Kommission, die von der Regierung ernannt worden ist, klassifiziert und dann von hier aus dem Handel zugeführt werden. Die Herkunft der einzelnen Ballen ist daher nur dem Eingeweihten bekannt.

Entsprechend den an den einzelnen Handelsplätzen üblichen Gebräuchen wird daher auch die Qualifikation der Grègen und Seiden eine verschiedene sein, sowohl bezüglich der Bezeichnung als auch bezüglich der Anforderungen. So teilt man z. B. in Mailand die Grègen ein, in

1. Extra (marques),
2. Klassische (classiques),
3. Sublimi (première qualité),
4. Belle Correnti (deuxième qualité),
5. Buone Correnti (troisième qualité).

Dagegen in Piemonte in

1. Di marca,
2. Klassische,
3. Di primo ordine,
4. Di secondo ordine.
5. Mi-Fin (realini).

In China und Japan drückt man die Qualitätsbezeichnung in Zahlen aus, also 1, 1½, 2, 2½ bis 5, auch manchmal mit Zusätzen wie „extra", „grand extra", „best extra", „double extra", „triple extra".

Nach der in Deutschland und in der Schweiz üblichen Einteilung unterscheidet man durchweg

1. Exquis,
2. Extra,
3. Genügend

und beurteilt die Ware auf der Grundlage, daß dieselbe außer entsprechender äußerer Beschaffenheit eine Stärke aufweisen muß, welche etwa dreimal so groß sein soll, als der Titer der betreffenden Seide ist, während die Elastizität für „Exquis"-Seiden über 240, diejenige für „Extra"-Seide zwischen 200 und 240 und für „genügende" Seide zwischen 180 und 200 liegen muß.

Über die Normen im amerikanischen Rohseidenhandel berichtet G. zum Tobel[1]). Die Arbeiten des amerikanischen Rohseidennormungs-Ausschusses vom Jahr 1926 erstrecken sich auf Kennzeichnung der Rohseidenfehler, Methoden zur Prüfung der Rohseide und Aufstellung von Normen zur Klassifikation der Seide. Die Fehler werden in 20 Definitionen beschrieben und durch photographische Aufnahmen dargestellt. Die Prüfungsmethoden bestehen aus Titerbestimmung, Festigkeits- und Dehnungsmessung, Prüfung auf Fehler, auf Gleichmäßigkeit und Sauberkeit. Die Normung besteht auf Grund der 5 Prüfungsmethoden in 7 Klassen, nämlich Triple extra, Grand double extra, Crack Double extra, Double extra Extra, Nummer eins und Nummer zwei.

Die Normen gelangen einstweilen im amerikanischen Rohseidenhandel auf ausdrückliches Verlangen zur Anwendung, um den Wert derselben beurteilen zu können.

Auch auf die bei der Beurteilung üblichen Grundsätze wird noch in einem späteren Kapitel, welches die Prüfung der Seide zum Inhalt hat, zurückzukommen sein.

VII. Die Grègen des Handels.

Der Handel teilt die Grègen ein in Hinsicht

1. auf das verwandte Rohmaterial,
2. auf die Herstellungsart,
3. auf die Form der Aufmachung,
4. auf den Verwendungszweck,
5. auf die Herkunft.

1. Einteilung der Grègen bezüglich Rohmaterial.

Man unterscheidet Grège von einwandfreien und normalen Kokons gehaspelt;

Doppigrège, Seta doppionata oder Doupions Filés, von Doppelkokons gesponnen;

Tussahgrège aus verschiedenen wilden Seiden hergestellt.

2. Einteilung der Grègen bezüglich Herstellungsart.

Während die europäischen Grègen nach einheitlichem System hergestellt werden, haben wir bei den asiatischen Seiden zu unterscheiden die sog. Natives,

[1]) Seide 1927, S. 57.

Indigènes oder Hausgespinste und die sog. Filatures, die nach europäischer Art gehaspelten Seiden. Alle werden nach einem bestimmten Titer gehandelt. Anders ist es dagegen bei den Doppie- und Tussahgrègen. Hier unterscheidet man Filés à titre, also Seiden, bei welchen ein bestimmter Titer garantiert wird, und Filés à tout rendement, bei denen ohne Rücksicht auf Titer und Haspelumfang nur auf höchste Ausbeute gesehen wird. Man kennt auch vielfach eine Bezeichnung Filés à demi rendement, wo ebenfalls ein bestimmter Titer nicht garantiert, jedoch immerhin ein gleichmäßigeres Gespinst geliefert wird, als dieses bei den Filés à tout rendement der Fall ist.

3. Einteilung der Grègen nach ihrer Aufmachung.

Man unterscheidet Grègen à bouts noués und non à bouts noués, und zwar zeigt diese Bezeichnung an, daß im ersteren Falle die Fadenenden mit der Unterbindung verknüpft sind, während sie es im letzteren Falle nicht sind. Hierher gehören auch die umgehaspelten Seiden, die sog. rédevidées oder rereeleds, welche vom kleinen oder großen Haspel auf den vom normalen Umfang 112½ bis 120 cm umgehaspelt worden sind und die auf Bobinen oder Cannetten aufgehaspelten Grègen.

4. Einteilung der Grègen nach ihrem Verwendungszweck.

Diese Einteilung, die sich in der Neuzeit eingebürgert hat, unterscheidet zwischen Webgrègen oder Zwirngrègen, je nachdem die Seide zu Webzwecken oder zur Herstellung von gezwirnten Seiden, Organzin, Trame, Nähseiden usw. verwendet werden soll. Gemäß ihrem Verwendungszweck zeigen die Webgrègen größere Schwankungen im Titer, während die Zwirngrègen einen gleichmäßigen und feineren Titer aufweisen.

Bei der Verwendung der Grègen zu Webereizwecken richtet sich die Wahl der Grègearten je nach den zu stellenden Anforderungen an Festigkeit, Dehnbarkeit und Qualität.

Während früher für gewisse Zwecke (Spitzen, Tüll, Gaze usw.) nur die feinsten Titer europäischer Herkunft verwandt werden konnten, weil die ausländischen Seiden zu grob und ungleichmäßig waren, ist hierin nach Einführung der europäischen Arbeitsweisen in den asiatischen Ländern ein vollständiger Umschwung erfolgt. Hinzu kommt die Billigkeit der asiatischen Seidenerzeugnisse, die naturgemäß die europäischen Seidenpreise stark drückte, andererseits aber auch den allgemeinen Seidenverbrauch stark vergrößerte.

Früher kamen für die Verwendung der Grègen nur solche Erzeugnisse in Frage, bei denen die Seide nicht besonders ausgerüstet zu werden brauchte, wie Tüllgewebe, Crêpegewebe, Spitzen und Gazen, weil der einzelne Grègefaden sich nicht abkochen oder färben läßt, ohne daß er in feine, nur noch lose verklebte einzelne Kokonfäden zerfällt. Heute dagegen, wo die Stückfärberei und Stückausrüstung einen ungeahnten Aufschwung angenommen hat, spielt die Verwendung der Grègen in derartigen Geweben eine sehr große Rolle, demgemäß hat der Handel mit Webgrègen einen Umfang angenommen wie nie zuvor.

Für Zwecke, wo der Faden im Strang gefärbt oder ausgerüstet werden muß, schaltet die Grège jedoch aus dem angeführten Grunde aus, weil sie eben wegen des Fehlens einer Drehung beim Erweichen oder Entfernen des Seidenbastes ihren Zusammenhang verliert. Dazu bedarf es eines dickeren und haltbareren Fadens, wie er durch die Vereinigung mehrerer Grègefäden erzielt wird. Außerdem aber wird dem neuen Erzeugnis eine Drehung gegeben, es wird gezwirnt, weil es ohne diese Zwirnung bei der Ausrüstung ja wieder auseinanderfallen würde.

5. Einteilung der Grègen nach ihrer Herkunft.

Man teilt die Grègen nach dem Ursprungslande in Italienergrège, Japangrège, Chinagrège usw. An Stelle dieser Länderbezeichnung wird dann aber auch noch vielfach eine solche der bestimmten Landstriche oder Provinzen gewählt, wie Turiner, Adrianopel, Brousse-Grègen.

Die Bezeichnung mit Phantasienamen, die früher bei den asiatischen Seiden eine große Rolle spielten, ist dagegen nahezu verschwunden.

Es sei im folgenden eine Übersicht gegeben, die gleichzeitig dem Leser einen allgemeinen Überblick über die Haupterzeugungsstätten der Rohseide verschaffen. Man unterscheidet

Europäische Seiden,
Levantinische Seiden,
Asiatische Seiden.

A. Europäische Grègen.

Hierzu gehören die Erzeugnisse von Italien, Frankreich, Spanien, Ungarn, Schweiz u. a. m.

a) Italienische Grègen. Italien als die Wiege der europäischen Seidenzucht steht auch bezüglich der Rohseidengewinnung an der Spitze der europäischen Länder. Im gleichen Maßstabe, wie die Seidenzucht mehr und mehr verbessert wurde, vervollkommneten sich auch die Einrichtungen zum Spinnen der Rohseide, und zwar nicht nur im Hinblick auf die Qualität, sondern auch bezüglich der Menge. Während man z. B. nach Silbermann im Jahre 1871 bis 1876 zur Herstellung von 1 kg Grège eine Menge von 15 kg frischer Kokons benötigte, ist man heute bereits in der Lage, aus etwa 12 kg frischer Kokons 1 kg Grège herzustellen.

Die italienischen Rohseiden sind in der überwiegenden Mehrzahl von gelber Farbe, teilweise auch von weißer. Sie sind, was Qualität anbelangt, erstklassig, wenngleich auch in einzelnen Distrikten die Seide etwas flusig und duvetreich herauskommt. Es dürfte dies auch damit zusammenhängen, daß Italien nicht nur seine eigene Ernte verarbeitet, sondern auch eine große Menge eingeführter Kokons verspinnt. Man unterscheidet nach den Provinzen:

Piemonteser Grègen, von denen die beste die Turiner Grège ist. Diese Grègen zeichnen sich durch starken Glanz, große Elastizität und einwandfreie Beschaffenheit aus.

Grègen der Lombardei. Die hauptsächlichsten Erzeugungsstädte sind Como, Brianza, Bergamo, Brescia, Cremona, Mailand, Pavia.

Die Rohseiden Venetiens, speziell aus Vicenza, Verona, Padua.

Die Seiden von Friaul und Trentino. Diejenigen des gebirgigen Nordens, z. B. Udine und Belluno, liefern Seiden von feinem Titer.

Die Rohseiden Mittelitaliens, namentlich diejenigen von Toscana, Umbrien und Neapel sind durchweg von gelber Farbe und sehr geschätzt zur Herstellung von Organzins feinen Titers.

Schließlich sind noch die Grègen Süditaliens, speziell von Kalabrien und Sizilien, zu erwähnen, die namentlich in der Spitzenindustrie sehr beliebt sind.

b) Französische Grègen. Die besten der französischen Rohseiden sind die Cévennes, eine gelbe Grège von weniger glänzendem Aussehen, aber von tadelloser Beschaffenheit, frei von Duvet, von gutem Griff und guter Dehnbarkeit. Den Cévennes am nächsten kommen die Ardèchegrègen. Weniger gut, aber auch noch duvetfrei, was man an den französischen Grègen besonders schätzt, sind die Sorten Lubernon und Valréas.

Dagegen sind Vivarais, Dauphiné, Charpentras und Provence Grègen reicher an Duvet und erscheinen demgemäß auch im Griff weicher.

c) Spanische Grègen. Es sind dieses den französischen ähnliche Grègen von gelber Farbe, welche namentlich in Murcia, Sevilla und Valencia hergestellt werden und durchweg von guter Beschaffenheit, wenn auch duvethaltig, sind. Die Hauptmenge der Rohseide wird im Lande selbst verbraucht.

d) Schweizer Grègen. Die in den südlichen Kantonen der Schweiz, nämlich Kanton Tessin und Graubünden, gezüchteten Seiden werden ganz nach italienischer Art oder überhaupt im benachbarten Italien gesponnen und kommen vollkommen den italienischen Grègen gleich.

Andere europäische Grègen kommen als Handelsartikel heute kaum mehr in Frage.

Die europäischen Grègen kommen durchweg in Ballen von 100 kg in den Handel, die darin befindlichen Masten sind lose und nicht etwa besonders in Paketen verpackt. Die Form des aufgemachten einzelnen Grègestranges ist aus der Abbildung ersichtlich.

Abb. 94. Stränge italienischer Grègen.
Links gelbe; rechts weiße.

B. Levantegrègen.

Zu dieser Gruppe gehört eine ganze Reihe von Seiden, deren Ursprung nicht nur auf die Levante beschränkt ist, sondern welche von den benachbarten Ländern stammen und daher teilweise auch als spezielle Grègen bezeichnet werden, wie z. B. die Grègen von Persien, Turkestan usw. Zu den speziellen Levantegrègen zählt man die Rohseiden der Türkei, Kleinasiens und des Balkans. In der Hauptsache unterscheidet man zwei Sorten, nämlich Broussagrègen und syrische Grègen.

Broussagrège stammt aus Broussa in Anatolien. Die Seide ist durchweg von weißer, seltener von gelber oder grüner Farbe. Sie ist wegen ihrer guten Verarbeitung, soweit es sich wenigstens um das Erzeugnis der nach europäischem Muster eingerichteten Filanden handelt, heute für den Handel von großer Bedeutung.

Die syrische Grège, auch Syriegrège genannt, ist eine gelbe Seide, die wegen ihrer guten Dehnbarkeit und Feinheit sehr begehrt ist. Es ist wohl diejenige Grège, welche den feinsten Titer aufweist, namentlich einen Titer von 9/11.

Die gesponnenen Rohseiden der europäischen Türkei bzw. der türkischen Kolonien, wie z. B. Adrianopel, Saloniki, Volo, Galamata, Kreta haben als Handelsartikel keine Bedeutung, da die Hauptmenge der Ernten als Kokons nach Italien und nach Frankreich zum Verspinnen exportiert werden. Die aus diesen Kokons in Italien hergestellte und als Adrianopel-, Saloniki- usw. bezeichneten Grègen, durchweg von weißer Farbe, spielen allerdings im Handel eine sehr große Rolle.

Zu diesen Levantinerseiden zählt man dann auch die auf dem Balkan hergestellten Seiden, namentlich die von Bulgarien und Griechenland, von denen aber das gleiche gilt wie von den Seiden, die im vorigen Absatz erwähnt wurden.

Auch die russischen Seiden aus den Bezirken Taurien, Georgien, Bessarabien, Turkestan, welche meistens weiß und von guter Beschaffenheit sind, werden zu den levantinischen Seiden gerechnet. Immerhin kommen sie als Handelsartikel nur seltener in Frage, da die ganze Ernte im Lande selbst verbraucht wird.

Ebenso wie die russischen Seiden zu den Levantinerseiden gerechnet werden, ist dieses auch noch der Fall bei zwei Gruppen von Grègen, die früher als Handelsartikel eine Rolle gespielt haben, aber heute auf dem europäischen Markt vollständig verschwunden sind. Es sind dieses einmal die Zentralasiatischen Seiden, welche von Turkestan, Beludschistan, Afghanistan und der Mongolei stammen. Diese Länder verbrauchen aber ihre an und für sich erhebliche Ernte im Inlande selbst. Als Handelsware kommen diese Seiden nur für Indien, Persien und Rußland in Frage. Man unterscheidet eine gröbere Seide, Kaliava und eine feinere, Hormiak. Die Hauptmenge dieser Grègen wird gezwirnt und bei der Teppichherstellung verarbeitet.

Die zweite der in Betracht kommenden Grègen sind die Persischen Grègen. Die persischen Grègen, welche früher ebenfalls einen erheblichen Handelsartikel bildeten, sind heute nahezu vom Markt verschwunden. Sie sind von gelber und weißer Farbe, weisen sehr große Unregelmäßigkeiten auf, vor allen Dingen sehr viele Verklebungen. Man unterschied früher durchweg zwei Hauptsorten, nämlich Persien Originell und Persien Konstantinopel, von denen die erstere die bessere und feinere Qualität darstellt.

Man unterscheidet heute nach der Güte

1. Alagbundy,
2. Shahibafy,
3. Parchenbafy oder Sbirwany,

außerdem noch Guruk oder Lâs, welche völlig minderwertige Sorten darstellen.

Die Levanteseiden werden nach der Qualität eingeteilt in drei Gruppen, nämlich

1. Premier Ordre,
2. Secondaires,
3. Inferieures.

Die Verpackung der Levantegrègen ist die gleiche wie diejenige der europäischen, die Ballen weisen ein Gewicht von etwa 100 kg auf. Die Form der Masten ist ebenfalls der der europäischen ähnlich, vielfach aber unregelmäßig und von erheblicher Größe, da der Haspelumfang teilweise von enormer Größe ist.

C. Asiatische Grègen.

Zu den asiatischen Grègen zählen diejenigen von Indien, China und Japan.

a) Indische Grègen. Diese unter der Bezeichnung Bengal- oder Kaschmirgrègen bekannten Rohseiden, welche meistens über Kalkutta, teilweise über Bombay in den Handel kommen, werden durchweg von mehrerntigen Rassen gewonnen. Sie sind von gelber Farbe, glänzend, aber ähnlich wie die Kantonseiden, reich an Duvet und von weichem Griff. Die nach primitiver inländischer Art hergestellten Grègen sind sehr grob und unregelmäßig und finden daher nur im Inlande zur Herstellung von Geweben Verwendung. Die nach europäischem Muster hergestellten Grègen (Filatures), wie z. B. diejenigen von Surdah, Gonatea, Yangipore, Radnagore u. a. m. kommen dagegen als Handelsware in Betracht. Sie finden zu gröberen Artikeln Verwendung.

Zu erwähnen sind auch die hinterindischen Grègen, welche allerdings für den Welthandel nicht in Betracht kommen, da sie nur im Inlande verarbeitet werden. Da sie nach den landesüblichen Verfahren und nicht mit europäischen Einrichtungen gewonnen werden, sind sie von grober und sehr ungleichmäßiger Beschaffenheit. Ihre Farbe ist gelb.

Die Bengalgrègen kommen durchweg in einem Ballengewicht von 65 kg in den Handel. Die Form der Masten ist ähnlich derjenigen der Japangrègen.

b) **Chinagrègen.** Man unterscheidet bei den Chinagrègen in der Hauptsache drei Arten, nämlich weiße Chinagrègen, gelbe Chinagrègen und Kantongrègen.

1. Weiße Chinagrègen oder Nankings. Wie der Name schon andeutet, sind sie von weißer bis grünweißer Farbe. Die Hauptvertreter sind die Tsatlees, welche aus den östlichen Provinzen Chinas, wie Nanking, Hoochum, Hutscheufu, Taiho, Shougling usw. stammen. Die Tsatlees sollen von lebenden Kokons gehaspelt werden, also ohne daß die Puppe erst durch Dörren getötet wird.

Sie sind von reiner weißer Farbe und von großer Festigkeit und bildeten früher einen sehr großen Exportartikel. Da sie aber in primitiver Weise hergestellt wurden und demgemäß viele Ungleichmäßigkeiten in Form von Duvet und Zusammenklebungen (Gommures) der einzelnen Fäden aufwiesen, waren sie nur für besondere Zwecke brauchbar. Diesem Übelstande wurde jedoch durch die Einführung der modernen Haspeln und Fabrikationseinrichtungen, namentlich durch das mehr und mehr eingeführte sorgfältige Umhaspeln der Seiden abgeholfen. Man bezeichnet diese besseren Gespinste als Rereeleds oder Redévidéés. Demgemäß gibt es auch Tsatlees rereeled, welche sich wegen ihres gleichmäßigeren Titers, der zwischen 18/22/24 schwankt, großer Beliebtheit erfreuen. Die hauptsächlichsten Marken der Tsatlees sind Tsatlees Gold Lion Kintzé, Tsatlees Gold kilin, Stork foling, Stork chanling, Tsatlees Bird Chunlin.

Zu den besseren Grègen Chinas zählen die weißen und grünen Kahings, welche unter den Handelsmarken Lilyflower, Hanghong-sing, Mandarin, Cicada I usw. bekannt sind; sie sind ähnlich wie die Tsatlees von gleichmäßigem Titer, aber gröber, nämlich 15/25 bis 25/40 Den.

Den weißen Kahings nahe stehen die Chincum mit einem Titer mit 50 Den., die Woozies mit einem Titer von 60 bis 80 Den., und die Skeins, die grobfädigsten weißen Grègen, mit einem Titer von 80/120 Den.

Die letzteren Qualitäten sind jedoch unsauberer und wegen ihres gröberen Fadens nur für gewisse Artikel zu verwenden.

Weiße Seiden von sehr feinem Titer sind dagegen die Hainins, die aus den südlichen Provinzen Chinas stammen. Ihr Titer schwankt zwischen 14 bis 18/20, sie sind aber reichlich flaumig und unsauber. Als Rereeled kommen sie dagegen den Tsatlees sehr nahe. Eine weitere den Tsatlees sehr nahestehende Seide ist die Hangchow, sie ist gröber, 25/35 Den. und hat einen mehr baumwollartigen Griff, soll sich aber besser winden lassen als die erstere.

Erwähnt mögen hier noch die Taysaams werden, die ursprünglich aus einer besonders großpuppigen Rasse in den Provinzen Tschekiang und Kiahingfu gezogen wurden. Diese Art Grège hat jedoch keine Bedeutung als Handelsartikel erlangt und ist nur für die Verarbeitung im Inlande selbst in Betracht gekommen. Die Hauptvertreter der weißen Chinagrègen als Handelsartikel sind jedenfalls die „Tsatlees“.

2. Gelbe Chinagrègen. Zu den besten gelben Grègen zählen die Shantunggrègen, die aus den nördlichen Provinzen Chinas stammen. Ihr Titer schwankt zwischen 25 bis 35 Den., sie sind aber entsprechend ihrer primitiven Herstellung sehr unrein und ungleichmäßig. Nach europäischem Verfahren gehaspelt, sind sie dagegen wesentlich feiner und gleichmäßiger und kommen in einem Titer von 14 bis 16 auf den Markt. Eine weitere hierhin gehörige Grège ist die Minchew, welche in den mittleren Provinzen Chinas erzeugt wird. Es sind dieses Grègen von feinem Titer 15/25 Den., welche sich durch guten Glanz in gefärbtem Zustande auszeichnen. Mit diesen beiden Arten sind die gelben Grègen nahezu erschöpft, andere Sorten wie Kopun, Wangchow, Sichong usw. stellen nur ein gröberes und wertloseres Material dar, für welches der europäische Markt kein Interesse hat.

3. Kantongrègen. Diese Grègen stammen, wie der Name schon andeutet, aus der Provinz Kanton, in der früher die Hauptmenge der chinesischen Seiden erzeugt wurde. Diese Seide stammt von den Rassen, welche mehreremal, bis zu sechsmal, abgeerntet werden können. Bei diesen mehrerntigen Rassen ist ein charakteristisches Merkmal, daß die Güte des Spinnfadens zunimmt mit Steigerung der Ernte; während die ersten Ernten minderwertig sind, stellen die letzten eine gute Qualität dar. Es sind dieses Grègen von schmutzigweißer Farbe mit einem Stich ins Grünliche und einem eigenartigen Geruch. Sie besitzen verhältnismäßig geringen Titer, 21/23, sind aber sehr flaumig und rauh. Ihre Festigkeit läßt dagegen sehr zu wünschen übrig und sie sind daher bei der Ausrüstung sehr vorsichtig zu behandeln. Im Gewebe geben sie aber eine gute Fülle und sind namentlich auch wegen ihres billigen Preises im Handel stark begehrt. Auch von den Kantonseiden gibt es eine sehr große Anzahl Handelsmarken, wie Dungkong, Lungshan, Wongleen, Kankong, Kontgon usw.

Bei der Beschreibung der Chinagrègen darf nicht unerwähnt bleiben, daß in China, dem Ursprungsland der Seide, an den alten Überlieferungen über die Herstellung der Rohseiden am längsten festgehalten worden ist. Diese immerhin primitive Haspelung der Rohseiden hat natürlich ein weniger einwandfreies Gespinst im Gefolge, als solches in den europäischen Ländern erzeugt wird. Daher erklärt sich auch das Vorurteil, daß Chinagrègen als nicht hochwertig anzusprechen sind. Das ist aber heute, wo auch in China zur Hauptsache die europäische Gewinnungsart eingeführt worden ist, nicht mehr am Platze. Die chinesischen Grègen nehmen noch immer einen ersten Platz im Welthandel ein.

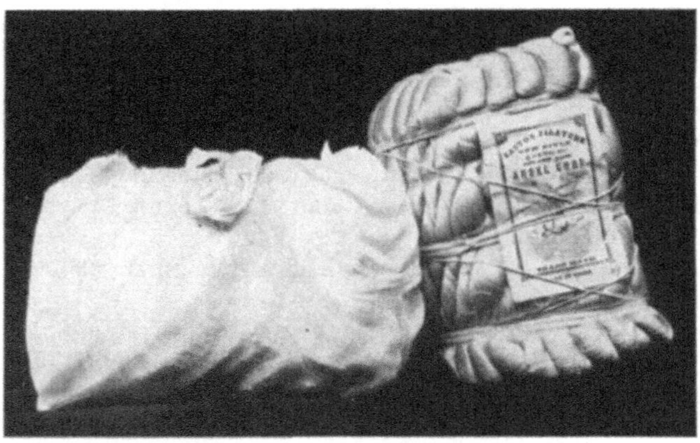

Abb. 95. Kantongrège in Paketen.

Die Gewinnung der Rohseide nach europäischem Muster hat heute im Handel die Natives nahezu verdrängt. Man kennt eigentlich nur mehr „China Filatures", die nach dem Titer und der Qualität als Webgrègen oder Zwirngrègen gehandelt werden. Die Markenbezeichnungen, wie sie oben erwähnt wurden, sind dagegen im Handel nahezu verschwunden. Es hängt dieses auch in der Hauptsache damit zusammen, wie bereits gelegentlich erwähnt wurde, daß die Rohseiden heute nicht vom Spinner in den Handel gebracht werden, sondern erst auf den Märkten, wie z. B. Shanghai, zu Chops zusammengestellt, qualifiziert und dann dem Handel zugeführt werden. Die meisten Grègen, die gröberen Titers sind, gehen nach Amerika, während Europa nur die feineren Titer anfordert.

Die Chinagrègen kommen, soweit es sich um Filatures oder Redévidées und Tussah handelt, meistens in Ballen von 60 kg in den Handel. Nur die Kanton-

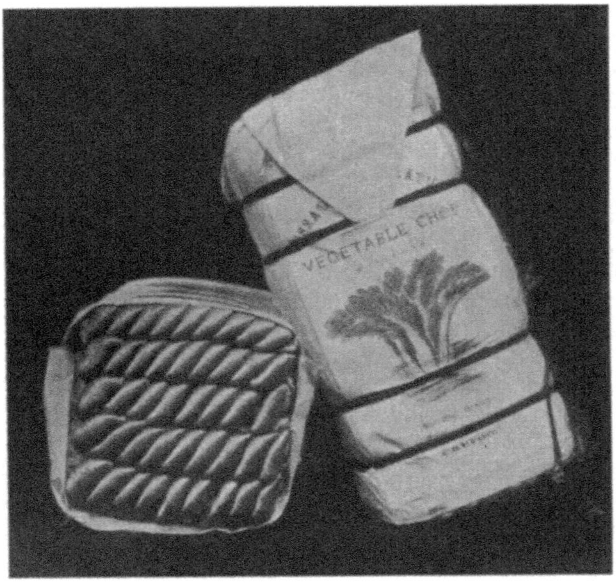

Abb. 96. Tussahgrège in Paketen.

Abb. 97. Strang von Tussahgrège.

grègen weisen ein Gewicht von 48 kg auf. Die Form der Aufmachung der einzelnen Stränge, die meistens in Paketen, eingehüllt in Seidenpapier oder Seidengaze, zu mehreren verpackt sind, geht aus den obenstehenden Abbildungen hervor.

Mitunter kommen die Chinagrègen aber auch nur so in den Handel, wie sie vom Haspel abgenommen sind, und stellen dann längliche, meistens stark verklebte, etwa 15 bis 20 cm breite Streifen dar, die natürlich vor der Verarbeitung erst umgehaspelt werden müssen. Sind die Grègen in Mastenform gebracht, so ähneln dieselben derjenigen der Japangrègen.

Erwähnenswert ist noch, daß die Masten der Tussahgrègen bedeutend dünner sind, als dies bei den übrigen Grègen der Fall ist.

c) Japangrègen. Die japanischen Seiden, auch die koreanischen zählen hierzu, kommen in zwei Formen in Betracht:

1. Natives oder einheimische,
2. Filatures européennes.

Bis etwa zum Jahr 1880 befand sich die Seidenherstellung in Japan nur in primitivem Zustand und die ganze Erzeugung wurde im Lande selbst verarbeitet. Nur ganz sorgfältig hergestellte Grègen kamen in den Export.

6*

Als aber Japan einsah, welchen Nutzen das Arbeiten nach europäischem Muster in sich schloß, entstanden große Zentren der modernen Seidenzucht und diese Industrie wurde durch behördliche Maßnahmen zu einer solchen Blüte gebracht, daß die Natives vom Export heute fast vollständig verschwunden sind. Die bekanntesten Sorten der Natives waren Kakedah, ferner Kansai und Shusiu.

Seit ungefähr 30 Jahren hat sich die Seidenindustrie in Japan vervierfacht, sie hat auf dem europäischen Markt der Menge nach den ersten Platz eingenommen, den amerikanischen Markt beherrscht sie vollkommen.

In Japan befinden sich nach Provasi etwa 300000 Spinnbecken, einschließlich der Doppiehaspeln. Im einzelnen gibt es 70 Filanden mit über 500 Becken, 240 mit 200 bis 250 Becken, 500 mit 100 bis 200 Becken, 900 mit 50 bis 100 und etwa 1000 mit 10 bis 50 Becken. Etwa 300 Filanden sind für die Haspelung der Doppies vorhanden, namentlich in den Distrikten Kanton und Kansai. Hier werden auch große Mengen chinesischer Doppies verarbeitet. Diese Erzeugnisse (z. B. Marke Gold Cherry) werden hauptsächlich zu Stickseiden, Tressen, Borten usw. verwandt.

Die hauptsächlichsten Distrikte, in denen die Seidenkultur zu Hause ist, sind Nagavo, Gumma, Schikawa, Schizuoko, Aichi, Nugata, Kyoto, Akita, Saitama, Miye, Fukushima, Ehime usw.

In Japan wird die Seide durchweg dreimal im Jahre geerntet, und nicht etwa, wie man früher vielfach meinte, in den verschiedenen Abschnitten des Landes einfach oder mehrfach.

Die wichtigste und an Qualität die beste Ernte ist die Frühjahrsernte im Juni, welche ungefähr 75% der gesamten Jahresernte ausmacht. Die Sommerernte, Ende Juli, und die Herbsternte, Ende August, sind qualitativ geringer. Beide zusammen machen nur 25% der Jahresproduktion aus.

Japan hat es verstanden, seine Seidenkultur so vorzüglich aufzubauen, daß heute nur erstklassige Grègen auf den Markt gebracht werden. Bei der Haspelung der Seide bedient man sich allgemein eines kleinen Haspels, später wird auf größere Haspeln umlaufen gelassen.

Während man früher „Japan redévidées", umgehaspelte einheimische Erzeugnisse, und „Japan Filatures", die nach europäischem Muster hergestellten Gespinste, unterschied, kennt man heute, was die Handelsware anbelangt, nur die Unterschiede in Webgrègen oder Zwirngrègen.

Je nach der Güte der Kokons werden Webgrègen oder Zwirngrègen hergestellt. Während für die Webgrègen nur besseres Material in Betracht kommt, und dieselben durchschnittlich in einem Titer von 13/15 bis 20/22 hergestellt werden, wird zu den Zwirngrègen weniger gutes Material verwandt, der Durchschnittstiter schwankt zwischen 8/10 bis 13/15.

Japan führt nur Grègen aus. Japantrame und Organzin werden meistens erst in Italien aus den entsprechenden Grègen gezwirnt.

Die Verwendung der Rohseide im Inland selbst hat heute einen derartigen Aufschwung genommen, daß einzelne der früher einen hervorragenden Handelsartikel bildenden Grègesorten, wie Kakedah oder Hamatzuki, vollständig verschwunden sind und nur mehr im Lande selbst verarbeitet werden. Es hängt dies allerdings auch damit zusammen, daß derart gute Qualitäten im Preise mit den „China Filatures" nicht zu konkurrieren vermögen.

Die Bezeichnung der Grègen richtete sich auch hier, wie in China früher, nach der Herkunft, den Provinzen oder der Herstellungsart. Heute trifft dies, soweit es sich um Handelsgrège handelt, insofern nicht mehr zu, als die Grègen in Form von Web- oder Zwirngrègen gehandelt werden.

Immerhin sei eine Übersicht über die Einteilung nach den Distrikten Japans gegeben, die für die Seidengewinnung in Betracht kommen. Man unterscheidet:

1. Oshiugrègen, Grègen des Nordens von Japan aus den Provinzen Uzen, Iwashiro, Ugo und Oshiu. Sie stammen von weißen, grünen und gelben Kokons. Sie sind durchweg von weißer, glänzender Beschaffenheit und sind vor allem frei von Flaum. Der Titer schwankt von 12/16 bei den besten Qualitäten wie Kakedah, 20/25 wie Hamatzuki und bis zu 25/35/45 bei den weniger wertvollen Sorten. Derartige Grègen sind die Oshiu, Kakedah, O. Iwashiro, O. Miharu, O. Hamatzuki, O. Sendai u. a., von denen aber Kakedah und Hamatzuki, wie bereits erwähnt, nur im Lande selbst verarbeitet werden. Sie kommen sowohl im einheimischen Haspel, als auch rereeled in den Handel.

2. Grègen von Zentraljapan. Auch diese Grègen sind durchweg weiß und von hervorragender Beschaffenheit. Meistens feineren Titers, von 12/15 bis 18/20. Man unterscheidet zwei Hauptgrègen:

a) die Joshiu, deren hauptsächlichste Marken sich auf die Namen der Erzeugungsstätten bzw. Ortschaften beziehen, wie Maybashi, Takasaki, Fukushima, Shimonita u. a. m.

b) die Sinshiu, deren Marken die Namen der Erzeuger und Spinner tragen, wie Kadakura, Oguchi, Okaya, Kasabara u. a. m. Die Sinshiugrègen werden hauptsächlich zur Herstellung der Japantrame verwandt.

3. Grègen von Südjapan. Diese Grègen, die in keiner Weise den ersten beiden Gruppen nachstehen, diese sogar vielfach noch übertreffen, wie z. B. Etschizen, Hamamatsu, Nagoya, Yse u. a. m. kommen mit Ausnahme der eben angeführten als Handelsartikel heute nicht mehr in Betracht und werden durchweg im Lande verarbeitet. Die oben genannten gehen hauptsächlich als Webgrègen nach Amerika.

Abb. 98. Japangrège in Paketen.

Die Japangrègen kommen in Ballen von 60 kg Gewicht in den Handel, die aus zwei Umhüllungen bestehen, einer inneren aus Mattengeflecht und einer äußeren, aus Baumwollgewebe bestehend. Zwischen beiden befindet sich noch häufig Ölpapier. Jeder Ballen enthält 30 Pakete im Gewicht von etwa 2 kg. Diese Pakete, in Papier eingehüllt, enthalten 40 Masten und tragen ein Etikett mit der entsprechenden Markenbezeichnung.

Die Form der Pakete geht aus der Abbildung hervor, wobei gleichzeitig darauf hingewiesen sei, daß die Verpackungsart der in Japan hergestellten Trame eine andere ist als die der Grège, wie solches auch aus der Abbildung ersichtlich ist.

Die Masten einer nach europäischer Weise hergestellten Japangrège oder auch einer Redévidée haben ein Gewicht von etwa 70 g, während die Natives nur etwa 30 bis 35 wiegen. Ihre Gestalt ist etwas anders als die der europäischen.

Außer dem starken Inlandverbrauch exportiert Japan sowohl Grègen, und zwar Zwirngrègen und Webgrègen, als auch außerdem Organzin, Trame,

Abb. 99. Japantrame in Bündeln.

Abb. 100. Masten Japanergrège.
Links gelbe; rechts weiße.

Crêpes, Tussah, Doppiegrègen und Abfallgespinste. Sehr bedeutend ist aber auch die Ausfuhr fertiger Gewebe wie Pongées, Georgettes, Crêpes de Chine, Satins, Taffetas, Chiffons usw., welche in den Industriezentren von Fukai, Ishikawa, Fukushima, Yamagata, Kioto usw. hergestellt werden.

VIII. Das Zwirnen der Grègen.

Entweder wird die Grège verwoben oder sie wird verzwirnt. Sie läßt sich als solche nicht ausrüsten, also weder abkochen oder färben, noch erschweren. Es ist dieses bedingt durch die ganze Beschaffenheit dieser Rohseide, ihren verhältnismäßig losen Zusammenhang, da die Fäden doch nur durch ihren erweichten Bast zusammengeklebt sind und noch nicht einmal eine Drehung erfahren haben. Die Folge davon ist, daß der Grègefaden, in heißes Wasser gebracht, in seine Einzelfäden zerfällt. Deshalb ist eine Ausrüstung der Grègen nur möglich, sobald sie als Gewebe vorliegen und so ein Verwirren der Fäden ausgeschlossen ist. Diese Ausrüstung „im Stück" spielt heute eine sehr große Rolle, die man vor 15 bis 20 Jahren nicht für möglich gehalten hätte.

Will man dagegen Seide in Strangform ausrüsten, dann ist dieses nur möglich, nachdem man der Rohseide einen besseren Zusammenhang gegeben hat, und zwar durch Drehen der Grègen oder Zusammenzwirnen mehrerer gedrehter Grègefäden. Diese Herstellung der Rohseiden bezeichnet man als Moulinieren.

Das Moulinieren umfaßt vier verschiedene Arbeitsgänge, nämlich
1. Das Spulen und Reinigen der Grègen,
2. Das Filieren oder erste Drehen der Grègen,
3. Das Doublieren oder die Vereinigung von mehreren filierten Grègefäden,
4. Die Zwirnung oder die Drehung der doublierten Fäden.

Die einzelnen Arbeitsgänge werden nur insofern ausführlicher besprochen, als es sich um spezielle, nur für Seide in Betracht kommende Arbeitsweisen handelt, da eine Anzahl derselben, wie Zwirnen usw., die gleichen sind wie sie für andere Textilfasern allgemein üblich und bekannt sind (vgl. Bd. II, 1 dieses Handbuches).

Bemerkt muß ferner werden, daß die Weiterverarbeitung der Rohgrègen insofern eine verschiedene sein kann, als entweder die Zwirnung der Grègen direkt an das Spinnen der Grège anschließt oder die fertig bezogenen Grègen verarbeitet werden. Bei dem direkt an das Spinnen sich anschließenden Zwirnen erübrigt sich natürlich ein Umhaspeln, wie dies bei der Handelsware erforderlich ist.

1. Das Spulen und Reinigen der Grègen.

Das Spulen und Putzen der Grègen, auch als Dévidage und Purgiage bezeichnet, geschieht in der Weise, daß die Grègen vom Strange auf Spulen oder Bobinen gespult werden. Um ihre Elastizität zu erhöhen, werden die Grègen entweder vorher eine Zeitlang in feuchten Räumen aufbewahrt, oder sie werden sogar in schwachen Seifenbädern eingenetzt. Dieses letztere geschieht auch, um die in den Rohseiden vorhandenen Verklebungen (Gommures) zu beseitigen. Vielfach wird auch ein Zusatz von Öl gemacht, um die Seiden geschmeidiger zu machen, was aber für die Herstellung der gezwirnten Grègen als zwecklos zu bezeichnen ist. Etwas anderes ist es, wenn diese Ölbehandlung als Vorbehandlung der Webgrègen geschieht.

Nach einem durch Amer. Pat. 149/228 geschützten Verfahren von E. S. Genstein wird die Seide mit einem Gemisch von sulfuriertem Olivenöl oder Kokosfett mit Glyzerin und Wasser einige Stunden bei 25° eingenetzt und dann abgeschleudert. Hierdurch soll bewirkt werden, daß die Seide ihre Weichheit und Festigkeit während der ganzen weiteren Verarbeitungsprozesse behält. Es handelt sich hier um Seiden, welche roh verwebt und nachher erst im Stück ausgerüstet werden.

Daß diese Vorbehandlung auch zu betrügerischen Zwecken ausgenutzt wird, erwähnt K. Homolka[1]) in einer Abhandlung über die Voruntersuchung der Rohseide. Der Verfasser führt aus, daß man, um die Rohseide geschmeidiger beim Verweben zu machen, die Rohseide mit schwacher Seifenlösung, die etwas Glyzerin und Olivenöl enthält, behandelt. Nach seinen Erfahrungen tritt hierdurch eine Beschwerung von 10 bis 30% ein, so daß man beim Entbasten derartiger Stücke nicht mit einem Verlust von 22 bis 25%, sondern von 30 bis 40% zu rechnen hat. Um sich vor unangenehmen Überraschungen bzw. Schaden beim Erschweren der Stücke zu schützen, empfiehlt sich daher eine Feststellung des Abkochverlustes. Auch können sich bei Nichtbeachtung dieser Tatsache Störungen insofern ergeben, als beim Einlegen in die Pinke sich aus der Seife Fettsäuren abscheiden, welche den Beizprozeß beeinträchtigen und zu Fleckenbildung und mürben Stellen Anlaß geben können.

Der Rohseidenfaden passiert auf seinem Weg vom Haspel zur Spule einen ersten Fadenputzer, indem er durch Glasaugen zugeführt wird, welche innen

[1]) Homolka K.: Färber-Zg. 1905, S. 32.

mit Tuch ausgekleidet sind. Hier werden schon die gröbsten Unreinigkeiten in Form von Knoten, abstehenden Fasern und Seidenflaum beseitigt. Das

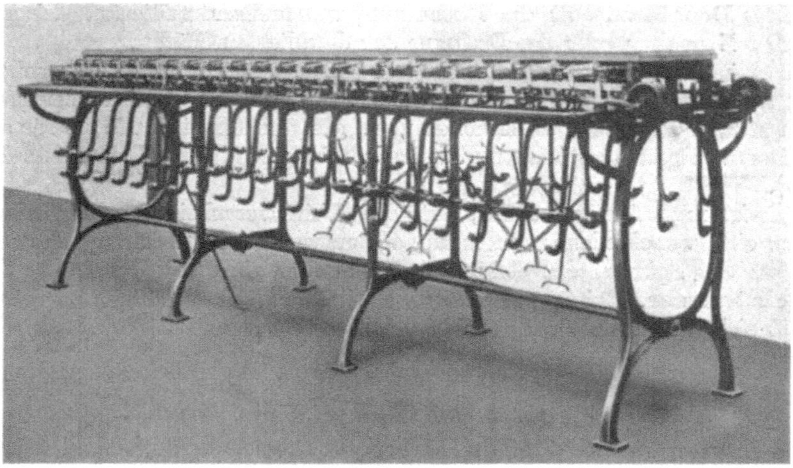

Abb. 101. Spulmaschine von G. Battaglia, Luino.

Spulen geschieht auf den Spulmaschinen, welche ähnlich wie Rückhaspelmaschinen eingerichtet sind, nur daß der Faden nicht vom Haspel auf den Kreuzhaspel aufläuft, sondern auf die sich drehenden Spulen. Mit Hilfe des dem Gang der Maschine sich au-

Abb. 102. Rückspulmaschine von G. Battaglia, Luino.

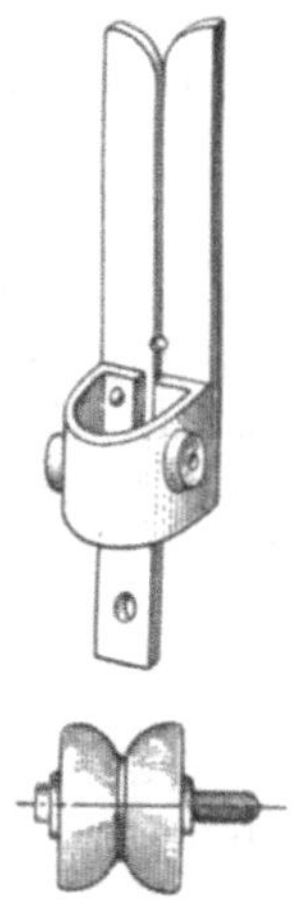

Abb. 103. Fadenreiniger.

tomatisch anpassenden Fadenführers wird der Faden gleichmäßig auf die Bobinen gelegt. Spulmaschinen gibt es natürlich eine große Menge mit den verschiedensten Verbesserungen, wie von Corron, Gref, Vogt u. a. m.

Nachdem so die Grège auf die Bobine gespult ist, wird sie zum Zwecke der gründlichen Reinigung von dieser nochmals auf eine zweite Bobine übergespult und geht hierbei durch den eigentlichen Fadenreiniger (purgeur). Derselbe besteht aus einer schlitzartigen Vorrichtung, die entweder von innen mit Tuch ausgekleidet ist oder aus Stahl bzw. aus Achat besteht. Die Öffnung des Schlitzes kann je nach der Dicke des verwandten Fadens gewählt oder durch Schrauben gestellt werden. Die Unreinigkeiten, Duvet, abstehende Fäden usw., werden vom Faden abgerieben oder abgeschnitten, sammeln sich an der Eintrittsöffnung des Fadenreinigers an und müssen hier von Zeit zu Zeit entfernt werden.

Vielfach findet man auch, daß der Grègefaden nach dem Passieren des Fadenreinigers über eine Filzbürste geleitet wird, um noch die letzten Unebenheiten zu verlieren und dann erst auf die zweite Bobine aufzulaufen. Vor dieser zweiten Bobine befindet sich natürlich auch ein Fadenführer.

Die Hauptarbeit beim Putzen ist jedoch der Winderin überlassen, indem sie gebrochene Fäden anknüpfen und abgesplissene Kokonfäden entfernen muß. Auch diese Putzvorrichtungen sind von sehr mannigfaltiger Konstruktion, so von Montauzan, Suggit, Boyd u. a., namentlich in der Richtung, beim Widerstand durch Knoten die Spule selbsttätig anzuhalten, um ein unnötiges Reißen der Fäden zu verhüten.

Bei Spulmaschinen von großer Leistungsfähigkeit hat man die Putzvorrichtung auch in Form von zwei Stahlrietern, ähnlich wie die am Webstuhl, angebracht, durch deren Öffnungen die Grègefäden hindurchgehen und geputzt werden.

Das Putzen erfordert, ebenso wie das Spinnen, eine große manuelle Geschicklichkeit der Arbeiterin.

Wie oben bereits ausgeführt wurde, sind verschiedene Bobinen für den beschriebenen Prozeß nötig, und im Laufe des ganzen Zwirnvorganges ist man gezwungen, noch verschiedene Male die Rohseide auf neue Bobinen umlaufen zu lassen.

Im Großbetrieb ist es daher unbedingt erforderlich, diese Bobinen in irgendeiner Art und Weise zu kennzeichnen, so daß man jederzeit weiß, welcher Abteilung des Zwirnprozesses die betreffende Bobine entstammt. Man macht dieses entweder, indem die Form gewechselt wird, oder indem die Breitseiten der Bobine besonders gefärbt werden. Die jeweils fertigen Bobinen kommen in Kästen von entsprechender Größe, in denen sie weitertransportiert oder auch weiterbehandelt werden, z. B. wie beim Dämpfen oder Austrocknen.

2. Das Filieren.

Das Filieren, auch als Vordrehung oder Filato bezeichnet, besteht darin, daß man dem einzelnen Faden durch entsprechende Drehung die Form einer — rechts- oder linksläufigen — Spirale gibt.

Die mit den geputzten Rohseidenfäden beschickten Bobinen kommen zu diesem Zweck auf die Filiermaschine. Auf der Filiermaschine befinden sich eine ganze Anzahl von senkrecht stehenden Spindeln, welche durch entsprechenden Antrieb in rotierende Bewegung gesetzt werden. Auf diese Spindeln werden die Bobinen gesteckt und die Spitze der Spindel darauf mit den Zwirnflügel versehen.

Abb. 104. Schema der Drehung.

Es ist dieses ein großer S-förmig gebogener Draht, welcher an seinen beiden Enden eine Öse trägt, durch die der Grègefaden hindurchgezogen wird. Der Flügel ist so an der Spindel angebracht, daß er mit der Mitte der S-förmigen Biegung auf dem Kopf der Spule ruht; das eine Ende des Flügels befindet sich senkrecht über der Spindel bzw. Spule, das andere Ende in der Mitte der Breitseite der Spule. Der durch die beiden Ösen des Zwirnflügels geleitete Grègefaden wird dann senkrecht in die Höhe zu einer anderen Spule geleitet, welche jetzt im Gegensatz zur ersteren senkrecht stehenden Spule wagerecht liegt und rotierend beweglich ist.

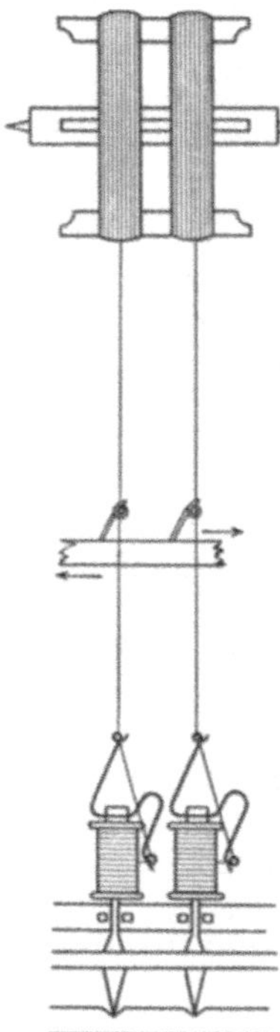

Abb. 105. Bobinen mit Zwirnflügel.

Abb. 106. Maschine zum Filieren auf Haspel nach G. Battaglia, Luino.

Wird die Maschine in Bewegung gesetzt, so drehen sich gleichzeitig die senkrecht stehenden Spindeln, welche die Bobinen tragen, und die wagerecht liegenden Spulen oder Haspeln, die zur Aufnahme des filierten Fadens dienen. Die Spindeln laufen mit einer Geschwindigkeit von etwa 5000 bis 7000 Touren in der Minute, während die Umdrehungsgeschwindigkeit der oberen Walzen bedeutend geringer ist und so bemessen werden kann, daß auf einen Meter des aufgewickelten Fadens etwa 300 bis 500 Umdrehungen kommen.

Diese Vorrichtung zum Drehen des Grègefadens, welche auf Vaucanson 1755 zurückzuführen ist, wird im Prinzip auch bei den neuzeitlichen Maschinen beibehalten, nur daß der Aufbau der einzelnen Vorrichtungen, der sog. Moulinierstuhl, in verschiedenster Weise erfolgt, entweder in runder oder ovaler Form, oder im Zusammenhang mit dem Vorgang des Zwirnens.

Das Arbeiten auf der Filiermaschine ist heute aber äußerst vereinfacht und durch eine sehr zweckentsprechende Arbeitsweise ersetzt, die die Filiermaschine vollkommen überflüssig macht.

Man streift nämlich über die eine Seite der Bobine eine Messingkapsel, welche an der Kante abgerundet und gut poliert ist. Durch das Gewicht der Metallkapsel wird die Bobine so beschwert, daß sie beim Abziehen des Grègefadens nicht umfällt, sondern fest auf der Unterlage stehenbleibt. Oberhalb der Spule befindet sich die zur unteren querliegende und rotierende Spule, die zur Aufnahme des vorgedrehten Fadens dient. Der Faden läuft nun, rings an der Metallhülse herumgleitend, in Form einer Spirale ab und erhält dadurch seine Drehung. Die Anzahl der Drehungen wird um so größer, je schneller die Umdrehung der oberen Spule vor sich geht, selbstverständlich unter Berücksichtigung der Entfernung zwischen den beiden Spulen.

Abb. 107. Maschine zum Filieren auf Zylinder nach G. Battaglia, Luino.

Das Filieren wird mit der verschiedensten Drehungszahl ausgeführt. Um die Umdrehungszahl auf die äußerste Höhe zu treiben, ist man stellenweise dazu

Abb. 108. Maschine zum Filieren ohne Zwirnflügel nach G. Battaglia, Luino.

übergegangen, den Grègefaden mit lauwarmem Wasser anzufeuchten, da die Elastizität der Seide nur eine begrenzte Geschwindigkeit beim Spulen gestattet und andererseits die Elastizität durch Feuchtigkeit erhöht wird.

Dieser Vorgang, in Italien als Brovatura bezeichnet, spielt sich in der Weise ab, daß die Spulen mit der filierten Grège in die oberen bereits erwähnten Kästen gestellt und diese zu mehreren auf einem Wagen in einen Raum gefahren werden, der verschließbar ist und mit feuchtem Wasserdampf geheizt wird. Hierin bleiben die Kästen etwa eine halbe Stunde, bis die auf den Bobinen befindliche Seide so viel Feuchtigkeit aufgenommen hat, daß sie der Beanspruchung bei den ferneren Operationen genügen kann.

Abb. 109. Anlagen zum Dämpfen bzw. Trocknen der Haspel oder Bobinen nach G. Battaglia, Luino.

3. Das Doublieren.

Nach dem Filieren oder Vordrehen folgt das Doublieren. Dieser Vorgang bezweckt die Vereinigung mehrerer filierter oder auch nur geputzter Grègefäden durch eine ganz leichte Drehung zu einem Ganzen und geht in der Weise vor sich, daß sich die Fäden mehrerer Bobinen auf einer einzigen Spule aufwinden.

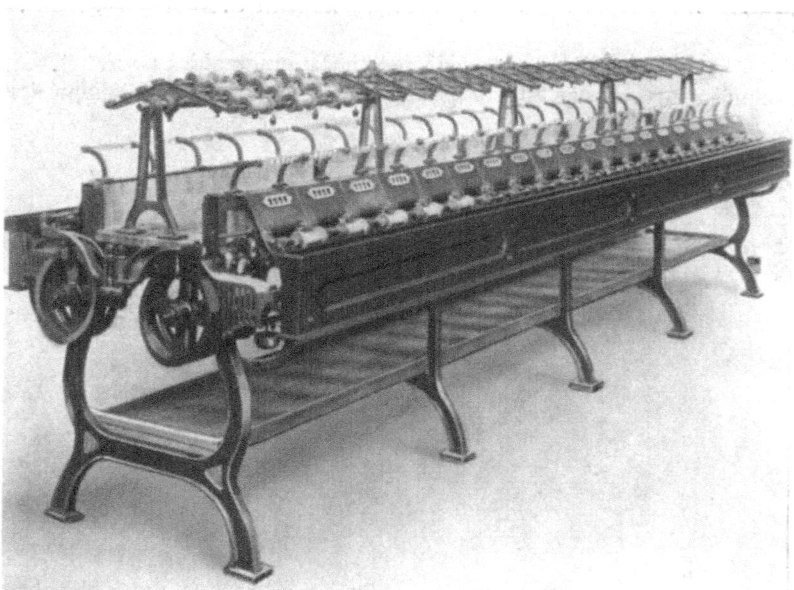

Abb. 110. Doubliermaschine nach G. Battaglia, Luino.

Es geschieht dies auf der Doubliermaschine, auf der von meistens vier Bobinen die Grègefäden ablaufen, durch eine entsprechende Fadenführung geleitet werden und dann auf eine Bobine gemeinschaftlich auflaufen. Außerdem durchläuft der Faden eine Sperrvorrichtung, damit bei Fadenbruch sofort die betreffende Spule außer Betrieb gesetzt wird. Ferner ist dafür gesorgt, daß der Weg des Fadens von den ablaufenden Spulen bis zur Aufwickelbobine nicht zu kurz ist. Wesentlich ist natürlich, daß die einzelnen Fäden mit vollkommen übereinstimmender Geschwindigkeit von den Bobinen abgezogen werden, damit keine Schleifen und ähnliches entstehen. Die Arbeit des Doublierens wird durch eine an den Spindeln angebrachte Spulvorrichtung, die den Faden auf besonders große Bobinen aufwickelt, verrichtet. Die Anordnung bei der Doubliermaschine

Abb. 111. Doubliermaschine nach G. Battaglia, Luino.

ist meistens so getroffen, daß die vier Bobinen, übereinander angeordnet, mit besonderer Bremsvorrichtung versehen, ihre Fäden über eine gemeinschaftliche Rolle laufen lassen, welche sich über ihnen befindet; von hier gehen dann die Fäden über den weit tiefer angebrachten Doublieraufsatz auf die senkrechten Spindeln, wo sie dann aufgespult werden, umgekehrt wie bei der Filiereinrichtung.

Auch dieser Vorgang ist heute ebenso wie das Filieren wesentlich vereinfacht. Man setzt die Bobinen mit der vorgedrehten Grège auf eine besondere, von einem langen Metallstift besorgte Führung, die aber eine rotierende Bewegung der Spulen gestattet, vereinigt die Fäden von zwei, drei oder vier Spulen durch Hindurchleiten durch eine entsprechende Fadenführung und läßt sie auf eine große dafür bestimmte Spule auflaufen. Hierbei erhält der Faden nur eine ganz geringe Drehung.

Wie schon erwähnt, geht bei Seiden ohne Vordrehung, wie Trame, die Rohseide direkt vom Spulen und Putzen auf die Doubliermaschine.

4. Die Zwirnung (Moulinieren) der Seiden.

Beim Zwirnen, Tortage, wird dem aus mehreren Grègefäden doublierten Faden durch Drehung besserer Zusammenhang gegeben. Die Zwirnmaschine, auch Zwirnmühle, Moulin à soie, spinning mill genannt, unterscheidet sich von der Filiermaschine nur darin, daß zur Aufnahme des gezwirnten Fadens nicht nur Rollen oder Bobinen, sondern meistens Haspeln dienen. Es werden die mit der doublierten Seide gefüllten Bobinen auf eine Spindel, welche durch das Vorbeigleiten eines Riemens in eine rotierende Bewegung versetzt werden kann, gesteckt. Auf die Bobine wird ein Zwirnflügel aufgesetzt, der Faden durch die auf dem Zwirnflügel befindlichen Ösen gezogen und dann durch einen Fadenleiter senkrecht nach oben zu dem Haspel geführt. Durch die rotierende Bewegung der Flügel wird der Faden gedreht, die Zahl

Abb. 112. Zwirnmaschine von Weymann & Cie. A.-G., Baden (Schweiz).

der Drehungen wird durch die Geschwindigkeit geregelt, mit welcher durch die Drehung des Haspels der Faden von der Bobine ab- und auf dem Haspel aufgewickelt wird.

Die Zwirnung oder Nachdrehung (Torto) wird stets in der entgegengesetzten Richtung gegeben, wie die Vordrehung (Filato) beim Filieren.

Da die Drehung beim Zwirnen die Elastizität des Fadens stark beansprucht, liegt die Gefahr vor, daß der Faden sich auf dem Haspel ringelt und Schleifen bildet; um dieses zu verhüten, werden die Haspeln nach dem Zwirnen etwa 15 bis 20 Minuten gedämpft und dann getrocknet.

Es geschieht dies in gleicher Weise wie die Brovatura, indem man die mit den Bobinen beschickten Kästen oder die Haspeln — die hier aber nicht sechsseitig, sondern der Raumersparnis halber vierseitig sind — in den Dampfraum fährt und von hier in einen Trockenraum, in dem von unten her frische Luft zirkuliert.

Abb. 113. Flügelzwirnmaschine für Zwirne und Cordonetts von Sondermann & Stier A.-G. Chemnitz.

Erwähnt muß noch werden, daß neuerdings auch Maschinen gebaut werden, bei denen beide Arten von Drehung, also Vor- und Nachdrehung und außerdem noch die Doublierung, in einer Operation erledigt werden. Das Prinzip dieser Maschine ist folgendes:

Drei Zahnräder, zwei kleinere und ein größeres, sind derart ineinandergefügt, daß die beiden kleineren Räder mit ihren Zähnen in die an der Innenseite des Randes, angebrachten Zähne des großen Rades greifen. Wird das große Rad in Bewegung gesetzt, so drehen sich die zwei kleinen Räder ebenfalls, aber in umgekehrter Richtung. Es wird nun auf Stifte der kleinen Räder je eine Bobine mit der Grège gesteckt, dann am Kopfe jeder Bobine ein Spinnflügel angebracht und die Grègefäden durch die Ösen dieser Spinnflügel gezogen. Darauf vereinigt man die Fäden und setzt jetzt das große Rad in Bewegung. Die vereinigten Fäden werden von einer Spule oder einem Haspel abgezogen. Aus der nebenstehenden Zeichnung ist der Arbeitsvorgang leicht zu ersehen.

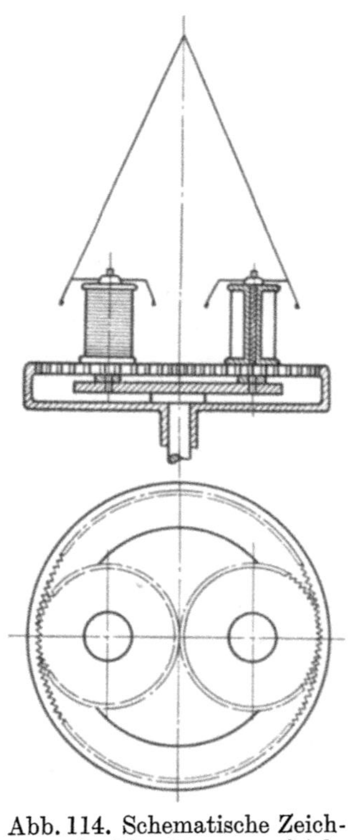

Abb. 114. Schematische Zeichnung der Maschine zur gleichzeitigen Drehung und Zwirnung.

Die Urteile über die Bedeutung derartiger Maschinen für die Seidenverarbeitung sind noch sehr geteilt, da die dynamometrischen Eigenschaften der Seide ungünstig beeinflußt werden sollen. Verfasser hat derartige Zwirnmaschinen wohl in Spanien und in der Schweiz gesehen, nicht aber in Italien, dem Hauptseidenland.

Bei der Gewinnung der Grège wurde bereits ausgeführt, daß man vielfach, um einen möglichst geschmeidigen Faden zu erzielen, diesen künstlich einzufetten versucht, und zwar unter Verwendung von Chrysalidenfett oder fremder Fette.

Dieses Hilfsmittel spielt zur Erhöhung der Dehnbarkeit bei den gezwirnten Seiden eine noch bedeutend größere Rolle, als dies bei der Grège der Fall ist. Die Herstellung dieser Präparate spielt in den Erzeugungsländern der gezwirnten Seiden eine sehr große Rolle, und es gibt eine ganze Reihe, die unter der verschiedensten Bezeichnung in den Handel gebracht werden. Die Hauptbestandteile sind Mineralöl, Fette, Öle der verschiedensten Herkunft, Seifen, Sulfosäuren der Fette, Glyzerin und schwache Alkalien wie Borax oder Natriumphosphat. Meistens wird eine Emulsion hergestellt und in der Weise verwandt, daß man sie zum Wasser zusetzt, mit dem die Seide an den verschiedensten Punkten ihrer Gewinnung in Berührung kommt, wie beim Erweichen und Bürsten der Kokons, beim Spinnen, beim Präparieren und während der Zwirnung.

Vielfach geschieht die Anwendung aber auch in der Weise, daß man den Faden über eine dünne Walze oder Glasstange laufen läßt, welcher mit einem weichen, mit der Emulsion getränkten, Stoff umhüllt ist. Man findet auch Vorrichtungen, ähnlich wie bei der Appreturmaschine, in Form einer Wanne, in der sich die Emulsion befindet und durch die der Faden hindurchgeleitet wird.

Zu den genannten Stoffen gesellen sich dann noch besondere, direkte Appreturmittel, wie Stärke, Dextrin oder Leim, sobald es sich um Spezialprodukte wie Crèpes oder Grenadine handelt.

Daß derartige Präparate, nicht richtig zusammengestellt oder angewandt, bedeutende Schädigungen des Fadens im Gefolge haben können, ist wohl nicht zweifelhaft. Es sei nur auf den schädlichen Einfluß hingewiesen, den freie Fettsäuren auf den Seidenfaden auszuüben imstande sind, ferner darauf, daß ein zeitlich langes Ausdehnen des Seidenfadens, wie solches z. B. beim steifen Appretieren der Fall sein kann, dem Faden vollständig den „Nerv", die Elastizität, nimmt.

Es ist daher wichtig, bei Beurteilung eines Fehlers der Seide auch in dieser Richtung die Untersuchung auszudehnen. Selbstverständlich darf auch bei den gezwirnten Seiden der Gehalt an derartigen Präparaten ein gewisses Maß nicht überschreiten, widrigenfalls man die Seide als künstlich erschwert ansprechen muß.

5. Die Arten der gezwirnten Seiden.

Bei den gezwirnten Seiden gibt es eine Reihe von Handelserzeugnissen, von denen im Nachstehenden die Hauptsächlichsten Erwähnung finden.

Die Mehrzahl der moulinierten Rohseiden, wie sie in der Weberei Verwendung finden, bezeichnet man als Ouvrées. Dem stehen gegenüber die Retorseseiden, welche namentlich bei Nähseiden, Schnüren und Cordonnettes in Betracht kommen. Diese letzteren sind sehr dicke und stark gezwirnte Fäden, welche aus mehreren entweder moulinierten oder nicht moulinierten Fäden hergestellt werden. Es werden hierzu die Zwirnmaschinen verwandt, wie solche auch bei der Baumwolle üblich sind. In der Mitte zwischen den beiden Arten stehen Seiden, welche ebenfalls von erheblicher Dicke sind, aber meistens eine nicht so starke Drehung wie die Nähseiden aufweisen und daher meistens zu den Ouvrées gerechnet werden, das sind die Seiden, welche zur Herstellung von Spitzen und zu Wirk- und Strickwaren Verwendung finden.

Von den Ouvrées sind diejenigen Seiden, welchen die größte Sorgfalt geschenkt wird, die Organzins. Sie bestehen aus zwei, mitunter auch drei Grègefäden, welche als solche mit starker Linksdrehung filiert und dann zusammen mit Rechtsdrehung gezwirnt werden. Man unterscheidet je nach der Stärke der Drehung vier Arten Organzin.

a) **Organzin strafilato** (apprêt ordinair), aus zwei Fäden zusammengezwirnt; jeder Faden hat eine Vordrehung (Filato) von rechts nach links mit gewöhnlich 550 bis 650 Umdrehungen per Meter. Der doppelte Faden erhält eine Nachdrehung (Torta) von links nach rechts von gewöhnlich 450 bis 525 Drehungen der Meter.

b) **Organzin stratorto** (fort apprêt), besteht aus zwei oder mehreren Fäden, die sowohl bezüglich Filato als auch beim Torto bis zu 1000 Drehungen per Meter erhalten haben.

c) **Organzin moyen apprêt,** besteht aus zwei Fäden, die beim Filato 375 bis 450, beim Torto 250 bis 350 Drehungen per Meter erhalten.

d) **Grenadine.** Diese besteht aus zwei nach rechts gedrehten Grègefäden wie Organzin, jedoch auch aus drei, vier und sechs Fäden, welche stark nach links filiert und dann noch stärker, bis zu 2000 Drehungen auf den Meter, nach rechts gezwirnt werden.

Ein ähnliches Gespinst ist die Rondolette oder Mi. Grenade, bei der die Drehung nicht so stark ist, bei deren Herstellung aber eine bedeutend dickere Grège verwandt worden ist.

Außerdem sind auch noch Organzins mit geringerer Nachdrehung, die teilweise unter 300 liegt, im Gebrauch. Die Organzins finden durchweg als Kettenseiten Verwendung, sehr viel aber auch zu Spitzen und Wirkwaren. Die Organzins werden nach den Ursprungsländern der verwandten Grège bezeichnet, man spricht von Italiener-, China-, Bengal-, Broussa-Organzin.

Die zweite der für die Weberei in Frage kommenden Gespinste ist die **Trame**- oder Schußseide. Dieselbe wird hergestellt aus ein bis drei, mitunter auch vier Grègefäden, welche ihrerseits wieder sich aus drei bis zwölf Kokonfäden zusammensetzen. Die Grégefäden werden aber nicht filiert, sondern erhalten bei der Zwirnung nur eine leichte Rechtsdrehung, etwa 80 bis 130 Drehungen pro Meter. Demgemäß ist der Tramefaden bedeutend offener als der Organzinfaden und zeigt im Gewebe ein größeres Füllungsvermögen als letzterer, daher auch die Verwendung als Einschlag im Gewebe. An und für sich erscheint die Trame glänzender als die Organzin. Eine Verschiedenheit in der Drehung, ähnlich wie bei der Organzin, kennt man bei der Trame nicht. Man unterscheidet nur 1,2 und 3 fädige oder -fache Trame. Eine sehr grobe Trame wurde auch als „Tramette" bezeichnet. Eine aus zehn bis sechzehn Grègefäden mit schwacher Rechtsdrehung hergestellte Trame heißt auch Ovale. Die Kanton-Trame ist meistens stärker gedreht, nämlich mit 120 bis 160 Drehungen pro Meter.

Außer diesen zwei Hauptarten gezwirnter Seide kennt man noch eine Anzahl anderer, von denen die hauptsächlichsten im folgenden erwähnt werden sollen.

Crêpeseiden sind zwei oder mehrfache Tramen, denen man eine sehr starke Zwirnung, jedoch nur nach einer Richtung, und zwar entweder nach links oder nach rechts zuteil werden läßt. Bei der starken Zwirnung — 2 bis 4000 Drehungen pro Meter — läßt sich eine derartige Seide nicht in Mastenform, sondern nur auf Bobinen gespult in den Handel bringen, da sie sich sofort ringeln würde. Um die verschiedenen Drehungen nach rechts oder links kenntlich zu machen, werden die Seiden leicht mit wasserlöslichen Farben angefärbt, z. B. grün und rosa. Bei Crêpeseiden für besondere Zwecke, z. B. Crêpe de chine, Crêpe Marocain und andere, werden je zwei Grègefäden mit Linksverdrehung doubliert und diese so erhaltenen Fäden zu sechs oder acht oder zehn mit starker Rechtsdrehung gezwirnt. Auch diese Seiden können nur auf Spulen in den Handel gebracht werden, sie zeigen ebenfalls leichte Färbung.

Unter **Soie ondée** versteht man ein Gespinst, welches aus einem groben, aus sechs Grègefäden zusammengesetzten und aus einem feinen einzelnen Grègefaden besteht. Der dicke Faden ist stark, mit etwa 6000 Touren gedreht, der dünne Faden dagegen nicht, oder wenn dieses der Fall sein sollte, nur mit einer schwachen, derjenigen des dicken Fadens entgegengesetzten Drehung versehen. Diese beiden Fäden werden zusammengezwirnt, wobei sich der dicke Faden um den dünneren herumwickelt, so daß der letztere gewissermaßen die Seele des Gesamtfadens bildet.

Stickseide oder Plattseide. Dieselbe besteht aus einem bis zu 25 Grègefäden, je nach dem Titer, denen man eine ganz leichte Zwirnung, 30 bis 40 pro Meter, meistens nach links, gibt.

Floches-Seiden oder Mi Perles oder Filets Floches-Seiden bestehen aus zwei sehr dicken Grègefäden mit schwacher Rechtsdrehung und schwacher Linksdrehung.

Nähseide wird aus Rohseidenfäden von je 3 bis 24 Kokonfäden hergestellt, und zwar meistens aus Doppiegrègen oder aus Abfall der wilden Seiden, und zwar in verschiedener Weise.

1. Zwei starke Grègefäden mit Linksdrehung werden mit Rechtsdrehung zusammengezwirnt.

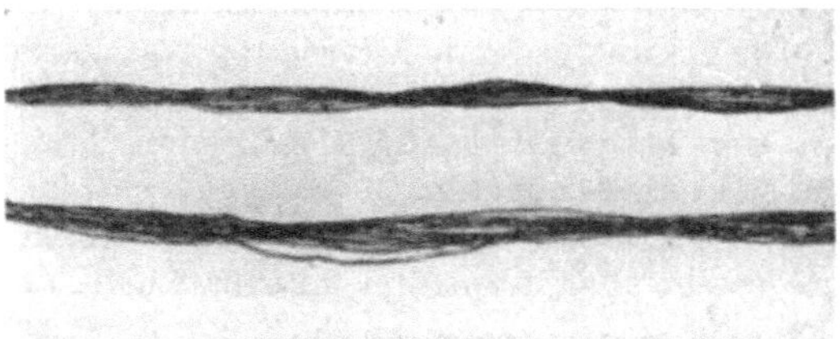

Abb. 115. Organzin.
Oben roh; unten abgekocht. Vergr. 1:25.

2. Zwei Grègefäden ohne Vordrehung werden mit Linksdrehung gezwirnt und zwei solcher gezwirnter Fäden mit Rechtsdrehung (etwa 1000 Drehungen pro Meter) zusammengezwirnt.

3. Zwei Grègefäden mit Rechtsvordrehung werden mit Linksdrehung gezwirnt und zwei solcher Fäden wie unter 2. zusammengezwirnt. Der Titer der Nähseiden wird aus dem Grammgewicht von 240 Meter bestimmt.

Strickseide wird wie die Nähseide nach Verfahren unter 2. hergestellt, jedoch mit schwächerer Drehung, weil sie dicker und weicher sein muß.

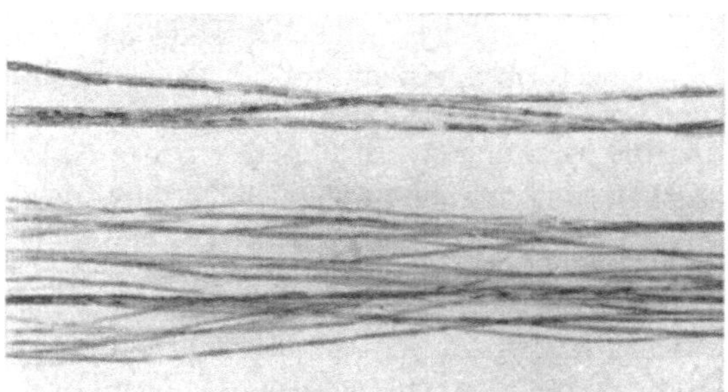

Abb. 116. Trame.
Oben roh; unten abgekocht. Vergr. 1:25.

Cordonnetseiden. Bei diesen Seiden werden die Grègefäden einzeln gedreht, dann 4 bis 8 mit Rechtsvordrehung gezwirnt und 3 solcher Fäden nochmals nach links gezwirnt. Cordonnets von großer Dicke werden auch als Câblés, solche von stärkerer Drehung werden auch als Berlinseiden bezeichnet.

Maraboutseide ist eine Organzin mit starker Nachdrehung, besteht aus drei Grègefäden ohne oder mit ganz schwacher Vordrehung. Diese heute fast unbekannte Seide wurde bereits nach dem Filieren gefärbt, also in rohem Zustande, und nach dem Färben erst gezwirnt. Ähnlich, jedoch nicht gefärbt, ist die Tors sans Fil, die aus zwei Grègefäden ohne Vordrehung zusammengezwirnt wird.

Poil ist ein einfacher Grègefaden mit Tortodrehung.

IX. Beurteilung der gezwirnten Seiden.

1. Dicke des Fadens.

Die gezwirnte Seide ist bezüglich Dicke oder Titer den gleichen Bedingungen unterworfen, wie dieses bei der Grège der Fall ist. Allerdings ist der Titer einer gezwirnten Seide doch nicht ohne weiteres identisch etwa mit der Summe des Titers der dazu verwandten Grègefäden, weil durch die Drehung der Fäden eine Verkürzung eintritt und also z. B. ein Meter einer gedrehten Seide gegebenenfalls aus je 1¼ m der dazu verwandten zwei Grègefäden bestehen kann.

Natürlich darf nicht außer acht gelassen werden, daß bei den gezwirnten Seiden überhaupt der Titer gegenüber der Dicke des Fadens sehr verschieden sein kann. Einerseits kann ein aus zwei oder mehr Grègefäden hergestellter Faden bei verschiedenem Durchmesser den gleichen Titer aufweisen. Andererseits kann eine Trame, die aus drei oder mehr Grègefäden besteht, einen niedrigeren Titer aufweisen, als eine Organzin von zwei Grègefäden, weil letztere eine bedeutend stärkere Drehung aufweist und demgemäß auch die Länge einer Maßeinheit bedeutend mehr an Länge des nicht gedrehten Fadens verbraucht, z. B. wie schon oben angeführt wurde, für 1 m Organzin je 1¼ m der zwei Einzelfäden.

Über die etwaigen Verschiedenheiten der Fadendicke orientiert man sich nicht nur durch die Bestimmung des Titers, sondern auch durch eine direkte Besichtigung des über einer schwarzen Fläche gleitenden Fadens oder durch Besichtigung von Tafeln, auf welche der Faden aufgewickelt worden ist. Zu bemerken ist hierbei, daß die Unterschiede in der Dicke bei den gezwirnten Seiden im abgekochten Zustande ganz anders in Erscheinung treten, als dieses bei der Grège der Fall war.

Liegt ein Interesse vor, sich von dem Titer der Einzelfäden zu überzeugen, so muß man den Faden auseinanderdrehen.

2. Dynamometrische Eigenschaften des Fadens.

a) Festigkeit des Fadens. Die Festigkeit einer gedrehten Seide, ob einzelfädig oder mehrfädig, ist abhängig von der Dehnung einerseits und von der Verkürzung andererseits, die der Faden bei der Drehung erleidet. Ein gedrehter Faden im rohen Zustande zeigt im Vergleich zu einem ungedrehten Faden stets eine Abnahme der Festigkeit, die mehr oder weniger groß sein wird, je größer die Anzahl der Drehungen auf einer bestimmten Länge des Fadens ist. Außerdem ist die Stärke natürlich abhängig vom Titer und von der Beschaffenheit der verwandten Grège.

Im abgekochten Zustande ist allerdings die Stärke des gedrehten Fadens größer als diejenige des Fadens im rohen Zustande, ja sogar noch größer als die Stärke des ungedrehten Fadens im Rohzustande, wahrscheinlich weil der Zusammenhang der miteinander stark verklebten Einzelfäden durch die Abkochung aufgehoben ist und so die volle Tragfestigkeit jedes einzelnen Fadens sich auswirken kann.

Die Stärke der aus zwei oder mehr Grègefäden gezwirnten Rohseiden im Rohzustande zeigt eine geringe Zunahme gegenüber den gleichen Fäden, sobald sie keine Drehung erhalten. So erwähnt z. B. Dr. Colombo, Mailand, daß zwei Grègefäden, einfach zusammengelegt, eine Stärke von 3,96 g pro Denier aufwiesen, dagegen zu Organzin verzwirnt, eine Stärke von 4,10 g pro Denier. Diese Zunahme ist aber nur bis zu einer gewissen Höhe oder einer besonderen Art der Drehung gegeben. Die Festigkeit einer mit schwacher Drehung gezwirnten Seide ist immer größer als diejenige einer stark gedrehten Seide. Im abgekochten Zustande ist die Festigkeit der Seide durchweg eine größere als im Rohzustand. Eine sehr gute Übersicht über das soeben Ausgeführte gibt eine Tabelle von Dr. Colombo, Mailand, in seinem bereits mehrfach zitierten Werke.

Einzelfaden	Titer	Stärke pro Denier roh g	Stärke pro Denier abgekocht g
Grègen ohne Drehung	16/17	3,60	3,50
„ mit 1450 Drehung		3,19	3,78
„ ohne Drehung	32/34	3,92	3,65
„ mit 900 Drehung	32/34	3,67	4,26
2 Grègefäden gedoppelt	32/34	3,70	3,86
Grenadine mit je 1450 torto und filato		3,78	4,47
Crêpe mit 1450 torto		3,67	4,44

b) Die Dehnbarkeit des Fadens. Der Faden wird durch die Drehung verkürzt, bzw. angespannt. Dieses geht Hand in Hand mit der Beanspruchung der Dehnbarkeit des Fadens, daraus folgt eine Herabminderung der Dehnbarkeit. Dies ist aber immerhin abhängig von der Anzahl der Drehungen und der Dicke des Fadens. Bei der Bestimmung der Dehnbarkeit des Einzelfadens mit dem Serimeter zeigt der erhaltene Wert tatsächlich den Punkt an, bei dem der Bruch eintritt. Bei dem aus mehreren Einzelfäden bestehenden und gedrehten Faden zeigt der Serimeterwert aber nicht den Punkt an, bei dem alle Fäden auf einmal brechen, sondern den Punkt, bei dem der letzte Faden bricht. Wenn man außerdem in Betracht zieht, daß ein Teil der Beanspruchung dafür verwandt wird, die Windungen der Drehung des Fadens auseinanderzuziehen, so ergibt sich, daß der erhaltene Wert der Dehnbarkeit keinen Durchschnittswert der Elastizität aus der Gesamtheit desjenigen der Einzelfäden darstellt.

Immerhin wird bei der Beurteilung der gezwirnten Seiden die Dehnbarkeit insofern in Rechnung gestellt, als man für die Qualifizierung bestimmte Werte annimmt, wovon später noch die Rede sein wird.

Wie schon bei dem gleichen Kapitel über Grège ausgeführt wurde, ist die Dehnbarkeit und Stärke der gezwirnten Seiden ebenfalls abhängig von ihrem Feuchtigkeitsgehalt, darauf ist unbedingt Rücksicht zu nehmen.

3. Die Drehung der Seiden.

Die Art und Ausführung der Drehung der Seidenfäden ist für die Beurteilung der Seiden von großer Bedeutung, weil die Wirkungsweise des Seidenfadens im Gewebe dadurch bedingt wird, und es ist daher unbedingt erforderlich, sich hierüber im gegebenen Falle zu vergewissern. Ein lose gedrehter Faden, wie Trame, gibt dem Gewebe eine bessere Fülle als ein solcher mit starker Drehung, wie Organzin. Andererseits eignet sich ein Faden mit geringer Drehung für manche Zwecke, z. B. für Verwendung als Kette, nicht, weil die Stärke verringert ist. Noch deutlicher tritt die Bedeutung der Drehung bei Spezialgeweben, wie Crêpes, in Erscheinung. Verschiedenheiten in der Drehung geben bei derartigen Geweben ein unruhiges und streifiges Bild.

Es werden deshalb an die verschiedenen gezwirnten Seiden bezüglich Drehung ganz bestimmte Anforderungen gestellt, die schon auf Seite 97 bei Besprechung der einzelnen gezwirnten Seiden erwähnt wurden.

Die Bestimmung der Drehung geschieht mit Hilfe des Drehungsmessers (Torcimetro), mit dem man auf einer bestimmten Länge des Fadens, nämlich einem Meter, die Anzahl der Drehungen feststellt. Man nimmt die Bestimmung aber durchweg am abgekochten Faden vor, außer, wenn es sich um derart stark gedrehte Seiden handelt, wie Crêpe, bei denen die Drehungen durch Behandeln mit Appreturmitteln festgeklebt sind und die sich beim Lösen der Appretur sofort in einer Weise zusammenkringeln, daß eine Ausführung der Drehungsbestimmung nicht glückt.

Der Apparat besteht aus zwei Klammern, die voneinander 1 m entfernt sind und zur Aufnahme des zu untersuchenden Fadens dienen. Die eine Klammer ist fest, die andere dagegen um ihre Achse drehbar. Die ausgeführten Umdrehungen werden durch ein Zahnradgetriebe auf ein Zeigerwerk übertragen, auf dem die Anzahl der ausgeführten Umdrehungen zu ersehen ist. Man spannt den zu untersuchenden Faden ein und beginnt dann durch entsprechende Umdrehung der

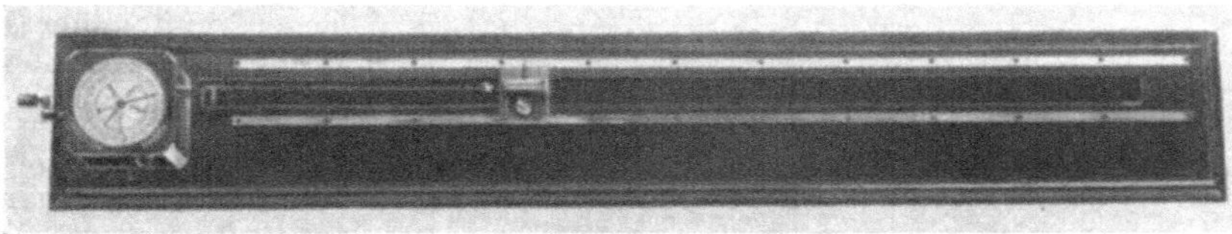

Abb. 117a. Großer Drehungsmesser, Stagionatura anonyma, Mailand.
Von oben gesehen.

Abb. 117b. Großer Drehungsmesser, Stagionatura anonyma, Mailand.
Seitenansicht.

Handkurbel den Faden aufzudrehen. Zur besseren Durchführung des Versuches sticht man eine Nadel von der Form einer Häkelnadel zwischen die Einzelfäden und kann sich, indem man mit der fortschreitenden Aufdrehung mitgeht, leicht überzeugen, wann der Faden vollständig aufgedreht ist. Ist der Endpunkt erreicht, so stellt man durch Ablesen am Zeigerwerk fest, wieviel Umdrehungen dazu nötig waren, und hat so die Drehung des Fadens auf einen Meter ermittelt. An dem so aufgedrehten Faden kann man dann gegebenenfalls gleich noch die umgekehrte Vordrehung bestimmen.

Gleichzeitig ist der Apparat so ausgerüstet, daß der zu untersuchende Faden sich über einer dunklen Samtfläche befindet, was gleichzeitig gestattet, etwaige Ungleichmäßigkeiten und Fehler des Gesamtfadens oder der Einzelfäden wahrzunehmen.

4. Ungleichmäßigkeiten und Fehler.

Im großen und ganzen lassen sich bei der gezwirnten Seide die gleichen Fehler beobachten wie bei der Grège, weil deren Fehler naturgemäß durch das Zwirnen

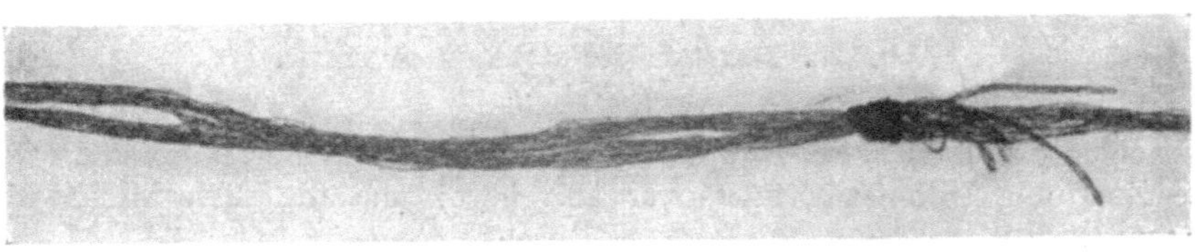

Abb. 118. Knoten in der Organzin.
Vergr. 1:25.

nicht verschwinden, sondern im Gegenteil vielfach vergrößert werden. Das Vorhandensein von Duvet, dickeren und dünneren Stellen, Knoten und Unregelmäßigkeiten im Faden stellt auch bei den gezwirnten Seiden ein sehr großes Kontingent der Fehler dar. Immerhin sind einige sehr erhebliche Abweichungen gegenüber der Grège festzustellen.

Eine solche Abweichung ist der durch die Drehung der Seide verminderte Glanz. Wenn sich auf der Seide größere Mengen der oben erwähnten, bei der Herstellung derselben etwa verwandten Hilfsstoffe befinden, sieht sie stumpf aus und bildet häufig Gegenstand einer Beanstandung.

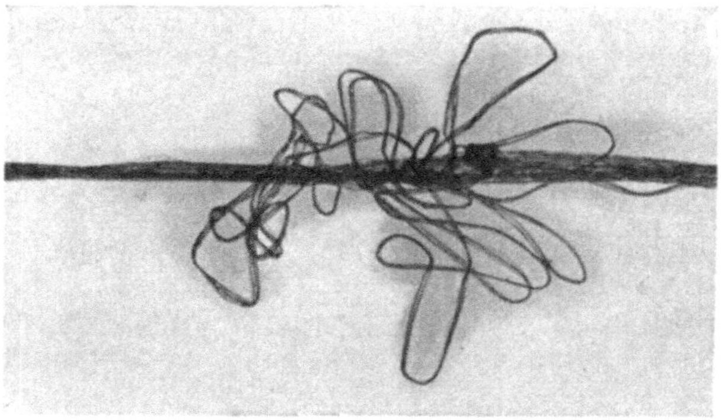

Abb. 119. Duvet in der Organzin.
Vergr. 1:25.

Auch hier trifft man häufig künstliche Auffärbungen an. Auch ein buntes Aussehen der Seide wird hin und wieder beobachtet, es ist zurückzuführen auf die Verwendung verschiedenfarbiger Grègen. Eine diesbezügliche Beanstandung ist gerechtfertigt, da sich derart bunte Seiden auch bei der späteren Ausrüstung meistens bunt färben.

Die hauptsächlichsten Fehler bei den gezwirnten Seiden verursacht aber die Zwirnung oder Drehung. Die geringsten Abweichungen in dieser Hinsicht ergeben Unregelmäßigkeiten, die namentlich im fertigen Gewebe stark hervortreten.

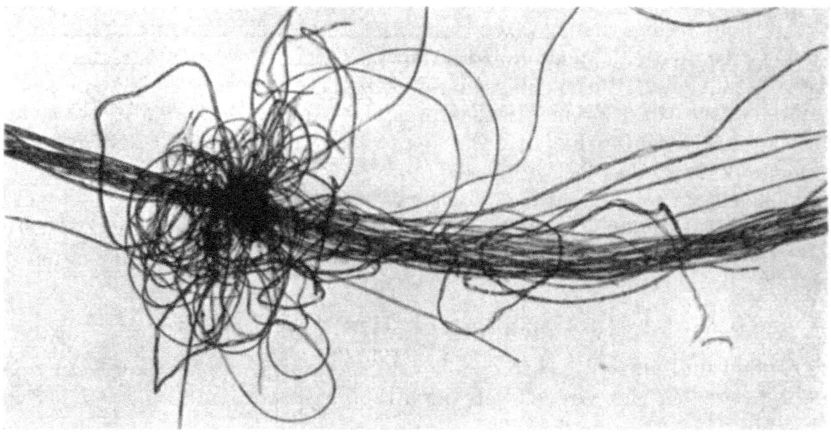

Abb. 120. Duvet in der abgekochten Trame.
Vergr. 1:25.

Die Fachleute kennen in der Hauptsache zwei derartige Fehler, nämlich die fehlerhafte Zwirnung (filo seghettato oder travellato) und die schlechte Zwirnung (filo maltorto).

Der erstere ist der bei weitem häufigere und besteht darin, daß einer der Einzelfäden eine andere Spannung aufweist als der oder die anderen.

Die Ursache dieses Fehlers entsteht meistens im Verlauf der Doublierprozesse, so daß man dem an und für sich einfachen Vorgang die größte Aufmerksamkeit zu schenken hat. Findet z. B. der eine der anderen Fäden auf seinem Wege bis zu seiner Vereinigung mit dem anderen irgendeinen kleinen Widerstand in Form einer Reibung beim Hindurchgehen durch verschiedene Ösen, den Fadenführer usw., dann wird er eine, wenn auch nur leichte, Spannung erfahren. Aber auch

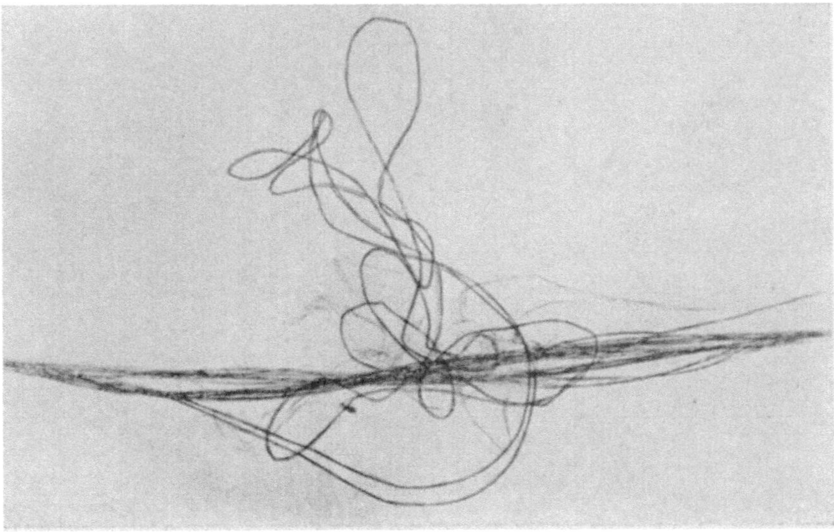

Abb. 121. Duvet in der Organzin.
Vergr. 1:25.

beim Aufwickeln der bereits doublierten Fäden auf die Bobine kann durch Reibung der eine der Faden strammer aufgewickelt werden als der andere. Dieselbe Erscheinung tritt übrigens auch ein, wenn man Fäden von verschiedenem Feuch-

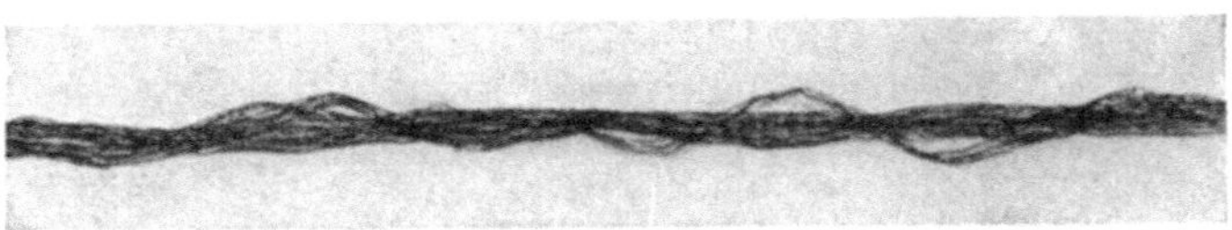

Abb. 122. Organzin, fehlerhaft gezwirnt „Travellato".
Vergr. 1:25.

tigkeitsgehalt verdoppelt. Der feuchte Faden längt sich natürlich wesentlich mehr beim Anspannen und zieht sich beim Eintrocknen wieder zusammen und die Einzelfäden laufen dann mit vollkommen verschiedener Spannung auf die Bobine.

Eine weitere Ursache dieses Fehlers ist dadurch gegeben, daß das Material nicht gleichmäßig war, z. B. ein dicker und dünner Faden miteinander verzwirnt wurde. Der dünne Faden dehnt sich leichter, wird sich aber bei Aufhören der Spannung anders zusammenziehen als der dicke, wodurch dann der Fehler hervorgebracht wird.

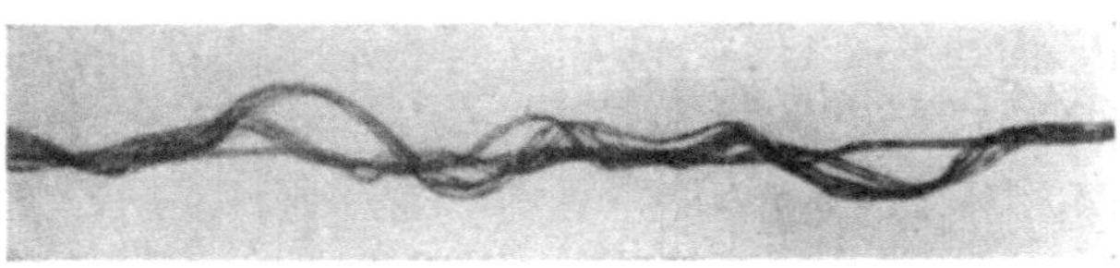

Abb. 123. Organzin fehlerhaft gewirnt „Maltorto".
Vergr. 1:25.

Ferner kann die Vereinigung von Fäden, welche jeder für sich eine andere Vordrehung aufweisen, oder es können Brüche der vorgedrehten Einzelfäden die Ursache des Travellato sein. Schließlich kann der Fehler seine Ursache auch in den während des Zwirnprozesses verwandten Maschinen haben, z. B. im ungleichmäßigen Lauf, in verschiedener Geschwindigkeit der Spindeln usw.

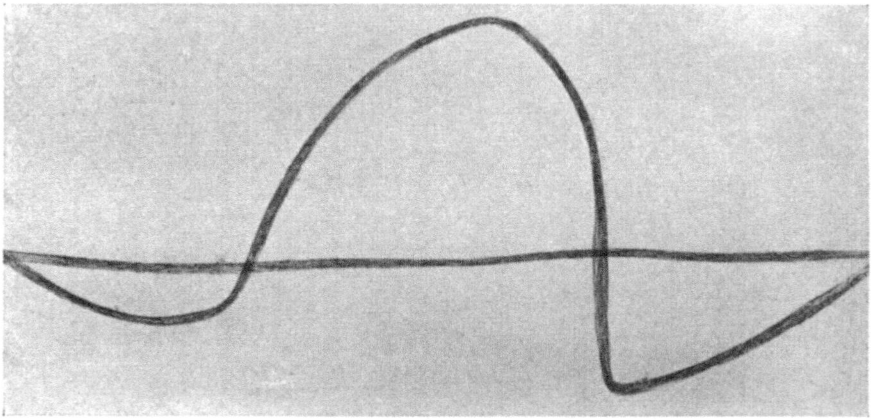

Abb. 124. Fehlerhaft gezwirnte Organzin.
Vergr. 1:25.

Der filo maltorto, ein verstärkter Travellato, zeigt die erwähnte Spannungsdifferenz der Einzelfäden in einem Maße, daß er sofort auffällt. Die Hauptursache liegt bei dieser Erscheinung im Rohmaterial, insofern, als es sich um stark duvethaltige Grègen handelt. Es kann aber auch ebensogut eine maschinelle

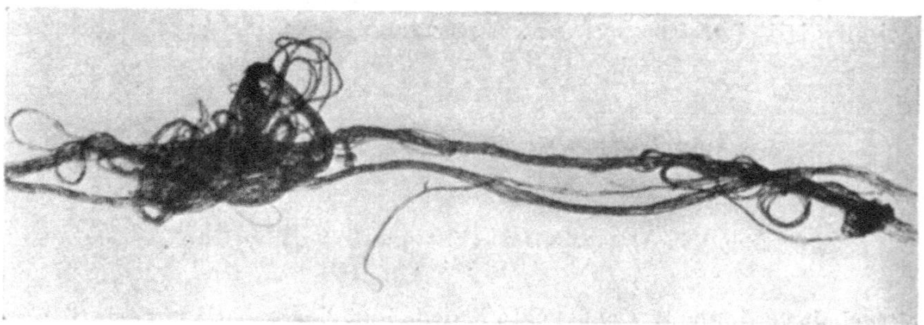

Abb. 125. Duvet und Zwirnfehler in der Organzin.

Einwirkung diese Erscheinung veranlassen. Jedenfalls beobachtet man diesen Fehler in Form einer spiraligen Aufwicklung, ähnlich wie dies bereits bei der Grège erwähnt wurde.

X. Allgemeine Prüfungsvorschriften und Handelsgebräuche des Seidenhandels.

Der Verkauf der Seide, in welcher Form er auch vor sich gehen mag, ist an bestimmte Vorschriften gebunden. Namentlich bei einem derartig wertvollen Material, wie es die Seide darstellt, sind Abweichungen von großer Bedeutung, daher sind international festgestellte Bestimmungen vorhanden, welche im folgenden näher beschrieben werden sollen.

Die hauptsächlichsten dieser Bestimmungen sind:
Die Feststellungen des Handelsgewichtes,
Die Titrierung der Seide,
Die Feststellung der Windbarkeit,
Die Feststellung der Dehnbarkeit und Festigkeit,
Die Feststellung der Drehung,
Die Feststellung besonderer Eigenschaften.

1. Die Feststellung des Handelsgewichtes.

Die Seiden werden nach Gewicht gehandelt. Dieses wird beeinflußt durch den Feuchtigkeitsgehalt der Seide und durch den Gehalt an Fremdstoffen, welche sich in der Seide befinden. Bei der Feststellung des Handelsgewichtes ging man von der durch viele Untersuchungen erhärteten Tatsache aus, daß der Durchschnittsgehalt an Feuchtigkeit 11% beträgt. Wenn man jetzt die Seide vollständig ihrer Feuchtigkeit beraubt und dann zu dem gefundenen Trockengewicht wieder 11% hinzurechnet, so kommt man zu dem „legalen" Handelsgewicht. Die Ermittlung dieses Feuchtigkeitsgehaltes und die ständige Überwachung desselben ist besonderen Anstalten, den Konditionierungs- oder Seidentrocknungsanstalten übertragen worden. Derartige Anstalten gibt es in der ganzen Welt einige zwanzig, von denen die wichtigsten sich an den Haupthandelsplätzen von Rohseide befinden, so z. B. Lyon, Marseille, Turin, Mailand, Basel, Zürich, Elberfeld, Krefeld, Yokohama, Tokio, Schanghai, Kanton, New York und andere mehr. Die Seide kann nur nach den Ermittlungen dieser Anstalten verkauft und gekauft werden. Durch entsprechendes Zusammenarbeiten dieser Anstalten sind im Laufe der Jahre nicht nur die allgemeinen Verhältnisse des Seidenhandels eingehend studiert, sondern es sind auch allgemeingültige Normen bezüglich der an Seide zu stellenden Anforderungen aufgestellt worden, welche halbamtlichen Charakter erlangt haben.

Die Untersuchungsproben sollen nach bestimmten Verhältnissen aus der betreffenden Menge Seide — etwa einem Ballen — in der Weise entnommen werden, daß man von einer Durchschnittsprobe sprechen kann. Sie werden dann in besonderen Konditionierapparaten getrocknet, und zwar mit Hilfe von heißer Luft. Die besondere Einrichtung dieser Apparate ist übrigens eine verschiedene, allerdings haben sich die Trocknungsanstalten Europas darauf geeinigt, sich eines Apparates von gleicher Bauart und gleichen Dimensionen zu bedienen.

Es gibt eine große Anzahl von Trocknungsapparaten der verschiedensten Systeme, je nach dem Textilgut, welches getrocknet werden soll; für die Trocknung der Seide kommt jedoch nur ein System in Betracht, nämlich der Trocknungsapparat von Corti, welcher in den Konditionsanstalten für Seide allgemein eingeführt worden ist.

Der Trocknungsapparat von Corti besteht aus einem etwa 1,25 m hohen Metallzylinder, von einem äußeren Durchmesser von 50 cm. Er ist oben mit einem abnehmbaren Deckel verschlossen, während sich unten eine Öffnung befindet, durch welche heiße Luft eintreten kann. Über diesem Heißlufteintritt befindet sich ein Zylinder, in dessen oberer Öffnung ein runder aus Aluminium hergestellter und mit einem Siebboden versehener Korb genau hineinpaßt. Der Apparat ist mit einer doppelten Wandung versehen, welche dazu dient, die in den Apparat eintretende und durch den mit dem Prüfungsgut beschickten Korb hindurchströmende heiße Luft ins Freie abzuleiten. An dem Korb befindet sich am Henkel eine Stange, welche durch den Deckel hindurchgeht und an dem einen Schenkel eines Wagebalkens anzuhängen ist. Der Wagebalken gehört zu einer seitlich am Apparat angebrachten Wage, an deren anderen Schenkel sich eine Schale zur Aufnahme der Gewichte befindet. Die Heißluft wird durch den Apparat mit Hilfe eines Exhaustors mit einer solchen Geschwindigkeit gedrückt, daß in der Minute 2½ m³ Luft durch den Apparat hindurchgehen. Das Arbeiten mit dem Apparat gestaltet sich folgendermaßen.

Abb. 126. Trocknungsapparat für Seide.
Seidentrocknungs-A.-G. Elberfeld.

Der betreffende Ballen Seide wird geöffnet, das Bruttogewicht, sowie das Nettogewicht der Seide festgestellt. Sodann werden aus allen Schichten des Ballens Seidenmasten herausgezogen und gleichmäßig auf drei Lose verteilt, deren Gewicht aus der nachstehenden Tabelle zu ersehen ist.

Besteht der Inhalt des Ballens aus Paketen oder Bündeln, so wird die Zahl derselben festgestellt. Sodann werden drei davon geöffnet, deren Verpackung gewogen und hieraus in bezug auf die Gesamtzahl der Pakete die innere Tara errechnet. Aus den geöffneten Paketen werden dann die Masten für die drei Lose entnommen.

Die aus der Gesamtprobe erhaltenen drei Lose werden dann auf einer Wage genau gewogen und zwei von ihnen zur Trockenbestimmung verwandt, während

Menge der Seide kg	Gewicht des einzelnen Bündels g	Gewicht der Gesamtproben g
30 bis 50	330	1000
50 „ 70	350	1050
70 „ 90	400	1200
90 „ 110	450	1350
110 „ 130	500	1500
130 „ 150	550	1650
150 „ 170	600	1800
170 „ 190	650	1950

das dritte zurückgelegt wird, um eine evtl. Wiederholung der Bestimmung zu ermöglichen. Bei Ballen über 100 kg werden alle drei Lose getrocknet. Ballen über 190 kg werden wie zwei Ballen behandelt, also sechs Lose gezogen.

Von den genannten zwei Bündeln wird dann je eins in den oben beschriebenen Korb aus Aluminiumgeflecht hineingelegt, der Korb in den Zylinder eingepaßt und jetzt 15 Minuten die Heißluft in der beschriebenen Weise durchstreichen gelassen. Durch ein am Deckel angebrachtes Thermometer ist die

Temperatur des Heißluftstromes zu beobachten, sie soll sich in einer Höhe von 140 ° C halten. Nach der viertelstündigen Einwirkung der Heißluft wird sie abgestellt und das Gewicht der getrockneten Seide an der am Apparat befindlichen Wage festgestellt. Ist dieses geschehen, so wird nochmals fünf Minuten die Heißluft durch das Trocknungsgut hindurchstreichen gelassen und dann nochmals gewogen. Das so festgestellte Gewicht ist das Trockengewicht der Seide. Der Unterschied zwischen den beiden Wägungen darf nicht mehr als ⅓ % betragen.

Ist der Unterschied größer als ⅓ %, so wird auch das dritte Los getrocknet und das Mittel der drei Trocknungen gerechnet.

Beträgt der Unterschied zwischen den zwei oder drei Losen aber 1 %, dann muß Probenahme und Trocknung vollständig wiederholt werden. Allerdings breitet man dann vorher den ganzen Inhalt des Ballens 48 Stunden in einem Raum mit normalem Feuchtigkeitsgehalt aus, um einen Ausgleich der Feuchtigkeit herbeizuführen. Läßt sich diese Wiederholung der Trocknung nicht durchführen, dann dient das Mittel der drei Trocknungen zur Feststellung des Handelsgewichtes.

Um aus diesem Trockengewicht jetzt das Handelsgewicht zu errechnen, wird zu dem gefundenen Trockengewicht der für Seide ermittelte Durchschnittsfeuchtigkeitsgehalt, nämlich 11 %, zugeschlagen. Das so gefundene Gewicht stellt das Handelsgewicht dar. Man ist bestrebt, sowohl die Lagerräume wie die Arbeitsräume, welche für Seide in Betracht kommen, unter einer bestimmten normalen Feuchtigkeit zu halten. Die Differenzen, die sich manchmal bei den Trocknungen in den Ergebnissen verschiedener Anstalten zeigen, sind darauf zurückzuführen, daß die ersten Brutto- und Nettoverwiegungen der Seide mit einer zu trocknen oder zu feuchten Ware vorgenommen worden sind.

2. Die Feststellung des Titers.

Bezüglich der Titrierung der Seiden sind die handelsüblichen Bräuche, die Usancen der verschiedenen Länder, nicht genau übereinstimmend.

Wie schon oben ausgeführt wurde, herrschten früher bezüglich des Titers große Unterschiede.

Es entsprechen zehn Denier des „legalen" Titers

10,35	Den.	des	Mailänder Titers,
9,91	„	„	Piemonteser Titers,
9,96	„	„	Lyoner Titers,
11,11	„	„	alten internationalen Titers.

Aber es verschiebt sich nicht etwa das Gewicht des Deniers, wie man nach den vielfach im Handel gebräuchlichen Umrechnungstabellen annehmen könnte, auf denen Denierwerte von 0,05, 0,0511, 0,0533, 0,051 usw. aufgeführt werden.

Auch bezüglich der Ausführung der Titrierung herrscht nicht vollkommene Übereinstimmung. Während z. B. nach den Vorschriften der deutschen Seidentrocknungsanstalten aus einer Partie zehn Masten gezogen und von diesen je zwei, also im ganzen zwanzig, Pröbchen à 450 m Länge abgehaspelt werden, ist es bei den schweizerischen und französischen Anstalten üblich, 30 Pröbchen und in den italienischen Anstalten teilweise noch mehr Pröbchen zur Untersuchung zu verwenden. Übereinstimmung herrscht hier insofern, als aus einem Ballen, an den verschiedensten Stellen desselben, zehn Stränge ausgewählt werden sollen, sowie, daß die Titrierung der Seide mit einer solchen von normaler Feuchtigkeit vorgenommen wird. Nur auf ausdrückliches Verlangen und dann auch nur mit dem entsprechenden Vermerk wird die Titrierung an konditionierter Seide, also ausgetrockneter Seide, vorgenommen. Diese

Feststellung des sog. konditionierten Titers geschieht aber unter Hinzurechnung der für Seide zulässigen 11% Feuchtigkeit.

Zur Feststellung des Titers ist unbedingt erforderlich, daß sowohl die Haspelung wie die Wägung in Räumen mit einer feststehenden normalen Feuchtigkeit — das sind 65% relativer Feuchtigkeit — durchgeführt werden. Ähnlich wie bei der Feststellung des Handelsgewichtes werden an den verschiedenen Stellen eines Ballens zehn Stränge entnommen und einige Stunden in dem Haspelraum bei normaler Feuchtigkeit von 65% liegengelassen, um den Ausgleich des Feuchtigkeitsgehalts der Seide mit der umgebenden Atmosphäre herbeizuführen. Ist dieses geschehen, so werden von den zehn Masten je zwei bis drei oder mehr Probestränge von einer Länge von 450 m abgehaspelt. Diese Haspelproben von 450 m werden auf einer genauen Wage gewogen und aus dem Gesamtgewicht der Pröbchen das Durchschnittsgewicht errechnet. Dieses Gewicht durch 0,05 geteilt oder mit 20 multipliziert ergibt den Titer der zu untersuchenden Seide.

Man hat hier im Auge zu behalten, daß die Titrierung der Seide nicht identisch ist mit der für die Mehrzahl der Textilfasern üblichen Gewichtsnumerierung, sondern das Gegenteil hiervon ist. Der Titer ist die Zahl, welche angibt, wieviel Male 0,05 g = 1 Denier in einer bestimmten Länge von 450 m der Seide enthalten ist, oder wieviel Gramm eine Längeneinheit von 9000 m der Seide wiegt.

Die zulässigen Schwankungen im Titer sind nach den verschiedenen Handelsplätzen verschieden. Die Festlegung dieser Schwankungen geschieht nach zwei Richtungen. Einmal handelt es sich um die Unterschiede zwischen dem niedrigsten und dem höchsten Titerwert, welcher bei der Prüfung einer Seide gefunden worden ist. Man spricht hier auch von einer Festlegung der Springer.

Die zweite Art der Ermittlung betrifft die Differenz, um welche der aus den gewogenen 20 bis 40 Haspelproben erhaltene Durchschnittstiter nach unten oder oben überschritten werden darf.

Für die Beurteilung dieser Fragen sollen die hauptsächlichsten Werte der in Zürich geltenden Usancen zugrunde gelegt werden, wobei aber ausdrücklich betont werden muß, daß hierfür die Abmachungen zwischen Käufer und Verkäufer maßgebend sind.

a) Grègen. Bei Grègen europäischer Herkunft, sowohl à bouts noués und non à bouts noués beträgt der Spielraum für den Titer

bis und mit 15/17 Den.	½ Den.
von 16/18 bis und mit 19/21 Den. . .	¾ Den.

gröbere Titer nach Vereinbarung.

Der Spielraum für Springer beträgt bei den gleichen Grègen, und zwar

a) bei extra klassischen und exquis Grègen

bis 10/12 Den.	5 Den.
von 11/13 bis 15/17 Den.	6 Den.
von 16/18 bis 19/21 Den.	7 Den.

bei gröberem Titer nach Vereinbarung,

b) bei klassischen Grègen

bis 12/14 Den.	6 Den.
von 13/15 bis 15/17 Den.	7 Den.
von 16/18 bis 19/21 Den.	8 Den.

gröbere Titer nach Vereinbarung.

c) Bei Sublimen oder korrenten Grègen sind bezüglich Springer keine Grenzen festgesetzt, sondern müssen vereinbart werden.

Bei Grègen asiatischer Seiden Filature-Grègen à l'Européenne, und zwar Japan-, Kanton- und weißen China-Filatures beträgt der Spielraum für den Titer

bis und mit 13/15 Den. . . . . ½ Den.

bei göberem Titer 5% über oder unter dem angegebenen Titer. Der Titerdurchschnitt jedes einzelnen Ballens muß in den festgesetzten Titergrenzen bleiben, also z. B. bei 10/12 nicht unter 10 und nicht über 12.

Bezüglich des Spielraumes der Springer existieren bindende Vorschriften nur für Japan-Filatures-Grègen, und zwar bei

	Nr. 1/1½ u. Nr. 1½	Nr. 1½/2
bis zu 13 Den.	7 Den.	8 Den.
über 13/15 Den.	8 Den.	9 Den.
über 15 Den.	nach Vereinbarung	nach Vereinbarung.

Weder bezüglich des Titers noch der Springer bestehen Vorschriften bei folgenden asiatischen Seiden.

Japan redévidées
„ natives
China-Filatures gelb
„ „ mixtes weiß und gelb
China u. Kanton redévidées
„ „ natives
Tussah-Filatures
„ natives.

Wohl bezüglich des Titers, nicht aber bezüglich der Springer sind Begrenzungen vorhanden bei

China-Filatures weiß,
Kanton-Filatures,
Japan-Filatures geringer als Nr. 1½ à 2.

b) Gezwirnte Seiden. Der Spielraum unterhalb und oberhalb des Titerdurchschnittes darf betragen bei:

Seidensorten zwei- und dreifach	2%	2½%	3%	4%	5%
Europäische	exquis	klassische u. sublime	Corrente	—	—
Levantinische . . .	—	dgl.	dgl.	—	—
Japan-Filatures . .	—	bis u. mit Nr. 2	Nr. 2 à 2½ u. geringer	—	—
China-Filatures . .	—	I u. II ordre	III ordre	—	—
Kanton- und Bengal-Filatures	—	—	klassische u. sublime	Corrente	—
Asiatische Natives .	—	—	Japan	China	gröbere über 50 Den.

Ausgenommen von dieser Aufstellung sind:

1. Feinere Titer als 26 Den., für die nur ein Denier im ganzen zugestanden wird.
2. Ungeschnellerte Seiden, bei denen das Titermittel nicht außerhalb des in der Titerangabe ausgedrückten Spielraumes fallen darf.

Unter „geschnellerter Seide“ versteht man solche Seiden, bei denen die Masten eine bestimmte Länge aufweisen. Bei derartigen Seiden (à tours comptés) werden zur Feststellung des Titers fünf Stränge ganz gemessen, gewogen und der Titer dann für jeden Strang berechnet.

Der Spielraum der Springer bei gezwirnten Seiden kann betragen bei:

Seidenart	Titer	Spielraum
Europäische Organzin	17—19 einschließl.	7 Den.
oder Trame exquis	über 19—30 einschl.	8 „
2- oder 3fach	feinere und gröbere Titer	nach Vereinbarung
Europäische Organzin, klassische und sublime	über 18 bis 23 Den.	8 Den.
Japan-Filature Organzin, 2fach I und II Ordre	„ 23 „ 28 „	9 „
China-Filature Organzin	„ 28 „ 34 „	10 „
China 2fach I und II Ordre	feinere und gröbere Titer	nach Vereinbarung
Organzin aus levantinischem Gespinst	wie vorige	wie vorige, jedoch 1 Den. mehr
Europäische Tramen	über 18 bis 23 Den.	8 Den.
klassische 2fach	„ 23 „ 28 „	9 „
Chine-Filatures Tramen	„ 28 „ 34 „	10 „
I und II Ordre	feinere und gröbere Titer	nach Vereinbarung
desgleichen 3fach	desgleichen	wie vorige, 1 Den.
Tramen aus levantinischen Gespinsten 2- und 3fach	desgleichen	wie vorige, jedoch 1 Den. mehr
Europäische Organzin und Trame corrente	über 19 bis 23 Den.	10 Den.
	„ 23 „ 28 „	11 „
	„ 28 „ 38 „	12 „
desgleichen Trame 3fach	bis 40 Den.	1 „ mehr
	über 40 Den.	2 „ „
Japan-Filature Trame	über 18 bis 24 Den.	9 „
Nr. 1 à 1½ und Nr. 1½	„ 24 „ 29 „	10 „
2fach	„ 29 „ 34 „	11 „
desgleichen 3fach	„ 26 „ 34 „	9 „
	„ 34 „ 42 „	10 „
	„ 42 „ 48 „	11 „
Japan-Filature Trame	„ 18 „ 24 „	10 „
aus Nr. 1½ à 2	„ 24 „ 29 „	11 „
und Nr. 2 2fach	„ 29 „ 34 „	12 „
desgleichen 3fach	„ 26 „ 34 „	10 „
	„ 34 „ 42 „	11 „
	„ 42 „ 48 „	12 „
Kanton Trame und Organzin	„ 20 „ 26 „	8 „
aus Filature à 1,Europ. 2fach	„ 26 „ 32 „	9 „
extra I Ordre	„ 32 „ 44 „	10 „
desgleichen II Ordre	desgleichen	9 „
		11 „
		13 „

Die Spielräume der Natives sind in dieser Übersicht nicht mit aufgeführt worden, da dieselben als Handelsartikel heute kaum mehr in Betracht kommen.

Erwähnt mögen noch werden die zulässigen Titergrenzen bei Tussahgespinsten, und zwar bei denen mit bestimmtem Titer, Doppi filati à titolo. Dieselben betragen bei

30/40	unterste	Grenze	30 Den.
40/50	„	„	40 „
50/60	„	„	50 „
60/80	„	„	60 „
80/100	„	„	80 „

Bei den anderen Tussahgespinsten à tutta rendita bestehen naturgemäß keine Grenzen.

Daß bei erschwerten Seiden die Titerbestimmung unter Berücksichtigung der Höhe der Erschwerung durchgeführt werden muß, ist wohl selbstverständlich.

3. Feststellung der Windbarkeit.

Die Untersuchung der Rohseide auf ihre Windbarkeit erstreckt sich in der Hauptsache auf Grège. Bei anderen Seiden geschieht sie meistens, nachdem die Seide veredelt, d. h. erschwert und gefärbt ist. Worauf die Beurteilung der Windbarkeit zurückzuführen ist, wurde bereits unter dem Kapitel Grège beschrieben.

Als Untersuchungsmaterial werden eine beliebige Anzahl Stränge entnommen, meistens fünf oder zehn. Die Stränge werden auf einen Haspel gelegt oder auch, je nach Einrichtung der betreffenden Maschine, auf eine Bobine gehaspelt. Die Seidenmasten werden so auf die Haspeln gelegt, daß bei fünf Probemasten zwei, und bei zehn Masten fünf Stränge umgedreht werden und bei diesen letzteren der Faden also von Innen abläuft. Darauf wird die Seide auf einen Haspel von 125 cm Umfang gehaspelt. Der einzelne Haspel ist mit einer Vorrichtung zum automatischen Aussetzen bei einem Fadenbruch versehen, ferner mit einem Uhrwerk, welches die Anzahl der entstandenen Brüche anzeigt.

Die Geschwindigkeit des Ablaufens ist so geregelt, daß entweder 50 oder 75 m in der Minute auf die Kronen aufgehaspelt werden.

Die Versuchsdauer erstreckt sich über 1,2 oder 3 Stunden, je nach Vereinbarung, doch wird vor Beginn des eigentlichen Versuches der Haspel zehn Minuten laufen gelassen, die während dieser zehn Minuten entstandenen Brüche werden nicht mitgezählt.

Die Umrechnung der festgestellten Brüche gestaltet sich unter Zugrundelegung der Annahme, daß zehn Masten eine Stunde gelaufen sind, wie folgt:

Zahl der Brüche	Zahl der zu bedienenden Haspeln	Zahl der Brüche	Zahl der zu bedienenden Haspeln
5 bis 8	90 bis 100	27 bis 30	28 bis 30
9 „ 10	80 „ 90	35 „ 38	22 „ 25
11	70 „ 80	39 „ 44	20 „ 22
12 bis 13	60 „ 70	45 „ 50	19 „ 20
14 „ 15	50 „ 60	51 „ 52	16 „ 18
16	45 „ 50	58 „ 59	15 „ 17
17	40 „ 50	60 „ 68	14 „ 16
18 bis 19	40 „ 45	69 „ 74	13 „ 15
20 „ 22	35 „ 40	75 „ 79	12 „ 14
23 „ 26	30 „ 35	80 „ 84	10 „ 12

Bezüglich irgendwelcher Normen in der Windbarkeit einer Grège existiert nur für Japan-Filature-Grègen unter 1½ à 2 die Bestimmung, daß die Windbarkeit in der Regel 80 Haspeln bei einer Schnelligkeit von 50 m in der Minute entsprechen soll.

Bei stark verklebten Grègen werden die Masten durch vorherige Behandlung mit warmem Wasser oder einer schwachen Seifenlösung gelockert. Diese besondere Behandlung wird auf dem Prüfungsschein besonders vermerkt.

4. Feststellung der Dehnbarkeit und Stärke.

Wie schon früher ausgeführt wurde, ist es zur Bestimmung dieser dynamometrischen Eigenschaften der Seide unbedingt erforderlich, daß die zu untersuchende Seide ihre normale Feuchtigkeit besitzt. Zu diesem Zweck läßt man die Seide vor Inangriffnahme der Untersuchung mindestens 24 Stunden in einem Raum mit normalem Luftfeuchtigkeitsgehalt, am besten in geeigneten Schränken, liegen.

Die zur Feststellung der Dehnbarkeit und Stärke erforderlichen Apparate bezeichnet man als Serimeter. Es gibt solche verschiedenster Bauart, den Vorzug genießen aber diejenigen italienischer Herkunft, die sich durch ihre vorzügliche Mechanik auszeichnen. Es sind namentlich zwei Typen, die in Frage kommen, nämlich solche, bei denen das Gegengewicht in Form eines senkrecht herabfallenden Laufgewichtes entweder an einer Kette, die über ein Zahnrad läuft, herabgleitet, oder solche, bei denen das Laufgewicht an zwei Gleitstangen herabläuft.

Die erstere Einrichtung, Serimetro à catenella, ist die ältere, während die zweite, Serimetro à stantuffo, die neuere Bauart darstellt.

Unter diesen letzteren ist wiederum dasjenige der Staggionatura anonyma cooperativa, Mailand, wohl das gebräuchlichste Instrument, dessen Einrichtung und Arbeitsweise im folgenden beschrieben werden soll.

Der Apparat besteht aus einem langen, schmalen, rechteckigen Kasten. An demselben ist am oberen Ende ein metallener rechter Winkel mit einer kreisförmigen Skala angebracht. Über derselben spielt ein Zeiger, welcher mit einem zweiarmigen Hebel verbunden und an dessen einem Schenkel ein Gewicht angebracht ist, während sich an dem einen verlängerten Schenkel eine Vorrichtung mit einem Röllchen befindet, an dem sich mittels einer Klemmschraube der zu untersuchende Seidenfaden einspannen läßt. Der Hebel ist so ausbalanciert, daß sich in der Ruhelage der Zeiger über dem Nullpunkt befindet. Durch einen Zug, ausgeübt an dem an dem Röllchen befestigten Faden, wird das Gegengewicht aus seiner Lage gebracht und der Zeiger gehoben. Der Zeiger gleitet über dem eingekerbten Rand der Skala her und ist mit einer hebelartigen Vorrichtung versehen, die sich bei einem eintretenden Fadenbruch in eine der Kerben hineinsenkt und so ein Zurückgleiten des Zeigers auf seinen Ruhepunkt verhindert. Nur durch entsprechende Auslösung des Hebels kann man den Zeiger wieder auf den Nullpunkt zurückbringen. Senkrecht unterhalb des oberen Röllchens befindet sich ein zweites Röllchen, genau 50 cm vom oberen entfernt. Dieses untere Röllchen ist befestigt an einem auf Gleitstangen laufendem Laufgewicht, welches seinerseits mit einem Zeiger versehen ist, welcher über einer seitlich angebrachten Skala spielt. Außerdem ist eine Vorrichtung vorhanden, welche bei eintretendem Fadenbruch dieses gleitende Laufgewicht automatisch sofort zum Stehen bringt. Aus der seitlichen Skala ist zu ersehen, um wieviel Millimeter der Faden bis zum Bruch ausgedehnt worden ist, und zwar gleich im doppelten Werte, da die Länge des zu untersuchenden Fadens nur 50 cm beträgt, während der Wert der Elastizität auf 1 m berechnet wird.

Das Arbeiten mit dem Apparat geschieht in der Weise, daß man das untere Laufgewicht auf seinen höchsten Punkt bringt und durch einen seitlichen Hebel arretiert. Dann spannt man den Seidenfaden zwischen den beiden Röllchen fest, und zwar in der Weise, daß der Faden keineswegs irgendwie gedehnt wird. Jetzt lüftet man die Arretierung des unteren Laufwagens, der Faden wird gespannt, gedreht und übt auf das obere Gegengewicht einen Zug aus, der durch den Zeiger auf der Skala erkennbar gemacht wird. Gleichzeitig wird auf der unteren Skala die stattfindende Dehnung des Fadens angezeigt. Bei eintretendem Fadenbruch wird sowohl der obere Zeiger wie das untere Laufgewicht automatisch zum Stillstand gebracht; an der oberen Skala kann die Stärke und an der unteren Skala die Dehnbarbeit abgelesen werden.

Es sei hier daran erinnert, daß der Wert für die Stärke oder Festigkeit die Anzahl Gramme darstellt, welche imstande sind, einen Faden von 1 m Länge zum Bruch zu bringen, während der Wert für Dehnbarkeit angibt, um wieviel Millimeter ein Faden von 1 m Länge sich ausdehnen läßt, bis das Zerreißen des Fadens eintritt.

Vielfach wird die Stärke auch auf Gramm für das Denier angegeben, indem der ermittelte Wert für die Stärke durch den Titer der Seide geteilt wird.

Der einzelne Kokonfaden hat eine Stärke von etwa 2½, 2¾ und bei bester Qualität 3 g pro Denier. Vereinigt man mehrere Kokonfäden miteinander, also wie beim gewöhnlichen Spinnfaden vier bis fünf Stück, so nimmt die Stärke

Abb. 127a und 127b. Serimeter. Staggionatura anonyma, Mailand.

pro Denier etwas zu und geht auf etwa 3½ bis 4, so daß also eine Grège von 15 Denier eine Stärke von etwa 50 bis 60 aufweisen wird.

Für die Höhe der Stärke und Dehnbarkeit existieren keine besonders festgelegten Grenzen in bezug auf die einzelnen Seiden. Wohl aber zieht man diese Werte insofern heran zur Beurteilung der Güte einer Seide, als man verlangt, daß die Stärke bei

exquis Seiden	mindestens das 4fache des Titers
klassischen Seiden	„ „ 3½ „ „ „
sublimen und correnten Seiden .	„ „ 3 „ „ „

betragen soll, während die Dehnbarkeit bei

exquis Seiden.	oberhalb	220
klassischen Seiden.	zwischen	200/220
sublimen und correnten Seiden. . . .	„	180/200

liegen soll.

Zu bemerken ist, daß die Werte bei abgekochter Seide meistens etwas höher liegen als bei roher, während sie bei ausgerüsteten, namentlich erschwerten Seiden beträchtlich niedriger sein können.

Im übrigen sei auf die diesbezüglichen Ausführungen in dem Kapitel über die Prüfung der Grègen verwiesen, da bei der Beurteilung der dynamometrischen Eigenschaften der Seide auf die verschiedensten Umstände Rücksicht zu nehmen ist.

Es darf nicht unerwähnt bleiben, daß die Bestimmung der dynamometrischen Eigenschaften der Seide mittels des Serimeters insofern nicht ganz einwandfrei erscheinen, als die Bestimmung lediglich an je 50 cm langen Strecken des Seidenfadens vorgenommen wird, die durch Abreißen oder Ausschneiden von dem Faden erhalten werden, so daß das Gesamtresultat der Bestimmung auf einer Anzahl einzelner, voneinander unabhängiger Fadenlängen basiert. Das erhaltene Ergebnis von 30 Proben gibt also nicht ein Bild von der Beschaffenheit von 15 fortlaufenden Metern des Fadens und es ist keine Gewähr dafür gegeben, daß die Strecken, welche zwischen den einzelnen Proben liegen, die also z. B. zum Befestigen des Fadens an den Rollen dienen, oder Strecken, welche beim Abhaspeln von Masten vielleicht überhaupt ausgemerzt wurden, nicht vielleicht gerade schwache Stellen oder solche von geringerer Elastizität enthalten haben. Ganz abgesehen davon, daß beim Einspannen der Untersuchungsfäden oder beim Abziehen derselben vom Haspel oder Bobine ein mehr oder minder starker Zug auf den Faden ausgeübt worden sein kann.

Es hat daher nicht an Versuchen gefehlt, die serimetrische Untersuchung so zu gestalten, daß man tatsächlich eine Prüfung des fortlaufenden Fadens erzielte. Diese Versuche können aber noch nicht als abgeschlossen angesprochen werden. Immerhin sei aber hier ein solcher Apparat erwähnt, das Serimetro continuo, eine Erfindung von Dr. Colombo, Mailand, dessen Einrichtung so beschaffen ist, daß die Windbarkeit des Seidenfadens unter einer dem Titer der Seiden angepaßten Gewichtsbelastung vor sich geht.

Bei diesem Apparat wird die zu untersuchende Seide auf eine Bobine gespult, welche in entsprechender Weise auf eine zweite konisch gestaltete Bobine aufgesetzt wird. Diese beiden Bobinen werden auf eine drehbare Welle gesteckt. Oberhalb derselben, in einer Entfernung von etwa 75 cm, befindet sich eine kleine Rolle, welche an einer frei schwebenden Platte angebracht ist; diese hängt ihrerseits an zwei gewachsten Baumwollschnüren, die über zwei oberhalb angebrachten Rollen laufen und an den anderen Enden eine Schale zur Aufnahme der zu verwendenden Gewichte tragen. An dieser Schale befindet sich dann an der Unterseite ein Haken, an dem das zum Ausgleich der ganzen Apparatur benötigte Gegengewicht angebracht ist.

Oberhalb der die Rolle tragenden Platte befindet sich eine Vorrichtung zum Auffangen dieser Platte bei Fadenbruch, damit dieselbe nicht etwa bis oben an die Gleitrollen geschleudert wird; unterhalb der Schale, die zur Aufnahme der Gewichte dient, ist die gleiche Vorrichtung vorhanden. Ferner ist zu bemerken, daß die obere Rolle so in einem Metallbügel angebracht ist, daß durch ihre Achse ein herausnehmbarer Stift läuft, um den sich die Rolle leicht bewegt.

Die Arbeitsweise der Apparatur ist leicht zu verstehen. Man nimmt das Fadenende der ersten Bobine, legt es über die herausgenommene Rolle, befestigt dieselbe wieder und leitet den Faden dann auf die zweite konische Bobine. Jetzt legt man auf das Schälchen die Gewichte, welche der Stärke des Seidenfadens entsprechen, also etwa das Drei- bis Fünffache des Titers.

Hierdurch wird der Seidenfaden mit einer Kraft gespannt, die seiner Stärke entspricht. Wenn man jetzt die Welle dreht, etwa mit einer Geschwindigkeit von 100 m in der Minute, dann läuft also der Faden in einer seiner Durchschnittsstärke entsprechenden Spannung von einer Bobine auf die andere. Die Anzahl der entstandenen Fadenbrüche zeigt die Stellen an, die im fortlaufenden Faden von geringer Stärke waren.

Der Apparat gestattet also, sich von der Gleichmäßigkeit des Fadens bezüglich Stärke einwandfrei zu überzeugen, wenn er auch die Höhe der einzelnen Stärkewerte nicht anzeigt.

Es muß hier aber noch eines anderen Apparates gedacht werden, der dazu dient, die dynamometrischen Eigenschaften der Seide zu prüfen. Es ist diese das Coesimetro, eine Erfindung von Rag. A. Teruzzi, Direktor der Stagio natura anonyma cooperativa, Mailand. Diese Erfindung berücksichtigt die dynamometrische Beanspruchung der Seide bei der Verarbeitung in der Weberei. Wenn es sich auch noch um eine neue Erfindung handelt und dieselbe noch keinen allgemeinen Eingang in die Praxis gefunden hat, so ist sie meines Erachtens doch von einer so weittragenden Bedeutung, daß eine kurze Beschreibung hier am Platze ist.

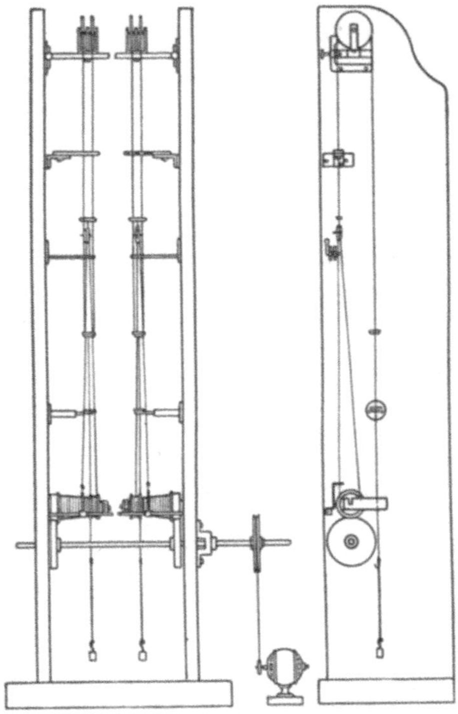

Abb. 128. Serimetro continuo nach Prof. Dr. Colombo, Mailand.

Die Einrichtung und Arbeitsweise des Coesimetro geht von der Überlegung aus, daß in der Webtechnik die Gewebefäden einerseits unter einer gewissen Spannung gehalten werden müssen, und daß sie andererseits durch die Berührung untereinander, die beim Hindurchgehen des Schusses durch die Kette und den Anschlag hervorgerufen wird, eine Reibung erfahren, welche je nach der Länge der Einwirkung auf die dynamometrischen Eigenschaften des Seidenfadens sehr stark einwirkt. Diese Einwirkung macht sich in der Weise bemerkbar, daß der Zusammenhang der einzelnen Kokonfäden mehr oder minder gelockert wird.

Der Faden wird ähnlich wie beim Serimetro continuo unter einer gewissen Ausdehnung von einer Bobine auf die andere aufgespult. Während dieser Aufspulung läuft der Faden über eine Fläche, wo er durch die Schläge eines Reibapparates breit gedrückt und dadurch der Zusammenhang der einzelnen Kokonfäden gelockert wird. Diese Schläge können durch entsprechende Vorrichtung schneller bzw. langsamer auf den Seidenfaden ausgeübt werden, ebenso wie die Schnelligkeit des Laufes des Seidenfadens reguliert werden kann. Die Wirkung macht sich in der Weise bemerkbar, daß bei einer Seide eine gewisse Strecke durch z. B. 20 Schläge zerrieben und aufgelöst werden kann, während andere

Stellen dieses erst nach 100 und mehr Schlägen tun. Es hat sich bei diesen Versuchen herausgestellt, daß unter bestimmten Bedingungen sehr gute Durchschnittswerte erzielt worden sind[1]).

Abb. 129. Coesimetro. Staggionatura anonyma, Mailand.

Wie bereits oben erwähnt, bedarf das Verfahren noch der Nachprüfung, es scheint aber, wie Verfasser sich persönlich überzeugen konnte, von sehr großer Bedeutung für die Zukunft zu werden.

Ein ähnlicher Apparat wie das Coesimetro ist übrigens auch ein in Amerika neuerdings geübtes Verfahren, die dynamometrischen Eigenschaften der Seide mittels des sog. Serigrafen zu bestimmen. Diese Maschine, welche von der Seidentrocknungsanstalt New York gebaut worden ist, beruht auf ähnlicher praktischer Überlegung wie das Coesimetro, ist allerdings, was die Einrichtung anbelangt, von ihm doch wesentlich verschieden.

5. Feststellung der Drehung.

Wie schon bei der Herstellung der gezwirnten Seiden ausgeführt wurde, beeinflußt die jeweilige Drehung einer Seide ihre äußeren Eigenschaften, was Glanz, Aussehen, Lage im Gewebe anbelangt, in einer hervorragenden Weise. Es ist daher die Feststellung der Drehung eine häufig wiederkehrende Aufgabe, die von der Seiden verarbeitenden Industrie gestellt wird.

Man bedient sich hierzu des Drehungsmessers, Torcimeter. Die Einrichtung und Arbeitsweise des Apparates ist bereits auf S. 101 beschrieben worden.

Man nimmt die Bestimmung der Drehung durchweg an der abgekochten Seide vor. Nur bei solchen Seiden, welche zur Vermeidung von Ringelbildung appretiert sind, wie z. B. Crêpe, begnügt man sich mit einer einfachen Erweichung, weil sich bei dem durch das Abkochen zusammengezogenen Faden die richtige Länge nicht mehr einspannen läßt.

Was nun die Anforderungen bezüglich Anzahl der Drehungen auf die Länge von 1 m anbelangt, so ist das Wesentliche dieserhalb bereits bei der Beschreibung

---

[1]) Vergl. Ber. d. Seidenkongresses zu Padua, Juni 1922. S. 134.

der einzelnen gezwirnten Seiden ausgeführt worden, so daß es hier genügt, eine kurze vergleichende Übersicht zu geben.

Seidenart	Vordrehung	Nachdrehung
Organzin strafilato	550 bis 650	450 bis 525
„ moyen appret	375 „ 450	250 „ 350
„ stratorto	bis 1000	bis 1000
Trame	—	80 bis 130
Kanton-Trame	—	120 „ 160
Poil	—	600 „ 800
Crêpe	1500 bis 1600	3000 „ 4000
Grenadine.	—	2000
Stickseiden	30 bis 40	—

6. Besondere Feststellungen.

Unter diese Gruppe von Untersuchungen sind zu rechnen: die Feststellung des Abkochverlustes, der Erschwerung, der künstlichen Färbung, sowie besondere Eigenschaften, oder besondere Fehler der Seiden.

a) Abkochung (Décreusage). Die Feststellung des Bastgehaltes einer Seide geschieht in der Weise, daß man ähnlich wie bei der Titerbestimmung aus einem Ballen an den verschiedenen Stellen eine Menge von zehn Masten als Probe herausnimmt. Von diesen Strängen wird dann von jedem einzelnen soviel abgehaspelt, daß das Gesamtgewicht der Haspelproben etwa 35 bis 70 g beträgt. Ist von der gleichen Seide bereits der Titer bestimmt, kann man auch die hierbei verwandten Proben zum Abkochversuch benutzen.

Die so erhaltene Probe wird dann je nach Bedarf 1 bis 1½ Stunde mit einer ½ bis 1proz. Lösung von grüner Olivenölseife in destilliertem Wasser abgekocht, mit warmem destillierten Wasser vollkommen ausgewaschen und dann getrocknet. Macht die Beschaffenheit der Seide es erforderlich, so kann dem Seifenbade eine geringe Menge leichten Alkalis, wie Soda, Natriumphosphat, Borax usw., zugesetzt werden.

Wichtig ist, daß die Seidenprobe sowohl vor als auch nach der Abkochung bei 140° C ausgetrocknet wird, so daß also der tatsächliche Serizingehalt der wasserfreien Seide bestimmt wird.

Bezüglich irgendwelcher Grenzen des Bastgehaltes gibt es jedoch keine festgelegten Bestimmungen. Von den Seidentrocknungsanstalten der eigentlichen Seidenländer Italien, Frankreich und Japan werden fortlaufend derartige Décreusagebestimmungen durchgeführt und die diesbezüglichen Ergebnisse veröffentlicht.

Es sei hier eine derartige Übersicht (siehe S. 118) wiedergegeben, welche 1894 von Testenoire[1]) veröffentlicht worden ist.

Man erhält auf diese Weise ein Durchschnittsbild, das aber in den letzten Jahren, namentlich bezüglich des Abkochverlustes, ein wenig erfreuliches ist. Während vor dem Jahre 1913 das Streben der Züchter dahin ging, eine möglichst bastarme Seide zu erzeugen und Zahlen wie 19 bis 21 % der Durchschnitt war, findet man heute wieder Seiden mit 25 bis 28 % Abkochverlust, namentlich bei Japanseiden.

Eine sehr gute Übersicht findet man in den Jahresberichten der Seidentrocknungsanstalt von Lyon[2]). Diese Übersichten behandeln die Abkochver-

---

[1]) Testenoire, Comt. rend. de la Condition des Soies de Lyon.

[2]) Compte rendu des opérations de la Condition publique des soies de Lyon 1925.

	Grège %	Trame %	Organzin %
Frankreich			
weiß	20,8	22,3	21,9
grün	19,9	22,0	21,5
gelb	23,8	25,1	25,1
Spanien			
weiß	20,2	—	21,0
gelb	23,8	—	24,8
Piemont			
weiß	20,7	20,4	21,0
grün	20,5	20,2	21,5
gelb	23,2	23,5	24,4
Italien			
weiß	20,6	21,4	21,7
grün	21,3	21,3	21,2
gelb . .	23,5	24,5	25,0
Griechenland			
weiß	19,8	20,2	23,7
gelb	20,6	22,0	23,6

	Grège %	Trame %	Organzin %
Broussa			
weiß	21,5	23,2	23,1
gelb	23,5	—	25,7
Syrien			
weiß	20,0	—	22,6
gelb	24,3	26,1	25,8
Bengal			
weiß	21,8	—	—
gelb	21,3	24,8	24,4
China			
weiß	19,0	21,5	20,2
gelb	25,0	26,5	—
Kanton			
weiß . .	22,3	24,2	23,7
grün	22,7	24,7	25,2
Japan			
weiß	17,4	19,1	19,0
gelb	—	24,7	—
Tonkin			
gelb	—	27,4	—
Tussah	18,1	21,4	19,2

luste von Grège, Organzin und Trame. Einige das Jahr 1925 betreffende Tabellen folgen nachstehend:

Abkochverlust der Grègen im Jahre 1925.

Verlust in %	14	15	16	17	18	19	20	21	22	23	24	25	26
Herkunft	Zahl der Abkochversuche												
Frankreich													
weiß . . .	—	—	—	—	—	—	—	—	2	—	—	—	—
gelb . . .	—	—	—	—	—	—	—	2	43	102	204	55	6
Spanien													
gelb . . .	—	—	—	—	—	—	—	—	—	2	7	1	—
Piemont													
weiß . . .	—	—	—	—	—	—	—	—	—	—	—	—	—
gelb . . .	—	—	—	—	—	—	—	3	12	3	1	—	—
Italien													
weiß . . .	—	—	—	1	1	—	9	14	2	—	—	—	—
gelb . . .	—	—	—	—	—	1	15	64	342	337	339	191	24
Ungarn													
gelb . . .	—	—	—	—	—	—	—	—	—	—	—	—	—
Serbien . .	—	—	—	—	—	—	—	—	1	2	2	—	—
Broussa													
weiß . . .	—	—	—	—	—	—	15	24	12	3	—	—	—
gelb . . .	—	—	—	—	—	—	—	—	—	—	—	—	1
Syrien													
weiß . . .	—	—	—	—	—	—	1	—	—	—	—	—	—
gelb . . .	—	—	—	—	—	—	—	2	11	40	105	39	7
Bengalen .													
weiß . . .	—	—	—	—	—	—	—	—	—	—	—	—	—
gelb . . .	—	—	—	—	—	—	1	4	8	8	—	1	—

Abkochverlust der Grègen im Jahre 1925 (Fortsetzung).

Verlust in %	14	15	16	17	18	19	20	21	22	23	24	25	26
Herkunft	Zahl der Abkochversuche												
Kaschmir .													
weiß . . .	—	—	—	—	—	—	—	—	—	—	—	—	—
gelb . . .	—	—	—	—	—	—	—	—	—	3	8	3	—
Indochina													
gelb . . .	—	—	—	—	—	—	1	1	3	12	18	14	3
China													
weiß . . .	5	75	144	121	85	34	22	15	2	—	—	—	—
gelb . . .	—	—	4	7	4	11	52	49	28	9	3	1	26
Kanton													
weiß . . .	—	—	—	—	—	2	25	163	306	137	9	1	—
gelb . . .	—	—	—	—	—	—	—	—	—	—	—	—	—
Japan													
weiß . . .	—	—	40	210	201	48	3	—	—	—	—	—	—
gelb . . .	—	—	—	—	1	10	27	22	3	—	—	—	—
Kaukasien													
weiß . . .	—	—	—	—	—	—	—	—	—	—	—	—	—
gelb . . .	—	—	—	—	—	—	—	—	—	—	—	—	—
Levante													
weiß . . .	—	—	—	—	—	—	—	—	—	—	—	—	—
gelb . . .	—	—	—	—	—	—	—	—	—	—	—	—	—

Abkochverlust der Organzin im Jahre 1925.

Verlust in %	16	17	18	19	20	21	22	23	24	25	26	27	28	29
Herkunft	Zahl der Abkochversuche													
Frankreich														
weiß . .	—	—	—	—	—	—	—	11	112	175	181	117	23	4
gelb. . .	—	—	—	—	—	—	—	—	—	—	—	—	—	—
Spanien														
weiß . .	—	—	—	—	—	—	—	—	—	—	—	—	—	—
gelb. . .	—	—	—	—	—	—	—	—	2	18	60	26	5	—
Piemont														
weiß . .	—	—	—	—	—	—	—	—	—	—	—	—	—	—
gelb. . .	—	—	—	—	—	—	—	5	6	4	1	2	—	—
Italien														
weiß . .	—	—	2	3	—	1	2	3	—	—	—	—	—	—
gelb. . .	—	—	—	—	—	2	17	144	335	506	462	196	48	12
Ungarn														
gelb. . .	—	—	—	—	—	—	—	—	1	4	1	—	—	—
Serbien . .	—	—	—	—	—	—	—	—	—	—	—	—	—	—
Broussa														
weiß . .	—	—	—	—	—	—	6	6	7	2	1	—	—	—
gelb. . .	—	—	—	—	—	—	—	—	—	—	—	—	—	—
Syrien														
weiß . .	—	—	—	—	—	—	—	—	—	—	—	—	—	—
gelb. . .	—	—	—	—	—	—	2	1	13	41	76	51	14	1
Bengalen														
gelb. . .	—	—	—	—	—	—	1	4	4	9	13	4	3	2

Abkochverlust der Organzin im Jahre 1925 (Fortsetzung).

Verlust in %	16	17	18	19	20	21	22	23	24	25	26	27	28	29
Herkunft	Zahl der Abkochversuche													
Kaschmir														
weiß . .	—	—	—	—	—	—	—	—	—	—	—	—	—	—
gelb. . .	—	—	—	—	—	—	—	—	—	—	—	2	—	—
Indochina .														
gelb. . .	—	—	—	—	—	—	—	—	1	1	3	2	—	—
China														
weiß . .	9	40	95	78	62	41	15	6	11	1	—	—	—	—
gelb. . .	—	—	—	—	—	2	10	12	12	2	—	—	—	—
Kanton														
weiß . .	—	—	—	—	—	—	11	85	190	193	53	9	3	—
Japan														
weiß . .	—	9	89	201	183	59	23	—	—	—	—	—	—	—
gelb. . .	—	—	—	—	1	7	37	19	5	3	3	—	—	—
Levante														
weiß . .	—	—	—	—	—	—	—	—	—	—	—	—	—	—

Abkochverlust der Trame im Jahre 1925.

Verlust in %	17	18	19	20	21	22	23	24	25	26	27	28	29
Herkunft	Zahl der Abkochversuche												
Frankreich													
weiß . . .	—	—	—	—	—	—	—	—	—	—	—	—	—
gelb . . .	—	—	—	—	—	—	9	28	60	71	55	12	3
Spanien													
gelb . . .	—	—	—	—	—	—	—	—	—	—	—	—	—
Piemont													
weiß . . .	—	—	—	—	—	—	—	—	—	—	—	—	—
gelb . . .	—	—	—	—	—	—	—	2	1	—	—	—	—
Italien													
weiß . . .	—	—	—	—	—	3	—	—	—	—	—	—	—
gelb . . .	—	—	—	—	—	9	46	133	216	172	82	15	1
Ungarn													
gelb . . .	—	—	—	—	—	—	—	—	—	—	—	—	—
Serbien													
gelb . . .	—	—	—	—	—	—	—	—	—	—	—	—	—
Broussa													
weiß . . .	—	—	—	—	—	4	8	13	4	1	—	—	—
gelb . . .	—	—	—	—	—	—	—	—	—	1	1	—	1
Syrien													
weiß . . .	—	—	—	—	—	—	—	—	—	—	—	—	—
gelb . . .	—	—	—	—	—	—	—	1	4	13	20	7	6
Bengalen													
gelb . . .	—	—	—	—	—	—	4	5	5	3	3	—	—
Kaschmir													
weiß . . .	—	—	—	—	—	—	—	—	—	—	—	—	—
gelb . . .	—	—	—	—	—	—	—	—	2	12	8	5	3
Indochina													
gelb . . .	—	—	—	—	—	—	1	—	—	5	5	3	1
China													
weiß . . .	6	20	25	41	57	114	106	33	4	—	—	—	—
gelb . . .	—	—	1	1	3	5	20	36	32	22	11	4	1

Abkochverlust der Trame im Jahre 1925. (Fortsetzung),

Verlust in %	17	18	19	20	21	22	23	24	25	26	27	28	29
Herkunft	Zahl der Abkochversuche												
Kanton													
weiß . . .	—	—	—	—	2	22	96	210	222	108	33	16	2
gelb . . .	—	—	—	—	1	—	—	—	—	—	—	—	—
Japan													
weiß . . .	10	74	176	189	126	42	12	—	—	—	—	—	—
gelb . . .	—	—	—	—	4	6	4	4	—	—	—	—	—
Kaukasien													
weiß . . .	—	—	—	—	—	—	—	—	—	—	—	—	—
gelb . . .	—	—	—	—	—	—	—	—	—	—	—	—	—
Persien													
weiß . . .	—	—	—	—	—	—	—	—	—	—	—	—	—
gelb . . .	—	—	—	—	—	—	—	—	—	—	—	—	—

Daß der Abkochverlust der Seiden auch während der einzelnen Jahre sehr schwanken kann, ersieht man aus nachstehender Tabelle, welche von Silbermann[1]) veröffentlicht wurde.

Jahr	Grège %	Trame %	Organzin %
1887	21,2	26,5	23,3
1888	20,9	24,5	24,4
1889	20,6	23,2	21,3
1890	21,0	22,3	22,2
1891	19,7	21,8	21,7
1892	18,8	21,0	21,2
1893	18,1	21,3	19,2

b) Erschwerung. Unter der für Rohseiden in Frage kommenden Erschwerung ist durchweg diejenige zu verstehen, die durch ein Übermaß von den bei der Herstellung der Grège oder der gezwirnten Seiden verwandten Hilfsmitteln veranlaßt worden ist, wovon bereits früher die Rede war. Entsprechend der Natur dieser Stoffe (Seifen, Fette und Appreturmittel) ist die Ermittlung nur auf chemischem Wege möglich. Die sog. „Industrielle Analyse" zur Ermittlung der Erschwerungsstoffe besteht darin, daß die betreffende Seide in einem Soxhletapparat mit einem Gemisch von Alkohol und Petroläther zu gleichen Teilen etwa fünfmal zehn Minuten lang vollkommen extrahiert wird. Nach dem Trocknen wird die Seide mit destilliertem Wasser von 30 ° C ausgewaschen. Nach nochmaligem Trocknen wird aus der Gewichtsabnahme die Höhe der Erschwerung errechnet. Ebenso wie bei der Bestimmung des Abkochverlustes wird die Seide vor und nach der Behandlung bei 140 ° C ausgetrocknet und die Erschwerung also auf wasserfreie Substanz berechnet.

Bei dieser Art der Untersuchung werden wohl die alkohol- und benzinlöslichen Erschwerungsstoffe herausgelöst, nicht aber vollkommen die wasserlöslichen und vor allem auch nicht die mineralischen Stoffe. Für die Ermittlung dieser Körper bedarf es demgemäß noch besonderer Behandlungen, sei es nun mit heißem Wasser oder speziellen Reagenzien. Handelt es sich um direkte mineralische Erschwerungen, wird auch eine Aschenbestimmung hierüber Auf-

[1]) Silbermann: Die Seide II, S. 250.

schluß geben können bzw. Methoden, die später bei den erschwerten Seiden noch berücksichtigt werden.

Was die Höhe der Erschwerung anbelangt, so ist zu beachten, daß die Seidensubstanz als solche Stoffe enthält, welche in Alkohol-Benzin löslich sind, wie z. B. das Chrysalidenfett, und ist es daher unbedingt erforderlich, hierfür einen bestimmten Faktor in Abzug zu bringen. Derselbe beträgt bei:

Weißen China-, Japan- und Kanton-Seiden	0,5 %
„ Levantiner-	0,75%
Gelben Seiden jeder Herkunft	1,00%

Die nach Abzug dieses Wertes erhaltene Menge an Erschwerungsstoffen soll nicht über 1% betragen. Nach den an einzelnen Handelsplätzen gültigen Vorschriften soll überhaupt keine Erschwerung vorhanden sein.

c) Künstliche Färbung. Diese im übrigen stets zu verwerfende Behandlung der Seide läßt sich meistens schon durch ein kaltes Ausziehen der Seide mit destilliertem Wasser erkennen. Das Wasser färbt sich nämlich alsbald gelb, und die so behandelte Seide erscheint nach dem Trocknen fahlgelb oder streifig. Der Anlaß zu künstlicher Färbung wurde bereits früher besprochen. Künstlich gefärbte Seiden bilden übrigens keineswegs eine Seltenheit.

d) Fehlerhafte äußere Beschaffenheit. Zur Erkennung dieser meistens zur Beanstandung in der späteren Verarbeitung führenden Eigenschaften der Rohseiden wird die zu untersuchende Seide auf schwarze Tafeln aufgewickelt. Um die Fehler deutlicher erkennen zu lassen, betrachtet man die Platten mittels des Mikroskops, am besten des Binokularmikroskops. Es empfiehlt sich aber, neben der rohen Seide auch die Seide im abgekochten Zustande zu betrachten.

Die hauptsächlichsten der hierbei zu beobachtenden Fehler sind schlechte Knoten, Duvet, schlechte Zwirnung, dickere und dünnere Stellen u. a. m.

Die Beurteilung richtet sich nach der Häufigkeit der betreffenden Erscheinung. Feststehende Normen für die Begutachtung können nicht gegeben werden.

Unter dieser Rubrik sind übrigens auch die zufälligen Fehler, wie Beschmutzungen mit Fett, Farbe und erdigen Substanzen einzureihen. Auch hier bedarf es der Erfahrung, um Art und Ursache der Flecken mit Sicherheit feststellen zu können.

Die Verarbeitung der Seidenabfälle.

I. Das Rohmaterial.

Die wertvollen Eigenschaften der Seide waren schon im Altertum Anlaß, jegliche Abfälle, die sich bei der Gewinnung der Rohseide und deren Verarbeitung ergaben, sorgfältig zu sammeln und zur Herstellung von Gespinsten zu verwenden. Die Abfälle wurden auf das feinste zerzupft und das erzielte Produkt auf dem Spinnrade versponnen. Der so erhaltene Gespinstfaden vereinigte die Vorzüge der Seide gegenüber anderen Textilfasern, nämlich Festigkeit des Fadens und gefälliges, glänzendes Aussehen, so daß seiner Verwendung als teilweiser Ersatz der echten Seiden nichts im Wege stand. Durch die fabrikmäßige Herstellung ist es dann gelungen, die Verarbeitung der Seidenabfälle zu Gespinsten in einer Weise zu vervollkommnen, daß heute die Herstellung dieses Gespinstes, das unter dem Namen Schappe oder Florett gehandelt wird, einen Umfang angenommen hat, der hinter der Gewinnung und Verarbeitung der Rohseide nur wenig zurücksteht, wenn er sie nicht gar übertrifft.

Mag dies auch im ersten Moment überraschen; es wird sofort klar, sobald man sich vergegenwärtigt, daß die abhaspelbare Seide im Vergleich zum ganzen Kokon nur einen geringen Bruchteil bildet. Schon die Tatsache, daß von der Gesamtlänge des von der Seidenraupe hergestellten Spinnfadens, also rund

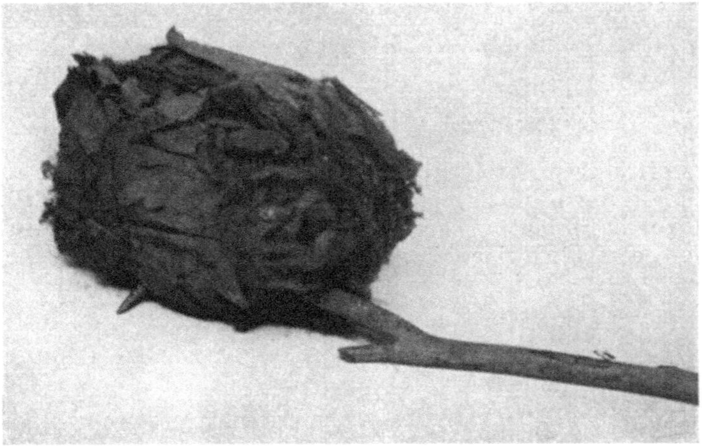

Abb. 130. Nest eines afrikanischen Familienspinners. 1/6 Größe.

3000 m, nur etwa 600 bis 800 m im Durchschnitt zur Herstellung der Rohseide Verwendung finden, bedingt dieses Verhältnis. Dazu kommen aber noch enorme Mengen von Kokonabfällen, die bei der Ernte entstehen in Form von fehlerhaften, beschmutzten und verletzten Kokons und die sämtlich zur Herstellung der Florettgespinste verwandt werden.

Abb. 131. Teil desselben. Natürliche Größe.

Neuerdings hat außerdem die Verwendung der „wilden Seiden" für die Schappefabrikation eine ganz hervorragende Bedeutung erlangt.

Es sei ferner erwähnt, daß man die Erzeugnisse der in Afrika einheimischen Familienspinner, deren Hauptvertreter die Gattung Anaphe darstellt, auch für diese Fabrikation herangezogen und sich damit eine unerschöpfliche Quelle von Rohmaterial eröffnet hat. Diese Familienspinner lassen sich nicht abhaspeln, weil sie große Nester darstellen, in denen die Kokons eingebettet sind.

Der Kokonfaden selbst unterscheidet sich in seiner Struktur wesentlich dadurch von dem der echten Seiden, daß er in kurzen Abständen charakteristische Querwände aufweist. Im übrigen ist die Anaphe im Faden nach der Abkochung von rein weißer Farbe und von schöner, seidigglänzender Beschaffenheit.

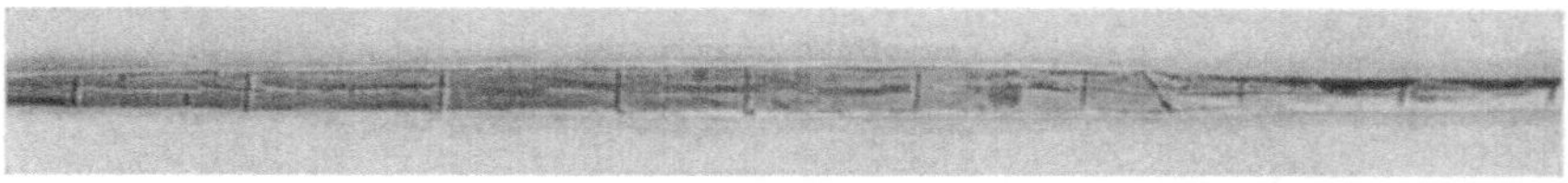

Abb. 132. Faden von Anaphe-Seide, roh. Vergr. 1:95.

Näheres hierüber haben Paul Küller, Berlin, und Prof. Max Lehmann, Krefeld, im Jahre 1913 in eingehenden Abhandlungen veröffentlicht[1]).

Aloys Herzog[2]) beschreibt die unter dem Phantasienamen Setalano in den Handel gebrachte Seide, deren Gattung die bekannte Anaphe darstellt.

Abb. 133. Faden der Anaphe-Seide, abgekocht. Vergr. 1:450.

Dieses Material, welches in der Schappegewinnung neuerdings große Bedeutung erlangt hat, wird näher beschrieben, was im einzelnen aus der Originalarbeit zu ersehen ist.

Es ist das Verdienst des Engländers Lister aus Bradford daß der Versuch gemacht wurde, die Seidenabfälle in ähnlicher Weise, wie dieses bei der Baumwolle und Wolle bereits üblich war, auf besonderen Kämm- und Spinnmaschinen zu verarbeiten. Der Erfolg war ein derartig günstiger, daß von dem Zeitpunkt ab die Florettspinnerei ihren Aufstieg begann. Besonders in der Schweiz und den benachbarten Ländern, in Baden und im Elsaß, entwickelte sich dieser neue Industriezweig zu einer großen Vollkommenheit.

Das Rohmaterial für die Florettseidenspinnerei bilden die Seidenabfälle verschiedener Art, gleichgültig, ob dieselben von der Kokonernte oder von der Gewinnung der Rohseide, also vom Spinnen und vom Zwirnen, oder ob sie vom Verweben der Rohseide herrühren.

Diese Seidenabfälle stellen heute entsprechend der Bedeutung der Florettseidenindustrie einen wichtigen Handelsartikel dar, der, ebensogut wie die Rohseiden, gewissen Anforderungen entsprechen muß und auch entsprechend klassifiziert wird.

Nach den üblichen Handelsbräuchen, wie z. B. den sog. Mailänder Usancen unterscheidet man drei Klassen:

1. Klasse: Ausschuß und Überreste von Kokons, die bei der Seidenraupenzucht und Gewinnung der Raupeneier entfallen.

2. Klasse: Abfall beim Spinnen der Rohseide aus Kokons oder Doppelkokons.

3. Klasse: Abfall beim Zwirnen der Seide oder „Doupions filés".

[1]) Küller: Die wilden Seiden Afrikas, 1913. Prof. Lehmann: Afrikanische Seiden 1913.
[2]) Herzog: Die Kunstseide 1927, S. 139.

Diese drei Klassen unterscheiden sich dann auch noch in einzelne Untergruppen, von denen im folgenden die hauptsächlichsten Erwähnung finden sollen.

1. Klasse = Abfall bei der Seidenzucht.

1. Die Wattseide oder Blaze, aus dem wirren Gespinst bestehend, die dem Bau der eigentlichen Kokons vorausgeht, im übrigen ein wenig geschätztes Rohmaterial, daß in Europa weniger, sondern hauptsächlich in China gesammelt wird.

2. Kokons percés oder papillonnés. Ausgewählte Kokons oder Doppelkokons, aus denen man zu Zuchtzwecken den Schmetterling hat ausschlüpfen lassen.

3. Kokons piqués oder artés. Kokons oder Doppelkokons, die von Milben durchstochen, durch Ungeziefer angenagt oder sonst beschädigt sind.

4. Kokons doublés éclos, speziell Doppelkokons, die zu Zuchtzwecken ausschlüpfen gelassen wurden.

5. Kokons mélangés. Mischung der verschiedenen unter 2. bis 4. genannten Kokons.

Die Doppelkokons teilt man vielfach auch für sich in vier Abteilungen:

1. Dépurés (depurati): ausgesuchte Kokons, frei von Verletzungen, Schimmel, Rost, Beschmutzungen oder sonstigen Eigenschaften, die sie minderwertig machen könnten.

2. Premier choix (reali): alle Kokons, außer solchen, die durch Schimmelbildung, Rost oder Verschmutzungen gelitten haben.

3. Les écarts: Verschmutzte, verrostete oder verschimmelte Kokons.

4. Chigues (Fallopati): Durch Fäulnis der Puppe stark verschmutzte und ferner sehr kleine Kokons.

2. Klasse = Abfall beim Spinnen der Rohseide.

1. Frisons (strusa strusi): die Flockseide, welche beim Schlagen der Kokons entfernt wird.

2. Frisons de Cocons doublés: Die Flockseide der Doppies.

3. Bassinés: Die Rückstände der vollständig abgehaspelten Kokons (telettes oder pelettes), die innere Hülle, die die Puppe umschließt.

4. Bassinés doublées: Das gleiche wie die vorigen, nur von den Doppelkokons stammend.

5. Recuits und Côtes (costomi). Verklebte oder in Verwirrung geratene Seidenfäden.

Abb. 134. Bassinés: Abgehaspelte Kokons. Natürl. Größe.

3. Klasse = Abfall beim Zwirnen, sogenannte Moulinierabfälle Bourre oder Strazza.

1. Bourre von China.
2. Bourre von Europa.
3. Bourre von Kanton.
4. Bourre von Bengalen.
5. Bourre von Doupions filés.
6. Bourre von Tussah.

Hinzu kommen noch die Erzeugnisse der verschiedenen wilden Seiden, wie schon oben ausgeführt wurde.

Man ersieht aus dieser Aufstellung zur Genüge, welch mannigfaltiges Material als Ausgangsprodukt der Florettseidenspinnerei zur Verfügung steht, andererseits aber auch, welche Kenntnisse der Handel mit diesen Abfällen erfordert, um einen günstigen Abschluß hierin tätigen zu können. Das Wesentliche bei diesen Abfällen ist ja der Gehalt an spinnbarer Faser, und um dieses beurteilen zu können, bedarf es naturgemäß einer jahrelangen Übung. Erschwerend kommt noch hinzu, daß die Bezeichnungen des Rohmaterials derart vielseitig sind, daß sie leicht zu Irrtümerrn Anlaß geben können. Während z. B. die innersten Kokonschichten als „Bassinés" oder „Telettes" bezeichnet werden, heißen sie auch „morne", „strusa", „cardette" oder „crecentin", je nach der Provinz. Die Bedeutung vieler Spezialausdrücke, wie Galletami, Galletta, Schappe, Bavella, Stumba, Stoppolina, Schepparte, Pelaya usw. ist den Händlern selbst vielfach unbekannt.

II. Verarbeitung des Rohmaterials.

Die Umarbeitung dieses Abfallseidenmaterials in das Florettgespinst erfolgt in vier Phasen:

1. Durch das Entbasten und Reinigen, das Desintegrieren.
2. Durch eine mechanische Säuberung von Fremdkörpern.
3. Durch das Kämmen und Verarbeiten zu einem watteartigen, dem Kammzug der Wolle ähnlichen Produkt.
4. Durch Verspinnen zu einem Spinnfaden.

Die beiden ersten Vorbehandlungsarbeiten brauchen nicht in der angegebenen Reihenfolge vor sich zu gehen, es richtet sich diese nach dem jeweils verarbeiteten Rohmaterial. So findet man, daß Seidenabfälle, welche viel Fremdkörper enthalten, wie z. B. Kokons, erst mechanisch gereinigt und weich geklopft werden, ehe sie der Abkochung unterworfen werden. Andere Materialien, wie Spinnabfälle, werden dagegen zuerst abgekocht und dann von noch etwa anhaftenden Fremdstoffen gereinigt. Wenn daher im folgenden die Beschreibung in der Reihenfolge durchgeführt wird, daß die Abkochung an erster Stelle behandelt wird und dann erst die mechanischen Reinigungsmethoden, so möge der Leser nicht vergessen, daß bei Kokonsabfällen der umgekehrte Arbeitsvorgang der übliche ist.

Die Seidenabfälle enthalten nicht nur noch den Bast der Rohseide, der entfernt werden muß, sondern außerdem noch viel Schmutz, Sand und Abfall der Puppenkadaver, sowie die Chrysaliden selbst. Um die reine Seidenfaser zu isolieren, kann man sich verschiedener Verfahren bedienen, wie der Behandlung mit heißem Wasser oder mit heißer Seifenlösung bzw. alkalischen Flüssigkeiten oder der Einwirkung eines Fermentier- oder Fäulnisvorganges. Zu welcher Arbeitsweise man greift, hängt von dem jeweiligen Rohmaterial ab, wie auch die Bearbeitung eine Änderung erfährt, je nachdem es sich um Spinn- oder Moulinierabfall oder um Kokons handelt.

1. Das Desintegrieren.

Die erste Behandlung, welche man dem Rohmaterial zuteil werden läßt, besteht in einer Entbastung oder Abkochung. Man bezeichnet diesen Vorgang als Desintegrieren.

Das einfachste Desintegrieren mit Hilfe von Wasser ist nur angängig bei ganz reinen Seidenabfällen; es geschieht, indem das Rohmaterial in entsprechenden Barken mehrere Stunden lang mit Wasser ausgekocht und dann ausgeschleudert wird. Ähnlich wird auch das Auskochen mit Seifenlauge mit einem Seifengehalt von 5 bis 12% vorgenommen, welches natürlich dem üblichen Entbasten der Rohseide entspricht.

Sehr bewährt hat sich das für das Entbasten der Rohseide allgemein eingeführte Schaumabkochverfahren. Dieses der Firma Gebr. Schmid, Basel, patentierte Verfahren kürzt nicht nur das Desintegrieren zeitlich ab, sondern bedingt auch eine bessere Schonung der Seidensubstanz, andererseits aber auch eine gründlichere Reinigung des Materials. Das Prinzip dieser Arbeitsweise, nämlich die Seifenlösung in Form des ständig perlenden Seifenschaumes auf das abzukochende Material einwirken zu lassen, wird später noch näher bei der Abkochung der Seide geschildert werden.

Allgemeiner ist jedoch das Desintegrieren mit alkalischen Bädern, die nichts anderes vorstellen als eine Auflösung von etwa 2,5 bis 5 kg Seife und 1,25 bis 2,5 kg Soda in 1000 Liter Weichwasser, und zwar unter Anwendung des Prinzips der zirkulierenden Flotte. Hierdurch wird nicht nur ein schnellerer und größerer Reinigungseffekt, sondern auch eine größere Schonung der Seidenfaser erzielt. Die Arbeitsweise ist folgende:

Die Einrichtung besteht aus einem Reservoir für die Lauge, einem Abkochbehälter für die Seidenabfälle und einer Zirkulationspumpe, welche die Lauge durch die Seidenabfälle hindurchdrückt und absaugt. Der Abkochbehälter wird mit Holzrahmen beschickt, welche am Boden mit einem Netz von starken Segelbindfäden versehen und oben offen sind. Auf diese Hürden füllt man das Abfallmaterial und stellt jetzt die Hürden übereinander in den Apparat, bis derselbe gefüllt ist. Im Laugenreservoir wird durch Dampf die Auflösung von Seife und Soda in Weichwasser zum Kochen erhitzt und in den Abkochapparat durch Öffnen eines Abflußventils fließen gelassen, bis er gefüllt ist. Nach einiger Zeit saugt man die Lauge ab und pumpt sie wieder in das Reservoir, von wo aus sie neuerdinds in den Apparat gelassen wird. Diesen Kreislauf wiederholt man etwa eine Stunde lang. Hierauf werden die Hürden aus dem Apparat genommen und das Material gut ausgeschleudert, darauf wiederholt man den ganzen Vorgang mit einer frisch bereiteten Lauge noch einmal, aber nur etwa 20 Minuten lang, allerdings mit dem Unterschied, daß man die Lauge in dem Abkochbehälter selbst durch Dampfzufuhr im Sieden erhält. Darauf wird die Lauge wieder in das Reservoir abgesogen und dient nach frischem Zusatz von Soda und Seife wieder als erste Lauge für den folgenden Satz.

Das Seidenmaterial läßt man im Apparat gut abtropfen und spült es mit kaltem Wasser ab, um es abzukühlen, nicht etwa zu reinigen, was später erst durch das Waschen geschieht.

Die älteste Art des Desintegrierens ist das Mazerier- oder Fäulnisverfahren, welches den Vorteil bietet, daß das Material noch 7 bis 8% seines Seidenleims zurückhält, was das Kämmen und den Spinnprozeß sehr günstig beeinflußt, im Gegensatz zu dem abgekochten Rohmaterial, welches nahezu vollständig entbastet worden ist. Der Fäulnisprozeß wurde im wesentlichen so durchgeführt, daß die Abfälle mit schwacher Sodalösung eingeweicht, dann aufgehäuft und einige Tage bei einer Temperatur von 30 bis 40° sich selbst überlassen werden. Aus den organischen Überresten der Puppe wird bei der entsprechenden Feuchtigkeit und Wärme ein Nährboden für ein üppiges Bakterienwachstum geschaffen, wodurch alle lösliche Substanz entweder gelöst oder zerstört wird, während das eigentliche Seidenfibroin nicht angegriffen wird und zurückbleibt. Diese primitive Art der Aufarbeitung geschah früher wegen des Fäulnisgestankes auf freiem Felde. Später bediente man sich Mazerationsgruben, die mit etwas weniger Geruchsbelästigung für die Umgebung verbunden waren. Es sind dies gemauerte Gruben, etwa 2 bis 2½ m tief, mit einem Fassungsvermögen von etwa 5 m^3. In diese wird ein passendes Lattengestell eingebracht, in dem sich meistens auch wieder auf Hürden das Abfallmaterial gelagert befindet. Dieser Abfall ist vorher bereits mit einer Soda-Seifenlösung (0,2 bis 0,3% Soda und 2 bis 3% Seife) durchtränkt worden. Das Lattengestell wird nach dem Einbringen in die Grube mit dieser Lösung vollständig bedeckt, dann die Grube oben mit Brettern verschlossen. Durch eine entsprechende Vorrichtung ist es möglich, die Einweichflüssigkeit zu erwärmen, sie wird zuerst auf etwa 80 °C erwärmt, gegen Ende des Prozesses wird die Temperatur auf etwa 40 °C sinken gelassen. Der Fäulnisprozeß erstreckt sich, je nach der Art des Rohmaterials, über eine Zeitdauer von 1 bis 1½ Wochen. Durch ständige Kontrolle und Betriebserfahrung wird der richtige Zeitpunkt der Beendigung der Fäulnis festgestellt. Dehnt man den Fäulnisprozeß zu lange aus, so wird das Seidenfibroin angegriffen und schließlich zerstört.

Bei nicht genügender Einwirkung entsteht ein glanzarmes, hartes Fasergut von geringer Elastizität, bei zu langer ein völlig glanzloses und unstarkes Erzeugnis. Vielfach findet man, daß gegen Ende des Prozesses die Lauge abgelassen und durch frische ersetzt wird. Während des ganzen Prozesses hat man bezüglich der Mazerationsflüssigkeit darauf zu achten, daß der oben auf der Flüssigkeit schwimmende Schmutz sowie die Fettschicht, aus den Chrysaliden herstammend, sorgfältig durch Abheben oder Fortspritzen entfernt wird. Das so behandelte Material wird dann aus den Gruben herausgenommen und weiter durch Waschen gereinigt.

Ein Ersatz der Faulgruben durch Eisenbehälter, in welche die Lattengestelle eingesetzt werden, bietet den Vorzug, daß man die Temperatur des Inhaltes besser zu regeln und dadurch den eigentlichen Vorgang etwas abzukürzen vermag.

Wenn nun auch die Mazeration der Abfälle für das Erzeugnis nicht zu unterschätzende Vorteile bietet, so haften ihr doch die Schattenseiten des üblen Geruches an, der sich nicht nur in der Umgebung, sondern auch in der Ware selbst bemerkbar macht. Es kann daher nicht wundernehmen, daß es nicht an Versuchen gefehlt hat, den Fäulnisvorgang durch eine Behandlungsweise zu ersetzen, die die Vorzüge des alten Verfahrens aufweist und die Nachteile vermeidet. Der Erfolg dieser Verfahren läßt aber noch zu wünschen übrig.

Nach einer alten Vorschrift von Guinon erhitzt man die Abfälle mit Sodalauge unter Druck bei einer Temperatur von 120 °C und nachher anschließend in gleicher Weise mit verdünnter Schwefelsäure.

Nach Randall[1]) behandelt man die Kokons mit einer Mischung von verdünnter Essigsäure und verdünnter Schwefelsäure mehrere Stunden bei 70 °C.

Auch eine Behandlung mit verdünnter Schwefelsäure oder Salzsäure wird empfohlen, alles Verfahren, die darauf abzielen, den Seidenbast zu erweichen, aber nicht ganz zu entfernen. Diese Säurebehandlung, welche der Karbonisation der Wolle gleicht, kommt übrigens heute sehr viel in Anwendung bei dem Desintegrieren mit Benzin oder Schwefelkohlenstoff, welches weiter unten beschrieben ist. Es hat sich nämlich herausgestellt, daß der krachende Seidengriff des Fertigfabrikates dadurch erhöht werden kann. Nach der Säurebehandlung überläßt man das Material einer mehrstündigen Einwirkung von Ammoniakdämpfen in einem geschlossenen Raum, um die Säure, die durch das Spülen mit Wasser nicht entfernt wurde, abzustumpfen.

Das franz. Patent 604600/1925 von M. René & M. Kien betrifft ein Verfahren, um Seide, welche stark mit Öl und Puppenresten verunreinigt ist, wie solche in der Schappefabrikation Verwendung finden, zu reinigen und zu bleichen. Die verunreinigte Seide wird in eine wäßrige Lösung von 50 bis 60% Perborat und Wasserstoffsuperoxyd eingelegt und 3 Stunden lang auf 70 bis 75 °C

---

[1]) Randall: Engl. Pat. 10176 (1886).

erhitzt. Darauf wird die Ware über Nacht eingelegt, nach dem Herausnehmen mit weichem Wasser gewaschen und mit angesäuertem Wasser neutralisiert.

Nach einem anderen Vorschlag[1]) wird zum Reinigen von Kokonabfällen das Karbonisieren empfohlen, und zwar in der Weise, daß das Säurebad schwächer wie gewöhnlich, etwa 2 bis 2½ % Bé stark, genommen wird und mit einem Zusatz von 2 g Oranit K S pro Liter versehen wird. Es wird bei 50° C vorgetrocknet, dann bei 70° richtig getrocknet und bei 100 bis 120° gebrannt. Anschließend wird gut mit Wasser gewaschen und dann neutralisiert.

Nach dem D.R.P. 387828 von 1923 werden zum Reinigen von Kokonabfällen für die Schappefabrikation die Abfälle in eine Kammer geführt, die nach Bedarf auf 100 bis 115° C erhitzt werden kann, und hier 2 bis 2½ Stunden erhitzt. Hierdurch werden pflanzliche Verunreinigungen verkohlt, durch mechanisches Klopfen zerkleinert und durch Absieben entfernt.

Ganz abweichend ist die Arbeitsweise eines englischen Patents von Soldau[2]), welches viele Ähnlichkeit mit dem Entkälken der Haut in der Lederindustrie besitzt. Die Seidenabfälle werden in entsprechende Behälter gebracht und mit Wasser übergossen, dem Bauchspeicheldrüsenextrakt in geringer Menge, etwa 1%, und etwas kohlensaures Natron zugesetzt sind. In der Bauchspeicheldrüse befindet sich ein Verdauungsferment, das Pankreatin, welches imstande ist, die Seidenfaser freizulegen. Die Einwirkung geschieht bei einer Temperatur von 40° C und erstreckt sich über ein bis zwei Tage. Der Erfolg dieser Arbeitsweise soll ein befriedigender sein.

Hier ist auch das Verfahren zum Degummieren von Stauber[3]) zu erwähnen. Während das Fäulnisverfahren viel Zeit und die übrigen viel Seife beanspruchen und während bei Verwendung von Pankreatin oder Oropon nicht über 40° erhitzt werden darf, wird nach dem neuen Verfahren bei 80° gearbeitet. Als Degummierungsmittel wird Marseiller Seife oder Degomma S und rizinolsulfosaures Alkali verwandt. Außerdem kann noch Tetrachlorkohlenstoff oder Chloräthylen zugesetzt werden. Die Vorteile des Verfahrens bestehen in Zeitverkürzung und voller Erhaltung des Glanzes und der Elastizität der Faser.

Um aus der Faser möglichst wenig der natürlichen Stoffe herauslösen und doch eine Lockerung der Faser zu erzielen, hat man auch zur Einwirkung von Gasen und Dämpfen seine Zuflucht genommen. Man bringt zu diesem Zweck die Abfälle in entsprechende Apparate, in die man dann mit erhöhter Temperatur Stoffe zum Vergasen bringt, die das Fasergut durchdringen, auflockern und gegebenenfalls Fremdstoffe herauslösen sollen. Als derartige Körper kommen in Betracht: Kohlenwasserstoffe, Benzin, Petroleum, schweflige Säure und besonders Schwefelkohlenstoff. Die Ausbeute an Florettmaterial bei derartigen Verfahren ist naturgemäß eine sehr beträchtliche, da kein Herauslösen wasserlöslicher Stoffe stattfindet. Andererseits wird bei diesem Verfahren auch das Chrysasalidenfett wieder gewonnen, welches noch technische Verwendung finden kann.

In den modernen Fabriken bedient man sich zur Abkochung mit Seifen, Alkalien oder fettlösenden Mitteln besonderer geschlossener Abkochmaschinen, in denen sich das Gut in rotierenden durchlässigen Trommeln befindet, wodurch ein schnelles und vollständiges Desintegrieren erzielt wird. Eine derartige Maschine zeigt die umstehende Abbildung.

---

[1]) Z. ges. Textilind. 1926, S. 308. [2]) Soldau: Engl. Pat. 4803 (1895).
[3]) Stauber: Schweiz. Pat. 67739.

Die desintegrierten Seidenabfälle müssen schließlich gründlich und sorgfältig gewaschen werden, um einerseits die Fremdstoffe zu entfernen, andererseits aber auch, um keinen Verlust am Fasermaterial zu erleiden. Zu diesem Zweck wird die Florett, wie sie meistens aus den Desintegrieranlagen kommt, ohne abzukühlen, in die Warmwaschmaschine gebracht. Dieselbe besteht nach einer älteren Bauart aus einem gemauerten runden Bassin, in dem sich ein zweites solches, aus Latten hergestellt, befindet, und zwar so montiert, daß es weder den Boden noch die Seitenwandungen berührt; das austretende Waschwasser hat somit freien Abfluß. Über diesem inneren Bassin ist ein hölzernes Stampfwerk angebracht. In das Bassin wird das warme Waschgut eingefüllt und der ganze Apparat so weit mit warmer Seifenlösung gefüllt, bis das Gut vollständig bedeckt ist. Darauf wird das Stampfwerk in Bewegung gesetzt und langsam frische Seifenlösung zufließen gelassen, während durch entsprechendes Ablassen der schmutzigen Seifenlauge das Flüssigkeitsniveau gehalten wird. In dieser Warmwaschmaschine wird die Florett, je nach Reinheit des Ausgangsmaterials, 3 bis 10 Minuten behandelt und kommt dann entweder naß oder ausgeschleudert auf die Kaltwaschmaschine.

Abb. 135. Abkochmaschine von Bouvier, Paul & Co., Grenoble.

Abb. 136. Waschmaschine.

Eine moderne Bauart, wie sie die Firma Bouvier, Paul & Co., Grenoble, fabriziert, zeigt die nebenstehend abgebildete Waschmaschine.

Dieselbe besteht aus einem langsam rotierenden Kranz kleiner Kammern, die zur Aufnahme des Fasergutes dienen und einzeln mit einem durchlochten Deckel geschlossen werden können. Der Boden der Kammern ist ebenfalls perforiert, um dem Wasser freien Ablauf zu gestatten. Über diesem Gestell sind, wie zwei Brausen, zwei Behälter montiert, deren Unterseite einen perforierten Boden besitzt und durch welche das Waschwasser unter Druck in die unten langsam an ihnen vorbeilaufenden Kammern hineingespritzt wird. Das

Ganze ist über einem entsprechenden Bassin aufgebaut, welches zur Aufnahme des ablaufenden Wassers dient. Der Gang der Maschine ist derart, daß der bedienende Arbeiter bequem die Kammern leeren und mit neuem Waschgut füllen kann.

Von der Warmwaschmaschine kommt das Waschgut auf die Kaltwaschmaschine, die in Form eines runden Tisches ausgebildet ist. Dieser dreht sich um seine Achse mit entsprechend gestellter Geschwindigkeit. An der einen Seite des Tisches ist ein Trägerbau montiert, an dem ein ähnliches Stampfwerk wie bei der Warmwaschmaschine angebracht ist. Die Stampfer selbst, sechs an der Zahl, sind aus Holz. Der Tisch, aus Eisen konstruiert, ist auf seiner Oberfläche mit Holz belegt. An der Stelle, wo das Stampfwerk in Tätigkeit ist, befindet sich unterhalb des Tisches eine Stützungsvorrichtung, so daß ihm ein fester Halt gegeben wird. An der dem Stampfwerk gegenüberliegenden Seite des Tisches oder auch direkt vor dem Stampfwerk befindet sich oberhalb desselben eine Anordnung von Spritzrohren, die durch ein entsprechendes Zulaufrohr gespeist werden, und zwar so, daß die Ausflußöffnungen an beiden Seiten des Rohres das Wasser in schräger Richtung auf das auf dem Tisch befindliche Florettmaterial spritzen.

Abb. 137. Waschmaschine mit Stampfwerk von Bouvier, Paul & Co., Grenoble.

Hinter dieser Spritzrohranlage bzw. zwischen dieser und dem Stampfwerk befinden sich bei anderen Konstruktionen zwei über dem Tisch angebrachte, konisch zulaufende um ihre Mittelachse bewegliche Steinwalzen, um das bei der rotierenden Bewegung des Tisches unter sie gelangende Waschgut auszuquetschen, worauf es gefaßt und von dem Arbeiter umgewendet wird. An dem Außenrande des Tisches befindet sich ein Ring von mehreren Zentimeter langen Stiften, welche in Abständen von etwa 1 cm aufeinanderfolgen, um zu verhindern, daß das Waschgut vom Tisch herabgeschwemmt wird. Außerdem ist noch am Tischrande eine Anordnung von Siebkästen angebracht, welche das vom Tisch abfließende Waschwasser bzw. die in demselben noch vorhandenen feinen Fasern auffangen sollen. Der Tisch selbst ist über einem gemauerten Bassin montiert, in dem das abfließende Waschwasser aufgefangen wird und von wo es dann abgeleitet werden kann.

Die Arbeitsweise der Kaltwaschmaschine ist einfach. Das Florettmaterial wird von der Warmwaschmaschine auf den Tisch der Kaltwaschmaschine gelegt und durch die rotierende Bewegung des Tisches eingehend von dem Wasser der Spritzrohre eingenetzt, an das Stampfwerk geführt, hier gelockert, dann wieder eingenetzt und darauf die Waschflüssigkeit durch die Steinwalzen wieder ausgepreßt. In diesem Augenblick wird das ausgepreßte Waschgut vom Arbeiter ergriffen und gewendet, worauf sich dann die soeben geschilderte Waschbehandlung erneuert. Es richtet sich nach der Güte des Ausgangsmaterials, wie lange in der Kaltwaschmaschine gewaschen wird.

Hiermit ist das eigentliche Waschen des desintegrierten Florettmaterials erledigt. Auch hierbei gibt es natürlich Abänderungen. So kann man vorher kalt und nachher warm waschen, oder man schiebt zwischen die beiden Waschvorgänge ein Ausschleudern, oder aber man vermeidet ein maschinelles Ausstampfen. Neuerdings findet man auch vielfach, daß nur mehr nach einer Art gewaschen wird, und zwar meistens kalt. Dafür wird dann die Dauer des Waschens entsprechend verlängert.

Immer allgemeiner bürgert sich jedoch eine Arbeitsweise ein, bei der von den zwei Arten des Waschprozesses und der geschilderten mechanischen Verarbeitung mit Maschinen ganz abgesehen wird. Und zwar geschieht die Reinigung in der Weise, daß das Florettmaterial auf einen rotierenden Tisch gelegt und mit einem Wasserstrahl, der aus einer Höhe von 6 bis 8 m herabfällt, behandelt wird. Der Tisch rotiert fünfmal, dann wird das Waschgut gewendet und diese Operation solange fortgesetzt, bis das Material genügend gereinigt ist. Diese Arbeitsweise ersetzt Stampfwerk und Quetschwalzen vollkommen und soll sich gut bewähren.

Das Wesentliche des Waschvorganges ist jedenfalls, nicht nur die durch das Integrieren begonnene Ablösung der eigentlichen Seidenfaser vom Seidenleim und außen anhaftenden Fremdkörpern zu vervollständigen, sondern auch diese Fremdstoffe zu entfernen und ein schon möglichst reines Seidenfibroin zu erzielen.

Nach dem Waschen wird die Florett in Zentrifugen ausgeschleudert und getrocknet, eine nicht ganz leichte Arbeit. Entweder trocknet man das Material durch Aufhängen der jeweils erhaltenen Preßkuchen auf Holzstangen, sei es im Freien, sei es in einem Trockenraum mit Heizung, oder aber durch Ausbreiten auf Trockenhürden und Einbringen in entsprechende Trockenschränke. Eine sehr gute Trocknungsart besteht darin, daß man das Material auf einer durch einen entsprechend heißen Trockenraum laufenden endlosen Drahtnetzbahn ausbreitet. Durch einen im Trockenraum angebrachten Ventilator wird die feuchte Luft ständig abgesogen und dadurch ein schnelles Trocknen des Gutes meistens innerhalb einer halben Stunde erreicht.

2. Die mechanische Reinigung.

Ist das Material soweit gereinigt, dann beginnen die Vorbereitungsarbeiten wie bei der Wolle zur Herstellung des Kammzuges, nur mit dem Unterschiede, daß bei der Florett die noch eingeschlossenen Fremdstoffe, wie die Puppenüberreste, zuvor entfernt werden müssen.

Um die Beschädigung der Faser möglichst hintanzuhalten, wird das getrocknete Rohmaterial, ähnlich wie die Wolle, vor dem Krempeln mit einer aus Seife, Olivenöl und Wasser, oder aus Öl, Wasser und Salmiakgeist hergestellten Emulsion eingenetzt. Dieses Einfetten geschieht entweder mit der Hand durch Einsprengen mittels Gießkannen, oder maschinell auf rotierenden Tischen mit Bürsten, welche die Emulsion auf die Florett aufzutragen vermögen.

Die umstehende Abbildung zeigt eine derartige von der Firma Bouvier, Paul & Co., Grenoble, gebaute maschinelle Einrichtung.

Dieselbe besteht aus einem Tisch von etwa 3 m Durchmesser, der langsam vor einer seitlich angebrachten Vorrichtung zum Zerstäuben der entsprechenden Einweichflüssigkeit vorübergleitet, so daß die ganze Oberfläche des auf dem Tisch ausgebreiteten Materials angefeuchtet werden kann.

Das so eingefettete Material wird dann meistens zum besseren und gleichmäßigeren Durchdringen mehrere Tage liegengelassen.

Vielfach, namentlich wenn man die mechanische Reinigung dem Desintegrieren voraufgehen läßt, schiebt man noch eine Behandlung ein, die dazu dient, das Material weich und geschmeidig zu machen, da ein derart weich gemachtes Material leichter und schneller sich entbasten läßt, als wenn es hart und spröde ist. Die hierzu benützten Weichbrecher bestehen aus einer Kombinierung von 7 bis 11 geriffelten Walzen, durch welche das Florettmaterial mehrere Male

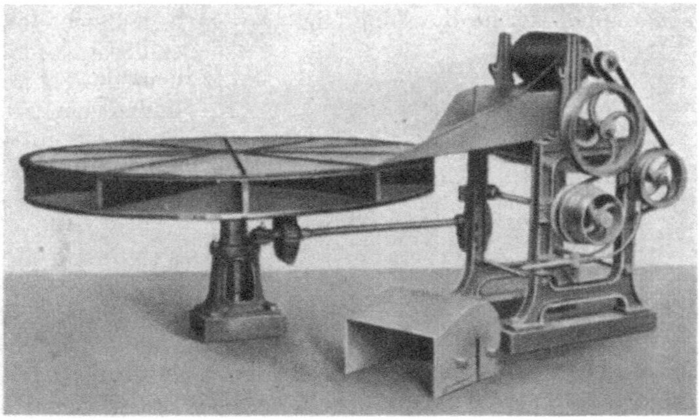

Abb. 138. Befeuchtungsmaschine von Bouvier, Paul & Co., Grenoble.

passieren muß. Eine derartige Maschine der Firma Bouvier, Paul & Co., Grenoble, zeigt die untenstehende Abbildung.

Die erste Operation, welche mit der so vorbereiteten Florett vorgenommen werden muß, ist das Entfernen der mechanisch anhaftenden Verunreinigungen, wie Puppenüberreste, Sand, Schmutz u. a. m. Es geschieht dies mit Hilfe der Klopf- oder Brechmaschinen, deren Arbeitsweise und Einrichtung folgende ist:

Abb. 139. Maschine zum Weichmachen von Bouvier, Paul & Co., Grenoble.

Über einem runden rotierenden Tisch, auf dem die Florett in einer Schichthöhe von etwa 5 bis 10 cm gebreitet ist und durch Eisenklammern festgehalten wird, befindet sich eine Vorrichtung, um auf die Florettmasse gleichmäßige Schläge auszuüben. Diese Vorrichtung besteht aus einem endlosen Lederriemen, in dem, in bestimmten Abständen durch eiserne Klammern befestigt, etwa 20 cm lange Schläger aus Leder oder Kautschuk angebracht sind und zwar in der Weise, daß sie bei dem Lauf des Lederriemens auf den Tisch bzw. auf das daselbst lagernde Florettmaterial aufschlagen. Die Zahl der Schläge beträgt etwa 800 bis 1000 in der Minute. Der Tisch besteht aus einem lockeren Drahtgeflecht, damit die beim Schlagen sich ablösenden Fremdkörper durch das Geflecht hindurchfallen können und sich so von der Florett trennen. Den Tisch läßt man beim Schlagen ein bis zwei Umdrehungen in einer Richtung machen, schaltet dann um und läßt ihn nochmals ein bis zwei Umdrehungen, aber in umgekehrter Richtung machen. Vielfach findet man auch, daß das Material zwischendurch gewendet wird.

Die untenstehende schematische Zeichnung veranschaulicht die Arbeitsweise dieser Maschine.

Heute ist jedoch ein derartiges Arbeiten als veraltet anzusprechen. Die neuzeitliche Maschine, welche die Abbildung zeigt, arbeitet nicht mehr mit dem endlosen Lederriemen, an dem die Schläger sich befinden, sondern mit einer Trommel, an der in bestimmten Abständen die Schläger angebracht sind.

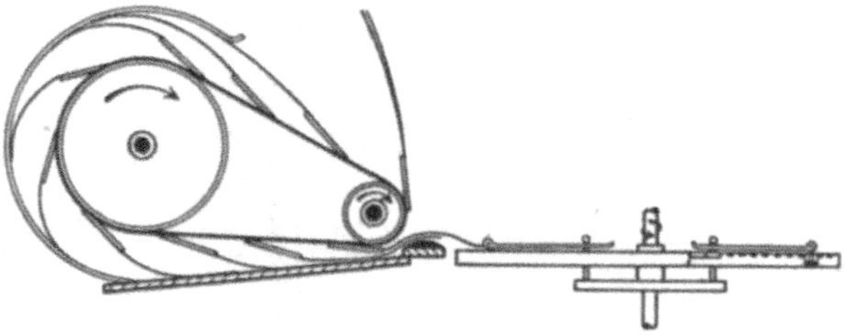

Abb. 140. Klopfmaschine nach Spennrath-Gürtler.

Bei dem abgebildeten Kokonschläger der Firma Bouvier, Paul & Co., Grenoble, befindet sich diese Trommel in einem großen, vollkommen verschließbaren, mit Eisenblech ausgeschlagenem Gehäuse, welches an der Unterseite mit einem Drahtsiebrost versehen ist, durch den die durch das Klopfen gelösten Fremdkörper, wie Überreste der Puppenkadaver, Sand, Holz usw. abgesondert werden. An der Vorderseite befindet sich ein Tisch zur Aufnahme des zu behandelnden Materials. Dieses wird durch zwei geriffelte Walzen gefaßt und in das Gehäuse hineingeschoben. An dem Gehäuse befindet sich eine bewegliche Klappe zur Beobachtung, die auf obigem Bilde geöffnet ist.

Abb. 141. Klopfmaschine von Bouvier, Paul & Co., Grenoble.

Diese Klopfmaschine ist aber nur brauchbar bei einem hochwertigen, nahezu reinen Rohmaterial; für geringeres Material, besonders für die stark verfilzten Kokons der wilden Seiden, bedient man sich der Zerreiß- oder Klopfwölfe, wie sie auch in der Woll- bzw. Baumwollspinnerei üblich sind. Dieselben arbeiten weniger schonend, zeigen aber einen größeren Reinigungseffekt, weil das Material nicht geklopft, sondern zerrissen wird. Eine derartige Maschine, aus der Abb. 142, Seite 135 ersichtlich, besteht aus einem großen Kasten, an dessen Innenseite in bestimmten Abständen Rechen mit langen Spitzen oder Zähnen angebracht sind. In diesem Kasten befindet sich eine drehbare Walze, an deren Oberfläche in Spiralform ebensolche Zähne und zwar so angebracht sind, daß sie an den anderen feststehenden der Kastenwandung vorbeigleiten. An der einen Seite besitzt der Kasten eine trichterförmige Öffnung zum Einführen des Materials. An der Unterseite befindet sich ein Rost, der zum Entfernen der festen Fremdstoffe dient, sowie seitlich eine Tür, durch die das gereinigte Material herausgenommen werden kann.

Da das mechanische Klopfen oder Zerreißen des trockenen Materials, trotz bester Luftabsaugvorrichtung, doch noch immer große Belästigungen der Arbeiter durch den aufgewirbelten Staub im Gefolge hat, so ist man vielfach dazu übergegangen, auch bei diesem Material ein dem Karbonisieren der Wolle analoges Verfahren in Anwendung zu bringen. Man imprägniert die Florett mit einer etwa 5 proz. Schwefelsäure, schleudert die überschüssige Flüssigkeit aus und erhitzt jetzt im Karbonisierofen bei 80 bis 100 °. Hierdurch werden die Fremdkörper zerstört, während die eigentliche Seidenfaser kaum angegriffen wird. Allerdings beschränkt man dieses Verfahren auf das Florettmaterial geringerer Güte, während die besseren Qualitäten nach dem alten Verfahren behandelt werden.

Abb. 142. Zerreiß- oder Klopfwolf von Firma Bouvier, Paul & Co., Grenoble.

Das so chemisch gereinigte und desintegrierte Material ist jetzt fertig zum Kämmen. Diesem geht noch eine Behandlungsweise voraus, die dazu dienen soll, einmal die letzten Reste von Fremdstoffen zu entfernen, andererseits das Material so zu zerzupfen, daß daraus ein gleichmäßiges Vlies oder eine Decke zu formen ist. Diese Arbeit wird auf einer Maschine verrichtet, die als Nappeuse (nappe: Tuch-Decke) bezeichnet wird.

3. Das Kämmen des gereinigten Materials.

Man hat von dieser Maschine eine ganze Anzahl konstruiert, deren Arbeitsweise jedoch im Prinzip die gleiche ist. Der Unterschied besteht darin, daß die Bauweise dem jeweiligen Rohmaterial angepaßt wird. Man kennt also Nappeusen für Kokons, für Spinnabfall usw. Vielfach findet man auch, daß die einzelnen Nappeusen hintereinander verwandt werden, daß also das Material gewissermaßen zuerst grob und darauf feiner zerrissen wird. Im wesentlichen besteht eine Nappeuse aus einer drehbaren Trommel von ziemlich großem Umfang, welche an der Oberfläche mit zahlreichen Nadeln, ähnlich einer Bürste, versehen ist. Vor oder über dieser Trommel befinden sich zwei Walzen, welche sich in entgegengesetzter Richtung zueinander drehen und ebenfalls mit Nadeln ausgerüstet sind. Vor dem durch dieses Walzenpaar gebildeten Schlitz rotiert ein endloser Riemen als Zufuhrstraße für das zu bearbeitende Material. Außerdem befindet sich auf der entgegengesetzten Seite der Trommel ein ähnliches Walzenpaar mit einer zum Lauf der Trommel entgegengesetzt geführten, drehenden Bewegung. Etwas oberhalb dieser letzteren Walzen liegen zwei Abnahmewalzen, welche das fertig behandelte Material auf eine zweite endlose Transportbahn überleiten. Gegenüber den kleinen Zerreißwalzen befindet sich je eine Bürstenwalze, die das auf den Walzen sich anhängende Florettmaterial abbürsten und an die große Trommel legen. Die Arbeitsweise ist folgende:

Das Florettmaterial wird auf die Leitbahn gelegt, an die Walzen geführt, von diesen ergriffen und nun, beim Verlassen der Walzen, von den Nadeln der großen Trommel gefaßt. Da sich die große Trommel schneller dreht als die beiden kleineren Nadelwalzen, so ist die Folge, daß die von den Nadeln gefaßte Masse auseinandergezerrt und geöffnet wird. Die Verunreinigungen, die Puppenüberreste, fallen zu Boden, während die zerteilten Fasern an den Nadeln hängen bleiben und schließlich die ganze Trommel wie ein zusammenhängendes Vlies bedecken. Der Arbeiter faßt darauf an der Seite, wo sich die Bahn zum Ableiten des Materials befindet, die auf der Trommel befindliche Decke, sobald diese genügend gereinigt ist, und führt sie zwischen die Ableitungswalzen.

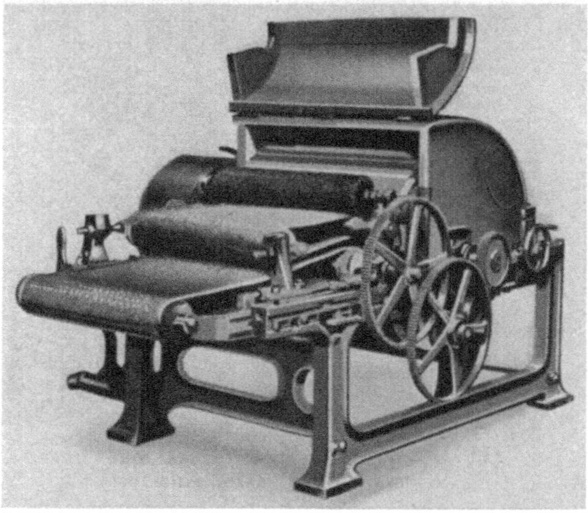

Abb. 143. Nappeuse von Bouvier, Paul & Co., Grenoble. Vorderansicht.

Die Maschine ist übrigens vollkommen geschlossen. — Der Arbeiter öffnet beim Abnehmen einen hierfür angebrachten Deckel, da das Material naturgemäß noch sehr stark stäubt. Vielfach findet man daher, daß eine Einrichtung zum Absaugen des Staubes in die Maschinenumhüllung eingebaut ist.

Derartige Nappeusen der verschiedensten Konstruktionen sind aus den untenstehenden Abbildungen ersichtlich. Man bezeichnet sie auch als Watt- oder Deckenmaschinen.

Das so erhaltene Material stellt das eigentliche Spinngut dar. Es ist jetzt so weit gereinigt, daß daraus der Kammzug hergestellt und versponnen werden kann.

Zuerst wird eine Mischung des Florettgutes von besserer mit demjenigen von geringerer Qualität vorgenommen, je nach der Güte der herzustellenden Ware.

Abb. 144. Nappeuse von Bouvier, Paul & Co., Grenoble. Seitenansicht.

Diese Mischung ist unbedingt erforderlich, um auch das kurzfaserige, minderwertige Material verarbeiten zu können. Die Verhältnisse der Mischungen von Frisons,

Kokonabfall und Moulinierabfall ist demgemäß vollständig verschieden und selbstverständlich Geheimnis der betreffenden Fabriken.

Das gemischte und meistens wieder etwas angefeuchtete Gut wird nun einer der Baumwoll- oder Wollspinnerei durchaus ähnlichen Weiterverarbeitung unterworfen. Da die allgemeine Technik des Spinnens und Webens bereits im II. Bande dieses Handbuches beschrieben worden ist, so sollen hier nur die notwendigen Ergänzungen gebracht werden.

Die Ware kommt zunächst in die Strecken- oder Fillingmaschine, wo durch Auskämmen die ersten Faserbärte hergestellt und die langen von den kürzeren Fasern bzw. dem Abfall abgetrennt werden.

Die Fillingmaschine besteht aus einer Trommel, auf der sechs bis zwölf breite Kämme in regelmäßigen Abständen angebracht sind. Vor der Trommel befindet sich eine endlose Bahn, auf welcher das zu bearbeitende Gut herangeführt wird. Von derselben wird die Decke durch zwei Zuführungs- oder Speisewalzen gepackt und auf einer Zwischenwalze auf die Trommel geleitet. Das Gut wird jetzt von

Abb. 145. Nappeuse von Bouvier, Paul & Co., Grenoble. Seitenansicht.

den Kämmen derart ausgekämmt, daß dasselbe nach dem Abstellen der Maschine — das erfolgt, sobald das zuvor gewogene Material sich vollständig auf dem Filling befindet — an diesen Kämmen in Form langer Bärte aus parallel nebeneinanderliegenden Fasern hängt. Der Arbeiter reißt die Decken oberhalb der Kämme in der Richtung der Kämme, also quer, auf und faßt die herunterhängenden Fasern durch Berührung und kurzes Aufwickeln mittels eines mit Seifenwasser benetzten Stockes. Dies wird bei allen zwölf Kämmen wiederholt. Das so erhaltene, parallel gelegte Fasermaterial ist erst dann zum Kämmen geeignet.

Vielfach geschieht dieses Abnehmen der Bärte auch mit Zangen, zwischen deren breiten Backen die Bärte eingeklemmt werden, um dann sofort in die Kämmaschine eingesetzt zu werden.

Dieses Aussichten und Geraderichten der Fasern aus der ursprünglichen Decke geschieht verschiedene Male, um die Faser nach verschiedenen Längen zu sortieren. Der Bau der Fillingmaschine kann ein sehr verschiedener sein und richtet sich nach der Anzahl und der Form der Kämme. Im einzelnen kann hier nicht näher darauf eingegangen werden. Ein schematischer Aufriß dieser Maschine veranschaulicht die Arbeitsweise.

Die eigentliche Kämmaschine kommt entweder in Form der flachen Langkämm- oder Dressingmaschine oder der Rundkämmaschine nach Lister zur Anwendung. Die ältere Langkämmmaschine ist auch noch heute sehr gebräuchlich, wird aber von der Rundkämmaschine, was Arbeitsertrag anbelangt, wesentlich übertroffen.

Abb. 146. Fillingmaschine von Bouvier, Paul & Co., Grenoble.

Die Einrichtung und Arbeitsweise der Langkämmaschine ist einfach. Sie besteht aus einer auswechselbaren Tischplatte, welche leicht auf einem dazugehörigen Wagen transportiert werden kann. Die Oberfläche des Tisches wird aus den Backen einer großen Anzahl von Zangen gebildet, mit denen man die vom Filling kommenden Faserbärte gepackt und auf diesem Tisch montiert hat. Der fertig mit diesen Zangen beschickte Tisch zeigt also eine dichte Fläche, gebildet aus nach oben gekehrten Faserbärten. Diese Platte wird darauf mittels des Wagens unter die eigentliche Kämmeinrichtung — das ist eine wagrecht laufende, unendliche Stoffbahn, auf der sich in regelmäßigen Abständen Querleisten mit Kratzenbeschlag befinden — transportiert, auf eine Hebevorrichtung gelegt und nun soweit unter die Kämme des Bandes gehoben, daß die Faserbärte ausgekämmt werden können. Haben sämtliche Kämme den Tisch passiert, dann wird er etwas

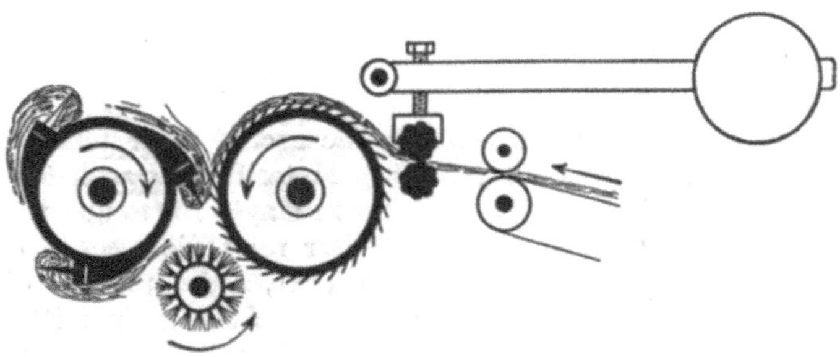

Abb. 147. Schematischer Riß der Maschine nach Spennrath-Gürtler.

gesenkt und um 180^0 gedreht, wieder gehoben, dann werden nochmals, in umgekehrter Richtung, die Faserbärte gekämmt. Ist dieses geschehen, werden die Reste der Faserbärte aus den Zangen herausgenommen, umgedreht und dann der Kämmprozeß an der bisher ungekämmten Seite der Bärte wiederholt.

An Stelle des gleitenden Tisches kann auch ein solcher in Form einer Transportbahn verwendet werden, auf welcher Platten aufgeschraubt sind, die zur Aufnahme der Klammern mit den Faserbärten dienen. Über die beschriebene

Arbeitsweise gibt der untenstehende Riß und eine Ansicht der Maschine von außen ein klares Bild.

Die Einrichtung der Rundkämmaschine ist kurz folgende. Die Zangen mit den Faserbärten werden an der Außenseite einer großen drehbaren Trommel

Abb. 148. Flachkämmaschine von Bouvier, Paul & Co., Grenoble.

befestigt. An beiden Seiten der Trommel ist je eine Walze, welche mit Kratzenbeschlag versehen ist, so angebracht, daß die auf der Trommel befindlichen Faserbärte in genügender Weise ausgekämmt werden. Die beiden Kämmwalzen weisen einen entgegengesetzten Lauf auf, so daß die Bärte von der einen Bürste z. B. von rechts nach links gekämmt werden, während bei der gegenüberliegenden

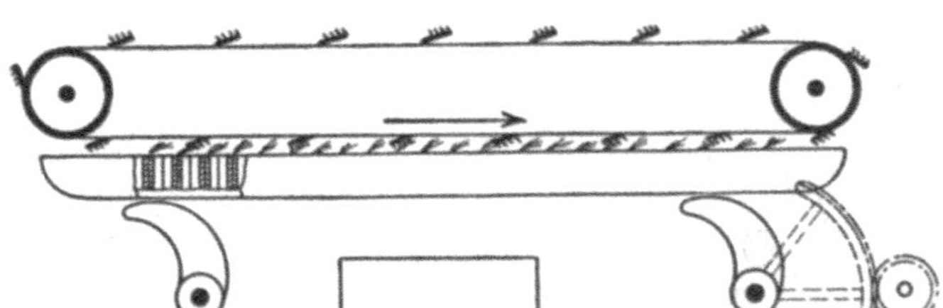

Abb. 149 Flachkämmaschine. Schematischer Riß nach Spennrath-Gürtler.

Walze das Umgekehrte der Fall ist. Daß bei der Langkämmaschine erforderliche Drehen des Tisches fällt hierbei weg, eine wesentliche Zeitersparnis. Ferner gestattet eine Rundkämmaschine bedeutend mehr Faserbärte auf einmal auszukämmen, als dieses bei der älteren Maschine der Fall ist. Selbstverständlich müssen auch hier die Zangen geöffnet und die Faserbärte umgekehrt werden.

Auch bei dieser Rundkämmaschine finden wir die verschiedensten Konstruktionen. Zur Erklärung des Arbeitsvorganges ist umstehend der schematische Grundriß wiedergegeben, sowie die Außenansicht der Maschine.

Beim Kämmen des Florettmaterials erhält man Kämmlinge von verschiedener Länge, man unterscheidet den ersten bis sechsten Zug. Der erste Zug besteht

Abb. 150. Rundkämmaschine von Bouvier, Paul & Co., Grenoble.

aus Fasern von etwa 15 cm Länge, der zweite aus solchen von 10 cm, der dritte aus solchen von 7½ cm, der vierte aus solchen von 5 cm Länge und so fort.

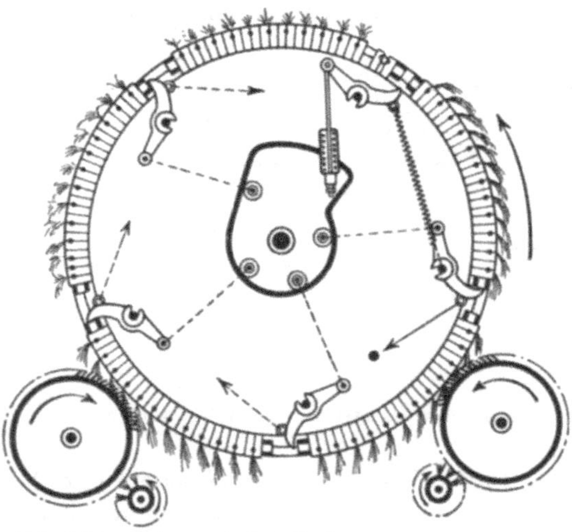

Abb. 151. Schematischer Riß der Maschine nach Spennrath-Gürtler.

Die Fasern des ersten und zweiten Zuges nimmt man mit der Hand von den Zangen ab. Das Abnehmen der kürzeren Fasern geschieht dagegen mit Hilfe einer Tuchfahne, welche über die Kämmlinge ausgebreitet und dann aufgerollt wird. Bei diesem Aufrollen des Tuches um den Fahnenstock wird letzterer über die Fläche des Tisches oder der Trommel in solcher Weise fortbewegt, daß die Kämmlinge von der Zange gelöst und in das Tuch hineingewickelt werden.

Um die von der Kämmaschine abgelieferten Kämmlinge in eine etwas zusammenhängende Form zu bringen, bedient man sich meist des Spreader oder der Anlegemaschine, die eine Zusammenstellung einer Kette von Walzen ist, auf denen das Material abwechselnd gepreßt, gezerrt, gestreckt und zu einer gleichmäßigen Decke verarbeitet wird, die sich auf einer großen Trommel ablagert.

Von dieser Anlegemaschine kommt das von der Trommel abgenommene und nunmehr ein zusammenhängendes Vlies bildende Material auf die Wattenmaschine, auf der nun das Vlies in ein fortlaufendes Band von dichterer Beschaffenheit umgewandelt wird.

Diese Bänder, in größerer Anzahl vereinigt (acht- bis zehnfach doubliert), kommen hierauf auf die Band- oder Streckmaschine, wo das Material von neuem gestreckt wird, um dann der Vorspinnmaschine zugeführt zu werden, in der es nochmals eine Streckung und eine schwache Drehung erfährt, um dann als sog. Vorgarn auf Spulen aufgewunden zu werden. Das Vorspinnen geschieht auf dem Flyer, wie er auch in der Baumwollspinnerei üblich ist.

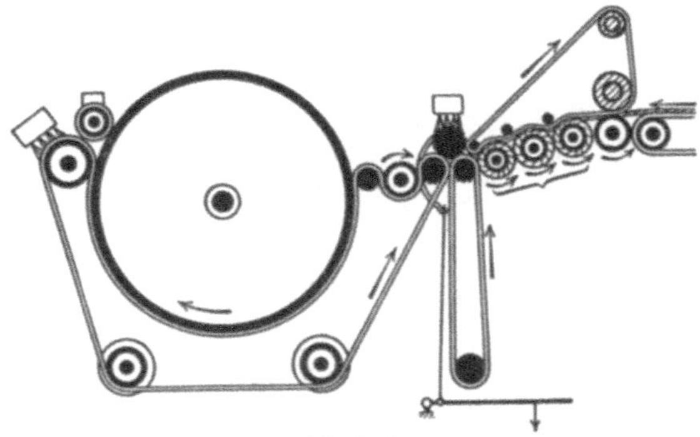

Abb. 152.
Schematischer Riß nach Spennrath-Gürtler.

Die Verarbeitungsweise des Florettmaterials von der Fillingmaschine bis zur Vorspinnmaschine bezeichnet man als Präparation, die Vorbereitung zum eigentlichen Spinnen. Ganz ebenso wie bei der Wolle und Baumwolle, unterscheidet man die verschiedenen Qualitäten nach der Länge der Faser. Während man die längeren Fasern für sich zu den feinsten Qualitäten verarbeitet, werden die kürzeren Fasern untereinandergemischt.

Abb. 153. Anlegemaschine von Bouvier, Paul & Co., Grenoble.

Für die Präparation der Florett gibt es eine Unmenge von Spezialmaschinen, die sich, entsprechend der Eigentümlichkeiten des Materials, in der Konstruktion von den bei den übrigen Gespinstfasern gebräuchlichen unterscheiden, die Unterschiede sind aber nur gering, im Prinzip stimmen sie sämtlich überein.

4. Das Spinnen der Florettgarne.

Von der Vorspinnmaschine kommt das Vorgarn auf die Feinspinnmaschine. Man bedient sich der verschiedenen in Betracht kommenden Systeme, wie Flügelspinn- und Ringspinnmaschine, sowie Selfaktor- oder Mulejennymaschine, auf deren Einrichtung hier aber nicht näher eingegangen zu werden braucht.

Das Garn erhält hier seine Drehung, welche für die Qualität und die Nummer maßgebend ist.

Das gesponnene Feingarn wird durchweg gezwirnt und nur selten als solches verwandt; feinere Garne werden meistens zweifach, solche geringerer Qualität drei- bis fünffach gezwirnt. Vor der Zwirnung wird vielfach doubliert. Alle Florettgarne, welche für Webzwecke Verwendung finden sollen, wie die Schappegarne, werden rechts gezwirnt — von rechts nach links — Kordonetts und Nähseiden dagegen links — von links nach rechts. Die so erhaltenen Florettgespinste müssen noch geputzt werden, da sie viele Unsauberkeiten in Form von Knoten und Fremdfasern aufweisen. Früher geschah dieses Putzen mit der Hand, indem die einzelnen Knoten, Noppen usw. herausgeschnitten und die Enden wieder neu geknüpft wurden. Heute wird auch hier, ähnlich wie bei der Grègedarstellung, maschinell geputzt nach dem Grundprinzip, die Fäden durch Reibung zu glätten und alle Unebenheiten abzuschleifen. Der zu putzende Faden wird von der Spule abgezogen, über eine Kombination von leicht drehbaren Walzen so geführt, daß jede einzelne Walze für sich von dem Faden umschlungen und dann von einer zweiten Spule aufgewickelt wird.

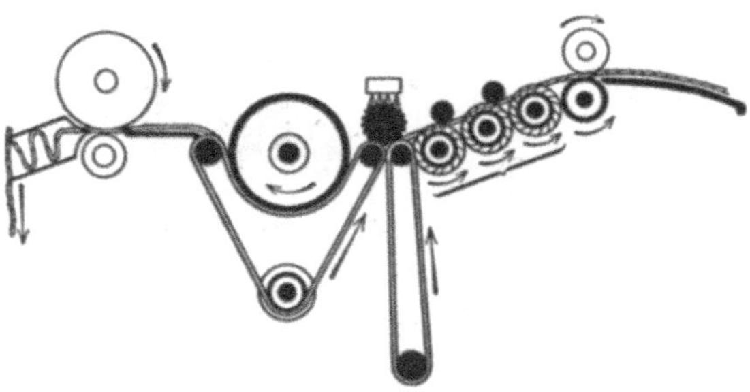

Abb. 154. Wattenmaschine nach Spennrath-Gürtler. Schematischer Riß.

Vielfach findet man auch statt der Walzen einen kammartigen Rechen, um dessen Zähne der Faden herumgeführt wird, bevor er auf die zweite Spule läuft.

Diese zweite Spule ist um ihre Achse drehbar und zieht den Faden von der ersten Spule ab. Die Reibung, welche der Faden auf seinem Wege erleidet, genügt, um den Faden glatt zu scheuern. Die vorhandenen Maschinen unterscheiden sich meistens durch die Zahl bzw. die Anordnung der Putzwalzen voneinander. Der aufwirbelnde Staub wird durch Einbau der Maschine in einen geschlossenen Behälter oder durch entsprechende Absaugeapparate abgeführt.

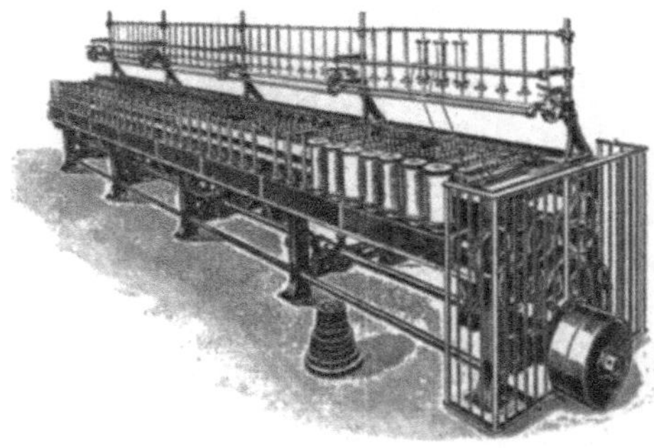

Abb. 155. Putzmaschine „Racleuse" von Firma Chr. Mann, Waldshut (Baden).

Nach dem Putzen werden die Garne noch über eine Gasiermaschine geleitet, um die feinsten überstehenden Fädchen zu beseitigen. Man leitet die Fäden meistens zu mehreren mit einer Geschwindigkeit von 100 bis 250 m in der Minute über eine breite Anordnung von Gasflammen, die dann den sogenannten Flaum absengen.

Vielfach geschieht dieses aber auch erst bei der fertigen Webware. Wird aber der Florettfaden als solcher gesengt, dann muß natürlich nochmals leicht geputzt werden, um die Kohlenüberreste, die dem Gespinst eine gelbliche Farbe verleihen würden, zu entfernen.

Bei den neueren Maschinen ist diese Arbeit des Putzens, Sengens und nochmaligen Putzens meistens vereinigt, wie solches auf der untenstehenden Abbildung der Fall ist.

Sind die Garne gesengt und nochmals geputzt, dann laufen sie auf den Kontrollhaspel oder auch auf eine neue Bobine. Der Faden wird durch einen feinen Schlitz geleitet, der auf den Durchmesser des Fadens eingestellt werden kann und dessen Seiten mit Plüsch überzogen sind. Hier wird der Faden nochmals geputzt, bei stärkeren Verdickungen reißt er ab und bringt den Haspel oder die zweite Bobine zum Stillstand.

Hiernach läuft der Faden bzw. eine größere Anzahl der Fäden über einen dunklen Hintergrund, der es für den betreffenden Arbeiter ermöglicht, jede Ungleichmäßigkeit zu erkennen und nach Abstellung des Fadenlaufs mit der Hand zu entfernen. Nach Passieren dieser Prüfungsstelle wird der Faden auf einen Haspel aufgewickelt, und zwar in der üblichen Länge und Anordnung des Kreuzhaspels. Der Masten wird in gleicher Weise im Kreuz unterbunden, wie solches bei der Seide üblich ist.

Abb. 156. Putzmaschine mit Gasiervorrichtung von Firma Chr. Mann, Waldshut (Baden).

Die fertig gehaspelten Garne werden mit einer warmen Seifenlösung behandelt und daran anschließend mit warmem Wasser gewaschen, ausgeschleudert und getrocknet. Durch diese Behandlung wird eine gewisse Auflockerung des Fadens bewirkt.

Das fertige Garn wird in Bündeln von 5 kg verpackt, entsprechend der Länge seiner Faserenden in vier bis sechs Qualitäten in den Handel gebracht. Man unterscheidet:

1. Florettgarne oder Fantasiegespinste und
2. Bourrettegespinste, die aus dem Abfall der Florett hergestellt werden und von denen später noch die Rede sein wird.

Abb. 157. Kontrolleuse von Firma Chr. Mann, Waldshut (Baden).

Die Fantasiegarne trennt man in Schappe, welche aus dem durch Mazeration gewonnenen Rohmaterial fabriziert wird, und die eigentlichen Fantasies, die nur aus bestem, mittels Seifenbehandlung desintegrierten Material hergestellt werden. Früher unterschied man

1. Die Galette, aus vom Schmetterling durchbrochenen Kokons,
2. die Florett, aus Frisons,
3. die Filoselle, aus Bassinés und schlechten Kokons gewonnen.

Die Verwendung der Florettgarne ist, wie schon erwähnt, eine äußerst vielseitige und vielfach die gleiche wie die der reinen Naturseide. In der Herstellung der Nähseiden, Stick- und Häkelseiden, Kordonettseiden, der Chenille, Fransen, Kordes, der Kleiderstoffe, Bänder und Möbelstoffe, überall nehmen die Florettgarne einen breiten Raum ein. Hier sei auch an die Fabrikation der Sammete und Plüsche erinnert, bei denen unendliche Mengen Schappe verwandt werden.

Was die Ausbeute anbelangt, mit denen man bei der Florettfabrikation zu rechnen hat, so ist dieselbe nach Silbermann[1]) folgende:

[1]) Silbermann: l. c. Bd. 2, S. 89.

100 kg bestes Rohmaterial (Strusi) liefern:

Nach dem Desintegrieren	75 %	Reinmaterial	und 25 %	Abfall
„ „ Kämmen.	56,8 %	„	„ 18,2 %	„
„ „ Präparieren	55,75%	„	„ 1,05%	„
„ „ Spinnen, Zwirnen, Spulen .	52,60%	„	„ 3,20%	„
„ „ Putzen.	52,25%	„	„ 0,35%	„
			47,80%	

Diese 47,80% Abfall bestehen aus 25,8% direktem Verlust, der bei den ersten drei Operationen entsteht, während die übrigen 22% aufgefangen werden und als Seidenwerg, Stumba Bourrette, das Ausgangsmaterial für die Bourrettegespinste darstellen, von denen im folgenden die Rede sein wird.

III. Die Fabrikation der Bourrettegespinste.

Es liegt auf der Hand, daß die Beschaffenheit und Menge der Bourrette abhängig ist von dem Florettmaterial, wie es als solches beschaffen ist und wieweit es ausgekämmt wurde.

Im großen und ganzen ist die Aufarbeitung der Bourrette derjenigen der Florett gleich, nur daß die Behandlungsweisen, kräftiger und intensiver durchgeführt werden. Aber sie sind auch zeitraubender, weil die Reinigung des Materials noch schwieriger ist, als dieses schon bei der Florett der Fall ist. Wir finden daher an Stelle des Fillings eine Walzenkarde, auf der das Material sehr energisch gekratzt wird, um kleinste Fasern zu entfernen. Hierauf gelangt die Bourrette auf die Schlagmaschine, deren Wirkung sehr durchgreifend ist, das Material gut auflockert und die Fremdkörper hinreichend entfernt. Vom Schlagen kommt das Material dann auf die Vliesmaschine oder Nappeuse, auf welcher die weitere Auflockerung und Umwandlung in Watteform geschieht. Dieses Vlies wird auf die Karde oder Krempel (analog dem Wollkrempel) gebracht, auf der die weitere Auflockerung und Parallellegung der Fasern vor sich geht. Daran anschließend wird das Material durch Hindurchleiten durch entsprechende Trichter in Bandform übergeführt.

Diese Bänder werden darauf in analoger Weise, wie wir dieses bei der Schappe gesehen haben, gestreckt und doubliert und durch entsprechende Wickelmaschinen in eine Watte von gewünschter Breite überführt. Jetzt kommt die Operation des Kämmens, das jedoch nicht auf der üblichen Dressingmaschine, sondern auf Spezialkämmaschinen für Bourrette, wie solche von Heilmann oder Lister entworfen worden sind, durchgeführt wird. Von ihnen gelangt die Bourrette auf die Anlegemaschine (Spreader), dann auf die Wattemaschine, auf die Streckmaschine und endlich zur Spindelbank und Spinnmaschine. Es ist auf diesen Maschinen der Arbeitsvorgang der gleiche wie bei der Florettspinnerei. Das gesponnene Bourrettegarn wird drei- bis sechsfach zusammengedreht oder gezwirnt.

Die Schlußbehandlung der so hergestellten Garne ist ebenso dieselbe wie die des Florettgarnes. Das Putzen geschieht wie bei dem Florettgarn durch Reiben der Fäden aneinander bzw. Abschleifen auf besonderen Schleifwalzen. Der Verlust hierbei ist übrigens sehr erheblich und beträgt 20 bis 25%, was jedenfalls für die Intensität der Bearbeitung auf den Putzmaschinen spricht.

Nach dem Putzen wird auf der Sengmaschine der überstehende Flaum entfernt.

Als Schlußbehandlung erfolgt dann das Appretieren des fertig geputzten und gesengten Garnes mit einer Gummilösung in gleicher Weise, wie dieses bei der Florett der Fall war.

War bei der Herstellung der Florettgarne die Reinausbeute eine verhältnismäßig beschränkte, nämlich nur 52,25%, so ist der Verlust bei den Bourrettegarnen noch größer und beträgt etwa 75 bis 80%, so daß also 100 kg Rohmaterial nur rund 20 bis 25% Bourrettegarn liefern. Der Abfall bei der Bourrettegarnherstellung wird aber von neuem zu Spinnmaterial und zwar meistens als Zusatz zu Kunstwolle verarbeitet, oder aber er wird besonders präpariert und als Isoliermaterial, als Druckkissen oder auch als Filtermaterial verwandt.

Die Bourrettegarne finden in der gleichen Weise wie die Florett als Ersatz der reinen Seide, auch als Ersatz der Schappe Verwendung bei der Herstellung von Kleiderstoffen, Möbelstoffen u. a. m. Wenn auch der eigentliche Charakter der Seide, was den Glanz anbelangt, beim Bourrettegarn so gut wie vollständig verschwunden ist, so ist ihm doch noch der Vorzug der Seide vor anderen Gespinstfasern eigen, nämlich größere Dehnbarkeit und Festigkeit.

Zum Schluß dieses Abschnittes sei noch zweier Produkte gedacht: des Seiden-Shoddys und der Reformseide.

Unter Shoddy versteht man ein Produkt, welches aus alten gebrauchten Seidenstoffresten hergestellt wird, wie dies bei der Verarbeitung von Wollumpen zu Wollgarn oder Mischgarnen der Fall ist. Nach Mitteilung der Industriegesellschaft für Schappe[1]) hat bereits in den siebziger Jahren des vorigen Jahrhunderts Lister in Bradford eine derartige Shoddyfabrikation aufgenommen. Über die Entwicklung dieser Industrie verlautet jedoch wenig.

Unter Reformseide versteht man nach Joh. Matzinger[2]) eine Schappeseide, welche in der Weise hergestellt worden ist, daß man die betreffenden Abfallkokons durch Entgerben von Fett und Klebstoffen befreit, wodurch der Bast erweicht, aber erhalten bleibt. Das Entgerben wird in Kochern nach Mather-Platt bei gleichbleibender Temperatur durchgeführt, woran sich dann die bei Schappe übliche Weiterverarbeitung anschließt. Diese Reformseide soll sich durch guten Glanz und Griff auszeichnen.

IV. Prüfung der Schappe- und Bourrettegarne.

Die Prüfung der im vorstehenden beschriebenen Garne ist bei weitem nicht so umfangreich, wie es diejenige der Naturseide ist. Sie beschränkt sich auf die Feststellung der Garnnummer und des Abkochverlustes. Ebenso wie die anderen Textilfasern, besteht auch für die Schappe- und Bourrettegarne eine Bewertungsform nach dem Feinheitsgrade der Garne. Die geschieht aber nicht, wie bei der Seide, durch die Feststellung des Titers, sondern gründet sich auf dem Längennumerierungssystem in der Weise, daß die Garnnummer angibt, wieviel Längeneinheiten von 1000 m das Gewicht von 1 kg ausmachen. Eine Garnnummer von 50 bedeutet mithin, daß 50×1000 m ein Gewicht von 1 kg haben. Doppelte und dreifache Gespinste werden nach der Nummer des einfachen Fadens bezeichnet, unter Vorausbenennung der Anzahl der Fäden, also 2/100 3/210, in einem Kilogramm sind also enthalten $100:2 = 50000$ bzw. $210:3 = 70000$ m. Üblich sind bei einfachen Garnen die Nummern 70 bis 170, bei zweifachen 2/50 bis 2/300 und bei Fantasiekordonette Nr. 20 bis 120. Die Numerierung der Bourrettegarne ist die gleiche.

Man unterscheidet englische und französische Nummern, die vollkommen den betreffenden gleichen Baumwollnummern entsprechen.

Der Haspelumfang beträgt zumeist 1,25 m, man findet aber auch solche von 1,00, 1,45 und 1,50 m.

100 Fäden à 1,25 m geben ein Gebinde, 4 Gebinde = 500 m geben einen Strang. Die so gehaspelten Garne werden zu Bündeln im Gewichte von 5 kg vereinigt.

[1]) Beitrag zur Geschichte der Florettspinnerei 1924.
[2]) Matzinger, Joh.: Spinner Weber 1924, S. 4 u. 5.

Außer der Titrierung der Garne bzw. der Nummerbestimmung interessiert bei der Bewertung der Schappe- und Bourrettegarne hin und wieder der Abkochverlust.

Derselbe beträgt bei

Schappe.	rund 3 bis 5%
Bourrette	„ 6 „ 7%.

Die dynamometrischen Eigenschaften der Garne werden nur verhältnismäßig selten geprüft; irgendwie festgelegte Grenzzahlen bestehen nicht, wie dieses bei der Naturseide der Fall ist.

Die Veredelung der Rohseiden.

Bei keinem Textilmaterial sind die Veredlungsvorgänge so verschiedenartig als bei der Seide. Es hat dies seine Ursache in der physikalischen und chemischen Struktur der Seidenfaser, die Einlagerung von Fremdstoffen gestattet, ein wirksames Adsorbens darstellt, chemisch beschränkt reaktionsfähig ist, eigenartigen Glanz und Festigkeitseigenschaften besitzt.

Das älteste Veredlungsverfahren, das bei der Seide in Anwendung kam, ist das Färben; berichtet doch Konfuzius 551 bis 478 v. Chr., daß um das Jahr 2200 v. Chr. rote und schwarze Seidenzeuge als Tribut an den Kaiser Ju geliefert worden seien.

Auch das Abkochen der Seiden wird bis auf dieses frühe Zeitalter zurückgeführt; so wird berichtet, daß sich im Handel die seidenen Gewebe teils im rohen, teils im abgekochten und teils im gefärbten Zustande befunden haben

Eine ebenso alte Veredlungsform der Seide wie das Färben ist der Zeugdruck, der bereits bei den Chinesen schon lange, bevor die Seide mit der Abendwelt in Berührung kam, ausgeübt wurde. Daß das dem Zeugdruck ähnliche Bemalen der Seidengewebe im Altertum bereits in Blüte stand, kann nicht weiter wundernehmen.

Im Laufe der Jahrhunderte wurden die Färbungen verbessert, namentlich in der Echtheit gegen Lichteinwirkung und Einflüsse der atmosphärischen Luft. Derartige Versuche führten zur Herstellung von Farblacken unter Verwendung von Metallsalzen und Gerbstoffverbindungen. So verwandte 1630 Cornelius Drebbel Zinnverbindungen zur Herstellung von Cochenillescharlach[1]). Ebenso wurde zur Herstellung von Schwarzfärbungen die Reaktionsfähigkeit von Gerbstoff und Eisensalzen herangezogen, ferner die Farblackbildung zwischen Tonerde und Krapp.

Aus diesen Echtfärbungen entwickelte sich dann das Beschweren der Seide, da erkannt wurde, daß mit den Echtfärbungen auch eine Gewichtsvermehrung Hand in Hand ging. Als älteste Erschwerungsform ist nach Gnehm und Dürsteler[2]) die Behandlung mit Gerbstoff allein oder mit Leim, Macquer 1763, anzusehen. Für helle Töne wurden Zucker und Magnesiumsulfat verwandt. Anfangs 1800 wurde die Gerbstoffbehandlung durch Zugabe von Zinnsalz verbessert. 1832 wurde das Blaumachen der Eisenbeizungen beim Schwarzfärben eingeführt.

Man benutzte ferner als Erschwerungsmittel die Salze von Baryum, Blei, Wismut, Kupfer und Wolfram[3]), aber mehr in betrügerischer Absicht, bis in den siebziger Jahren des vorigen Jahrhunderts die Beobachtung gemacht wurde, daß

---

[1]) Gnehm, Roth und Thomann: Färber-Zg. 1902, S. 133.

[2]) Gnehm u. Dürsteler: Färber-Zg. 1906, S. 217.

[3]) Gnehm: Färber-Zg. 1902, S. 155.

durch eine Behandlung mit Zinnchlorid nicht nur eine Beschwerung, sondern auch eine Volumenvergrößerung des Seidenfadens erzielt wurde. Dieses war der eigentliche Ursprung des modernen Seidenerschwerungsverfahrens. Man bediente sich des Pinksalzes, Zinnammoniumchlorids, entweder allein oder in Gemeinschaft mit Gerbstoffen[1]). Anfang der neunziger Jahre wurde das Verfahren durch die Einführung der Phosphatbehandlung in der Zinnerschwerung vervollständigt, dem sich dann die Weiterbehandlung mit Wasserglas anschloß. Da man das Wasserglas in das Phosphatbad gab, so entstanden große Seidenschäden, deren Studium[2]) dazu führte, daß die Beschwerung durch getrenntes Behandeln mit den einzelnen Beschwerungsmitteln (Neuhaus 1892) erfolgte, wie dies noch heute geschieht.

Ähnlich wie sich die Färbungen und Erschwerungsprozesse im Verlaufe der Jahrhunderte verbesserten, sehen wir auch den Druck, wenn auch nicht im gleichen Maßstabe, eine fortschreitende Vervollkommnung durchmachen. 1800 wird für Seidengewebe Walzendruck in Frankreich, 1801 in England und 1805 im Elsaß eingeführt[3]).

Über die Einführung anderer Maßnahmen zur Veredlung der Seide, wie Strecken, Chevillieren und Lüstrieren ließen sich nähere Angaben nicht ermitteln.

Die Rohseiden, seien es nun Grègen oder moulinierte Seiden, also Organzin oder Trame, werden entweder als solche verwoben und dann erst die in Form von Bändern oder Stoffen hergestellte Stückware der Veredlung unterworfen. Oder aber sie werden als solche ohne weitere Veredlung verwoben, wie z. B. Rohseidenstoffe zum Bedrucken oder zu technischen Seidengazen, Müllergazen, Flugzeugstoffen, künstlichen Därmen u. a. m. Während die letzte Verwendungsform der Rohseide sich eigentlich nur auf ein engbegrenztes Gebiet erstreckt, kommen jedoch die Rohseidengewebe, die Stückware, welche nach der Herstellung veredelt werden, immer mehr in Aufnahme. Es stellt die Ausrüstung dieser Stückware heute ein sehr großes Arbeitsfeld der Seidenfärberei dar. Namentlich beliebt ist diese Ausrüstung bei den halbseidenen Geweben, bei denen Seide mit Wolle, Baumwolle und Kunstseide verwoben wird. Es sei hier namentlich auf die verschiedensten Futterstoffe, Hutbänder u. a. m. hingewiesen, die allerdings wegen der mitverwobenen Zellulosefasern nicht erschwert, sondern nur abgekocht und gefärbt werden.

Etwas anders als die Ausrüstung der Stückware gestaltet sich die Veredlung der Seide im Strang. Wenn auch hier die Grègeseiden ausscheiden, weil sie zu fein sind und sich daher bei den verschiedenen hierbei erforderlichen Arbeitsweisen verwirren und leicht zerreißen würden, so ist doch bei den Organzin- und Trameseiden die Erschwerung und Färbung im Strange durchweg üblich und eine solche im Stück dagegen wieder äußerst selten. Es rührt dieses davon her, daß die gezwirnten Seiden, im Stück verwoben, sich nicht gleichmäßig abkochen und demgemäß auch nicht gleichmäßig färben lassen. Im großen und ganzen unterscheidet sich aber die Ausrüstung der Seide im Strang von derjenigen der Seide im Stück nur unwesentlich voneinander. Grègen zu färben oder zu erschweren ist nur möglich bei solchen sehr groben Titers und speziell Hartfärbungen, bei denen der Bast auf der Seide bleibt.

Es wird daher genügen, die Ausrüstung der Seide im Strang als das eigentliche Hauptgebiet der Seidenfärberei ausführlich zu behandeln und daran kurz die Ausrüstung der Stückware anzuschließen.

---

[1]) Braun: Färber-Zg. 1904, S. 1. [2]) Gnehm u. Bänziger: Färber-Zg. 1897, S. 18.
[3]) Herzog, E.: Färber-Zg. 1905, S. 81.

Die Ausrüstung der Strangseide geschieht in drei besonderen Formen, und zwar:

1. als Cuiteseiden, das sind solche, bei denen der Bast durch Abkochen entfernt ist,
2. als Ecruseiden, bei denen der Bast nicht entfernt wird,
3. als Soupleseiden, bei denen der Bast ebenfalls nicht entfernt ist, aber durch besondere Behandlung weich gemacht worden ist.

Von diesen Ausrüstungsformen ist diejenige der Cuiteseiden die überwiegende, während die beiden anderen nur für einzelne Spezialartikel in Frage kommen.

Außerdem hat man zu unterscheiden zwischen

1. unerschwerter und gefärbter Seide,
2. erschwerter und farbig gefärbter Seide,
3. erschwerter und schwarz gefärbter Seide.

Die Ausrüstung der Strangseiden geschieht in folgenden Schritten:

1. das Entbasten der Seide,
2. das Erschweren der Seide,
3. das Färben der Seide,
4. die Nachbehandlungen der gefärbten Seiden.

Es kommen aber unter Umständen je nach den Anforderungen nicht sämtliche Behandlungsweisen, sondern nur eine einzige oder auch einzelne zusammen zur Anwendung.

I. Das Entbasten der Seiden.

1. Vorbereitung.

Die Rohseide wird vom Zwirner in Ballen zu etwa 100 kg verpackt in den Handel gebracht. Die Seidenmasten oder Stränge befinden sich in einem solchen Ballen nicht einzeln, sondern meistens in Bündeln zu zehn und zwanzig Stück geknüpft, wie bereits früher mitgeteilt worden ist. Die Anzahl der Masten richtet sich nach der Dicke der einzelnen Stränge, wie auch nach dem Titer bzw. dem Gewicht derselben und man findet Gewichtsunterschiede der Masten von etwa 10, 15, 20, 25, 30, 40 und 45 g. Auch die Art der gezwirnten Seide, ob Organzin oder Trame, spielt eine Rolle, die Organzinmasten sind durchweg schwerer im Gewicht, etwa 30/40 g, während die Tramemasten etwa 10, 12, 15, 20 bis 40 g wiegen.

Ist nach Feststellung des Handelsgewichtes durch eine Seidenkonditionieranstalt oder Seidentrocknungsanstalt (s. S. 105) die Rohseide dem Ausrüster übergeben, so ist die erste Arbeit eine Vorbereitung, das Masten oder Rüsten der Seide. Die dem Ballen entnommenen Bündel Rohseide werden losgeknüpft und jeder einzelne Strang an dem „Pol" aufgeschlagen und besonders am „Kreuz" durch seitliches Auseinanderziehen gelockert. Der Pol besteht aus einer etwa 50 bis 80 cm langen dicken runden glattpolierten Holzstange, welche einseitig an der Wand oder an einer Bank eingelassen ist. Man hängt den Masten an dieser Polstange auf, faßt mit der rechten Hand den Masten von der Innenseite und zieht ihn durch mehrmaliges kurzes Anschlagen mit der Hand stramm. Durch dieses Anschlagen werden die Seidenfäden gelockert und gleichzeitig etwaige Fadenverwirrungen im Strangumfang glatt gezogen. Die Lockerung der Fäden wird noch dadurch verstärkt, daß der betreffende Arbeiter den Masten im Kreuz, also an den Unterbindungsstellen, deren meistens zwei oder drei im Masten sind, auseinanderzieht.

Gleichzeitig bietet diese Arbeit Gelegenheit, etwaige Fehler oder Verschiedenheiten in den einzelnen Seidenmasten wahrzunehmen, wie verschiedene

Länge des Seidenumfangs, verschiedene Färbung der Seide, verschiedene Zwirnung, zerrissene oder beschädigte Masten usw. Verschieden lange Stränge bieten Schwierigkeiten beim Strecken, verschieden gefärbte Masten sprechen dafür, daß solche verschiedener Herkunft untereinander gemischt sind, eine spätere Buntfärbung ist hierbei nicht ausgeschlossen. Das gleiche ist der Fall, wenn Masten von Organzin und Trame durcheinander gemischt sind. Auch die zur Feststellung des Handelsgewichtes verwandten Masten — Konditionsmasten — müssen ausgesondert werden, weil sie sich schwerer entbasten lassen, als die Hauptmenge der übrigen Seidenstränge. Zerrissene oder irgendwie beschädigte Seidenmasten müssen ausgemerzt werden.

Aber auch in anderer Hinsicht ist die bei der Arbeit des Mastens sich ergebende Musterung des Seidenstranges von Vorteil, nämlich bezüglich der Prüfung der Unterbindungen des Mastens im Kreuz, der Kapselierung. Eine zu kurze Unterbindung, wie solche bei dicken Masten häufig vorkommt, kann insofern Unzuträglichkeiten im Gefolge haben, als sich die Seide an den zu engen Unterbindungsstellen nicht durchfärbt oder ungleichmäßig erschwert. Eine zu weite Unterbindung birgt die Gefahr in sich, daß die Seidenfäden sich verwirren und daß sich überhaupt das Kreuz als solches verschiebt. An verschiedenen Formen der Unterbindungsbändel oder -schnüren kann man auch erkennen, ob Seidenmasten verschiedener Herkunft untereinandergemischt worden sind.

Nach dem Lockern der Seide wird dann eine Anzahl der Seidenmasten zu einer Handvoll vereinigt, indem man sie durch eine Schnur, ein Unterbändel, zusammenknüpft. Die Größe dieser Handvoll richtet sich nicht nach der Anzahl der Masten, sondern nach dem Gewicht. Es ist üblich, die Handvoll nicht schwerer als 250 bis 300 g zu nehmen, bei hohen Erschwerungen, wie solche in Schwarz vorkommen, sogar nur 200 g. Die Hauptsache ist, daß die Größe der Handvoll so gewählt wird, daß dieselbe bei den einzelnen Operationen von dem betreffenden Arbeiter bequem gehandhabt werden kann, ohne die Seidenmasten an den Wandungen der Gefäße herziehen zu müssen, sowie daß die Seidenmasten leicht und gleichmäßig von den in Betracht kommenden Bädern durchdrungen werden können.

Sind die Handvoll fertiggestellt, so werden sie auf Stöcke gehängt, und zwar meistens zwei bis vier Handvoll auf den Stock. Bei einem größeren Betrieb müssen die verschiedenen Partien nun gezeichnet werden, um sie auseinander halten zu können. Bei größeren Partien, z. B. in Schwarz, ist dieses einfach. Bei kleineren Partien müssen die einzelnen Farbpartien, von denen bei einzelnen Behandlungsweisen, wie Abkochen und Erschweren, eine ganze Anzahl gemeinschaftlich behandelt wird, durch besondere Kennzeichen auseinander gehalten werden.

Es ist üblich, etwa 40 bis 50 kg Seide zu einem Satz zu vereinigen, um mit ihm die verschiedenen Prozesse vorzunehmen.

Um sich vor der Fertigstellung von dem ordnungsmäßigen Verlauf der einzelnen Behandlungsweisen, namentlich der Erschwerung, zu überzeugen, kennzeichnet man ein oder mehrere Handvoll ganz besonders und stellt ihr Rohgewicht fest; man bezeichnet diese Handvoll als Wahrsager oder Postillon.

Dieses Masten der Rohseiden wird bei den meisten der üblichen Rohseiden, wie Organzin und Trame, in der eben geschilderten Weise durchgeführt, nicht dagegen bei solchen Seiden, welche eine sehr feste Zwirnung aufweisen, wie Näh- und Kordonettseiden, Tussahseiden und Schappe. Diese Seidenarten müssen vorher eingeweicht werden, und zwar in den ungelösten Bündeln, entweder in lauwarmem Wasser, schwacher Sodalösung oder meistens schwacher Seifensodalösung. Man läßt sie eine Nacht in dieser Einweichlauge, schwingt sie dann und öffnet die Bündel und mastet dann in gleicher Weise, wie es eben beschrieben wurde. Diese Vorbehandlung ist bei derart stark gezwirnten Seiden unbedingt erforderlich, im anderen Falle würden sich die losgelösten Masten derart kräuseln und derart Ringel bilden, daß an eine Weiterverarbeitung nicht zu denken wäre.

2. Das Abkochen.

Ist die Seide so vorbereitet worden, kann mit dem eigentlichen Entbasten, Abkochen, Abziehen, Entschälen oder Degummieren begonnen werden. Der Zweck dieser Behandlungsweise ist die Entfernung des Bastes von der Rohseide, um den eigentlichen glänzenden Seidenfaden freizulegen. Selbstverständlich fällt das Entbasten bei solchen Seiden fort, welche den Bast behalten sollen, wie solches bei Ecru- und Soupleseide der Fall ist, wovon übrigens noch später berichtet werden wird.

Die Entfernung des Seidenleims kann bereits durch Behandeln mit heißem Wasser geschehen, es ist dies aber mehr eine Einweichung als eine Lösung des Leims. Um letzteres zu erzielen, bedarf es eines schwachen Alkalis, wie es in der Seife vorliegt. Man könnte das gleiche Ergebnis etwa auch erzielen, wenn anstatt der Seife eine schwache Soda-, Natriumphosphat- oder Ammoniaklösung genommen würde. Wie wir später sehen werden, ist dieses auch in Zeiten des Fett- bzw. Seifenmangels der Fall gewesen, aber die Seife vollständig zu ersetzen, ist einstweilen noch ein vergebliches Bemühen geblieben.

Nach Ganswindt[1]) ist die Vollständigkeit der Entbastung abhängig von der Menge der angewandten Seife, und zwar in der Weise, daß, je weniger Seife verwandt wird, um so geringer der Bastverlust ist, ja daß mithin beim Arbeiten in sauren Lösungen der Bastgehalt überhaupt nicht angegriffen wird. Demgemäß ist der Bastverlust bei Ecru 1 bis 4% und bei Souple 5 bis 10%, während er bei Cuite vollständig, also 23 bis 30% ist. Nach dem gleichen Verfasser[1]) sollen auch bei Cuiteseiden im eigentlichen Abkochbade nur 15 bis 20% Bast gelöst werden, während etwa 10% auf der Faser zurückbleiben und erst im Repassierbad vollständig gelöst werden, eine Angabe, die mit den Beobachtungen in der Praxis nicht in Einklang zu bringen ist. Die diese Angabe stützende Mi-Cuite-Färbung hat vor langen Jahren einmal eine kurze Rolle gespielt.

In früheren Zeiten nahm man das Abkochen der Seiden in der Weise vor, daß die Seidenmasten, angeblich zur Schonung des Seidenfadens, in durchlässige Säcke gepackt wurden; heute ist dieser Standpunkt aber verlassen und man bringt die Seide ohne jegliche Schutzhüllen in das Abkochbad. Das Entbasten wird entweder auf der Barke oder in besonderen Abkochapparaten vorgenommen. Als Abkochflüssigkeit bedient man sich einer wässerigen (vom Gewicht der Seide berechnet) etwa 20- bis 50proz. Auflösung von einwandfreier Seife. Früher benutzte man allgemein die weiße Marseiller Seife, während man heute durchweg die grüne Bari- oder Sulfurölseife verwendet. Vielfach findet man auch die Verwendung billigerer, selbst hergestellter Oleinseife, doch ist hierbei zu bemerken, daß die Olivenölseife den Griff der Seide wesentlich günstiger beeinflußt als jede andere Fettseife.

Das Abkochen auf der Barke wird durchweg bei gelbbastiger Italienerseide vorgezogen, weil dieselbe eine sehr dickflüssige Bastlauge liefert, welche aus diesem Grunde nur einmal gebraucht werden kann. Ferner kocht man auf der Barke gern solche Seiden ab, deren Bastlauge wertlos ist und daher laufen gelassen wird, wie z. B. Tussah- und Schappeseiden sowie hartgezwirnte Seiden, die vorher unter Verwendung von Soda eingeweicht worden sind. Selbstver-

[1]) Ganswindt: Textilber. 1922, S. 244.

ständlich kann man jede Seide auf der Barke abkochen, heutzutage zieht man wegen Zeit- und Materialersparnis aber das Entbasten in Apparaten mittels Schaum vor, jedoch, wie erwähnt, mit den obigen Ausnahmen.

1. Das Abkochen auf der Barke. Zum Abkochen auf der Barke stellt man sich zuerst das Seifenbad her, in dem man 25 bis 40% neutraler, grüner Olivenölseife, vom Gewicht der Seide gerechnet, in kalkfreiem Wasser heiß auflöst. Die Seifenlösung muß vollständig klar sein, etwa vorhandene Trübstoffe werden durch längeres Kochenlassen der Seifenlösung mit dem sich hierbei bildenden Schaum an die Oberfläche gebracht und durch sorgfältiges Abschöpfen entfernt. Dieses Entfernen der Trübstoffe wird erleichtert, wenn man dem Abkochbade geringe Mengen Monopolseife zufügt, deren Schaum ein gutes Einhüllungsvermögen besitzt. O. H. Loberg[1]) empfiehlt beim Abkochen von Seiden, wo kein weiches Wasser zur Verfügung steht, dem Abkochbad Avirol k. M. extra zuzusetzen, da hierdurch die Abscheidung von Kalksalzen vermieden wird. Das vielfach übliche Klären des Seifenbades mit Soda ist dagegen unbedingt zu verwerfen, falls der Sodagehalt nicht etwa absichtlich zur besseren Lösung des Seifenleimes, z. B. bei Tussah oder Schappe, zugesetzt werden soll. Grundbedingung für eine gute Beschaffenheit des Abkochbades ist natürlich, daß einwandfreie Seife und einwandfreies Wasser verwandt wird[2]). In dieser Beziehung muß unbedingte Sorgfalt anempfohlen werden, da schon durch das Abkochen sowohl Glanz als auch Griff der Seide nicht unwesentlich beeinflußt werden, weil trotz guten Reinigens der Seidenfaden vom Abkochbad sehr viel zurückhält[3]).

Ist das Abkochbad unter Innehaltung der erwähnten Vorsichtsmaßregeln fertiggestellt, geht man in dasselbe mit der auf Stöcken befindlichen Seide. Man läßt die Seidenmasten sich freiwillig benetzen und in der heißen Seifenlösung untersinken und schiebt jetzt die aufgestellte Seide langsam eine halbe Stunde. Hiernach wird umgezogen, um auch die noch unbenetzten Hälften der Seidenmasten abkochen zu können. Das Abkochbad soll nicht wallen, um die Seidenfäden nicht zu verwirren, nach anderer Ansicht, um zu vermeiden, daß der Farbstoff des gelben Bastes nicht auf den Seidenfaden zieht. Sobald umgezogen ist, wird die Seide aufgeworfen bzw. an einem dazu eingerichteten Gestell aus dem Bade heraus in die Höhe gezogen. Jetzt wird das Bad nochmals zum Kochen erhitzt, und zwar meistens unter Zugabe von nochmals 10% (vom Seidengewicht) frischer Seife. Die Seide wird jetzt wieder aufgestellt und wieder, wie bei der ersten Hälfte, eine halbe Stunde ruhig geschoben und dann einmal umgezogen. Man überzeugt sich, ob jetzt der Bast tatsächlich abgezogen ist, was durchweg der Fall ist, und klankt jetzt ab, d. h. die Seide wird handvollweise von dem Stock genommen, leicht ausgewrungen unter Bildung eines Kopfes oder Klankes und jetzt auf einen Schragen — ein Lattengestell, welches quer über die Barke gelegt werden kann — gelegt, um die überschüssige Seifenlösung in die Barke zurücktropfen zu lassen. Sobald dieses der Fall ist, geht man mit der Seide, die inzwischen wieder auf Stöcke gemacht worden ist, auf das Repassierseifenbad, ein Bad von Weichwasser mit (vom Seidengewicht) 15% Seife, welches ebenfalls kochend gemacht wird, hierauf läßt man die Seide eine Stunde gehen, indem man je eine Viertelstunde lang schiebt, dazwischen im ganzen also dreimal umzieht. Hierauf wird das Bad laufen gelassen und die Stöcke zu schnellerem Abkühlen der Seide etwas auseinander-

[1]) Loberg: Mell. T. B. 1927, S. 805.

[2]) Heermann: Färbereichemische Untersuchungen; Ley: Die neuzeitliche Seidenfärberei.

[3]) Ley: Beitrag zur Zinnphosphaterschwerung. Chem.-Zg. 1921, S. 645.

geschoben. Die Bezeichnung Repassierbad rührt von früheren Zeiten her, in denen man das Entbasten der Seiden als einen aus zwei Vorgängen bestehenden annahm.

1. Die Decreusage, das eigentliche Abkochen, wobei der Seidenbast erweicht und zum Teil gelöst wird.

2. Die Repassage, wobei der erweichte Leim vollständig entfernt wird. Zu bemerken ist noch, daß dieses Repassieren durchweg üblich ist bei gelbbastigen Seiden, welche zu Couleurseiden verwandt werden sollen. Sollen sie dagegen zu Schwarz verwandt werden, so erspart man sich hier das Repassieren ganz oder aber man kürzt sowohl den Seifenzusatz als auch die Zeitdauer, indem man nur 5 bis 10% Seife nimmt und nur eine halbe Stunde repassiert. In manchen

Abb. 158. Schaumabkochapparat der Firma Gebr. Schmid, Basel. Vorderansicht.

Betrieben ist das Repassieren aber auch bei weißbastigen Seiden üblich. Bei Schappeseiden, die meistens gebleicht werden, wird dagegen durchweg nicht repassiert.

2. Das Entbasten im Schaumabkochapparat. Dasselbe beruht auf einer Reihe von Verfahren, welche der Firma Gebr. Schmid, Basel, durch Patente[1]) geschützt sind. Der Gedanke, die Seide in Schaum abzukochen, soll nach Angaben von Zschokke bereits früher bei der Firma Gilet, Lyon, in die Praxis umgesetzt worden sein. Ein rationelles Arbeiten in dieser Richtung ist jedenfalls erst durch die Schmidschen Apparate ermöglicht worden. Die Einrichtung dieser zum Entbasten im Schaum gebauten Apparate ist aus der Abbildung ersichtlich. Es werden die Apparate in den verschiedensten Ausmaßen gebaut, je nach der Menge der Seide, die abgekocht werden soll.

Der Schaumabkochapparat besteht aus einem rechteckigen, etwa 3 bis 5 m langen, etwa 1½ m hohen und 1 m breiten Kasten aus Holz oder Metall. Am Boden innerhalb des Kastens befinden sich mehrere Schlangenröhren zur indirekten Dampfheizung. An den beiden Längsseiten des Apparates befinden sich in einer Höhe von etwa 1,2 m oberhalb der Dampfschlange Klammern,

[1]) D.R.P. 179229 (1904).

welche zur Aufnahme der für den betreffenden Apparat berechneten Haspeln, meistens 30 bis 50 Stück, dienen.

Durch Zahnradübertragung können die Klammern in eine kreisende Bewegung gesetzt werden, wodurch die Haspeln veranlaßt werden, sich ebenso um ihre Achse zu drehen. Bei den neuzeitlichen Apparaten sind die Haspeln mit den Klammern der Rückseite fest verbunden und lassen sich leicht mittels eines Gelenkes schräg in die Höhe richten. Hierdurch wird es ermöglicht, die Seidenmasten leicht und direkt im Apparat auf die Haspeln zu hängen, während man bei den früheren Apparaten die Haspeln vollständig aus dem Apparat herausnehmen, die Seiden außerhalb aufhängen und dann die Haspeln wieder in den Apparat hineinhängen mußte. Ganz abgesehen von der bequemeren Arbeitsweise wird durch die neue Einrichtung erheblich an Zeit gespart. Die Haspeln sind entweder aus Metallblechstreifen oder aber wegen des geringeren Gewichts aus Metalldrähten hergestellt. Als Metall kommt Kupfer bzw. Messing oder neuerdings meistens Aluminium zur Anwendung. Vielfach findet man auch oberhalb der Haspeln Waschröhren, welche ebenso wie die Haspeln durch ein entsprechendes Gelenk beweglich befestigt sind. Die Waschrohre sind durch Rohrleitung mit einem Warmwasserbassin verbunden und ermöglichen ein Abspritzen der abgekochten Seide mit warmem Wasser. An der Vorderseite ist außen eine Rinne angebracht, in der die beim Schaum leicht übertretende Seifenlösung aufgefangen wird und durch entsprechend angebrachte Öffnungen wieder in den Apparat zurückläuft.

Abb. 159. Schaumabkochapparat. Seitenansicht.

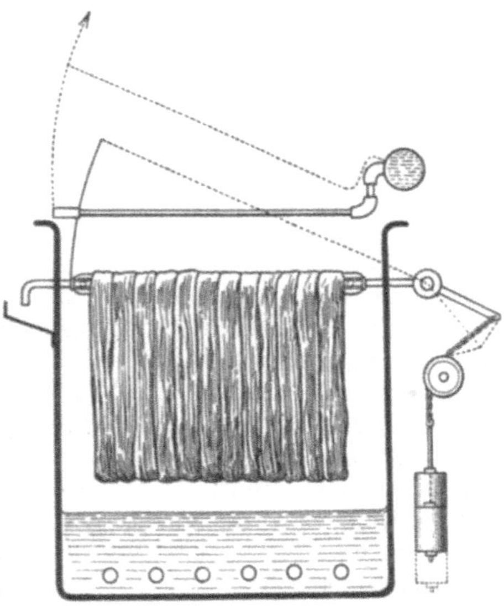

Abb. 160. Schaumabkochapparat. Querschnitt.

Über dem Apparat ist in genügender Höhe, um das Arbeiten zu erleichtern, ein kaminartiger Abzug angebracht, der die beim Schäumen auftretenden Dämpfe fortleitet. Naturgemäß darf das Innere dieses Abzuges keine schädlichen Metallteile aufweisen und ist entweder aus Holz herzustellen oder mit Stramin auszukleiden. Zurücktropfendes Kondenswasser, welches z. B. Eisenrost mit sich führt, kann zu üblen Zerstörungen der Seide Anlaß geben.

Beim Arbeiten im Schaumabkocher wird zuerst in das Bassin Weichwasser hineingelassen bis zu einer bestimmten Marke, die sich etwa 30 cm über dem Boden befindet. Jedenfalls dürfen die auf die Haspeln aufgehängten Seiden nicht den Spiegel der Flüssigkeit berühren, sondern müssen frei in der Luft schweben.

Dem Wasser ist beim Schaumabkocher eine um so größere Aufmerksamkeit zu schenken, als beim Schäumen unlösliche Bestandteile, Kalk- oder Eisenseifen, die an die Oberfläche befördert werden, beim Sinken des Schaumes sich auf die Oberfläche der Seide setzen, durch den heißen Dampf festgebrannt werden und jedenfalls nicht leicht zu entfernen sind. Man vermeide also nach Möglichkeit die Bildung von Kalk- und Eisenseifen, sowie ähnlichen Trübstoffen, und versäume nie, den Apparat von Zeit zu Zeit in dieser Richtung zu prüfen, um ihn gegebenenfalls reinigen zu können. In vielen Betrieben werden die Apparate mit Stramin zur Schonung der Seiden ausgekleidet, hinter diesem Stoff sammelt sich aber sehr gern Schlamm, der sich dann im gegebenen Moment ablöst und zu Schwierigkeiten Anlaß gibt. Derartige Vorrichtungen sollten daher ständig überwacht werden.

In dem Wasser wird nun die zum Abkochen benötigte Seife, nämlich 80 bis 100% vom Gewicht der Seide, gelöst, sodann werden die Haspeln mit der Seide beschickt. Durchweg wird für den einzelnen Haspel 1 kg Seide berechnet. Die Masten werden auf dem Haspel gleichmäßig verteilt, jedoch an den Enden des Haspels etwas zusammengeschoben, damit Beschädigungen der Seide vermieden werden, sei es durch Scheuern an der Barkenwandung, sei es durch Hängenbleiben einzelner Fäden an den Klammern.

Ist die Seide in den Apparat gebracht, so wird die Seifenlösung durch langsames Anheizen mit Dampf zum Schäumen gebracht. Der Schaum soll allmählich steigen, nicht etwa sogleich in lebhaftes Wallen geraten, weil dadurch die Seidenmasten verwirrt würden. Nach den diesbezüglichen Beobachtungen der Erfinder bleibt der einzelne Seidenmasten, der sich inzwischen voll Feuchtigkeit gesogen hat, ruhig in seiner Lage hängen und die Schaumperlen gleiten an ihm nur auf und nieder, ohne die Seide irgendwie in Bewegung zu setzen. Man läßt den Schaum bis zur vollen Höhe des Apparates, also gut handbreit über den mit der Seide beschickten Haspel steigen und regelt den Dampf so, daß der Schaum sich möglichst in gleicher Höhe hält. In diesem Zeitpunkt dreht man die am Apparat befindliche Kurbel, welche, wie oben ausgeführt wurde, die rotierende Bewegung der Haspeln bewirkt, fünfmal, um eine gleichmäßige Einwirkung des Schaumes auf die Seidenmasten zu erzielen. Durch das Drehen der Haspeln werden die Stränge zu dem Zweck langsam fortbewegt, um von den Stellen des Seidenmastes, welche oben auf dem Haspel liegen, ebenfalls den Bast abzulösen, wie solches von den Längsseiten des Stranges bereits geschehen ist. Dieses fünfmalige Drehen wird noch zweimal während der Abkochdauer in gleichen Zeitabschnitten wiederholt, so daß man also bei einer Entbastungsdauer von 20 Minuten bei Beginn, dann in der siebenten und dreizehnten Minute dreht. Die Zeit, die das Abkochen im Schaum in Anspruch nimmt, ist nach Erfahrung 15 bis 20 bis 25 Minuten. Bei flusigen Seiden, wie Kantontrame, ist die Zeitdauer des Entbastens möglichst auf 10 bis 15 Minuten zu beschränken, man hat sich durch Sinkenlassen des Schaumes von 5 zu 5 Minuten davon zu überzeugen, ob die Entbastung genügend ist. Der erfahrene Praktiker merkt bereits am Griff und Aussehen, ob dieses der Fall ist. Ist das Ziel erreicht, läßt man den Schaum sinken und die Seide abkühlen. Man nimmt sodann die Seide aus dem Apparat, macht sie an Stöcke und stellt sie auf ein Repassierbad einer Seifenlösung, welche 8 bis 15% Seife vom Gewicht der Seide enthält, bei einer Temperatur von 70 °C und zieht eine halbe Stunde um. Nach dem Repassieren wird dann in der Zentrifuge ausgeschleudert, bevor die Seide der weiteren Verarbeitung zugeführt wird. Vielfach wird die Seide nach dem Repassieren noch ein- oder zweimal mit Weichwasser behandelt, um noch die letzten Seifenanteile zu entfernen.

Die Vorzüge der Schaumentbastung — Zeitersparnis, Seifenersparnis und Schonung der Seide — sind derart in die Augen fallend, daß sich diese Arbeitsweise in den modernen Seidenfärbereien immer mehr eingebürgert hat. Die Befürchtung einer Verwirrung der Seidenfäden durch den aufsteigenden Seifenschaum hat sich als durchaus irrig erwiesen, die Seide hängt vermöge ihrer eigenen Schwere vollkommen unbeweglich im Schaum, und die auf- und absteigenden Schaumperlen gleiten an den Strängen hin und her, ohne ihn aus seiner Lage zu bringen. Die diesbezüglichen Versuche, welche von der Firma Gebr. Schmid, Basel, durchgeführt wurden, sind vollauf durch Versuche der Società Anonyma Cooperativa per le Staggionatura classagio delle seta zu Mailand, bestätigt worden. Im Anschluß hieran sei der großzügigen Arbeiten der Herren Dr. Colombo, Baroni und der Leiter der oben genannten Anstalt, der Herren Direktor Corti und Professor Gianoli gedacht[1]).

Es wurden folgende Feststellungen gemacht (auszugsweise wiedergegeben):

1. Bezüglich Zeitersparnis wurde festgestellt, daß eine im Schaum behandelte Seide bedeutend eher vollständig abgekocht ist, als nach anderen Verfahren, nämlich:

Entbastung mit Schaum	15 Min.	25,98 % Bastverlust
Entbastung mit Seifenlösung bis 97 bis 98° C	15 „	22,89 % „
Entbastung mit kochender Seifenlösung 2mal $^1/_2$ Std. .	60 „	25,37 % „

2. Die Höhe des Bastverlustes ist bei der Schaumabkochung scheinbar geringer, dies erklärt sich jedoch dadurch, daß die im Schaum abgekochte Seide mehr Seife zurückhält, als die nach gewöhnlichem Verfahren abgekochte. Es wurde unter Verwendung der verschiedensten Seiden gefunden:

Schaumabkochung	20,69 %	Abkochverlust,	altes Verfahren	22,30 %	Abkochverlust
„	20,07 %	„	„ „	21,20 %	„
„	17,10 %	„	„ „	21,21 %	„
„	17,68 %	„	„ „	20,86 %	„

3. Die dynamometrischen Eigenschaften der Seide werden durch die Schaumabkochung nicht wesentlich beeinflußt und wurden folgende Werte festgestellt.

	Titer	Dehnbarkeit	Festigkeit	Festigk. pr. Den.
Schaumverfahren .	19,9	147,9	84,14	4,22
Altes Verfahren . .	20,74	142,0	88,80	4,28

4. Was die äußere Beschaffenheit der Seide anbelangt, so weisen die im Schaum abgekochten Seiden einen besseren Glanz und kernigeren Griff auf als die nach dem alten Verfahren behandelten. Ganz erheblich ist vor allem aber der Unterschied im Gefüge des einzelnen Seidenfadens, wie er auf der untenstehenden Abbildung zutage tritt.

Ebenso ergab sich, daß die durch Sprengung der Urfasern veranlaßten Flaumstellen bei manchen Seiden (Läuse) bei dem Schaumentbasten ganz erheblich zurückgingen. Eine Zählung der „Läuse“ auf einer Strecke von 1000 m ergab folgende Zahlen:

Nach dem alten Verfahren entbastet	1010
„ „ Schaumverfahren entbastet	60

Auch die Windbarkeit der Seiden, namentlich der Grègen, ist nach der Schaumabkochung eine wesentlich bessere.

[1]) Bollettino di Sericoltura 1901, S. 559; Jahresbericht der Società Chimica, S. 240. Mailand 1902.

Man ersieht aus diesen Ausführungen, daß die Voreingenommenheit, die noch hin und wieder der Schaumentbastung entgegensteht, durchaus unberechtigt ist.

Das vom Abkochen auf der Barke zurückbleibende Seifenbad wird nur einmal gebraucht und stellt die Bastseifenlauge dar, welche zur Herstellung von Farbbädern zum Färben der Seide gebraucht wird. Sie hat noch durch kein irgendwie ähnlich zusammengesetztes Kunstprodukt ersetzt werden können.

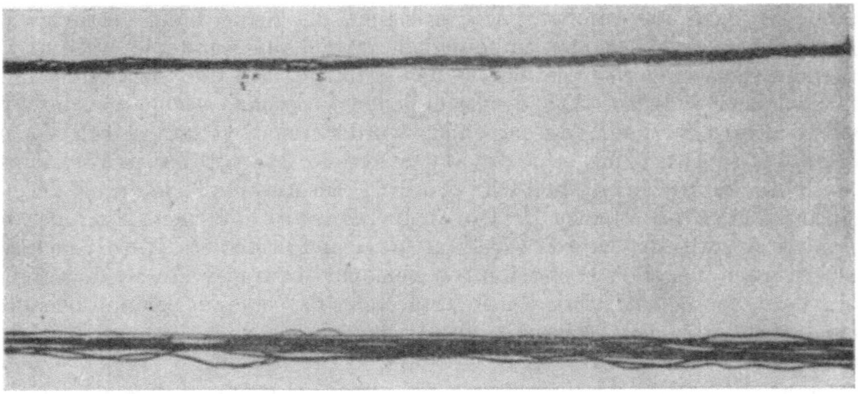

Abb. 161. Seidenfaden. a) in Schaum abgekocht, b) auf Barke abgekocht.

Das Seifenbad vom Schaumabkocher wird dagegen öfter zum Entbasten verwandt, durchweg drei- bis sechsmal, allerdings muß vor jedem neuen Gebrauch etwa 10% frische Seife vom Gewicht der Seide zugegeben und das verdampfte Wasser ersetzt werden. Das so mehrere Male gebrauchte Abkochbad stellt nun eine konzentrierte Bastlauge dar, welche einesteils nur mit Wasser verdünnt zum Färben verwandt werden kann, anderenteils aber nicht in dem Maße günstig den Färbeprozeß unterstützt, als dieses bei der auf der Barke erzielten Bastlauge der Fall ist. Die Bastlauge wird durchweg in Vorratsbehältern aufgefangen, wobei aber zu beachten ist, daß die Haltbarkeit der Lauge, namentlich in der wärmeren Jahreszeit, eine begrenzte ist. Es sollte also niemals mehr Seide abgekocht werden, als eine einwandfreie Weiterverarbeitung der abgekochten Seide und der Bastlauge zuläßt.

Die Bastlauge wird, wie erwähnt, in der Seidenfärbereipraxis als unentebhrlicher Bestandteil der Farbbäder geschätzt, weil erfahrungsgemäß die Bastseife ein ausgesprochenes Egalisierungsvermögen beim Färben der Seide zeigt. Dieses wird allerdings von anderer Seite bestritten[1]) und ausgeführt, daß Färbungen ohne Bastseife kräftiger, feuriger und reiner ausfielen, immerhin aber trifft dieses in der Praxis nach den Erfahrungen des Verfassers bei einer recht erheblichen Anzahl von Färbungen nicht zu. Allerdings haben die Farbmethoden mit gebrochenem Bastseifenbad den Nachteil, daß sie meistens nicht als stehende Bäder verwandt werden können, was bei Bädern ohne Bastseife leichter der Fall ist, womit unbedingt eine Farbstoffersparnis verbunden ist. Nach Ganswindt[1]) ist die Verwendung der Bastseife andererseits unbedingt erforderlich beim Färben von Souple- und Ecruseiden, weil durch das gebrochene Bastseifenbad ein Ablösen des Serizins verhindert wird. Bei schlecht egalisierenden Farbstoffen gibt er der einfachen Marseiller Seife mit einem Zusatz von Leim oder Gelatine vor der Bastlauge den Vorzug.

[1]) Ganswindt: Textilber. 1922, S. 244.

Nach Silbermann[1]) stellt man einen guten Bastseifenersatz in der Weise her, daß man 1 kg Marseiller Seife in 40 l Wasser, andererseits 250 bis 300 g Leim in 10 l Wasser löst, beide Lösungen mischt, zum Kochen bringt und portionsweise unter Umrühren 130 bis 150 cm Olivenöl zusetzt.

Bei Bastseifenüberschuß wird derselbe zur Wiedergewinnung der Fettsäuren verarbeitet. Die üblichen Verfahren sind Zusatz von Kalkmilch und Zersetzung der gebildeten Kalkseifen mit Salzsäure.

Drevon empfiehlt eine direkte Zersetzung der Bastseife mit Salzsäure.

Nach Gianoli ist eine Überführung in Eisenseife durch Zusatz von Eisenvitriol und Zersetzen der Eisenseife mit Schwefelsäure zweckmäßiger.

Taylor[2]) gewinnt durch Einwirkenlassen von Chlorgas die Fettsäure zurück.

Das namentlich in Großbetrieben vielfach übliche Abkochen der Seide auf Vorrat, meistens zu dem Zwecke, um genügend Bastlauge zu erhalten, ist durchaus verwerflich und gefährlich. Läßt es sich nicht umgehen, so sollte jedenfalls die abgekochte Seide abgesäuert und getrocknet werden.

Nach einer Notiz in der Färberzeitung[3]) wird dieses allerdings nicht für nötig gehalten, sobald nur der Pinke genügend Säure zugesetzt war. Andererseits steht demgegenüber der Übelstand des Abscheidens der Fettsäure. Die Angabe, daß nicht abgesäuert zu werden braucht, dürfte jedenfalls nicht allgemein berechtigt sein.

Seide, welche naß, wenn auch ausgeschleudert, liegen bleibt, kann sowohl durch Bakterien und Schimmelpilzwucherungen als auch durch Selbsterhitzung vollständig zerstört werden. Heyes & Holden[4]) haben die Einwirkung von Schimmelpilzen und Bakterien auf Seide untersucht. Während Schimmelpilze sowohl auf Rohseide wie auf erschwerter gut gedeihen, weniger auf gebleichter Ware, ist das Gegenteil der Fall mit den Bakterien. Hier haben sie nur einzelne Bakterien beobachtet, die auf Rohseide zu wachsen vermochten. Anscheinend haben Verfasser übersehen, die Tätigkeit der Mikroorganismen auf der Seidenfaser mit schwach alkalischer Reaktion, z. B. nach dem Abkochen, in den Kreis ihrer Untersuchungen zu ziehen, sonst könnte ihnen die verheerende Einwirkung der Bakterien und Schimmelpilze auf Seide nicht entgangen sein. Ferner liegt die Gefahr nahe, daß durch die nasse alkalische Seide aus den als Unterlage dienenden Hölzern, auch trotz Bespannung derselben mit Stoff, Substanzen herausgelöst werden, durch welche die Seiden angefärbt werden. Überreste von Seifen, welche noch in der Seide vorhanden sind, zersetzen sich leicht unter Bildung von freien Fettsäuren. Die Einwirkung der freien Fettsäuren auf die Seide ist aber stets gefährlich.

Es hat selbstverständlich nicht an Versuchen gefehlt, das Entbasten der Seiden, einen an und für sich einfachen Vorgang, durch Anwendung der verschiedensten Mittel und Arbeitsweisen zu verbessern. Wie hier gleich vorausgeschickt werden mag, haben aber nur wenige dieser Verbesserungen bis heute einen Erfolg aufzuweisen.

Durch das französische Patent 300591 von 1900 ist der Société Lyonnaise de Teinture ein Verfahren geschützt zur Erhöhung des Seidenglanzes, dahingehend, daß die Seiden entweder vor oder nach dem Abkochen drei bis fünf Minuten in Salzsäure von 18° Bé eingetaucht und dann gewaschen werden. Da die Seiden sich bei dieser Behandlungsweise stark zusammenziehen, muß die Arbeit in Spezialapparaten vorgenommen werden, um diesen Übelstand zu vermeiden.

---

[1]) Silbermann: Bd. 2, S. 252.
[2]) Taylor: Engl. Pat. 6331 (1885).
[3]) Färber-Zg. 1915, S. 16.
[4]) J. Soc. Chem. Ind. 1926, S. 262.

Eine einfache Entbastung mit Wasser ist Gegenstand des D.R.P. 301255 der Elberfelder Farbenfabriken. Die Entbastung geschieht unter Druck, gegebenenfalls unter Zusatz von geringen Mengen von alkalisch reagierenden Stoffen.

W. Buschhüter und M. Voigt[1]) imprägnieren die Rohseide mit konzentrierten Seifenlösungen, dämpfen unter Druck und erzielen so eine schnelle Erweichung des Bastes.

Nach Hahn[2]) soll eine Ersparnis an Seife erzielt werden, wenn man die Entbastung mit alkoholischen Seifenlösungen vornimmt.

Als Seifenersatz bzw. als Schaummittel ist der Firma Gebr. Schmid, Basel[3]), die Verwendung von Spinnrestkokons oder Chrysaliden geschützt. Dieselben werden entweder der Seife zugesetzt oder die Seife wird nach D.R.P. 324878 (1916) überhaupt vollständig durch einen Auszug der Chrysaliden mit Soda ersetzt.

Der gleichen Firma ist durch D.R.P. 300515 (1916) die Verwendung von menschlichen oder tierischen Abgängen, Urin und Fäkalien, mit oder ohne Zusatz von Alkalien zur Erzeugung von Schaum geschützt. Zum gleichen Zwecke können nach D.R.P. 301912 (1916) der Gebr. Schmid, Basel, Sägemehl oder Späne von Nadelhölzern und Blätter von bestimmten Laubbäumen mit oder ohne Alkalizusatz verwandt werden.

Zum Erzeugen von Schaum, der zur Seidenentbastung verwandt werden soll, bedient man sich nach dem D.R.P. 295944 (1915) der Firma Färberei und Appreturgesellschaft vorm. A. Clavel u. F. Lindenmeyer in Basel einer Vorrichtung, die den Schaum durch Austretenlassen geeigneter Gase oder Dämpfe aus porösem Material, welches sich am Boden des Entbastungsgefäßes befindet, hervorruft.

Ein weiteres Verfahren zum Entbasten der Seide im Schaum ist Chr. Ris durch Franz. Patent 464969 und D.R.P. 275286 geschützt. Es wird das Entbasten im geschlossenen Gefäß unter vermindertem Druck vorgenommen. Die hierdurch bedingte niedrige Temperatur von 95° C soll für die Seidenfaser sehr von Vorteil sein.

Nach dem Verfahren von G. Bonwitt und O. Goldschmidt[4]) behandelt man die Seide mit neutralen oder schwach alkalischen Lösungen von Superoxyden, denen gelatinierende Körper zugesetzt werden, und erspart so die Seife vollständig.

Goldschmidt behandelt nach dem D.R.P. 339010 (1916) die Seide entweder vor oder während des Abkochens mit Superoxyden, indem er z. B. die Rohseide mit einer 0,2 proz. Lösung eines Superoxydes benetzt und in einer gleichprozentigen Seifenlösung abkocht.

Ein Mittel zum Degummieren stellt E. Gips[5]) durch Hydrolyse von See- oder Meeresalgen mit Säuren und anschließender Neutralisation der Spaltungsprodukte mit Alkalien her. Die so erzielten Produkte sollen ein gutes Netz- und Schaumvermögen besitzen.

L. Elkan Erben[6]) empfehlen zur Seidenentbastung Lösungen der Ligninsäure mit oder ohne Seife.

Als eine weitere Art der Seidenentbastung wird die Behandlung mit Natronlauge unter Zusatz von Protectol Agfa[7]) empfohlen. Man arbeitet mit 1 bis

[1]) Buschhüter, W. und M. Voigt: D.R.P. 291159 und 300859.
[2]) Hahn: D.R.P. 298265 und 299387.
[3]) Schmid, Gebr., Basel: D.R.P. 289455 (1915).
[4]) Bonwitt, G. und O. Goldschmidt: D.R.P. 335777 (1916).
[5]) Gips E.: D.R.P. 328631 (1918).
[6]) Elkan, L., Erben: D.R.P. 305920. [7]) Textilber. 1921, S. 292.

1½ proz. Bé starker Natronlauge, der man zum Schutz der Faser 9 bis 12 g Protectol Agfa I zusetzt. Die Temperatur wird vorteilhaft bei 30 bis 40° C gehalten. Das Verfahren bietet den Vorteil, daß an Seife, Dampf und Zeit gespart wird.

Die Verwendung der Natronlauge als Entbastungsmittel war übrigens schon früher Gegenstand mehrerer Patente der Badischen Anilin u. Sodafabrik. Nach dem D.R.P. 110633 der Badischen Anilin- u. Sodafabrik[1]) wird das Entbasten durch Verwendung von Natronlauge bewirkt, und zwar unter Beigabe von Glykose als Schutzmittel für die Seiden.

Das D.R.P. 117249 der Badischen Anilin- u. Sodafabrik[2]) betrifft den gleichen Gegenstand, nur wird die Glykose durch Glyzerin ersetzt. Beide Patente sind speziell für das Abkochen von Halbseiden berechnet.

Später ist die Verwendung von Sulforicinat an Stelle des Glyzerins und Glykose der Badischen Anilin- u. Sodafabrik geschützt worden[3]).

Für die gleichen Zwecke wurde an Stelle der Ätzlauge die Verwendung von Schwefelnatrium der Badischen Anilin- u. Sodafabrik durch D.R.P. 130455[4]) patentiert.

Ein eigenartiges Verfahren zum Entbasten der Seide ist dasjenige von R. Blum u. M. Buchner[5]). Hiernach soll die Rohseide mit anorganischen Kolloiden in Gelform behandelt werden, es soll sich dann die Serizinschicht leicht entfernen lassen.

Zum Schluß ist noch das neue Entbastungsmittel Degomma von Röhm u. Haas, Darmstadt, ein Pankreatinpräparat, zu erwähnen.

Nach dem D.R.P. 297394 und 297786 (1915) werden die Seiden mit einer Lösung dieses Degommas als solchen oder unter Zusatz von alkalischen Salzen bei Temperaturen unter 40° C einige Zeitlang behandelt und dann kurz auf 90 bis 100° C erhitzt. Oder umgekehrt werden die Seiden erst in einem Seifenbad von 90 bis 100° C erhitzt, dann bis unter 40° C abgekühlt und nun erst der Einwirkung der Enzymlösung ausgesetzt. Das Erhitzen vor oder nach der Pankreatinbehandlung kann auch im Wasserdampfstrom erfolgen.

Der Wert dieses Verfahrens war Anlaß einer Kontroverse zwischen F. Riesenfeld[6]) und Röhm u. Haas[7]), weil ersterer die Ansicht vertrat, daß man mit Soda oder verdünnter Natronlauge gleiche oder bessere Resultate erzielt als mit Degomma und daß der Sodagehalt der Pankreatinlösung das Ausschlaggebende sei, nicht das Pankreatin.

Nach einem Schwe zer Pat. 67739 von K. Stauber, Zürich, wird dem Pankreatinbad Seife und Chlorkohlenwasserstoff beigegeben. Dieser gestattet, das Bad auf höhere Temperaturen, bis 80° C, zu erhitzen und die Pankreatinbehandlung abzukürzen, ohne deren Wirkung zu beeinträchtigen.

Bei der großen Bedeutung, welche die Pankreatinpräparate in der Lederindustrie erzielt haben, dürfte eine Verwendung derselben zum Entbasten von Seidenabfällen in der Schappeherstellung jedenfalls sehr aussichtsreich sein.

Der Leser wird aus der soeben gegebenen Aufstellung der verschiedenen Entbastungsverfahren wohl ohne weiteres ersehen haben, von welch großer Bedeutung der Vorgang des Entbastens für die Veredlungsindustrie der Seide ist, man könnte allerdings besser sagen, während der letzten Jahrzehnte gewesen ist, wo die Mode die glänzenden Seiden bevorzugte. Die Ecru- oder Souplefärbungen, die ja von einer nicht entbasteten Seide ausgehen, sind heute gegen-

[1]) Färber-Zg. 1900, S. 111. [2]) Färber-Zg. 1900, S. 124.
[3]) Färber-Zg. 1901, S. 369. [4]) Färber-Zg. 1902, S. 207.
[5]) Blum, R. u. M. Buchner: D.R.P. 296609 (1910).
[6]) Lehne Färber-Zg. 1919, S. 15. [7]) Lehne Färber-Zg. 1919, S. 81.

über früher ganz erheblich zurückgedrängt — wenigstens in Deutschland, während in den südlichen Ländern, wie Spanien, Italien und Balkan, die Seide in der Souple- oder Ecruausrüstung noch für manche Artikel, wie Tücher und Schals, sehr bevorzugt wird.

II. Das Erschweren der Seide.

Ist die Rohseide abgekocht, dann kann sie gefärbt werden. Dies geschieht aber heutzutage nur in seltenen Fällen, und zwar da, wo es sich z. B. um sehr hochwertige Ware oder um solche handelt, welche den Einflüssen der Atmosphärilien ausgesetzt werden (Schirmstoffe). Auch in Fällen, wo die Anwesenheit von Metallsalzen schädlich ist, wie bei Isolierungen, wird die Seide gefärbt, ohne sie zu erschweren.

In der größeren Mehrzahl der Fälle wird die Seide jedoch erschwert oder — wie der fachtechnische Ausdruck lautet — chargiert, und zwar sowohl als Strangseide wie als Stück in Gewebeform, sowohl vollständig entbastet, cuite, als auch halbentbastet, mi-cuite, wie sehr schwach entbastet, ecru oder souple.

Unter dem Erschweren der Seide versteht man das Einverleiben solcher Stoffe in die Faser, welche in die Faser eindringen und nach ihrer Aufnahme nicht ohne chemische Einwirkung wieder aus der Seide herausgelöst werden können. Im Gegensatz hierzu ist man berechtigt, von einer Beschwerung zu sprechen, sobald die Beschwerungsstoffe nur mechanisch auf der Faser sitzen (Appretur) oder die Faser nur durchdringen und leicht wieder auszulaugen sind (Imprägnierung). Mithin stellt die Appretur einer Seide, z. B. bei Lümineuxbändern, oder die Imprägnierung eines Seidenstoffes, z. B. bei Flugzeugspannstoffen, einen Beschwerungsvorgang dar.

Das Wesentliche der Erschwerung ist nicht die Gewichtsvermehrung, sondern die Vergrößerung des Faservolumens, wodurch die Seide einmal ein größeres Füllvermögen im Gewebe, sodann aber auch einen erhöhten Glanz erhält.

Wie bereits am Anfang dieses Abschnittes ausgeführt wurde, ist das Erschweren der Seide ein alter Brauch, der sich darauf gründete, daß gewisse Färbungen durch eine Vor- und Nachbehandlung mit Metallsalzen oder Gerbstoffen eine größere Echtheit und besseres und glänzenderes Aussehen annahmen. Daß diese Vorzüge bedingt wurden einerseits durch die chemische Verwandtschaft der Seidenfaser zu Metalloxyden und Gerbstoffen, andererseits durch die aus dieser Verwandtschaft sich ergebende Volumenvermehrung, wurde erst verhältnismäßig spät erkannt. Das Erschweren als wesentlicher Zweig der Seidenfärbung, führte sich erst in der letzten Hälfte des 19. Jahrhunderts ein. Und zwar waren es zuerst die Gerbstoffe, die als Erschwerungsmittel verwandt wurden.

Das auch noch heute übliche Gerbstofferschweren, die Végétal-Gallus- oder Sumacherschwerung, ist ein Zwischending zwischen Erschweren und Beschweren. Die Gerbstoffe treten zum Teil mit der Seidensubstanz in chemische Verbindung, zum Teil imprägniert sich die Faser damit. Deshalb vermeidet man nach der Herstellung der Gerbstofferschwerungen jegliches überflüssige Waschen. Der Vorteil dieser Erschwerung gegenüber dem Erschweren mit Metallsalzen liegt in der Schonung der Seidenfaser, weil die Verwandtschaft der Seidenfaser zum Gerbstoff nur eine begrenzte, mithin die Volumen- und Gewichtsvermehrung eine nicht sehr große ist. Ein Nachteil dieser Erschwerung ist die Einwirkung auf den Farbton der Seide, da die Gerbstoffextrakte, auch trotz etwa versuchter Bleichung, gelb bis braun gefärbt sind und daher helle Färbungen der Seide nicht zulassen.

Dieser Übelstand war auch hauptsächlich der Anlaß, nach anderen Erschwerungsstoffen zu suchen. Es kommen die Verbindungen von Blei, Antimon, Wismut, Barium, Wolfram und Zinn in Betracht, von denen aber nur die Zinnsalze eine wirklich praktische Verwendung gefunden haben.

Als ältestes Verfahren ist dasjenige von Meister zu nennen, der Wolframsalze zum Erschweren verwandte, jedoch keine größeren Erfolge damit erzielte, weil die Erschwerung nur sehr gering war, wenn auch eine Volumenvergrößerung erfolgte. Es wurde aber vollständig in den Hintergrund gedrängt durch die im Jahre 1870 aufkommende Zinnerschwerung in einer Form, die als Grundlage für das moderne Erschweren mit Zinnchlorid anzusehen ist. Bereits früher hatte man Zinnsalz in der Seidenfärberei verwandt, jedoch mehr als Beize für Echtfärbungen, so Cornelius Drebbel 1630 bei der Cochenille-Scharlach-Färberei, oder in Form von Zinnsalzzusatz für Gerbstoffbäder in der Schwarzfärberei[1]).

1869 wurden bereits von der Firma Renard, Villet et Bunaud, Lyon, Versuche mit der Zinnerschwerung gemacht.

1873 wurde das gleiche in der Firma Bergeret, Lyon, unternommen, worüber J. Vignet berichtet[2]).

Als Ausgangsmaterial für die Zinnerschwerung bediente man sich zuerst des Pinksalzes, einer Doppelverbindung des Chlorzinns mit Chlorammonium von der chemischen Zusammensetzung $SnCl_4 \cdot 2NH_4Cl$, etwas später jedoch des reinen Chlorzinns. Die Seide wurde in eine wässerige Auflösung des Chlorzinns, die Pinke, eine gewisse Zeitdauer eingelegt, dann herausgenommen und durch Ablaufenlassen oder Abquetschen von der überschüssigen Pinke befreit. Darauf wurde mit viel Wasser gewaschen. Man beobachtete nun, daß bei der Spaltung des Chlorzinns durch das Wasser das sich bildende Zinnhydroxyd in einer gewissen Menge von der Faser zurückgehalten wurde. Durch Wiederholung dieser Chlorzinnbehandlung mit nachfolgendem Waschen wurde die Menge dieser Zinnoxydablagerung sehr erheblich erhöht. Die mit der Gewichtserhöhung Hand in Hand gehende Volumenvergrößerung übertraf alles bisher mittels Gerbstofferschwerung Erzielte. Aber sehr bald erkannte man, daß die bei dem Waschprozeß frei werdende Salzsäure den Seidenfaden mehr oder minder zerstört, und sah sich hierdurch genötigt, diese Säure durch eine Nachbehandlung mit Alkali in Form einer Soda- oder Seifenlösung abzustumpfen. Aber auch trotz dieser Behandlung blieben Schäden nicht aus, bis man dazu überging, nicht nur die Säure abzustumpfen, sondern auch das abgeschiedene Zinnhydroxyd in eine neue, der Faser gegenüber indifferente Verbindung überzuführen, indem man die Seide nach dem Zinnerschweren noch mit Gerbstoffen behandelte, ein Verfahren, das heute noch als Charge-mixte verwendet wird.

Ein weiterer Fortschritt in der Seidenerschwerung wurde in den achtziger Jahren des 19. Jahrhunderts durch die Einführung des phosphorsauren Natrons an Stelle der Sodanachbehandlung erzielt. Es gelang nicht nur, die Säure abzustumpfen und das Zinnoxyd chemisch zu binden, sondern es wurde auch eine bedeutende Gewichtsvermehrung erzielt.

Die Zinnphosphaterschwerung wurde von Bredin, Lyon, zuerst in der Schwarzerschwerung, von Fesay in St. Etienne und von Renard, Villet et Bunaud in Lyon in der Couleurerschwerung angewandt[3]).

---

[1]) Gnehm u. Dürsteler: Färber-Zg. 1906, S. 217.

[2]) Vignet: Des charges couleurs Conférence fait à l'école municipal de tissage et de broderie de Lyon, 1906.

[3]) Sisley: Chem.-Zg. 1911, S. 68.

Trotzdem wurde das Verfahren nicht allgemein eingeführt, weil, je nach der Wasserbeschaffenheit des Betriebes, teilweise glanzlose Seiden bzw. Färbungen resultierten.

Diese Schwierigkeiten wurden jedoch mit einem Schlage behoben durch die die im Jahre 1893 von Neuhaus gemachte Entdeckung, daß die Zinnphosphaterschwerung imstande war, sehr erhebliche Mengen Wasserglas zu binden, wodurch die Volumen- und Gewichtsvermehrung in einer Weise vergrößert wurde, wie solche bisher noch nie beobachtet worden war. Die Zinnphosphatsilikaterschwerung wurde von Neuhaus 1893 zum Gegenstand eines Patentes gemacht[1]). Nach Sisley[2]) soll sie aber bereits mehrere Jahre vorher in Frankreich zur Anwendung gelangt sein.

Das neue Verfahren gab dem Fabrikanten weiter die Möglichkeit, durch die starke Quellung des Seidenfadens soviel an natürlicher Seide zu ersparen, daß es von diesem Zeitpunkte an möglich war, die fertigen Seidenstoffe in bedeutend billigeren Qualitäten auf den Markt zu bringen, als man jemals für möglich gehalten hätte. Man verfiel in Übertreibungen und erhöhte die Erschwerungen bis zur äußersten Grenze, 120 bis 140%, mußte aber dafür sehr schnell Lehrgeld zahlen, da derart hoch erschwerte Seiden natürlich nur eine sehr geringe Haltbarkeit aufwiesen.

Durch die gesammelten Erfahrungen und durch die entsprechend den Zeitverhältnissen sich mehr und mehr entwickelnde und zusammenschließende Seidenfärbereiindustrie wurde jedoch bald zu Festlegungen von Grenzwerten geschritten. Auch noch heute ist das Neuhaussche Verfahren das für die Couleurfärberei allein maßgebende Verfahren geblieben, während das ursprüngliche Lyoner Verfahren ohne die anschließende Wasserglasbehandlung noch heute die in der Schwarzfärberei übliche Form des Erschwerens darstellt. Es hat auch hier nicht an Verbesserungen gefehlt, z. B. Einschieben einer Behandlung mit schwefelsaurer Tonerde zwischen dem letzten Phosphat und Wasserglaserschwerung oder Vervollkommnung des Waschens durch eine Seifenbehandlung usw. Ein direktes Fallenlassen oder Umwandeln des eigentlichen Neuhausschen Verfahrens hat aber bis heute noch nicht stattgefunden.

Bei den Erschwerungsmethoden muß ein wesentlicher Unterschied gemacht werden, je nachdem ob es sich um farbige oder um schwarze Seiden handelt. Während das Erschweren bei den farbigen Seiden einen ganz in sich geschlossenen Arbeitsvorgang darstellt, greift dieser bei dem Erschweren der Schwarzseiden meistens mit dem Färbevorgang ineinander. Hierzu kommen dann noch einige Sondererschwerungsverfahren. Es werden zweckmäßig zuerst das Zinnphosphatverfahren, darauf das Zinnphosphatsilikatverfahren für Couleurseiden, dann das Zinnphosphatcatechu- oder -Hämatinverfahren für Schwarzseiden und anschließend einzelne andere Erschwerungsverfahren besprochen werden.

1. Die bei der Erschwerung der Seide verwandten Rohstoffe.

Bei der Zinnerschwerung, technisch als Pinken bezeichnet, sind die hauptsächlichsten Rohstoffe 1. das Zinnchloridbad oder die Pinke, 2. das Wasser, 3. das Natriumphosphatbad. Wenn im folgenden über die Anforderungen, die man an diese Rohstoffe stellen muß, berichtet wird, so soll hier jedoch auf Untersuchungsmethoden nicht eingegangen werden[3]).

[1]) Neuhaus, H. J. Nachf.: D.R.P. 75896 v. 25. 1. 1893,

[2]) Sisley: Chem.-Zg. 1911, S. 68.

[3]) Vgl. Heermann: Färbereichemische Untersuchungen; Ley: Neuzeitliche Seidenfärberei.

a) Chlorzinnbäder. Das Chlorzinn, $SnCl_4 + 5\,H_2O$, ist eine farblose, stark rauchende Flüssigkeit, welche den Seidenfaden stark angreift und daher nur in verdünntem Zustande benutzt werden kann. Zu dem Zweck wird das flüssige Chlorzinn, etwa 50% metallisches Zinn enthaltend, unter besonderen Vorsichtsmaßregeln mit Wasser verdünnt, bis eine Lösung von etwa 21% Zinngehalt entsteht, die Schwerbeize. Da die Verdünnung des Chlorzinns mit besonderer Vorsicht zu geschehen hat — starke Erhitzung und Entstehung unangenehmer stark reizender Dämpfe —, wird vielfach, namentlich in den kleineren Betrieben, nicht das wasserfreie Chlorzinn, sondern die 21proz. Schwerbeize bezogen. Die Schwerbeize wird mit Wasser so weit verdünnt, bis eine Zinnlösung erzielt wird, die entweder 25 bis 30 Bé spindelt und 11 bis 16% metallisches Zinn enthält, die starke oder dicke Pinke, oder die 16 bis 24 Bé spindelt und 6 bis 10% metallisches Zinn enthält, die schwache oder dünne Pinke. Da die Zinnchloridlösungen leicht unter Abscheidung von Zinnhydroxyd dissoziieren, müssen sie mit entsprechenden Mengen Salzsäure versetzt werden.

Die so gebrauchsfertig hergestellten Pinken müssen bezüglich äußerer Beschaffenheit und chemischer Zusammensetzung den nachstehenden Anforderungen entsprechen.

Die Pinken sollen farblos bis hellgelb und vollständig klar sein. Gelbe Farbe wird meist durch den unvermeidbaren Eisengehalt bedingt, natürlich darf eine für Coleurseiden bestimmte Pinke nicht so viel Eisen enthalten, als dieses bei Schwarzseiden zulässig ist. Der Eisengehalt kann sich bei hellfarbigen Seiden unter Umständen insofern übel bemerkbar machen, als bei der Solidfärbung der Seide der Thioharnstoff bzw. das aus diesem gebildete Rhodanammonium mit dem auf der Faser niedergeschlagenen Eisen unter Rotfärbung in Reaktion tritt. Häufig bemerkt man eine Blaufärbung der Pinken, fein verteiltes Berlinerblau. Es handelt sich dann um Pinken, herrührend von Schwarzseiden, mit denen über einen Grund von Berlinerblau gepinkt worden ist. Es versteht sich wohl von selbst, daß eine derart gefärbte Pinke für Couleurseiden unverwendbar ist. Rotfärbung der Pinkbäder ist auf die Gegenwart von Schmierölen zurückzuführen.

Unangenehmer als die Färbung können sich aber Trübungen der Pinken bemerkbar machen. Die wohl am häufigsten in den Pinken auftretende Trübung ist auf die Abscheidung von Gips zurückzuführen. Derselbe stammt entweder aus dem Wasser, mit dem die Seide gewaschen wird, oder aus der Säure, mit welcher die Seide abgesäuert wird, oder in sehr vielen Fällen aus dem Natriumphosphat. Der Gips scheidet sich beim ruhigen Stehen der Pinke in Form eines feinen Kristallmehles oder flimmernder Kristallnadeln ab. Alle Trübungen der Pinke werden von der Seidenoberfläche adsorbiert, so daß der Glanz der Seide beeinträchtigt wird. Es sollte deshalb unbedingt darauf geachtet werden, daß Pinken, deren Kalkgehalt 3% überschreitet, aus dem Gebrauch gezogen werden.

Eine andere Art von Trübungen der Pinken wird durch Fettsäuren veranlaßt. Es ist dieses namentlich dort der Fall, wo man die Seide vor dem Einbringen in die Pinken nicht genügend oder gar nicht abgesäuert hat, so daß die noch in der Seide befindliche Seife in das Zinnbad gelangt und hier durch die freie Säure der Pinke unter Bildung von Fettsäure zersetzt wird. Diese Trübung gibt zu Störungen keinen Anlaß. Sie kann aber gefährlich werden, sobald sich eine Verbindung von fettsaurem Zinn bildet, welches auf die Seidensubstanz sehr schädlich, bis zu vollständiger Zerstörung derselben, einzuwirken vermag. Man wird daher guttun, die auf der Pinke schwimmende Fettsäure durch Abheben nach Möglichkeit zu entfernen.

Eine weitere, hin und wieder beobachtete Trübung der Pinke kann durch einen Bleigehalt veranlaßt werden, indem sich durch die in der Pinke allmählich ansammelnden schwefelsauren Salze unlösliches schwefelsaures Blei bildet, welches in die Seide gelangt und Anlaß zu schlecht zu entfernenden Trübungen wird.

Eine Trübung, die bei der früheren Herstellung des Clorzinns unter Zuhilfenahme von Salpetersäure möglich gewesen sein mag, ist diejenige durch Metazinnsäure. Bei der heutigen Darstellungsweise des Chlorzinns mit flüssigem Chlor ist das Auftreten derartiger Trübungen ausgeschlossen.

Die beste Temperatur der Pinken liegt zwischen 12 und 15 ° C. Die kalten Pinken ziehen schlecht auf die Seide und geben namentlich bei Temperaturen in der Nähe des Gefrierpunktes Anlaß zu kristallinischen Ausscheidungen. Erban[1]) behauptet allerdings, daß man bezüglich Erschwerungseffekt und Haltbarkeit der Faser um so rationeller arbeitet, je kälter man das Zinnbad hält, eine Anschauung, die jedoch den Erfahrungen in der Praxis widerspricht. Zu warme Pinken beeinflussen den Griff der Seiden und können sogar zerstörend auf die Seide einwirken. In diesem Sinne empfiehlt I. Matos[2]) mit einer 12 proz. Pinke unter guter Kühlung zu arbeiten. Um sich vor zu starker Erwärmung der Pinken, im Sommer oder in den heißen Ländern, zu schützen, kühlt man die Pinken entweder primitiv durch Einhängen von Porzellantöpfen, die mit Eis gefüllt werden, oder durch Einbauen einer Kühlschlange in den Pinkbehälter, durch die eine abgekühlte Kochsalzlösung strömt. Eine derartige Kühlanlage muß aus säurefestem Material hergestellt sein, um eine etwaige Verunreinigung der Pinke hintanzuhalten.

Was nun die chemische Zusammensetzung der Pinke anbelangt, so ist das erste Erfordernis, daß der Zinngehalt der Pinke den Anforderungen genügt. In der Praxis wird die Stärke der Pinken mit einem Aräometer nach Beaumégraden festgestellt. Für reine Chlorzinnlösungen gelten nach Heermann[3]) folgende Verhältnisse:

15° = 6,44%	metallisches Zinn	26° = 11,35%	metallisches Zinn
18° = 7,88%	„ „	27° = 11,79%	„ „
20° = 8,67%	„ „	28° = 12,23%	„ „
22° = 9,75%	„ „	29° = 12,67%	„ „
25° = 10,91%	„ „	30° = 13,11%	„ „

Je stärker die Pinke mit Fremdsalzen verunreinigt ist, um so weniger wird der Zinngehalt mit den gespindelten Aräometergraden übereinstimmen, man kann mithin in einem solchen Falle durch die Spindelung vollkommen getäuscht werden und läuft Gefahr, daß die Erschwerung zu niedrig ausfällt. Der Gehalt an Fremdsalzen in der Pinke, wie Kochsalz, schwefelsaurer Kalk, schwefelsaures Natron, phosphorsaures Natron usw. ist namentlich bei älteren Pinken doch sehr erheblich und sollte nicht unterschätzt werden. Allerdings wird ja beim praktischen Arbeiten in der Pinkerei insofern ein Ausgleich geschaffen, als nach jedem Pinkzug eine gewisse Menge Bad herausgenommen und durch Zusatz von frischem, konzentrierten Chlorzinn (Schwerbeize) ausgeglichen wird. Aber trotzdem werden, je nachdem wie die Mengen Flüssigkeit durch Ausschleudern der Seide entfernt werden, jedesmal mehr oder minder große Mengen Fremdsalze in das Pinkbad hineingebracht. Abgesehen von der Mindererschwerung der Seide neigen derart verunreinigte Pinkbäder auch leicht zu Trübungen.

---

[1]) Erban: Färber-Zg. 1913, S. 117 u. 142. [2]) Matos, I.: Text. Man. 1913, S. 135.
[3]) Heermann: Färbereichemische Untersuchungen.

Der zweite Hauptpunkt, der bei der chemischen Zusammensetzung der Pinken in Betracht kommt, ist der Gehalt an überschüssiger freier Säure. Es ist eine irrtümliche Anschauung, daß der Säuregehalt in der Pinke durch die Herausnahme von Zinnchlorid durch die Seide vergrößert würde; im Gegenteil, er wird vermindert, und es ist daher üblich, bei jedem neuen Zug, d. i. das erneute Aufstellen oder Einbringen von Seide in das Pinkbad, einen Zusatz von 1 bis 2 l Salzsäure zu machen. Das Steigen des Säureüberschusses wird dadurch bedingt, daß die Seide nach dem Phosphatieren abgesäuert wird, bevor sie von neuem in die Pinke geht.

Je weniger stark die Seide vorm Absäuern ausgeschwungen wurde, um so mehr freie Säure gelangt in die Pinke. Wie schon oben ausgeführt wurde, ist es unerläßlich, den Säureüberschuß bei dünnen Pinken zu erhöhen, sobald der Säuregehalt sinkt, um Ausscheidungen von Zinnhydroxyd zu vermeiden, während eine stärkere Pinke mit weniger Säure beständig ist. Andererseits hat man die Beobachtung gemacht, daß schwachsaure oder basische Pinken eine höhere Charge gegenüber den saureren Bädern geben. Feststehende Normen für den Säureüberschuß aufzustellen, ist kaum angängig, da in den einzelnen Betrieben sehr gewechselt wird. Es kommt hierbei nicht nur der Zinngehalt, sondern auch die Härte des zum Pinkwaschen verwandten Wassers in Frage. Es ist etwa üblich, den Säureüberschuß bei Wasser von normaler Durchschnittshärte bei starken Pinken auf + 0,3 bis 1,0%, bei schwachen Pinken auf 0,75 bis 1,5% zu halten. Bei hartem Wasser wird man diese Werte durchweg um 0,5% erhöhen, bei weichem Wasser ebensoviel erniedrigen können. Das Arbeiten mit basischen Pinken, welches bei weichem Wasser gute Erschwerungen, oder fachtechnisch „Renditen", ergibt, birgt allerdings auch die Gefahr in sich, daß die Seiden bezüglich ihrer Festigkeit Einbuße erleiden. Des weiteren wird der Säureüberschuß auch noch abhängig von der Arbeitsweise sein, ob man mit abgekochten Seiden oder mit Rohseiden in die Pinken eingeht, indem im letzteren Falle der Säuregehalt höher gewählt werden kann, allerdings nicht unbedingt muß. In allen Fällen ist jedoch ein Überschreiten von 2% Säureüberschuß unbedingt zu vermeiden, da dann eine schädliche Säureeinwirkung auf die Seide zu befürchten ist.

Während man einen Säuremangel leicht durch einen entsprechenden Zusatz beheben kann, ist ein zu großer Säureüberschuß schon schwierig zu entfernen. Von einem Abstumpfen der Säure mit Soda oder Ammoniak, wie solches z. B. empfohlen wird[1]), ist unbedingt abzuraten, da man dadurch die Fremdsalze in der Pinke zu sehr vergrößert. Das Beste ist es, in einem solchen Falle mit Rohseide oder auch mit geseifter Ware in die Pinke zu gehen. Meistens hilft man sich in der Weise, daß man den bei jedem Zug üblichen Salzsäurezusatz bei mehreren Zügen ausfallen läßt.

Als direkte Verunreinigungen der Pinke sind die schon erwähnten unvermeidbaren Fremdsalze zu erwähnen, die durch den üblichen Arbeitsvorgang in die Pinke gelangen, nämlich Kochsalz, Schwefelsäure und Phosphorsäure, Alkali oder Kalksalze. Als zulässige Höchstgrenze wird man 5% dieser Salze normieren können, von Kalksalzen eher noch weniger. Man wird kaum behaupten können, daß diese Fremdsalze eine direkt schädigende Einwirkung auf die Faser auszuüben imstande sind, wohl aber kann dadurch die Rendite ungünstig beeinflußt werden, oder sie können Anlaß zu Trübungen der Pinken werden.

Das Kochsalz hat allerdings zu Befürchtungen Anlaß gegeben, daß es Ursache von Faulstellen bilde.

Die Phosphorsäure gelangt durch überschüssiges auf oder in der Faser sitzendes Phosphat in die Bäder und kann durch Trübungen üble Folgen auslösen.

---

[1]) Vgl. Briefkastennotiz in der Färber-Zg. 1914, S. 450.

Die Schwefelsäure stammt entweder aus sulfathaltigem Natriumphosphat oder aus der zum Absäuren benutzten Salzsäure oder — und dieses wohl in der Hauptsache — aus dem zum Waschen benutzten Wasser. Das letztere kommt auch als Ursache für das Auftreten von Kalksalzen in der Pinke in Frage.

Eine weitere, wenn auch harmlosere, Verunreinigung der Pinken sind Ammonsalze, die entweder aus der Luft aufgenommen werden oder aus den Phosphatbädern stammen, sofern dieselben mit Salmiakgeist anstatt Soda neutralisiert werden. Das früher übliche Säureabstumpfen der Pinken mit Salmiakgeist dürfte heutzutage aber wohl ein überwundener Standpunkt sein.

Als eine direkt schädliche Verunreinigung der Pinke ist dagegen ein etwaiger Bleigehalt anzusprechen. Man hat sich daher davor zu hüten, die Pinke irgendwie mit Blei, Armaturen, Rohre oder Auskleidungen der Barke, in Berührung zu bringen. Nicht nur daß Trübungen in der Pinke und in der Seide entstehen können, es liegt auch die Gefahr nahe, daß durch katalytische Vorgänge zwischen der in der Seide vorhandenen Zinnverbindung und den Bleisalzen der Pinke eine Zerstörung der Seidenfaser ermöglicht wird.

Eine Verunreinigung, die bei den Praktikern als das größte Übel gilt, ob mit einiger Berechtigung dürfte allerdings sehr fraglich sein, ist die Metazinnsäure. Abgesehen davon, daß bei der modernen Herstellungsweise des Chlorzinns die Bildung von Metazinnsäure überhaupt ausgeschlossen ist, so dürfte bei der früheren Arbeitsweise — Oxydation des Zinnchlorürs mit Salpetersäure — wohl weniger sich bildende Metazinnsäure als ein, wenn auch nur geringer, Überschuß an Salpetersäure oder freiem Chlor der eigentliche Übeltäter gewesen sein.

Nach den Erfahrungen von Feubel[1]) soll sich jedoch die Metazinnsäure während des Erschwerungsprozesses bilden können. Er hat bei Untersuchungen des Zinnhyroxydes festgestellt, daß dasselbe schon bei einer Behandlung mit Wasser von 45 ^{0} C in Metazinnsäure übergeht.

Die verschiedentlich geäußerte Annahme, daß die Metazinnsäure in Form von Metazinnsäurechlorid in den Bädern vorhanden sei, erscheint gewagt,, der exakte Nachweis für die Existenz einer derartigen Verbindung ist noch nicht erbracht. Immerhin wird der positive Ausfall einer der für Metazinnsäure angegebenen Reaktion eine Mahnung sein, daß das Bad nicht von einwandfreier Beschaffenheit ist.

Außer der Metazinnsäure kommt noch eine weitere Zinnverbindung als Verunreinigung der Pinke in Betracht, nämlich das Zinnchlorür. Auch dieser Körper ist vielfach als eine sehr gefährliche Verunreinigung angesprochen worden, weil sie die Seidenfaser stark angreifen sollte. Wenn man aber in Betracht zieht, daß eine ganze Reihe auch noch heute viel angewandter Erschwerungsmethoden bei Schwarzseiden sich des Zinnchlorürs bedient, so kann von einer Gefährlichkeit für die Seidenfaser kaum die Rede sein. Selbstverständlich ist ein zu großer Gehalt an Zinnchlorür zu beanstanden, da hierdurch die Erschwerungsfähigkeit des Chlorzinns herabgemindert wird.

Eine Verunreinigung, die jedoch unbedingt beanstandet werden muß, weil sie der Seide äußerst schädlich ist, ist das freie Chlor. Seine Gegenwart kann durch fehlerhafte Darstellung des Chlorzinns oder durch Verwenden von chlorhaltiger Salzsäure beim Absäuern bedingt sein, es kann sich auch durch Oxydationsvorgänge in der Pinke gebildet haben.

Schließlich wäre noch das Vorkommen anderer Metallsalze in der Pinke zu erwähnen, welches, wie Eisen, teils bei Couleurseiden den Farbton ungünstig be-

[1]) Feubel: Vortrag Färbereischule Krefeld 1910.

einflussen kann, teils durch Auslösung katalytischer Prozesse — namentlich Mangan und Kupfer sind als Katalysatoren anzuführen — der Anlaß von Seidenschäden werden kann.

Aus der vorstehenden Darlegung ist jedenfalls zur Genüge zu entnehmen, daß der Seidenfärber alle Ursache hat, seine Pinkbäder unter ständiger Überwachung zu halten, will er sich vor unangenehmen Überraschungen bewahren.

b) Das Wasser. Das Wasser ist für jeden Seidenerschwerungsbetrieb von größter Bedeutung. Ohne günstiges Wasser ist keine Seidenerschwerung denkbar. Bei dem Erschwerungsvorgang handelt es sich um Rohwasser und Weichwasser, ersteres zum Waschen nach dem Pinken, letzteres für Seifenbäder und zum Waschen nach dem Phosphatieren.

1. Rohwasser. Es ist bereits bei der Besprechung der Pinken ausgeführt worden, daß das Waschen nach dem Pinken dazu dient, das Chlorzinn, welches von der Seidenfaser aufgenommen worden ist, zu spalten, und zwar in Zinnhydroxyd und Salzsäure nach der Formel $SnCl_4 + 2\,H_2O = Sn(OH)_4 + 4\,HCl$. Da Zinnhydroxyd leicht in Salzsäure löslich ist, bewirkt ein Wasser, welches reich an säureabstumpfenden Salzen ist, die Spaltung des Zinnchlorides eher und vollständiger als ein Wasser, welches diese Stoffe nicht enthält. Je reicher ein Wasser an Karbonaten bzw. Bikarbonaten des Kalziums und Magnesiums ist, um so besser wird es das in der Seidenfaser befindliche Chlorzinn zu spalten vermögen.

Die Härte eines Wassers ist bedingt entweder durch die Karbonate und Bikarbonate der Erdalkalien, die temporäre Härte, oder durch die Sulfate, Nitrate oder Chloride der Erdalkalien, die bleibende oder permanente Härte. Erstere ist nützlich für die Zinnerschwerung, letztere aber wertlos bzw. schädlich. Aber auch ein Zuviel an temporärer Härte kann insofern schädlich sein, als leicht Trübungen der Seide auftreten können, welche allerdings, als leicht löslich, sich wieder im Verlauf der verschiedenen Pinkzüge verlieren. Von der bleibenden Härte ist es speziell Gips, welcher die Seide trübt, und zwar in einer Weise, daß die Trübung sich nicht verliert und die gepinkten Seiden im ganzen ein sog. bleiiges Aussehen erhalten. Außerdem schaffen aber übermäßig harte Wässer leicht viele Kalksalze in die Pinke.

Man wird also im allgemeinen ein Wasser, welches sechs bis zehn Härtegrade aufweist, und vorzüglich in Form von temporärer Härte, als gut geeignet zum Pinkwaschen ansprechen können. Zu beachten ist, daß auch ein größerer Gehalt an Magnesiasalzen im Rohwasser für Pinkzwecke wenig geeignet ist, da dieselben, ebenso wie Kalziumsulfat, die Seiden im ganzen bleiig erscheinen lassen.

Eine in der Praxis häufig herantretende Frage ist die, in welcher Weise sich ein zu hartes oder zu weiches Wasser für die Pinkwaschzwecke brauchbar machen läßt. Die Antwort kann nur eine bedingte sein. Hartes Wasser bis zu einem gewissen Grade zu enthärten, ohne Zuhilfenahme von Alkalien, wäre nur möglich mit Hilfe eines der Basen austauschenden Reinigungsverfahren wie das Permutitverfahren. Es müßte dann das derartig gereinigte Wasser mit entsprechenden Mengen Rohwasser gemischt werden, um ein Wasser von gewünschter Härte zu erzielen. Eine Reinigung mit Kalksoda wäre dagegen ausgeschlossen, da beim Mischen eines solchen gereinigten Wassers mit Rohwasser stets Nachtrübungen auftreten, die das Wasser zum Pinkwaschen unbrauchbar machen. Um ein zu weiches Wasser zu härten, käme ein Zusatz von löslichen Kalksalzen in Frage, eine derartige Verbesserung wird aber jedenfalls leicht zu Trübungen der Seide Anlaß geben. Das beste Aushilfsmittel ist, eine Mischung mit einem anderen Rohwasser von größerer Härte vorzunehmen, was andererseits in den meisten Fällen wohl kaum möglich sein dürfte. Im großen und ganzen wird man gut tun, derartigen Verbesserungsversuchen des Rohwassers skeptisch gegenüberzustehen, und nur in der äußersten Not dazu schreiten. Aber wenn auch in der Hauptsache die Härte eines Wassers die Verwendbarkeit desselben für Erschwerungszwecke gestatten würde, so gibt es doch eine Anzahl anderer Momente, welche bei der Beurteilung eines Wassers in dieser Hinsicht ins Auge gefaßt werden müssen. Es sind dieses Bestandteile in der chemischen Zusammensetzung des Wassers, welche es für die Erschwerungszwecke untauglich machen. Hierzu gehören in erster Hinsicht größere Mengen von Metallsalzen, wie sie in Form von Eisen- oder Manganverbindungen in vielen Wässern vorhanden sind. Übersteigt der Gehalt an diesen Stoffen eine gewisse Grenze, 0,3 bis 0,5 mg im Liter, dann können sie, wie bemerkt, Anlaß zu katalytischen Vorgängen bei dem Erschwerungsprozeß werden. Man darf nicht vergessen, daß bei dem Erschweren der Seide die chemischen Vorgänge nicht plötzlich und einheitlich, sondern langsam und stufenweise vor sich gehen. Es vermag z. B. ein großer Mangangehalt des Wassers schwere Schädigungen der Seide auszulösen. Ähnlich ist es mit dem Eisen bei hellen farbigen Seiden; die Seiden vergilben, der, wenn auch geringe, Eisengehalt wirkt als Sauerstoffüberträger und zerstört so allmählich die Seiden.

Daß ein Wasser mit anormalen Bestandteilen, wie Ammoniak, salpetriger Säure, Huminsäuren, größeren Mengen von Nitraten oder Chloriden (namentlich Magnesiumchlorid), ferner Kieselsäure oder Tonerde u. a. m., wie sonst für industrielle Zwecke, so auch für Erschwerungszwecke auszuschließen ist, versteht sich wohl von selbst. Das gleiche gilt auch von trüben Wässern, welche, abgesehen von der Verschmutzung, den Griff der Seide ungünstig beeinflussen.

2. Weichwasser. Unter Weichwasser versteht man ein Wasser, welches seiner Härtebildner, also der Kalk- und Magnesiumsalze, beraubt ist. Wenn man auch vielfach das Weichwasser als „gereinigtes Wasser" bezeichnet, so ist damit noch keineswegs ausgedrückt, daß das Wasser nun auch unbedingt von allen Verunreinigungen befreit sein muß, wenn es auch hin und wieder der Fall sein mag. Die Frage, Chloride oder Nitrate, Ammoniak und salpetrige Säure aus einem Wasser zu entfernen, harrt noch heute ihrer Lösung. Die Grundbedingung für ein gutes Weichwasser ist einwandfreie Beschaffenheit des Rohwassers.

Das Entfernen der Härtebildner aus dem Wasser geschieht auf zwei Wegen, entweder werden die Kalk- und Magnesiumsalze durch Zusatz berechneter Mengen stärkerer Alkalien ausgefüllt und diese durch entsprechende Vorrichtungen entfernt, oder man läßt das Wasser über basenaustauschende Stoffe, wie Zeolithe, Permutite u. a. rieseln, welche dann die Erdalkalien austauschen gegen die entsprechenden Alkalien.

Es würde hier zu weit führen, auf die verschiedenen Reinigungsverfahren einzugehen, hier kommt es darauf an, welche Anforderung der Erschwerungsvorgang der Seide an ein Weichwasser stellt. Als erstes Erfordernis kommt die Entfernung der Härtebildner in Frage, da dieselben imstande sind, z. B. mit Seife schmierige Kalk- und Magnesiaseifen zu bilden, die sich dann gern fest auf der Seidenfaser anheften und Anlaß zu Flecken oder gar Faulstellen geben können. Bei der Phosphatbehandlung der Seide geben Kalksalze Trübungen, welche sich auf die Faser setzen. Bei der Wasserglaserschwerung bilden sich unangenehme Abscheidungen von Kalziumsilikat oder Kieselsäure. Diese Gefahren sind so gut wie ausgeschlossen bei der Permutitreinigung, während mit Kalk-Soda gereinigte Wässer kaum ein vollständig enthärtetes Wasser liefern. Ein zweiter Nachteil der letzteren Reinigungsweise gegenüber dem Permutitverfahren ist die Tatsache, daß das mit Alkali gereinigte Wasser mehr oder minder große alkalische Reaktion aufweist, was bei Permutitwasser nicht der Fall ist. Derart alkalisches Wasser beeinflußt den Griff der Seide und erfordert bei dem nach dem Phosphatieren üblichen Absäuern der Seide einen größeren Säurezusatz. Man wird mit Recht einwenden, daß unter diesen Umständen zu Erschwerungszwecken doch nur mit Permutit gereinigtes Wasser verwandt werden sollte. Dieses ist jedoch nur bedingt zutreffend. Liegt ein sehr hartes Wasser vor, so ist man, da die Leistungsfähigkeit des Permutitverfahrens je nach der Größe des Apparates eine beschränkte ist, gezwungen, eine Vorreinigung nach dem Kalk-Soda-Verfahren vorauszuschicken, um vorher das Wasser auf niedrigere Härtegrade zu bringen. Es steht allerdings außer Frage, daß ein einwandfreies mit Permutit gereinigtes Wasser unbedingt das beste Weichwasser für Seidenerschwerungszwecke darstellt. Damit soll aber nicht gesagt sein, daß die Kalk-Soda-Reinigung als solche zu verwerfen sei. Die Hauptsache bei der Verwendung eines Weichwassers für den in Frage stehenden Zweck ist jedenfalls, daß die Enthärtung, gleichgültig, nach welchem Verfahren gearbeitet wird, ständig überwacht wird. Bei den außerordentlichen Mengen Weichwasser, welche eine Seidenerschwerung und -färberei beansprucht, ist es nie ausgeschlossen, daß die Reinigung durch irgendwelchen Umstand nicht funktioniert und plötzlich Schwierigkeiten auftreten. Auch bei dem Weichwasser ist eine der ersten Forderungen, daß es vollkommen klar sei. Im anderen Falle, der sehr häufig ist, treten unangenehme Trübungen der Seide auf.

c) Natriumphosphatbäder. Das Natriumphosphat wird beim Erschweren der Seide in Form einer Auflösung des kristallisierten Natriumphosphates im Weichwasser, in einer Menge von 110 bis 150 g im Liter Wasser, gebraucht. Die Phosphatbäder werden ebenso wie die Pinken als stehende Bäder benutzt und daher nach jedem Zug durch Zusatz von frischem Phosphat wieder auf ihre ursprüngliche Stärke gebracht. Derartige Bäder spindeln etwa 6 bis 7 Bé bei einer durchschnittlichen Temperatur von 55^{0} C.

Wie bei den Pinkbädern, ist auch bei diesen Bädern das erste Erfordernis, daß sie vollständig klar sind. Bei häufiger gebrauchten Bädern ist insofern eine gewisse Einschränkung am Platze, als derartige Bäder gemäß ihrer Temperatur und alkalischen Reaktion stets Seidensubstanz auflösen, namentlich wenn in dieselben mit Rohware, also mit unabgekochter Seide, eingegangen wird und sie dadurch eine Trübung erfahren. Diese Trübung ist jedoch für die Seide ohne Belang. Solche Bäder schäumen übrigens beim Aufkochen sehr stark und weisen auch meistens den charakteristischen durchdringenden Geruch der Bastseifenlauge auf.

Eine bedenklichere Trübung der Phosphatbäder kann durch Bildung von phosphorsaurem Kalk und Magnesia veranlaßt werden, sobald das Weichwasser nicht genügend enthärtet war oder gar Rohwasser in die Bäder gelangt ist. Eine derartige Trübung zieht unbedingt auf die durch die Alkalinität des Phosphatbades schlüpfrig gewordene Seidenfaser, läßt sich aber meistens durch eine entsprechende Seifenbehandlung entfernen.

Eine Trübung, die jedoch eine ausgesprochene Gefahr für die Seidenfaser bedeutet — insofern sie nicht nur den Glanz beeinträchtigt, sondern auch direkt schädigend auf die Festigkeit der Faser einwirkt —, wird durch Abscheidung von Zinnverbindungen hervorgerufen. Die Phosphatbäder speichern während des Erschwerungsvorganges eine Zinnverbindung auf, die löslich ist, sich jedoch abscheidet, sobald ein gewisser Gehalt etwa 1½ bis 2 g im Liter überschritten wird. Bäder, die eine solche Trübung aufweisen, sind unbedingt außer Betrieb zu setzen und zu reinigen.

Die Phosphatbäder sollen möglichst hell sein. Durch die gelöste Seidensubstanz werden sie allerdings gelb bis dunkelgelb gefärbt, es ist dies jedoch unbedenklich. Schlimmer sind die Dunkelfärbungen, welche durch Ton oder Humussubstanzen aus dem Rohwasser, das zum Pinkwaschen verwandt wird, veranlaßt werden. Derartige von der Seide zurückgehaltene Suspensionen machen dieselbe z. B. für helle Färbungen unbrauchbar, während sie für dunkle Farbtöne oder Schwarzseiden weniger in Betracht kommen. Es sollte natürlich bereits beim Pinkwaschen derartiges Wasser ausgeschaltet werden.

Die Temperatur der Phosphatbäder während des Phosphatierens soll auf etwa 55 bis 60° C gehalten werden, eher etwas höher als niedriger, zumal wenn man mit nasser Ware eingeht, wie solches meistens bei der Erschwerung von Stückware der Fall ist. Höhere Temperaturen wirken, je nach der Zusammensetzung des Bades, lösend auf die Charge. Allerdings geht man ja bei der neuesten Art des Phosphatierens im Schaum, wovon weiter unten noch die Rede sein wird, mit der Temperatur bedeutend höher; dabei ist aber zu bedenken, daß nicht das heiße Bad, sondern die Schaumperlen das Seidengut umspülen.

Umgekehrt ist eine zu niedrige Temperatur, beispielsweise unter 40° C, wie man sie bisweilen in Betrieben noch antrifft, nicht zu empfehlen, da sich bei einem derartigen Arbeiten keine Renditen erzielen lassen. Man sucht höhere Temperaturen beim Phosphatieren deshalb zu vermeiden, weil das alkalisch reagierende Phosphat, je höher die Temperatur ist, um so größere Einwirkung auf die Seidensubstanz ausübt. Gezwungen ist man, vollständig kalt oder höchstens bei 25° C zu arbeiten, beim Phosphatieren vorher blaugemachter Seiden, wie solche bei dem Erschweren von Schwarzseiden in Frage kommen. Hier würde die Alkalinität des Phosphatbades in der Hitze sämtliches Berlinerblau herunterlösen.

Was nun den Gehalt des Bades an kristallisiertem Natriumphosphat anbelangt, so rechnet man 125 bis 150 g Phosphat im Liter, sofern man Strangseiden auf der Barke oder in der Zentrifuge phosphatiert, dagegen 100 bis 110 g im Liter z. B. beim Arbeiten in den Wegmann-Apparaten oder beim Phosphatieren von breiten Stückwaren. Der Phosphatgehalt der Bäder wechselt in den verschiedenen Betrieben sehr. So zwecklos es ist, die Bäder zu konzentriert anzusetzen, etwa 200 bis 225 g pro Liter, da dadurch nur das Auswaschen des überschüssigen Phosphates erschwert bzw. die Anreicherung der Pinken an Phosphorsäure begünstigt wird, so wenig sind zu schwache Bäder zu empfehlen, weil dieselben keine Rendite geben. Die Beteiligung des Phospates an der Erschwerung ist im Verhältnis zum Zinn nur sehr gering, dagegen seine Alkalinität für die Reaktionsvorgänge von erheblicher Bedeutung ist, deshalb darf die Konzentration nicht zu gering sein.

Die Alkalinität eines frisch bereiteten Phosphatbades genügt für den ersten Pinkzug, für den zweiten ist sie jedoch nicht mehr ausreichend. Der Verlust an Alkali steigt mit der Zahl der Pinkzüge sehr erheblich[1]), besonders deshalb, weil die Menge des von der Seidenfaser gebundenen Zinns ebenfalls von Pinkzug zu Pinkzug steigt, wie wir später noch sehen werden. Das dadurch bedingte erhöhte Freiwerden von Salzsäure und das ebenso vergrößerte Absättigungsvermögen des Zinnhydroxydes bedingen den von Zug zu Zug erhöhten Alkalizusatz. Der Alkalizusatz geschieht meistens in Form von Soda, in manchen Betrieben auch in Form von Natronlauge, welch letzteres Verfahren natürlich eine ständige Kontrolle bedingt, da geringe Mengen überschüssigen freien Ätznatrons große Seidenschäden im Gefolge haben können. Die Mengen des Sodazusatzes betragen durchschnittlich 2 bis 4% beim zweiten Zug, 6% beim dritten Zug, 8% beim vierten Zug und 10 bis 15% beim fünften Zug, ge-

---

[1]) Siehe Ley: Beitrag zum Zinnphosphatprozeß. Chem.-Zg. 1912, S. 1405.

rechnet vom Gewicht der Seide und in Form von Kristallsoda. Mit diesen Zusätzen erzielt man einen Alkaliüberschuß, der etwa 2 bis 4 g Soda pro Liter Bad beträgt. Vielfach ist dieser Alkaliüberschuß als zu hoch erachtet worden, und man arbeitet so, daß die Bäder nach Gebrauch schwach sauer reagieren. Der Sodazusatz wird natürlich auch hier jedesmal gemacht, nur eben in geringerer Menge. Die letztere Arbeitsweise hat vor der ersteren den Vorzug, daß einmal die Seiden nicht so stark angegriffen werden, sodann aber auch, daß die Bäder nicht schnell an löslichen Zinnverbindungen angereichert werden. Sie ist namentlich dort empfehlenswert, wo durchweg mit schwacher Pinke und demgemäß auch mit schwachen Phosphatbädern gearbeitet wird, während bei stärkerer Pinke namentlich auch in der Schwarzerschwerung die Bäder mit stärkerer Alkalinität den Vorzug verdienen.

Das früher vielfach übliche Neutralisieren der Phosphatbäder mit Ammoniak ist nicht empfehlenswert, weil das Ammoniumphosphat nicht in dem Maße erschwert wie das Natriumsalz und demgemäß ein mehrfach mit Ammoniak neutralisiertes Phosphatbad an Erschwerungskraft einbüßt. Außerdem wird die in der Praxis übliche Prüfung mit Phenolphthalein bei derartigen Bädern unsicher.

Als erste und wichtigste Verunreinigung der Phosphatbäder kommt der Zinngehalt in Frage. Man beobachtet, daß diese Bäder von Zug zu Zug Zinn anreichern, jedoch daß die Menge des in das Bad hineingelangten Zinns entsprechend der Höhe des Pinkzuges, nicht entsprechend der Anzahl der Züge zunimmt. Mit anderen Worten, es ist der Zinngehalt nicht abhängig von der Anzahl der Pässe Seide oder der Züge, die über das betreffende Bad gegangen sind, sondern von der Art der Pinkzüge. Während z. B. Seiden, die einmal gepinkt sind, nur sehr wenig Zinn, etwa 0,1 g pro Mille in das Bad schaffen, ist die Menge bei einer fünfmal gepinkten Seide 0,4 bis 0,6 g pro Mille. Es ergeben zwei Züge Fünfpinker dieselben Zinnanreicherungen, wie etwa zehn Züge Einpinker. Aber nicht nur von der Höhe oder Menge der Pinkzüge ist die Pinkanreicherung abhängig, sondern auch von der Alkalinität der Phosphatbäder. Phosphatbäder mit einem geringen Alkalimangel speichern ganz bedeutend weniger Zinn auf als diejenigen mit Alkaliüberschuß, man würde mithin den lästigen Zinngehalt einfach durch ein Sauerstellen der Bäder niedrig halten können. Wie oben schon ausgeführt wurde, ist diese Möglichkeit jedoch nur in bestimmten Fällen, nämlich bei niedrigen Erschwerungen und beim Arbeiten mit dünnen Bädern, gegeben. Der Zinngehalt — über die Form, in welcher das Zinn sich befindet, ob als Natriumstannat oder als (kolloides) Zinnphosphat oder ob als eine Doppelverbindung beider, ist noch keine Klarheit geschaffen — ist wohl der gefährlichste Körper, der sich im Phosphatbad befindet. Sobald seine Menge 1 pro Mille bei Strangseide oder 2 pro Mille bei Stückware überschreitet, treten Schwierigkeiten bei den hiermit behandelten Seiden auf. Die Rendite wird fehlerhaft, es bilden sich Flecken oder die Seidenfaser erleidet gar in ihrer Festigkeit eine sehr erhebliche Einbuße. Ist der Höchstgehalt erreicht, so bleibt nichts anderes übrig, als das Bad zum Teil oder ganz laufen zu lassen und durch frisches Bad zu ersetzen oder aber das Bad einem der üblichen Reinigungsverfahren zu unterwerfen.

Bei der Bedeutung, die einwandfreie Natronbäder für die Erschwerung haben, ist das Reinigen dieser Bäder von jeher üblich gewesen. In einfacher Weise geschah dieses durch in regelmäßigen Zeitabschnitten wiederholtes Aufkochen, gegebenenfalls unter Zusatz von etwas Soda, Absetzenlassen und klares Abheben des überstehenden Bades. Der Erfolg dieser Arbeitsweise ist jedoch unvollkommen. Um das Zinn vollständig aus dem Bade zu entfernen, gibt es verschiedene Verfahren, die Patentschutz genießen und deren Grundlage in dem Zusatz geringer Mengen von Salzen der Kieselsäure oder der Erdalkalien besteht. Diese Verbindungen scheiden beim Aufkochen des Bades das Zinn restlos ab, und zwar auf dem Wege eines katalytischen Vorganges, da es nur sehr geringer Zusatzmengen bedarf.

Derartige Verfahren sind dasjenige der Weidmann Silk Dying Co.[1]) und das gleiche von Dr. A. Feubel[2]), die zum Abscheiden Kieselsäure oder deren Salze verwenden. Auf der Verwendung von Erdalkaliverbindungen gründen sich das D.R.P. 227434 (1909) von Sachse, sowie das D.R.P. 241558 (1910) von Th. Goldschmidt. Näher auf diese Verfahren einzugehen, würde hier zu weit führen.

Eine weitere Verunreinigung der Phosphatbäder ist der Gehalt an Natriumsulfat und Natriumchlorid, der als solcher kaum eine schädliche Einwirkung auf die Seide auslösen wird. Für die verschiedentlich geäußerte Annahme, daß Kochsalz eine Schädigung der Seide, z. B. das Auftreten roter Flecke, bewirken könnte, fehlt der Beweis. Jede erschwerte und vollkommen einwandfreie Seide enthält im Inneren Kochsalz als Zwischenprodukt der Zinnphosphaterschwerung. Anders liegt aber der Fall, sobald diese Salze sich anreichern, und dieses ist namentlich bei Sulfat öfters der Fall; dann machen sie sich insofern unangenehm bemerkbar, als sie bei dem in der Praxis üblichen Spindeln Fehler in der Beurteilung des Gehaltes verursachen und nachher die Erschwerung zu niedrig ausfällt. Von der Seide wird nur das Phosphat aus dem Bade herausgenommen, aber nicht das Sulfat. Auf der anderen Seite ist Natriumphosphat im Handel — namentlich bei solchem belgischer Herkunft beobachtet man dieses häufiger —, welches bis zu 10% Natriumsulfat enthält; dieses reichert das Sulfat im Bade an und beeinflußt die Erschwerung ungünstig. Bei dem Chlornatrium, welches aus der Salzsäure beim Pinkwaschen stammt, kommt eine ähnliche Anreicherung wie beim Sulfat weniger in Betracht.

Erwähnt mag noch die Verunreinigung mit Arsen werden, die zu gesundheitlichen Schädigungen der Arbeiter, sei es zu direkten Vergiftungen, sei es zur Bildung von Ekzemen führen kann, eine Erscheinung, die zu beobachten der Verfasser in mehreren Fällen Gelegenheit hatte.

Zum Schluß sei noch das Auftreten eines besonderen Stoffes erwähnt, dessen Identität festzustellen trotz vieler Versuche noch nicht gelungen ist. Wenn man Phosphatbäder, die einige Zeit gebraucht sind, auf ihr Verhalten gegen Jodzinkstärkelösung oder Diphenylamin prüft, so beobachtet man sehr häufig, eine intensive Blaufärbung, ohne daß einer der für diese Reaktion in Betracht kommenden Stoffe, wie Salpetersäure, salpetrige Säure, Eisen oder Chlor vorhanden ist. Die genauere Ursache dieser Reaktion ist noch nicht festgestellt, aber da der Stoff mit dem Alter der Bäder an Reaktionsfähigkeit zunimmt, kann er sehr gut als Maßstab für den mehr oder minder starken Verunreinigungsgrad der Bäder dienen.

Alles in allem sieht man, daß die ständige Kontrolle der Phosphatbäder ebenso wichtig ist, wie diejenige der Pinkbäder, sogar wichtiger als die der letzteren. Die Folgen einer anormalen Beschaffenheit der Phosphatbäder können um so durchgreifender sein, als die Seide in alkalischen Bädern bedeutend empfindlicher ist als in sauren, es kann daher ein dauernder Schaden für die Seide eher durch das Phosphatbad als durch das Pinkbad herbeigeführt werden.

---

[1]) Weidmann Silk Dying Co.: Verein. St. Amer. Pat. 1094671.
[2]) Feubel, Dr. A.: D.R.P. 250465 (1911).

2. Die Arbeitsweise der Zinnerschwerung.

Wie bereits oben ausgeführt wurde, besteht der eigentliche Zweck der Erschwerung darin, das Volumen der Seidenfaser zu vergrößern, nicht dagegen in einer Gewichtsvermehrung. Es ist daher verständlich, daß es nicht an Versuchen gefehlt hat, diese Volumenvergrößerung der Faser infolge der Erschwerung durch besondere Vorbehandlungen zu begünstigen. Nach den Erfahrungen des Verfassers haben diese Behandlungsweisen in der Praxis bis jetzt noch keinen Eingang gefunden, die hauptsächlichsten derselben mögen des Interesses wegen hier Erwähnung finden.

Sansone[1]) hat die Einwirkung 90 proz. Ameisensäure auf Naturseide näher untersucht. Es geht hier ein ähnlicher Prozeß vor sich wie bei dem Merzerisieren der Baumwolle, die Seide quillt auf, wird weich und gelatinös. Sie schrumpft um etwa 8 bis 12% ein. Bringt man sie aber nach einer kurzen Behandlung mit Ameisensäure in Wasser, so kehrt sie auf ihre ursprüngliche Länge zurück und zeichnet sich jetzt durch einen höheren Grad an Elastizität, Weichheit und vielfach auch an Glanz aus. Eine derart behandelte Seide nimmt in erhöhtem Maßstabe Metallbeizen wie auch Farbstoff auf.

Nach der D.R.P.-Anmeldung 22696 von Dr. S. Kulp läßt sich das Volumen der Seidenfaser dadurch vergrößern, daß man dieselbe einer langsamen Gasentwicklung aussetzt. Zu diesem Zweck wird die Faser mit kohlensaurem Kalk imprägniert und anschließend auf ein dünnes Säurebad gestellt, wo jetzt das langsame Perlen der entweichenden freien Kohlensäure die Faser lockert und auftreibt. Man kann aber auch einfacher in der Weise verfahren, daß die Seide in einem Bade behandelt wird, in welches langsam Kohlensäure eingeleitet wird.

Derartige Behandlungsweisen haben bei Strangware wenig Anklang gefunden, bei der Ausrüstung der Stückwaren kommen sie aber schon eher in Frage, da hier der Ausfall der Erschwerung, was Fülle anbelangt, tatsächlich durch eine Vorbehandlung günstig beeinflußt wird. —

Das Erschweren der Seide besteht nicht aus einer einmaligen und einheitlichen Behandlung, sondern aus einer Reihe mehrfach zu wiederholender und verschiedener Vorgänge. Es sind dieses: das Pinken, das Waschen nach dem Pinken, das Phosphatieren, das Waschen nach dem Phosphatieren und das Absäuern nach dem Phosphatwaschen.

a) Das Pinken. Sobald die abgekochten Seiden abgesäuert und ausgeschwungen sind, werden sie in die Pinke eingelegt. In älteren und kleineren Betrieben geschieht dieses in der Weise, daß man die Seide an Stöcke macht und in die Pinke, die sich in Barken oder Wannen befindet, einhängt und mehreremale umzieht. Sodann wird die Seide mehrere Stunden in die Pinke eingelegt, indem die Stöcke schräg in die Barke gelegt und durch Überdecken mit Holzschragen oder sonstigen Vorrichtungen unter die Oberfläche der Pinkflüssigkeit gedrückt werden. Da die Stöcke durch diese Arbeitsweise sehr leiden, bündelt man häufig die Seide, indem man 15 bis 20 Seidenmasten miteinander zu einem Bündel verschnürt, und legt sie so in die Pinke ein. Es gewährt dieses noch obendrein den Vorteil, daß man ein größeres Quantum Seide einlegen kann, als dies beim Einlegen an Stöcken möglich ist. Übrigens ist diese Arbeitsweise auch noch heute in Betrieben, wo sonst in Maschinen gepinkt wird, üblich, indem man die Seide über Nacht in Barken in die Pinke einlegt, anstatt in die Schleuder. Ferner ist das Pinken auf der Barke bei allen Stückwaren, wie Bändern und Stoffen, üblich. Bei Strangseide findet man dagegen hauptsächlich das Pinken in Zentrifugen, das den Vorteil der Arbeitsersparnis und auch der Schonung der Seide in sich

[1]) Sansone: Rev. Mater. color. 1911, S. 194.

birgt, insofern als das Pinken und nachfolgende Ausschleudern in einer Operation geschieht, ohne daß besondere Manipulationen mit der Seide vorgenommen zu werden brauchen.

Zum Arbeiten mit der Zentrifuge bedarf es außer der Schleuder noch eines Vorratsbehälters, der höher als die Pinkzentrifuge angebracht ist, und eines Auffangbassins, welches meistens niedriger als die Schleuder steht. Das Chlorzinnbad wird nämlich beim Pinken in der Zentrifuge, vom oberen Vorratsbehälter herabkommend, durch die Seide hindurch in das Auffangbassin fließen gelassen und dann von diesem durch eine entsprechende Pumpvorrichtung fortlaufend wieder in den oberen Behälter hinaufgepumpt, so daß es einen fortwährenden Kreislauf durch die Seide nimmt. Die Pinkzentrifugen sind meistens vollständig mit Hartgummi ausgekleidet, sowohl an den Innenflächen des schmiedeeisernen Schutzgehäuses, einschließlich der gußeisernen Auffangmulde, als auch an den Außenflächen besonders des Oberteils des Schutzgehäuses. Ebenso ist auch der in Stahl ausgeführte mit Sieblöchern versehene Schleuder-

Abb. 162. Pinkzentrifuge von Gebr. Heine, Viersen.

kessel ganz mit Hartgummi ausgekleidet. Auf diese Art und Weise ist jede Berührung zwischen Zinnbad und Metall ausgeschlossen. Derartige Pinkzentrifugen, wie sie von den Firmen Gebr. Heine in Viersen und C. G. Haubold A.-G., Chemnitz, gebaut werden, sind aus den Abbildungen 162 und 163 ersichtlich.

Die Arbeitsweise mit einer derartigen Pinkschleuder ist folgende:

Das Einlegen der Seide in die Zentrifuge geschieht entweder in der Weise, daß man die Seide zu 20 bis 30 Seidenmasten als Pakete, in Tüchern von Nesseln eingehüllt, in den Schleuderkessel legt, oder aber auch, indem man den Schleuderkessel selbst mit Stoff auskleidet, der jedoch so reichlich bemessen sein muß, daß man mit dem überstehenden Teil die eingelegte Seide zuzudecken vermag. In letzterem Falle legt man dann die einzelnen Seidenmasten nicht quer, in der Richtung von Wandung zur Mitte, in den Kessel, sondern mit der Länge des Mastens parallel zur Wandung. Hierdurch wird sowohl ein Verwirren der Fäden beim langsamen Gang während des Pinkens, als auch ein Aneinanderreiben der Masten beim Ausschleudern vermieden. Beim Einpacken der Seide ist ferner darauf zu achten, daß sie nicht zu lose, aber auch nicht zu fest, vor allem aber gleichmäßig eingelegt wird, um ein Schlingern des Schleuderkessels zu vermeiden.

Nachdem der Kessel gefüllt ist, läßt man die Pinke vom oberen Vorratsbehälter durch das Einlaufrohr, welches sich über dem Schleuderkessel befindet und durch einen entsprechenden Aufsatz gehalten wird, in den Kessel eintreten, die Seide durchdringen und den Kessel so weit füllen, daß die Seide vollständig mit Pinke bedeckt ist. Darauf läßt man die Schleuder mit sehr geringer Geschwindigkeit laufen, etwa 20 Umdrehungen in der Minute. Die Pinke läuft aus dem Kessel in eine mit Hartgummi ausgekleidete Auffangmulde und fließt von hier in das Auffangbassin ab. Das Zulaufrohr aus dem Vorratsbehälter, ebenfalls aus Hartgummi, ist mit einem Hahn versehen, mittels dessen man den Zulauf der Pinke zu regeln vermag. Hat man die Schleuder in Bewegung gesetzt, so schaltet man die Pumpvorrichtung zum Hinaufpumpen der Pinke aus dem Abflußbassin in den Vorratsbehälter ein und läßt sie natürlich auch mit einer Schnelligkeit arbeiten, die derjenigen des Zulaufes der Pinke angepaßt ist. Diesen Kreislauf der Pinke durch die Seide läßt man nun ununterbrochen etwa 1 bis 1½ Stunde vor sich gehen. Hiernach stellt man den Pinkzufluß ab, läßt die Pinke aus der Seide ablaufen und schleudert jetzt durch entsprechende Erhöhung der Tourenzahl etwa ¼ Stunde aus. Die Zeitdauer des Pinkens ist in den einzelnen Betrieben sehr verschieden, findet man doch heute schon solche, in denen nur mehr ½ Stunde gepinkt wird.

Abb. 163.
Pinkzentrifuge von C. G. Haubold A.-G., Chemnitz.

Auch bezüglich der Zeitdauer bietet das Arbeiten mit Zentrifugen einen Vorteil, da die Zeitdauer des Einwirkenlassens der Pinke beim Pinken auf der Barke bedeutend länger — mindestens 2 bis 4 Stunden — genommen werden muß. Der zweite Vorteil ist die schon erwähnte Vereinigung von Pinken und Ausschleudern. Beim Pinken auf der Barke ist man gezwungen, die Seide aus der Barke herauszunehmen und auf einem über die Pinkbarke gelegten Schragen ablaufen zu lassen. Darauf hüllt man die Seide in Pakete von etwa 6 bis 8 Handvoll in Tücher ein, legt diese in die Zentrifuge und schleudert eine Viertelstunde aus.

Ist die Seide von der Pinke ausgeschleudert, so ist sie ohne Aufenthalt zu waschen. Ein Liegenlassen von der Pinke kann zu großen Schwierigkeiten führen, da das Chlorzinn bereits vor dem Waschen beim Liegenlassen in der Luft sich zu spalten beginnt, unter Bildung freier Salzsäure, die ihre zerstörende Wirkung auf die Faser auszuüben vermag.

Man nimmt die Seide aus der Schleuder, lockert die einzelnen Handvoll durch leichtes Aufschlagen, um dem Wasser bessere Gelegenheit zum Durch-

Abb. 164. Waschmaschine von Gebr. Wansleben, Tillmann & Gerber Söhne, Krefeld.

Abb. 165. Waschmaschine von Maschinenfabrik Burckhardt, Basel.

dringen der Seidenmasten zu geben, hängt sie dann auf die Walzen einer Waschmaschine und wäscht durch Aufspritzen von Wasser.

Die in der Erschwerung gebräuchlichsten Waschmaschinen zeigen folgende Einrichtung:

An einem etwa 2½ bis 5 m langen, hochmontierten schmalen Maschinenkasten befinden sich zu beiden Seiten in regelmäßigen Abständen je 10 bis 20 Porzellanwalzen, die an einer Apparatur in dem Maschinenkasten befestigt sind. Diese ist so eingerichtet, daß einerseits die Walzen um ihre Achse in der Richtung von rechts nach links gedreht werden, andererseits aber auch durch eine Einschaltvorrichtung selbsttätig nach einem bestimmten Zeitraum, etwa einer halben Minute, in der umgekehrten Richtung gedreht werden können. Bei einzelnen Fabrikaten findet man, daß außer der Umschaltung auch die Walzen selbst abwechselnd einen anderen Umlauf haben, also die erste von links nach rechts, die zweite von rechts nach links, die dritte wieder von links usw. Der Zweck dieser Einrichtung ist, die auf die Walze aufgehängten Masten mit den Wasserstrahlen von möglichst vielen Richtungen zu treffen. Die aus Porzellan oder Zelluloid hergestellten Walzen sind mit Längsrillen versehen, um die aufgehängten Seidenmasten in fortlaufender Bewegung zu halten. An den beiden Enden sind die Walzen wulstig verdickt, wodurch ein Abgleiten des Waschgutes verhindert werden soll. Senkrecht unterhalb jeder Walze, von dieser 10 cm entfernt, befindet sich ein Spritzrohr, welches an den beiden Seiten eine Anzahl sich gegenüberstehender Spritzlöcher enthält. Oberhalb der Walzen befinden sich ebenfalls Spritzrohre mit Spritzlöchern über die ganze Länge der Rohre, die so gebohrt sind, daß die Wasserstrahlen der einen Seite auf die links befindliche Walze, diejenigen der anderen Seite auf die rechts befindliche Walze aufspritzen. Läuft die Maschine, so spritzt das untere Spritzrohr sein Wasser an die Innenseite der Seidenmasten, das obere Spritzrohr auf die Außenseite der Stränge, so daß sämtliche Teile des Mastens gewaschen werden. Die Spritzrohre sind selten aus Eisen, mit Zelluloid überkleidet, meistens aus Kupfer.

Bei Inbetriebsetzung der Maschine wird gleichzeitig der Wasserzulauf eingeschaltet. Die ganze Maschine ist über einem Becken montiert, in dem das ablaufende Wasser aufgefangen und zur Wiedergewinnung des überschüssigen Zinnhydroxydes in große Absitzbassins geleitet wird. Um die Arbeiter vor dem Naßwerden zu schützen, ist die Maschine mit einem Holzkasten versehen, der oben offen, nach dem Becken zu schräg verjüngt ist. Die Längswand darf natürlich nur so hoch sein, daß ein einwandfreies Aufhängen und Abnehmen der Seide gewährleistet ist. Ebenso schützt man das Holz dieses Kastens durch einen festen Lacküberzug vor unvermeidbaren Zerstörungen durch das säurehaltige Wasser. Die Bordwand des Kastens muß einwandfrei glatt sein und ist meistens mit einer eingelegten Glasstange versehen, um zu verhüten, daß die Seide bei dem unvermeidbaren Berühren der Oberkante durch Holzsplitter oder Unebenheiten Schaden erleidet. Auch den Walzen und Spritzröhren ist ständige Aufmerksamkeit zu schenken, damit nicht durch Rauheiten oder sonstige Fehler Seidenbeschädigungen veranlaßt werden. Es empfiehlt sich, sowohl die Porzellanwalzen wie die Spritzrohre bei Stillstand der Maschine wöchentlich mehrere Male durch Abreiben mit Sandpapier wieder zu glätten und jeglichen Ansatz von Zinnhydroxyd oder Grünspan zu entfernen. Unebenheiten an den mit der Seide in Berührung kommenden Teilen der Waschmaschine können zu unangenehmen Nebenerscheinungen Anlaß geben.

Die Wasserversorgung der Waschmaschine erfolgt meistens von einem Hochbassin aus. Da der Wasserdruck von sehr großer Bedeutung ist, nicht nur bezüglich Stärke, sondern auch bezüglich Gleichmäßigkeit, so findet man in den Betrieben vielfach Vorrichtungen, die den Zufluß und Abfluß des Wassers aus dem Hochbassin in der Weise automatisch regeln, daß die Höhe der Flüssigkeitssäule in den Bassins und damit der Wasserdruck stets der gleiche bleibt. Das Fassungsvermögen dieses Hochbassins braucht mithin gar nicht so erheblich zu sein, wenn nur die Zufuhr des Wassers so groß ist, daß sie dem Verbrauch an der Waschmaschine entspricht. Etwas anderes ist es natürlich, wenn man das Hochbassin gleichzeitig als Wasserreservoir benutzt, in dem Falle empfiehlt sich aber immer die Zwischenschaltung eines Ausgleichsbassins. Beim Waschen an der Waschmaschine ist nichts unangenehmer und gefährlicher als ungleichmäßiger Druck.

Beim Waschen hängt man die Seidenmasten auf eine Walze in einer Menge, die der Länge der Walzen entspricht, meistens nimmt man zwei, höchstens drei Handvoll, da bei einer größeren Anzahl die Gefahr vorliegt, daß die Masten dann wegen der dichten Lagerung nicht genügend durchgewaschen werden. Die Zeitdauer des Waschens schwankt bei der Strangseide meistens zwischen vier Minuten bei den ersten drei Pinkzügen und sechs Minuten bei den höheren Zügen. Beim Waschen von Stückware muß die Zeitdauer des Waschens natürlich verlängert werden. Während des Waschens ist darauf zu achten, daß die Seidenmasten gleichmäßig auf den Walzen verteilt werden und nicht an den Seiten herabgleiten, daß die Löcher der Spritzrohre nicht verstopft sind, und daß schließlich die Umschaltung im Gang der Walze gleichmäßig ist und nicht etwa stellenweise aussetzt.

Bevor die Maschinen eingeführt wurden, wurde auf der Barke gewaschen. Bei dieser Art des Pinkwaschens lief man jedoch Gefahr, daß die Seiden blind wurden, ganz abgesehen davon, daß die Arbeit durch das häufige Wechseln des Wassers sehr zeitraubend war. Vermieden wurde dieser Übelstand allerdings dort, wo genügend fießendes Wasser vorhanden war. Es soll diese Arbeitsweise noch stellenweise, z. B. in Frankreich, die übliche sein.

Ist die Seide gewaschen, so wird sie von den Walzen vorsichtig abgenommen, ohne Scheuerung an den Wandungen der Maschine in einer Menge von acht bis zehn Handvoll in Tücher eingehüllt, in eine Zentrifuge eingelegt und gut ausgeschleudert. Es wird etwa acht bis zehn Minuten geschleudert, und zwar mit der größtmöglichsten Tourenzahl. Als Mindestgrenze würden 1000 Umdrehungen in der Minute bei einer Zentrifuge mittlerer Größe zu fordern sein. Durch Versuche[1]) wurde festgestellt, daß, je höher die Tourenzahl ist, um so mehr von den Spaltungsprodukten — in diesem Fall also Salzsäure — aus dem Fasergut hinausbefördert werden. Wird weniger gut ausgeschwungen, so tritt leicht Fleckenbildung auf. Auch nach dem Waschen beobachtet man, wie sich beim Liegenlassen der nassen Seide immer wieder die freie Säure durcharbeitet. Man sollte daher stets die in Betracht kommenden Zentrifugen in gewissen Zeitabschnitten auf ihre Geschwindigkeit prüfen.

Die ausgeschleuderten Seiden werden aus der Schleuder genommen, die Masten durch Aufschlagen gelockert und phosphatiert.

b) Das Phosphatieren. Wie beim Pinken wird entweder auf der Barke oder in Apparaten phosphatiert.

Beim Phosphatieren auf der Barke werden die Seiden auf Stöcke gemacht, jedoch nicht zu viele Handvoll auf einen Stock, weil die Seide in dem warmen und alkalischen Bade aufquillt und daher, sobald die Stöcke zu voll sind, leicht an der Wandung der Barke gescheuert wird. Da durch das warme und alkalische Phosphatbad das Holz der Barke sehr in Mitleidenschaft gezogen wird, so muß man die Barke gut mit Stoff auskleiden, damit jegliches Zerreißen der Seide an Holzsplittern ausgeschlossen ist. Um dem lästigen Auskleiden mit Stoff zu entgehen, ist man dazu übergegangen, die Wandungen der Barken mit verzinntem Eisenblech oder Zinkblech auszukleiden, oder auch die Barken vollständig aus Eisen herzustellen, was sich sehr bewährt hat. Auch findet man, daß die Phosphatbarken aus Zement hergestellt sind. Auch diese haben sich bewährt, wenngleich die Wärme auf die Dauer die Zementwandungen ungünstig unter Bildung von feinen Rissen beeinflußt. Auf das in diesen Barken befindliche Phos-

[1]) Ley: Beitrag zur Zinnphosphaterschwerung. Chem.-Zg. 1915, S. 973.

phatbad, das, wie oben beschrieben, eine entsprechende Stärke und Temperatur aufweist, wird jetzt die Seide aufgestellt. Die Seide wird auf diesem Bade ¾ Stunde langsam geschoben und etwa vier- bis fünfmal umgezogen, nach dieser Zeit wird die Seide aufgeworfen, auf Schragen gut abtropfen gelassen und dann in Tücher verpackt, gut ausgeschwungen und daran anschließend gut gewaschen, wie noch weiter unten beschrieben wird. Statt des Ausschwingens in Tüchern findet man auch in manchen Betrieben Stockschleudern, die in so großen Ausmaßen gebaut werden, daß die Seiden nicht von den Stöcken abgenommen zu werden brauchen, sondern mit den Stöcken in die Schleuder gelegt und ausgeschwungen werden. Außer der Zeitersparnis ist hiermit auch eine Schonung der Seide verbunden. Selbstverständlich kann dies Ausschleudern in der Stockschleuder auch nach allen Prozessen vorgenommen werden, bei denen sich die Seide auf Stöcken befindet, wie nach dem Absäuern, Färben, Avivieren usw. Die Abbildung zeigt eine solche Stockschleuder der Firma Haubold A.-G., Chemnitz.

Abb. 166. Stockschleuder von C. G. Haubold A.-G., Chemnitz.

Das Phosphatieren auf der Barke ist heutzutage, wenigstens in größeren Betrieben, vollständig durch das Arbeiten in Zentrifugen oder Apparaten verdrängt. Von diesen Apparaten mögen im nachstehenden die folgenden Erwähnung finden.

1. Natronzentrifuge von A. Clavel und Fritz Lindenmeyer, Basel, welche von der Maschinenfabrik Burckhardt in Basel gebaut wird. Der Bau und die Arbeitsweise der Zentrifuge ist nach den Angaben des Erbauers folgende:

Die Konstruktion dieser Zentrifuge ist dadurch gekennzeichnet, daß im Trommelboden A schlitzförmige Durchbrechungen B angeordnet sind, welche unterhalb des Bodens längs diesen Durchbrechungen als Förderschaufeln ausgebildet sind, wodurch die Flotte aus dem unteren Teile des Kessels C von unten her mit Druck durch den Trommelboden in das Innere der Schleudertrommel gefördert wird. Etwas oberhalb des Trommelbodens A befindet sich ein zweiter siebartiger Boden D, um die von unten geförderte Flotte auf die ganze Bodenfläche zu verteilen und einen regelmäßigen Kreislauf der durch die Bodenöffnungen eintretenden Flüssigkeiten zu ermöglichen. Ein weiterer Wechsel geschieht durch die unter dem Deckel des Außenkessels C sich befindende Leitvorrichtung E, bestehend aus kleinen Schaufeln, welche dazu dienen, einen Teil der ausgeschleuderten Flüssigkeiten unmittelbar wieder in das Innere der Trommel zu führen. Dieser Deckel ist fest und möglichst nahe an den Korb gerückt, um ein rasches und praktisches Einpacken der Seide in keiner Weise zu hindern. Gleichzeitig bieten die in der Trommelnabe angebrachten Löcher F die Möglichkeit, die innerhalb dieser Nabe befindliche Flüssigkeit im Raume G ebenfalls in Bewegung zu setzen. Die Phosphatmaschine, welche auf festem Fundament ruht, erhält ihren Antrieb durch ein Zahnradvorgelege mit zwei Geschwindigkeiten. An letzterem ist auch ein unmittelbarer Antrieb für eine Zentrifugalpumpe angebracht, welche dazu dient, die in dem Behälter *H* befindliche Flotte in die Zentrifuge zu fördern. Die Beschickung des Bades ist keine fortlaufende, sondern das aus dem Behälter *H* gepumpte Bad verbleibt während des Phosphatiervorganges ohne Erneuerung in der Zentrifuge, um nach Schluß des Phosphatierens wieder in den Behälter abgelassen zu werden. In demselben befindet sich eine Heizschlange, um das frischgestellte Bad wieder auf die entsprechende Temperatur zu bringen. In der Zentrifuge selbst befindet sich keine Wärmevorrichtung, da die Temperatur des Phosphatbades während des Phosphatierens nur um wenige Grade sinkt. Nach beendigtem Phosphatieren kann die Seide durch entsprechende Übersetzung leicht ausgeschwungen werden.

Abb. 167. Natronzentrifuge von Clavel-Lindenmeyer, Basel.

Die Arbeitsweise in diesen Zentrifugen ist folgende: Nachdem die Seide vom

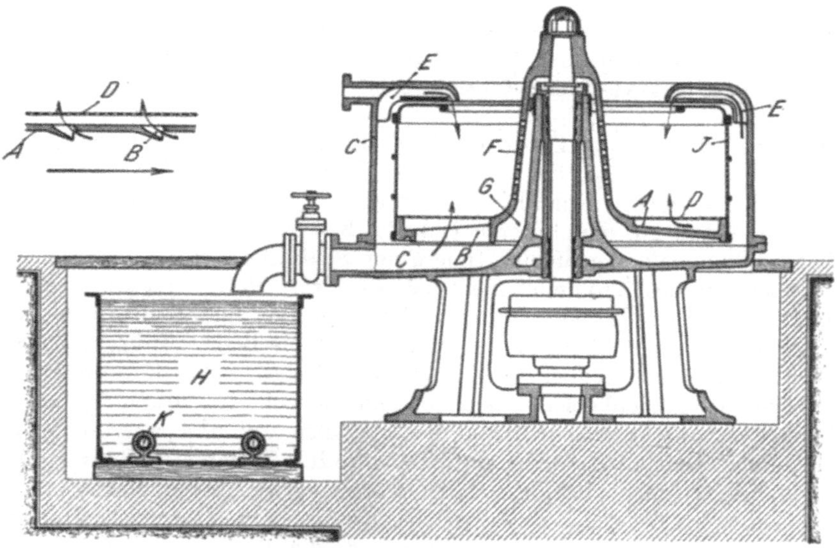

Abb. 168. Querschnitt derselben.

Pinkwaschen ausgeschwungen ist, werden die Handvoll durch Aufschlagen über der Hand gelockert. Darauf werden sie in der Weise in die mit Stramin ausgekleidete Zentrifuge gelegt, daß die Masten quer liegen, d. h. von der mittleren Achse bis an die Seitenwandung, also mit dem Kopfe der Handvoll nach der Mitte und nicht, wie in der Pinkzentrifuge, in Paketen und in der Richtung der Seitenwandung. Die Seide wird ohne jegliche Zwischenlage in die Zentrifuge gebracht und jetzt das Stramintuch nach der Mitte zu verschlossen, was durch besondere Klammern geschieht, um jegliche Verschiebungen der Masten zu verhüten. Hierauf wird das Phosphatbad auf die Seide gepumpt, die Zentrifuge in Bewegung gesetzt und ¾ Stunden mit einer Geschwindigkeit von 50 Umdrehungen in der Minute laufen gelassen. Die Temperatur des Bades, ebenso wie seine Zusammensetzung, ist die gleiche wie beim Phosphatieren auf der Barke. Nach Beendigung des Phosphatierens wird das Bad abgelassen und die Seide jetzt nach Umschalten respektive Erhöhung der Umdrehungszahl auf 500 zehn Minuten ausgeschwungen. Nach dem Ausschwingen wird die Seide herausgenommen, um weiterverarbeitet zu werden.

2. Die Phosphatierzentrifuge von Gebr. Heine in Viersen ähnelt in ihrer Ausführung den Pinkzentrifugen, bis auf die Abänderung, daß der Zulauf des Phosphatbades ein anderer ist. Aus den nachstehenden Abbildungen und dem schematischen Querschnitt ist die Einrichtung des Apparates leicht ersichtlich. Die Seide wird in gleicher Weise wie bei den oben beschriebenen Zentrifugen in die Siebtrommel *a* eingelegt, darauf die Doppeltrommel *a b* so weit mit Natronbad gefüllt, daß dasselbe die Seide bedeckt. Nunmehr läßt man die Doppeltrommel mit geringer Umdrehungszahl, etwa 50 in der

Abb. 169.
Natronzentrifuge von Gebr. Heine, Viersen.

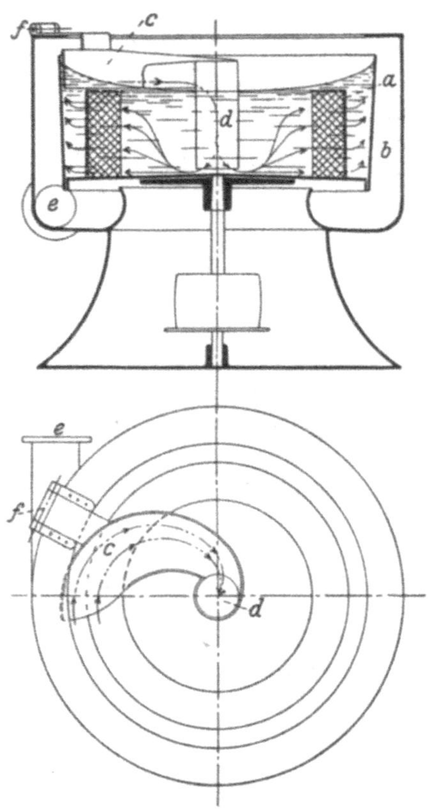

Abb. 170. Querschnitt.

Minute, umlaufen, so daß der Flüssigkeitsspiegel sich kegelschnittlinienartig einstellt. Durch die Leitschaufel *c* wird die an der Innenwand von *b* hochsteigende Flüssigkeit erfaßt und durch ein mit der Schaufel *c* verbundenes Rohr *d* auf den Boden der Lauftrommel zurückgeführt. Von hier aus gelangt die Flüssigkeit durch die Seide wieder nach oben, wird wiederum abgeschöpft, auf den Boden zurückgeführt usw. Da die gesamte Flüssigkeitsmenge mit der Doppeltrommel *a b* umläuft, so wird auch jeder Tropfen in gleicher Weise von der Fliehkraft beeinflußt und zum Kreislauf gezwungen. Infolgedessen ist die Zusammensetzung der Flüssigkeit in den verschiedenen Schichten zu jeder Zeit eine gleiche, so daß eine vollständige Ausnutzung der wirksamen Stoffe und eine gleichmäßige Beschaffenheit des Schleudergutes erreicht wird. Ist der Phosphatierprozeß beendigt, so schleudert man die gesamte Flüssigkeit durch Erhöhung der Umdrehungszahl nach außen ab. Das Phosphatbad tritt hierbei über den Rand des ungelochten Trommelmantels *b* und fließt durch das Rohr *e* nach dem Sammelbehälter. Die Arbeitsweise in diesen Zentrifugen ist die gleiche, wie bei den Burckhardtzentrifugen.

Abb. 171. Phosphatierapparat von Wegmann & Co., Baden.

3. Wegmannapparat von Wegmann & Co., Baden (Schweiz). Die dritte Art von Apparaten zum Phosphatieren sind die sog. Wegmannapparate von der Firma Wegmann & Co., Baden (Schweiz).

Der Apparat besteht aus einer hölzernen Barke, in welcher sich 32 oder 48 kleine, etwa 3 kg Seide fassende, durchlöcherte und verbleite Kupfertrommeln befinden. In der Mitte jeder Trommel ist eine durchlöcherte Hohlspindel angebracht, welche zur Befestigung der Trommeln auf einer Schleudermaschine dient. Die einzelnen Trommeln sind zum Schutz der Seiden mit Straminstoff ausgekleidet. Nachdem die Apparate mit der Seide gefüllt sind, werden sie mit einem Deckel verschlossen, um ein Hinausfallen der Seiden zu vermeiden, und mittels Bajonettverschluß abwechselnd rechts und links an zwei Rohrleitungen angeschlossen, welche sich übereinander in der Barke befinden. Jetzt füllt man den Apparat aus einem Behälter mit dem 55° warmen Phosphatbade und setzt eine Pumpe in Tätigkeit, welche das Bad abwechselnd durch die Seide drückt und absaugt. Während bei den an der oberen Leitung angeschlossenen Trommeln die Flüssigkeit von innen nach außen gedrückt wird, strömt die Flüssigkeit bei den Trommeln der unteren Leitung von außen nach innen. Eine Vorrichtung an der Pumpe wechselt den Kreislauf der Flotte selbsttätig alle 2 bis 4 Minuten.

Abb. 172. Phosphatierapparat von Wegmann & Co., Baden.

Nach beendigtem Phosphatieren wird das Bad wieder in den Behälter zurückgepumpt. Die Trommeln werden abgenommen und zu je sechs auf einer besonderen Schleuder ausgeschwungen. Die Seide wird darauf entweder aus den Apparaten genommen und gewaschen, oder man wäscht sie in einer der eben beschriebenen Phosphatbehandlung gleichen Weise, indem man im Apparat anstatt des Phosphatbades das Waschwasser durch die Seide hindurchgehen läßt. Das in den Wegmannapparaten zur Verwendung gelangende Natronbad ist vielfach etwas schwächer — 3 bis 4° Bé — eingestellt als sonst üblich ist.

Abb. 173. Schaumphosphatierapparat von Gebr. Schmid, Basel.

4. Schaumphosphatierapparat von Gebr. Schmid, Basel. Dieser Apparat ist in seiner Einrichtung nahezu übereinstimmend mit dem bereits oben beschriebenen Schaumabkochapparat, nur sind die Haspeln insofern etwas anders gebaut, anstatt der Drähte sind Glasstangen eingesetzt. Neuerdings verwendet man Hartgummihaspeln nach Art der Walzen einer Waschmaschine, weil sich herausgestellt hat, daß das Metall der Haspeln von dem Phosphat angegriffen wird, außerdem läßt sich so im Apparat auch das Absäuern der Seiden vornehmen.

Der Apparat ist mit mehreren Abflußkanälen sowie mehreren Zuflußröhren versehen. Im übrigen ist der Apparat wie eine Waschmaschine gebaut, indem sich senkrecht unter den Walzen oder Haspeln und zwischen je zwei Haspeln oberhalb je ein Spritzrohr befindet, die ebenso wie bei der Waschmaschine dazu bestimmt sind, die auf die Haspeln aufgehängte Seide von innen und außen gleichmäßig mit der Waschflüssigkeit in Berührung zu bringen.

Beim Phosphatieren in Schaum arbeitet man in gleicher Weise wie beim Schaumabkocher, indem man das zum Schäumen gebrachte Bad auf die Seide 10 bis 15 Minuten einwirken läßt. Da bekannt war, daß ein Seifenzusatz vom Phosphatbad die Höhe der Rendite ungünstig beeinflußt, mußte das Schäumen durch Eiweißsubstanzen bewirkt werden, man bedient sich hierzu eines wäßrigen Auszuges der Chrysaliden. Dieses sind die Kadaverüberreste der abgetöteten Seidenraupe, welche nach dem Abhaspeln der Seidenkokons und Entfernung des letzten Seidensäckchens, der Telette, übrigbleiben (s. S. 125). Chrysalidenauszug, dem Phosphatbade zugesetzt, gibt beim Kochen des Bades einen ebensolchen feinblasigen und konsistenten Schaum, wie Seifenschaum.

Während sich bei Strangseiden das Phosphatieren in Apparaten in den größeren Betrieben durchweg eingebürgert hat, ist dieses bei Stückware mit Ausnahme des Phosphatierapparates von Gebr. Schmid, Basel, nicht der Fall. Es erklärt sich dies daraus, daß einmal die Stückwaren, die in vielen Lagen aufeinandergepreßt sind, nicht so gut von dem Phosphatbad durchdrungen werden und dann große Flecken aufweisen. Außerdem aber erleiden die durch das alkalische Phosphat schlüpfrig gewordenen Seiden beim Laufen der Zentrifuge oder dem Durchdrücken der Flüssigkeit auch leicht Verschiebungen im Gewebe. Gerade im Hinblick auf die beim Phosphatieren eintretende schlüpfrige Beschaffenheit der Seide muß bei diesem Prozeß darauf geachtet werden, daß die Seide, gleichgültig, ob im Strang oder im Stück, in keiner Weise mechanisch beschädigt wird. Beim Arbeiten in den Apparaten ist deshalb auch darauf zu sehen, daß die Seiden sorgfältig eingelegt werden, so daß ein Hinundhergleiten derselben ausgeschlossen ist. Andererseits dürfen die Seiden auch nicht zu fest zusammengepreßt werden, damit ein gleichmäßiges Durchdringen mit dem Phosphatbad und dadurch Vermeidung lästiger Fleckenbildung gewährleistet ist.

Ferner sei hier nochmals darauf hingewiesen, daß nicht versäumt werden darf, nach jedem Zug den Phosphat- und Alkaligehalt wieder einzustellen. Besonders letzterem ist besondere Aufmerksamkeit zu schenken, namentlich bei den höheren Pinkzügen, da hier mangelnder Alkaligehalt leicht Flecken oder Schädigungen der Seide veranlassen kann.

Schließlich sei nochmals davor gewarnt, den höchstzulässigen Zinngehalt der Phosphatbäder zu überschreiten, es rächt sich dieses unbedingt.

Alles in allem soll sich der Fachmann darüber klar sein, daß beim Erschwerungsprozeß der Anlaß der meisten Schwierigkeiten oder unangenehmen Überraschungen im Phosphatiervorgang zu suchen ist und er darum diesem Vorgang die größte Aufmerksamkeit schenken muß, will er sich vor Schaden bewahren.

c) Das Waschen und Absäuern nach dem Phosphatieren. Ist die Seide nach dem Phosphatieren ausgeschleudert, so wird sie ebenso gewaschen wie nach dem Pinken, nur muß anstatt Rohwasser ein weiches oder weichgemachtes Wasser verwandt werden, weil sonst Kalkflecke auftreten würden. Man nimmt dieses Waschen häufig auf der Barke vor, indem man die Seide auf eine Barke mit Weichwasser setzt und nun schnell mehrere Male umzieht, das Wasser laufen läßt und mehrere Male das Waschen mit erneuertem Weichwasser wiederholt. Schnelles Arbeiten hierbei ist allerdings erforderlich, weil sonst die Seide leicht trüb wird. Dies läßt sich vermeiden, wenn man auf der Waschmaschine wäscht, was in gleicher Weise geschieht wie das Pinkwaschen. Bei den entsprechenden Phosphatierapparaten, wie Wegmannapparat und Schaumphosphatierapparat, wird auch im Apparat selbst gewaschen.

Die Waschdauer ist meist dieselbe wie beim Pinkwaschen.

Die so auf Barke, Waschmaschine oder Apparat gewaschene Seide wird dann mit Salzsäure, etwa 10% vom Gewicht der Seide, abgesäuert. Es geschieht dieses entweder auf der Barke kalt, ¼ bis ½ Stunde, oder in den Apparaten selbst oder mittels einer Waschmaschine, die speziell dazu eingerichtet ist.

Eine derartige Absäuremaschine, die der Firma Clavel und Lindenmeyer, Basel, patentiert ist, zeigt folgende Einrichtung:

Der Apparat hat die Gestalt einer Waschmaschine, welche über einem mit Asphalt oder säurefestem Material ausgekleideten Bassin montiert ist. Die Spritzrohre sind aus Hartgummi, die Metallteile durch Verbleiung vor der Einwirkung der Säure geschützt. Die Waschmaschine ist mit einer Pumpvorrichtung versehen, welche die im Bassin enthaltene Flüssigkeit in stetem Kreislauf durch die Spritzrohre zu drücken vermag. Mit Hilfe dieser Waschmaschine wäscht man von Phosphat und säuert anschließend ab.

Man verfährt wie folgt: Das Bassin wird, nachdem die Seide auf die Walzen gehängt ist, mit Weichwasser gefüllt und die Seide nach Einschaltung der Pumpvorrichtung vier Minuten gewaschen. Dieses Waschwasser wird laufen gelassen und durch neues Weichwasser ersetzt. Hiermit wird nochmals vier Minuten gewaschen. Nachdem man auch dieses Wasser hat laufen lassen, wird das Bassin mit Rohwasser, dem man die der Menge Seide entsprechenden 10% Salzsäure beigemischt hat, gefüllt. Mit diesem Säurebad wird dann ebenso, wie beim Waschen mit kreisender Flotte, fünf Minuten abgesäuert.

Eine andere Form des Absäuerns in Apparaten stellt das Arbeiten mit der Phosphatier-, Wasch- und Absäurezentrifuge „System Heine“ dar, eine Arbeitsweise, bei der die Seide sehr geschont wird.

Diese Anlage besteht aus zwei Zentrifugengestellen mit drei Trommeln aus verbleitem Kupfer, welche mittels Laufkran in die Zentrifugengestelle hinein- und herausgehoben werden können. Außerhalb der Zentrifugen sind Aufsetzvorrichtungen für die Trommeln beim Aus- und Einpacken angebracht. Die Arbeitsweise gestaltet sich wie folgt:

Von der Pinkzentrifuge kommt die Seide zum Waschen auf die Waschmaschine und dann zum Trocknen in eine gewöhnliche Trockenzentrifuge. Hierauf wird die Seide in die Trommel des Apparates eingeladen, der Deckel aufgelegt und mittels Riegel befestigt. Das Einladen geschieht in die mit Tüchern ausgelegten Füllräume *a* (siehe Abb. 174 und 175). Jetzt wird die geladene Trommel mit dem Laufkran in das Zentrifugengestell eingesetzt. Die Zentrifuge wird durch eine Dampfmaschine in geringe Umdrehung gesetzt, das Phosphatbad aus dem Bodenreservoir mittels einer Eisenpumpe durch das Rohr *i* mit dem Mittelkonus *n*, Abb. 174, eingeleitet. Die Trommel füllt sich mit dem Phosphatbad. Nach der für das Phosphatieren nötigen Zeit (30 bis 45 Minuten) wird die Tourenzahl erhöht, um auszuschleudern. Gleichzeitig wird die Pumpe abgestellt. Während des Phosphatierens läuft das Bad aus der Zentrifuge durch den Auslauf in das Phosphatreservoir zurück. Nach dem Ausschleudern wird die Zentrifuge auf eine niedrige Tourenzahl gebracht. Hierauf wird der bewegliche Einlaufarm *i* in den Zwischenraum *m*, Abb. 175, gestellt. In einem Hochreservoir ist inzwischen weiches Wasser auf 30° R erwärmt worden, dieses wird nun durch Öffnen eines Schieberhahnes in den Zwischenraum *m* hineingelassen. Die Tourenzahl wird so gestellt, daß das Wasser nicht über den Kesseldeckel läuft, sondern durch die Seide hindurchgetrieben wird; nach ca. fünf Minuten ist das Wasser durchgelaufen. Dann wird die Tourenzahl behufs Ausschleuderns erhöht. Der Auslaufstutzen *f* ist indessen in den Ablaufkanal umgedreht worden. Nach dem Abschleudern wird abgebremst, die Trommel mit dem Kran herausgehoben und in ein zweites Zentrifugengestell eingesetzt. Man läßt jetzt die Trommel mit langsamer Tourenzahl laufen. Durch das Einlaufrohr *i* läßt man aus der Wasserleitung direkt kaltes Wasser während ca. fünf Minuten in den Konus *n*, Abb. 174, einlaufen, indem man die Touren so reguliert, daß das Wasser nicht überspritzt, sondern vom Zwischenraum aus über den Deckel abläuft. Der Auslaufstutzen ist in den Ablaufkanal gerichtet. Nach den fünf Minuten wird die Tourenzahl gesteigert und einige Minuten ausgeschleudert. Inzwischen hat man in einem Holzreservoir, das im Boden liegt, kalte Säure hergerichtet. Die Trommel wird auf niedrige Tourenzahl abgebremst und die Säure mittels einer Bronzepumpe in den Mittelkonus *n*, Abb. 174, eingelassen. Der Auslauf wird so gedreht, daß die auslaufende Säure ins Holzreservoir zurückläuft. Nach etwa fünf Minuten wird das Einlaufrohr *i* in den Zwischenraum *m*, Abb. 175, gerichtet, die Tourenzahl etwas gesteigert und die gesamte Flüssigkeit

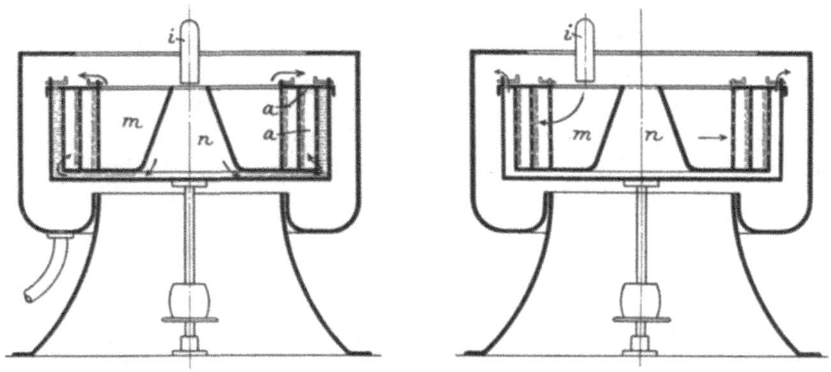

Abb. 174 u. 175. Phosphatier- und Absäurezentrifuge von Gebr. Heine, Viersen.

aus dem Holzreservoir hindurchgetrieben, der Auslaufstutzen ist hierbei in den Ablaufkanal gerichtet. Nachdem alle Flüssigkeit hindurchgepumpt ist, steigert man die Tourenzahl und schleudert ca. 15 Minuten aus. Nach dem Abbremsen wird die Trommel herausgehoben, auf die Absetzvorrichtung gesetzt und aus- bzw. mit frischer Seide wieder eingepackt. Inzwischen ist Trommel *2* im Zentrifugengestell *1* phosphatiert worden, Trommel *3* ist voll gepackt, Trommel *2* geht nun ins Zentrifugengestell *2*, während Trommel *1* zum Ein- bzw. Auspacken auf der Absetzvorrichtung ruht. Alle 45 bis 60 Minuten kommt eine Trommel zum Phosphatieren bzw. zum Aus- und Einpacken.

Diese Maschinen werden in zwei Größen hergestellt, und zwar für eine Tagesleistung (acht Stunden) von 680 und 960 kg Rohseide für einen Zug. Es können vier Züge gemacht werden. Bedienungsmannschaft zwei Mann gegenüber vierzehn bzw. sechszehn Mann an der Barke.

Statt des Absäuerns findet man namentlich bei Schwarzerschwerungen auch eine andere Arbeitsweise, um die Seide für das neuerliche Pinken vorzubereiten. Es besteht dieses darin, daß die Seide nach dem Phosphatwaschen mit einer Seifenlösung (10% vom Gewicht der Seide) etwa 60° C warm eine halbe bis dreiviertel Stunde behandelt wird. Es soll durch diese Behandlung die Seide besser gequollen und so gegenüber Zinn aufnahmefähiger werden, als dieses beim Absäuern der Fall ist. Andererseits werden bei dieser Arbeitsweise die Pinken durch Fettsäuren verschmutzt, was vielfach als bedenklich angesprochen wird.

Die nach dem Absäuern ausgeschleuderte Seide wird durch Aufschlagen gelockert und macht jetzt wieder den soeben beschriebenen Gang von neuem durch: sie wird also gepinkt, gewaschen, phosphatiert, wieder gewaschen und abgesäuert. Je nach der gewünschten Höhe der Erschwerung wird diese Reihe von Vorgängen zwei- bis fünfmal wiederholt oder, wie der technische Ausdruck für die Gesamtheit dieser Vorgänge lautet, die Seide wird ein- bis fünfmal gepinkt.

Allerdings ist hierbei zu erwähnen, daß nach dem jeweils letzten Phosphatwaschen nicht abgesäuert, sondern entweder geseift wird, oder auch man läßt es beim Waschen sein Bewenden haben, da die Erschwerung der Seide jetzt noch keineswegs beendigt ist, sondern weitergeht. Nur beginnt hier die Trennung von der bisher gemeinsamen Arbeitsweise, je nachdem die Seide weiter zu Couleurseide oder Schwarzseide verarbeitet werden soll. Während die farbig gefärbten Seiden rein mineralisch weiter erschwert werden, verwendet man bei den Schwarzseiden in der Hauptsache organische Erschwerungsmittel.

Man bezeichnet das bisher beschriebene Verfahren, welches von der abgekochten Seide ausging, als das Weißpinken. Diesem steht gegenüber das Rohpinken, bei dem man die unabgekochte Seide erschwert. Hierfür kommen bei Strangware die Souple- und Ecruseiden, ferner aber die sämtlichen Stückwaren in Betracht. Wenn auch der Pinkprozeß als solcher der gleiche bleibt, so erfährt die Seide vor dem Pinken an Stelle des Abkochens eine Vorbehandlung, welche als Einweichen anzusprechen ist. Es ist dies erforderlich, weil der Bast auf der Rohseide einen ziemlich undurchdringlichen Überzug bildet. Will man roh pinken, dann müssen die betreffenden Seiden mehrere Stunden, am besten über Nacht, in eine schwache, lauwarme Seifenlösung eingelegt werden. Vielfach nimmt man anstatt der Seifenlösung auch eine schwache Lösung von Salzsäure oder Formaldehyd in Wasser. Die mit Seife oder Formalin eingenetzten Seiden müssen, bevor man in die Pinke geht, noch mit Salzsäure abgesäuert werden. Hiernach wird geschwungen und wie üblich gepinkt, gewaschen, phosphatiert usw., wobei die Verhältnisse bezüglich Temperatur, Stärke der Bäder usw. die gleichen bleiben wie beim Weißpinken. Nur bei Souple- und Ecruseiden wird insofern eine Ausnahme gemacht, als die Temperatur der Phosphatbäder niedriger, etwa 35 bis 40 ^{0} C, gehalten wird, um ein vorzeitiges Ablösen des Bastes zu vermeiden. Das Abkochen geschieht erst ganz zum Schluß, nachdem z. B. bei Coleurseiden, die hierfür meistens in Betracht kommen, die Seiden noch mit Wasserglas behandelt worden sind. Nach dem Abkochen muß gut repassiert werden, gegebenenfalls unter Zusatz von Ammoniak, um jegliche Bildung von Flecken oder Streifen zu vermeiden.

Außer dem Rohpinken wäre dann noch das Blaupinken zu erwähnen, welches allerdings nur für Schwarzseiden in Betracht kommt, aber doch eine besondere Arbeitsweise in der eigentlichen Zinnerschwerung darstellt. Die abgekochte Seide wird einmal gepinkt, phosphatiert und gewaschen und hiernach mit Eisenbeize gebeizt. Dann wird das abgeschiedene Ferrioxyd durch Behandlung mit Ferrozyankalilösung in Berlinerblau übergeführt. Nach dem Waschen wird mit der so blaugemachten Seide in die Pinke eingegangen. Man kann übrigens auch anschließend an das Abkochen mit Eisenbeize und Ferrozyankalium behandeln. Für diese Zwecke empfiehlt es sich, den Säuregehalt der Pinke möglichst niedrig zu halten. Nachdem vom Pinken gewaschen worden ist, wird phosphatiert. Hierbei ist aber zu beachten, daß man keine stehenden

Phosphatbäder verwendet, sondern frische, die aber bedeutend schwächer als die üblichen sind und vielfach einen Zusatz von Wasserglas erfahren, sowie ferner, daß man die Temperatur niedrig hält, da bei erhöhter Temperatur durch das Alkali jegliches Blau wieder heruntergerissen werden kann. Über die näheren Bedingungen dieser Arbeitsweise wird noch in dem Abschnitt über Schwarzerschwerung berichtet werden.

Bevor zur Beschreibung der Weiterverarbeitung der farbigen oder schwarzen Seiden übergegangen wird, soll hier noch das schon erwähnte Erschwerungsverfahren der Firma Gebr. Schmid, Basel[1]), besprochen werden, da es bezüglich Schonung der Seide sowie Ersparnis an Zeit und Arbeitskraft der bisherigen Arbeitsweise weit überlegen ist.

Wie erwähnt, ist der für dieses Verfahren gebaute Apparat wie ein Schaumabkochapparat konstruiert und besitzt Einrichtungen, die gestatten, den Apparat mit den verschiedensten Bädern zu beschicken bzw. diese Bäder wieder in besondere Bassins abzulassen, so daß man in diesem Apparat eine ganze Anzahl von Phasen des Zinnerschwerungsvorganges vornehmen kann, ohne die Seide irgendwie umpacken zu müssen. Die Arbeitsweise ist folgende:

Die Rohseide oder abgekochte Seide wird über Nacht in die Pinke gelegt. Am Morgen wird die Seide von der Pinke ausgeschleudert und auf die im Apparat befindlichen Haspeln gehängt. Darauf wird mittels der im Apparat eingebauten Spritzrohre mit Rohwasser gewaschen. Das Waschwasser wird in die Zinnregeneration abgeleitet. Nach Beendigung des Waschens wird mit einem dünnen Phosphatbad (30 bis 40 g auf 1 l) von lauwarmer Temperatur 2 bis 3 Minuten vorgewaschen und das ablaufende Bad wieder in das zugehörige Reservoir zurückgepumpt. Ist dieses geschehen, dann wird das eigentliche Phosphatbad (100 bis 140 g im Liter) mit dem Chrysalidenzusatz in den Apparat gepumpt und durch Aufkochen zum Schäumen gebracht. Der Schaum wird etwa 10 bis 15 Minuten auf die Seide einwirken, sodann sinken gelassen und das Bad wieder in das Reservoir zurückgepumpt. Hierauf wird mit dem zum Vorwaschen benutzten schwachen Phosphatbad etwa zwei Minuten nachgewaschen. Nach dem Zurückpumpen des Bades wird jetzt 3 bis 4 Minuten mit Weichwasser gewaschen und hierauf mit Rohwasser und Salzsäure abgesäuert. Nach dem Absäuern wird die Seide von den Haspeln abgenommen, ausgeschleudert und ist nun wieder zum Pinken fertig. Ist die Seide drei- oder viermal gepinkt, dann ist der Bast der Rohseide durch die verschiedene Behandlungsweise so gelockert, daß ein leichtes Repassierbad mit 5 bis 10% Seife genügt, um die Seide vollständig zu entbasten. Die ganzen Arbeitsvorgänge von einem bis zum anderen Pinken sind in etwa einer Stunde erledigt. Zur Bedienung des Apparates bedarf es eines Mannes bei einer Menge von 50 bis 60 kg Seide. Während der ganzen Vorgänge erleidet die Seide keine andere mechanische Berührung als den Kreislauf auf den Walzen. Nach dem alten Verfahren erfordern diese Zwischenbehandlungen zwischen dem Pinken bei der gleichen Seidenmenge etwa drei Stunden, mindestens vier bis fünf Arbeitskräfte und die Seide geht zwölfmal durch die Hand des Arbeiters.

Selbstverständlich hat es an Bedenken gegen dieses Verfahrens nicht gefehlt, namentlich bezüglich der hohen Temperaturen des Phosphatbades bzw. der Einwirkung des Alkaligehaltes. Dies ist aber unbedenklich, da die Phosphatbäder nicht alkalisch, sondern sauer gestellt werden. In der Kochtemperatur selbst kann nichts Gefährliches erblickt werden, wenn man sich an das Abkochen der Seide oder das Weichkochen des Souples erinnert. Tatsächlich zeichnen sich die

---

[1]) D.R.P. 287754, 291009, 291075, 305239 und 299436.

mit dem Apparat fertiggestellten Seiden durch tadellose äußere Beschaffenheit, Glanz, Dehnbarkeit und Festigkeit aus. Besonders macht sich die Schonung der Seide bei an Duvet reichen und flusigen Seiden, wie Italiener- und Kanton-Trame, bemerkbar. Sie fielen, nach diesem Verfahren erschwert, derart glatt und offen aus, wie dieses beim Arbeiten nach den anderen Verfahren überhaupt nicht möglich ist. Auch die Renditen fallen bei diesem Verfahren durchweg sehr hoch aus, vielfach nach der Färbung mit einem Mehr von 20%.

Bei der Fertigerschwerung farbiger Seiden gestattet der Apparat, die Tonerde- und Wasserglasbehandlung anschließend an das Phosphatieren ebenfalls in dem Apparat vorzunehmen.

d) Die chemischen Vorgänge der Zinnphosphaterschwerung. Die vielfach geäußerte Annahme, daß die zweite Hälfte des Zinnphosphatprozesses, also das Phosphatieren, dazu diene, das in der Faser abgeschiedene Zinnhydroxyd zu neutralisieren, mochte dem Laien genügen, den Chemiker konnte eine solche These nicht befriedigen. Eine Reihe von Forschern hat versucht, Licht in dieses keineswegs einfache Gebiet zu bringen.

Eine der ältesten Abhandlungen über dieses Gebiet stammt von Silbermann[1]).

Nach diesem Autor besitzt die Seide zu Säuren und Basen eine ausgesprochene Verwandtschaft. Sie vermag dieselbe unter Temperaturerhöhung aufzunehmen. Das Serizin erscheint reaktionsfähiger als das Fibroin. Verfasser belegt dies durch Beobachtungen, die er bei verschiedenen Beizvorgängen gemacht hat, z. B. beim Beizen der Seide mit Alaunlösung. Hierbei verliert die Alaunlösung nicht nur an Gehalt, sondern wird auch sauer, sofern man vorher eine neutrale Lösung verwendet. Das gleiche ist der Fall beim Beizen der Seiden mit basisch-schwefelsaurer Eisenoxydlösung. Er erklärt diese Beobachtung mit den osmotischen Eigenschaften der Seide, welche aus den kolloiden Lösungen der Metallsalze das Metalloxyd herausnimmt und im Innern der Faser aufspeichert, während die Säure wieder hinausdiffundiert. Ist das dialytische Vermögen der Seide erschöpft, d. h. sind die Innenräume der Faser vollkommen ausgefüllt, dann schrumpfen durch die Behandlungen mit heißen Fixierungsbädern die abgelagerten Kolloide und die Seide ist dann wieder aufnahmefähig für neue Mengen der Kolloide. Diese Eigenschaft der Seide wird begünstigt durch Anwesenheit von freier Säure oder freiem Alkali.

Außer für Metalloxyde, besitzt die Seide auch sehr große Affinität gegenüber organischen Stoffen, wie Leim, Zucker, Gerbstoff und Farbstoff.

Bezüglich der eigentlichen Erschwerung mit Chlorzinn nimmt Silbermann an, daß das auf der Faser vorhandene Chlorzinn durch die Einwirkung des Wassers dissoziiert, und nimmt an, daß in der Faser basisches Chlorzinn, also Zinnoxychlorid neben Zinnhydroxyd, vorhanden ist. Das Chlorzinnbad wird nach jeder Beizung nicht nur schwächer an Gehalt, sondern reicher an Säure.

Bedeutend eingehender hat sich mit dieser Materie Prof. P. Heermann beschäftigt, der wohl als erster auf Grund zahlreicher Experimentalversuche das Wesen des Vorganges der Seidenerschwerung zu ergründen vermocht hat.

Seine grundlegenden Versuche gingen von dem Verhalten der Seide gegenüber Metallbeizen aus[2]). Er legt seinen Studien die primäre Beizung — die Behandlung der Seide mit den Metallbeizen und anschließende Zersetzung der Beize mit Wasserbehandlung, im Gegensatz zu sekundären Prozessen wie Neutralisieren, Phosphatbehandlung, Dämpfen, Trocknen usw. — zugrunde und beschreibt genau die Vorgänge der primären Beizung unter Berücksichtigung

[1]) Silbermann: Die Seide Bd. 11, S. 220.

[2]) Färber-Zg. 1904, S. 37, 117, 142, 335, 350, 418; 1905, S. 76, 85, 108, 165, 183, 197, 214, 325 und 345.

der Einwirkungsdauer, Konzentration, Temperatur, Basizität und Wiederholung der Beizung. Es würde zu weit führen, seine Ausführungen im einzelnen wiederzugeben. Er kommt auf Grund der zahlreichen Beobachtungen zu folgenden Schlüssen:

1. Die Beize wird von der Faser koch- und reibecht fixiert.
2. Zeitdauer, Temperatur, Konzentration und Basizität der Beize beeinflussen das Beizergebnis.
3. Die Wirksamkeit der Beize ist proportional der hydrolytischen Dissoziation.
4. Die erste Beizung verläuft anders und schafft mehr Zinn in die Faser als die übrigen Züge.
5. Die Menge der anhaftenden Beize ist ohne Einfluß auf das Beizergebnis.
6. Die Temperatur steigt während des Beizens.
7. Die Menge der Beize ist von Einfluß auf das Beizergebnis.

Heermann nahm zuerst katalytische Vorgänge an, später entwickelte er die jonetische Beiztheorie. In einer späteren Abhandlung[1]) gibt Heermann eine Erklärung für den Phosphatierprozeß. Er nimmt an, daß das in der Faser fixierte Zinnhydroxyd sich zuerst mit dem Natriumphosphat zu einem Zinnoxyd-Natriumphosphat verbindet. In der zweiten Phase des Prozesses wird das gebildete Salz dann durch das Wasser des Waschvorganges in basisches Zinnphosphat und Natriumhydroxyd zerlegt, welch letzteres sich dann wieder mit dem überschüssigen sekundären zu tertiärem Phosphat verbindet. Er läßt mithin den Phosphatierprozeß nach folgender Formel verlaufen:

1. $Sn(OH)_4 + Na_2HPO_4 = Sn(ONa)_2HPO_4 + 2\,H_2O$,
2. $Sn(ONa)_2HPO_4 + H_2O = Sn(OH)_2HPO_4 + 2\,NaOH + H_2O$,
3. $NaOH + Na_2HPO_4 = Na_3PO_4 + H_2O$.

Ristenpart[2]) hat den Seidenerschwerungsvorgang ebenfalls zum Gegenstand eingehender Studien gemacht. Im großen und ganzen bestätigt er die Heermannschen Versuche, nur sieht er den Waschprozeß nicht als einen zur primären Beizung gehörigen Vorgang an, sondern spricht ihn als einen sekundären Prozeß an und trennt dementsprechend Beizung und Waschprozeß. Er stellt außerdem fest, daß die beim Liegen der gebeizten Fasern an der Luft auftretende Nachbeizung ein Drittel des primären Beizergebnisses betragen kann. Die durch den Waschprozeß herbeigeführte Ablagerung des Metallhydroxydes in der Faser ist seines Erachtens keine Fixierung der Beize, sondern es bedarf dazu erst einer weiteren Nachbehandlung mit Soda oder Phosphat.

P. Sisley[3]) führt aus, daß er als erster den Nachweis geführt habe, daß die Seide sich beim Behandeln mit Chlorzinnlösung mit dieser imprägniere und daß keine Veränderung im Bade selbst stattfände, weder bezüglich der Zusammensetzung, noch bezüglich der Beizenkonzentration, sofern man mit trockener Seide eingeht. (Diese Beobachtungen hatten auch Fränkel und Fasal[4]) sowie Severini[5]) gemacht.) Seiner Meinung nach ist das Chlorzinnbad als eine kolloide Zinnsäurelösung in Salzsäure aufzufassen, welche nicht mehr aus der Faser als solche hinausdiffundieren könnte. Die Salzsäure diffundiert in das Chlorzinnbad und das Zinnhydroxyd scheidet sich in Gelform in der Faser ab, und zwar als normales Hydrat der Zusammensetzung Zinndioxyd + 2 Wasser. Unter-

[1]) Färber-Zg. 1905, S. 340. [2]) Ristenpart: Färber-Zg. 1909, S. 233 und 25.
[3]) Sisley, P.: Chem.-Zg. 1911, S. 621.
[4]) Fränkel und Fasal: Mitt. d. technologischen Gewerbemuseums, Wien 1897, S. 250.
[5]) Severini: La carica minerale della seta Atti del VI Congresso Internationale di chimica applicata Bd. 3, S. 359. Rom 1907.

wirft man eine derart mit Zinn beschwerte Seide dem Kochen in Wasser oder einer Seifenlösung, so geht das normale Hydroxyd in die wasserärmere Verbindung H_2SnO_3 über. Durch Behandeln der Seide nach dem Zinnwaschen mit einer schwachen Sodalösung wird das $Sn(OH)_4$ fixiert und in eine Form übergeführt, in der es sich nicht mehr leicht in Säuren oder Zinnchloridlösung zu lösen vermag. Nach den Beobachtungen Sisleys ist die Zinnaufnahme in den einzelnen Zügen ziemlich regelmäßig und entspricht etwa 10 bis 12% vom Gewicht der Seiden.

Sisley beschreibt dann den Mechanismus der Phosphataufnahme, die nicht so regelmäßig verläuft als die Zinnaufnahme, doch will er eine Zunahme von 19% beim ersten und 35% nach dem dritten Zug beobachtet haben. Das fixierte Zinnhydroxyd ist nach seinen Versuchen, auf denen sich übrigens ein Patent aufbaut[1]), imstande, Salze mehrbasischer Säuren, wie Natriumphosphat, Natriumwolframat und Natriumsilikat zu binden, während die Seide selbst als solche hierzu nicht befähigt ist. Es bildet sich Natriumphosphostannat, $SnO_2Na_2HPO_4$. Nach Ansicht Sisleys hängt dieses mit den freien OH-Gruppen in den Salzen zusammen, da die primären und sekundären Salze mit dem auf der Faser gebundenen $Sn(OH)_4$ in Reaktion treten, nicht dagegen die tertiären Phosphate oder Pyrophosphate. Das Natriumphosphostannat ist in Wasser unlöslich, leicht löslich jedoch in konzentrierter Natriumphosphatlösung. Die mit Soda nach der Zinnbeizung behandelte Seide vermag ebenso noch Natriumphosphat zu absorbieren, aber weniger als die mit Wasser gewaschene. Die gleiche Abschwächung der Phosphataufnahmefähigkeit tritt ein, wenn die Seide nach der Zinnbeizung geseift wurde, eine Beobachtung, die auch von Gianoli[2]) gemacht wurde. Als Erklärung für die Tatsache, daß die Phosphatbäder von Zug zu Zug sauer werden, nimmt Sisley an, daß die phosphatierte Seide, ins Chlorzinnbad zurückgebracht, teils unlösliches Zinnphosphat in der Faser ablagert, teils aber bildet sich auch Natriumphosphostannat, indem das Zinnphosphat aus dem Natriumphosphat, das es dabei in primäres Phosphat umwandelt, Natrium herausnimmt. Die endgültige Umwandlung des Natriumphosphostannates verlegt Sisley in den Färbe- und Avivierprozeß.

Im Anschluß an die Zinnphosphaterschwerung geht Sisley dann noch über zur Erklärung der Vorgänge beim Erschweren mit Wasserglas und Tonerde-Wasserglas, die hier bereits Erwähnung finden mögen, obwohl diese Vorgänge erst später behandelt werden sollen.

Die starke Gewichtsvermehrung der Charge wird durch Fixierung der Kieselsäure hervorgerufen. Das Natriumsilikat tritt wie ein Alkali an die Stelle des Natriumphosphates und bildet ein Zinnatriumsilikat der Formel $3\ SiO_2 \cdot Na_2O \cdot SnO_2$. Das Natriumsilikatbad soll dabei sauer werden und die Phosphorsäure in dasselbe in Form von tertiärem Phosphat hineinwandern. Die Reaktion ist jedoch niemals vollständig und man findet daher in der Faser, je nach Temperatur, Zeitdauer und Konzentration, wechselnde Mengen von Phosphorsäure und Kieselsäure. Auch diese Phosphorsilikatcharge soll ihr Natrium, und zwar noch leichter wie das Natriumphosphostannat, im Avivier- und Färbeprozeß unter Bildung von Zinntrisilikat verlieren.

Was die Theorie der Bindung von Tonerde anbelangt, so nimmt Sisley an, daß durch die Säurebehandlung der mit Zinnphosphat erschwerten Seide sich die Bindung zwischen $Sn(OH)_4$ und Na_2HPO_4 löse, die Tonerde sich an das Zinn hefte und dann als Aluminiumphosphat fixiert werde, während das Natrium

[1]) Franz. Pat. 258869 (1896).
[2]) Gianoli: Rev. gén. mat. color. Bd. 11, S. 68. 1907.

in das Tonerdebad überginge. Die Menge des Natriumsalzes soll allerdings sehr gering sein. Jedenfalls ist es weder Severini noch Fränkel und Fasal gelungen, den Nachweis des Natriums zu führen. Die nach der Wasserglasbehandlung entstehende Charge soll ein Doppelphosphatsilikat des Zinns und des Aluminiums sein, vor allem soll die Aufnahme der Kieselsäure durch das Zinnaluminiumphosphat wesentlich begünstigt werden.

Heermann[1]) bestreitet Sisley das Recht, für sich in Anspruch zu nehmen, daß er als erster nachgewiesen habe, ein Chlorzinnbad ändere sich beim Eingang mit trockener Seide weder bezüglich Konzentration, noch bezüglich Zusammensetzung. Gegen die Theorie Sisleys führt er dann eine Reihe von Thesen an, um den Nachweis zu führen, daß eine Erklärung des Vorganges als Imprägnierung nicht angängig sei. Bei dieser Gelegenheit erwähnt er einen Versuch, bei dem die Seide genau das Doppelte an Zinn enthielt, als aus dem Chlorzinnbad herausgenommen war. Nach Ansicht des Verfassers ist es also nur möglich, daß das mechanisch auf der Faser sitzende Chlorzinn beim Waschprozeß in die Faser wanderte.

Sodann kommt Heermann auf den Phosphatprozeß zu sprechen und kritisiert, daß Sisley das Zustandekommen einer Verbindung der Zusammensetzung $2\,SnO_2 \cdot P_2O_5$ als bestimmt hinstellt. Gnehm und Bänziger[2]) hätten $4\,SnO_2 \cdot P_2O_5$ und er selbst $3\,SnO_2 \cdot P_2O_5$ festgestellt. Endlich wendet sich Heermann dagegen, daß Sisley die Entstehung des Zinnphosphates aus dem Natriumphosphostannat in das nachfolgende Chlorzinnbad verlegt, während er dieses in den Waschprozeß verlegt, was auch Ristenpart[3]) bestätigt.

H. Ley[4]) spricht sich in seinen verschiedenen Abhandlungen dahin aus, daß er die Zinnerschwerung der Seide für einen Vorgang zum Teil mechanischer, zum Teil chemischer Natur ansieht. Aus der Beobachtung in der Praxis, daß die Chlorzinnbäder den Säuregehalt verändern, andererseits die Seiden mehr Zinn aufnehmen, als der Menge des herausgenommenen Zinnbades entspricht, schließt er, daß die erste Menge Chlorzinn, welche die Seidenfaser zu ihrer Durchtränkung benötigt, im Innern der Faser durch noch in derselben vorhandene Salze, die Seife vom Abkochen und Wasser sofort hydrolytisch in Zinnhydroxyd und Salzsäure gespalten würde, und begründet dies mit der Feststellung, daß eine gepinkte Seide mit säurehaltigem Wasser ausgewaschen, das aufgenommene Zinn nicht wieder abgibt. Dieses Zinnhydroxyd tritt sodann mit weiter in die Faser eindringendem Chlorzinn in Reaktion unter Bildung von Zinnoxychlorid, welches seinerseits als kolloide Lösung eines Metallhydroxydes nicht mehr durch die Faser hindurch zu diffundieren vermag. Auf diese Weise erklärt Verfasser die Tatsache, daß von der Seide Chlorzinn chemisch aus dem Bade herausgenommen wird. Der Ansicht Ristenparts und Heermanns, daß in der Faser kein Oxychlorid vorhanden sei, hat er auf Grund seiner Beobachtungen nicht beipflichten können.

Bei der Erklärung des Phosphatiervorganges als eines chemischen Prozesses geht er von der bei dem Phosphatieren stets sich bemerkbar machenden Verschiebung des Alkaligehaltes der Phosphatbäder aus. Die Tatsache, daß die Phosphatbäder trotz teilweise sehr erheblichen Alkalizusatzes nach der Seidenbehandlung ihren Alkaligehalt gänzlich verloren haben, sogar sauer geworden sind, ohne daß diese Menge neutralisierten Alkalis in Form von Kochsalz im Bade nachzuweisen ist, macht die bisherige Erklärung, daß das Natrium-

[1]) Heermann: Chem.-Zg. 1911, S. 829.
[2]) Gnehm und Bänziger: Färber-Zg. 1897, H. 1 und 2.
[3]) Ristenpart: Färber-Zg. 1909, S. 255.
[4]) Ley, H.: Chem.-Zg. 1912, S. 1405; 1915, S. 973; 1921, S. 645.

phosphat als solches aus dem Bade herausgenommen und von Zinnhydroxyd absorbiert würde, zweifelhaft. Eine Erklärung für dieses Sauerwerden der Phosphatbäder glaubt der Verfasser darin gefunden zu haben, daß die Alkaligehaltsverhältnisse im Natriumphosphat selbst verschoben werden, indem das sekundäre Phosphat in das primäre übergeht. Seiner Auffassung nach kann der chemische Vorgang des Phosphatierens nur in der Weise verlaufen, daß zuerst ein Teil des Alkalis zur Absättigung der Zinnsäure unter Bildung von Natriumstannat und primärem Phosphat verbraucht wird. Darauf wird in einer zweiten Phase das Natriumstannat durch neues Phosphat in Zinnphosphat übergeführt. Das bei dieser Reaktion freiwerdende Natriumhydroxyd wird dann zum Wiederherstellen des Alkaligehaltes des primären Phosphats oder zum Abstumpfen der freien Phosphorsäure verwandt. Ebenso formuliert Verfasser auch die Entstehung des Zinnphosphates aus den verschiedenen Zinnoxychloriden.

Bei seinen Ausführungen betont Verfasser wiederholt, daß der Erschwerungsvorgang in der Praxis nur zum Teil sich nach der dargelegten Theorie abspielen wird, da man es mit einer ganzen Anzahl von nebeneinander herlaufenden Prozessen zu tun hat. Die Begründung dieser Annahme gibt er in einer weiteren Abhandlung[1]), in der er sich mit den Spaltungsprodukten des Erschwerungsprozesses beschäftigt. Durch Untersuchung der verschiedenen Waschwässer, sowie der durch Schwingen aus der Seide herausbeförderten Spaltungsprodukte führt er den Nachweis, daß die Hauptmenge der Spaltungsprodukte nicht ins Waschwasser übergeht, sondern in der Seidenfaser selbst sich befindet und hieraus erst durch starkes Ausschleudern entfernt werden kann. Diese Tatsache ist ihm eine Erklärung dafür, daß die Erschwerung der Seiden unregelmäßig vor sich geht.

Aus Anlaß einer Kritik Heermanns[2]), der die Berechtigung seiner Auffassung des Phosphatierprozesses verteidigt, hat Ley dann noch in einem besonderen Beitrag über seine weiteren Untersuchungen bezüglich des Phosphatiervorganges berichtet. Außer dem Nachweis, daß die Spaltungsprodukte sehr schwer aus der Faser auszuwaschen sind, bringt er den Beweis, daß die Zerlegung des Zinnsäure-Natrium-Phosphat-Additionsproduktes durch den nachfolgenden Waschprozeß in Zinnphosphat und Natronlauge nach Heermann nicht zutreffend sein kann, da sonst die Natronlauge in den Waschwässern nachzuweisen sein müßte, was jedoch nicht der Fall ist.

Zu einer anderen Theorie des Seidenerschwerungsvorganges gelangen Fichter und G. Müller, Basel[3]). Von der Beobachtung ausgehend, daß die Seide bei der Chlorzinnbehandlung eine gewisse Menge Zinnchlorid aus dem Bade herausnimmt, ohne daß mit Ausnahme einer Konzentrationsveränderung eine Veränderung des Verhältnisses von Zinn zu Chlor eintritt, mithin Chlorzinn als solches aus dem Bade herausgenommen wird, kommen Verfasser zur Besprechung der bisher von anderer Seite geäußerten Erklärungen des Vorganges.

Der Theorie von Sisley und Ley, daß ursprünglich die Seide mit Zinnchlorid imprägniert und durch die Hydrolyse Zinnhydroxyd in Gelform in der Faser verbleibt, vermögen sie nicht beizutreten, da nicht einzusehen sei, warum einzig die Seide, dagegen andere Fasern nicht, dieses Aufnahmevermögen zu Zinnverbindungen besitzen sollte. Heermann hätte ja bereits diese mechanische Theorie durch die Feststellung widerlegt, daß die Seide mehr Chlorzinn aufnimmt als der zum Imprägnieren benötigten Chlorzinnmenge entspricht; ferner erführe die Chlorzinnlösung beim Beizen eine Temperaturerhöhung, und noch

[1]) Ley, H.: Chem.-Zg. 1915, S. 973 u. 986. [2]) Heermann: Chem.-Zg. 1914, S. 193.
[3]) Fichter und G. Müller, Basel: Färber-Zg. 1913, S. 253, 274, 289.

andere Momente sprächen dafür, daß sich bei der Beizung ein chemischer Prozeß abspielen müßte.

Den Nachweis zu führen, daß tatsächlich ein chemischer Prozeß vor sich geht, versuchten die Verfasser in folgender Weise zu erbringen. Sie lösten wasserfreies Chlorzinn in Benzol, um jeglichen hydrolytischen Prozeß auszuschließen, beizten trockene Seiden mit dieser Lösung während einer Zeitdauer von zwei Stunden und wuschen die Seide mit reinem Benzol aus; nach dem Trocknen stellten sie Gewichtszunahme und schließlich durch Veraschen die Zinnaufnahme fest. Das Ergebnis dieser Versuche war, daß die Seide ganz unabhängig von der Konzentration der Zinnchloridlösung Chlorzinn in Mengen, welche etwa 6 bis 7% entsprechen, aufgenommen hatte. Da von einer Hydrolyse bei der Versuchsanordnung keine Rede sein kann, wird geschlossen, daß das Zinnchlorid mit der Seidensubstanz eine chemische Verbindung eingegangen ist. Als Beweis wird von den Verfassern noch die Beobachtung Heermanns[1]) angeführt, daß die Seide mehr Zinn nach der ersten Beizung mit nachfolgendem Waschen in der Faser enthält, als der Menge Bad entspricht, welches zum Imprägnieren der Seide benötigt wurde. Durch Wiederholen dieses Versuches, aber ohne zu waschen, führen die Verfasser den Beweis, daß diese Anreicherung nicht in Form von Stannihydroxyd, sondern von Zinnchlorid vor sich gehen muß. Hiermit stehen auch die Beobachtungen in der Praxis, z. B. daß die Pinkbäder nicht sauer werden, sowie auch die Feststellungen von Ristenpart[2]), daß das Zinn nur in Form des Chlorzinns — also im Verhältnis 1 Zinn und 4 Chlor — auf der primärgebeizten Faser vorhanden ist, in voller Übereinstimmung.

Von der Überlegung ausgehend, daß die Seidensubstanz ein Polypeptid ist, an dessen Aufbau die verschiedensten Aminosäuren, wie Glykokoll, Alanin, Serin, Leucin, Tyrosin teilnehmen, führten die Verfasser Zinnchloridversuche mit einzelnen dieser Aminosäuren aus. Es gelang ihnen, in Benzol arbeitend, eine Reihe von neuen Körpern herzustellen, deren Untersuchung ergab, daß tatsächlich einfach zusammengesetzte Anlagerungsprodukte entstehen, z. B. $SnCl_4(CH_3CHNH_2COOH)_4$ = Zinnchlorid-Alanin und $SnCl_4(OH — C_6H_4 — CH_2 — CHNH_2 — COOH)_4$ = Zinnchloridtyrosin. Diese Körper, wie $SnCl_4$ — (Glykokoll)$_4$, sowie $SnCl_4$ — (Alanin)$_4$ gelang es, in steigender Weise zu hydrolisieren, also $SnCl_3OH$ — (Alanin)$_3$, $SnCl_2(OH)_2$ — (Alanin)$_2$ bis zum $Sn(OH)_4 + 4$ Alanin.

Die Gesamtheit ihrer Beobachtungen führt die Verfasser zur Aufstellung folgender Theorie: Entsprechend dem Verhalten der Aminosäure gegenüber Zinnchlorid addiert das Polypeptid Fibroin Stannichlorid aus wässeriger Lösung, wenn auch das Maximum der Zinnchloridaufnahme bei weitem nicht erreicht wird bzw. werden darf, da sonst der Bestand der Faser in Frage gestellt sein könnte. Unterwirft man diese Zinnchlorid-(Aminosäure)$_4$-verbindung, die sich in der Seidenfaser befindet, der Hydrolyse, so wird schrittweise das Chlor durch Hydroxyl ersetzt, bis nach beendeter Hydrolyse die Seidensubstanz in ihrer ursprünglichen chemischen Beschaffenheit wiederhergestellt und mit Zinnhydroxyd in der Gelform erfüllt ist. Die Wiederherstellung der Seidensubstanz in der Faser gestattet eine beliebige Wiederholung des Vorganges und erklärt die Wirkungsweise der wiederholten Beizung, indem sich jedesmal zunächst die Additionsverbindung bildet, welche dann bei der Hydrolyse in Zinnhydroxyd und Seidensubstanz zerfällt.

Anschließend an diese Versuche, die eigentliche Zinnerschwerung der Seide zu erklären, haben sich die Verfasser mit dem Vorgang der Phosphatbehandlung befaßt. Ihre Versuche, festzustellen, ob die Zinnsäure aus dem Phosphatbad

---

[1]) Heermann: Chem.-Zg. 1911, S. 829. [2]) Ristenpart: Färber-Zg. 1908.

das Phosphat als solches absorbiert, waren für diese Annahme positiv, da im Gegensatz zu den Feststellungen Leys das Verhältnis von Base und Säuren im Phosphatbade nicht verändert wird. Ihrer Ansicht nach ist die Bindung des Dinatriumphosphates an die Zinnsäure analog derjenigen der Zinnsäure an Phosphorsäure als Adsorption anzusprechen, und daher sind alle Versuche, die entstandene Verbindung auf eine feststehende Formel zu bringen, hinfällig, woraus sich auch die Tatsache erklärt, daß von den verschiedenen Autoren das Verhältnis von Zinnoxyd zu Phosphorsäure in dem Zinnphosphat der Seidenerschwerung vollkommen verschieden ermittelt worden ist.

Sommerhoff[1]) weist auf die Photolyse in der Seidenstrangfärberei hin und erörtert ihre Bedeutung auch für die Schaumentbastung und den Waschprozeß.

Die neueste Theorie über das Wesen des Erschwerungsvorganges der Seide stammt von E. Elöd[2]).

Elöd geht von der Feststellung aus, daß das Chlorzinn ein leicht hydrolytisch spaltbares Salz ist und in wässeriger Lösung mithin freie Säuren bzw. H-Ionen enthält. Auf der anderen Seite ist die Seidenfaser als ein Proteid anzusprechen, das sich gegen Säuren nicht indifferent verhält. Auf Grund seiner zahlreichen Versuche konnte er feststellen, daß die Einwirkung der Mineralsäuren bei gewöhnlicher Temperatur und nicht zu starker Verdünnung eine chemische ist, die sich in einem Abbau der Seidensubstanz bemerkbar macht. Das gleiche ist bei stark verdünnten Säuren der Fall, sobald die Temperatur erhöht wird. Verdünnte Säuren, namentlich solche organischer Natur, werden dagegen von der Faser nur adsorbiert. Bei der Einwirkung der Chlorzinnlösung auf die Seidenfaser wird ein Teil der freien Säuren zum Abbau der Seidensubstanz verwandt und hierdurch das hydrolytische Gleichgewicht der Chlorzinnlösung gestört. Entsprechend der Fortnahme der Säure wird das Zinnhydroxydkolloid zur Ausfällung gebracht und im Innern der Faser abgelagert. Die aus der Einwirkung der Säure entstandenen Aminoverbindungen können in der Faser vermöge ihres Basencharakters die weitere Hydrolyse der Zinnchloridlösung begünstigen.

Im Gegensatz zu anderen Forschern hat Elöd die Vorgänge im Chlorzinnbad nicht durch Feststellung der Säureverschiebung oder der Änderung der elektrischen Leitfähigkeit bestimmt, sondern auf Grund des Vorhandenseins der Abbauprodukte der Seidensubstanz im Chlorzinnbad und der Festigkeitsabnahme der Seide, die mit dem Abbau der Seidensubstanz parallel geht, erschlossen.

Neuerdings ergänzt Elöd[3]) seine Theorie der Seidenerschwerung dahin, daß die Frage, ob die Erschwerungsbestandteile, besonders das $Sn(OH)_4$ im freien Zustand oder in chemischer Bindung in der Seidenfaser abgelagert sei, lediglich auf Grund chemischer Beobachtungen nicht zu entscheiden sei. Seine weiteren Versuche mit Hilfe des Röntgendiagramms die Verhältnisse in der erschwerten Seide näher zu ergründen, haben zu dem interessanten Ergebnis geführt, daß die Intensität des SnO_2-Diagramms gegenüber dem Faserdiagramm mit zunehmender Höhe der Erschwerung, ebenfalls steigt. Bei einem Gehalt von etwa 43% SnO_2 in der Erschwerung wird das Faserdiagramm nahezu vollständig von dem SnO_2-Diagramm überdeckt.

Bezüglich der Zinnerschwerung von Seide haben Fischer und Reichart[4]) festgestellt, daß sich eine Additionsverbindung von $SnCl_4$ an die Seide bildet, die

[1]) Sommerhoff: Färber-Zg. 1914, S. 171.
[2]) Elöd, E.: Kolloidchemische Beihefte Bd. 19, S. 298 und Z. angew. Chem. 1922, S. 310.
[3]) Elöd: 40. Hauptvers. d. V. Dt. Chem. 1927.
[4]) Fischer u. Reichart: Text. Mercur 1925, S. 192.

beim Waschen dann wieder zersetzt wird. Sie arbeiteten mit Toluol und bestimmten den Gehalt an $SnCl_4$ quantitativ. Sie bestreiten die Elödsche These von einer chemischen Verbindung des Zinnhydrates mit der Seidenfasersubstanz.

e) Ältere und neuere Erschwerungsverfahren. Es mag vorweg bemerkt sein, daß eine allgemeine praktische Verwendung der im folgenden angegebenen Verfahren in ähnlicher Weise, wie das Zinnphosphatverfahren, bisher nicht stattfindet.

Zu den ältesten Erschwerungsverfahren sind nach Silbermann[1]) folgende zu zählen.

1. Sumacherschwerung. Sumach wird mit Wasser ausgezogen, das schwach mit Schwefelsäure angesäuert ist, dann filtriert und vorsichtig durch Zusatz von Natriumthiosulfat entfärbt. Für weiße und helle Töne nimmt man die mit diesem Gerbstoffauszug vorbehandelten Seiden auf ein heißes Chlorbariumbad, spült leicht und passiert dann durch ein leichtes Schwefelsäurebad.

2. Zuckererschwerung. Die Seide wird mit einer Auflösung von Rohrzucker für helle Töne und Glykose oder Melasse für dunklere Töne einige Minuten behandelt und dann ausgewrungen. Zur besseren Fixierung des Zuckers wurde den Bädern vielfach Eiweiß zugesetzt und später noch mit einer Abkochung von Quassiaholz oder einer Lösung von Bittersalz behandelt, um die Insekten fernzuhalten. Die Stärke der Zuckerlösungen schwankte zwischen 8 bis 20° Bé. Die Höhe der erzielten Erschwerungen schwankten zwischen 8 bis 15%.

3. Wismuterschwerungen. Man bediente sich einer Lösung von neutralem Wismutnitrat und fixierte durch Behandeln mit einer sehr verdünnten Schwefelsäure. Man soll mit drei Zügen 100%, mit fünf Zügen 150% Erschwerungen erzielt haben.

4. Wolframsaures Natron, welches aber von der Faser nicht fixiert wird und daher erst nach der Färbung zur Imprägnierung verwandt wird. Man zieht die gefärbte Seide in einer Lösung von 30° Bé um, läßt zwölf Stunden einwirken und spült dann leicht. Die erzielte Erschwerung beträgt bei einmaliger Behandlung etwa 15%, bei zweimaliger Behandlung etwa 20 bis 30%, die Wolframcharge macht die Seide unverbrennlich, was namentlich bei Tüll- und Spitzengeweben von Bedeutung ist.

Die Verwendung von wolframsaurem Zinn ist Gegenstand des amerikanischen Patentes 339778 (1886) von Huggenberg.

5. Bleisalze. Die ursprüngliche Erschwerung war ein Imprägnieren mit einer Bleizuckerlösung nach der Färbung, wurde aber wegen der Gesundheitsschädlichkeit verboten. Von Bonnet wurde das Natriumplumbat, eine Auflösung von Bleioxyd in Natronlauge, empfohlen, die Seide wird mit dieser Lösung gebeizt und energisch gewaschen, wodurch eine Spaltung in Bleihydroxyd stattfindet. Dieses bleibt in der Faser und wird durch Nachbehandlung mit einer schwachen Schwefelsäurelösung fixiert.

Nach den amerikanischen Patenten Nr. 1565390 (1925) von A. Pepper und Nr. 1579628 (1926) und Nr. 1634012 (1927) von Olav Berg und M. Imhoff wird zum Ersatz des teuren Zinns Blei in Form von essigsaurem Blei verwandt und dieses mit Natriumphosphat fixiert. Beide Patente verwenden das Bleisalz im Anschluß an die Zinnphosphaterschwerung.

Über die Verwendung der Bleisalze als Ersatz der teuren Zinnverbindungen berichtet B. Galewsky[2]. Dieser von Amerika ausgehende Vorschlag sieht vor, daß Blei als Phosphat oder Oxyd in der Seidenfaser abzulagern, evtl. mit Zinn

[1]) Silbermann: Die Seide Bd. 2, S. 378.
[2]) Galewsky, B.: Leipz. Monatsschr. Textilind. 1928, S. 39.

zusammen. Die Empfindlichkeit der Bleiverbindungen gegenüber Schwefelwasserstoff und ihre Giftigkeit dürfte ihre Verwendung aber nur für bestimmte Verwendungszwecke gestatten, wie dieses ja übrigens bereits beim Schwarzsouple der Fall ist, z. B. für Revers, Krawatten und Futterstoffe.

6. Bariumverbindungen. Dieselben werden von der Seide aber nicht genügend fixiert und stäuben, trotz energischen Waschens. Die Erschwerung, von Chevalier[1]) eingeführt und besonders für Weißfärbungen beliebt, geschah durch Behandeln mit einem Glaubersalzbad von 25° Bé und daran anschließend einem Chlorbariumbad von 25° Bé.

Das frz. Patent 594524 (1923) von J. Sonneria hat ein Verfahren zum Beschweren, Beizen und Wasserdichtmachen von tierischen Fasern zum Gegenstande. Man tränkt mit Baryumaluminatlösung und zersetzt dieses durch Einwirkenlassen von Kohlensäure, Alkalikarbonatphosphaten oder -silikaten. Man kann auch umgekehrt arbeiten und durch Wiederholung eine Erhöhung der Erschwerung erzielen.

Schließlich sind noch eine Reihe von Beizverfahren zu erwähnen, die nicht zu Erschwerungszwecken, sondern zum Abtöten von Bakterien und Pilzen dienten, wie das Behandeln mit Zinksalzen nach Jaques[2]), Salizylsäure, Borsäure, borsaurer Tonerde nach Poucier[3]), Quecksilberchlorid nach Toumann[4]) u. a. m.

Von neueren Verfahren ist eine große Anzahl zu erwähnen, die in der Hauptsache darauf abzielen, die teuren Zinnsalze durch billigere Materialien zu ersetzen, ohne aber das Ziel zu erreichen. Bei vielen patentierten Verfahren liegt die Ursache der Nichtverwendbarkeit nicht in der Höhe der erzielten Gewichtsvermehrung, sondern in der geringen Volumenvermehrung des Seidenfadens, die gerade bei Zinnverbindungen so charakteristisch in Erscheinung tritt.

1. Verfahren zum Beschweren von Seide von Dr. E. Stern[5]). Zur Vermeidung des Entstehens von Salzsäure und der hierdurch bedingten Schädigung der Faser werden die Verbindungen der betreffenden Metalle mit organischen Säuren, wie Essigsäure, Ameisensäure, Rhodanwasserstoffsäure u. a. m. verwandt. Diese Salze werden durch Wasserbehandlung auf der Faser gespalten und in üblicher Weise die abgeschiedenen Metallhydroxyde durch Nachbehandlung mit schwachen Alkalien neutralisiert. Als Verwendungsbeispiel wird die Erschwerung mit Zirkonazetat angeführt.

2. E. Stern[6]) verwendet zum Erschweren das Zirkonsulfattetrahydrat, welches leicht diffundierbare Lösungen geben soll, die sich im Seidenfaden gut hydrolytisch spalten.

3. E. Stern[7]) schlägt zur Erschwerung komplexe Säuren bzw. deren Salze vor, z. B. Wolframsäure und Molybdänsäure mit Phosphorsäure, Borsäure und Kieselsäure. Nach Durchtränkung der Seide mit einer Lösung der letzteren Säuren wird sie auf einem Zinn- oder Zirkonsalzbade behandelt, wo sich eine unlösliche Verbindung auf der Seidenfaser bildet.

4. Nach dem D.R.P. 281571 Kl 8 m ist Landau & Co. und Dr. Kreidel ein Verfahren geschützt, nach dem die Salze der seltenen Erden, deren Hydrate sich an der Luft leicht oxydieren, mit solchen Salzen der seltenen Erden gemischt werden, die diese Eigenschaften nicht besitzen, so daß dieses Gemenge, in Hydrat übergeführt, sich nicht mehr oder nur schwer oxydiert.

---

[1]) Chevalier: Franz. Pat. 97090 (1872). [2]) Jaques: Engl. Pat. 2569 (1855).
[3]) Poucier: Engl. Pat. 3995 (1877). [4]) Toumann: Engl. Pat. 10438 (1891).
[5]) Stern, E.: D.R.P. 17766 Kl. 8 m. [6]) Stern, E.: D.R.P. 276423 Kl. 8 m.
[7]) Stern, E.: D.R.P. 261142 Kl. 8 m.

5. Nach dem D.R.P. 258638 Kl 8 m von Landau & Co. und Dr. Kreidel werden statt Zinnsalzen die Salze des Zirkons oder die an der Luft sich nicht oxydierenden Hydrate der seltenen Erden, allein oder in Gemengen mit Fixierbädern abwechselnd zum Erschweren verwandt. Die Salze sollen die Faser weniger angreifen und sich besser fixieren lassen.

6. Nach dem D.R.P. 282251 ist der Deutschen Gasglühlicht A.-G. ein Verfahren geschützt, bei dem organische oder gemischt organische Salze des Zinns, Zirkons, Titans oder anderer für Erschwerungszwecke empfohlener Metalle verwendet werden und die Hydrolyse in einer mit Wasserdampf gesättigten Atmosphäre vorgenommen wird.

7. Nach einem Verfahren von Günther (Franz. Pat. 460137) wird das beim Erschweren mit Titansalzen auftretende fleckige Färben der Seiden vermieden, wenn die Titansalze in Verbindung mit Salzen des Zinns, Zirkons oder der seltenen Erden verwendet werden.

8. Das französische Patent 456206 von Kniebiehler läßt die Fixierbäder durch Vorfixierbäder ersetzen, indem man die Seide nach dem Waschen zweimal auf ganz dünne Phosphatbäder setzt. Namentlich bei Stückware soll sich dieses Verfahren bewährt haben.

9. D.R.P. 296328 (1916) Kl. 8 m und D.R.P. 295944 schützen der Färberei und Appreturgesellschaft vorm. A. Clavel und F. Lindenmeyer, Basel, ein Verfahren, im Schaum zu erschweren, unter Verwendung von Saponin, Leim, Tannin, Harzen und ähnlichen Körpern bei niedrigen Temperaturen und kurzen Bädern.

10. D.R.P. 298235 (1916) schützt Dr. W. Roth ein Verfahren zum Erschweren von Seide mit Fluorchromlösung und nachfolgender Behandlung mit Phosphat und Silikat.

11. Nach dem D.R.P. 312301 (1916) von L. M. Wohlgemuth wird zunächst ein Metallhydroxyd oder Metallsilikat als Kolloid auf der Seidenfaser niedergeschlagen, z. B. Zinn, Titan oder Thorhydroxyd, und dann mit adsorbierenden Metallsalzen, wie basischem Zinksulfat, nachbehandelt.

12. Die Deutsche Gasglühlicht A.-G. hat durch Patent 320783 (1917) ein Verfahren geschützt, bei welchem der primär mit Metallsalzen gebeizte und getrocknete Seidenfaden mit alkalisch wirkenden Gasen behandelt wird, z. B. mit Ammoniak, das zweckmäßig mit Luft verdünnt wird. Die mit Zinnhydrat beschwerte Faser wird dann, wie üblich, mit Phosphaten und Silikaten nachbehandelt. Ähnlich im Patent 324562 (1917) mit sofort an die Einwirkung alkalischer Gase angeschlossener Phosphat- oder Silikatbehandlung. Die Erschwerung soll doppelt so hoch ausfallen, als dieses bei der üblichen Form der Fall ist.

13. Nach D.R.P. 336332 Kl. 8 M (1912) E. Stern, setzt man Lösungen von Cersalzen geringe Mengen von Zinnchlorid oder Zinnazetat zu und behandelt die Seide hiermit. Nach halbstündiger Beizung erfolgt Hydrolyse mit Wasser und Fixierung mit Natriumphosphat wie üblich. Es soll nach fünfmaliger Beizung eine Gewichtszunahme von 53% erfolgt sein, die Faser ist etwas gelbbräunlich gefärbt.

14. Nach dem D.R.P. 337182 (1913) ist dem gleichen Anmelder wie unter 13. die Verwendung von an Didym und Lanthan reichen Cersalzen in Verbindung mit geringen Mengen Zinnsalzen geschützt. Ein Teil der Cersalze kann durch Zink- oder Berylliumsalze ersetzt werden. Nach diesem Verfahren soll eine rein weiße Faser mit hoher Erschwerung erhalten werden.

15. Ein Verfahren zum Erschweren von Seide mit einem Gemisch von Zinnchlorid und Zinksalzen ist Gegenstand der Französischen Patente 258869

(1896) von Rénard und 372279 (1907) von Barrillot. Die Seide wird mit einer derartigen Mischung gepinkt und darauf wie üblich gewaschen und phosphatiert.

16. Das dem D.R.P. 214372 (1907) zugrunde liegende Verfahren von H. Salvaterra bringt gegenüber den vorstehenden französischen Patenten insofern eine Abänderung, als nach der Beizung mit der Metallsalzmischung nicht direkt mit Wasser gewaschen, sondern erst eine Behandlung mit einer wässerigen Lösung von Weinsäure eingeschoben wird. Durch diese Maßnahme soll die Seide, was Glanz, Griff und Haltbarkeit anbelangt, günstig beeinflußt werden.

17. Salvaterra verbessert dieses Verfahren durch das D.R.P. 215702 in der Weise, daß dem Beschwerungsbade die Weinsäure direkt hinzugefügt wird und letztere nicht erst als Nachbehandlung hinter der Erschwerung eintritt. Hiermit ist nicht nur eine Vereinfachung des Verfahrens verbunden, sondern auch eine Ersparnis an Weinsäure. Gegenüber dem ersten französischen Patent 258869, welches die beiden Metallsalze nicht in einer Lösung verwendet, sondern die Seide erst pinken, waschen, phosphatieren, wiederwaschen und dann mit einer Zinksulfatlösung behandeln läßt, bedeutet das Salvaterrasche Verfahren eine wesentliche Vereinfachung und Verbesserung.

Die Verwendung des Zinks für Erschwerungszwecke kommt auch in dem D.R.P. Nr. 291009 von Gebr. Schmid, Basel, zum Ausdruck. Zum Erschweren werden nämlich Chlorzink- bzw. Chlorzinn-Chlorzink-Bäder verwendet, die Seide oder Seidenraupenpuppen aufgelöst enthalten, oder mit einem Produkt, das sich aus dem Verkochen von Seide oder Seidenraupenpuppen mit Wasser ergibt, oder dem öligen Wasser, das beim Auskochen der Spinnrestkokons und anderer Seidenabfälle mit Wasser entsteht, versetzt worden sind.

Dieses Patent ist dann später durch ein Zusatzpatent Nr. 295272 ersetzt worden, indem an Stelle des Chlorzinks nur Chlorzinn verwendet wird, und zwar in der Weise, daß man 100 g Rohseide und 100 g Seidenraupenpuppen in 2 l kochendem Chlorzinn von 54 bis 60° Bé löst.

Das abgekühlte Chlorzinnbad wird darauf in der gleichen Weise verwandt, wie im Hauptpatent.

18. Das D.R.P. 232875 von Landau & Dr. Kreidel kennzeichnet ein Verfahren zum Erschweren der Seide dadurch, daß die Seide mit einer kolloiden Metalloxydlösung der seltenen Erden, insbesondere des Zirkons, imprägniert und das von der Faser aufgenommene Sol durch irgend ein Koagulierungsmittel fixiert wird. Das Verfahren soll bezüglich der Haltbarkeit der Seide große Vorteile gegenüber dem üblichen Zinnphosphatverfahren aufweisen.

19. Das D.R.P. 373771 (1917) schützt der Gesellschaft für Verwertung chem. Produkte, Berlin, ein Verfahren, dadurch gekennzeichnet, daß an Stelle der Zinnsalze solche der Edelerden verwandt werden, die dann mit alkalisch wirkenden Gasen nachbehandelt werden.

20. Das Brit. Patent 4457 von Mond betrifft ein Verfahren, Seide in der Weise zu erschweren, daß sie mit einer Lösung von 20 g Zirkonazetat und 200 g Magnesiumsulfat in 1 l Wasser imprägniert wird. Anschließend wird die Seide auf 60 bis 70° C erhitzt und dann gewaschen. Es soll sich hierdurch die Verteilung des Zirkonhydroxydes in der Faser bedeutend gleichmäßiger gestalten.

21. Das D.R.P. 277431 schützt Friedr. Kniebiehler ein Verfahren zur Beschwerung der Seide mittels Zinnphosphat, dadurch gekennzeichnet, daß die starken Phosphatbäder durch schwache ersetzt werden, welche einen Zusatz an Chemikalien erhalten haben, die nur eine teilweise Fixierung des Chlorzinns

herbeizuführen vermögen. Hierbei soll bei gleich hoher Erschwerung die Seide weniger angegriffen werden.

22. Das dem D.R.P. 163322 zugrunde liegende Verfahren von Carstanjen zur Erhöhung der Zersetzlichkeit von Chlorzinnlösungen besteht darin, daß ein Zusatz von Natriumsulfat oder analoger Salze zum Pinkbad gemacht wird im Verhältnis 1 Teil Salz und 2 Teile Chlorzinn von 50° Bé. Es soll eine derartige Pinke in einer Stärke von 30° Bé eine gleiche Erschwerung geben, wie reines Chlorzinn von 30° Bé. Dasselbe soll bei der Anwendung von schwefelsaurer Tonerde der Fall sein.

23. Hier ist noch ein Verfahren der Jochen Silk Weighting Cie.[1]) zur Behandlung der Seide mit Metallsalzen und Eiweißstoffen zu erwähnen, darin bestehend, daß einem Phosphatbad von 5° Bé soviel Kasein zugefügt wird, bis das Bad 7 bis 8° Bé spindelt. Im übrigen wird wie üblich gepinkt und phosphatiert.

24. Das Verfahren von Dr. Elöd[2]) besteht darin, der Seidenfaser eine Komplexverbindung von Zinnchlorid mit Alkaliformiaten einzuverleiben, die durch Waschen mit Wasser leicht gespalten wird. Bei dieser Spaltung entsteht keine freie Salzsäure, sondern Alkalichlorid, was für die Haltbarkeit der Seide von hervorragendem Vorteil ist.

25. O. Piequet[3]) beschreibt ein Seidenerschwerungsverfahren mit essigsaurer Tonerde und anschließender Alkalibehandlung, wodurch Aluminiumhydroxyd in der Faser niedergeschlagen wird. Durch Kombinierung mit der üblichen Zinnerschwerung soll man Erschwerungen von 300 bis 500% erzielt haben.

26. Erwähnt sei noch eine neuere, für die Seidenerschwerungsindustrie interessante Patentanmeldung der I. G. Farbenindustrie vom 18. 9. 1925, Aktenzeichen V 37195. Nach der Anmeldung sollen die nachteiligen Folgen der üblichen Phosphatbäder, wie Fleckig- und Unstarkwerden der Seiden dadurch vermieden werden, daß man die Phosphatbäder nicht aus dem käuflichen Phosphat, sondern aus chemisch reiner Phosphorsäure mit anschließender Neutralisation durch Soda herstellt.

27. Zum Schluß sei noch eines Vorschlages von S. R. Trotman[4]) gedacht. Er empfiehlt, um eine weitgehendste Schonung der Seide herbeizuführen, dem Chlorzinnbad etwas Aluminiumchlorid und dem Waschwasser etwas Natriumazetat zuzusetzen. Besonders vorteilhaft soll es sein, das Natriumazetat durch methylenglykolsulfosaures Natrium zu ersetzen.

III. Die Ausrüstung der farbigen Seiden.

Wie schon oben erwähnt, trennen sich nach dem letzten Phosphatieren der Zinnerschwerung die Wege der Weitererschwerung je nachdem, ob es sich um Schwarzseiden oder um Couleurseiden handelt. In den ersten Zeiten der Zinnerschwerung hat man versucht, die Couleurseiden direkt nach dem letzten Phosphatieren zu färben, jedoch mit nur geringem Erfolg, insofern als die Seide nicht den Glanz und die Fülle im Griff aufwies, den man so sehr schätzt. Dies wurde mit einem Schlage anders, als Neuhaus mit seinem Verfahren, die zinnerschwerten Seiden mit Wasserglas zu behandeln, hervortrat. Dieses Verfahren brachte nicht nur eine weitere Erhöhung der Erschwerung, sondern beeinflußte Griff und Glanz der Seide in so hervorragender Weise, daß es auch noch heute das bei Couleurseiden einzig angewandte Verfahren darstellt.

---

[1]) Jochen Silk Weighting Cie.: Färber-Zg. 1906, S. 393.
[2]) Elöd: D.R.P. 389813. [3]) Piequet, O.: Ind. Text. 1926, S. 182.
[4]) Trotmann, S. R.: Text. Rec. 1924, S. 63.

Selbstverständlich gibt es auch Couleurseiden, die ohne jegliche Erschwerung oder nur mit einer solchen organischer Herkunft, besonders mit Gerbstoffen, versehen sind. Es handelt sich dann jedoch um besondere Artikel, von denen noch später die Rede sein wird.

Schwarzseiden werden ebenfalls durchweg weiter erschwert, aber nicht wie die Couleurseiden mit Wasserglas, sondern mit Gerbstoffen, hier greifen Erschwerungsprozeß und Farbprozeß ineinander über, und zwar in der mannigfaltigsten Weise. Daß Schwarzseiden vollständig unerschwert gefärbt werden, ist eine Seltenheit, es handelt sich dann meistens um Seiden für ganz spezielle Zwecke, wie Schirmseiden. Sollen erschwerte Schwarzseiden jedoch den Anforderungen spezieller Echtheiten entsprechen, also z. B. säureecht, beizecht oder walkecht sein, dann werden sie durchweg nach Art der Couleurseiden erschwert.

Diese beiden verschiedenen Formen der Erschwerung für Couleurseiden und für Schwarzseiden machen es erforderlich, diese beiden Gruppen auch besonders zu behandeln.

1. Das Erschweren der farbigen Seiden.

Für die Weitererschwerung bei den Couleurseiden kommt nur eine einzige Erschwerungsart, nämlich die Zinnphosphat-Silikatbehandlung in Frage, höchstens mit der Abweichung, daß eine Behandlung mit schwefelsaurer Tonerde zwischen dem letzten Phosphat und dem Wasserglas eingeschoben wird.

Man könnte ja fragen, warum die Seide nicht anschließend an das eigentliche Zinnphosphaterschweren gefärbt wird, was doch sicher früher, bevor man die Wasserglaserschwerung gekannt hat, der Fall gewesen sein dürfte. Gewiß, es kann so gefärbt werden, jedoch sind die Färbungen bei weitem nicht so klar und glänzend, als dies bei den mit Silikat erschwerten Seiden der Fall ist. Die Schwellung der einzelnen Seidenfaser durch die Wasserglasbehandlung ist außerordentlich, außerdem beträgt das Mehr an Rendite etwa 30 bis 50%, teilweise sogar noch mehr. Die Angabe, die man vielfach in der Literatur vorfindet, daß man mit der Zinnphosphaterschwerung eine Charge von 80 bis 100 und darüber erzielen könnte, ist vollkommen unrichtig. 60 bis 70% ist das höchste, was man bei einer fünfmal gepinkten Seide mit der Zinnphosphatbehandlung erreichen kann, und der Fünfpinker wird bereits als äußerst gefährlich für den Bestand der Seide gern vermieden. Dagegen ist die Zugkraft der Seide im Wasserglas entsprechend der Höhe der darunterliegenden Zinncharge eine ganz erhebliche und beträgt vielfach 100% der Zinncharge und mehr. Eine derartige Erhöhung der Erschwerung trägt zum Glanz der Seide gewaltig bei. Die mit dieser Erschwerung verbundene Volumenvergrößerung der Faser hat gleichzeitig eine ergiebigere und gleichmäßigere Farbaufnahme im Gefolge als bei einer Seide, welche nicht mit Wasserglas behandelt wurde.

Bei der Tonerdeerschwerung kommt dagegen nur die Gewichtsvermehrung in Betracht, ein günstiger Einfluß auf die Färbung kommt nicht in Betracht. Die Verwendung von Tonerde bei der Erschwerung wurde der Firma Puller in Krefeld durch das französische Patent 254659 vom 10. März 1906 geschützt. Nicolle fand, daß die Tonerde auch durch andere Metallsalze, wie Zinksalze, ersetzt werden kann; dieses Verfahren wurde der Société Renard, Corron, Bonnet & Cie. durch ein französisches Patent geschützt.

Auf der einen Seite gestattet die Tonerdebehandlung eine Ersparnis an Chlorzinn, man kann dünne Pinken verwenden, um auf eine bestimmte Höhe der Erschwerung zu gelangen. Auf der anderen Seite hat aber die Kieselsäure eine sehr große Verwandtschaft zur Tonerde, die Zugkraft der Seide im Wasserglasbade wird sehr günstig beeinflußt, wenn eine Tonerdebehandlung vorausgegangen ist. Während man heute eine erschwerte Couleurseide ohne Wasserglas überhaupt nicht mehr kennt, findet man aber die Tonerdeerschwerung längst nicht in allen Betrieben, wir haben daher zu unterscheiden zwischen einer einfachen Wasserglaserschwerung und einer Tonerde-Wasserglaserschwerung.

Wie bei der Zinnerschwerung, soll auch hier vor der Beschreibung des eigentlichen Arbeitsvorganges kurz der Anforderungen gedacht werden, die an die Bäder gestellt werden müssen, die bei dieser Weitererschwerung zur Verwendung kommen.

W a s s e r g l a s b ä d e r. Diese Bäder, eine wässerige Verdünnung des konzentrierten Wasserglases, weisen durchweg eine Stärke von etwa 3 bis 5^0 Bé auf. Sie zeigen eine starke alkalische Reaktion.

Die Hauptanforderung, die an ein Wasserglasbad gestellt werden muß, ist vollkommene Klarheit. Eine auch noch so leichte Trübung deutet auf die Abscheidung von Kieselsäure hin. Da eine derartige Trübung für die Seide äußerst gefährlich werden kann, weil eine solche Ablagerung von der Seide nicht mehr zu entfernen und die gallertartig durchsichtig abgeschiedene Kieselsäure schwer wahrzunehmen ist, empfiehlt es sich, eine Prüfung daraufhin in großen Stehzylindern vorzunehmen und sich nicht mit dem Aussehen in der Barke zu begnügen. Namentlich macht sich diese Abscheidung der Kieselsäure bei der Stückseidenerschwerung unangenehm bemerkbar, es bilden sich dann auf dem Gewebe große weiße Streifen, Blanchissuren, welche in der Hitze, z. B. beim Appretieren oder Kalandern, in Form von dunklen, fettig aussehenden Streifen, in der Kälte als weiße Streifen auftreten. Wegen dieser Gefährlichkeit des Wasserglasbades ist man in vielen Betrieben dazu übergegangen, diese Bäder nur einmal bis höchstens zweimal zu gebrauchen und dann laufen zu lassen, also von stehenden Bädern, wie sie früher üblich waren, abzusehen.

Die Temperatur der Wasserglasbäder soll etwa 50^0 C betragen, eine zu hohe Temperatur ist unbedingt zu vermeiden, da diese Einwirkung des freien Ätznatrons sonst leicht schädigende Einflüsse ausüben könnte.

Schließlich ist bei diesen Bädern noch auf eine Eigenschaft hinzuweisen, die der Seide auch sehr gefährlich werden kann. Es ist dieses die Tatsache, daß das Wasserglas aus diesen Bädern sich an den Wandungen und Rändern der Barken in Form einer steinharten unebenen und rauhen Kruste ausscheidet. An diesen Unebenheiten leidet die Seide unbedingt Schaden, es ist daher streng darauf zu achten, daß die Wasserglasbarken durch Abreiben mit Glaspapier usw. stets gut geglättet werden. Das gleiche gilt auch von den Wasserglasstöcken: werden dieselben nicht nach Gebrauch gesäubert, so setzt sich das Wasserglas in Form harter Krusten darauf fest.

Das zum Ansetzen dieser Bäder verwandte Wasserglas darf nicht zuviel überschüssiges Alkali oder zuviel Fremdsalze enthalten.

T o n e r d e b ä d e r. Diese Bäder sind im Gegensatz zu den Wasserglasbädern wieder stehende, d. h. sie werden jedesmal nach Gebrauch durch Zusatz eines Konzentrates auf die gewünschte Stärke eingestellt. Sie stellen eine Auflösung von Aluminiumsulfat dar, der man zur Vermeidung etwaiger basischer Ausscheidungen eine geringe Menge Schwefelsäure zugesetzt hat.

Man bedient sich, ähnlich wie bei den Pinken, auch hier zur Verstärkung der ausgezogenen Bäder einer konzentrierten Auflösung. Diesen Ansatz stellt man gewöhnlich her, indem man 100 kg des festen Aluminiumsulfates in 300 bis 400 l Weichwasser mit einem Zusatz von 1 l Schwefelsäure durch einstündiges Kochen in Lösung bringt. Durch entsprechende Verdünnung mit Wasser werden die üblichen Tonerdebäder erhalten. Diese spindeln zwischen 3 bis 4½ ° Bé, was einem ungefähren Gehalt von 1 bis 2% Aluminiumoxyd mit 2 bis 6% Gesamtschwefelsäure entspricht. Die erste Anforderung, die an ein Tonerdebad gestellt werden muß, ist auch hier wieder die Reinheit des verwandten Aluminiumsulfates, wozu besonders das Fehlen größerer Mengen fremder Metallsalze wie Eisen, Zink und Blei zu zählen ist. Ferner sollen die Bäder möglichst klar sein und keine Abscheidungen von basischen Salzen enthalten, da hierdurch Trübungen der Seide veranlaßt werden könnten. Der Säureüberschuß der Bäder soll sich in Grenzen von 0,5 bis 1% bewegen. Die Temperatur der Bäder soll 40 ° C nicht überschreiten.

A. Das Erschweren mit Wasserglas.

Ist die Seide in der oben geschilderten Weise mit Chlorzinn und Phosphat in der gewünschten Höhe erschwert worden, so wäscht man entweder nach der letzten Phosphatbehandlung mit Weichwasser, vielfach sogar unter Zusatz von 5 bis 10% Ammoniak vom Gewicht der Seide, oder aber man stellt die phosphatierte Seide auf ein dünnes 50 ° C warmes Seifenbad (5 bis 10% Seife vom Gewicht der Seide), zieht mehrere Male um und läßt das Bad laufen. Hierauf geht man mit der Seide — einerlei, ob gewaschen oder geseift — auf das Wasserglasbad, dessen Temperatur sich zwischen 50 bis 55 ° C hält und dessen Stärke etwa 3 bis 5 ° Bé beträgt. Auf diesem Bade wird die Seide etwa eine Stunde vorsichtig geschoben und drei- bis fünfmal umgezogen. Hat man sich durch Wägen des Wahrsagers von der erforderlichen und gewünschten Höhe der Rendite überzeugt — es wird hiervon noch am Schlusse dieses Abschnittes die Rede sein —, so hebt man die Seide aus dem Bade heraus und setzt sie auf ein inzwischen fertiggemachtes Seifenbad, das etwa 40 ° C warm ist und 10 bis 20% Seife vom Gewicht der Seide enthält. Auf diesem Bade wird die Seide flott eine halbe Stunde umgezogen, wobei aber Vorsicht am Platze ist, da die Seide enorm schaumig aufquillt und leicht durch Scheuern an der Barkenwandung beschädigt werden kann. Hier macht es sich auch sehr unangenehm bemerkbar, wenn die Handvoll ursprünglich zu dick genommen wurde. Bei dem erstaunlichen Aufblähen der Seide gerade auf diesem Bade schließt dieselbe natürlich auch sehr viel Flüssigkeit ein und es besitzt eine Handvoll ein recht beträchtliches Gewicht. Nach dieser Behandlung läßt man das Bad laufen und gibt nochmals ein schwaches Seifenbad. In einzelnen Betrieben findet man, daß die Seide zwischen diesen beiden Seifenbädern ausgeschwungen wird, um Trübungen durch Erstarren der Seife zu vermeiden. Nach dem Ausschleudern wird die Seide wieder auf Stöcke gemacht und zum Abkühlen auseinandergehängt. Jetzt ist die Seide fertig erschwert und kann direkt gefärbt werden. Wird die Seide jedoch nicht direkt gefärbt, sondern erst geraume Zeit später, dann muß sie nach dem letzten Seifenbad abgesäuert werden. Vielfach findet man auch, daß das Absäuern nicht direkt von der Seife vorgenommen wird, sondern erst, nachdem man mehrere Weichwasser gegeben hat. Das Absäuern geschieht durch einviertelstündiges Behandeln auf einem Wasser, dem man 2 bis 5% Salzsäure oder Schwefelsäure oder 10 bis 20% Essigsäure oder Ameisensäure (vom Gewicht der Seide) zugegeben hat. Nach dem Absäuern wird geschleudert und die Seide zum Trocknen aufgehängt. Es ist durchaus zu verwerfen, die Seide feucht vom Absäuern aufzubewahren, es sei denn, daß die Aufbewahrung in einem Eiskeller geschieht, was im Großbetrieb vielfach üblich ist. Im anderen Fall wird die Seide unstark, was bei der trocken aufbewahrten Seide nicht so leicht eintritt. Noch verwerflicher ist es freilich, die Seide ohne nach der Seife, abzusäuern, aufzubewahren, da die sich mit der

Zeit bildenden freien Fettsäuren die Seide stark angreifen und außerdem häufig Schimmelpilz- und Bakterienwucherungen entstehen, die sich vielfach in Form gelber, roter und grüner Flecken bemerkbar machen. Eine derart befallene Seide wird vollkommen unbrauchbar. Die Seidensubstanz in alkalischer Form bildet einen sehr guten Nährboden für Bakterien. Man hüte sich daher, Seide von der Seife längere Zeit aufzubewahren, sei es nur abgekocht, sei es erschwert.

B. Das Erschweren mit Tonerde und Wasserglas.

Die Tonerdebehandlung erfolgt zwischen der letzten Behandlung mit Zinnphosphat und mit Wasserglas. Die Seide wird nach dem letzten Phosphatieren auf ein Bad mit 5‰ Schwefelsäure vom Seidengewicht gestellt. Man geht bei gewöhnlicher Temperatur ein und zieht einfach dreimal um, ohne zwischendurch zu schieben, läßt das Säurebad laufen und geht jetzt, ohne zu schwingen, auf das Tonerdebad. Auf dem Tonerdebad, etwa 40° C warm, beläßt man die Seide eine Stunde unter viermaligem Umziehen. Nach dieser Behandlung wird aufgeworfen, abtropfen gelassen und sechs Minuten an der Waschmaschine gewaschen. Darauf wird ausgeschwungen, die Seide an Stöcke gemacht und jetzt auf das Wasserglasbad gegangen. Die Weiterbehandlung ist die gleiche, wie sie oben bei der Wasserglaserschwerung beschrieben wurde. Zu beachten ist, daß die Walze der Waschmaschine, auf welcher nach der Tonerdebehandlung gewaschen wird, stets sorgfältig zu reinigen ist, da sich auf derselben leicht rauhe Ablagerungen bilden können, die die Seide schädigen. Ferner hängt man die Seide nach der Tonerdeerschwerung auf andere Stöcke — Wasserglasstöcke — da sich, wenn einmal irrtümlich die Tonerdestöcke nicht gewechselt werden, auf denselben gallertartige Abscheidungen bilden, die auf der Seide Flecken verursachen, welche sich nicht mehr entfernen lassen und manchmal zu mechanischen Zerstörungen der Seide durch Verklebung führen.

Wie bereits oben ausgeführt wurde, ist der Erfolg der Weitererschwerung abhängig von der Höhe der ursprünglichen Zinnerschwerung selbst, von der Art der Seide, ihrem Titer und ihrer Drehung. Dementsprechend kann der Zug einer Seide auf dem Wasserglas unter Umständen zu großen und unangenehmen Überraschungen führen. Um sich davor zu schützen, läßt man einen Wahrsager der betreffenden Seidenpartie mit einem vorhergehenden Satz auf dem Wasserglasbad gehen und richtet auf Grund des Renditenausfalls dieses Wahrsagers bei der ganzen Partie die Dauer des Wasserglasbades, die Stärke des Silikatbades, die Höhe der Temperatur. Gerade auf dem Wasserglasbade hat man es vollkommen in der Hand, durch Wechseln der Bedingungen die Höhe der Erschwerung zu beeinflussen. So kann man z. B. gleichzeitig zwei Partien von verschiedenen Renditen auf einem Wasserglasbade behandeln, indem man mit der Partie, die niedriger in der Charge herauskommen soll, eine viertel bis halbe Stunde später in das Bad eingeht als mit der anderen, welche ihrerseits inzwischen schon entsprechend gezogen hat. Gibt der Wahrsager ein zu niedriges Gewicht an, so hilft man sich auch wohl in der Weise, daß man das Wasserglasbad noch einmal warm macht und dann, statt einer Stunde, etwa 1½ Stunde die Seide auf dem Bade beläßt. Ist eine Partie aber trotz dieser Maßnahmen zu niedrig herausgekommen, dann kann man noch auf folgende Weise vorgehen: Man wirft die Seide auf und stellt sie auf ein frisches Bad, das 10% Seife und 150% Wasserglas vom Seidengewicht enthält. Auf diesem Bade, 45° C warm, läßt man etwa eine Stunde gehen, ohne viel umzuziehen. Das Mehr an Erschwerung beträgt etwa 10 bis 15%. Dieses Mehr würde man nicht erreichen, wenn man etwa auf ein frisches Wasserglasbad stellt.

Bei der Wasserglaserschwerung darf aber nicht übersehen werden, daß die Bindung derselben auf der Faser nur eine lockere ist und daß sie beim späteren Färben und Nachbehandeln der Seide wieder zum Teil verlorengeht. Es genügt daher nicht, wenn die Partie vom Wasserglas die vorgeschriebene Höhe der Erschwerung aufweist, sondern dieselbe muß um mindestens 10 bis 20% überschritten werden, so daß also eine Seide von 65 bis 80% etwa 100% und eine solche von 80 bis 100% etwa 115 bis 120% Erschwerung von der Wasserglaserschwerung aufweisen muß.

Wie beim Abkochen, Pinken und Phosphatieren können auch bei dieser Weitererschwerung mit Wasserglas und Tonerdewasserglas die Arbeiten in speziell dafür vorgesehenen Apparaten vorgenommen werden. So kann im gleichen Apparat, in dem nach den Schmidtschen Patenten in Schaum phosphatiert, gewaschen und abgesäuert wird, wie bereits oben beschrieben wurde, die Seide auch mit Tonerde behandelt und gewaschen werden.

Willy Alterhoff[1]) berichtet über die Erschwerung der farbigen Seiden, und zwar speziell über die hierzu verwandten Erschwerungsbäder. Der Verfasser bringt eine allgemeine Übersicht, ohne an und für sich besonders Neues zu erwähnen.

Nachdem so die heute übliche Art der Erschwerung der Couleurseiden beschrieben worden ist, bleibt jetzt noch übrig, einige Daten darüber zu geben, wie man zu arbeiten hat, um diese oder jene Erschwerung zu erzielen.

Man verfährt etwa folgendermaßen: Man pinkt bei einer zu erzielenden Erschwerung von:

pari	=	zweimal stark oder einmal stark und einmal schwach,
5/20%	=	zweimal schwach und einmal stark,
35/50%	=	zweimal schwach, einmal stark und einmal Tonerde,
50/65%	=	viermal schwach und einmal Tonerde oder zweimal stark und dreimal schwach,
65/80%	=	dreimal schwach und einmal stark und einmal Tonerde, oder zweimal schwach, zweimal stark und einmal Tonerde, oder dreimal stark und zweimal schwach,
80/100%	=	fünfmal schwach und einmal Tonerde, oder viermal stark und zweimal Tonerde oder viermal stark und einmal schwach.

In allen Fällen besteht die Schlußbehandlung in einer solchen mit Wasserglas.

Als starke Pinke ist eine solche von 30° Bé und als schwache eine solche von 22° Bé zu verstehen.

Selbstverständlich sollen die obigen Angaben nur als Anhaltspunkt dienen, wie man verfahren kann, um eine bestimmte Erschwerung zu erreichen. Es ist hier eine große Abwechslung möglich, die Arbeitsweise ist in den einzelnen Betrieben ganz verschieden, je nach der Erfahrung. Bei der Anzahl der Pinkzüge ist aber stets im Auge zu behalten, daß die Stärke der Pinken die Höhe der Zinnerschwerung nur schwach beeinflußt. Dieses wird nur durch die Menge der Pinkzüge erreicht. Es wäre also ganz falsch, anzunehmen, man könnte mit drei starken Pinken die gleiche Höhe der Erschwerung bekommen, wie mit vier schwachen Pinken. Das Arbeiten mit schwachen Pinken bietet ja den Vorteil, daß nicht soviel unzersetztes Chlorzinn auf der Seide verbleibt und daher beim Pinkwaschen weniger Zinn in die Regeneration gewaschen wird, der starken Pinken wird man aber trotzdem in vielen Fällen nicht entraten können.

Weiter ist dann beim Anlegen der Partien darauf zu achten, welche Seide man vor sich hat. Es gibt eine Anzahl von Seiden, welche tatsächlich ein schlech-

[1]) Kunstseide 1927, S. 81.

tes Aufnahmevermögen gegenüber der Erschwerung aufweisen, es sei nur an die Unterschiede, z. B. zwischen Kantontrame und Japantrame, oder zwischen Organzin und Trame, oder zwischen Kordonettseiden und Organzin erinnert. Aumann[1]) berichtet über die Erschwerungsfähigkeit der verschiedenen Seiden. Japanseide erschwert sich am besten, dann folgen italienische Seiden, nordchinesische (Shantung) und zuletzt Kantonseiden. Die Erschwerung bei letzteren fällt um ungefähr 40% niedriger aus, als bei den Japanseiden. Gut erschweren lassen sich ebenfalls die Bengalseiden sowie Broussa- und Syrieseiden. Diese Verhältnisse sind natürlich beim Erschweren in Rechnung zu stellen.

Über die zulässigen Grenzen der Höhe der Erschwerung wird noch späterhin berichtet werden.

2. Das Bleichen der Seiden.

Die mit Wasserglas erschwerten Seiden können, soweit es sich um dunklere Farbtöne handelt, direkt nach der Erschwerung gefärbt werden. Dieses ist aber nicht möglich, sobald es sich um hellere Farbtöne handelt, da die Seide auch trotz der vielen Prozesse, die sie bereits im Laufe der Erschwerung durchgemacht hat, noch so viel natürlichen Farbstoffe enthält, daß die zarten Farbtöne irgendwie beeinflußt werden müssen. Das gleiche gilt natürlich auch von unerschwerten Seiden, die lediglich abgekocht sind. Wenn auch die Hauptmenge des natürlichen Farbstoffes der Seide sich im Bast befindet, so ist derselbe doch auch im Fibroin vorhanden und muß für hellere Farbtöne entfernt werden.

Die ältesten Bleichverfahren basierten auf einer chemischen Herauslösung des Farbstoffes mit einem entsprechenden Lösungsmittel.

So wurde z. B. nach dem Verfahren von Wagner[2]) die Seide mit einer Mischung von Säure und Alkohol kalt behandelt, während bei der Nankinage diese Behandlung mit Salzsäure und Alkohol in der Hitze und im Autoklaven vorgenommen wurde[3]).

Ein einfaches Ausziehen des Farbstoffes mit Methylalkohol nach vorheriger Behandlung der Seide mit 10proz. Pottaschelösung und anschließendem Trocknen soll sehr gute Ergebnisse gezeitigt haben.

Erst später ging man dazu über, den Farbstoff durch chemische Einwirkungen, oxydierende oder reduzierende Vorgänge, in eine farblose Verbindung überzuführen oder vollständig zu zerstören.

So bleicht Frézon[4]) die Seide mit einer Mischung von Oxalsäure und Kochsalz, Giobert durch ein abwechselndes Einwirkenlassen von Chlorwasser und schwefliger Säure, Tessie Du Motay durch Behandeln mit Bariumsuperoxyd und nachfolgendes Neutralisieren mit Salzsäure, Duport durch abwechselndes Behandeln mit Kaliumpermanganat, Natriumbisulfit und Salzsäure.

Zu diesen älteren Verfahren zählt auch das Bleichen mit Nitrosylschwefelsäure, welches von Guignon und Marnas in Lyon 1850 verwandt wurde[5]). Dieser Körper, hergestellt durch Einwirkenlassen von nitrosen Dämpfen auf Schwefelsäure wird in 1proz. Lösung kalt verwandt. Die Seide wird hierdurch sofort entfärbt, worauf gespült und geschwefelt wird. Eine zu lange Einwirkung ruft wieder Gelbfärbung hervor, die nicht mehr zu entfernen ist.

Ein ähnliches älteres Verfahren, das aber auch heute noch vielfach, namentlich bei Souple, verwandt wird, ist das Bleichen mit Königswasser bzw. Nitrosylchlorid. Man mischt gleiche Teile Salzsäure 1,19 spez. Gewicht und Salpeter-

---

[1]) Aumann: Färber-Zg. 1915, S. 301.
[2]) Wagner: Dingler Polytechnisches Journal Bd. 136.
[3]) Ann. de chim. et de physique 1793, 17. [4]) Frézon: Engl. Pat. 75 (1870).
[5]) Guignon und Marnas: Ann. de la soc. des arts utiles, Lyon 1849.

säure 1,4, läßt dieses Gemisch einige Tage bei 35° C stehen und verdünnt dann mit Wasser auf eine Stärke von 3 bis 4° Bé. In diesem Bade wird die Seide schnell umgezogen, darauf gewaschen und geschwefelt.

Merkwürdigerweise hat die Superoxydbleiche für echte Seiden erst spät und nur verhältnismäßig wenig Anklang gefunden und beschränkt sich auch heute noch in den meisten Betrieben auf Seidengewebe, Schappe oder Tussah.

Die üblichste Art des Bleichens war und ist heute noch das Schwefeln, während das Bleichen mit wässeriger schwefliger Säure oder mit Bisulfiten weniger zum Bleichen als zum Entfärben gefärbter Seide verwandt wird. Speziell bei Weißfärbungen genügt aber durchweg das Bleichen allein nicht, und ist man gezwungen, durch Verwendung von blauem oder violettem Farbstoff, wie Alkaliblau, Rosolan, Methylviolett den gelblichen Farbton zu drücken.

Von den Bleichverfahren, die für die Seiden praktisch in Frage kommen und deren Wesen und Arbeitsweise im folgenden beschrieben werden sollen, sind folgende drei zu nennen:

a) das Schwefeln,
b) die Sauerstoffbleiche,
c) das Bleichen mit Salpetersäurederivaten.

A. Die Schwefelbleiche.

Die erschwerte oder, wenn unerschwerte, die gut und sauber abgekochte Seide wird auf einem neuen Seifenbad bei etwa 30 bis 40° C behandelt und leicht ausgeschwungen. Es ist unbedingt erforderlich, daß die Seide eine, wenn auch nur leichte, alkalische Reaktion aufweist.

Überhaupt verlaufen die Bleichprozesse nur einwandfrei, sobald die Faser genügend Alkali aufweist, ob es sich nun um Schwefelbleiche oder Sauerstoffbleiche handelt. Wenn z. B. Ganswindt[1]) in seinen Ausführungen über das Bleichen der Seide berichtet, daß die Seide nur gewaschen und keineswegs alkalisch sein dürfte, so ist dieses ein Irrtum, der mit den Erfahrungen der Praxis nicht in Einklang zu bringen ist. Im Gegenteil, wenn man nach dem Schwefeln feststellen muß, daß die Seide noch ungebleichte gelbliche Stellen aufweist, dann ist die Ursache hiervon nur darin zu suchen, daß hier auf der Seide nicht genügend Alkali vorhanden gewesen ist.

Die so mit Seife behandelte Seide wird auf Stöcke gehangen und jetzt in die Schwefelkammer gebracht. Diese besteht aus einem Raum, welcher mit gut verschließbaren und mit Filz gedichteten Türen und Fenstern versehen ist. Außerdem ist eine gut verschließbare Abzugsöffnung angebracht, so daß nach der Beendigung der Bleichprozesse die Dämpfe der schwefligen Säure schnell entfernt werden können. Außerdem sind natürlich Vorrichtungen zum Aufhängen der mit Seide beschickten Stöcke vorhanden. Bei der Einrichtung des Raumes ist vor allem darauf Bedacht zu nehmen, daß etwaiges verdunstendes und sich wieder verdichtendes Wasser nicht auf die aufgehängte Seide zu tropfen vermag.

Nachdem die Seide aufgehängt worden ist, entzündet man die in einer Eisenschale bzw. in einem speziellen Apparat hierfür befindliche und für die Größe des Raumes genügende Menge Schwefel und schließt jetzt den Raum. Man überläßt jetzt die Seide der Einwirkung der sich entwickelnden schwefligen Säure während einer Zeitdauer von etwa zwölf Stunden, also etwa einer Nacht. Vielfach wiederholt man dieses Schwefeln auch noch ein- bis zweimal, bis man den gewünschten Bleicheffekt erzielt hat. Ist dies der Fall, dann öffnet man den Raum, läßt die überschüssige schweflige Säure durch den Abzugschacht entweichen

[1]) Ganswindt: Textilber. 1922, S. 183.

und nimmt die Seide heraus. Darauf gibt man ihr mehrere lauwarme Wasser und säuert sie in einem etwa 40° C warmen Schwefelsäurebad ab, das 10% Säure, vom Gewicht der Seide gerechnet, enthält.

Die Schwefelbleiche ist unbestritten auch noch heute die in der Seidenfärberei üblichste Bleichmethode, da sie den Vorzug aufweist, daß sie die Seide am wenigsten bezüglich ihrer dynamometrischen Eigenschaften angreift. Voraussetzung ist allerdings, daß die zu bleichende Seide eine genügende Alkalinität aufweist. Man muß annehmen, daß die bleichende Wirkung der Bildung von saurem Alkalisulfit zuzuschreiben ist, welches in unschädliches Natriumsulfat übergeht, während die schweflige Säure als solche auch als Reduktionsmittel bleicht und hierbei selbst in Schwefelsäure übergeht, die bei der zwölfstündigen Einwirkung sicher auf die Seidenfaser einen nur schädlichen Einfluß ausüben würde.

B. Die Sauerstoffbleiche.

Es kommen in Frage das Bleichen mit Wasserstoffsuperoxyd, Alkalisuperoxyden und Alkaliperboraten.

a) Das Bleichen mit Wasserstoffsuperoxyd. Man stellt das Bleichbad in der Weise her, daß man einen Teil käufliches 3proz. Wasserstoffsuperoxyd mit 4 bis 5 Teilen Weichwasser mischt und soviel Ammoniak hinzusetzt, bis das Bad gegen Lackmuspapier alkalisch reagiert. In manchen Färbereien nimmt man statt des Salmiakgeistes auch eine Sodaseifenlösung. Schließlich setzt man, als Katalysator, einige Liter Wasserglas zum Bleichbade zu. Dieses Bad wird auf 40 bis 50° C erwärmt und jetzt mit der Seide eingegangen. Man zieht die Seide mehrmals um und steckt sie etwa sieben bis acht Stunden, am besten über Nacht, ein. Vielfach läßt man die erste Einwirkung des Bleichbades auch nur etwa zwei Stunden gehen, wirft die Seide auf, erwärmt das Bad nochmals auf 60 bis 80° C und steckt jetzt die Seide während mehrerer Stunden ein. Ist der Bleichprozeß beendigt, nimmt man die Seide aus dem Bade heraus, säuert mit verdünnter Schwefelsäure oder Ameisensäure ab und spült mit Wasser gut aus. In manchen Betrieben wäscht man zuerst mit lauwarmem Wasser oder schwacher Seifenlösung und säuert dann erst ab.

b) Das Bleichen mit Alkalisuperoxyden. Das Bleichbad wird in der Weise hergestellt, daß man 100 l Weichwasser mit einem halben Liter konzentrierter Schwefelsäure versetzt und 500 g Natriumsuperoxyd, entweder mit der Hand oder mit besonders hierfür hergestellten Streuapparaten auf die Oberfläche dieser Lösung streut. Sobald das Superoxyd gelöst ist, wird mit Ammoniak schwach alkalisch gemacht, dann auf 50 bis 60° C erwärmt und jetzt mit der Seide eingegangen.

Nach einer anderen Vorschrift stellt man sich zuerst eine Lösung von 2 bis 3 kg schwefelsaurer Magnesia in 100 l Weichwasser her und säuert mit etwa 200 cm^3 Schwefelsäure an. Auf dieses Bad geht man mit der Seide, zieht einmal um und wirft jetzt auf. Sodann gibt man zur Flotte ½ bis 1 kg Natriumsuperoxyd unter der gleichen Vorsicht, wie oben angegeben wurde. Jetzt macht man das Bad mit Ammoniak schwach alkalisch, erwärmt und bleicht die Seide wie üblich.

Daß das Arbeiten mit Natriumsuperoxyd große Vorsicht erheischt, weil das Produkt sich mit Wasser sehr stark erhitzt und durch Umherspritzen Brandwunden veranlassen kann, muß immer wieder betont werden. Aus diesem Grunde führt sich diese Arbeitsweise in den Betrieben auch nur sehr wenig ein.

c) Das Bleichen mit Persalzen. Von den Persalzen dürfte das Natriumperborat das am meisten in Betracht kommende sein, während die Persulfate sich noch nicht eingebürgert haben. Bezüglich des Bleichens von Seide mit Natrium perborat Enka IV finden sich in der Literatur[1]) folgende Angaben.

1 bis 1½ kg Perborat werden durch Einstreuen auf 100 l Wasser gelöst und diese Lösung durch Zusatz von einem Drittel der angewandten Menge Perborat an Schwefelsäure 66° Bé angesäuert. Darauf wird mit der Seide eingegangen und jetzt 400 g Wasserglas hinzugefügt. Auf diesem Bade wird die Seide kalt eine halbe Stunde umgezogen, dann wird aufgeworfen und jetzt das Bad auf 60° C erwärmt, mit der Seide wieder eingegangen und hier bei gleichbleibender Temperatur etwa vier bis sechs Stunden belassen, bis der gewünschte Bleicheffekt erzielt worden ist. Dann wird die Seide ausgeschleudert, gewaschen und abgesäuert.

Nach einer anderen Vorschrift[2]) nimmt man die Konzentration des Bleichbades geringer, nämlich nur 250 g Perborat auf 100 l Wasser. Eine sehr starke Bleichwirkung soll man wie folgt erzielen:

Man stellt sich eine Lösung von etwa 75 bis 100 g Kaliumpermanganat in 100 l Wasser her, geht hierin mit der Seide kalt ein und beläßt sie so lange in diesem Bade, bis die Seide gleichmäßig braun erscheint. Dann geht man mit der Seide auf ein kaltes Perboratbad (250 g auf 100 l Wasser), dem vorher so viel Ameisensäure oder Schwefelsäure zugefügt war, bis das Bad sauer reagiert. Hierauf zieht man die Seide eine Stunde kalt um und spült. Bemerkenswert ist, daß Versuche, die Stärke der Bleichwirkung dadurch zu erhöhen, daß statt der Ameisensäure oder Schwefelsäure eine Oxalsäurelösung verwandt wurde, insofern fehlschlugen, als die Seide dadurch rötlich gefärbt wurde.

Was nun die etwaigen Vorteile des Bleichens mit Sauerstoffbleichmitteln gegenüber der Schwefelbleiche anbelangt, so sind die Ansichten hierüber geteilt. Ein unbedingter Vorzug ist den Sauerstoffbleichmitteln zu geben, sobald Stückware gebleicht werden soll, weil hier das Bleichen in einer Flüssigkeit geschehen muß, und weil andererseits eine gasförmige Bleiche, wie das Schwefeln, je nach der Anzahl der Lagen oder Schichten der Stoffbahn nur auf die äußeren Lagen einwirken wird, während die innern unberührt bleiben. Wollte man die Stückware aber ausbreiten, wie das z. B. in der Trockenkammer geschieht, dann müßten derartig große Mengen Schwefel verbrannt werden, um den Raum ganz auszufüllen, daß das Verfahren sich viel zu teuer gestalten würde.

Bezüglich des Bleicheffektes ist nicht abzustreiten, daß die Sauerstoffbleiche der Schwefelbleiche überlegen ist. Bei letzterer handelt es sich um einen Reduktionsprozeß, und das so auf der Faser erzielte Weiß neigt leicht dazu, bei späteren Oxydationsvorgängen, veranlaßt durch die Einwirkung von Licht, Luft, Temperatur usw. wieder in einen gelblichen Farbton überzugehen. Bei der Sauerstoffbleiche handelt es sich dagegen um einen Oxydationsvorgang, der Farbstoff wird zerstört und ein späteres Vergilben tritt nicht ein.

Dagegen ist die Schwefelbleiche der Sauerstoffbleiche bei weitem überlegen, was die Einwirkung auf die dynamometrischen Eigenschaften der Seide anbelangt. Ist die Schwefelbleiche mit einem genügend alkalischen Fasergut durchgeführt, so ist die Schwächung der Festigkeit und Dehnbarkeit der Seide, wenn überhaupt vorhanden, nur sehr gering, während bei der Wasserstoffsuperoxydbleiche eine bedeutend erheblichere Einwirkung zuungunsten der dynamometrischen Eigenschaften der Seide festgestellt werden konnte. Bei jedem Oxydationsprozeß, der sich in einer organischen Faser abspielt, wird letztere mehr oder weniger in Mitleidenschaft gezogen, darüber herrscht wohl kein Zweifel.

Ein Moment darf hierbei allerdings nicht außer acht gelassen werden, das

[1]) Melliands Textilber. 1923, S. 488. [2]) Z. ges. Textilind. 1924, S. 411.

ist die Wirkung des den Bleichbädern zugesetzten Wasserglases. Dasselbe wirkt auch in den Bleichbädern erschwerend, und gerade die Silikaterschwerung beeinflußt die Festigkeit und Dehnbarkeit ungünstig. Daß die Praxis diesen Tatsachen Rechnung trägt, geht eben daraus hervor, daß die Sauerstoffbleiche durchweg nur bei Stückwaren Anwendung gefunden hat, wo die Beanspruchung der dynamometrischen Eigenschaften der Seide nicht so in Erscheinung tritt, während bei der Bleiche der Strangseide, deren Dehnbarkeit und Festigkeit im späteren Verarbeitungsprozeß eine große Rolle spielt, auch heute noch das Schwefeln die üblichste Form der Bleiche darstellt.

d) Das Bleichen mit Salpetersäurederivaten. Zu diesen allerdings wohl ältesten und oben bereits erwähnten Bleichverfahren zählen heute eigentlich nurmehr zwei, nämlich das Bleichen mit Königswasser und mit Alkalinitrit.

1. Die Königswasserbleiche geschieht in der Weise, daß man sich zuerst Königswasser durch Mischen von 3 Teilen Salzsäure und 1 Teil Salpetersäure, nach anderen Autoren[1]) von 5 Teilen Salzsäure und 1 Teil Salpetersäure herstellt. Diese Mischung verdünnt man dann mit Wasser bis zu einer Stärke von 3 bis 5° Bé. Auf dieses Bad geht man mit der Seide kalt ein und zieht einige Male bis zur gewünschten Bleichwirkung um. Manchmal wird auch das Bad auf etwa 30° C erwärmt.

Das Bleichen in dieser Form hat aber mit sehr großer Vorsicht zu geschehen, da die Annahme, es sei im Bade Nitrosylchlorid vorhanden, nicht in allen Fällen zutrifft, vielmehr die Anwesenheit von elementarem Chlor anzunehmen ist. Dieses ist einmal imstande, die Faser bei zu langer Einwirkung wieder gelb zu färben, andererseits aber auch die Faser in sehr gefährlicher Weise zu schwächen.

2. Die Nitritbleiche. Bei dieser Bleiche stellt man sich das Bleichbad in der Weise her, daß man in 100 l Wasser 25 g Natriumnitrit löst und zu dieser Lösung kalt 600 cm³ Salzsäure und 300 cm³ Schwefelsäure oder auch von letzterer Säure allein 500 cm³ hinzufügt. Auf diesem Bleichbad zieht man die Seide vorsichtig etwa eine halbe Stunde um, spült sie gut und geht jetzt auf ein mäßig fettes Seifenbad, auf dem man etwa zehn Minuten umzieht. Die vorher hell gebleichte Seide nimmt auf dieser Seife wieder einen rötlichen Farbton an, der aber durch ein einfaches Schwefeln beseitigt wird. Dieses Verfahren entspricht den bereits oben erwähnten Verfahren des Bleichens mit Nitrosylschwefelsäure von Guignon & Marnas, wie es in französischen Seidenfärbereien noch vielfach üblich ist. Wenn auch diese Nitritbleiche nicht so große Gefahren für die Seide in sich birgt als die Königswasserbleiche, ungefährlich ist sie keineswegs und daher nur von Leuten mit diesbezüglicher Erfahrung auszuüben.

Beide Verfahren, die Königswasser- und Nitritbleiche, kommen eigentlich nur in Anwendung bei Souple- oder Ecruseiden bzw. bei den wilden Seiden, Tussah usw., bei denen eben der Bast noch vorhanden ist oder die Spinnfaser stärker durchdringt, als dieses bei der echten Seide der Fall ist. Es sind aber, wie erwähnt, ältere Verfahren, welche heute nur mehr sehr selten ausgeübt werden, da die Gefahren, die sie für erschwerte Seiden in sich bergen, zu groß sind.

Es sei an dieser Stelle noch einer besonderen Art des Bleichens Erwähnung getan, die allerdings eine allgemeine Einführung in die Bleichpraxis nicht gefunden hat, weil sie sich zu teuer stellt. Das ist das Arbeiten mit hydroschwefliger Säure und deren Salzen, die durch Eintragen von Zinkstaub in eine Auflösung von Bisulfiten hergestellt werden. Diese Körper haben eine ganz hervorragende Bleichwirkung, die diejenige der schwefligen Säure oder des Sauerstoffs noch übertrifft. Für das Bleichen von Seide sehr gut geeignet ist das wasserfreie

[1]) Z. ges. Textilind. 1924, S. 411.

Natriumhydrosulfit, Burmol, das von der Badischen Anilin- und Sodafabrik hergestellt wird. Um hiermit zu bleichen, stellt man sich eine wäßrige Lösung dieses Hydrosulfites von etwa 3 bis 5% her und legt hierin die Seide etwa eine Stunde ein. Hiernach spült man, säuert ab und spült nochmals.

Nach Ganswindt[1]) stellt man das Hydrosulfitbad etwa 3° Bé stark ein und setzt 1% Essigsäure hinzu. Hierin geht man mit der Seide kalt ein und beläßt darin sechs Stunden. Dann wird gut gewaschen, mit Salzsäure abgesäuert und nochmals gewaschen. Die schnellste Bleichwirkung erzielt man mit den Hydrosulfiten durch Erhöhung der Temperatur, das reinste Weiß dagegen durch Verlängerung der Einwirkung in der Kälte.

Die Formaldehydkompositionen der hydroschwefligen Säure, wie Hyraldyd, Rongalit, Blankit u. a. m. sind nur in saurer Lösung wirksam, jedoch nicht mit dem Erfolge wie das Burmol, das in neutraler Lösung zur Anwendung gelangt. Wegen des hohen Preises aber haben diese eben angeführten Stoffe keinen Eingang in die Bleicherei der Seide gefunden. Wo sie jedoch viel verwandt werden, das ist in den Fällen, wo bereits gefärbte Seiden abgezogen, d. i. entfärbt werden müssen. Zu dieser in der Seidenfärberei oft vorkommenden Arbeit eignen sich die Hydrosulfite und deren Derivate ganz vorzüglich.

W. Alterhoff[2]) beschreibt die üblichen Verfahren des Schwefelns und der Sauerstoffbleiche, wobei als bemerkenswert zu erwähnen ist, daß man sich beim Schwefeln der komprimierten schwefligen Säure bedient, wie solche in Stahlflaschen in den Handel kommt. Bezüglich der Nitritbleiche wird als Vorschrift gegeben: Man löst 250 g Natriumnitrit in 1000 l Wasser, setze dann vorsichtig nacheinander 6 kg Salzsäure und 3 kg Schwefelsäure hinzu. Auf diesem kalten Bade wird die Seide eine halbe Stunde hantiert. Darauf wird mit weichem Wasser gut gewaschen und mit einem lauwarmen Seifenbade, dem etwas Soda zugesetzt ist, nachbehandelt. Darauf wird die Seide herausgenommen und durch Schwefeln fertig gebleicht.

Zum Schluß dieses Abschnittes sei noch auf ein neueres Verfahren hingewiesen, welches sich in seiner Ausführung an die oben bereits erwähnten ältesten Bleichversuche, nämlich das Herauslösen des Seidenfarbstoffes, anlehnt. Nach diesem Verfahren, welches der Firma W. Spindler durch D.R.P. 103117 geschützt ist, unterstützt man den Bleichprozeß durch die Verwendung von Alkoholen, Aldehyden oder Ketonen und soll hierdurch wesentliche Vorzüge gegenüber den bisherigen Verfahren erzielen. Hierbei soll sich noch obendrein der Vorteil ergeben, daß einmal die Seide bedeutend geschont wird, sowie ferner, daß das Bleichverfahren für jegliches Seidengut in Frage kommt, also ebensogut für Rohseiden, Cuite- und Soupleeiden, wie für Schappe, Bourrette, Tussah, auch sogar für Kokons. Die als Zusatz verwandten Chemikalien, wie Äthyl- oder Methylalkohol, Azeton usw. können durch entsprechende Behandlungsweisen wiedergewonnen werden. Die Menge der Zusätze, die Temperatur des Bleichbades und die Einwirkungsdauer hängt natürlich von den entsprechenden Anforderungen ab. Nach einem Ausführungsbeispiel werden 5 kg gelbbastige Rohseide mit 10 kg Wasserstoffsuperoxydlösung und der zur Neutralisation nötigen Menge Ammoniak sowie mit 10 kg Alkohol oder Azeton in einem mit Rückflußkühler versehenen Gefäß eine Stunde bei Siedetemperatur erhitzt. Der Bleicheffekt soll ein besserer sein, als dieses bei dem sonst üblichen Verfahren der Fall ist.

Beim Bleichen der Seide dürfen Metallbehälter wegen der katalytischen Wirkung von Metallspuren nicht verwendet werden. Eine bunte bzw. teilweise zerstörte Seide ist die Folge, wenn man diese Vorsicht außer acht läßt.

[1]) Ganswindt: Textilber. 1922, S. 183.
[2]) Alterhoff: Die Kunstseide 1927, S. 318.

3. Das Färben der farbigen Seiden.

Die Färberei der farbigen Seiden ist ein sehr umfangreiches Gebiet, das eine sehr große fachmännische Erfahrung erheischt, da es bei der Seide nicht allein auf einen bestimmten Farbton ankommt, sondern auch auf die Eignung der Färbung für die besonderen Zwecke. Wohl bei keinem Textilmaterial ist dieses in solchem Maßstabe der Fall als bei der Seide, außerdem handelt es sich hier vielfach um so kleine Mengen, wie dieses bei Baumwolle oder Wolle nur zu den Seltenheiten zählt. Bekanntlich sind kleine Partien von nur wenigen Masten, wie solche z. B. für Effektfäden verwandt werden, bedeutend schwieriger zu färben als große Partien, weil das notwendige Verhältnis von Flotte (Färbebad) zum Farbmaterial von verschiedenen Momenten abhängt. Es kann daher bei den nachstehenden Ausführungen sich auch nur um eine allgemeine Orientierung handeln, die Auswahl der Farbstoffe und der Arbeitsweise, die Eignung der Farbstoffe für bestimmte Zwecke u. a. m., muß der Erfahrung des Färbers selbst überlassen bleiben.

Eine allgemeine Übersicht über Vorbehandlung und Färben von Couleurseiden gibt G. Rudolf[1]); bezüglich Einzelheiten sei auf die Originalarbeit verwiesen.

A. Die Rohstoffe zum Färben.

Was die Auswahl der für Seidenfärbereizwecke in Betracht kommenden Farbstoffe anbelangt, so mag hier zuvor eine geschichtliche Notiz über die Farbstoffe, mit denen früher die Seide gefärbt worden ist, Platz finden.

Den Chinesen waren Indigo, Cochenille, Chinesischgrün, Safflor und Sepia bekannt. Bei den Römern und Griechen verwandte man für rote Farbtöne: Färberröte, Alkanna, Kermesbeeren und Purpur, für Blau Waid, für Gelb Färberginster, für Schwarz Eichenlaub, für Braun Nußschalen. Im Mittelalter waren als Farbmittel für Seide bekannt Brasilholz, Orseille, Indigo, Krapp, Cochenille, Orleans, Wau und Kurkuma. Heute sind die alten Färbeweisen vollständig verschwunden, da an ihre Stelle die künstlichen Anilinfarbstoffe getreten sind. Höchstens die Cochenille, das Brasilholz und die Orseille werden heute noch für einzelne Zwecke verwandt.

Die modernen Farbstoffe können hier natürlich auch nur kurz beschrieben werden, es gibt genügend Literaturangaben[2]) hierüber und außerdem ist jede Farbenfabrik bestrebt, über die Produkte ihrer Fabrikation bezüglich Eigenschaften und Verwendung spezielle Handbücher für die verschiedenen Zweige der Färberei den Interessenten zur Verfügung zu stellen.

Von den für die Seidenfärberei in Betracht kommenden Farbstoffen sind folgende zu nennen:

a) Basische Farbstoffe. Diese Gruppe von Farbstoffen färbt die Seide unmittelbar und liefert schöne, satte und lebhafte Farbtöne, welche aber bezüglich Echtheit sehr zu wünschen übriglassen. Man benutzt sie sehr gern zum Abtönen und Leuchtendmachen der Färbung. Es gehören als Seidenfarbstoffe hierher: Fuchsin, Safranin, Auramin, Chrysoidin, Eosin, Erythrosin, Rhodamin, Malachitgrün, Methylenblau, Methylviolett, Methylengrün usw.

b) Säurefarbstoffe. Diese Gruppe von Farbstoffen liefert nicht so lebhafte Farbtöne wie die vorige, übertrifft sie aber, was Echtheit anbelangt, erheblich. Als Vertreter, soweit sie für Seide in Betracht kommen, sind zu nennen:

---

[1]) G. Rudolf: Die Kunstseide 1927, S. 22.

[2]) Vgl. auch dieses Handbuch Bd. 3, Fierz-David: Die Farbstoffe. Berlin 1926.

Ponceau, Violamin, Phloxin, Croceinscharlach, Wasserblau, Alkaliblau, Echtsäureblau, Echtgelb, Indischgelb, Orange, Pikrinsäure, Naphthylamingrün, Naphthylaminschwarz, Seidenschwarz usw.

c) Beizenfarbstoffe. Zu dieser Gruppe gehören außer den natürlichen Farbstoffen, wie Blauholz, Gelbholz und Cochenille, die Alizarinfarbstoffe. Diese Farbstoffe haben einen schwach sauren Charakter und sind dadurch gekennzeichnet, daß sie imstande sind, mit Metallhydroxyden unlösliche Farblacke zu bilden. Wenn auch die Lebhaftigkeit der Farbtöne zu wünschen übrigläßt, so sind die Färbungen von einer hervorragenden Echtheit. Das Vorbeizen mit Metallhydroxyden geschieht kalt, mit basischer Aluminiumsulfatlösung oder mit neutraler Chrombeize. Auch bedient man sich des Zinnchlorürs als Metallbeize bei den besonders echten Rotfärbungen mit Cochenille. Für Schwarz und dunkle Farben wird mit Eisenbeize gebeizt. Zu den Beizenfarbstoffen zählt man außer den zahlreichen Vertretern der Alizarinfarbstoffe auch die Anthrazenfarbstoffe u. a. m.

d) Substantive Farbstoffe. Diese Farbstoffgruppe, welche früher in der Seidenfärberei wenig gebraucht wurde, hat heute großen Anklang gefunden, weil sie sowohl lebhafte Farbtöne liefert, als auch namentlich bezüglich Wasser- und Waschechtheit manchen Ansprüchen genügt. Außerdem bieten sie aber den großen Vorteil, daß man die Färbungen diazotieren und entwickeln, evtl. auch mit Metallsalzen nachbehandeln kann, wodurch die Echtheit wesentlich erhöht wird. Bezüglich Lichtechtheit erreichen sie aber keineswegs die Alizarinfarbstoffe.

Sehr beliebt sind diese Farbstoffe übrigens auch bei der Färbung der Halbseide, weil man imstande ist, durch entsprechenden Zusatz von Salzen oder Temperaturänderung die Seide und die Baumwolle in einem Bade musterentsprechend zu färben. Zu dieser Farbstoffgruppe gehören außer den natürlichen Farbstoffen Kurkuma, Orleans, Safflor, die Benzidinfarbstoffe, die Diaminfarbstoffe, die Diazofarbstoffe u. a. m.

Die hauptsächlich für Seide in Betracht kommenden sind: Benzoechtviolett, -rot, -gelb, -grün, Diazobraun, Diazoblau, Benzogrün, Diazobrillantscharlach und Chrysophenin usw.

e) Die auf der Faser erzeugten Farbstoffe. Hierher gehören die Entwicklungsfarben und die Oxydationsfarben, von denen, soweit Seide in Betracht kommt, eigentlich nur das Oxydationsschwarz zu nennen ist.

f) Schwefelfarbstoffe. Diese Farbstoffgruppe kommt für die Seidenfärberei nur wenig in Betracht, da die bei der Färbung unbedingt erforderliche Schwefelnatriumbehandlung die Seidenfaser ungünstig beeinflußt. Neuerdings ist es allerdings gelungen, diesen Übelstand zu beheben, seitdem bürgern sich diese Farbstoffe namentlich bei der Färbung der Halbseide allmählich mehr und mehr ein. Es gehören hierher die Katigen- und Thiogenfarbstoffe.

g) Küpenfarbstoffe. Zu dieser Gruppe gehören die Indanthrenfarbstoffe, die Algolfarbstoffe und die Cibafarbstoffe. Diese Farbstoffe entsprechen den höchsten Anforderungen bezüglich Echtheit, ihre Farbtöne sind kräftig und in gewissem Grade leuchtend, jedoch wenig nuancenreich. Die Färbung ist allerdings umständlich und nicht nachzutönen, bürgert sich jedoch immer mehr und mehr ein.

Außer den Farbstoffen kommen als Rohstoffe beim Färben der Seide noch in Betracht das Wasser, die Bastseife, Seife, Glaubersalz und Säuren, wie Essigsäure, Ameisensäure, Schwefelsäure u. a. m. Daß das Wasser am besten seiner Härtebildner beraubt verwandt wird, gilt auch hier, da kalkhaltiges Wasser, mit Seife in Verbindung gebracht, unlösliche Kalkseifen bildet, welche zur

Trübung der Färbung Anlaß geben. Was die Bastseife anbelangt, so ist hierüber das Wesentliche bereits in dem Abschnitt über das Abkochen der Seide angeführt worden. Wenn auch von verschiedenen Autoren die Notwendigkeit der Verwendung der Bastseife zum Färben der Seide bestritten wird, die Erfahrungen in der Praxis haben ihnen jedenfalls nicht recht gegeben, denn eine mit Bastseife gefärbte Seide weist, abgesehen vom Glanz, auch einen schöneren Griff auf, als dieses beim Färben ohne Bastseife der Fall ist.

Erwähnt sei hier ein besonderes Seidenfärbeverfahren, das O. Hahn durch D.R.P. 300229 (1917) geschützt ist. Bei diesem Verfahren setzt man dem Färbebad die Seife in Form einer alkoholischen Seifenlösung zu und macht das Bad durch Beigabe von etwas Soda oder Pottasche alkalisch. Es dürfte sich dieses Verfahren aber wegen der jedenfalls erheblichen Kosten wenig eingebürgert haben.

Was die Beschaffenheit der beim Färben verwandten Chemikalien, Seife, Salz und Säuren anbetrifft, so müssen sie den handelsüblichen Grad von Reinheit besitzen. Immerhin ist dies ein Punkt, dem doch mehr Aufmerksamkeit geschenkt werden sollte, als dieses in den Färbereien vielfach geschieht. Manche Überraschung im Färbereibetrieb würde nicht eintreten, wenn man es sich zur Regel machte, auch diese billigen Rohstoffe zur Untersuchung zu bringen. Glaubersalz, welches Bisulfat enthält; Schwefelsäure, die salpetersäurehaltig ist; Seife, die zuviel überschüssiges Alkali enthält, können Ursache sehr unangenehmer Schädigungen der Seidenfaser werden. Hierauf im einzelnen einzugehen, erübrigt sich, da diesbezüglich hervorragende Werke, wie Heermann: „Färbereichemische Untersuchungen" u. a. m., zur Verfügung stehen.

B. Die Färbeverfahren der Seide.

Über die Vorbehandlung und das Färben der Seide äußert sich Georg Rudolf[1]) in ausführlicher Weise. Es werden nicht nur das Abkochen und Bleichen, sondern auch die verschiedenen Färbemethoden mit den verschiedenen Farbstoffgruppen beschrieben, sowie die Schlußausrüstung der Seiden, das Avivieren.

a) Das Färben mit basischen Farbstoffen. Man stellt sich zuerst ein gebrochenes Bastseifenbad her, aus einem Viertel oder der Hälfte der Flotte an Bastseife und dem Rest Weichwasser unter Zusatz von 2% Esigssäure, vom Gewicht der Seide gerechnet. Hat man keine Bastseife zu Verfügung, so nimmt man Marseiller Seife und löst davon 5 bis 8 g in einem Liter Wasser. Zu dem so hergestellten Bade gibt man den vorher gelösten und filtrierten Farbstoff, jedoch nicht in konzentrierter Lösung, da sonst leicht ein Bronzigwerden der Seide eintreten kann. Man macht das Bad zuerst etwa 50° C warm, geht mit der Seide ein und steigert die Temperatur langsam zum Kochen. Ist der Farbton erreicht, so gibt man anschließend eine Avivage mit Essigsäure, Ameisensäure oder einer sonstigen organischen Säure, vermeidet aber nach Möglichkeit die Verwendung von Schwefelsäure.

Ebensogut wie im gebrochenen Seifenbade kann man aber auch mit Glaubersalz unter Zusatz von etwas Schwefelsäure oder Essigsäure färben. Man stellt sich eine wäßrige Lösung von Glaubersalz her, und zwar 5 bis 10% vom Gewicht der Seide gerechnet, gibt etwa 1% Essigsäure hinzu und dann den vorher gelösten Farbstoff. Nachdem man auf 30° C erwärmt hat, zieht man die Seide fünfmal um und erwärmt auf 60° C. Vielfach hat man zuerst die Hälfte des Farbstoffes ins Bad gegeben und fügt jetzt die zweite Hälfte bei dieser Temperatur zu. Dann zieht man mit der Seide so lange um, bis der Farbton nahezu erreicht ist, gibt

[1]) Rudolf, G.: Die Kunstseide 1927, S. 22.

nochmals 1 % des Seidengewichts an Säure ins Bad und steigert die Temperatur zum Kochen. Hiernach wird wie üblich aviviert. Dieses Färben mit Glaubersalz ist besonders beliebt bei Farbstoffen wie Rhodamin, Methylviolett, Brillantgrün extra, Naphtholgelb S und Orange II.

b) Das Färben mit sauren Farbstoffen. Die Farbstoffe werden durchweg im gebrochenen Bastseifenbade gefärbt, jedoch nicht kochend, meistens darf die Temperatur nicht höher als 60 bis 90° C gesteigert werden. Ferner darf das Bastseifenbad nur mit wenig Säure gebrochen werden, da die Farbstoffe im Verhältnis zum Säuregehalt mehr oder minder schnell und ungleichmäßig auf die Faser ziehen. Als Säure wird durchweg Schwefelsäure verwandt. Es ist üblich, vor der Zugabe des Farbstoffes das Bad 30° C warm zu machen und die Seide auf diesem gebrochenen Bade einige Male umzuziehen, aufzuwerfen und dann erst den gelösten Farbstoff zuzugeben. Dann färbt man die Seide unter langsamem Erwärmen aus. Nachher wird in üblicher Weise aviviert. Einzelne Säurefarbstoffe, wie Alkaliblau, können auch im fetten Seifenbade gefärbt werden; man entwickelt darauf mit Schwefelsäure. Wie bereits erwähnt, geben Säurefarbstoffe keine lebhaften dunklen Farben und man ist gezwungen, mit basischen Farbstoffen zu nuancieren, wodurch allerdings die Echtheit leidet. Aus diesem Grunde ist auch die Verwendung der Säurefarbstoffe nur auf einzelne Vertreter beschränkt.

c) Das Färben mit Beizenfarbstoffen. Diese Gruppe von Farbstoffen färbt die tierische Faser als solche nicht, sondern erst nachdem dieselbe gebeizt worden ist. Man unterscheidet nach Volz[1]) Beizen sauren Charakters, wie Gerbsäuren und Fettsäuren, und Beizen basischen Charakters, wie Metalloxyde bzw. Metallverbindungen überhaupt. Als Gerbstoffbeizen werden entweder Lösungen von Tannin oder Auszüge von gerbstoffhaltigen Produkten, wie Sumach, Catechu oder Dividivi usw. verwandt. Man geht mit dem Farbgut in die 60 bis 80° C warme Gerbstofflösung ein und beläßt es darin bis zum Erkalten. Der Gerbstoff wird darauf durch eine Nachbehandlung mit einem Metallsalz, namentlich Antimonsalzen oder auch Eisensalzen, fixiert und ist dann zur Färbung vorbereitet. Neuerdings ist diese zweimalige Beizung durch das Behandeln mit dem Katanol Bayer zu einem einmaligen Beizen vereinfacht worden. Da der Gerbstoff sehr energisch aufzieht, ist Vorsicht beim Färben am Platze. Man färbt in langer Flotte, die gut mit Essigsäure oder Ameisensäure, auch wohl mit Alaun oder Aluminiumsulfat angesäuert ist, unter langsamer Zugabe des Farbstoffes und allmählicher Erhöhung der Temperatur.

Als Fettsäurebeizen kommen in Betracht die Sulfoverbindungen der Fettsäuren in Form von Türkischrotöl, Monopolseife u. a. m. Man netzt die Ware mit einer 10proz. Auflösung des Präparates in Wasser, trocknet, stellt auf ein Bad verdünnter essigsaurer Tonerde und färbt aus. Als Farbstoffe benutzt man bei dieser Art der Beizenfärberei die basischen Farbstoffe und erhöht durch die Beizenfärbung die Echtheit. Diese Art der Beizenfärberei wird in der Seidenfärberei deshalb namentlich dort verwandt, wo leuchtende Töne mit einer gewissen Echtheit verlangt werden, was eben nur durch Verwendung basischer Farbstoffe erzielt werden kann.

Die eigentlichen Beizenfarbstoffe sind solche sauren Charakters, welche auf basischen Beizen wie Verbindungen von Tonerde, Chrom, Eisen, Zinn, Zink, Kupfer, Blei usw. gefärbt werden müssen. Wie oben bereits ausgeführt wurde, sind die hauptsächlichsten Vertreter dieser Farbstoffgruppe die Alizarinfarbstoffe. Im wesentlichen bedient man sich dreierlei Beizen, der Tonerdebeize, der Chrombeize und der Eisenbeize.

---

[1]) Z. ges. Textilind. 1923, S. 276.

Als Tonerdebeizen werden verwandt: schwefelsaure Tonerde, Alaun und essigsaure Tonerde, und zwar meistens in der Weise, daß die betreffenden Salzlösungen mit kristallisierter Soda versetzt werden, bis die saure Reaktion verschwunden ist. Man verwendet meistens eine Konzentration von 7 bis 8° Bé, geht mit der Seide in diese Beize ein, zieht mehrmals um und legt mehrere Stunden oder über Nacht ein. Darauf wird gewaschen und gefärbt, und zwar auch hier wieder in langer Flotte und bei langsamer Temperaturerhöhung bis zum Kochen.

Als Chrombeizen kommen in Betracht: Chromchlorid, essigsaures Chrom und Chromsulfit. Die Stärke der Beize schwankt zwischen 10 bis 20° Bé. Man geht mit der Seide ein, zieht zweimal um und legt über Nacht ein. Danach wird gewaschen und mit einer 10proz. Seifenlösung lauwarm nachbehandelt.

Als Eisenbeizen dienen: Basisches Eisenacetat oder Eisensulfat, welche meistens in einer Stärke von 25° Bé verwandt werden. Die Behandlung der Seide ist die gleiche wie bei der Chrombeize, nur mit dem Unterschiede, daß hier das Fixieren einfach mit heißem Wasser oder auch mit verdünntem Ammoniak durchgeführt wird.

Was nun das eigentliche Färben der so gebeizten Seiden anbelangt, so geschieht es auf dem gewöhnlichen Bastseifenbade, nur wird dasselbe überhaupt nicht oder nur schwach gebrochen. Im letzteren Falle darf jedoch nur organische Säure und höchstens 5%, durchschnittlich nur 2% Ameisensäure vom Gewicht der Seide verwandt werden. Zu dieser Flotte gibt man den gelösten Farbstoff hinzu, geht bei 40° C mit der gebeizten Seide ein, zieht eine halbe Stunde um und bringt das Bad im Laufe einer Stunde durch allmähliche Temperatursteigerung zum Kochen. Hat man den Farbton erreicht, wozu man vielfach die Seide auch noch länger, sogar bis zum Erkalten des Bades umziehen muß, dann stellt man die Seide auf ein kochendes Seifenbad, welches 5 bis 10 g Seife auf einen Liter Wasser enthält, bis kein Farbstoff mehr abgegeben wird. Darauf wird gespült und mit Essigsäure 40° C warm aviviert.

Es ist wohl ohne weiteres klar, daß diese Alizarinfärbungen insofern große Schwierigkeiten bieten, als die Färbemethode kein jeweiliges Abmustern gestattet. Eine Hauptbedingung beim Färben mit Alizarinfarbstoffen ist das ständige Umziehen, da sonst die Färbungen leicht bunt ausfallen. Hat man den richtigen Farbton nicht getroffen, so kann man sich, sofern die Anforderungen an Echtheit nicht zu hoch gestellt worden sind, durch Nuancieren mit basischen oder sauren Farbstoffen helfen, sonst muß mit Alizarinfarbstoffen nachgefärbt werden, was aber vielfach Schwierigkeiten bietet.

W. Alterhoff[1]) berichtet über die Färbung von Alizarinrot auf Seide.

Die abgekochte Seide wird mit Schwefelsäure 1% heiß scharf abgesäuert und gewaschen. Dann wird gebeizt, und zwar für 100 l Flotte mit 5 kg Alaun, 100 g kalz. Soda und 50 g Zinnsalz. Der Ansatz geschieht in der Weise, daß der kalten Flotte zunächst der aufgelöste Alaun zugefügt wird, dann folgend die Sodalösung, und ohne Berücksichtigung des Niederschlags hiernach unter ständigem Umrühren das aufgelöste Zinnsalz. Darauf wird die Flotte langsam auf 45° C erhitzt. Man läßt das Bad 2 Stunden lang stehen und geht mit der Ware in die milchig trübe Flüssigkeit ein. Man legt die Seide ein und bedeckt sie mit Holzstäben, um die Berührung mit der Luft auszuschließen. Nach 48stündiger Beizung wird mit der Hand abgewrungen und ohne zu spülen auf ein Wasserglasbad von ½° Bé Stärke gegangen und hierauf ½ Stunde umgezogen. Darauf wird gewaschen. Darauf wird mit Alizarin SX 20% Teigware ausgefärbt, und zwar mit

[1]) Alterhoff, W.: Die Kunstseide 1927, S. 224.

20% des Farbstoffes. Das Farbbad besteht aus 100 l Wasser, 5 l frischer Bastseife, ½ l Essigsäure, 30%, und dem kalt zugesetzten angeteigten Farbstoff. — Die so gefärbte Seide entspricht allen Anforderungen bezüglich Bleich-, Koch- und Reibechtheit und besitzt einen guten Griff.

Erwähnung mag hier noch eine Literaturangabe bezüglich Färben von Seide mit Gelbholz von J. F. Springer[1]) finden. Dieser Autor gibt an, daß man eine hellgelbe Färbung in der Weise erzielt, daß man die Seide entweder vorher mit Alaun beizt oder ungebeizt in einem Bade aus 10% Alaun und 8 bis 10% Gelbholz vorbeizt und kochend heiß mit 60% Gelbholz ausfärbt, unter Zugabe von 25% einer sog. Rotbeize, einer Auflösung von Zinnchlorür in Chlorzinn. Darauf wird kalt gewaschen, 10 Minuten geseift, ausgewaschen und getrocknet. Für dunkelgelbe Färbungen wird mit Alaun gebeizt, gewaschen und mit 50 bis 100% Gelbholz eine Stunde gefärbt, worauf mit einem kalten Bade von Chlorzinn nachbehandelt, geseift und getrocknet wird.

d) Das Färben mit substantiven Farbstoffen. Man färbt diese Farbstoffe, die sich wegen ihrer Eigenschaft, einerseits lebhafte und andererseits auch ziemlich echte Färbungen zu liefern, großer Beliebtheit erfreuen, in einem schwach mit Essigsäure oder Ameisensäure gebrochenen Bastseifenbad. Die Färbweise ist ähnlich derjenigen mit sauren Farbstoffen, also bei mäßiger Temperatur, die höchstens bis 90 °C gesteigert wird. Will man nicht auf Bastseife färben, so kann man auch mit Glaubersalz und Essigsäure in üblicher Weise arbeiten. Es ist auch vorgeschlagen worden, als Ersatz der Bastseife das Färbebad mit 15 bis 20% phosphorsaurem Natron unter Zusatz von 5% Marseiller Seife herzustellen.

Wichtig bei dieser Farbstoffgruppe ist der Umstand, daß man die Echtheit der Färbung durch eine leichte Nachbehandlung bedeutend erhöhen kann. Die fertig gefärbten Seiden werden eine halbe Stunde in einem heißen Bade behandelt, das 1 bis 3% Kupfersulfat und 2 bis 3% Essigsäure enthält. Statt des Kupfersulfates kann man auch 1 bis 3% Kaliumchromat oder 3% Chromalaun nehmen. Sämtliche Mengen sind auf das Gewicht der angewandten Seide zu berechnen.

Speziell dort, wo gute Wasch- und Walkechtheit verlangt wird, hat sich auch eine halbstündige Nachbehandlung in einem 70 °C warmen Bade, welches 3% Formaldehyd und 1% Kaliumchromat enthält, bewährt.

Die wichtigste Nachbehandlung, die die größte Echtheit gewährt, ist jedoch das Diazotieren. Zu diesem Zweck behandelt man die gefärbte Seide eine Viertelstunde in einer kalten wäßrigen Auflösung von 1½ bis 3% Natriumnitrit und einem Gemisch von 5 bis 7% Salzsäure und 3 bis 5% konzentrierter Schwefelsäure. Will man nur eine Säure nehmen, so erhöht man den Salzsäurezusatz auf 10%. Während des Diazotierens hält man helles Licht fern und hütet sich, die Seide antrocknen zu lassen, weil sonst unegale Färbungen entstehen. Nach dieser Behandlung geht man, ohne zu spülen, auf den Entwickler, gegebenenfalls spült man vorher in einem Wasser, dem man geringe Mengen Salzsäure zugesetzt hat. Die gebräuchlichsten Entwickler sind Naphthol, Resorzin und Phenole. Man benutzt sie in einer wäßrigen Auflösung, in einer Menge von ½ bis 1½% vom Gewicht der Seide und setzt 1 bis 3% 40proz. Natronlauge hinzu. Mit dieser Lösung behandelt man die Seide kalt eine halbe Stunde, spült und gibt anschließend ein kochendes fettes Seifenbad, um dann zum Schluß zu avivieren. Meistens werden die Entwickler fertig, also mit Alkalizusatz, in den Handel gebracht, so daß sie nur im Wasser gelöst zu werden

---

[1]) Springer, J. F.: Col. Trade Journ. 1921, S. 250.

brauchen; auch werden die genauen Entwicklungsvorschriften von den Herstellern des betreffenden Farbstoffes gegeben.

e) Das Färben mit Entwicklungsfarbstoffen. Diese Färbung kommt in der Hauptsache nur für Baumwolle in Frage; als einziger Farbstoff dieser Gruppe, der für die Färbung der Seide von Interesse ist, ist Anilinschwarz zu nennen.

Man unterscheidet drei verschiedene Färbearten für dieses Schwarz, nämlich:

1. das Einbadverfahren,
2. das Oxydationsverfahren und
3. das Dämpfverfahren;

am wichtigsten ist das Oxydationsschwarz.

Der Grund hierfür ist darin zu suchen, daß dieses Schwarz einmal das blumigste ist, ferner nicht in einen grünlichen Farbton übergeht und schließlich eine reibechte Färbung darstellt. Eine große Schattenseite, namentlich bei Strangware von sehr erheblicher Bedeutung, weniger bei Stückware, ist allerdings die Tatsache, daß die Festigkeit der Faser ungünstig beeinflußt wird. In dieser Hinsicht ist beim Einbadschwarz weniger zu befürchten, demgegenüber weist dieses Schwarz aber wieder den Übelstand auf, daß es durchaus nicht reibecht ist und der Farbton ziemlich stark ins Grüne geht. Das Dämpfverfahren hat sich in der Seidenfärberei nicht einbürgern können.

1. Das Einbadverfahren. Das Färbebad wird in der Weise hergestellt, das man z. B. in 1000 l Wasser 6 kg Anilinsalz und 10 kg Salzsäure löst und 6 kg Kaliumbichromat hinzufügt. Auf diesem Bade zieht man die Seide eine Stunde kalt um, erwärmt die Flotte dann auf 70 °C und zieht nochmals eine halbe Stunde um. Darauf wird gut gespült, in einem kochenden Seifenbad (10% vom Gewicht der Seide) eine halbe Stunde behandelt, geschleudert und getrocknet. Außer dem Kaliumbichromat hat man auch Zusätze von Eisen- und Kupfersalzen gemacht, wohl besonders zu dem Zweck, um eine Überdeckung des grünlichen Farbtones zu erzielen.

2. Das Oxydationsverfahren. Die Zusammensetzung des Färbebades ist ähnlich derjenigen beim Einbadverfahren, nur wird zur Auflösung des Anilinsalzes ein Zusatz von chlorsaurem Natron, Kochsalz oder Chlorammonium und Kupfersulfat gemacht. Auf diesem Bade wird die Seide eine viertel Stunde kalt behandelt, dann vorsichtig ausgeschwungen und nun in der Oxydationskammer aufgehangen, die mit feuchtem Wasserdampf beschickt wird. Hier muß die Seide so lange verweilen, bis sie eine grünschwarze Farbe angenommen hat. Dann kommt sie auf ein Chromierungsbad, welches in 1000 l 3 kg Kaliumdichromat und 750 ccm konzentrierte Schwefelsäure enthält. Hierauf wird eine Stunde umgezogen, dann kochend mit fetter Seife behandelt und anschließend in Weichwasser gespült.

Bei den guten Echtheitseigenschaften dieses Oxydationsschwarzes, das weniger bei Strang, häufiger aber bei Stückware, namentlich aber bei Halbseiden Verwendung findet, kann es nicht wundernehmen, daß fortwährend Verbesserungen getroffen werden, teils zum Zwecke der Faserschonung, teils zur Verbesserung des Farbtones.

Hier ist das D.R.P. 285955 (1913) der Firma Griesheim Elektron zu nennen, die zur Erzielung eines unvergrünlichen Anilinschwarzes das Textilgut mit einer Auflösung von 80 g chlorsaurem Anilin auf 1 l Wasser imprägniert. Nach dem Abschleudern wird die Ware zunächst bei 40 bis 50 °C getrocknet und darauf das jetzt noch farblose Gut auf 90 bis 100 °C erhitzt. Hierbei entwickelt sich ein tiefes Schwarz, das weder nachchromiert noch geseift zu werden braucht. Um die Faser zu schonen, wird zum Chloratbad ein Zusatz von Ferrozyankalium gemacht, was durch D.R.P. 287794 (1914) der gleichen Firma geschützt ist.

Nach dem D.R.P. 314660 (1917) von Ehrenzweig und M. van Delden, werden zum Anilinsalzbad außer Chlorat und Paraphenylendiamin noch Rhodan- oder Cyanverbindungen zugesetzt.

Maurice Prudhomme berichtet über Färben von Seide mit Anilinschwarz. Nach einem älteren Verfahren des Verfassers wird mit Chromchromat gebeizt in einem Bade aus Anilin und einem Gemisch von Mineralsäuren und mit organischen Säuren. Das Schwarz wird anschließend in der Kälte entwickelt. Ein schöneres Schwarz wird erhalten, wenn mit Eisenchromat gebeizt wird.

Das D.R.P. 204514 schützt Arthur Green ein Verfahren zur Erzeugung von Anilinschwarz auf Seide, dadurch gekennzeichnet, daß man die Gewebe oder das Garn mit einer Mischung von Anilin mit einem Paradiamin, einem Kupfersalz und Salzsäure bzw. Ameisensäure behandelt. Nachher wird durch Dämpfen oder Lüften das Schwarz entwickelt. Charakteristisch für dieses Verfahren ist das Fehlen eines besonderen Oxydationsmittels, wodurch natürlich eine größere Schonung der Seide erzielt wird.

Jedenfalls erfordert die Anilinschwarzfärbung große Sachkenntnis und Erfahrung, um ein tiefes blumiges Schwarz zu erzielen. Das hin und wieder anzutreffende Überfärben mit Blauholz oder sonstigen Farbstoffen kann nur als Notbehelf angesprochen werden.

f) Das Färben mit Schwefelfarbstoffen. Auch diese Gruppen von Farbstoffen haben sich, so vorzüglich sie bei der Färbung der Baumwolle sind, in der Seidenfärberei noch keine bleibende Stätte zu erringen vermocht, weil die schädliche Einwirkung des Schwefelnatriums für den Seidenfaden eine zu große Gefahr bedingt. Die Färbeflotte wird in der Weise hergestellt, daß man das Wasser mit Soda schwach alkalisch macht, etwa 2 bis 5%, dann den gelösten Farbstoff und die gleiche oder doppelte Menge Schwefelnatrium zusetzt. Man färbt auf diesem Bad etwa 30 bis 50° C warm und setzt allmählich 5 bis 40% Glaubersalz oder Kochsalz zu. Nach dem Färben wird gespült und leicht abgesäuert.

Es ist natürlich das Streben der Farbenfabriken, die für die Seide gefährliche Einwirkung des Schwefelnatriums aufzuheben. Restlos ist diese Frage aber noch nicht gelöst.

So schützt das Patent D.R.P. 275886 (1913) den Zusatz von alkalilöslichen, natürlichen oder künstlichen Harzen zum Färbebad bei der Schwarzfärbung der Seide mit Schwefelschwarz. Für dieselben Zwecke sind der A. G. Anilinfabrikation Berlin mehrere Verfahren geschützt, nämlich:

D.R.P. 370236 Zusatz von Sulfitzelluloselauge oder deren wirksamen Bestandteile, z. B. Zellpech, beim Färben mit Schwefelfarbstoff. D.R.P. 370237 Zusatz von Zuckerarten, mit Ausnahme von Glykose, für sich oder in Mischung mit Sulfitlauge. D.R.P. 373929 Zusatz von Aldehyd- oder Ketonbisulfiten. D.R.P. 387594 Zusatz von den Bisulfitverbindungen des Hexamethylentetramins.

Zu erwähnen wäre auch noch das D.R.P. 326649 (1914), welches der Firma Bayer & Co. ein Verfahren schützt, beim Färben von Mischgeweben, welche Seide enthalten, mit Schwefelfarbstoffen die Seide dadurch zu reservieren, daß die Ware vor dem Färben mit Tannin und Brechweinstein oder Formaldehyd usw. vorbehandelt wird.

Weiterhin sind für denselben Zweck Zusätze von Gerbstoffen, Dextrin und Alkaliphosphat oder Silikat empfohlen worden.

g) Das Färben mit Küpenfarbstoffen. Diese Färbeart steht heute wohl im Mittelpunkt des Interesses, weil sie den meisten und strengsten Echtheitsanforderungen gerecht wird. Es handelt sich um Farbstoffe, die vorher durch Reduktionsmittel in eine farblose Verbindung übergeführt wurden. Mit dieser werden dann die Textilien imprägniert und darauf wird durch einen Oxydationsvorgang die gewünschte Färbung hervorgerufen. Man unterscheidet allgemein drei Arten von Küpen:

1. Die Eisenvitriolkalkküpe,
2. Zinkstaubkalkküpe,
3. die Hydrosulfitküpe.

Die beiden ersteren Küpen scheiden für die Seidenfärberei aus, da sie trübe Suspensionen darstellen, nur die klare Hydrosulfitküpe findet bei der Seide Verwendung. Man stellt das Färbebad in der Weise her, daß die vorgeschriebene Menge des Farbstoffes in Wasser angeteigt und mit den entsprechenden Mengen Natronlauge und Hydrolsulfit versetzt wird. Bei Pulverware teigt man zuerst mit einem Drittel des Farbstoffgewichtes an Monopolseife an und übergießt dann erst mit Wasser. Diese Stammküpe läßt man so lange stehen, bis das Gemisch vollkommen klar geworden ist. Darauf gibt man die Stammküpe in das eigentliche Färbebad, einer wäßrigen Auflösung von Natronlauge, Hydrosulfit und Glaubersalz im vorgeschriebenen Mengenverhältnis. In das Färbebad geht man mit der Seide bei 25 bis 35° C ein und behandelt eine Stunde bei der gleichen Temperatur, bei einzelnen Farbstoffen kann man auch auf 70 bis 80° C steigern. Hiernach wird die Seide abtropfen gelassen und eine halbe Stunde ausgehängt. Dann wird gewaschen, mit Ameisensäure oder Essigsäure abgesäuert, nochmals gewaschen, anschließend heiß geseift und nochmals gewaschen. Statt des Aushängens kann man die Seide auch in einem Bade, das 2% Kaliumchromat sowie etwas Essigsäure enthält, oxydieren, wodurch eine schnelle und gleichmäßige Entwicklung der Färbung erzielt werden soll.

Über das Färben der Seide mit Indanthrenfarbstoffen berichtet Schroers[1]) ausführlich und empfiehlt es namentlich dort, wo Bleichechtheit, Kochechtheit und Waschechtheit verlangt wird, z. B. für Effektfäden. Er gibt eine Reihe von Vorschriften und betont besonders die Vorsichtsmaßregeln, die nötig sind, um die Schädigung der Faser zu vermeiden. Schließlich gibt er noch eine sehr gute Übersicht bezüglich der Echtheit der Färbungen.

Tiska[2]) empfiehlt die Küpenfarbstoffe weniger zum Färben von zinnerschwerter Seide, die Färbungen sollen stumpf ausfallen und die Erschwerung teilweise bis zu 50% abgezogen werden.

Nach Seeger[3]) dagegen sollen Glanz, Windbarkeit, Elastizität und Stärke der Seide durch das Färben mit Indanthrenfarbstoffen nicht ungünstig beeinflußt werden. Auch soll eine Einwirkung der Natronlauge auf die Faser nicht zu befürchten sein, sobald man nur die Temperatur der Farbflotte nicht über 50° C steigen läßt. Nach einer Literaturangabe[4]) wird zur Schonung der Seide ein Zusatz von Diastafor oder Kartoffelstärke beim Färben mit Küpenfarbstoffen empfohlen.

Um eine etwaige Schädigung der Seidenfaser zu vermeiden, kann man nach dem Verfahren von Dr. C. Bennart D.R.P. 330133 und 331234 (1915) einen Zusatz von Protalbin- und Lysalbinsäure bzw. ihren Salzen zum Färbebade machen.

Ein Verfahren, das den gleichen Zweck verfolgt, liegt dem D.R.P. 289314 (1912) von R. Wedekind & Co. zugrunde, nach dem die Natronlauge durch Zusatz von Magnesiumsulfat unschädlich gemacht wird.

Das D.R.P. 434979/1923 schützt der I. G. Farbenindustrie ein Verfahren zum Schutze tierischer Faser bei der Behandlung mit alkalischen Flüssigkeiten. Zu dem Zwecke werden sulfonierte oder karboxylierte Abkömmlinge harzartiger

---

1) Schroers: Textilber. 1921, S. 38.
2) Tiska: Textilber. 1922, S. 186.
3) Seeger: Textilber. 1924, S. 309.
4) Färber-Zg. 1912, S. 452.

Kohlenwasserstoffe, wie z. B. die Benzylnaphthalinharzsulfosäure, verwandt. In dem Bereich des Patentes wird auch das bei der Natronzellstoff-Fabrikation abfallende Harz einbegriffen.

Das D.R.P. 426624/1923 von Dr. Bergmann, Immendörfer & Löwe behandelt den Schutz tierischer Faser gegen die Einwirkung schädlicher saurer, alkalischer, oxydierender oder reduzierender Stoffe. Zu dem Zweck wird zu den in Frage kommenden Bädern ein Zusatz von 0,1% Saponin oder saponinähnlicher Stoffe gemacht. Dieses Verfahren bietet namentlich bei der alkalischen Küpenfärbung, bei Schwefelfarbstoffen, bei Chrombeize usw. große Vorteile.

Schon aus diesem kurzen Literaturauszug ist zu ersehen, welchem Interesse die Küpenfarbstoffärbungen auch bei der Seide begegnen, und es kann wohl keinem Zweifel unterliegen, daß sie berufen sind, den ersten Platz einzunehmen, sobald erst noch eine Reihe technischer Schwierigkeiten überwunden sind.

Bei der Weißfärbung und Ombréfärbung handelt es sich um besondere Arbeitsweisen, die an keine Farbstoffgruppe gebunden sind.

C. Weiß- und Ombréfärbung der erschwerten Seide.

Die Weißfärbung der Seide ist in der Hauptsache, wie alle Weißfärbungen von Textilmaterialien, nichts weiter als ein Bleichprozeß, nur daß man den gelblichen Stich der Faser noch durch einen blauen oder violetten Farbstoff zum Verschwinden bringt bzw. den Farbton des Weiß nach einem bläulichen, grünlichen, gelblichen oder rötlichen Ton hin nuanciert.

Man verfährt in der Weise, daß die nach der Wasserglaserschwerung geseifte Seide auf ein schwaches und mit Ammoniak etwas alkalisch gemachtes Seifenbad gestellt wird, dem als Farbstoff entweder Methylviolett und besonders Rosolan oder Alkaliblau zugesetzt worden ist. Auf diesem Bade beläßt man die Seide bei etwa 60° C eine Stunde unter mehrmaligem Umziehen. Sodann mustert man ab, indem man eine kleine Fitze mit verdünnter Schwefelsäure behandelt, und zwar so, daß der Farbton etwas weniger dunkel ist als der verlangte, da die Färbung beim nachfolgenden Schwefeln kräftiger und dunkler wird. Nach diesem Färbebad gibt man eine leichte Seife, etwa 50° C warm, zieht einige Male um, wirft auf und bringt die Seide dann leicht abgewrungen in den Schwefelraum, um sie nun in üblicher Weise zu schwefeln. Nach dem Schwefeln gibt man zuerst ein schwaches Essigsäure- oder Ameisensäurebad, 30 bis 35° C warm, und hinterher noch zwei warme Wässer. Hieran anschließend wird ein kaltes starkes Absäurebad mit etwa 4% Schwefelsäure vom Gewicht der Seide gegeben. Auf diesem Bade wird auch, wenn erforderlich, der Nuancierfarbstoff gegeben. Zur Entfernung der überschüssigen Schwefelsäure wird noch ein kaltes Wasser gegeben und darauf in üblicher Weise mit Säure und Öl aviviert. Vielfach wird auch der Nuancierfarbstoff in die Avivage gegeben. Die Weißfärbung der Seide erfordert sehr große Erfahrung, will man ein einigermaßen echtes und beständiges Weiß erzielen, da gerade die Seide sehr große Neigung hat, beim Lagern wieder nachzugilben. Wird die Seide bei der Bleiche nicht geschwefelt, sondern mit Superoxyden gebleicht, dann erübrigt sich natürlich das Vorfärben, und es wird nach der Bleiche eben gefärbt. Es sei aber nochmals darauf hingewiesen, daß der vielfach übliche Zusatz von Wasserglas zum Bleichbade die Seide brüchig und unstark macht und es sich daher empfiehlt, hier das Wasserglas durch ein anderes Alkali, wie Soda, Natriumphosphat oder Ammoniak zu ersetzen.

Ombréfärbung. Unter der Ombréfärbung versteht man das Hervorbringen von verschiedenen Farbschatten auf einem einzelnen Seidenstrang. Es handelt sich also nur um eine mechanische Änderung der Arbeitsweise, nicht eigentlich um eine besondere Färbemethode. Man verfährt entweder so, daß die jeweils gefärbten Schatten in wasserundurchdringlichem Material, wie Pergamentpapier, eingehüllt werden, während ein anderer Schatten gefärbt wird, oder indem zuerst der tiefste oder hellste Farbton gefärbt und dann die Seide in solcher Höhe aus dem Bade herausgehoben wird, als der Länge des Schattens entspricht; der nächste Schatten wird, wenn heller, in dem vom ersten Schatten bereits ausgezogenen Bade, wenn dunkler, in dem mit neuem Farbstoff versehenen Bad gefärbt. Die Ombréfärbungen sind natürlich reine Modefärbungen, die nur für bestimmte Artikel in Frage kommen.

D. Präparieren zum Färben in mehrfarbigen Farbeffekten.

Bevor dieser Abschnitt über das Färben der farbigen Seiden geschlossen wird, mag noch darauf hingewiesen werden, daß in der Neuzeit, wo die Stückfärberei mehr und mehr in Aufnahme gekommen ist, an den Seidenfärber hin und wieder die Anforderung herantritt, die Seide so zu präparieren, daß bei der Ausrüstung der Stückware in einem Farbbade verschiedene Farbtöne erzielt werden können. Es geschieht dieses in der Weise, daß die Seiden vor dem Verweben so präpariert werden, daß sie entweder überhaupt keinen Farbstoff aufnehmen oder einen anderen Farbton annehmen wie die übrigen nicht behandelten Seidenfäden.

Die einfachste Arbeitsweise dürfte die sein, daß einfach zinnerschwerte und unerschwerte Seiden verwebt und dann mit solchen Farbstoffen gefärbt werden, die eine Art dieser Seiden nicht bzw. weniger färben. Es ist dieses nur da möglich, wo kein direktes Farblos- oder Weißbleiben des einen Teiles verlangt wird, dies wird aber verhältnismäßig selten der Fall sein, da es sich bei den mehrfarbigen Effekten durchweg um weiß und farbig oder um zwei oder mehrere Farbtöne handelt. Zu diesem Zweck ist es unbedingt erforderlich, die betr. Seide so zu präparieren oder fachtechnisch zu reservieren, daß sie ungefärbt bleibt oder durch besondere Art der Beizung einen ganz anderen Farbton anzunehmen imstande ist.

Eines der ältesten Verfahren ist der Firma Mercier & Chaumartin durch Franz. Patent 275438 (1898) geschützt und besteht darin, daß die Seide mit einer 10proz. Tanninlösung gebeizt und eine Nacht in eine Chlorzinnlösung von 30° Bé eingelegt wird. Darauf wird gewaschen und getrocknet. Die so erzielte Zinntannaterschwerung ist nur sehr gering. Eine derart nachbehandelte Seide, in gleichem Farbbade mit anderer nur einfach mit Zinnphosphat erschwerter Seide gefärbt, gibt erhebliche Farbunterschiede.

Durch das D.R.P. 340454 (1915) ist den Elberfelder Farbenfabriken ein Verfahren geschützt, um tierische Faser für die Aufnahme von Farbstoffen schwer empfänglich oder unempfänglich zu machen. Es geschieht dieses in der Weise, daß die Faser mit organischen Sulfosäuren, z. B. Rotöl oder Naphthalindisulfosäure, und anschließend mit Zinnsalzen, wie Zinnchlorür oder Zinntetrachlorid, behandelt wird. Durch diese Behandlungen bleibt die Faser gegenüber besonderen Farbstoffgruppen reserviert bzw. weiß.

Ein weiteres Verfahren derselben Firma, durch D.R.P. 341270 (1915) geschützt, erreicht den gleichen Erfolg dadurch, daß auf die Faser unlösliche Metallverbindungen in Form von Metallseifen, Metalltannaten, Phosphaten, Silikaten, Wolframaten zusammen mit geringen Mengen von Oxydationsmitteln, wie Kaliumdichromat oder Kaliumpermanganat, gebracht werden. Darauf färbt man das so reservierte und mit anderen Fäden verwebte Material mit Farbstoffen aus, die gegen Oxydationsmittel unbeständig sind. Nach dem Färben wird die Reserve in entsprechender Weise wieder entfernt. Diese Form des Reservierens kann sowohl bei weißen wie bei farbigen Seiden Verwendung finden.

Nach den D.R.P. 337887 und 340455 der Elberfelder Farbenfabriken wird die Faser in der Weise reserviert, daß auf derselben Verbindungen von Zinnsalzen und Aldehyden bzw. deren Kondensationsprodukten oder Kondensationsprodukte aus Amino-, Aminooxy- und Oxy-Verbindungen organischer Körper mit Aldehyden niedergeschlagen werden.

Gemäß D.R.P. 347197 (1919) der Firma Casella werden die Fasern mit wasserlöslichen Körpern, die aus Phenolen mit Aldehyden hergestellt worden sind, behandelt. Dem Bad können zur Erhöhung der Widerstandsfähigkeit auch Metallsalze von Zinn, Eisen, Chrom u. a. m. zugesetzt werden.

Diese Verfahren, die Seide zu reservieren, spielen natürlich eine sehr große Rolle bei gemischten Stoffen, wie Halbseiden, Wollseiden, Seiden mit Kunstseide usw., es kann daher nicht wundernehmen, daß auf diesem Gebiet eine Unmenge von Verfahren existieren, deren Besprechung hier jedoch zu weit führen würde.

E. Metallüberzug.

Meistens werden die Gold- oder Silberfäden als Gespinste hergestellt, indem die Seele des Fadens, aus einem oder mehreren Seidenfäden groben Titers bestehend, mit den betreffenden Metallfäden umsponnen wird. Diese nicht billige Herstellungsart kann aber namentlich in fertigen Geweben bedeutend vereinfacht und verbilligt werden durch direktes Niederschlagen des Metalls auf der Faser oder der Gewebeoberfläche auf chemischem Wege.

Nach einer Abhandlung von K. Miksch[1]) geschieht dieses in folgender Weise: Die Seide wird mit einer 5proz. Jodkaliumlösung getränkt und getrocknet. Darauf wird sie in einem mit Gelblicht versehenen Raume in eine 5proz. Silbernitratlösung eingebracht und mehrere Stunden darin belassen. Dann wird die Seide abtropfen gelassen, in Filtrierpapier eingehüllt und vorsichtig ausgewrungen. Die so mit Jodsilber imprägnierte Seide bzw. Seidengewebe wird darauf fünf bis zehn Minuten an das Tageslicht ausgehangen, und zwar mit der Vorsicht, daß alle Teile gleichmäßig vom Licht betroffen werden, um eine Bildung von Flecken beim späteren Entwickeln zu verhindern. Im Anschluß an die Belichtung geht man dann mit der Seide auf eine 2proz., etwas mit Schwefelsäure angesäuerte Eisenvitriollösung, wo nun die Umwandlung in metallisches Silber erfolgt. Nach vorsichtigem Spülen mit Wasser wird getrocknet. Um nun den Metallniederschlag mit Glanz zu versehen, wird das Gewebe auf einer weichen Stoffunterlage ausgebreitet und mit einem glatten Gegenstand, am besten aus Glas, glänzend gerieben.

Will man das Gewebe vergolden, so bringt man die Seide nach der Versilberung in ein schwaches Chlorgoldbad; je nach der Dauer des Einwirkenlassens erzielt man die verschiedensten Farbtöne.

Eine einfachere, aber nicht für alle Zwecke brauchbare Versilberung oder Vergoldung kann man nach einem Verfahren von F. Fronnsport in der Weise erzielen, daß man die Seide heiß mit Zinnchlorid beizt, mit Wasser spült und dann kochend mit einer Suspension von Blattsilber oder Blattgold in Gummiwasser behandelt. Nachdem sich das Metall auf der Faser niedergeschlagen hat, wird gut gespült und getrocknet.

---

[1]) Miksch, K.: Textilber. 1921, S. 217.

F. Die Echtfärbungen der Seiden.

Wohl bei keinem Textilmaterial sind die Echtheitsanforderungen in bezug auf die Färbungen derart vielseitige und zahlreiche, als gerade bei der Seide. Es hängt dies damit zusammen, daß diese Faser die größte Widerstandsfähigkeit gegenüber den verschiedensten Einflüssen aufweist und auch an Lebensfähigkeit die anderen Fasern überdauert, demgemäß muß auch die Haltbarkeit der Färbung diesem Umstand angepaßt werden. Es ist also auch nicht zu verwundern, daß bei der Seide die Echtheitsbewegung enorme Fortschritte gezeitigt hat.

Die Echtheitsanforderungen zerfallen bei der Seide in zwei große Gruppen, von denen die erstere sich mit der Echtheit der Färbungen als solchen beschäftigt, während die zweite solche Echtheiten betrifft, bei denen die ganze Ausrüstung eine Rolle spielt.

Zur ersteren Gruppe zählen die Lichtechtheit, Reibechtheit, Waschechtheit, Wasserechtheit, Säureechtheit, Kochechtheit, Walkechtheit und Bügelechtheit. (Die besonderen Bezeichnungen, wie Schweißechtheit und Schirmechtheit, sind in die Rubriken der Säure- und Wasserechtheit einzureihen.)

Zur zweiten Gruppe, bei der die Färbung nicht allein ausschlaggebend ist, zählen: die Metallechtheit, Gummiechtheit, Isolierechtheit, Appreturechtheit, Wasserundurchlässigkeit u. a. m.

Während bei der ersten Gruppe das Verhalten des Farbtones gegenüber Licht, Luft, Wasser, Säure, Hitze, mechanische Reibung usw. in Betracht kommt, erstrecken sich die Anforderungen der zweiten Gruppe auf die Einflüsse, die durch Bestandteile der allgemeinen Ausrüstung wie Säuren, Fette, Fettsäuren usw. auf Metallfäden, Gummifäden, andere Textilfasern usw. ausgeübt werden können.

Bei allen Echtheitsanforderungen ist zu bedenken, daß kräftig leuchtende Farbtöne gegenüber dem Licht sehr wenig beständig sind, sowie andererseits, daß echte Färbungen meistens nicht so leuchtende Farbtöne aufweisen. Ferner ist zu bedenken, daß erschwerte Seiden durchwegs nicht so echt gefärbt werden können als unerschwerte. Ebenso ist es noch eine sehr große Schwierigkeit bzw. Unmöglichkeit, zwei verschiedene Echtheiten gleichzeitig, z. B. Lichtechtheit und Wasserechtheit, zu erzielen.

Gerade die eben aufgeführten Punkte führen immer wieder zu Differenzen zwischen Färber und Fabrikant, da der letztere seine Anforderungen nicht stets unter Berücksichtigung dieser Umstände stellt.

So kritisiert Rettberg[1]) mit Recht die Widersinnigkeit des Verlangens von Küpenfärbung von seiten der Fabrikanten, sobald nur eine spezielle Echtfärbung in Frage kommt, die bequemer, billiger und ebensogut mit einer anderen Farbstoffgruppe hergestellt werden könnte. So sehr die Einbürgerung der Echtheitsanforderungen zu begrüßen ist, so hält er es doch für übertrieben, nun alles z. B. mit Küpenfärbungen färben zu lassen und hierbei womöglich hochleuchtende Farbtöne vorzuschreiben, die doch nur durch Überfärben mit nicht echten Farbstoffen zu erzielen sind. Ebenso unvernünftig ist das Vorgehen, eine hohe Erschwerung vorzuschreiben und gleichzeitig große Echtheitsanforderungen zu stellen.

Eine grundlegende Voraussetzung für alle Echtfärbungen ist, daß der Farbstoff der Seide gut einverleibt ist, was am besten durch entsprechend lange Einwirkung und entsprechende hohe Temperatur erzielt wird. Färbungen, die in der Weise auf den richtigen Farbton gebracht wurden, daß der Nuancierfarbstoff der Avivage zugesetzt wurde, oder Färbungen mit „darauf gesetzten" Farbstoffen, übersetzte Färbungen, können natürlich durchaus nicht echt sein.

---

[1]) Rettberg: Z. ges. Textilind. 1923, S. 302.

So haben W. P. Dreaper & A. Wilson[1]) festgestellt, daß die Farbstoffe von der Seide je nach der Temperatur mehr oder weniger fest gebunden werden. Wurde unter 40 ° gefärbt, so ließ sich der Farbstoff durch Behandeln mit Alkohol oder durch Abkochen mit Seife wieder vollständig entfernen. Bei den Seiden, welche oberhalb 40 ° C gefärbt wurden, war dieses dagegen nicht der Fall.

Ein allgemeines Verfahren, um die Färbungen auf Seide echter zu gestalten, sobald nicht direkt Echtheit garantierende Farbstoffe verwandt worden sind, besteht darin, daß die gefärbte Seide einer Nachbehandlung mit Tannin und Brechweinstein unterworfen wird. Zu diesem Zwecke behandelt man zuerst die gefärbte Seide mit einer 1- bis 5proz. wäßrigen Auflösung von Tannin oder mit hellem Gallusextrakt und zwar kalt etwa drei viertel bis eine Stunde. Hiernach geht man auf eine ¾- bis 1proz. Brechweinsteinlösung, ebenfalls kalt und während der gleichen Zeitdauer.

Diese allgemeine Vorschrift ist nach Angabe von Goldarbeiter[2]) insofern zu verbessern, als man die Tanninbehandlung durch eine solche mit Formaldehyd ersetzt. Es wird ebenfalls kalt gearbeitet, doch empfiehlt er, eher ein konzentrierteres Formaldehydbad zu verwenden als ein verdünntes, da letzteres leicht Trübungen auf der Seide hervorruft.

Erwähnenswert ist übrigens, daß die von den Elberfelder Farbenfabriken erfundene Vereinfachung der Tannin-Brechweinsteinbehandlung durch Verwendung des Präparates Katanol, das sich in der Baumwollfärberei sehr gut eingeführt hat, in der Seidenfärberei noch keinen allgemeinen Eingang gefunden hat.

Bei dem regen Interesse, das den Echtfärbungen in Seidenfärberkreisen entgegengebracht wird, fehlt es natürlich nicht an Veröffentlichungen, die dieses Thema behandeln.

Bezüglich Echtfärbungen auf Seide werden die Küpenfarbstoffe empfohlen[3]), und zwar Thioindigo-Farbstoffe (Kalle), Ciba-Farbstoffe (Chem. Industrie Basel), Helidon-Farbstoffe (Höchst), nicht dagegen Indanthren- und Algol-Farbstoffe, welche zu stark alkalische Flotten benötigen. Bei Säure- und Kochechtheit wird eine Nachbehandlung nach Anweisung der Firma Casella empfohlen, die im großen und ganzen mit der üblichen Tannin-Brechweinsteinbehandlung identisch ist. Die gefärbte Seide wird kochend in einem Bad mit 20 bis 30% Tannin vom Gewicht der Seide behandelt und im Bade über Nacht stehengelassen. Nach dem Ausschleudern behandelt man mit 12 bis 15% Antimonsalz vom Seidengewicht bei 70 bis 80 ° C. Nach gründlichem Spülen wird die ganze Operation noch einmal mit den alten Bädern wiederholt, die um 25% verstärkt werden. Die so behandelte Seide, mit Wolle oder Baumwolle verwebt, wird von sauren bzw. substantiven Farbstoffen kalt nicht angegriffen. Eine weitere Notiz[4]) beschäftigt sich mit dem Echtfärben seidener Fahnenstoffe. Zum Färben dieser Stoffe, die besondere Lichtechtheit beanspruchen, werden die sauerfärbenden Anthrazenfarbstoffe Alizarin, Rubinol, Astrol, Irisol, Saphirol usw. empfohlen.

L. Paul[5]) beschreibt ein neues Verfahren zum Färben von Seide durch Verwendung von Diazoverbindungen und Tetrazoverbindungen, womit er sehr gute Echtheiten erzielt haben will. Von einer Einführung des Verfahrens in die Praxis ist einstweilen noch nichts bekannt geworden.

A. Daniel ist durch D.R.P. 254360 (1911) ein Verfahren zum Braunfärben von Seide geschützt, welches in der Weise hergestellt wird, daß die Fasern mit

[1]) Dreaper, W. P. und A. Wilson: J. Soc. Chem. Ind. 1907, S. 667.
[2]) Goldarbeiter: Leipz. Monatsschr. Textilind. 1913, S. 173.
[3]) Färber-Zg. 1912, S. 412. [4]) Färber-Zg. 1914, S. 380.
[5]) Paul, L.: Z. angew. Chem. 1911, S. 1857.

ammoniakalischer Zuckerlösung getränkt und unter Druck erhitzt oder gedämpft werden. Die Färbung soll sich durch große Licht-, Wasch- und Säureechtheit auszeichnen.

Nach dem D.R.P. 257610 von R. Wedekind & Co. kann man Seide gut wasch-, säure- und lichtecht färben, indem man schwach essigsaure, neutrale oder schwach alkalische Diazolösung der Aminoanthrachinone auf Seide einwirken läßt.

In einer längeren Abhandlung über Echtfärbungen geht R. Werner[1]) davon aus, daß von seiten des Dessinateurs beim Entwurf Rücksicht darauf genommen werden sollte, ob die beabsichtigte Farbtönung auch in echter Färbung hergestellt werden kann, da es besser ist, eine weniger klare, aber echte Färbung zu haben, als eine brillante unechte Färbung. Nach seinen Erfahrungen sind saure Farbstoffe im allgemeinen nicht waschecht, aber sehr gut lichtecht. Hier sind zu erwähnen die sauerfärbenden Alizarinfarbstoffe, wie Alizarin-Rubinol, R.G.W., Alizarin-Cyaningrün, G extra und 3 G, Alizarin-Reinblau B und 3 R, Alizarin-Irisol, Alizarin-Geraniol B. Für Modetöne, Oliv und Braun kommen lichtechte gelbe Azofarbstoffe wie Echtlichtgelb G oder besser Supramingelb R in Frage, die ebensogut aufziehen wie die erwähnten sauerfärbenden Alizarinfarbstoffe. Alizarinrubinole fluoreszieren in Verbindung mit Blau und Gelb. Um dieses zu vermeiden, empfiehlt es sich, das lichtechte Supraminrot 2 G allein oder in Mischung mit Alizarin-Rubinol zu verwenden. Für Erdbeer- und Rottöne wird Alizarin-Rubinol, für Heliotrop das Alizaringeraniol, für Reseda und Grün das Alizarin-Cyaningrün, für Scharlach das Brillantcrocein 3 B empfohlen. Bordeaux wird mit Alizarin-Rubinol, Brillantcrocein und wenig Alizarin-Reinblau B gefärbt. Schwarz wird mit Viktoriaschwarz B gefärbt, dem allerdings lebhafte Farbtönung, wie sie Brillantgrün, Rhodamin, Türkisblau oder Methylviolett geben, fehlt.

In einem weiteren Aufsatz[2]) läßt Werner sich dann auch über die übrigen Echtheitsfärbungen aus. Die besten Färbungen bezüglich Licht-, Wasser-, Wasch-Abkoch-, Bleich- und Überfärbeechtheit sind die mit Küpenfarbstoffen, wie Algol, hergestellten, sobald die Temperatur der Färbung nicht zu hoch genommen wird. Dann folgen die Beizen- und Alizarin-Farbstoffe auf Tonerde-, Chrom- und Eisenbeize. An erster Stelle steht hier das Alizarinrot SX extra neu, Alizarinorange R usw. auf Tonerde oder Chrombeize. Auf Chrombeize ist auch Anthrazengelb in Teig- und Chromgelb R extra sehr gut, während die Farbstoffe auf Eisenbeize gern stumpfe Töne geben. Wird nur Licht- und Wasserechtheit gefordert, dann sind die Alizarinzyaningrüne empfehlenswert, die übrigens auch einfach sauer gefärbt werden können. Diazofarben, darunter Diazolichtfarben, sind sehr gut lichtecht, durchweg auch wasserecht, wasch- und überfärbeecht, durch spezielle Entwicklungsmethoden lassen sie sich auch abkoch- und bleichecht färben.

Benzolichtfarben sind gut lichtecht, aber nicht wasserecht, ebenso auch vielfach gegen Säure sehr empfindlich. Von Sulfonfarbstoffen sind wegen ihrer guten Lichtechtheit zu erwähnen, das Sulfongelb R, Tuchrot B, Seidenrot RB, Sulfonzyaninschwarz 8 B. Während die Benzolichtfarben wasserecht neben weißer Seide sind, nicht dagegen neben weißer Baumwolle, verhalten sich die Sulfonfarbstoffe umgekehrt, also neben Baumwolle wasserecht, nicht dagegen neben Seide, worauf beim Färben Rücksicht zu nehmen ist. Von Säurefarbstoffen sind die meisten sauerfärbenden Alizarinfarbstoffe sowie mehrere Azofarbstoffe vortrefflich lichtecht, und zwar in Rot, Gelb, Grün, Blau und Violett. Wasser- und Waschechtheit fehlen dagegen.

---

[1]) Werner, R.: Färber-Zg. 1913, S. 454. [2]) Werner: Färber-Zg. 1914, S. 369.

Ausführlich äußert sich über Seidenechtfärberei A. Peters[1]). Verfasser hat die Verwendungzwecke der Seide für Paramente, Fahnen, Möbel und Dekorationsstoffe im Auge.

Um besondere farbstarke licht- und waschechte Küpenfärbungen herzustellen, läßt Maxim[2]) die Faser vor der Küpenfärbung mit ammoniakalischer Kupfersalzlösung behandeln.

Sehr ausführlich behandelt auch Rettberg[3]) das Echtmachen von Färbungen durch Nachbehandlungen. Er gibt eine ganze Reihe von Vorschriften, die für die substantiven und basischen Farbstoffe sehr empfehlenswert sind.

Für substantive Farbstoffe werden von ihm folgende Behandlungsweisen angeführt.

1. Nachbehandlung mit Metallsalzen, wodurch die Licht- und Waschechtheit erhöht wird. Es kommen hier in Frage, Kupfersulfat für Lichtechtheit und Chromkali oder Fluorchrom für Waschechtheit. Die frisch gefärbte und gespülte Faser wird in einer frischen 60 ^{0} C warmen wässerigen Auflösung der obigen Salze 1 bis 3% stark je nach Tiefe des Farbtones behandelt. Man setzt diesem Bade 2 bis 5% Essigsäure oder Ameisensäure zu, hantiert etwa eine halbe Stunde, spült und trocknet. Dieses Verfahren ist auch für eine Anzahl von Schwefelfarbstoffen geeignet.

2. Nachbehandlung durch Diazotieren und Entwickeln, wodurch die Waschechtheit erhöht wird. Die gefärbte und gut gespülte Ware wird in einem kalten Bade mit 2 bis 4% Natriumnitrit und 5 bis 8% Salzsäure vom Seidengewicht diazotiert. Hierauf wird gespült und direkt, ohne liegen zu lassen, entwickelt. Es geschieht dieses durch ein 15 bis 30 Minuten dauerndes Behandeln auf einem kalten Bade, das 0,5 bis 2,0% des betreffenden Entwicklers enthält. Diese Entwickler, namentlich Betanaphthol usw., werden je nach ihrer Natur einfach mit Wasser oder unter Zusatz von Lauge, Soda oder Säuren gelöst, worüber meistens die Vorschriften des betreffenden Herstellers Aufschluß geben. Die für diese Nachbehandlung in Frage kommenden Farbstoffe sind spezielle und als solche meistens schon durch ihren Namen gekennzeichnet, wie Diazoblau, Diazoanilschwarz u. a. m.

3. Nachbehandlung durch Kuppeln mit diazotiertem Paranitranilin, wodurch die Waschechtheit erhöht wird. Das Kuppeln besteht in einer halbstündigen Behandlung des Fasergutes in einer kalten Auflösung von diazotiertem Paranitranilin, und zwar in einer Menge von etwa einem Drittel des angewandten Farbstoffes. Es wird in fertig diazotierter, haltbarer Form in den Handel gebracht und läßt sich unter Zusatz von Natriumazetat im Wasser lösen. Auch bei dieser Nachbehandlung ist die Verwendung bestimmter kupplungsfähiger Farbstoffe erforderlich.

4. Nachbehandlung mit Formaldehyd. Auch hier handelt es sich um eine Erhöhung der Waschechtheit. Man behandelt nach dem Färben mit einer 2 bis 4% Formaldehydauflösung bei 50 bis 60 ^{0} C und spült daran anschließend. Die Farbstoffe sind auch hier besondere und meistens schon durch ihre Bezeichnung als solche kenntlich, z. B. Benzoformblau, Diaminaldehydschwarz, Formanilrot usw.

Für die basischen Farbstoffe empfiehlt Rettberg die Nachbehandlung mit Tannin, wodurch die Wasser- und Waschechtheit erhöht wird, dagegen nicht die Lichtechtheit.

Über die Lichtechtheit basischer Farbstoffe auf Seide wird folgendes berichtet[4]). Die basischen Farbstoffe mit ihren leuchtenden Färbungen sind, mit

[1]) Peters, A.: Färber-Zg. 1914, S. 237. S. auch Krais: das. S. 306.
[2]) Maxim: D.R.P. 260058. [3]) Rettberg: Z. ges. Textilind. 1923, S. 302.
[4]) Aven. Text. Bd. 2, S. 32. 1922.

geringen Ausnahmen sehr wenig lichtecht. Gute Lichtechtheit weisen Äthylgrün und Malachitgrün auf, vollkommen lichtecht sind das Resorcinblau und seine Verwandten. Auf mit Zinn erschwerter Seide geben Methylenblau und Methylviolett gute lichtbeständige Färbungen, während Bismarckbraun, Chrysoidin, vor allem auch Rhodamin B, nicht lichtecht sind. Die Wasserechtheit kann durch nachfolgende Tanninbehandlung erhöht werden.

War im vorstehenden nur die Rede von den Echtheiten, die mehr oder weniger durch die Natur des auszuwählenden Farbstoffes oder durch die Art der Nachbehandlung bedingt werden, so kommen wir jetzt zur zweiten Gruppe der Echtheitsanforderungen, die mit dem Farbstoff direkt eigentlich gar nichts zu tun haben, sondern mit besonderen Arbeitsweisen bei der allgemeinen Ausrüstung der Seiden. Es gehören hierhin die Metallechtheit, Gummiechtheit, Appreturechtheit und Isolierechtheit, die im folgenden besprochen werden sollen.

Was die Metallechtheit anbelangt, so versteht man hierunter diejenige Form der Ausrüstung, die eine Gewähr dafür bietet, daß Metallfäden mit Seide verwebt, durch letztere nicht irgendwie angegriffen werden, sei es durch Oxydbildung, durch Schwarzfärbung oder durch irgendwelche Anätzungen. Um dieses zu vermeiden, ist es unbedingt erforderlich, daß keine Schwefelfarbstoffe oder Schwefelwasserstoffhaltige Substanzen bei der Färbung verwandt werden. Ferner darf die Seide keine freien Säuren enthalten, weder organische noch anorganische. Schließlich muß die zum Avivieren erforderliche Ölmenge so gering bemessen werden, daß die Möglichkeit einer Bildung wesentlicher Mengen freier Fettsäuren ausgeschlossen ist. Man tut daher gut, Seide, von welcher Metallechtheit verlangt wird, einer Schlußbehandlung mit einer schwachen Sodalösung zu unterwerfen und gut zu spülen.

Bei der Gummiechtheit ist zu berücksichtigen, daß der ärgste Schädling für die Gummifäden die Fettsäuren sind, weil sie Kautschuk hart und brüchig machen. Dasselbe gilt auch von größeren Mengen anorganischer Säure. Es ist also unbedingt darauf zu sehen, daß die Seide frei von Fettsäure ist und daß jegliche Seifenüberreste aus der Seide entfernt werden. Ebenso sind Öl und Säure in der Avivage auf ein Mindestmaß zu beschränken.

Bezüglich der Appreturechtheit ist daran zu erinnern, daß einmal die Appreturflüssigkeit imstande ist, Farbstoffe zu lösen und so den Farbton zu beeinflussen, sodann aber auch, daß die heißen Appreturwalzen den Farbton nachzudunkeln vermögen. Man wird also unbedingt darauf Bedacht nehmen müssen, in solchen Fällen möglichst wasserecht und bügelecht zu färben. Man hilft sich in der Weise, daß die Seide nach dem Färben heiß geseift oder lauwarm aviviert wird. Eine weitere unangenehme Erscheinung ist die Tatsache, daß manche Seiden keinen Appret annehmen, weil sie zuviel wasserabstoßende Stoffe, namentlich Seife oder Fett, enthalten. Man wird also darauf achten, die Seide durch gründliches Spülen von überschüssiger Seife zu befreien und möglichst ohne Öl zu avivieren.

Was die Isolierechtheit anbelangt, so wird dieselbe bei Seiden gefordert, welche zum Isolieren von elektrischen Drähten Verwendung finden sollen. Derartige Seide darf weder freie Säure noch freies Alkali enthalten und ist also gut zu waschen und nicht zu avivieren. Ferner muß die Seide frei sein von Schwermetallsalzen, sie darf also nicht erschwert und nicht mit Metallsalzen gebeizt oder nachbehandelt sein. Zur Erhöhung der Isolierfähigkeit empfiehlt Charles Henry[1]) eine Imprägnierung mit dünner, etwa 1proz. Kollodium- oder Zelluloidlösung.

---

[1]) Henry, Charles: Färber-Zg. 1902, S. 256.

Die Wasserundurchlässigkeit (Waterproof), die hin und wieder bei Stückware (Schirmstoffen und Hutbändern) verlangt wird, erfordert eine Spezialbehandlung und gibt meistens nur in der Richtung zu Klagen Anlaß, daß die erforderliche Imprägnierung nicht den Ansprüchen genügt. Hier spielt die Stärke der meistens verwandten Auflösungen von Paraffin in Benzin eine Rolle, und diese muß sich dem Charakter des jeweiligen Gewebes anpassen. Andererseits darf sie nicht zu stark genommen werden, damit sich nicht in den Falten und Knicken weiße Streifen bilden.

IV. Die Ausrüstung der Schwarzseiden.

Während bei den Couleurseiden die Erschwerung stets die gleiche ist und nur die Färbung Unterschiede aufweist, sind diese Vorgänge bei den Schwarzseiden von einer solchen Mannigfaltigkeit und auf von der Ausrüstung der farbigen Seiden stark abweichenden chemischen Prozessen aufgebaut, daß man mit Recht behaupten kann, die Schwarzfärberei sei das interessanteste Gebiet der ganzen Seidenfärberei überhaupt. Selbstverständlich kann man auch ein Schwarz nach Art der Färbung der farbigen Seiden unter Verwendung von entsprechenden künstlichen Farbstoffen färben, aber man wird nie in der Lage sein, ein derart tiefes, sattes und blumiges Schwarz zu erzielen, wie solches mit den im nachstehenden zu schildernden Verfahren möglich ist.

Allerdings, wo besondere Echtheitsanforderungen an die Seide gestellt werden, wird es sich nicht umgehen lassen, auf die Anilinfarbstoffe zurückzugreifen, ebenso auch dort, wo wegen des Preises eine billige Färbung erforderlich ist. In einem solchen Falle — namentlich bei der Ausrüstung von Stückware findet man dieses häufiger — verfährt man natürlich so, wie im vorigen Kapitel beschrieben wurde. Man erschwert also nach dem letzten Phosphat mit Wasserglas bzw. Tonerdewasserglas und färbt dann mit den erforderlichen Farbstoffen wie Naphthylaminschwarz, Janusschwarz, Anilinschwarz usw.

Der hauptsächlichste Unterschied zwischen Couleur- und Schwarzfärberei liegt aber jedenfalls darin, daß bei Schwarz die Erschwerungs- und Färbungsprozesse in einem Maßstabe ineinander übergreifen bzw. voneinander abhängig sind, wie solches bei der Couleurfärbung nie in Erscheinung tritt.

Die Erschwerung und Färbung der Schwarzseiden.

Wenn auch bei der Schwarzerschwerung überwiegend von der Zinnphosphaterschwerung ausgegangen wird, so ist dieselbe doch nicht unbedingtes Erfordernis, wie dieses bei der Weitererschwerung der farbigen Seiden der Fall war. Vielmehr haben wir hier Erschwerungsarten, die lediglich von einer Eisenbehandlung ausgehen, oder auch von einer solchen, kombiniert mit Zinnerschwerung. Wir unterscheiden folgende Erschwerungsarten:

1. Zinnphosphat-Catechuerschwerung.
2. Zinnphosphat-Blauholzerschwerung.
3. Eisen-Katechuerschwerung.
4. Eisen-Blaukali-Katechu- oder Blauholzerschwerung.
5. Eisen-Zinnphosphat-Katechu- oder Blauholzerschwerung.

Welche dieser Erschwerungsarten im gegebenen Falle zur Anwendung gelangen muß, läßt sich nur nach dem Farbton des angeforderten Schwarz entscheiden, denn die Schwarzfärbung mit Blauholz ist in ihrem Farbton stets abhängig von dem Untergrund der jeweiligen Erschwerung. Eine einfache Zinn-Katechuerschwerung wird niemals ein solch blaustichiges Schwarz liefern, wie eine mit Eisen-Blaukali-Katechu erschwerte Seide.

a) Die zur Schwarzerschwerung benötigten Rohstoffe. Wenn man von den zur Zinnphosphaterschwerung verwandten Rohstoffen, die oben beschrieben wurden, absieht, kommen hier einerseits Metallbeizen, andererseits Gerbstoffe und pflanzliche Farbstoffe in Frage. Zu den ersteren gehört die Eisenbeize, das holzsaure Eisen und das Blaukali, zu den letzteren das Blauholz, das Gelbholz und der Katechu sowie verschiedene Gerbextrakte.

Die nachstehenden Ausführungen beschränken sich auf die Anforderungen, die man an die Beschaffenheit zu stellen berechtigt ist.

1. Eisenbeize. Hierunter versteht man eine Auflösung von Ferrihydroxyd in einer Ferrisulfatlösung, also eine stark basische Ferrisulfatlösung. In der Praxis findet man meistens die Bezeichnung Rotbeize, von der braunroten Farbe herrührend, oder salpetersaures Eisen, auf die Herstellung hinweisend, wenngleich die Bezeichnung selbst auch irreführend sein mag. Sie wird nämlich hergestellt durch Auflösen von Eisenspänen in Schwefelsäure und Oxydieren dieser Lösung mit Salpetersäure. Die überschüssige Salpetersäure wird durch Erhitzen verjagt. Statt mit Salpetersäure kann man auch mit anderen Oxydationsmitteln, wie flüssigem Chlor, Superoxyden u. a. m. arbeiten, die Salpetersäurebehandlung wird jedoch vorgezogen, die Beize ist schön rotbraun gefärbt, während die mit anderen Oxydationsmitteln hergestellte Eisenbeize mehr eine grünlichbraune Farbe aufweist.

Die Eisenbeize ist eine etwa 50° Bé schwere dickliche rotbraune Flüssigkeit, welche etwa 12 bis 15% Eisen und 26 bis 28% Schwefelsäure enthält. Die Basizitätszahl der Beize, das ist das Verhältnis von Schwefelsäure zu Eisen, soll nach Heermann[1]) etwa 2 betragen. Die Beize soll klar und frei von größeren Mengen Bodensatz sein. Sie soll sich mit nicht zuviel und nicht zu hartem Wasser gut mischen lassen. Der Gehalt an Oxydulsalz soll nur ein geringer sein und 0,5% nicht überschreiten. Salpetersäure soll nur in sehr geringen Spuren vorhanden sein, freies Chlor muß natürlich unbedingt fehlen. Sonstige Verunreinigungen dürfen natürlich ebenfalls gewisse Grenzen nicht überschreiten.

Da der Zweck der Eisenbeize der ist, eine gewisse Menge des Ferrihydroxydes an die Seidenfaser abzugeben, so ist die Hauptforderung, daß die Beize einerseits nicht zu sauer, andererseits nicht zu basisch ist, um zu vermeiden, daß die Beize nicht genügend erschwert oder andererseits sich zu früh zersetzt. Es ist daher auch üblich, die Eisenbeize in der Weise zu prüfen, daß man einen gewogenen Seidenstrang entsprechend den Verhältnissen in der Praxis mit der Eisenbeize beizt und nachher die erzielte Erschwerung feststellt. Die Erschwerungsfähigkeit ist gegenüber derjenigen des Chlorzinns nur sehr gering und beträgt in den einzelnen Zügen nur wenige Prozente.

Man verwendet die Eisenbeize vielfach in der starken Konzentration, vielfach aber auch nur in einer Stärke von 30 bis 35° Bé. Man arbeitet mit ihr nur kalt, da ein Erwärmen immer die Gefahr in sich schließt, daß plötzlich eine vollständige Zersetzung eintritt. Im übrigen benutzt man ebenso stehende Bäder wie bei den Pinken, d. h. man stellt die Bäder nach Gebrauch wieder mit starker Beize auf die erforderliche Stärke ein.

2. Holzsaures Eisen. Das holzsaure Eisen, auch als Schwarzbeize wegen ihrer grünschwarzen Farbe bezeichnet, wird durch Absättigen von rohem Holzessig mit Eisenspänen hergestellt. Mitunter wird es auch durch Umsetzen von rohem Bleiazetat mit Eisenvitriol gewonnen, die erstere Beize erfreut sich aber größerer Beliebtheit und unterliegt auch nicht so leicht der Oxydation. Die Schwarzbeize kommt in Form einer etwa 12 bis 15° Bé starken grünschwarzen

---

[1]) Heermann: Färbereichemische Untersuchungen.

Flüssigkeit, die stark nach Holzteer riecht, in den Handel. Sie läßt sich mit Wasser klar mischen und soll eine dunkelblaue, allmählich grün werdende Lösung geben. Der Eisengehalt, auf Oxyd berechnet, entspricht etwa 5 bis 6%, ein höherer Eisengehalt würde die Gefahr der Oxydation in sich schließen, da das Ferroazetat natürlich nur beständig bleibt, solange genügend reduzierende Stoffe, hier die Teerbestandteile, vorhanden sind.

Was die Verunreinigungen dieser Beize anbelangt, so kommen hier nur größere Mengen von Ferrosulfat oder von Bleiazetat in Frage. Bleiazetat kommt übrigens auch in Form von holzsaurem Blei für die Schwarzerschwerung in Frage, so bei der Soupleerschwerung. In der Schwarzbeize macht es sich aber, wenn vorhanden, insofern unangenehm bemerkbar, als es bei der Verwendung der Beize zur Herstellung besonders blaustichiger Farbtöne diese Eigenschaft stark herabmindert und sogar Anlaß werden kann zu bronzigen Färbungen. Bei der Verwendung der Schwarzbeize zu Donssouple schadet ein Bleigehalt nicht. Ein größerer Gehalt an Ferrosulfat ist dagegen unbedingt zu beanstanden, weil Gefahr vorliegt, daß dann auch freie Schwefelsäure in den Bädern vorhanden sein kann. Größere Abscheidungen in der Beize sind ebenfalls zu beanstanden, da sie, wenn sie nicht teeriger Natur sind, auf Oxydationsvorgänge hinweisen. Im wesentlichen liegt die Güte einer Schwarzbeize weniger in der Erschwerungsfähigkeit, als vielmehr in der Beeinflussung des Farbtones und wird man daher immer gut daran tun, einen der Praxis angepaßten Ausfärbeversuch anzustellen, um sich von der Brauchbarkeit zu überzeugen.

3. Blaukali. Das gelbe Blutlaugensalz, Ferrozyankalium, oder wie es in der Technik meistens bezeichnet wird, Blaukali, wird aus stickstoffhaltigen Rohmaterialien wie Blut, tierischen Abfällen, Leder und heutzutage fast ausschließlich aus gebrauchter Gasreinigungsmasse und Ätzkali gewonnen. In der Seidenfärberei verwendet man eine chemisch reine Ware, die meistenteils allerdings eine Mischung der Natrium- und Kaliumsalze darstellt. Diese Ware ist durchweg von großer Reinheit und weist einen Gehalt von 95 bis 97% auf.

4. Blauholz. Das Blauholz oder Campecheholz ist das Kernholz eines in Mittelamerika einheimischen Baumes Haematoxylon campechianum. Das in frischem Zustand schwach rötlichgelbe Holz enthält ein Glykosid, das Hämatoxin, das an sich farblos, an der Luft allmählich in Zucker und Hämatoxylin zerfällt, aus welch letzterem dann durch Oxydation der eigentliche Farbstoff, das Hämatein, entsteht. Es ist dieses ein dunkler blauroter Farbstoff, der zu den Beizenfarbstoffen zu rechnen ist und, je nach der Beizung, rote, blaue und schwarze Farbtöne liefert.

Die Entwicklung des Farbstoffes aus dem Campecheholz geschieht in der Weise, daß das Holz — es kommt durchweg in Form von Stämmen oder Ästen zu uns — durch Raspeln zerkleinert wird. Die erhaltenen Späne werden dann in Haufen geschichtet, mit Wasser befeuchtet und der Einwirkung des Luftsauerstoffes ausgesetzt. Man bezeichnet diese Arbeitsweise als „Fermentieren" wie beim Fermentieren der Tabakblätter oder des Tees. Die Farbe der Holzspäne geht allmählich in ein Blaurot über. Diese Späne wurden früher allgemein zum Färben in der Schwarzfärberei verwendet, heute dagegen nur mehr bei einzelnen Spezialfärbungen, weil hier der durch Auskochen frisch herausgelöste Farbstoff einen schöneren und mehr leuchtenden Farbton ergibt. Heute stellen, wie erwähnt, die Blauholzspäne nur mehr einen geringen Handelsartikel dar, da man dem fabrikmäßig aus dem Holz hergestellten Extrakt den Vorzug gibt.

Aber nicht nur des Farbstoffes allein wegen verwendet man das Blauholz, bedeutend wichtiger ist es für die Seidenschwarzfärberei geworden, als es Prof.

Heermann[1]) gelang, auf Grund exakter Forschungen den Nachweis zu führen, daß der Blauholzextrakt ähnlich erschwerende Eigenschaften besitzt wie andere Gerbstoffe (Katechu, Dividivi usw.), und zwar ist es ihm gelungen, die Bedingungen zu erforschen, unter denen die Erschwerungsfähigkeit des Blauholzes gegenüber zinnerschwerter Seide die größte ist. Er fand, daß man mit Blauholzextrakt die höchsten Erschwerungen erzielt, je weniger das verwandte Holz fermentiert oder oxydiert war. Man kann mit vollem Recht behaupten, daß diese Forschungen Heermanns zu einem der Grundpfeiler der Seidenschwarzfärberei geworden sind. Denn während man früher zur Seidenschwarzerschwerung fast ausschließlich Catechu verwandte, ist der Verbrauch desselben auf Grund der von Heermann entdeckten Erschwerungseigenschaften des Blauholzextraktes ganz erheblich zurückgegangen. In der ganzen Welt findet man heute das Verfahren zum Erschweren mit dem sog. unoxydierten Blauholzextrakt an Stelle des Katechuverfahrens angewandt.

Man begnügt sich einstweilen damit, die erschwerenden Eigenschaften mit einem Gerbstoffgehalt des Blauholzes in Verbindung zu bringen, wahrscheinlich wird es sich aber weniger um einen tatsächlichen Gerbstoff, als vielmehr um ein Glykosid handeln. Diesbezügliche Veröffentlichungen liegen einstweilen noch nicht vor.

Wie aus obigen Ausführungen hervorgeht, kommt für die Seidenfärberei weniger das Blauholz als solches in Frage, als vielmehr die aus dem Holz hergestellten Extrakte, und zwar die oxydierten wie die unoxydierten.

Was den oxydierten Blauholzextrakt anbelangt, so stellt derselbe ein dunkelrotes oder blauschwarzes, körniges, glänzendes Pulver dar, das sich im Wasser klar löst. Vielfach findet man auch einen flüssigen Extrakt, der namentlich in der Baumwollfärberei sehr beliebt ist. Der trockene Blauholzextrakt soll eine bestimmte Färbekraft besitzen, was man durch praktische Ausfärbungen mit Nesselstreifen, die mit Eisen-, Chrom-, oder Tonerdebeizen behandelt sind, feststellt. Man vergleicht hierbei den Extrakt mit einem als Originaltyp festgelegten Muster. Es kann dies mit kleinen Strängen Seide geschehen. Die Versuchsbedingungen müssen bezüglich Beizenstärke, Temperatur, Zeitdauer usw. vollkommen übereinstimmen. Die chemischen Prüfungen auf Gehalt von wirksamer Substanz sind noch sehr unzuverlässig und können nur einen bedingten Aufschluß über den Wert des Extraktes geben. Den Gehalt an Fremdstoffen und betrügerischen Zusätzen kann man schon eher feststellen, und zwar durch Untersuchung des wässerigen Auszuges, nachdem man denselben durch Behandeln mit Hautpulver entfärbt hat. In diesem farblosen Filtrat läßt sich der Nachweis von Zucker, Leim, Dextrin, Stärke, Pflanzenschleim u. a. m. mit den entsprechenden Reaktionen unschwer führen. Beschwerungsmittel anorganischer Natur lassen sich durch Bestimmung der Asche und Untersuchung derselben feststellen. Schwieriger gestaltet sich dagegen der Nachweis des Zusatzes irgendwie fremder Gerbextrakte wie Kastanienextrakt usw. Hier kann man sich der Reaktion mit Schwefelammonlösung bedienen, die Lösungen einwandfreier Extrakte dunkler färbt, dagegen solche, bei denen fremde Gerbstoffe vorhanden sind, heller. Bezüglich einer derartigen Fälschung wird der praktische Ausfärbeversuch aber noch immer den sichersten Aufschluß geben. Es sei hier nur noch auf eine hin und wieder zu beobachtende Verunreinigung hingewiesen, die sich beim Färben sehr unangenehm bemerkbar machen kann, das ist ein Gehalt an kleinen Kohleflitterchen, die durch ein Anbrennen des Extraktes bei der Herstellung in denselben gelangen. Dieselben sind vielfach

[1]) Heermann: Monatsschr. Textilind. 1909, S. 243.

so winzig, daß sie sich erst nach dem Färben und Trocknen der Seide bemerkbar machen, indem sich beim Anschlagen der Seide am Pol ein schwarzer Staub absondert.

Das unoxydierte Blauholzextrakt, dessen Herstellung nur von einzelnen Werken durchgeführt wird, wie z. B. Terheggen-Krefeld, Schmidt-Wolgast, Brunner-Rouen, stellt ein rotbraunes bis schwarzbraunes Pulver dar, das sich in heißem Wasser mit rotbrauner Farbe löst, meistens jedoch nicht vollkommen klar. Von der Prüfung dieser Extrakte gilt das gleiche, was oben bei oxydiertem Extrakt ausgeführt wurde. Da die Herstellung von gewissenhaften Firmen geschieht, kommen irgendwie direkte Verfälschungen nicht in Frage und es ist hier nur der Wirkungswert festzustellen. Es geschieht dieses in der Weise, daß mit Zinnphosphat erschwerte Seidenstränge in einer der Praxis angepaßten Weise mit dem fraglichen Extrakt behandelt werden. Nachher wird die Höhe der Erschwerung festgestellt und hieraus, im Vergleich zu einem Standardmuster, die Erschwerungsfähigkeit des Extraktes begutachtet. Es gibt hier allerdings auch eine chemische Bestimmungsmethode, die jedoch noch keineswegs als zuverlässig bezüglich der praktischen Bewertung angesprochen werden kann.

5. Katechu. Katechu stellt ein Extrakt dar, welcher durch Auskochen von Zweigen der Uncaria Gambir, einer auf den Sundainseln, namentlich Java und Sumatra, einheimischen Mimosacee, mit Wasser und nachheriges Eindicken des Auszuges hergestellt wird. Der eingedickte Extrakt wird in große Kuchen oder Brote geformt und, in Bambusmatten eingehüllt, in den Handel gebracht. Er stellt eine außen rotbraune, innen goldgelbe Masse dar, von halbfester, etwas schmieriger Beschaffenheit und charakteristisch aromatischem Geruch. Ein anderer, auch aus Indien stammender Katechu kommt in Kisten zum Versand. Es ist dieses der Indragiri-Katechu, der fabrikmäßig hergestellt wird. Der auf primitive Weise von den Eingeborenen gewonnene Katechu war niemals von gleichmäßiger Beschaffenheit und in letzter Zeit vor allem großen Verfälschungen ausgesetzt durch Zugabe von Sand, Steinen und sonstigen Fremdstoffen, so daß von den Exporteuren eigene Herstellungsstätten gegründet wurden, um diesen Mißständen ein Ende zu machen. So sehr es zu begrüßen war, daß durch diese fabrikmäßige Herstellung die erwähnten Mißstände behoben wurden, so unerfreulich war es für die Seidenfärberei, daß dieser Indragiri-Katechu für ihre Zwecke unbrauchbar ist, da derselbe zu große Mengen Katechin enthält, das sich beim Abkühlen der wässerigen Katechulösungen abscheidet und die Seide trübt. Dagegen hat sich der Indragiri in der Lederindustrie sehr gut bewährt. Andererseits hat die fabrikmäßige Herstellung aber das Gute im Gefolge gehabt, daß der ursprüngliche Gambir sich wieder wesentlich gebessert hat.

Bei einem neuerdings in den Handel gebrachten ähnlichen Produkt, dem Asahan Reingambir, ist diese Katechinabscheidung vermieden, so daß derselbe in der Seidenerschwerung sehr gut verarbeitet werden kann.

Die Anforderungen, die man an eine normale Handelsware zu stellen berechtigt ist, sind in der Hauptsache folgende:

Der Wassergehalt darf nicht zu groß sein, weil dann der Katechu leicht der Gärung unterliegt und die Brote zu platzen und zu zerfließen beginnen. Der Gehalt an unlöslichen und mechanischen Verunreinigungen soll ein bestimmtes Maß, etwa 5%, nicht überschreiten. Der Gehalt an gerbender Substanz, nach der Hauptpulvermethode bestimmt, soll zwischen 40 bis 45% liegen. Schließlich soll der Aschengehalt nicht zu hoch sein, was im anderen Falle auf Beimengung von Beschwerungsmitteln hindeuten könnte. Die gute Beschaffenheit eines

Katechus erkennt der Fachmann auch am Geruch. Derselbe soll typisch aromatisch sein, Anwesenheit von Ammoniak oder gar Schwefelwasserstoff lassen darauf schließen, daß grobe Verunreinigungen stattgefunden haben müssen. Beachtenswert ist auch die Löslichkeit des Katechus. Durch Kochen hergestellte Lösungen sollen sich nach dem Erkalten nur unwesentlich trüben und keine erheblichen Abscheidungen von Katechin aufweisen.

Geigy[1]) vermeidet einerseits diese Katechinabscheidung und erhöht andererseits noch die Erschwerungsfähigkeit des Katechus, welcher aus einem Gemisch von Katechin und Katechugerbsäuren besteht, indem er Lösungen des Katechus längere Zeit auf 100 ° C oder höher erhitzt und die Lösungen daran anschließend durch Eindämpfen wieder konzentriert.

Die eigentliche Wertbestimmung des Katechus geschieht analog wie beim Blauholzextrakt bereits erwähnt wurde, durch einen den Verhältnissen der Praxis angepaßten und mit einem guten Standardmuster verglichenen Ausfärbe- oder Erschwerungsversuch auf mit Zinnphosphat erschwerten Seidensträngen.

Die Verwendung des Katechus geschieht in einer wässerigen Auflösung, deren Stärke etwa 5 bis 6 ° Bé entspricht. Es handelt sich um stehende Bäder, welche nach Gebrauch durch Zusatz von konzentrierten Auflösungen wieder auf ihre Stärke gebracht werden. Um die Haltbarkeit dieser selbstverständlich leicht der Gärung und Zersetzung unterworfenen Bäder zu gewährleisten, ist es natürlich erforderlich, sie bei Nichtgebrauch hin und wieder aufzukochen. Wenn man mit Katechu unter Zusatz von Zinnsalz oder Kupfersulfat erschwert, werden die Bäder jedoch meistens laufen gelassen.

4. Gelbholz. Das Gelbholz, auch als Cubaholz oder gelbes Brasilholz bezeichnet, spielte früher eine große Rolle in der Schwarzfärberei, ist aber heute durch die Verwendung von Anilinfarbstoffen stark in den Hintergrund gedrängt worden. Es stammt von Morus tinctoria, einem in Mittel- und Südamerika einheimischen Baum, und zeigt bezüglich seiner färbenden Eigenschaften dieselben Verhältnisse, wie sie beim Kampecheholz geschildert wurden, d. h. der Farbstoff muß erst durch Fermentation erzeugt werden. Aus dem fermentierten Holz wird dann der Extrakt hergestellt, eine gelbbraune, körnige Masse oder ein braunschwarzes flüssiges Extrakt. Die Anforderungen, die an dieses Produkt gestellt werden, sind die gleichen wie diejenigen des Blauholzextraktes. Verwandt wird Gelbholzextrakt lediglich in der Färberei, nicht etwa zum Erschweren.

Nachdem so die hauptsächlichsten Rohstoffe der Schwarzfärberei besprochen worden sind, bleibt nur noch darauf hinzuweisen, daß auch die übrigen hier nicht besonders aufgeführten Rohstoffe von guter Beschaffenheit sein müssen.

Hier ist in erster Hinsicht wieder das Wasser aufzuführen, das in der Schwarzfärberei eine sehr große Rolle spielt. Bei dem gewaltigen Seifenverbrauch, der bei der Schwarzerschwerung und -färbung in Frage kommt, kann nur ein weichgemachtes Wasser oder ein solches von geringer Härte in Frage kommen. Bei den vielen Reinigungsprozessen muß die Seife restlos entfernt werden können, will man nicht griff- und glanzlose Partien, veranlaßt durch gebildete Kalkseifen, erhalten. Verwendet man Weichwasser, so ist darauf zu achten, daß die Alkalinität nicht zu hoch ist, weil sonst die Erschwerung ungünstig beeinflußt wird.

Auch die Seife spielt in der Schwarzfärberei eine sehr große Rolle. Abgesehen davon, daß die Seife den allgemeinen Anforderungen von Reinheit entsprechen soll, ist ein sehr wichtiges Moment der Trübungspunkt der Seife. Er soll möglichst niedrig liegen, da es sich in der Schwarzfärberei nicht umgehen läßt,

---

[1]) Geigy: D.R.P. Anmeldung 15842 (1909).

daß die Waschwässer nicht so heiß verwandt werden können, weil dieses einen so großen Kohlenverbrauch bedingen würde, daß sich die Rentabilität des Betriebes zu ungünstig gestalten würde. Es darf eben nicht vergessen werden, daß bei der Herstellung einer Schwarzseide viel mehr Behandlungen mit dazwischenliegenden Reinigungsprozessen erforderlich sind, als dieses bei der Herstellung der Couleurseiden der Fall ist.

Bei den sonst noch in Betracht kommenden Chemikalien, wie Salzsäure, Soda, Ammoniak, Essigsäure usw. sind die üblichen Reinheitsanforderungen zu stellen.

b) Die Arten der Schwarzerschwerung und Schwarzfärbung. Wie bereits mehrfach erwähnt wurde, lassen sich in der Seidenschwarzfärbung die Erschwerung und Färberei nicht in der Weise trennen, wie bei der Färberei der farbigen Seiden. Hier greifen beide Vorgänge meistens ineinander über.

Wir haben bei der Schwarzerschwerung in der Hauptsache drei Arten zu unterscheiden:

1. Weitererschwerung nach der Zinnphosphaterschwerung mit Hilfe von Katechu oder unoxydiertem Blauholzextrakt.

2. Erschweren mit Eisenbeize und Weitererschweren mit Katechu oder Blauholzextrakt.

3. Vereinigung von Zinn- und Eisenerschwerung und Weitererschwerung mit Katechu oder Blauholzextrakt.

Bei den beiden letzten Verfahren kommt dann noch eine Zwischenbehandlung mit Blaukali in Frage.

Im ganzen kommen etwa sechs Erschwerungsverfahren in Frage, die im folgenden beschrieben werden sollen.

1. Katechuerschwerung. Die Grundlage dieser Erschwerungsweise bildet die Zinnphosphaterschwerung, die in der üblichen Weise vor sich geht, nur mit dem Unterschiede, daß nach dem letzten Phosphatieren nicht auf Wasserglas gegangen, sondern nur einfach gewaschen und mit Seife behandelt wird. Um das Ziehen des Gerbstoffes auf den Zinnuntergrund günstig zu gestalten, ist es unbedingt erforderlich, daß man mit der gepinkten Seide mit neutraler oder schwach alkalischer Reaktion in den Katechu geht. Das übliche Verfahren ist, die Seide vorher zu seifen, und zwar richtet sich hier die Menge der Seife nach der Höhe der Pinkzüge, die die Seide erfahren hat. Es ist üblich, den Seifenzusatz in Höhe von 20 bis 30 bis 40% vom Gewicht der Seide zu nehmen, je nachdem ob drei-, vier- oder fünfmal gepinkt worden ist. Man nimmt das Seifenbad 60° C warm und behandelt etwa eine halbe bis drei viertel Stunde.

Nach Ausführungen von Jenkel[1]) soll man vor der Katechubehandlung noch ein Bad mit Ammoniak geben, um sicher jegliche freie Säure zu neutralisieren.

Nachdem die Seide ausgeschwungen ist, geht man sodann auf ein stehendes Katechubad mit einer Stärke von etwa 5 bis 6° Bé und bei etwa 70° C. Jedoch hat man dem Bade vorher frischen Katechu zugesetzt in Form der oben bereits erwähnten konzentrierten Auskochung, die meistens 12 bis 14° Bé spindelt. Der Zusatz richtet sich auch hier nach der Anzahl der vorangegangenen Pinkzüge und beträgt 200, 300 und 400%. Man beläßt die Seide unter anfangs lebhaftem Umziehen mehrere Stunden — vielfach drei Stunden, aber auch länger — im Katechu, zwischendurch das Bad wieder auf die ursprüngliche Temperatur erwärmend. Das Arbeiten auf dem Katechubad ist in den einzelnen Seidenfärbereien ganz verschieden und der Betriebserfahrung angepaßt.

[1]) Jenkel: Färber-Zg. 1905, S. 97.

So findet man vielfach, daß die Seide über Nacht eingelegt wird oder daß Zusätze zum Katechubade gemacht werden, wie Eisenvitriol oder Kupfervitriol, um die Seide besser zu schwärzen. Man macht diesen Zusatz in Höhe von 5 bis 10% vom Gewicht der Seide, jedoch nicht gleich zu Anfang der Katechubehandlung, sondern erst im Verlauf derselben, im übrigen ist die Behandlungsweise die gleiche wie oben.

Ein besonderes Verfahren in dieser Richtung stellt die Zinnsalz-Katechu-Behandlung dar, die zur Erhöhung der Erschwerung dienen soll und namentlich bei der Soupleherstellung sehr beliebt ist. Andererseits soll dieses Verfahren auch die Echtheit der Färbung erhöhen. Man arbeitet ähnlich, wie dieses bereits oben bei dem Eisenvitriolzusatz beschrieben wurde.

Man stellt also zuerst die Seide auf dem entsprechend frischeingestellten Katechubade bei 70° C auf, zieht dreimal um und wirft die Seide auf. Dann gibt man 7 bis 10% Zinnsalz, das man vorher in wenig Wasser heiß gelöst hat, in das Katechubad, erwärmt wieder auf 70° und hantiert jetzt auf diesem Bad etwa eine Stunde und legt dann über Nacht oder noch länger ein. Nachdem die Seide am anderen Morgen herausgenommen ist, muß sie aber sehr gründlich gewaschen werden, um den gebildeten gelben Niederschlag von gerbsaurem Zinn wieder zu entfernen, der sonst die Seide nicht nur trübt, sondern auch direkt schädigt. Im übrigen erfordert diese Arbeitsweise sehr große Vorsicht und Erfahrung, da der Vorteil der Erhöhung der Charge durch die Nachteile des Unstarkwerdens der Seide leicht aufgehoben werden kann. Vielfach läßt man daher diese Behandlungsart sich nur auf einige Stunden und nicht über Nacht erstrecken.

Erwähnenswert ist noch, daß man bei jeder Katechubehandlung möglichst kurze Flotte nimmt und deshalb statt zwei Handvoll Seide, deren vier oder fünf auf den Stock rechnet.

Nach Beendigung der Katechubehandlung wird leicht ausgeschwungen, ein lauwarmes Wasser gegeben, um die Hauptmenge des anhaftenden Katechus zu entfernen. Erst dann wird auf der Waschmaschine gut gewaschen. Würde man gleich auf der Waschmaschine kalt waschen, so würde die Seide trüb werden, es sei dann schon, daß man eine Warmwaschmaschine zur Verfügung hätte. Nach dem Waschen wird die Seide ausgeschwungen und, ohne sie erst lange liegenzulassen, ausgefärbt. Dieses geschieht auf einem Färbebad, welches aus 20% oxydiertem Blauholzextrakt, 120 bis 150% Seife und je 2½% eines blauen und gelben Anilinfarbstoffes in entsprechend langer Flotte besteht. Als Blau ist Thioninblau, als Gelb Chrysoidin zu empfehlen, oder auch als Grün Brillantgrün. Der Seifenzusatz richtet sich danach, wie der Katechu hat ausgewaschen werden können, jedenfalls muß das Färbebad stets gut schäumen, anderenfalls hat man Seife nachzugeben. Die Anilinfarbstoffe sind dem Färbebad entsprechend gelöst, zum Schluß und unter gutem Umrühren zuzusetzen, damit keine Zersetzung des Bades eintritt. Je nachdem, welcher Farbton erzielt werden soll, ist mit den Mengenverhältnissen der Anilinfarbstoffe zu wechseln. Um den roten Ton des Blauholzes zu drücken, z. B. bei einem blaustichigen Schwarz, fügt man einige Prozent Gelbholzextrakt hinzu. Überhaupt erfordert das Schwarzfärben, was das Nuancieren anbelangt, eine sehr große Erfahrung, da die Farbtöne in Schwarz viel mannigfaltiger sind, als man gewöhnlich annimmt, und je nach der Färbung der organischen Erschwerung, die immer eine wechselnde ist, der Färber eben entscheiden muß, wie er sein Färbebad zusammensetzen will. Wenn man bedenkt, daß bei dem Färben einer farbigen Seide die erschwerte Seide immer weiß ist, bei der Schwarzfärbung der erschwerten Seide aber einmal grün, einmal blau, dann wieder rot, braun oder violett gefärbt ist, dann dürfte das oben Gesagte ohne weiteres einleuchten. Noch schwieriger gestaltet sich das Färben, sobald gewisse Echtheiten an die Färbung gestellt werden, denn die Anilinfarbstoffe werden namentlich bezüglich der Reibechtheit z. B. wenig den Anforderungen entsprechen. Wo sehr hohe Ansprüche an Echtheiten gestellt werden, kommen die hier zu besprechenden Färbeverfahren überhaupt nicht in Betracht, vielmehr wird man die Seide nach Art der Couleurseiden färben.

Ist das Färbebad fertiggestellt, wird es auf 65 bis 70° C erwärmt und jetzt mit der Seide eingegangen. Man zieht etwa eine Stunde um, erwärmt das Bad nochmals auf 75° C, zieht wieder eine Stunde oder solange um, bis der Farbton richtig getroffen ist. Ist dieses der Fall, wird das Farbbad laufengelassen, die Seide auf ein Ammoniakbad (10% vom Gewicht der Seide) oder Sodabad (1 bis 2%) bei 30° C gestellt, hierauf eine Viertelstunde belassen und jetzt gut gewaschen, bis jegliche Seife entfernt ist. Nach dem Waschen wird 30° C warm abgesäuert in einem Bade, das 25 bis 40% vom Seidengewicht an Säure je nach der Höhe der Erschwerung enthält. Als Säure kommen Essigsäure, Milchsäure und Ameisensäure oder ein Gemisch derselben in Betracht. Nach dem Absäuern geht man, ohne zu schwingen, auf die Avivage, die ebenfalls eine der obigen drei Säuren oder Essigsprit oder Zitronensaft und 1 bis 4% (vom Seidengewicht) vorher mit Soda emulgiertes Olivenöl enthält. Dieses Bad wird fast durchweg kalt angewandt, nach Bedarf auch lauwarm. Bei besonderen Griffvorschriften werden noch Leim, Gelatine, Stärke, Dextrin oder Diastafor, wenn es sich um harten Griff handelt, und venezianischer Terpentin oder Weichöl zugesetzt, wenn weicher Griff vorgeschrieben ist. Vielfach findet man auch, daß noch Anilinfarbstoff zum Nuancieren in die Avivage gegeben wird. Auf dieser Avivage wird die Seide je nach Bedarf eine halbe bis eine Stunde umgezogen, dann ausgeschleudert und getrocknet.

Die nachstehende Tabelle gibt eine Übersicht der Arbeitsweise, um eine gewisse Höhe der Erschwerung zu erzielen.

pari	einmal dünn pinken	150% Katechu im alten Bad
10 bis 20%	„ stark „	150% „ „ „ „
20 „ 40%	zweimal dünn „	200% „ „ „ „
40 „ 50%	dreimal „ „	200% „ „ „ „
50 „ 60%	viermal „ „	250% „ „ „ „
60 „ 80%	zweimal dünn und zweimal stark	300% „ „ „ „
80 „ 100%	zweimal stark pinken	500% „ „ „ „

Beim Arbeiten mit Zinnsalz im Katechu kann man noch höhere Erschwerungen erzielen bzw. an Pinkzügen sparen, jedoch unter Umständen, wie bereits erwähnt, auf Kosten der Haltbarkeit der Seide. Überhaupt ist diese reine, soeben beschriebene Katechuerschwerung heute ziemlich selten geworden und nur mehr bei besonders großen Echtheitsansprüchen üblich.

2. Blauholzerschwerung. Diese Art der Schwarzerschwerung ist heute die gebräuchlichste Arbeitsweise. Wie bereits erwähnt, ist es das Verdienst Heermanns, die an und für sich bekannte Eigenschaft des oxydierten Blauholzextraktes, etwas zu erschweren, durch seine Forschungen dahin geklärt zu haben, daß die Erschwerungsfähigkeit eines Blauholzes zunimmt, je weniger hoch die Oxydation des Farb- und Gerbstoffes durchgeführt worden ist. So führte er in einem Vortrag[1]) aus, daß man mit unoxydiertem Blauholzextrakt eine organische Erschwerung von 100% unschwer erzielen könnte. Er berichtete, daß Seide als solche sowohl im rohen wie im entbasteten Zustande bereits imstande ist, sowohl stark wie schwach oxydierte Blauholzextrakte in sich aufzu-

[1]) 7. Intern. Kongr. f. angew. Chem., London 1909.

nehmen. Gleichzeitig ist eine beträchtliche Volumenzunahme zu konstatieren. Mit Gerbstoff vorher erschwerte Seide zeigt dem Blauholzextrakt gegenüber eine geringere Aufnahmefähigkeit als die gerbstofffreie Faser. Umgekehrt hat die mit Hämatin beladene Seidenfaser den Gerbstoffen gegenüber ein ungeschwächtes Aufnahmevermögen. Die höchste Aufnahmefähigkeit für Hämatin besteht, wenn die Seide vorher mit Zinnphosphat erschwert wurde.

Diese Feststellungen Heermanns sind in die Praxis übernommen worden, und man hat die Höhe der Erschwerung auf 200 bis 300% steigern können, so daß heute allgemein in der Seidenschwarzfärberei diese Art der Erschwerung Platz gegriffen hat.

Was das Verfahren selbst anbelangt, so ist hier zu bemerken, daß der Blauholzextrakt nur auf gebeizte Seide zieht, am besten auf eine mit Zinnphosphat erschwerte, sowie ferner, daß die Zugfähigkeit des Extraktes abhängig ist von der Höhe der Pinkzüge. Je höher die Charge von Zinnphosphat ist, um so höher fällt die Erschwerung mit dem Blauholz aus. Weiter ist zu bemerken, daß der Blauholzextrakt eines Überträgers oder Katalysators bedarf, um zu erschweren, und zwar in Form eines schwachen Alkalis, sei es freier Lauge, sei es Seife, Wasserglas, Natriumphosphat usw. In rein wässeriger Lösung, ohne genannte Zusätze, ist die Zugkraft des Extraktes gleich Null. Auch hier bedarf es größter Erfahrung und läßt sich keine einheitliche Vorschrift geben, die für alle gültig ist, da das Verfahren den jeweiligen Verhältnissen des Betriebes angepaßt werden muß. So kann es auch nicht wundernehmen, das es eine Reihe von Patenten gibt, die auf dieses an und für sich allgemein bekannte Erschwerungsverfahren Bezug nehmen. Es wird hiervon weiter unten noch kurz die Rede sein.

Der Erschwerungsvorgang als solcher gestaltet sich wie folgt: Man löst zuerst den Extrakt für sich konzentriert in Wasser, wobei zu erwähnen ist, daß das Arbeiten mit dem unoxydierten Blauholzextrakt ein sehr unangenehmes ist, da er sehr stark stäubt und sich sehr leicht in den Atmungswegen festsetzt. Es ist daher unbedingt erforderlich, die das Abwägen und Auflösen des Extraktes besorgenden Arbeiter durch Gasmasken oder eine sonstige Vorrichtung zu schützen. Vielfach findet man zu diesem Zweck auch selbsttätige und vollständig unter Luftabschluß arbeitende Wagen, bei denen jegliche Staubbelästigung ausgeschlossen ist. Diese konzentrierte Lösung wird sodann in die Flotte gegeben, am besten durch ein Sieb, um gröbere Verunreinigungen zurückzuhalten. Das verwendete Wasser darf nicht zu hart sein und ist am vorteilhaftesten 50° C warm. Zu dieser dünnen Extraktlösung gibt man sodann die Kontaktsubstanz, Lauge, Seife, Wasserglas u. a. m., in der entsprechenden Menge und unter gutem Umrühren hinzu. Da die Blauholzerschwerung auf die Seide mit einem roten Farbton aufzieht, so gibt man vielfach schon in das Erschwerungsbad die zum Schwärzen benötigten Anilinfarbstoffe hinein, wie 5 bis 8% Brillantgrün oder an dessen Stelle 2 bis 3% Chrysoidin und 4 bis 6% Thioninblau. Unbedingt erforderlich ist es jedoch nicht, man kann die Farbstoffe auch ins Färbebad geben. Fügt man sie aber dem Erschwerungsbad zu, dann ist unbedingt darauf zu sehen, daß die Farbstoffe nicht in zu konzentrierter Lösung, ferner filtriert und unter gutem Umrühren dem Bade zugesetzt werden, weil sonst das Seifenbad leicht bricht und körnige Ausscheidungen entstehen. Zum Schluß verdünnt man das Bad so weit mit Wasser, daß das Verhältnis von Seide zur Flotte etwa 1 : 30 beträgt. Man erwärmt das Bad auf 60° C und geht jetzt mit der zinnphosphaterschwerten Seide ein. Es empfiehlt sich, die Seide nach dem letzten Phosphat leicht zu seifen, um jegliche freie Säure zu binden. Die Seide wird etwa eine halbe Stunde umgezogen, aufgeworfen und das Bad jetzt auf 68° C gebracht. Jetzt zieht man die aufgestellte Seide wieder eine Viertelstunde um, wirft auf und steigert nochmals die Temperatur des Bades auf 75° C. Bei dieser Temperatur zieht man dann die Seide von neuem um, und zwar solange, bis die vorgeschriebene Erschwerung erzielt ist. Es ist dieses durchweg nach einer Viertel- bis einer halben Stunde der Fall. Sollte ein längeres Verweilen notwendig sein, empfiehlt es sich, etwas Extrakt und Seife nachzugeben. Ein zu langes Umziehen ist gefährlich, da sich die Zinncharge lockert und die ganze Erschwerung wieder abfällt. Man kann dieses meistens schon daran erkennen, daß das Erschwerungsbad sich blauviolett färbt. Jedenfalls hat man in dieser Hinsicht große Vorsicht walten zu lassen, da diese Erscheinung bei dieser Erschwerungsart häufiger eintritt, während man sie bei der Katechuerschwerung überhaupt nicht kennt. Ihre Ursache ist noch nicht erforscht, jedenfalls hängt sie aber mit einer Lockerung der Zinncharge zusammen, da der Zinngehalt solcher violetter Bäder sehr hoch ist, meistens über 1 g Zinn im Liter, während normale Blauholzerschwerungsbäder einen wesentlich geringeren Zinngehalt aufweisen. Will man bei einer derart verunglückten Partie, bei der die Erschwerung von 200% bis auf 60% abfallen kann, noch irgendwie etwas retten, so ist es nur dadurch möglich, das man sie unverzüglich auf ein Katechubad stellt. Allerdings die Erschwerung wieder zu erhöhen, ist so gut wie ausgeschlossen.

Bemerkenswert bei dieser Blauholzerschwerung ist, daß es bisher noch nicht gelungen ist, eine bessere Schwärzung der Seide durch Zusatz von Metallsalzen zum Erschwerungsbade zu erzielen, wie solches ja bei der Katechuerschwerung vielfach üblich ist. Jeder derartige Zusatz hebt die Erschwerungsfähigkeit auf, ganz abgesehen davon, das der beabsichtigte Erfolg einer Schwärzung sehr wenig entsprechend ist.

Nach der Holzerschwerung muß jetzt die Seide gründlich gereinigt werden; dies geschieht am besten in der Weise, daß man die Seide auf ein etwa 30° C warmes Ammoniakbad (8 bis 10% vom Gewicht der Seide) stellt und mehrmals schnell umzieht. Dann wird auf der Waschmaschine, und zwar am besten einer Warmwaschmaschine, gründlich gewaschen, um jegliche Extraktüberreste, Seife, Wasserglas usw. restlos zu entfernen. Geschieht dieses nicht, so sind Störungen beim Ausfärben unausbleiblich. Anschließend geht man jetzt aufs Färbebad, das, ebenso wie bei der mit Katechu erschwerten Seide, 20% oxydierten Blauholzextrakt, aber nur etwa 50% Seife zu enthalten braucht. Man geht mit der Seide bei 75° C ein, zieht mehrmals um, wirft auf und fügt jetzt die erforderliche Menge Anilinfarbstoff hinzu und läßt dann die Seide so lange auf demselben gehen, bis der Farbton erzielt ist. Im großen und ganzen ist der Verbrauch an Anilinfarbstoffen bei dieser Erschwerungsform höher als bei der Katechuerschwerung, weil eben der ursprüngliche Untergrund rotbraun ist.

Ist das Färben beendigt, dann wird ein leichtes Ammoniak- oder Sodabad gegeben und gründlich gewaschen, um die überflüssigen Anteile der Färbebäder wieder zu entfernen. Anschließend wird abgesäuert, und zwar mit Essigsäure (etwa 20 bis 30% vom Gewicht der Seide). Darauf wird in der bereits oben beschriebenen Weise mit Öl und Essig-, Ameisen- oder Milchsäure aviviert. Die besonderen Zusätze, wie Stärke, Leim usw., sind ebenfalls die gleichen, die oben bereits ausgeführt wurde.

Entsprechend dem roten Untergrund der Holzerschwerung fallen die Färbungen dieser Erschwerungen meistens mit einem Stich ins Rote oder Violette aus. Will man ein blaustichiges Schwarz färben, so bietet dies gewisse Schwierigkeiten. Man hilft sich hier mit dem Übersetzen der Partien, man setzt noch neuen Farbstoff über den bereits aus dem ursprünglichen Färbebad stammenden. Man bedient sich dazu des üblichen Thioninblaues oder besonderer geeigneter Farbstoffmischungen und gibt diese in einem besonderen Bade bzw. auch in der Avivage. Ein etwaiger Zusatz vorher im Färbebade oder Erhöhung der Mengen der Farbstoffe führt dagegen nicht zum Ziele. Immerhin erfordert diese Blauschwarzfärbung große Erfahrung und sehr genaues Arbeiten, namentlich was Temperatur anbelangt. Die Übersetzungsfarbstoffe haben nämlich die üble Eigenschaft, teilweise bronzig aufzusetzen und dann allen Besserungsversuchen zu widerstehen. Auch die Ursache dieser Erscheinung ist noch nicht geklärt, es ist zweifelhaft, ob sie mit der Zinnerschwerung oder mit der Holzerschwerung zusammenhängt. Zu erkennen ist dieser Übelstand schon bei der Säurebehandlung oder bei der Avivage daran, daß diese Bäder sich vielfach rot färben, jedenfalls von der gelockerten Holzcharge herrührend.

Ein zweiter Nachteil des Übersetzens ist der Umstand, daß diese Nuancierfarbstoffe leicht ablassen und z. B. den Anforderungen an Reibechtheit durchaus nicht entsprechen. Die Versuche, diesem Übelstand abzuhelfen, haben einstweilen noch keinen Erfolg gehabt.

Trotz dieser Nachteile hat die Blauholzerschwerung in wenigen Jahren das größte Feld der Seidenschwarzerschwerung erobern können, was wohl dem Umstand zuzuschreiben ist, daß das Verfahren bezüglich Höhe der Erschwerung nicht nur sehr zuverlässig ist, sondern überhaupt so hohe Erschwerungen ermöglicht, wie man sie mit Katechu nur sehr schwer oder überhaupt nicht erzielen kann. Außerdem ist das Verfahren auch in der ganzen Arbeitsweise einfacher und in kürzerer Zeit durchzuführen.

Bei der Wichtigkeit des Verfahrens hat es natürlich auch keinen Mangel an Patenten, durch die das Verfahren selbst oder Verbesserungen an demselben geschützt sind. Erwähnt seien folgende:

Durch das D.R.P. 306732 (1913) hat sich Fr. Müller, Zürich, das eigentliche Heermannsche Verfahren schützen lassen. Es betrifft ein Verfahren, um Seide mittels Hämatoxylin (also unoxydiertes Blauholz) mit oder ohne Seife zu erschweren. Die mit Zinnphosphat bzw. Silikat vorerschwerte Seide wird bei 50° C mit 100% Hämatoxylin und 50% oder mehr Natriumphosphat unter der üblichen Temperatursteigerung behandelt. Die Erschwerung soll höher als gewöhnlich ausfallen.

Bei der D.R.P. Anmeldung 43298 (1913) von I. C. Schmidt in Wolgast handelt es sich um ein Verfahren zum Schwarzfärben von Seide nach dem üblichen Blauholzverfahren, dadurch gekennzeichnet, daß beim Erschwerungshämatinbad die Seife durch Silikat ersetzt wird, sowie ferner, daß nach der Blauholzerschwerung ein geeignetes Eisenbad gegeben wird, um obendrein noch an Anilinfarbstoff zu sparen. Das Verfahren soll den Vorteil bieten, daß die Zinnerschwerung nicht so hoch zu sein braucht und mithin die Seide weniger angegriffen wird.

Durch das D.R.P. 305275 wird der Firma Schmidt in Wolgast ein Verfahren geschützt, wonach man, um einen Pinkzug zu sparen, dem Holzerschwerungsbad Wasserglas anstatt Seife als Alkali zusetzt.

Ein Zusatzpatent D.R.P. 305770 schützt dann auch noch die Verwendung von Wasserglas an Stelle von Seife in den Ausfärbebädern. Der Vorteil dieses Verfahrens soll einmal in der Ersparnis an Seife, Zeit, Erzielung einer höheren Erschwerung und eines stärker gequollenen Fadens liegen, andererseits aber auch darin, daß mit Anilinfarbstoff wasserechter gefärbt wird.

Ein weiteres Zusatzpatent D.R.P. 316754 schützt dann ein Verfahren, nach dem neben dem Wasserglas noch Bastseife oder ein Ersatz derselben verwandt wird. Dieses soll die Anwendung höherer Temperaturen gestatten, wodurch auch die Höhe der Erschwerung günstig beeinflußt werden soll. Die Elastizität des Seidenfadens soll eine bessere sein als bei dem Erschweren mit Wasserglas allein.

In einer Abhandlung über die Erschwerung der Seide berichtet Dr. W. Keiper[1]) über die Verwendung von Natronlauge oder Soda an Stelle von Phosphat, Silikat oder Seife bei der Blauholzerschwerung. Diese Arbeitsweise hat sich in vielen Betrieben eingebürgert.

Unter der Bezeichnung Neumonopolschwarz wird von Karl Wolfgang das bekannte Verfahren, die mit Zinnphosphat erschwerte Seide mit unoxydiertem Blauholzextrakt weiter zu erschweren, beschrieben. Es handelt sich um die vergleichenden Untersuchungen bezüglich Stärke und Dehnbarkeit. Als Vergleich wurde eine mit Hilfe von Seife und eine mit Hilfe von Soda weiter erschwerter Seide herangezogen, wobei sich herausgestellt hat, daß die mit Soda und Blauholzextrakt erschwerte Seide die mit Seife und Blauholz erschwerte Seide bezüglich Stärke und Dehnbarkeit wesentlich an Güte übertraf. Auch kommt dieser Autor auf ein bei der Blauholzerschwerung sehr wichtiges Moment zurück, nämlich die Alkalinität der bei der Zinnerschwerung verwandten Natrium-Phosphatbäder. Sind die Natrium-Phosphatbäder nicht alkalisch genug gehalten, so wird dieErsc hwerung ungleichmäßig und es bilden sich die bekannten violetten Flecke, die nur schwer zu überfärben sind. Ebenso empfiehlt er, die Chlorzinnbäder nicht zu sauer zu halten, um eben die Zinncharge nicht zu niedrig ausfallen zu lassen. Auch wird geraten, bei Verwendung von Seife in den Blauholzerschwerungsbädern einen kleinen Zusatz von Natronlauge zu machen, so daß der Gehalt der Alkalinität der Seife auf 0,1 bis 0,2% erhöht wird. Besonders wird empfohlen, statt der Seife Soda zu nehmen, einmal weil die Bäder flüssiger sind und nicht so leicht brechen wie Seifenbäder, ferner, weil die dynamometrischen Eigenschaften der Seide wesentlich bessere sind als wie diejenigen der mit Seife und Blauholz erschwerten Gegenprobe.

Schließlich sei noch der Ausführungen von A. Tiska[2]) über Seidenschwarz mit hohen Chargen gedacht. Die Seide wird bei 40° C eine Stunde eingenetzt, mit Seife abgekocht, gespült und mit Salzsäure abgesäuert. Darauf wird viermal gepinkt. Hierbei erwähnt der Verfasser, daß man auch mit Trinatriumphosphat arbeiten könnte, nur muß die Alkalinität mit Schwefelsäure bis zur schwachen Rosafärbung gegen Phenolphthalein abgestumpft werden. Nach dem letzten Phosphat wird eine Stunde mit 10% des Seidengewichtes an Seife warm geseift. Zur Färbung und Erschwerung wird 100% Seife und 100% unoxydierter Blauholzextrakt und 5% Anilinfarbstoff (je 2½% basisches Blau und Grün) verwandt. Man geht bei 62° C mit der Seide ein, steigert nach dreiviertel Stunden die Temperatur auf 75°, gibt jetzt den Anilinfarbstoff ins Bad geht nach weiteren dreiviertel Stunden mit der Temperatur auf 92° C und läßt noch eine Stunde ziehen. Nach gründlichem Waschen auf der Maschine behandelt man etwa dreiviertel Stunden auf einem schwachen Bastseifenbade mit Essigsäure und Wasserblau (etwa 3 g auf 1 kg Seide) und aviviert dann. Die Höhe der Erschwerung beträgt etwa 80 bis 100%. Will man ein Schwerschwarz von 160 bis 180% erzielen, dann arbeitet man wie beschrieben, nur muß man fünfmal pinken und mit je 200% Seife und Hämatin erschweren. Statt hierbei die Anilinfarbstoffe ins Erschwerungsbad zu geben, empfiehlt Verfasser eine Behandlung in einem Bade, das in 1000 l 200 l Bastseife, 3 l Essigsäure und 2%

[1]) Keiper, W.: Mellands Textilber. 1922, S. 181.
[2]) Tiska, A.: Mellands Textilber. 1921, S. 128.

Methylenblau, sowie 1½% Chrysoidin vom Seidengewicht enthält. Man geht kalt ein, erwärmt nach einer halben Stunde auf 35° C, nach einer weiteren Stunde auf 50° C und behandelt bis zum Ausziehen des Bades. Darauf wird aviviert.

Für Blauschwarz (noir bleuté) behandelt man auf einem zweiten Bastseifenbad mit Essigsäure und 2% Brillantgrün eine Stunde bei 40° C, verhängt drei Stunden, ohne zu waschen, und aviviert dann mit Öl- und Essigsäure.

Über das Anlegen der Partien zur Erzielung einer verschieden hohen Erschwerung gibt nachstehende Übersicht Aufschluß, wobei natürlich zu berücksichtigen ist, daß, je nach den allgemeinen Arbeitsbedingungen, mit den Mengenverhältnissen zu wechseln ist:

Erschwerung %	Pinkzüge	Unoxydierter Extrakt %
30 bis 50	3 dünne	30 bis 50
50 „ 80	2 dicke 2 dünne	50 „ 80
80 „ 100	4 dünne	80 „ 100
100 „ 120	4 dünne	100 „ 110
120 „ 140	1 dicke 3 dünne	130 „ 140
140 „ 160	2 dicke 2 dünne	140 „ 160
160 „ 180	3 dicke 1 dünne	160 „ 170
180 „ 200	4 dicke	170 „ 180

Der Zusatz von Alkali richtet sich nach den Wasserverhältnissen, Seife rechnet man meistens 100% des angewandten Extraktes. Da die Höhe der Holzerschwerung abhängig von der Zinncharge ist, wechselt man entsprechend dem Ausfall dieses und gibt, je höher die Zinnerschwerung ausgefallen, um so weniger an Extrakt. Bei ganz niedrigen Erschwerungen, wie pari oder 10%, gibt man häufig auch den unoxydierten Extrakt direkt in das Färbebad. Ebenso kann man auch zu niedrig ausgefallene Partien dadurch verbessern, daß man ins Färbebad noch unoxydierten Blauholzextrakt gibt, dessen Menge der Erfahrung des Färbers überlassen bleiben muß.

3. Vereinigung von Katechu- und Blauholzerschwerung. Die Vorzüge jedes der beiden Verfahren — des Katechuverfahrens: größere Echtheit der Färbung und Festigkeit der Erschwerung und des Blauholzverfahrens: größere Ersparnis und Möglichkeit, höhere Erschwerungen zu erzielen — mußten unbedingt zu einer Kombinierung beider Verfahren führen. Man hat diese früher unbewußt in der alten Monopolfärbung zur Anwendung gebracht, bis durch die Forschungen Heermanns die erschwerenden Eigenschaften des Blauholzextraktes an das Licht gezogen wurden. Daraufhin ist man dann späterhin zur „neuen Monopolfärbung“ übergegangen.

Bei diesem Verfahren arbeitet man so, daß man zuerst die Seide nach der Zinnphosphaterschwerung in der gleichen Weise wie oben beschrieben mit Katechu erschwert, wobei man je nach der Höhe der Zinnerschwerung auf 60 bis 100% kommt. Um nun weiter zu erschweren, verfährt man in der Weise, daß man den unoxydierten Blauholzextrakt in das Färbebad gibt, welches wie üblich 15% oxydiertes Extrakt und 100% Seife (beides vom Gewicht der Seide gerechnet) enthält. Man erhöht den Seifengehalt auf 130 bis 150%, die Menge des unoxydierten Extraktes richtet sich nach der Höhe der gewünschten Erschwerung und wird etwa halb so hoch gehalten als bei der reinen Holzerschwerung. Im übrigen arbeitet man aber, was Temperatur, Zeit und Flottenverhältnis anbelangt, ganz so wie bei der Holzerschwerung.

Nachdem die Seide vom Katechu gründlich gewaschen ist — vielfach wird noch ein leichtes Ammoniakbad hinterhergegeben — schwingt man und stellt jetzt auf das Erschwerungsbad bei 60° C auf, zieht eine halbe Stunde um, erwärmt auf 75° C, zieht nochmals eine Viertelstunde um, bringt schließlich auf die Höchsttemperatur von 90° C und zieht so lange um, bis die gewünschte Erschwerung erreicht ist. Hat man die Anilinfarbstoffe nicht gleich von vornherein zugegeben, so färbt man sie in einem besonderen dünnen Färbebad noch aus, braucht aber bedeutend geringere Mengen hiervon, weil der Katechuuntergrund mit dem Blauholz bereits ein sattes Schwarz gibt. Die Schlußbehandlung, also Waschen, Absäuern und Avivieren, ist natürlich die gleiche wie bei dem bisher besprochenen Verfahren. Wie bereits oben ausgeführt wurde, hat dieses neue Monopolschwarz vor dem reinen Blauholzschwarz jedenfalls den großen Vorteil, daß der Farbton an und für sich nicht so rötlich ist als bei der reinen Holzerschwerung, sondern tiefschwarz. Ferner wird durch die Katechubehandlung der Zinnphosphatgrund so gut fixiert, daß das unangenehme Abfallen des Zinns vermieden wird und die Partien sich reiner färben lassen, die Gefahr des bronzigen Aufsetzens ist nahezu vollständig ausgeschlossen.

Die Vereinigung der beiden Verfahren in der Weise, daß zuerst mit Blauholzextrakt und hinterher mit Katechu weitererschwert wird, wie auch von Heermann empfohlen, hat sich nicht einbürgern können. Abgesehen von dem harten strohigen Griff, den die Seide bei der Nachbehandlung mit Katechu gern annimmt, werden die Fehler der reinen Blauholzerschwerung — roter Farbton und Abfallen der Charge — nicht vollständig behoben.

Was das Anlegen der Partien bei diesem Verfahren anbelangt, so kann man, natürlich mit entsprechenden Modifikationen für die jeweiligen Betriebe, wie folgt arbeiten:

Erschwerung %	Pinkzüge	Katechu %	unoxyd. Extrakt %	Seife %
30 bis 50	2 dünne	120	80	80
50 „ 80	2 dicke	120 bis 150	80	80
80 „ 100	3 dünne	150 „ 200	90	90
100 „ 130	2 dünne, 1 dicke	200 „ 250	100	100 bis 130
130 „ 170	4 dünne	200 „ 250	110	130 „ 160
170 „ 200	4 dicke	250 „ 350	110	170 „ 190

Sämtliche Mengenverhältnisse beziehen sich auf das Gewicht der Seide.

Des Interesses halber mag hier noch kurz die Arbeitsweise bei der alten Monopolfärbung Erwähnung finden, auch besonders um darzutun, wie gewaltig heute die Arbeitsweisen vereinfacht worden sind.

Bei dieser Erschwerungsform war das auffallendste die Verwendung von Wasserglas und man schob die erzielten Renditen auf die Wirkung dieses Stoffes, ähnlich wie in der Couleurerschwerung. Die zinnerschwerte Seide wurde nach dem letzten Phosphat mit 5% Ammoniak behandelt. Vielfach wurde aber auch die erste Phosphatbehandlung durch eine solche mit 5 bis 10% Ammoniak ersetzt und dann zum Schluß nochmals wiederholt. Nach dieser Behandlung ging man auf das Wasserglasbad (200% des Seidengewichts) und behandelte hier eine Stunde bei 48 bis 50° C. Nach dem Silikat wurden mehrere Weichwasser gegeben, mit Salzsäure (10% vom Seidengewicht) abgesäuert und auf ein 6° Bé starkes Katechubad gestellt. Das Katechubad wurde zuerst 60° C warm genommen und dann im Laufe von einer bis zwei Stunden die Temperatur auf 93 bis 95° C gesteigert. Dann wurde die Seide über Nacht eingesteckt, am anderen Morgen gut gewaschen, geschwungen und leicht gefärbt mit 10 bis 20% Seife und 40% Blauholzextrakt. Nach diesem Vorfärben ging man wieder auf das Katechubad zurück und behandelte in gleicher Weise wie soeben beschrieben. Erst dann ging man auf das eigentliche Färbebad mit 70% Seife, 40% Blauholzextrakt und den entsprechenden Mengen Anilinfarbstoff. Man erzielte bei diesem alten Monopolverfahren Höchsterschwerungen von etwa 160%, von denen mindestens 50% aus dem Blauholz stammten, da die Seiden nach der Katechuerschwerung höchstens 100 bis 110% rendierten.

Auch bei diesem Verfahren war die Höhe der Erschwerung lediglich von der Höhe der Zinnphosphaterschwerung abhängig, obendrein blieb die Stärke des Katechus oder des Färbebades bei allen Erschwerungen die gleiche. Die Partien wurden in der Zinnerschwerung in nachstehender Weise angelegt:

10 bis 20%	1 Pinke	1 Natron	1 Ammoniak	200% Silikat
50 „ 60%	2 „	2 Natron	1 Ammoniak	200% „
60 „ 70%	1 „	1 Ammoniak	2 Pinken 2 Natron	1 Ammoniak
				200% Silikat
90 „ 100%	3 „	2 Natron	1 Ammoniak	200% „
100 „ 110%	1 „	1 Ammoniak	3 Pinken 3 Natron	1 Ammoniak
				200% Silikat
120 „ 140%	4 „	4 Natron	1 Ammoniak	200% „
140 „ 160%	1 „	1 Ammoniak	4 Pinken 4 Natron	1 Ammoniak
				200% Silikat

Abgesehen von der umständlichen Arbeitsweise kam man bald von dieser alten Monopolerschwerungsart ab, weil durch den Wasserglasgehalt die Seiden bald spröde und brüchig wurden und enorme Schäden entstanden.

4. Seidenerschwerung mit Eisenbeize. Diese wohl älteste Form der Seidenerschwerung ist wesentlich einfacher als die Zinnerschwerung, gibt aber auch bei weitem nicht die Renditen wie letztere. Man geht mit der abgekochten und abgesäuerten Seide auf eine Rotbeize oder Lösung von salpetersaurem Eisen von etwa 30 bis 35° Bé, und zwar bei gewöhnlicher Temperatur und etwa eine bis zwei Stunden lang, ohne viel umzuziehen. Hiernach wird die Seide aus dem Bade genommen und ausgewrungen oder, in Tücher eingeschlagen, mit geringem Druck ausgepreßt, aber nicht etwa ausgeschwungen, weil sonst zuviel der Imprägnierungsflüssigkeit entfernt werden würde. Nach dem Abpressen wird an der Waschmaschine kurz gewaschen, die Seide auf ein etwa 75° C heißes Wasser gestellt und hier schnell dreimal umgezogen. Die durch diesen Vorgang bewirkte Spaltung der Eisenbeize und Ablagerung des Ferrihydroxydes in der Faser bezeichnet man auch als „Fixieren oder Abbrennen". Will man das Abbrennen beschleunigen oder begünstigen, so kann dieses durch Zusatz von Ammoniak (10% des Seidengewichtes) zum Wasser geschehen, das man dann auch nicht so heiß zu halten braucht.

Nach dem D.R.P. 284853 (1914) von Buschhütter & Voigt läßt sich das Fixieren der Eisenbeize in der Weise durchführen, daß die eisengebeizte Seide erst mit 50° C warmem Wasser gewaschen, dann mit einer 40° C warmen Lösung von 50 g Seife und 5 g Leim in 1 l Wasser imprägniert wird. Hiernach wird abgewrungen, fünf bis zehn Minuten gedämpft und mit Sodalösung oder weichem Wasser gewaschen. Durch diese Behandlung soll nicht nur eine bessere Fixierung, sondern auch eine höhere Erschwerung erzielt werden.

Nach einem Referat aus The Dyer and Calico Printer[1]) bietet die Anwendung eines Seifenschaumbades beim Fixieren der Eisenbeize erhebliche Vorteile durch Ersparnis von Zeit, Arbeit und Material. Man hängt die Seide in Säckchen in eine Barke, in der der Seifenschaum erzeugt wird, und zwar aus einem Bade von 5 kg Seife, 25 kg Kokons und 3000 l Wasser, und behandelt hier eine Stunde im Schaum.

Nach dem Abbrennen wird die Seide auf ein kochendheißes Seifenbad (30 bis 40% vom Seidengewicht) gestellt, etwa eine Stunde behandelt und ist dann vorbereitet zur Weitererschwerung mit Katechu und zum Ausfärben. Es geschieht dieses in der üblichen Weise auf einem stehenden Bade, dem man etwa 100% frischen Katechu beifügt. Man geht mit der Seide kochendheiß ein, zieht eine bis zwei Stunden um und legt über Nacht ein, um dann am anderen Morgen gründlich zu waschen und auszufärben, in gleicher Weise wie oben beschrieben wurde.

Man verwendet dieses Verfahren, das aber nur etwa bis pari erschwert,

[1]) Melliands Textilber. 1921, S. 86.

besonders da, wo große Echtheit verlangt wird und andererseits keine hohe Erschwerung angebracht ist, z. B. bei Nähseiden und bei Schappefärbungen.

Um auf diese Weise eine höhere Erschwerung zu erzielen, ist eine ebensolche Wiederholung der Züge nötig wie beim Pinken der Seide, nur muß dabei im Auge behalten werden, daß die Zunahme der Erschwerung von Zug zu Zug eine sehr geringe ist und man demgemäß die Züge häufig zu wiederholen hat. Nach Heermann[1]) zieht die Seide beim ersten Beizen 2,91 %, bei den weiteren Beizungen etwa 1,8 %, bis hinunter zu 0,8 %. Eine zehn- bis zwölfmalige Beizung der Seide, wie früher üblich, ist heute schon wegen der Zeitverschwendung unmöglich, ganz abgesehen davon, daß diese Behandlungsweise eine sehr offene und flusige Seide entstehen läßt. An und für sich ist die eisengebeizte Seide aber sehr haltbar, und die dynamometrischen Eigenschaften der Seide werden bei der Eisenerschwerung bei weitem nicht so in Anspruch genommen wie bei der Zinnbehandlung, wo der Seidenfaden stark aufquillt. Alte, in früheren Jahrhunderten mit Eisenbeize behandelte Seidenstoffe erweisen sich noch heute als stark und einwandfrei.

Will man mehrfach mit Eisenbeize behandeln, so geschieht dieses durch entsprechendes Wiederholen des Beizens, des Waschens und des Abbrennens. Bevor man wieder in die Beize geht, wird schwach mit Salzsäure (5 bis 10 % vom Seidengewicht) abgesäuert. Die Seifenbehandlung geschieht meistens nur einmal, vor der Katechuerschwerung. Je nach der Wiederholung der Eisenbeize kann man Erschwerungen erzielen, die bis zu 50 % hinaufgehen. Ist die Anwendung der einfachen Eisenerschwerung heute auch sehr beschränkt, so kommt sie doch in Kombination mit der Zinnerschwerung häufiger in Frage.

5. Eisen-Blaukali-Erschwerung. Um die Eisenerschwerung der Seide zu erhöhen und dem hiermit erzielten Schwarz einen lebhafteren und blumigeren Farbton zu verleihen, ist man im Laufe der Zeit dazu übergegangen, das in der Seidenfaser niedergeschlagene Eisenhydroxyd durch Behandlung mit Blaukali in Berlinerblau überzuführen. Man verfährt wie folgt:

Die mit Eisen gebeizte und abgebrannte Seide stellt man bei 45 °C auf eine wässerige Ferrozyankaliumlösung, die 10 bis 12 % vom Gewicht der Seide an diesem Salz und 20 bis 24 % an Salzsäure von 30 ° Bé enthält. Man hantiert gut auf diesem Bade, und zwar setzt man eine halbe Stunde durch, d. h. man hebt den Stock mit der Seide hoch und hängt ihn wieder ins Bad, dabei natürlich weiterschiebend. Dann wird einmal umgezogen und nun noch eine halbe Stunde durchgesetzt. Die Erklärung für diese immerhin auffallende Arbeitsweise liegt jedenfalls darin, den Arbeiter die Seide möglichst wenig mit den Händen berühren zu lassen, da die entstehende Blausäure giftig wirkt. Außerdem wird auch die Gleichmäßigkeit der Blaubildung begünstigt, da die Bildung des Berlinerblaus nur langsam und anfangs nur stellenweise vor sich geht.

Nach einer anderen Arbeitsweise gibt man nicht Blaukali und Salzsäure in einem Bade zusammen, sondern stellt die Seide zuerst auf das Blaukalibad von etwa 50 °C und zieht hierauf eine halbe Stunde um. Darauf wirft man die Seide auf und gibt jetzt erst die Salzsäure ins Bad, um dann die Seide weiter etwa eine halbe Stunde umzuziehen. Um besser zu egalisieren, wird häufig auch die Seide mehrere Stunden in dem Bad belassen.

Nach dem Blaumachen wird das Bad laufen gelassen, die Seide geschwungen, zwei bis drei harte Wasser gegeben und jetzt nochmals ausgeschwungen. Hieran schließt sich die Katechuerschwerung und die Ausfärbung in der bereits beschriebenen Weise.

---

[1]) Heermann: Färber-Zg. 1905, S. 13.

Auch bei dieser Erschwerungsart ist die erzielte Rendite nur eine verhältnismäßig geringe. Ein Mehr läßt sich durch Wiederholung der Eisenbeizung erzielen, jedoch wird hierbei nur einmal, nämlich am Schluß der Eisenerschwerung, blaugemacht. Bei einer dreimaligen Eisenbeizung läßt sich eine Erschwerung von etwa 20 bis 25% über pari erzielen. Bei noch höheren Erschwerungen ist Wiederholung der Eisenzüge und Zugabe von Zinnchlorür zum Katechu üblich. Man kann auf diese Weise bis zu 80% hinauf erschweren.

Sehr beachtenswert bei der Eisen-Blaukali-Erschwerung ist die geringe Beständigeit des Berlinerblaugrundes gegenüber Temperaturen und Alkali. Man hat sich also unbedingt vor der Anwendung zu alkalischer oder zu heißer Bäder zu hüten, was namentlich bei den Färbebädern zu berücksichtigen ist.

Über die Schwarzfärbung und Erschwerung mittels Eisenbeize und Berlinerblau berichtet auch A. L. Hoffmann[1]).

6. Vereinigung von Eisenerschwerung und Zinnerschwerung. Nach Einführung der Zinnerschwerung war man darauf bedacht, sich die Vorteile der Eisenerschwerung — tiefes Schwarz und gewisse Echtheit — mit derjenigen der Zinnerschwerung — hohe Rendite — durch geeignete Kombinierung der beiden Verfahren zunutze zu machen. Man hat dieses auch auf zwei Arten erreicht, und zwar entweder, indem man zuerst mit Eisenblaukali erschwert und dann pinkt, oder umgekehrt, oder schließlich, daß man zuerst pinkt, dann eisenerschwert und zum Schluß nochmals pinkt, wodurch sich die Erschwerung wesentlich erhöhen läßt.

Die Arbeitsweise nach dem ersten Verfahren ist folgende:

Die Seide wird in der beschriebenen Weise einfach oder mehrfach mit Eisen gebeizt und blau gemacht. Nach dem Waschen geht man auf eine starke Pinke, 26 bis 30° Bé, die jedoch nur einen geringen Säureüberschuß aufweisen darf, um nicht den Eisenuntergrund zu lockern. Nach einstündigem Pinken wird gut gewaschen, darauf geht man eine halbe bis eine Stunde auf ein schwaches etwa 2 bis 3 °Bé starkes Phosphatbad, und zwar bei niedriger Temperatur, etwa 25° C. Ein höher konzentriertes oder wärmeres Phosphatbad würde das Blau sehr schnell abziehen bzw. eine fleckige Seide entstehen lassen. Statt des reinen Phosphatbades wird auch mit Vorliebe ein Bad verwandt, das 75% Phosphat und 25% Wasserglas (vom Seidengewicht gerechnet) enthält, wobei die Temperatur wegen der Alkalinität des Silikates recht niedrig gehalten werden muß. Nach dem Phosphatieren wird gewaschen und je nach der Höhe der gewünschten Erschwerung die Zinn-Phosphatbehandlung nochmals wiederholt. Nach dem letzten Phosphatieren wird gewaschen und dann mit Katechu in der üblichen Weise weitererschwert.

Bei dem zweiten Verfahren — bei dem man also zuerst pinkt und dann erst eisenerschwert, ist bemerkenswert, daß das Pinken in Form des „Rohpinkens" geschieht, die Seide wird roh, nicht entbastet, gepinkt. Meistens wird die Seide zu diesem Zweck vorher in Wasser von 30 ° C eingenetzt, unter Zusatz von 2 bis 5% Salzsäure. Nach dem Einweichen wird geschwungen und die Seide in die Pinke eingelegt. Von dieser wird sie dann ausgeschwungen, sehr gut ausgewaschen und nochmals ausgeschwungen. Statt auf ein Phosphatbad, geht man beim Rohpinken eine Stunde auf ein etwa 40 ° C warmes Sodabad, das 2 bis 3% kalzin. Soda (vom Seidengewicht) enthält. Anschließend wird gewaschen und, falls noch einmal gepinkt werden soll, vorher schwach abgesäuert und ausgeschwungen. Ist die Zinnerschwerung beendet, dann wird die Seide in üblicher Weise mit 40% Seife auf der Barke oder auf dem Schaumabkocher

---

[1]) Hoffmann, A. L.: Die Kunstseide 1927, S. 461 und 369.

entbastet und mit 10% Seife leicht repassiert. Hierauf wird mit 5 bis 10% Salzsäure abgesäuert, ein kaltes Wasser gegeben, ausgeschwungen, dann ist die Seide fertig zur weiteren Eisenerschwerung mit anschließendem Blaumachen. Soll hinterher noch einmal gepinkt werden, dann geschieht das in der gleichen Weise, wie bei dem ersten Verfahren beschrieben wurde, also mit Zinnphosphat, nicht etwa mit Zinnsoda. Anschließend wird dann mit Katechu weitererschwert. Bemerkenswert ist übrigens, daß weder die reine Eisenerschwerung noch die Eisen-Zinnerschwerung sich für die Weitererschwerung mit unoxydiertem Blauholzextrakt eignen. Man kommt hier nur mit der Katechuerschwerung zum Ziel. Blauholz zieht merkwürdigerweise nicht.

Besondere Schwarzfärbungen. Das Vorhergehende zeigt, daß die Schwarzfärbung eigentlich unzertrennlich von der Arbeit des Erschwerens ist, weil letztere eben gleichzeitig ein Teil der Färbung ist. Im folgenden müssen noch kurz einzelne besondere Spezialfärbungen in Schwarz berührt werden. Die bisher besprochenen Färbemethoden basieren auf der Anwendung von Blauholzextrakt in Gemeinschaft mit Anilinfarbstoffen. Diese Färbung entbehrt vielfach einerseits des tiefen und satten Farbtones, andererseits der genügenden Echtheit. Schwarztöne, die zum reinen und hellen Blau oder zum bräunlichen Rot hinneigen, können auf diese Weise nicht erzielt werden, es sollen daher im folgenden einzelne solcher Schwarzfärbungen besprochen werden. Hierher gehören die Schwarzfärbung mit holzsaurem Eisen (Doppelfärbung), die Supérieurfärbung, die Végétalfärbung und die Färbung von Englischbraun.

1. Doppelfärbung mit holzsaurem Eisen. Die Behandlung der schwarzerschwerten Seide mit holzsaurem Eisen geschieht nur bei der Katechuerschwerung, entweder mit Zinnuntergrund oder mit Eisen-Blaukaliuntergrund. woher auch die Bezeichnung „Doppelfärbung“ rührt. Diese Behandlungsart gibt ein sehr blaustichiges Schwarz, das namentlich bei Krawattenseiden sehr beliebt ist. Die Höhe der Erschwerung wird dagegen nur ganz unwesentlich beeinflußt, etwa zu 5 bis 10%, die Annahme, daß man mit dem holzessigsauren Eisen ebensogut erschweren könnte als mit Eisenbeize, ist durchaus irrig.

Die Behandlung mit holzsaurem Eisen wird stets nach der Katechuerschwerung vorgenommen, gegebenenfalls erfolgt sie nach einem Vorfärbebad. Die Arbeitsweise gestaltet sich wie folgt:

Nachdem von der Katechuerschwerung gründlich gewaschen worden ist, wird mit 10% (vom Seidengewicht) Essigsäure kalt abgesäuert und nochmals zwei Wasser gegeben. Jetzt geht man mit der Seide auf ein stehendes Bad von holzsaurem Eisen von 4° Bé Stärke, dem man 200% frische Schwarzbeize zugesetzt hat. Hierauf zieht man die Seide eine Stunde um, legt mehrere Stunden, evtl. über Nacht ein, wirft auf und wringt die Seide mit der Hand aus. Die Seide wird dann wieder an Stöcke gemacht und jetzt drei bis vier Stunden oder auch über Nacht ausgehängt, am praktischsten in einer leeren Barke, um an der Luft oxydieren zu lassen. Hiernach wird gründlich an der Waschmaschine gewaschen und zwar mit der Vorsicht, daß die Masten umgedreht werden, damit auch die Innenseite gut gewaschen wird. Nach dem Waschen wird die Seide auf ein leichtes Katechubad (30% vom Seidengewicht) gestellt und hierauf eine bis zwei Stunden umgezogen. Diese in der Praxis unter dem Namen Abschwärzen bekannte Arbeit dient zur Festigung des Eisens bzw. zur Herstellung des grünblauen Farbgrundes.

Nach dieser Katechubehandlung wird nochmals gewaschen, leicht ausgeschwungen und jetzt mit Seife und Blauholzextrakt wie üblich ausgefärbt.

Vielfach geht man vor der Behandlung mit holzsaurem Eisen auf das Vorfärbebad. Zu diesem Zweck wird nach der Katechuerschwerung die Seide gewaschen, geschwungen und auf ein Färbebad mit 15% Blauholzextrakt und 65% Seife gestellt. Man stellt bei 60 ° C auf, zieht eine Stunde um, steigert die Temperatur auf 90 ° C und zieht nochmals eine bis zwei Stunden um. Hierauf wird zur Reinigung ein Wasser mit 5% Ammoniak gegeben, dann mit Essigsäure abgesäuert und jetzt die Eisenbehandlung folgen gelassen.

Zu bemerken ist noch, daß man bei dem holzsauren Eisen, ähnlich wie bei Katechu, mit möglichst kurzer Flotte arbeitet und fünf bis sechs Handvoll Seide auf den Stock nimmt. Will man hochblaue Töne erzielen, dann gibt man das Holzeisen im stehenden Bade, bei weniger hochblauen Tönen, wird das Eisen vielfach frisch in Wasser gegeben und nachher laufen gelassen.

Erwähnt mag noch werden, daß die Behandlung mit holzsaurem Eisen auch der Gegenstand eines Patentes gewesen ist. Nach dem D.R.P. 171864 (1906) von I. Knuse Peterson wird die Seide wie üblich mit Zinnphosphat erschwert. Nach dem letzten Phosphat wird mit Essigsäure abgesäuert und jetzt auf ein starkes Bad von holzsaurem Eisen gegangen. Nachdem die Seide hier eine Stunde behandelt worden ist, wird sie geschwungen, dann vier Stunden in Tüchern eingehüllt an der Luft liegen gelassen. Nachdem anschließend gewaschen worden ist, wird in einem Bade von Katechu, Blauholz, und Gelbholzextrakt ausgefärbt.

2. Supérieurfärbung. Wie der Name andeuten soll, handelt es sich um ein Schwarz mit ganz besonders blaustichigem Farbton, der besonders in der Krawattenfabrikation, wie erwähnt, angefordert wird. Dies läßt sich nur erzielen, wenn man mit einer frischen Blauholzabkochung färbt. Die Vorbehandlung der Seide bis zum Färben ist die gleiche wie diejenige der Doppelfärbung, also Verwendung von Rot- und Schwarzbeize, wie im vorigen Abschnitt beschrieben.

Die Kunst dieser sehr schwierigen Färbung liegt in der Anwendung richtiger Stärke der Blauholzbäder und in der genauen Innehaltung der allmählich steigenden Temperatur. Das geringste Abweichen läßt die Färbung fleckig werden oder überhaupt nicht den gewünschten Farbton erhalten. Es ist deshalb die genaue Vorschrift zu dieser Färbung Geheimnis der betreffenden Betriebe, deren es heute nur noch wenige gibt.

3. Végétalfärbung. Diese Färbung, die im Farbton dem Supérieur nahekommt, ist besonders in der Futterstoffherstellung sehr beliebt. Die Ausführung geschieht in der Weise, daß man die abgekochte Seide auf ein 60 bis 75 ° C warmes Bad stellt, welches 16% Gelbholzextrakt, 10% Eisenvitriol und 6% Kupfervitriol (vom Seidengewicht gerechnet) enthält. Hierauf zieht man eine bis mehrere Stunden um und wäscht dann gründlich an der Waschmaschine. Darauf geht man auf ein Färbebad mit 20% Blauholzextrakt und 40% Seife und färbt, beginnend bei einer Temperatur von 60 ° C und langsam steigend, bis zu dem gewünschten Farbton aus. Nach dem Färben gibt man ein schwaches Reinigungsbad mit Soda oder Salmiakgeist und aviviert mit Essigsäure und Öl unter Zugabe von etwas Gelatine.

4. Sealbraunfärbung. Diese sich an die übliche Zinn-Katechuerschwerung anschließende Färbung unterscheidet sich von der gewöhnlichen Ausfärbung dadurch, daß dem Färbebad statt eines gelben und blauen oder grünen Anilinfarbstoffes entsprechende Mengen Fuchsin zugegeben werden. Dadurch erklärt sich das rotstichige Schwarz dieser Englischbraunfärbung.

Es ist schon früher darauf hingewiesen worden, daß die Seidenschwarzfärberei ein Arbeitsgebiet darstellt, das in der Mannigfaltigkeit seiner Arbeitsweisen zu den kompliziertesten des gesamten Färbereigebietes gehört. Die im vorstehenden gegebenen Vorschriften sind allgemein gehalten worden, es gibt Hunderte von solchen, um zum gleichen Ziel zu gelangen. Sie sind als Geheimnis der einzelnen

Färbereien zu betrachten und basieren in der Hauptsache auf Kunstgriffen, die sich auf Kunstfertigkeit und Erfahrung des betreffenden Färbers aufbauen. Deshalb finden sich auch im Schrifttum nur sehr wenig Angaben über Färbevorschriften, die tatsächlich einen Erfolg gewährleisten. Viel leichter als die Seidenschwarzfärberei gestaltet sich dagegen die Couleurfärberei, da jede Farbenfabrik für ihre Farbstoffe die exakten und genau erprobten Färbevorschriften gibt. Auf der anderen Seite erscheint eine schwarze Seide, die mit einem Anilinschwarz gefärbt werden mußte, mager und leblos.

Zum Schluß dieses Abschnittes mögen noch zwei Schwarzfärbemethoden angeführt werden, die wegen ihrer Eigenart Interesse verdienen, wenngleich auch bezweifelt werden muß, daß dieselben einen tatsächlichen praktischen Wert haben.

So wird nach einem engl. Patent 219995 (1923) der Standard Silk Dyeing Co. Paterson die Seide in einem wässerigen Auszug von Blauholz und Gelbholz gekocht, dann wird ein Zusatz von Ferrosulfat und Essigsäure gemacht und die Seide nochmals gekocht. Hierauf wird gewaschen, geseift, nochmals gewaschen und zum Schluß mit Tanninbrechweinstein nachbehandelt. Das erhaltene Schwarz soll gute Licht- und Waschechtheit aufweisen, gegen kochende Seifenbäder jedoch nicht beständig sein.

W. A. Felder[1]) färbt Blauholz auf Seide, indem er dieselbe auf einem Bade kocht, das 6% Blauholzextrakt, 3% Oxalsäure, 2% Kupfersulfat, 3% Eisenvitriol und 1% chlorsaures Natrium oder 2% Natriumnitrit enthält. Die Kochdauer beträgt eine bis eineinhalbe Stunde. Anscheinend handelt es sich bei dieser Vorschrift um eine besondere Echtfärbung.

V. Die verschiedene Ausrüstung der gefärbten Seiden.

Wie früher bereits erwähnt wurde, kann die Seide in drei verschiedenen Formen ausgerüstet werden, und zwar als

1. Cuiteseide, bei der der Seidenbast vollständig durch Abkochen entfernt wird;

2. Soupleseide, bei der der Bast nicht abgekocht, wohl aber weich gemacht wird;

3. Ecruseide, bei der der Bast ebenfalls vollständig erhalten bleibt, vielfach sogar gehärtet wird.

Früher unterschied man noch eine vierte Ausrüstungsform, die Micuite oder halbabgekochte Seide, sie hat aber keine Bedeutung erlangt, da fleckige Färbungen an der Tagesordnung waren.

Die angeführten drei Ausrüstungsformen finden wir sowohl bei den farbig gefärbten wie bei den Schwarzseiden. Es richtet sich die Wahl dieser Formen nach dem Artikel, den der betreffende Fabrikant herstellen will. Es ist ja ohne weiteres klar, daß bei den Stoffen, die eine glänzende Oberfläche zeigen sollen, wie Atlas, Merveilleux usw., eine vollständig abgekochte Seide verwandt werden muß, während bei den anderen Stoffen, wie Möbelstoffen, Futterstoffen usw., vielfach der Souple bevorzugt wird. Die Ecru- oder Hartseiden finden Verwendung bei Schleierstoffen, Spitzen, Tüchern usw.

Zu beachten ist, daß diese drei Ausrüstungsformen nicht etwa, wie dieses vielfach geschieht, als besondere Arten der Färbung oder Erschwerung angesehen werden. Es lassen sich alle drei Formen ebensogut als Couleurseiden wie als Schwarzseiden erschweren und färben. Geringe Unterschiede sind natür-

[1]) Felder, W. A.: Col. Trad. Journ. 1922, S. 266.

lich erforderlich — hierüber soll dieser Abschnitt Aufklärung geben —, aber im großen und ganzen ist für Erschwerung und Färbung dasjenige maßgebend, was in den vorhergehenden Abschnitten beschrieben wurde.

1. Cuiteseiden.

Die Cuiteseiden werden durch das beschriebene Abkochen vollständig entbastet und verlieren hierbei etwa 20 bis 26% an Gewicht. Diesem Verlust stehen aber als Vorteile gegenüber: der Glanz, die Erhöhung der Fähigkeit, das Volumen zu vergrößern und damit die Möglichkeit, dem Faden größere Mengen an Erschwerung einzuverleiben, ohne die dynamometrischen Eigenschaften der Seide vollständig aufzuheben. Von dem Standpunkt aus, daß eine normale Erschwerung dazu dienen soll, das Volumen des Fadens zu vergrößern, um so eine größere Füllfähigkeit im Gewebe zu erzielen, bedeutet die Cuiteausrüstung eine Ersparnis an Seide und mithin einen wirtschaftlichen Vorteil.

Aber auch abgesehen von der besseren Erschwerungsfähigkeit, ist der Glanz der Cuiteseide etwas so Typisches, daß er ohne eine Entbastung der Seide überhaupt nicht erzielt werden könnte. Wie schon erwähnt, wäre eine ganze Anzahl von Geweben überhaupt in ihrer Eigenart ohne die Verwendung abgekochter Seide nicht denkbar. Wohl kann man durch Anstrecken auch den Glanz einer nicht entbasteten Seide erhöhen, aber niemals den charakteristischen Glanz der Cuiteseide erzielen. Will man den Glanz der Seide noch mehr erhöhen, so geschieht dieses durch Strecken, entweder im Rohzustande oder am Schluß der Ausrüstung, also hinter dem Avivieren, aber hierüber wird noch in einem besonderen Abschnitt zu berichten sein.

Was nun die besondere Ausrüstung der Cuiteseiden anbelangt, so kann dieselbe ausgerüstet, also gefärbt werden, ohne sie zu erschweren. Es geschieht dieses dort, wo es sich um Seiden handelt, die für Spezialzwecke besondere Echtheitenaufweisen müssen. Es sei hier nur an die Seiden errinnert, die zum Isolieren verwandt und mit Metallgespinsten verwebt werden sollen oder an die besondere Echtheitsanforderungen zu stellen sind, wie Bügelechtheit, Schweißechtheit, Walkechtheit u. a. m. Hiernach hat sich auch die Auswahl der zum Färben zu verwendenden Farbstoffe zu richten. Handelt es sich aber um erschwerte Seiden, so ist bei den Couleurseiden die Zinn-Phosphat-Silikatcharge, bei den Schwarzseiden die Erschwerung mit Katechu oder Blauholz üblich. Wie bei den Schwarzseiden sind Sonderfärbungen auch bei den farbigen Seiden im Gebrauch. Erwähnt sollen hier die folgenden drei sein: die Végétalfärbung, die Chargemixtefärbung und die Royalfärbung.

a) Végétalfärbung. Man versteht darunter eine Färbung, bei der gebleichte Gerbstoffe während des Färbevorganges verwandt werden. Durch diese Behandlung wird eine erhebliche Quellung des Fadens veranlaßt, verbunden mit einer Erschwerung bis zu pari.

Früher arbeitete man in der Weise, daß man die Seide auf einer 80- bis 100-proz. Gerbstofflösung — bestehend aus einer Abkochung von Galläpfeln oder Sumachextrakt, oder auch aus einer Lösung von reinem Tannin — bei einer Temperatur, die langsam von 75° auf 100° C gesteigert wurde, etwa eine Stunde behandelte. Dann wurde in üblicher Weise gefärbt und nochmals mit dem Gerbstoffbad nachbehandelt. Heute hat man das Verfahren so weit vereinfacht, daß man den Gerbstoff von Anfang an in das Färbebad gibt und hierauf die Seide bis zum gewünschten Farbton behandelt. Hat hierbei die Seide etwas an Glanz eingebüßt, so ist diesem Übelstande durch eine leichte lauwarme Seifenbehandlung abzuhelfen. Die Végétalfärbung garantiert gute Haltbarkeit und Echtheit der

Seide, sie wird namentlich bei Hutbandseiden, Möbelstoffen und Futterseiden sehr bevorzugt.

b) Chargemixtefärbung. Dies ist nichts anderes als eine Végétalfärbung auf einer zinnerschwerten Seide. Sie unterscheidet sich von den üblichen Couleurfärbungen dadurch, daß sie nicht mit Wasserglas, sondern hinter dem letzten Phosphat direkt mit Gerbstoff erschwert wird, also in der gleichen Weise, wie dieses bei der Schwarzerschwerung üblich ist. Nach dem letzten Phosphat wird je nach Höhe der Pinkzüge auf eine Seife von 20 bis 30 bis 40% des Seidengewichtes kochend eine halbe bis eine Stunde gegangen. Nach dem Seifen wird gewaschen, mit Essigsäure abgesäuert und dann gefärbt. Anschließend folgt dann die Gerbstoffbehandlung mit 100% vom Seidengewicht in gleicher Weise, wie oben bei der Végétalfärbung beschrieben wurde. Die hiermit erzielte Erschwerung beträgt nur etwa 10%. Will man die Zugkraft gegen Gerbstoff erhöhen, so ist dieses nur möglich durch Verstärkung der Zinnchargen. Die Chargemixtefärbung wird namentlich dort bevorzugt, wo besondere Echtheiten angefordert werden, wie bei Schirmseiden, Hutbandseiden und Möbelstoffseiden.

c) Royalfärbung. Man versteht darunter eine zinnerschwerte Seide, die aber im Rohzustande erschwert und erst nach Beendigung des Erschwerungsprozesses abgekocht und gefärbt wird. Die Arbeitsweise ist folgende:

Die Seide wird auf Stöcke gemacht, in Wasser mit 10% Salzsäure eingenetzt und hierin mehrere Stunden oder über Nacht eingelegt. Nach dem Einnetzen wird die Seide geschwungen und in die Pinke gebracht. Das Einnetzen geschieht in manchen Betrieben auch statt mit Salzsäure mit einer dünnen Seifenlösung, etwa 40° C warm, nur wird dann nach dem Herausnehmen der Seide mit Wasser kurz gespült, gegebenenfalls auch noch abgesäuert und dann geschwungen. Bei dieser Arbeitsweise, in der Praxis als „Rohpinken" bezeichnet, nimmt man die Chlorzinnbäder durchweg von größerer Stärke, also etwa 30° Bé. Bezüglich der Dauer des Einlegens und Waschens werden gegenüber dem üblichen Pinken — das man in der Praxis auch als „Weißpinken" bezeichnet — keine Unterschiede gemacht. Nach dem Waschen wird eine Stunde, wie üblich, phosphatiert, aber nun wird eine Zwischenbehandlung eingeschoben, die sonst nicht zur Anwendung gelangt. Man geht nämlich mit der Seide eine halbe Stunde auf eine etwa 35 bis 40° C warme Lösung von 2½% Soda des Seidengewichts, zieht schnell um, gibt hiernach ein lauwarmes Weichwasser und säuert dann kalt mit 5% Salzsäure ab, um hierauf zu schwingen und den zweiten Pinkzug folgen zu lassen. Diese Zwischenbehandlung bezweckt eine gründliche Reinigung von dem im Seidenbast abgelagerten Zinnphosphat, um nicht die Pinkbäder zu schnell zu verunreinigen. Es empfiehlt sich, die Seide zwischen den einzelnen Pinkzügen, d. h. vor dem Wiedereinlegen in die Pinke, an den Pol zu nehmen und gut aufzulockern. Nach dem letzten Phosphat kann man entweder auf Tonerde oder auf Wasserglas gehen. Im ersteren Fall gibt man lauwarmes Wasser und säuert mit 5% Schwefelsäure ab, um dann auf ein 4° Bé starkes Tonerdebad zu gehen. Oder man gibt ein lauwarmes Soda- bzw. Seifenbad und geht auf ein 4½° Bé starkes Wasserglasbad bei einer Temperatur von 50° C eine Stunde. Man findet auch wohl eine Kombinierung der beiden Verfahren, allgemein üblich ist aber die einfache Wasserglasbehandlung, die sich an das letzte Phosphat anschließt. Nach derselben wird eine halbe bis eine Stunde mit 40% Seife abgekocht, mit etwa 10% Seife repassiert und ein Weichwasser, 50° C warm, mit 5 bis 10% Ammoniak gegeben. Hierauf folgt nochmals ein Wasser, dann wird mit 10% Essigsäure oder Salzsäure abgesäuert. Jetzt ist die Seide zum Färben fertig und wird wie üblich gefärbt.

Die Royalfärbung ist ebenso wie bei farbigen auch bei schwarzen Seiden üblich, man darf wohl behaupten, daß sie bei der Schwarzfärbung von Strangseiden eine größere Rolle spielt, als dies bei Couleurseiden der Fall ist.

Der Vorteil soll darin liegen, daß die Seidenfaser während des Erschwerungsprozesses mehr geschont wird und daß die Erschwerung etwas höher und voluminöser ausfällt. Dem steht allerdings der immerhin beträchtliche Verlust an Zinn gegenüber, der sich dadurch ergibt, daß der Seidenbast ebensogut wie das Fibroin imstande ist, Zinnphosphat aufzunehmen, das beim Abkochen der Seide verlorengeht. Aus diesem Grunde eignen sich auch die Bastseifenbäder dieser roh gepinkten Seide nicht als Bastseife für die Färbebäder.

Die Royalfärbung kommt bei Strangseiden nur für solche sehr feinen Titers in Betracht, in der Stückausrüstung ist sie dagegen eine der gebräuchlichsten Erschwerungsformen, da Stückseiden, namentlich geringerer Breite (Bänder), Abkochen vor der Erschwerung nicht vertragen und sich im Gewebe verschieben. Bei breiteren Stücken, die man später durch Spannen wieder in die richtige Breite zurückstrecken kann, wie Crêpes, kocht man dagegen vielfach vorher ab.

Es gibt auch eine Art der Royalfärbung, bei der zur Erhöhung des Glanzes die Seide im Rohzustande vorgestreckt wird, ein Verfahren, das zeitweise sehr beliebt war und von dem noch später die Rede sein wird.

Außer diesen drei Ausrüstungsformen gibt es noch eine ganze Anzahl Färbungen, die unter den verschiedensten Phantasiebezeichnungen nur der Reklame dienen sollen. Diese weisen vielfach überhaupt keine oder nur ganze geringe Abweichungen von den üblichen Ausrüstungen auf.

2. Soupleseiden.

Soupleseide oder assouplierte Seide wurde zuerst von der französischen Seidenfärberei Pons in St. Chamond 1820 hergestellt.

Unter Soupleseide versteht man solche Seiden, die nicht abgekocht worden sind und daher den Bast noch nahezu vollkommen bis auf einen Verlust von 5 bis 8% aufweisen. Es ist jedoch dem Bast durch entsprechende Behandlungen die Härte und Sprödigkeit genommen, er ist weich und geschmeidig gemacht worden. Derartige Seide entbehrt allerdings des für Cuiteseiden charakteristischen Glanzes und äußeren Aussehens, dafür weist sie aber den Vorteil auf, daß das Volumen des Fadens ein größeres ist und er dichteres und dickeres Gewebe zu erzeugen imstande ist. Auch vermag die Soupleseide — oder wie man sagt „der Souple" — bedeutend mehr Erschwerung aufzunehmen, weil sehr große Mengen der letzteren vom Seidenbast mechanisch zurückgehalten werden, so daß Chargen in Höhe von 300 bis 400% keine Seltenheit bilden. Während das äußere Aussehen des Souples etwas stumpf erscheint, soll der Griff an seidigem Gefühl nichts eingebüßt haben, wohl aber eine gewisse Weichheit aufweisen. Überhaupt ist das Charakteristische des Souples das weiche Gefühl, die Hauptsache bei der Souplefärbung das „Souplieren" oder „Weichmachen".

Die hauptsächlichste Behandlung bei dem Weichmachen des Bastes besteht in dem Einwirkenlassen des heißen Souplierungsbades auf die Seidenfaser, wodurch diese zum Quellen gebracht wird. Die bei der Quellung unvermeidliche Abspaltung der Bastschicht wird durch Zusatz von sauer reagierenden Stoffen zum Souplierungsbade hintangehalten. Ganz vermeiden läßt sich diese Erscheinung nicht; hieraus erklärt sich auch die immer etwas flusige Beschaffenheit des Souples, die eine Verwendung des Souples zu Kettzwecken ausschließt.

Sowohl farbige Seiden wie Schwarzseiden werden in der Souplefärbung ausgerüstet, wobei aber zu bemerken ist, daß im Schwarz der Souple doch eine wesentlich größere Rolle spielt als bei Couleurseide. Wir finden daher auch mehr Vorschriften für Souplefärbung im Schwarz als bei den farbigen Seiden.

Das Souplieren kann ebensogut bei unerschwerten wie bei erschwerten Seiden stattfinden. Es geschieht meistens vor der eigentlichen Ausrüstung, also vor dem Erschweren oder Färben, kann aber auch nach der Ausrüstung oder während des Erschwerens — z. B. bei Schwarzsouple — vorgenommen werden.

Für die Arbeitsweisen des Souplierens gibt es verschiedene Vorschriften. Im wesentlichen soupliert man mit Säuren, sauren Salzen, Gerbstoffen oder Seife, die beiden letzteren Behandlungsweisen sind besonders in der Schwarzfärbung beliebt.

Im folgenden wird daher auch darauf Rücksicht zu nehmen sein, ob es sich um Couleursouple oder Schwarzsouple handelt.

a) Couleursouple. Bei Couleursouple wird die Rohseide durchweg zuerst in einem leichten Seifenbad (20 bis 30% vom Seidengewicht) bei einer Temperatur von 40 bis 45° C eine Stunde eingenetzt, dann wird sie geschwungen und jetzt erst gebleicht, entweder durch entsprechendes Schwefeln oder durch die bereits besprochene Bleiche mit Königswasser oder Nitrit.

Zum Bleichen des Souples empfiehlt Ristenpart[1]) auf Grund seiner Untersuchungen ein Bleichbad mit Natriumnitrit und Schwefelsäure. Er hat festgestellt, daß die beim früheren Bleichen mit Königswasser oder Nitrosylschwefelsäure erzielten Bleicherfolge auf die hierbei entstehenden geringen Mengen salpetriger Säure zurückzuführen sind, welche den gelben Farbstoff der Seide diazotieren. Er empfiehlt aber immerhin große Vorsicht, da das Fibroin nicht unempfindlich gegenüber der salpetrigen Säure ist und leicht angegriffen werden kann. Nach dem Bleichen wird soupliert, und zwar in folgender Weise.

Souplieren mit Säure. Man stellt die gebleichte Seide auf ein Bad, welches 6% Glaubersalz und 6% konzentrierte Schwefelsäure (vom Seidengewicht) gelöst in Wasser enthält. Man geht bei 80° C ein und hantiert auf dem Bad eine Stunde bzw. solange, bis der Bast genügend erweicht ist. Ist dieses der Fall, so werden zwei Wasser von 50° bzw. 30° C gegeben und mit 10% Salzsäure abgesäuert. Hieran schließt sich das Erschweren oder Färben.

Statt des Bades mit Schwefelsäure und Glaubersalz wird auch ein solches angewendet, das nur schweflige Säure (40 l für 100 kg Seide) und geringe Mengen Schwefelsäure (½ l) enthält. Die Behandlungsweise der Seide auf diesem Bade ist die gleiche wie auf dem ersterwähnten.

Souplieren mit saurem Salz. Das Souplierbad enthält 1500 g Weinstein, 750 g Glaubersalz, 4 l konzentrierte Schwefelsäure und 30 l wässerige schweflige Säure für 100 kg Seide. Man stellt das Bad in der Weise her, daß man zuerst den Weinstein mit etwas Wasser anteigt und dann vorsichtig in kleinen Mengen soviel der Schwefelsäure hinzufügt, bis eine klare Lösung entstanden ist. Gibt man die Schwefelsäure unvorsichtig zu, dann verkohlt der Weinstein, die Lösung wird braunschwarz und demgemäß natürlich unbrauchbar. Die Lösung gibt man in das große Bad, das bereits die erforderliche Menge Glaubersalz gelöst enthält. Hierauf setzt man den Rest der Schwefelsäure und die schweflige Säure hinzu. Auf diesem Bade wird die Seide bei 70 bis 80° C solange umgezogen, bis sie genügend erweicht ist. Anschließend wird wie oben gewässert und abgesäuert.

Statt des Weinsteins kann man auch Kleesalz, also Kaliumbioxalat, nehmen, eingebürgert hat sich ein solches Arbeiten aber nicht.

Souplieren mit Gerbstoff. Dieses Souplieren geschieht im Gegensatz zu den bereits beschriebenen Verfahren erst nach dem Färben. Man geht mit der gefärbten Seide auf ein 1 bis 1½° Bé starkes Sumachbad, das mit etwas

[1]) Ristenpart: Färber-Zg. 1909, S. 313.

Schwefelsäure angesäuert ist, kochend ein und beläßt darin die Seide gegebenenfalls unter wiederholtem Warmmachen solange, bis sie genügend weich geworden ist. Darauf gibt man ein bis zwei warme Wasser und aviviert. Statt des Sumachextraktes kann man auch andere Gerbstoffe wie Dividivi, Myrobalanen oder Tannin nehmen; unbedingt erforderlich ist es, daß das betreffende Produkt genügend gebleicht ist, da sonst der Farbton zu stark beeinflußt würde. Die hohe Temperatur, bei der das Souplieren vorgenommen wird, schadet in diesem Falle nichts, da der Gerbstoff das Ablösen des Bastes verhindert.

Souplieren mit Seife. Dieses Verfahren besteht darin, daß man die Seide nach dem Bleichen oder auch vorher mehrere Stunden in einer etwa 20 proz. Seifenlösung (vom Gewicht der Seide) bei 50 ° bis 60 ° C umzieht, evtl. auch über Nacht einlegt, bis die nötige Weichheit des Fadens erzielt ist. Es bedarf bei dieser Methode aber großer Erfahrung, will man nicht Gefahr laufen, daß der Bast sich löst.

Dies sind die hauptsächlichsten Souplierverfahren, welche für Couleurseiden in Frage kommen. Für welches derselben man sich im Einzelfall entscheidet, ist der Erfahrung des Färbers überlassen.

Erwähnt sei hier noch ein Verfahren von Matzinger, um Seide ohne Entbastung zu reinigen, das in gewisser Hinsicht ein Geschmeidigmachen der Seide bezweckt. Es ist durch das D.R.P. 352566 (1919) geschützt. Die Seide wird mit einem Bad von phosphorsaurem oder pyrophosphorsaurem Natron behandelt. Hierbei verliert sie ihren Bast nicht, der Durchmesser wird aber erheblich vergrößert. Nach dieser Behandlung soll die Seide einen weichen Griff und hohen Glanz aufweisen.

Werden die souplierten Seiden erschwert, so geschieht dieses in der üblichen Form der Zinnphosphaterschwerung, nur hat man sich davor zu hüten, daß man mit den alkalischen Bädern in der Temperatur zu hoch geht, weil dies die Ablösung des Bastes im Gefolge haben kann. Man soll daher bei souplierten Seiden mit der Temperatur der Phosphat- oder Wasserglasbäder nie über 45 ° C gehen.

Das Färben geschieht in der üblichen Weise, die Färbungen selbst sind allerdings nicht so tief und leuchtend, weil das Vorhandensein des Bastes den Glanz der Seide herabmindert. Beim Avivieren ist ein erhöhter Ölzusatz zu empfehlen, um später eine bessere Verarbeitung zu gewährleisten.

Zu bemerken ist, daß man bei Soupleseiden nach den einzelnen Arbeitsphasen die Seide am Pol gut aufschlagen muß, um die Fäden zu lockern, die durch den erweichten Bast beim Antrocknen leicht zusammenkleben.

Will man das seidige Aussehen des Souples erhöhen und Glanzsouple herstellen, dann geschieht dies durch entsprechendes Anstrecken. Dies ist aussichtslos, sobald der Souple durch nicht genügende Reinigung während der Erschwerung oder nach dem Färben ein stumpfes und glanzloses Aussehen erhalten hat, was keineswegs zu den Seltenheiten zählt.

b) Schwarzsouple. Wie in der Seidenschwarzfärberei die verschiedenen Erschwerungsarten den Ausfall der Ware bedingten, so gibt es auch bei dem Schwarzsouple ganz verschiedene Herstellungsverfahren, die den Charakter des Souples ganz wesentlich beeinflussen. Während die Couleursouples durchweg ihre Herstellungsart nicht erkennen lassen, ist dieses bei dem Schwarzsouple wohl der Fall. Der Fachmann wird einen Donssouple mit Leichtigkeit von einem Persan- oder Pinksouple schon äußerlich unterscheiden können. Am besten geht das Gesagte schon daraus hervor, daß man in Schwarz nicht wie in Couleur einfach von Souple spricht, sondern die Schwarzsouples mit bestimmten Bezeichnungen versieht und so von einem Dons-, Persan-, Pink- und Gallsouple spricht. Überhaupt spielt der Schwarzsouple in der Weberei eine viel bedeutendere Rolle als der Couleursouple. Er wird wegen seiner guten Fülle in der Krawattenstoff-, Futterstoff- und Möbelstoffabrikation in ausgedehntem Maßstabe verarbeitet.

Wesentlich ist beim Schwarzsouple, daß das Souplieren — durchweg ein Weichkochen mit gerbstoffhaltigen Materialien — einen wesentlichen Bestandteil des Erschwerungsvorganges bildet. Es müssen daher die einzelnen Souples ausführlich beschrieben werden.

1. Donssouple. Dieser auch als „Souple ordinaire" bezeichnete Souple stellt die gewöhnlichste Art dar. Man geht mit der Rohseide, die vorher im Wasser mit etwa 5 bis 10% Salzsäurezusatz eingeweicht worden ist, auf eine Lösung von 200% Kastanienextrakt in Wasser. Man zieht darauf bei 60° C eine halbe Stunde um und steigert dann die Temperatur alle halben Stunden um 5° bis zur Kochtemperatur oder je nach der Natur der Seide nur bis 85° C.

Italiener-, Japan- und Kantonseiden vertragen nur diese letztere Temperatur, während Chinatramen gröberen Titers unbeschadet bei 100° C behandelt oder, wie der technische Ausdruck lautet, „weich gekocht" werden können. Auch zwischen Organzin und Trameseiden ist bezüglich Temperatur ein Unterschied zu machen, es vertragen letztere höhere Temperaturen.

Auf dem Kastanienextraktbade soupliert man die Seide so lange, bis die Seide weich genug erscheint, was zu beurteilen viel Erfahrung erfordert. Nach dem Souplieren wird an der Waschmaschine gewaschen und anschließend geschwungen. Vielfach wird die Seide nach dem Weichkochen auch noch über Nacht in den Kastanienextrakt eingesteckt. Mit der gewaschenen und geschwungenen Seide geht man auf ein stehendes etwa 3° Bé schweres Bad von holzsaurem Eisen, dem jedesmal 100 bis 150% frische Schwarzbeize zugesetzt wird. Hierauf behandelt man eine Stunde bei 55° C. Hiernach hängt man die Seide eine Stunde lang aus, wäscht gut aus und geht wieder auf das alte, mit etwa 100% Extrakt wieder aufgefrischte Kastanienextraktbad bei 40°. Man zieht hierauf die Seide entweder bis zum Erkalten des Bades um oder steckt sie mehrere Stunden ein. Anschließend wird wieder gewaschen, geschwungen und auf das erste holzsaure Eisenbad gegangen, das wieder auf 3° Bé eingestellt worden ist. Diese zweite Behandlung ist nun nicht mehr etwa ein Weichkochen, sondern eine Art Erschwerung. Man geht nun so lange abwechselnd auf Kastanienextrakt und holzsaures Eisen, bis die gewünschte Erschwerung erzielt ist.

Die nachstehende Tabelle gibt Aufschluß über die Wiederholung der Behandlung, die für eine gewisse Höhe der Erschwerung erforderlich ist.

80 bis 100%	Erschwerung	= 4mal	Kastanienextrakt	3mal	holzsaures	Eisen
100 „ 120%	„	= 5mal	„	4mal	„	„
130 „ 150%	„	= 6mal	„	5mal	„	„
160 „ 180%	„	= 7mal	„	6mal	„	„
200 „ 220%	„	= 8mal	„	7mal	„	„

Das Arbeiten auf den beiden Erschwerungsbädern geschieht ähnlich wie bei der Katechuerschwerung mit kurzer Flotte, indem man fünf bis sechs Handvoll Seide auf einen Stock nimmt.

Will man höher als 200% erschweren — bei Schwarzsouples waren früher Erschwerungen bis zu 350 bis 400% keine Seltenheit! —, so arbeitet man mit holzessigsaurem Blei oder mit Bleiessig, den man sich durch Kochen von essigsaurem Blei und Bleioxyd herstellt. Man kann in der Weise arbeiten, daß man die Behandlung auf holzsaurem Eisen teilweise durch eine solche auf einem Bade von holzsaurem Blei ersetzt, oder auch, daß man das Bleisalz einfach in das holzsaure Eisenbad gibt. Die Kastanienextraktbehandlung bleibt die gleiche wie sonst. Die Behandlung mit der Bleiverbindung ist aber vielfach eine Beschwerung insofern, als die Bleiverbindung nicht nur in der Seide, sondern auch obenauf sitzt. Derartiger Souple sieht vielfach blind aus und staubt, sobald man ihn am Pol anschlägt.

Ist die Erschwerung beendigt, so wird der Souple gründlich in der Waschmaschine gewaschen und nun mit einem leichten Katechubad (50% vom Seidengewicht) abgeschwärzt, indem man hierauf eine Stunde bei 40 °C behandelt. Man wäscht hiernach gut und trocknet. Nach dem Trocknen geht man drei Stunden auf ein 45 °C warmes Bad von Dividivi, um ein gutes Tiefschwarz zu erzielen. Vom Dividivi werden zwei Wasser gegeben und direkt aviviert. Man findet auch, daß noch ein leichtes Färbebad mit Blauholzextrakt und Anilinfarbstoff gegeben wird, unbedingt erforderlich ist es jedoch nicht. Will man ein blaustichiges Schwarz erzielen, so kann vor dem Dividivibad ein Blaumachen mit Ferrizyankalium, Rotkalium, und Essigsäure eingeschoben werden. Bei dieser Behandlungsform nimmt der Souple aber leicht einen bronzigen Farbton an; es bedarf auch hier wieder großer Erfahrung, um diesen Übelstand zu vermeiden.

Bei der Avivage nimmt man ziemlich viel Leim, 5 bis 10% vom Seidengewicht, da der Souple, namentlich Tramesouple, durch die vielen Behandlungsweisen sehr flusig wird. Um den hierdurch bedingten strohigen Griff zu vermeiden, gibt man ferner ziemlich viel (8 bis 10%) Öl, außerdem natürlich die üblichen Mengen Aviviersäuren in Form von Essigsäure oder Zitronensaft.

2. Persansouple. War der Donssouple eine nicht sehr hochwertige Art des Souples, so ist das Gegenteil hiervon der Persansouple mit seinem blumigen, satten Farbton und seinem an eine Cuiteseide erinnernden Glanz und Griff. Er ist seiner Herstellung nach als eine weichgekochte, roh mit Eisenblaukali und Katechu erschwerte Seide anzusprechen. Seine Ausrüstung geschieht in ganz ähnlicher Weise, wie dieses bereits bei der Schwarzerschwerung ausgeführt wurde.

Man netzt die Rohseide, ebenso wie beim Donssouple, mit 5 bis 10% Salzsäure, etwa 40 °C, warm ein, gibt ein Wasser und schwingt. Jetzt geht man mit der Seide eine Stunde kalt auf Eisenbeize von 30 ° Bé unter ständigem Umziehen. Nach dem Beizen wird abgewrungen, leicht gewaschen oder zwei bis drei Wasser gegeben und jetzt zur Fixierung des Eisens eine Stunde auf ein 35 °C warmes Sodabad mit 5% Soda (vom Seidengewicht) gestellt. Ein Abbrennen mit heißem Wasser würde zu viel Bast lösen, ein solches mit Ammoniak würde nicht durchgreifend genug sein. Diese Eisen-Sodabehandlung wird nun je nach der Erschwerung ein- oder zweimal wiederholt und darauf mit 20% Blaukali und 25% Salzsäure kalt in der bereits beschriebenen Weise blaugemacht. Nachdem man zwei Wasser gegeben hat, geht man mit der Seide auf ein Vorfärbebad mit etwa 25% Blauholzextrakt und 70% Seife und behandelt hierauf eine Stunde bei 65 °C. Hiervon wird, ohne zu waschen, geschwungen und jetzt die Seide auf einem stehenden Katechubad mit 200% frischem Zusatz weich gekocht. Das Souplieren, bei 65 °C anfangend und langsam bis 90 °C gesteigert, dauert so lange—meistens mehrere Stunden—, bis die Seide weich genug ist. Anschließend steckt man mehrere Stunden oder über Nacht ein. Nach dem Souplieren wirft man die Seide auf, macht das Katechubad wieder 55° warm und setzt jetzt 8 bis 10% des Seidengewichtes an Zinnsalz zu. Auf diesem Bad wird die Seide dann wieder mehrere Stunden hantiert und gründlich gewaschen. Jetzt folgt ein Seifenbad von 40%, etwa 55 °C warm, eine Stunde lang, es wird gut ausgeschwungen und jetzt das Erschweren mit Zinnsalzkatechu wiederholt, bis zur gewünschten Erschwerung. Bei einer solchen von 100 bis 120% wird man mit einmaliger Zinn-Katechubehandlung auskommen, bei 140 bis 160% wird man sie einmal, bei 160 bis 200% zweimal wiederholen. Es kann aber nicht genügend betont werden, daß jedesmal hinter der Zinnsalz-Katechubehandlung sehr gut gewaschen werden muß. Der feinkörnige Niederschlag von gerbsaurem Zinn setzt sich gerne in den Seidenmasten fest und gibt dann zu unangenehmen Schäden Anlaß. Deshalb empfiehlt es sich auch, die Seide nach dem Waschen und Schwingen an den Pol zu nehmen und gut zu präparieren. Nach der Erschwerung wird gewaschen, geschwungen und eine Stunde auf ein Bad mit 80% Dividivi bei 50 ⁰ C gegangen, gewaschen und jetzt ausgefärbt. Vielfach wird auch getrocknet, bevor man auf Dividivi geht. Das Färbebad wird, zu Erzielung eines lebhafteren Farbtons, vielfach durch frisches Auskochen von Blauholzspänen (100% vom Seidengewicht) hergestellt. Hierzu setzt man dem Anilinfarbstoff Methylenblau, -grün oder -violett, mitunter auch geringe Mengen Seife zu, und färbt jetzt bei 55 ⁰ C eine bis zwei Stunden bis zum gewünschten Farbton. Nach dem Färben gibt man zwei Seifen, eine stärkere mit etwa 60% Seife und eine schwächere mit etwa 40%, 35 bis 40 ⁰ C warm, je nach dem Farbton. Nach dem Seifen gibt man ein Reinigungsbad mit 5 bis 10% Ammoniak, säuert mit Essigsäure ab und aviviert in üblicher Weise mit Öl und Säure unter Zusatz von etwas Leim.

Wird kein so blaustichiger Farbton verlangt, sondern ein sattes Tiefschwarz, dann kann man statt der Anilinfarbstoffe der Blauholzabkochung einen Zusatz von 25% Eisenvitriol machen, nachdem man zuvor den Souple einige Male auf der Blauholzabkochung ohne Zusatz umgezogen hat. Wenn auch bei dieser Art der Ausfärbung eine gewisse Ersparnis von Anilinfarbstoff erzielt wird, so birgt sie doch die Gefahr der Buntfärbung, weshalb diese Arbeitsmethode nur bei großer Betriebserfahrung ausgeführt werden darf.

3. Pinksouple. Dieser Schwarzsouple ist eigentlich nichts anderes als der bereits beschriebene Couleursouple, hergestellt mit Weinstein und Schwefelsäure, nur mit dem Unterschied der Ausfärbung. Man soupliert also die vorher eingeweichte Rohseide mit 2 bis 3% Weinstein und 5 bis 6% Schwefelsäure in der gewohnten Weise und erschwert dann in üblicher Weise mit Zinnphosphat, entweder ohne oder mit Wasserglas nach dem letzten Phosphat. Geschieht letzteres nicht, so gibt man eine Seife von mittlerer Stärke. Nach der Seife oder dem Wasserglas wird ein Wasser gegeben, abgesäuert und nochmals gewässert. Jetzt geht man auf ein Katechubad mit 300% frischem Katechu und zieht bei 65 ⁰ C eine Stunde um. Sollte der Souple vom ersten Souplieren nicht weich genug ausgefallen sein, dann kann man die Temperatur des Katechus auch höher nehmen und auf 80 ⁰ C gehen. Das Einstecken der Seide über Nacht ist auch hier üblich. Vom Katechu wird gut gewaschen und dann auf das Vorfärbebad mit 30% Blauholzextrakt, 50% Seife, eine Stunde bei 50 ⁰ C gegangen. Nach dem Vorfärben geht man auf ein dünnes Seifenbad 50 ⁰ C warm etwa eine Stunde. Hiervon wird geschwungen und nochmals auf das alte Katechubad zurückgegangen, auf dem mehrere Stunden hantiert oder eingesteckt wird. Jetzt wird ausgefärbt mit 40% Blauholzextrakt, 50% Seife und 2 bis 5% Anilinfarbstoff. Nachdem man anschließend nochmals eine dünne Reinigungsseife etwa 50 ⁰ C warm gegeben und gewaschen hat, wird in der für Souple üblichen Weise aviviert.

Wie bei der Cuiteerschwerung in Schwarz, ist auch beim Souple die Rendite abhängig von der Höhe der Zinncharge bzw. der Zahl der Pinkzüge. Für eine Erschwerung von 100 bis 120% rechnet man drei leichte, für 120 bis 140% vier leichte und für 140 bis 160% zwei leichte und zwei starke Pinkzüge.

Der Pinksouple ist heute sehr beliebt und wird vielfach an Stelle des Persansouples angewandt, liefert jedoch ein nicht so blaustichiges Schwarz.

4. Gallsouple. Dieser Souple, der allerdings nicht so hohe Erschwerungen liefert bzw. nicht darin hergestellt wird, ist besonders dort beliebt, wo es sich

um große Echtheit handelt, z. B. bei Hutbändern. Die Herstellungsweise ähnelt derjenigen des Persansouples.

Die eingeweichte Seide wird zuerst eisengebeizt, blaugemacht und dann nochmals mit Eisenbeize behandelt. Hierauf wird in einem Bade mit 100 bis 150% Dividivi bei einer Temperatur von 65 bis 85 °C und der entsprechenden Zeitdauer weich gekocht. Nach dem Souplieren wird ein Seifenbad gegeben, wie üblich ausgefärbt und aviviert.

Die Erschwerung, die man bei dieser Arbeitsweise erzielt, beträgt im Höchstfalle etwa 50 bis 60%. Sind höhere Erschwerungen vorgeschrieben, so läßt sich dieses nur in der Weise erreichen, daß die Menge der Gerbstoffe erhöht wird und daß mit einem Zusatz von Zinnsalz gearbeitet wird. Man arbeitet dann wie folgt:

Die eingenetzte Rohseide wird wie oben mit Eisen gebeizt, blaugemacht, aber nicht noch einmal mit Eisen übergebeizt, sondern jetzt direkt auf einem Dividivibad mit 200% soupliert und über Nacht eingesteckt. Am anderen Morgen wird die Seide herausgenommen, das Bad 50 °C warm gemacht, das Zinnsalz (8 bis 10%) zugesetzt, jetzt auf diesem Bad etwa sechs Stunden behandelt, unter häufigerem Wiederwarmmachen der Flotte. Hiernach wird sehr gründlich gewaschen — wegen des gerbsauren Zinns —, man geht anschließend nochmals auf ein leichtes Dividivibad von etwa 30 bis 50% und dann auf das Färbebad, das man nicht mit Extrakt, sondern durch Auskochen von Blauholz — etwa 50% vom Seidengewicht — herstellt. Nach dem Ausfärben wird eine Seife (25%) 40 °C warm gegeben, dann gewaschen und wie üblich aviviert.

Auch bei dieser Erschwerungsart läßt sich die Erhöhung der Charge höchstens auf etwa 80 bis 85% hinauftreiben.

Eine andere Darstellung des Gallsouples geschieht anstatt mit Dividivi mit einer etwa 3 bis 5 ° Bé starken Auskochung von Aleppogallen. Das Arbeiten ist das gleiche wie bei dem Dividivi. Der Vorteil dieser Arbeitsweise liegt einmal darin, daß sich damit eine Erschwerung bis 120% erzielen läßt — selbstverständlich arbeitet man dann mit Zinnsalz —, sowie darin, daß die Seide einen schöneren blauen Ton aufweist als die übrigen Souples.

Noch eine Form des Souples ist zu erwähnen, die sowohl bei Couleur als bei Schwarz hin und wieder auftaucht, der Glanzsouple. Die Herstellung des Glanzsouples — das Wort schließt ja eigentlich einen Widerspruch in sich, da eine den Bast noch enthaltende Seide niemals rein glänzend werden kann — ist noch ziemlich umstritten. In manchen Betrieben findet man die Ausrüstung dieses Glanzsouples in einer Weise durchgeführt, die vollkommen der oben beschriebenen Royalfärbung der Cuiteseiden entspricht, so daß von Souple keine Rede sein kann. In anderen Betrieben wird dagegen so gearbeitet, daß dem tatsächlichen Souple durch eine Nachbehandlung, z. B. Lüstrieren oder Chevillieren, größere Glätte und dementsprechend höherer Glanz verliehen wird. Die letztere Form dürfte die einzige sein, die dazu berechtigt, das Produkt als Glanzsouple zu bezeichnen.

3. Ecruseiden.

Diese Ausrüstung der Seide bildet das Gegenstück zum Souple. Der Bast befindet sich noch auf der Faser, aber in der natürlichen harten Beschaffenheit. Man erreicht dies, indem man den Bast nach besonderem Verfahren härtet. Diese Ecruseiden, die für bestimmte Artikel, wie Schleier, Tüllgewebe, Spitzen und Tücher in Anwendung kommen, sind aber nicht etwa zu verwechseln mit den allgemeinen Hartfärbungen, wie solche auch bei Cuiteseiden hergestellt werden können.

Durchweg geschieht die Herstellung der Ecruseide in der Weise, daß die Rohseide auf einem Bade, das 4 bis 5% (vom Seidengewicht) an Formalin enthält, bei gewöhnlicher Temperatur umgezogen und anschließend über Nacht eingesteckt wird. Nach einer Mitteilung[1]) genügt auch ein dreistündiges Einlegen in eine ½- bis 1proz. wässerige Formalinlösung, um das Seidenserizin in eine unlösliche, fest an dem Fibroin anhaftende Verbindung überzuführen. Vielfach findet man auch, daß die Rohseide vor der eigentlichen Formaldehydbehandlung kalt mit Wasser eingenetzt wird, zu dem ein Zusatz von 5% des Seidengewichtes an Salzsäure gemacht worden ist.

Die Herstellung der Ecruseiden hat für manche Fabrikationszweige sehr hohes Interesse, z. B. für die Herstellung von Flugzeug- oder Ballonstoffen, von den auf diesem Gebiete genommenen Patenten mögen die hauptsächlichsten hier Erwähnung finden.

Nach dem Verfahren von E. L. Monpai[2]) wird Rohseide mit einem diazotierbaren Amin imprägniert und nach dem Waschen in üblicher Weise mit 5% Nitrit und Schwefelsäure diazotiert. Durch diesen Vorgang wird der Seidenbast gehärtet und fest fixiert. Nach anschließendem Waschen wird mit einer Naphthollösung fertig diazotiert und nochmals gewaschen. Diese Färbungen sollen kochund bleichecht sein.

Der Carpenter Chem. Co. ist durch das Brit. Patent 199729 ein Verfahren zum Härten und Festigen von Seidenfäden geschützt, das einen Schutzüberzug über den Seidenfaden legt und so den Bast unversehrt erhält. Man behandelt die Seidenfaser zuerst mit einer Alaunlösung (5 bis 10% vom Seidengewicht) und daran anschließend mit einer entsprechenden Seifenlösung. Letzteres kann aber auch geschehen, nachdem die Faser bereits verwebt worden ist. Die Faser wird auf diese Weise wasserdicht und soll sich besser tragen. Wahrscheinlich handelt es sich hier aber um eine Schlußbehandlung der Seide, die bezweckt, die Seidenfaser wasserabstoßend zu machen.

Ein tatsächliches Härteverfahren liegt aber wieder dem Brit. Patent 161625 von Paulai zugrunde. Hiernach wird die Seide mit verdünnter Schwefelsäure oder Salzsäure und mit Metallsalzen, wie Alaun, Chromazetat oder Eisenbeize behandelt, wodurch der Bast genügend gehärtet werden soll, um ihn nachher ohne Verlust mit den Beizenfarbstoffen färben zu können.

Wie so manches Patent auf Färbereigebiet sich auf längst Bekanntem aufbaut, so auch das soeben erwähnte. Es ist identisch mit der bekannten Vorschrift für Hartschwarz oder Noir cru, nach welcher in folgender Weise gearbeitet wird.

Die Rohseide wird mit lauwarmem Wasser eingenetzt und darauf kalt eine Stunde auf einem Bade mit 5% vom Seidengewicht an Salzsäure behandelt. Hierauf wird geschwungen und jetzt eine Stunde auf Eisenbeize gegangen und hiervon in üblicher Weise gründlich gewaschen. Nach leichtem Schwingen geht man auf ein frisches Katechubad mit 100% Katechu vom Gewicht der Seide, in dem man die Seide eine Stunde bei 75° C behandelt und über Nacht einsteckt. Nach dem Waschen wird mit 20% Blauholzextrakt und 40% Seife bei einer 50° C nicht übersteigenden Temperatur ausgefärbt, ein Reinigungswasser mit etwas Ammoniak gegeben und dann mit Essig und Zitronensaft aviviert unter Zusatz von 1% Leim und 5% Öl. Manchmal wird auch nach dem Färben noch ein leichtes Katechubad (30 bis 40%) eine Stunde bei 40° C gegeben und dann erst aviviert. Die hierbei erzielte Erschwerung beträgt etwa 10 bis 20%. Will man höher erschweren, so geschieht dies in ähnlicher Weise, wie beim

[1]) Färber-Zg. 1906, S. 8. [2]) Monpai, E. L.: Amer. Pat. 1486292.

Gallsouple beschrieben wurde, durch Vermehrung der Eisenbeizzüge und entsprechendes Vermehren der Katechumengen.

Man ersieht aus dieser Vorschrift, daß das Härten des Bastes mit Salzsäure und Eisenbeize geschieht, also genau ebenso wie bei dem Patent von Paulai.

Das Hartfärben ist in der Hauptsache bei den nicht gezwirnten oder lose gezwirnten Seiden, wie Grège und Trame, üblich, es soll verhüten, daß der Faden seinen Halt verliert. Z. B. ist nur möglich Grège im Strang zu färben, wenn die Grège vorher gehärtet worden ist, im anderen Falle würde die Grège zu einem unentwirrbaren Knäuel werden.

Bei der Herstellung der erschwerten Ecruseiden verfährt man ebenso wie bei derjenigen des Souple. Im großen und ganzen sind jedoch höhere Erschwerungen bei diesem Artikel überhaupt nicht beliebt, weil die Haltbarkeit der Seiden durch die Unmöglichkeit, den harten Seidenbast bei den verschiedenen Wasch- und Reinigungsprozessen genügend zu durchdringen, zu sehr gemindert wird.

Wie bei der Herstellung des Souples sind auch hier höhere Temperaturen von alkalischen Bädern zu vermeiden, um nicht den Bast vollständig zu verlieren. Immerhin beträgt der Bastverlust bei Ecru- und Soupleseiden ungefähr 4 bis 6%. Im Gegensatz zur Souplebereitung sind aber auch höhere Temperaturen bei den sauren Bädern zu vermeiden, weil sonst Gefahr besteht, daß der Bast weich wird.

Um jeglichen Verlust an Bast zu vermeiden oder auszugleichen, wird nach dem engl. Patent 15152 (1895) die Seide in einer 40 bis 50° C warmen Auflösung von 20 g Gelatine in 1 l Wasser eine Stunde behandelt und durch ein zweites Bad von 20 g Formaldehyd in 1 l Wasser gehärtet.

Zum Schluß dieses Abschnittes sei noch einer interessanten Veröffentlichung von Dr. Colombo und Dr. Baroni[1]), Mailand, gedacht, in der der Nachweis geführt wird, daß die Unlöslichkeit des Bastes bei der Hartfärbung der Seide nur auf der Einwirkung von Aldehyden beruht. Die Verfasser haben die von ihnen häufiger beobachtete Tatsache, daß manche Seiden nach dem Konditionieren — also einem Erhitzen auf 140° C — braune Flecken aufwiesen, zum Gegenstand eingehender Versuche gemacht und hierbei gefunden, daß an diesen braunen Stellen stets Glykose vorhanden war. Stärkemehlhaltige Substanzen und Präparate, die aus einem Gemenge von Seife, Borax, Glykose usw. bestehen, werden vielfach beim Aufhaspeln und Putzen der Grègen verwandt. Weiter stellten sie fest, daß diese braunen Stellen aus Bast bestanden und sich beim Abkochen der Seide nicht entfernen ließen. Zur Entscheidung der Frage, ob hier der aldehydartige Charakter der Glykose oder anderer Zuckerarten etwa ähnlich, wie bei der Formaldehydeinwirkung, die Ursache der schlechten Entbastung sei, wurden diesbezügliche Versuchsreihen durchgeführt und festgestellt, daß Stoffe, wie Glykose oder Milchzucker, tatsächlich diese Erscheinung auslösen, sobald eine Erhitzung der Seide auf 140° C erfolgt war, nicht dagegen, sobald nicht erhitzt worden war. Diese Erscheinung trat aber ferner auch nicht ein bei Verwendung von Stärke, Dextrin oder Rohrzucker, so daß tatsächlich der aldehydartige Charakter der Glykose ausschlaggebend zu sein scheint, allerdings erst nach einem Erhitzen auf 140° C. Übrigens trifft letzteres auch für Formaldehyd zu; wenn die damit behandelte Seide nicht vorher erhitzt worden ist, wird bei der Abkochung immer noch ein gewisser Anteil des Bastes entfernt werden.

Hierauf basiert übrigens ein patentiertes Verfahren von Ris-Kummer, Basel, nach dem die Seide eben nach der Härtung mit Formaldehyd noch besonders erhitzt wird. Will man bei der sonst üblichen Formaldehydhärtung den Bastverlust verringern, so kann dieses nur durch Innehaltung möglichst niedriger Temperaturen bei den verschiedenen Prozessen erzielt werden. Interessant ist hierbei noch die Feststellung, daß die Einwirkung der Glykose auf die dynamometrischen Eigenschaften der Seide gleich Null ist, sobald die Glykose chemisch rein ist. Ist dieses nicht der Fall, dann verliert auch die Dehnbarkeit und Stärke erheblich.

VI. Das maschinelle Färben der Seide.

Alle Behandlungsweisen der Seide in den Färbe- und Nachbehandlungsvorgängen, die früher durchwegs auf der Barke vorgenommen wurden, werden heute im Großbetrieb durch maschinelle Arbeiten ersetzt. Man bedient sich der sog.

[1]) Colombo und Baroni: Färber-Zg. 1912, S. 321.

Färbemaschinen, die aber nicht nur zum Färben, sondern auch zum Erschweren und Avivieren usw. Verwendung finden können. Derartige Färbemaschinen gibt es der verschiedensten Bauart, von denen hier aber nur die hauptsächlichsten Erwähnung finden mögen. Hauptsächlich sind es zwei Systeme, die hier in Frage kommen, nämlich

1. solche, bei denen die Seide auf einer breiten walzenförmigen Einrichtung aufgehängt und durch eine drehende Bewegung dieser Walze ständig durch das Färbebad gezogen wird;

2. solche, die in Form einer Waschmaschine gebaut sind und bei denen die Seide auf einzelne drehbare Walzen gehängt und dann beim Drehen dieser durch eine Farbflotte hindurch bewegt wird.

Als Vertreter der ersten Gruppe sei hier die Garnfärbemaschine der Firma C. G. Haubold A.-G., Chemnitz, angeführt, deren Einrichtung folgende ist:

Abb. 176. Färbemaschine von C. G. Haubold A. G., Chemnitz.

Der Färbebottich ist aus Holz gefertigt und der Form des Farbgutträgers angepaßt. Sein Boden und die Seitenwände sind durch Ankerschrauben fest untereinander verbunden. Unten im Bottich ist ein hölzerner Siebboden eingebaut, und unter diesem sind Heizkörper aus Kupfer für mittelbare und unmittelbare Flottenheizung, ein Zulaufrohr für die Farbflotte und ein nach außen führender Stutzen mit Ablaßhahn angebracht.

Der Farbgutträger besteht aus vier Rädern, deren Kränze fünfzig Paar Garnstöcke von 1100 mm nutzbarer Breite aufnehmen. Diese Garnstöcke werden auf die vier Radkränze verteilt, von denen je zwei an den beiden Enden einer Welle sitzen. Die zwei äußeren Kränze haben einen größeren Durchmesser als die inneren, sind fest auf die Achse aufgekeilt und durch Verbindungsschrauben und ein kräftiges, mit den Naben ihrer Böden verflanschtes und über die Welle gezogenes Bronzerohr untereinander verbunden. Von den zwei inneren Radkränzen kann jeder unabhängig vom anderen auf den Naben der großen Rädern gedreht werden. Hierdurch können die in den inneren Radkränzen lagernden Garnstöcke gegenüber den in den äußeren befestigten beliebig eingestellt, also verschiedenen Haspellängen angepaßt werden. Eine Stellvorrichtung auf jeder Seite ermöglicht es, die inneren Zahnkränze mit Hilfe eines eingebauten Zahnsegmentes und einer Schneckenwelle in ihrer jeweiligen Lage festzuhalten.

Als Garnstöcke werden sauber gezogene Messingrohre mit eingelöteten Verschlußkappen verwendet. Durch sinnreiche Ausführung ihrer Lager kann das Einlegen und Herausnehmen mühelos erfolgen. Die gesamte Antriebsvorrichtung ist auf bzw. an einem Gestellbock zur Seite des Färbebottichs angeordnet. Der Antrieb wird durch eine Fest- und Los-Riemenscheibe, eine konische Räderübersetzung und einen gekapselten Präzisions-Schneckenantrieb auf die Achse des Farbgutträgers übertragen, und zwar derart, daß dieser in der Minute eine Umdrehung macht.

Damit das Farbgut von der Flotte gründlich durchdrungen wird, wechselt die Drehrichtung des Farbgutträgers regelmäßig in Abständen von 1½ Minute. Durch ein in die Antriebsvorrichtung eingebautes Umschaltgetriebe erfolgt dieser Wechsel vollkommen selbsttätig.

Abb. 177. Färbemaschine von Tillmann, Gebr. Wansleben und Gerber Söhne, Krefeld.

Um das Herumspritzen der Flotte während des Arbeitens zu vermeiden, werden die Seidenwände des Bottichs bis über die obere Kante des Farbgutträgers hochgeführt und die Vorder- und Hinterwand werden durch abklappbare Schutzwände erhöht.

Diese Färbemaschine eignet sich außer zum Färben auch gut zur Erschwerung von Seide mit Hämatin in der bereits früher beschriebenen Weise.

Als Vertreter der zweiten Gruppe sei die Färbemaschine der Firma Tillmann, Gerber Söhne und Gebr. Wansleben, Krefeld, genannt. Die Einrichtung derselben ist folgende:

Je nach Umfang der täglichen Produktion sowie Größe der jeweils zu färbenden Partien wird die Größe und Gruppeneinteilung der Färbemaschine vorgesehen. In doppelseitiger Ausführung beträgt die höchste Zahl der das Garn aufnehmenden Walzen einer Maschine 100 bei 50 Walzen auf jeder Seite. Jede Walze faßt ca. 1 kg Naturseide, die Gruppengrößen für die Farbpartie werden wunschgemäß mit 1 bis 12 Walzen vorgesehen. Die nutzbare Walzenlänge beträgt ca. 700 mm. Unterhalb der Walzen, die aus hochfein glasiertem Porzellan bestehen, befinden sich die Farbbarken aus handgenietetem Kupfer oder Holz. Sind größere zu färbende Partien des häufigeren vorhanden, so werden sog. Großbarken für mehrere nebeneinanderliegende Gruppen vorgesehen, die entsprechend den jeweiligen Gruppen dichtschließende und herausnehmbare Schotten besitzen. Der Antrieb gestattet je nach Erfordernis die geeignete Geschwindigkeit einzustellen.

Bei Beginn des Färbeprozesses werden die Walzen der einzelnen hydraulisch gehobenen Gruppen mit der Seide behängt. Durch Betätigung des für jede Gruppe vorhandenen Steuerventils senkt man die Seide in die Farbflotte. Sobald dann die Gruppe sich in Tiefstellung befindet, beginnt selbsttätig die Drehbewegung der Walzen und das Umziehen der Seide durch die Flotte. Die Drehbewegung erfolgt durch einen Umsetzapparat, der den Walzen automatisch abwechselnde Drehbewegung gibt, und zwar nach rechts und links in verschiedener Anzahl. Hierdurch wird erreicht, daß die Umkehrung niemals auf derselben Stelle der

Abb. 178. Färbemaschine von Tillmann, Gebr. Wansleben und Gerber Söhne, Krefeld.

Auflageflächen der Seide erfolgt. Die Bewegung der Walzen ist neben drehend auch noch exzentrisch, um eine intensivere Durchfärbung zu erreichen. Die Lagerung der Seidenträgerwellen tragen den Feuchtigkeitsverhältnissen in den Färbereien Rechnung.

Für den hydraulischen Betrieb kommt Wasserdruck von zirka acht Atmosphären in Betracht. Wo dieser nicht vorhanden ist, wird ein hydraulisches Pumpwerk geliefert, dessen Pumpe direkt am Umsetzapparat angebaut, während der gewichtsbelastete Akkumulator freistehend ausgeführt wird.

Der Antrieb der Maschine erfolgt durch Riemen- oder Einzelantrieb mittels direkt gekuppeltem Elektromotor.

Diese Färbemaschinen haben vor der ersteren den Vorzug, daß man auf ihnen auch kleinste Partien färben kann, während die erstere Kategorie mehr für große Partien in Frage kommt. Eine Hauboldsche Färbemaschine weist dagegen den Vorteil auf, daß man mit ganz wesentlich geringerer Flotte arbeiten kann, was namentlich beim Erschweren von großer Bedeutung ist.

Daß das Arbeiten auf der Färbemaschine von dem betreffenden Färber selbst die gleichen Kenntnisse und Erfahrung verlangt wie das Arbeiten auf der Barke, ist selbstverständlich. Die Färbemaschine erspart lediglich Arbeitskräfte. Andererseits soll nicht abgestritten werden, daß das Arbeiten mit der Färbemaschine insofern eine erhöhte Aufmerksamkeit erfordert, als bei der Maschine immer die Gefahr vorliegt, daß ein Masten sich verwirrt oder von der Walze abläuft, wodurch großer Schaden angerichtet werden kann.

VII. Die Nachbehandlungen der gefärbten Seiden.

Die gefärbten Seiden, wie sie das Färbebad bzw. das Reinigungsbad nach dem Färben verlassen, entsprechen keineswegs den Anforderungen, die man an ein Fertigprodukt zu stellen berechtigt ist. Nicht nur ermangeln sie noch des seidigen Aussehens und des Seidenglanzes, auch der Griff entspricht nicht dem, was man von einer Seide erwartet. Der Glanz einer Seide ist an sich ein edler, perlender, aber vielfach wünscht der Fabrikant einen stärkeren, mehr metallischen Glanz, je nach dem Artikel, den er herstellt; oder im Gegenteil will er den Glanz möglichst gemildert haben. Ähnlich ist es mit dem Griff, der eine Artikel erfordert eine knirschende und krachende Ausrüstung, der andere einen halbweichen, der dritte schließlich einen vollkommen weichen Griff. Manche Seiden müssen auch zur Verbesserung ihrer Haltbarkeit besonders präpariert, andere wasserabstoßend gemacht werden, noch andere, um besondere Effekte im Gewebe hervorzurufen, mit einem Überzug versehen werden, der später wieder entfernt wird. Diese Behandlungsweisen müssen nach Vorschrift mit den Seiden vorgenommen werden und erfordern eine ebenso große Sachkenntnis, wie die bis jetzt beschriebenen Ausrüstungsprozesse. Von manchen, wie z. B. dem Strecken und Trocknen, kann man mit Recht behaupten, daß sie bezüglich der dynamometrischen Eigenschaften der Seide die schwersten Beschädigungen der Seide im Gefolge haben können.

Die als regelmäßige Nachbehandlungen der Seide in Frage kommenden bzw. hauptsächlichsten Prozesse sind die folgenden:

1. Das Avivieren,
2. das Härten und Weichmachen,
3. das Haltbarmachen,
4. das Trocknen,
5. das Strecken,
6. das Appretieren.

1. Das Avivieren der Seide.

Kommt die Seide vom Färbebad, dann ist sie glanzarm und von stumpfem Griff und entbehrt vielfach vollkommen des typischen Seidencharakters. Es hängt dies in der Hauptsache damit zusammen, daß der Seide im Laufe der vielen Prozesse jegliches Fett entzogen worden ist, das einen charakteristischen Bestandteil der Seidenfaser bildet. Das gleiche gilt von der natürlichen Säure der Seide. Beide Stoffe sind für die Beschaffenheit der Seide von hervorragender Bedeutung, das Fett bedingt den Glanz und die guten dynamometrischen Eigenschaften, die Säure, den Griff oder das Gefühl. Es ist daher die Bezeichnung Avivieren oder „Wiederbeleben“ der Seide sehr treffend am Platze. Aus dem eben Gesagten ergibt sich dann ohne weiteres, daß die Hauptbestandteile einer Avivage — wie man das Bad bezeichnet, in dem aviviert wird — einerseits ein Fett, andererseits eine Säure sein müssen. Außerdem können diesem Bade noch besondere Stoffe zugesetzt werden, wenn, je nach Art des herzustellenden Gewebes, besondere Arten des Griffes, z. B. hart oder weich, verlangt werden.

Von den Säuren, die hier in Betracht kommen, sind zu nennen: Schwefelsäure oder ihre sauren Salze, Salzsäure und Phosphorsäure, von den organischen Säuren Ameisensäure, Essigsäure in ihren verschiedenen Stärken als Essig 5%, Essigsprit 10%, Essigessenz 30%, Milchsäure, Weinsäure und Zitronensäure. Während die Säuren der ersten Art der Seide einen knirschenden, krachenden Griff verleihen, ist derjenige der organischen Säuren ein leicht krachender, edler und mehr typisch seidiger.

Die anorganischen Säuren haben den Nachteil, daß sie imstande sind, allmählich die Erschwerung zu zersetzen und so indirekt die Seidenfaser anzugreifen. Daher ist vor ihrer Anwendung namentlich dort zu warnen, wo es sich um Lagerware handelt. Schwefelsäure und Salzsäure sind imstande, aus der Wasserglaserschwerung Kieselsäure abzuscheiden, die den Seidenfaden von innen heraus sprengt, indem sie aus dem amorphen in den kristallinischen Zustand übergeht. Salzsäure kann durch Oxydationsvorgänge in freies Chlor übergeführt werden, welches die Seidensubstanz abbaut. Anorganische Säuren neigen schließlich dazu, die Fette zu spalten und freie Fettsäuren entstehen zu lassen, die ihrerseits wieder auf die dynamometrischen Eigenschaften der Seide ungünstig einwirken.

Die organischen Säuren greifen die Bestandteile der Erschwerung nicht an, haben aber den Nachteil, daß sie zum Teil flüchtig sind, wodurch die Seiden den Griff verlieren, zum Teil aber auch leicht durch Oxydationsvorgänge zerstört werden. In der Zersetzungsfähigkeit gegenüber Fetten sind sie nicht so aktiv wie die anorganischen Säuren. Man bevorzugt daher die organischen Seiden heutzutage allgemein.

Nicht außer acht zu lassen ist aber auch die Einwirkung auf die verschiedenen Farbstoffe. Während saure Farbstoffe eine Avivage mit Schwefelsäure beanspruchen, genügt bei den anderen, also basischen, substantiven, Beizen- und Küpenfarbstoffen, die Verwendung von Essigsäure, Milchsäure, Ameisensäure usw.

Die Mengenverhältnisse richten sich nach der Höhe und Art der Erschwerung, nach der Art des Griffes und natürlich auch nach der Stärke der betreffenden Säure. Während Schwefelsäure und Salzsäure in Mengen von 2% bis höchstens 5% des Seidengewichtes Verwendung finden, kann man von Ameisensäure (85%) 10—20%, von Milchsäure (50%) 30—40%, von Essigsäure (30%) 40%, von Essigsprit (10%) und Zitronensaft (25%) 50% und mehr verwenden. Will man Avivagen mit feststehendem Säuregehalt verwenden, so sollen dieselben als Durchschnitt nicht mehr Säure enthalten, als 1 g bis 1½ g konzentrierter Schwefelsäure im Liter Bad entspricht.

Bei besonderen Echtheitsanforderungen, wie Metallechtheit oder Isolierechtheit, empfiehlt es sich, die überschüssige Säure durch Wässern zu entfernen oder durch ein alkalisches Bad von Soda oder Ammoniak zu neutralisieren.

Was das in der Avivage zu verwendende Fett anbelangt, so bevorzugt man die Öle, und von diesen wieder die nicht trocknenden Öle. Trocknende oder verharzende Öle sind durchaus zu verwerfen, weil sie die Seide verkleben, so daß sie sich nicht winden oder verweben läßt. Am besten hat sich das Olivenöl bewährt. Ebenso wie die Olivenölseife die Seide von allen Seifen am günstigsten beeinflußt, gibt auch das reine Olivenöl den besten und seidigsten Griff. Worauf diese günstige Einwirkung des Olivenöls auf die Seide beruht, ist noch ungeklärt. Auch reines Rüböl, Mandelöl und Mohnöl lassen sich für Avivagezwecke verwenden, haben sich aber nicht einbürgern können. Sesamöl, Sojabohnenöl oder gar Leinöl sind dagegen durchaus ungeeignet zum Avivieren.

Der Ölzusatz schwankt von 1 bis 2½ % des Seidengewichtes. Je nach der Art und dem Verwendungszweck der Seide oder auch entsprechend der Höhe der Erschwerung kann der Ölzusatz höher gewählt werden. Organzin kann einen höheren Ölzusatz vertragen als Trame, weil die Beanspruchung der Elastizität einer Kettseide eine größere ist. Souple wird ebenfalls mehr Öl beanspruchen als eine unerschwerte oder niedrig erschwerte Seide. Das gleiche gilt von einer hart gefärbten Seide. Man wird daher unter Umständen die Ölmenge auf 4 bis 5% des Seidengewichtes erhöhen müssen.

Man muß das Öl durch Emulgieren zuerst möglichst fein verteilen und dann erst der Flotte zusetzen. Dieses Emulgieren geschieht in der Weise, daß man das abgewogene Öl mit Wasser und einer berechneten Menge Soda einige Minuten aufkocht. Sehr beliebt ist es, sich einer fertigen haltbaren Emulsion von bestimmtem Ölgehalt zu bedienen. Ein solcher Ölansatz kann in folgender Weise hergestellt werden: 25 kg Olivenöl werden mit einer Lösung von 800 g Ätzkali in 1000 cm^3 Wasser vorsichtig unter Zugabe der Alkalilösung in kleinen Mengen gemischt, bis eine gleichmäßige Masse entstanden ist. Diese Mischung läßt man mehrere Stunden, am besten über Nacht, stehen, fügt dann unter gutem Umrühren allmählich 36 l Weichwasser hinzu und füllt schließlich mit Wasser auf ein Gesamtvolumen von 100 l auf. Es entsprechen dann 100 cm^3 dieser sehr gut haltbaren Emulsion 25 g Olivenöl. Es ist aber zu empfehlen, die Menge dieses Ölansatzes dem jeweiligen Verbrauch anzupassen, also einen zu großen Vorrat zu vermeiden, da das Alkali bei längerem Stehenlassen das Öl zu verseifen beginnt.

Wie schon ausgeführt wurde, kommen ferner als Bestandteile einer Avivage Stoffe in Frage, welche den Griff der Seide in einer besonderen Weise beeinflussen.

Will man einen harten strohigen Griff erzeugen, so geschieht dieses in der Weise, daß man der Avivage einen Zusatz von Stärke, Dextrin, Leim, Gelatine, Diastafor, Formaldehyd, Wasserglas u. a. m. gibt. Die Menge dieses Zusatzes, durchschnittlich etwa ½ bis 2% des Seidengewichtes, richtet sich natürlich nach dem Charakter des herzustellenden Artikels. Es bedarf auch hier sehr großer Erfahrung, um ein Muster in dieser Hinsicht beurteilen zu können. Ein Überschuß an diesen steifenden Stoffen ist zu vermeiden, will man nicht Gefahr laufen, die Seide zu beschädigen. Andererseits empfiehlt es sich, die Gefahren dieses so künstlich gesteiften Griffes etwa in der Weise zu beheben, daß man den Ölzusatz entsprechend erhöht.

Will man einen speziell weichen Griff an der Seide haben, so geschieht dieses durch Zusatz von größeren Mengen Öl, oder von Weichöl, Weicherde und Tonerdeverbindungen. Auch hier bedarf es großer Erfahrung, um die jeweils erforderlichen Zusätze richtig beurteilen zu können. Im übrigen wird auf diese Spezialgriffe im nächsten Kapitel noch zurückzukommen sein.

Als letzter Zusatz zur Avivage wären dann noch die Anilinfarbstoffe zu nennen, die hin und wieder bei nicht ganz passend ausgefallenem Farbton zum Nuancieren verwandt werden. Empfehlenswert ist diese Arbeitsweise nur da, wo keine großen Anforderungen an Reibechtheit gestellt werden, da der Nuancierfarbstoff natürlich nur oben auf der Oberfläche des Fadens sitzt. Ausgeschlossen ist ein solcher Zusatz von Farbstoff in der Avivage, sobald es sich um Seiden handelt, die mit anders gefärbtem Material zusammen verarbeitet werden sollen.

Bei diesen Avivagen ist das Flottenverhältnis etwa 1:30 zu wählen. Man gibt zuerst die Säure und dann unter gutem Umrühren das emulgierte Öl in das Bad. Die noch etwa erforderlichen sonstigen Zusätze werden zur fertigen Avivage gemacht. Die Temperatur des Bades wird niedrig, bei 25 bis 35° C, genommen und die aufgestellte Seide flott und schnell umgezogen, meistens eine halbe bis eine Stunde lang. Es richtet sich dieses ganz nach dem Erfolg, den man erzielen will. Es ist eine dem Seidenfärber bekannte Erscheinung, daß manche Seidenpartie trotz der verschiedenartigsten Versuche, sie zu verbessern, grifflos bleibt. Man findet deshalb in den einzelnen Betrieben große Unterschiede im Arbeiten, die einen arbeiten mit hartem Rohwasser, die anderen mit Weichwasser, die einen geben die Avivage in zwei Hälften, die anderen erzielen durch Erhöhung der Temperatur die besten Erfolge.

Vielfach findet man auch, daß nach dem Avivieren noch ein Wasser gegeben wird, um den Überschuß der Avivagebestandteile wieder zu entfernen. Jedenfalls ist das Avivieren der Seide ein Vorgang, der nicht weniger Aufmerksamkeit erfordert als das Färben selbst.

Über Beobachtungen bei der Seidenavivage berichtet Karl Wolfgang[1]). Nachdem die übliche Art des Avivierens beschrieben worden ist, geht Verfasser auf Versuche ein, die angestellt wurden, um der Seide einen dauerhaften charakteristischen Griff zu verleihen. Er hat beobachtet, daß bei Verwendung von Olivenölsäure oder Ölsäure an Stelle von den Ölen ein bedeutend beständiger Griff erhalten wird. Als Beispiele führt er einen Versuch an, bei dem die Seide mit 3% Ameisensäure und je 300 g Olivenöl, 300 g Olivenölsäure und 300 g Olein, jeweils mit Pottaschelösung, verseift aviviert wurde. Während die mit Olivenöl avivierte Seide nach 40 Tagen eine Abnahme des Griffes aufwies, der nach 100 Tagen vollständig verschwunden war, konnte bei den Avivagen, die mit Olein oder Olivenölsäure hergestellt waren, nach einer Versuchsdauer von 160 Tagen eine Abnahme des Seidengriffes nicht festgestellt werden. Eine ähnliche Verbesserung des Griffes erzielte Verfasser bei den mit Olivenöl avivierten Seiden durch kleine Zusätze von Reduktionsmitteln, wie Hydrochinon usw., zur Avivage. Ob die Annahme des Verfassers, daß die so im Griff beständig gemachten Seiden bei der weiteren Verarbeitung in der Weberei nachteilige Erscheinungen nicht aufweisen würden, zutreffend ist, muß erst die Erfahrung lehren.

2. Das Härten und Weichmachen der Seide.

Diese Nachbehandlung der gefärbten Seiden ist nicht etwa zu verwechseln mit der Herstellung von Ecruseide oder Soupleseide. Hier handelt es sich lediglich um Arbeitsweisen, die eine Beeinflussung des Seidengriffs der fertig ausgerüsteten Seide darstellen.

Will man der Seide einen harten, strohigen Griff verleihen, so kann man dieses in ähnlicher Weise, wie man bei der Ecrufärbung den Bast härtet, indem man die Seide mit Formaldehyd behandelt. Es geschieht dies durch Zugabe des Formaldehyds in die Avivage, man nimmt etwa 5% des Seidengewichtes.

Die meisten Vorschriften zur Erzielung eines harten Griffes bedienen sich aber direkter Appreturstoffe, wie Stärke, Dextrin, Leim, Gelatine, Gummi, Pflanzenschleim, Diastafor, Stoffe, die dem Faden eine gewisse Steifheit verleihen. Um nicht unangenehme Ausscheidungen zu bekommen, muß man bei dem Zusatz dieser Stoffe zum Avivierbad gewisse Vorsicht walten lassen. So wird man Stoffe, wie Leim, Gelatine und manche Pflanzenschleime nicht der fertigen Avivage zufügen, sondern beim Ansetzen des Bades vor der Säure, und selbst dann nur die Hälfte der Säure in das Bad geben. Die Mengenverhältnisse richten sich nach dem Griff und schwanken von 0,5 bis 2,5%. Ein nicht ganz ungefährliches Verfahren zur Erzielung eines harten Griffes besteht in einem Zusatz von Wasserglas zur Avivage. Hier ist der Säuregehalt der Avivage natürlich so zu wählen, daß keine Ausscheidung von Kieselsäure im Bade stattfindet. Vielfach arbeitet man daher auch so, daß man mit der Seide nach dem Färben auf ein ent-

[1]) Wolfgang, Karl: Kunstseide 1927, S. 517.

sprechendes Wasserglasbad geht und dann erst auf eine Avivage mit anorganischer Säure, meistens Schwefelsäure, stellt. Der Griff wird tatsächlich hervorragend hart, aber es liegt immer die Gefahr vor, daß bei einer derart behandelten Seide die amorphe Kieselsäure in die kristallinische Form übergeht und dann den Seidenfaden auseinandersprengt. Das gleiche gilt natürlich von einer Nachbehandlung mit Wasserglas, kombiniert mit einer solchen mit Formaldehyd. Hierbei arbeitet man aber meistens in der Weise, daß man die Formaldehydbehandlung an die Erschwerung mit Wasserglas anschließt, absäuert und dann erst färbt und aviviert.

Überhaupt sollte nie außer acht gelassen werden, daß bei einer derart gesteiften Seide die dynamometrischen Eigenschaften der Seide sehr ungünstig beeinflußt werden und daß man zum Ausgleich den Ölzusatz nicht zu niedrig nehmen darf. Um die Seide geschmeidiger zu machen, empfiehlt es sich, der Avivage geringe Mengen an Glyzerin oder Glykol zuzusetzen. Ebenso sollte jede Seide, die in der angegebenen Weise gehärtet worden ist, sowohl vor wie nach dem Trocknen sorgfältig am Pol gelockert werden, um jegliches Zusammenkleben der Fäden zu vermeiden.

Um den Griff der Seide weich zu machen, bedient man sich meistens folgender Weichmachungsmittel: des venezianischen Terpentins, des Weichöls und der Weicherde.

Den venezianischen Terpentin, der in Mengen von 0,5 bis 2½% des Seidengewichtes verwandt wird, setzt man, nachdem man ihn, ebenso wie dieses bei Öl üblich ist, mit Soda und etwas Wasser aufgekocht hat, der fertigen Avivage zu und zieht hierauf die betreffende Seide schnell um.

Das Weichöl setzt man ebenso der bereits fertigen Avivage zu, und zwar in Mengen von 1 bis 2%. Das Weichöl ist eine aus Olivenöl und Schwefelsäure hergestellte Olivenölsulfosäure, die mit entsprechenden Mengen Sodalösung emulgiert wird[1]). Diese meistens auf Vorrat hergestellte Emulsion hat aber das Bestreben, sich allmählich zu versteifen, hart zu werden und so die Wirkung zu verlieren, worauf natürlich zu achten ist. Man tut daher besser, auf Vorrat nur die Mischung von Olivenöl und Schwefelsäure herzustellen und die Neutralisation mit Soda nur in kleinen Mengen nach Bedarf vorzunehmen.

Zum Weichmachen der Seide mit Weicherde — auch als engl. Erde, Fullererde oder Walkerde bezeichnet — bedient man sich eines wässerigen Auszuges derselben. Man teigt die Erde mit warmem Wasser an und füllt sie dann mit Wasser zu einem bestimmten Volumen auf[2]). Nachdem sich die Erde zu Boden gesetzt hat, hebt man die darüberstehende Flüssigkeit klar ab und verwendet sie als Zusatz zum Avivierbade.

Erfordert schon das Hartmachen des Seidengriffes eine gewisse Erfahrung in der Auswahl der Methoden, so ist das gleiche im verstärkten Maßstabe bei dem Weichmachen der Fall. Hat eine Partie einen zu strohigen Griff bekommen, dann ist es nicht schwer, diesen in geeigneter Weise zu beheben. Ist aber beim Weichmachen eine Seide zu weich geworden, dann ist es schwierig, diesen weichen Griff wieder zu entfernen, es sei denn, daß die Partie wieder neu gefärbt wird.

Kann man das Wesen des harten Griffes in gewisser Hinsicht verstehen, für das Weichwerden einer Seide durch die Behandlung mit den oben angeführten Stoffen fehlt einstweilen noch jede Erklärung. Bei dieser Gelegenheit sei auch darauf hingewiesen, daß die nach heftigen Regengüssen auftretenden Verunreinigungen des Rohwassers, veranlaßt durch feine Tonpartikeln, der Seide ebenfalls jeden Griff zu nehmen vermögen.

---

[1]) Ley: Neuzeitliche Seidenfärberei S. 111. [2]) Ley: Neuzeitliche Seidenfärberei.

Daß man außer mit diesen drei weichmachenden Stoffen auch noch mit anderen Mitteln zum Ziel kommen kann, durch Erhöhung des Ölzusatzes, Zusatz von Glyzerin, Monopolöl u. a. m., ist unzweifelhaft, der Erfolg ist aber nicht so durchgreifend; diese Mittel mindern wohl einen etwas zu harten Griff, aber sie machen nicht etwa die Seide selbst weich und elastisch. Eher geschieht dies durch die Salze der Tonerde, wie Alaun oder basisches Aluminiumazetat und Aluminiumsulfat, die in besonderen Fällen, z. B. zum Weichmachen, für die Sammetfabrikation Verwendung finden.

3. Das Haltbarmachen der Seiden.

Sind die Seiden aviviert, dann werden sie getrocknet, gegebenenfalls auch vorher gestreckt. Bei Seiden, die für den Transport in heiße Länder bestimmt sind, wird jedoch noch eine Zwischenbehandlung eingeschoben, die die bessere Haltbarkeit der Seide bezweckt. Es ist dieses ein für die Seidenfärberei so unendlich wichtiges Moment, daß man es nur als verwunderlich bezeichnen kann, wie verhältnismäßig wenig die erprobten Verfahren zum Haltbarmachen der Seide tatsächlich Anwendung finden.

Die Frage bezüglich des Mürbewerdens der zinnerschwerten Seide trat eigentlich erst in dem Moment auf, als die Wasserglaserschwerung eingeführt worden war, wodurch die Höhe der Charge in bisher unerreichter Weise vermehrt wurde.

Mit der Erschwerung Hand in Hand geht natürlich eine Vergrößerung des Volumens der Seidenfaser, die schließlich zum Platzen der Faser führt.

Über den Einfluß der Erschwerungs- und Färbeprozesse auf die Volumenvermehrung der Seidenfaser hat in ausführlicher Weise P. Heermann[1]) berichtet. Er beschreibt seine Versuche mit den verschiedensten Beizen, wie Eisen-, Chrom-, Tonerde- und Zinnbeizen, ferner Gerbstoffbeizen bei den verschiedenen Erschwerungsprozessen. Der ursprüngliche Durchmesser des entbasteten Seidenfadens, zu 12,2 Mikron angenommen, zeigte folgende Zunahmen:

Art der Erschwerung	Organzin %	Trame %
3mal eisengebeizt, blaugemacht	27,0	—
desgl. mit Katechu und Hämatin	40,1	—
2mal Zinnphosphat, Wasserglas	35,2	35,5
3mal „ , „	50,8	50,2
3mal „ , „ und Tonerde.	51,1	52,6
2mal „ , Katechu und Hämatin	52,5	51,0
3mal „ , „ „ „	64,0	61,6
4mal „ , „ „ „	74,6	72,2
5mal „ , „ „ „	—	82,9

Brennend wurde die Frage der Seidenschäden, als gegen die Wende des vorigen Jahrhunderts die gefürchteten roten Flecken in hellen Seidengeweben in verheerender Weise auftraten. Des weiteren wuchs das Interesse, als der Export erschwerter Seiden in die heißen Zonen und Hand in Hand damit die Klagen über das Morschwerden der Seiden zunahmen.

Eine der ersten Veröffentlichungen über diesen Übelstand war die von Dr. O. Meister, Zürich[2]), welcher sich speziell mit den erwähnten roten Flecken befaßt hat. Er führt dieselben auf eine katalytische Zersetzung des in den Seiden enthaltenen Kochsalzes durch Kupferverbindungen zurück und empfahl als Gegenmittel eine Behandlung der fertig avivierten Seide mit Rhodanammonium.

[1]) Heermann, P.: Färber-Zg. 1910, S. 385 und 1911, S. 29.
[2]) Meister, O.: Färber-Zg. 1905, S. 221.

Etwas später[1]) berichtet er dann noch über eine Verbesserung des Verfahrens, indem er der Rhodanammonlösung etwas Glyzerin und Borsäure zufügt.

L. Braun[2]) empfahl, um diesen Mißhelligkeiten aus dem Wege zu gehen, wie früher nur Seiden mit niedriger Erschwerung in den Verkehr zu bringen.

Auch Sander[3]) nimmt zu diesem Streit zwischen Färber und Fabrikant bezüglich der morschen Seiden Stellung und empfiehlt einerseits, die Erschwerung möglichst niedrig zu halten, andererseits das Publikum über das Wesen der Seideerschwerung aufzuklären. Ebenso sollte von seiten des Fabrikanten beachtet werden, daß die Höhe der Erschwerung dem jeweiligen Titer der Seide angepaßt werden müßte. Ferner sollte in Betracht gezogen werden, daß die Rohseide häufig erschwert und dadurch der Bastverlust ein größerer als üblich sei. Schließlich müßte beachtet werden, daß die Erschwerungsfähigkeit der Seiden teilweise entsprechend ihrer Herkunft eine ganz verschiedene sei und z. B. Kantontrame sich etwa 50% schlechter erschwere als China- oder Japanseiden.

R. Sansone[4]) berichtet über die Erfahrungen einer Spezialkommission zur Aufklärung des Einflusses der Seidenerschwerung auf die Haltbarkeit der Seide. Diese hat festgestellt, daß eine durch Freiwerden von Mineralsäuren eingeleitete Hydrolyse des Fibroins die Ursache der Zerstörung der Seide bildet. Nach Ansicht anderer Sachverständiger wird der Übelstand auf den Übergang der Erschwerungsstoffe von dem kolloiden in den kristallinischen Zustand oder auf Oxydationswirkung, veranlaßt durch photochemische Vorgänge, oder schließlich auf die Bildung von freiem Chlor aus den Bestandteilen der Zinncharge zurückgeführt. Gleichzeitig spricht Sansone sich über das Verfahren von Gianoli zum Haltbarmachen der Seide sehr günstig aus.

L. Braun[5]) wirft im Zusammenhang mit der Tatsache der überhandnehmenden Seidenschäden die Frage auf, bis zu welchem feinsten Titer man überhaupt Seiden erschweren sollte. Für Organzin cuite Couleur der Provenienz Japan, Nordchina, Kanton, Minchew und Bengal erachtet er eine Parierschwerung bei einem Titer von 18 bis 20 Den. für Schwarz 20 bis 30% als Höchstgrenze, bei Superieur von mindstens 20 Den. eine Erschwerung von 20 bis 45% als zulässig. Das Volumen dieser Seiden ist am größten bei einer Erschwerung von 60%, schrumpft bei weiterer Erhöhung der Charge aber wieder zusammen. Für eine höhere Erschwerung hält er daher einen Titer von mindestens 22 bis 24 Den. für erforderlich. Bei Soupleseiden von einem Titer 20 bis 30 Den. sollte man höchstens auf 250% gehen. Für Couleur cuite Trame 100 bis 110% sollte mindestens ein Titer von 30 bis 34 Den. und bei Schwarztrame 200% (für Damassés) ebenfalls ein solcher von 30 bis 40 Den. verlangt werden.

Gianoli[6]) berichtet ausführlich über die Einwirkung der Erschwerung auf die Rohseide und die verschiedenen Reagenzien, welche die Seide anzugreifen vermögen.

Derselbe Autor[7]) berichtet über die Abnahme der Haltbarkeit der erschwerten Seide durch die Einwirkung des Lichtes und führt dieselbe auf eine Oxydationswirkung gegenüber dem Fibroin zurück.

Früher hatte bereits Ristenpart[8]) an Hand zahlreicher Untersuchungen auf die Einwirkung des Lichtes und dessen schädigenden Einfluß auf zinnerschwerte Seiden hingewiesen.

---

[1]) Färber-Zg. 1905, S. 266. [2]) Braun, L.: Färber-Zg. 1905, S. 289.
[3]) Sander: Färber-Zg. 1909, S. 52.
[4]) Sansone, R.: J. of Soc. Dyers a. Col. 1909, S. 203.
[5]) Braun, L.: Färber-Zg. 1906, S. 101. [6]) Gianoli: Z. angew. Chem. 1908, S. 2267.
[7]) Chem.-Zg. 1910, S. 105. [8]) Ristenpart: Z. angew. Chem. 1909, S. 18.

P. Sisley[1]) berichtet über die Wirkung des Halogenwasserstoffes und dessen Salze auf die Haltbarkeit der Seide. Er schreibt das Entstehen der berüchtigten roten Flecken einer Hydrolyse der Chloride zu. Der Einwirkung der Metallsalze und besonders des Eisens als Katalysator legt er keine Bedeutung bei, im Gegensatz zu Meister. Bedingung ist allerdings, daß die Chloridlösung sehr verdünnt (2½%) ist.

Bei Studien über die Veränderung der Seide im Gewebe kommt Sisley[2]) zu dem Schluß, daß die Annahme, die Erschwerung schädige die Seidensubstanz, als solche nicht zutreffend sei. Wohl würde die Dehnbarkeit beeinflußt, jedoch nicht die Stärke. Auch Beschädigung durch zu hohe Temperatur läßt er nur gelten für Temperaturen über 120° C. Für sehr wichtig hält er dagegen die Einwirkung des Lichtes und die durch die Gegenwart von Eisen- und Kupfersalzen veranlaßten Oxydationsvorgänge.

Dr. Meister[3]) berichtet in längeren Ausführungen über die das Morschwerden der Seide veranlassenden Folgen einer unsachgemäßen Zinnphosphat-Silikaterschwerung und bespricht daran anschließend die diesbezüglichen von verschiedenen Seiten vorgeschlagenen Schutzmittel. Er kommt speziell auf die Verwendung von Rhodanverbindungen zur Behebung der berüchtigten roten Flecken zurück, die er als Folge einer Katalyse anspricht, bei der der durch die Aviviersäure in Freiheit gesetzte Chlorwasserstoff mittels der in jeder Seidenerschwerung vorhandenen verschiedenen Metallsalze zu elementarem Chlor umgewandelt wird, das dann die Zerstörung der Seidensubstanz einleitet.

W. P. Dreaper[4]) berichtet über die mehltauartigen Flecken in Seidengeweben und schiebt ihr Entstehen auf mechanische Reibungen zurück, wobei die gebrochenen feinen Fäden heller erscheinen. Die sich beim Lagern entwickelnden Flecken führt er auf hydrolytische Spaltung, Bildung von Chloraminen und freies Chlor zurück.

Mit derselben Materie beschäftigt sich auch B. Leech[5]) und kommt zu denselben Schlüssen wie Dreaper.

In einem ausführlichen Artikel über die Ursachen der Lagerunechtheit behandelt das gleiche Thema Heermann[6]). Er unterscheidet folgende Fälle der Lagerunechtheit:

1. Das Mürbe- und Morschwerden,
2. Veränderung der Farbe- und Fleckenbildung,
3. Veränderung von Glanz und Griff,
4. Beeinflussung der mitlagernden Waren.

Als Ursache des Mürbewerdens werden aufgeführt: Oxydationsvorgänge, Bildung freier Säuren durch Farbstoffzerfall, Rückstände von Farbstoff u. a. m.

Zur zweiten Gruppe zählt der Verfasser die Nachdunkelungen, Nachgrünen des Anilinschwarz, Farbänderungen, durch nicht genügend entfernte Farbrückstände veranlaßt, ferner Stock- und Schimmelflecke, Verfärbungen durch atmosphärische Einflüsse u. a. m.

Für das Schwinden von Glanz und Griff kommen atmosphärische Einflüsse in Frage.

Was schließlich die ungünstige Beeinflussung der mitlagernden Waren anbelangt, so zieht der Verfasser hier besonders die Einwirkung auf Metallgespinste in Betracht, die sich infolge zu hohen Säuregehaltes, der Anwesenheit größerer

---

1) Sisley, P.: Färber-Zg. 1909, S. 177. 2) Sisley: Färber-Zg. 1909, S. 243.
3) Meister: Z. angew. Chem. 1911, S. 2391.
4) Dreaper, W. P.: J. of Soc. Dyers a. Col. 1911, S. 291.
5) Leech, B.: J. of Soc. Dyers a. Col. 1914, S. 272.
6) Heermann: Leipz. Monatsschr. Textilind. 1913, H. 7, 8 und 9.

Mengen Fettsäuren oder Fett, Schwefelwasserstoff, Säuredämpfen usw. bemerkbar machen. Um die Lagerunechtheit schon vor ihrer eigentlichen Auswirkung zu erkennen, empfiehlt er, Versuche unter wechselnder Einwirkung von Erhitzung und feuchter Lagerung anzustellen.

Eine sehr interessante Studie über die Einwirkung von Neutralsalzen auf Seide veröffentlicht Lloyd[1]). Verfasser hat Gewebe von roher und abgekochter Seide in bezug auf ihr Verhalten gegenüber Neutralsalzen, entweder in einer einfachen 5 proz. wäßrigen Lösung oder in einer ebensolchen, die mit Essigsäure oder Ameisensäure angesäuert war, untersucht.

Glaubersalz greift beide Seiden stark an, nicht nur, daß der Glanz der Seide starke Einbuße erleidet, es wird auch Seidensubstanz direkt gelöst. Die Glanzminderung läßt sich durch Bastseifenzusatz verhüten. Beim Trocknen oder Lagern nimmt die Seide einen rötlichbraunen Farbton an. Da eine Behandlung mit 1 proz. Schwefelsäure ähnliche Erscheinungen auslöst, nimmt Verfasser an, daß sich das Natriumsulfat dissoziiert.

Nitrate greifen die Seide bedeutend weniger an, immerhin tritt bräunliche Verfärbung auf, während der Glanz der Seide nicht gemindert wird.

Chloride zeigen eine noch geringere Einwirkung, indem die Verfärbung der Seide zwischen Creme und Rosa schwankt; das gleiche gilt von Bromiden und Jodiden, während Fluoride überhaupt ohne Einwirkungen bleiben. Immerhin ist anzunehmen, daß die Halogensalze bei längerer Einwirkung nicht ohne Einfluß bleiben werden. Unter Einfluß von Luft und Licht treten bei den Chloriden und Bromiden Oxydationserscheinungen auf, die naturgemäß zur Schwächung der Seidenfaser führen müssen. Da die Einwirkung der Chloride im Laufe des Erschwerungsprozesses eine sehr erhebliche ist, so liegt hier natürlich die Ursache der Seidenschäden in der Bildung von freiem Chlor, was durch Zusatz von Rhodanammonium zurückgehalten werden kann. Etwas anderes ist die Zerstörung der Seide durch freie Mineralsäure, wobei die Temperatur eine große Rolle spielt. Hierbei ist bemerkenswert, daß Rohseide empfindlicher ist als abgekochte, weil der Bast mit Säuren leichter reagiert als das Fibroin. Die zerstörende Wirkung des Schweißes führt Verfasser auf das in demselben vorhandene Kochsalz zurück, indem hieraus Chlor gebildet wird.

Flecken in seidenen Geweben führt Verfasser auf Säureeinwirkung zurück, oder auf nicht genügend ausgewaschene Säure, die den Farbstoff beeinflußt. Hier spielt aber auch fehlerhafte Abkochung eine große Rolle, da der Seidenbast gegenüber dem Farbstoff reaktionsfähiger ist. Auch Seife bzw. deren ungenügendes Auswaschen können derartige Fleckenbildung veranlassen. Zum Schlusse werden auch noch die Schwefelflecke bei fehlerhafter Bleiche der Seide erwähnt.

Über eine eigenartige Faserschwächung speziell gelbgefärbter Seiden berichtet Heermann[2]). Auf Grund der Beobachtung, das gelbgefärbte Seiden, einerlei ob erschwert oder nicht, leicht mürbe werden, hat Verfasser seine Vermutung, daß dieses mit den Nitrofarbstoffen zusammenhängen könnte, an einer Reihe von Versuchen nachgeprüft, bei denen er selbst die Seide mit den in Betracht kommenden Farbstoffen wie: Pikrinsäure, Naphtholgelb S und Azoflavin FF gefärbt hatte. Die Versuche bestätigten seine Vermutung, denn die Festigkeit der teils unbelichteten, teils stark oder überbelichteten Seiden hatte stark gelitten; es wurde außerdem auf der Faser die Anwesenheit von Salpetersäure festgestellt.

In einem Referat über diese Arbeit[3]) wird darauf hingewiesen, daß bei Schwefelfarbstoffärbung der Baumwolle eine Nachbehandlung mit essigsaurem

---

[1]) Lloyd: J. of Soc. Dyers a. Col. 1913, S. 259.

[2]) Heermann: Chem.-Zg. 1914, Nr. 151. [3]) Färber-Zg. 1915, S. 20.

Natron oder bei Anilinschwarz eine solche Schutzbehandlung durch Zusatz von essigsaurer Tonerde zum Färbebad durchgeführt wird, um die Herabminderung der Festigkeit bei der Baumwolle zu verhüten. Es wird empfohlen, derartige Versuche auch bei Seide durchzuführen.

M. Entat[1]) empfiehlt Seidengewebe, welche stark dem Sonnenlicht ausgesetzt sind, mit Farbstoffen zu färben, welche imstande sind, die ultravioletten Strahlen zu absorbieren.

Heermann bestätigte in einer umfangreichen Arbeit über die Lichtempfindlichkeit der Seide[2]) an Hand zahlreicher Versuchsreihen die obigen Angaben Entates.

Über eine eigenartige Seidenschädigung berichtet Feubel[3]), nämlich über die Einwirkung des arsensauren Natriums, wie solches sich im käuflichen Natriumphosphat vielfach vorfindet, auf mit Zinnphosphat erschwerte Seide. Er hat festgestellt, daß die Seide hierdurch etwas getrübt wird.

Zum Schluß sei noch eines Vorschlages gedacht, der zur Frage der übermäßigen Erschwerung der Seide gemacht wird[4]). Es wird nämlich empfohlen, Erkennungszeichen festzusetzen, welche es dem Käufer ermöglichen, sich über die Höhe der Erschwerung zu orientieren und folgendes vorgeschlagen:

1. Gewebe mit 75% Erschwerung, bezeichnet als „Tout-cuite-Stoffe", sollen eine einfarbige Leiste aufweisen.
2. Gewebe mit 100% Erschwerung, bezeichnet als „Souple-Stoffe", sollen eine Leiste mit weißen Längsfäden haben.
3. Bei 125% Erschwerung, bezeichnet als „Charge-Stoffe", eine Leiste mit roten Längsfäden.
4. Bei 150% Erschwerung, den „Sur-Charge-Stoffen", eine Leiste mit blauen Längsfäden.

Man ersieht aus diesen soeben angeführten Abhandlungen, Berichten und Vorschlägen wohl ohne weiteres, ein wie wichtiges Gebiet diese Frage der Seidenschäden darstellt, um so mehr muß man es aber bedauern, daß die in Frage kommenden Industrien, die Seidenwarenfabriken und die Seidenfärbereien, diesen beachtenswerten Anregungen in der Praxis nur sehr wenig Gehör geschenkt haben. Wohl haben diese Anregungen dazu geführt, daß eine ganze Anzahl von Fachleuten Stoffe und Verfahren ausgeprobt und erfunden haben, welche dem Mürbewerden einer erschwerten Seide Einhalt tun. Es wird hiervon noch näher unten die Rede sein. Aber diese teilweise sehr guten Schutzmittel werden auch heute nur in Ausnahmefällen zur Anwendung gebracht, weil sie eben, wenn auch noch so gering, die Unkosten der Ausrüstung vermehren. Die Seide, die zu tragen früher gewissermaßen das Vorrecht der Vornehmen und Reichen war, ist in den letzten Jahrzehnten zu einem billigen und vielfach minderwertigen Textilmaterial herabgewürdigt worden. Seidengewebe, die nur zu einem Viertel oder Drittel tatsächlich aus Seide und zum anderen Teil aus mineralischer Erschwerung bestehen, können nicht mehr als edles Textilmaterial bezeichnet werden. Der Seidenfachmann kann die Entwicklung der Seidenausrüstung nur auf das lebhafteste bedauern und sollte keine Gelegenheit versäumen, darauf hinzuarbeiten, daß der Seide wieder der Platz unter den Textilien eingeräumt werde, der ihr von Rechts wegen gebührt.

Wenn man außerdem berücksichtigt, welche effektiven Werte durch das Mürbewerden der erschwerten Seiden vernichtet werden, dann sollte der Fabrikant,

[1]) Entat, M.: Rev. gen. Mat. color. 1920, S. 149.
[2]) Melliands Textilber. 1924, S. 747.
[3]) Feubel: Färber-Zg. 1912, S. 235.
[4]) Monatsschr. f. Textilind. Bd. 23, S. 602.

wenn er, nun einmal dem Zuge der Zeit folgend, hocherschwerte Seide verarbeiten läßt, wenigstens vorschreiben, daß die Seide mit einem der vielen bekannten Schutzmittel behandelt wird.

Wir kommen nun zu den Schutzbehandlungen selbst. Es mag von vornherein betont werden, daß es auf diesem Gebiet nicht an zahlreichen Versuchen gefehlt hat und eine große Anzahl von guten Verfahren vorhanden sind, die tatsächlich imstande sind, die Seide haltbar zu machen. Wohlverstanden handelt es sich aber um Verfahren, um die Schäden zurückzuhalten, die durch die Erschwerung und Färbung teils direkt, teils indirekt entstehen. Schäden, die durch einen natürlichen Verschleiß oder durch mechanische Einflüsse verursacht werden, vermag natürlich kein Schutzverfahren hintanzuhalten.

Das älteste der Verfahren zum Haltbarmachen der Seide dürfte wohl dasjenige von Meister, Zürich, sein, der eine Nachbehandlung mit Alkalisalzen der Rhodanwasserstoffsäure empfahl.

Ihm folgte Gianoli[1]), der für die gleichen Zwecke, namentlich zur Verhütung der roten Flecke, das Haltbarmachen der Seide mit Thioharnstoff oder Hydrochinon bzw. Hydrochinonsulfosäure empfahl. Das Verfahren ist geschützt durch das D.R.P. 163 622 und erfreut sich noch heute einer großen Beliebtheit.

Sisley[2]) bestätigt die günstigen Erfolge des Gianolischen Verfahrens.

Durch das D.R.P. 210 341 ist der Deutschen Diamalt-Ges. ein Verfahren zur Erhöhung der Elastizität erschwerter Seide und Schappe geschützt, dadurch gekennzeichnet, daß die Seide mit enzymatischen Malzpräparaten oder mit maltosehaltigen Präparaten (Diastafor) behandelt wird. Hierdurch soll einmal die zerstörende Wirkung der Beschwerungsstoffe herabgemindert, andererseits ein Ausgleich des Bastverlustes erzielt werden.

Heller[3]) empfiehlt dieses Verfahren und die Verwendung des Diastafors in einer Menge von 10 bis 20% des Seidengewichtes als Zusatz zur Avivage. Es wirkt gewissermaßen als Schutzmittel gegen die zerstörende Wirkung der kristallinischen Abscheidungen im Seidenfaden.

Herzog empfiehlt zur Haltbarmachung der erschwerten Seiden eine Nachbehandlung mit wasserlöslichen unterschwefligsauren Salzen. Er begründet die Vorteile dieses durch D.R.P. 213 471 geschützten Verfahrens nicht nur durch die reduzierende Wirkung des Thiosulfates, sondern auch damit, daß bei der Wirkung des Thiosulfates sich Schwefelzinn bildet, welches keine zerstörende Wirkungen mehr auszuüben vermag.

Dr. O. Meister, Zürich, benützt zum Haltbarmachen zinnerschwerter Seiden eine Nachbehandlung mit Aldehyden einwertiger Alkohole bzw. deren Verbindungen mit Bisulfiten. Dieses Verfahren, D.R.P. 223 883, soll gegenüber den bereits bekannten Mitteln, wie Thioharnstoff, Hydrochinon usw. große Vorteile aufweisen.

Sansone[4]) will mit einem Zusatz von ½ bis 3% der Salze der Sulfozyansäure direkt zum Chlorzinnbad gute Erfolge erzielt haben.

Olav Berg und Max Imhoff[5]) erhöhen die Festigkeit einer zinnerschwerten Seide dadurch, daß die Seide mit einer Lösung behandelt wird, die Hydroxylamin oder dessen Salze enthält. Sie wollen damit hervorragende Erfolge, namentlich bei der Einwirkung des Lichts, erzielt haben.

Den gleichen Zweck erreicht die Nitritfabrik A.-G. Köpenick nach dem D.R.P. 251 561 (1911), das eine Behandlung der Seide mit einer 10 proz. Lösung von ameisensaurem Ammonium zum Gegenstand hat. Dieses Verfahren soll den

---

[1]) Gianoli: Färber-Zg. 1907, S. 255. [2]) Sisley: Rev. gen. Mat. Color. Nr. 146, S. 33.
[3]) Heller: Färber-Zg. 1907, S. 146. [4]) Sansone: J. of Soc. Dyers a. Col. Bd. 25, S. 203.
[5]) D.R.P. 242214 (1911).

andern diesbezüglichen Verfahren überlegen sein, sowohl bezüglich Billigkeit, als auch bezüglich seiner Wirkung.

Sisley[1]) berichtet, daß Rhodanammon, Thioharnstoff und Hydroxylamin das Morschwerden der Seide durch Lichteinwirkung zu verhindern imstande ist. Das durch Hitze und den Luftsauerstoff veranlaßte Morschwerden werde dagegen nur durch die beiden ersteren, nicht aber durch Hydroxylaminbehandlung verhindert.

Durch die D.R.P. 263 645 (1910) und 276 271 (1912) sind Kl. Vowe Verfahren zum Widerstandsfähigmachen von Seidenfäden geschützt, darin bestehend, daß das Seidengut mit einer Emulsion von Leinöl oder einer Leinölseife vor oder in der Avivage behandelt wird. Dieses Verfahren soll namentlich für die roh zu verwendenden Grègen von Vorteil sein, da die eventuelle Glanzbeeinträchtigung nicht in Frage kommt.

Sehr eingehend hat sich Dr. Korselt, Zittau, in den letzten Jahren mit der Frage der Schutzbehandlung der Seide beschäftigt. Eine ganze Reihe neuer Verfahren, durch Patente geschützt, stammen von ihm, deren Grundgedanke aus der Überlegung hervorgegangen ist, daß man die Schwächung der Seidenfaser durch die Erschwerungsstoffe am besten durch Einverleibung solcher Stoffe in die Faser hintanhält, die sich eher abbauen lassen als die Seidensubstanz selbst.

So schützt das D.R.P. 348193 (1916) die Behandlung der Seide mit Abbauprodukten des Proteins oder Nucleins, welche auf fermentativem oder chemischem Wege erhalten werden. Der Abbau darf allerdings nicht bis zur Bildung von Harnstoff, Thioharnstoff, Rhodanverbindungen oder Hexamethylentetramin fortgeschritten sein, sondern der Schutz erstreckt sich nur auf Aminosäuren, Verbindungen der Imidazol-, Pyrrol- und Indolreihe, Polypeptide und Peptone, Histidin, Adenin, Nucleinsäuren und noch viele andere Eiweißbausteine. Ihre Wirkung als Schutzkörper beruht darauf, daß diese Körper durch die Erschwerungsstoffe leichter abzubauen sind als das Fibroin der Seide.

Das D.R.P. 349 261 (1916) schützt Korselt ein weiteres Verfahren zur Schutzbehandlung der Seide, darin bestehend, daß man die Seide vor der Erschwerung mit einer 2 proz. Lösung von Cholin- oder Betainchlorhydrat oder einem Salz der Hippursäure behandelt, aus dem man durch Nachbehandlung mit Salpetersäure die Hippursäure in der Faser abscheidet. Es beruht dieses Verfahren darauf, daß organische Verbindungen, welche Stickstoff oder Schwefel oder beide zusammen enthalten, eine Schutzwirkung in der Seide auszuüben vermögen, sofern sie leichter oxydierbar sind als das Fibroin und sofern sie der Seide vor der Erschwerung einverleibt werden.

Das französische Patent 478007, das Schadd und Korteling[2]) zur Anwendung empfehlen, läßt die Seide mit 2% ihres Gewichtes an hippursaurem Natrium imprägnieren und dann durch Behandeln mit Salzsäure die Hippursäure in der Faser niederschlagen.

Ein D.R.P. 360 603 (1916) hat Korselt sodann auf ein weiteres Verfahren erhalten. Nach den Ausführungen dieses Patentes wird die Seide mit Lösungen von Alkaloiden, z. B. Cinchonin (1% vom Seidengewicht), behandelt. Zur Erhöhung der Schutzwirkung wird empfohlen, die Schutzstoffe im Innern der Seidenfaser unlöslich, z. B. durch Nachbehandlung mit einer Seifenlösung, niederzuschlagen.

Ein ähnliches Verfahren von Korselt betrifft das brit. Pat. 136 578; darnach wird die erschwerte Seide mit Alkaloidderivaten oder deren Spaltungs-

---

[1]) Sisley: Text. Man. 1912, S. 132.

[2]) Schadd und Korteling: J. Soc. Chem. Ind. 1916, S. 1107.

produkten behandelt, hierdurch soll eine Zunahme der Stärke um 50 bis 60% und der Elastizität um 25 bis 40% erzielt werden. Als derartige Stoffe werden genannt: Berberin, Tropin, die Zersetzungsprodukte von Protein oder Nuclein, Polypeptide, Peptone, Tryptophan, Protamine, Guanin u. a. m. Der Sauerstoff der Luft oder der Erschwerungsstoffe wird dann von diesem Körper zuerst absorbiert, weil sich das Seidenfibroin nicht so leicht oxydiert.

Das D.R.P. 446484 von 1924 schützt der Färberei und Appretur Gesellschaft vorm. A. Clavel & Fr. Lindenmeyer, Basel, ein Verfahren zur Erhöhung der Haltbarkeit erschwerter und unerschwerter Seide. Dasselbe besteht darin, daß den betreffenden Seiden jegliche saure Reaktion durch Behandeln mit alkalisch reagierenden Stoffen wie Ammoniak, Trinatriumphosphat, Borax und organische Basen genommen wird. Die Behandlung hat nach dem Färben zu geschehen, eine Säureavivage ist natürlich ausgeschlossen.

Das D.R.P. 417707/1923 schützt Dr. Bergmann, Immendörfer & Löwe ein Verfahren zum Haltbarmachen tierischer Fasern durch Behandeln mit Rübenmelasse oder Betain.

Das D.R.P. 418110/1924 Zusatz zum D.R.P. 359228 schützt der A.-G. f. Anilinfabrikation, Berlin, die Verwendung geschwefelter Phenole der Benzol- oder Naphthalin-Reihe zum Haltbarmachen tierischer Fasern.

Ein einfaches Erhaltungsmittel schützt das U.S.Am. Patent 1446834 von G. W. Cole jr. Man läßt die Seide nach der Zinnerschwerung trocknen und dann mit einer Glyzerinlösung imprägnieren. Hierauf wird einfach ausgeschleudert und gefärbt.

Zum Schluß sei noch einer Abhandlung von Homolka[1]), über den Schutz der beschwerten Seide gedacht. Verfasser sieht die Ursache der Fleckenbildungen im Gewebe oder des Morschwerdens in allgemeinen Oxydationsvorgängen, Freiwerden von Säuren der Erschwerung, Übergang der Erschwerungsbestandteile von der kolloiden in die kristalline Form, Einwirkung des Lichtes, elektrochemischen Vorgängen und schließlich photochemischen Prozessen. Er empfiehlt von den vielen Mitteln zum Haltbarmachen die Behandlung mit ameisensaurem Ammoniak, durch welches einerseits die Oxydationswirkungen hintangehalten, andererseits etwaige freie Säure neutralisiert werden kann. Man imprägniert die beschwerten Seidenstoffe mit einer wässerigen 8- bis 10 proz. Lösung des ameisensauren Ammons, schleudert aus und trocknet. Bei den sonst gebräuchlichsten Schutzmitteln, wie Thioharnstoff, Hydrochinon und Sulfozyanaten glaubt der Verfasser dagegen ein Schwinden des Griffes und Glanzes der Seide feststellen zu müssen. Andererseits empfiehlt er jedoch die Behandlung mit einer 1- bis 1½ proz. wässerigen Lösung von Hydroxylaminchlorid mit anschließendem Schleudern und Trocknen als äußerst wirksam, wo es sich um Lichtbeständigkeit der Färbung, Erhaltung der Elastizität, des Griffes und des Glanzes handelt. Schließlich wird die Behandlung mit Sulfozyanammonium zusammen mit Borsäure, Tannin und Glyzerin empfohlen, und zwar entweder nach Beendigung der Veredlung oder während des Erschwerungsprozesses als Zusatz zu den Phosphatbädern. Diese Arbeitsweise soll namentlich bei hocherschwerten Seiden ganz hervorragende Ergebnisse gezeitigt haben.

Nach dieser Aufstellung der verschiedenen Verfahren zum Haltbarmachen — in der Praxis spricht man von einer „Solidfärbung“ oder „Patent-Solidfärbung“ — sei noch kurz erwähnt, daß man die verschiedenen Mittel, deren Auswahl natürlich der Erfahrung des Färbers überlassen bleiben muß, durchweg an der fertig gefärbten und avivierten Seide anwendet. Man stellt die Seide nicht

[1]) Homolka: Färber-Zg. 1915, S. 46.

etwa auf ein diesbezügliches Bad, sondern begnügt sich damit, die Seide handvollweise mit der Hand eben durch das Bad zu ziehen und leicht auszuwringen, so daß eben nur eine leichte Imprägnierung stattfindet.

4. Das Trocknen der Seide.

Ist die Seide vollständig fertig gefärbt und aviviert, dann wird sie getrocknet, ein Prozeß, der einfach erscheint, es aber keineswegs ist. Es sind gerade bei der Seide bezüglich des Trocknens soviel wichtige Punkte zu berücksichtigen, wie dieses bei keinem anderen Textilmaterial der Fall ist. Die Trockentemperatur darf nicht zu hoch sein, um die Seide nicht zu beschädigen und den Glanz und Griff nicht zu beeinträchtigen; das gleiche gilt von der Trockendauer. Andererseits genügt es auch nicht, die Seidenmasten einfach zum Trocknen aufzuhängen, sondern sie müssen vorher gut präpariert werden. Das Trocknen der Seide ist ein Vorgang, dem viel größere Aufmerksamkeit geschenkt werden müßte, als dieses bislang noch vom Seidenfärber geschieht, denn die Auswirkungen einer irgendwie nicht entsprechenden Trocknung der Seide treten erst im fertiggestellten Seidengewebe in Erscheinung; es sei hier nur an das „Krauswerden“ und „Boldern“ der Gewebe erinnert.

Die von der letzten Nachbehandlung ausgeschleuderte Seide wird an den Pol genommen und gut präpariert, d. h. man zieht Masten für Masten am Kreuz gleichmäßig auf, schlägt gut an und überzeugt sich gleichzeitig von irgendwelchen Fehlern. Diese so nachgesehenen und gut aufgelockerten Masten werden dann auf die entsprechenden Trockenstöcke aufgehängt und in die Trockenkammer gebracht. Bei dieser Vorbereitung geht eine Aussortierung nach den Farben vor sich. Schwarz und farbig muß man natürlich überhaupt getrennt halten, schon um sich vor Fleckenbildungen zu schützen.

Die Trockenräume oder Trockenkammern werden mittels einer Rippenrohrdampfheizung geheizt, die an den Wandungen des Raumes hergeführt wird, nicht etwa in der Mitte. Die Räume, die nicht zu niedrig sein dürfen, haben seitlich, oben und unten Abzugöffnungen, die vielfach mit Ventilatoren versehen sind, um die feucht gewordene Trockenluft absaugen zu können. Die Ventilatoren dürfen nicht zu große Ausmaße haben, um nicht eine Saugwirkung auf die trockenen Seiden auszuüben und sie zu verwirren, was namentlich bei unerschwerten Seiden leicht der Fall ist. Außerdem müssen in den Trockenräumen Gestelle oder Hängevorrichtungen angebracht sein, auf welche die mit der Seide beschickten Stöcke aufgehängt werden können.

Zur Einleitung des Trockenprozesses bringt man die Temperatur des Trockenraumes auf etwa 35 bis 40 °C, läßt sie etwa eine halbe bis eine Stunde einwirken und dreht dann die Heizung ab. Es ist unbedingt darauf zu achten, daß die Temperatur nicht zu hoch genommen wird, um ein Verflüchtigen der Aviviersäure zu verhindern. Es empfiehlt sich überhaupt, lieber langsamer und bei niedriger Temperatur zu trocknen, als schnell unter Anwendung höherer Wärmegrade. Bei hocherschwerten Seiden sowie bei Soupleseiden, die irgendwelche Appreturstoffe in der Avivage erhalten haben, empfiehlt es sich, die Seidenmasten während des Trocknungsprozesses einmal umzuhängen, weil bei den verhältnismäßig dicken Masten die Bestandteile der Avivage nach unten sinken, wodurch Schwierigkeiten im späteren Verarbeitungsprozeß entstehen können.

Die Zeitdauer des Trocknens richtet sich nach dem Seidenmaterial, ob dünne oder dicke Seidenmasten, ob unerschwerte Seide oder erschwerte vorliegt. Meistens verfährt man in der Weise, daß abends aufgehängt und über Nacht getrocknet wird.

Was Arbeitsleistung anbelangt, sind die modernen Trockenanlagen für kontinuierlichen Betrieb natürlich den einfachen Trockenkammern weit überlegen. Diese Trocknungsanlagen, wie sie z. B. von der Firma Fr. Haas, Lennep, gebaut werden, gründen sich auf ein ähnliches Prinzip, wie es bereits bei der Beschreibung der modernen Trocken- und Röstapparate für Kokons (s. Seite 31) beschrieben wurde.

Abb. 179. Trockenapparat „Haas-Trockner-Universal" von Fr. Haas, Lennep.

Eine solche in der Abbildung wiedergegebene Trocknungseinrichtung besteht aus einem aus mehreren Abteilungen zusammengesetzten Trockenschrank, dessen Abteile durch einen gemeinschaftlichen Luftsaugeschacht miteinander verbunden sind und mithin gestatten, die einzelnen Kammern der Reihe nach langsam vorzuwärmen.

Die innere Einrichtung eines solchen „Haas-Trockner-Universal", sowie dessen Arbeitsweise, gestaltet sich nach den Angaben der erbauenden Firma wie folgt:

Der „Haas-Trockner-Universal" ist ganz aus Stahl und Eisen, durchaus feuerfest, gebaut. Er besteht aus mehreren nebeneinanderliegenden Trockenkammern mit zwischengebauten Heizkammern. In letzteren befinden sich mit Dampf beheizte Heizbatterien. Der Erklärung des Trockenprinzipes ist, unter Zugrundelegung der nachstehenden Schnittzeichnung, beispielsweise eine Größe von fünf Trockenkammern (A, B, C, D, E) mit fünf zwischengebauten Heizkammern (e, a, b, c, d) zugrunde gelegt. In den Heizkammern (e, a, b, c, d) streicht die von einem Exhaustor angesaugte Luft an den Heizbatterien vorbei und nimmt deren Wärme an. In den Trockenkammern (A, B, C, D, E) wird die warme Trockenluft auf genau geregeltem Wege von unten nach oben durch das Trockengut hindurchgesaugt, absorbiert und entfernt dabei dessen Feuchtigkeit.

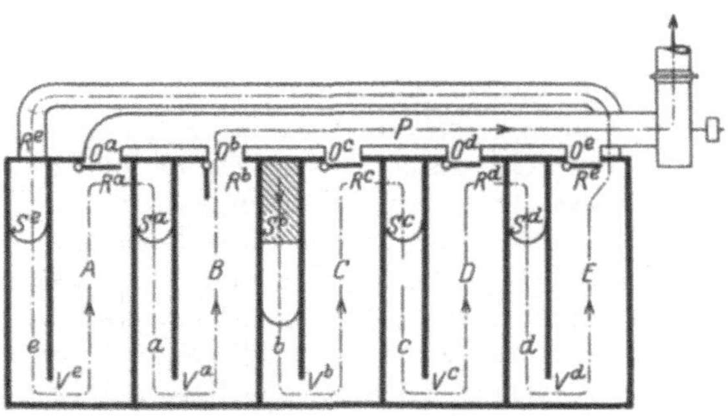

Abb. 180. Schnittzeichnung des „Haas-Trockner-Universal".

Die warme Trockenluft, welche mittels Exhaustors am Ende des Saugrohres *P* abgesogen wird, durchstreicht alle Trockenkammern und Heizkammern in einem vollkommenen Kreislauf.

Der Lufteintritt ist abwechselnd bei einer der Heizkammern durch eines der Ventile *S* (*e*, *a*, *b*, *c*, *d*). Der Luftaustritt ist abwechselnd aus einer der Trockenkammern durch eines der Ventile *O* (*a*, *b*, *c*, *d*, *e*). Diese beiden Ventile und dasjenige zwischen ihnen *R*, (*a*, *b*, *c*, *d*, *e*) sind miteinander zwangsläufig verbunden. Wird z. B. *Sb* für den Eintritt der Luft geöffnet, so öffnet sich automatisch *Ob* für den Austritt der Luft, während *Rb* die Verbindung zwischen *B* und *b* schließt. Der Weg, den die Luft bei diesem Vorgang durcheilt, ist durch eine punktierte Linie bezeichnet.

Die Bedienungsweise ist folgende:

Trockenkammer *I* wird mit nassem Material gefüllt, Lufteintrittsschieber *2* geöffnet.

Wirkung: Der Exhaustor saugt alle Wärmeeinheiten aller fünf Heizelemente *b*, *c*, *d*, *e*, *a* zur nassesten Kammer *I* (siehe punktierte Linie), verdampft hier intensiv und saugt die verdampften Wassermengen von oben in der Kammer *I ab* zur Fortführung ins Freie. Der Arbeiter wartet 24 Minuten.

Trockenkammer *II* wird jetzt mit nassem Material gefüllt, Lufteintrittsschieber *3* geöffnet, *2* geschlossen.

Wirkung: Der Exhaustor saugt alle Wärmeinheiten aller fünf Heizelemente *c*, *d*, *e*, *a*, *b* zur jetzt nassesten Kammer *II* (siehe punktierte Linie), verdampft hier intensiv und saugt jetzt oben in der Kammer *II* ab. Kammer *I* hat jetzt einfach stufenweise vorgetrocknetes Material und Wärmeeinwirkung von vier statt fünf Heizelementen. Der Arbeiter wartet 24 Minuten.

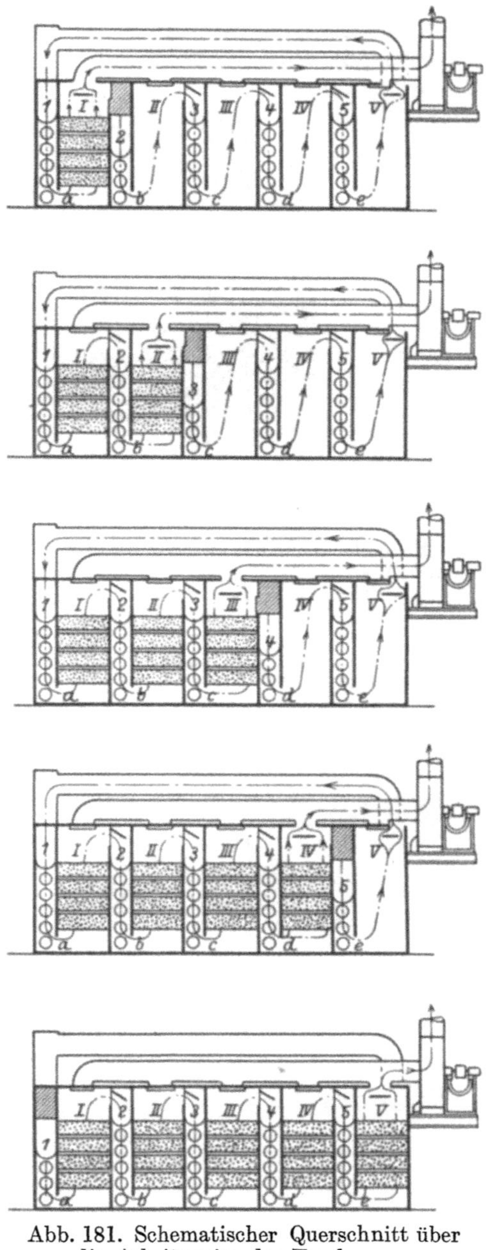

Abb. 181. Schematischer Querschnitt über die Arbeitsweise des Trockners.

Trockenkammer *III* wird jetzt mit nassem Material gefüllt, Lufteintrittsschieber *4* geöffnet, *3* geschlossen.

Wirkung: Der Exhaustor saugt alle Wärmeinheiten aller fünf Heizelemente *d*, *e*, *a*, *b*, *c* zur jetzt nassesten Kammer *III* (siehe punktierte Linie), verdampft hier intensiv und saugt jetzt oben in der Kammer *III* ab. Kammer *I* hat jetzt zweifach stufenweise vorgetrocknetes Material und Wärmeeinwirkungen von drei statt vier Heizelementen. Kammer *II* jetzt wie vorher Kammer *I*. Der Arbeiter wartet 24 Minuten.

Trockenkammer *IV* wird jetzt mit nassem Material gefüllt, Lufteintrittsschieber *5* geöffnet, *4* geschlossen.

Abb. 182. Kanaltrockner der Firma Fr. Haas, Lennep.

Wirkung: Der Exhaustor saugt alle Wärmeinheiten aller fünf Heizelemente *e, a, b, d, c* zur jetzt nassesten Kammer *IV* (siehe punktierte Linie), verdampft hier intensiv und saugt jetzt oben in Kammer *IV* ab. Kammer *I* hat jetzt dreifach stufenweise vorgetrocknetes Material und Wärmeinwirkung von zwei statt drei Heizelementen. Kammer *II* wie vorher Kammer *I*. Kammer *III* wie vorher Kammer *II*. Der Arbeiter wartet 24 Minuten.

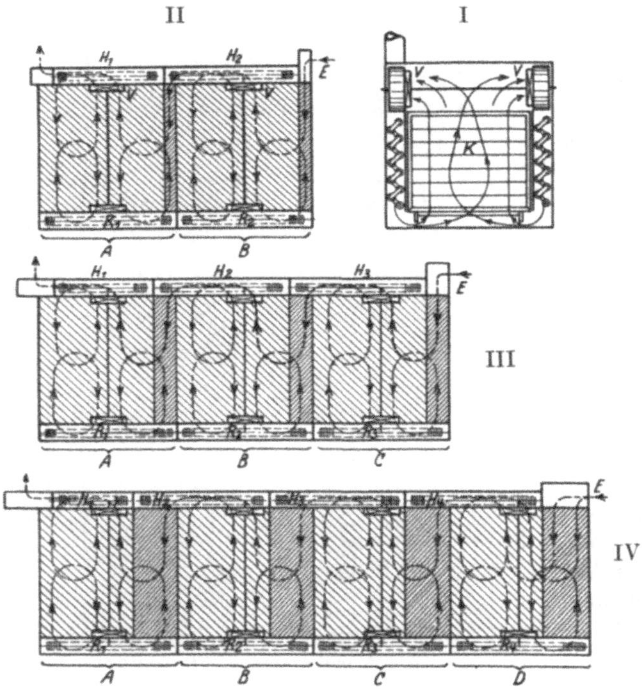

Abb. 183. Grundrißskizzen des Trockners.

Trockenkammer *V* wird mit nassem Material gefüllt, Lufteintrittsschieber *1* geöffnet, *5* geschlossen.

Wirkung: Der Exhaustor saugt alle Wärmeinheiten aller fünf Heizelemente *a, b, c, d, e* zur jetzt nassesten Kammer *V* (siehe punktierte Linie), verdampft hier intensiv und saugt jetzt oben in Kammer *V* ab. Kammer *I* hat vierfach stufenweise vorgetrocknetes Material und Wärmeeinwirkung von einem statt zwei Heizelementen. Kammer *II* wie vorher Kammer *I*, Kammer *III* wie vorher

Kammer *II*, Kammer *IV* wie vorher Kammer *III*. Der Arbeiter wartet 24 Minuten.

Nach dieser Zeit ist Trockenkammer *I* ganz trocken. Sie wird geleert und sofort mit neuem nassen Material gefüllt. Der Arbeiter behandelt dann diese Kammer genau wie anfangs. Nach weiteren 24 Minuten ist Trockenkammer *II* trocken, wird geleert und wieder gefüllt usw. Trockenkammer *III*, dann *IV*, dann *V*, so daß der Apparat jede 24 Minuten den Inhalt einer Trockenkammer nach der anderen gleichmäßig getrocknet herausgibt.

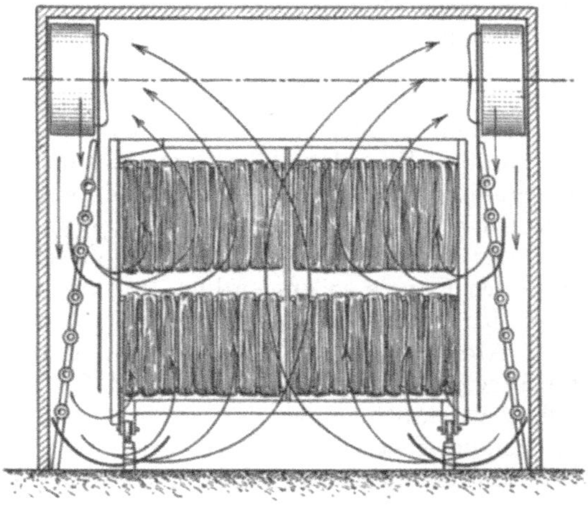

Abb. 184. Querschnittskizze des Trockners. Vorderansicht.

Der Arbeiter hat nichts weiter zu tun als Leeren und Füllen der einzelnen Kammern, Öffnen und Schließen eines Lufteintrittschiebers, alles andere erfolgt automatisch.

Eine andere automatische Trockeneinrichtung, von der gleichen Firma konstruiert, ist der Kanaltrockner, Stufen-Trocken-System Haas, dessen Einrichtung und Arbeitsweise nach den Angaben der Firma folgende ist:

Die Anlage stellt einen Trockenkanal dar, der mit Kreis- und Frischluftströmung, und zwar beide in ganz bestimmtem Verhältnis, je nach Länge des Kanals begrenzt, arbeitet.

In der Querschnittskizze Abb. 183 Fig. I stellt *K* den für die Aufnahme des Gutes bestimmten Raum dar. Das Naßgut wird in Wagen hängend eingeführt und der Kanal in seiner ganzen Länge durch die aufeinanderfolgenden Wagen in Abschnitte *A*, *B*, *C*, *D* (vgl. die Grundrißskizzen Abb. 183 Fig. II, III, IV) eingeteilt.

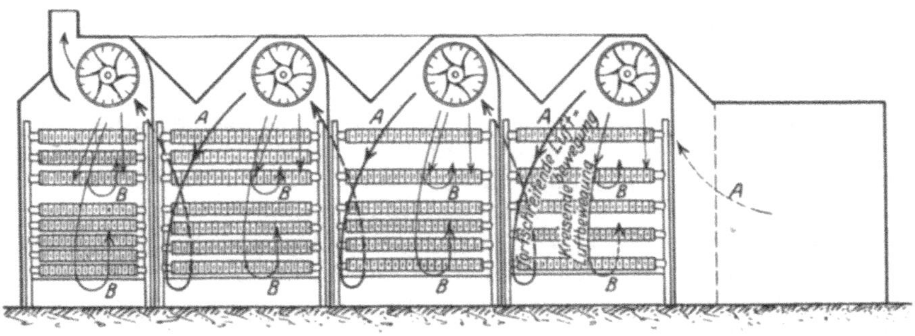

Abb. 185. Querschnittskizze des Trockners. Seitenansicht.

An linker und rechter Seite sind dem Kanal Heizzellen *H* und *R* angegliedert, die oben durch Luftturbinen *V* und unten durch offene Luftwege mit dem Kanalinnern in Verbindung stehen. Wie aus der Querschnittskizze Abb. 184 u. 185 ersichtlich, saugen die Luftturbinen die Luft aus dem Kanal oberhalb der Wagen ab, befördern sie in die Heizabteilungen und aus diesen unterhalb der Wagen wieder in den Trockenkanal, wo sie das Gut von unten nach oben durchströmt. Es entsteht dadurch eine kreisende Luftbewegung, die ununterbrochen das Trockengut einerseits und die Heizabteilungen andererseits durchzieht. Die spiralförmig fortschreitende Kreisluft wird in stufenmäßig erhitztem Gegenstrom dem Naßmaterial zwangsläufig entgegengeführt.

Jedes Windrad saugt aus der zugehörigen Trockenzone die Luft zentral an und gibt sie in die seitlich angegliederte Heizkammer in Richtung auf den Eintritt des Naßgutes vorgeleitet ab. Es entsteht dadurch eine ununterbrochene Kreisluftbewegung durch Heizkammern und Trockengut, sowie eine zwangsläufig fortschreitende Luftströmung vom trockenen zum nassen Kanalende.

Würden die Heizabteilungen in ihrer Anordnung mit der durch die Wagen bestimmten Einteilung des Kanals übereinstimmen, so wäre die Kreisluftbewegung in jedem Wagen und der zugehörigen Heizzelle in sich geschlossen. Um jedoch auch eine fortschreitende Luftbewegung und dadurch Lufterneuerung in dem Kanalsystem zu erzielen, sind die Heizzellen an einer Seite des Kanals so angeordnet, daß sie von einem Kanalabschnitt in den anderen übergreifen. Bei kürzeren Kanälen ist dabei die Verlagerung von einer Abteilung in die andere eine geringere, bei längeren Kanälen eine größere. Dadurch wird erreicht, daß bei kürzeren Kanälen die Kreisluft in jedem Abschnitt längere, bei größeren Kanälen dagegen kürzere Zeit verweilt. In umfangreicheren Kanälen wird die Luft also schneller erneut, was bei der entsprechend größeren Wassermenge, die verdunstet und weggeführt werden muß, auch notwendig ist.

In den Grundrißskizzen Abb. 183, Fig. II, III und IV zeigen die weit schraffierten Flächen den Anteil der Kreisluftströmung im Verhältnis zur Frischluftbewegung, welch letztere in ihrer Ausdehnung durch die eng schraffierten Flächen zum Ausdruck kommt. Die Verbreiterung dieser Flächen von Fig. II bis IV der Abb. 183 zeigt, wie bei steigender Kanallänge die Frischluftzufuhr größer und die Kreisluftströmung geringer wird.

Zu berücksichtigen ist noch, daß die Trocknung sowohl im Gleichstrom wie im Gegenstrom durchgeführt werden kann. In den weitaus meisten Fällen kommt nur die Gegenstromtrocknung in Frage. Die nassen Wagen werden für diesen Fall auf den Grundrißskizzen links eingeführt, während die Frischluft rechts bei *E* eintritt. Da die Frischluftführung durch die trocknen, zur Ausfahrt bereiten Wagen geleitet wird, dient die letzte Abteilung als Kühlraum.

Der Weg, den die Frischluft nimmt, ist in den Grundrißskizzen durch die Pfeillinien angedeutet. In Fig. III der Abb. 183 ist der besseren Anschaulichkeit wegen der Frischluftstrom, von dem Eintritt *E* ausgehend, durch die stärker ausgezogene Spirallinie gekennzeichnet.

Die Abluft entweicht an der letzten Kammer links.

Die Ausströmungsöffnung wird mit einem regelbaren Verschluß versehen.

Durch ein mehr oder weniger starkes Öffnen des Austritts kann auf das Kreis- und Frischluftverhältnis ein weiterer Einfluß ausgeübt werden. Dieser ist geltend zu machen, wenn in dem rechnungsmäßig ermittelten Mischungsverhältnis durch Schwankungen des Wassergehalts im Trockengut durch andere Temperaturabstufungen usw. Änderungen eintreten.

Durch die Führung der fortschreitenden Luftbewegung in Schraubenlinie, abwechselnd durch die aufeinanderfolgenden Kanalzonen und dann immer wieder über die sich aneinanderreihenden Heizbatterien hinweg, ergibt sich stufenmäßig eine allmähliche Temperaturerhöhung zum Kanaleintritt hin, durch die von Zone zu Zone zunehmende Summierung der Wärmemengen der aufeinanderfolgenden Heizbatterien.

Dadurch erhält am Kanaleintritt das feuchteste und also gegen Hitzeschäden widerstandsfähigste Trockengut die größten Wärmemengen, das während der Passage durch den Kanal stufenmäßig antrocknende Material stufenmäßig geringere Wärmemengen und schließlich, am Kanalende, das fast fertig getrocknete und also in diesem Zustande gegen Hitzeschäden wenig widerstandsfähige Trockengut die geringsten Wärmemengen von nur einem einzigen Heizelement, oder auch völlige Abkühlung durch Fortfall der Heizbatterien in der ersten Kanalzone.

Die Bedienungsweise ist die gleiche wie bei der zuerst beschriebenen Trockenanlage.

Eine andere Art von Trockenvorrichtung bewegt nicht den Heißluftstrom durch das Trocknungsgut, sondern umgekehrt dieses durch den entsprechend geheizten Trockenraum. Die Trockenstöcke werden auf ein Gestell gelegt, das sich langsam nach Art eines unendlich laufenden Transportbandes durch einen entsprechend großen Trockenraum hindurch bewegt. Bei Eintritt dieses Gestelles in den Trockenraum wird der Stock mit der zu trocknenden Seide auf

Abb. 186. Turbo-Kanal-Trockner mit endlosem Kettenbetrieb von Fr. Haas, Lennep.

dasselbe aufgelegt und beim Verlassen des Raumes mit der jetzt vollkommenen getrockneten Seide abgenommen. Befördernd für die Trocknung wirkt in diesem Falle natürlich die Bewegung, in der sich die Seide während des Trockenprozesses befindet. Auch dieser Apparat französischer Herkunft soll sich sehr gut bewähren.

Eine Trockenanlage nach ähnlichem Prinzip ist übrigens der bereits besprochene Turbo-Kanal-Trockner der Firma Fr. Haas, Lennep, sobald derselbe für endlosen Kettenbetrieb eingerichtet wird. Das Naßgut wird mittels endloser Kette durch den Trockenkanal geführt, in dessen Innern die Strömungen der Heizluft und Frischluft die gleichen sind wie bei dem bereits beschriebenen Kanaltrockner.

Die Frage, wann eine Seide richtig trocken ist, hat man bisher stets empirisch behandelt, nie wissenschaftlich beantwortet. Ist die Trocknung der Seide beendigt, dann bringt man sie von der Trockenkammer in einen Raum mit einer normal feuchten (65 ^{0}) Luft, um einen Feuchtigkeitsausgleich in der Seide herbeizuführen. Es wird meistens nicht beachtet, daß die Seide einen ziemlichen erheblichen Gehalt an eigener Feuchtigkeit, nämlich 11%, besitzt, der beim Trocknen natürlich ebenso verschwindet wie der mechanisch anhaftende. Diese Eigenfeuchtigkeit muß der Seide unbedingt vor dem weiteren Verpacken wieder einverleibt werden. Es ist dieses im übrigen auch nicht schwer, da die Seide begierig Feuchtigkeit aufnimmt und im Verlauf von zwei Stunden die verlorene

Eigenfeuchtigkeit wieder ausgeglichen haben kann. Andererseits ist es selbstverständlich nicht erlaubt, der Seide durch längeres Hängen oder Liegenlassen, z. B. in einem kühlen feuchten Keller, eine Überfeuchtigkeit zu geben, etwa um dadurch beim Abnehmer den Anschein einer höheren Erschwerung zu erwecken. Abgesehen von der nicht einwandfreien Handlungsweise, würden sich später auch die größten Übelstande in der Verarbeitung einstellen.

Diese aufgeführten zwei Möglichkeiten zeigen wohl zur Genüge, wie wichtig es ist, beurteilen zu können, ob eine Seide tatsächlich einwandfrei trocken ist, und es sollten, ebenso wie in modern eingerichteten Webereien alle Webräume, so auch in den Seidenfärbereien zum mindesten die Aufbewahrungsräume wie die Packräume mit einer Luftbefeuchtungsanlage bzw. mit Apparaten zum Messen der Luftfeuchtigkeit ausgerüstet sein, um die Seide bei gleichmäßiger Feuchtigkeit lagern zu können.

5. Das Strecken der Seide.

Durch die verschiedenen Vorgänge, die die Seide im Laufe der Veredelung durchzumachen hat, erleidet sie einerseits eine Schrumpfung, andererseits eine Einbuße an Glanz. Um das eine und das andere wieder auszugleichen, bedient man sich des Streckens der Seide. Bezüglich des Schrumpfungsverlustes der Seide finden sich nur wenig Angaben in der Literatur.

Nach Heermann[1]) erleidet die Seide bei dem Entbasten eine Schrumpfung von 0,72%, welche sich bei der mineralischen Erschwerung nur unwesentlich verändert. Auch die Behandlung mit Gerbstoffen läßt den Faden nur unwesentlich einschrumpfen. Sobald aber die Behandlungsprozesse, die das Volumen der Seide vergrößern, vermehrt werden, steigt die Einschrumpfung nach den Feststellungen Heermanns bis zu 4,27%.

Die Angaben Heermanns wurden durch Versuche, welche in der Seiden-Trocknung A.-G. Elberfeld durchgeführt wurden, bestätigt, wobei gleichzeitig festgestellt wurde, daß eine Behandlung mit Diastafor der Diamalt A.-G., München, diese Schrumpfung wesentlich vermindert.

Bedeutend wichtiger wie der Ausgleich des Einschrumpfungsverlustes ist beim Strecken jedoch die Erhöhung des Glanzes. Zu diesem Zweck wird auch von den Fabrikanten direkt ein Strecken der Seide vorgeschrieben, bis ein Glanz erreicht ist, der mit „brillant“ oder „metallique“ bezeichnet wird.

Die einfachste Art des Streckens, die gewissermaßen den Ausgleich der Schrumpfung herbeiführen und das durch die verschiedenen Behandlungsvorgänge veranlaßte Verschieben des Seidenmastens im Kreuz wieder ordnen soll, ist das Anstrecken oder Präparieren der Masten. Man präpariert in der Weise, daß man den Seidenmasten an einen Pol hängt, die Seide von innen mit der Hand faßt und nun durch einen leichten Schlag die Fäden glatt zieht. Oder aber man hängt eine Anzahl von etwa zehn Masten an den Pol, steckt durch die herabhängenden Enden ein glattes rundes Polholz, faßt dasselbe an den beiden Enden und übt nun ebenfalls wie beim Schlagen mit der Hand mehrere kräftige Schläge aus. Dieses Präparieren geschieht während des Erschwerungs- und Färbeprozesses verschiedentlich, um die einzelnen Fäden wieder zu lockern und die ab und zu in Verwirrung geratenen Masten wieder zu ordnen.

Auch hier hat man die Handarbeit durch Maschinenarbeit ersetzt und zu diesem Zweck Anstreckmaschinen gebaut, deren Einrichtung aus den folgenden Abbildungen ersichtlich ist.

---

[1]) Heermann: Färber-Zg. 1907, S. 113.

Sie bestehen im wesentlichen aus gegenüberstehenden Walzenpaaren, auf welche die Seidenmasten gehängt werden. Die obere Walze ist wohl um ihre Achse drehbar, um wie bei den Walzen einer Waschmaschine die Seide fortzutransportieren, aber im übrigen bleibt sie in ihrer Stellung, während die untere Walze durch eine Exzentervorrichtung sich hebt und dann wieder hinunterfällt. Durch diesen Fall wird das Anstrecken der Seide bewirkt, es wird durch entsprechende Gewichtsbelastung reguliert. So groß die Arbeitsleistung einer solchen Maschine sein mag, für Seiden feineren Titers ist sie jedenfalls nicht zu empfehlen, da hier leicht Brüche entstehen können, die sich bei dem Strecken mit der Hand vermeiden lassen.

Eine Anstreckmaschine, die diesem Übelstand Rechnung trägt und ihn zu vermeiden sucht, ist die nach dem Patent Clavel-Lindenmeyer, Basel, erbaute von der J. P. Bemberg A.-G., Barmen.

Abb. 187. Anstreckapparat für Seide von Maschinenfabrik Burkhardt, Basel.

Das Heben der unteren Walze geschieht durch eine Vorrichtung, welche sich selbsttätig nach der Länge des Mastens einstellt und so beim Anschlagen den kürzeren wie den längeren Masten einen Schlag von gleicher Stärke gibt. Durch eine weitere Verstellvorrichtung kann die Stärke des Anschlages der Natur und Beschaffenheit der jeweiligen Seide angepaßt werden. Schließlich ist eine Einrichtung getroffen, daß man mit schnell sich wiederholenden, aber leichteren Schlägen das gleiche Ergebnis erzielt wie mit einzelnen Schlägen von großer Stärke, was unbedingt zur Schonung der Seide beiträgt. Diese Apparate haben sich gut eingeführt und sind in den großen Färbereien durchweg anzutreffen.

Wir kommen jetzt zum eigentlichen Strecken, das darin besteht, daß die Seiden noch über ihre ursprüngliche Länge hinaus gedehnt werden. Hierzu bedient man sich natürlich stets maschineller Einrichtungen. Dieses Strecken hat mit dem soeben geschilderten Anstrecken eigentlich gar nichts zu tun und ist eine Behandlungsweise, die nach der Fertigstellung der Seide, also nach dem Avivieren, vorgenommen wird. Nur in einem Falle, dem Vorstrecken, das noch besprochen wird, tritt das eigentliche Strecken vor der Ausrüstung ein.

Es kommen zwei Arbeitsweisen beim Strecken in Frage, nämlich das Strecken unter Zuhilfenahme von Gewichten oder von mechanischer Spannung.

Die Streckapparate mit Gewicht oder Spannung sind meistens derart eingerichtet, daß man eine aus Seidenmasten hergestellte Kette durch Gewichte oder Kurbelung stramm zieht. Bei der bekanntesten Streckmaschine, dem Streckbock von Wansleben, hängt man die Seidenmasten auf Holzwalzen oder über verzinkte starkwandige Eisenrohre, die zweckmäßig mit Nessel oder weißem Papier überzogen werden. Die nutzbare Länge der Rohre ist ca. 700 mm. Die übereinander angeordneten Reihen sind durch Doppelösen miteinander verbunden und arbeiten vollständig unabhängig von den nebenliegenden. Die Streckung geschieht durch gewichtsbelastete Hebel, wodurch eine gleichmäßige und elastische Spannung erzielt wird. Vor dem Aufhängen der Seidenstränge werden die Hebel mit den Belastungsgewichten durch Handkette und Seilwinde gleichzeitig hochgehoben. Nachdem die mit Seide beschickten Reihen mittels

Abb. 188. Anstreckmaschine von J. P. Bemberg A.-G., Barmen.

Handketten einzeln angezogen sind, werden die Gewichtshebel gemeinsam gesenkt. Die Aufstellung der Apparate erfolgt in einfachen Trockenräumen. Will man den Trockenprozeß beschleunigen, so werden unter den Spannrohren Heizrohre angeordnet.

Auf einem Streckbock lassen sich dann etwa zwanzig oder mehr Walzenzusammenstellungen anbringen, so daß zur Zeit etwa 500 Masten gestreckt werden können. Der abgebildete Streckbock, ein Erzeugnis der Firma Tillmann, Gerber Söhne und Gebr. Wansleben, Krefeld, erfreut sich großer Beliebtheit.

Anstatt die Streckkette senkrecht anzuordnen, wie bei dem auf S. 287 beschriebenen Apparat, findet man auch Vorrichtungen, wo diese Ketten sich in wagerechter Lage befinden und dann noch bedeutend mehr Walzenpaare aufweisen. Diese Apparate haben aber den Nachteil, daß außer dem Streckgewicht oder dem Streckzug noch das Eigengewicht der Seide und Walzen an der Streckung teilnehmen, so daß eine gleichmäßige Streckung nicht gewährleistet ist.

Die Seide wird auf die Streckwalzen meistens in feuchtem Zustande, also direkt nach dem Avivieren, aufgehängt. Die Streckmaschinen sind im Trockenraum aufgestellt oder mit einer Trockenvorrichtung versehen. Bei dem Aufhängen der Masten hat man sich vorher zu überzeugen, daß auch alle gleich lang sind, da ungleich lange Masten Anlaß zum Überstrecken oder zum nicht genügenden Strecken sein können.

Die Höhe der Belastung oder der Zugwirkung richtet sich nach den Anforderungen, die vom Fabrikanten an den Glanz gestellt werden, sowie nach der Erfahrung des betreffenden Färbers. Irgendwelche Anhaltspunkte oder Normen über die Größe der Streckung sind nicht vorhanden, und hierin liegt unbedingt eine große Gefahr. Das Strecken einer Seide ist sozusagen jedesmal ein Experiment, dessen Auswirkungen gar nicht vorher zu berechnen sind. Stets besteht die Gefahr des Überstreckens, also der vollständigen Aufhebung der Dehnbarkeit des Seidenfadens.

Abb. 189. Streckbock von Tillmann, Gerber Söhne und Gebr. Wansleben, Krefeld.

In dieser Hinsicht sind die hydraulischen Streckmaschinen den Streckapparaten mit Gewicht oder Zug doch wesentlich überlegen. Während bei letzteren die Festsetzung des Gewichtes oder der Aufspannung mehr dem Gefühl nach geschieht und man nicht in der Lage ist, feststehende Normen aufzustellen, weil die Auswirkung des Eigengewichts der Seide unberücksichtigt bleiben muß, lassen die hydraulischen Streckmaschinen wohl ein dem jeweiligen Seidenmaterial angepaßtes und unterschiedliches Arbeiten zu. Dies wird dadurch ermöglicht, daß die Maschine aus einem Paar oder einer größeren Reihe solcher einander gegenüberstehender Walzen besteht, welche sich mit Hilfe des hydraulischen Druckes bis auf Millimeter genau voneinander entfernen und auf diese Entfernung sich genau einstellen lassen, so daß man es vollständig in der Hand hat, eine Seidenpartie Masten für Masten genau auf dieselbe Länge ausdehnen zu können. Das Gesagte wird auch aus der Abbildung einer solchen hydraulischen Streckmaschine ersichtlich, wie sie von der Firma Gebr. Wansleben, Tillmann und Gerber Söhne, Krefeld, gebaut wird. Die Arbeitsweise der Maschine ist folgende:

Man hängt auf das Walzenpaar, dessen stählerne Walzen zweckmäßig mit einer Hülle von Flanell oder Pappe bekleidet sind, die zu streckende noch feuchte Seide auf. Diese Seidenmasten sind vorher am Pol gut aufgeschlagen und werden, je nach der Dicke des Mastens, zu vier oder sechs auf die Walzen nebeneinander geordnet aufgehängt. Ist dieses geschehen, wird der hydraulische Druck in Tätigkeit gesetzt und die Seide auf die gewünschte Länge gestreckt. Die Größe der Streckung wird mittels Zeigern auf einer Skala kenntlich gemacht, außerdem ist eine Vorrichtung angebracht, vermöge derer man imstande ist, die gewünschte Entfernung einzustellen, so daß alle Masten der Partie auf die gleiche Länge gestreckt werden. Um die erforderliche Streckung einer Seidenpartie festzustellen, streckt man vorher ein paar Handvoll der Seide auf verschiedene Ausdehnungen, beurteilt dann den Glanz und das Gefühl der Seiden und streckt darnach den Rest der Seidenpartie.

Ebenso wie die Streckböcke, werden auch die hydraulischen Streckmaschinen in einem Trockenraum aufgestellt, so daß die gestreckte Seide Gelegenheit hat,

Abb. 190. Hydraulische Streckmaschine von Tillmann, Gerber Söhne und Gebr. Wansleben, Krefeld.

zu trocknen, was in etwa ein bis zwei Stunden der Fall ist. Man findet jedoch auch solche hydraulische Streckmaschinen, die mit einem verschließbaren Kasten umgeben sind und in dem die angestreckte Seide mittels möglichst trocknem Wasserdampf ausgetrocknet wird. Da hier das Trocknen in wenigen Minuten vor sich geht, hat diese Art der Streckmaschinen jedenfalls den Vorteil für sich, daß die Seide nicht so lange in der Streckung zu verharren braucht, als dieses sonst der Fall ist. Außerdem wird durch diese Dampfbehandlung auch der Glanz gehoben. Den größten Vorteil weist dieses Dampfstrecken aber insofern auf, als man bei dieser Arbeitsweise leicht imstande ist, die Seidenmasten nicht nur in einer, sondern auch in einer anderen Richtung zu strecken. Wenn man die erste Streckung beendigt hat, läßt man die Walzen sich etwas nähern, zieht die jetzt lose hängenden Seidenmasten um ein Viertel ihres Umfanges auf der Walze nach rechts weiter, schließt den Kasten, läßt Dampf eintreten und streckt jetzt noch einmal. Namentlich bei dicken Masten ist diese Arbeitsweise sehr zu empfehlen. Beim Strecken eines Seidenmastes, gleichgültig, um welche Art von Streckung es sich handelt, erfahren diejenigen Teile, die direkt die beiden Walzen berühren, eine andere

Ausdehnung als die übrigen Teile des Seidenmastens. Mit anderen Worten, die oberen und die unteren Teile des Seidenmastens bekommen einen stärkeren Zug als die dazwischenliegenden beiden Seiten. Dieses kann, wie schon erwähnt, bei dicken Masten derart in Erscheinung treten, daß die seitlichen Teile nach dem Abnehmen von den Walzen im Inneren des Mastens noch vollkommen kraus und ungestreckt sind. Diese Teile des Mastens können nun beim Dampfstrecken ebenfalls gestreckt werden, indem man die Masten umhängt. Durch den eintretenden Dampf wird hier die Seide wieder angefeuchtet.

Diesen Vorteilen der Dampfstreckung steht allerdings ein wesentlicher Nachteil gegenüber, das ist die Empfindlichkeit mancher Farben gegen heiße Feuchtigkeit, die den Farbstoff löst und den Farbton ändert. Das ist natürlich in Zweifelsfällen nur durch den Vorversuch festzustellen.

Unerläßlich sind aber die hydraulischen Dampfstreckmaschinen bei einer besonderen Art der Streckung, nämlich bei dem Vorstrecken. Das Vorstrecken geschieht bei der Rohseide, bevor sie veredelt wird, also bevor sie entbastet, erschwert oder gefärbt wird, und zwar in folgender Weise:

Die Rohseide wird in einem etwa 30 °C warmen Seifenbade (20% vom Seidengewicht) eingenetzt und über Nacht eingesteckt. Vielfach wird auch ein Zusatz von 2 bis 5% Natronlauge zur Seife als vorteilhaft für das Strecken gemacht. Nachdem die Seide von der Seife geschwungen worden ist, nimmt man sie an den Pol, um sie entsprechend zu lockern und auf verschiedene Mastenlänge zu prüfen. Sodann wird sie auf die Walzen der Dampfstreckmaschine gehängt, die für diese Zwecke aber nicht mit einem Überzug von Nessel oder Pappe versehen sein dürfen, der Apparat wird geschlossen und nun nicht, wie üblich, trockener, sondern feuchter Dampf eingelassen. Darauf streckt man in dem gewünschten Maße, z. B. um 5 bis 7 cm, beläßt zwei Minuten in dieser Spannung, hebt die Streckung auf, dreht die Masten etwa um ein Viertel ihres Umfanges und streckt nochmals zwei Minuten. Dann nimmt man die Masten ab und hängt sie sofort auf Stöcken in ein lauwarmes Wasserbad, wo man sie bis zum Abkochen beläßt. Hierdurch soll vermieden werden, daß der immerhin erweichte Bast die Seide bei einem etwaigen Antrocknen verklebt. Ist die ganze Partie gestreckt, dann kocht man sofort in üblicher Weise ab.

Das Vorstrecken, welches unbedingt die Eigenschaften der Seide bezüglich Glanz, Fülle und Aufnahmefähigkeit gegenüber Erschwerung und Färbung vorteilhaft beeinflußt, erfordert selbstverständlich große Vorsicht in jeder Weise, besonders aber in einem Punkte. Es ist nämlich unbedingt notwendig, daß die Seidenmasten vollständig eingenetzt sind, weil etwa trockene und nicht eingenetzte Stellen beim Strecken brechen würden.

Interessieren dürfte hierbei, daß man auch versucht hat, die Seide ähnlich wie die Baumwolle zu merzerisieren. So findet sich eine Angabe[1]), daß man, um den Glanz der Seide zu erhöhen, die Seide mit 90 proz. Ameisensäure bei gewöhnlicher Temperatur behandelt. Hierbei zieht sich die Seide unter Aufquellen zusammen. Wird die Seide dann mit Wasser gespült, so läßt sie sich wieder auf ihre ursprüngliche Länge ausstrecken. Der hierbei erzielte Glanz ist wohl etwas größer, er wird aber wettgemacht durch die allgemeine Schwächung, welche die Seide bei dieser Behandlungsweise erleidet.

Eine der Streckung sehr ähnliche Arbeitsweise ist das Lüstrieren der Seide, das namentlich bei Tussah und einzelnen gröberen Seiden ausgeführt wird.

Die hierzu benötigte Lüstriermaschine ist ebenso eingerichtet wie eine Dampfstreckmaschine, unterscheidet sich von ihr aber dadurch, daß hier die

[1]) Text. World Rec. 1923, S. 56.

Walzen sich um ihre eigene Achse drehen und so den aufgehängten Seidenmasten einmal in eine fortgleitende Bewegung setzen, ihn dann aber auch von innen glätten. Bei einer anderen, auch sehr häufigen Bauart findet sich seitlich zwischen den beiden Walzen eine dritte, die ebenfalls um ihre eigene Achse rotiert, aber gleichzeitig auch auf den gespannten Seidenmasten drückt, so daß der Masten nicht nur von innen, sondern auch von außen geglättet wird. Bei dem Lüstrieren kann man in den Apparat Dampf einlassen oder aber es auch bei der Hitze, die den geheizten Walzen entströmt, bewenden lassen.

Dieses Lüstrieren ist aber nicht zu verwechseln mit dem in der Baumwollausrüstung üblichen, das darin besteht, daß der Baumwollfaden appretiert und anschließend mit Paraffin eingerieben und glänzend gebürstet wird. Dieses Lüstrieren am Faden wird bei Seide heute nur mehr ganz vereinzelt ausgeübt,

Abb. 191. Lüstriermaschine von Tillmann, Gerber Söhne und Gebr. Wansleben, Krefeld.

z. B. bei der Herstellung von Seidenfäden, die mit Metall umsponnen werden sollen, und geschieht dann natürlich in der üblichen Weise.

Zum Schluß ist noch eine besondere Art von Streckung zu erwähnen, das Chevillieren. Diese Arbeitsweise ist namentlich bei leicht kräuselnden und ringelnden Seiden, wie Kordonetts, Nähseiden, Schappe und in einzelnen Betrieben auch bei Souple üblich. Es dient weniger zur Erhöhung des Glanzes als vielmehr dazu, den Faden zu lockern und weich und geschmeidig zu machen.

Man kann mit der Hand oder mit der Maschine chevillieren. Im ersteren Falle hängt man den oder die Seidenmasten auf den Pol und dreht den Masten mit einer glatten runden Stange, dem Chevillierholz, wie einen Zopf so fest zusammen, als es das Material verträgt, läßt die Stange wieder zurückschnellen, hängt den Masten ein Achtel oder ein Viertel seines Umfanges weiter auf den Pol und chevilliert von neuem usw., bis der Masten auf der ganzen Länge seines Umfanges in dieser Weise behandelt ist. Dieses jedenfalls sehr zeitraubende Verfahren wird vielfach aber sehr vereinfacht durch ein anderes, das allerdings meistens nur bei Kordonetts oder Nähseiden verwandt wird und darin besteht, daß man den einzelnen Masten mit der Hand greift und nun kräftig auf eine glatte, etwas geneigt stehende Marmorplatte aufschlägt. Diese Arbeitsweise, die in der Hand des geübten Arbeiters gute Erfolge zeitigt, ist natürlich nicht weniger mühselig als die erste, aber in manchen Betrieben gibt man ihr vor der anderen den Vorzug.

Ungleich einfacher ist natürlich das Arbeiten mit der Chevilliermaschine. Die Maschine besteht im Prinzip aus zwei einander gegenüberstehenden Walzen, auf die der Seidenmasten aufzuhängen ist. Die obere ist wie eine Rolle um ihre Achse drehbar und vermag mithin den Seidenmasten fortzutransportieren, die untere ist dagegen an einer Vorrichtung so angebracht, daß sie eine kreisende Bewegung ausführt und den Seidenmasten wie einen Zopf aufdreht, ebenso wie das Aufdrehen mit dem Chevillierholz geschieht. Der Gang der Maschine ist so eingerichtet, daß der Masten einmal rechts, einmal links aufgedreht, dann gelockert, durch die obere Walze ein Stück weitertransportiert

Abb. 192. Chevilliermaschine von Tillmann, Gerber Söhne und Gebr. Wansleben, Krefeld.

und dann von neuem aufgedreht wird. Ebenso finden sich an der Maschine Vorrichtungen, die Walzen auf bestimmte Entfernungen, sowie die Drehungen auf eine bestimmte Anzahl einzustellen.

Das Chevillieren wird durchweg am trocknen Material vorgenommen, im Gegensatz zur eigentlichen Streckung.

6. Das Appretieren der Seiden.

Diese Art der Nachbehandlung kommt für Seide im Strang eigentlich nur in einem Fall in Frage, bei der Fadenappretur der für Metallgespinste verwandten Seiden. Sie ist identisch mit der bereits oben erwähnten Baumwollfädenlüstrierung, der Herstellung des Eisengarnes, und besteht darin, daß der Faden, mit einer Stärkeappretur versehen, über festes Paraffin gezogen und dann mit Bürsten glatt und glänzend poliert wird. Es ist dieses aber ein Verfahren, das nur sehr selten zur Anwendung gelangt. Im Gegensatz hierzu ist das Appretieren der fertigen Seidengewebe ein sehr wichtiges Gebiet, von dem noch in einem späteren Abschnitt eingehend die Rede sein wird.

VIII. Das Veredeln und Färben von Tussah und Schappe.

Wie schon bei der Gewinnung dieser beiden Faserstoffe ausgeführt wurde, stellen sie heute einen derart erheblichen Bestandteil der Seidenmaterialien dar, daß ihr Verbrauch nahezu ebenso umfangreich ist, als derjenige der echten Seide selbst. Demgemäß spielt auch die Ausrüstung dieser Produkte eine sehr große Rolle. Während sich die Ausrüstung der Schappe an diejenige der edlen Seide anlehnt, sind bei der Tussahseide die Verhältnisse andere, da das Material als solches von der echten Seide doch wesentlich verschieden ist.

1. Die Ausrüstung der Tussah.

Die größte Schwierigkeit bei der Veredlung der Tussah bietet die Beschaffenheit und Anordnung des Seidenbastes, der nicht wie derjenige der echten Seide, den eigentlichen Seidenfaden hüllenartig umgibt, sondern unregelmäßig den eigentlichen Faden teils umgibt oder aber auch teilweise oder vollständig durchdringt. Außerdem ist die Zusammensetzung des Bastes der Tussah eine andere als die der echten Seide. Derselbe enthält nach Silbermann[1]) außer 5 bis 6% Mineralstoffen und der leimartigen Substanz noch einen gerbstoffartigen Körper sowie etwa 1% eines eigenartigen Wachses. Demgemäß hat der Bast sauren Charakter und ist sehr widerstandsfähig gegen chemische Einflüsse. Bei Berücksichtigung dieses Umstandes kann es nicht wundernehmen, daß das Abkochen und Bleichen der Tussah dasjenige Gebiet ist, das das schwierigste und wichtigste der ganzen Veredlung darstellt.

Da die Tussah einen stark graubraunen Farbton besitzt, ist man, mit Ausnahme von Schwarzfärbungen, gezwungen, sie zu bleichen, und findet daher, daß Abkoch- und Bleichprozeß durchweg ineinander übergreifen.

Der Tussahfaden ist, wie bereits beschrieben wurde, bedeutend gröber und widerstandsfähiger als der der echten Seide; man kann ihn daher unbesorgt einer energischeren Einwirkung von Chemikalien aussetzen, ohne eine Beschädigung befürchten zu müssen.

Ein einfaches Entbasten der Tussah mit Seife führt nicht zum Ziel, vielmehr bedarf es hierzu eines schärferen Alkalis, wie Soda, Pottasche usw.

Nach Silbermann[1]) kocht man mit einer Sodalösung ab, deren Konzentration, Temperatur und Anwendungsdauer, je nach der Seide, wechselt. Er berichtet, daß man von der früher bei Tussahseiden feineren Titers üblichen Abkochung mit einer kombinierten Soda-Seidenabkochung wieder abgekommen sei, da sich herausstellte, daß die Seifenbehandlung die Elastizität des Fadens ungünstig beeinflußt. Wird dagegen die Seife nach dem Sodaabzug angewandt, dann ist die Wirkung sehr günstig. Die Faser wird heller, elastischer, offener und erhält einen guten knirschenden Griff. Als vorzügliches Entbastungsmittel empfiehlt er für Tussah die Verwendung von Natriumphosphat. 6 bis 8% des Seidengewichtes an festem Ätznatron entbastet die Tussah bei einer Temperatur von 60° C binnen einer halben Stunde. Hinterher muß allerdings gründlich gewaschen und geseift werden, um die immerhin doch sehr intensive Einwirkung der Lauge auszugleichen. Der Glanz der so behandelten Tussah ist sehr gut. Die nach dem Entbasten, Seifen und Spülen angewandten Säurebäder (10% Salzsäure) können heiß zur Anwendung kommen, da die Tussah eben bedeutend widerstandsfähiger ist als die echte Seide und es andererseits auch erforderlich ist, die mineralischen Substanzen restlos herauszulösen.

In einer ähnlich lautenden Vorschrift[2]) wird darauf hingewiesen, daß das Abziehen mit Soda am besten unter Zusatz von 100 cm^3 Ätznatronlauge auf

[1]) Silbermann: Die Seide Bd. 2, S. 253. [2]) Färber-Zg. 1901, S. 196.

1000 l Bad geschehe. Nach dem Abkochen wird nicht geschleudert, sondern erst mit einer dünnen Seifenlösung die Sodalösung ausgezogen und dann mit warmem Wasser gewaschen. Anschließend wird mit 10% Salzsäure 50° C warm abgesäuert.

Auch in einer Notiz[1]) wird vom Abkochen der Tussahseide berichtet. Die Tussahseide soll zunächst 20 Minuten in einer lauwarmen Sodalösung eingenetzt werden. Sodann wird sie auf ein neues 60° C warmes Sodabad gestellt, das Bad zum Kochen erhitzt und jetzt die Seide eine Stunde unter öfterem Umziehen behandelt. Darauf wird gespült, mit Schwefelsäure oder Salzsäure abgesäuert und nochmals mit einer dünnen Seife repassiert.

Nach Ley[2]) wird die Tussah zuerst in Wasser von etwa 50° C eingenetzt und mehrere Male umgezogen. Hiernach wird auf ein Sodabad (5% vom Seidengewicht) 40° C warm etwa eine Stunde gegangen und anschließend 20 Minuten im Schaum oder eine halbe Stunde auf der Barke abgekocht. Sodann wird noch einmal bei 65° C repassiert.

Ähnlich wird von H. Lange[3]) berichtet, daß die Tussah zwecks Entbastung erst auf ein 40 bis 50° C warmes Sodabad zu stellen und dann anschließend in üblicher Weise abzukochen ist.

H. Arnold[4]) läßt die Tussah eine Stunde auf einem Sodabad, das 4 bis 5 g kalzinierte Soda im Liter enthält, abkochen.

Bedeutend durchgreifender ist das Abkochen der Tussah nach G. H. Hurst[5]). Die Tussah wird vier Stunden bei 65° C in einem Bad behandelt, das in 100 l 2 l Salzsäure enthält, gut ausgewaschen und zwei Stunden auf einem Seifenbad (15% vom Seidengewicht) bei 65° C behandelt. Dann wird zum Seifenbad 3% Soda vom Seidengewicht zugefügt und drei Stunden im Kochen erhalten. Zum Schluß wird sehr gut ausgewaschen.

Schließlich sei noch erwähnt, daß I. G. Belzer[6]) zum Entbasten der Tussah ein Seifenbad, aus einer Lösung von Benzin-Kokosseife bestehend, empfiehlt.

Ersieht man aus dieser kleinen Literaturübersicht, welches Interesse für die Entbastung der Tussahseide vorhanden ist, so gilt dies im erhöhten Maßstabe für das Bleichen der Tussah. Sie ist eben ein Textilmaterial, das nicht allein die Vorzüge der echten Seide besitzt, sondern auch noch wesentlich billiger als diese ist. Hindernd steht nur die sehr schwer zu entfernende Eigenfarbe im Wege. Es kann daher nicht wundernehmen, daß das Bleichen der Tussah sehr häufig Gegenstand der wissenschaftlichen Forschung gewesen ist und daß über diesen Vorgang manche Veröffentlichungen stattgefunden haben.

Im allgemeinen gehen die Vorschriften darauf hinaus, entweder mit Wasserstoffsuperoxyd oder mit Kaliumpermanganat zu bleichen, aber auch die für die echten Seiden üblichen Bleichmittel mit Ausnahme des Schwefelns finden Verwendung.

Nach H. Lange[7]) geht man mit der abgekochten Tussah auf ein Bleichbad, das in 100 l Flotte 20 l Wasserstoffsuperoxyd und 1 bis 2 l Wasserglas und die für die alkalische Reaktion erforderliche Menge Ammoniak enthält. Und zwar geht man heiß ein, zieht mehrere Male um, wärmt nochmals und steckt ein, unbedingt aber mit der Vorsicht, daß sämtliche Masten gut unter die Bad-

---

[1]) Z. ges. Textilind. 1924, S. 44.
[2]) Ley: Die neuzeitliche Seidenfärberei 1921.
[3]) Herzog, Ro.: Chem. Technol. d. Organ. Verb. 1912, S. 591.
[4]) Arnold, H.: Färber-Zg. 1912, S. 513.
[5]) Hurst, G. H.: J. of Soc. Dyers a. Col. 1905, S. 99.
[6]) Belzer, I. G.: Färber-Zg. 1911, S. 277.
[7]) Herzog: Chem. Technol. d. Organ. Verb. 1912, S. 591.

oberfläche gedrückt werden. Ein geringer Seifenzusatz von 100 bis 200 g zu 100 l Flotte ist zu empfehlen. Nach dem Bleichen wird gut gewaschen und mit Schwefelsäure abgesäuert. Um ein reines Weiß zu erzielen, wird Nachbehandlung mit schwefliger Säure, entweder gasförmig oder in wäßriger Lösung empfohlen.

Nach einer ähnlichen Vorschrift[1]) besteht das Bleichbad aus 100 l Wasser, 30 l Wasserstoffsuperoxyd und 2 l Wasserglas. Man geht kochend mit der Tussah ein, zieht vier- bis sechsmal um und steckt dann über Nacht ein. Empfehlenswert ist es, das Bleichbad zwischendurch verschiedentlich wieder heiß zu machen. Nach dem Bleichen wird gründlich gewaschen, dann in einem dünnen Seifenbad gekocht und nochmals gewaschen. Das Bleichbad kann als stehendes verwandt werden, indem es durch Zusatz von Wasserstoffsuperoxyd verstärkt wird.

In einem Referat über Weiß und Schwarz auf Tussah[2]) wird für ein Reinweiß empfohlen, die Tussah nach dem Abkochen in ein Bleichbad zu bringen, welches Natriumsuperoxyd und Wasserstoffsuperoxyd zu gleichen Teilen in üblicher Menge enthält, mit Wasserglas alkalisch gemacht und mit etwas Seife versetzt worden ist. Auf dieses Bad geht man bei 52° C mit der Seide, bringt nach einer Stunde zum Kochen und setzt die Behandlung acht bis zehn Stunden fort. Nach der ersten halben Stunde wird die Seide herausgenommen, ausgerungen und wieder eingelegt. Diesen Vorgang wiederholt man alle zwei Stunden. Das Bad muß stets alkalisch reagieren, dementsprechend ist Silikat nachzugeben. Nach der Bleiche wird gewaschen, mit 10 proz. Seifenlösung gekocht, mit etwas Methylenviolett 2 R im kalten Seifenbad leicht vorgefärbt und über Nacht geschwefelt. Hierauf wird gut gewaschen und abgesäuert.

Ganz ähnlich ist eine Vorschrift von H. Arnold[3]). Man stellt das Bleichbad durch Vermischen von gleichen Teilen Wasser und 10 volumproz. Wasserstoffsuperoxyd her. Diesem Gemisch wird vorsichtig Wasserglas beigefügt bis zur schwach alkalischen Reaktion und 10 g Marseiller Seife pro Liter Bad. Auf dieses Bad geht man mit der gut abgekochten Tussah bei etwa 50° C ein, bringt das Bad unter jeweiligem Umziehen der Seide innerhalb einer Stunde zum Kochen und behandelt so acht bis zehn Stunden. Halbstündlich wird umgezogen, zweistündlich überzeugt man sich mit Lackmuspapier von der genügenden Alkalinität, setzt gegebenenfalls noch Silikat hinzu und kocht jetzt das Bad wieder auf. Ist die Bleiche beendigt, wird gespült, mit 10% Seife (vom Seidengewicht) gut geseift, darauf im kalten Seifenbad mit einem basischen Violett schwach angebläut, dann über Nacht geschwefelt, wieder gut gespült und zum Schluß aviviert.

W. Alterhoff[4]) berichtet über das Bleichen von Tussah in ihrer verschiedenen Form.

Von Trame und Organzin wird etwa 800 g von Schappe und Kordonnet etwa 1 kg zu 2 Handvoll auf den Stock verteilt. Die Ware wird darauf auf einem Sodabad, das 3 bis 5% kalz. Soda enthält, ½ bis 1 Stunde behandelt und darauf mit lauwarmem Wasser gespült. Bei einzelnen Tussahsorten wird hinter der Soda noch ein kochendes Seifenbad mit 10% Seife oder 15% Schmierseife gegeben, 1 Stunde gekocht. Nach der Seife wird mit lauwarmem Wasser gespült, zentrifugiert, die einzelnen Masten an den Pol genommen und jetzt auf Bleichstöcke verteilt, und zwar etwas geringere Mengen, als beim Abkochen. Das Bleichbad besteht aus 200 bis 250% Wasserstoffsuperoxyd vom Gewicht der Seide unter Zusatz von Wasserglaslösung bis zur schwachen Alkalinität. Das Bad wird auf

[1]) Färber-Zg. 1901, S. 276.
[2]) Färber-Zg. 1913, S. 311, aus Dyesstuffs 1913, Nr. 4.
[3]) Arnold, H.: Färber-Zg. 1912, S. 513.
[4]) Alterhoff, W.: Die Kunstseide 1927, S. 269.

50° erwärmt und die Seide hierauf ½ bis 1 Stunde gut umgezogen und ständig durchgesetzt. Darauf wird aufgeworfen, das Bad zum Kochen gebracht und die Ware wieder aufgestellt. Man zieht einige Zeit um und steckt dann ein. Während des Bleichprozesses ist die Alkalinität des Bades nachzuprüfen und je nach der Alkalinität Wasserglas oder Wasserstoffsuperoxyd nachzugeben. Auf diesem Bade läßt man die Ware etwa 8 Stunden, wirft auf, gibt 2mal ein lauwarmes Waschwasser und geht auf ein kochendes Bad mit 15 bis 20% Seife. Hierauf behandelt man die Ware ½ bis 1 Stunde. Nachdem man das Seifenbad hat laufen lassen, wird die Ware abkühlen gelassen und zentrifugiert, oder man wässert ab und säuert mit Schwefelsäure lauwarm ab.

Sollte man mit einer Bleiche nicht auskommen, so bleicht man zum zweiten Male mit einem Bleichbade, das 100% Wasserstoffsuperoxyd enthält. Der Verlust der Ware an Gewicht schwankt zwischen 8 bis 20%. Vielfach wird auch nach der Wasserstoffsuperoxyd-Behandlung noch mit Schwefel gebleicht.

Ebenso wie bei der echten Seide hat man auch bei Tussahseide Versuche gemacht, mit Perborat zu bleichen[1]). Das Bleichbad enthält in 100 l 1 kg Natriumperborat, 340 g Schwefelsäure und 2 kg Wasserglas. Man geht kalt ein, erwärmt langsam auf 50 bis 60° C, beläßt vier bis acht Stunden in diesem Bleichbad und erwärmt zum Schluß noch einmal auf 80° C.

Die Sauerstoffbleiche wird bei Tussah durchweg nur dort angewandt, wo es sich um Rohweiß handelt, soll dagegen nur für farbige Seiden aufgehellt oder vorgebleicht werden, dann begnügt man sich mit der immerhin einfacheren Kaliumpermanganatbleiche.

Eine derartige Vorschrift wird in dem bereits oben angezogenen Bericht (S. 294 Anm.[2]) gegeben. Man stellt die gut abgekochte Tussah 20 Minuten auf eine Lösung von etwa 250 g Permanganat in 100 l Wasser, und zwar bei gewöhnlicher Temperatur. Dann wird leicht ausgerungen und auf ein frisch bereitetes Bad aus 100 l Wasser, 5 l konzentrierter Natriumbisulfitlösung und 375 g Schwefelsäure ebenfalls dreiviertel Stunden kalt gestellt. Darauf wird gut gewaschen und abgesäuert. Stärkere Permanganatbäder oder wiederholte Behandlung sind zu vermeiden, da damit leicht eine die Faser zerstörende Einwirkung auftreten kann.

G. H. Hurst[2]) läßt diese Art Bleiche in der Weise durchführen, daß die Tussah vier Stunden in ein 50° C warme Lösung von 500 g Kaliumpermanganat- in 50 l Wasser eingelegt wird. Dann bringt man sie, ohne zu waschen, vier Stunden auf ein 40 bis 50° C warmes Bad, das in 50 l Wasser 1 l Bisulfit und ¼ l Salzsäure enthält. Nach dieser Behandlung wird gut gewaschen und gegebenenfalls noch mit Superoxyden nachgebleicht.

Nach H. Arnold[3]) wird die abgekochte Tussah kalt 20 Minuten auf einer Kaliumpermanganatlösung (300 g auf 100 l Wasser) behandelt. Man läßt abtropfen, ringt leicht ab und geht auf ein ebenfalls kaltes Bad, das in 100 l Wasser 4 l Bisulfit 35° Bé und 400 g konzentrierte Schwefelsäure enthält. Hierauf bleibt die Seide unter jeweiligem Umziehen etwa eine halbe bis dreiviertel Stunden. Darauf wird gut gespült und abgesäuert.

Von den bisherigen Methoden abweichend bleicht I. G. Belzer[4]) die Tussah. Er nimmt zuerst zum Entbasten ein Seifenbad in Form einer Lösung von Kokos-Benzinseife unter Zusatz von Natriumperborat und läßt die Seide drei bis vier Stunden bei einer Temperatur von 60 bis 70° C in diesem Bade. Darauf wird durch abwechselnde Einwirkung von Wasserstoffsuperoxyd und Blankit ge-

[1]) Melliands Textilber. 1923, S. 488.
[2]) Hurst, G. H.: J. of Soc. Dyers a. Col. 1905, S. 99.
[3]) Arnold, H.: Färber-Zg. 1912, S. 513. [4]) Belzer, I. G.: Färber-Zg. 1911, S. 277.

bleicht. Die Bäder werden mit Ammoniak leicht alkalisch gemacht und 30 bis 40° C warm verwandt. Die Zeitdauer ist je nach dem Farbton verschieden. Darauf wird abgesäuert und jetzt nochmals ein Blankitbad von 30° C gegeben, in dem man die Seide zwölf bis vierundzwanzig Stunden beläßt. Nach gutem Spülen wird getrocknet.

Zum Schluß seien noch die Erfahrungen von J. Meißner[1]) mitgeteilt. Er empfiehlt drei Bleichmethoden für Tussah. 1. Die Seide wird mit Soda und Seife vorbehandelt und dann mit Wasserstoffsuperoxyd gebleicht. 2. Die Tussah wird mit Salzsäure vorbehandelt, mit Natronlauge nachbehandelt und dann mit Wasserstoffsuperoxyd gebleicht. 3. Die besten Bleicherfolge mit sehr gutem Glanz werden erzielt durch Kochen mit Salzsäure, Einlegen in Natronlauge und Bleichen mit Ammoniumhypochloritlösung. Zwischen jeder Operation muß gründlich gewaschen werden.

Die Tussah wird in der gleichen Weise erschwert, wie dieses bei der echten Seide der Fall ist, wobei aber gleich vorausgeschickt werden muß, daß sie sich bei weitem nicht in der Höhe erschweren läßt als die echte Seide. Es hängt dies jedenfalls damit zusammen, daß die Tussah nicht wie echte Seide hohl, gewissermaßen schlauchartig, sondern bis auf kleinere Hohlräume vollständig kompakt ist. Man findet daher, daß die Tussah, die farbig gefärbt wird, durchweg unerschwert gefärbt wird. Soll sie erschwert werden, so geschieht dieses mit Zinnphosphat und Silikat in der üblichen Weise, aber die Höhe der Erschwerung hält sich in den Höchstgrenzen von 30 bis 40%. Auch ist die Volumvermehrung nur eine sehr geringe, so daß der eigentliche Zweck der Erschwerung nicht erreicht wird.

Für das eigentliche Farbigfärben der Tussah ist die Verwendung von Bastseife nicht zu empfehlen, weil hierdurch der Glanz benachteiligt wird. Es wird daher meistens einfach in wässeriger Lösung gefärbt, unter Verwendung von wenig Säure. Man benutzt z. B.[2]) als Farbflotte ein Bad mit 200 bis 1000 g Türkischrotöl und 200 bis 500 g Schwefelsäure auf 1000 l, je nach der Tiefe des Farbtones. Für helle Farbtöne nimmt man auch Essigsäure. Man macht das Bad kochend heiß, geht mit der Seide ein und hantiert, bis die Temperatur auf 50° C hinuntergesunken ist. Ein häufigeres Warmmachen zwischendurch ist zu empfehlen. Nach dem Färben wird aviviert, wie üblich mit viel Öl, besonders bei Moiréartikeln.

Über das Färben von Tussah berichtet Willy Alterhoff[3]), daß gewöhnlich saure Farbstoffe im Bastseifenbade angewandt werden. Letzteres muß stets frisch sein, und zwar wird die Seife beim Färben mit wenig Schwefelsäure gebrochen, nachdem sie mit ⅔ Wasser verdünnt worden ist. Ein zu starker Säurezusatz läßt die Farbstoffe zu schnell aufziehen und bedingt unegale Färbung. Nachdem der mit heißem Wasser angerührte Farbstoff zugegeben ist, wird bei 50° Anfangstemperatur mit dem Färben begonnen und in Zwischenräumen von 20 Min. bis Kochtemperatur ausgefärbt. Man kann jedoch auch ohne Bastseife im einfach mit Schwefelsäure angesäuerten Bade färben, jedoch nur bei besonderen Farbstoffen. Nach dem Färben wird aviviert und unter Verwendung von Dampf lüstriert. Es empfiehlt sich, die Masten bei den einzelnen Operationen an den Pol zu nehmen und gut zu lockern.

Da man Tussah ähnlich wie Schappe häufig auch zu Plüsch, Sammet und weich fallenden Dekorationsstoffen verwendet, so wird sie auch wie diese besonders hierfür präpariert, und zwar mit Alaunbeize, worüber aber noch bei der Beschreibung der Schappeausrüstung berichtet werden wird.

---

[1]) Meißner, J.: Dt. Woll. Gewerb. 1922, S. 1253. [2]) Färber-Zg. 1901, S. 196.
[3]) Alterhoff, Willy: Die Kunstseide 1927, S. 518.

Auch bei der Schwarzfärbung der Tussah ist das Erschweren nicht besonders beliebt. Will man ein leicht erschwertes Schwarz bei der Tussah färben, so geschieht dieses nach Ley[1]) in folgender Weise. Die abgekochte Seide wird eine Stunde mit Eisenbeize gebeizt und dreiviertel Stunden heiß mit Seifenlösung (40% vom Seidengewicht) behandelt. Man geht daran anschließend einundeinhalb Stunden auf ein Katechubad mit 100% frischem Katechu bei 90 bis 100° C und steckt über Nacht ein. Nach der Katechubehandlung wird gut gewaschen und mit Blauholz (40% vom Seidengewicht) und Seife (50% vom Seidengewicht) unter Zugabe von Blau und Gelb ausgefärbt. Hiernach wird gründlich gewaschen, ein Reinigungsbad mit Soda (2% vom Seidengewicht) oder Ammoniak (5% vom Seidengewicht) gegeben und jetzt mit Essigsäure oder Ameisensäure, Öl (5%) und 1 bis 2% Leim aviviert.

Die Erschwerung beträgt wenige Prozente über pari; will man höher erschweren, kann man die Eisenbeizung wiederholen, das erzielte Mehr hält sich aber in bescheidenen Grenzen. Der Vorteil dieses erschwerten Schwarzes besteht lediglich im tieferen und blumigeren Farbton.

Es überwiegen daher auch hier die Vorschriften für eine unerschwerte Tussah, die nach Art der farbigen Seiden gefärbt werden.

Nach dem gleichen Autor hat sich folgende Vorschrift für ein gutes Tiefschwarz bewährt. Die abgekochte Tussah wird auf einem Bastseifenbad mit 8% Seidenblau grundiert, und zwar färbt man unter langsamer Steigerung der Temperatur, bei gewöhnlicher Temperatur beginnend, bis zum Kochen. Hiernach zieht man die Seide noch bis zum Wiedererkalten der Flotte um. Darauf wird auf einem Bastseifenbad mit 7% Echtrot und 2½% Spezialgelb oder Malachitgrün ausgefärbt. Die Seide wird von diesem Bad bronzig. Nach kurzem Waschen geht man jetzt auf ein Seifenbad mit 25% Seife, wäscht nochmals und aviviert mit Essigsäure, Öl und Glyzerin.

Nach einer anderen Vorschrift[2]) färbt man mit einem passenden schwarzen Säurefarbstoff und Schwefelsäure, muß aber mit Gelb entsprechend tönen, um den blaugrünen Stich zu vermeiden. Zum Avivieren wird als Säure Ameisensäure empfohlen.

R. N. Sen[3]) bemerkt bezüglich Schwarzfärbung der Tussah, daß diese sowohl gegen Ätznatron wie gegen Salzsäure weniger empfindlich sei und sich bezüglich des Färbens ähnlich verhalte wie Wolle. Sie läßt sich sowohl mit Säureschwarz, direktem Baumwollschwarz, Anilinschwarz als auch mit Blauholz färben.

Ähnlich berichtet J. P. Srivastava[4]) über seine verschiedenen Tussah-Schwarzfärbungen mit direkten, sauren Chromierungs- und Schwefelfarbstoffen sowie mit Blauholz.

Zum Schluß seien noch die Vorschriften von H. Arnold[5]) mitgeteilt. Er empfiehlt, mit einem Säureschwarz in schwefelsaurem Bade zu arbeiten und durch entsprechendes Nachgeben von Säure das Farbbad zu erschöpfen, da sonst die Färbungen nicht reibecht sind, ebenso wie bei dem nicht zu empfehlenden Übersetzen mit basischen Farbstoffen. Ferner ist eine einstündige gute Sodaabkochung (4 bis 5% kalzinierte Soda im Liter) unbedingt erforderlich. Zur Erzielung eines blumigen Schwarz wird für 25 kg Seide 6 kg Tussahsäureschwarz KB (Casella) und 500 g Patentblau V benötigt, für Tiefschwarz dagegen 5 kg Tussahsäureschwarz KG. Man färbt unter Zusatz von 10% Glaubersalz und 3% Schwefelsäure, geht bei 50° C ein, treibt in 20 bis 30 Minuten zum

[1]) Ley: Die neuzeitliche Seidenfärberei. [2]) Färber-Zg. 1919, S. 311.
[3]) Sen, R. N.: J. of Soc. Chim. Ind. 1916, S. 1106.
[4]) Srivastava, J. P.: J. of Soc. Dyers a. Col. 1920, S. 173.
[5]) Arnold, H.: Färber-Zg. 1912, S. 513.

Kochen, hantiert etwa eine halbe Stunde bei Kochhitze und setzt dann langsam die 3% Schwefelsäure gut verdünnt in mehreren Malen zu. Nach einstündigem Kochen wird noch 10 Minuten im abkühlenden Bade umgezogen, aufgeworfen, gespült und mit Ameisensäure aviviert.

Nachdem so die eigentliche Ausrüstung der Tussahseiden beschrieben worden ist, sind noch kurz die üblichen Nachbehandlungsweisen derselben zu erwähnen.

Da die Tussah wegen der Unebenheiten ihres Fadens das Bestreben hat, zusammenzukleben, ist es unerläßlich, die Seide zwischen allen Operationen an den Pol zu nehmen und durch Aufschlagen zu lockern.

Als Schlußbehandlung der Tussah ist ein Strecken derselben erforderlich, einmal um den Einschrumpfungsverlust auszugleichen, dann aber besonders zur Erhöhung des Glanzes, da die Tussah stets ein stumpfes Aussehen aufweist. In den meisten Betrieben ist sogar üblich, die Tussah zu lüstrieren, was in den bereits oben beschriebenen Lüstrierapparaten geschieht.

2. Die Ausrüstung der Florett- und Bourretteseiden.

Florett oder Schappe und Bourrette sind bekanntlich Gespinste aus Seidenabfällen, bei denen eine Entbastung bereits während der Herstellung durchgeführt wurde. Es ist daher nicht richtig, bei diesen Produkten von einer Entbastung oder einem Bastverlust zu sprechen. Bei der Abkochung handelt es sich nur darum, die durch den Spinnprozeß auf die Faser gelangten Fremdstoffe wieder zu entfernen. Der Gehalt hieran beträgt etwa 5 bis 8%. Eine gründliche Reinigung zur Entfernung dieser Stoffe ist unbedingt erforderlich, um die Gespinste später einwandfrei veredeln zu können. Außerdem muß die Reinigung um so durchgreifender sein, als es sich bei diesen Abfallseiden durchweg um Garne mit starker Drehung handelt.

Bei der Erschwerung und Färbung dagegen entsprechen sie in ihren Eigenschaften vollkommen der echten Seide, wenngleich nicht vergessen werden darf, daß es sich um ein Gespinst handelt, das natürlich nie den Glanz und die Glätte aufweisen kann wie der fortlaufende einheitliche Seidenfaden. Auch die Höhe der Erschwerung und der Ausfall des Farbtones bleiben selbstverständlich hinter den entsprechenden Werten der echten Seide zurück.

Im wesentlichen gleicht ihre Ausrüstung, wenigstens die der Schappe, derjenigen der Tussahseide. Die Bourrette ist ein zu minderwertiges Material, als daß eine andere Ausrüstung wie nur ein einfaches Färben, in Frage käme. Merkwürdigerweise und ganz im Gegensatz zur Tussahseide finden sich über die Ausrüstung der Schappeseide im Schrifttum so gut wie gar keine Angaben, mit Ausnahme einzelner Angaben in Werken, die sich mit der Ausrüstung der Textilien beschäftigen.

Die Abkochung oder besser Reinigung der Schappe geschieht in der Weise, daß dieselbe zuerst auf einem Sodabad (10 bis 20% vom Seidengewicht) bei 50° C eine halbe Stunde behandelt wird. Hiervon geht man auf eine Seife (20 bis 30% vom Seidengewicht), worauf bei Kochtemperatur eine halbe Stunde umgezogen wird. Da die Schappe leicht flusig wird, empfiehlt es sich, sie im Seifenschaum nach dem Schmidschen Verfahren (s. Entbasten der Seide, S. 152) abzukochen. Nach der Seifenbehandlung wird je ein warmes und ein kaltes Wasser gegeben und dann mit Salzsäure oder Schwefelsäure abgesäuert.

Übrigens darf nicht vergessen werden, daß die Schappe vor der Abkochung mit Soda oder Seife gut eingeweicht werden muß. Die Schappemasten kommen in festgeschnürten Bündeln zu etwa 40 Masten in die Färberei. Diese Bündel werden als solche ungeöffnet erst eine Nacht in schwacher Soda- oder Seifenlösung eingeweicht. Hiernach werden die Pakete geöffnet und nun die Masten am Pol aufgeschlagen auf Stöcke gemacht und in das Sodabad eingehängt. Wie bereits bei der Herstellung der Florettgespinste ausgeführt wurde, werden die stark gedrehten Garne zum Schluß in Mastenform leicht appretiert und getrocknet. Würde man die Schappebündel trocken öffnen und die Masten in Sodalösung einhängen, dann würden sie sofort ringeln und sich verwirren. Dieses wird durch das Einweichen in geschlossenen Bündeln vollständig vermieden.

Ist die Schappe durch die Abkochung gereinigt, dann kann sie, soweit es sich um dunklere Farbtöne handelt, erschwert und gefärbt werden, für Weiß und hellere Farbtöne wird sie dagegen gebleicht. Das Bleichen geschieht entweder durch einfaches Schwefeln oder durch die übliche Wasserstoffsuperoxydbleiche. Wie alle Behandlungen sind auch diese bei der Schappe mit großer Vorsicht durchzuführen und es muß stets beachtet werden, daß das Material ein Gespinst ist und daher dazu neigt, bei energischer Behandlung sich aufzurauhen und flusig zu werden. Beim Bleichen der Schappe soll sich auch Natriumperborat sehr bewährt haben. Man benutzt eine Lösung, die 5 bis 10% Natriumperborat vom Fasergewicht enthält, säuert mit Schwefelsäure an, setzt etwas Silikat hinzu und behandelt in gleicher Weise, wie bei der Tussahseide bereits ausgeführt worden ist.

Für das Bleichen von Schappe wird folgende Vorschrift[1]) gegeben. Die Schappe wird ½ Stunde auf einem 15proz. Sodabad bei 35° behandelt und anschließend ¼ Stunde mit 20% Seife abgekocht. Darauf wird erst warm, dann kalt gewaschen. Helle Schappe wird durch Schwefeln gebleicht. Dunkle Ware wird zuerst auf eine 15proz. Salzsäure gesetzt, dann auf ein Bad mit 7% Natriumsuperoxyd, 20% Bittersalz und 2 g Prästatitöl pro Liter Flotte. Man zieht zuerst bei 35° C einige Male um, erwärmt auf 50° C, zieht 20 Min. um und legt über Nacht ein. Darauf wird gespült und abgesäuert. Anschließendes Schwefeln gibt ein reines Weiß.

Die Erschwerung der farbigen Schappeseiden findet sehr selten statt, nur bei Schwarz findet man, wenn auch niedrige, Erschwerungen. Soll die Schappe erschwert werden, so geschieht dieses in der üblichen Weise mit Zinnphosphat und Wasserglas. Entsprechend der Natur des Fadens kann die Erschwerung aber nur eine ganz geringe sein, will man nicht Gefahr laufen, daß das Material an Festigkeit leidet.

Die Couleurfärbung der Schappe geschieht in der gleichen Weise wie die der echten Seide. Es ist aber, namentlich bei stärker gedrehten Garnen wie Nähgarnen, empfehlenswert, dem Färbebade etwas Monopolöl zuzusetzen, um eine bessere Durchfärbung zu erzielen. Ebenso wird die Schappe in der gleichen Weise wie die Seide aviviert, wobei allerdings nicht mit dem Ölzusatz gespart werden darf.

Bei der Schwarzerschwerung sind die gleichen Arbeitsweisen üblich, wie sie bei der Schwarzerschwerung der echten Seide beschrieben worden sind. Im Gegensatz zu der farbig gefärbten Schappe und der Tussahseide sind in Schwarz eine ganze Anzahl von verschieden hohen Erschwerungen, bis zu 100% über pari, üblich.

Zur Herstellung eines unerschwerten Schwarz beizt man die abgekochte Schappe mit Eisenbeize, brennt ab und geht auf ein altes Katechubad von 5° Bé, dem man 5% Gelbholzextrakt (vom Seidengewicht) zusetzt und hantiert auf diesem Bad zwei Stunden bei 75° C. Dann wird gewaschen und mit Blauholzextrakt (40%) und Seife (50%) in üblicher Weise gefärbt. Nach dem Färben gibt man eine Reinigungssoda, wäscht gut und aviviert.

[1]) Die Kunstseide 1927, S. 494.

Eine ähnliche Vorschrift für die Herstellung eines Leichtschwarz für Nähseiden gibt A. Tiska[1]). Die Garne werden mit 5% ihres Gewichtes an Seife abgekocht, gewaschen und ausgeschleudert, oder sie werden mit 3% kalzinierter Soda bei 75° C eine Stunde behandelt, warm gespült und geschleudert. Sodann wird mit 25% Querzitronextrakt eine Stunde bei 50° C grundiert, aufgeworfen, auf 75° C erhitzt und eine weitere Stunde behandelt. Jetzt wird dem Bade 25% Eisenvitriol und 6% Kupfervitriol zugesetzt, auf 75° C erhitzt und die Seide nochmals 1½ Stunde auf diesem Bade behandelt. Dann wird die Seide über Nacht zum Oxydieren ausgehängt, zwei Wasser von 32° C gegeben und ausgeschleudert. Hieran anschließend wird ausgefärbt. Als Farbflotte dient eine Auskochung von Blauholz mit 25% Marseiller Seife. Man geht bei 75° C ein, zieht einundeinhalb Stunde um, gibt zwei Wasser von 32° C und aviviert mit Essigsäure oder Milchsäure.

Bei einer Erschwerung 5 bis 10% säuert man die Schappe mit Essigsäure (10% vom Seidengewicht) ab und beizt in einem Bade von holzessigsaurem Eisen (150% vom Seidengewicht) eine Stunde. Man ringt ab, hängt die Seide vier Stunden oder über Nacht aus, wäscht gut, geht auf ein stehendes Katechubad mit Zusatz von frischem Katechu (50% vom Seidengewicht) und 5 bis 10% Gelbholzextrakt kochend ein, zieht eine Stunde um und steckt über Nacht ein. Nach gründlichem Waschen wird mit Blauholzextrakt und Seife ausgefärbt und aviviert.

Bei der Erschwerung 10 bis 20% vereinigt man die beiden oben angegebenen Vorschriften in geeigneter Weise. Man säuert nach dem Abkochen mit Salzsäure ab, gibt zwei Wasser, schwingt und beizt mit Eisenbeize. Nach dem Abbrennen geht man bei Kochtemperatur auf Katechu eine Stunde und geht über Nacht ein. Ist vom Katechu gewaschen und mit Essigsäure (10% vom Seidengewicht) abgesäuert, gibt man wieder zwei kalte Wasser und geht eine Stunde auf holzessigsaures Eisen (150% vom Seidengewicht). Hierauf wird abgerungen, wie üblich mehrere Stunden an der Luft ausgehängt, und nun nochmals auf dem dünnen Katechubad (30% vom Seidengewicht) eine Stunde bei 40° C behandelt und über Nacht eingesteckt. Zum Schluß wird dann in üblicher Weise mit Blauholzextrakt und Seife ausgefärbt.

Bei der Erschwerung 30 bis 40% wird in nahezu der gleichen Weise verfahren wie bei der vorhergehenden Erschwerung, nur wird nach den Eisenbeizen blaugemacht mit 20% Blaukali und 20% Salzsäure. Hiernach geht man auf ein stärkeres Katechubad, dem 150% vom Seidengewicht an frischem Katechu zugesetzt waren, steckt über Nacht ein und schiebt jetzt vor der Beizung mit holzsaurem Eisen ein Vorfärbebad mit 20% Blauholzextrakt und 50% Seife ein. Nach dem Vorfärben wird gut gewaschen, mitunter auch zur besseren Reinigung ein Ammoniakbad (10%) gegeben, mit Essigsäure abgesäuert und dann erst auf das Holzeisen gegangen, von dem dann in der beschriebenen Weise gelüftet, gewaschen und ausgefärbt wird.

Die Erschwerung 50 bis 60% wird unter Zuhilfenahme eines Pinkzuges hergestellt, und zwar pinkt man die Schappe einmal mit einer Chlorzinnlösung von 22° Bé. Nach dem Pinken wird gewaschen und bei niedriger Temperatur, etwa 40° C, mit Sodalösung (50% vom Seidengewicht) fixiert, ähnlich wie bei der Herstellung von Schwarzsouple. Hierauf wird gewaschen oder geseift und mit Salzsäure (10%) abgesäuert. Jetzt wird eisengebeizt, mit Seifenlösung abgebrannt und blaugemacht mit Blaukali (10%) und Salzsäure (20%). Nach dem Blaumachen gibt man zwei Wasser, geht bei Kochtemperatur auf ein Katechu-

[1]) Tiska, A.: Melliands Textilber. 1921, S. 264.

bad mit frischem Katechu (100%) und steckt über Nacht ein. Am anderen Morgen wirft man die Schappe auf, wärmt das Bad auf 75° C und fügt Zinnsalz (5%) hinzu und zieht die wieder aufgestellte Schappe hierauf zwei Stunden um. Dann gibt man zwei kalte Wasser, geht nochmals auf das Katechubad mit 100% frischem Katechu, behandelt hierauf bei Kochtemperatur mehrere Stunden und färbt dann mit Blauholzextrakt (20%) und Seife (50%) vor. Dann folgt das übliche Reinigungsbad, das Absäuern, die Behandlung mit holzsaurem Eisen und das Ausfärben, genau so wie bei der vorherigen Erschwerung beschrieben wurde.

Bei der Erschwerung 70 bis 80% wird übereinstimmend, wie oben beschrieben, verfahren, nur wird bei der ersten Katechubehandlung der Katechuzusatz auf 150% und der Zusatz von Zinnsalz auf 10% erhöht. Das gleiche gilt vom zweiten Katechubad, das ebenfalls mit 150% frischem Katechu verstärkt wird und außerdem einen Zusatz von 10% Zinnsalz erfährt.

Die Erschwerung 90 bis 100% entspricht vollkommen derjenigen von 70 bis 80% bzw. 50 bis 60%, nur wird zweimal gepinkt und demgemäß auch zweimal mit Sodalösung fixiert.

Das Avivieren geschieht in der gleichen Weise, wie dasjenige der echten Seide, höchstens mit dem Unterschiede, daß der Ölzusatz nicht zu niedrig bemessen und zum Schlichten des Fadens ein Zusatz von Appreturmitteln, Leim, Diastaphor usw., gemacht wird.

Das Trocknen geschieht wie üblich.

Ein Strecken ist bei einfachen Garnen nicht angängig, da die Struktur des Fadens dieses nicht zuläßt. Bei zwei- und mehrfachen Garnen wird dagegen chevilliert, seltener lüstriert.

Eine Nachbehandlung, die jedoch bei Schappe eine sehr große Rolle spielt, ist die Präparierung für Schnitt, da die Schappe in sehr großen Mengen für die Herstellung von Samt und Plüsch Verwendung findet. Diese Präparierung findet entweder nach dem Abkochen oder besser nach dem Färben und Avivieren statt und geschieht in folgender Weise: Man geht mit der avivierten Schappe auf ein Bad, welches das bereits beschriebene aus Olivenöl und Schwefelsäure hergestellte Weichöl (5% vom Seidengewicht) enthält, und zieht auf diesem Bade bei etwa 40° C eine halbe bis drei viertel Stunde um. Dann wirft man auf und gibt jetzt in das Bad eine besondere Alaunbeize. Diese wird durch Lösen von 10 kg Aluminiumsulfat in 100 l Wasser und Zusatz von 25 l Essigsäure sowie langsames Vermischen mit einer Lösung von 5 kg kalzinierter Soda in 15 l Wasser hergestellt. Von dieser Alaunbeize gibt man für das Kilo Schappe ¾ l in das Bad und zieht jetzt auf diesem Bade bei gewöhnlicher Temperatur die Schappe solange um, bis sie weich genug ist, was natürlich nur durch die Erfahrung des betreffenden Färbers festzustellen ist.

Zum Schluß sei nochmals darauf hingewiesen, daß die verschiedenen Arbeiten bei der Veredelung der Schappe mit großer Vorsicht und unter möglichster Schonung des Materials durchgeführt werden müssen, da die Schappe und namentlich die einfachen Garne sehr dazu neigen, filzig und rauh zu werden.

Für die Ausrüstung der Bourrettegarne gilt das gleiche, was oben über Schappe ausgeführt wurde. Eine Erschwerung kommt allerdings für dieses Textilmaterial nicht in Frage, da der Wert desselben im Vergleich zu den Kosten einer Veredelung zu gering ist. Die Bourrettegarne werden daher nur einfach gefärbt, vielfach mit Farbstoffen, die als Spezialartikel von den Farbenfabriken hergestellt werden.

IX. Die Verpackung und der Versand der fertigen Seiden.

Sind die Seidenmasten getrocknet, gestreckt oder sonstwie nachbehandelt, dann werden sie zur Ablieferung an den Auftraggeber fertiggemacht. Die Unterbindungen der einzelnen Handvoll werden herausgelöst, die Masten an den Pol genommen und jetzt Stück für Stück genau besichtigt. Die losen Enden werden abgerissen, der Masten mit der Hand geglättet und gleichmäßig geformt. Direkt beschädigte Masten werden ausgesondert oder die schadhaften Stellen durch Abspleißen entfernt. Selbstverständlich wird hierbei die Seide auch auf Flecken, gegebenenfalls auch auf Buntfärbung untersucht. Ist dieses geschehen, dann wird eine Anzahl von Masten, zwei bis drei Stück, durch mehrere Umdrehungen mit der Hand am Pol zusammengedreht und durch Bildung eines Knotens vereinigt. Diese Aufmachung, das „Knüpfen", ist das gleiche wie es im Abschnitt über die Gewinnung der Rohseide, S. 56, bildlich dargestellt wurde. Die so geknüpften Masten werden, je nach der Dicke etwa zehn bis zwanzig Stück, zu einem Bündel vereinigt, indem man einen Masten durch die oberen Schleifen hindurchzieht und mittels einer Schlinge schließt.

Abb. 193. Geknüpfte Seide.

Anstatt die Seidenstränge zu knüpfen, wird in vielen Betrieben auch das „Rollen" ausgeführt, das darin besteht, daß eine Anzahl der am Pol geglätteten Masten mit der Hand so fest zusammengerollt werden, daß eine feste Rolle entsteht. Von diesen Rollen wird eine Anzahl — auch wieder etwa zwanzig — zu einem viereckigen Packen mit Bindfaden verschnürt.

Diese Bündel oder Packen werden dann in weißes Papier eingeschlagen und als Paket verschnürt. Vor dem Verpacken werden jedoch die Pakete oder die einzelnen Farbpartien gewogen und aus diesem Gewicht an Hand des Rohgewichtes die endgültige Erschwerung festgestellt. Es ist dies sehr wichtig,

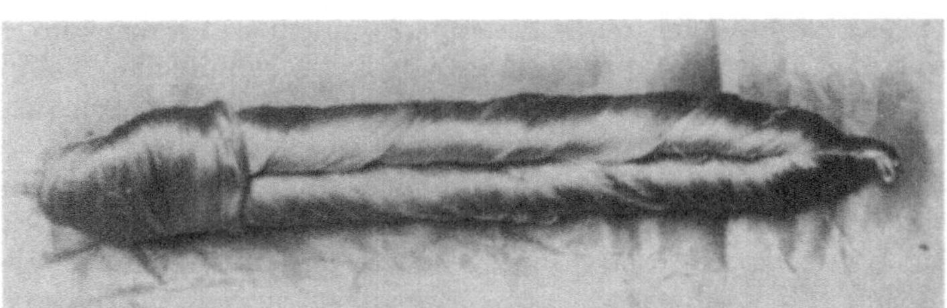

Abb. 194. Gerollte Seide: einzelne Rolle.

da sich erst hier herausstellt, ob bei einer Partie irgendwelche Irrtümer in bezug auf Anzahl der Masten oder Menge der Seide unterlaufen sind. Das Gewicht und die Höhe der Erschwerung werden auf einem Anhängezettel vermerkt, welcher jeder einzelnen Farbpartie angeheftet wird.

Ist die Seide in Paketen, dann werden diese in vielen Betrieben noch in eine Presse gelegt und auf ein möglichst kleines Volumen zusammengepreßt. Man kann jedoch über die Zweckmäßigkeit dieses Zusammenpressens geteilter Ansicht sein. Angeblich soll durch diese Behandlung der Glanz der Seide besser erhalten bleiben.

Abb. 195. Gerollte Seide: Pack von mehreren Rollen.

Die fertigen Pakete werden zum Schluß in einen Sack verpackt und kommen so zum Versand. Das früher vielfach übliche Versenden der fertig ausgerüsteten Seiden in Leinensäcken, ohne jegliche Einhüllung in Packpapier, ist zu verwerfen, da diese Verpackung der Seide keinen Schutz gegen die Einwirkung von Regen oder verunreinigenden Flüssigkeiten gewährt.

So einfach diese letzte Behandlung der Seide, bevor sie die Färberei verläßt, erscheint, so kann sie doch der Anlaß der größten Schwierigkeiten und Seidenschäden werden, sobald nicht gewisse Punkte im Auge behalten werden.

Abb. 196. Paket- oder Bündelpresse von Sondermann & Stier A.-G., Chemnitz.

Die erste Forderung, die erfüllt werden muß, ist die, daß eine Seide nie eher verpackt werden darf, als bis sie vollkommen abgekühlt und die natürliche Feuchtigkeit wiedergewonnen worden ist. Läßt man diese Forderung außer acht, dann sind unangenehme Folgen unausbleiblich. Eine nicht vollständig abgekühlte Seide wird beim Herrichten am Pol, namentlich wenn sie gar nicht oder nur niedrig erschwert ist, „fliegen", d. h. vermöge der elektrischen Eigenschaften der Seide stoßen sich die einzelnen Seidenfäden voneinander ab, und die Folge ist, daß beim Glätten dieser puffigen Seidenmasten die Seide an den Händen kleben bleibt und die Fäden teilweise zerreißen. Noch schlimmer wird diese Erscheinung aber, sobald eine derartige Seide auf die Windemaschine gebracht und auf Bobinen gespult wird. Durch das Kleben der Fäden werden zahlreiche Brüche veranlaßt.

Noch schlimmer in seiner Auswirkung ist aber das Nichtbefolgen der zweiten Forderung, daß der Seide Zeit gegeben werden muß, um ihre natürliche Eigenfeuchtigkeit wieder zu gewinnen. Dieser Feuchtigkeitsgehalt, der zu 11% angenommen wird, regelt nämlich die dynamometrischen Eigenschaften der Seide. Eine ausgetrocknete Seide ist spröde und wird eher zum Brechen oder Zerreißen neigen als eine normale feuchte Seide. Wird eine Seide zu trocken verpackt und wird ihr bei der weiteren Verarbeitung zum Gewebe keine Gelegenheit gegeben, zu ihrem normalen Feuchtigkeitsgehalt wieder zurückzukehren, so werden die Folgeerscheinungen im fertigen Gewebe in Form von Unstarksein oder Krauswerden usw. nicht auf sich warten lassen. Es ist unbestrittene Tatsache, daß die Seidenfehler oder Seidenschäden im Fertigfabrikat in der überwiegenden Mehrzahl auf die Rechnung der fehlenden bzw. überschüssigen Feuchtigkeit zu setzen sind.

Man vermeidet diese Schädigung dadurch, daß man die Seide nach der Schlußbehandlung, sei es nun nach dem Trocknen, sei es nach dem Strecken, an einem kühlen und normal feuchten Ort einen oder mehrere Tage aufhängt oder liegen läßt und ihr dadurch Gelegenheit gibt, sich wieder zu erholen.

Da die Seide imstande ist, außer den 11% ihrer Eigenfeuchtigkeit noch recht beträchtliche Mengen Feuchtigkeit außerdem aufzunehmen, so hat man sich andererseits davor zu hüten, daß die Räume zu feucht gewählt werden, in denen sich die Seide erholen soll. Es liegt dann die Gefahr nahe, daß die Höhe der Erschwerung falsch errechnet wird, sowie daß die überfeuchte Seide im fertigen Gewebe ihr überschüssiges Wasser abgibt und durch Kräuselung und Verschiebung der Lage der einzelnen Fäden das Gewebe unbrauchbar oder minderwertig macht.

Eine weitere Anforderung, die man an diese Schlußarbeit des Verpackens zu stellen hat, ist die, daß mit der größten Aufmerksamkeit jegliche Fehler des Materials festgestellt werden. Unachtsamkeit hierbei kann zu den unangenehmsten Entschädigungsansprüchen führen. Z. B. das Buntsein einer Seide kann am Masten leicht beobachtet werden, bei der weiteren Verarbeitung wird es aber erst wieder im Fertigfabrikat in Erscheinung treten, wenn es also zu spät ist. Das gleiche gilt von der Ausmerzung oder Ausbesserung zerrissener und beschädigter Masten, sowie von der Feststellung direkter Irrtümer in bezug auf das Material oder die Menge derselben. Man läßt daher diese Arbeiten nur von zuverlässigem Personal ausführen, wie solches ja auch bei der Anfangsarbeit der Seidenveredlung, dem sog. Masten der Seide, der Fall sein sollte.

Als letzte und eigentlich selbstverständliche Anforderung ist dann noch zu erwähnen, daß das Verpackungsmaterial, die verschiedenen Papiere, Bindfäden und Säcke keine Stoffe enthalten dürfen, welche auf die Seide einen schädigenden Einfluß auszuüben imstande sind. Die Papiere usw. müssen also chlorfrei, säurefrei, frei von Metallsalzen u. a. m. sein.

Auch der Empfänger der fertigen Seide hat gewisse Vorsichtsmaßregeln zu erfüllen, insofern, als er die Pakete nach Empfang öffnet, die Sendung kontrolliert und die Seiden vorschriftsmäßig aufbewahrt.

Die Verarbeitung der Seide zu Geweben.

Wurden in den vorhergehenden Abschnitten die Gewinnung und Ausrüstung des Seidenfadens besprochen, so haben wir uns jetzt mit den Erzeugnissen zu beschäftigen, die aus diesem Seidenfaden hergestellt werden können. Die Verwendungsmöglichkeit der Seide ist eine ausgedehntere als bei den übrigen Fasern, weil die Widerstandsfähigkeit und die dynamometrischen Eigenschaften der Seide, vor allem aber die Form als einzelner langer Faden und seine Feinheit dieses Material auch für manche Zwecke verwendbar macht, für die die übrigen Textilien vollkommen ausscheiden, man denke z. B. an die

Möglichkeit, mit der Seide derart dichte Gewebe herzustellen, daß man sie als Sieb für die feinsten Pulver verwenden kann.

Aber auch aus einem ganz anderen Grunde ist das Verwendungsgebiet der Seide ein umfassenderes als das der übrigen Textilfasern. Die Seide kann nämlich nicht nur als Einzelfaser (Grège) oder als gezwirnte Faser (Organzin und Trame), sondern auch im rohen oder im entbasteten und schließlich noch im erschwerten Zustand verwandt werden.

Berücksichtigt man ferner, in wie vielen Mischgeweben die Seide vertreten ist, um denselben einen besonderen Charakter zu verleihen, dann wird man verstehen können, warum das Verwendungsgebiet der Seide ein so unendlich großes ist.

Wenn im folgenden die Produkte zur Besprechung gelangen, die aus Seide herzustellen sind oder zu deren Herstellung Seide verwandt wird, so muß vorausgeschickt werden, daß nicht beabsichtigt ist, im einzelnen über die Mechanik der Herstellung dieser Materialien zu berichten, hierüber gibt Bd. II, 2 dieses Handbuches Aufklärung. Wir beschränken uns auf die Beschreibung der Art der Seidenerzeugnisse und ihrer besonderen Ausrüstung.

Wie wir sehen werden, ist dieses ein Arbeitsgebiet, dessen Umfang nicht weniger groß ist, als dasjenige der mechanischen Herstellung der Seidengewebe. Auf Herstellungsarten, die für einzelne Seidenerzeugnisse charakteristisch und von der üblichen abweichend ist, wird natürlich näher einzugehen sein.

Da aber nicht nur die aus reiner Seide hergestellten Gewebe, sondern auch solche betrachtet werden sollen, die aus Mischungen von Seide mit anderen Textilmaterialien hergestellt sind, so ist von einer Trennung der Gewebe der echten Seide, von solchen, die aus wilden oder Abfallseiden (Tussah und Schappe) hergestellt werden, Abstand genommen. Dagegen erschien es zweckmäßig, die Florgewebe, wie Samt und Plüsch, wegen ihrer abweichenden Herstellungsart und Ausrüstung gesondert zu behandeln.

Eine sehr große Schwierigkeit besteht darin, daß, wie bei anderen Textilerzeugnissen, auch bei der Seide die Bezeichnungen der einzelnen Gewebearten je nach der Mode wechseln. Es herrscht hier teilweise eine derartige Willkür, daß für ein und denselben Artikel eine ganze Reihe von Phantasienamen auftaucht oder daß ein und dieselbe Bezeichnung für eine ganze Anzahl völlig verschiedener Weberzeugnisse zur Anwendung gelangt. So sind einzelne, ursprünglich nur aus Seide hergestellte Gewebe der Verbilligung wegen aus gemischtseidenen Materialien und schließlich sogar überhaupt nicht mehr unter Verwendung von Seide hergestellt worden. Es sei hier nur auf die verschiedenen Kreppgewebe hingewiesen. Z. B. war ursprünglich Crêpe de chine ein reines Seidengewebe, allmählich bürgerte sich dann der halbseidene Crêpe de chine ein, und heute sieht man sogar solche, die überhaupt nur aus Baumwolle bestehen. So bedauerlich dieses auch ist, es fehlt eben an einem wirklichen Schutz für die ursprünglichen Bezeichnungen. Hieraus dürfte es sich auch erklären, daß im Schrifttum eine systematische Übersicht, wie es solche über die Bindungsarten in der Gewebelehre gibt, über Gewebebezeichnungen speziell auf dem Gebiet der Seidengewebe vollkommen fehlt.

Wenn im folgenden versucht wird, eine derart systematische Einteilung der Seidengewebe zu geben, so mag vorausgeschickt werden, daß dieselbe keinen Anspruch auf absolute Vollständigkeit machen kann. Ermöglicht werden konnte diese Zusammenstellung nur durch Unterstützung, die auf diesem Gebiete führende Firmen und Fachleute dem Verfasser zuteil werden ließen.

Wir haben folgende Gebiete zu betrachten:

1. Die Verarbeitung der Rohseiden zu Geweben.

2. Die Veredlung und Ausrüstung dieser Erzeugnisse.
3. Die Verarbeitung der veredelten Seiden zu Geweben und deren Ausrüstung.
4. Die Florgewebe aus Seide und ihre Ausrüstung.

Während die mechanische Verarbeitung der Seiden zu einem Gewebe nur einen geringen Raum einnehmen wird und bei der Veredlung der Stückware manche Vorgänge nur kurz gestreift werden, die bereits bei der Veredlung der Seide im Strang zur Sprache gebracht wurden, wird die Ausrüstung der Fertigware, das Appretieren, das Bedrucken u. a. m. auf breiterer Grundlage zu behandeln sein.

I. Die Verarbeitung der Rohseiden zu Geweben.

Als Seidengewebe kommen zur Hauptsache vier Arten in Frage, nämlich

1. breitgewebte Stoffe,
2. schmalgewebte Bänder,
3. Wirkwaren,
4. hohlgewebte Schlauchgewebe.

Andererseits wird ein Unterschied zu machen sein, ob es sich um Erzeugnisse handelt, die lediglich aus Seide hergestellt sind, oder um solche, bei denen auch anderes Rohmaterial verwandt worden ist. Demgemäß werden zu betrachten sein:

1. Stoffe aus reiner Rohseide,
2. Stoffe aus Rohseide und anderen Faserstoffen,
3. Bänder aus Rohseide und aus Rohseide mit anderen Fasern,
4. Wirkwaren aus Rohseide bzw. aus Rohseide mit anderen Fasern,
5. Schlauchgewebe aus Rohseide.

Die Gewebe werden möglichst nach ihren Gewebebindungen in Gruppen besprochen werden, aber von näheren Angaben bezüglich Einstellung usw. wird durchwegs abgesehen.

Um den Charakter des einzelnen Gewebes zu veranschaulichen, werden die Hauptvertreter der einzelnen Gruppen sowohl im Durchblick als auch im Aufblick als Rohgewebe und nach ihrer Fertigausrüstung in Abbildungen wiedergegeben.

1. Stoffe aus reiner Rohseide.

Die Gewebe, die lediglich aus unentbasteter Rohseide hergestellt wurden, zählen wohl zu den ältesten Seidengeweben. Zahlreiche altchinesische und altjapanische Gewebe, die sich in Sammlungen oder Museen befinden, geben hiervon Zeugnis. Auch heute noch werden in den asiatischen Ländern derartige Stoffe hergestellt, während sie in Europa weniger zahlreich fabriziert werden, weil sie einerseits sehr teuer sind und andererseits nicht von der Mode bevorzugt werden. Die vielfach als Rohseiden- oder Bastseidengewebe auch bei uns angebotenen Stoffe, wie Shantung- oder Tientsinseiden. bestehen entweder nicht aus edler Seide, sondern aus Tussahseide, oder sie sind überhaupt aus Florettgespinsten allein oder gemischt mit echter bzw. Tussahseide hergestellt.

Dagegen werden heute in Europa und auch in China und Japan bereits sehr viele Gewebe aus Rohseide erzeugt, die aber nachher irgendwie veredelt, erschwert, gefärbt, bedruckt usw. werden.

Die Ausrüstung der Seidengewebe im Stück ist noch keineswegs sehr alt, sie begann erst im letzten Jahrzehnt des vergangenen Jahrhunderts. Heute hat sie aber bereits einen derartigen Umfang angenommen, daß die Ausrüstung und Verarbeitung der Seide im Strang ganz erheblich zurückgedrängt worden ist.

Bei der Herstellung von Rohseidengeweben werden in der Hauptsache als Seidenmaterial Krepps und Grègen verwendet, weniger dagegen die gezwirnten Seiden, Organzin und Trame. Die Ursache liegt darin, daß die rohseidenen Gewebe später veredelt werden und daß die angeführten gezwirnten Seiden im Gewebe sich nur schlecht bzw. unvollständig abkochen lassen. Dort, wo die rohseidenen Gewebe als solche, also ohne Abkochung oder Erschwerung, vielfach auch sogar ohne Färbung, weiterverarbeitet, also nur appretiert oder bedruckt werden, findet man auch die gezwirnten Seiden verwandt.

Bei der Einstellung der Gewebe ist darauf Rücksicht zu nehmen, ob sie später veredelt werden sollen. Das dicht eingestellte Seidengewebe kann wohl als solches verwandt werden, gegebenenfalls kann es noch bedruckt und appretiert werden; auch färben läßt es sich schließlich noch. Soll es aber erschwert werden, dann ist dieses nur möglich, wenn die Dichte des Gewebes eine gewisse Norm nicht überschreitet. Man findet deshalb auch bei der Herstellung von rohseidener Stückware, die erschwert werden soll, die Vorschrift, daß das Quadratmetergewicht der Ware eine gewisse Höhe nicht übersteigen darf. Es ist dieses ja auch ohne weiteres erklärlich, wenn man berücksichtigt, daß bei dem Erschweren der Seide der Einzelfaden quillt. Hat er hierzu nicht genügend Spielraum, dann wird er zusammengepreßt und platzt.

Demgemäß werden bei den Rohseidengeweben, die später erschwert werden sollen, solche mit leichter Leinwand- oder Taffetbindung bevorzugt, während die Köperbindung mehr bei den Stoffen verwandt wird, die nur gefärbt oder bedruckt werden sollen.

Für die im folgenden gegebene Übersicht über die einzelnen hierhergehörigen Gewebe hat sich eine Einteilung nach der Art ihrer Ausrüstung als zweckmäßig erwiesen.

a) Stoffe, die nur aus Rohseide hergestellt, aber nicht erschwert werden. Es zählen zu dieser Gruppe eine Reihe von Geweben, die nicht nur als Bekleidungsstoffe oder ähnliches Verwendung finden, sondern auch solche, die für technische Zwecke verwandt werden.

1. Japons oder Pongés. Diese Gewebe werden hergestellt aus Grège als Kette und Grège oder Trame als Schuß. Es sind sehr feine Gewebe, die pro Quadratmeter etwa 20 bis 30 g wiegen. Man erzielt dieses natürlich durch die Verwendung eines Seidenmaterials von sehr niedrigem Titer. Während diese Erzeugnisse früher von Asien importiert wurden, und zwar durchweg bereits abgekocht, werden sie heute auch in großen Mengen hier in Europa hergestellt. Sie werden nicht oder nur selten erschwert. Verwendung finden sie meistens als billige Blusenseiden oder zu Futterstoffen. Diese in Taffetbindung hergestellten Gewebe kommen in unabgekochter Form auch als Surahs von Indien aus in den Handel, um in Europa bedruckt zu werden, wobei allerdings zu bemerken ist, daß unter der Bezeichnung „Surah" auch andere Gewebe bekannt sind.

2. Voiles oder Schleierstoffe. Es sind dieses gazeartige Gewebe aus Grège mit Grenadindrehung sowohl in Kette als auch in Schuß, die vielfach auch als Seidenchiffon bezeichnet werden. Sie werden durchweg nur gefärbt und appretiert, dagegen nicht erschwert. Bezüglich des Färbens von Seidenchiffon gilt[1], daß der Seidenchiffon bei der Veredlung sehr sorgfältig behandelt werden muß. Er wird deshalb bei der Ausrüstung auf einer sechsseitigen Trom-

[1]) Silk Journal 1925, S. 49.

mel oder Haspel aufgespannt, damit er glatt und faltenlos liegt. In dieser Form wird er abgekocht, gefärbt und gespült. Hernach wird die Ware vom Rahmen abgenommen und auf einem Spannrahmen getrocknet. — Sie finden Verwendung, wie der Name bereits andeutet, zur Herstellung von Schleiern und von Tüchern, teilweise auch von Futterstoffen.

3. Glatte Musselines. Diese Gewebe, die nach der Stadt Mossul benannt sind, bestehen ebenfalls aus Grègekette und aus Grège- oder Trameschuß. Sie werden durchweg unerschwert gefärbt, wobei allerdings zu bemerken ist, daß sie meistens nicht abgekocht, sondern écru gefärbt werden.

4. Ganzseidene Schirmstoffe. Diese Stoffe, die zum Unterschied von den vorher aufgeführten nicht in Taffetbindung, sondern in Köperbindung gewebt werden, bestehen aus Grège in der Kette und Trame im Schuß. Sie werden durchweg unerschwert gefärbt, da an diese Stoffe große Anforderungen bezüglich Echtheit gestellt werden.

5. Gazen. Diese Gewebe, deren Name auf die Stadt Gaza zurückgeführt wird, wo bereits im Altertum die feinen durchsichtigen Gewebe hergestellt wurden, bestehen aus Grègen bzw. auch Trame im Schuß. Je nach der Einstellung hat man dünnere und dichtere Gewebe. Sie werden teilweise zu Futterstoffen, teilweise zu Gardinenstoffen bzw. Kleiderstoffen verwendet.

Hierher gehören die Marlygewebe. Und zwar handelt es sich um eine sehr weitmaschige Gaze, die nach dem Verwendungszweck (z. B. Fenstermarly, Putzmarly) als einfaches oder fassonniertes, d. h. gemustertes Gewebe in den Handel kommt. Unter Damastgazen versteht man Gazen japanischer oder chinesischer Herkunft, in die damastartige Muster hineingewebt sind. Hier wäre weiter zu erwähnen der Cendal oder Cindel, ein altes chinesisches Grègegewebe, das, aus Rohgrège bestehend, früher zu Futterzwecken Verwendung fand. Auch Seidenstramin oder seidener Canevas ist ein gazeartiges Rohseidengewebe, das auch als Etamine bezeichnet wird. Pettinet ist ein gazeartiges Gewebe mit netzartigen Öffnungen, das zur Herstellung genähter Spitzen oder Stickereien auf besonderen Stühlen aus Rohseide gewebt wird.

6. Leichte Taffetgewebe. Zu diesen zählen die Coras, die aus Indien stammen und gefärbt oder bedruckt in den Handel kommen. Sie sind aus Grègekette und Trameschuß hergestellt. Ähnliche Taffetgewebe aus Rohseide sind die Tussores, die in den indischen Ländern als Kleiderstoffe viel gebraucht werden. Diese Gewebe sind nicht zu verwechseln mit den Tussores, die aus Tussahseide hergestellt werden, wovon noch weiter unten die Rede sein wird.

Zu den leichten Halbtaffets zählen dann noch die aus Indien vielfach exportierten Choppats, Damarus und Massirus. Auch die Miflorence ist ein Halbtaffet, der als rohseidene Stückware ausgerüstet wird. Unter Moustiquaire ist ein dichtes Seidengewebe aus Rohseide zu verstehen, das in den asiatischen Ländern sehr viel zu Kleiderstoffen, und zwar glatt oder gemustert, verwandt wird. Es ähnelt sehr den noch zu besprechenden Rohseidengeweben.

7. Technische Seidengazen. Zu den dichteren Gazegeweben, die hierunter aufzuführen sind, zählen die Siebgazen oder Müllergazen, auch als Beutelstoffe bezeichnet. Die Bezeichnung deutet schon den Verwendungszweck an. Sie werden durchweg aus Rohgrège hergestellt, teilweise aber auch aus Organzin und Trame. Sie werden nicht weiter veredelt, sondern nur leicht appretiert, soweit dies für besondere Zwecke erforderlich wird.

Weiter gehören hierunter die Ballon- oder Flugzeugstoffe. Diese Stoffe, die heute ja eine sehr große Bedeutung erlangt haben, werden aus Grègen sehr groben Titers, vielfach auch aus Tussah- oder Doppigrègen hergestellt. Sie stellen ein sehr dichtes Taffet- oder Gazegewebe dar. Diese Gewebe werden zu mehreren Lagen, teilweise bis zu zehn, aufeinandergeklebt und bilden dann ein sehr undurchlässiges Gewebe, das zumeist nachher noch mit einem luftbeständigen Firnis oder Lack imprägniert wird.

b) Stoffe, die aus wilden Seiden oder Florettseiden hergestellt, aber nicht erschwert werden. 1. Tussores. Zu diesen bereits oben kurz erwähnten Stoffen zählt man Gewebe, welche aus Tussahseide zur Hauptsache hergestellt sind. Diese unter dem Namen Rohseide oder Bastseide bzw. Shantung-, Honan-, Tientsinseide bezeichneten Gewebe bestehen meistens aus Tussahgrègen in Kette und Schuß. Vielfach wird aber auch Schappe zum Schuß verwandt oder

Abb. 197. Shantungseide im Aufblick. Vergr. 1:4[1]).

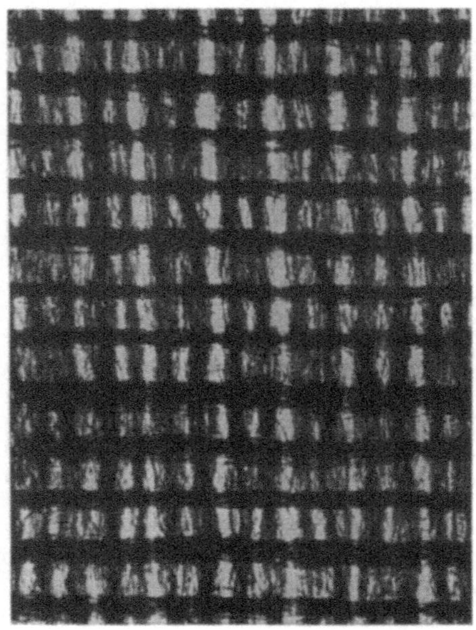

Abb. 198. Shantungseide im Durchblick. Vergr. 1:20.

auch sogar zur Kette. Als Shantungersatz bezeichnet man ein Gewebe, welches aus Doppigrège hergestellt ist. Sie werden meistens nicht entbastet, man läßt sie vielfach auch ungefärbt, höchstens, daß ihnen eine leichte Seidenfärbung gegeben wird. Vielfach werden sie auch leicht gebleicht, dagegen erschwert oder besonders gefärbt werden sie selten, dagegen neuerdings vielfach bedruckt. Sie stellen sehr beliebte Kleiderstoffe dar, die aber auch schon mit minderwertigerem Material wie Bourrettegarnen hergestellt werden.

2. Helvetiaseiden, auch als Taffetas oder Tafftalin bezeichnet, ist ein in Taffetbindung hergestelltes Gewebe aus Grègekette und Schappeschuß. Je nach dem Titer erhält man Gewebe von verschiedener Dicke. Ein derart dichtes Gewebe wird auch hin und wieder als Liberty bezeichnet. Diese Gewebe werden nicht erschwert, sondern nur einfach gefärbt oder bedruckt und anschließend appretiert. Sie finden Verwendung als Futterstoffe, teilweise aber

[1]) Sämtliche Gewebeaufnahmen sind so durchgeführt, daß die Kette senkrecht steht, der Schuß dagegen wagerecht liegt.

auch als Kleiderstoffe. Im letzteren Falle werden sie mit den verschiedensten Phantasienamen bezeichnet.

3. Foulards, auch als Twills bezeichnet, stellen, was Material anbelangt, das gleiche Gewebe dar wie die Helvetiaseiden, nur daß hier eine Köperbindung und keine Taffetbindung vorliegt. Die Kette besteht aus Grège, der Schuß dagegen aus Schappe, bei minderwertigen Sorten aus Baumwolle.

Abb. 199. Helvetiaseide im Aufblick. Vergr. 1:4.

Zu diesen Foulards gehören auch die Faillegewebe, auch als Coteline bezeichnet, wenn die Einstellung sehr lose gewählt wird, wodurch es musselineartig erscheint; bei ihnen prägt sich eine sehr feine Rippe aus. Diese Failles stellen aber auch bei reinseidenen Geweben aus Strang gefärbter Seide einen sehr beliebten Artikel dar. Unter Faillesatin versteht man die gleichen Gewebe wie die vorigen, jedoch mit Atlasbindung. Man bezeichnet diese letzteren auch als Foulardine, welches als feinfädiges Atlasfutter Verwendung findet. Die Foulards bzw. Failles werden durchweg nicht erschwert, sondern gefärbt, mit Vorliebe aber auch bedruckt.

Zu erwähnen wäre hierbei noch, daß mit der Bezeichnung Foulard auch vielfach ostindische Tücher belegt werden, die aus Rohseide hergestellt sind und nachher bedruckt werden.

4. Toils Schappe sind Gewebe, welche aus Schappe in der Kette und Schappeschuß bestehen. Sie werden entweder uni gefärbt, oder können aber auch durch Vorfärbung des Schusses mit Streifen ausgerüstet werden. Diese Gewebe spielen in Frankreich und Italien eine sehr große Rolle, sind bei uns aber durch die Helvetiaseiden verdrängt worden.

Schließlich wäre noch ein Gewebe zu nennen: Satin Grenadin, welches aus Grègekette mit Schappeschuß, und zwar in Satinbindung hergestellt wird.

c) Stoffe, die aus Rohseide hergestellt und erschwert werden. Zu dieser Gruppe zählen in der Hauptsache die Kreppgewebe, die durchweg erschwert werden, aber teilweise auch, wo es sich um bessere Qualitäten handelt, unerschwert ausgerüstet werden.

Die Kreppgewebe charakterisieren sich, wie der Name schon andeutet, dadurch, daß bei der Herstellung eine stark gedrehte Seide, nämlich Crêpe, verwandt wird. Diese Gewebe spielen heute eine sehr große Rolle, weil sie speziell in stückgefärbter Ausrüstung ein sehr beliebter Modeartikel geworden sind. Auffälligerweise läßt sich der Crêpefaden trotz seiner starken Drehung viel leichter entbasten, als dieses bei Organzin oder Trame der Fall ist. Es muß dieses damit zusammenhängen, daß man diesen Geweben beim Abkochen vollständige Freiheit läßt. Sie schrumpfen hierbei stark zusammen, wodurch ein gut Teil des Bastes wahrscheinlich mechanisch gelöst wird. Erst später spannt man sie wieder auf ihre ursprüngliche Ausdehnung. Im Gegensatz hierzu würde ein Organzin- oder Tramefaden fest im Gewebe liegen und die Entfernung des Bastes würde an den Stellen, wo Kette und Schuß sich berühren, nicht vor sich gehen können.

Bei der vielseitigen Verwendung der Kreppgewebe ist es nicht zu verwundern, daß diese Gewebe mit sehr viel Phantasiebezeichnungen belegt worden sind.

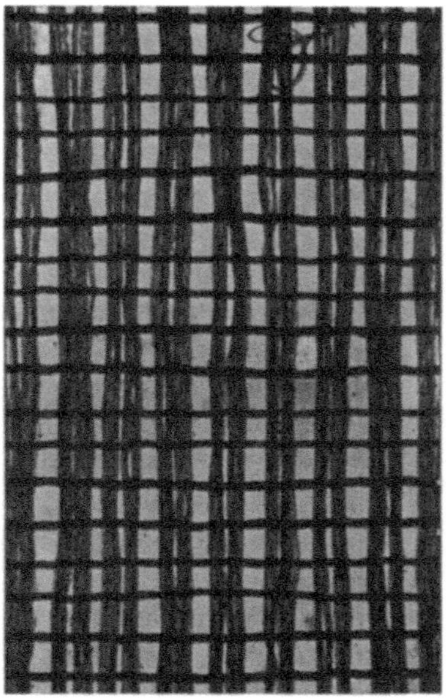

Abb. 200. Crêpe de Chine, Mittelqualität, Rohgewebe. Durchblick. Vergr. 1:20.

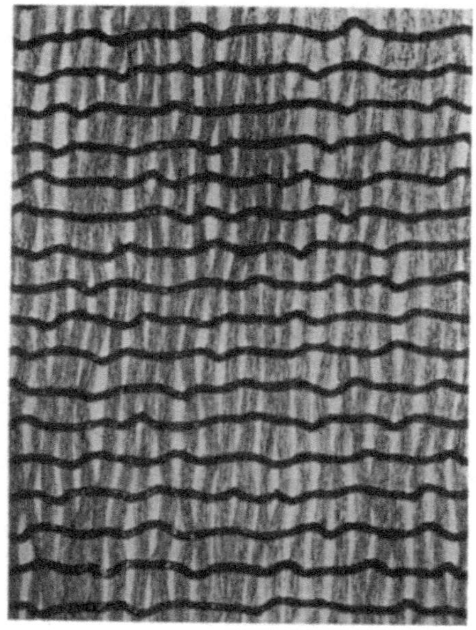

Abb. 201. Crêpe de Chine, Mittelqualität, ausgerüstet. Durchblick. Vergr. 1:20.

Hierauf näher einzugehen, würde viel zu weit führen. Hier sollen als Kreppgewebe, aus reiner Rohseide hergestellt, nur folgende erwähnt werden:

Crêpe de Chine. Dieses Gewebe, wohl das älteste der hier in Frage stehenden Gewebe, besteht aus einer Grègekette mit Crêpeschuß, und zwar ist dieser Crêpeschuß so angeordnet, daß je ein linksgedrehter mit einem rechtsgedrehten, oder aber auch zwei links- und zwei rechtsgedrehte Crêpefäden miteinander abwechseln. Würde man ein Schußmaterial wählen, welches lediglich aus rechtsgedrehtem Crêpe bestände, dann würde das Material sich in einer Richtung speziell zusammenziehen und ein vollständig ungleiches Bild gewähren. Bei dem abwechselnden Crêpeschuß wird dagegen das nach den verschiedenen Richtungen stattfindende Einschrumpfen gewissermaßen ausgeglichen, so daß die Lage des Gewebes nicht verändert wird. Dieser Crêpe de Chine kann nun natürlich, je nach der Einstellung, ein feineres oder ein dichteres Gewebe darstellen.

Abb. 202. Crêpe de Chine, Mittelqualität, ausgerüstet. Aufblick. Vergr. 1:4.

Der Wert eines derartigen Crêpe de Chine richtet sich natürlich nach dem Material, welches verwandt worden ist.

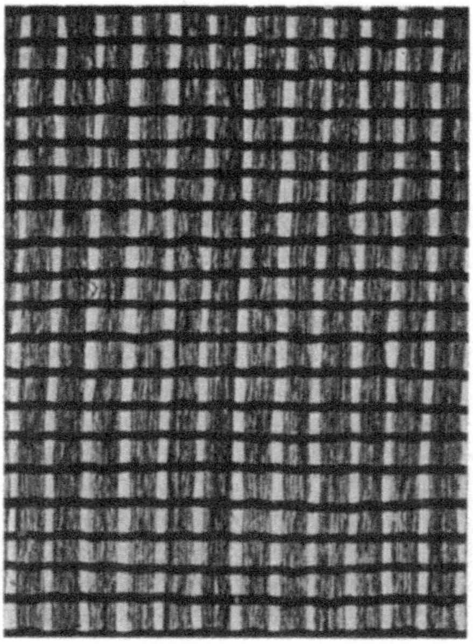

Abb. 203. Crêpe de Chine, schwere Qualität, Rohgewebe. Durchblick. Vergr. 1:20

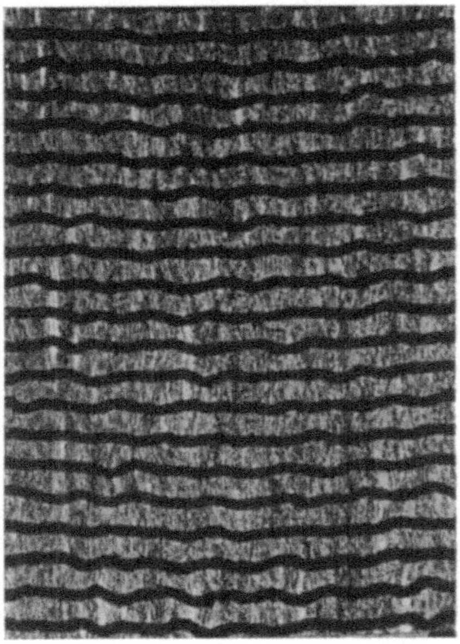

Abb. 204. Crêpe de Chine, schwere Qualität, ausgerüstet. Durchblick. Vergr. 1:20.

Abb. 205. Crêpe de Chine, schwere Qualität, ausgerüstet. Aufblick. Vergr. 1:4.

Crêpe de Chine wird durchweg mit Zinnphosphat erschwert. Man erzielt dadurch nicht nur eine größere Fülle des Gewebes, sondern auch einen besseren Glanz. Je nach der Dichte der Einstellung, wechselt die Höhe der zulässigen Erschwerung. Je loser das Gewebe, um so höher kann man erschweren. Wie wir weiter unten noch sehen werden, geht man aber selten mit der Erschwerung höher als 50 bis 60%, weil sonst die Ware brettig wird und ihre Haltbarkeit beeinträchtigt wird.

Das Durchschnittsgewicht der Chinakrepps schwankt zwischen 25 bis 80 g pro Quadratmeter im Rohzustande, also im Durchschnitt etwa 50 g. In den Seide erzeugenden Ländern, wie Frankreich und Italien, hat man aber auch Crêpes de Chine, welche noch bedeutend schwerer, nämlich bis 100 g pro Quadratmeter ausgerüstet sind. Diese Ware wird durchweg nicht erschwert, sondern nur abgekocht, gefärbt und bietet ein Bild, welches dem edlen Taffet nahezu gleichkommt.

Als Material für die Gewebe werden durchwegs italienische Grègen und Crêpes, also gelbbastige Seiden, verwandt. Seltener findet man die Verwendung von Cantoncrêpe. Die verschiedenen Crêpes de Chines sind als Kleiderstoffe sehr

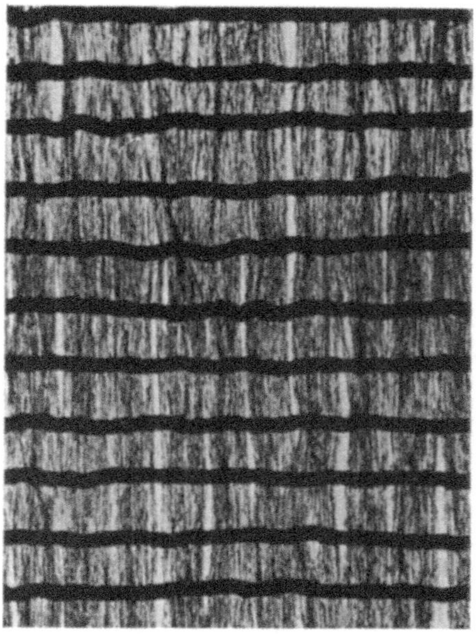

Abb. 206. Crêpe Maroccain, Rohgewebe. Durchblick. Vergr. 1:20.

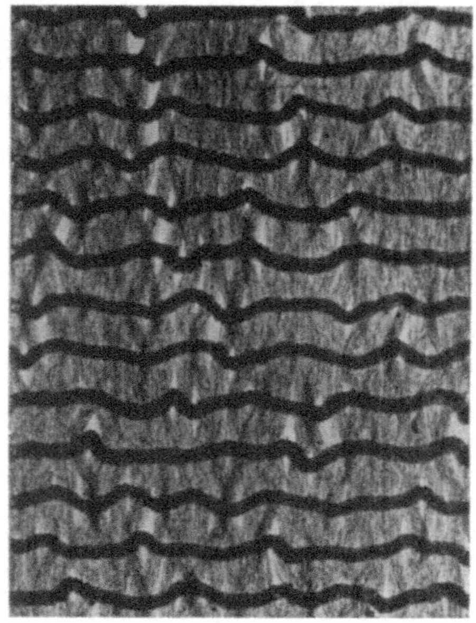

Abb. 207. Crêpe Maroccain, ausgerüstet. Durchblick. Vergr. 1:20.

beliebt. Um den Preis herabzumindern, werden sie auch vielfach als halbseidene Gewebe hergestellt.

Crêpe Maroccain. Dieser Krepp besteht aus einer Grègekette und einem Crêpeschuß, welcher, ebenfalls wie beim Crêpe de Chine, abwechselnd aus rechts- oder linksgedrehtem Crêpe besteht. Der Unterschied gegenüber dem Crêpe de Chine besteht aber darin, daß zum Schuß ein dickeres Material verwandt wurde, das entweder aus mehreren Grègefäden oder mehreren Crêpefäden, jedoch höheren Titers, besteht. Hierdurch erhält das Gewebe einen ripsartigen Charakter. Es wird also nicht etwa Maroccain durch dichtere Einstellung des Schusses erzielt, wie vielfach angenommen wird, vielmehr kann die Einstellung bedeutend loser sein wie bei einem Crêpe de Chine vom gleichen Gewicht. Das Gewicht des Crêpe Maroccain liegt zwischen 35 bis 80 g pro Quadratmeter, unterscheidet sich also nicht wesentlich von dem des Crêpe de Chine. Auch dieser Krepp wird durchweg erschwert. Bezüglich der Höhe der Erschwerung gilt hier das gleiche und noch

Abb. 208. Crêpe Maroccain, ausgerüstet. Aufblick. Vergr. 1:4.

im verstärkten Maßstabe, was unter Crêpe de Chine ausgeführt wurde. Was die Verwendung anbelangt, so ist auch hier diejenige als Kleiderstoffe an

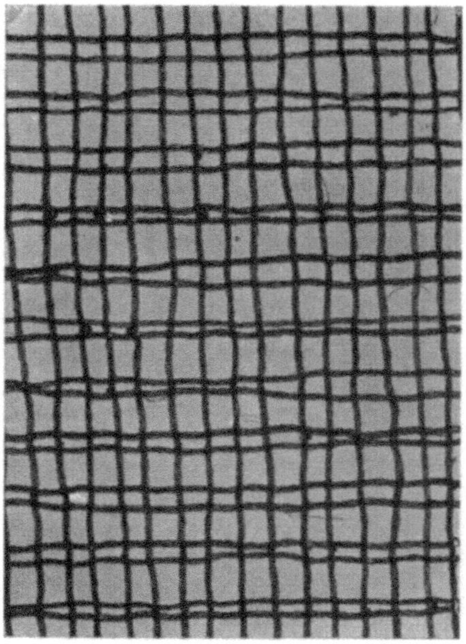

Abb. 209. Crêpe Georgette, Rohgewebe. Durchblick. Vergr. 1:20.

Abb. 210. Crêpe Georgette, ausgerüstet. Durchblick. Vergr. 1:20.

Abb. 211. Crêpe Georgette, ausgerüstet. Aufblick. Vergr. 1:4.

erster Stelle zu nennen. Um den gerippten Charakter des Maroccains zu erzielen, stellt man die Rippe auch aus unedlerem Material, wie Schappe, Wolle oder Baumwolle, her. In diesem Fall kann das Material natürlich nicht erschwert werden.

Crêpe Georgette. Charakteristisch für dieses Gewebe ist, daß nicht nur der Schuß, sondern auch die Kette aus Crêpe hergestellt ist. Im übrigen ist die Einstellung des Gewebes die gleiche wie bei Crêpe de Chine oder Crêpe Maroquin, so daß man also Crêpe Georgette entweder mit dem Charakter des Chinakrepps oder des Crêpe Maroccain herstellen kann. Bei der Ausrüstung muß natürlich darauf geachtet werden, daß die Einschrumpfung des Gewebes in der Kettrichtung eine sehr erhebliche ist — etwa 15% —, die natürlich in irgendeiner Form ausgeglichen werden muß. Der Crêpe Georgette ist rein äußerlich schon daran zu erkennen, daß er stärker gekräuselt ist als die anderen Krepps. Crêpe Georgette wird in gleicher Weise wie die bereits besprochenen Krepps erschwert.

Crêpe Satin. Dieses Gewebe, welches etwa 40 bis 80 g schwer per Quadratmeter ist, wird ebenfalls wie der letzte besprochene Krepp in der Art des Crêpe

Abb. 212. Crêpe Satin, Rohgewebe. Durchblick. Vergr. 1:20.

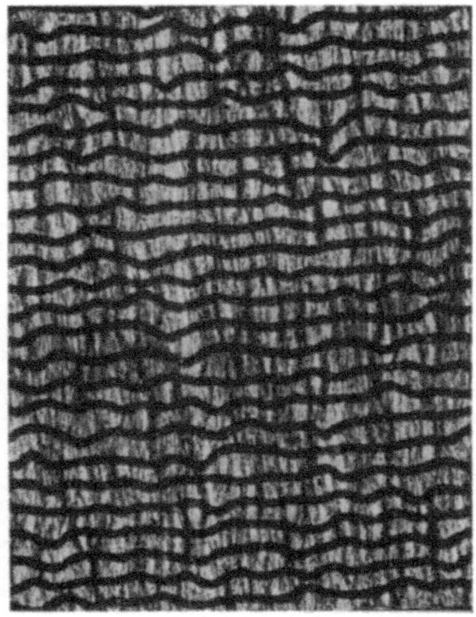

Abb. 213. Crêpe Satin, ausgerüstet. Durchblick. Vergr. 1:20.

Maroccain bzw. Crêpe Georgette hergestellt. Er unterscheidet sich aber wesentlich dadurch, daß er nicht in Taffetbindung, sondern in Satinbindung hergestellt ist; demgemäß unterscheidet er sich von den anderen Krepps in der Hauptsache dadurch, daß die Oberfläche vollkommen glatt erscheint. Bezüglich Material und Einstellung ist hier das gleiche zu sagen, was bei den vorerwähnten Krepps angeführt wurde. Die verschiedenen Crêpes Satin, die ebenfalls in üblicher Weise erschwert werden, spielen heute eine sehr große Rolle, nicht nur als Kleiderstoffe, sondern auch vielfach als Futterstoffe.

Abb. 214. Crêpe Satin, ausgerüstet. Aufblick. Vergr. 1:4.

Crêpe Mousseline. Dieser auch als Chiffon-Crêpe bezeichnete Krepp unterscheidet sich von den anderen bisher aufgeführten dadurch, daß er sowohl in Kette als auch im Schuß sehr dünn eingestellt ist. Das Gewicht beträgt durchweg nur 18 bis 22 g pro Quadratmeter. Er wird daher vielfach unerschwert, also nur gefärbt, ausgerüstet. Bezüglich der Form der Ausrüstung sei auf das unter ,,Seidenchiffon" Ausgeführte verwiesen. Selbstverständlich kann er wieder nach Art der oben erwähnten vier Krepps hergestellt werden.

Charmeuse. Dieses Gewebe, das heute nur mehr wenig im Handel anzutreffen ist — im Gegensatz zu früher, wo es ein sehr beliebter Kleiderstoff war —, besteht aus Grègekette und Crêpeschuß, also wie die üblichen Krepps, nur mit dem Unterschied, daß zwischen zwei Crêpefäden ein glatter Grègefaden eingeschlagen ist. Außerdem hat aber das Gewebe Köperbindung. Dieser Stoff wurde durchwegs im erschwerten Zustande ausgerüstet.

Die dichteren Crêpegewebe werden auch teilweise als Crepons bezeichnet. Diese Gewebe sind aber auch vielfach aus Halbseide hergestellt, man gibt ihnen durch eine besondere Appretur das Aussehen eines dichten schweren Crêpegewebes. Dasselbe läßt sich natürlich bei Verwendung von Wolle und Kunst-

Abb. 215. Charmeuse, ausgerüstet. Durchblick. Vergr. 1:20.

Abb. 216. Charmeuse, ausgerüstet. Aufblick. Vergr. 1:4.

seide erzielen, ein derartiger Seidencrepon ist unter der Bezeichnung „Ramage" bekannt.

Zu erwähnen ist noch weiter, daß zu den Crêpegeweben auch vielfach gazeartige Gewebe zu zählen sind, so z. B. der Bologneser Flor, ein aus Seide hergestelltes kreppartiges Gewebe, das, schwarz gefärbt, namentlich zu Trauerflors verwandt wird; weiß oder farbig findet der Bologneser Flor zur Herstellung von Schleiern (in Italien Velo genannt) viel Verwendung. Die Bezeichnung Flor ist allerdings nicht zu verwechseln mit den Florgeweben, die ja bekanntlich in Form von Plüsch oder Samt eine besondere Kategorie von Geweben darstellen.

2. Stoffe aus Rohseide und anderen Faserstoffen.

Wie schon eingangs erwähnt wurde, ist die Verwendung der Seide in Verbindung mit anderen Textilstoffen eine sehr weitgehende; die Seide wird dann meistens als Decke benutzt und verleiht dem Gewebe ein gefälliges Aussehen.

Als derartige Faserstoffe, die bei der Verarbeitung mit Seide in Frage kommen, sind zu nennen die Baumwolle, die Wolle und die Kunstseide.

a) Gewebe aus Seide und Baumwolle. Diese Art von Geweben wird durchwegs als Halbseide bezeichnet. Die Ausrüstung dieser halbseidenen Gewebe besteht darin, daß sie abgekocht, gefärbt, evtl. bedruckt und appretiert werden. Erschweren kommt nicht in Frage, da die anderen außer der Seide verwandten Fasern eine derartige Behandlung nicht vertragen. Es wird hiervon später in dem Abschnitt, der über die Ausrüstung der Gewebe handelt, näher die Rede sein. Meistens bestehen die halbseidenen Gewebe aus Seide in der Kette, und zwar kommt bei dieser Kategorie von Stoffen nur Grège in Frage. Die hauptsächlichsten der hierhin gehörigen Gewebe sind folgende:

1. Baumwollvoiles oder Musselines. Bei ihnen ist die Kette Grège, der Schuß Baumwolle. Sie werden ebenso wie die Seidenvoiles in Taffetbindung

Abb. 217. Serge, ausgerüstet. Durchblick. Vergr. 1:20.

Abb. 218. Serge, ausgerüstet. Aufblick. Vergr. 1:4.

hergestellt. Sie sind im Äußern den Seidengeweben sehr ähnlich, nur nicht so voll glänzend wie diese. Sie sind sehr beliebt als Kleiderstoffe bzw. Futterstoffe.

2. Baumwollsatin. Die Baumwollsatins bestehen in der Hauptsache aus Grègekette und Baumwollschuß und sind, wie der Name schon andeutet, in Satinbindung hergestellt. Diese halbseidenen Satingewebe spielen unter der Bezeichnung Serge als Futterstoff eine sehr große Rolle.

Soweit sie für die Stückausrüstung in Frage kommen, bestehen die Sergen aus Grègekette und Baumwollschuß. Sie stellen, was Bindung anbelangt, einen fünf- bis siebenbündigen Atlas mit Satinbindung dar. Seltener werden sie auch in Köperbindung hergestellt. Die letzteren Sergen finden nicht nur als Futterstoff, sondern auch als Kleiderstoff Verwendung, während erstere durchweg nur als Futterstoffe benutzt werden. Sie werden abgekocht und gefärbt, vielfach auch bedruckt. Man rüstet diese Sergen auch vielfach in der Weise aus, daß ihnen eine diagonal verlaufende Rippe künstlich durch Kalandern eingepreßt wird.

3. Kreppgewebe. Die hierhin gehörigen Krepps werden aus Grègekette und Baumwollkrepp hergestellt. Auch hier ist, ebenso wie bei den Seidenkrepps,

die Möglichkeit gegeben, das Gewebe nach Art des Crêpe de Chine, des Crêpe Maroccain, des Crêpe Georgette und Crêpe Satin herzustellen. Sie sind als billiger Ersatz für die Ganzseidenkrepps sehr beliebt, weisen allerdings nicht den Glanz wie diese auf.

Abb. 219. Eolienne, ausgerüstet. Durchblick. Vergr. 1:20.

Abb. 220. Eolienne, ausgerüstet. Aufblick. Vergr. 1:4.

4. Faillegewebe. Diese Faillegewebe, die bereits bei den Seidengeweben besprochen wurden, werden ebenfalls mit Baumwollschuß hergestellt und dienen dann als Ersatz für die sog. Foulards.

5. Schirmstoffe. Die halbseidenen Schirmstoffe spielen heute eine sehr große Rolle und haben die früher so sehr beliebte Gloriaseide vollständig verdrängt. Wenn sie in Köperbindung hergestellt werden, bezeichnet man sie auch vielfach als Surahs.

Als letzte Kategorie der halbseidenen Gewebe wären die Ripsgewebe zu erwähnen, bei denen die Rippe mit Baumwolle hergestellt ist. Diese dienen namentlich zur Herstellung von Moirégeweben, werden jedoch auch sehr viel als Kleiderstoff usw. verwandt.

b) Gewebe aus Seide und Wolle. Auch diese Gewebe können, entsprechend dem Charakter der Wolle, nur im gefärbten Zustande ausgerüstet werden. Erschwert werden können sie dagegen nicht.

Die gazeartigen Gewebe aus Seide und Wolle sind verhältnismäßig selten. Es gehört hierzu Barège, ein Gewebe, das ursprünglich in einem Dorf, Anzons, in den Pyrenäen hergestellt wurde, und zwar aus Rohgrège in der Kette und feinster Wolle im Schuß. Es wird auch heute noch als leichter Kleiderstoff, ähnlich wie Musseline, hergestellt und besteht aus Rohgrège in der Kette und Kammgarn im Schuß. Man findet jedoch auch eine umgekehrte Einstellung, also Kammgarn in der Kette und Rohgrège im Schuß. Dieses Gewebe wird dann auch als Grenadine bezeichnet.

Eine ähnliche Wollseide ist der Chaly, der ein leichtes musselinartiges Gewebe aus Rohseide und Kammgarnschuß, und zwar in Köperbindung, darstellt. Meistens wird er weiß gebleicht und evtl. farbig bedruckt. Ein ganz ähnlicher Stoff ist unter der Bezeichnung Ferandine im Handel. Ein Gewebe, welches Schappe in der Kette und Streichwolle im Schuß enthält, ist unter der Bezeichnung Kaschmiret bekannt.

Ebenso wie bei der Baumwolle, haben wir auch Wollkrepps, jedoch weniger in der Art des Crêpe de Chine, weil das Wollmaterial zu voluminös ist. Dagegen ist es sehr beliebt, Maroccain mit Wollkrepp im Schuß herzustellen. Auch ein Crêpe Satin mit Wollkrepp ist kein seltener Artikel. Namentlich aber für Maroccain, der eine ausgesprochene Rippe aufweisen muß, eignet sich die Wolle als Schuß sehr gut.

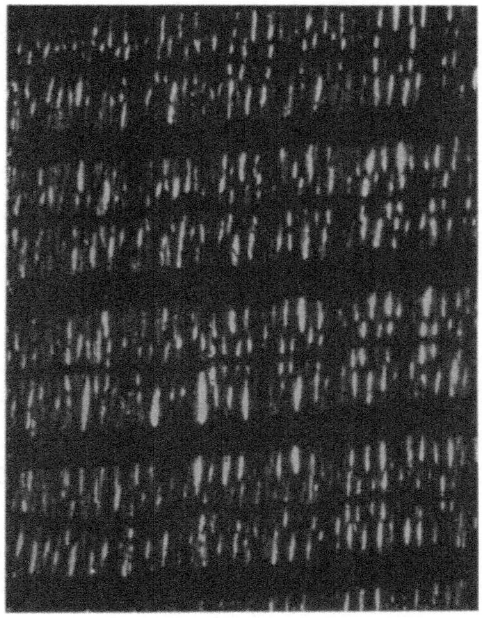

Abb. 221. Ottomanseide, ausgerüstet. Durchblick. Vergr. 1:20.

Die gerippten Gewebe spielen unter den Wollseiden überhaupt eine sehr große Rolle. Man bezeichnet sie durchweg als Eolienne.

Hat es eine sehr grobe Rippe, so ist das Gewebe auch unter der Bezeichnung Bengaline bekannt. Ist die Rippe sehr fein, spricht man auch von Satin Faille. In der Mitte zwischen beiden steht Popeline, eine Wollseide, die als Kleiderstoff sich großer Beliebtheit erfreut. Der ripsartige Charakter des Popeline wird auch vielfach durch entsprechende Appretur erzielt. Demgemäß kommt Popeline sowohl glatt als auch fassoniert inden Handel. Wird statt Grège Bourrettegarn verwandt, bezeichnet man das Gewebe auch als Bourratine. Ein fassoniertes Wollseidengewebe mit Ripsbindung stellen auch die sog. Ottomanseiden dar.

Abb. 222. Ottomanseide, ausgerüstet. Aufblick. Vergr. 1:4.

Eine früher sehr beliebte Wollseide, die namentlich als Schirmseide sehr viel Verwendung fand, ist dann die sog. Gloriaseide. Dieselbe ist heute aber vollständig verdrängt worden durch die Halbseide.

c) Gewebe aus Seide und Kunstseide. Bei der großen Rolle, die heute die Kunstseide in der Textilindustrie spielt, hat auch die Verbindung von Kunstseide mit Seide eine große Bedeutung erlangt. Allerdings wird die Kunstseide wegen ihres Glanzes durchweg als Kette verwandt und die Seide als Schuß. Man nimmt vielfach auch nicht die echte Seide, sondern an ihrer Stelle die Schappe. Höchstens bei Kreppgeweben wird man nicht umhin können, Kreppschuß aus realer Seide zu verwenden. Man stellt unter Verwendung von Kunstseide Serge-, Atlas- und Voilegewebe her in gleicher Weise, wie wir es bei den vorhergehenden Abschnitten gesehen haben. Die Kreppgewebe mit Kunstseide als Kette sind dagegen erst ein neuerer Artikel, der noch nicht allgemein eingeführt ist. Ein Gewebe, welches bekannter ist, ist die Duvetine, welche in der Kette entweder aus Grège oder Kunstseide besteht, im Schuß dagegen aus Schappe oder auch Kunstseide. Beliebt sind von Duvetine fassonierte Gewebe, bei denen der Schuß aus Schappe besteht, aufgerauht und geschoren wird und so als Samtstreifen oder Samtmuster zutage tritt.

Abb. 223. Duvetine, stückgefärbt. Aufblick. Natürl. Größe.

Daß auch die Erzeugnisse aus Seide und Kunstseide nur gefärbt und appretiert, dagegen nicht erschwert werden, bedarf wohl nicht erst besonderer Erwähnung. Überhaupt erfordern diese Gewebe bei der Ausrüstung sehr große Vorsicht, da die Kunstseiden im feuchten Zustand ja sehr empfindlich sind.

3. Bänder, die aus Rohseide oder aus Seide mit anderen Faserstoffen hergestellt werden.

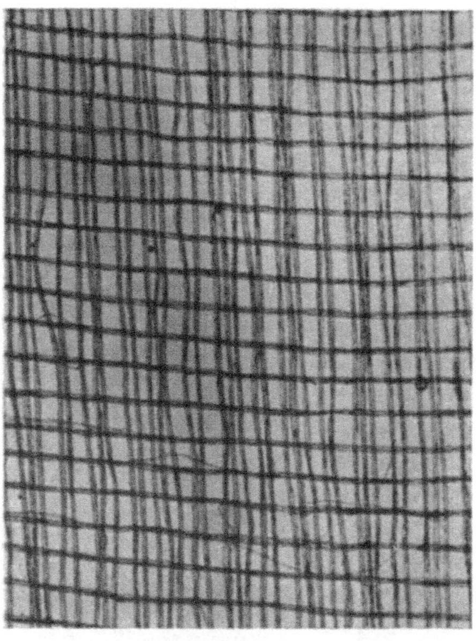

Abb. 224. Lumineuxband, Rohgewebe. Durchblick. Vergr. 1:20.

Im großen und ganzen gilt von den Bändern das gleiche, was von den Geweben ausgeführt wurde. Sie unterscheiden sich von den Breitgeweben nur dadurch, daß sie eben auf Bandstühlen gewebt werden, und zwar in einer großen Zahl nebeneinander. Die hauptsächlichsten dieser Bänder sind folgende:

1. Lumineux. Es sind dieses taffetartige Gewebe, welche aus Grègekette und Grègeschuß bestehen. Dieselben sollen je nach ihrer Einstellung dazu dienen, die Taffetbänder zu ersetzen. Sie werden stets erschwert, worauf später noch zurückzukommen sein wird, dann gefärbt und appretiert. Sie stellen einen sehr großen Handelsartikel dar und werden in sehr verschiedener Form ausgerüstet. Namentlich die besseren Qualitäten werden teilweise mit Apprêt chimique behandelt.

2. Liberty. Diese Bänder werden unter Verwendung von Grègekette und Schappeschuß hergestellt, und zwar entweder als einfacher Atlas oder als Doppelatlas. Sie werden nur in den seltensten Fällen erschwert, vielmehr nur abgekocht,

gefärbt und schwach appretiert. Die Nachbehandlung besteht allerdings in einem sehr festen Kalandern, um den Glanz des Atlas hervortreten zu lassen.

Abb. 225. Lumineuxband, ausgerüstet. Durchblick. Vergr. 1:20.

Abb. 226. Lumineuxband, ausgerüstet. Aufblick. Vergr. 1:4.

Sie werden namentlich als Wäschebänder sehr bevorzugt, weil sie eben einen schönen seidigen Charakter aufweisen.

Werden sie zweiseitig so stark kalandert, daß die Struktur des Gewebes nicht mehr zu erkennen ist, daß sie vielmehr gewissermaßen wie Wachstuch erscheinen, dann bezeichnet man sie auch als Cirébänder. Diese sind teilweise als Damenhutbänder ein Modeartikel.

Abb. 227. Libertyband, ausgerüstet. Aufblick. a linke Seite. b rechte Seite. Vergr. 1:4.

3. Glanzbänder. Unter dieser Bezeichnung versteht man durchweg halbseidene Bänder, die aus Grègekette und Baumwollschuß hergestellt werden. Diese Bänder werden natürlich nicht erschwert, sondern nur gefärbt. Sie werden später einseitig appretiert und wird durch starke Pressung auf dem Kalander ein atlasartiger Glanz des Gewebes erzielt; daher auch vielfach die Bezeichnung „Atlasband“.

Selbstverständlich kann auch hier durch verschiedene Einstellung bezüglich der Qualität des Bandes sehr gewechselt werden.

Abb. 228. Glanzband. Aufblick.
a rechte Seite. b linke Seite. Vergr. 1:4.

4. Ripsbänder. Zu diesen Bändern zählt die große Kategorie der Herrenhutbänder, welche aus Grègekette und Baumwollschuß in stark gerippter Form hergestellt werden. Diese Bänder werden ebenfalls nicht erschwert, sondern nur gefärbt und fast gar nicht appretiert. Sie sind selbstverständlich mit den Herrenhutbändern nicht zu verwechseln, die aus stranggefärbter echter Seide hergestellt werden. Diese werden durchweg erschwert und sind namentlich in Schwarz sehr beliebt. Die farbigen Bänder dieser Art werden durchweg nur pari erschwert, um den Anforderungen von Licht- und Wasserechtheit genügen zu können.

5. Moirébänder. Diese Bänder sind identisch mit den Ripsbändern und unterscheiden sich von ihnen nur dadurch, daß sie eben durch Behandlung auf der Moiriermaschine mit einem Moiré, der bekannten wellenförmigen Zeichnung eines Gewebes, versehen werden.

Man könnte noch eine große Anzahl von Bändern anführen, denn auch hier wird natürlich in gleicher Weise mit der Art des Gewebes gewechselt wie bei den Breitgeweben. Es sind in dieser Aufstellung nur die hauptsächlichsten in Frage kommenden Bänder aufgezählt. Es gibt ebensogut Bänder aus Kreppgeweben, wie in der Art der Duvetine, also aus Kunstseide hergestellt.

Abb. 229. Glanzband. Durchblick. Vergr. 1:20.

4. Wirkwaren[1].

Unter Wirkwaren versteht man Maschengewebe, die durch Reihen gleichmäßig nebeneinanderliegender Fadenschleifen, die untereinander verschlungen sind, gebildet werden. Gleichbedeutend ist der Begriff

[1]) Siehe Bd. III/3 dieses Handbuches.

„Strickwaren“. Zur Herstellung dieser Gebilde bedarf es natürlich besonderer Stühle, die auch hier wieder, je nach der Breite des Gewebes, also für Stoffe und

Abb. 230. Ripsband. Aufblick. Vergr. 1:4.

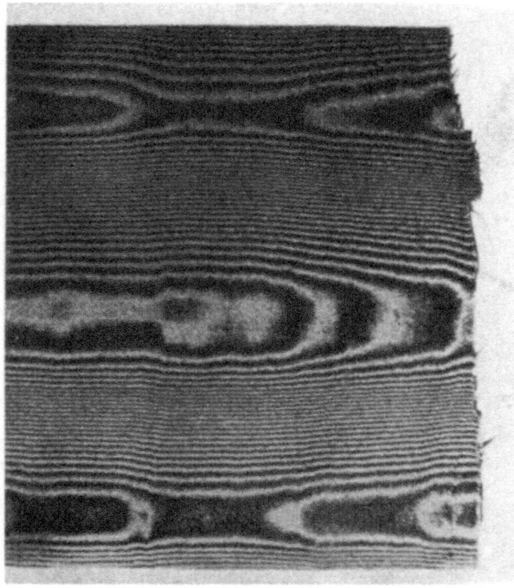

Abb. 231. Moiréband. Aufblick. Natürl. Größe.

für Bänder, besonders gebaut werden. Die Wirkwaren werden durchweg entweder in Form eines Schlauches oder in Form von breitgehaltenem Gewebe hergestellt. Im ersteren Falle bedient man sich der Rundstrick- oder Standardmaschine, im zweiten jedoch der Flachstrick- oder Cottonmaschine.

Abb. 232. Rundwirkmaschine von C. A. Roscher Söhne, Mittweida.

Als reinseidene Wirkwaren, die aus Rohseide hergestellt werden, kommen in Frage die Trikotgewebe und Strumpfwaren, soweit sie eben aus Naturseide hergestellt werden.

Trikotgewebe sind heute durch die kunstseidenen Trikotstoffe sehr verdrängt worden. Immerhin spielen sie aber noch eine Rolle zur Herstellung von Unterwäsche oder von Schlipsen. Die Ausrüstung geschieht durch Abkochen, Färben und leichtes Appretieren. Dagegen hat man das Erschweren, das früher vielfach üblich war, heute mehr und mehr fallen gelassen, weil das Schädliche der Erschwerung gerade bei den Wirkwaren, bei denen ja gewissermaßen der einzelne Faden sich in einem ständigen Sichverschieben befindet, mehr in Erscheinung tritt als bei den festliegenden Geweben. Das Abkochen und Erschweren derartiger

Wirkwaren bedarf besonderer Einrichtungen, da das Material gern sich entsprechend längt. Man hat auch aus diesem Grunde es schließlich vorgezogen, doch wieder stranggefärbte Seide zu verwenden und die Trikotgewebe nicht als Stückware auszurüsten.

Abb. 233. Cottonmaschine.

Strumpfwaren. Dieser Artikel kann ebenfalls auf der Rundwirkmaschine wie auf der Cottonmaschine hergestellt werden. Während man bei der ersteren Herstellungsart nicht in der Lage ist, durch Verengerung des Schlauches den Strumpf den Körperformen anzupassen, vielmehr nur durch Enger- oder Weiterstellung der Maschen dieses scheinbar erreicht, kann man auf den Cottonmaschinen tatsächlich durch Verringerung der Anzahl — nicht der Größen — der Maschen dem Strumpfgewebe die richtige Formgestaltung geben. Allerdings ist hierbei ein nachheriges Zusammennähen der flach gearbeiteten Strumpffläche nicht zu umgehen.[1]) Über die Herstellung des Seidenstrumpfes berichtet ferner ausführlich W. Davies[2]). Auch bei der Strumpffabrikation gibt man der aus stranggefärbter Seide hergestellten Ware, wenigstens bei den besseren Qualitäten, den Vorzug. Wird im Stück gefärbt, dann bedarf es dazu einer großen fachmännischen Erfahrung, um Buntfärbung zu vermeiden. Auch ist vielfach bei der im Stück ausgerüsteten Ware zu beobachten, daß sich die Regelmäßigkeit der

Abb. 234. Trikotgewebe. Aufblick. Vergr. 1:4.

[1]) Vgl. das von der Firma G. Paul Leonhardt, Dresden, herausgegebene Buch „Der unbeschwerte Seidenstrumpf".
[2]) Silk Journal 1926, S. 44 bis 46.

Maschen verwischt, was das gute Aussehen der Ware beeinträchtigt. Ebenso müssen stückgefärbte Strümpfe, um ihre richtige Gestalt wieder zu bekommen, auf besonderen Formen getrocknet werden. Strumpfseiden — es werden hierzu durchwegs drei- bis vierfachige Tramen verwandt — werden, sobald es sich um bessere Qualitäten handelt, nur selten erschwert. Einmal verbietet sich dieses wegen der starken Beanspruchung des Gewebes durch Reibung. Sodann ist aber verschiedentlich beobachtet worden, daß erschwerte Seidenstrümpfe bei Trägern mit empfindlicher Haut Ekzeme und Blutvergiftungen hervorgerufen haben. Daß heute dem reinseidenen Strumpf durch solche aus Kunstseide die schärfste Konkurrenz gemacht wird, braucht wohl nicht besonders erwähnt zu werden.

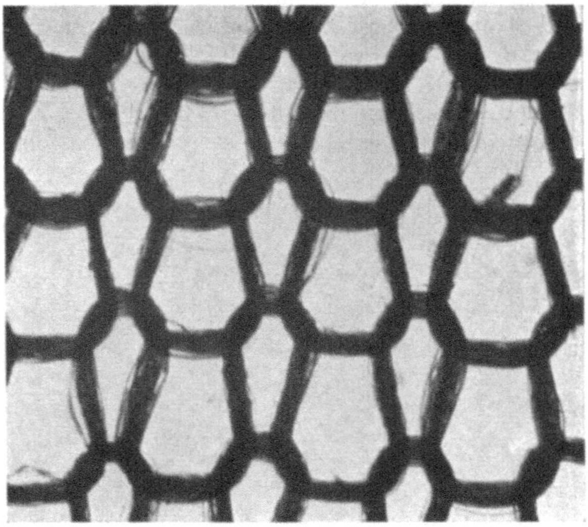

Abb. 235. Trikotgewebe. Durchblick. Vergr. 1:100.

Veröffentlichungen über seidene Wirkwaren sind nur verhältnismäßig spärlich. In einem Artikel wird ausgeführt[1]), daß die hauptsächlich in Frage kommenden Länder für die Seidenstrumpfindustrie Frankreich, Deutschland und Amerika seien. Nach diesen Ausführungen geschieht die Herstellung der Wirkwaren mit Rundstrickmaschinen und mit Cottonmaschinen. Man arbeitet Seidenstrümpfe auf Hakenmaschinen, da diese weniger Laufmaschen verursachen. Zur Sicherung gegen Laufmaschen sind unter dem Doppelrand einige Sicherungsreihen einzuarbeiten. Zum Teil wird die Seide unentbastet verarbeitet, was sich in der sehr sauberen Maschenbildung kenntlich macht. Durch Entbasten leidet die Seide an der äußeren Gleichmäßigkeit. Der abgekochte Faden ist leichter zu beschädigen als der festere, unentbastete Faden. Letzterer ist allerdings härter und schwerer zu verwirken und muß daher mit Dampf weich gemacht werden. Störende Linien, die in seidenen Wirkwaren oft auftreten, haben ihren Grund in ungleichmäßigen Nadeln oder ungleichmäßigem Abstand derselben. Schattenstreifen in der Farbe der Ware werden durch ungleichmäßige Spannung verursacht, die bei den Rundstrickmaschinen leicht eintritt.

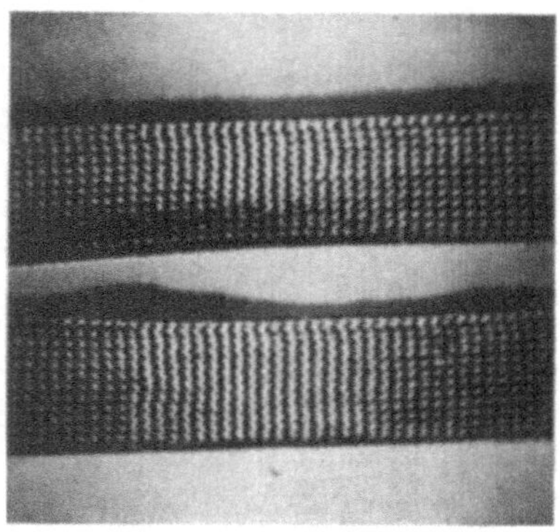

Abb. 236. Litze. Natürl. Größe.

Sehr ausführlich berichtet J. S. Bach[2]) über die Entwicklung der Wirkerei und Strickerei. Hier darauf näher einzugehen, verbietet der Platzmangel, es

[1]) Silk Journal 1925, Bd. 2, S. 35—36.
[2]) Bach, J. S.: Melliands Textilber. 1926, S. 11.

sei daher auf die sehr interessante und das Gebiet sehr erschöpfende Originalarbeit verwiesen.

Die Herstellung der Wirkwaren bezieht sich z B. auch auf Handschuhe, Jumpers, Hüte, Schals und ganze Kostüme. Dieselben werden durchwegs aber mit stranggefärbter Seide hergestellt, seltener mit Rohseide.

An die Wirkwaren schließen sich unmittelbar an die Riemengangartikel, die in Form von Bändern oder Litzen eine sehr erhebliche Rolle spielen. Es sei hier nur an die Schnürbänder für Schuhzeug usw., an die Besatzlitzen, die Band ersetzen sollen, und an einzelne Sorten von Schlipsen erinnert. Alle diese Artikel sind geflochtene Gegenstände. Sie werden zur Hauptsache im Strang ausgerüstet, aber vielfach auch im Stück gefärbt. Erschwert werden sie nur selten. Die Schlußausrüstung geschieht auf besonderen Appreturmaschinen, von denen eine nebenstehend im Bild wiedergegeben ist.

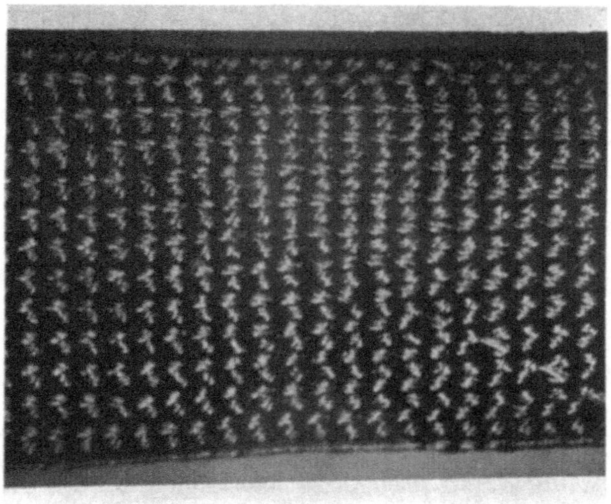

Abb. 237. Litze. Vergr. 1:4.

An die Besprechung der Wirkwaren schließen sich jetzt noch an die Spitzen. Zu den Spitzen sind nicht nur die dieser Bezeichnung entsprechenden Gegenstände zu zählen sind, sondern auch größere Gebilde, welche nach Art der Spitzen gewonnen werden.

Von den Spitzen, die aus Rohseide hergestellt werden, spielen die größte Rolle die Blonden. Es sind dieses Spitzen aus weißer Rohseide, deren weitmaschiger Grund mit Blumen und sonstigen Mustern versehen ist. Man unterscheidet nach Farbe und Art Blondes écru oder Nankings, Blondes de Fantasie, Blondes d'application usw. Selbstverständlich werden nur die feinsten Artikel mit Seide hergestellt, während für die gröberen Spitzen Leinengarne, Baumwolle usw. verwandt werden.

Die falschen Blonden, Blondes fausses, sind nicht nach Art der Spitzen geklöppelt oder gehäkelt, gestrickt usw., sondern bestehen aus Seidentüllstoff, der mit loser Seide ausgenäht oder bestickt wird.

Was uns speziell von Seidenspitzen noch interessiert, sind die Ätzspitzen, welche in der Weise hergestellt werden, daß die Spitze auf einem feinen Gewebe hergestellt und durch entsprechendes Ätzen das Untergrundgewebe fortgeätzt wird. Man bedient sich dazu der Ätzgazen.

Jentsch[1]) berichtet über das Trockenätzen von schwarzen Seidenspitzen. Er führt aus, daß der Baumwollmusseline, auf dem man die Seidenspitze stickt, mit einer Chloraluminium-Lösung von 7 bis 8^0 Bé einundeinhalb Stunde imprägniert wird. Darauf wird geschleudert und jetzt im Brennofen bei 120^0 erhitzt.

[1]) Jentsch: Färber-Zg. 1916, S. 161.

Sehr ausführlich äußert sich Franz Müller[1]) über die Technik der Luft- und Ätzspitze. Nach ihm werden diese Ätzspitzen in der Weise hergestellt, daß der Unterlegstoff aus Baumwollgaze besteht, auf der die Stickerei mit Seide erzeugt wird, oder umgekehrt, es besteht der Unterlegstoff aus Seidenmusseline oder Seidengaze, auf dem die Spitze mit Baumwolle oder Leinen hergestellt wird. Aber auch Ätzgazen aus Wolle und Seide oder direkte Bourrettegazen werden hierzu verwandt. Bei der Trockenätze werden die Unterlegstoffe unter Verwendung von solchen Chemikalien appretiert, die die Karbonisation beschleu-

Abb. 238. Appreturmaschine für Litzen von Herm. Dieckerhof, Barmen.

nigen, wie z. B. schwefelsaure oder chlorsaure Tonerde oder Borfluorwasserstoff. Unterlegstoffe aus tierischer Faser werden durch Auskochen mit Natronlauge entfernt. Bei der Naßätzung, die namentlich bei Unterlegstoffen aus pflanzlichen Fasern üblich ist, wird mit Kupferoxyd-Ammoniak geätzt. In diesen Fällen wird der zerstörte Untergrund nach dem Erhitzen oder Trocknen durch Ausklopfen entfernt.

Hohlgewebe. Diese Hohlgewebe, die ähnlich erscheinen wie die Trikot-Schlauchgewebe, werden in besonderer Weise hergestellt und bestehen aus einer

---

[1]) Müller, Franz: Melliands Textilber. 1926, S. 134.

Unter- und Oberware, die an den Kanten durch eine besondere Bindekette verbunden werden. Diese Hohlgewebe interessieren uns nur in einzelnen Fällen, wie z. B. in Form der künstlichen Därme. Diese Därme werden aus Rohseide in Leinwandbindung als Hohlgewebe hergestellt, daran anschließend mit Gelatine imprägniert und stellen so bei der Wurstherstellung einen Ersatz für den natürlichen Darm dar. Eine andere Verwendungsform der Hohlgewebe finden wir in der Schlipsfabrikation, wo allerdings weniger eine Verwendung der Rohseide, als vielmehr der stranggefärbten Seiden stattfindet.

Zu erwähnen wäre hier noch ein seidenes Hohlgewebe, der Matelassé, welcher ähnlich hergestellt wird wie Piqué aus Baumwolle. Er wird namentlich bei der Herstellung von Westenstoffen verwandt.

Abb. 239. Blonde. Natürl. Größe.

Auch diese zuletzt erwähnten Gewebe werden durchwegs nur im Rohzustande verwandt oder einfach gefärbt. Eine Erschwerung kommt dagegen nicht in Frage.

Selbstverständlich gilt für die Wirkwaren, Spitzen, Flechtwaren und Hohlgewebe bezüglich der Materialverwendung das gleiche, was bei den Stoffen und Bändern ausgeführt wurde. Man stellt sie lediglich aus echter Seide her, kann sie aber auch unter Verwendung von Schappe, Baumwolle, Wolle und Kunstseide anfertigen.

Die im vorstehenden gegebene Übersicht von Rohgeweben, bei denen Seide speziell Verwendung findet, kann selbstverständlich keinen Anspruch darauf machen, diese Rohseidengewebe vollständig zu erschöpfen. Jedenfalls aber sind die hauptsächlichsten der in Frage kommenden Gewebe behandelt worden; die nicht besonders aufgeführten sind durchwegs solche, die mit einer Phantasiebezeichnung neu auf der Bildfläche erscheinen, während sie in Wirklichkeit eine der längst bekannten Gewerbearten darstellen.

II. Die Veredlung und Ausrüstung der Erzeugnisse aus Rohseide.

Was bereits bezüglich der Veredlung und Ausrüstung der Rohseide in Strangform im vorhergehenden Abschnitt ausgeführt wurde, trifft im großen und ganzen auch bezüglich der Stückware aus Rohseide zu. Auch die aus Rohseide hergestellten Gewebe können sowohl einfach mit dem Bast gefärbt werden, als auch, nachdem der Bast durch Abkochen entfernt wurde. Ebenso können diese Gewebe roh oder abgekocht, zuerst erschwert und dann gefärbt werden. Zu diesen Ausrüstungsformen kommen als neue das Bedrucken und das Appretieren der Gewebe hinzu, zwei Gebiete, die bei der Ausrüstung der Seidenerzeugnisse von sehr großer Bedeutung sind.

Die bei weitem überwiegende Art der Veredlung ist, ebenso wie bei der Strangseide, diejenige, daß das Gewebe abgekocht, erschwert und gefärbt, gegebenenfalls auch unerschwert gefärbt wird. Im nachstehenden sollen diese Veredlungsarbeiten für Seidengewebe des näheren besprochen werden. Daran schließt sich an: das Färben der Mischseidengewebe, das Bedrucken und das Appretieren dieser Gewebe.

1. Das Abkochen der Rohseidengewebe.

Die rohseidene Stückware wird vonseiten der Fabrikanten meistens in dem Zustande, wie sie vom Webstuhl kommt, dem Ausrüster übergeben. Selbstverständlich sind die einzelnen Stücke in irgendeiner Form gezeichnet, um die Identität der Ware jederzeit feststellen zu können. Vielfach sind sie auf bestimmte Längen zugeschnitten, oft bleibt dieses aber auch dem Ausrüster überlassen, weil er dies nach Qualität oder Dichte des Gewebes am besten beurteilen kann.

Die erste Arbeit, die mit der Ware zu geschehen hat, ist eine oberflächliche Reinigung von losen Enden, Knoten und namentlich von den feinen abstehenden Fasern, die das Rohgewebe wie ein Flaum bedecken. Es geschieht dieses durch Putzen mit der Hand und durch Absengen auf der Sengmaschine. Vielfach, namentlich bei den gemischtseidenen Rohgeweben, begnügt man sich mit einem einfachen Sengen, das allerdings mehrfach wiederholt wird. Vorher muß aber die Ware in irgendeiner Form aufgerollt werden, um einen gleichmäßigen Ablauf beim Putzen oder Sengen zu gewährleisten.

Diese Arbeit, auch als Aufbäumen bezeichnet, geschieht entweder mit der Hand oder maschinell auf der Aufwickelmaschine, wie eine solche in der Abb. 240 wiedergegeben ist.

Diese von der Firma C. A. Gruschwitz A.-G., Olbersdorf, speziell für Seidengewebe gebaute Maschine besteht aus mehreren fischbauchförmigen Breitstreichriegeln mit aufgelegten Glasstangen. Von hier gelangt die Ware über einen Holzbreithalter zur Abzugwalze, auf der die Ware aufgebäumt wird. Der Ausbreiter besteht aus einer Zusammenstellung von Holzplatten, die sich durch Exzenter von der Mitte aus nach beiden Seiten hin bewegen.

Ist die Ware aufgebäumt — man fügt eine ganze Reihe von Stücken durch Zusammennähen aneinander —, dann wird sie zur Gassengmaschine geschafft, um durch Absengen von den Unreinheiten und Flusen befreit zu werden.

Man hat zwei Arten dieser Sengmaschinen, entweder die Gassenge, bei der die Ware durch zwei oder vier Reihen nicht leuchtender Gasflammen hindurchgeführt wird. Es ist hierbei erforderlich, daß das Gas eine entsprechende Zufuhr von Luft erhält, damit das Gewebe nicht etwa durch entstehenden

Ruß verunreinigt wird. Derartige Maschinen werden von den verschiedensten Firmen gebaut. Die Abb. 241 und 242 zeigen Fabrikate der Firma

Abb. 240. Aufwickelmaschine von C. A. Gruschwitz A.-G., Olbersdorf.

C. A. Gruschwitz A.-G., Olbersdorf, und der Zittauer Maschinenfabrik A.-G., Zittau. Die Abb. 243 zeigt den Lauf der Ware bei einer Maschine der Zittauer Maschinenfabrik A.-G.

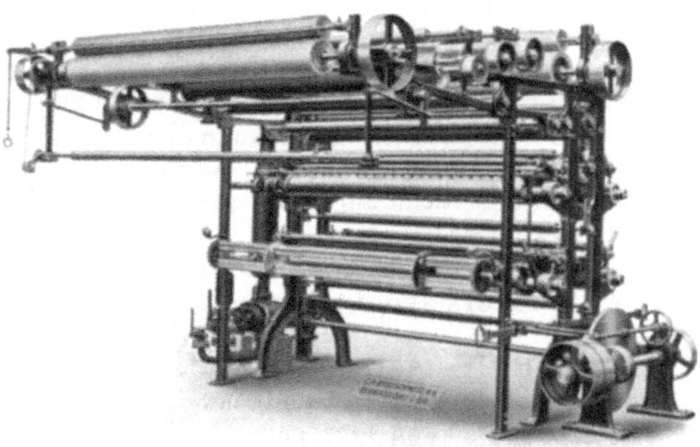

Abb. 241. Gassengmaschine von C. A. Gruschwitz A.-G., Olbersdorf.

Die andere Art der Sengmaschinen ist die Plattensenge, bei der das Entfernen der Unreinheiten durch Überführen des Stoffes über eine glühende Eisenplatte geschieht. Die äußere Ansicht sowie den schematischen Überblick über den Lauf der Ware gibt die Abb. 244, die eine Plattensenge der Firma Zittauer Maschinenfabrik A.-G., Zittau, veranschaulicht.

Es gibt, wie schon oben erwähnt wurde, noch eine Reihe anderer Konstruktionen wie Zylindersengmaschinen usw., aber es erübrigt sich, hierauf näher einzugehen, da die angeführten Arten die gebräuchlichsten sind.

Nach dem Sengen wird die Ware vereinzelt auch noch besonders gebürstet, aber meistens ist dieses nur der Fall, wenn die Seide im Strang ausgerüstet war und so die fertige Ware vorliegt, nicht dagegen bei der Stückausrüstung. Nach diesen Vorbereitungen ist die Ware zum eigentlichen Abkochen fertig.

Wie schon mehrfach erwähnt wurde, lassen sich gezwirnte Seiden im Stück nicht vollständig abkochen, weil sie einerseits sehr stark gedreht sind und andererseits zu dicht im Gewebe liegen. Es kommen hierfür also meistens nur Gewebe in Frage, bei denen Grègen als Material verwandt wurden. Eine Ausnahme bilden die Kreppgewebe, welche trotz ihrer übermäßig hohen Drehung sich einwandfrei abkochen lassen.

Abb. 242. Gassengmaschine von Zittauer Maschinenfabrik A.-G., Zittau.

Die erste Bedingung, die bei dem Abkochen rohseidener Gewebe erfüllt werden muß, ist das Ausschalten jeglicher Möglichkeit, das Gewebe irgendwie zu verschieben. Je nach Dichte des Gewebes verschieben sich die einzelnen Fäden, sei es nun Schuß, sei es Kette, sehr leicht, namentlich in alkalischen Bädern. Dieses muß unbedingt vermieden werden, weil ein einmal verzogenes Gewebe nicht mehr in Ordnung zu bringen ist. Gerade so, wie bei der Ausrüstung der Strangseiden die einzelnen Masten vor Beginn der Veredlung geöffnet und durch Aufziehen im Kreuz geordnet werden, so werden auch die Stückwaren vor dem Abkochen „gerüstet“!

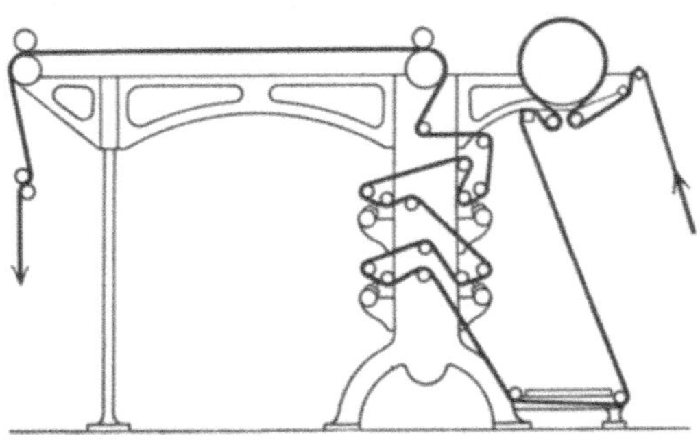

Abb. 243. Schematischer Schnitt der Abb. 242, den Lauf der Ware skizzierend.

Die Stücke werden von der Färberei nach Absprache in Längen von 10 bis 15 m bei breiter Ware und 25 bis 30 m bei schmaler Ware abgeteilt durch entsprechende Zeichen. Beim Rüsten in der Färberei werden diese Längen abgeschnitten und jedes Stück wieder durch Einnähen besonderer Zeichen und Zahlen kenntlich gemacht. Können die Stücke allerdings auf dem Stern abgekocht werden, so brauchen die Stücke nicht zerschnitten zu werden, sondern man kann größere fortlaufende Längen nehmen. Im anderen Falle, wo man kleinere Stücke hat, näht man diese aneinander, und zwar vielfach unter Zuhilfenahme von Nessel, damit die Gewebe nicht an den Nähten zerreißen. Ebenso wie bei der Seide im Strang, dient dieses Rüsten der Stücke auch dazu, um etwaige Fehler, Flecken und Beschädigungen festzustellen.

Zum eigentlichen Abkochen werden darauf die Stücke auf einen zweiarmigen etwa 80 cm breiten Haspel in einer Länge von 15 m bei breiter Ware und 20 bis 30 m bei Band aufgehaspelt. Diesen sog. Halben wird dann an drei oder vier Stellen der beiden Kanten durch Hindurchnähen eines Fadens durch sämtliche Lagen ein gewisser Halt verliehen, damit dieses Halb oder Buch nicht auseinanderfallen kann. Es darf aber nicht versäumt werden, den Anfang und das Ende der Stücke sorgfältig zu vernähen, damit diese Enden nicht etwa frei herumschweben. Hierdurch könnte ihnen Gelegenheit gegeben werden, an den Nähstellen, die sich an den Kanten befinden, die Nähfäden zu zerren

Abb. 244. Plattensengmaschine von Zittauer Maschinenfabrik A.-G., Zittau.

und größere Löcher im Gewebe hervorzurufen. Obendrein können derart lose Enden leicht den Anlaß zu Verwirrungen der Halben bilden, namentlich bei schmaler Ware, wie Bändern. Nach dieser Befestigung sowohl an den Kanten als auch an den Enden, die natürlich mit dem nötigen Spielraum zu geschehen hat, damit die einzelnen Lagen nicht zusammenkleben und so ungleichmäßig abgekocht werden könnten, knüpft man durch das Halb eine längere Schnur, welche dazu dient, die Halben auf die Stöcke aufzuhängen. An diesen Schnüren hängen dann die Halben im Abkochbade oder Schaumabkocher.

Abb. 245. Skizze des Laufes der Ware bei der Plattensengmaschine.

Eine andere Form des Abkochens ist die auf Rädern oder auf dem „Stern“. Sie findet jedoch nur für breite Stücke Verwendung, während man für schmalere, auch wohl für leichtere Gewebe dem Abkochen in der oben beschriebenen Form den Vorzug gibt.

Ebenso bevorzugt man diese Form des Abkochens durchweg bei gemischtseidenen Stücken oder schwererer Seidenware. Der eigentliche Abkochstern besteht aus einer Zusammenstellung von zwei sechsarmigen Sternen, die an den beiden Seiten einer drehbaren Mittelachse befestigt sind. Die Arme des Sternes tragen an der Innenseite eine Führung, in die Aluminium oder Messingstangen hineinpassen. Man befestigt den Anfang des Stückes an einer dieser Stangen durch Festbinden oder Festklammern, legt diese Stange in die Führung und bindet sie unten in der Nähe der Achse fest. Darauf dreht man den Stern, legt in die Führung des nächsten Armes eine Stange und leitet den Stoff darüber. Dann folgt der dritte, vierte, fünfte und sechste Arm in der gleichen

Weise. Man legt jetzt auf die erste Stange eine neue, leitet den Stoff darüber und setzt dieses nun so lange fort, bis das ganze Rad gefüllt ist. Damit das Gewebe auch an den Stellen, wo die Stange aufliegt, abgekocht wird, ist in den Führungen durch Anbringen elastischer Zungen Fürsorge dafür getroffen, daß die Stangen sich in einem gewissen Abstand befinden und sich nicht gegenseitig berühren. Natürlich wird bei der Beschickung dieses Sternes eine große

Abb. 246. Sternabkocher von Zittauer Maschinenfabrik A.-G., Zittau.

Anzahl von Stücken aneinandergenäht werden müssen. Man ist daher beim Arbeiten mit dem Stern in der Lage, bedeutend mehr Stücke abkochen zu können, als dieses in der gleichen Zeit beim Abkochen auf der Barke möglich wäre. Der so mit den Stücken beschickte Stern wird dann in die Höhe gewunden und in eine viereckige Holzbarke auf ein Achsenlager niedergelassen. Die Barke ist mit Seifenlösung gefüllt, und zwar so hoch, daß der Stern vollständig bedeckt ist und nicht etwa aus der Flüssigkeit herausragt. Der Bau und die Arbeitsweise des Apparates ist aus der Abb. 246 zu ersehen, die einen derartigen Stern der Firma Zittauer Maschinenfabrik A.-G., Zittau, darstellt.

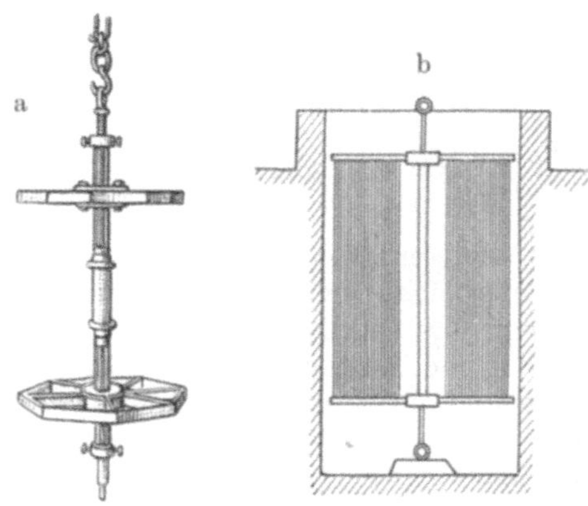

Abb. 247. Hängender Sternabkocher.
a Ansicht. b Schnittzeichnung des beschickten Sternes.

Eine andere Form des Sternes, die man auch verschiedentlich vorfindet, ist folgende:

Der Träger der Seidenstücke ist ebenfalls ein sechsarmiger Stern, der an einer verstellbaren Hängevorrichtung befestigt ist. An der Unterseite der Sternarme befindet sich eine Reihe kleiner Häkchen, die sich von der Mitte des Sternes bis zum Ende der Arme einzeilig erstreckt. Auf diese feinen Häkchen steckt man dann die Stücke mit der Kante auf und füllt den Stern so durch ein entsprechendes Drehen, von der Mitte ausgehend bis zum äußersten Rande, daß der Stoff, ebenso wie bei dem anderen Stern, in sechsseitiger Form befestigt ist. Die Stücke sind nur an der einen Kante befestigt, mit der gegenüberliegenden Kante schweben sie frei. Oder es befindet sich an dem Apparat unten noch ein zweites Rad, mit dem oberen durch eine dünnere Achse verbunden. Das untere Rad hat dann ebenfalls kleine Häkchen zum Befestigen der Gewebe. Eine derartige Konstruktion, Fabrikat der Zittauer Maschinenfabrik A.-G., Zittau, gibt die Abb. 247 wieder.

Der so beschickte Stern wird hochgewunden und langsam in eine viereckige oder runde Barke, in der sich die Seifenlösung befindet, eingesenkt, bis der Stern selbst oben in der Lösung eben eingetaucht ist. Das Eintauchen hat vorsichtig zu geschehen, damit sich der Stoff nicht etwa von den Häkchen loslöst.

Dieses sind die drei hauptsächlichsten Formen, in der die Seidengewebe im Stück abgekocht zu werden pflegen. Bei feineren oder sich stark zusammenziehenden Geweben bedient man sich durchweg des Abkochens auf der Barke mit Stöcken, für gröbere und namentlich für dickere Stoffe zieht man dagegen das Abkochen auf dem Stern vor.

Für sehr schwere und andererseits sehr empfindliche Waren, wie solche mit Satinbindung in Form von Atlas, Serge usw., bedient man sich noch

Abb. 248. Abkochjigger von C. A. Gruschwitz A.-G., Olbersdorf.

eines anderen Apparates, der ein besseres Breithalten und Schonen der Gewebeoberfläche einerseits, aber auch vollständigere Abkochung andererseits bedingt. Es ist dieses die unter dem Namen Jigger bekannte Einrichtung, die bei der Ausrüstung von Stückwaren überhaupt eine sehr große Rolle spielt und nicht nur zum Abkochen, sondern in der Hauptsache zum Färben dient. Meistens werden zwei derartige Jigger miteinander verbunden und das betreffende Stück als unendliches Band über die Walzen des Jiggers geführt. Ein derartiger Abkochjigger, von der Firma C. A. Gruschwitz A.-G., Olbersdorf, gebaut, wie ihn die obenstehende Abbildung zeigt, besteht aus zwei schmiedeeisernen Barken, in deren Innern zur Warenführung zwei Messingleitwalzen und darüber zwei kupferne Zugwalzen angeordnet sind. Der Antrieb erfolgt durch Winkelräder. Die Drehrichtung ist umschaltbar. Über den Zugwalzen sind für vertikale Aufwicklungen entsprechende Führungen vorgesehen, ferner sind massive Druckwalzen angebracht, die zum Ausquetschen der Ware dienen, bevor sie aufgewickelt wird. Für ein möglichst faltenfreies Aufwickeln sind vor den Zugwalzen pendelnde Breithalter mit Messinggarnitur und fischbauchförmigen Breitstreichriegeln zweckentsprechend angebracht.

Es sei hier aber gleich vorausgeschickt, daß die Stückware, die erschwert werden soll, vielfach nicht vor, sondern erst nach dem Erschweren abgekocht wird, so namentlich erschwerte Bänder.

Das zum Abkochen benötigte Seifenbad besteht in gleicher Weise, wie bereits beim Abkochen der Strangseide ausgeführt wurde, aus einer Auflösung von Marseiller Seife (100% vom Seidengewicht) in enthärtetem Wasser. Bezüglich der Beschaffenheit dieses Seifenbades sind die üblichen Anforderungen zu stellen, also völlige Klarheit, sehr schwache alkalische Reaktion und die entsprechende Konzentration sowie Temperatur.

Das eigentliche Abkochen der Stücke geschieht entweder auf einer Barke oder im Schaumabkochapparat. Für letzteren Apparat kommt nur die Aufmachung der Stücke in Buchform in Frage, weil hier die Seide eben auf die Haspeln gehängt werden muß. Es sei hier aber gleich vorausgeschickt, daß sich zum Abkochen im Schaum nur Stücke von geringerer Breite, also besonders Bänder, eignen, da bei breiten Stücken der Seifenschaum nicht in der Lage ist, die inneren Lagen des Gewebes so zu durchdringen, als dieses zur Erzielung einer vollständigen Entbastung erforderlich ist, da die Gewebebahnen zu dicht aufeinanderliegen.

Das Abkochen auf der Barke ist bei Verwendung des Sternes sehr einfach. Der Stern wird vollständig in das kochende Seifenbad eingetaucht und hierin die zum Abkochen benötigte Zeit belassen. Man dreht den Stern hin und wieder ganz leicht, um eine geringe Bewegung des Bades zu veranlassen. Im übrigen aber ist das Gewebe auf dem Stern so locker gespannt, daß die Seifenlösung leicht überall Zutritt hat. Bei der hängenden Form des Sternes ist darauf zu achten, daß man ihn nicht zu schnell in das Seifenbad hineinhängt, vielmehr muß man der Seifenlösung Gelegenheit geben, das Gewebe gleichmäßig zu benetzen. Läßt man diese Vorsicht außer acht, dann beginnen die Stücke auf dem Bade zu schwimmen und lösen sich leicht von den Häkchen. Hierdurch wird die ganze Anordnung der Stoffbahnen verwirrt. Sie kleben unregelmäßig zu einem Klumpen aneinander. Abgesehen davon, daß das Entwirren dieses Knäuels schwierig ist, liegt auch die Gefahr vor, daß die Stücke stellenweise nicht abgekocht sind oder, was noch bedeutend schlimmer ist, daß sich, namentlich bei dichterem Gewebe, auf der glatten Oberseite die gefürchteten weißen Streifen die „Blanchissures“ bilden. An diesen Knickstellen sind die einzelnen Kokonfäden gebrochen und die vorstehenden Enden erscheinen dem Auge heller in Farbe, auch der Glanz ist geschwunden.

Bei den Stücken, die in Halbenform auf Stöcken abgekocht werden, ist das Abkochen jedoch etwas umständlicher. Wie oben bereits ausgeführt worden ist, kann man die Stücke, die schmäler sind, also besonders Bänder, nachdem sie an der Kante genäht sind, einfach auf Stöcke hängen. Bei den breiten Stücken ist dieses jedoch nicht angängig bzw. nicht empfehlenswert, weil sie leicht an den Barkenwandungen herschleifen. In diesem Falle werden die Halben mit besonderen Schlaufen versehen — meistens zwei auf jeder Seite des Stückes — und mit diesen Schlaufen die Stücke auf den Stöcken aufgehängt. Bei schmaler Ware hängt man die Stöcke mit den Seidenhalben in das Abkochbad und schiebt vorsichtig die Stöcke eine Zeitlang, damit die einzelnen Stücke untersinken. Hat man so die ganze Partie in die Barke eingesetzt, dann werden die Halben umgezogen, was natürlich nicht, wie bei der Strangseide, mit den Händen möglich ist. Vielmehr verfährt man so, daß der eine der sich gegenüberstehenden Arbeiter von seiner Seite her unter dem Stock, auf dem das Gewebehalb hängt, einen zweiten Stock herschiebt. Dieser zweite Stock wird von dem gegenüberstehenden Arbeiter gefaßt, darauf heben beide Arbeiter gemeinschaftlich den ersten Stock bzw. das Gewebe mit dem Stock aus dem Bade vollständig heraus. Sodann lassen sie es zur Seite hernieder wieder in das Bad gleiten, hierbei den herausgehobenen Stock vorsichtig aus dem Halb herausziehend, so daß das Halb auf dem zweiten Stock hängt. Man kann natürlich auch so verfahren, daß die Seide auf dem ursprünglichen Stock hängenbleibt und nur mit dem zum Durchstechen benutzten Stock umgezogen wird. Dieses Durchstechen erfordert aber eine gewisse Geschicklichkeit insofern, als ein unvorsichtiges Hineinstechen in das Gewebe, auch schon ein einfaches Herreiben auf der Gewebefläche, genügt, um nicht wieder zu beseitigende Schäden hervorzurufen. Aus diesem Grunde findet man vielfach auch, daß die Stöcke, auf die die Halben gehängt werden, vierkantig und auf jeder Seite mit einer Hohlkehle versehen sind, in der der zum Durchstechen benutzte Stock beim Durchstechen hergleitet. Dieser Stock muß gleichmäßig rund poliert und an einem Ende zugespitzt sein. Im übrigen werden, wie bei der Strangseide, die Stöcke während des Abkochens vorsichtig immer wieder durch das Bad geschoben und zwischendurch verschiedentlich umgezogen.

Etwas anders gestaltet sich das Abkochen der breiten Stücke, die mit Schlaufen an den Stöcken hängen, und zwar durchweg an zwei Stöcken, so daß die Halben gewissermaßen wie ein umgekehrter Fallschirm im Bade hängen. Hier kommt ein Umziehen nicht in Frage. Man ist vielmehr darauf angewiesen, in anderer Weise für die Entfernung des Seidenbastes zu sorgen. Es geschieht dieses in der Form, daß die gegenüberstehenden Arbeiter die mit den Geweben beschickten Stöcke aus dem Bade etwa halb bis dreiviertel der Länge des Gewebehalbs herausheben und nun mäßig schnell einige Male seitlich — also in der Längsrichtung der Barke — hin und her bewegen, um sie dann wieder ganz in die Flotte eintauchen zu lassen. Durch dieses Hinundherschwenken in der Flotte wird eine gute Durchströmung des Gewebes und Lockerung des Seidenbastes erzielt. Dieses Schwenken, das in diesem Falle einen Ersatz für das Umziehen darstellt, wechselt während des Abkochprozesses mit dem üblichen langsamen Schieben der Stöcke ab.

Die Dauer des Abkochens richtet sich nach der Art des Gewebes, je nachdem, ob dasselbe dichter oder dünner angelegt ist. Hier muß man sich nach der Erfahrung der Praxis richten. Immerhin sind ein bis zwei Stunden beim Abkochen das Normale. Es gibt natürlich auch Gewebe, die längere Zeit zum Abkochen beanspruchen. Im übrigen ist es bei Geweben leichter als bei Strangseiden zu erkennen, ob sie genügend abgekocht sind, da durchweg gelbbastige Grègen verwandt werden und eine ungenügende Abkochung durch gelbe Flächen auffällt.

Sind die Stücke abgekocht, geht man mit denselben auf eine dünne Repassierseife mit einem Seifengehalt von 20% des Seidengewichtes und behandelt hierauf etwa dreiviertel Stunde. Sodann gibt man zwei warme Wasser, von diesen das erste vielfach mit einem Zusatz von Ammoniak. Dieses Abwässern geschieht auf besonderen Barken, auf die die Stücke übergesetzt werden. Bei den Sternapparaten läßt man die Seifenlauge ablaufen und füllt dann die Barke von neuem mit Wasser. Im Großbetriebe hat man auch mehrere für den Stern passende Barken. Man arbeitet dann in der Weise, daß der Stern mittels einem auf einer Laufkatze befindlichen Kran hochgewunden und auf die andere Barke, die inzwischen mit Wasser gefüllt wurde, übergesetzt wird. Vielfach findet man auch, daß die Stücke vom Stern abgenommen und dann auf einer Maschine gewaschen werden, die ebenso eingerichtet ist, wie die in der Stückfärberei üblichen Färbeapparate. Die Einrichtung dieser Apparate wird später bei dem Färbeprozeß näher besprochen werden.

Eine besondere Art direkter Waschmaschinen, die man auch in verschiedenen Betrieben vorfindet, besteht aus einer Anordnung mehrerer Bassins, in denen ein ständiger Kreislauf von frischem Wasser vor sich geht. In jedem dieser Bassins befindet sich eine Anordnung drehbarer Walzen, wie man sie z. B. in

Abb. 249. Breitwaschmaschine von Zittauer Maschinenfabrik A.-G., Zittau.

den Jiggern vorfindet. Über diese Walzen werden die Stücke, wie sie von der Repassierseife kommen, geleitet, passieren jetzt die verschiedenen Bassins und verlassen das letzte Bassin im ausgewaschenen Zustand. Wie sie vor dem Eintritt in die Waschbassins von einer Walze ablaufen, werden sie nach dem Waschen auf eine neue Walze aufgedreht. Die Einrichtung einer derartigen Breitwaschmaschine geht aus den obenstehenden Abbildungen einer solchen, wie sie von der Zittauer-Maschinenfabrik A.-G., Zittau, gebaut werden, hervor.

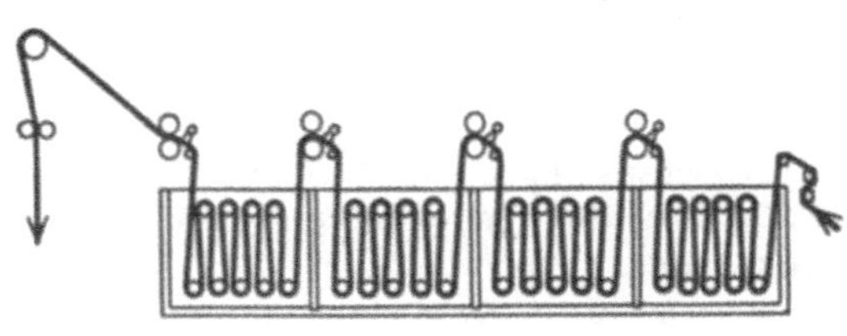

Abb. 250. Skizze des Laufes der Ware bei der Breitwaschmaschine.

Sollen die Stücke erschwert werden, dann säuert man jetzt in gleicher Weise wie bei Strangseide mit 5 bis 10% des Seidengewichtes an Salzsäure ab. Handelt es sich dagegen um unerschwerte Ware, die nur gefärbt werden soll, dann wird sie nach dem letzten Wasser ausgeschleudert.

Zum Ausschleudern können die Stücke, die in Buchform aufgemacht worden sind, einfach in dieser Form belassen und in die Schleuder gelegt werden. Bei den Stücken, die auf dem Stern abgekocht worden sind, ist es jedoch erforderlich, die Stücke erst abzunehmen und in eine zum Schleudern geeignete Form zu bringen. Dies besteht entweder darin, daß man das Gewebe auf Rollen aufdreht oder daß man es in Buchform umhaspelt. Beim Ausschleudern ist sehr große Sorgfalt darauf zu verwenden, daß die Stücke glatt und möglichst ohne Falten in die Zentrifuge gelangen, da größere Falten identisch werden mit den so üblen Blanchissuren. Werden die Stücke auf Walzen aufgedreht, dann gibt es auch besonders große Schleudern, in denen die Walzen eingelegt werden können, wie aus nebenstehender Abbildung, die ein von der Firma C. G. Haubold A.-G., Chemnitz, gebautes Fabrikat darstellt, zu ersehen ist.

Abb. 251. Zentrifuge für breite Gewebe von C. G. Haubold A.-G., Chemnitz.

Das Ausschleudern hat natürlich mit entsprechender Schnelligkeit des Zentrifugenlaufes zu geschehen, da die Flüssigkeit in den dichten Geweben noch stärker zurückgehalten wird, als dieses bei den Strangseiden der Fall ist.

Wenn bereits bei dem Abkochen der Strangseide ausgeführt wurde, daß dieser ersten Behandlung im Veredlungsprozeß große Sorgfalt zu schenken ist, so ist hier das gleiche zu sagen. Ist die Abkochung keine genügend sorgfältige gewesen, dann kann auch nicht verlangt werden, daß die übrigen Behandlungsweisen einwandfrei verlaufen. Bei der Stückware kommt aber noch hinzu, daß hier der erste Anlaß zu den nicht mehr zu entfernenden Brüchen gegeben ist. Das Gewebe ist vom Abkochen schlüpfrig und neigt daher leicht zu Verschiebungen im Gewebe und zu Beschädigungen.

Es bleibt jetzt noch zu erwähnen, daß man bei sehr losen Geweben, wie z. B. Lumineuxbändern, Japons, Voiles usw. das Abkochen nicht vor der Erschwerung, sondern nach derselben vornimmt, um eben ein Verschieben des Gewebes vor der Erschwerung zu vermeiden. Der noch vorhandene Bast verleiht in diesem Falle dem Gewebe einen besseren Zusammenhang als der abgekochte glatte Grègefaden.

Ferner wäre sodann hier zu erörtern, in welchem Falle man die Abkochung auf dem Stern oder dieselbe in Buchform vorzieht. Hierzu ist zu bemerken, daß man zum Abkochen in Halben oder auf Stöcken nur leichte Gewebe nehmen kann wie Crêpe de Chine, Lumineux, Voiles, Japons, Musselines u. a. m. Diese leichten Gewebe gestatten ein leichtes Durchdringen des Gewebes mit Flüssigkeit, wenn man die Meterzahl nicht zu groß nimmt und mithin nicht zuviel Lagen aufeinanderliegen. Zum Abkochen auf dem Stern sind dagegen dichtere Gewebe wie Crêpe Maroccain, Crêpe Georgette, Foulards, Satins sowie alle gemischten Seidengewebe geeignet. Man kann natürlich auch die leichten Gewebe auf dem Stern abkochen, muß aber gewisse Vorsicht walten lassen. Damit sie sich vorschriftsmäßig zusammenziehen können und nicht etwa den

Crêpecharakter verlieren, ist es erforderlich, sie dann sehr locker aufzudrehen bzw. aufzuhängen.

Zu bemerken ist noch, daß man das vollkommene Entbastetsein der Stücke am besten an den Enden derselben erkennt, wo das Gewebe dichter ist.

Wie schon oben ausgeführt wurde, kocht man breite Ware durchweg vor der Erschwerung ab. Bei schmaler und dünner Ware, z. B. Lumineuxbändern oder einzelnen Voiles, kocht man dagegen erst nach der Erschwerung mit Wasserglas ab. Man stellt die Seide, nachdem sie vom Wasserglas aufgeworfen und genügend abgetropft ist, auf ein 60° C warmes Seifenbad, etwa 10% Seife vom Gewicht der Seide enthaltend, und kocht dann zweimal je eine halbe Stunde mit 20% Seife (vom Seidengewicht) ab. Und zwar schiebt man zuerst die Gewebe eine halbe Stunde, ohne umzuziehen. Darauf wirft man auf, wärmt das Bad nochmals auf 80° C, zieht jetzt um und schiebt wieder eine halbe Stunde. Nach dem Abkochen wird zweimal je 20 Minuten auf einer dünnen Seife (5% vom Seidengewicht) bei etwa 80° C repassiert. Dann wird entweder eine schwache Seifenlösung als Abkühlseife bei 50° C gegeben, oder man gibt zwei Weichwasser, das erste 30° C warm und das zweite kalt mit Zusatz von 4% Ammoniak (vom Seidengewicht). Die Einwirkungsdauer der letzten Bäder beträgt ungefähr je 20 Minuten. Hiernach wird geschwungen.

Beim Abkochen im Schaumabkochapparat fällt die Vorbehandlung mit der dünnen Seife fort, man hängt direkt nach dem Wasserglas im Apparat auf. Und zwar wird hier 20 Minuten abgekocht mit dreimaligem Drehen, zu Beginn, nach der siebenten und nach der fünfzehnten Minute. Nach dem Schaumabkochen wird ebenfalls repassiert. Daran anschließend wird die Seide eine halbe Stunde auf einem 30° C warmen Weichwasser mit etwas Ammoniak behandelt, dann nochmals ein Weichwasser gegeben und fünf bis sieben Minuten ausgeschleudert. Zu bemerken ist noch, daß die Seife im Schaumabkocher ebenso wie bei der Strangseide vier- bis fünfmal gebraucht werden kann. Sie eignet sich aber nicht als Bastseife zum Färben, da die von der Seife aus der Faser losgelösten Zinnanteile zu Störungen und Fleckenbildungen Anlaß geben können.

Das Abkochen der Seidenstückware ist außer mit reiner Seifenlösung natürlich auch mit den Ersatzstoffen zu erzielen, die im Laufe der Jahre vorgeschlagen und bereits bei der Entbastung der Strangseiden näher beschrieben worden sind. Hier möge nur noch Erwähnung finden, daß der Badischen Anilin- und Sodafabrik durch die Patente 110633, 117249 und 129451 das Abkochen der Seide mit Natronlauge unter Verwendung von Glyzerin oder Glykose als Schutzmittel für die Seide, nicht nur für Seide, sondern auch für Gemische von Seide mit Baumwolle und mit Wolle geschützt wird. Gerade für diese letzteren Gewebe sollen sich diese Verfahren besonders eignen und die Baumwolle oder Wolle in keiner Weise nachteilig beeinflussen.

Bei Seidenstückwaren, die Tussah, Schappe oder Baumwolle, Wolle usw. enthalten, verwendet man außer Seife auch stärkeres Alkali in Form von Soda, Silikat u. a. m. zum Abkochen. Hierauf wird noch bei der Besprechung der Ausrüstung solcher Mischgewebe näher zurückzukommen sein.

Hier mag noch ein Verfahren Erwähnung finden, bei dem überhaupt jegliche Seife in Fortfall kommt. Es soll sich, soweit bekannt, sehr bewährt haben, zumal die Abkochdauer ganz erheblich abgekürzt wird.

Es handelt sich um das neue Entbastungsverfahren der Firma Hackenbroich & Kirschner, M.-Gladbach, mit einem neuen Präparat „Nettolavol" und Natronlauge. In der Zeit, wo ein Arbeiter 300 bis 400 m Ware nach dem alten Verfahren auf dem Stern aufwickelt, ist die Ware bei dem neuen Verfahren bereits fertig abgekocht und gewaschen. Die zu dieser Arbeitsweise benötigte Kontinue-Entbastungsmaschine, gebaut von der C. A. Gruschwitz A.-G., Olbersdorf, besteht aus sechs nebeneinanderstehenden

Abb. 252. Kontinue-Entbastungsmaschine von C. A. Gruschwitz A.-G., Olbersdorf.

Kästen, von denen der erste die erforderliche Säure, der zweite das Nettolavol, die weiteren heißes Wasser, warmes Wasser, wieder Säure und nochmals warmes Wasser zum Nachwaschen enthalten, die jetzt die zu entbastende Ware zu durchlaufen hat.

2. Das Erschweren der Seidengewebe.

Während für das Abkochen der Seidenstückware nicht nur Gewebe aus reiner Seide, sondern auch solche aus Mischungen von Seide mit anderen Textilfasern in Frage kommen, beschränkt sich das Erschweren auf reine Seidenstoffe und hier auch auf gewisse Arten. Je dichter ein solches Gewebe wird — man rechnet mit dem Grammgewicht pro Quadratmeter —, um so weniger gut eignet es sich für die Erschwerung, weil es zu steif und daher brüchig wird. Ferner kommen für die Erschwerung nur solche Gewebe in Frage, die eine einfache Taffetbindung aufweisen und nicht mit gezwirnten Seiden, wie Organzin oder Trame, sondern mit Grège oder Krepp hergestellt sind. Mischgewebe, wie Halbseide (Baumwolle und Seide), Gloria (Wolle und Seide) u. a. m., werden nicht erschwert. Allerdings wird gelegentlich[1]) beim Erschweren von Geweben, die Seide und Baumwolle enthalten, empfohlen, die Baumwolle durch eine Präparation mit Sirup, Glaubersalz und 3% Monopolseife zu schützen. Das Verfahren hat sich aber nach den Erfahrungen des Verfassers nicht eingeführt. Eine Ausnahme bilden vereinzelte Gewebe aus Seide und Schappe, die im gegebenen Falle, allerdings nur sehr niedrig, erschwert werden.

Die für die Erschwerung in Frage kommenden Seidengewebe sind zur Hauptsache die Messalines, Lumineux (Bänder), die verschiedenen Crêpes (de Chine, Maroccain, Georgette und Satin), Crepons, Charmeuse sowie vereinzelte Seidenvoiles.

Während die Erschwerung der Seide im Strang bereits älteren Datums ist — Renard, Villet et Bunaud, Lyon 1869, war die erste Firma, die Seiden

[1]) Färberzeitung 1912, S. 388.

erschwert hat —, ist die Erschwerung der Seidenstückware verhältnismäßig neu und reicht auf die Wende des letzten Jahrhunderts zurück. Der Aufschwung dieser Veredlungsindustrie ist aber im letzten Jahrzehnt ein derart gewaltiger gewesen, daß heute die Seidenstückausrüstung diejenige der Strangseiden weit überflügelt hat.

Die Ursache hierfür liegt darin, daß einerseits dem Fabrikanten die Möglichkeit gegeben ist, auf Vorrat Rohwaren herzustellen, die er nachher entsprechend seinen Aufträgen erschweren und färben lassen kann. Es ist dieses ein großer Vorteil, wenn man bedenkt, daß früher der Fabrikant erst die Seide im Strang einfärben lassen und solange warten mußte, bis der Färber die Ware fertiggestellt hatte. Der zweite Vorteil, den das Erschweren im Stück bietet, ist dann aber die unbedingt größere Haltbarkeit der Gewebe gegenüber den mit im Strang gefärbten Seiden hergestellten. Es ist dies eine Folge davon, daß man fertige Gewebe bei weitem nicht in der Höhe erschweren kann, als dieses bei Strang der Fall ist. Bei der Stückausrüstung besonders von Breitgeweben sind Erschwerungen von 60% und höher schon eine große Seltenheit. Wie wir früher bereits gesehen haben, nehmen die dynamometrischen Eigenschaften der Seide ab mit der Höhe der Erschwerung.

Die Erschwerung ist durchwegs die gleiche wie bei der Seide im Strang, nämlich eine Zinn-Phosphaterschwerung, die bei Couleur noch durch eine Wasserglasbehandlung ergänzt wird, während sich bei Schwarz die folgende Gerbstoffbehandlung anschließt. Wie wir nachher sehen werden, liegen die Unterschiede gegenüber der Strangerschwerung nur in einzelnen besonderen Manipulationen, die die Beschädigung der Gewebe verhindern sollen. Die einfache Gerbstofferschwerung, wie wir sie in Form der Végétalfärbung bei Strang kennengelernt haben, gehört heute bei der Stückware der Vergangenheit an. Sie ist bei den Anfängen der Stückerschwerung ausgeführt worden, hat aber nicht zu dem gewünschten Resultat geführt.

Die Anforderungen an die für die Zinnerschwerung benötigten Bäder sind die gleichen, wie sie in der Strangerschwerung in Frage kommen, höchstens, daß die Stärke teilweise etwas höher genommen wird, also Pinken durchweg in einer Stärke von 26 bis 30° Bé, Phosphatbäder in einer Stärke von 8 bis 10° Bé und die Wasserglasbäder 5 bis 6° Bé. Außerdem wird man bei den Pinken den Säuregehalt durchweg etwas höher nehmen, ungefähr 1 bis 1½%, weil die Bildung von Kalkstellen bei Stückware eher möglich ist als bei Strangware. Die Phosphatbäder läßt man eher etwas geringer alkalisch, namentlich bei den Erschwerungsmethoden, bei denen die Abkochung erst nach der Erschwerung vorgenommen wird. Bezüglich äußerer Beschaffenheit der Bäder erfordert die Stückausrüstung absolutes Klarsein derselben, da die Stücke noch mehr als Strangseiden als Filter wirken und gegebenenfalls an Glanz einbüßen.

Mit wenigen Ausnahmen — z. B. beim Pinken — wird das Arbeiten in Zentrifugen unterlassen. Es ist noch eine Streitfrage, ob dieses seinen Grund darin hat, daß die Stücke von den Bädern nicht genug durchdrungen werden.

Wenn wir uns jetzt dem Erschwerungsprozeß selbst zuwenden, so müssen wir darauf Rücksicht nehmen, daß viele Gewebe vom Abkochen lose vorliegen, z. B. von der Sternabkochung her, wo man nach dem Abkochen einfach die Stücke vom Stern abwickelt, die durch das Aneinandernähen ein langes Band von verschiedenen 100 m darstellen. Die Stücke müssen natürlich voneinander getrennt werden. Sie werden dann in der gleichen Weise, wie dieses beim Abkochen bereits beschrieben wurde, in Buchform oder in Halben gebracht in der Weise, daß man sie über einen zweiarmigen Haspel laufen läßt, dessen Arme durchwegs einen Zwischenraum von ungefähr 80 cm aufweisen. Die Länge der

Stücke wählt man zu 10 bis 15 m, näht dann wieder sowohl das Anfangs- wie das Endstück quer fest und kann jetzt durch seitliches Vernähen an den Kanten dem ganzen Gewebe einen Halt geben. In manchen Betrieben findet man dagegen, daß diese Stücke ebenfalls in Buchform aufgemacht werden, jedoch nicht seitlich vernäht werden, damit man sie nachher in den Bändern seitlich auseinanderbreiten oder, wie der technische Ausdruck lautet, „blättern“ kann. Das letztere geschieht namentlich bei Stücken, welche ein höheres Gewicht pro Quadratmeter aufweisen und demgemäß dichter im Gewebe sind, sowie ferner vielfach bei Bändern.

Zu bemerken ist noch, daß man bei den Stücken, welche bereits bei der Abkochung in Buchform aufgemacht und seitlich mit Schlaufen vernäht waren,

Abb. 253. Pinkzentrifuge für Stückware von Gebr. Heine, Viersen.

an denen die Ware an Stöcken aufgehangen wurde, jetzt diese langen Schlaufen abschneidet, damit die Ware beim weiteren Hantieren nicht beschädigt und verwirrt wird.

Die so aufgemachten und meistens abgesäuerten Stücke werden jetzt entweder an Stöcken oder auch ohne dieselben in die Pinken eingelegt, jedoch mit der Vorsicht, daß sich die Stücke allmählich mit dem Beizbade vollsaugen. Außerdem drückt man die Stücke mit Stöcken, die am unteren Ende mit einem Gummiball versehen sind (um das Gewebe nicht zu beschädigen), unter die Pinke, und zwar solange, bis die im Gewebe immer vorhandenen Luftblasen nach Möglichkeit verschwunden sind. Hat man so die Pinkbarke mit den Stücken gefüllt, dann legt man über dieselben einen Holzschragen oder ein sonstiges Holzgestell, um die gern schwimmenden Gewebe unter der Flüssigkeit zu halten. Es muß hier unbedingt darauf hingewiesen werden, daß man die in dem Gewebe ja ganz anders als in der Strangware auftretenden Luftblasen unbedingt entfernen muß, weil an den Stellen, wo eine Luftblase sich befindet, selbstverständlich das Gewebe mit der Flüssigkeit nicht durchdrungen werden kann. Die Folge hiervon sind nachher unangenehme weiße Flecken bzw. unstarke Stellen. Statt in Barken kann das Pinken auch in Zentrifugen vorgenommen werden. Sehr empfehlenswert sind die neuen Pinkzentrifugen für Stück, wie sie von Gebr. Heine, Viersen i. Rhld., und C. G. Haubold A.-G., Chemnitz, gebaut werden.

Mit diesen abgebildeten Zentrifugen kann man nicht nur im Lauf, sondern auch im Stillstand pinken. Es gewährt dies bei der Stückerschwerung, bei der man im übrigen nicht im Laufen pinkt, den großen Vorteil, daß man durch ein anfängliches Laufenlassen der Maschine die Luftblasen aus dem Gewebe gut entfernen kann. Nachdem dieses geschehen ist, pinkt man dann weiter im Stillstand.

Abb. 254. Pinkzentrifuge für Stückware von C. G. Haubold A.-G., Chemnitz.

Man läßt die Seiden drei bis vier Stunden oder eine Nacht in der Pinke.

Ist der Beizprozeß beendigt, so werden die Stücke vorsichtig herausgenommen, auf einen Schragen gelegt und gut ablaufen gelassen. Darauf legt man sie in eine Schleuder, jedoch mit der Vorsicht, daß die Bücher bzw. die Halben möglichst in geordneter Form bleiben und beim Schleudern nicht zu sehr zerknittert werden. Das Ausschleudern hat ungefähr 10 bis 20 Minuten zu dauern, da in dem dichten Gewebe die Flüssigkeit mehr zurückgehalten wird, als dieses bei Strangseide der Fall ist.

Die von der Pinke ausgeschleuderte Ware muß jetzt gewaschen werden, ein Vorgang, der bei Stückware noch viel größere Sorgfalt erfordert, als dieses bei Strang der Fall war. In einem fehlerhaften Waschprozeß zwischen den einzelnen Beizungen liegt die Ursache der unangenehmen Schäden, die sich bei Stückware hin und wieder bemerkbar machen. Das zum Waschen verwandte Wasser darf weder zu weich noch zu hart sein, wie solches bereits oben beim Pinkprozeß der Strangseide ausgeführt worden ist.

Bei den Geweben, die in Buchform erschwert wurden, kann man nun entweder in Buchform waschen oder aber auch nachdem das Buch aufgelöst worden ist. Wird in Buchform gewaschen, dann benötigt man dazu eine Waschmaschine, welche sehr lange Walzen und entsprechende Spritzrohre besitzen muß, da die Stücke doch eine Breite von 80 bis 120 cm aufweisen. Man hängt auf jede Walze ein Halb, handelt es sich um schmale Ware bzw. Bänder evtl. auch mehrere. Das Arbeiten an dieser Waschmaschine ist natürlich das gleiche, wie es früher bereits ausgeführt wurde.

Anders gestaltet sich der Waschprozeß, wenn nun nicht in Halben, sondern im aufgelösten Zustand gewaschen wird. Hier kann man entweder in der Weise waschen, daß man das Gewebe durch eine Wasserbarke auf einen Haspel aufdreht und durch verschiedene Wiederholung dieses Prozesses den Strang von Stücken reinigt. Meistens findet man daher als Waschmaschine auch die üblichen Stückfärbemaschinen.

Diese — die Abbildung zeigt eine solche von der Firma C. G. Haubold A.-G., Chemnitz, gebaute Färbemaschine — besteht aus zwei Haspeln, von denen der eine eine runde Welle von etwa 20 cm trägt, während die andere Welle oval ist und einen Durchmesser in der Länge von 75, in der Breite von 30 cm aufweist. Diese beiden Haspeln sind über einer Barke montiert, welche mit kreisender Wasserflotte gespeist wird. Wenn die Walzen in Bewegung gesetzt werden, zieht die große ovale Walze das Gewebe von der dünnen runden Walze ab, das Gewebe fällt in spiraliger Form in das Wasser und wird jetzt als end-

Abb. 255. Stückfärbemaschine von C. G. Haubold A.-G., Chemnitz.

loses Band wieder auf die runde Walze hinaufgeleitet. Man erzielt dies in der Weise, daß man entweder ein oder mehrere Stücke aneinandergeknüpft und so als unendliches Band über die Walze laufen läßt. Meistens sind diese Färbemaschinen auch so breit gebaut, daß man mehrere derartiger Gewebestränge nebeneinander laufen lassen kann. Bei diesen speziellen Pinkwaschmaschinen findet man auch noch eine Vorrichtung, daß das Gewebe, wenn es von der großen Welle auf die kleine Welle tritt, unter einem Rohr hergeführt wird, aus dem das frische Wasser im kräftigen Strahl auf die Ware spritzt. Außerdem ist eine Vorrichtung eingebaut, die imstande ist, bei der geringsten Verwirrung oder Verzerrung des Gewebes den Gang der Maschine augenblicklich automatisch auszuschalten. Nach den Erfahrungen des Verfassers haben sich diese Waschmaschinen gut bewährt.

Eine andere Art von Waschmaschinen ist dann die bereits beim Abkochen erwähnte Breitwaschmaschine. Es sind dieses, ähnlich wie beim Waschen nach dem Abkochen, eine Anzahl von Bassins oder Barken, in denen sich bewegliche Rollen oben und unten befinden und in denen jetzt das Stück wie in einem Jigger breit gehalten durch die Waschflüssigkeit hindurchgeführt wird. Das Waschen auf diesen Breitwaschmaschinen setzt aber voraus, daß genügend Bassins vorhanden sind bzw. die Stücke lange genug mit dem Waschwasser in Berührung bleiben, weil sonst der Erfolg zu sehr in Frage gestellt wird. Wenn man diese Breitwaschmaschinen benutzt, müssen die Stücke vorher auf eine Walze aufgedreht werden und laufen nach Verlassen der Waschmaschine auf eine neue Walze oder, wie meistens vorgezogen wird, auf einen zweiarmigen Haspel auf, damit man die Ware wieder in Buchform vorliegen hat.

Es empfiehlt sich nicht, mit der Zeitdauer zu sparen, sondern eher etwas länger als zu wenig zu waschen. Man rechnet als Mindestzeit für den ersten und zweiten Pinkzug fünf Minuten, für den dritten Pinkzug acht Minuten und für den vierten Pinkzug zehn Minuten. Bei dichter Ware wird man sogar diese Waschzeiten verdoppeln.

Da die Ware jetzt ins Phosphat geht, empfiehlt es sich, nach dem Waschen noch zwei Weichwasser zu geben, was man ja in der Praxis leicht ohne Umstellung der Maschinen bewerkstelligen kann, indem man die betreffenden Barken leer laufen läßt und jetzt mit Weichwasser füllt. Hat man auf der Strangwaschmaschine in Halben gewaschen, so gibt man meistens die zwei Weichwasser auf der Barke, indem man hier die Halben an den Stock nimmt und entsprechend mit Durchstechen umzieht.

Nach dem Waschen wird jetzt ausgeschleudert, mit denselben Vorsichtsmaßregeln, wie dies bereits beim Ausschleudern nach dem Pinken ausgeführt wurde. Das vielfach empfohlene Abquetschen oder Absaugen mit entsprechenden Maschinen ist während des Erschwerungsprozesses nicht zu empfehlen, da hierdurch zu leicht Brüche entstehen können.

Das Phosphatieren wird entweder an Stöcken oder auch auf Haspeln vorgenommen. Die zum Phosphatieren benötigten Barken müssen von einer den Stücken entsprechenden Breite sein, um die Beschädigung der Stücke durch ein Herscheuern an der Barkenwandung zu vermeiden. Ebenso muß die Tiefe der Barke so gewählt sein, daß die Halben nicht etwa am Boden herschleifen. Man phosphatiert in der Weise, daß man die Halben auf Stöcke hängt und sie mit Durchstechen umzieht. Es ist dieses jedoch mehr dort zu empfehlen, wo es sich um schmalere Ware bzw. Bänder handelt, da das Hantieren mit den Stöcken in der alkalischen Flüssigkeit immer leicht Ursache werden kann, daß die Ware irgendwie beschädigt wird.

Die zweite Form des Phosphatierens geschieht in gleicher Weise, wie dieses bereits beim Waschen besprochen wurde, in einer Phosphatiermaschine, welche mit der bereits besprochenen Färbemaschine identisch ist. Allerdings nimmt man beim Phosphatieren die Schnelligkeit der Walzenumdrehung, die beim Waschen unbeschadet 25 Umdrehungen in der Minute betragen darf, nur mit 15 Umdrehungen in der Minute. Außerdem empfiehlt es sich, bei der alkalischen Flüssigkeit sehr darauf zu achten, daß sich die Gewebestränge nicht irgendwie verwirren, was sie in diesem Falle gern tun. Niemals sollte eine derartige Maschine ohne Aufsicht laufen, auch wenn sie mit selbsttätigem Auslöser versehen sind. Außer diesen Arten des Phosphatierens gibt es noch andere, von denen aber erst weiter unten die Rede sein wird, da es sich, ähnlich wie bei der Strangseide, um Kombinierung verschiedener Arbeitsvorgänge handelt.

Die Dauer des Phosphatierens ist die gleiche wie bei der Strangware, nämlich dreiviertel bis eine Stunde. Daß bei diesen alkalischen Bädern darauf geachtet werden muß, daß sowohl Barken wie Stöcke, wie auch die Walzen der Maschine frei sind von irgendwelchen Splittern und Unebenheiten, versteht sich wohl von selbst.

Nach dem Phosphat wird in üblicher Weise gewaschen, entweder auf Barken, indem man mehrfach Wasser gibt, oder auf Maschinen. Darauf wird mit 10% Salzsäure von 30° C abgesäuert, hiernach ein oder zwei Weichwasser gegeben und dann geschleudert.

Nach dem letzten Phosphat gibt man an Stelle des Weichwassers und der Säure vielfach eine dünne Seife.

In der gleichen Weise wie bei der Strangseide werden die Züge nach der Höhe der gewünschten Rendite wiederholt, und zwar kann man folgenden Maßstab ungefähr zugrunde legen:

Höhe der Erschwerung %	Farbige Seiden	Schwarze Seiden
pari	3 leichte Züge	2 leichte Züge
10	2 schwere und 1 leichter Zug	3 leichte Züge
20	4 leichte Züge	2 schwere und 1 leichter Zug
30	2 schwere und 2 leichte Züge	2 schwere und 1 leichter Zug
40	3 schwere und 1 leichter Zug	2 schwere und 2 leichte Züge
50	3 schwere und 1 leichter Zug	3 schwere und 1 leichter Zug

Bei dünnen Geweben, namentlich Bändern, die teilweise bis 80% erschwert werden, nimmt man bei Erschwerungen, die oberhalb 50% liegen, vier starke Pinken und wechselt dann mit der Stärke der Wasserglasbäder.

Die Weitererschwerung ist bei der Stückseide in gleicher Weise auszuführen wie bei der Strangseide. Nämlich die Weitererschwerung teilt sich insofern, als man die farbigen Seiden mit Wasserglas behandelt, die Schwarzseiden dagegen mit Gerbstoffen bzw. Blauholz.

a) Erschwerung der farbigen Seidengewebe. Wie schon erwähnt, wird nach dem letzten Phosphat mit Wasserglas weiter erschwert. Die bei Strangseide übliche Weitererschwerung mit Tonerde wird dagegen bei Stückseiden nicht ausgeübt, weil hier die Erschwerung niemals in der Höhe verlangt wird wie bei Strangseiden.

Aber auch die Wasserglasbehandlung läßt man bei der Erschwerung der Stückseide teilweise fehlen, und zwar bei sehr dichten Geweben, wie z. B. Crêpe Satin oder Satin grénadine, dichteren Crêpes Maroccain und auch bei dichteren Crepons. Die Ursache hiervon liegt darin, daß einmal bei den dichteren Geweben die Gefahr vorliegt, daß durch die Wasserglaserschwerung die Charge zu hoch wird, wodurch ein strohiger und harter Griff entsteht, und andererseits, weil bei diesen Geweben beim Fehlen von Wasserglas die Färbungen egaler ausfallen. Im großen und ganzen zieht man vor, derart dichte Gewebe, wie die erwähnten, überhaupt nicht zu erschweren, sondern einfach zu färben.

Was nun die Wasserglasbehandlung selbst anbelangt, so nimmt man das Wasserglas in einer Stärke von 3 bis 5° Bé und bei einer Temperatur von 50° C. Die Wasserglaserschwerung geschieht auf Barken, und zwar an Stöcken, aber niemals in geschlossenen Halben, sondern stets offen. Es ist dies unbedingt erforderlich, weil das Wasserglas leicht die Ursache von unangenehmer Streifenbildung werden kann, die sich nicht entfernen läßt.

Man kann aber die Stücke auch auf den bereits erwähnten Färbemaschinen mit Wasserglas behandeln, nur ist dann unbedingt erforderlich, daß der Gang der Maschine langsamer gesetzt wird, und zwar noch langsamer, als dieses beim Phosphatieren der Fall war. Arbeitet man auf diesen Maschinen, dann ist aber auch sehr darauf zu achten, daß die Stücke vollständig unter die Oberfläche tauchen, damit das Wasserglas keine Gelegenheit findet, irgendwie anzutrocknen. Während man Phosphat- und Kalkflecke mit Leichtigkeit entfernen kann, ist dieses bei Silikatflecken sozusagen aussichtslos. Die Wasserglasbehandlung erstreckt sich auf eine Zeitdauer von etwa einer Stunde, doch empfiehlt es sich, auch hierbei kleine Wahrsager mit der Partie gehen zu lassen, welche mit Leichtigkeit abgenommen, getrocknet und gewogen werden können.

Nach der Wasserglasbehandlung wird mit einer dünnen Seife (10% vom Seidengewicht) eine halbe Stunde bei 50 ^{0} C behandelt. Es empfiehlt sich aber, die Seife nicht zu heiß zu nehmen und auch eine höhere Konzentration zu vermeiden, weil sonst wieder Wasserglas bzw. Zinn heruntergerissen wird. Nach dieser Seife gibt man ein 40 ^{0} C warmes Weichwasser mit einem geringen Ammoniakzusatz (5% vom Seidengewicht), dann ein kaltes Weichwasser und säuert schließlich in üblicher Weise ab. Sollte bei dieser Behandlungsweise eine Partie zu leicht geblieben sein, dann kann man in ähnlicher Weise wie bei Strang versuchen, diese Schäden auszugleichen, indem man die Ware nochmals auf ein Seifenbad mit Zusatz von Wasserglas stellt und noch eine halbe Stunde hierauf gehen läßt.

Es ist diese Art der Höhererschwerung aber verhältnismäßig zweifelhaft. Bessere Ergebnisse wurden vom Verfasser beobachtet, wenn die zu leicht gebliebenen Stücke mit Salzsäure abgesäuert, darauf noch einmal mit Zinn und Phosphat und anschließend mit Wasserglas behandelt wurden. Es ließe sich eine Höhererschwerung von 20% feststellen, auch war die fertig gefärbte Ware sehr schön gleichmäßig ausgefallen. Zu bemerken ist allerdings, daß ein derartiges Verfahren für Strangseide nicht beliebt ist, da eine Schwächung der Faserstärke nicht ausbleibt; dieselbe macht sich aber im Gewebe weniger bemerkbar.

Im übrigen ist die Wasserglaserschwerung aber in keiner Weise verschieden von derjenigen der Strangseide.

b) Schwarzerschwerung. Diese Erschwerung ist genau die gleiche wie bei der Strangseide, nur mit dem Unterschied, daß verschiedene Erschwerungsformen, wie z. B. mit Blaukali und Eisenbeize oder mit holzessigsaurem Eisen, Blaukali und Eisenbeize, hier nicht in Frage kommen. Die einzigen Erschwerungsformen für Schwarz sind diejenigen mit Katechu und mit unoxydiertem Blauholzextrakt, falls nicht überhaupt Couleurschwarz ausgewählt wird. Bei der enormen Zugkraft, welche zinnerschwerte Seide gegenüber Gerbstoff und unoxydiertem Blauholzextrakt zeigt, ist es wohl selbstverständlich, daß die Stücke bei der Schwarzerschwerung niemals geschlossen in Halben oder in Buchform erschwert werden können. Vielmehr ist man gezwungen, entweder auf dem Haspel, auf der Maschine oder auf dem Jigger zu färben. Die Arbeitsweise ist die übliche. Nach dem letzten Phosphat wird mit dünner Seife eine halbe Stunde geseift und dann auf Katechu oder auch Blauholzextrakt gesetzt. Auch die Mengenverhältnisse, die Zeitdauer, die Verwendung von Seife oder Wasserglas oder Phosphat im unoxydierten Blauholzextraktbade sind vollkommen die gleichen, wie sie bei der Schwarzerschwerung der Strangseide zur Genüge beschrieben worden sind. Man kann auch keinesfalls behaupten, daß die Schwarzerschwerung im Stück etwa größere Schwierigkeiten böte, als diejenige im Strang. Allerdings liegt bei dieser Erschwerungsweise, wenn nicht mit Breithaltern gearbeitet wird, die Gefahr vor, daß sich bronzige Stellen bilden, dieses aber auch nur wieder bei dichteren Geweben, wie Maroccain, Satin grénadine und ähnlichen.

Sind die Gewebe fertig erschwert, dann wird ein Reinigungsbad gegeben, um jegliche Seifenschmiere zu entfernen. Es sei hier nochmals darauf verwiesen, daß dieses Entfernen der Spaltungsprodukte der Blauholzerschwerung ungemein wichtig ist. Gerade in der Stückerschwerung macht sich eine diesbezügliche Unterlassungssünde äußerst unangenehm bemerkbar. Die Stücke werden in einem solchen Falle steif, brettig und fühlen sich äußerst fettig an, ja sie fetten teilweise gegen das Packpapier durch. Hierauf achtzugeben ist um so mehr erforderlich, als von einer stückerschwerten Ware verlangt wird, daß sie einen weichen Griff und einen seidigen Fall des Gewebes aufweist. Außerdem macht sich der Überschuß an Fettsäure aber auch am unangenehmen Geruch bemerkbar, so daß die Ware schon aus diesem Grunde unverkäuflich wird. Daß der Fettsäuregehalt schließlich die Ware auch noch unstark machen kann, ist nach den Ausführungen, die diesbezüglich bereits bei den Strangseiden gemacht wurden, nicht weiter zu verwundern.

Abb. 256. Erschwerungsapparat der Firma Gebr. Schmidt, Basel.

Wir kommen jetzt noch zur Besprechung derjenigen Vorrichtungen, die es auch bei der Stückerschwerung ermöglichen, den ganzen Erschwerungsvorgang in einem Apparat zu erledigen. Hier ist in erster Linie der Phosphatierapparat bzw. das Erschwerungsverfahren der Firma Gebr. Schmidt, Basel, zu erwähnen, die durch die D.R.P. 287754, 291075, 305239, 299436 genannter Firma geschützt sind.

Die Arbeitsweise des Apparates ist ja bereits bei der Erschwerung der Strangseide beschrieben worden. Hier bei der Stückerschwerung handelt es sich um den Vorteil, daß man beim Arbeiten nach diesem Verfahren nicht mehr nötig hat, die Stücke, die in Buchform aufgemacht sind, irgendwie zu lösen, wenn man anschließend an das Pinken waschen usw. will. Vielmehr ist man in der Lage, diese Stücke, so wie sie in die Pinken eingelegt wurden, auch zu waschen, phosphatieren, silikatieren und abzusäuern. Es bedeutet dieses für den Ausfall der Stücke einen sehr großen Vorteil. Dadurch, daß die Stücke im Apparat in ihrer ruhigen Lage während der ganzen Vorgänge verharren, ist jede Beschädigung durch Verzerren des Gewebes, Bildung von Knicken, Streifen und Flecken vollkommen ausgeschlossen.

Der Arbeitsvorgang nach diesem Verfahren sei hier nochmals kurz skizziert: Die abgekochten Stücke werden mittels Haspel in Buchform gebracht und nach dem Absäuern und Ausschleudern in die Pinken eingelegt. Nach dem Pinken werden sie ausgeschleudert und dann auf die Haspeln des Apparates aufgehängt. Hier werden sie zuerst mit Rohwasser gewaschen, in der gleichen Weise wie an der Pinkmaschine. Nachdem dieses Waschwasser abgelaufen ist, wird zuerst mit einem dünnen Phosphatbade vorgewaschen, dann mit dem eigentlichen stärkeren Phosphatbade unter Schäumen in ca. fünfzehn Minuten, bei den höheren Zügen in ca. zehn Minuten fertig phosphatiert. Nachdem dieses starke Phosphatbad abgelassen ist, wird mit einem dünnen Phosphatbad, ähnlich wie das Vorphosphatierbad, nachgewaschen und hieran anschließend noch zwei Minuten mit lauwarmem Weichwasser nachgespült. Darauf wird, wie in den Absäuremaschinen, mit Salzsäure (10% vom Gewicht der Seide) kalt abgesäuert und dann ausgeschwungen. Jetzt erst werden die Stücke aus dem Apparat genommen und wieder in die Pinke gelegt. Es wiederholt sich die ganze Arbeitsweise, wie eben beschrieben, entsprechend der Höhe der Züge, noch zwei- bis dreimal. An Zeit beansprucht dieses Verfahren, von dem Moment an, wo die Seide aus der Pinke genommen wird, bis zu dem Zeitpunkt, wo sie wieder von neuem in die Pinke eingelegt wird, nur eine Stunde, nach dem sonst üblichen Verfahren eineinhalb bis zwei Stunden.

Ist das letzte Phosphat gegeben, so kann im gleichen Apparat auch noch mit Wasserglas behandelt werden, so daß die Stücke bis zum Färben nur viermal den Apparat verlassen haben, nämlich dann, wenn sie wieder in die Pinke eingelegt werden mußten. Außer der enormen Schonung der Seide kommt auch noch der weitere Vorteil hinzu, daß diese Arbeitsweise sowohl mit einer großen Zeitersparnis, als auch mit einer Ersparnis an Arbeitskraft verbunden ist. Bei der Bedienung des Apparates bedarf man nur ein bzw. zwei Arbeiter, und zwar für einen Apparat, in den man 50 bis 100 kg Stücke einhängen kann. Wenn auch dieses Verfahren sich in Deutschland noch nicht eingebürgert hat, so sind doch die Erfolge mit diesen Apparaten im Auslande ganz hervorragende, wovon Verfasser sich verschiedentlich überzeugen konnte.

Ein zweites Verfahren, um den Erschwerungsprozeß in der Seidenstückausrüstung zu vereinfachen und die Seide entsprechend zu schonen, ist dasjenige von Wegmann & Co., Baden i. d. Schweiz. Das Verfahren ist durch das D.R.P. 308766, 1917, der Firma geschützt. Der zu diesem Verfahren benötigte Apparat gleicht im wesentlichen den Wegmann-Apparaten zum Phosphatieren der Strangseide. Es sind also hier die Bassins vorhanden, welche kleine durchlöcherte Metalltrommeln auf einer Vorrichtung aufgesteckt enthalten, die gestatten, daß durch diese Metallzylinder die in Frage kommenden Bäder hindurchgepumpt und wieder zurückgesaugt werden können. Diese Metalltrommeln werden auf ein Gestell gelegt und hier mit dem Seidenstoff, welcher erschwert werden soll, umwickelt. Die so umwickelten Zylinder werden dann auf die Vorrichtung gesteckt und jetzt hier die verschiedenen Bäder einwirken gelassen. Nach den jeweiligen Prozessen werden diese Spindeln herausgenommen und auf einer besonders dazu eingerichteten Zentrifuge ausgeschleudert. Auf diese Art und Weise kann gepinkt, gewaschen, phosphatiert, abgesäuert und gleichzeitig zwischen diesen einzelnen Behandlungsweisen ausgeschleudert werden. Auch bei diesem Apparat ist die Schonung der Seidengewebe unbedingt eine große. Es fehlt aber einstweilen noch an größeren Erfahrungen mit diesen Apparaten, wenngleich anzunehmen ist, daß, ebenso wie bei den Apparaten für Strang, gute Erfolge erzielt worden sind, dieses auch hier der Fall sein dürfte.

Erwähnt sei hier schließlich noch die kombinierte Phosphatier- und Absäuremaschine der Firma Gebrüder Heine, Viersen, die ja bereits beim Pinken der Strangseiden beschrieben worden ist. Auch diese Einrichtung wird bei der Stückerschwerung verwandt und soll sich gut bewähren.

Für die Beurteilung, wie die Erschwerung bei den Stückseiden angelegt werden muß, ist es von großer Bedeutung, die Dichte des Gewebes zu kennen, weil, wie schon erwähnt, ein Gewebe, je dichter dasselbe ist, um so weniger hoch erschwert werden darf. In der Praxis geht man für die Beurteilung, wie hoch ein Gewebe erschwert werden darf, meistens von dem Gewicht des Quadratmeters der Rohware aus. Es beträgt dieses bei dünneren Geweben, wie Crêpe de Chine oder Messaline, etwa 30 bis 55 g. Man hat Qualitäten, welche 30 g, 33, 36, 40, 45 bis 55 g, ja bis 80 g das laufende Meter wiegen. Entsprechend wählt man die Erschwerung aus, und zwar schwankt dieselbe zwischen 20 bis 50% in der breiten Ware. Es ist nicht zu empfehlen, die Erschwerung höher zu wählen, weil die Gewebe dann leicht unstark werden. Dichtere Gewebe, wie Crêpe Maroccain oder Crêpe Satin, wiegen durchweg 60 bis 80 g und mehr das laufende Meter, und hier hat man sich um so mehr vor einer hohen Erschwerung zu hüten, als diese Stücke sehr leicht brüchig und brettig werden. Wenn man hier also die Erschwerung auf ca. 50% beschränkt, so mag aber bemerkt werden, daß man normalerweise meistens nicht höher wie 20 bis 30% geht. Im übrigen lassen sich feststehende Normen nicht aufstellen. Bei der verschiedenartigen Einrichtung der Gewebe muß der Ausrüster es auf Grund seiner Erfahrung im Gefühl haben, wie hoch er in der Erschwerung gehen darf. Bei Geweben, welche Schappeeinschlag zeigen, wie dieses z. B. bei Rips oder Moirégeweben der Fall sein kann, geht man in der Erschwerung auf höchstens 30%.

Das Anlegen der Erschwerung im vorstehenden Sinne beschränkt sich auf breite Ware; sobald man schmale Ware in Form von Band zu erschweren hat, kann man die Erschwerung bis auf 60 bis 80% hinauftreiben. Diese Grenze zu überschreiten, ist aber nicht empfehlenswert, die Höhe der Erschwerung geht dann lediglich auf Kosten der Haltbarkeit.

Sollen jedoch die Stückwaren zu schwarz erschwert werden, dann ist die Grenze höher zu legen, man kann in Schwarz bei breiter Ware bis zu 70% gehen, in Bändern sogar bis zu 100 bis 120%.

Hier fehlt die schädliche Einwirkung des Wasserglases, die ja die Ware hart und brüchig macht. Andererseits darf natürlich nicht übersehen werden, daß auch die Schwarzerschwerung mit Blauholzextrakt den Seidenfaden enorm aufquillt und somit auch hier bei zu hoher Erschwerung die Gefahr vorliegt, daß das Gewebe, wenn auch nicht brüchig, so doch hart und brettig ausfällt. Dieses muß natürlich vermieden werden.

Zum Schluß dieses Abschnittes sei nun noch besonders die Arbeitsweise bei der Erschwerung der Seidenbänder besprochen, die im wesentlichen mit der oben beschriebenen Stückerschwerung übereinstimmt, jedoch in der Folge der einzelnen Arbeitsvorgänge, namentlich bezüglich des Abkochens, etwas abweicht.

Erschwert werden von seidenen Bändern nur zwei Sorten, nämlich Libertybänder und Lumineuxbänder.

Die Libertybänder, die ein Gewebe von Grègekette und Schappeeinschlag darstellen, werden wie die Breitware gesengt und dann abgekocht. Das Abkochen erstreckt sich entsprechend der Dicke des Gewebes über drei bis vier Stunden. Danach werden die Bänder für helle Farben meistens gebleicht und gefärbt. Wenn sie jedoch erschwert werden sollen, wie dieses bei besseren Libertybändern, die für Moiré- oder Cirébänder verwandt werden sollen, der Fall ist, so geschieht dieses in der üblichen Weise wie bei der breiten Stückware. Das Anlegen der Erschwerung geschieht folgendermaßen:

Höhe der Erschwerung %	Pinkzüge	Wasserglas
10	2	4^0 Bé stark
20 bis 30	3	3^0 „ „
30 „ 40	3	4^0 „ „
50 „ 60	3	6^0 „ „

Das Erschweren der Libertybänder ist aber immerhin verhältnismäßig selten und beschränkt sich meistens auf die erwähnten Artikel.

Unbedingt müssen dagegen die Lumineuxbänder erschwert werden. Die Arbeitsweise beim Erschweren dieser Lumineuxbänder, die, wie bereits oben ausgeführt wurde, aus Grègekette und Grègeschuß bestehen, gestaltet sich wie folgt:

Was die Vorbereitung der Bandware anbelangt, so werden breite Bänder in einen Haspelumfang gelegt, der etwa 120 bis 130 cm lang ist, und zwar nur 25 bis 30 Lagen aufeinander, während man bei schmalen Bändern die Länge des Stranges auf 150 bis 160 cm vergrößern kann und ebenso die Anzahl der Lagen auf etwa 40. Diese gehaspelten Bänder werden dann ebenso wie bei der breiten Ware an den Kanten je dreimal durchgenäht, ebenso das End- und Anfangsstück gut befestigt, damit keine Verschiebung stattfinden kann.

Die so gehaspelten Rohbänder werden dann mit 25% Seife vom Seidengewicht bei 45 ° C eingenetzt und in dieses Bad eine Nacht oder einen Tag eingelegt. Nachdem man sie herausgenommen hat, gibt man ihnen zwei Weichwasser, 25 ° C warm, schwingt in Paketen, die ähnlich wie die Strangseide durch Einhüllen mit Nessel hergestellt werden, und legt sie darauf in die Pinke. Meistens macht man die Bänder an Stöcke, vielfach legt man sie aber einfach an Kordeln ein. Die Stärke der Pinken nimmt man zu 21 bis 25 ° Bé. Die Zeitdauer des Pinkens ist die gleiche wie bei Strangseide, nur bevorzugt man, sie mehrere Male über Nacht gehen zu lassen. Von der Pinke wird gut, etwa 15 Minuten lang, ausgeschwungen und in der Strangwaschmaschine gewaschen. Gerade bei diesen Bandhalben ist besonders darauf Obacht zu geben, daß sie sich nicht von der Walze, weder vorne noch hinten, herunterwaschen, weil dadurch natürlich unangenehme Beschädigungen der Bänder hervorgerufen werden. Man wäscht nach dem ersten und zweiten Pinkzug etwa 5 Minuten, nach dem dritten Pinkzug 8 Minuten und nach dem vierten etwa 10 bis 15 Minuten, je nach der Dicke der Halben. Nach dem Waschen wird ausgeschwungen und dreiviertel Stunden auf ein Phosphatbad 75 °C gegangen. Hier nimmt man die Bänder, die ja wie üblich in Halbenformen genäht sind, auf den Stock und sticht, wie dieses schon beim Abkochen der breiten Stückware ausgeführt wurde, mit einem zweiten Stock um. Die Stärke des Bades beträgt etwa 5 bis 7 ° Bé, was einem Gehalt von etwa 120 bis 150 g Phosphat im Liter entspricht.

Nach dem Phosphatieren werden die Stöcke aufgeworfen, das Bad ablaufen gelassen und zwei weiche Wasser gegeben, von denen das erste etwa 30° C warm ist, das zweite dagegen kalt. Die Zeitdauer dieses Waschens beträgt je etwa 20 Minuten. Darauf wird mit 10% Salzsäure vom Gewicht der Seide abgesäuert, geschwungen und jetzt wieder in die Pinke eingegangen. Dieser Kreislauf wird entsprechend der Höhe der Erschwerung drei- bis viermal wiederholt.

Nach dem letzten Phosphat geht man nicht auf Weichwasser, sondern auf ein leichtes Seifenbad mit 10% Seife vom Gewicht der Seide. Man behandelt hier bei 40 ° C etwa eine halbe Stunde, gibt darauf ein lauwarmes Weichwasser und geht auf Wasserglas. Dieses Wasserglasbad spindelt bei 50 ° C, je nach der Höhe der Erschwerung, ob 40 bis 60% 3½ ° Bé, bei 70 bis 80% 4½ ° Bé. Die Zeitdauer beträgt eine Stunde.

Nach der Wasserglasbehandlung werden zwei Abkühlseifen gegeben mit 10% Seife vom Seidengewicht, 30° C warm. Dann geht man mit den Bändern auf die eigentliche Abkochseife, und zwar gibt man, wenn man auf der Barke abkocht, ein kochendes Seifenbad mit 60% Seife unter zweimaligem Warmmachen eine Stunde, darauf repassiert man zweimal kochend je 20 Minuten mit einem üblichen Seifenbad von 20% Seife. Vielfach gibt man auch noch eine dünne Abkühlseife wie nach dem Wasserglas und evtl. noch ein Weichwasser, dem man 5 bis 10% Salmiakgeist zusetzt. Nach dieser Abkühlseife oder dem Reinigungsbad wird dann geschwungen. Kocht man dagegen auf dem Schaumabkochapparat ab, dann geschieht dieses in der üblichen Weise wie bei Strang, und zwar eine halbe Stunde, wobei alle 10 Minuten die Kurbel etwa zwei- bis dreimal gedreht wird. Hiernach wird eine halbe Stunde mit 20% Seife repassiert. Bei wiederholter Abkochung auf dem Schaumabkocher wird beim jedesmaligen Abziehen natürlich eine neue Menge Seife zugesetzt. Die Menge des im Apparat abzukochenden Bandes richtet sich nach der Größe des Apparates und schwankt zwischen 25 bis 50 kg.

Bemerkt werden muß, daß breite Bänder, namentlich von sehr dichten Geweben, beim Schwingen äußerst vorsichtig behandelt werden müssen, weil sich leicht Brüche auf der Oberfläche bilden. Man begnügt sich daher vielfach damit, die Bänder nach den einzelnen Prozessen durch längeres Hängen gut abtropfen zu lassen und einfach naß auf die neuen Bäder überzusetzen.

Ebenso ist der Wasserglasbehandlung sehr große Sorgfalt zuzuwenden, da die Wasserglasflecke in schmaler Ware wegen des leichteren Austrocknens noch eher auftreten als bei breiter. Ebenso hat das Durchstechen beim Umziehen mit großer Vorsicht zu geschehen, die Stockstellen bilden bei diesen dünnen Bändern einen ständigen Anlaß zu Klagen.

Bevor wir diesen Abschnitt beschließen, sei nochmals darauf hingewiesen, daß die Arbeitsweise beim Erschweren der Stückware eine mindestens ebenso große, wenn nicht noch größere Sorgfalt erfordert, als dieses bei der Strangware nötig war. Man hat deshalb bei der Ausrüstung der Stückware sich unbedingt von der Unversehrtheit der Gefäßwandungen der Barken oder Apparate sowie von der glatten Beschaffenheit der Stöcke und Walzen zu überzeugen. Namentlich bei maschinellem Arbeiten ist um so größere Überwachung der einzelnen Vorgänge geboten, als bei den langgestreckten Stücken die Gefahr des Hängenbleibens und Zerreißens selbstverständlich viel größer ist als bei Strang. Ebenso spielen die Reinigungsprozesse bei den Stücken eine viel größere Rolle als bei Strang, weil sich das Entfernen der Spaltungsprodukte durch die sich bildenden Falten bzw. durch die Dicke der einzelnen Halben bedeutend schwieriger gestaltet. Das Entfernen von Flecken ist bei Strangware viel leichter als bei Stücken, und die Flecke wirken sich bei Strang bei weitem nicht in dem Maßstabe unangenehm aus wie bei fertigem Gewebe. Man hat in der Stückausrüstung viel mehr mit den Phosphat- und Kalkflecken und vor allen Dingen mit den Silikatflecken zu kämpfen, als dieses bei Strang je der Fall sein könnte.

Ferner darf nie außer acht gelassen werden, daß man sich vor einer zu hohen Erschwerung unbedingt zu hüten hat, weil die Erschwerung im Stück das Gewebe viel leichter brüchig macht, als dieses beim einzelnen Seidenfaden möglich ist. Es ist daher geboten, sämtliche Bäder einer genauen Kontrolle zu unterziehen und die Arbeitsweise im einzelnen stets gut überwachen zu lassen.

3. Das Bleichen der Rohseidengewebe.

Das Bleichen der Stückware ist erforderlich für weiße und helle Farben. Es geschieht durchwegs mit der Sauerstoffbleiche, bei leichten reinseidenen Geweben wohl auch mit der Schwefelbleiche.

Beim Bleichen mit Sauerstoff ist die Verwendung von Wasserstoffsuperoxyd oder Natriumsuperoxyd in der bereits mehrfach beschriebenen Arbeitsweise die übliche. Auch die Perboratbleiche wird mit Erfolg angewandt. Wird mit Wasserstoffsuperoxyd gebleicht, dann ist große Vorsicht bei der seidenen Stückware am Platze, weil das den Bleichbädern meistens zugesetzte Wasserglas die Erschwerung und mithin auch die äußere Beschaffenheit der Ware beeinflußt. Abgesehen davon, daß das Wasserglas auf die Seide zieht, namentlich wenn sie vorher erschwert ist, und so das Gewicht vermehrt, wird durch diesen größeren Wasserglasgehalt die Ware hart und brüchig und es liegt die Gefahr vor, daß sich die unangenehmen Blanchissuren bilden. Man ist deshalb vielfach dazu übergegangen, entweder das Wasserglas ganz auszuschließen oder aber, wenn man es verwendet, die Erschwerung an und für sich niedriger zu nehmen. Will man das Wasserglas vermeiden, dann muß die alkalische Reaktion durch Zusatz von Seife oder von Ammoniak oder Natriumphosphat erzielt bzw. erhöht werden.

Für ein reines Weiß genügt die Peroxydbleiche nicht, sondern man ist gezwungen, die bereits gebleichte Ware nochmals zu schwefeln.

Wichtig ist die Arbeitsweise beim Bleichen selbst, da bei breiten Stücken ein Einlegen meistens nicht möglich ist, ohne daß sich Knicke bilden, an denen die Bleichwirkung nicht so in Erscheinung treten kann. Gewöhnlich wird maschinell gebleicht, entweder mit gewöhnlichen Haspeln oder mit den üblichen Färbemaschinen, die vielfach mit Breithaltern versehen werden. Die Ware wird durch die Bleichflotte geführt, vielfach saugt man aber auch, wie bei der Strangware, die Bleichflotte durch das Bleichgut. Auf diesem Gebiete gibt es eine Anzahl neuerer Verfahren bzw. neuerer Apparate, von denen im folgenden einzelne Erwähnung finden mögen.

So hat Dipl.-Ing. Alfred Schmidt durch das D.R.P. 314721 (1918) ein Verfahren geschützt, Stoffe wagerecht durch eine Anzahl von flachen übereinandergeordneten Kästen zu führen, durch welche das Bleichbad oder sonstige Bäder zwangsläufig von Kasten zu Kasten laufen, so daß sie, je nach der Einstellung in gleicher Richtung wie das Gewebe oder entgegengesetzt laufen.

Ferner ist Th. Brand durch die D.R.P. 340221 und 341110 (1919) ein Verfahren zum Bleichen von breit gehaltenen Geweben mit kreisender Flotte geschützt, bei dem das Gewebe in einem Rahmen auf Haltenadeln gesteckt, entweder an einer Seite oder an beiden Kanten aufgehängt wird.

Schließlich sei noch das Verfahren des D.R.P. 290575 (1914) von Ch. Weißbach erwähnt, bei dem das Gewebe in Behälter gleichmäßig geschichtet und dann in die Färbeflotte so eingebracht wird, daß die Gewebefalten der Richtung der Einströmung des Bleichbades oder Färbebades entsprechen.

Der Bleichprozeß erstreckt sich in der Praxis hauptsächlich auf die Mischgewebe von Seide mit Baumwolle oder Wolle, während die reine Seide, wie schon oben erwähnt, meist einfach durch Schwefeln gebleicht werden kann. Das Bleichen der Halbseide kann insofern erleichtert werden, als man für helle Färbungen bereits vorgebleichte Baumwollgarne einschlägt und dann das fertige Gewebe nur mehr schwach, gewissermaßen nur mehr die Seide zu bleichen braucht. Als Bleichflotte verwendet man ein Wasserstoffsuperoxydbad, das aus einer Mischung von 10 bis 15 l Wasserstoffsuperoxyd 3proz., 100 l Wasser und 1 l Wasserglas besteht. Vielfach fügt man zur Herstellung eines entsprechenden Alkaliüberschusses noch 1 l Salmiakgeist oder auch 1 l Marseiller Seife hinzu.

In diese kochend gemachte Bleichflotte geht man dann mit dem Gewebe ein und behandelt darin einige Stunden. Bei schmälerer Ware kann man es auch riskieren, über Nacht einzulegen. Dann müssen aber die Gewebe geöffnet sein und dürfen nicht mehr Buchform aufweisen, weil sonst die Ware von den perlenden Sauerstoffblasen nicht gleichmäßig genug durchdrungen wird.

Ist der Bleicheffekt erreicht, dann muß gut gewaschen und schließlich abgesäuert werden. Auch bei den halbseidenen Geweben ist bezüglich des Wasserglaszusatzes große Vorsicht am Platze.

Bei reinseidenen Geweben und namentlich solchen weniger dichter Einstellung bleicht man dagegen mit schwefliger Säure, sowohl in wäßriger Lösung als auch in Gasform. Beim Schwefeln der Stückware ist ebenso wie bei den Strangseiden die erste Erfordernis, daß die Seiden genügend Alkali in Form von Seife enthalten, um unangenehme Fleckenbildungen hintanzuhalten. Die Stücke werden in der Schwefelkammer lose in voller Breite, ähnlich wie beim Trocknen, aufgehängt. Die Ausmaße der Schwefelkammer müssen diesem Umstande natürlich angepaßt sein.

Sollen Seidengewebe aus Tussah oder Schappe gebleicht werden, so geschieht dieses ebenso wie bei Strang mit stärkeren Wasserstoffsuperoxyd- oder Natriumsuperoxydbädern. Bei Tussahseide bleicht man auch durch abwechselndes Behandeln mit Kaliumpermanganat und Natriumbisulfit[1]).

Im übrigen ist der Bleichprozeß der Stückware ein Arbeitsvorgang, der große Vorsicht erfordert, da alle Bleichmittel imstande sind, die Faser anzugreifen. Man hat hier auch unbedingt auf die Einstellung und die Dichte des Gewebes Rücksicht zu nehmen.

Ein Übelstand, der bei Stückware leicht in Erscheinung tritt und zu unangenehmen Zerstörungserscheinungen führen kann, wird veranlaßt durch die beim Zwirnen der stark gedrehten Seiden, also der Crêpes, vielfach beobachtete Verunreinigung des Gespinstes durch Schmieröl bzw. durch Gemenge von Schmieröl mit Metall, das von den Spindeln oder von den Transmissionen auf die Spulen durch Verspritzen gebracht wird. Die Seide ist äußerst empfindlich gegen katalytische Prozesse, welche durch die Gegenwart von Metall bei Bleichprozessen ausgelöst werden. Es sollte daher jeder Ausrüster seine Rohgewebe immer genau daraufhin durchsehen, ob sie nicht derartige Stellen enthalten, welche sich in Form von feinen schwarzen Strichen, namentlich in der Schußrichtung, bemerkbar machen. Die Ursache der strichförmigen Zerstörungen eines Seiden- oder Halbseidengewebes liegt fast stets in Verschmutzungen des Fadens mit Schmieröl und Eisen bzw. Eisenrost.

Wenn ein Gewebe vollständig zerstört ist und nicht gerade der Erschwerungsprozeß unsachgemäß durchgeführt worden ist, so kann man mit Sicherheit annehmen, daß die Ursache im Bleichprozeß zu suchen ist. Hier spielt, wie oben schon erwähnt, das Wasserglas eine sehr große Rolle, indem dasselbe das Gewebe hart und brüchig macht, außerdem aber eine im Bleichbade mögliche katalytische Zersetzung.

4. Das Färben der Stückware.

a) Das Färben der reinseidenen Gewebe. Die Gewebe aus reiner Seide werden in der gleichen Weise gefärbt, wie dies bereits bei der Strangseide beschrieben worden ist. Man färbt also meistens unter Zuhilfenahme von Bastseife in schwach gebrochenem Bad, oder aber auch fett, d. h. im stehenden Seifenbade. Die Auswahl der Farbstoffe ist die gleiche, ob es sich um erschwerte oder unerschwerte Seidengewebe handelt.

Im folgenden soll nur über die Färbung einzelner besonderer Artikel berichtet werden.

---

[1]) Färber-Zg. 1918, S. 30.

Erwähnt werden mag hier zuerst das Färben unentbasteter Rohseidengewebe, welches namentlich bei Regenmäntelstoffen, Futterseiden usw. vielfach beliebt ist.

So berichtet J. Götz[1]) über das Färben unentbasteter Seidenstückware. Das Färben der unentbasteten Seiden bietet den Vorteil, daß einmal der Gewichtsverlust auf ein Mindestmaß zurückgedrängt wird, daß sodann aber auch an Appreturmitteln bei der Schlußausrüstung gespart werden kann. Die Stücke werden zuerst gesengt und dann mit einem schwachen, lauwarmen Bad von Seife, Soda oder Ammoniak gereinigt, wodurch der Bast nur unwesentlich erweicht wird. Um die für Mantelstoffe beliebten Farbtöne (grau, rehbraun, dunkelbraun, dunkelblau, dunkelgrün und violett) von genügender Licht-, Wasser-, Reib- und Bügelechtheit zu erzielen, färbt man mit den echtesten substantiven Farbstoffen, z. B. mit Alphanolfarbstoffen, besonders für Marine und Dunkelbraun. Für Futterseiden, Kleider- oder Unterkleiderstoffe usw., für die auch hellere und leuchtendere Farbtöne in Frage kommen, färbt man außer mit substantiven auch mit Säurefarbstoffen unter Berücksichtigung der größtmöglichsten Tragechtheit.

Über denselben Gegenstand veröffentlicht auch A. Busch[2]) längere Ausführungen. Die Stoffe werden gesengt und mit Ammoniak oder Soda gewaschen. Die Regenmäntelstoffe werden mit substantiven Farbstoffen unter Zusatz von 10% Glaubersalz und allmählicher Zugabe von 3 bis 10% Essigsäure gefärbt, die Futterseiden- und Kleiderstoffe dagegen mit Säurefarbstoffen. Man färbt mit 1 bis 2% Ameisensäure an und gibt nach einhalbstündigem Kochen noch ebensoviel Säure nach. Bei Geweben von Grègekette und Schappeschuß fällt die Kette allerdings dunkler im Farbton aus, was jedoch im Gewebe weniger in Erscheinung tritt. Bei Verwendung basischer Farbstoffe ist diese Verschiedenheit im Farbton allerdings geringer, dafür gilt aber das gleiche auch von der Echtheit.

Bei sehr hellen Tönen bleicht man wie üblich, d. h. man seift bei 30 bis 35° C mit 10% Seife und schwefelt in der Schwefelkammer mit Bisulfit. Auch wird ein Bleichbad von Königswasser empfohlen, etwa 2½° Bé stark, kalt, während fünf bis zehn Minuten bis zur genügenden Bleiche. Dann wird gut gespült und mit schwefliger Säure oder mit Wasserstoffsuperoxyd nachgebleicht.

Nettelhorst[3]) berichtet über die Ausrüstung reinseidener Mantelstoffe folgendes:

Man unterscheidet Gewebe aus Schappekette und Schappeschuß oder Grègekette und Schappeschuß. In beiden Fällen muß tadellos gesengt werden, am besten auf Gassengmaschinen mit Rücklauf und Aufwicklung. Man gibt so viel Züge rechts, bis das Gewebe ganz rein und glatt erscheint, links wird ein- bis zweimal weniger gesengt. Beim Sengen auf Platte ist Kupfer Eisen vorzuziehen, da bei letzterem leicht Beschädigungen eintreten können. Man bäumt auf großen Holztrommeln auf und gibt auf der Platte zwei Züge rechts, einen Zug links. Das Abkochen der Schappeware geschieht auf der Abkochmaschine oder dem Stern mit Soda allein oder unter Zusatz von Marseiller Seife. Anschließend wird auf dem Jigger mit heißem Wasser gespült und warm mit Schwefelsäure abgesäuert. Oder man entbastet auf der Breitenbastungsmaschine in einem Durchgange mit sehr verdünnter Natronlauge unter Zusatz von Türkischrotöl oder Glyzerin, spült in kaltem Wasser und säuert warm mit Schwefelsäure ab. In beiden Fällen wird nach dem Absäuern gut gewaschen. Bei Geweben aus Grègeschappe wird meistens nicht entbastet, sondern auf dem Jigger mit Salmiakgeist warm genetzt

[1]) Götz, J.: Färber-Zg. 1917, H. 23 u. 24.
[2]) Busch, A.: Z. ges. Textilind. 1920, S. 366.
[3]) Nettelhorst: Textilber. 1923, S. 178.

und leicht gespült oder mit Soda leicht behandelt und gut gewaschen. Man erzielt dadurch Ware von gutem, festen Griff und changeantartigem, glasigen Aussehen, da sich die bastreichere Kette dunkler anfärbt als der Schappeschuß. Nach dem Entbasten wird wasser-, licht- und schweißecht gefärbt. Verfasser gibt eine Reihe von Vorschriften für die üblichsten Farbtöne, namentlich unter Verwendung von Alphanol- und Sulfonfarbstoffen. Die Ware wird auf dem Jigger unter Zusatz von Ammonazetat gefärbt, bei einer Anfangstemperatur von 60° und Zusatz von Essigsäure bis zur Kochtemperatur. Nach dem Färben wird sehr gut gespült, mit Marseiller Seife bei 60 bis 80° C geseift, warm gewaschen, mit Schwefelsäure bei 45 bis 50° abgesäuert, nochmals gut gespült, auf der Absaugemaschine entwässert und am Kluppenspannrahmen in voller Breite getrocknet. Darauf folgt dann die Imprägnierung mit ameisensaurer Tonerde.

Über das Färben von Seidenchiffon wird wie folgt[1]) berichtet: Seidenchiffon wird meistenteils aus Rohseide hergestellt, so daß er zur Entfernung des Seidenleims zunächst gekocht werden muß. Hieran schließen sich zwei aufeinanderfolgende Behandlungen, zunächst im Seifenbad mit 30 bis 35% Seifengehalt und nicht über 60°C warm, und dann unmittelbar das Waschen in klarem Wasser. Zwecks schonendster Behandlung des sehr empfindlichen Chiffons hat es sich als sehr zweckmäßig erwiesen, den Chiffon auf ein Gestell nach Art eines Garnhaspels so in breit gespanntem Zustande aufzuwickeln, daß zwischen den einzelnen Stofflagen genügend Raum bleibt, um sicheren Zutritt der Seifenlösung, des Spülwassers und später des Farbstoffes oder sonstiger Behandlungsflüssigkeiten zu gewährleisten. Als Farbstoff kommen vor allem direkte und saure Farbstoffe in Frage, während basische Farbstoffe nur für minderwertige Stoffe Verwendung finden. Nach dem Färben wird der Stoff von dem Haspel abgewickelt und einer Breitspannmaschine zugeführt.

Über das Färben von rohseidenen Geweben aus Tussah, die übrigens durchwegs nicht erschwert werden, berichtet Sanner[2]) wie folgt:

Das Tussahgewebe wird in einem kochenden Bade mit 5% Soda und 2% Schmierseife behandelt, in dem fünfmal umgezogen wird. Nach dem Aufwerfen und nochmaligen Kochendmachen des Bades wird wieder vier-, fünfmal umgezogen, von diesem Bad geht man, ohne zu spülen, auf ein kochendes Bad von 15% Marseiller Seife und läßt hierauf noch eine Stunde unter häufigerem Umziehen gehen. Nach dem Zentrifugieren geht man mit der Ware auf das Bleich- oder Färbebad. Gefärbt wird sauer mit Säurefarbstoffen, am besten im kochenden Bastseifenbad, dem man allmählich in kleineren Mengen die Säure beigibt.

Nach einer anderen Literaturangabe[3]) läßt man die Tussah erst durch ein lauwarmes, dann durch ein heißes 80 bis 90°C 8proz. Sodabad gehen, nachdem man vorher die Seide mit 50° warmem Wasser gut durchnetzt hat. Danach wird gut auf heißem Wasser gespült, und jetzt kocht man eine Stunde in einer heißen Seifenlösung, die 25% Seife vom Gewicht der Seide enthält, evtl. mit einmaligem Warmmachen. Darauf wird gut gespült und mit Salzsäure 30 bis 35° warm abgesäuert, oder man geht nach dem Spülen direkt in das Bleichbad bzw. Färbebad.

Was die Form des Färbens anbelangt, so ist im allgemeinen zu bemerken, daß die breiten Gewebe entweder breit gehalten oder auch schlauchförmig gefärbt werden, dagegen weniger in Buchform, wenn es sich nicht gerade um Verfahren handelt, wo diese Buchform Vorbedingung ist. Bei schmalen Geweben,

---

[1]) Textil-Manufacturer 1925, S. 171.
[2]) Sanner: Textilber. 1924, S. 697.
[3]) Textilberichte 1924, S. 697.

wie Bändern, färbt man meistens so wie bei Strangseide auf Stöcken, und zwar nachdem man die genähten Stellen entfernt hat.

b) Das Färben von Geweben aus Seide und Baumwolle. Die halbseidenen Gewebe, die durchweg aus Grègekette und Baumwollschuß bestehen, werden meistens im gespannten Zustande, also auf dem Stern, abgekocht, nachdem sie vorher gesengt worden sind. Je größer die Spannung, um so besser fällt der Glanz der Ware aus. Man kocht mit Seifenbädern ab, die 10 bis 20 g Seife im Liter enthalten, vielfach wird auch ein Zusatz von 2½ bis 5% Soda gemacht und demgemäß an Seife gekürzt. Nach dem Entbasten wird, wie oben bereits bei den seidenen Geweben beschrieben, gewaschen und zwar entweder auf der Breitwaschmaschine oder auf Strangwaschmaschinen, anfangs mit lauwarmem, dann mit kaltem Wasser.

Wie bei allen Geweben, die aus einer Mischung verschiedener Fasern entstanden sind, kann man, um das Gewebe in einem Ton zu färben, mit einer Farbflotte nur dann sein Ziel erreichen, wenn entweder Farbstoffe ausgewählt werden, welche Baumwolle und Seide ziemlich gleichmäßig färben — wie die substantiven Farbstoffe, so daß man nur nötig hat, etwas nachzutönen — oder eine der Fasern, am besten die Baumwolle, muß vorgefärbt sein. Im letzteren Falle muß die Baumwollfärbung aber von solch einer Echtheit sein, daß sie das erforderliche Sengen, Abkochen und Bleichen auszuhalten vermag.

Ebensogut kann man aber auch, wie der technische Ausdruck lautet, zweibadig färben, also mit zwei Farbflotten, indem man erst die eine und dann die andere Faser färbt.

Hierbei spielt natürlich die Auswahl der Farbstoffe in erster Linie eine Rolle, sodann aber auch die Möglichkeit, die eine der Fasern durch besondere Behandlungsweise entsprechend zu reservieren. Diese letztere Arbeitsweise ist natürlich unbedingt erforderlich, sobald es sich um die Erzielung eines ausgesprochenen zweifarbigen Effektes handelt, wie er bei gestreifter Ware und bei den Changeants, den in zwei Farben schillernden Geweben, in Erscheinung tritt.

Die Uni-Färbungen, Gewebe mit einheitlichem Farbton, können, wie oben erwähnt, einbadig und mehrbadig gefärbt werden. Erwähnt mag hier gleich werden, daß man guttut, bei Uni-Färbungen die Baumwolle im Farbton etwas dunkler zu halten.

Als Farbstoffe kommen in Betracht: basische, saure, substantive, Beizen-, Entwicklungs-, Schwefel- und Küpenfarbstoffe. Die hauptsächlichsten der in der Praxis verwendeten sind die substantiven, sauren und basischen Farbstoffe. Die Auswahl muß natürlich der Erfahrung des betreffenden Färbers überlassen bleiben. Die Färbeweise ist kurz folgende:

Färben mit substantiven Farbstoffen. Man färbt unter Zusatz von 20 bis 50 g Glaubersalz und 2 bis 5 g Seife oder 0,5 bis 1 g kalzinierter Soda pro Liter Flotte, kochend heiß, spült gut und aviviert mit den für Strangseide üblichen Säuren und Öl. Sollte ein Nachtönen erforderlich sein, so geschieht dieses mit sauren oder basischen Farbstoffen. Die Auswahl des substantiven Farbstoffes ist hierbei aber sehr wichtig, da es in dieser Gruppe auch Farbstoffe gibt, die Seide und Baumwolle vollkommen verschieden anfärben, so daß sich hiermit auch mehrfarbige Effekte erzielen lassen.

Färben mit sauren und basischen Farbstoffen. Man färbt zuerst mit sauren oder basischen Farbstoffen vor, unter Zugabe von organischen Säuren. Dann wird die Baumwolle in der Kälte mit Tannin und Brechweinstein oder mit Katanol Bayer gebeizt und jetzt mit basischen Farbstoffen unter Zusatz von Essigsäure ausgefärbt. Man kann auch die Baumwolle mit solchen substantiven Farbstoffen nachfärben, die Seide nicht oder nur wenig färben.

Nach Georg Rudolph[1]) handelt es sich bei dieser Art Färbung um halbseidene Schirmstoffe, deren buntfarbige Kanten aus Naturseide oder Azetatseide bestehen.

Naturgemäß müssen die Kanten aus Seide hergestellt werden, die bereits im Strang gefärbt wurde und die durch besondere Behandlung für die Aufnahme weiterer Farbstoffe unempfänglich gemacht werden. Zu diesem Zweck werden die Färbungen auf entbasteter Seide mit Indanthren-Farbstoffen oder auch mit chromgebeizten Färbungen hergestellt. Dann werden diese gefärbten Seiden in ähnlicher Weise reserviert, wie allgemein üblich, nämlich unter Verwendung von Katanol W. Im übrigen ist auf die Originalarbeit zu verweisen, die über die genaue Färbemethode namentlich auch dann, wenn die Seide nicht vorgefärbt wird, sondern erst im Stück entbastet wird, Aufschluß gibt.

Über das Färben von Halbseide mit Siriusfarbstoffen berichtet P. Rabe[2]). Da die Echtheit dieser Färbungen eine sehr gute ist, sei das Studium der Originalarbeit empfohlen.

Über die Neolanfarbstoffe, d. h. Chromverbindungen der Orthooxyazofarbstoffe in bezug auf ihre Eignung in der Seidenfärberei und -druckerei berichtet H. Bernhard[3]).

Färben von zweifarbigen Effekten. Soll die Baumwolle weiß bleiben, so färbt man mit Säurefarbstoffen, die die Baumwolle nicht anfärben. Soll umgekehrt die Seide farblos bleiben, so färbt man mit substantiven Farbstoffen, die die Seide nicht angreifen. Schließlich kann man auch die Seide nach verschiedenen Verfahren reservieren.

Sollte die Weißfärbung nicht rein sein, so hilft man sich durch Behandeln mit schwacher Hypochloritlauge oder schwaches Bleichen mit Wasserstoffsuperoxyd. Durch entsprechendes Überfärben der weiß gebliebenen Faser kann man auch Changeanteffekte erzeugen.

Schwarzfärben von Halbseide geschieht durchweg mit Anilinschwarz. Bei größerem Gehalt an Seide dagegen zieht man die substantiven Farbstoffe vor, manchmal auch die Azotierungsfarbstoffe.

Zur Erzeugung von waschechtem Schwarz auf Halbseide wird[4]) Thiogenschwarz MM. extra stark empfohlen. Der Farbstoff wird mit Soda angeteigt und in das auf 60° C erwärmte Bad gegeben. Darauf wird Hydrosulfit zugegeben und nach $^1/_4$ Std. Stehenlassen dann gefärbt. Zum Schutz der Seide wird etwas Protectol Agfa IV zugesetzt. Nach dem Färben wird mit Schwefelsäure abgesäuert und nach vollständiger Verküpung gespült und geseift. Die Färbung ist gut licht- und waschecht.

Nach einer Mitteilung von L. Böhler[5]) kann man mehrfarbige Effekte auf Halbseidengewebe auch in der Weise herstellen, daß man der Farbflotte pro Liter etwa 20 g Leim zusetzt, wodurch die Aufnahmefähigkeit der Seide für Farbstoffe vermindert wird. Namentlich sollen sich diese Verfahren bei schwarz und weiß gefärbten Geweben bewährt haben.

In einem ausführlichen Artikel[6]) wird über die Herstellung von zweifarbigen Effekten bei Halbseide folgendes ausgeführt:

Soll die Baumwolle weiß bleiben, dann ist die Seide im sauren Bade vorzufärben, und zwar färbt man, bei 50° C eingehend, unter Zusatz von Ameisensäure und steigert die Temperatur bis zum Kochen. Nach dem Spülen wird ge-

---

1) Rudolph, G.: Das Färben von Schirmstoffen. Die Kunstseide 1927, S. 316.
2) Rabe, P.: Mell. T. B. 1927, S. 693.
3) Bernhard, H.: Mell. T. B. 1927, S. 699.
4) Kunstseide 1927, S. 542.
5) Böhler, L.: Dt. Färber-Zg. 1902, S. 109.
6) Z. ges. Textilind. 1925, S. 9 u. 54.

chlort, und zwar 10 Minuten kalt mit einer Chlorlauge, die 0,5° Bé stark eingestellt ist, man säuert anschließend mit 2% Salzsäure ab und spült. Will man zwei Farbtöne in farbig erzielen, dann färbt man die Seide sauer vor und die Baumwolle mit substantiven Farbstoffen nach. Um ein Überfärben auf die Seide zu verhüten, ist zu empfehlen, die Seide nach der Färbung mit Tannin-Brechweinstein in üblicher Weise nachzubehandeln. Bequemer ist das Reservieren der Seide mit Katanol W, das man direkt dem Farbbade für die Baumwolle beifügen kann.

Ebensogut kann man natürlich auch umgekehrt arbeiten, daß erst die Baumwolle unter Reservieren der Seide gefärbt wird. Schließlich werden auch noch die Schwefelfarbstoffe besonders für Schwarz-Weiß-Artikel verwendet. Auch hierfür werden besondere Vorschriften erwähnt. Bezüglich der Einzelheiten ist das Studium der Originalarbeit zu empfehlen.

Georg Rudolph[1]) empfiehlt zum Reservieren der Seide in Halbseidengeweben die Verwendung von Katanol W. Um die Seide weiß zu erhalten, läßt er die Ware vor dem Färben eine Stunde bei 70 bis 90° C in einem Bade mit 8 bis 10% Katanol und 3 bis 4% Ameisensäure behandeln, dann spülen und ausfärben unter Zusatz von Glaubersalz bei 70 bis 80° C. Auch zur Erzielung von Zweifarbeneffekten auf Halbseide verwendet er dieses Präparat, indem er die Seide mit sauren Farbstoffen vorfärbt und dann die Baumwolle mit entsprechenden substantiven Farbstoffen unter Beigabe von 3 bis 4% Katanol ausfärbt.

D.R.P. 423602/1924 beschreibt ein Verfahren zur Herstellung von Effektfäden, das sich darauf gründet, daß die Seide durch Behandeln mit Gerbstoffen in Verbindung mit Zinnsalzen unter Verwendung von Formaldehyd bzw. Ameisensäure reserviert wird.

Bezüglich des Färbens von Halbseide mit Schwefelfarbstoffen sei erwähnt[2]), daß man, um die Seide weiß in ihrer ursprünglichen Farbe zu erhalten, auf einem Schwefelfarbstoffbad färbt, dem zum Schutz der Seide gegen die Einwirkung des Schwefelalkalis nicht nur Glykose, sondern auch Kasein zugesetzt werden kann, und zwar auf 100 l Flotte 20 bis 30 kg Kasein gelöst mittels Ammoniak.

Nach einem Verfahren von Casella färbt man mit Schwefelfarbstoffen zweifarbige Effekte auf Halbseide, indem man dem Farbbade Leim zusetzt. Man geht mit der Ware bei 40° C ein und erhitzt bis zum Sieden. Darauf wird mit kaltem Wasser gespült und die weiß gebliebene Seide mit sauren Farbstoffen beliebig gefärbt.

Das D.R.P. 212951 (1908) der Farbwerke Mülheim vorm. A. Leonhard & Co. beschäftigt sich mit dem Reservieren von Seide in halbseidenen Geweben beim Färben mit Schwefelfarbstoffen. Es wird das Schlichte- und Appreturmittel „Protamol“ verwandt, welches vor der Verwendung von Dextrin[3]) oder Leim[4]) den Vorteil bietet, daß das Ansatzbad mit Protamol eine größere Beständigkeit aufweist und außerdem keine so genaue Einhaltung bestimmter Temperaturen erfordert, wie die anderen erwähnten.

Das D.R.P. Anmeldung 37675 des Farbwerkes Mülheim betrifft ein Verfahren, die Seide in halbseidenen Geweben beim Färben mit Schwefelschwarz gegen die Einwirkung des Schwefelalkalis zu schützen, indem dem Färbebade alkalilösliche natürliche oder künstliche Harze zugesetzt werden. Es soll dieses Verfahren vor den bekannten mit Leim, Gelatine oder Protamol gewisse Vorzüge aufweisen, namentlich bezüglich der Tiefe des Farbtones.

[1]) Rudolph, Georg: Dt. Färber-Zg. 1925, S. 107.
[2]) Sch, Dr. R.: Dt. Färber-Zg. 1922, S. 11.
[3]) D.R.P. 145877. [4]) D.R.P. 138621.

Nach Dr. Culp[1]) werden halbseidene Bänder gesengt und dann abgekocht, und zwar zwei bis drei Stunden in einem Bade mit 7 bis 8% Seife und 2 bis 3% kalzinierter Soda. Nach der Entbastung wird sehr gut gespült und dann gefärbt, je nach der Breite des Bandes, entweder auf Haspeln oder auf Stöcken. Die halbseidenen Bänder erfordern zwei Färbeweisen, da die Baumwolle sich durchweg dunkler färbt. Zunächst wird grundiert mit 2 bis 3% kalzinierter Soda, 5% Marseiller Seife, 20 bis 30% Glaubersalz und dem entsprechenden Farbstoff, meistens substantiven Farbstoffen, die beide Fasern im gleichen Ton anfärben oder auch mit schwach sauren Farbstoffen, die die Seide abdunkeln. Nach dem Grundierbad wird sehr gut gespült und dann auf dem Avivierbad mit Essigsäure und basischen Farbstoffen fertig gefärbt. Bei ganz klaren Färbungen färbt man abweichend, indem die Seide zuerst mit basischen Farbstoffen vorgefärbt wird. Darauf wird das Band mit Tannin-Brechweinstein behandelt und nunmehr die gebeizte Baumwolle mit basischen Farbstoffen ausgefärbt.

Zum Schluß sei noch einer Abhandlung über das Schwarzfärben von halbseidenen Geweben von Schweitzer[2]) gedacht.

Während man früher unter größten Schwierigkeiten nach dem alten Katechuverfahren schwarz färbte, da die Seide bereits längst bronzig überfärbt war, bevor die Baumwolle gedeckt war, ist dieses heute leichter geworden, seitdem man mit substantiven Baumwollfarbstoffen nach dem Einbadverfahren direkt färben kann. Hierhin gehören Diamantechtschwarz Casella und Benzoechtschwarz Bayer. Wo aber Echtheiten in Frage kommen, sei es nun Schweiß-, Wasser-, Wasch- und Bügelechtheit, ist das Diazotierungsschwarz vorzuziehen, wie z. B. Diaminogen B, Casella, Diazobrillantschwarz B, Bayer, Zambesischwarz D von Agfa Berlin.

Für ersteres Verfahren gibt er folgende Vorschrift: Man färbt mit 10% Diaminechtschwarz GO und nuanciert mit etwas Formylblau in möglichst kurzem Bade unter Zusatz von 15 g Glaubersalz per Liter Flotte eine Stunde bei 95°, spült und aviviert.

Für die zweiten Verfahren gilt folgende Vorschrift: Man färbt mit 10% Diaminogen B, 0,7% Diamingrau B, 3,5% Neutralwollschwarz G in kurzem Bade unter Zusatz von 3 bis 5% Essigsäure, 6° Bé, und 20 g Glaubersalz pro Liter Flotte eine Stunde bei nahezu Kochtemperatur. Darauf wird gut gespült und eine Viertelstunde kalt in einem Bade mit 3% Natriumnitrit und 9% Salzsäure behandelt, wieder gut gespült und 20 Minuten mit 0,8% Diaminpulver CS und 0,2% Soda kalt behandelt, nochmals gut gespült und nachher geseift. Alle Prozentzahlen beziehen sich auf das Gewicht des Gewebes.

Auch bei Anwendung von Naphthylamin oder Säureschwarz erhält man ein gutes Schwarz auf Seide. Man färbt auf mit Schwefelsäure oder Essigsäure gebrochenem Bastseifenbade mit 10 bis 12% Naphthylaminschwarz 4 B und 0,25 bis 0,5% Indischgelb G, indem man bei 40° eingeht und langsam auf Kochtemperatur treibt und das Bad durch langsames Nachsetzen der etwa 2 bis 4% Schwefelsäure erschöpft, dann spülen und avivieren. Für besondere Echtheiten diazotiert man, wie oben für Halbseide ausgeführt.

c) Das Färben von Geweben aus Seide und Wolle. Zu den Wollseiden zählt man Gewebe aus Wolle und Seide, die unter dem Namen Gloria, Eolienne, Bengaline, Popeline, Kaschmir, Bombasin usw. sich im Handel befinden. Die Ausrüstung dieser Gewebe ist, was die Vorbehandlung anbelangt, ähnlich wie die der Halbseide. Nachdem die Gewebe nötigenfalls gesengt worden sind, werden sie, um eine Verfilzung der Wolle hintanzuhalten, „gekrabbt", d.h. sie

---

[1]) Culp, Dr.: Textilber. 1923, S. 234. [2]) Schweitzer: Färber-Zg. 1915, S. 63.

werden zuerst mit heißem Wasser behandelt, dann abgequetscht und dann wieder mit kaltem Wasser gereinigt. Es geschieht dieses meistens auf der Krabbmaschine, die von verschiedenen Fabriken geliefert werden. Die untenstehende Abbildung zeigt eine solche Maschine von der Zittauer Maschinenfabrik.

Hierauf werden die Wollseiden abgekocht, jedoch höchstens bei 80° C, da die Wolle gegen Alkali sehr empfindlich ist. Außerdem nimmt man die Seifenbäder nicht zu stark. Daran anschließend wird mit Weichwasser gespült und manchmal noch gedämpft.

Im übrigen wird, was Reinigen und Bleichen anbelangt, ebenso verfahren wie bei der Halbseide. Es wird also mit Wasserstoffsuperoxyd und vielfach auch mit schwefliger Säure in Gasform oder in wäßriger Lösung behandelt. Bei der Vorbehandlung wird außer dem Sengen auch vielfach noch geschoren oder gebürstet. Bei Wollseiden, die mit Schappe oder entbasteter Organzin hergestellt worden sind,

Abb. 257. Krabbmaschine der Zittauer Maschinenfabrik A.-G., Zittau.

wird nach dem Sengen und Krabben nur mit dünner Seifenlösung mit geringem Ammoniak- oder Sodazusatz bei 60 bis 70° C behandelt und dann rein gewaschen.

Das eigentliche Färben der Wollseide kann ebenso wie dasjenige der Halbseide einfarbig oder mehrfarbig geschehen, wobei allerdings zu berücksichtigen ist, daß Wolle und Seide als tierische Faser bezüglich ihrer Färbeeigenschaften große Übereinstimmung aufweisen und daher Zweifarbeneffekte in derartigen Geweben schwierig zu färben sind.

Am geeignetsten ist daher das Mehrbadverfahren, wobei zuerst die Wollfaser und dann die Seide gefärbt wird, doch können auch im Einbadverfahren bestimmte, allerdings nicht gleich scharfe Farbkontraste erzielt werden.

Von Farbstoffen kommen besonders die sauren, substantiven und Beizenfarbstoffe in Frage. Bei hellen Farbtönen färbt man auch mit einzelnen basischen Farbstoffen im Seifenbade, z. B. Rhodamin und Fuchsin für Rosa.

Über das Färben und Behandeln gemischtseidener Stoffe, besonders Seide und Wolle, berichtet Ch. Hodbamont[1]). Außer der Arbeitsweise selbst wird von dem Verfasser auf die üblichen Fehler und auf ihre Vermeidung eingegangen.

[1]) Hodbamont, Ch.: Ind. Text. 1926, S. 475.

Reginald Brown[1]) hat beim Färben von Wollseiden durch Versuche festgestellt, in welcher Weise sich durch Wechsel in der Temperatur oder Farbstoffmenge eine gleichmäßige Färbung des Gewebes mit Säurefarbstoffen erzielen läßt. Ferner gibt er eine Übersicht über diejenigen Säurefarbstoffe, welche Seide und Wolle je nach Temperatur verschieden färben, bzw. über die Möglichkeiten, hiermit Zweifarbeneffekte zu erzeugen.

Dr. E. Reisse[2]) entgegnet auf diese Arbeit Browns und nimmt die Priorität hierfür in Anspruch. Er verweist auf seine 1895 in der Färberzeitung, Heft 21, erschienene Originalarbeit. Hier hat er über die Färbung der Wollseiden, deren Ausrüstung als stückgefärbte Ware etwa 1890 aufgekommen ist, ausführlich berichtet und nachgewiesen, daß die Säurefarbstoffe in bezug auf Färbung der Wollseiden in drei Gruppen zerfallen, nämlich solche, welche nur die Wolle färben, die Seide dagegen nicht oder nur gering, dann solche, die beide Fasern gleichmäßig färben, und schließlich solche, die Seide intensiv, dagegen Wolle nur schwach färben.

Die gebräuchlichsten Färbemethoden sind folgende:

Das Färben mit sauren Farbstoffen. Man färbt warm bis kochend unter Zusatz von Glaubersalz und Bisulfat oder Schwefelsäure. Hierbei ist zu beachten, daß der Farbstoff bei niedriger Temperatur und größerem Säurezusatz stärker auf die Seide zieht, während umgekehrt sich die Wolle bei stärkerem Erhitzen der Flotte und geringerem Säuregehalt stärker anfärbt. Man hat es demgemäß durch nachträgliches Verstärken des Säuregehaltes und Erhöhung der Temperatur in der Hand, das Anfärben beider Fasern in ein richtiges Verhältnis zu bringen.

Das Färben mit substantiven Farbstoffen. Man färbt heiß unter Zusatz von 20 g Glaubersalz pro Liter Flotte. Die Färbungen sind gleichmäßig und verhältnismäßig echt.

Das Färben mit Beizenfarbstoffen. Man beizt die Seide kalt mit Chromchlorid und die Wolle heiß mit Kaliumchromat und färbt dann das so vorgebeizte Gewebe unter allmählicher Steigerung der Temperatur der Färbebäder bis zum Kochen aus. Oder man färbt zuerst im angesäuerten Farbbade vor und fixiert dann mit Chrombeize.

Das Schwarzfärben. Die Schwarzfärbung geschieht am besten mit Blauholzextrakt auf dem vorgebeizten Gewebe. Die Seide wird, wie Strangseide, mit salpetersaurem Eisen gebeizt und dann durch Abbrennen mit heißem Wasser oder Ammoniak das Eisenhydroxyd fixiert. Die Wolle dagegen wird heiß mit Kaliumchromat gebeizt. Nach gutem Waschen wird mit Blauholzextrakt und Seife ausgefärbt. Färbungen mit Anilinschwarz sind nicht beliebt, da die tierische Faser bei dieser Färbung leicht angegriffen wird.

Das Färben von Zweifarbeneffekten. Diese vielfach sehr schwierigen Färbungen erzielt man durch heißes Färben mit solchen Säurefarbstoffen, die die Seide nicht oder nur schwach anfärben. Nach gutem Spülen wird die Seide nachgefärbt, entweder mit solchen Säurefarbstoffen, die umgekehrt Seide und nicht die Wolle färben, oder auch mit basischen Farbstoffen im sauren Bade. Das Nachfärben geschieht unter langsamer Temperaturerhöhung. Man kann aber auch so färben, daß man die Wolle kochend heiß färbt und beim Abkühlen der Flotte durch Zusatz der betreffenden sauren oder basischen Farbstoffe die Seide. Auch hier gilt wieder das, was unter dem Abschnitt über das Färben mit Säurefarbstoffen bezüglich Temperatur und Säurekonzentration ausgeführt

---

[1]) Brown, Reginald: Journ. of Soc. of chem. Ind. 1901, S. 226.

[2]) Reisse, Dr. E.: Färber-Zg. 1901, S. 198.

wurde. Ist die Seide zu stark angefärbt, war also zuviel Säure im Färbebade, dann muß der Farbstoff von der Seide durch Behandeln mit Seife oder oxalsaurem Ammonium oder Heraldit usw. abgezogen werden.

Sehr ausführlich berichtet über das Färben von Wollseiden Dr. A. Foulon[1]). Er führt aus, daß die Gewebe in üblicher Weise mit Seife in den entsprechenden Apparaten abgekocht werden, vielfach, nachdem man sie vorher durch ein dünnes Salzsäurebad hat laufen lassen. Nach dem Abkochen werden sie in dünner Sodalösung gespült und anschließend in reinem Wasser. Die beiden Bestandteile der Wollseiden färben sich meistens mit den gleichen Farbstoffen, nur daß die Seide vielfach etwas heller ausfällt. In diesem Falle ist man genötigt, durch nochmalige Zugabe von frischem Farbstoff die Seide dunkler zu färben. Es gibt jedoch auch Farbstoffe, die eine verschiedene Verwandtschaft zu den beiden Fasern besitzen, gegebenenfalls überhaupt nur die eine von ihnen anfärben. Man kann mithin, je nach Auswahl des Farbstoffes, die Wollseiden einfarbig oder gemischtfarbig färben. Als Farbstoffe kommen in Betracht: die basischen, sauren und substantiven Farbstoffe. Da die Wolle besonders mit Säurefarbstoffen gefärbt wird, kann man mit dieser Farbstoffgruppe am besten Uni-Färbungen erzielen.

Bei Mehrfarbeneffekten zieht man dagegen saure Farbstoffe für die Wolle vor, die die Seide nicht oder nur wenig anfärben, und färbt dann die Seide mit basischen Farbstoffen aus. Verfasser gibt eine Reihe von Vorschriften für die Herstellung sowohl einfarbiger wie mehrfarbiger Wollseiden. Es kann hier auf Einzelheiten dieser sehr ausführlichen Arbeit nicht näher eingegangen werden.

Nettelhorst[2]) berichtet eingehend über das Färben und Appretieren von Gloriaseide. Da diese Gewebe zum Teil mit Organzin, zum Teil mit Grège hergestellt werden, hat man bei der Ausrüstung zu beachten, daß erstere bereits im Strang vor dem Verweben abgekochte Seide enthalten, während die grègehaltigen Gewebe zuerst abgekocht werden müssen. Es wird dann die Vorbehandlung der Gewebe auf der Krabbmaschine (nicht zu stramm aufwickeln, da sonst leicht Moirébildung), ferner das Dämpfen, Sengen und nun gegebenenfalls das Abkochen auf dem Stern beschrieben. Es wird das Abkochen auf dem Stern empfohlen, da das Abkochen auf dem Jigger, der Purgier- oder Breitabkochmaschine stets Anlaß von Faltenbildung ist. Anschließend wird eine Reihe von Färbevorschriften gegeben.

Über die Zweifarbeneffekte bei Wollseide berichtet ein ausführlicher Artikel[3]). Nach diesen Ausführungen bedarf es keiner Vorbehandlung im Strang, sondern man ist in der Lage, entsprechend der Auswahl der Farbstoffe derartige Stückware sehr gut zweifarbig auszurüsten. Z. B. läßt sich dieses leicht bei den Farbzusammenstellungen erzielen, bei denen die Seide weiß gelassen wird. Man färbt stark sauer und verdünnt mit solchen Säurefarbstoffen, die Seide nicht anfärben, und zwar geht man kochend heiß ein und hält die Flotte während des Färbens bei Kochtemperatur. Wenn es sich um andere Farbtonzusammenstellungen handelt, bei denen auch die Seide gefärbt werden soll, dann verfährt man wie oben, spült und färbt die Seide kalt mit basischen Farbstoffen nach. Man kann auch mit sauren Wollfarbstoffen arbeiten, wenn man solche auswählt, welche imstande sind, die Seide bei einer Temperatur von 30 bis 35 °C zu färben. Ferner kann man die Seide auch mit substantiven Farbstoffen nachdecken.

---

[1]) Foulon, Dr. A.: Z. ges. Textilind. 1925, S. 531.
[2]) Nettelhorst: Melliands Textilber. 1921, S. 358.
[3]) Z. ges. Textilind. 1925, S. 9 und 54.

Jedenfalls unterscheidet sich die Färbung der Wollseide gegenüber der Halbseide im wesentlichen dadurch, daß ein Reservieren der einen Faser, wie bei Halbseide üblich, hier nicht in Frage kommt.

In demselben Artikel wird auch das Färben von Geweben aus Halbwolle mit Seide behandelt. Hier lassen sich außer Zweifarben- auch Dreifarbeneffekte erzielen, insofern als Seide und Wolle, wie bereits ausgeführt wurde, sich trotz ihrer chemischen Verwandtschaft verschieden färben lassen. Man färbt also entweder die Baumwolle vor oder die Wollseide.

Unter den Mischgeweben, an denen Seide beteiligt ist, kommen dann noch diejenigen hinzu, welche mit Kunstseide verwebt worden sind. Besonders in der Neuzeit haben diese Gewebe ja eine nicht unwesentliche Bedeutung für den Ausrüster erlangt. Die Vorbehandlung ist im großen und ganzen die gleiche, wie dieses bei den anderen Mischgeweben bereits ausgeführt wurde, zu bemerken ist aber, daß das Sengen bei Gegenwart von Kunstseide nach Möglichkeit vermieden wird und man eine etwaige Reinigung des Gewebes mittels Schermaschinen oder Bürsten vorzieht. Das Färben geschieht in ähnlicher Weise wie dasjenige der Halbseide, jedoch ist zu beachten, daß die Kunstseide im nassen Zustand gegen mechanische Beanspruchung sehr empfindlich ist. Besonders hat man beim Bleichen, das durchweg mit Chlor geschieht, große Vorsicht walten zu lassen, da die Seide ja äußerst empfindlich gegen eine derartige Bleiche ist. Das Färben dieser Gewebe ist übrigens der Gegenstand verschiedener Patente gewesen, von denen im folgenden zwei Erwähnung finden mögen.

Nach einem franz. Patent 305261 (1903) ist der Manufacture Lyonaise des Matières colorants ein Verfahren zum Färben von Wolle oder Seide mit Kunstseide geschützt, dadurch gekennzeichnet, daß man mit sauren oder basischen Farbstoffen in sauren oder alkalischen Bädern unter Zusatz von Essigsäure, Oxalsäure oder Natriumbisulfat färbt.

Ebenso schützt das franz. Patent 569488 (1922) der Chemischen Gesellschaft des Usines du Rhone ein Verfahren zum Entschlichten und zum Entbasten von gemischten Geweben aus Azetatseide mit echter Rohseide. Nach der Erfindung läßt sich dieses dadurch erreichen, daß man die Waren in nur warmen Seifenbädern behandelt; zum Schutz der künstlichen Faser gegen Einwirkung der heißen Seifenbäder werden den betreffenden Bädern neutrale Kalisalze zugesetzt.

Über das Färben von Geweben aus Naturseide und Azetatseide berichtet G. Rudolph[1]).

Die Gewebe werden zuerst mit einer ammoniakalischen Seifenlösung, die für 10 Liter 15—20 g Seife und 15—20 g Ammoniak enthält, genetzt. Darauf wird zuerst die Azetatseide gefärbt, und zwar mit Celliton oder Celliton-Echtfarbenteig. Es wird ungefähr 1 Stunde bei 70° gefärbt, und zwar in schwacher Seifenlösung, 3—5 g auf 1 Liter. Um das Anfärben der Seide möglichst zu verhindern, tut man gut, bei Zweifarben-Effekten die Temperatur niedriger (50°) zu halten. Falls die Seide angefärbt wird, muß sie durch nachfolgendes Waschen im Seifenbade gereinigt werden.

Das Nachfärben der Naturseide geschieht mit Säurefarbstoffen, die auf Azetatseide möglichst wenig einwirken, wie z. B. Säuregelb AT, Supramingelb 3 G Supraminrot 3 B, Säureviolett 3 BNO, Alkaliechtgrün 10 G, echtblau R, Neutral wollschwarz G, Naphtylaminschwarz 10 B, und zwar färbt man in lauwarmem oder 50 bis 60° heißem Bade, das mit Essigsäure und Ameisensäure angesäuert wird.

Bezüglich Einzelheiten muß auf die Originalarbeit verwiesen werden.

Über das Färben von Geweben aus Seide und Viskose berichtet G. Rudolph[2]).

---

[1]) Rudolph, G.: Die Kunstseide 1927, S. 222. [2]) Rudolph, G.: Kunstseide 1927, S. 79.

Um Unifärbung zu erzielen, wird entweder im Einbadverfahren in der Weise gearbeitet, daß substantive Farbstoffe mit neutral aufziehenden Säurefarbstoffen gemischt verwandt werden, und zwar geschieht das Färben unter Verwendung von Glaubersalz und einer Temperatur, die von 30° C bis 90° C gesteigert wird. Als Farbstoffe für Kunstseide werden Direktgelb R extra, Diamin echtgelb A, Diaminorange FR usw., für Seide Supramingelb R, Rhodamin B, Brillantwalkrot R usw. empfohlen. Nach dem Zweibadverfahren kann man in der Weise arbeiten, daß zuerst die Kunstseide mit substantiven Farbstoffen vorgefärbt und nachher die Seide mit Säurefarbstoffen nachgedeckt wird. Oder speziell bei lebhaften und feurigen Tönen wird die Seide zuerst mit Säurefarbstoffen gefärbt und nach gutem Spülen und Tannieren die Kunstseide mit basischen Farbstoffen ausgefärbt. Schließlich kann man auch so verfahren, daß die Seide mit möglichst wasserechten Säurefarbstoffen vorgefärbt und die Kunstseide mit substantiven Farbstoffen nachgefärbt wird.

Um Zweifarbeneffekte zu erzielen, kann man in entsprechender Weise nach einem der drei eben genannten Verfahren arbeiten, wobei als besonders günstig das Arbeiten mit Katanol W speziell beim Nachdecken der Kunstseide empfohlen wird. Bezüglich Einzelheiten sei auf die Originalarbeit verwiesen.

Zum Schluß dieses Abschnittes über das Färben von Seidengeweben muß noch darauf hingewiesen werden, daß man ebenso wie bei Strang auch bei Stückware bestrebt ist, den Anforderungen an Echtheit gerecht zu werden. Es bürgern sich immer mehr die Verfahren ein, Gewebe mit den echtesten der Farbstoffe, also den Küpenfarbstoffen, zu färben. Die Einwirkung des starken Alkalis auf die Seide bei dieser Färbung wird durch den bereits früher besprochenen Zusatz von Schutzkolloiden aufgehoben. Namentlich hat man nach Seeger[1]) bei Halbseide in Form von Hutbändern oder Effektfäden in Wäsche mit den Indanthrenfärbungen sehr gute Erfahrungen gemacht, sofern man nur mit der Temperatur der Bäder nicht über 50° C ging. Der Glanz, die Elastizität und die Stärke der Seide wird bei einer derartigen Behandlungsweise durchaus nicht ungünstig beeinflußt.

Ebenso gehört hierher ein britisches Patent 222520 (1922), welches der Standard Silk Dying Co. ein Verfahren zur Herstellung waschecht gefärbter Seide schützt. Nach diesem wird die Seidenware mit einem diazotierbaren Farbstoff in einer Harzseifenlösung gefärbt. Nach dem Färben wird der Farbstoff mit Tannin und Brechweinstein behandelt und so fixiert. Darauf wird diazotiert und entwickelt mit einem der gebräuchlichen Entwickler. Man erhält auf diese Weise Färbungen, welche eine gute Waschechtheit aufweisen sollen.

Prof. E. Orloff[2]) beschreibt ein neues Verfahren zum Färben von Wolle und Seide durch Diazotieren auf der Faser. Statt der alkalischen Naphthollösung wird eine Naphtholsulfosäure verwendet. Diese wird gemischt mit aromatischen Basen wie Toluidin, Nitranilin, Dianisidin u. a. auf die Faser gebracht und nachher mit Natriumnitrit behandelt.

Am Schluß dieses Abschnittes über die Färberei der Stückware ist noch einer Art von Geweben Erwähnung zu tun, die in der Neuzeit mehr und mehr in Aufnahme gekommen sind. Es sind dies die Wirkwaren, die in Form von Trikotgeweben, Litzen und Strümpfen heute eine große Rolle spielen. Die Ausrüstung der Wirkwaren geschieht vielfach im Strang, namentlich was die Erschwerung anbelangt. Man ist aber auch dazu übergegangen, diese Waren im Stück zu erschweren und zu färben. Die Ausrüstung geschieht, was das Erschweren anbelangt, in gleicher Weise wie die der anderen Stückwaren, wobei

[1]) Seeger: Textilber. 1924, S. 309. [2]) Orloff, E.: Melliands Textilber. 1927, S. 794.

aber selbstverständlich große Vorsicht am Platze ist, weil bei der geringsten Verletzung der Ware die unangenehmsten Schäden auftreten und es vorkommen kann, daß das Gewirk vollständig aufgelöst wird.

Die Seidenwirkwaren[1]) werden wie Seidengewebe gebleicht, und zwar mittels der Peroxydbleiche. Man färbt mit substantiven Farbstoffen unter Zugabe von 1% Türkischrotöl oder einem ähnlichen Präparat.

Nach dem franz. Patent 1500298 (1922) der Usines de Keukelaere werden Strümpfe oder Schlauchgewebe zum Färben über entsprechend geformte, durchlöcherte Hohlkörper gestreift und in einem Bottich an einem flachen Kasten befestigt, der so eingerichtet ist, daß mittels einer Pumpvorrichtung die Farbflotte von innen her durch die Löcher der Hohlform in das Gewebe gedrückt und wieder von außen in den Kasten zurückgesogen wird. Dieses wird so lange wiederholt, bis der gewünschte Farbton erzielt ist.

Über die Veredlung der Wirk- und Strickwaren berichtet ausführlich A. Haebler[2]). Er unterscheidet bei der Rohware 1. reguläre Ware, die in der Form des betreffenden Warenstückes von der Maschine fertig hergestellt wird, also keine Naht aufweist, 2. geschnittene Ware, die aus einem größeren Stück Schlauchgewebe herausgeschnitten ist, und 3. halbreguläre Ware, die die beiden ersteren Gattungen vereinigt.

Als Ziel der Veredlung erachtet er, daß die Ware ihre Dehnbarkeit, Weichheit und Durchlässigkeit beibehalten muß. Er beschreibt dann des näheren die einzelnen Behandlungsweisen, auf die hier aber im einzelnen nicht näher eingegangen werden kann.

Eine besondere Form des Färbens von Stückware ist durch das britische Patent 229351 (1925) der Two-tone Corpor., New York, geschützt. Das Verfahren besteht darin, daß die betreffende Farbstofflösung durch entsprechende Einrichtung zu einem feinen Nebel verstaubt wird, der sich dann in feiner Verteilung auf dem Gewebe niederschlägt. Zum Abfangen etwa sich bildender Flüssigkeitstropfen, die die Färbung wieder ungleichmäßig gestalten würden, sind dann noch andere Vorrichtungen getroffen.

Schließlich sei noch einer ausführlichen Arbeit von Dr. Winter[3]) gedacht, in der die Herstellung von Buntgeweben bzw. Buntfärbung von Seidengeweben auf Grund besonderer geschützter Verfahren besprochen wird.

Nach dem D.R.P. 65785 wird bei Geweben aus Grège ein Teil mit Metallbeizen, wie Eisen, Zinn und Chrom behandelt und diese mit Seife oder Fett fixiert. Ein Gewebe, bestehend aus derart präparierten und aus unpräparierten Fäden, mit Blauholz ausgefärbt, gibt einen Zweifarbeneffekt insofern, als die präparierten Grègen sich schwarz färben, die unpräparierten dagegen nicht.

Das D.R.P. 70145 läßt noch insofern Farbunterschiede erzielen, als zur Herstellung des Gewebes außer Grège noch gezwirnte Seiden verwandt werden, die nun ihrerseits teils vorgebeizt, teils ungebeizt, in Mischung mit den Grègefäden imstande sind, vierfarbige Effekte hervorzurufen.

Das D.R.P. 142115 verwendet die Einwirkung von Schwefelsäure auf tierische Faser, um die Faser weniger empfindlich gegen Säure- oder Beizenfarbstoffe zu machen, andererseits aber die Affinität gegenüber basischen Farbstoffen sehr zu erhöhen. Es lassen sich wirksame Farbeneffekte sowohl bei ganzseidenen, halbseidenen und wollseidenen Geweben erzielen.

Nach dem D.R.P. 423602 läßt sich eine Buntfärbung in rein- oder gemischtseidenen Geweben dadurch erzielen, daß die Seide durch Behandlung mit Gerb-

[1]) Dt. Färber-Zg. 1925, S. 84. [2]) Haebler, A.: Melliands Textilber. 1926, S. 13.
[3]) Winter: Z. ges. Textilind. 1926, S. 100.

stoff, Zinnsalz und Formaldehyd in ähnlicher Weise reserviert wird, wie dies in üblicher Weise mit Tannin-Brechweinstein geschieht. Die Seide wird nach dem Entbasten zwei Stunden mit Tannin und eine Stunde mit Zinnsalz und Formaldehyd nachbehandelt.

Wir kommen jetzt, nachdem die Arten der Färbungen besprochen worden sind, zu der technischen Seite des Färbens selbst. Das Färben der Stückware ist in ähnlicher Weise wie bei der Strangfärberei mit dem Stock und Umziehen von Hand nur da möglich, wo schmale Ware in Form von Band vorliegt. Sobald es sich um breitere Ware handelt, wird man von dieser Färbeweise absehen müssen, weil die Gefahr der Faltenbildung zu groß ist. Das Färben auf dem Stock bei Bändern hat auch mit entsprechender Vorsicht zu geschehen, damit sich keine Stockstellen und Verletzungen der Gewebeoberfläche einstellen. Man nimmt deshalb auch zum Färben ähnliche Stöcke, wie dieses oben beim Abkochen und Erschweren der Bänder ausgeführt wurde, nämlich vierkantige gerillte Stöcke, in deren Rille beim Umziehen ein zugespitzter runder Stock hergeschoben wird. Diese Färbeart auf dem Stock ist aber, wie erwähnt, auf Band beschränkt. Bei schmaler und leichter Crêpe de Chine-Ware kommt es allerdings vor, daß auch diese auf Stöcken gefärbt wird, jedoch zählt dies zu den Seltenheiten.

Abb. 258. Färbekufe von Zittauer Maschinenfabrik A.-G., Zittau.

Die zweite Färbeweise für Stückware ist die mit dem Handhaspel. Dieser Apparat stellt einen breiten, meistens auf eine Färbebarke passenden Holzhaspel dar, welcher mit der Hand gedreht wird. Man dreht das betreffende Stück auf diesen Haspel abwechselnd auf und ab und kann dieses so lange fortsetzen, bis der entsprechende Farbton erzielt worden ist.

Auch diese Färbeweise muß als veraltet angesprochen werden, wenngleich man sie noch heutzutage in manchen Betrieben antrifft.

Als die verbreitetste Färbeweise ist heute die auf der Stückfärbemaschine anzusprechen. Sie besteht aus zwei Haspeln, welche über einer Färbekufe montiert sind. Bei dieser Kufe, meistens aus Holz hergestellt, ist die eine Wand nicht senkrecht, sondern geneigt angebracht.

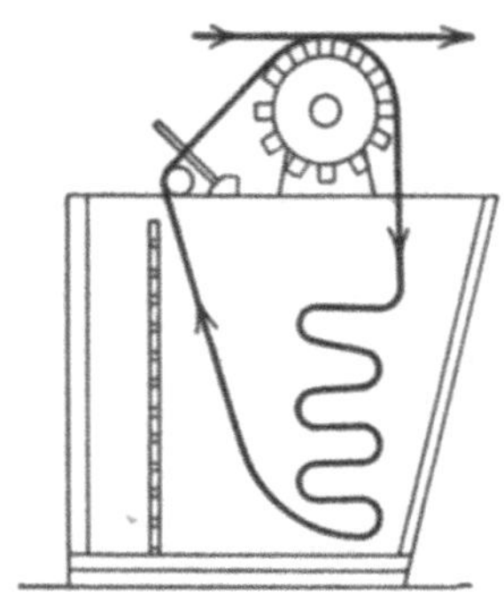

Abb. 259. Lauf der Ware bei der Färbekufe.

In der Kufe befindet sich an der einen Querseite eine Abteilung, durch welche der Heizkörper für die Flotte geführt ist. Die beiden Haspel bestehen aus einem kleineren runden Haspel, welcher gewissermaßen nur als Leitbahn dienen soll, und einem größeren, aber im Querschnitt ovalen Haspel, welcher die Zugwirkung ausübt. Dieser letztere Haspel ist mit einer Transmission verbunden und wird mit einer mäßig starken Schnelligkeit gedreht. Das zu färbende Stück wird in das Färbebad hineingebracht, über den kleinen, sodann über den großen ovalen Haspel geführt und hierauf mit dem entgegengesetzten Ende, welches evtl. aus mehreren Stücken zusammengenäht sein kann, entweder durch Verknüpfen oder durch Zusammennähen verbunden. Das ganze Färbegut stellt mithin ein unendliches Band dar. Sobald die Maschine in Tätigkeit tritt, zieht die ovale Walze das Band über den runden Haspel aus dem Bade heraus und läßt es auf der anderen Seite wieder in das Färbebad hineingleiten. Außerdem sind vor dem runden Haspel fünf oder sechs Führungsstöcke angebracht, damit man gleichzeitig mehrere solcher aus verschiedenen Stücken gebildete Bänder färben kann. Während also beim einfachen Haspel zur Zeit nur ein Stück, allerdings von großer Länge, gefärbt werden kann, hat man bei dieser Maschine die Möglichkeit, eine große Anzahl von Stücken zu färben.

Um Verwirrung der schlaufenförmig ablaufenden Stücke zu vermeiden, ist noch eine Vorrichtung angebracht, welche bei dem geringsten Widerstand den Gang der Maschine automatisch aussetzt.

Diese Maschinen arbeiten sehr sicher und schonen das Gewebe, aber nicht genug, um bei dichteren Geweben Brüche und Falten zu vermeiden.

Abb. 260. Jigger von C. A. Gruschwitz A.-G., Olbersdorf.

Für diese Zwecke kommt eine andere Art von Färbeweisen in Frage, nämlich das Färben auf dem Jigger, der imstande ist, die Gewebe in ihrer vollen Breite durch das Färbebad zu führen. Bei den Jiggern wird das aufgebäumte, also das auf eine Welle aufgedrehte Stück in die Färbekufe eingeführt und über ein System von Walzen, die in der Richtung der Breitseite des Stückes durch das Bad angeordnet und leicht drehbar konstruiert sind, geleitet. Auf der anderen Seite der Barke befindet sich dann eine zweite Rolle, auf der das Stück wieder aufgedreht wird. Durch Umstellung des Ganges kann jedoch das Stück in den beiden Richtungen abwechselnd so lange durch das Färbebad geführt werden, bis es den richtigen Farbton erlangt hat.

Vielfach findet man, daß noch eine zweite schwerere Walze am Jigger angebracht ist, welche dazu dient, durch entsprechende Auflagerung auf die letzte Walze die überschüssige Farbflüssigkeit durch Auspressen zu entfernen, um die folgenden Bäder nicht unnötig zu verschmutzen.

Derartige Maschinen, wie die abgebildete, die von der Zittauer Maschinenfabrik A.-G. in Zittau hergestellt wird, bei denen jedesmal, nachdem das Stück die Flotte passiert hat, ein Ausquetschen stattfindet, bezeichnet man auch als Paddingmaschine. Vielfach findet man auch, daß zwei Jigger nebeneinander aufgestellt werden, damit nach dem Färben sofort die Weiterbehandlung eintreten kann. Es dient dann der eine Jigger zum Färben und der andere zum Spülen.

Eine neue Art der Jigger stellt derjenige der Firma Gustav Obermeyer, Plauen, dar. Er zeichnet sich dadurch aus, daß die Barke aus glasiertem Steingut hergestellt ist. Hierdurch ist ein einwandfreies Reinigen der Barke von Farbstoff usw. ermöglicht, was insofern einen großen Vorteil gewährt, als man ein und denselben Jigger für verschiedene Bäder verwenden kann. Außerdem sind die Leitwalzen des Jiggers statt aus Holz oder Metall aus Hartgummi hergestellt, was ebenfalls sehr große Vorzüge bietet.

Abb. 261. Jigger von Zittauer Maschinenfabrik A.-G., Zittau.

Eine Kombination von derartigen Jiggern oder von ähnlich gebauten Färbebarken — eingerichtet wie die Breitwaschmaschinen — bezeichnet man auch als Kontinue-Färbemaschinen. Sie haben sich namentlich beim Färben mit Küpenfarbstoffen bewährt.

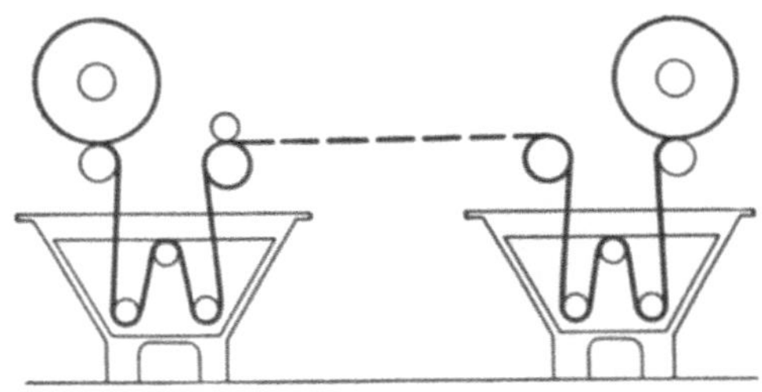

Abb. 262. Lauf der Ware bei dem Zittauer Jigger.

Bei sämtlichen dieser letzteren Maschinen, die das Stück in breiter Form färben, ist natürlich unbedingtes Erfordernis, daß die Ware auf die erste Walze, bevor sie in den eigentlichen Färbeapparat eintritt, gleichmäßig und ohne Falten aufgewickelt worden ist. Es ist daher das Bestreben der in Frage kommenden Maschinenfabriken, auf diesem Gebiete Apparate mit der größten Vervollkommnung zu liefern. Namentlich bei dichteren Geweben tritt auch die geringste Faltenbildung nachher im Fertigfabrikat in der unangenehmsten Weise zutage.

Abb. 263. Jigger von G. Obermeyer, Plauen.

Das Arbeiten mit diesen Apparaten, welcher Art sie auch sein mögen, erfordert große Aufmerksamkeit.

Die Färbemaschinen können natürlich auch zur Nachbehandlung der gefärbten Ware dienen, die, wie bei Strang, darin besteht, daß die Stücke entsprechend gespült werden, evtl. unter Zusatz von Salmiakgeist oder Soda. Namentlich ist dies bei den schwarzerschwerten Stücken zu empfehlen, die sehr stark die Neigung haben, die nach dem Färben sich ergebende Farbschmiere festzuhalten.

Ebenso wird auch auf den gleichen Maschinen abgesäuert und aviviert.

5. Das Trocknen der gefärbten Waren.

Nachdem die Waren aviviert sind, werden sie ausgeschleudert, entweder in Paketen oder aber auch in den speziellen Breitschleudermaschinen, wie sie bereits bei der Beschreibung des Erschwerungsvorganges erwähnt wurden. Hiernach werden sie getrocknet.

Das Trocknen geschieht in ähnlicher Weise wie das Trocknen der Strangware, und zwar indem die Stücke auf Stöcke gehängt werden, die sich in einer Trockenkammer befinden. Naturgemäß muß diese Trockenkammer sehr hoch sein, weil entsprechend der Länge der Stücke die Stöcke auf ein hohes Gestell gelegt werden müssen, welches durch einen entsprechend hohen Treppenstuhl erreicht werden kann. Dieses Verfahren zu trocknen ist selbstverständlich sehr primitiv. Es schließt die Gefahr in sich, daß die Stöcke bei unvorsichtiger Hantierung, namentlich beim Herabziehen der trockenen Gewebe, in die Gewebe greifen und diese irgendwie verletzen. Außerdem erfordert es auch zuviel Zeit, weil die einzelnen Stücke jeweils auf besondere Stöcke gehängt werden müssen.

Abb. 264. Turbo-Trockenhänge. Gesamtansicht.

Man ist daher dazu übergegangen, maschinell zu trocknen, indem man die Stücke erst aufbäumt und dann in spezielle Trockenapparate einführt.

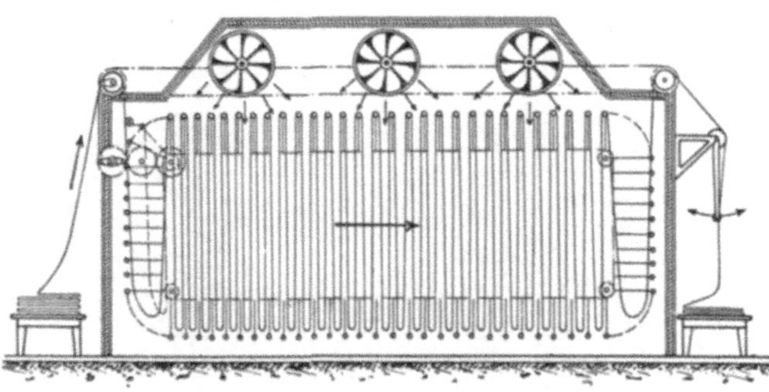

Abb. 265. Turbo-Trockenhänge, den Lauf der Ware zeigend.

Eine derartige Trockenanlage für Gewebe ist die Turbo-Trockenhänge, Patent der Firma Friedrich Haas in Lennep.

Dieser Apparat mit selbsttätigem Ein- und Ablauf der Gewebefalten besteht aus einem Trockenkanal mit seitlich angegliederten Heizabteilungen. Das Gewebe wird, auf Stäben hängend, mit Hilfe endloser Ketten durch den Trockenraum geführt. Der Kanal arbeitet mit Kreis- und Frischluftbewegung, deren Verhältnis zueinander sich nach der Länge des Kanals und der darin zu verdunstenden Wassermenge richtet.

Der Trockenraum ist in seiner ganzen Länge in Abschnitte eingeteilt, deren Abgrenzung voneinander durch die Ventilatoren sowie deren Dachzellen, in die sie eingebaut sind, gebildet wird. Dem Kanal sind links und rechts Heizkammern angegliedert, die mit dem Innern des Trockenraumes oben durch Schraubenventilatoren und unten durch offene Luftwege in Verbindung stehen. Die Ventilatoren saugen die Luft aus den Heizabteilungen über den Heizrohren ab, drücken sie von oben nach unten in die Gewebefalten des Trockenraumes und saugen sie unten wieder in die Heizabteilungen. Es entsteht dadurch eine Kreisluftbewegung, die ununterbrochen die Gewebefalten einerseits und die Heizabteile andererseits durchzieht.

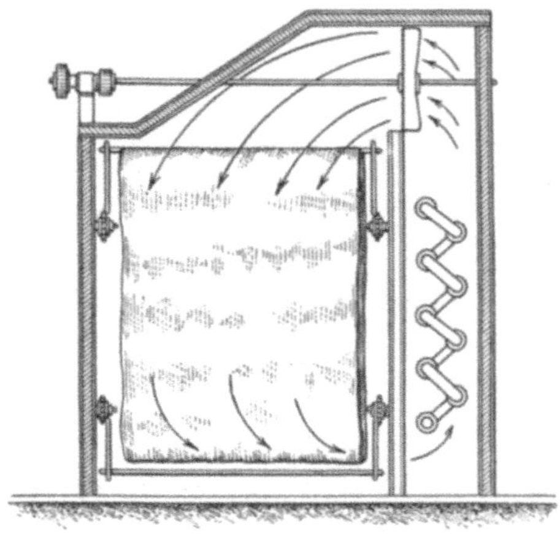

Abb. 266. Turbo-Trockenhänge, den Lauf der heißen Luft zeigend.

Um zu verhindern, daß die Kreisluft fortlaufend den gleichen Kanalabschnitt und die zugehörige Heizabteilung bestreicht, ist die Anordnung der letzteren nicht der Unterteilung des Kanals durch die Ventilatoren angepaßt. Um gleichzeitig eine fortschreitende Luftbewegung — und dadurch Lufterneuerung — in dem Kanal hervorzurufen, sind die Heizabteile so gelagert, daß sie von einem Kanalabschnitt in den anderen übergreifen.

Dadurch wird die Luft, die in einem Abschnitt kreist, teilweise von den Ventilatoren dieses Abschnittes angesaugt, teilweise jedoch von den Ventilatoren des benachbarten. Die Versetzung der Heizabteile ist dabei derart, daß die Luft gegen den Gewebelauf fortschreitet. Die Trocknung geschieht also im Gegenstrom unter gleichzeitiger Sicherung aller Vorteile der stufenmäßigen Wärmezufuhr.

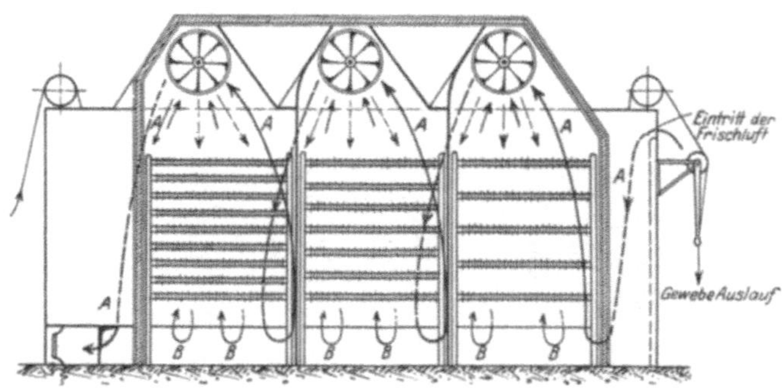

Abb. 267. Turbo-Trockenhänge, den Ein- und Austritt der Frischluft zeigend.

Der Durchlauf der Gewebefalten wird durch zwei endlose Ketten vermittelt, deren Glieder mit Stützen versehen sind, die ihrerseits die Stäbe mit den Gewebefalten tragen. Diese Stäbe bilden in einer durch die Länge der Stützen begrenzten Entfernung über der Kette ein geschlossenes Gitter, welches sich nur an der Stelle, wo die Kette ihre Laufrichtung ändert, d. h. am Ein- und Auslauf der Gewebe öffnet.

Der vergrößerte Abstand zwischen den Stäben wird in einfachster Weise durch das Auseinanderspreizen der Stützen gebildet, die an den Umkehrstellen einen Winkel von ungefähr 90° bilden. Dabei bleiben die Stäbe immer in ihrer parallelen Lage zueinander und schließen sich wieder, sobald die Falte in dem jeweils vergrößerten Zwischenraum vollständig eingelaufen ist.

Eine ähnliche und auch sehr günstig begutachtete Trockenanlage ist die sog. Universal-Hänge-Trockenmaschine der Firma Ernst Geßner A.-G., Aue i. E.

Abb. 268. Trockenhänge von E. Geßner. Gesamtansicht.

Nach den Ausführungen dieser Firma bestehen diese Maschinen im allgemeinen aus:

1. einem kräftigen Rahmengestell, welches durch Blechabdeckung und Korkplattenbelag luft- und wärmebeständig umschlossen ist;

Abb. 269. Die gleiche Trockenhänge während der Arbeit.

2. endlosen Transportketten mit auf Rollen in eiseren Führungen getragenen Hängestäben aus feuerverzinkten Stahlröhren in Stärken von 32 bis 42 mm, je nach Stabbreite;

3. besonders wirksamer Luftbeheizung durch entsprechende, auf die Länge des Trockenraumes gleichmäßig verteilte Ventilatoren und Heizkörper, deren

Heißluftströme in Stoffbahnrichtung immer an der Trockenfläche entlang streichen, um einen hohen Sättigungsgrad zu erzielen.

4. automatischer Einhänge- und zwangsweise geführter Ausrollvorrichtung der Stoffbahnen.

Diese Maschinen werden im allgemeinen bis zu 45 m Maximalgeschwindigkeit der Stoffbahn, für zwei bis vier Bahnbreiten und 2 bis 3,75 m, in der Regel aber 2,5 m Schleifenlänge gebaut.

Die Transportketten werden in Schrittbewegung vorwärts geführt um bei hartappretierten Geweben jede Einzelhänge durch eine ab- und aufsteigende Ausrollwalze zwangsweise aus der Schleife herauszurollen und dadurch Knitter und Sackungen in der Stoffbahn zu vermeiden.

Hieraus ergibt sich eine Kettenbewegung mit Intervallen, wobei eine Walzenanordnung, kombiniert mit einer Arrestvorrichtung, in regelmäßigen, genauen Abständen die auszuhebende Hänge erfaßt bzw. nach erfolgter Ausrollung wieder freiläßt.

Die Umdrehungsgeschwindigkeiten dieser Walzen sowie des Tafelapparates bleiben dabei konstant, so daß die Warenablieferung in kontinuierlicher Weise erfolgt.

Der Vorzug dieser Einrichtung des zwangsweisen Ausrollens der Stoffschleifen hartappretierter Gewebe beruht darauf, daß die fertig getrocknete, harte Stoffbahn glatt und falten- bzw. knitterfrei aus der Hänge gehoben wird.

Belüftung und Beheizung erfolgen nach dem Gegenstrom-Umwälzungsprinzip.

Abb. 270. Trockenhänge von Jul. Fischer, Nordhausen.

Zu erwähnen ist schließlich noch die mechanische Spezialtrockenhänge der Firma Julius Fischer, Nordhausen a. H., die sich auf dem Prinzip der ursprünglichen Trocknung ohne Spannung aufbaut, was für das Gewebe bezüglich seiner Struktur keineswegs nachteilig ist. Eine derartige Anlage beansprucht nur sehr wenig Wärme, und zwar aus dem Grunde, weil die mehrere 100 m lange Stoffbahn auf einem derart langen Weg mit verschiedenen Umkehrungen mechanisch fortbewegt wird, daß die Ware ohne besonders erhebliche Wärmezufuhr lufttrocken wird.

Die Arbeitsweise ist folgende: Der zu trocknende Stoff wird von der Einlegevorrichtung aus auf die durch die schrägen Auftragketten herangeführten Trockenstäbe gelegt und so auf den eigentlichen Trockenapparat gebracht, auf welchem die sich automatisch bildenden Falten oder Hänge langsam fortbewegt werden. Am Ende des Arbeitssaales drehen sich die Trockenstäbe mit den Hängen selbsttätig auf einer Umkehrvorrichtung und werden langsam der Ablegevorrichtung zugeführt, wo der Stoff bei genügender Länge des Apparates vollständig trocken ankommt und selbsttätig abgelegt wird. Je nach der Größe des Raumes und dem Arbeitsumfang, kann auch mit mehreren Umkehrvorrichtungen gearbeitet werden.

6. Das Bedrucken der Seidengewebe.

Es wurde schon früher ausgeführt, daß bei der Verwendung der Seidengewebe im Altertum das Bemalen der Stoffe eine nicht unerhebliche Rolle gespielt hat.

Bei der damals immerhin recht einfachen Technik in der Weberei war man nicht in der Lage, mit stranggefärbten Garnen eine größere Abwechslung im Muster zu erzielen. Man behalf sich in der Weise, daß die Gewebe mit der Hand bemalt wurden. So berichtet Herodot, daß die Anwohner des Kaukasus ihre Gewänder bemalt hätten. Strabo schreibt von der Farbenpracht mehrfarbiger Gewänder, die den Griechen auf ihrem Eroberungszuge unter Alexander dem Großen zu Gesichte kamen. Diese Handmalerei auf den Geweben ist jedenfalls der Vorläufer des Zeugdrucks gewesen. Aber auch den Zeugdruck selbst haben die Alten bereits gekannt. Es ist durch Funde in altägyptischen Gräbern nachgewiesen worden, daß man Figuren mittels geschnitzter Holzmodelle auf Gewebe übertragen hat. Auch Plinius der Ältere berichtet über ein derartiges bei den Ägyptern übliches Druckverfahren.

Ein derart den Druckmethoden der Alten nahekommendes — heute wieder modern gewordenes — Verfahren ist das Batik. Es stammt nach Steuckart[1]) von Hinterindien und den Sundainseln. Es gibt farbige Bilder auf weißem Grund, welch letzterer durch eine auf das Gewebe vor dem Färben aufgebrachte Wachsschicht reserviert war, und zwar wird das aus Wachs gebildete Muster mit Hilfe eines Stempels hergestellt. Je nach der Art der Mischung unterscheidet man die gebatikten Stoffe als Kainpandjang, Sarrong, Slendang und Hoefdock.

Kehren wir jetzt wieder zur Geschichte des eigentlichen Zeugdruckes zurück, so ist in Deutschland diese Technik nachweislich erst im 14. Jahrhundert ausgeübt worden, wurde aber erst gegen Ende des 17. Jahrhunderts zu einer selbständigen Industrie durch Einrichtung von größeren Druckereien ausgebildet, so z. B. im Jahre 1688 in Augsburg. Der Druck erstreckte sich aber durchwegs nur auf Gewebe aus Baumwolle oder Leinen.

Das eigentliche maschinelle Bedrucken von Seidengeweben ist nach E. Herzog[2]) dagegen erst zu Beginn des 19. Jahrhunderts eingeführt worden, z. B. 1800 in Jouy, Frankreich, und 1805 in Wesserling i. Elsaß.

Es findet dies auch darin seine Erklärung, daß die Erfindung, den Zeugdruck mit der Maschine statt mit der Hand zu bewirken, nur wenige Jahre zurücklag, war doch das Rouleau erst 1785 von Bell in Manchester erfunden worden. Allerdings war das Drucken mit Walzen, in die das Muster eingraviert wurde, bereits 1770 von Taylor und Walker eingeführt worden.

Bezüglich der Vorbehandlungen der Gewebe zum Bedrucken ist nahezu das gleiche zu sagen, was bei der Färbung der Stückware ausgeführt wurde. Handelt es sich um nicht irgendwie veredelte Gewebe aus Rohseide, so müssen die Stoffe, ebenso wie vor dem Färben, gesengt, geschoren und abgekocht werden. Soll nicht entbastet werden, wie bei Tussahgeweben, dann muß wenigstens gebleicht werden. Bei bereits ausgerüsteten und gefärbten Geweben erübrigen sich natürlich diese Vorbehandlungen. In diesem Fall ist nur darauf zu achten, daß das Gewebe frei ist von Stoffen, die den Farbstoff angreifen oder die das Aufziehen der Druckfarbe auf die Faser verhindern. Man erzielt dies meistens durch gutes Waschen und Seifen und entfernt durch diese Behandlung jeglichen Überschuß von freier Säure oder freiem Alkali sowie von fettigen Substanzen. Zu bemerken ist aber schließlich noch, daß zinnphosphaterschwerte Seiden wegen der zu befürchtenden Zerstörungsmöglichkeit der Faser besser nicht bedruckt werden sollten. Allerdings ist nicht zu bestreiten, daß heute auch sehr viele erschwerte Seiden, namentlich Kreppartikel, bedruckt werden.

---

[1]) Steuckart: Der Zeugdruck 1914. [2]) Herzog, E.: Färber-Zg. 1905, S. 81.

Nach einer Mitteilung[1]) soll die Erschwerung bei zu bedruckenden Seidengeweben nicht höher als pari bis höchstens 20% sein. Im anderen Falle drucken sich die Farben nicht durch. Ebenso bietet eine unsachgemäße Nachbehandlung beim Drucken Schwierigkeiten. Der Fehler kann aber auch an der Druckmasse liegen. Für Seidenstoffe eignen sich am besten Druckmassen, die mit Britisch-Gummi verdickt sind.

Über das Bleichen der Seidengewebe für Druckzwecke finden sich im Schrifttum verschiedene Angaben.

Für das Bleichen findet sich folgende Vorschrift[2]). Man behandelt zuerst auf einer Permanganatlösung (50 g Kaliumpermanganat auf 100 l Wasser), bis die Seide gleichmäßig hellbraun geworden ist. Hierauf wird gespült und auf einem Bad mit 1 kg Bisulfit 60 bis 62% in 100 l Wasser und Zusatz von ½ kg Ameisensäure und 150 g Oxalsäure in ca. ein bis zwei Stunden fertig gebleicht. Im Anschluß daran wird sehr gut gespült. Statt des Bisulfits wird auch die Verwendung der bekannten Hydrosulfite empfohlen.

Nach anderen Angaben sind die Erfahrungen bei dem Bleichen mit schwefliger Säure nicht den Anforderungen entsprechend ausgefallen[3]). Der Verfasser empfiehlt zur Erzielung eines reinen Weiß das Bleichen mit 3 proz. Wasserstoffsuperoxyd in ammoniakalischer Lösung und bei einer Temperatur von 35° C. Erforderlich ist aber eine vorausgegangene gute Wäsche, damit jegliches Fett aus dem Gewebe entfernt worden ist.

Er empfiehlt ferner die Verwendung von Natriumperborat Enka IV, und zwar 1½ kg auf 100 l Flotte. Dieser Lösung werden etwa 275 cm^3 Schwefelsäure beigegeben und jetzt mit Wasserglas bis zur schwach alkalischen Reaktion versetzt. Man erhöht die Temperatur innerhalb sechs Stunden auf 60° C und beläßt die Ware hierin dann noch eine Stunde.

Jedenfalls kommt das Bleichen mit sauerstoffhaltigen Bleichmitteln nur für vorher abgekochte Ware in Frage.

Sind die Gewebe in einer der vorstehend beschriebenen Weise vorbehandelt, getrocknet und wieder aufgebäumt worden, dann kann mit dem eigentlichen Bedrucken begonnen werden.

Der Zeugdruck ist ein an die Erfahrung der hiermit Beschäftigen sehr hohe Anforderungen stellendes Gebiet. Es ist daher kein Wunder, daß namentlich bezüglich der Zusammensetzung der einzelnen Druckmassen noch eine sehr große Geheimniskrämerei herrscht. Das Interesse des Publikums an der Güte und Echtheit auch der bedruckten Stoffe, sowie das der Farbenfabriken, diesen Wünschen gerecht zu werden, haben wenigstens dazu beigetragen, die Geheimniskrämerei bezüglich der Farbrezepte in den Hintergrund zu drängen.

a) Die Druckmasse. Das Wesentliche für die Herstellung der Druckfarben ist, daß die Farben in geeigneter Weise verdickt werden müssen, um das Auslaufen und Durchschlagen zu vermeiden. Die Farbstoffe selbst sind die gleichen wie in der Strangfärberei. Allerdings werden auch Pigmentfarben mit Vorteil benutzt und gut fixiert. Verdickungsmittel sind Stärke, Dextrin, Gummi arabicum, vor allem Traganth und schließlich die koagulierenden Eiweißkörper wie Hühnereiweiß und Blutalbumin. Letztere werden namentlich bei Verwendung von Körperfarbstoffen verwandt, da sie bei dem durch das Dämpfen veranlaßten Koagulieren die Farbstoffe sehr gut auf der Faser fixieren.

Aber nicht nur Farbstoffe werden den Druckmassen einverleibt, sondern auch solche Stoffe, die imstande sind, die Farbstoffe irgendwie echt zu fixieren.

---

[1]) Melliands Textilber. 1921, S. 154. [2]) Melliands Textilber. 1925, S. 950.
[3]) Melliands Textilber. 1926, S. 98.

So fügt man der Masse Tannin bei, um eine Verbindung des Farbstoffes zu erzielen, der durch eine nachfolgende Brechweinsteinbehandlung besondere Echtheitseigenschaften verliehen werden. Oder man setzt Metallbeizen hinzu, wie Eisen-, Chrom-, Tonerdebeizen, die nachher beim Ausfärben besonders echte Farblacke bilden. Schließlich kann man der Druckmasse auch Ätz- oder Reservierungsmittel einverleiben, die im Verlauf des Druckens auf dem gefärbten Stoff durch ihre Bleichwirkung besondere Mustereffekte hervorrufen oder die ursprünglichen Farben in andere umschlagen oder schließlich bei nochmaligem Überfärben andersfarbige Zeichnungen hervortreten lassen. Auffallend ist, daß diese Zusatzstoffe in der Druckmasse selbst nicht mit den Farbstoffen reagieren, sondern erst beim Trocknen, besonders aber beim Dämpfen in Wirkung treten.

Als Farbstoffe werden, wie schon erwähnt, in der Hauptsache die in der Seidenfärberei üblichen verwandt. Bei Verwendung von basischen, sauren und Alizarinfarbstoffen setzt man der Druckmasse Essigsäure oder Ameisensäure hinzu, vermeidet aber die anorganischen Säuren, um eine Schädigung des Gewebes zu verhüten. Wo in den Druckmassen substantive Farbstoffe verwandt werden, setzt man statt der Säuren Neutralsalze oder Natriumphosphat hinzu.

Beim Drucken mit Beizenfarbstoffen fügt man die entsprechenden Beizen der Masse hinzu. Der Farblack wird nach dem Trocknen des Stoffes durch entsprechendes Dämpfen erzeugt.

Um größte Echtheit zu erzielen, druckt man mit Küpenfarbstoffen, während sich die Schwefelfarbstoffe für Seidengewebe weniger gut bewährt haben.

Von weiteren Stoffen, die der Druckmasse zugesetzt werden, sind ferner noch solche Chemikalien zu nennen, die den Farbstoff in Lösung zu erhalten vermögen, und solche, die dazu dienen, das Verdickungsmittel der Druckmasse besser herauslösen zu können.

Entsprechend der Art des zu bedruckenden Gewebes muß der Drucker auf Grund seiner Erfahrung vielfach die Zusammensetzung ändern. Je nachdem, ob das Gewebe rauh oder glatt, dick oder dünn ist, ob der Druck nur einseitig sein oder das Gewebe durchdringen soll, ob große Flächen oder kleine Muster bedruckt werden sollen, und schließlich, ob die Gravierungen der Druckwalze tief oder flach sind, muß die Druckmasse den Verhältnissen angepaßt werden. Hier feststehende Normen aufzustellen, ist unmöglich. Die gegebenen Vorschriften müssen jedesmal von dem Drucker, den Verhältnissen entsprechend, mehr oder weniger umgemodelt werden. Hier liegt unbedingt die Ursache einer großen Anzahl von Fehldrucken und schadhafter Waren.

b) Die Technik des Zeugdruckes. Die älteste Form des Zeugdruckes ist der Handdruck. Man bedient sich eines entsprechend geformten Holzklotzes, der das zu druckende Muster in erhabener Form durch entsprechendes Schnitzen des Holzes aufweist. Dieses Muster wird mit der Druckfarbe benetzt und durch Aufsetzen auf das Gewebe dann abgedruckt.

Beim Handdruck bedarf man in der Hauptsache drei Gegenstände. Diese sind:

1. Ein Drucktisch, der etwa 10 m lang ist und 1 m breit. Er ist mit dickem Wollfilz belegt und hierüber ein glatter Stoff, meistens Nessel, ausgebreitet.

2. Das Druckchassis ist eine in der Längsrichtung des Tisches verschiebbare Wanne oder Kasten, in dem sich eine Vorrichtung zur Aufnahme der Druckmasse, wie ein Stempelkissen, befindet.

3. Das Druckmodell, das wie erwähnt, entweder aus Holz hergestellt ist oder aus einem Holzklotz besteht, der an der Unterseite mit einer Metallplatte versehen ist. Das Druckmuster ist erhaben ausgeprägt.

Das zu bedruckende Zeug wird durch entsprechendes Festklammern glatt über den Tisch gespannt. Darauf drückt der Drucker das Modell oder den Klotz (daher auch Klotzdruck) auf das Chassis, setzt es auf das zu bedruckende Gewebe und schlägt mehrmals kurz mit einem Holzhammer oder auch mit der Faust auf dasselbe. Natürlich muß der Drucker die genügende Geschicklichkeit besitzen, um bei dem Weitersetzen das Muster richtig aneinanderzufügen. Soll mehrfarbig gedruckt werden, dann bedient man sich verschiedener Modelle, die entsprechend dem Muster geschnitzt und mit entsprechender Farbe versehen sind.

Der Handdruck ist in neuerer Zeit, wo die Mode die bedruckten Seidenwaren bevorzugt, wieder in Aufnahme gekommen, sobald es sich um bessere Qualitäten handelt.

In dieser Form werden übrigens auch die beliebten Chinébänder bedruckt, und zwar die Ketten der Bänder. Zur besseren Haltbarkeit bzw. um die Kette besser ausbreiten zu können, werden in Abständen von mehreren Metern einzelne Schußfäden eingeschlagen. Diese so gesicherten Ketten werden auf den Drucktisch gespannt und bedruckt.

Abb. 271. Chinéband. Aufsicht.

Bezüglich des Druckens seidener Ketten berichtet Dr. R. Fischer[1]), daß man bei Handdruck meistens zwei bis drei Ketten übereinanderlegt, während man bei Maschinendruck drei bis sechs Ketten nebeneinander über die Walzen laufen läßt. Nach dem Trocknen des Bedruckten wird gewaschen, indem die Ketten in Tücher eingeschlagen und in dieser Bündelform jetzt in Wasser umgeschwenkt werden. Man kann aber auch auf dem Haspel aufdrehen und spülen. Um gutes Durchdrucken zu erzielen, empfiehlt der Verfasser, die Druckfarben dünner wie üblich anzusetzen.

Übrigens kann das Bedrucken von Ketten nach Schreckenbach[2]) auch maschinell mittels Strähngarndruckmaschinen erfolgen.

Ebenso hat sich auch der Spritzdruck, von dem noch weiter unten die Rede sein wird, als sehr geeignet zum Bedrucken von Chinéketten erwiesen.

Nach Fertigstellung des Druckes und der entsprechenden Nachbehandlung wird der Schuß meistens weiß oder in hellem Farbton eingeschlagen. Diese Gewebe zeichnen sich durch ihre eigenartig seidige Farbwirkung aus, so daß sie wie handgemalt erscheinen.

Aus dem Handdruck ging dann der Perrotinendruck hervor, der 1834 von Perrot in Rouen erfunden wurde. Der Druckklotz, in Form einer Platte, die über die jeweilige Breite des Gewebes reicht, wurde wie ein maschinenmäßig

[1]) Fischer, R.: Färber-Zg. 1919, S. 3.
[2]) Schreckenbach: Melliands Textilber. 1922, S. 414.

auf- und abgleitender Stempel angebracht. Das Gewebe mußte ruckweise unter dieser Druckplatte hergezogen werden.

Diese Form des Druckes, also mit erhabenen Mustern maschinell zu drucken, hat in kleineren Betrieben, namentlich auch beim Bedrucken von Plüsch, eine große Rolle gespielt, bis er durch den Walzendruck verdrängt wurde. Neuerdings aber spielt sich wieder das Umgekehrte ab, dem Walzendruck erwächst immer mehr durch den Reliefdruck eine Konkurrenz. Es sei hier auf Ausführungen[1]) verwiesen, wo berichtet wird, daß sich diese Form des Druckes

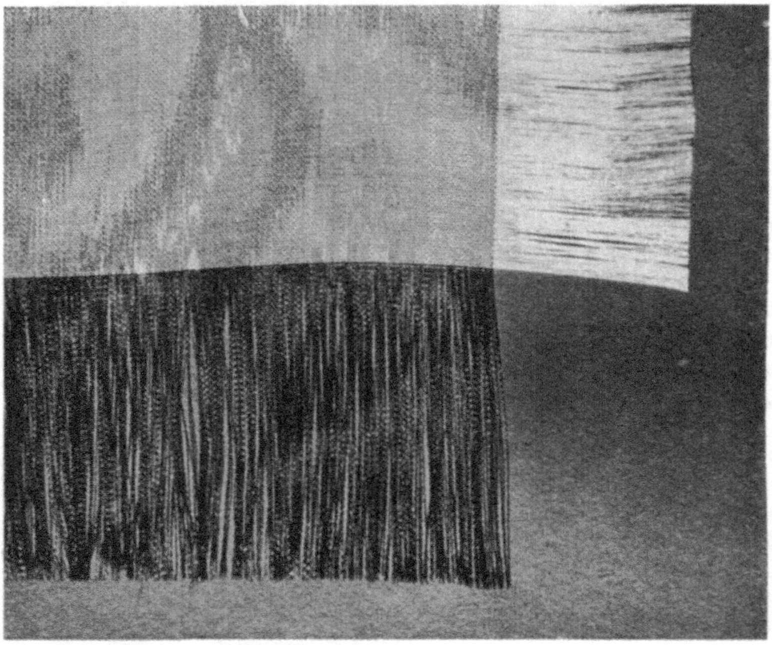

Abb. 272. Chinéband, ausgeriffelt. Dunkle Kette, bedruckt, Schuß weiß. Vergr. 1:5.

immer mehr einzuführen vermochte, weil der Reliefdruck den Vorteil der größeren Arbeitsgeschwindigkeit, geringerer Unkosten bezüglich Herstellung der Walzen und Kraftersparnis für sich in Anspruch nehmen kann. Gerade wie der Hand- und Perrotinendruck erfordert auch der Reliefdruck erhaben geprägte Walzen, während bei dem üblichen Rouleaudruck das Muster in die Walzen vertieft eingeprägt wird.

Die umseitige Abbildung zeigt eine derartige Relief-Stoffdruckmaschine für sechs Farben, wie sie von der Firma Julius Fischer in Nordhausen a. H. gebaut wird.

Nach den Ausführungen der Erbauerin eignet sich diese Maschine zum Bedrucken im Kontinuebetrieb sowohl für leichte gazeartige Voiles, als auch für dichtere Seidenstoffe, aber auch zum Bedrucken von Plüsch und Samt.

Wie aus der Abbildung ersichtlich ist, sind die Farbwerke sämtlich unterhalb der Mitte des Gegendruckzylinders angeordnet. Letzterer ist heb- und senkbar, so daß die Farbwerke einlaufen und die Muster eingerichtet werden können, ohne daß die Ware mitläuft. Der Farbauftrag auf die Reliefmusterwalzen geschieht durch endlos laufende Tücher. Dieses Verfahren eignet sich sowohl für

[1]) Melliands Textilber. 1923, S. 33.

alle Beiz- und Ätzfarbstoffe, als auch für Küpenfarbstoffe. Die letzteren erfordern allerdings wegen ihrer alkalischen Beschaffenheit Farbtücher besonderer Art.

Abb. 273. Reliefdruckmaschine von Jul. Fischer, Nordhausen.

Selbstverständlich wird der Reliefdruck den üblichen Rouleaudruck keineswegs vollständig ersetzen oder verdrängen können, er bürgert sich aber aus den oben angeführten Gründen mehr und mehr ein.

Abb. 274. Die gleiche Reliefdruckmaschine, verbunden mit Trockenhänge.

Den Hand- und Perrotinendruck hat abgelöst, wie ja bereits erwähnt, der Walzendruck. Die hierzu benötigte Maschine, auch Rouleau genannt, wurde 1785 von Bell in Manchester erfunden, 1800 in Jouy (Frankreich) und 1805 in Wesserling im Elsaß in Betrieb genommen. Das Wesentliche dieser Maschine besteht darin, daß die Druckform aus einer Walze aus Kupfer oder Rotguß besteht, in die das Muster hineingraviert ist, das also nicht erhaben aufliegt. Über jeder Walze befindet sich ein Farbtrog, aus dem die Walze die Druckmasse mittels einer Bürstenwalze erhält. Die überschüssige Farbe wird mit einem feinen elastischen Messer — Rakel genannt — abgestrichen, so daß nur das eingravierte Muster mit der Farbmasse gefüllt wird. Diese Walzen — oder bei dem Mehrfarbendruck, ein System von Walzen — berühren eine große Trommel, den Tambour oder Presseur, über die der zu bedruckende Stoff läuft. Der Stoff wird über diese Drucktrommel durch eine besondere Zugvorrichtung stramm hergezogen. Um dem zu bedruckenden Gewebe eine elastische Unterlage zu geben, ist der Zylinder mit einem elastischen Gewebe, dem Lapping, umkleidet, das aus einem dichten Halbwollgewebe besteht. Über diesem Lapping wird dann noch eine endlose Bahn eines Wollfilzes — die eigentliche Druckdecke — geleitet. Neuerdings wird dieser Lapping und die Druckdecke durch eine einzige aus Kautschukgewebe gebildete Decke ersetzt. Diese bietet den Vorteil einer leichteren und besseren Reinigungsmöglichkeit sowie größerer Einfachheit. Auf diese Bahn kommt das zu bedruckende Gewebe und hierüber wieder der Mitläufer, ein Gewebe aus Nessel oder Baumwolle, das etwas breiter ist als der zu bedruckende Stoff und zur Aufnahme der überschüssigen Anteile der Druckmasse dient, denn die Druckwalzen selbst sind natürlich auch etwas breiter als das zu bedruckende Gewebe.

Abb. 275. Walzendruckmaschine von C. G. Haubold A.-G., Chemnitz, mit anschließender Mansarde.

Wie schon erwähnt, können an der Maschine eine große Anzahl von Druckwalzen mit verschiedenen Farben angebracht werden, wodurch man eine große Reichhaltigkeit der Farbeffekte erzielt. Die obenstehend abgebildete Druckmaschine der Firma C. G. Haubold A.-G., Chemnitz, besitzt z. B. zehn Druckwalzen.

Die Einrichtung der Maschine ist, kurz skizziert, folgende: In der Mitte der Maschine befindet sich der Zylinder oder Presseur, um den herum in einem Halbkreis die Druckwalzen (Rouleaux) angeordnet sind. Diese Rouleaux werden durch besondere Federungen an den Zylinder gedrückt. Je mehr Druckwalzen vorhanden sind, um so größer muß natürlich der Durchmesser des Presseurs genommen werden. Der Zylinder selbst wird nicht mit besonderem Antrieb gedreht, sondern erhält seine Drehung durch die rotierenden Druckwalzen. Außerdem finden sich Vorrichtungen zum Abziehen des bedruckten Gewebes in Form von besonderen Spannvorrichtungen.

Bei den Walzendruckmaschinen hat man übrigens nach Schreckenbach[1]) auch Schablonendruckmaschinen, die mit einer endlosen Schablone arbeiten und bei denen die Druckfarbe durch entsprechende Farbkissen oder Bürsten übertragen wird.

---

[1]) Schreckenbach: Melliands Textilber. 1922, S. 404.

Nachdem so die Gerätschaften bzw. Maschinen, mit denen gedruckt wird, beschrieben sind, müssen jetzt noch die Einrichtungen betrachtet werden, die der Nachbehandlung der fertig bedruckten Ware dienen.

Während beim Handdruck eines Gewebes genügend Zeit vorhanden ist, um die Druckmasse eintrocknen zu lassen, und es einfach genügt, daß der Stoff an einer an der Querseite des Drucktisches angebrachten Aufwickelvorrichtung von Zeit zu Zeit aufgedreht wird, bedarf es beim Walzendruck, der in viel kürzerer Zeit beendigt ist, noch einer besonderen Trockenvorrichtung.

Diese als Mansarde oder Trockenstuhl bezeichnete Einrichtung, die auf der Abbildung der Hauboldschen Walzendruckmaschine dargestellt ist, besteht aus einer in einem geschlossenen Raum befindlichen Zusammenstellung von Heizplatten, die mittels Dampf geheizt werden. Zwischen ihnen befindet sich ein System von Walzen, über die der zu trocknende Stoff läuft, ohne die Heizplatten direkt zu berühren. Und zwar läuft das Gewebe mit der linken Seite, den Heizplatten zugewandt, über die Rollen. Hat es sämtliche Heizplatten passiert und ist es getrocknet, so läuft es den gleichen Weg zurück, jetzt mit der rechten Seite den Trockenkörpern zugewandt, um dann nach Verlassen des Trockenstuhles aufgebäumt zu werden. In gleicher Weise wird auch der Mitläufer und die wollene oder Gummidruckdecke getrocknet.

Die mechanische Trockenhänge von J. Fischer, Nordhausen, die auch zum Trocknen bedruckter Stoffbahnen verwandt wird, unterscheidet sich von den üblichen Trockenmansarden hauptsächlich dadurch, daß die Gewebe nicht im gespannten Zustand, wie bei den letzteren, sondern ohne jegliche Spannung getrocknet werden.

Ein zweiter wesentlicher Unterschied zwischen Hänge- und Trockenmansarde besteht in der Länge des Weges, den die zu trocknende Ware zu durchlaufen hat. Während bei der Trockenmansarde dieser Weg im allgemeinen bei 150 m seine oberste Grenze findet, können die Trockenhängen, je nach ihrer Größe, viele hundert Meter Ware aufnehmen. Da, gleiche Arbeitsgeschwindigkeit vorausgesetzt, die Trocknung der Ware auf viel kürzerem Wege geschehen muß, wenn sie in einer Trockenmansarde erfolgt, so ergibt sich daraus von selbst, daß hierbei zur Verdunstung der in der Druckfarbe enthaltenen Feuchtigkeit erheblich höhere Wärme und eine stärkere Luftbewegung Erfordernis sind, als dies bei einer mechanischen Trockenhänge der Fall ist.

Die Mitläufer müssen nach Verschmutzung durch Waschen gereinigt und getrocknet werden.

Die Zugvorrichtung des Trockenstuhles ist automatisch der Geschwindigkeit der Druckmaschine angepaßt.

Nachdem die Ware getrocknet ist folgt, als zweite Nachbehandlung das Dämpfen, das insofern die wichtigste Behandlung der Druckware darstellt, als hierdurch die eigentliche Entwicklung zur fertigen Farbe, das bessere Eindringen ins Gewebe und schließlich die Fixierung des Farbstoffes bewirkt wird. Nicht alle Druckfarben, aber doch die meisten müssen gedämpft werden, und ebenso erfordern die verschiedenen Färbungen Unterschiede bezüglich Dauer, Temperatur, Druck und Feuchtigkeitsgehalt des Dampfes. Man dämpft entweder in offenen Dämpfkästen, den sog. Kontinue- oder Schnelldämpfern oder in geschlossenen Druckkesseln.

Für die erstere und der am meisten üblichen Form des Dämpfens sind die Apparate von Mather und Platt verbreitet, die auch einfach als „Matherplatt“ bezeichnet werden.

Der Kontinuedämpfer besteht aus einer entsprechend großen Kammer, die aus Bauwerk oder Metall aufgeführt und oben mit Heizplatten abgedeckt ist.

Am Boden dieser Kammer befindet sich ebenfalls eine Anordnung von Heizröhren. Ferner ist Fürsorge getroffen, daß in diesen Raum Dampf eingelassen werden kann. Das Wichtigste ist aber die Vorrichtung, die den bedruckten Stoff durch diesen Raum führt. Es geschieht dieses durch zwei endlose an den Seiten des Raumes herlaufende Ketten, die der Breite des Raumes entsprechende Messingstangen tragen, über die der Stoff hergeführt wird. Oben an den Heizplatten befindet sich ein Schlitz zum Einführen der Ware, die an einer der Stangen befestigt wird und den Raum an einem anderen gegenüberliegenden Schlitz verläßt. Die Ware macht in diesem Dämpfer einen ähnlichen Weg wie beim Trocknen gefärbter Ware. Die Schnelligkeit, mit der das Gewebe durch den Dämpfer geführt werden muß, richtet sich nach dem jeweils erforderlichen Effekt, den man zu erzielen beabsichtigt. Aus dem Grunde genügt für feine oder kleine Muster ein einmaliges Hindurchleiten durch den Raum, sind die Druckflächen aber größer, dann muß zwei oder mehrere Male gedämpft werden, wenn man nicht überhaupt vorzieht, im geschlossenen Kanal zu dämpfen.

Der Schnelldämpfer von Mather und Platt, auch als Oxydationsapparat bezeichnet, erfreut sich heute größter Beliebtheit, weil seine Ausmaße kleiner und seine Arbeitsweise eine intensivere und schnellere ist als der Kontinuedämpfer. Man bevorzugt ihn daher in solchen Fällen, wo durch das Dämpfen irgendwie flüchtige und das Gewebe eventuell angreifende Stoffe gebildet werden können, also z. B. bei Waren, die mit Ätzdruck oder unter Verwendung von Anilinschwarz hergestellt worden sind.

Der Apparat besteht aus einem großen gußeisernen Kasten, der an der Ober- und Unterseite mit Heizplatten versehen ist. In diesem Kasten befinden sich an der Decke wie am Boden zwei Reihen sich gegenüberstehender Kupferwalzen. Die oberen sind durch eine entsprechende Zahnradeinrichtung mit verschiedener

Abb. 276. Schnelldämpfer von Zittauer Maschinenfabrik A.-G., Zittau.

Schnelligkeit drehbar, während die unteren Kupferwalzen keine Drehvorrichtung aufweisen, sondern so lose eingelagert sind, daß sie von der darübergleitenden Stoffbahn gedreht werden. Außerdem befindet sich an dem Apparat eine Vorrichtung zum Ein- und Austritt des Dampfes.

Die Ware wird durch einen Schlitz an der Vorderseite des Apparates eingeführt und durch eine Zugvorrichtung in auf- und absteigender Richtung über die einzelnen Kupferwalzen hergezogen. Von der letzten oberen Walze, die dem Eintritt gegenüber liegt, wird der Stoff oberhalb der Walzenanlage wieder hergezogen, tritt am Eintritt wieder aus und wird abgelegt. Die Schnelligkeit, mit der die Ware durch den Apparat geführt wird, läßt sich am Antrieb regeln, so daß die Ware beliebig lange, meistens 1 bis 5 Minuten, gedämpft werden kann.

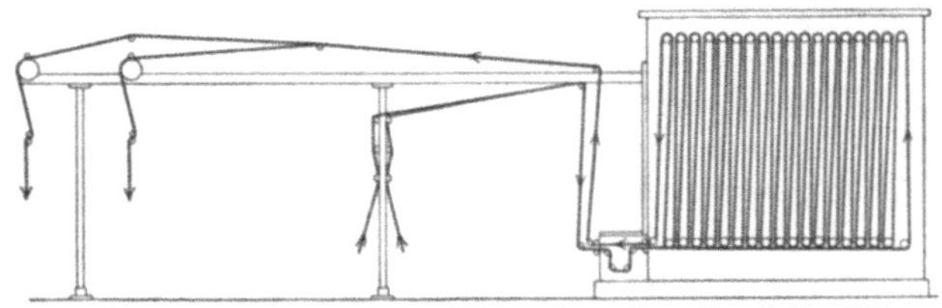

Abb. 277. Der gleiche Schnelldämpfer, den Lauf der Ware anzeigend.

Auch bei diesen Apparaten sind von den verschiedenen Fabriken Verbesserungen angebracht. Die Abbildung zeigt einen Schnelldämpfer, wie solcher von der Zittauer Maschinenfabrik A.-G. gebaut wird.

Abb. 278. Druckdämpfkessel von Zittauer Maschinenfabrik, Zittau.

Bei beiden Arten des Dämpfers ist natürlich dafür gesorgt, daß der aus den meistens am Boden liegenden Dampfschlangen austretende Dampf nicht durch mitgerissene Wassertropfen das Gewebe beschmutzen kann. Ferner ist eine Vorrichtung getroffen, daß sich bildendes Kondenswasser nicht auf die Ware tropft. Der Apparat muß zu diesem Zweck vor dem Gebrauch gut geheizt werden. Der Dampf entweicht durch einen Schlitz und wird ins Freie abgesogen. Durch Überhitzung des Dampfes lassen sich in diesen offenen Dämpfern auch Temperaturen bis zu 140 ° C erzeugen, nur muß der ganze Apparat mit entsprechenden Heizplatten umgeben werden, um die Temperatur halten zu können.

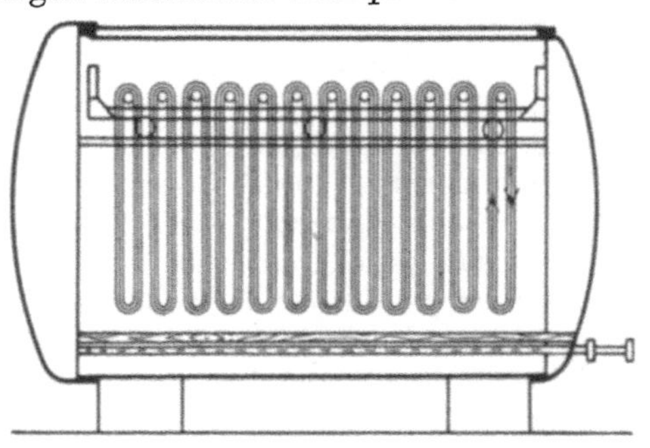

Abb. 279. Längsschnitt durch den Kessel, das Hängen der Ware zeigend.

Will man unter Druck dämpfen, dann ist dieses nur unter Verwendung vollständig geschlossener Kästen möglich. Man dämpft meistens eine halbe bis dreiviertel Stunde bei einem Überdruck von ¼ Atmosphäre oder die doppelte Zeit ohne Überdruck. Der Apparat, wie ihn die Abbildung zeigt, ein Fabrikat der Zittauer Maschinenfabrik A.-G., ist ein großer zylindrischer Kessel, der in der für Autoklaven üblichen Bauart hergestellt ist. In demselben befinden sich zwei Schienen zum Einfahren des Wagens, der mit der zu dämpfenden Ware beschickt wird. Der Kessel ist entweder doppelwandig gebaut, um ihn mit Dampf heizen zu können, oder er ist mit einer besonderen Heizvorrichtung in Form von Heizplatten versehen. Das Innere des Kessels ist mit säurefester Farbe gestrichen, um ein Angreifen des Kesselbleches zu verhindern.

Die zu dämpfenden Stoffe werden auf einen zusammenklappbaren Kreuzhaspel in einer Länge von etwa 60 m aufgehaspelt, vom Haspel abgenommen und in Halbenform auf Walzen gehängt, welche ihrerseits in einem Wagen aufgehängt werden. Erforderlich ist bei dieser Art des Dämpfens, daß ein Mitläufer mitgeführt wird, damit kein Verschmutzen der einzelnen Stofflagen eintreten kann.

Durch entsprechende Kuppelung ist es möglich, die Halben in dem verschlossenen Kessel in gewissen Zeiträumen zu drehen und so der Einwirkung des Dampfes gleichmäßig auszusetzen.

Wir kommen jetzt zur dritten Nachbehandlung, nämlich dem Reinigen, Waschen, gegebenenfalls auch Ausfärben oder Nachbehandeln der bedruckten Stoffe.

Es geschieht dieses auf den gleichen Maschinen, die bereits in dem Abschnitt über die Ausrüstung der Gewebe besprochen worden sind. Erwähnt sei hier nur, daß das bereits verschiedentlich besprochene Seifen im Schaum, der Firma Gebr. Schmid, Basel, patentiert, sich auch bei Druckware für die Nachbehandlung sehr gut bewährt hat. Die Seifenersparnis ist hierbei sehr groß. So wurde für 15000 m Ware nur ein Seifenverbrauch von 15 kg festgestellt[1]). Die Waschmaschinen, meistens Breitwaschmaschinen, werden zum Spülen und Seifen benutzt, die Färbemaschinen zum Ausfärben oder Beizen.

Nach dieser Nachbehandlung wird die Ware getrocknet, und zwar meistens auf dem Trockenspannrahmen, von dem in dem Abschnitt über Appretur noch näher die Rede sein wird. Hier geschieht gegebenenfalls auch das Appretieren der fertig bedruckten Ware.

c) Die Arten des Zeugdruckes. Das Bedrucken eines Gewebes unterscheidet sich insofern von dem Färben, als es sich bei dem Zeugdruck um das Hervorbringen eines Musters auf weißen oder farbigen Grund handelt. Um dieses zu erreichen, stehen verschiedene Möglichkeiten zur Verfügung, von denen die wichtigsten folgende sind:

1. Man druckt ein farbiges Muster auf weißen oder hellfarbigen Grund.
2. Man druckt den Grund farbig und läßt das Muster weiß.
3. Man druckt eine Reservage auf das Gewebe, um an diesen Stellen bei dem nachherigen Färben das Gewebe zu schützen, daß es hier keine Farbe aufnehmen kann. Nach Entfernung der Reservage ist an diesen Stellen das Gewebe weiß.
4. Man druckt auf das Gewebe eine Beize und färbt dann den Stoff aus. Das Muster erscheint dann andersfarbig als der Grund.
5. Man druckt auf ein farbiges Gewebe eine Ätze und nimmt hierdurch den Farbstoff weg. Das Muster erscheint weiß. Durch Zugabe eines entsprechenden Farbstoffes zur Ätze kann man auch bunt ätzen, also ätzen und gleichzeitig in einem anderen Farbton drucken.
6. Man beizt das ganze Gewebe, ätzt dann durch den Ätzdruck die Beize fort und färbt jetzt aus.
7. Man druckt verschiedene Farbstoffe übereinander und erzeugt dadurch neue Farbtöne.

---

[1]) Bericht d. Industr.-Gesellschaft Mülhausen 1912, Bd. 82, S. 547.

8. Man druckt Gewebe mit erhaben gewebten Mustern so, daß nur die erhabenen Stellen bedruckt werden.

Diese verschiedenen Möglichkeiten erzielt man in einer Hinsicht durch die verschiedene Gravierung der Druckwalzen; in anderer Hinsicht durch verschiedene Arten des Zeugdruckes. Hier unterscheidet man den gewöhnlichen Farbendruck und Dampffarbendruck, den Ätzdruck, den Reservagedruck und schließlich den Schleifdruck, deren wesentliche Merkmale und Ausführung im folgenden kurz besprochen werden sollen.

1. Der gewöhnliche Farbendruck wird auch als Dampffarbendruck bezeichnet, wenn das Gewebe nachher gedämpft werden muß. Vielfach spricht man auch von direktem Druck und will damit zum Ausdruck bringen, daß nur einmal — wenigstens in einem Farbton — gedruckt wird, ohne daß ein Vordruck als Reservage oder ein Nachdruck als Ätzdruck erforderlich ist. Es ist dies die ursprüngliche Form des Farbendruckes. Eine Schwierigkeit bestand jedoch darin, genügende Echtheit der Färbung zu erzielen. Heute ist dies überwunden. Man setzt das Fixierungsmittel des Farbstoffes, wie Gerbsäure, Katanol, Metallbeizen usw. einfach der Druckmasse zu, jedoch mit der entsprechenden Vorsicht. Um das vorzeitige Aufeinanderwirken des Gerbstoffes auf die Farbstoffe zu verhindern, fügt man organische Säuren wie Essig-, Ameisen-, Milch- und Weinsäure der Druckmasse beim Erkalten zu. Beim Dämpfen findet unter Verflüchtigung der Säure die Umsetzung in einen Farblack statt. Will man größere Echtheit erzielen, so kann man das Gewebe noch durch ein Brechweinsteinbad gehen lassen.

Der direkte Druck auf Seidengewebe spielt eine sehr große Rolle und ist eine der gebräuchlichsten Ausführungsformen.

Aus einer sehr eingehenden und die einzelnen Farbstoffgruppen berücksichtigenden Abhandlung über diesen Direktdruck für Seide möge Folgendes Erwähnung finden[1]).

Beim Drucken mit basischen Farbstoffen wird zur Farbmasse mit den in Betracht kommenden Farbstoffen ein Zusatz von Essigsäure und Tannin gemacht. Die hiermit bedruckten Gewebe werden nach dem Trocknen eine Stunde ohne Druck gedämpft und anschließend mit einem 50° C heißen Bad von Brechweinstein (5 bis 10 g pro Liter) behandelt. Dann wird gewaschen, geseift und zur Entfernung der Verdicknug mit Diastaphor behandelt. Zum Schluß gibt man eine dünne Ameisensäure oder Essigsäure. Zur Erzielung lebhafter Töne wird die Seide vor dem Bedrucken vielfach einer Präparation mit Zinnsalz unterworfen.

Bei Verwendung von substantiven Farbstoffen, die auch sehr echte Drucke liefern, verwendet man zur besseren Fixierung einen Zusatz von oxalsaurem Ammon oder phosphorsaurem Natron. Nach dem Drucken wird das Gewebe eine Stunde ohne Druck gedämpft, anschließend gewaschen und abgesäuert.

Um Beizenfarbstoffe auf Seide direkt zu drucken, setzt man der Druckmasse essigsaures Chrom und Weinsäure zu. Als Farbstoff wird ein Chromfarbstoff verwandt. Nach dem Bedrucken wird, ohne zu trocknen, eine Stunde gedämpft und gewaschen.

Der direkte Druck mit Schwefelfarbstoffen hat bei Seide noch wenig Anklang gefunden, da die schädigende Wirkung der Alkalisulfide trotz der verschiedenen Schutzmittel sich nicht hat vermeiden lassen.

Die Küpenfarbstoffe spielen heute auch im Zeugdruck wohl die wichtigste Rolle, da sie in ihrer Echtheit an erster Stelle stehen. In der gleichen Veröffentlichung wird dann auch noch der Bronzedruck erwähnt, der heute

[1]) Z. ges. Textilind. 1925, S. 151.

als Nachahmung des echten Brokats eine große Rolle spielt. Man benutzt zu seiner Herstellung meistens zwei Verfahren. Entweder man setzt die Bronzen in feingepulverter Form einer passenden Druckmasse zu, oder man druckt das Muster mit einem Firnis auf das Gewebe und bestreut nachher den so bedruckten Stoff mit Bronzepulver. Nach dem Antrocknen wird das überschüssige Metallpulver durch Ausbürsten entfernt. Beiden Verfahren haftet aber der Übelstand an, daß die Verteilung des Metallpulvers nicht gleichmäßig genug ist.

Nach Mieksch[1]) verfährt man, um Seidenstoffe mit haltbarem und nicht oxydierendem Bronzedruck zu versehen, in der Weise, daß auf die Ware ein Klebemittel aufgedruckt wird, das aus einer Mischung von Kopalfirnis und einer Auflösung von Kautschuk in Kampferöl und Benzin besteht. Auf diese Druckstellen wird dann das Bronzepulver aufgestaubt. Ein Ersatz für dieses Druckverfahren besteht darin, daß man mit einem trocknenden Öl bedruckt. Man kann noch einfacher so verfahren, daß die Ware direkt mit der Bronze bedruckt wird, die man mittels Eiweis und Traganth zu einer guten Druckmasse verarbeitet hat.

Die ungleichmäßige Verteilung der Bronze wird in der Weise zu vermeiden gesucht[2]), daß das Metallpulver mit einer Harzmasse vermischt wird, in der ein den Untergrund verdeckender Farbstoff, z. B. Gummigutti, gelöst ist. Für helle Seiden empfiehlt sich, gebleichte Harze zu nehmen. Derartige Harzmassen haben als Basis Kolophonium, das ein sehr gutes Lösungsmittel für Farbstoffe darstellt. Diese Farbmasse wird einem Harzgemisch zugesetzt, das aus Kopal, Dammara, gebleichtem Schellack und Albumin besteht. Der Mischung wird dann das Metallpulver zugefügt und das Ganze auf das feinste gepulvert und durchgesiebt. Mit diesem Pulver wird der Seidenstoff mittels eines feinen Siebchens gleichmäßig in dünner Schicht bestreut. Darauf wird durch ein heißgemachtes Druckmodell das Muster auf den Stoff gedruckt. Der Druckapparat darf aber nur so heiß sein, daß die Harzmasse gerade schmilzt und so das Metall an das Gewebe festklebt. Durch zu heißes Arbeiten schmilzt der Lack auch neben der Form und entstehen verschwommene Umrisse. Der Überschuß an Metallstaub wird ausgebürstet.

Nach Dr. R. Fischer[3]) kann man den Bronzedruck auf Seide einfacher in der Weise bewirken, daß man das betreffende Metallpulver mit Serikose L (Bayer) vermischt und hiermit druckt. Hiernach wird getrocknet, kurz gedämpft, gewaschen und nochmals getrocknet.

Erwähnt sei hier schließlich noch das Verfahren zu Herstellung eines Blauholzschwarzdruckes von A. Romann[4]). Es besteht darin, daß das Gewebe mit einem Blauholzauszug bedruckt und ganz kurz gedämpft wird, anschließend folgt eine Behandlung mit Bichromat, gegebenenfalls unter Zusatz von Ammoniak. Das Bad wird etwa 50° C warm verwandt. Darauf setzt man die Ware der Luft aus, jedoch nicht zu lange, um nicht das Weiß zu vergilben. Nötigenfalls läßt man das Schwarz durch Zusatz von Methylenblau, Querzitron usw. zur Druckmasse nuancieren. Diese Farbstoffe werden durch die Gerbsäure des Blauholzauszuges oder durch die Oxydationswirkung des Chromates echt fixiert.

Um matte Farbeffekte auf Seidengeweben zu erzielen, z. B. Weiß oder Ton in Ton, bedient man sich nach Dr. R. Fischer[5]) einer Druckmasse mit Blanc fixe und Serikose. Die Masse kann mit basischen Farbstoffen unter Essigsäurezusatz angefärbt werden. Nach dem Drucken wird getrocknet, kurz gedämpft und gespült.

---

[1]) Mieksch: Kunststoffe 1917, S. 191. [2]) Färber-Zg. 1901, S. 164.
[3]) Fischer: Färber-Zg. 1919, S. 4.
[4]) Romann, A.: Industr.-Ges. Mülhausen Bd. 83, S. 807. 1913.
[5]) Fischer, R.: Färber-Zg. 1919, S. 3.

Wesentlich besser eignen sich zum Direktdruck die Küpenfarbstoffe. Hierbei bietet natürlich die Verwendung der Natronlauge sehr erhebliche Schwierigkeiten und hat man ihren schädigenden Einfluß auf Seide dadurch aufzuheben versucht, daß man an ihrer Stelle schwächere Basen, wie Magnesiumoxyd oder Zinkoxyd, gibt. Außer dem Farbstoff ist natürlich ein Zusatz von Hydrosulfit zur Druckmasse erforderlich. Will man für lebhaftere Töne einen Zusatz von basischen Farbstoffen machen, dann müssen dies also solche sein, die durch Hydrosulfit nicht angegriffen werden. Nach dem Bedrucken wird kurz gedämpft, gespült und getrocknet.

Im Anschluß an den Direktdruck sei hier noch der Spritzdruck besprochen, der eigentlich mit Zeugdruck nichts zu tun hat, weil weder ein Muster aufgedruckt wird, noch irgendwie eine maschinelle Bearbeitung in Frage kommt.

Der Spritzdruck ist ein Verfahren, daß schon bei den alten Japanern zur Herstellung künstlerisch sehr vollendeter Malereien auf Seidengeweben ausgeübt wurde. Auch heute sehen wir diese Methode noch bei der Herstellung der schönen Batikarbeiten von den Eingeborenen auf Sumatra usw. verwandt. Sie besteht darin, daß die betreffende Farblösung mit Hilfe eines als Zerstäuber konstruierten Röhrchens auf das betreffende Gewebe aufgeblasen wird. Diese Arbeitsweise in eine handlichere Form gebracht und der europäischen Technik durch Konstruktion von Spritzdruckapparaten zugeführt zu haben, ist das Verdienst der Firma A. Krautzberger & Co. in Holzhausen bei Leipzig. Das Arbeiten des Spritzdruckes mittels des unten abgebildeten Apparates, der in geeigneter Weise mit einer kleinen Preßluftanlage verbunden ist, geschieht unter Verwendung von Schablonen, meistens aus dünnem Metallblech. Die einzelnen Partien der Zeichnung sind nach Farben und Form ausgeschnitten, so daß die gedeckten Teile weiß oder ungefärbt bleiben. Der ganze Schablonensatz ergibt dann das gewünschte Muster. Die einzelnen Farbtöne werden nun nicht flach aufgespritzt — dieses ist natürlich auch möglich —, sondern schattiert, zart verlaufend, wodurch das eigentümliche kunstvolle Relief der Zeichnung erreicht wird.

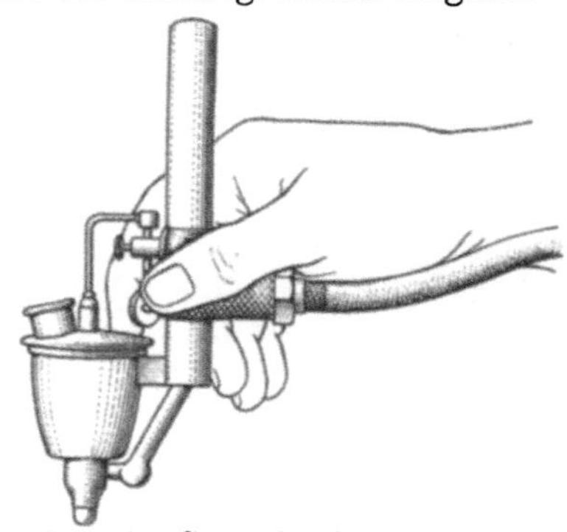

Abb. 280. Spritzdruckapparat von A. Krantzberger & Co., Holzhausen.

Die Handhabung des Spritzdruckes geschieht in der Weise, daß man das auf Tischen ausgebreitete Gewebe mittels des Apparates mit der Farblösung bespritzt. Der Spritzdruckapparat ist so konstruiert, daß der Farbstoffbehälter leicht auszutauschen bzw. der Apparat leicht zu reinigen ist, so daß man also mit dem gleichen Apparat nur durch Austausch des Farbbehälters eine große Anzahl von Färbungen herstellen kann und nicht etwa für jede Farbe eines besonderen Apparates bedarf.

Es erfordert diese Arbeitsweise selbstverständlich eine gewisse Handfertigkeit, zumal wenn es sich um ein vielfarbiges Muster handelt. Immerhin ist ein Auslaufen der Farben nicht schlimm, da dieses bei Batik ja ebenfalls sehr beliebt ist. Wesentlich unterscheidet sich der Spritzdruck vom Batik jedoch dadurch, daß ein nachheriges Färben nach dem Spritzen ausgeschlossen ist. Es werden daher außer weißem Stoff vielfach auch bereits gefärbte Gewebe dem Spritzdruckverfahren unterworfen. Ist die Färbung zu dunkel, muß sie durch eine leichte Hydrosulfitbleiche etwas aufgehellt werden. Wo dieses versagt, ist ein

Spritzdruck nicht möglich. Als Farbstoffe verwendet man basische Farbstoffe, da sie die Seide leicht und leuchtend färben. Um eine bessere Echtheit — namentlich Wasch- und Lichtechtheit — zu erzielen, kann man die Seide vor dem Spritzen mit Zinnsalz oder zinnsaurem Natron beizen, was aber nur selten geschieht. Eher läßt man dem Spritzen eine Tannin-Brechweinsteinpassage oder eine Katanolbehandlung folgen. Die Nachbehandlungen — auch das Dämpfen — sind beim Spritzdruck die gleichen wie bei dem üblichen Druckverfahren. Da die Gefahr des Auslaufens der gespritzten Farben immerhin vorhanden ist, unterläßt man dieses Behandlungen vielfach, erniedrigt dann aber dadurch naturgemäß die Reibechtheit. Es kann daher nicht wundernehmen, daß auch bei dem Spritzdruck die Verwendung der Küpenfarbstoffe sehr bald Eingang gefunden hat. Die Verwendung der Küpenfarbstoffe in der Spritzlösung ist ähnlich wie in den Druckmassen. Empfehlenswert ist es, die Natronlauge durch Soda oder schwächeres Alkali, wie Borax, Zinkoxyd oder Natriumsulfit zu ersetzten. Nach dem Spritzen wird gedämpft und gewaschen.

Abb. 281. Ein mit Spritzdruck ausgerüstetes Seidengewebe.

Schwefelfarbstoffe werden im Spritzdruck weniger verwandt, ebenso substantive Farbstoffe.

Bei der Verwendung der Beizenfarbstoffe ist ein Zusatz von essigsaurem Chrom oder Fluorchrom und organischer Säure erforderlich. Nach dem Spritzen wird gedämpft, gewaschen und zum Schluß schwach mit Ameisensäure aviviert.

Eine besondere Form des Spritzdruckes ist die Verwendung spritlöslicher Farbstoffe. Dieses Verfahren bietet den Vorteil, daß die bespritzte Ware schneller trocknet und der Farbstoff auch besser fixiert wird. Außerdem fällt das Dämpfen oder Waschen bei der Verwendung dieser spritlöslichen Farbstoffe weg. Die Farbstoffe werden konzentriert, in Alkohol gelöst und dann mit Alkohol verdünnt. Die Verdünnung kann auch mit Benzin oder Benzol vorgenommen werden.

Jedenfalls unterscheidet sich der Spritzdruck vom gewöhnlichen Druck dadurch, daß alle Farben in äußerst zart verlaufenden Schattierungen aufgetragen werden können, so daß die Muster prachtvoll plastisch hervortreten und ein künstlerisches Aussehen erhalten, das weder durch Hand- noch durch Maschinendruck in solcher Vollendung erzielt werden kann. Die obenstehende Abbildung zeigt ein derart im Spritzdruck hergestelltes Muster, bei dem nicht nur Farbstoffe, sondern auch Bronzefarben verwandt worden sind[1]).

Erwähnung getan sei hier noch eines Verfahrens, das durch D.R.P. 311547 (1916) R. Schultz geschützt ist. Nach demselben wird das Auftragen flüssiger,

[1]) Eine ausführlichere Behandlung des Spritzdruckes auch für Seide findet sich in einer Abhandlung über „Direkter Druck auf Textilware“ in der Z. ges. Textilind. 1925, S. 195 bis 237.

also nicht verdickter Druckfarben dadurch ermöglicht, daß auf dem Gewebe die Konturen des Musters mit einer Beize, z. B. Kaliumdichromat, aufgedruckt werden, wodurch die Farbaufnahme an diesen Stellen verhindert werden soll.

2. Der Reservedruck. Diese Form des Druckes bedient sich der Reserven oder Reservagen, d. h. das Gewebe wird mit einem Muster bedruckt, das aus Stoffen besteht, die die Faser so einzuhüllen vermögen, daß beim Färben diese so bedruckten Stellen des Gewebes nicht mit gefärbt werden können. Man kann durch Aufdrucken von Wachsen, Harzen, Ton usw. mechanisch reservieren oder durch Aufdrucken von Beizen chemisch.

Die erstere Form ist, wie wir gesehen haben, eine der ältesten Formen des Seidendruckes und als Batikdruck bei den indischen Völkern seit langer Zeit bekannt. Hier nahm man als Reserve eine Zusammenstellung verschiedener Wachse. In Japan reserviert man die Gewebe mit einer klebrigen aus Reis hergestellten Masse, in die man die Muster hineinritzt. Aber auch die zweite Form, das Aufdrucken von chemischen Beizen, muß bereits den alten Ägyptern bekannt gewesen sein. Denn Plinius berichtet, daß in Ägypten die Herstellung zweifarbiger Effekte auf Geweben bekannt sei. Er drückt sein Erstaunen darüber aus, daß die Gewebe zweifarbig ausfielen, obwohl nur ein Farbstoff in das Färbebad gegeben worden sei. Wenn er auch nicht den inneren Zusammenhang dieser Vorgänge erkannt und beschrieben hat, so ist doch anzunehmen, daß es sich bei diesen Färbungen um solche gehandelt haben muß, bei denen das Muster in irgendeiner Form reserviert worden war. Aber auch heute noch spielt der Reservedruck eine nicht unerhebliche Rolle, zumal man es in der Hand hat, durch Zusatz entsprechend geeigneter Farbstoffe zur Reservagedruckmasse gleichzeitig ein Buntfärben der reservierten Stellen zu erzielen. Es ist dieses die Buntreservage.

Das Arbeiten mit der Harz- oder Fettreserve gestaltet sich wie folgt. Man bedruckt das Gewebe mit einer Komposition aus Harzen, Wachsen, Talg, Stearin und ähnlichen Stoffen und hängt es dann zum langsamen Trocknen auf. Vielfach wird das Druckmuster, um ein Verschmieren des Druckes zu verhüten, noch mit Talkum oder Ton bestreut. Nach dem Trocknen färbt man kalt mit basischen Farbstoffen und wenig Essigsäure während mehrerer Stunden aus. Die Farbstoffe dürfen aber nicht in Benzin oder Benzol löslich sein, weil sonst bei der nachfolgenden Entfernung der Reservage mit Benzin oder Benzol die Farben auslaufen würden. Da die genannten Stoffe das Seidengewebe aber ungünstig beeinflussen, insofern als sie auch das natürliche Fett der Seide herausziehen, ist es erforderlich, das Gewebe nach dem Spülen gut mit Öl zu avivieren, um der Seide ihren Fettgehalt wieder zu verleihen. Zur Erhöhung der Echtheit empfiehlt es sich, das Gewebe nach dem Färben mit Tannin und Brechweinstein nachzubehandeln. Statt mit basischen Farbstoffen kann man auch mit sauren, namentlich sauren Alizarinfarbstoffen färben und dadurch die Echtheit wesentlich erhöhen.

Die zweite Anwendung des Reservedruckes ist diejenige, die als Batik ja bereits am Eingang dieses Abschnittes erwähnt wurde. Sie unterscheidet sich, so weit es sich um billigere Ware handelt, in nichts von der Form in der der Fettreservedruck hergestellt wurde.

Bei dem großen Interesse, das in der Neuzeit wieder der Batikfärberei entgegengebracht wird, mögen hier einige Ausführungen über die moderne Form des namentlich in Künstlerkreisen wieder zu Ehren gebrachten Batikens Platz finden[1]).

[1]) Über das Batiken berichtet ausführlich Prof. J. A. Löber jr. in einem Werk „Das Batiken", welches im Verlage von Gerhard Stalling, Oldenburg, erschienen ist. Die Ausführungen des Verfassers berücksichtigen nicht nur die Kunst des indonesischen Batiks, sondern auch das moderne Batik.

Für diese Gewebeausrüstung sind Gewebe aus reiner Seide oder Schappe, auch Mischgewebe aus Seide und Baumwolle, am besten geeignet während solche aus Wolle oder Wollseide sich nicht dazu eignen, weil das Färben der Wolle zu hohe Temperatur erfordert.

Die Stoffe werden auf einen Spannrahmen gebracht und mittels feiner Röhrchen oder auch Pinsel eine geschmolzene Wachskomposition aus Japanwachs, dem zur Erzielung einer größeren Geschmeidigkeit ein Harzzusatz gemacht wurde, und anderen Wachsen aufgetragen. Die dadurch bewirkte Zeichnung, die im Gegensatz zum Zeugdruck vollkommen unregelmäßig ist, stellt diejenigen Teile des Musters dar, welche nicht gefärbt, sondern reserviert werden, also weiß bleiben. Nach einer anderen, aber weniger gebräuchlichen Arbeitsvorschrift

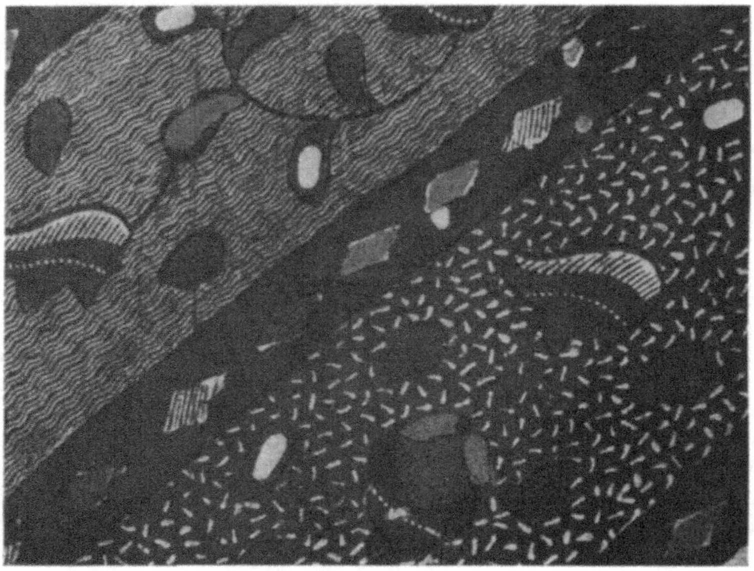

Abb. 282. Original-Batik (Kunstgewerbeschule Elberfeld).

wird das ganze Gewebe mit einer Wachsschicht überzogen und nun das Muster durch Auskratzen der Wachsschicht aufgezeichnet. Außer dem Auskratzen kann man auch durch Zusammenknittern und dadurch bedingtes Brechen der Wachsschicht oder durch Aufdrucken eines Musters die verschiedensten Effekte erzielen. Bei der ersteren Arbeitsweise ist natürlich der Temperatur des geschmolzenen Wachses große Aufmerksamkeit zu schenken. Die Wachskomposition soll wohl an den Stellen, wo sie aufgetragen wird, das Gewebe vollständig durchdringen und wasserundurchlässig machen, aber nicht auslaufen.

Nachdem die Stücke so hergerichtet sind, werden sie gefärbt, und zwar mit solchen Farbstoffen, welche bei verhältnismäßig niedriger Temperatur aufziehen, aber sich kochecht färben, wie z. B. Küpenfarbstoffe, weil nach dem Färben das Entfernen des Wachses durch Auskochen geschieht. Man kann jedoch auch mit Beizenfarbstoffen färben, und zwar in der Weise, daß die Gewebe kalt gebeizt werden. Es nehmen dann nur die wachsfreien Stellen die Beize auf. Wird jetzt kochend gefärbt, so nehmen nur die gebeizten Stellen den Farbstoff auf, während die gewachsten Stellen farblos bleiben. Die gefärbten Stellen können nach dem Trocknen nochmals mit einer Wachszeichnung versehen und von neuem gebeizt und gefärbt werden. Hierdurch lassen sich sehr hübsche Mehrfarbeneffekte erzielen.

Das Entfernen des Wachses geschieht durch gutes Auskochen. Man drückt die Gewebe sorgfältig unter die Oberfläche der Farbflotte, läßt erkalten und hebt den erstarrten Wachskuchen ab.

Ein Gegenstück zur Batikfärbung bildet die Bandhanafärbung, die in der Weise hergestellt wird, daß das Gewebe an verschiedenen Stellen knotenförmig abgebunden wird. Die abgebundenen Stellen werden dann entweder nicht mit gefärbt, oder sie werden anders gefärbt.

Der Bandhanadruck wird auch in der Weise erzielt, daß man das zuvor uni gefärbte Gewebe zwischen zwei Bleiplatten klemmt, die das Muster in Ge-

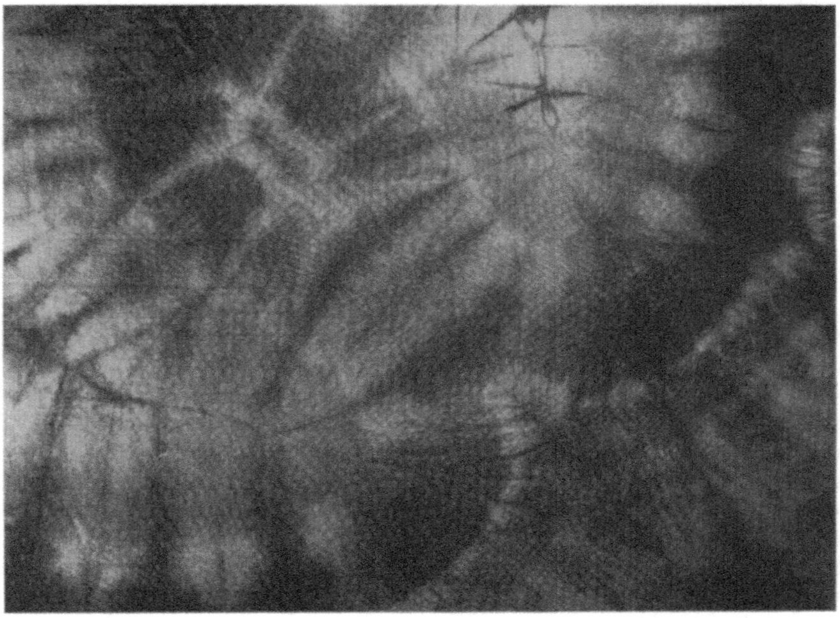

Abb. 283. Original Bandhana (Kunstgewerbeschule Elberfeld).

stalt einer Hohlform zeigen. In diese Höhlungen wird darauf warme Chlorkalklösung gegossen, die den Farbstoff in den Konturen des Musters zerstört.

Wo es sich um gewöhnliche Fabrikware handelt, bedient man sich durchweg der Bandhanafärbung, die in gewisser Hinsicht der Ombréfärbung der Strangseide gleicht. Man bildet durch Zusammenraffen des Gewebes an den dazu bestimmten Stellen des Gewebes einen mehr oder weniger großen Knoten, wickelt diesen in undurchlässiges Papier (Pergament- oder Guttaperchapapier) ein und färbt das betreffende Stück. Nachdem dies geschehen, werden die Knoten geöffnet und können nun entweder hell gelassen oder noch anders gefärbt werden.

Bei der ganz billigen Batikware handelt es sich dagegen um eine richtige Maschinendruckware.

Das D.R.P. 286811 (1914) schützt Dr. Weller ein Verfahren zum Übertragen von ungefärbten Wachszeichnungen zum Zweck des Batikens. Man legt Wachspapier auf das Gewebe und überträgt das Muster mittels heißer Druckwalzen auf das Gewebe.

Das Färben der reservierten Gewebe geschieht in der Weise[1]), daß die reservierte Ware zunächst in lauwarmen Wasser mit etwas Ameisensäure eingenetzt und dann mit basischen Farbstoffen oder Säurefarbstoffen ausgefärbt wird. Nach dem Färben wird gespült und schwach abgesäuert.

Eine Reservierungsform, die in der Pflanzenfaserveredelung eine große Rolle spielt, die Pappreserve, findet in der Seidendruckerei keine Verwendung.

Viel wichtiger sind dagegen die chemischen Reserven geworden, die teilweise in Form von besonderen Reservesalzen von den Fabriken in den Handel gebracht werden. Für Seidengewebe kommen als derartige Reserven nur Zinnsalz oder Brechweinstein in Frage. Nach dem Bedrucken färbt man mit basischen Farbstoffen kalt, oder mit Säure- bzw. substantiven Farbstoffen. Buntreserven lassen sich herstellen, wenn der Druckmasse entsprechende Farbstoffe zugesetzt werden.

Hervorragend bewähren sich Küpenfarbstoffe im Reservedruck, sie kommen aber für Seidengewebe weniger in Betracht.

Ein eigenartiges Verfahren zur Erzeugung von Webereinachahmungen auf Seide ist der Bad. Anilin- und Sodafabrik, Ludwigshafen, durch das D.R.P. 117250 (1900) geschützt. Es handelt sich hierbei um das Reservieren von rohseidenen Geweben in der Weise, daß das Gewebe in Form eines Musters entbastet wird. Durch diese teilweise Entbastung wird an den bedruckten Stellen eine glänzende Seide erhalten, während sie an den anderen Stellen matt ist. Die Druckmasse besteht aus einem Verdickungsmittel mit Ätzalkalien. Wird die hiermit bedruckte Seide vorsichtig getrocknet, gewaschen und abgesäuert, dann tritt an diesen bedruckten Stellen die glänzende entbastete Seidenfaser zutage. Man erhält dadurch auf dem gefärbten wie auch ungefärbten Gewebe schöne Glanzeffekte. Um die schädigende Wirkung des Ätzalkalis auf die Seidensubstanz herabzumindern, setzt man der Druckmasse Schutzstoffe, und zwar Traubenzucker, Glyzerin usw. zu. Gibt man zur Druckpaste alkalibeständige Farbstoffe, so erhält man entsprechende Buntreserven.

Man kann aber auch umgekehrt verfahren, indem man der Druckmasse Stoffe zusetzt, die den Bast vor dem Abgelöstwerden beim Entbasten schützen, z. B. essigsaures Chrom. Derart bedruckte Stoffe behalten bei dem Entbasten an den bedruckten Stellen ihren Bast und zeigen nach dem Ausfärben einen abweichenden Farbton. In der gleichen Weise kann man durch Zusatz entsprechender Farbstoffe die reservierten Stellen farbig drucken und so bei dem Ausfärben zwei oder mehr Farbeneffekte erzielen.

Im großen und ganzen hat der Reservedruck gegenüber dem Direkt- oder Ätzdruck bei Seidengeweben weniger Eingang gefunden, wenn man vom Batikdruck absieht, der in der Neuzeit wieder an Interesse gewonnen hat.

3. Der Ätzdruck auf Seide. Der Ätz- oder Enlevagendruck bezweckt, durch Aufdrucken einer Ätzmasse auf den farbigen Grund des Gewebes ein weißes Muster hervortreten zu lassen. Derartige die Farbstoffe zerstörende Ätzstoffe können oxydierender oder reduzierender Natur sein. Es kann das Ätzen aber auch mittels geeigneter Säuren oder Alkalien geschehen. Voraussetzung bleibt natürlich, daß man über die Natur der zu ätzenden Färbung orientiert ist. Wie bei den übrigen Druckverfahren, kennt man auch hier eine Buntätze, wenn der Ätzdruckmasse solche Farbstoffe zugesetzt werden, die ätzbeständig sind. Die gebräuchlichsten Ätzmittel sind Zinnsalz, Zinkstaub und die verschiedenen Hydrosulfitverbindungen, wie Rongalit, Hyraldit u. a. m. Die Technik des Druckens ist die übliche: man dämpft, spült und säuert ab.

---

[1]) Z. ges. Textilind. 1925, S. 83 und 119.

Bei dem Ätzdruck auf Seide kommen als Ätzmittel nur Hydrosulfite in Frage, für die Buntätze das Zinnsalz, während Zinkstaub sehr wenig verwendet wird. Bei Buntätzen tut man gut, die Seide vor dem Färben mit Zinnsalz zu präparieren, da die Farben besser und leuchtender aufziehen, bei dem einfachen Ätzdruck ist eine Vorbehandlung dagegen überflüssig.

Will man Seide weiß ätzen, dann druckt man mit einer Druckmasse, die neben dem Verdickungsmittel, Hydrosulfit enthält. Man dämpft 5 bis 10 Minuten und spült. Will man dagegen mit Hydrosulfit bunt ätzen, dann fügt man der Druckmasse basische oder saure, nicht ätzbare Farbstoffe hinzu. Neuerdings haben hierzu auch die entsprechenden Küpenfarbstoffe eine sehr ausgedehnte Verwendung gefunden. Der vorgefärbte Stoff wird mit der Ätzmasse bedruckt, getrocknet, fünf Minuten gedämpft, gewaschen und gegebenenfalls geseift.

Bei Buntätze mit Zinnsalz[1]) wird der Druckmasse Zinnsalz, Essigsäure, Rhodanammonium und Zitronensäure zugesetzt und als Farbstoffe basische bzw. einzelne Säurefarbstoffe, wie Säurefuchsin B, Säuregrün G, Neutralwollblau R, Säureviolett 4 BN. Nach dem Drucken und Trocknen wird eine halbe Stunde gedämpft und gewaschen.

Selbstverständlich müssen zum Vorfärben der Seidenstoffe solche Farbstoffe genommen werden, die auch tatsächlich ätzbar sind. Derartige Farbstoffe sind z. B. Crocein, Echtrot A, Ponceau GR, Orange II, Echtgelb G, Säuregrün GG, Wollblau BD 7, Wollschwarz DZ u. a. m.

Eine gewisse Schwierigkeit bietet beim Ätzdruck die Tatsache, daß es vielfach nicht gelingt, ein reines haltbares Weiß zu erhalten. Über diese Frage hat Dr. Oppé[2]) ausführliche Versuche angestellt. Er hat festgestellt, daß nicht nur die Weißätzungen selbst trübe ausfallen, sondern daß Gewebe mit ursprünglich einwandfreiem Weiß beim Lagern allmählich einen gelblichbraunen Ton annehmen. Er hat den Nachweis geführt, daß dieser Übelstand durch Zersetzungen der beim Ätzen zerstörten Farbstoffe veranlaßt wird, und zwar durch Bildung von Aminoverbindungen, die sich an der Luft allmählich verfärben. Gebessert werden kann der Übelstand durch gutes Absäuern nach dem Dämpfen mit 5% Ameisensäure. Die Versuche Oppés in dieser Hinsicht sind von Erfolg gekrönt gewesen.

Eine andere Form der Verfärbung ist das Braunwerden der Weißätzungen auf zinnerschwerter Seide. Hier wird die Verfärbung durch Bildung von Zinnsulfid aus der Zinncharge durch Einwirkung des Hydrosulfites veranlaßt. Diesen Fehler zu beheben, ist Oppé ebenfalls geglückt, und zwar in der Weise, daß er der Ätzpaste Zinkazetat oder noch besser basisches Zinkkarbonat zusetzte. Das sich bei dem Ätzprozess bildende Zinksulfid bedingt die Bindung des Schwefelwasserstoffes. Etwa überschüssiges Zinkkarbonat wird durch Nachbehandlung mit Essigsäure herausgelöst, wodurch das Zinksulfid nicht angegriffen wird. Dieses letztere muß selbstverständlich verhindert werden, um nicht die beabsichtigte Wirkung wieder hinfällig zu machen.

4. Der Schleifdruck. Diese Art des Druckes, die verhältnismäßig selten für Seidengewebe in Frage kommt, hin und wieder allerdings für Samt, bezweckt, bei Stoffen mit erhaben gewebten Mustern oder auch gerauhten Stoffen diese erhabenen oder aufgerauhten Stellen zu bedrucken. Es ist dies natürlich nur mit besonders eingestellten Druckwalzen möglich. In Frage kommt für diesen Schleifdruck durchwegs der direkte Druck.

---

[1]) Z. ges. Textilind. 1925, S. 365.

[2]) Oppé, Dr.: Veröfftlg. d. Textilforschungsanstalt, Krefeld 1923.

Die gemischtfaserigen Gewebe werden nach der Druckart behandelt, die für die im Gewebe überwiegende Textilfaser üblich ist. Man wird also bei Halbseide die Baumwolldruckmethoden bevorzugen, bei Wollseiden das Seiden- oder Wolldruckverfahren. Hierüber existieren auch ausführliche von den verschiedenen Farbenfabriken herausgegebene Vorschriftenbücher. Überhaupt haben die Farbenfabriken es sich angelegen sein lassen, dieses verhältnismäßig noch junge Gebiet in jeder Weise durchzuarbeiten. Es wurde deshalb auch bei der vorstehenden Besprechung der verschiedenen Druckverfahren davon Abstand genommen, irgendwelche genaueren Rezepte für Druckmassen anzuführen.

Im Schrifttum ist über das Drucken speziell gemischtseidener Gewebe nur wenig bekannt geworden. Abgesehen von den Angaben einzelner Werke[1]) finden sich Ausführungen in den Veröffentlichungen der Industriegesellschaft Mühlhausen. Erwähnt sei hier aber noch eine ausführliche Abhandlung über Ätzdruck[2]), in der auch über den Ätzdruck auf gemischten Textilwaren eingehender berichtet wird.

Über vielfarbige Ätzungen auf Seide und Halbseide sind nach Henry Bourry[3]) auf Vorschlag der Firma Fréres Koechlin, Basel, von Henry Schmid Untersuchungen in der Richtung durchgeführt worden, indem er zur Druckmasse solche Farbstoffe zusetzte, welche durch Chloratferrozyankali entweder leicht oder nicht zu ätzen waren.

Romann und Grand Mougin[4]) haben festgestellt, daß Sulfozyanzink und Chlorzink, auf Seidengewebe aufgedruckt, die Eigenschaft besitzen, die Seidenfaser an den bedruckten Stellen zusammenzuziehen. Hierdurch lassen sich hübsche Kreppeffekte erzielen. Bei Zusatz entsprechender Farbstoffe zur Druckpaste erhält man gleichzeitig bunte Effekte.

Um Kreppeffekte auf Seidengeweben zu erzielen, werden folgende Verfahren vorgeschlagen[5]). Nach dem Verfahren von Graissot[6]) bedruckt man die Gewebe mit Chlorzink. Nach dem Verfahren von Gebr. Köchlin nimmt man statt des Chlorzinks das Sulfozyanzink. Nach dem Verfahren von Depouilly, Garnier und Voland[7]) bedruckt man mit Säuren.

Ausführlicher in dieser Hinsicht ist die Patentliteratur. Als besonders interessant seien hier nur einzelne Verfahren angeführt.

Das dem D.R.P. 287087 (1913) von Dr. Feubel zugrunde liegende Verfahren zur Herstellung ein- und mehrfarbiger Effekte auf Geweben aller Art geht von der Verwendung hitzebeständiger Farbstoffe aus. Die hiermit gefärbten Gewebe — z. B. für Seide das Baumwollblau IV oder Brillantgrün mit Ammoniumformiat — werden einer lokalen Hitzeeinwirkung ausgesetzt, d. h. man druckt den Stoff mit heizbaren Druckwalzen, so daß also der Farbstoff des Gewebes in Form eines Musters zerstört wird.

Nach dem D.R.P. 328817 (1917) von C. H. Böhringer, Sohn, verwendet man zur Erzielung guter Ätzdrucke solche Ätzpasten, die gallensaure Salze enthalten. Hierdurch soll die Löslichkeit der Ätzprodukte gesteigert werden.

Zum Schlusse dieses Abschnittes mag noch erwähnt werden, daß die bedruckten Seidenstoffe nach Fertigstellung des Druckes und den Nachbehandlungen vielfach noch appretiert werden. Zu diesem Zweck werden besonders

---

[1]) Heermann: Die Textilveredlung; R. O. Herzog: Chem. Technologie der org. Verbindungen.

[2]) Z. ges. Textilind. 1925, S. 351 und 364.

[3]) Bourry, Henry: Bull. Soc. Ind. Mülhouse 86, S. 129.

[4]) Roman und Grand Mougin: Bull. Soc. Ind. Mülhouse 1910.

[5]) Färber-Zg. 1913, S. 360. [6]) Graissot: Färber-Zg. 1891, S. 246.

[7]) Depouilly, Garnier und Voland: Färber-Zg. 1895/96, S. 139 und 1898, S. 120.

leichte Seidenstoffe, wie Crêpes, vielfach auf dem Spannrahmen getrocknet, während schwerere Gewebe auf der Trockentrommel nach dem Appretieren getrocknet werden. Bezüglich Einzelheiten sei auf den folgenden Abschnitt verwiesen, der über Appretur der Seiden handelt. Bei bedruckten Stoffen ist bezüglich des Appretierens sehr große Vorsicht am Platze, da die Druckfarben bezüglich Reibechtheit vielfach zu wünschen übriglassen. Man begnügt sich daher in den meisten Fällen damit, die fertig bedruckten Stücke sorgfältig zu spannen und zu plätten. Muß aber appretiert werden, so geschieht dieses von links.

So wird bezüglich Appretur von bedrucktem Atlas ausgeführt[1]), daß der glattgespannte Stoff auf der linken, also nicht bedruckten Seite, von Hand mit Hilfe eines Schwammes mit einer dünnen Gelatinelösung in Essigsäure imprägniert wird. Früher sei dieses mit Tropfbier oder Zuckerlösungen geschehen.

In der Mehrzahl der Fälle werden die bedruckten Seidenstoffe, wie gesagt, nicht appretiert, sondern kommen einfach getrocknet zum Versand.

7. Das Appretieren der Seidengewebe.

Durch die verschiedenartigen Behandlungen, die das im Stück ausgerüstete Seidengewebe hat durchmachen müssen, ist die Ware bezüglich ihres Aussehens in solcher Weise beeinflußt worden, daß eine Nachbehandlung erforderlich ist, um dem Gewebe das glatte, glänzende Aussehen, den charakteristischen Griff und sonstige Eigenschaften wiederzugeben, die den Verkaufswert der Ware bedingen. Diese Nachbehandlung geschieht durch das Appretieren. Es besteht darin, daß man dem Gewebe Stoffe einverleibt, die als solche oder durch besondere Einwirkung, wie z. B. Druck und Hitze, imstande sind, die genannten Eigenschaften dem Gewebe zu verleihen. Hierbei ist aber nicht zu übersehen, daß die Hauptursache dieser Eigenschaften die dem Appretieren vorausgehenden Ausrüstungsprozesse, wie Abkochen und Erschweren, bilden. Ein Gewebe, in dem der Faden nicht gequollen ist, das mithin keinen vollen Griff aufweist, kann auch durch das Appretieren kein gutes Gefühl erhalten.

Ähnlich wie bei der Erschwerung der Seide eine Erklärung der Begriffe „Erschwerung“ und „Beschwerung“ nötig war, muß auch hier darauf hingewiesen werden, daß vielfach die Begriffe „Appret“, „Appretur“ und „Appretieren“ durcheinandergeworfen werden.

Appret ist die Masse, mit der die Ware imprägniert wird. Appretur ist nicht nur die durch den Appret hervorgebrachte, sondern auch die durch die verschiedenen Behandlungsweisen bedingte besondere Beschaffenheit eines Gewebes. Der Vorgang, durch den diese Appretur erzeugt wird, ist das Appretieren.

Das Appretieren ist, wie die Erschwerung, kein einheitlicher Vorgang, sondern setzt sich aus einer ganzen Anzahl von Behandlungsweisen zusammen. Das Appretieren der Seide birgt ebenso viele Klippen und Gefahren in sich als das Erschweren. Es bedarf daher großer Erfahrung und Kenntnis der einzelnen Vorgänge von seiten des Appreteurs. Auf der anderen Seite sind die verschiedenen Arbeitsweisen des Appretierens so wenig auf wissenschaftlicher Grundlage erforscht, daß sich hier dem Forscher noch ein sehr weites Arbeitsfeld öffnet. Es muß dieses, soweit das Appretieren der Seidengewebe in Frage kommt, um so mehr wundernehmen, als es doch außer jedem Zweifel steht, daß das Appretieren der Anlaß zahlreicher Schäden sein kann. Es sei nur an das primitive Schätzen der Temperatur der Walzen mit den befeuchteten Fingern,

[1]) Melliands Textilber. 1921, S. 200.

an das Belasten der Kalanderwalzen mit Gewichten nach beliebiger Auswahl, an den Zug und die Spannung der Gewebe nach willkürlichem Befinden des Arbeiters erinnert. Kein Wunder, daß die Appretur auch heute noch in vielen Betrieben mit dem Mantel des Geheimnisses umhüllt wird und daß es heute noch Appreteure gibt, die ihren Appret aus zwanzig und mehr Bestandteilen zusammensetzen und Vorschriften verwenden, die sich von den Vorfahren her auf sie vererbt haben. Andererseits werden heute durch das Appretieren Effekte in Geweben erzielt, die man früher für unmöglich gehalten hätte.

Die Gebiete, die wir hier bei der Ausrüstung der Seidengewebe zu besprechen haben, sind folgende:

1. Die Vorbehandlung vor dem Appretieren.
2. Das Appretieren.
3. Die Nachbehandlungen.
4. Besondere Formen des Appretierens.

Es sei aber vorausgeschickt, daß diese genannten Behandlungen sich nur auf die Gewebe erstrecken sollen, mit denen wir uns bereits im vorigen Kapitel beschäftigt haben, also auf die als Stückware erschwerten oder gefärbten Seidengewebe, nicht dagegen auf solche Stoffe, welche aus stranggefärbter Seide hergestellt sind.

a) Die Vorbehandlung vor dem Appretieren. Die Gewebe, wie sie von der Trockenkammer kommen, werden zuerst einer Durchsicht unterzogen, um etwa vorhandene Fehler festzustellen. Zu dem Zweck werden die Stücke über einer glatten Walze hergezogen, welche an einem Tisch, und zwar in etwa 1½ m Höhe oberhalb desselben befestigt ist. Auf diesem Tisch ist das Gestell derart angebracht, daß das Licht voll auf die Breitseite des Gewebes trifft. Die Stücke werden mit der Hand über diese Walzen gezogen und hier von der Aufsicht oder der betreffenden Arbeiterin die Fehler festgestellt. Man findet auch maschinelle Einrichtungen, bei denen das langsame Vorübergleiten des Gewebes durch entsprechende Aufwicklungsapparate bewirkt wird. Diese Einrichtungen sind namentlich in Großbetrieben allgemein üblich. Sie bieten vielfach noch den Vorteil, daß man gleichzeitig die Ware in der für das Appretieren erforderlichen Form auf Walzen aufgedreht — „aufgebäumt" — erhält.

Zu den hier zu beobachtenden Fehlern zählen in der Hauptsache die Buntfärbungen, die verschiedenen Erschwerungsflecke, die Brüche und Scheuerstellen und schließlich direkte Zerstörungen des Gewebes. Von dem Ausfall dieser Prüfung hängt es ab, ob das betreffende Stück nicht zur Behebung des Übelstandes wieder in die Färberei oder Erschwerung zurückgehen muß. Die Feststellungen werden auf dem Laufzettel der betreffenden Partie notiert. Jedenfalls wird hier entschieden, was zum Appretieren geeignet ist oder nicht. Hier wird auch gleichzeitig bei erschwerten Stücken die Charge festgestellt, um noch etwa erforderliche Behandlungen vor dem Appretieren durchführen zu können.

Ist die Durchsicht der Ware beendigt, dann werden die Stücke nach Qualität und Farbe auf Walzen aufgebäumt oder bei schmaler Ware, wie Bändern, auf Haspeln aufgedreht. Natürlich hat diese Arbeit ebenfalls mit großer Vorsicht zu geschehen, damit die Ware nicht faltig oder gar umgedreht aufläuft, was bei Bändern leicht der Fall ist. Diese Apparate zum Aufdrehen werden auch als „Rollböcke" bezeichnet. Ihre Einrichtung ist aus nachstehender Abbildung ersichtlich.

Bei dem Aufwickeln näht man nur Stücke gleicher Breite und gleicher bzw. verwandter Farben aneinander, wobei in letzterem Falle darauf zu achten ist, daß die hellen Farbtöne zuletzt den Apparat passieren und mithin die oberen

Lagen auf der Rolle bilden müssen. Im umgekehrten Fall, wenn die dunkler gefärbten Partien die Appretiermaschine oder Kalander zuerst passierten, läge die Gefahr vor, daß die helleren Farben beschmutzt würden. Man wickelt zuerst die größeren Breiten auf die Rolle und dann die schmalen, sonst würden sich die Gewebe verzerren und gegebenenfalls Falten bilden. Man soll stets darauf bedacht sein, das Gewebe so zu führen, daß Kante genau auf Kante zu liegen kommt; bei breiten Geweben findet man deshalb vor der Aufdrehwalze einen Breithalter, meistens in Gestalt einer außen mit Flanellstoff umkleideten Holzwalze, die aber nicht in einem Stück gearbeitet ist, sondern aus mehreren ineinander übergreifenden Stücken. Bei dem Aufbäumen der Rohgewebe wurde bereits ein derartiger Breithalter im Bilde vorgeführt. Diese Einrichtung bewirkt beim Drehen der Walzen, daß sich die einzelnen Teile der Walze voneinander entfernen und so bestrebt sind, das auf dem Flanell hergleitende Seidengewebe nach den Seiten auseinanderzubreiten. Man hat außer diesen einfachen Breithaltern auch große Breitstreckmaschinen, von denen späterhin noch die Rede sein wird.

Abb. 284. Rollbock.

Sind die Gewebe auf die Rollen aufgedreht, dann werden sie mit Vorteil in einem kühlen und etwas feuchten Raume eine Zeitlang der Ruhe überlassen, um die durch den Trockenvorgang verlorengegangene Eigenfeuchtigkeit und damit die ursprüngliche Elastizität der Seide wieder erreichen zu können. Ist dieses geschehen, dann kann die Ware appretiert werden.

Bevor wir hierzu übergehen, ist aber noch zu erwähnen, daß diese eben erwähnten Vorbehandlungen in gleicher Weise für erschwerte reinseidene Gewebe und auch für solche, die durch ihre webtechnische Ausrüstung eine glatte Oberfläche aufweisen, wie Satingewebe, die zutreffende ist. In den Fällen, wo das Gewebe eine rauhe Oberfläche aufweist bzw. mit freischwebenden Fasern durchsetzt ist, wie dies bei mischseidenen Geweben verschiedentlich vorkommt, muß für eine Glättung des Stoffes gesorgt werden. Dies geschieht entweder dadurch, daß der Stoff nochmals eine Sengmaschine passiert, oder besser, indem er auf einer Schermaschine behandelt wird. Die Einrichtung einer derartigen Maschine besteht darin, daß die Ware über einen Schertisch geleitet wird und hier eine mit spiralförmigen, um eine Walze herumgeleiteten, Messern beschickte Einrichtung passiert. Die Abbildung zeigt eine derartige Schermaschine von der Firma Gebr. Briem in Krefeld.

Hierbei werden die überstehenden Fasern abgeschoren. Die Schermesserwalze ist durch feine Schrauben nach Bedarf einzustellen. Sie kann auch zum Scheren des Samts benutzt werden. Ist die Ware an dem Schermesser vorübergegangen, wird sie von einer rotierenden Bürstenwalze von den abgeschnittenen Fasern gereinigt. Vielfach findet man auch, daß die Ware vor dem Scheren gebürstet wird, um sämtliche zu entfernenden Enden und Fasern durch das Bürsten herauszuheben oder aufrecht zu stellen.

Dieses Glätten der Gewebeflächen geschieht aber vielfach auch durch das Vorkalandern. Zu diesem Zwecke — man bezeichnet diesen Vorgang auch vielfach als „Kalorieren“ — leitet man das Gewebe über einen heizbaren glatten Metallzylinder, und zwar mit der Seite, die geglättet werden soll. Vor diesem Zylinder findet sich meistens eine Einrichtung zum Befeuchten des Gewebes durch Dämpfen. Es ist diese ein glatter Kupferzylinder, der an einer Stelle einen Schlitz aufweist, aus dem der Dampf ausströmt. Über diesen Zylinder wird die Ware zuerst geleitet und gelangt dann auf den erwähnten Stahlzylinder, der meistens feststehend ist. Je nachdem, wie die Ware stärker geglättet werden soll, vergrößert man den Zug von dem ablaufenden bis zum aufwickelnden Baume. Man findet aber auch, daß die Ware im wahren Sinne vorkalandert wird in der Weise, daß außer der Stahlwalze auch eine drückende Papierwalze wie beim richtigen Kalander vorhanden ist.

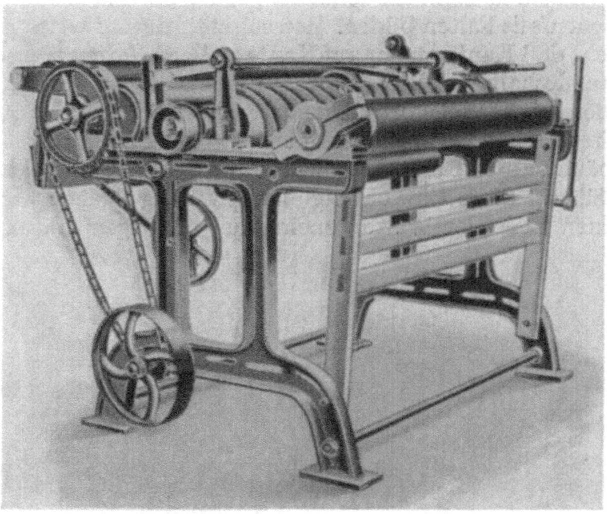

Abb. 285. Schermaschine von Gebr. Briem, Krefeld.

In diesem Falle müssen natürlich beide Walzen drehbar sein. Diese Form des Vorkalanders ist z. B. bei der Ausrüstung von Libertys sehr beliebt, bei denen es besonders auf hohen Glanz der Oberfläche ankommt. Der Zweck des Vorkalanderns ist das Breitdrücken der Gewebefasern, um denselben eine größere Dichte oder Decke zu verleihen. Es ist selbstverständlich, daß man Gewebe, die keine glatte Decke haben, wie Rips, Taffet, Ottoman, Crêpes nicht vorkalandern darf, weil ja dadurch der Charakter des Gewebes vollkommen zerstört würde.

Abb. 286. Vorkalander.

b) Das Appretieren. Wie bereits ausgeführt wurde, besteht das Appretieren darin, daß das Gewebe mit dem Appret imprägniert wird. Der Appret ist eine Auflösung oder Mischung von solchen Stoffen, die imstande sind, dem Gewebe Halt, Griff und in manchen Fällen Glanz zu verleihen. In besonderen Fällen dient der Appret auch dazu, das Gewebe nur zu imprägnieren, um es für besondere Zwecke brauchbar zu machen. Hiervon wird noch später die Rede sein.

Die Stoffe, die für die erste Kategorie in Frage kommen, müssen, soweit sie für Seidengewebe verwandt werden sollen, in erster Linie im Wasser klar löslich sein, damit sie den Glanz der Seide nicht beeinträchtigen. Apprets mit wasserunlöslichen Stoffen, wie sie z. B. zum Versteifen minderwertiger Baumwollwaren üblich sind, können für Seidengewebe keineswegs verwandt werden.

Die gebräuchlichsten Appreturmittel sind folgende: Gummi arabicum, lösliche Stärke oder einfache Stärke, die man selbst durch Diastaphorzusatz aufschließt. Ferner kommen zur Verwendung Pflanzenschleim der verschiedensten Art. Man gewinnt sie durch Ausziehen der verschiedensten Pflanzen oder Pflanzenteile mit Wasser. Es seien hier angeführt der so hergestellte Schleim aus Carragheen, isländischem Moos, Flohsamen, Leinsamen u. a. m. Ein ganz ähnliches Präparat, das fabrikmäßig aus Meeresalgen hergestellt wird, ist die Norgine, die ein sehr gutes Quellungsvermögen bei den Geweben zeigt. Ein weiteres sehr beliebtes Appreturmittel ist ferner der Tragant, ebenfalls ein Pflanzenprodukt und in seinem Verhalten den Pflanzenschleimen nahestehend.

Weiter sind dann noch Gelatine und Leim zu nennen, die wegen ihrer großen Klebkraft, auch in starker Verdünnung, als Versteifungsmittel sehr beliebt sind.

Zum Schluß sind als Appreturmittel auch noch die Harze wie Elemi, Sandarak, Schellack u. a. m. zu nennen, die, in Benzin oder Alkohol gelöst, zur Herstellung des Appret chimique verwandt werden.

Zu den weniger gebräuchlichen Appreturstoffen sind zu zählen: Zucker, Glykose, Wasserglas, Glyzerin, Türkischrotöl, Monopolseife, Paraffin und Wachs. Als Konservierungsmittel findet man Alaun, Borax, Borsäure, Chlorzink, Salizylsäure, Karbolsäure, Formalin und Naphtholnatrium. Direkte Beschwerungsmittel, wie Bittersalz, Glaubersalz oder gar Gips und Kreide, sind dagegen beim Appretieren von Seidengeweben nicht gebräuchlich.

In einem modernen Großbetrieb beschränkt sich die Zusammensetzung des Apprets auf nur wenige Bestandteile, wie lösliche Stärke, Gummi arabicum und Leim, die in einem bestimmten Verhältnis konzentriert, gelöst und gemischt, je nach dem Artikel mit mehr oder weniger Wasser verdünnt, zur Verwendung gelangen. Die Annahme, daß die Zusammensetzung des Apprets allein den jeweiligen Charakter einer Ware bedinge, ist heute, wenigstens bei reinseidenen Waren, ein überwundener Standpunkt. Die Kunst des Appretierens besteht nicht mehr, wie früher, in der Zusammensetzung einer möglichst komplizierten Appretiermasse, sondern in der richtigen Auswahl der verschiedenen Behandlungsweisen, sei es auf der Appretiermaschine, sei es auf den Trockentrommeln, sei es auf den Kalandern und schließlich in den Vor- und Nachbehandlungen. Hiermit soll natürlich nicht gesagt sein, daß die Zusammensetzung des Apprets vollkommen gleichgültig sei, es soll nur gewarnt werden, einen etwaigen Mißerfolg im Ausfall der Ware lediglich auf das Konto der Zusammensetzung des Appretiermittels zu schieben, wie dieses gern geschieht. Der erfahrene Appreteur wird bestätigen müssen, daß der Ausfall einer Ware bezüglich Griff und Aussehen durchwegs davon abhängig ist, wie ihm die Ware von der Färberei übergeben worden ist. Er kann sie steif oder weich machen, ihr aber nur selten den eigenartigen fleischigen Griff verleihen, wenn ihn die Ware nicht vorher schon hat. Worauf bezüglich der Appretiermasse unbedingt zu achten ist, das ist die häufigere Nachprüfung, daß sie während des Appretierens auch ihre richtige ursprüngliche Konzentration beibehält. Hier wird vielfach nicht beachtet, daß der zu appretierende Stoff aus der Masse die Quellstoffe herausnimmt, wodurch der Appret allmählich dünner wird. Man muß daher von Zeit zu Zeit durch Zusatz stärkeren Apprets die Konzentration möglichst auf gleichmäßiger Höhe zu halten suchen. Namentlich ist dieses bei dem Appret chimique zu beachten, aus dem das in Lösung befindliche Harz sehr lebhaft von dem Seidenstoff aufgezehrt wird.

Das Appretieren wird auf besonderen Appretiermaschinen vorgenommen. Man unterscheidet zwei Arten dieses Appretierens. Es wird nämlich entweder einseitig oder zweiseitig appretiert, z. B. werden Mischgewebe, wie Halbseide, nur auf der linken Seite, an der in der Hauptsache die Baumwolle liegt, mit Appret versehen, ebenso werden aber auch ganzseidene Waren, die eine ausgesprochene rechte Seite haben, wie Satin, Serge, Kaschmir u. a. m., einseitig

Abb. 287. Riegelappretiermaschine von C. A. Gruschwitz A.-G., Olbersdorf.

appretiert. Zweiseitig werden die meisten reinseidenen Gewebe appretiert, aber auch halbseidene Gewebe, die z. B. gerippt sind.

Bei der ersteren Art bedient man sich der Riegel- oder Rackelappretiermaschine. Der Riegel besteht aus einem über einem gepolsterten Tisch befindlichen, senkrecht oder schräg zur Tischfläche stehenden Messer oder Lineal, welches so weit von der Tischfläche absteht bzw. verstellbar zu heben ist, daß das Gewebe darunter hergleiten kann. Vor dem Riegel wird aus Leisten ein kleiner rechteckiger Kasten angebracht, der zur Aufnahme des Appretes dient. Selbstverständlich darf dieser nicht dünnflüssig sein, sondern muß eine dickflüssige zähe Beschaffenheit aufweisen, um nicht das Gewebe zu durchdringen und zu beschmutzen. Die Appretiermasse wird meistens unter Verwendung von Tragant hergestellt. Das Gewebe liegt mit der linken Seite dem Appret zugewandt, so daß nur diese Seite von der Appretiermasse imprägniert wird. Durch die verschiedene Stellung des Messers hat man es in der Hand, den Appret in verschieden dicker Schicht auf das Gewebe zu bringen.

Hat das Gewebe den Riegel durchlaufen, gelangt es sofort auf die Trockentrommel oder eine Zusammenstellung von mehreren solcher; es richtet sich dieses nach dem Charakter der Ware, je nachdem, ob sie leicht oder schwer trocknet. Die Trockentrommel besteht aus einem allseitig geschlossenen Zylinder, dessen Hohlräume mit Dampf geheizt werden. Über diese Trockenvorrichtung läuft die Ware selbstverständlich mit der rechten, also nicht appretierten Seite, weil sie sonst ja festkleben und verschmutzen würde. Nach dem Trocknen wird

Abb. 288. Riegelappretiermaschine von C. G. Haubold A.-G., Chemnitz.

das Gewebe wieder aufgebäumt oder auf Haspeln aufgedreht. Die Abbildungen zeigen derartige Riegelappretiermaschinen der Firmen C. A. Gruschwitz, A.-G., Olbersdorf und C. G. Haubold, A.-G., Chemnitz.

Die zweite Art von Appretiermaschinen, die ein beiderseitiges Appretieren gestattet, ist die Quetsche

Abb. 289. Foulard von Zittauer Maschinenfabrik A.-G., Zittau.

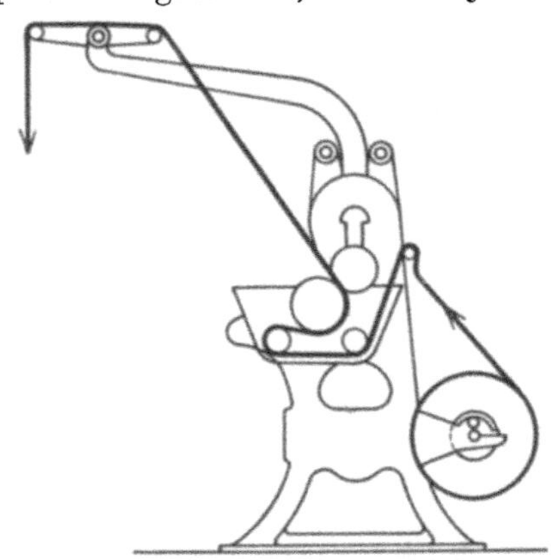

Abb. 290. Lauf der Ware bei dem Foulard.

oder der Foulard. Es ist dies eine Zusammenstellung von zwei oder drei übereinander angeordneten Walzen, die entweder sämtlich mit Gummi oder Stoff umkleidet sind, oder es ist dies nur bei den oberen der Fall, während die untere aus Metall (Bronze) hergestellt ist. Die untere Walze ist so in die Maschine eingebaut, daß sie aus dem unter ihr befindlichen mit der Appretiermasse gefüllten Trog diese letztere herausnimmt und auf die nächstfolgende Walze bzw. auf das zwischen den Walzen herlaufende Gewebe überträgt.

Der abgebildete Foulard ist von der Firma Zittauer Maschinenfabrik A.-G., Zittau, gebaut. Das Gewebe läuft von der Aufbäumwalze durch die beiden

Abb. 291. Trockenzylinder von Herm. Dieckerhof, Barmen.

unteren Walzen oder, wenn nur wenig Appretiermasse aufgenommen werden soll, durch die beiden oberen Walzen und von hier auf die Trockentrommel und hinter ihr wieder auf eine Aufbaumrolle oder Haspel. Zu bemerken ist noch,

Abb. 292. Appretiermaschine von Burckhardt, Basel.

daß die Walzen der Appretiermaschinen mit einer Verstelleinrichtung versehen sind, die es gestattet, die Walzen einander zu nähern oder voneinander zu entfernen.

Für diese Form des Appretierens eignen sich natürlich nur dünnflüssige Appretiermassen. Es ist aber, wie bereits oben ausgeführt wurde, unbedingt darauf zu achten, daß die Appretiermasse häufiger nachgesehen wird und durch Zusatz von neuem bzw. stärkerem Appret sowohl auf ihre Höhe im Bassin, als auf ihre Stärke im Gehalt eingestellt werden muß. Ferner ist bei diesen dünnflüssigen Apprets zu beachten, daß dieselben leicht Farbstoff aus dem Gewebe herauslösen. Man muß daher mit den hellen Farben des betreffenden Farbtones zuerst arbeiten und dann erst die dunkleren folgen lassen. Vielfach findet man auch, daß sogar in die Appretiermasse Farbstoff hineingegeben wird, um das Abfallen der Farbe auszugleichen.

Die hier besprochenen Appretiermaschinen sind durchweg mit den Trockenvorrichtungen vereinigt. Je nach der Art des Gewebes und den Anforderungen an Leistung sind die Trockenzylinder von großem Umfang gebaut oder man bevorzugt solche kleineren Durchmessers. Die Abbildungen zeigen als Vertreter der ersteren Kategorie eine Appretiermaschine, von der Firma Herm. Dieckerhof, Barmen, gebaut, und als Vertreter der kleinzylinderischen Appretiermaschinen ein Fabrikat der Firma Maschinenfabrik Burckhardt, Basel. Die letzteren Maschinen sind namentlich für Bänder beliebt, wie Lumineux, aber auch für Bänder, die mit „Appret chimique" behandelt werden. Der erstere

Abb. 293. Trockenzylinder von C. A. Gruschwitz A.-G., Olbersdorf.

Typ ist dagegen vorzüglich zum Trocknen von gemischtseidenen Geweben geeignet.

Für breitere Ware bedient man sich bei reinseidenen Geweben des Trockenspannrahmens, bei dichteren gemischtseidenen Geweben einer Kombination zahlreicher Trockenzylinder mit geringerem Durchmesser. Eine derartige Appreturmaschine von C. A. Gruschwitz A.-G., Olbersdorf, erbaut, zeigt die obenstehende Abbildung.

Außer mittels der Quetsche kann das zweiseitige Appretieren auch nach dem Spritzverfahren durch Einsprengvorrichtungen geschehen. Es eignet sich dieses Verfahren besonders für solche Gewebe, die infolge ihrer losen Einstellung beim Passieren von Walzen Verschiebungen erleiden würden, ferner für solche Gewebe, die ihren natürlichen Webcharakter behalten sollen. Bei diesen Apparaten — die Abbildung zeigt einen solchen der Firma C. A. Gruschwitz A.-G., Olbersdorf — wird das Gewebe von der Seite her aus mehreren feinen Düsen mit dünnem Appret bespritzt.

Es wird dies nach dem Prinzip des Zerstäubers mittels gespannten Dampfes oder mittels Preßluft bewirkt. Unterhalb der Ware befindet sich ein Becken, um abtropfende Flüssigkeit aufzufangen. Zum Trocknen wird das Gewebe nicht über Trockenzylinder geleitet, sondern gleitet über Heizplatten oder über offenes Gas- oder Kohlenfeuer. Durch diese Art des Appretierens wird das Gewebe lediglich gesteift, so daß man es auch bei sehr feinen Geweben, gewissermaßen als eine Art des Vorappretierens, benutzt.

Zu bemerken ist noch, daß das Appretieren mit Harzlösungen in Benzin oder Benzol, Appret chimique, ebenfalls zweiseitig geschieht. Nur ist dann das betreffende Gewebe vielfach leicht vorappretiert, weil der Harzappret an sich nicht genügend Halt verleiht. Das Trocknen hat mit großer Vorsicht zu ge-

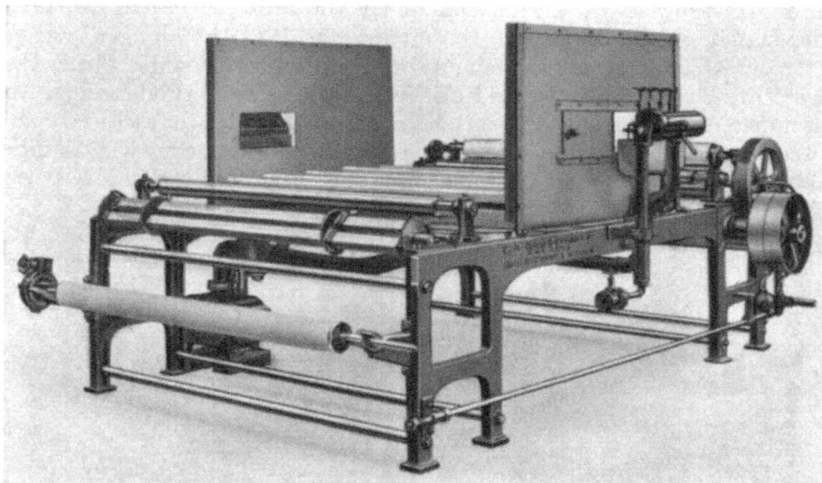

Abb. 294. Spritzappreturmaschine von C. A. Gruschwitz A.-G., Olbersdorf.

schehen, einmal um das Ankleben zu verhüten, sodann aber wegen der Feuersgefahr. Das Appretieren mit Harz hat daher stets im besonderen Raum zu geschehen. Auch empfiehlt es sich, daß der Weg von der Appretiermaschine bis zum Trockenzylinder nicht zu kurz genommen wird, damit die Hauptmenge des Lösungsmittels bereits an der Luft verdunstet.

Abb. 295. Spannrahmen von C. G. Haubold A.-G., Chemnitz.

Zum Schluß dieses Abschnittes ist aber noch eine Behandlungsweise zu besprechen, die besonders für breite Gewebe unerläßlich ist und die man daher in jeder Appreturanstalt, wo derartige Gewebe behandelt werden, ausgeführt sieht: es ist das Spannen auf dem Trockenspannrahmen.

Bekanntlich läuft jedes Gewebe bei Naßbehandlung ein, und dieses um so mehr, je zarter das Gewebe ist und je größere Drehung das Gespinstmaterial, aus dem das Gewebe gefertigt wurde, aufweist. Die größte Einschrumpfung erleiden naturgemäß die Kreppgewebe, die gerade die Hauptmenge der im Stück ausgerüsteten Seidengewebe darstellen. Dieses Wiederauseinanderspannen oder technisch „Breithalten" des Gewebes geschieht auf dem Spannrahmen oder der Ramme, deren Einrichtung an Hand der untenstehenden Abbildungen in folgendem kurz besprochen werden soll.

Es handelt sich bei den Abbildungen um Fabrikate der Firma C. G. Haubold A.-G., Chemnitz.

Der Spannrahmen befindet sich an Stelle der Trockentrommel hinter der Appretiermaschine. Er besteht aus einem zehn und mehr Meter langem Gestell, an dessen beiden Längsseiten sich je eine aus Kluppen gebildete unendliche Kette befindet. Diese Kluppen, meistens aus Bronze hergestellt, bestehen aus

Abb. 296. Spannrahmen von C. G. Haubold A.-G., Chemnitz.

zwei sich automatisch öffnenden und wieder schließenden Backen, die das betreffende Gewebe an der Kante fassen und festhalten. Die Kluppen öffnen sich erst — und lassen also das Gewebe los — kurz vor Beginn, also vor der Quetsche

Abb. 297. Stellung der Kluppen des Spannrahmens.

oder dem Riegel, und kurz vor dem Aufhören des Spannens, also vor dem Wiederaufbäumen.

Das Einführen des Gewebes geschieht entweder von Hand durch zwei Arbeiter, die an jeder Seite für das richtige Einlegen zwischen die Backen der Kluppen sorgen, oder neuerdings auch auf automatischem Wege durch Wareneinführungsapparate. Außerdem sind natürlich auch die Kluppenketten so gebaut, daß sie sich schmäler und breiter stellen lassen, je nachdem dieses für das betreffende Gewebe erforderlich ist. Hierfür ist keine allgemein gültige Norm festzustellen, es ist vielmehr die Sache des Appreteurs, zu beurteilen, wie breit ein Gewebe gestreckt werden darf oder muß. Unterhalb der so entstehenden, sich langsam vorwärtsbewegenden Gewebebahn befindet sich die Trockenvorrichtung, die entweder aus Metallheizflächen besteht oder aus verschiedenen Reihen von Gasflammen oder schließlich aus einem fahrbaren Kohlebecken. Es richtet sich nach der Dichte des Gewebes, wo am vorteilhaftesten die Wärmeeinwirkung einsetzt, wie man sie zu steigern hat und wie lange ihre Wirkungsdauer ausgedehnt werden soll.

Hat das Gewebe die Ramme durchlaufen, dann wird es über einen Trockenzylinder geführt und hinter demselben aufgebäumt.

Der Trockenspannrahmen wird entweder direkt im Zusammenhang mit dem Appretieren verwandt oder man benutzt ihn in solchen Fällen, wo ein Gewebe nach den verschiedenen Behandlungen zu schmal geworden ist. Die hauptsächlichste Verwendung findet er bei den reinseidenen Geweben, bei denen die Gefahr des Einschrumpfens die größte ist. Aber auch bei anderen Geweben, Halbseide und Halbwolle, bedient man sich mit Vorliebe des Spannens, um der Ware den letzten Schliff zu geben. Man läßt die Gewebe dann nur kurz durch Wasser, nicht durch Appret, laufen, um ihnen eine bessere Elastizität zu verleihen.

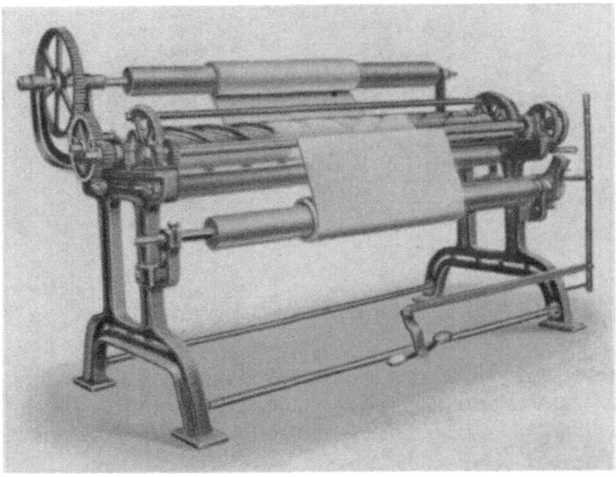

Abb. 298. Messerbrechmaschine.

Bei schwererer Ware ist ein Spannen auf dem Trockenrahmen ausgeschlossen, weil die Gefahr vorliegt, daß die Gewebebahn Beutel und Falten bildet. Hier zieht man das Trocknen auf Trockentrommeln vor. Bei sehr dichten Geweben, die sehr große Mengen Flüssigkeit zurückhalten, kommt man auch damit nicht aus, vielmehr leitet man die Gewebebahnen vorher über eine mit Schlitzen versehene Trommel. Durch Einschalten einer kräftigen Saugvorrichtung wird aus dem Gewebe die Hauptmenge der Flüssigkeit durch die Schlitze abgesogen. Hierauf wird auf die Trockentrommel geleitet und getrocknet.

c) Die Nachbehandlungen. Kommen die Gewebe von der Appretiermaschine, dann sind sie durch den inzwischen getrockneten Appret derart hart und steif, daß sie ohne Nachbehandlung einfach brechen würden. Die erste Nachbehandlung besteht in einem „Ausbrechen des Appretes". Zu diesem Zweck läßt man die Ware ein oder mehrere Male durch eine Brechmaschine laufen.

Man hat zwei Konstruktionen derartiger Maschinen, die Messerbrechmaschine und die Knopfbrechmaschine. Die erstere besteht aus einer Walze, auf deren Umfang sich ein oder mehrere Messer befinden, die sie spiralig umlaufen. Man findet auch Walzen, bei denen stumpfe Messer von der Mitte aus anfangend — also einander entgegengesetzt — bis zum Ende der Rolle spiralig laufen. Je nachdem man das Ausbrechen des Gewebes verstärken will, läßt man das Gewebe nicht nur kurz über die Walze laufen, sondern kann es durch verstellbare Führungsleisten bis zu Dreiviertel des Walzenumfanges mit den Messern in Berührung lassen. Die Einrichtung und der Gang der Maschine ist auf der obenstehenden Abbildung ersichtlich.

Bedeutend verbreiteter sind jedoch die Knopfbrechmaschinen. Es sind dies tischflächenartig aneinandergereihte Holzwalzen, welche mit zahlreichen halbrunden und buckligen Messingnägeln beschlagen sind. Die einzelnen Walzen sind leicht drehbar und werden durch das zwischen ihnen hergezogene Gewebe in Drehung versetzt. Die Wirkungsweise dieser Brechmaschine ist eine schonende und doch sehr erfolgreiche. Das Gewebe wird von der vorderen Walze, auf der die Ware aufgebäumt war, ab- und abwechselnd über und unter den Brechwalzen hergezogen, um dann wieder hinter der Maschine aufgebäumt zu werden. Vielfach findet man auch, daß dieser Apparat direkt an dem Kalander angeschlossen ist.

Abb. 299. Knopfbrechmaschine.

An das Ausbrechen schließt sich das Kalandern an, das dazu dienen soll, dem Gewebe einen entsprechenden Glanz zu verleihen. Das Kalandern wird auf dem Kalander vorgenommen. Wie aus den im folgenden gebrachten Abbildungen zu ersehen ist, besteht ein Kalander aus einer Zusammenstellung von mindestens zwei oder mehreren übereinandergelagerten Walzen, von denen eine aus Stahl und heizbar ist, während die anderen aus Papier bestehen. Man unterscheidet in der Hauptsache Rollkalander oder Friktionskalander.

Abb. 300. Rollkalander von Joh. Kleinewefers Söhne, Krefeld.

Bei dem Rollkalander ist die untere, bzw. bei mehreren Walzen die beiden äußeren, drehbar, sie versetzen die andere oder anderen Walzen durch ihre Drehung in Bewegung, sobald sie dieselben berühren. Zu diesem Zweck sind sie mit einer Hebelkonstruktion versehen, die, an einem Hebelarm mit auswechselbaren Gewichten belastet, die Walzen mehr oder weniger stark aneinanderdrücken und so das zwischen ihnen hergeführte Gewebe durch ihren Druck glätten.

Bei dem Friktionskalander, der im übrigen in seinem Aufbau dem Rollkalander gleicht, dreht sich die heiße Stahlwalze durch eine Zahnradübertragung schneller als die Papierwalzen. Hierdurch wird auf die Ware, und zwar meistens auf der linken Seite, außer dem Druck noch eine reibende Wirkung ausgeübt, wodurch ihr ein höherer Glanz verliehen wird. Die Friktion, das ist der schnellere Lauf der Stahlwalze, läßt sich verschieden regeln.

Abb. 301. Rollkalander von Joh. Kleinewefers Söhne, Krefeld.

Abb. 302. Rollkalander von Joh. Kleinewefers Söhne, Krefeld.

Derartige Kalander weisen heutzutage die kompliziertesten Konstruktionen auf. In den beigefügten Abbildungen werden einige der modernen Typen gezeigt, die gegenüber den älteren Konstruktionen erhebliche Vorteile bezüglich Arbeitsweise und Handhabung aufweisen.

Es mag hier gleich vorausgeschickt werden, daß durch das Kalandern nicht nur das fertige Gewebe geglättet, sondern auch vielfach der Ware eine besondere Prägung in Form einer feinen Riffelung verliehen wird, so daß das Gewebe wie ein Diagonalgewebe erscheint.

Diese Kalander, in der Hauptsache für die Behandlung von Baumwollgeweben bestimmt, werden auch für Gewebe, die aus stranggefäbrter Seide hergestellt sind, oder für gemischtseidene Stoffe verwandt.

Im großen und ganzen werden die Seidengewebe jedoch auf Rollkalandern behandelt, und zwar auf drei- oder vierwalzigen Kalandern.

Der dreiwalzige Kalander kann entweder so gebaut sein, wie Abb. 300 zeigt, daß zwischen zwei Papierwalzen sich eine Hartgußwalze befindet. Oder es ist die Hartgußwalze unterhalb der beiden Papierwalzen angebracht. Abb. 301.

Ein weiterer dreiwalziger Kalander ist aus der Abb. 302 ersichtlich.

Abb. 303. Rollkalander von Joh. Kleinewefers Söhne, Krefeld.

Bei dem Arbeiten mit diesen Kalandern kann man je nach der Glätte oder dem Griff, die erzielt werden sollen, das Gewebe durch die beiden Papierwalzen und dann über die dritte laufen lassen, oder man führt es mit der Rückseite über die Hartgußwalze und dann zwischen die Papierwalzen.

Eine Kombination der obigen Kalander stellt der vierwalzige Rollenkalander der Abb. 303 dar. Er besteht aus einer unteren Papierwalze, über der sich die Hartgußwalze befindet. Oberhalb dieser sind dann noch zwei Papierwalzen angebracht.

Die Anordnung dieses Kalanders gestattet, das Gewebe entweder durch die beiden oberen angewärmten Papierwalzen zu führen, oder zwischen Hartgußwalze und Papierwalzen, oder schließlich über sämtliche Walzen.

Besonders für die Appretur der Bänder findet man Kalanderkonstruktionen, bei denen die Walzen nur kurz sind.

Das Arbeiten am Kalander läßt sich insofern sehr modifizieren, als man das Gewebe nicht nur einmal, sondern zwei- und dreimal durch die Walzen laufen lassen kann. Es geschieht dieses dadurch, daß man die Gewebebahn von der unteren auf die obere und von dieser nochmals auf die darüberliegende Walze und dann erst zur Aufwickelwalze leitet.

Da beim Kalandern das Gewebe leicht zu stark ausgetrocknet werden kann, findet man vielfach vor dem Kalander einen Dämpfapparat angebracht, um der Ware eine genügende Feuchtigkeit zu verleihen. In diesem Falle befindet sich aber meistens hinter dem Kalander noch eine aus zwei heizbaren Bronzewalzen gebildete Trockeneinrichtung, über die das Gewebe hergeleitet wird.

Für leichte Gewebe, wie Pongés, Messalines, Foulards, Taffete usw., bedient man sich des Filzkalanders.

Abb. 304. Filzkalander von C. A. Gruschwitz A.-G., Olbersdorf.

Abb. 305. Kalorie von L. Sistig, Krefeld.

Es ist dieses eigentlich kein Kalander, sondern eine Art Trockenvorrichtung. Sie besteht aus einer großen Trockentrommel, um die ein endlos laufendes Band von Filz so hergeführt wird, daß es den größten Teil des Umfanges bedeckt. Durch die Pressung, die das Gewebe durch den Filz erhält, wird dem Gewebe ein sehr vorteilhaftes Äußere verliehen.

Schließlich sei hier dann nochmals auf die Kalorie hingewiesen, die bereits oben bei dem Vorkalandern besprochen wurde. Sie wird auch als Nachbehandlung an Stelle des Kalanders vielfach zum Glätten verwandt. Diese Maschine wird aber meistens bei Samt verwandt und interessiert weniger bei den reinen Seidengeweben.

Das Kalandern kommt nur bei dichteren Geweben in Frage, ferner bei Bändern. Leichte reinseidene Gewebe werden dagegen nur gespannt bzw. mit Filz kalandert, und zwar bei appretierten Waren direkt nach dem Ausbrechen. Bei dem Kalandern ist unbedingt darauf zu achten, daß die Ware nicht etwa plattgedrückt wird, was bei zu starkem Druck leicht der Fall sein könnte. Das Kalandern soll im Gegenteil etwas Fülle geben, indem die Oberfläche dichter gemacht wird. Das Kalandern ist eine Arbeitsweise, die in der Hand des erfahrenen Appreteurs sehr zur Verbesserung der Ware beitragen kann.

Abb. 306. Moirierkalander von J. Kleinewefers Söhne, Krefeld.

d) Besondere Appretierverfahren. In diesem Abschnitt werden die Verfahren besprochen, welche von den üblichen abweichen, sei es, daß mit ihrer Hilfe dem Gewebe ein besonderes Muster aufgeprägt wird, sei es, daß die Gewebe in eine Form übergeführt werden, in der sie speziellen Anforderungen entsprechen. Zu der ersteren Gruppe gehören das Moirieren und Gaufrieren, zur zweiten das Wasserdichtmachen, das Feuersichermachen und das Undurchlässigmachen. Die ersten beiden Verfahren werden durch eine besondere Form des Kalanderns erzielt, die zweite durch Behandlung mit besonderen Appretiermitteln.

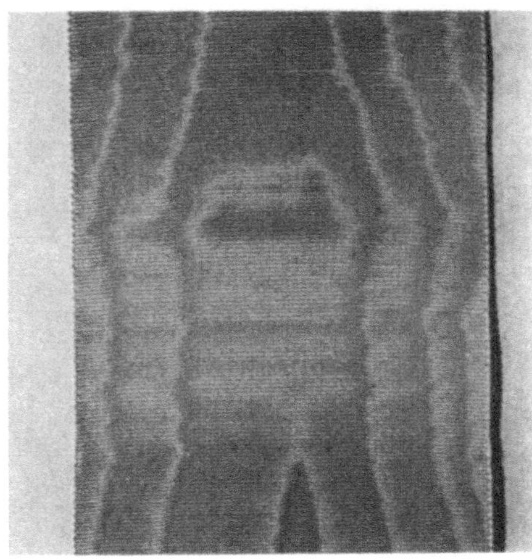

Abb. 307. Moiré antique.

1. Das Moirieren. Unter Moiré versteht man die eigenartige wellenförmige Schattierung auf einem Gewebe, wie man sie beobachtet, wenn man zwei dünne Gewebe übereinanderlegt, wobei die Schußfäden sich nicht genau aufeinanderlegen, sondern sich verschiedenartig kreuzen. Man kann Moiré auf verschiedene Art erzeugen. Die älteste Form, die auch vielfach noch im Orient ausgeführt wird, ist die, daß man das Gewebe zusammenfaltet und zwischen Holzplatten preßt; dasselbe Ergebnis läßt sich auch auf dem Kalander erzielen. Es pressen sich dann die oben erwähnten verschiedenen Kreuzungen der Schußfäden derart fest in das Gewebe hinein, daß die Fäden bleibend platt gedrückt werden. Diese älteste ist auch, bezüglich des erhaltenen Musters, die beste Form des Moirierens.

Ein sehr gutes und dabei leicht zu wechselndes Moiré erzielt man bei Geweben, die ripsartig, also mit gerippter Oberfläche, hergestellt worden sind.

Dieses Gewebe läßt man durch einen Kalander laufen, der eine gerippte Metallwalze besitzt.

Je nachdem auf der Moiréwalze die Rippen weiter oder dichter sind als die Rippen auf dem Gewebe, entstehen verschiedene Muster.

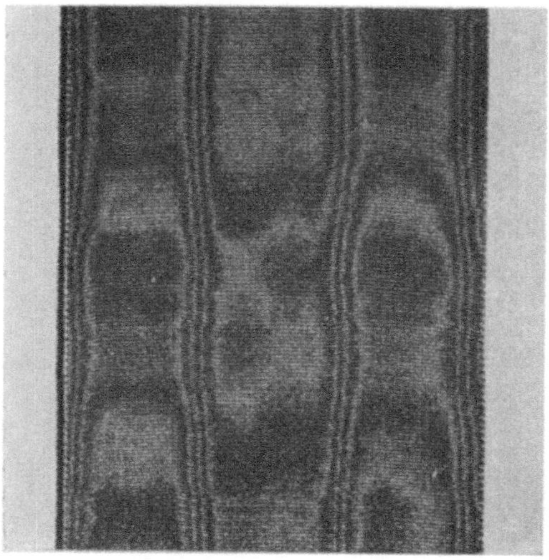

Abb. 308. Moiré français.

Ein weniger schönes und mehr gekünsteltes Aussehen weist die zweite Herstellungsart auf, indem man mittels Kalanderwalzen das Moiré nach der Art des Gaufrés in die Ware hineinpreßt.

Die beigefügten Abbildungen geben die verschiedenen Formen des Moirés wieder, unter denen man unterscheidet Moiré antique, Moiré français, Moiré imprimé.

Die zu moirierenden Gewebe müssen von einer bestimmten Dichte sein und werden daher vielfach erschwert. Dies trifft aber nur bei reinseidenen Geweben zu. Die meisten Moirégewebe sind wegen der Rippe halbseidene Gewebe, die natürlich nicht erschwert werden können. Appretiert werden sie dagegen nur sehr schwach. Die Erzielung eines gleichmäßigen und einwandfreien Moirés ist keineswegs einfach und erfordert große Geschicklichkeit und Erfahrung von seiten des Appreteurs.

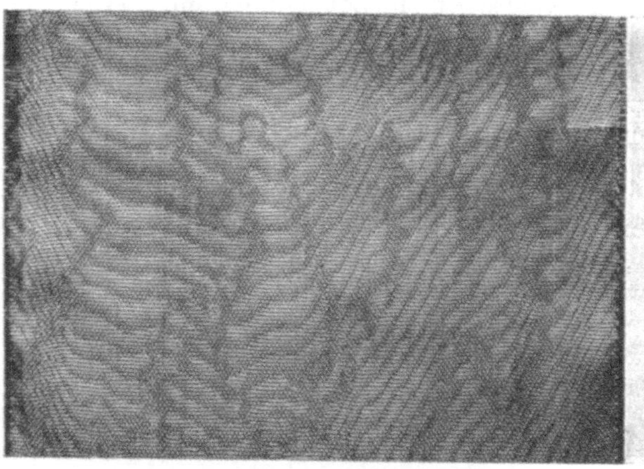

Abb. 309. Moiré imprimé.

2. Das Gaufrieren. Unter Gaufré versteht man das Einpressen der verschiedensten Muster auf die Oberfläche eines Gewebes.

Man bedient sich zur Herstellung dieser Effekte eines Gaufrierkalanders. Derselbe besteht aus einer Metall- und einer oder zwei Papierwalzen. Auf der Metallwalze ist das betreffende Muster eingraviert oder eingeätzt. Die Walze ist von innen mittels Gas heizbar. Die beiden Walzen werden unter starkem Druck aneinandergepreßt, so daß sich das Muster in erhabener Form auf der Papierwalze abhebt. Wird der Stoff zwischen den beiden Walzen hergeführt, dann drückt sich das Muster auf ihm ab. Auch bei diesem Verfahren, das aber nur der Mode entsprechend zur Anwendung gelangt, können nur dichtere Gewebe verwandt werden. Wie bei Moiré ist auch bei Gaufré ein stärkeres Appretieren nicht üblich.

Eine besondere Art des Gaufrierens ist das künstliche Kreppen, das bei der Herstellung der Trauerkrepps und Schleier eine Rolle spielt. Die meistens unter Verwendung von hartgefärbter Grège hergestellten Gewebe werden auf geheizten geriffelten Walzen behandelt, wodurch die Schußfäden schlangenlinig oder wellenförmig verschoben werden. Auch hier gilt das gleiche wie beim Moirieren: die Hauptsache ist die richtige Einstellung des Gewebeschusses zu den Riffeln der Walze.

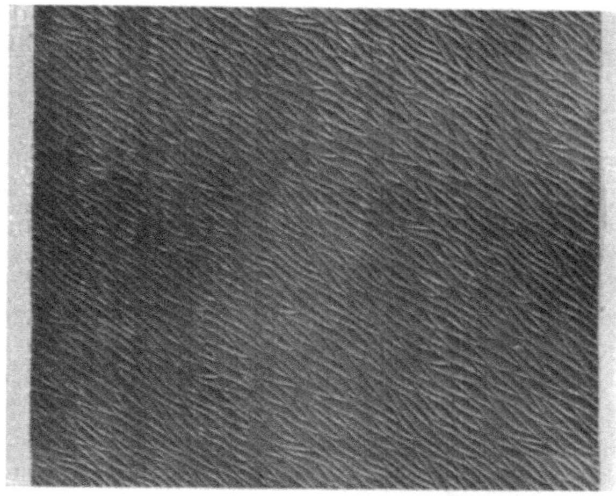

Abb. 310. Gaufré in Form einer Lederimitation.

Über das Färben und Zurichten der Trauerkrepps berichtet Henri Bessero[1]). Er läßt das Gewebe mit geeignetem Säureschwarz unter Zugabe von Gerbstoff bei einer Temperatur von 40° C färben, und zwar zu Anfang unter Verwendung von Ameisensäure oder Essigsäure, zum Schluß unter Zusatz von Schwefelsäure. Das Kreppen geschieht auf der Gaufriermaschine, deren Kupferwalzen mit Gas geheizt werden. Man appretiert mit alkoholischer Schellacklösung

Abb. 311. Moiré und Gaufré auf einem Seidenband vereinigt.

[1]) Bessero, Henri: Rev. Text. Chim. Col. 1921, S. 1551.

unter Zusatz von etwas alkohollöslichem Blau. Matter Appret wird durch Zusatz von Lampenruß erzielt. Das Appretieren geschieht auf dem Mouilleur, einer Appretiermaschine mit zwei Kautschukwalzen, deren untere in die Schellacklösung eintaucht. Nach dem Appretieren wird in gut ausgebreitetem Zustand auf endlosem Band im Trockenraum getrocknet und anschließend über ein heißes Blech gezogen, um etwaigen metallischen Glanz der Appretur zum Verschwinden zu bringen. Die fertige Ware wird dann ohne Spannung auf Holzwalzen aufgerollt.

Abb. 312. Gaufriermaschine für Band von J. Kleinewefers Söhne, Krefeld.

Bei dieser Gelegenheit sei auch gleichzeitig der „Bossierten Krepps" Erwähnung getan. Unter Crêpes bosselés versteht man kreppartige Gewebe, die ihren Kreppeffekt durch eine Art Merzerisierung, der „Bossierung", erhalten haben. Die Gewebe bestehen hauptsächlich aus Seide und enthalten in gewissen Abständen Baumwollfäden, sowohl in Kette und im Schuß, als auch in letzterem allein. Die Firma Depouilly, Garnier & Voland in Lyon beobachtete 1884 als erste, daß derartige Gewebe, mit Natronlauge behandelt, einen Kreppcharakter erhielten, indem die Baumwolle sich durch die Einwirkung der Natronlauge verkürzte. Bei diesem Verfahren muß jedoch die Seide irgendwie durch Schutzstoffe, wie Traubenzucker, Glyzerin oder Gelatine reserviert werden, um sie gegen die Einwirkung des Ätzalkalis zu schützen. Abkürzung der Einwirkungsdauer und möglichste Temperaturerniedrigung bei der Einwirkung der Lauge ist natürlich geboten. Das Bossieren geschieht wie das Merzerisieren vor dem Färben.

Abb. 313. Gaufriermaschine für breite Ware von J. Kleinewefers Söhne, Krefeld.

3. Das Imprägnieren. Unter diese Gruppe von Appretierungsarten fallen eine ganze Reihe von Nachbehandlungen der Gewebe, die in gewisser Hinsicht den Verfahren nahekommen, wie man sie bei Strangseide kennt, um gewisse Echtheiten zu erzielen. Im Gewebe kommen, außer diesen bei Strangware üblichen Echtheiten, noch unter Umständen einige für das Gewebe spezifische hinzu, wie z. B. Undurchlässigkeit gegenüber Wasser bzw. Flüssigkeiten oder

Gasen, dann Unverbrennbarkeit. Es sind dies Anforderungen, die namentlich in der Neuzeit von ganz hervorragender Bedeutung geworden sind und über die sowohl im Schrifttum wie in der Patentliteratur manche Veröffentlichungen vorliegen.

a) Wasserdichtmachen.

Nach einer Mitteilung[1]) läßt sich eine tropfechte Appretur für Rohseidengewebe in folgender Weise erzielen. Das Gewebe wird mit einer Lösung von 450 g weißer Marseiller Seife in 6½ l Wasser bei einer Temperatur von 87,5^0 getränkt und darauf sofort in eine ebenso heiße Lösung von 665 g Alaun in 6½ l Wasser gebracht. Hiernach wird das ausgeschleuderte Gewebe getrocknet, gebürstet und geglättet. Statt der reinen Alaunlösung können auch Bäder von Alaun und Bleizucker verwandt werden. Ferner werden noch Lösungen von Walrat, Paraffin oder Stearin empfohlen.

Nach G. H. Hurst[2]) werden Krepp- und Moirégewebe wasserdicht gemacht, indem man sie mit einer Auflösung von Schellack in Methylalkohol behandelt. Oder man imprägniert mit Gelatine und behandelt mit Formaldehyd nach.

Nach A. Busch[3]) klotzt man zum Wasserdichtmachen von rohseidenen Regenmantelstoffen in basisch essigsaurer oder ameisensaurer Tonerde von 4 bis 6^0 Bé zweimal und trocknet bei mäßiger Temperatur.

Nach einer Mitteilung[4]) hantiert man zum Wasserdichtmachen von Seidengeweben diese bei 40 bis 50^0 C in einem Bade mit 15 g Seife im Liter, trocknet und behandelt gegebenenfalls nochmals auf dem Seifenbade. Nach dem Trocknen geht man kalt auf ein 2½ bis 3^0 Bé starkes Bad von essigsaurer Tonerde und trocknet dann bei 50^0 C. Bei dieser Imprägnierungsart soll das Gewebe weicher und poröser bleiben, während eine solche mit Guttapercha in Benzin den Stoff härter macht.

Nach dem französischen Patent 517604 (1920) von René Ply wird Seidengewebe zum Wasserdichtmachen mit einer Mischung von Alaun, essigsaurem Blei, Gelatine, Terpentinöl, Kautschuk und Wasser imprägniert.

Für das Wasserdichtmachen von seidenen oder halbseidenen Schirmstoffen bezeichnet Nettelhorst[5]) als Grundbedingung, daß das Gewebe als solches die entsprechende Dichte aufweist. Die Imprägnierung geschieht entweder mit fettsaurer Tonerde oder mit Paraffinlösungen.

Bei den Tonerdeverfahren wird das echtgefärbte Gewebe auf der Paddingmaschine warm oder heiß mit Seifenlösung (12 bis 20 g auf 1 l) imprägniert. Die Ware läuft zwei-, höchstens dreimal durch die Paddingmaschine, man quetscht ab und trocknet, am besten auf der Hänge. Darauf behandelt man ebenfalls auf der Paddingmaschine mit einer 4 bis 6 proz. ameisensauren Tonerde und quetscht ab. Man trocknet bei guter Spannung auf einer Zylindertrockenmaschine, wobei darauf zu achten ist, daß die ersten Zylinder nach jeder Partie gut abgewaschen werden. Man kann das Seifen und Trocknen auch auf einer kombinierten Appretiermaschine vornehmen.

Bei dem Paraffinverfahren spritzt man die je nach der Qualität eingestellte Paraffin-Benzinlösung durch eine Düsenspritzmaschine auf die Ware, leitet diese über einen Streck- oder Trockenrahmen oder auch über einen Metalltrockenzylinder, wodurch direkte Trocknung erzielt wird.

Das D.R.P. 347014 (1918) schützt der Firma Elberfelder Farbenfabriken ein Verfahren zur wasserabstoßenden Imprägnierung von Faserstoffen, dadurch

[1]) Seide 1914, S. 567. [2]) Hurst, G. H.: J. of Soc. Dyers a. Col. 1905, S. 99.
[3]) Busch, A.: Z. ges. Textilind. 1920, S. 366.
[4]) Melliands Textilber. 1920, S. 82.
[5]) Nettelhorst: Textilber. 1921, S. 356.

gekennzeichnet, daß die Fasern mit Zellulosefettsäuren oder deren Salzen und Aluminiumverbindungen behandelt werden.

Der gleichen Firma schützt das D.R.P. 307111 (1916) ein ähnliches Verfahren zum Wasserdichtmachen der Gewebe. Die Gewebe werden mit einer wäßrigen Emulsion von Montanwachs, die mit Hilfe von Alkohol hergestellt ist, imprägniert und dann, entweder vor oder nach dem Trocknen, mit Chrom-, Tonerde- oder anderen Metallsalzen behandelt.

In ähnlicher Weise erreicht das D.R.P. 303390 (1917) der Bad. Anilin- und Sodafabrik das Wasserdichtmachen durch Behandeln der Gewebe mit einer Emulsion aus Rohparaffin und Alkalien oder alkalisch reagierenden Mitteln.

Nach dem D.R.P. 303391 (1917) derselben Firma werden zu genanntem Zweck Harzemulsionen verwandt, die durch Mischung von Seifenlösung mit Lösungen künstlicher Harze in organischen Lösungsmitteln hergestellt werden.

Das D.R.P. 309131 (1918) schützt Dr. L. Meyer ein Verfahren zum Wasserdichtmachen von Textilstoffen. Das Kennzeichen ist, daß die Seifenbehandlung in Form von Seifenschaum geschieht; z. B. imprägniert man in üblicher Weise mit Tonerdeformiatlösung und behandelt dann das Gewebe im Seifenschaum. Man kann auch umgekehrt arbeiten, bzw. den Vorgang mehrere Male wiederholen. Zum besseren Wasserabstoßendmachen kann man der Seife auch Öle zusetzen, die vorher mit der Seife emulgiert wurden.

Das D.R.P. 314968 (1918) schützt Dr. L. Meyer ein weiteres Verfahren zum Wasserdichtmachen. Nach demselben wird das Gewebe mit Metallsalzlösungen (ameisensaurer Tonerde) imprägniert, getrocknet und vor der Seifenbehandlung mit Ammoniak behandelt. Zum Schluß behandelt man wie üblich mit Seife. Das Verfahren soll große Vorteile aufweisen, namentlich sollen die Fasern gequollener sein.

Nach dem D.R.P. 314969 (1915) von E. Naefe behandelt man das Gewebe mit der Lösung des Natrium- oder Ammoniumsalzes der Laminarsäure, gegebenenfalls in Verbindung mit Seife. Anschließend folgt eine Behandlung mit Metallsalzen, z. B. Zinksulfat.

Ein angeblich sehr aussichtsreiches Verfahren zum Wasserdichtmachen ist das durch D.R.P. 335298 (1916) und Brit. Pat. 19213 (1909) geschützte von A. O. Tate. Das Gewebe wird hiernach mit Seifenlösung getränkt und anschließend mit dünnen Aluminiumsalzlösungen behandelt, jedoch unter gleichzeitiger Einwirkung des elektrischen Stromes. Hierzu besonders konstruierte Apparate sind im Patent eingehend beschrieben.

In diesem Zusammenhang ist noch das D.R.P. 312958 (1915) der Elektro-Osmose A.-G. zu erwähnen, nach dem man das Gewebe mit löslicher Kieselsäure, einem Erzeugnis der Patentinhaberin, behandelt. Hierdurch soll eine Appretur entstehen, die nicht nur das Gewebe aufquillt, sondern auch imstande ist, basische Farbstoffe aufzunehmen, sowie die Feuersicherheit zu erhöhen.

Schließlich sei noch das D.R.P. 342410 (1920) von A. Arendt erwähnt, das die Gewebe nicht nur wasserdicht, sondern auch feuersicher machen soll. Darnach behandelt man die Gewebe mit Antimon- oder Wismutsalzen in organischen Lösungsmitteln, wie Amylazetat, und hydrolysiert das Metalsalz mit Wasser oder Dampf. Um die entstehende Emulsion vollständiger zu machen, können der ursprünglichen Metallsalzlösung Firnisstoffe, wie Leinöl, Gummi, Kreosot usw. zugesetzt werden.

b) Feuersichermachen. Diese Verfahren gründen sich in der Hauptsache darauf, in der Faser Salze niederzuschlagen, die beim Erhitzen durch Schmelzen den Faden einhüllen und so vor der direkten Entflammung schützen. Derartige Stoffe sind z. B. Alaun, Magnesiasalze, Natriumsulfat u. a. m.

So schützen die D.R.P. 335299 und 335300 (1918) der Firma Craig und Whipp, Boos und Tod ein derartiges Verfahren, indem man die Gewebe mit Alkalialuminat tränkt und dann mit Alkalibikarbonat, gegebenenfalls unter gleichzeitiger Einwirkung von Kohlensäure, behandelt.

Nach W. Knepscher[1]), soll sich für diese Zwecke ein Gemisch aus sulforizinolsaurem Ammonium mit Borax, Salmiak, Alaun, wolframsaurem Natron und Wasserglas sehr gut eignen.

c) Das Gasdichtmachen. Diese Art der Imprägnierung hat für die Luftschiffahrt eine erhöhte Bedeutung erlangt. Für die Ballonhüllen und Flugzeugtragflächen kommen nur Rohseidengewebe sehr dichter Einstellung in Frage.

Nach dem D.R.P. 286740 (1914) von A. Stefanowski werden diese Stoffe zuerst mit Füllmitteln, wie Carraghenschleim, behandelt und nachher lackiert.

Das Verfahren D.R.P. 309171 (1918) von Dr. R. Blockmann zur Herstellung gasdichter Doppelstoffe besteht darin, daß man zwischen die beiden Stoffschichten eine gasundurchlässige, zelluloidähnliche Masse einlagert.

Das D.R.P. 309201 (1916) von W. Deutsch läßt, wie beim Wasserdichtmachen, erst das Gewebe in Seifenlösung bzw. einer Fettemulsion quellen und dann mit Tonerdesalzen nachbehandeln.

In der Praxis hat sich aber in der Hauptsache das einfache Überziehen dieser Gewebe mit einem elastischen Lack, der aus Nitrozellulose, in Azeton gelöst, unter Zusatz von Rizinusöl, Leinöl und Terpentin hergestellt wird, in den letzten Jahren aus Azetylzellulose mit oder ohne Weichmachungsmittel bewährt.

Am Schluß der Ausrüstung wird die Ware nochmals gründlich durchgesehen und auf etwaige Fehler geprüft. Ferner wird bei dieser Prüfung des nunmehr fertig ausgerüsteten Gewebes entschieden, ob es den Anforderungen des Käufers entspricht oder nicht, bzw. ob es gegebenenfalls durch nochmalige Behandlungen zu verbessern oder als verdorben oder verunglückt anzusprechen ist. Besonders nach dem Appretieren treten die Fehler in Form von Brüchen, Blanchissuren, Flecken usw. in einer dem Auge so deutlich sichtbar werdenden Form in Erscheinung, daß man wirklich oft erstaunt ist, diesen Fehler nicht vorher erkannt zu haben.

Handelt es sich um Flecke aus der Erschwerung oder Färberei, dann bleibt nichts anderes übrig, als das Stück zum Reinigen und Wiederauffärben zurückzugeben. Läßt sich der Übelstand so nicht beseitigen, dann empfiehlt es sich, die Ware in einen dunklen Farbton umzufärben.

Bei Blanchissüren, Brüchen oder einer mehligen Oberfläche des Gewebes, ferner auch bei wolkigen Buntfärbungen kommt man vielfach noch mit einer Behandlungsweise zum Ziel, die von Lyon, der Wiege der Seidenstückausrüstung, herstammt. Es ist dieses das „Tamponieren".

Zu diesem Zweck wird die Ware aufgebäumt und dieser Baum an der einen Seite eines viereckigen Tisches leicht drehbar befestigt. Auf der gegenüberliegenden Seite des Tisches befindet sich eine mit einer Handkurbel versehene Walze, auf die der von dem Baum ab und über den Tisch geleitete Stoff wieder aufgewickelt wird. Der Tisch wird bei jeder wechselnden Farbe eines Gewebes mit einem neuen Bogen Papier belegt. Der Tisch selbst ist nach jeder Richtung hin drehbar, damit er vom Licht getroffen werden kann. Der Arbeiter leitet das Gewebe durch Drehen der Kurbel über den Tisch und scheuert es mit einem Bündel wollener Lappen, die er mit einer Ölemulsion anfeuchtet, in vorsichtiger Weise durch anfangs leises, im Kreise herumlaufendes Reiben mit dem Bündel. Dieses Verfahren wird dann allmählich unter stärker werdendem Druck über die ganze Gewebefläche ausgedehnt. Es gehört zu dieser Arbeit eine große

[1]) Knepscher, W. Die Appretur der Seidengewebe.

Geschicklichkeit, damit nicht etwa Fettflecke entstehen und somit den ursprünglichen Fehlern ein neuer zugesellt würde. (Wiederum ist die Zusammensetzung dieser Tamponieremulsion das große Geheimnis, das von dem Appreteur peinlich gehütet wird.) So wird das Stück immer in der Länge des Tisches durch Weiterdrehen mittels der Kurbel weitertamponiert. Es ist wunderbar, was ein geschickter Appreteur durch das Tamponieren bei einem durch Flecken beschädigten Gewebe erreicht. Nicht nur, daß die Oberfläche vollständig eben und glänzend wird, es verschwinden auch alle Brüche und Striche sowie Wolken. Vor allem aber beeinflußt diese Behandlung den Griff der Ware in erstaunlicher Weise. Ein Gewebe, das vorher dünn und brettig erschien, weist nach dem Tamponieren einen fleischigen, vollen, etwas an feinstes Leder erinnernden Griff auf.

Abb. 314. Plattenpresse von Fr. Haas, Lennep.

Nach dem Tamponieren läßt man das Gewebe meistens noch einmal kurz über den Spannrahmen laufen. Vielfach findet man auch, daß das Tamponieren vor dem Appretieren vorgenommen wird. Es bedarf dann aber eines sehr geübten Auges von seiten des Appreteurs, um auch die kleinsten Fehler zu erkennen.

Eine weitere Arbeit, die bei der Schlußbesichtigung der Stücke erforderlich wird, ist das direkte Stutzen mit der Schere, um die letzten Unebenheiten in Form von Knoten, losen Enden usw. zu entfernen.

Das im vorstehenden geschilderte Appretieren von Geweben erstreckt sich nicht nur auf stückgefärbte Seidengewebe, sondern auch auf Gewebe, die mit stranggefärbter Seide hergestellt sind. Auf der anderen Seite werden aber nicht nur die eigentlichen Gewebe, sondern auch Wirkwaren, Flechtwaren usw. dieser Behandlung unterzogen. Daß zu diesem Zweck in den Konstruktionen der einzelnen Maschinen gewisse Abweichungen erforderlich sind, daß z. B. manche Wirkwaren, wie Strümpfe, auf Formen appretiert werden müssen usw., versteht sich wohl von selbst. Es würde aber zu weit führen, diesbezüglich auf Einzelheiten einzugehen, und wird genügen, bei den einzelnen Artikeln kurz darauf zurückzukommen. Obendrein gibt es eine Anzahl von Geweben, die überhaupt nicht irgendwie appretiert werden, sondern wo man sich damit begnügt, die entsprechend auf Karten aufgewickelten Stücke in einer Presse zu glätten, deren Druckplatten vielfach mit Dampf heizbar sind und durch hydraulischen Druck zusammengepreßt werden. Eine solche von der Firma Friedr. Haas, Lennep, gebaute Plattenpresse ist in der obenstehenden Abbildung wiedergegeben.

Die endgültig als einwandfrei befundenen Stücke werden in einer bestimmten Länge abgemessen, abgeschnitten und dann in die nötige Form gelegt. Es geschieht dieses auf der Legemaschine, die so eingerichtet ist, daß sie die

Ware entweder aufrollt oder in Tafeln legt. Meistens wird auf dieser Maschine auch gleichzeitig gemessen. Auf einem mit dem Mechanismus des Apparates in Verbindung stehenden Zifferblatt dreht sich beim Gang der Maschine ein Meßzeiger, der die Länge des Stückes in Metern oder Yards angibt. Beim Stillsetzen schneidet ein Messer das Stück ab. Die Abbildung zeigt eine solche Legemaschine von der Roßweiner Maschinenfabrik A.-G. in Roßwein. Vielfach kommen die so fertig aufgemachten Stücke noch in eine Presse.

Bei breiter Ware wird das Legen in Tafeln durchgeführt, bei Bändern bevorzugt man dagegen das Aufrollen. Allerdings werden auch diese letzteren der Raumersparnis halber gelegt, sobald es sich um Exportaufträge handelt.

Abb. 315. Legemaschine von Roßweiner Maschinenfabrik A.-G., Roßwein.

Das Aufrollen der Bänder geschieht auf Papphülsen, die der Breite des Bandes entsprechen. Man rollt gleichzeitig mit dem Gewebe einen ebenso breiten Papierstreifen mit auf, so daß das Gewebe in seiner ganzen Länge zwischen Papier lagert. Durch die Zwischenlagerung des Papieres wird das Seidengewebe bezüglich Aussehen und Griff günstig beeinflußt. Man sollte daher zur Beurteilung der Qualität eines Seidenbandes niemals unterlassen, dasselbe vorher mit Papier aufzurollen. Die zum Aufmachen der fertigen Bänder verwandten Rollböcke sind ähnlich eingerichtet wie die zum Aufrollen vom Haspel auf die Appretierrollen verwendeten Böcke, nur sind sie mit einer Abmeßvorrichtung versehen.

Die fertig aufgemachte Ware wird in Papier eingeschlagen, dann in die dafür bestimmten Kartons verpackt und gelangt so zur Ablieferung an den Abnehmer.

Zum Schluß sei noch darauf hingewiesen, daß die zum Verpacken verwandten Papiere sowie die Kartons keine Stoffe enthalten dürfen, die irgendwie schädlich auf die Ware einzuwirken vermögen. Sie müssen frei sein von Stoffen, wie Chlor, freien Säuren oder Alkalien. Auch auf einen Formaldehydgehalt der zum Kleben verwandten Leimstoffe ist zu achten, der von Ristenpart[1]) als Ursache von Seidenschäden festgestellt worden ist.

III. Die Verarbeitung und Ausrüstung der stranggefärbten Seiden.

Haben wir bislang die Verarbeitung der rohen Seiden zu Geweben, Wirk- und Flechtwaren besprochen, so kommen wir jetzt zu derjenigen der stranggefärbten Seiden. Diese Art der Verarbeitung gestattet nicht nur die Verwendung gleichgefärbter Seiden, sondern gestaltet sich um so vielseitiger, als man

[1]) Ristenpart: Melliands Textilber. 1921, S. 213.

durch Auswahl verschieden gefärbter Seiden oder sonstiger Fasern ein viel farbenprächtigeres Bild erzielen kann. Es lassen sich nicht nur durch den Wechsel der Färbung, sondern auch durch die Auswahl der verschieden gezwirnten Seiden Muster von der größten Vielseitigkeit und Wirkung herstellen. Ferner hat man auch die Möglichkeit, durch nachfolgendes Ausrüsten, Appretieren und Kalandern dem Gewebe ganz speziellen Charakter zu verleihen. War man bei den stückgefärbten Geweben in der Hauptsache auf die Verwendung von Grègen, eventuell Krepps, beschränkt, so handelt es sich hier um die Herstellung aus gezwirnten Seiden, wie Organzin und Trame, in ihren verschiedensten Zwirnungen. Grège wird dagegen nur sehr wenig verwandt, höchstens als Hartgrège in der écru-Ausrüstung. In der Mehrzahl der Fälle sehen wir aber die Verwendung von cuit gefärbter Seide. Bei solchen Seidenstoffen, bei denen es auf Dichte und Dicke ankommt, bedient man sich auch des Souples, der uns bei der Stückausrüstung kaum begegnet. Allerdings gibt es ein D.R.P. 67254, das der Firma Köttgen in Krefeld das Souplieren farbiger Seidengewebe schützt, was die Vermutung nahelegt, daß es sich um im Stück ausgerüstete Ware handelt.

Vor allem bietet die Verwendung stranggefärbter Seiden den Vorteil, daß man Gewebe von einer derart hervorragenden Qualität herzustellen in der Lage ist, wie dieses bei Verwendung von Grègen nie der Fall sein kann. Man vergegenwärtige sich nur die schweren, dichten und wundervollen Seidengewebe, die früher und auch heute noch als Prunkgewänder getragen wurden, z. B. aus schwerem, stranggefärbten Taffet oder Atlas, gegenüber noch so schwerer, im Stück ausgerüsteter Ware.

Während die Ausrüstung der Seidengewebe im Stück — wenigstens in der Hauptsache — erst neueren Datums ist, war die Verwendung der stranggefärbten Seiden bis in die ältesten Zeiten hinein die übliche. Wie schon erwähnt, hat aber die Stückausrüstung der Verwendung der stranggefärbten Seiden eine scharfe Konkurrenz gemacht und sie heute teilweise stark überflügelt, aus Gründen, die bereits früher bei der Besprechung der Stückaurüstung näher ausgeführt worden sind.

Übersehen werden aber darf jedenfalls nicht, daß ein Umstand die Herstellung der Textilerzeugnisse grundlegend beeinflußt, das ist die „Mode“. Und da die stranggefärbten Seiden, was Vielseitigkeit der Erzeugnisse anbelangt, der stückgefärbten Ware weit überlegen sind, so kann von einer Verdrängung der ersteren durch die letzteren natürlich keine Rede sein. Allerdings lassen sich manche Seidenerzeugnisse, wie Kreppgewebe, Lumineux u. a. m., nur auf dem Wege der Stückausrüstung herstellen und werden ihren Platz daher stets behaupten.

Ebenso wie bei den Stückwaren muß von einem näheren Eingehen auf die Herstellung der verschiedenen Seidengewebe auch bei den aus stranggefärbtem Material hergestellten Erzeugnissen Abstand genommen werden. Wir beschränken uns darauf, nur das Charakteristische zu erwähnen, nicht nur der Gewebe, sondern auch der Strick- oder Wirkwaren, Flechtartikel und einer Reihe besonderer Erzeugnisse, bei denen die Verwendung stranggefärbter Seiden üblich ist.

Eine Einteilung dieses Gebietes nach den handelsüblichen Bezeichnungen bietet die gleichen Schwierigkeiten wie bei den rohseidenen Geweben. Es handelt sich um eine unendlich große Anzahl von Phantasienamen, die vielfach Altbekanntes mit einer neuen Bezeichnung schmücken, vielfach aber auch durch den Wechsel in den Rohmaterialien tatsächliche Neuheiten kennzeichnen.

Auffallen muß die Bevorzugung französischer Bezeichnungen bei der Mehrzahl der Seidengewebe, es erklärt sich dies daraus, daß nun einmal Paris von jeher die in der Mode tonangebende Stadt war.

Das Schrifttum über Seidengewebe ist nur sehr spärlich und zerstreut. Hingewiesen sei diesbezüglich aber auf die Werke von M. Heiden[1]) sowie Reuff[2]), aus denen manches Wissenswerte auf diesem Gebiet zu ersehen ist. Speziell über die Kennzeichnung verschiedener Seidengewebe berichtet eine sehr beachtenswerte Abhandlung von Prof. P. Schulze[3]), die besonders dem Webereifachmann sehr viel des Wissenswerten bietet. Bezüglich Einzelheiten muß das Studium der Originalarbeit empfohlen werden.

Es erscheint der Einfachheit halber eine Einteilung nach der Art der Gewebebildung am Platze zu sein, wenngleich auch auf nähere Einzelheiten bezüglich Bindung usw. nicht näher eingegangen werden kann. Es werden mithin folgende drei Gewebegruppen besprochen werden: 1. Taffetgewebe, 2. Atlasgewebe, 3. Köpergewebe.

Vorauszuschicken ist aber noch, daß man zu unterscheiden hat „einfache", „nicht gemusterte" oder „uni" Gewebe neben den „gemusterten" oder „fassonierten". Letztere unterscheidet man dann ferner noch nach der Form des Musters in „gestreifte" oder „rayé", in „quergestreifte" oder „à travers", in „gegitterte" oder „à quadrille", in „geblümte" oder à fleurs", in „geflammte" oder „chiné" Gewebe. Es sind dieses Bezeichnungen, die uns bei den verschiedensten Seidengeweben begegnen.

1. Taffetgewebe.

1. Die Bezeichnung Taffet ist aus dem persischen „tafteh" entstanden. Man unterscheidet bei den Taffetgeweben leichte, halbschwere und schwere Taffete.

Zu den leichten Taffeten zählen die meistens in Stück ausgerüsteten Gazen, Voiles und Musseline. Letztere werden aber auch aus Organzin und Trame und mithin aus stranggefärbtem Material hergestellt.

Auch die Futtertaffete oder Florence (auch wohl Florentine oder Avignon) gehören ferner hierhin. Die Miflorence sind halbseidene Futtertaffete mit Seidenkette und Baumwollschuß, während Glanztaffet wieder ein ganzseidener Futtertaffet ist, der mit Gummi appretiert und glänzend kalandert ist.

Unter Grenadine versteht man ein zu Schleiern und Tüchern verwandtes Taffetgewebe, das mit gefärbten Seiden, vielfach gehärteter Grège, hergestellt wird.

Zu den halbschweren Taffeten gehören eine große Anzahl von den als Kleiderstoff so beliebten Taffetgeweben, und zwar:

Taffet uni, einfarbiger Seidentaffet mittlerer Güte. Taffet glacé mit andersfarbigem Schuß als die Kette. Taffet changeant mit zweifarbigem Schuß und außerdem noch die Kette in anderer Farbe. Letztere beiden Taffete sind auch unter dem Namen Schillertaffet bekannt. Marcelline ist ein glattes, leichtes Taffetgewebe, auch wohl als Doppeltaffet oder Double Florence bezeichnet, das mit zweifädiger Kette und dreifädigem Schuß hergestellt ist. Die Bezeichnung leitet sich vom Erzeugungsort St. Marcellin her. Das Gewebe zeichnet sich durch starken Glanz aus.

Lüstrine ähnelt dem Marcelline, ist aber unter Verwendung von Tussahseide hergestellt. Vielfach ist das Gewebe auf der Oberseite gemustert, auf der Unterseite aber glatt.

[1]) Heiden, M.: Handwörterbuch der Textilkunde.
[2]) Reuff: Stoffkunde und Warenuntersuchung.
[3]) Schulze, P.: Leipz. Monatsschr. Textilind. 1925, S. 82.

Moreas oder Kemeas ist ein ähnlicher, aus Ostindien eingeführter Seidentaffet wie Lüstrine, meistens mit Blumenmuster versehen.

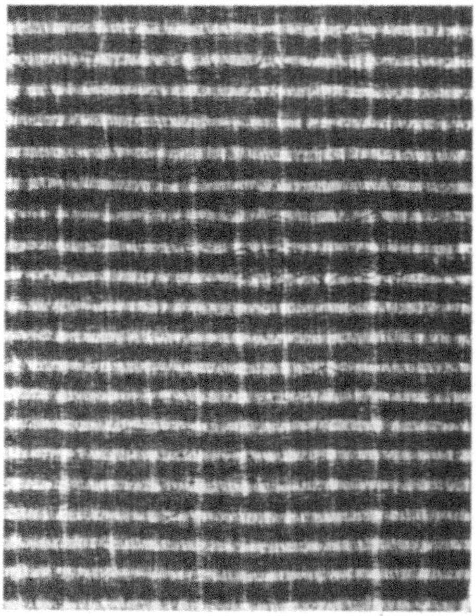

Abb. 316. Taffet, Durchsicht. Vergr. 1:20.

Abb. 317. Taffet, Aufsicht. Vergr. 1:4.

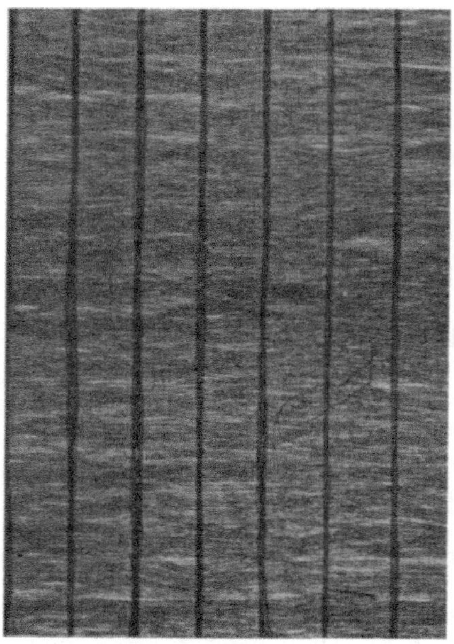

Abb. 318. Marcelline, Durchsicht. Vergr. 1:20.

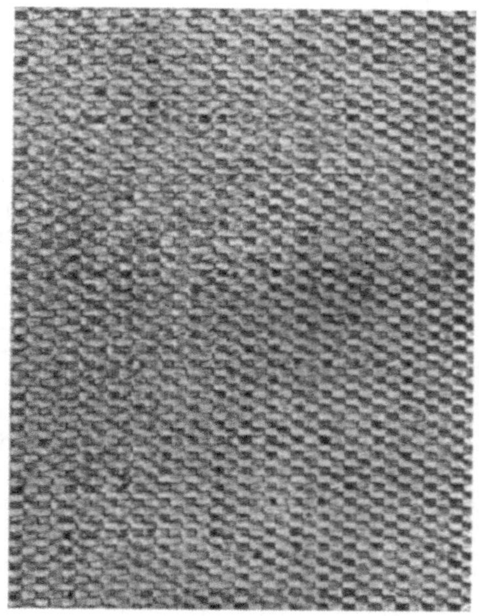

Abb. 319. Marcelline, Aufsicht. Vergr. 1:4.

Sandels sind leicht gestreifte Taffete, die in der Türkei fabriziert werden. Wachstaffet oder Taffetas cirée ist ebenfalls ein halbschwerer Taffet.

Er wird gefirnist oder gewachst und dann mit starkem Druck glattkalandert. Er wird zu Hutbändern, Schweißblättern usw. verwandt.

China-Rohseiden oder Tussores, die bereits unter den Geweben aus Rohseide erwähnt wurden, gehören ebenfalls zu dieser Gruppe. Sie werden auch aus stranggefärbten Tussahseiden, eventuell mit Schappe, hergestellt. Auch hier sind die Bezeichnungen Shantung, Shanghai, Tientsin üblich.

Pongéeseiden kommen, nicht nur aus Grège, sondern auch aus Organzin oder Trame hergestellt, in den Handel, ebenso auch die Japonseiden. Beides sind halbschwere Taffetgewebe, wenn sie von einigermaßen guter Qualität sind.

Helvetiaseide ist ein aus Grègekette und Schappeschuß hergestelltes Taffetgewebe, das ja meistens stückgefärbte Ware darstellt, sobald es sich um

Abb. 320. Helvetiaseide, stranggefärbt.

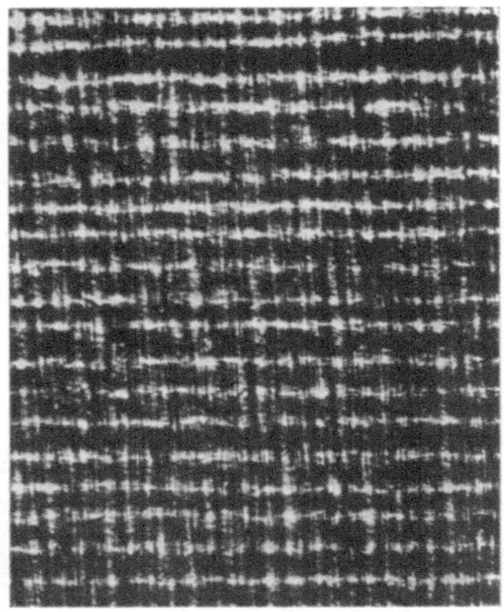

Abb. 321. Helvetiaseide im Durchblick. Vergr. 1:20.

Uni-Färbung handelt. Man bringt es aber auch gestreift in den Handel, dann handelt es sich um stranggefärbte Ware.

Wir haben schließlich unter dieser Gruppe noch die feingerippten Taffete mittlerer Qualität aufzuzählen, die aber vielfach auch in schwerer Qualität hergestellt werden. Hierzu gehören:

Faillegewebe, namentlich „faille française“, ein Gewebe, das entweder aus Seide oder aus Halbseide hergestellt wird. Dieselben haben durchweg eine größere Rippe.

Ottoman ist ähnlich wie Faille, hat aber eine noch größere Rippe, die seltener aus dickerer Seide, meistens aus Baumwolle gebildet wird.

Grain ist dagegen ein sehr fein geripptes Taffetgewebe. Man bezeichnet z. B. als Petit Grains einen Seidentaffet nach Art des Gros de Tour.

Bei Ripsgewebe wird das gerippte Aussehen dadurch herbeigeführt, daß man abwechselnd dickeren und dünneren Schuß einschlägt.

Epinglé und Taffetas epinglé oder Haitienne sind ebenfalls feingerippte, meistens ganzseidene halbschwere Taffete, die namentlich als Kleiderstoffe viel verwandt werden.

Abb. 322. Faillegewebe im Aufblick. Vergr. 1:4.

Abb. 323. Faillegewebe im Durchblick. Vergr. 1:20.

Tourquoise sind gestreifte halbseidene Taffet-, manchmal auch Atlasgewebe, bei denen der Grund aus Baumwolle, die Streifen aus Seide bestehen.

Abb. 324. Ottoman, stranggefärbt.

Zu den schweren Taffetgeweben zählen nun hauptsächlich solche Taffete, die sowohl in Kette wie im Schuß mehrfädig sind. Ein Sammelbegriff für die schwersten Seiden dieser Art ist die Bezeichnung „Gros". Man unterscheidet z. B.

Gros de Naples, Gros de Tours, Gros d'Orleans, Gros des Indes, Gros d'Afriques usw., die voneinander nur durch ihre Einstellung und den Titer des verwandten Materials verschieden sind.

Vénétienne ist ein italienisches dichtes Gewebe nach Art der Gros. Es wird aus dem feinsten Seidenmaterial hergestellt.

Poult de soie ist ein schwerer seidener Gros de Tours mit sehr dickem Einschlagmaterial, wodurch die Oberfläche ein eigenartiges schimmerndes Aussehen erhält.

Abb. 325. Schwerer Taffet im Aufblick. Vergr. 1:4.

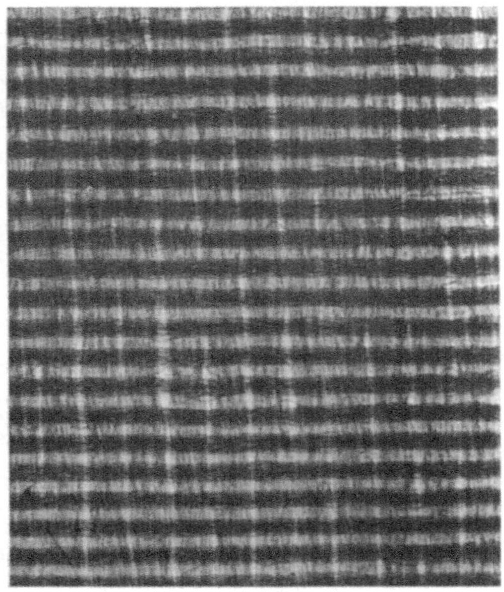

Abb. 326. Schwerer Taffet im Durchblick. Vergr. 1:20.

Spiegeltaffet ist ein Taffet mit kleinen glänzenden Mustern in Atlasbindung.

Rauschtaffet ist ein halbseidenes Taffetgewebe, dem durch entsprechende Seidenfinishbehandlung eine feine Diagonalzeichnung verliehen wird.

Schillertaffete in Form des T. glacé oder changeant werden natürlich auch in schwerer Qualität hergestellt.

Kamelott ist z. B. ein Gros de Naples, bei dem in der Kette je zwei Fäden verschiedener Färbung verwandt werden. Es gibt auch halbseidene Kamelotts, bei denen der Schuß aus Baumwolle besteht.

Furie ist ein schweres chinesisches Taffetgewebe mit grotesken Figuren bedruckt und bemalt.

Tcheuse ist ein ebenfalls chinesisches dichtes Taffetgewebe von gummiartiger Beschaffenheit, das beim Zusammenlegen oder Zusammenballen nicht knittert.

Cordé war ein früher beliebter Seidentaffet mit dünnen Rippen in der Kettrichtung, was dadurch erzielt wurde, daß entweder mehrfach verzwirnte Seidenfäden oder Seidenfäden mit einem Baumwollfaden verzwirnt verwandt wurden.

Überhaupt haben wir, ebenso wie bei den halbschweren, auch bei den schweren

Taffeten eine große Anzahl gerippter Gewebe. Faille, Grain und Ottoman werden in diesen schweren Qualitäten als ganzseidene Gewebe hergestellt.

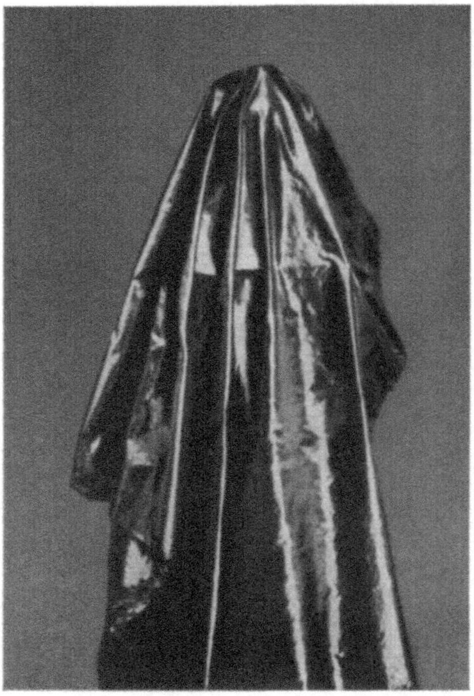

Abb. 327. Der gleiche Taffet. Gesamteindruck.

Popeline, das als Kleiderstoff so beliebte fein gerippte Taffetgewebe, wird auch mit stranggefärbter Ware in den besseren Qualitäten hergestellt.

Bengaline, den vorigen ähnlich, wird aus Seidenkette und Wollschuß hergestellt.

Eolienne ist leichter wie Bengaline, mit Kammgarnschuß, wird aber meistens stückgefärbt.

Moskovite ist ein ebenfalls in diese Gattung gehöriges Gewebe, doch wird die Wolle des Schusses vielfach durch Baumwolle ersetzt. Die gerippten und direkten Ripsgewebe interessieren uns hier speziell in ihrer besonderen Ausrüstung als Moirégewebe. Moiré, eine Bezeichnung, die nach Loescher[1]) dem Indischen bzw. Türkischen entnommen ist, bedeutet ursprünglich ein Gewebe aus Ziegenhaaren. Heute versteht man darunter jedes Gewebe in gerippter Ausführung, auf dem durch Pressung die eigenartigen wäßrigen Schattierungen entstehen. Spezielle Moirés aus Seide und Wolle bezeichnet man auch als Ondés. Man unterscheidet in der Hauptsache Moiré antique, Moiré française

Abb. 328. Moiré.

und Moiré imprimé, von denen bereits im Abschnitt über Appretieren die Rede gewesen ist (s. S. 412).

[1]) Loescher: Z. ges. Textilind. 1925, S. 94.

2. Atlasgewebe.

Atlas nennt man solche Gewebe, die durch ihre wenig gebundenen Kettfäden eine glatte Oberfläche aufweisen. Der Atlas stammt jedenfalls aus China, wenngleich auch nach Loescher[1]) die Bezeichnung „atlas" sich im Arabischen vorfindet und einen glänzenden glatten Stoff bedeutet. Im Orient wird er dagegen allgemein als „dibadsch" bezeichnet. Die französische Bezeichnung „Satin", ist anscheinend erst im 16. Jahrhundert aufgekommen. Je nachdem mehr Kette oder mehr Schuß auf der Oberfläche liegt, unterscheidet man Kettatlas oder Schußatlas.

Die reinen Seidenatlasse werden unter Verwendung von stranggefärbter Seide hergestellt.

Während schwere Qualitäten durch die Dichte ihrer Einstellung bereits eine rein glänzende Oberfläche ohne jegliche Nachbehandlung zeigen, ist man bei

Abb. 329. Seidenatlas, Aufsicht
Vergr. 1:4.

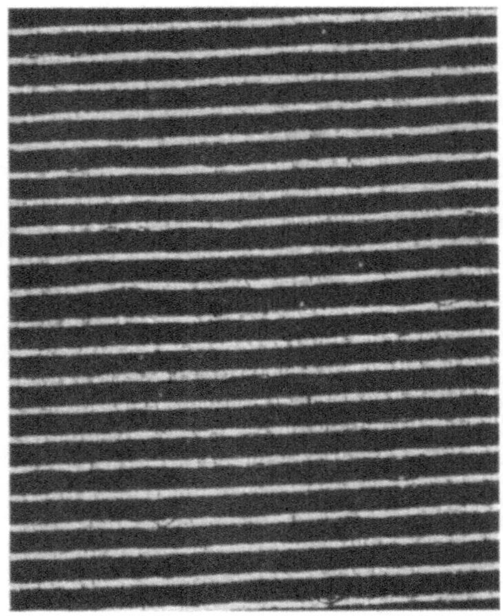

Abb. 330. Seidenatlas, Durchsicht.
Vergr. 1:20.

den leichteren darauf angewiesen, dieses durch entsprechendes Appretieren und Kalandern zu erzielen. Die schweren und nicht appretierten Atlasse erkennt man übrigens auch daran, daß sie sich vom Rande her zusammenrollen, man bezeichnete sie daher auch als Rollatlas. Ebenso wie bei den Taffeten, gibt es auch hier einfache und gemusterte Gewebe. Ja man könnte behaupten, daß gerade beim Atlas eine Musterung um so mehr beliebt ist, als das Muster sich vom glatten Grunde sehr plastisch abhebt. Es sei hier an die Damastgewebe erinnert (s. S. 429). Auch die Verwendung von Metallfäden zur Herstellung von Mustern ist bei Atlas sehr beliebt, hierher gehört die Mehrzahl der Brokatstoffe. Daß zur Herstellung des Atlas natürlich auch andere Textilien verwandt werden, versteht sich wohl von selbst, namentlich die glänzende

[1]) Loescher: Leipz. Monatsschr. Textilind. 1925, S. 94.

Kunstseide und merzerisierte Baumwolle spielen hier eine große Rolle, aber auch Wolle und gewöhnliche Baumwolle.

Die Mehrzahl der ganzseidenen Atlasgewebe wird mit stranggefärbter Seide hergestellt, andererseits werden die Satins, die mit Krepp eingeschossen sind, stückgefärbt. Unter der Bezeichnung Satinets versteht man halbseidene Atlasgewebe, die, namentlich bedruckt, heute einen sehr beliebten Modeartikel stellen.

Im folgenden wird eine Übersicht über die verschiedenen hauptsächlich in Betracht kommenden Artikel gegeben.

a) Glatte Atlasgewebe.

Merveilleux ist ein ganzseidener siebenbindiger Atlas;

Peande soie ein fünfbindiger Atlas;

Abb. 331. Duchesse, Aufblick. Vergr. 1:4.

Abb. 332. Duchesse, Durchblick. Vergr. 1:20.

Virginie ein älterer Seidenatlas mit breitem Köper, ein- und mehrfarbig ausgerüstet;

Liberty, ein Atlasgewebe mit Grège oder Organzin in der Kette und Schappeschuß. Er wird auch doppelseitig hergestellt. Namentlich in Bandform wird er meistens stückgefärbt ausgerüstet. Ganzseidene Atlasbänder werden auch als Glacéband bezeichnet.

Messaline ist ein stark glänzender ganzseidener Atlas, der in den verschiedensten Qualitäten hergestellt wird. Er muß sehr weich ausgerüstet werden.

Duchesse. Ein sehr dichtes ganzseidenes oder halbseidenes Gewebe, bei dem vielfach Souple als Einschlag verwandt wird. Er wird auch als Satinduchesse bezeichnet und vielfach durch entsprechende Seidenfinishbehandlung mit Diagonalmuster versehen.

Pailette oder Satin de Chine ist ein fünfbindiger Atlas, der vielfach gemustert, aber auch uni als Kleiderstoff Verwendung findet.

Palanquin ein mit Wolle hergestellter älterer Atlas, der bedruckt oder mit Stickerei versehen in den Handel gebracht wird.

Aleppine, ursprünglich aus Aleppo stammend, wird aus Seidenkette mit Wollschuß hergestellt.

Bombasin ist ein ähnliches Gewebe wie das vorige, das speziell in Oberitalien hergestellt wurde.

Kaschmirienne oder Cachmire de soie ist ein Atlas mit Grège, Organzin oder Schappe in der Kette und Kammgarn im Schuß.

Pondichéry ein ähnliches Gewebe wie das vorhergehende, aus Indien stammend.

Satin feutré ein Atlas mit Organzinkette und Kammgarnschuß.

Atlas grénadine wird mit Grenadinkette und Baumwollzwirnschuß hergestellt.

Die glatten Atlasgewebe finden in der Mehrzahl als Futterstoffe und Krawattenstoffe Verwendung, nur einzelne, wie Messaline, Duchesse, Merveilleux, Pailettes, sind auch als Kleiderstoffe beliebt.

b) Gemusterte Atlasgewebe.

Man bezeichnet diese Art der Atlasgewebe, nach dem Hauptvertreter derselben, auch als Damastgewebe. In der Mitte zwischen dem glatten Atlas und dem Damast stehen die Armuregewebe, die nur ein sehr kleines, punktförmiges Muster aufweisen.

Abb. 333. Armure aus stranggefärbter Seide, Aufblick. Vergr. 1:4.

Armure, auch als Granatseide bezeichnet, ist ein namentlich für Kleiderstoffe sehr beliebtes, wie erwähnt sehr fein gemustertes Atlasgewebe, das durchweg sehr weich im Griff gehalten wird.

Crepine ist ebenfalls ein fein gemusterter Seidenstoff, der zu den Armuregeweben gerechnet wird.

Salamine ist ein älteres, ganzseidenes Armuregewebe, bei dem als Kettmaterial eine schwarze, als Schuß eine farbig gefärbte Seide verwandt wurde. Durch besondere Bindung ragt der Schuß aus der glatten Oberfläche in Form schräg gestellter punktförmiger Muster hervor, wodurch bei dem Stoff ein eigenartiger Changeanteffekt hervorgerufen wird.

Damast, auch als Damassé bezeichnet, führt seinen Namen auf die Stadt Damaskus zurück. Aber es sind hier derartige Gewebe nie hergestellt worden. Man bringt den Namen mit der Übereinstimmung in Beziehung, welche die Muster der Damastgewebe mit der Zeichnung der Damaszener Klingen aufweisen. Es handelt sich um Gewebe, deren eigenartige Wirkungen auf die wechselnden Lichteffekte von Kette und Schuß zurückzuführen sind. Durch Verschiedenheit des Materials, sowie durch verschiedene Färbung derselben lassen sich sehr abwechslungsreiche Muster erzielen.

Unter Damastflor versteht man ein leichtes Damastgewebe, bei dem nicht entbastete Seide als Schuß und abgekochte Seide als Kette verwandt wurde.

Lampas sind reich gemusterte, seidene Damastgewebe, die zu Möbelstoffen, Tapeten und Gobelins verwandt werden.

Lisère ist ein schwerer, ursprünglich französischer Damast, mit erhaben gewebten Mustern, besonders Blumen.

Peruvienne auch als Droguet lisère oder lustrine, auch wohl als „Prussienne“ bezeichnet, ist ein schwerer Damast, ähnlich dem Lisère, bei dem aber die Blumen farbig gehalten sind.

Peau de gant ein weißer, unifarbiger Damast.

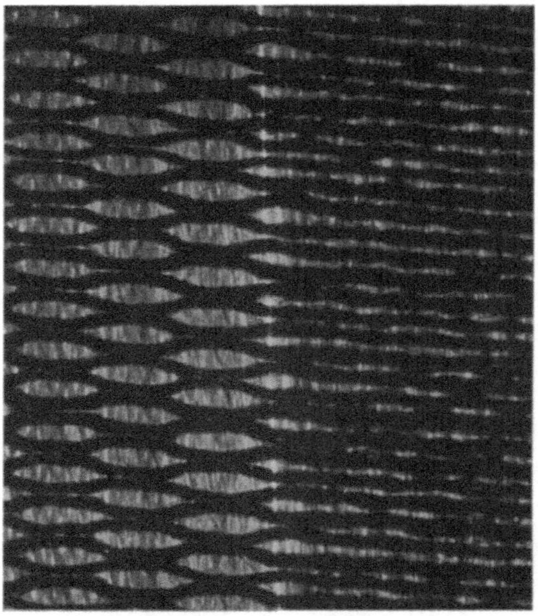

Abb. 334. Armure im Durchblick. Vergr. 1:20.

Abb. 335. Armure, stückgefärbt, im Aufblick. Vergr. 1:4.

Abb. 336. Armure, stückgefärbt, im Durchblick. Vergr. 1:20.

Canterbury ein halbseidenes, buntgemustertes Atlasgewebe, bei dem die Kette aus Seide, der Schuß aus Baumwolle besteht.

Ligature ist ein dichter Stoff aus Schappe in der Kette und Baumwolle

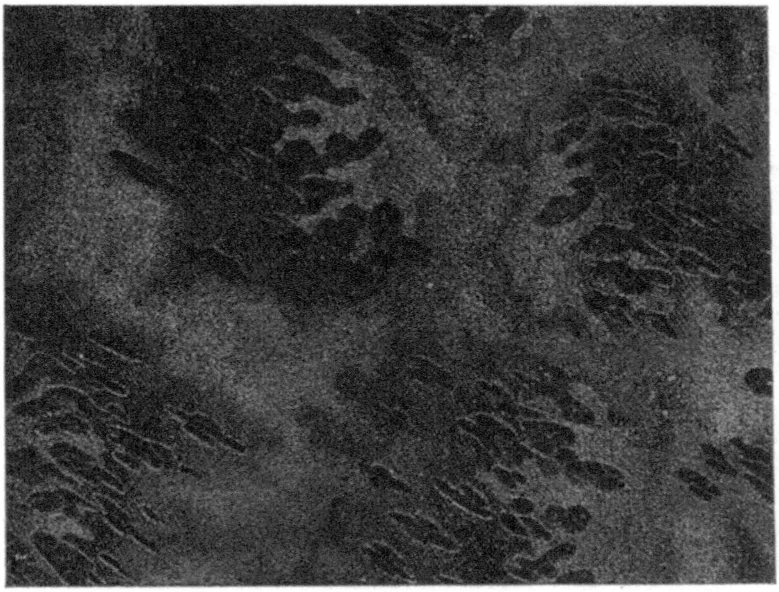

Abb. 337. Damastgewebe im Aufblick. Vergr. 1:4.

Abb. 338. Damastgewebe, Gesamteindruck.

oder Leinen im Schuß, der nach der Damastart mit erhabenen, großen Blumen und Mustern versehen ist.

c) Mit Metallfäden durchwirkte Atlasgewebe.

Die Verbindung von echter Seide mit Fäden aus Metall oder Metallegierungen kann in Form glatter Gewebe, meistens durch Verwendung von Metallfäden im Schuß, geschehen, oder dadurch, daß mit Hilfe der Metallfäden erhabene Muster hergestellt werden. Man findet aber auch, daß diese Muster durch direktes Besticken, „Brochieren", erzeugt werden.

Brokat ist ein mit echtem Metall gemusterter Seidenstoff. Wird unechtes Metall verwandt, bezeichnet man die Gewebe auch wohl als „Brokatelle".

Karankas und Kinkale sind schwere indische Seidenstoffe, die in Damastart mit schweren Gold- oder Silberornamenten broschiert worden sind.

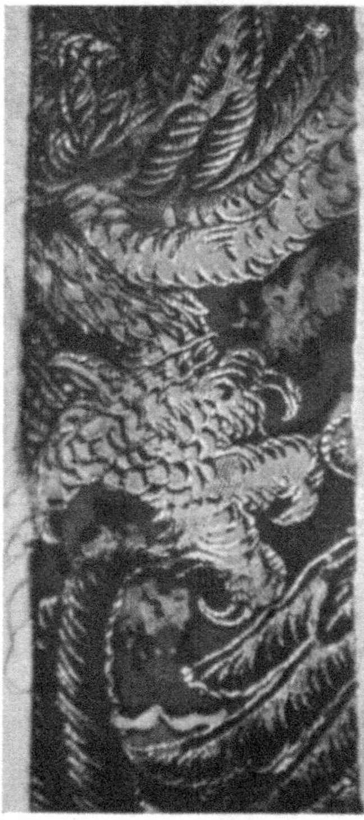

Abb. 339. Brokat bunt im Aufblick. Vergr. 1:4.

Abb. 340. Brokat uni im Aufblick. Verkleinert.

Sans nuance ist ein schwerer Seidenstoff mit eingewirkten goldenen Blumen, meistens auf Atlas oder Lisère, auch wohl auf Gros de Tours, der speziell in Lyon hergestellt wird.

Phrygienne ist ein Damast mit kleinen Metallornamenten.

Glacé d'or oder d'argent sind glatte Seidenatlasse mit Metallgespinsten durchwirkt. Diese Gewebe sind natürlich nicht identisch mit den Glacébändern, von denen bereits oben die Rede war.

Lamas sind ebenfalls glatte Seidengewebe, mit echtem Gold oder Silber durchwirkt, ursprünglich aus Italien stammend.

Pluie ist ein leichtes Atlasgewebe mit Seide in der Kette und Metallfäden als Schuß.

3. Köpergewebe.

Während die Atlasgewebe eine glatte Oberfläche und eine diagonal gerippte Unterseite aufwiesen, charakterisiert sich der Köper durch eine schräg über das Gewebe verlaufende Gräte, die sowohl auf der Oberseite als auch unterwärts sichtbar ist. Zu diesen Köpergeweben gehört eine große Anzahl von ganzseidenen oder gemischtseidenen Erzeugnissen, die als Kleiderstoffe und

Krawattenstoff, aber in sehr großem Maßstab auch zu Futterzwecken Verwendung findet.

Die zu Kleiderstoffen verwandten Seidenköper bezeichnet man als

Drap de soie. Hierzu gehören z. B.:

Drap de chine, ein sehr dichtes ganzseidenes Köpergewebe, einfarbig ausgerüstet.

Drap Viktoria ähnelt dem Drap de chine, nur daß das Köpermuster schärfer ausgeprägt erscheint.

Côte fine oder Côtefort glacé sind nahezu identisch mit den beiden vorhergehenden Arten, während

Côteline ein doppelt geköpertes Seidengewebe darstellt.

Gabardine ist ein ebenfalls sehr beliebter entweder ganzseidener, oder aber auch wollseidener Kleiderstoff, der ebenfalls eine sehr ausgeprägte Gräte aufweist.

Régence hat nicht das glänzende Aussehen wie die vorher erwähnten, weil die Kette sehr stark gebunden ist.

Satin Luxor und Satin de Lyon sind trotz ihrer Bezeichnung keine Satins, sondern Köpergewebe.

Surah stellt ebenfalls ein sehr beliebtes seidenes Köpergewebe dar.

a) glänzende Oberseite. b) rauhe Unterseite.

Abb. 341a und b. Duvetine, stranggefärbt, im Aufblick. Vergr. 1:4.

Surah grosse côte und fine côte kommen den oben aufgeführten Côtegeweben gleich und ebenso

Batavia dem Côteline.

Grisaille ist ein leichter, changierender Köper, der aus verschiedenen gefärbten Seiden hergestellt wird.

Pekings sind chinesische uni oder gestreifte Seidenköper.

Sirsakas sind Köpergewebe aus Baumwolle, auf denen gestreifte oder gewürfelte Muster mit Seide oder Schappe eingewebt sind.

Sistresay, ein dem vorigen ähnliches Gewebe, bunt gestreift in der Kette, teils Baumwolle, teils Seide im Schuß, meistens Schappe aufweisend.

Foulard, soweit er nicht stückgefärbt ausgerüstet wird, ist ein Köpergewebe mit Organzinkette und Baumwolle oder Schappe im Schuß; sie werden, namentlich gemustert, als leichtere Kleiderstoffe sehr bevorzugt.

Tigrine ist ein seidenes Köpergewebe, mit Chinédruck versehen, vielfach aber auch aus Seidenkette und Kammgarnschuß, und zwar auch dann „geflammt" hergestellt.

Minorka ist ein älteres Seidengewebe aus Seide in der Kette und Leinen im Schuß.

Duvetine ist ein Köper- oder Atlasgewebe, dessen Kette aus Seide, Kunstseide oder Baumwolle besteht, während der Schuß mit Schappe hergestellt wird. Das Gewebe wird auf der Oberseite aufgerauht und geschoren. Durch

Wechsel des Rohmaterials und des Musters lassen sich sehr viele Artikel hiermit herstellen, die namentlich zu Putzzwecken sich heute sehr großer Beliebtheit erfreuen.

Die zweite Gruppe der Seidenköper, die **Sergen**, werden in der Hauptsache zu Futterstoffen verwandt, wenngleich auch manche darunter ebensogut als Kleiderstoff dienen können. Serge im eigentlichen Sinne ist ein halbseidenes Köpergewebe aus Seide in Kette und Baumwolle im Schuß, das vielfach, wenn mit Grège hergestellt, auch stückgefärbt ausgerüstet wird. Je nach den Qualitäten spricht man auch von Diagonale, Polonaise usw.

Abb. 342. Serge im Aufblick. Vergr. 1:4.

Abb. 343. Serge im Durchblick. Vergr. 1:20.

Levantine ist meistens eine reine Seidenserge in glatter Köperbindung, die gemustert, gestreift, kariert, schottisch (écossais) auch als Kleiderstoff sehr beliebt ist.

Croisées ähneln dem Vorhergehenden sehr, kommen einfarbig und gestreift in Verkehr. Sie werden auch als Oriental oder Orientine bezeichnet.

Côte satinée, Royal, Serge de Rome sind den Croisées ähnlich und fallen wegen ihrer vielfach verschiedenen Musterung schon in die Gruppe der Drap de soie.

Gloria ist eine schon früher bei der Stückausrüstung erwähnte Wollseide, die bei besseren Qualitäten auch aus stranggefärbtem Material in Köperbindung hergestellt wird und zu Schirmstoffen eine ausgedehnte Verwendung findet, sobald es sich um gemusterte Ware (rayé, écossais usw.) handelt. In Uni-Färbung ist die Stückausrüstung die bevorzugtere.

Zum Schluß dieses Abschnittes über die Seidengewebe mag noch darauf hingewiesen werden, daß die angeführten Gewebearten ebensogut für abgepaßte Textilerzeugnisse, z. B. Tücher, Schals u. a. m. Verwendung finden können. Die Industrie der seidenen Tücher und Schals in den Seide erzeugenden Ländern China, Japan, Italien usw. steht auf solcher Höhe, daß Waren von einer überraschenden Pracht in den Handel gebracht werden.

Ebenso wurde von der Erwähnung der verschiedenen Spitzen Abstand genommen, da diese schon bei der Stückausrüstung besprochen wurden.

Auch bezüglich der Wirkwaren und Flechtwaren können wir uns hier kurz fassen. Bei derartigen Erzeugnissen kann Musterung nur erzielt werden, indem man stranggefärbte Seiden verwendet. Aber auch bei den unifarbigen Waren bevorzugt man stranggefärbtes Material, weil die Maschen oder das Geflecht in diesem Falle gleichmäßiger und besser geordnet bleiben, als dieses bei der Stückausrüstung möglich ist. Die Verwendung der stranggefärbten Wirk- und Flechtwaren geschieht zu denselben Artikeln, wie die stückausgerüsteten, also zu Strümpfen, Krawatten, Kleiderstoffen oder fertigen Kleidern.

Erwähnung finden mögen hier nun noch einige Erzeugnisse, bei denen stranggefärbte Seide verwandt wird, die aber nicht zu den eigentlichen Webereiprodukten zu zählen sind, sondern mehr zu den Posamenten:

Gimpe. Es sind dieses ein oder mehrere Baumwollfäden, die mit Seide umsponnen werden. Sie findet zu Besätzen an Kleidern (Soutache) und zu Posamenten Verwendung.

Guipure stellt ein mit Gimpen hergestelltes Geflecht dar, das als Spitzenbesatz beliebt ist.

Karkassendraht. Ein mit Rohseide umsponnener Metalldraht, der zu Kopfschmuck (Karkasse) verwandt wird. Hierbei sei auch an die mit Seide umsponnenen und so isolierten Leitungsdrähte oder Kabeldraht erinnert.

Ligature ist eine Borte oder Tresse, die unterwärts Seide, auf der Oberseite Metalldraht enthält.

Tresse sind Borten mit Seide in der Kette und Metallfäden im Schuß.

Atlasbiese eine Schnur, die aus Seide in der Kette und Baumwolle im Schuß hergestellt ist, und zwar in der Weise, daß die Kette außen liegt.

Gewöhnliche Biese. Sie unterscheidet sich von der Gimpe dadurch, daß die Seele plattgedrückt ist.

Diese im vorhergehenden beschriebenen Erzeugnisse sind nun noch keineswegs so ohne weiteres verkäuflich, wie sie vom Webstuhl oder von der Wirk- und Flechtmaschine usw. kommen, sondern bedürfen noch verschiedener Nachbehandlungen, von denen im folgenden die Rede sein soll.

Ein Gewebe, das aus stranggefärbtem Material hergestellt ist, wird sich von dem aus roher Seide hergestellten nur insofern unterscheiden, als es — von den Einwirkungen der Erschwerung und Färbung abgesehen — glänzender erscheint, weil der Bast entfernt ist. Aber die Unebenheiten in Form von Knoten, abstehenden Faserenden, Duvet usw. wird es in nahezu dem gleichen Maß aufweisen wie ein Rohseidengewebe. Sie müssen also noch entfernt werden.

Andererseits werden auch bei den stranggefärbten Seidengeweben noch solche Nachbehandlungen erforderlich sein, die speziellen Griff, erhöhten Glanz, besondere Musterung usw. zu verleihen vermögen.

Schließlich wird gerade bei Seidengeweben häufig noch eine Nachbehandlung erforderlich, um das frisch vom Webstuhl kommende Fabrikat bezüglich Unebenheiten und Ungleichmäßigkeiten in der Lage der Einzelfäden günstig zu beeinflussen. Zur Erzielung einer solchen gleichmäßigen Decke im Gewebe bedient man sich z. B. ganz spezieller Verreibmaschinen.

Schließlich müssen auch diese Waren vielfach noch gepreßt und endgültig abgemessen und gelegt werden.

Die erste Behandlung, die den Geweben zuteil wird, ist das Putzen. Dieses kann, was grobe Verunreinigungen anbelangt, von Hand geschehen mit Schere und Messer. Bequemer und leichter geschieht es jedoch auf der Putzmaschine, wie sie in der untenstehenden Abbildung als Fabrikat der Firma Fr. Haas, Lennep, dargestellt ist. Dieselbe gewährt vor allem den Vorteil, daß das zur Entfernung des feinen Flaums häufig erforderlich werdende Absengen und dadurch die immer bestehende Gefahr einer Beschädigung des Gewebes vollständig vermieden wird.

Diese Putzmaschine stellt im wesentlichen eine Kombinierung von Roßhaarrundbürsten, Schneidzeugen mit Spiralzylindern und Untermessern und einer Luftabsaugevorrichtung dar. Durch das Bürsten werden nicht nur Fremdteile vom Gewebe gelöst, sondern auch die abstehenden Fasern hochgestellt, damit sie durch die Schermesser abgeschnitten werden können; durch die Absaugevorrichtung wird dann alles Losgelöste restlos entfernt. Die Anlage der Schneidzeuge dürfen einmal das Gewebe nicht verletzen, müssen andererseits aber auch genügend und ausreichend alle Unebenheiten entfernen. Bei der in Rede stehenden patentierten Putzmaschine ist diese Aufgabe in hervorragender Vollkommenheit gelöst. Um allen Anforderungen zu genügen, wird sie statt mit zwei auch mit drei und mehreren Scherwerken geliefert.

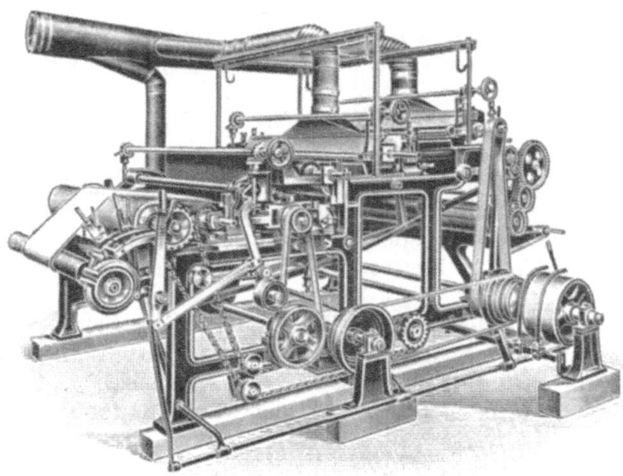

Abb. 344. Putzmaschine von Fr. Haas, Lennep.

Außer mit dieser kombinierten Maschine kann man die Ware natürlich auch auf einfachen Schermaschinen behandeln. Sie bestehen aus einer Walze, die in Spiralform mit Messern versehen ist, während eine Bürstenwalze für die Entfernung des Abfalls sorgt.

Sind die Gewebe geputzt, dann werden sie, wenigstens bei den besseren Qualitäten, noch einer weiteren Nachbehandlung unterworfen, die bei manchen Artikeln von der gleichen Bedeutung ist wie das Putzen. Es ist dieses das Scheuern.

Da die Seidenwaren nach ihrer Fertigstellung leicht ein unruhiges Bild aufweisen, das durch die Eigenart der Seide bedingt wird, so werden die Gewebe nach dem Putzen „gescheuert" oder „verrieben". Hierdurch erzielt man einerseits eine glatte Oberfläche, andererseits einen volleren Griff.

Nach Freisler[1]), der sich zu diesem Arbeitsvorgang ausführlich äußert, werden sowohl Seidengewebe, wie sie fertig vom Stuhl kommen, als auch appretierte Gewebe gescheuert. Im Kleinbetrieb geschieht dies mit der Hand, indem der gespannte Stoff geputzt und dann mit gebogenen stählernen Verreibeblechen oder Messern durch Verstreichen so lange gescheuert wird, bis Kammstreifen oder Schußblenden verschwunden sind. Im Großbetrieb bedient man sich dagegen der Seidenverreibmaschinen, wie sie namentlich von der Maschinenfabrik Rüti, vorm. C. Honegger, gebaut werden. Diese Maschinen arbeiten

[1]) Freisler: Textilber. 1922, S. 399.

einmal in der Querrichtung, dann in der Längsrichtung und schließlich nach beiden Richtungen hin.

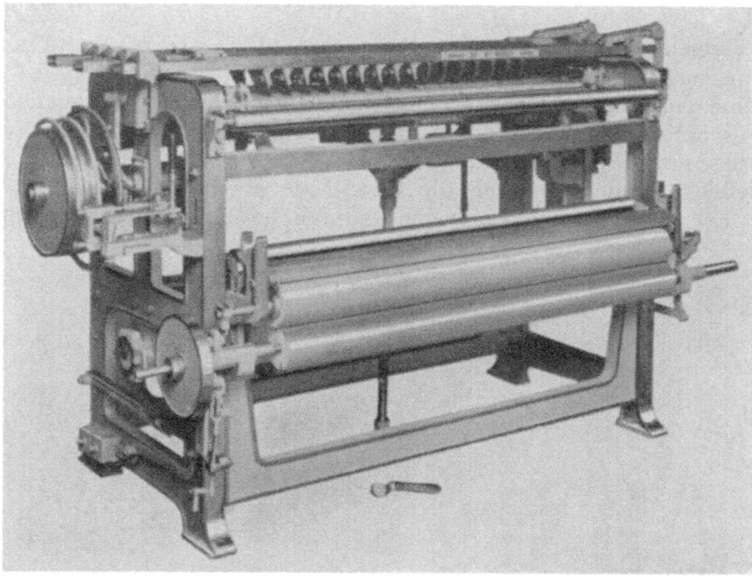

Abb. 345. Querverreibmaschine von Maschinenfabrik Rüti.

Taffete, Duchesse, Krawattenstoffe u. dgl. werden in der Querrichtung gescheuert mit der Travers-Verreibmaschine (System Simonin).

Abb. 346. Universalverreibmaschine von Maschinenfabrik Rüti. Vorderansicht.

Bei Schirmstoffen oder Futterstoffen wird mit einer Longitudinalverreibmaschine in der Längsrichtung gescheuert.

Für Kleider- und Blusenstoffe, aber auch für Schirm- und Futterstoffe bedient man sich schließlich der Rütischen Universal-Seidenstoffverreibmaschine.

Die Eigenart des Arbeitsvorganges wird aus den Abbildungen leicht ersichtlich.

Man bezeichnet das Scheuern auch vielerorts als „Polieren“ und bezeichnet die Scheuermaschinen als Polisseuse.

Um eine gleichmäßige Oberflächenwirkung zu erzielen, bedient man sich auch häufig des bei der Appretur besprochenen Tamponierens, womit auch sehr gute Erfolge erzielt worden sind.

Schließlich kann man auch die Oberfläche durch entsprechendes Pressen glätten. Es geschieht dies entweder dadurch, daß man den Stoff mit einer

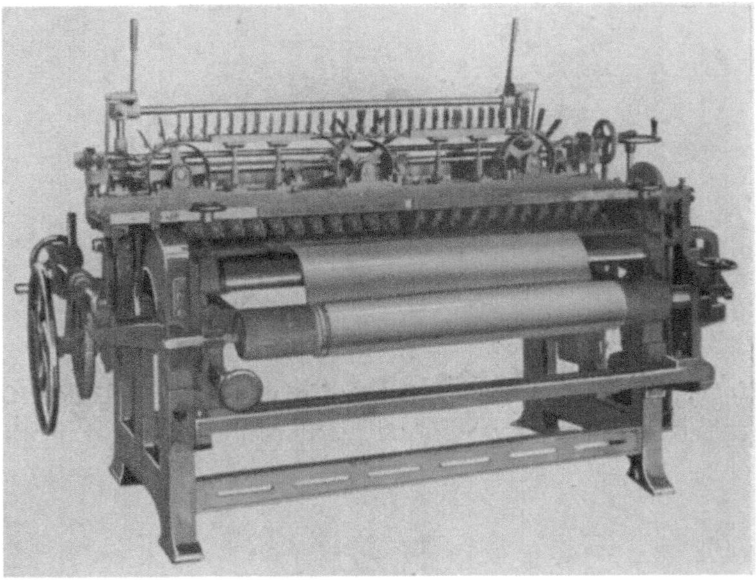

Abb. 347. Universalverreibmaschine von Maschinenfabrik Rüti. Rückansicht.

Zwischenschicht von Papier stramm auf einen Baum aufrollt, oder auch in der gewöhnlichen Druckpresse unter Verwendung der üblichen Preßspäne.

Sind die Gewebe so geglättet, dann kommt die letzte Behandlung, das Appretieren, das entweder aus einem direkten Appretieren oder aus einem Behandeln auf dem Kalander besteht. Während schwere, dichte Gewebe nicht appretiert werden, geschieht dieses jedoch meistens bei leichten und losen Waren. Der Appret darf nur sehr dünn sein; es wird meistens geriegelt oder man bedient sich der Spritzappretur. Anschließend wird das appretierte Gewebe in üblicher Weise ausgebrochen und dann kalandert. Bei stranggefärbter Ware arbeitet man sehr gern mit den Seidenfinishkalandern, um ein Diagonalmuster einzupressen.

Daß man schließlich auch stranggefärbte Waren bedrucken kann, versteht sich wohl von selbst, man findet dieses sogar nicht selten.

Als endgültige Schlußbehandlung passiert das Gewebe die Legemaschine, wo es auf bestimmte Länge abgemessen, gefaltet und gelegt wird, um dann nach entsprechender Verpackung dem Verkauf zugeführt zu werden.

IV. Die Verarbeitung der Seiden zu Florgeweben und deren Ausrüstung.

Die Verwendung der Seide zu Florgeweben, wie Plüsch, Samt und Teppichen, ist eine sehr umfangreiche. War doch „Samt und Seide" von jeher ein zusammenhängender Begriff für die vornehmsten und wertvollsten Textilstoffe. Es erschien daher angebracht, diesem Fabrikationszweig einen besonderen Abschnitt in diesem Buch zu widmen.

Unter Florgeweben versteht man Gewebe mit einer haarartigen Decke, die in der Weise entsteht, daß in ein Grundgewebe ein zweites Webgebilde eingefügt wird, dessen Fasern oder Haare bürstenartig aufrecht stehen[1]).

Die hauptsächlichsten Vertreter der aus Seide hergestellten Florgewebe sind Samt und Plüsch. Diese beiden Artikel sind bezüglich ihrer webtechnischen Herstellung miteinander identisch.

Die Bezeichnung „Samt" ist nach Löscher[2]) aus dem griechischen Hexamiton = sechs Fäden entstanden, weil die ersten Samte mit sechs Schachten gearbeitet wurden.

Der Unterschied zwischen Samt und Plüsch besteht lediglich in der Höhe des Flors. Derselbe ist bei Samt nur ⅓ bis 1 mm, dagegen bei Plüsch länger, bis zu 5, ja bis zu 10 mm hoch.

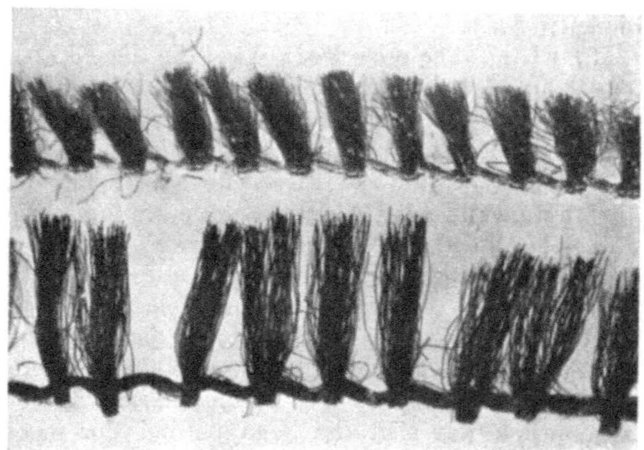

Abb. 348. Samt (oben) und Plüsch (unten). Vergr. 1:10.

Als Rohmaterial kommen für die Florgewebe, die hier besprochen werden, in Frage: Seide, Schappe, Tussah und auch Baumwolle. Und zwar verteilen sich diese Materialien auf die verschiedenen Gewebearten des Samtes in ganz verschiedener Weise. Stets aber besteht der Flor aus Seide oder Tussah bzw. Schappe, während die Baumwolle im Grundgewebe Verwendung findet. Es ist mithin eine sehr große Abwechslung im Material möglich. Das Rohmaterial wird vorher ausgerüstet, während die Ausrüstung im Stück mehr bei Florgeweben aus Baumwolle, Leinen und Wolle in Frage kommt, allerdings auch bei Plüschen, wie Sealskin oder Mantelplüschen.

Eine Nachbehandlung des fertiggestellten Florgewebes ist unerläßlich. Sie besteht nicht nur in einem Scheren des Flors, sondern vielfach ist auch im Appretieren mit anschließendem Kalandern, gegebenenfalls werden auch noch Muster aufgedruckt oder eingepreßt.

Wie schon erwähnt wurde, kommen von den Florgeweben, soweit bei ihrer Herstellung Seide verwandt wird, einerseits Samt und Plüsch, andererseits Teppiche in Frage, die im nachstehenden näher besprochen werden sollen. Daran wird sich dann die Herstellung der Chenille anschließen.

---

[1]) Vgl. dieses Handb. Bd. 2, Teil 3, S. 391. 1927. Samt, Plüsch usw. Ihre Herstellung und Veredelung von H. Glafey.

[2]) Löscher: Z. ges. Textilind. 1925, S. 64.

a) Samt und Plüsch. Die Herstellung dieser Erzeugnisse ist bis ins Altertum zurückzuverfolgen. Sie stammen aus dem Orient, wo ihre Herstellung sehr geheimgehalten wurde. Es ist daher auch nicht zu verwundern, daß diese Fabrikation sich nicht, wie die der glatten Seidengewebe, über eine Reihe von verschiedenen Ländern erstreckte, sondern nur auf einzelne Plätze beschränkt blieb. Während z. B. im Mittelalter Brabant und Venedig die Hauptorte waren, die sich mit der Herstellung der echten Seidensamte befaßten, beschränkt sich heute die hauptsächlichste Erzeugung dieser Samte auf die beiden Zentren Lyon und Krefeld. Dieses gilt aber nur für die echten Seidensamte, die Herstellung minder wertvoller Florerzeugnisse, wie z. B. Möbelplüsche u. a. m., hat sich auch anderswo einzubürgern vermocht.

Wie bei allen Florgeweben, haben wir bei Samt drei Gewebebestandteile zu unterscheiden, nämlich

1. Grundkette oder Bindekette;
2. Grundschuß, die beide zur Herstellung des sog. „Grundgewebes" dienen;
3. Florkette oder Polkette, die die Flor- oder Poldecke bildet.

Während bei den reinseidenen Samten alle drei aus Seide bestehen, sind die meisten Seidensamte nur in Grundkette und in Florkette aus Seide, während als Schuß Zwirn aus Baumwolle oder Leinen verwandt wird. Bei minderen Sorten besteht nur die Flordecke aus Seide, dagegen Grundkette und Schuß aus Baumwolle oder Zwirn. Sehr umfangreich ist die Verwendung der Tussah und Schappe als Flormaterial geworden, da diese Textilstoffe sich ganz vorzüglich zur Gewinnung eines gut aufrechtstehenden Flors verwenden lassen, während Seide wegen ihrer Weichheit in dieser Hinsicht zu wünschen übrigläßt. Bekannt in dieser Hinsicht ist ja die Fabrikation des Krefelder Samtes. Bei Schappe als Polkette kann Seide als Grundkette und Baumwolle als Schuß, oder auch für beides Baumwolle als Zwirn oder Water verwandt werden. Namentlich hat sich die Schappe bei der mechanischen Weberei der Samte eingeführt.

Man unterscheidet nach der Herstellung zwei Arten von Samt, nämlich den Kettsamt und den Schußsamt.

Bei Kettsamt unterscheidet man zwischen dem gezogenen und dem geschnittenen Samt. Bei ersterem, der auch als Velour frisé bezeichnet wird, ist der Flor nicht aufgeschnitten, sondern bleibt in Schlingenform im Gewebe stehen. Der geschnittene Samt oder Velour coupé hat dagegen aufgeschnittene Schlingen. In beiden Fällen hat man mit zwei Kettfädensystemen zu tun, von denen das eine als Polkette den Flor bildet, sei es nun in Schleifenform oder aufgeschnitten, während die andere Kette zur Herstellung des Grundgewebes dient. Ebenso hat man aber auch zwei Schußfädensysteme bei dem Kettsamt. Der erste Schußfaden wird bei der Bildung des Grundgewebes verwandt, während der zweite Schuß, aus Ruten bestehend, nicht als solcher im Gewebe verbleibt, sondern nur vorübergehend in das Polfädensystem hineingelegt wird, damit die Polkette zur Bildung von Schleifen veranlaßt wird. Der Webvorgang ist mithin folgender: Es wird in die Grundkette der Grundschuß in Taffetbindung eingeschlagen. Nach einer bestimmten Anzahl von Schüssen wird die Polkette durch entsprechende Vorrichtung gehoben und in das entstandene Fach eine Rute oder Nadel, bestehend aus einem rund oder oval ausgebildeten Messingstäbchen, eingelegt. Sodann wird das Fach durch Sinkenlassen der Polkette wieder geschlossen. Dieser Vorgang wiederholt sich verschiedene Male, dann zieht der Weber entweder die Ruten ohne weiteres wieder heraus, oder er schneidet mit einem feinen Messer die Fäden der Polkette auf und nimmt erst dann die

Rute heraus. Im ersteren Falle entsteht der gezogene Samt; die aus den gebildeten Polkettschleifen herausgezogenen Ruten sind durchweg rund. Im anderen Falle erhält man den geschnittenen Samt, die verwandten Ruten sind oval und an ihrer Oberseite mit einer Rille versehen, auf der das kleine Schneidmesser hergeführt wird. Der Webvorgang wird leicht ersichtlich durch den untenstehenden Längsschnitt, der einen schematischen Überblick über die Vorgänge gibt.

Aus dem soeben Ausgeführten ist zu ersehen, daß ein derartiger Kettsamt nur auf dem Wege der Handarbeit herzustellen ist und mithin nur bei sehr wertvollen Erzeugnissen in Frage kommt. Dieser Samt ist dann später durch die maschinenmäßige Herstellung dieses Gewebes stark zurückgedrängt worden.

Abb. 349. Schematischer Riß eines Kettsamtes.

Bei Schußsamt wird der Flor durch den Schuß gebildet, durch dessen Durchschneidung die Flordecke entsteht. Man hat hier einen Grundschuß, der durch Bindung der Kettfäden das eigentliche Grundgewebe bildet, während der Polschuß also die Flordecke hervorbringt. Der Schußsamt kommt für die Verwendung von Seide weniger in Frage, vielmehr bevorzugt man Wolle oder Baumwolle. Man unterscheidet hier glatten Samt oder Velvet, gerippten Samt, Cord oder Genuacord, auch Manchester, ferner gemusterte Samte, und schließlich doppelten Samt, der auf beiden Seiten eine Flordecke aufweist.

Die beiden Samtarten, deren Herstellung mittels Handarbeit geschah bzw. geschieht, haben in der modernen Fabrikation gegenüber dem maschinenmäßig hergestellten Samt vollkommen zurücktreten müssen.

Dieser Doppelsamt — an und für sich ein Kettsamt — entsteht in der Weise, daß zwei übereinander etwa 3 bis 5 cm voneinander entfernt liegende Gewebe hergestellt werden. Diese beiden Grundgewebe werden miteinander durch die Polkette verbunden. Durch einen Schneideapparat wird dann dieses Verbindungsgewebe nach Fertigstellen von gewissen Längen, etwa einigen Millimetern, in der Mitte durchschnitten, wodurch zwei neue selbständige Gewebeflächen entstehen, die weiterverarbeitet werden.

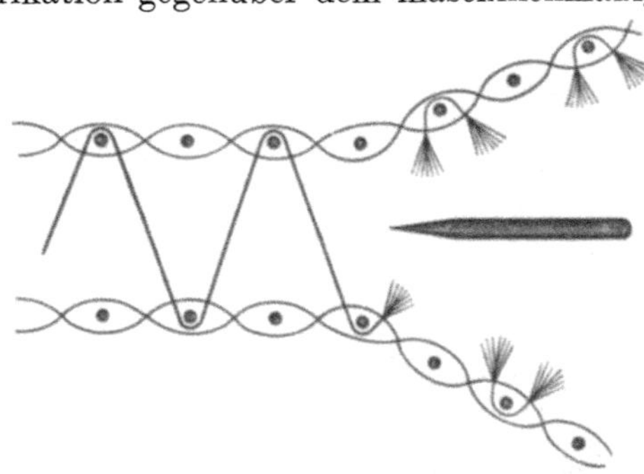

Abb. 350. Schematischer Riß eines Doppelsamtes.

Der obenstehende schematische Längsschnitt erläutert den soeben beschriebenen Herstellungsvorgang.

Durch die Einführung der Samtwebstühle hat sich die Produktion ganz gewaltig gehoben, zumal man bald dazu überging, auf einem Stuhl gleichzeitig mehrere Stücke nebeneinander herzustellen.

b) Seidenteppiche[1]). Fabrikmäßig hergestellte Teppiche unterscheiden sich in ihrer Herstellung von derjenigen des Samtes oder Plüsches sozusagen gar nicht. Es sei denn, daß es sich um besonders gemusterte Ware handelt. Es erübrigt sich daher, hier darauf näher einzugehen, zumal bei den fabrik-

[1]) Siehe dieses Handb. Bd. 2, Teil 3, S. 469. 1927. Die Herstellung des Teppichs von H. Sautter.

mäßig hergestellten Teppichen nur selten Seide verwandt wird. Wesentlich unterscheidet sich jedoch die Mehrzahl der echten orientalischen Seidenteppiche, die durch Einknüpfen des Flors hergestellt werden. Den Versuchen, dieses Knüpfen auch auf maschinellem Wege zu erzielen, ist ein durchgreifender Erfolg bis heute noch nicht beschieden gewesen.

Ausgesprochene Knüpfteppiche sind die Smyrna- und Perserteppiche, sowie die Axminsterteppiche, die sich voneinander nur dadurch unterscheiden, daß bei ersteren die den Flor bildenden Noppen mit dem Grundgewebe sehr fest verbunden sind, während sie bei den letzteren, durch eine besondere Kette gehalten, auf dem Grundgewebe liegen.

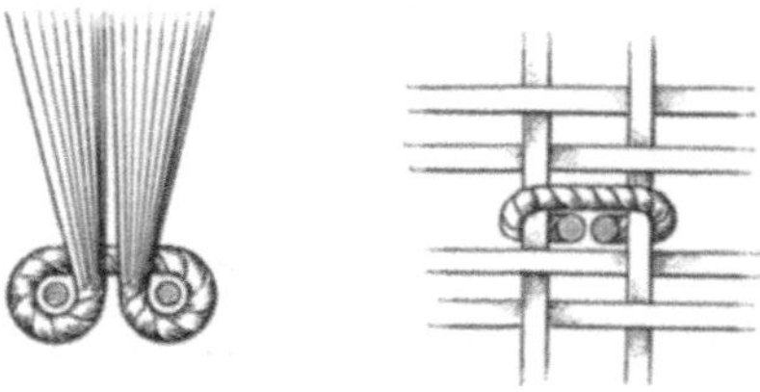

Abb. 351. Teppichbindung, sog. Smyrnaknüpfung.

Diese genannten orientalischen Teppiche bestehen aus einem in Leinwandbindung hergestellten Grundgewebe, zu dem meistens Hanf, Leinen, Baumwolle oder Jute, seltener aber Wolle verwandt wird. Zwischen je zwei Grundschußreihen wird eine Noppenreihe eingeschoben, die den Flor bildet. Die Noppen bestehen aus Fäden, die etwa 5 cm lang geschnitten sind. Zu ihrer Bindung werden diese Fäden von vorne durchgesteckt und dann um je zwei Kettfäden geschlungen und nach vorn wieder herausgezogen, so daß die zwei Fadenenden den Flor bilden.

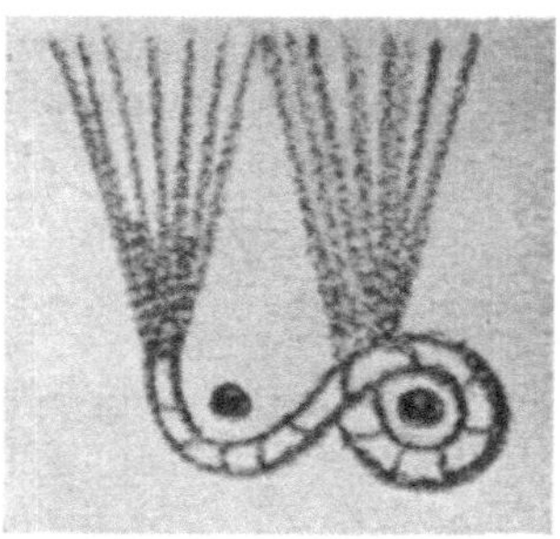

Abb. 352. Teppichbindung, sog. Perserknüpfung.

Während die beschriebene Art zu knüpfen bei der Herstellung der Smyrnateppiche üblich ist, verwendet man eine zweite, festere bei den Perserteppichen.

Ist die Noppenreihe fertiggestellt, wird sie an das bisher fertige Gewebe angeschlagen, dann werden wieder zwei Grundschüsse eingeschlagen, worauf wieder eine Noppenreihe folgt.

Nach Fertigstellung wird die Oberfläche der Flordecke gleichgeschoren und durch Bürsten und Dämpfen der Flor hochgestellt.

Da die Seidenteppiche in den wundervollsten Mustern hergestellt werden, muß das Seidenmaterial, das die Flordecke bildet, vorher gefärbt sein.

Die geschätztesten Seidenteppiche sind persischen Ursprungs, sie werden auch heute noch als prachtvolle Gebetteppiche in den Städten Kaschan und Sultanabad angefertigt.

c) Chenille[1]. Bei der Chenille hat man es mit einem band- oder litzenartigen Gebilde zu tun, welches aus einer einzelnen Florreihe besteht, die durch entsprechend gebundene Kettfäden festgehalten wird. Die Chenille spielt als Besatzartikel, namentlich aber in der Teppich- und Möbelstoffabrikation, eine große Rolle.

Das Grundgewebe besteht in Leinwandbindung aus einem Kett- und Schußsystem, wobei letzteres zur Herstellung des Pols verwandt wird. Die Kette ist so hergerichtet, daß abwechselnd eine ganze Anzahl (meistens 4—5) der Kettfäden einander so genähert sind, daß zwischen ihnen und dem nächsten Kettfaden ein Zwischenraum entsteht, in dem die Schußfäden frei zutage liegen. Dieses Gewebe wird auf Schneidemaschinen in dünne Streifen getrennt, indem der

[1] Vgl. dieses Handb. Bd. 2, Teil 3, S. 522. 1927.

Schuß an den Stellen, wo er frei liegt, in der Mitte zerschnitten wird. Die so entstandenen Streifen von Kettfäden mit den eingewebten Schußgarnbündeln werden leicht gedreht und stellen dann den raupenartigen Chenillefaden dar.

Das Flormaterial der Chenille besteht, soweit es hier in Frage kommt, aus Seide, während die Kette aus Wolle oder Baumwolle gebildet wird. Die zur Herstellung der Chenille verwandten Materialien sind durchweg bereits vorher entsprechend veredelt. Eine Färbung im Stück hat sich dagegen nicht eingeführt.

Von den im vorstehenden besprochenen drei Florgewebeerzeugnissen scheiden die Teppiche und die Chenille für eine besondere Nachbehandlung, wie Appretur, Bedrucken oder sonstige Präparation, aus, da nur vorbehandeltes Material zur Herstellung verwandt wurde. Die einzige Nachbehandlung besteht für diese Materialien darin, daß die Flordecke gleichmäßig geschoren oder durch Bürsten der Flor entsprechend aufrechtgestellt wird.

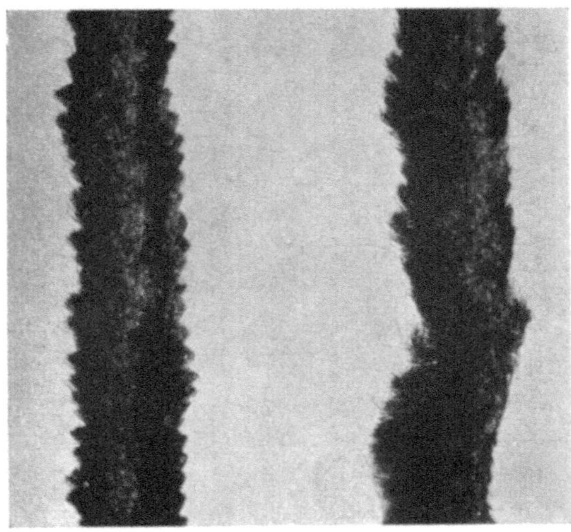

Abb. 353. Chenille.

Anders dagegen die Samte und Plüsche. Wenn wir auch hier bei den edelsten Erzeugnissen nur eine Nachbehandlung wie bei den reinen Seidenteppichen kennen, so ist doch bei der Mehrzahl dieser Fabrikate eine Beschreibung der besonderen Präparationen und Behandlungen nötig, denen die Ware selbst oder das Rohmaterial unterworfen werden muß, ehe es als Fertigfabrikat in den Handel gelangen kann.

Das Seidenmaterial bzw. die Schappe und Tussah wird nur in den wenigsten Fällen erschwert, und wenn, dann auch nur in geringer Höhe. Es hängt dieses damit zusammen, daß höher erschwerte Seide infolge der Einlagerung mineralischer Stoffe beim Durchschneiden der Polfäden die Messer beschädigt und stumpf macht.

Im Gegenteil findet man, daß namentlich Schappe und Tussah zu ihrer Verwendung in der Samtherstellung weich gemacht werden. Es geschieht dies durch Behandeln mit Tonerdeverbindungen, worüber bereits S. 301 ausführlich berichtet wurde.

Außer dieser Vorbehandlung erfährt das bereits fertiggestellte Rohgewebe eine Behandlungsweise mit irgendwelchen Präparaten, deren Zusammensetzung streng geheimgehalten wird, die jedoch für die Weiterverarbeitung des Florgewebes von besonderer Wichtigkeit sind. Der Zweck ist natürlich die Erzielung einer möglichst dichten, glatten, gut scherbaren, aufrechtstehenden und doch wieder weichen Decke.

Die Vorgänge, die mit der Ware, nachdem sie vom Stuhl gekommen ist, vorgenommen werden, bis sie als verkaufsfertige Ware die Fabrik verläßt, sind dieselben kurz folgende:

Wie schon erwähnt, wird das Florgewebe in der Mehrzahl der Fälle aus bereits veredeltem Material hergestellt. Wenn dieses nicht der Fall ist, wird das Rohstück zuerst abgekocht und dann gefärbt, und zwar bevorzugt man das

Arbeiten im Jigger. Statt des Ausquetschens oder Zentrifugierens zieht man das Überleiten über Absaugemaschinen vor, um jedes unnötige Knicken des Gewebes zu vermeiden. Anschließend wird getrocknet, bzw. vor dem Trocknen noch vielfach präpariert. Denn gerade bei der Stückfärbung, bei der ja selbstverständlich die Flordecke durch die verschiedenen Naßbehandlungen ihre aufrechte Lage einbüßt, ist eine Präparation unbedingt erforderlich, um den aufrechten Stand der Flordecke wieder hervorzurufen.

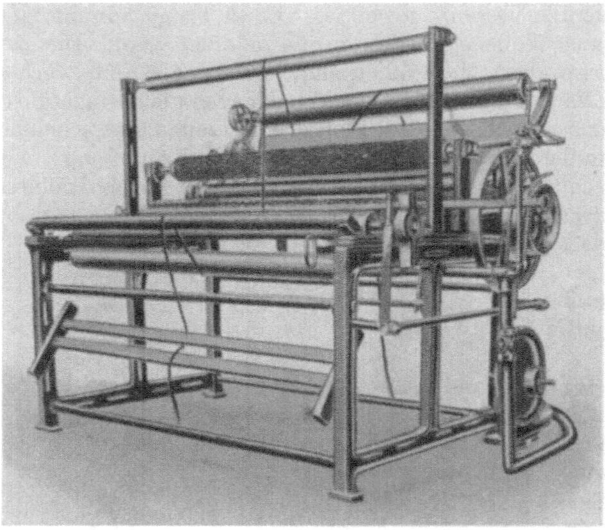

Abb. 354. Sengmaschine für Samt von Gebr. Briem, Krefeld.

Nach dem Trocknen bzw. nach dem Verlassen des Stuhles wird der Rücken der Ware zuerst in der üblichen Weise gesengt, um die überstehenden und fremden Fasern zu entfernen.

Nach dem Sengen wird die Flordecke geöffnet, und zwar geschieht dies auf der Rauhmaschine, einer Zusammenstellung von schnell rotierenden, mit Kratzen besetzten Rauhwalzen. Hier werden die noch mehr oder weniger durch ihre eigene Drehung oder durch die Präparation geschlossenen Polfäden voll-

Abb. 355. Rauhmaschine für Samt von Gebr. Briem, Krefeld.

kommen geöffnet. Vielfach geschieht dies auch durch eine besonders konstruierte Klopfmaschine, die mit langen über die Gewebebahn reichenden Klopfstöcken ausgerüstet ist, welche automatisch die Rückseite des Plüschgewebes schlagen.

Nach dieser Behandlung kommt das Gewebe auf die Schermaschine, die mit einem oder mehreren Schneidzeugen ausgerüstet ist.

Ein derartiges Schneidzeug besteht aus einem Obermesser und Untermesser. Ersteres ist ein Stahlzylinder, auf dem in Spiralform acht bis sechzehn Messer angebracht sind, während das Untermesser aus einer flachen Stahlschiene besteht, die wie ein Rasiermesser hohlkehlenartig ausgeschliffen ist. Unterhalb dieser Messer befindet sich ein Tisch, auf dem die Ware gleichmäßig heran-

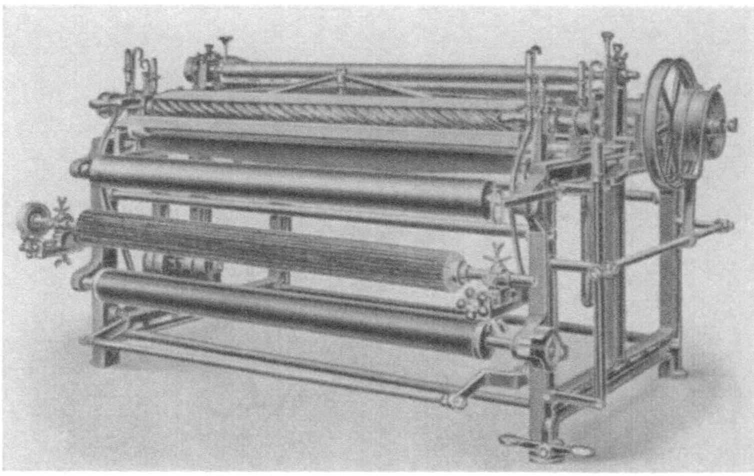

Abb. 356. Schermaschine für Samt von Gebr. Briem, Krefeld.

und zwischen den Messern hergeführt wird. Außerdem sind noch verschiedenartig rotierende Bürsten an der Maschine angebracht, um den Abfall beim Scheren zu entfernen.

Das Scheren erfordert eine große Sorgfalt und wird nicht in einer Operation durchgeführt, sondern solange wiederholt, bis die gewünschte Florhöhe erzielt worden ist. Nach dem Scheren wird die Ware einer genauen Besichtigung unterzogen und die Behandlung bei etwa noch vorhandenen Ungleichmäßigkeiten des Schnittes wiederholt.

Ist die Ware geschoren, dann wird sie appretiert. Entsprechend dem Charakter der Florgewebe, kommt hierbei nur ein Appretieren der Unterseite des Gewebes in Frage, bzw. kann es sich nur um eine Riegelappretur handeln, sobald ein maschinelles Appretieren in Frage kommt. Früher geschah das Appretieren in Form der Handarbeit auf den Samtbänken, heute nimmt man diese Arbeit jedoch auf maschinellem Wege mittels Samtappretiermaschinen vor. Eine derartige Maschine ist ähnlich gebaut wie die Rammen oder Trockenspannrahmen für Seidengewebe (s. S. 405). Das gespannte Samtgewebe wird unter einem Riegel hergezogen, in dem sich eine dicke Tragant- und Gummiappreturmasse befindet. Das Trocknen geschieht teils mit offenen Gasflammen, teils mit geheizten Metallplatten. Außerdem findet man vielfach eine Bügeleinrichtung mit in der Längsrichtung hin- und her gleitenden Bügeleisen, um den Geweberücken vollständig zu glätten. Häufig läuft die Ware noch über einen Trockenzylinder zum Zweck einer besseren Aufrichtung der Flordecke. Bei dem Appretieren von Hand wird die Rückseite auf der Samtbank einfach mit dem dickflüssigen Appretiermittel bestrichen.

Zu bemerken ist jedoch, daß nur bestimmte Arten von Samt und Plüsch appretiert werden, andere dagegen nicht. Dieses richtet sich nach dem Charakter des Gewebes.

Um das Gewebe wieder geschmeidig zu machen, bedient man sich der Samtbrechmaschine (s. S. 406), und zwar sind es Messerbrechmaschinen, nicht etwa Knopfbrechmaschinen.

Als Schlußbehandlung erfolgt ein Überleiten über einen Kalorierzylinder, wo die Ware gedämpft und zur gleichmäßigen Verteilung der Florfäden leicht ge-

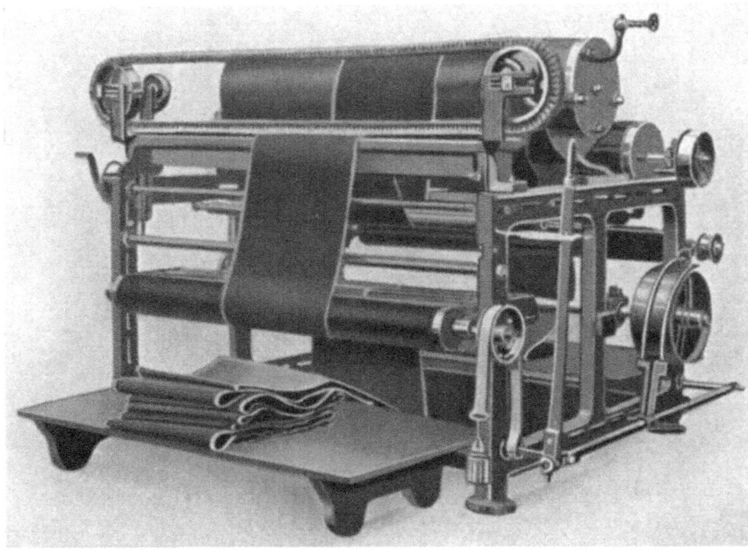

Abb. 357. Kaloriermaschine für Samt von L. Sistig, Krefeld.

bürstet wird. Eine derartige Maschine, ein Fabrikat der Firma L. Sistig, Krefeld, zeigt die obenstehende Abbildung.

Danach ist die Ware fertig ausgerüstet, sie wird abgemessen und gepackt.

Zu bemerken ist noch, daß bei der maschinellen Herstellung der Florgewebe meistens mehrere Gewebebahnen nebeneinandergewebt werden. Sie müssen dann natürlich auseinandergeschnitten werden.

Es blieben zum Schluß noch einige Ausführungen über die Herstellung der gemusterten Samte zu machen.

Das Mustern geschieht durch Pressen mittels besonderer Gaufriermaschinen, auf denen das Muster ziemlich tief eingraviert ist. Durch Wechsel im Laufe und Art der Walzen lassen sich die verschiedensten Muster in Form von Quadraten, Streifen, Schlangenlinien usw. hervorrufen. Benutzt man lediglich glatte Walzen, so erhält man bei leichtem Druck den Spiegelsamt, bei dem die Flordecke umgelegt und dadurch der Glanz des Samtes erhöht wird.

Eine andere Art des Musterns geht in der Weise vor sich, daß zunächst das Muster, wie bei den vorhergehenden Fabrikaten, eingepreßt wird. Hierauf wird das Gewebe nochmals auf die Schermaschine gebracht und die noch aufrechtstehenden Teile der Flordecke abgeschoren. Wird nun die Ware anschließend gedämpft und gebürstet, so richtet sich der durch das Pressen niedergelegte Teil der Flordecke wieder auf und läßt jetzt das Muster in erhabener Form hervortreten.

Um Reliefeffekte auf Seidenflorgeweben zu erzeugen, kann man nach E. C. Kayser[1]) auch so verfahren, daß das Gewebe mit konzentrierter Natronlauge bedruckt wird, wodurch die Flordecke an den bedruckten Stellen zerstört wird.

Hier sind ferner die gemusterten Florgewebe zu erwähnen, die durch Bedrucken hergestellt werden. Diese Arbeit, das Veloutieren des Samtes, geschieht in der Weise, daß der Samt mit einer klebenden Appreturmasse bedruckt, dann mit gefärbtem Seiden- oder Wollstaub bestreut und nach dem Trocknen ausgebürstet wird.

Zu den gemusterten Florgeweben zählen folgende:

Panne oder pannierter Samt ist eine allgemeine Bezeichnung für geglättete oder gepreßte Samte.

Panécla ein schillernd bedruckter Samt, der vielfach mit Metallfäden bestickt ist.

Ruisella ein Plüsch, der wie voriger ausgerüstet ist.

Skong ein spezieller Kleidersamt.

Voile Irizedor ein gestreifter Metallsamt.

Astrachan eine Pelzimitation in Plüsch.

Sealskin ebenfalls eine Pelzimitation in Plüsch.

Wie bei den Seidengeweben, existieren auch bei den Seidenflorgeweben zahlreiche Phantasiebezeichnungen, auf die näher einzugehen sich hier erübrigt.

Prüfung der gefärbten Seiden und Seidengewebe.

Bei dem hohen Wert der Seidengewebe ist es selbstverständlich, daß Reklamationen viel eher gemacht werden, als dieses bei Geweben von weniger wertvoller Beschaffenheit der Fall sein wird.

Die hauptsächlichsten Reklamationen beziehen sich darauf,

daß die Gewebe in ihrer Färbung nicht gleichmäßig ausgefallen sind,

daß die Gewebe bezüglich ihrer dynamometrischen Eigenschaften nicht den gewünschten Anforderungen entsprechen,

daß die Gewebe physikalische Veränderungen aufweisen, die ihre Oberfläche unansehnlich machen,

daß Gewebe den zu stellenden Anforderungen bezüglich Höhe und Form ihrer Erschwerung nicht entsprechen.

Im allgemeinen wird man bei Beanstandungen einer Webware die Ursache suchen müssen

1. in der Rohseide,
2. in der Ausrüstung,
3. in der mech. Bearbeitung.
4. in der Appretur, bzw. Nachbehandlung.

Es soll im folgenden über diese oben erwähnten einzelnen Punkte ein kurzer Überblick gegeben werden.

Bezüglich der Fehler der Rohseide sind bereits in dem Abschnitt, der über die Prüfung der Rohseiden handelte, längere Ausführungen gemacht worden.

[1]) Kayser, E. C.: Färber-Zg. 1902, S. 8.

Wenn wir hier nochmals hierauf zurückgreifen, so geschieht dies aus der Überlegung, daß eine große Anzahl von Beanstandungen der fertig ausgerüsteten Ware mit der Beschaffenheit der Rohseide in Zusammenhang gebracht werden muß.

Es sei hier z. B. erinnert an die verschiedene Beschaffenheit der Rohseide im Titer, in ihren dynamometrischen Eigenschaften, in ihrer äußeren Beschaffenheit, also der Bildung von Schleifen, Duvets und Vorhandensein von Unreinigkeiten; man wird darum nicht umhin können, bei der Untersuchung eines Gewebes, das Fehler im Faden aufweist, auf die Rohseide als Ausgangsmaterial zurückzugreifen und sie als Vergleichsmaterial zugrunde zu legen. Es ist auch in den Seidenfärbereien üblich geworden, daß man bei der Aus-

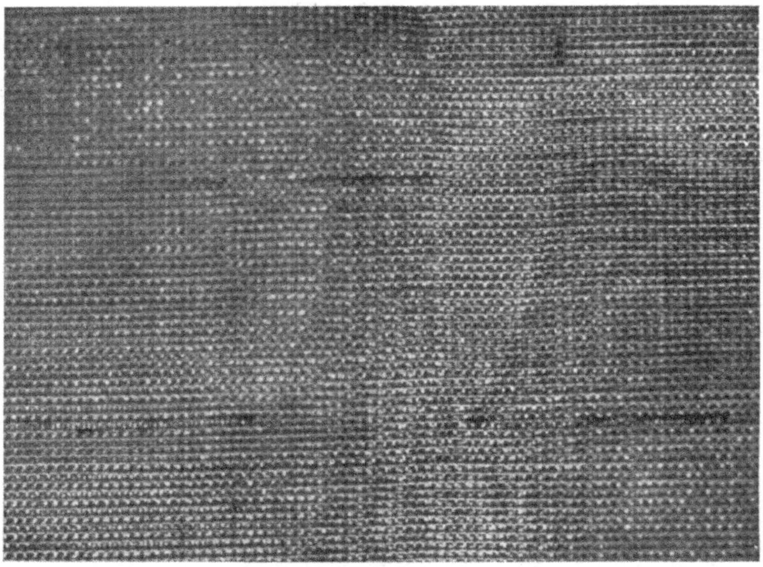

Abb. 358. Kreppgewebe mit dunklen Strichen. Vergr. 1:4.

rüstung einer Seide, im Strang sowohl wie im Stück, eine Probe des Rohmaterials zurückhält, um bei etwa eintretenden Reklamationen dieses Vergleichsmaterial zur Hand zu haben. Im einzelnen auf die Fehler der Rohseide hier einzugehen, erübrigt sich im Hinblick auf die früheren Ausführungen. Hier mag nur noch der Hinweis gestattet sein auf die aus Rohseide hergestellten Gewebe, deren Fehler mit der Rohseide als solcher nichts zu tun haben, sich aber doch bereits in der Rohseide vorfinden und daher auf das Konto des Lieferanten der betr. Rohseide gehen. Von diesen Fehlern seien im folgenden einzelne besonders angeführt.

Man beobachtet sehr häufig, daß bei der Ausrüstung von Rohseide, namentlich in Verbindung mit anderen Textilmaterialien, Fremdfasern festgestellt werden. Es ist dieses meistens in der Weise zu erklären, daß von dem anderen Textilmaterial, mit dem die Seide in Berührung gekommen ist, z. B. dem Verpackungsmaterial, Fasern losgelöst worden sind, die sich mit dem einzelnen Seidenfaden innig verbunden haben.

Eine viel üblere Erscheinung, die man namentlich bei der Verwendung gezwirnter Seiden, wie Krepp, wahrnimmt, ist die, daß der Seidenfaden stellenweise dunkel gefärbt erscheint und im Gewebe in Form von braunen oder schwarzen Strichen zutage tritt. Bei der näheren Prüfung solcher Stellen stellt sich in der Mehrzahl der Fälle heraus, daß es sich nicht um eine einfache Anschmutzung des Fadens handelte, sondern um Maschinenöl, welches von der Spindel der Zwirnmaschine auf den Seidenfaden gespritzt war. Diese Stellen können der Anlaß sehr unangenehmer Erscheinungen werden, sobald das Rohgewebe ausgerüstet, namentlich wenn es gebleicht werden soll. Die durch das Schmieröl veranlaßten Stellen weisen nämlich außer dem Schmieröl durchweg auch geringe Mengen von Eisen oder Metall auf, davon herrührend, daß durch die Bewegung der Maschinenteile geringe Metallmengen in das Öl hineingelangen. Sobald eine derartige Ware z. B. dem Bleichprozeß unterworfen wird, treten katalytische Erscheinungen auf, die in der Mehrzahl der Fälle damit endigen, daß der Seidenfaden vollständig zerstört wird.

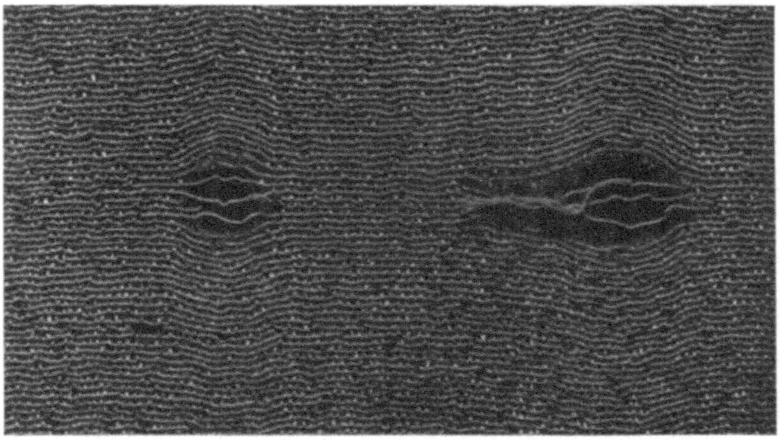

Abb. 359. Dasselbe Gewebe nach der Bleiche. Vergr. 1:4.

Das Gleiche ist der Fall, wenn bei Mischgeweben auch die anderen Textilmaterialien derartige Verschmutzungen aufweisen, immer wird bei der Ausrüstung durch einen etwa eintretenden katalytischen Prozeß der Seidenfaden zerstört.

Ein anderer Fehler, der bei Rohseidengeweben zu beobachten ist und namentlich sich dort unangenehm bemerkbar macht, wo Gewebe eine sehr gleichmäßige Beschaffenheit aufweisen müssen, z. B. bei Müllergazen, Flugzeugflächen, künstlichen Därmen usw., ist die Verschiedenheit des Fadens bezüglich seiner Dicke. Hierdurch entstehen im Gewebe dichtere und losere Stellen, welche den eigentlichen Verwendungszweck des Gewebes vollständig illusorisch machen.

Als weiterer Übelstand bei Rohseidengeweben mag hier dann noch erwähnt werden das Kräuseln und Boldern der Gewebe bzw. eine auftretende Barréerscheinung.

Es sind dieses Erscheinungen, die durch die verschiedensten Ursachen veranlaßt werden, wie sie entweder im Rohmaterial (Drehung und Dicke) vorhanden oder auf verschiedene Lagerung bzw. verschiedene Spannung bei den verschiedenen Webprozessen zurückzuführen sein können. Derartige Erscheinungen sind um so übler, weil sie bei der späteren Ausrüstung der Gewebe gar nicht oder nur sehr schwer zum Verschwinden zu bringen sind. Wir werden noch weiter unten Gelegenheit haben, auf diese Gruppe von Fehlern ausführlich einzugehen.

Abb. 360. Gewebe mit dichteren und loseren Stellen.

Um aber die Ursache mancher dieser Fehler im einzelnen beurteilen zu können, bedarf es nicht nur der Untersuchung des Fertiggewebes oder des Rohgewebes, sondern auch, wie schon oben erwähnt, des verwendeten Seidengutes. Hier wird namentlich alles das zu bedenken sein, was bei der Prüfung der Rohseide erwähnt wurde. Besonders hinzuweisen ist an dieser Stelle auf den Bastgehalt der Seide, der unter Umständen, durch künstliche Erschwerung vergrößert, im fertigen Gewebe sich unangenehm bemerkbar machen kann.

Abb. 361. Band mit Barréerscheinung.

Die im Jahre 1909 von Heermann[1]) empfohlene Reform des Rohseidenhandels, die die unbedingte Einführung der Bestimmung des Bastgehaltes aller Seiden befürwortete, hat leider noch nicht die erforderliche Beachtung gefunden.

Über die künstliche Erschwerung von Rohseiden und Kreppgarnen berichtet W. Königs, Krefeld[2]). Die Feststellung der Erschwerungsmittel wird nach der sog. industriellen Analyse der Seidentrocknungs-Anstalten durchgeführt. Bezüglich der Höhe

[1]) Heermann: Mitt. Materialpr.-Amt. [2]) Königs, W.: Seide 1927, S. 165.

der Erschwerung, namentlich bei den Kreppgarnen, die zwischen 3 bis 10,5% schwankte, sei auf die tabellarische Übersicht des Artikels hingewiesen.

Bezüglich der Kreppgarn-Untersuchung äußert sich K. Wirtz[1]) dahin, daß es ihm fraglich erscheint, ob die Konditionierung der Kreppgarne und die sog. industrielle Analyse zweckmäßig sind. Er begründet dieses damit, daß speziell bei den Kreppgarnen die auf die Garne gebrachten Stoffe sich nicht gleichmäßig verteilen, so daß es schwierig ist, zu einer einwandfreien Durchschnittsprobe zu kommen. Ferner sei die Bestimmung des Handelsgewichtes durch Addierung von 11% Feuchtigkeit insofern zweifelhaft, weil das Abziehen der Kreppgarne von den Papphülsen keine Gewähr dafür gibt, ob die Garne nicht aus der Pappe Feuchtigkeit aufgesogen haben könnten.

Zur Frage der künstlichen Erschwerung nimmt weiter Weltzien[2]) das Wort und führt aus, daß er die Königschen Beobachtungen bestätigen könne. Auch er hält eine Festlegung der künstlichen Erschwerung bei Kreppgarnen auf internationalem Wege schon aus dem Grunde gegeben, weil bei der Feststellung der Erschwerungshöhe von Kreppgeweben selbstverständlich eine Kenntnis des ursprünglichen Abkochverlustes der verwandten Rohgarne unerläßlich sei, um nicht zu Trugschlüssen zu kommen.

Zur Frage der Bestimmung der den Kreppgespinsten zugesetzten Erschwerungsstoffe äußern sich A. Albertini und A. Teruzzi[3]), besonders im Hinblick darauf, daß die Probenahme zur Bestimmung der industriellen Analyse eine äußerst sorgfältige sein muß, um einerseits eine gute Konditionierung zu gewährleisten, andererseits auch tatsächlich Betrugsversuche zu erkennen.

Wenn sich auch die hier in Frage kommende künstliche Erschwerung der Seiden im Gewebe dem Auge nicht so bemerkbar machen wird, so wird dies aber unbedingt der Fall sein, sobald die Gewebe ihrer Bestimmung zugeführt worden sind. Es sei hier nur daran erinnert, daß größere Mengen freier Fettsäuren, wie sie sich in diesen Präparaten, die zur Erschwerung der Rohseiden verwendet werden, immer vorfinden, der Anlaß werden können, daß die Seide vollständig ihre Festigkeit verliert, ja bis zum Zerfall zermürbt wird. Auch die künstliche Färbung der Rohseide kann sich insofern im Fertigfabrikat sehr unangenehm bemerkbar machen, als das Gewebe beim Lagern ein scheckiges oder gestreiftes Aussehen annehmen kann.

Was für die reinen Rohseidengewebe gilt, ist natürlich auch für die gemischt rohseidenen Gewebe maßgebend, nur kommen diese gemischten Rohgewebe verhältnismäßig wenig im unausgerüsteten Zustand in Betracht. Aber immerhin dürfte es dem Ausrüster sehr zu empfehlen sein, daß er auch gemischtseidene Rohgewebe vor Inangriffnahme der weiteren Veredlung einer Prüfung auf die erwähnten Übelstände unterwirft.

Viel umfangreicher gestaltet sich das Untersuchungsgebiet der fertig ausgerüsteten Gewebe. Nicht nur, daß Fehler des Rohmaterials als Ursache von Schäden in Frage kommen, es kann auch durch die Veredlung die Ware beschädigt worden sein oder ein vorhandener Fehler kann sich vergrößert haben. Es sei hier nur an die Fehler erinnert, welche veranlaßt werden können durch unsachgemäßes Abkochen, unsachgemäße Bleichung, durch den Erschwerungsvorgang, durch den Färbevorgang, durch die Appretur, durch das Bedrucken und durch etwaige Schlußbehandlungen.

---

[1]) Wirtz, K.: Seide 1927, S. 137. [2]) Weltzien: Seide 1927, S. 198.
[3]) Albertini, A. und A. Teruzzi: Europäischer Seidenkongreß. Mailand 1927.

Die Reklamationen bei den ausgerüsteten Seiden erstrecken sich auf

1. die Färbung,
2. die Erschwerung,
3. die dynamometrischen Eigenschaften,
4. die Schönheitsfehler.

Diese vier Kategorien sollen nun im nachfolgenden im einzelnen besprochen und die Ursachen etwaiger Fehler des näheren auseinandergesetzt werden.

1. Färbung.

Die Reklamationen, die sich auf die Färbung beziehen, können auf eine ganze Reihe von Momenten zurückzuführen sein, die nicht unbedingt mit der Färbung als solcher zusammenzuhängen brauchen, sondern auch Folgen sein können eines minderwertigen Rohmaterials, der Erschwerung und sonstiger Einwirkungen.

Als erstes kommt hier in Frage die nicht mustergetreue Färbung. Ganz abgesehen davon, daß der Farbton als solcher nicht getroffen ist, was bei einem gleichmäßigen Material sowohl des Musters wie der Ware unbedingt als ein Fehler des Färbers bezeichnet werden muß, gibt es doch noch eine Anzahl von Fällen, wo die abweichende Färbung zu entschuldigen ist. Hierzu gehört z. B. die Ausführung einer Färbung seitens des Färbers nach einem Muster, welches nicht aus Seide besteht. Es ist klar, daß z. B. die glänzende Seide niemals den Charakter eines glanzlosen Textilmaterials zeigen kann und daß diese nicht glänzenden Textilmaterialien im Farbton dunkler erscheinen, als sie es in Wirklichkeit sind.

Eine weitere Schwierigkeit bietet sich in der Hinsicht, daß durch ein unsachgemäß gegebenes Muster bei Seide Färbungen erzeugt werden können, welche namentlich bei Abendbeleuchtung einen ganz anderen Farbton aufweisen als am Tage, sowie daß Gewebe in der Aufsicht ganz anders in Farbe erscheinen wie bei der Durchsicht. Es ist dies ein Gebiet, welches namentlich bei den mit Seide gemischten Geweben immer wieder zu Reklamationen führt. Bei dieser Gelegenheit mag gleichzeitig betont werden, daß es ein Unrecht als Fabrikanten darstellt, eine Seide umfärben zu lassen und hierbei die Anforderung zu stellen, daß die Färbung genau nach Muster herauskommt. Soll eine Seide umgefärbt werden, so ist es unbedingt erforderlich, daß vorerst der Farbstoff abgezogen wird. Dieses hält aber verhältnismäßig schwer. Wird ein Umfärben in dunkle Farbtöne verlangt, so soll die Möglichkeit der Umfärbung nicht bestritten werden, bei helleren oder Modetönen ist es dagegen sehr schwierig, wenn nicht überhaupt ein Zufall, daß der richtige Farbton getroffen wird.

Ein weiterer Fehler, der mit der Färbung zusammenhängen kann, ist eine ungleichmäßige Färbung des Seidenmaterials. Diese Ungleichmäßigkeit kann sich direkt in Form von klatschenförmigen Flecken bemerkbar machen, so namentlich bei Stückware in Form von Streifen, oder auch in Form eines flammenden Farbbildes. Die Ursache einer derartigen ungleichmäßigen Färbung, die man meistens daran erkennen kann, daß das betreffende Gewebe nach dem Abziehen des Farbstoffes gleichmäßig erscheint, liegt in erster Hinsicht daran, daß die Seide ungleichmäßig entbastet worden ist. Eine solche Seide wird immer eine ungleichmäßige Färbung ergeben. Aber auch eine ungleichmäßige Erschwerung spielt bei der ungleichen Färbung eine sehr große Rolle. Besonders in der Stückfärberei ist dieses ein Übelstand, der sehr häufig zu Reklamationen führt. Die erschwerte Ware nimmt, wie schon ausgeführt wurde, die Erschwerungsbestandteile, so namentlich das Wasserglas, ungleichmäßig auf. Es bilden sich dann klatschenförmige Ablagerungen, welche ihrerseits den Farbstoff ungleichmäßig aufnehmen. Eine besondere Streitfrage bildet bei einer ungleichmäßigen Färbung die gleichmäßige Wiederkehr dieser Farbflecke in Form von Streifen. Es erklärt sich dieses aber daraus, daß die Seide im Kreuz gehaspelt ist und daher eine etwaige fleckenförmige Färbung in bestimmten Abständen im Gewebe immer wiederkehrt. Diese Tatsache ist durch Versuche, welche in der Elberfeld-Barmer Seidentrocknungsanstalt durchgeführt worden sind, einwandfrei bewiesen worden. Es sind z. B. Tramemasten, welche als Schußmaterial verwandt wurden, an einer Stelle mit einem Farbfleck versehen worden. Diese so mit einem Farbfleck versehene Trame, in ein schmales Band eingeschlagen, ergab nicht, wie man ursprünglich anzunehmen geneigt war, ein flammendes Bild, sondern direkte Streifenbildung.

L. J. Matos[1]) berichtet über Ungleichmäßigkeiten bei dem Färben der Strangseide. Als Hauptursache führt er an: unsachgemäße Entbastung, Vorhandensein von Kalkseife, mangelhaftes Umziehen und zu hohe Temperatur beim Färben.

Abb. 362. Streifenbildung, veranlaßt durch Buntfärbung des Schusses.

Häufig beobachtet man auch bei Geweben, daß in der Kettrichtung durchlaufende dunklere oder andersfarbige Streifen auftreten. Dies hängt nicht mit einer Buntfärbung zusammen, sondern ist darauf zurückzuführen, daß in der Weberei Spulen verschiedener Färbung durcheinandergeschossen worden sind.

Eine weitere Reklamation bezüglich der Färbung betrifft den Übelstand, daß die Seidengewebe häufig wie mit einem Staub bedeckt, also belegt erscheinen und so den Seidenglanz des Gewebes nicht hervortreten lassen. Die Ursache dieser Erscheinung kann in verschiedenen Richtungen gesucht werden. Einmal kann das verwandte Seidenmaterial bei der Ausrüstung tatsächlich mit einem weißen Belag versehen worden sein, und zwar deshalb, weil die Seide auf ihrer Oberfläche irgendwie Kalksalze oder Bestandteile aus der Erschwerung aufweist oder weil sie nicht genügend entbastet worden ist. Diesen Fehler erkennt man selbstverständlich am leichtesten daran, daß sich der weiße Belag bei Behandlung mit entsprechenden Chemikalien entfernen oder mikroskopisch als Bast identifizieren läßt. Weitaus in der Mehrzahl solcher Beanstandungen handelt es sich jedoch um einen Fehler der Rohseide. Dieser bei der Rohseide bereits besprochene Fehler ist das Duvet oder die Flaumbildung. Es sind über diesen Gegenstand namentlich in letzterer Zeit verschiedene Veröffentlichungen bekannt geworden, so die von Dr. Wagner[2]), von A. Rosenzweig[3]) und von H. Ley[4]).

---

1) Matos, L. J.: Text. Man. 1912, S. 27.
2) Wagner: Melliands Textilber. 1925, S. 118 und 771.
3) Rosenzweig, A.: Melliands Textilber. 1925, S. 358.
4) Ley, H.: Seide 1926, S. 17.

Eine seltenere Ursache dieser Erscheinung ist die Verwendung von Seide, die sich nicht hat abkochen lassen, sei es, daß sie vor dem Entbasten irgendwie überhitzt, sei es, daß der Bast durch irgendeine härtende chemische Einwirkung besonders widerstandsfähig wurde. Aber auch die Erschwerung der Stückware kann der Anlaß dieser Erscheinung sein. Die vielfach bei Stückware berüchtigten Blanchissuren sind derartige aus der Erschwerung herstammende strichförmige, weiße Stellen, veranlaßt durch Brechen der Kokonfasern.

Eine weitere Reklamation bezüglich der Färbung bilden die mehr oder minder unechten Färbungen, also eine zu geringe Echtheit gegenüber bestimmten Anforderungen. Über diese Übelstände ist ja bereits in dem Abschnitt über Echtfärbungen der Seide ausführlich berichtet worden (s. S. 224). Es liegt hier in der Mehrzahl der Fälle ein Fehler von seiten des Färbers insofern vor, als er Farbstoffe verwendet hat, die den Anforderungen an Echtheit nicht entsprechen.

Abb. 363. Blanchissuren auf Lumineuxband.

Es mag hier aber immerhin darauf hingewiesen werden, daß es nach dem heutigen Standpunkt der Technik nicht immer möglich ist, verschiedene Echtheiten gleichzeitig zu erzeugen. Es ist nicht immer in die Hand des Färbers gegeben z. B. licht- und wasserechte Färbungen gleichzeitig herzustellen, zumal wenn es sich um erschwerte Seiden handelt. Auch wenn gemischte Gewebe in Frage kommen, ist es verhältnismäßig schwierig, eine gleichmäßige Echtheit zu erzielen. Jedem Praktiker sind z. B. die Reklamationen bekannt, die ein Artikel wie Hutbänder in dieser Beziehung tagtäglich mit sich bringt. Vor allen Dingen sollte bei Echtfärbungen darauf Rücksicht genommen werden, daß man sie nicht verlangen kann bei leuchtenden Farbtönen, sowie in geringem Maßstabe bei erschwerten Seiden und ebenso nicht bei Geweben, die ein peinlich genaues Mustern erforderlich machen.

Auch sollte bedacht werden, daß die klimatischen Einflüsse auf die Echtheit einer Färbung von sehr großer Bedeutung sind.

Zum Schluß wäre noch einer Art Reklamation zu gedenken, welche namentlich in der Neuzeit von Bedeutung geworden ist, insofern als dem Ausrüster Spezialfärbungen vorgeschrieben werden, die unter Umständen unter Verwendung anderer Farbstoffe als der geforderten hergestellt worden sind. Es handelt sich hier besonders um die Indanthrenfärbungen. Diese Färbungen genießen einen besonderen Schutz, da nach Abmachungen der in Betracht kommenden Farbenfabriken für diese Färbungen nur ganz spezielle Farbstoffe verwandt werden dürfen.

Über lichtechte Seidenfarbstoffe berichtet G. Rudolph[1]) und zwar über

[1]) Rudolph, G.: Kunstseide 1927, S. 461.

solche, die nicht zu den Indanthrenen gehören, sondern zu den sauren und substantiven Farbstoffen. Erwähnt werden die verschiedenen sauerfärbenden Alizarinfarbstoffe, die sauerfärbenden Supraminfarbstoffe und die substantiven Sirius- und Benzolichtfarbstoffe. Bezüglich Einzelheiten muß auf die Originalarbeit verwiesen werden.

Schon aus dieser nur einzelne Möglichkeiten herausgreifenden Übersicht ersieht man, wie häufig die Färbung als solche der Anlaß weitgehender Reklamationen sein kann.

2. Die Erschwerung.

Die Beanstandungen bezüglich der Erschwerung laufen immer wieder darauf hinaus, daß entweder eine Erschwerungshöhe nicht erreicht oder unzulässig überschritten sei.

a) Die Höhe der Erschwerung. Die Höhe der Erschwerung spielt bei der Beurteilung von Fehlern, die eine fertig ausgerüstete Ware aufweist, eine so große Rolle, daß an dieser Stelle auf die Methoden hingewiesen werden muß, die zur Bestimmung der Erschwerung erforderlich oder üblich sind.

Die einfachste Frage ist die, ob ein Seidengewebe überhaupt erschwert ist oder nicht. Die Beantwortung dieser Frage ist nicht etwa, wie vielfach angenommen, in der Weise möglich, daß man eine Seide verascht und bestimmt, ob der Gehalt an Mineralstoffen größer ist als derjenige, der für Seiden üblich ist. Es gibt namentlich ältere Erschwerungsformen, die jegliche anorganischen Erschwerungsmittel vermeiden und nur mit organischen Stoffen ihren Zweck erreichen. Es sei an die Erschwerungsmethode mit Zucker und Gerbstoffen erinnert. Auf der anderen Seite ist es aber unzweifelhaft, daß ein wesentlich erhöhter Mineralstoffgehalt einer Seide den berechtigten Schluß zuläßt, daß die Seide erschwert ist. Immerhin darf aber dann auch nicht außer acht gelassen werden, daß Behandlungen mit mineralischen Substanzen vielfach nicht zum Zwecke der Erschwerung der Seide vorgenommen werden, sondern daß die Seide mit diesen Stoffen gebeizt wird, um sie für die Aufnahme gewisser Farbstoffe vorzubereiten. In diesem Falle kann natürlich aus einem erhöhten Mineralstoffgehalt nicht der Schluß auf eine vorhandene Erschwerung gezogen werden.

Erwähnenswert ist hier, daß nach Aug. Romann[1]) bereits die Erschwerung der Rohseiden in den Ursprungsländern einen nicht unerheblichen Umfang angenommen hat, der den Nachweis derselben erforderlich macht. Die Erschwerung mit Zinn oder Tonerde weist er in der Weise nach, daß die Seide mit Alizarin unter Zusatz von Kreide ausgefärbt wird. Er hat festgestellt, daß unbeschwerte Seide bei dieser Behandlung sich rosa färbt, beschwerte Seide dagegen orangerot. Um eine Tanninbeschwerung nachzuweisen, empfiehlt er die Behandlung mit Ferrisalzen, wodurch die Seide sich dunkel färbt.

Dasselbe Thema behandelt Walder[2]), indem er über Erschwerungsarten berichtet, die für Rohseide in Frage kommen. Er hat festgestellt, daß außer Fett und Wachs hin und wieder auch Metallsalze, namentlich Zinnverbindungen, für diese Zwecke verwandt worden sind.

Ebenso berichtet Coppetti[3]) über eine mikroskopische Untersuchungsmethode von mit Metallsalzen erschwerten Seidenstoffen. Da die bisherige Methode, die gefärbten Stoffe zu bleichen und abzusäuern, vielfach das Gewebe zerstört, empfiehlt er die Behandlung mit Flußsäure in einer ähnlichen Art, wie dieses bei der Bestimmung der Erschwerung üblich ist.

[1]) Romann, Aug.: Färber-Zg. 1901, S. 352.
[2]) Walder: Färber-Zg. 1908, S. 331. [3]) Coppetti: Ann. chem. anal. 1909, S. 47.

Wir kommen jetzt zur eigentlichen Feststellung der Erschwerung bezüglich ihrer Höhe, über die eine große Literatur vorliegt.

Die älteste Methode zur Bestimmung der Seidenerschwerung dürfte wohl die von Persoz sein, welcher 1887 empfahl, die Erschwerung mit Kaliumoxalat abzuziehen. Andererseits schrieb Persoz[1]) später die Stickstoffbestimmung der von stickstoffhaltigen Farbstoffen und Substanzen befreiten Seidenfaser vor. Auf letztere Methode kommen wir noch zurück.

Zu gleicher Zeit empfahl Moyret eine Abziehmethode in der Weise, daß die erschwerte Seide mit fettlösenden Stoffen, Säuren und Alkalien behandelt würde. Die zurückbleibende reine Seide wurde dann nach dem Trocknen bei 120 bis 130° gewogen. Darauf wurde verascht und diese Asche von der gewogenen Menge reiner Seide abgezogen. Durch Hinzufügung des Wassergehaltes der Seide wurde dann die Erschwerung bestimmt. Hierbei ist aber zu bemerken, daß Moyret sich hauptsächlich mit solchen Seiden beschäftigte, welche entweder Eisen-Gerbstoffverbindungen oder Erschwerungsmittel, wie Glyzerin, Zucker usw. enthielten, weil ja die Zinnerschwerung zu der damaligen Zeit noch nicht so allgemein eingeführt war, wie dieses später der Fall wurde. 1897 arbeitete Moyret ebenfalls in der Weise wie Persoz nach der Stickstoffmethode.

Sehr eingehend beschäftigte sich dann Gnehm[2]) mit der Erschwerung. So veröffentlichte er in Gemeinschaft mit Weber sowie Herm. Zell und A. Müller[3]) eine Erschwerungsbestimmung mit Fluorwasserstoff und mit Kieselfluorwasserstoffsäure, die auch heute noch in den Färbereien, speziell bei Couleurseiden, eine große Rolle spielt, während sie für Schwarzseiden durch andere Methoden verdrängt ist.

Die Methode ist folgende: Die bei Zimmertemperatur gewogene Seide wird 5 Minuten mit heißem Wasser behandelt, darauf 20 Minuten mit einer verdünnten Flußsäure von 1,5% bei 50 bis 60° C auf dem Wasserbade unter häufigerem Bewegen erwärmt. Anschließend wird sie, ohne zu waschen, in 5 proz. Salzsäure bei 50 bis 60° C 5 Minuten lang behandelt, mit heißem Wasser ausgewaschen bis zum Verschwinden der Säurereaktion und darauf getrocknet. Vielfach findet man auch die Vorschrift, die Seide mit einer 2 bis 3 proz. Seifenlösung eine Stunde lang zu behandeln, um etwa vorhandenen Bast zu entfernen. Das so gewonnene reine Fibroin, dem man durch zweistündiges Liegenlassen an der Luft Gelegenheit gibt, seine natürliche Feuchtigkeit wieder aufzunehmen, wird darauf gewogen und hieraus die Erschwerung rechnerisch festgestellt.

Diese in der Praxis übernommene Erschwerungsbestimmungsmethode ist dann im Laufe der Jahre noch etwas modifiziert worden.

Nach der Heermannschen Methode[4]) behandelt man 3 g lufttrockene Substanz mit 100 ccm 2% Flußsäure 15 Min. auf dem siedenden H_2O-Bad, gießt ab und digeriert einige Minuten kalt mit Flußsäure 2%. Nach dem Abgießen und Auswaschen wird bei 105 bis 110° getrocknet, gegebenenfalls noch der Aschengehalt bestimmt und die Asche × 1,2 vom Fibroin abgezogen.

Nach dem Verfahren von Ries legt man 1 bis 2 g Seide in kalte Flußsäure (1,5 ccm Flußsäure 40% und 5 T. Wasser) und beläßt darin unter häufigerem Umrühren 1 Stunde, dann wird vorsichtig ausgewaschen und getrocknet. Da noch nicht reines Fibroin vorliegt, wird die Asche bestimmt und das Gewicht derselben × 1,2 vom Fibroin abgezogen.

---

1) Persoz: Rev. gen. Mat. Color. 1906, S. 321.
2) Gnehm: Färber-Zg. 1903, S. 233, 249, 269, 286, 299.
3) Zell: Färber-Zg. 1903, S. 117, 131, 203.
4) Heermann und Frederking: Chem.-Zg. 1915, S. 149.

Eine weitere Vorschrift von Gnehm[1]) betrifft die Verwendung von Kieselfluorwasserstoffsäure, die sich jedoch nicht in dem Maßstabe hat einbürgern können wie die erste Methode. Gnehm berichtete[2]) noch über eine Abziehmethode mit Alkalisulfid, wobei er aber nicht zu den gewünschten einheitlichen Resultaten gelangte.

Ähnlich waren seine Versuche zusammen mit Dürsteler[3]), dahingehend, die Erschwerung mit Oxalsäure und Soda abzuziehen, nicht von Erfolg begleitet.

Neuerdings empfiehlt W. Alterhoff[4]) zur Bestimmung der Erschwerung in couleurten, jedoch organisch erschwerten Crêpe de chine folgendes Verfahren: Der betreffende Stoff wird ½ Stunde in einer wäßrigen Lösung von 5 bis 6% Oxalsäure bei 60 bis 70° C behandelt. Dann wird abgegossen und 3 mal mit heißem Wasser ausgewaschen. Hiernach wird nochmals unter den gleichen Bedingungen mit einer 2proz. Oxalsäure behandelt und nach dem Waschen 2 mal je 20 Min. mit einer 2½proz. Sodalösung bei 60 bis 70° C. Nach dem Spülen wird getrocknet und gewogen.

Ausführlich hat Gnehm mit Dürsteler zusammen[5]) dann die Stickstoffmethode behandelt, worauf, wie erwähnt, nachher noch zurückzukommen ist.

Bei dieser Gelegenheit sei gleichzeitig auf einen Überblick über die Geschichte der Bestimmungsverfahren der Seidenerschwerung verwiesen, welche Heermann und Frederking[6]) veröffentlicht haben.

1907 veröffentliche Sisley[7]) seine Erfahrungen, die er mit den verschiedenen Erschwerungsmethoden gemacht hatte.

Eine sehr ausführliche Arbeit über die Bestimmung der Erschwerung speziell bei schwarz gefärbten Seiden stammt von Ristenpart[8]). Seine Methode der Erschwerungsbestimmung bei Schwarz besteht auch heute noch zu Recht. Dieselbe gestaltet sich wie folgt:

Die bei Zimmertemperatur gewogene Seide wird eine Stunde lang kalt mit 10 proz. Salzsäure behandelt, darauf ausgewaschen und 5 Minuten mit Normal-Kalilauge behandelt. Nach dem Auswaschen geht man nochmals eine Stunde auf 10 proz. Salzsäure und 5 Minuten auf Normal-Kalilauge. Nach dem Waschen wird mit Essigsäure abgesäuert und nochmals mit destilliertem Wasser ausgewaschen. Die Seide wird dann getrocknet, mehrere Stunden bei Zimmertemperatur liegengelassen, gewogen und verascht. Die Asche wird von dem nach dem Wägen gefundenen Fibroin in Abzug gebracht.

Diese Abziehmethode wurde von Heermann[9]) angegriffen und gegenüber der Stickstoffmethode als nicht vollwertig angesprochen, weil die Einwirkung der Kalilauge bei schwachen Seiden zu stark sei. Er empfiehlt, die Einwirkung der Kalilauge durch Zusatz von Glyzerin abzuschwächen, und will hierbei sehr gute Resultate erzielt haben. Ebenso empfiehlt er die Kalilauge-Glyzerin-Behandlung auch für den Abzug von Berlinerblau, welches glatt hierbei in Lösung geht.

Ristenpart[10]) widerlegt diese Einwürfe Heermanns, weil sie für die Vorbehandlungsmethoden zur Stickstoffmethode ebensogut auch bei schwachen Seiden in Betracht gezogen werden müßten.

Die Gnehmsche Flußsäuremethode für Couleurseiden und die Ristenpart-

[1]) Gnehm: Z. Farb- u. Textilchem. 1903, S. 209.
[2]) Gnehm: Färber Zg. 1903, S. 269. [3]) Dürsteler: Färber-Zg. 1903, S. 286.
[4]) Alterhoff, W.: M. T. B. 1927, S. 367. [5]) Färber-Zg. 1903, S. 299.
[6]) Heermann und Frederking: Chem.-Zg. 1915, S. 149 bis 150.
[7]) Sisley: Rev. gen. Mat. Color. 1907, S. 97; vgl. dazu auch Gianoli in der gleichen Zeitschrift 1907, S. 300.
[8]) Ristenpart: Färber-Zg. 1907, S. 273 und 284; 1908, S. 34 und 53.
[9]) Heermann: Färber-Zg. 1909, S. 75.
[10]) Ristenpart: Färber-Zg. 1909, S. 126.

sche Kalimethode für Schwarzseiden stellen auch heute noch die in Textillaboratorien üblichen Methoden dar.

Für eine wissenschaftlich genaue Bestimmung der Erschwerung kommt dagegen nur die Stickstoffmethode in Frage. Diese Stickstoffmethode ist ebenfalls der Gegenstand zahlreicher Veröffentlichungen gewesen, da der Stickstoffgehalt der Seide von den einzelnen Autoren sehr unterschiedlich angegeben worden ist. So wurde derselbe nach einer Veröffentlichung von Gnehm und Dürsteler[1]) von Moyret zu 17,6%, von Persoz zu 18,0%, von Steiger und Grünberger zu 18,33%, von Städeler zu 18,89%, von Gebhardt zu 17,35%, von Cramer zu 18,40%, von Schützenberger zu 18,70% angenommen. Aus dem Stickstoffgehalt läßt sich das Fibroin durch Multiplikation mit 5,455 ermitteln.

Um bei der Stickstoffbestimmung zu einwandfreien Resultaten zu kommen, muß man bei der Vorbehandlung große Vorsicht anwenden. Bei der Färbung und Erschwerung der Seide werden viele stickstoffhaltige Materialien verwandt, wie z. B. Ammonsalze und Farbstoffe, deren absolute Entfernung selbstverständlich unbedingt erforderlich ist.

Dies bietet große Schwierigkeiten, weil die Gefahr besteht, daß bei dieser Behandlungsweise die Seidensubstanz als solche mehr oder weniger angegriffen wird. Nach Heermann[2]) haben die Vorbereitungen der Seide zur Stickstoffbestimmung in der Weise zu geschehen, daß die genau abgewogene lufttrockene Seide ein bis zwei Stunden mit kochender neutraler Seifenlösung (2½- bis 3 proz.) zu behandeln ist. Darauf wird mit warmer 1 proz. Sodalösung 10 Minuten bei 50 bis 60° C behandelt und daran anschließend mit 1 proz. alkoholischer Salzsäure so lange ausgekocht, bis nichts mehr in Lösung geht. Darauf wird mit schwach ammoniakalischem Alkohol gekocht, gut gewaschen, getrocknet und lufttrocken gewogen. Diese Probe wird darauf der Stickstoffbestimmung unterworfen.

Bei Souple- und Ecruseiden wird nach dem ersten Seifenbade ein Seifen-Sodabad eingeschaltet, dem zum Schutze des Seidenfibroins etwas Traubenzucker oder Glyzerin zugesetzt wird. Darauf wird mit frischer 1 proz. Seifenlösung 15 Minuten kochend repassiert.

Die eigentliche Stickstoffbestimmung geschieht nach der Kjeldal-Methode, und zwar unter Verwendung eines kleinen Stückchens Kupfersulfats und 20 ccm konzentrierter Schwefelsäure. Die vielfach empfohlene Methode mit Phosphor-Schwefelsäure unter Zusatz von 0,5 g metallischem Quecksilber oder Schwefelsäure unter Zusatz von Kaliumpermanganat weist gegenüber der einfachen erstgenannten Methode keine Vorteile auf. Im übrigen wird verfahren wie üblich, das gebildete Ammonsalz wird mit Natronlauge zersetzt, das freigewordene Ammoniak in vorgelegter Normalsäure aufgefangen und durch Rücktitration mit Normallauge bestimmt. Sehr empfehlenswert und bedeutend einfacher ist die Verwendung einer 5proz. Borsäurelösung als Vorlage, mit der man dann das Ammoniak direkt unter Verwendung von Methylorange als Indikator mit Normal-Schwefelsäure titrieren kann. 1 ccm Normal-Schwefelsäure entspricht 0,014 g Stickstoff oder 0,07617 g Fibroin.

Bei der Berechnung der Erschwerung muß die entweder als Fibroin isolierte Seidensubstanz oder auch das als Stickstoff bestimmte Fibroin auf Rohseide umgerechnet werden, weil die Erschwerungsberechnung in der Praxis immer auf Rohseide Bezug nimmt. Wenn z. B. eine Erschwerung von 100% bedeutet, daß statt 100 kg dem Färber übergebener Rohseide 200 kg der fertig gefärbten Seide abgeliefert werden soll, so beträgt die Summe der Erschwerung nicht 100%, sondern mehr, je nachdem die Seide mehr oder weniger entbastet worden ist.

[1]) Gnehm und Dürsteler: Färber-Zg. 1906, S. 233.

[2]) Heermann: Kolor. u. Textilchem. Untersuchungen.

Es ist deshalb bei der Bestimmung der Erschwerung darauf zu sehen, ob man eine Cuiteseide oder eine Souple- bzw. eine Hartfärbung vor sich hat. Bei der Cuiteseide ist es üblich, einen Bastverlust von 22% in Rechnung zu stellen, bei Souple einen solchen von 5 bis 7½% und bei Hartfärbung 2½%. Es muß mithin die jeweils ermittelte Menge Fibroin auf die Naturseide berechnet werden, indem man im ersten Falle multipliziert mit 100/78, im zweiten Falle mit 100/95 und im dritten Falle mit 100/97,5. Wichtig ist bei dieser Berechnung, daß man den Wassergehalt der Rohseide nicht unbeachtet läßt. Zu dem Zweck läßt man das Seidenfibroin in dem Falle, wo es als solches isoliert wird, ca. zwei bis drei Stunden an der Luft liegen, damit die Seide ihre natürliche Feuchtigkeit aufzunehmen vermag. Bei der Ermittlung des Fibroins durch die Stickstoffbestimmung sind zu der rechnerisch ermittelten Menge Fibroin 11% Wasser hinzuzuzählen.

Die nach einer der angegebenen Methoden ermittelte Rohseide mit natürlichem Feuchtigkeitsgehalt wird von dem Gewicht der eingewogenen gefärbten Seide abgezogen und die erhaltene Differenz prozentual als Erschwerung auf die Rohseide berechnet.

Angenommen z. B., es ist eine Einwage genommen worden von 1 g einer Cuiteseide, als Fibroin mit 11% Feuchtigkeit sind ermittelt worden 0,45 g, dann gestaltet sich die Berechnung der Erschwerung wie folgt: 0,45 g multipliziert mit 1,272 (= 100/78) gibt 0,5724 g Rohseide. Die gefundene Menge Rohseide, von 1,00 abgezogen ergibt 0,4276 g Erschwerung, prozentual mithin 74,70%.

Man erhält für die Erschwerung bei Stückware sowohl nach der Abziehmethode wie nach der Stickstoffmethode zu hohe Werte. Es hängt dieses damit zusammen, daß der Bastgehalt der Crêpes bzw. der stärker gedrehten Seiden infolge Fixierung durch die Appreturstoffe ein wesentlich höherer ist als er rechnerisch erfaßt wird. Man sollte deshalb nie versäumen, in Streitfragen bei Stückerschwerung stets den Bast festzustellen, um nicht verkehrte Werte zu erhalten. Auch empfiehlt es sich, von der gewogenen Seide erst die Appretur herunterzuziehen, zu trocknen und nochmals zu wägen. Der Gehalt an Appreturstoffen kann immerhin 20% ausmachen. Noch eines besonderen Umstandes muß bei der Erschwerung Erwähnung getan werden. Es ist dies die Erscheinung, daß namentlich bei Gerbstofferschwerung diese Erschwerung im einzelnen Strang keineswegs gleichmäßig, sondern im Gegenteil sehr ungleichmäßig verteilt ist. Es wurde vom Verfasser beobachtet, daß in Schwarzseiden, welche mit unoxydiertem Blauholzextrakt erschwert waren, in ein und demselben Masten Unterschiede in der Erschwerung vorhanden waren, welche bis zu 40% betrugen. Für den Praktiker ist dies eine Erscheinung, die ihn nicht weiter wundernimmt, weil er aus dem Werdegang der erschwerten Seide zur Genüge ersehen kann, daß die einzelnen Erschwerungsstoffe teilweise sehr bunt auf die Seide ziehen. Es muß dieser Tatsache aber hier gedacht werden, weil es immer wieder zu Differenzen Anlaß gibt, wenn verschiedene Erschwerungshöhen bestimmt worden sind, die mit der tatsächlichen Erschwerung des ganzen Seidenquantums nicht übereinstimmen.

Eine weitere Fehlerquelle in der Bestimmung kann auch darin bestehen, daß eine Seidenpartie ungenügend entbastet worden ist.

W. Weltzien[1]) hat die verschiedenen Erschwerungsbestimmungen für Seide nachgeprüft und kommt zu dem Ergebnis, daß die Stickstoffmethode keineswegs der Aschenmethode oder den Abziehmethoden überlegen ist. Auch die nicht sehr beliebte Aschenmethode kann nach seinen Erfahrungen zum mindesten zu Kontrollbestimmungen herangezogen werden.

Bei dieser Gelegenheit sei darauf hingewiesen, daß es für den Färber

[1]) Weltzien, W.: Seide 1927, S. 28.

unmöglich ist, eine Seide genau in der Höhe der Erschwerung, wie sie ihm vorgeschrieben worden ist, zu halten. Es ist deshalb auch in der Praxis üblich, dem Färber einen Spielraum sowohl nach oben wie nach unten zu geben, der ungefähr 10 bis 20% beträgt. Wie schon oben angeführt wurde, kann die Erschwerung im einzelnen Masten sehr stark differieren, noch mehr in den verschiedenen Masten. Der Praktiker weiß, daß in der Zeit, wo die Wahrsager einer Partie getrocknet und gewogen werden, die noch auf dem jeweiligen Erschwerungsbade befindliche Seide noch erhebliche Mengen von Erschwerung zu ziehen vermag. Ebenso können auch bei einer großen Partie, welche aus den Erschwerungsbädern irgendwie aufgeworfen wird, ganze Mastenreihen, welche sich auf den Stöcken befinden, mehr oder weniger verschiedene Erschwerung aufnehmen.

b) Die Art der Erschwerung. Ebenso wichtig wie die Höhe kann auch die Art der Erschwerung für die Beurteilung einer Seide sein.

Wie schon ausgeführt wurde, kann eine Erschwerung entweder mineralischer oder organischer Natur sein. Als mineralische Stoffe der Erschwerung, deren Nachweis von Interesse sein kann, kommen in Frage: Zinn, Eisen als Oxyd oder Oxydul, Blaukali, Blei, evtl. seltene Metalle.

Die Anwesenheit von Eisen in jeder Form bzw. Blaukali ist ausgeschlossen, sobald die Asche der Seide schneeweiß ist. Bei weißer Asche kann nur eine Zinnphosphat-Silikat-Erschwerung in Frage kommen.

Eisen kann man, wenn es in Oxydform vorgelegen hat, wie bei manchen Katechufärbungen, schon daran erkennen, daß die Asche des Seidenfadens intensiv rotbraun gefärbt ist. Will man das Eisen in der Oxydulform nachweisen, und hier kommt eigentlich nur in Frage das holzessigsaure Eisen, so kann dieses nach Ristenpart[1]) in der Weise geschehen, daß die Seide mit einer ½ proz. wäßrigen Salzsäure bis zum beginnenden Kochen erwärmt und hierauf durch Zusatz von Ferrizyankalium das Eisen in der Ferroform durch Blaufärbung nachgewiesen wird. Die Angabe Ristenparts, daß der Nachweis ausschlaggebend für die Anwesenheit von holzsaurem Eisen sei, wenn gleichzeitig die Gegenwart von Berlinerblau auf der Faser nachgewiesen würde, trifft heute nicht mehr unbedingt zu, weil man heute auch das holzessigsaure Eisen ohne Blauuntergrund zur Erzielung von blaustichigen Farbtönen verwendet.

Im übrigen ist diesem Nachweis des holzessigsauren Eisens insofern eine Bedeutung beizulegen, als er gleichzeitig zum Nachweis der Doppelfärbung dient, eine besondere Färbeart in Schwarz, für die dem Färber eine erhöhte Entschädigung bewilligt wird. Bei dieser Doppelfärbung ist allerdings unbedingt erforderlich, daß außer dem holzsauren Eisen auch die Verwendung von Blaukali nachgewiesen wird.

Der Nachweis des Blaukali geschieht in der Weise, daß man die betreffende schwarze Seide mit Kalilauge behandelt (man kann hierzu den Kalilaugeabzug von der Erschwerungsbestimmung verwenden), diesen Auszug unter Zusatz von etwas Eisenchlorid erwärmt und dann mit Salzsäure ansäuert; bei Gegenwart von Berlinerblau tritt die intensive Blaufärbung nach dem Salzsäurezusatz ein.

Der Nachweis des Zinns ist bei Couleurseiden sehr einfach zu führen, und zwar in der Weise, daß man die Seide mit Schwefelnatriumlösung digeriert und die erhaltene Lösung mit Salzsäure versetzt; bei Gegenwart von Zinn scheidet sich gelbes Schwefelzinn ab. Schwieriger gestaltet sich der Nachweis des Zinns, wenn gleichzeitig Gerbstoffe verwandt worden sind, wie z. B. bei Vegetal-

---

[1]) Ristenpart: Färber-Zg. 1909, S. 45.

färbungen oder aber auch bei den Schwarzfärbungen. Wollte man hier den Zinnachweis mit Schwefelnatrium führen, dann würde derselbe illusorisch, weil auf Zusatz von Säure sich gleichzeitig die mitgelösten Gerbstoffe ausscheiden. Man verascht daher die Seide vorher und behandelt die Asche mit Schwefelnatrium in der beschriebenen Art.

Der Bleinachweis kann in ähnlicher Weise wie der des Zinns geführt werden, durch Bildung von Schwefelblei tritt eine Schwarzfärbung der Faser ein. Der Bleinachweis, der nur bei Souplefärbungen in Frage kommt, könnte einen evtl. Zinngehalt verdecken, es ist dieses aber nicht der Fall, wenn man die Schwefelnatriumlösung klar abfiltriert und diese klare Lösung mit Säure versetzt. Ein gelber Niederschlag spricht für die Anwesenheit von Zinn.

Ein weiteres Metallsalz, welches für die Erschwerung in Frage kommt, ist die Tonerde. Diese läßt sich nur in der Asche der Seide nachweisen, und zwar nach dem Gang der Analyse, indem nach Entfernung des Zinns bzw. der anderen Metalle die Tonerde mit Ammoniak gefällt wird. Der Nachweis der Kieselsäure ist ebenfalls nur in der Asche durchzuführen, und zwar in der Weise, daß die Asche mehrfach mit Salzsäure abgeraucht wird. Bezüglich des Nachweises seltener Metalle, wie Zirkon, Zer, Lanthan usw., muß auf den analytischen Gang verwiesen werden.

Beim Nachweis der organischen Stoffe handelt es sich um die große Gruppe der Gerbstoffe, im besonderen der Katechu und das Hämatin. Der allgemeine Nachweis des Gerbstoffes, wie er z. B. bei Sumachfärbungen in der Couleurfärberei in Frage kommt, geschieht so, daß man die betreffende Seide mit Sodalösung abzieht, diese Sodalösung mit verdünnter Schwefelsäure genau neutralisiert und jetzt Eisenchlorid hinzufügt. Eine Dunkelfärbung ist Beweis für die Anwesenheit von Gerbstoff.

Schwieriger gestaltet sich der Nachweis der einzelnen Gerbstoffe in der schwarz gefärbten Seide. Es kann hier die Frage aufgeworfen werden, ob es sich um eine Katechu- oder eine Blauholzerschwerung oder bei Souple um eine Erschwerung mit Kastanienextrakt handelt. Der Nachweis des Kastanienextraktes ist sehr schwer, wenn nicht gar unmöglich, wenn die Seide mit Blauholz ausgefärbt ist, wie dieses meistens der Fall ist. Katechu kann bei einfachen Eisen-Katechuerschwerungen daran erkannt werden, daß die abgezogene Seide auch bis zum Schluß eine rot- bzw. dunkelbraune Färbung aufweist. Dies ist bei blauholzerschwerter Seide niemals der Fall. Außerdem wird man bei der blauholzerschwerten Seide niemals die Gegenwart von Eisen bzw. Blaukali feststellen können, wie dies bei Katechuerschwerungen der Fall ist. Sehr ausführlich hat sich Weyrich[1]) über den Nachweis des Katechus in der Seidenschwarzfärberei geäußert. Der Verfasser beschreibt die allgemeinen Verhältnisse in der Seidenschwarzfärberei und teilt sie in zwei Gruppen, die Eisenblauschwarz- und die Schnellschwarz- oder Monopolschwarzerschwerungen. Während erstere ein blumiges Schwarz liefert, muß bei letzterer mit Anilinfarbstoffen nachgeholfen werden, um zu demselben Erfolg zu gelangen. Trotzdem hat sich das Monopolschwarz allgemein den Markt erobert, weil es schneller herzustellen ist und größere Volumvermehrung und demgemäß bessere Fülle, Griff und Glanz der Seide bedingt, wie überhaupt die Hämatinerschwerung eine bedeutend höhere sein kann als die Eisenblau-Katechuerschwerung. Trotzdem hat sich aber auch eine Katechubehandlung in Monopolschwarz eingeführt, weil hierbei der Griff ein besserer und die Farbe satter und echter wird. Hier kommt es nun hin und wieder vor, daß der

[1]) Weyrich: Färber-Zg. 1915, S. 317.

Nachweis der Katechubehandlung zu führen ist. Die Tatsache, daß die Seide nach einem der üblichen Abziehverfahren mit Säure und Alkali intensiv braun gefärbt bleibt, als maßgebend für die Anwesenheit von Katechu heranzuziehen, ist nicht angängig, da auch bei Katechubehandlung der Faden hell werden kann. Verfasser hat nun den einwandfreien Katechunachweis unter Verwendung der Beobachtung Styasnys[1]) zu erbringen versucht, daß Katechugerbsäure mit Formaldehyd in salzsaurer Lösung ein unlösliches Kondensationsprodukt zu geben vermag. Er verfährt wie folgt: Die Seide wird nach dem Ristenpartschen Verfahren[2]) abgezogen — eine Stunde in 10% Salzsäure, fünf Minuten in Normallauge. Der alkalische Auszug wird schwach mit Salzsäure angesäuert. Der entstehende Niederschlag wird durch Zusatz konzentrierter Salzsäure beseitigt und die dunkelrote Lösung aufgekocht. Man filtriert von den geringen Abscheidungen klar ab, setzt einige Tropfen Formaldehyd hinzu und kocht wieder, bei Gegenwart von Katechu entsteht ein gelblicher Niederschlag, der bei geringem Kochen sich flockig zusammenballt. Bei Eisenblauschwarz versagt übrigens die Reaktion, hier genügt die Feststellung der braunen Fäden nach Abzug des Blaus.

Die Blauholzfärbung als solche kann ohne weiteres daran erkannt werden, daß der Säureabzug, welchen man bei der Erschwerungsbestimmung erhält, intensiv blaurot gefärbt ist. Diese Rotfärbung geht auf Zusatz von Alkali in ein schmutziges Violett über, meistens unter Abscheidung von dunklen Flocken.

Den Nachweis zu führen, daß zur Erschwerung unoxydierter Blauholzextrakt verwandt worden ist, hält ebenfalls nicht schwer, wenn man eine weiße Asche und eine Erschwerung erhält, welche diesen Aschegehalt um ein Vielfaches übertrifft. Wenn man eine Gesamterschwerung von 70% und eine mineralische Erschwerung von etwa 20% festgestellt hat, dann darf man sicher sein, daß die überschüssigen 50% durch die Verwendung von unoxydiertem Blauholzextrakt erzielt worden sind.

Es bleibt noch zu erwähnen, daß bei der Schwarzerschwerung nicht unbedingt organische Erschwerung vorzuliegen braucht, sondern daß es sich um eine reine Couleurerschwerung handeln kann, bei der mit einem künstlichen Schwarzfarbstoff gefärbt worden ist. Man spricht in einem solchen Falle auch von einer Anilinschwarzfärbung, ohne daß dieselbe mit dem früher bereits erwähnten Anilinschwarz identisch zu sein braucht. In diesem Falle findet man weiße Asche und kann in der Asche erhebliche Mengen Kieselsäure nachweisen. Wir werden ja später noch sehen, daß bei der Couleurerschwerung rund 50% der Erschwerung durch Kieselsäure gebildet werden. Es kann mithin nicht schwer fallen, den Nachweis der Kieselsäure in der Asche der zu untersuchenden Seide zu führen.

Aber auch hiervon abgesehen, läßt sich die Anilinschwarzfärbung auch noch daran erkennen, daß sie die Reaktion der Anilinfarbstoffe zeigt, dagegen nicht die Reaktion der organischen Gerbstoffe. Ein salzsaurer Abzug wird nicht rot gefärbt werden, sondern bläulich bzw. grünlich, je nach der Art des verwandten Schwarzes.

c) Der Ausfall der Erschwerung. Es ist eine bekannte Tatsache, daß Seiden auch bei gleicher Höhe der Erschwerung vollständig verschieden für das Gefühl ausfallen können. So beobachtet man z. B., daß eine Seide mit verhältnismäßig niedriger Erschwerung im Gewebe einen schönen, vollen und fleischigen Griff aufweist, während eine Seide mit bedeutend höherer Erschwerung papiern oder brettig, bzw. dünn erscheint. Diese Tatsache tritt nament-

[1]) Styasnys: Chem. Zentralblatt 1906, S. 1887.
[2]) Ristenpart: Färber-Zg. 1907, S. 273 und 294.

lich bei stückerschwerter Seide in der unangenehmsten Weise zutage. Es ist eine ständige Klage des Ausrüsters, daß die eine Seide, vollkommen genau erschwert wie die andere, die befriedigt, dünn und lappig ausfällt.

Die Ursache dieses Übelstandes ist noch nicht einwandfrei ergründet. Sie ist aber in vielen Umständen zu suchen, von denen im folgenden einzelne näher besprochen werden sollen.

Die Ursache, die am nächsten liegt, wäre ein direktes fehlerhaftes Arbeiten, und zwar insofern, als vielleicht gewisse Zwischenoperationen während des Erschwerungsprozesses irrtümlicherweise übergangen worden sein könnten. Dieses wird sich selbstverständlich durch die Höhe der Erschwerung bemerkbar machen. Andererseits kann aber die Möglichkeit eines fehlerhaften Arbeitens insofern gegeben sein, als die einzelnen Behandlungsprozesse nicht bei der erforderlichen Temperatur und Konzentration der Bäder oder in der entsprechenden Zeit vor sich gegangen sind. Es mag gleich hier bemerkt werden, daß dieser Fall in einer modern geleiteten Seidenfärberei zu den größten Seltenheiten zählt, weil jede Partie, die erschwert wird, stets mit Papieren oder sonstigen Merkzeichen begleitet durch die verschiedenen Behandlungsweisen hindurchgeht. Jede mit der Partie vorgenommene Behandlung wird von dem Leiter der betreffenden Abteilung genau verbucht, so daß er jederzeit in der Lage ist zu übersehen, wie weit eine Partie in der Erschwerung behandelt worden ist und wo sie sich gerade im Augenblick befindet.

Eine zweite Ursache kann in der Provenienz der Seide liegen. Es ist unzweifelhaft, daß Seiden verschiedener Provenienz bezüglich Erschwerungsfähigkeit sich vollständig verschieden verhalten. In der Mehrzahl der Fälle wird sich dies in der Höhe der Erschwerung zu erkennen geben. Es gibt aber auch vereinzelte Seiden, welche bei gleich hoher Erschwerung und gleicher Rasse je nach der Provenienz mehr oder minder gequollen oder voluminös ausfallen. Es sei hier nur an die Tatsache erinnert, daß z. B. eine Organzin sich nicht in dem Maßstabe voll erschwert wie eine Trame, andererseits nimmt eine Japantrame wesentlich besser die Erschwerung an als z. B. eine Kantontrame.

Eine dritte Ursache bei einer an und für sich sachgemäßen Behandlung ist in der Art der verwandten Hilfsstoffe zu suchen. Es ist für den Praktiker eine bekannte Erscheinung, daß manche Gerbstoffe, auch aus ein und derselben Sendung stammend, sich bezüglich Erschwerung vollständig verschieden verhalten. Im übrigen verhalten sich die Gerbstoffe aber auch unter sich bezüglich ihrer Zugfähigkeit auf die Seiden vollständig verschieden.

Nach Heermann[1]) nimmt z. B. eine entbastete Organzinseide aus verschiedenen Gerbstoffen folgende Mengen Tannin auf:

Gambier	29 %
Gambier-Ersatz	22,36 %
Aleppo-Gallen-Extrakt	34,85 %
Sumach-Extrakt	32,88 %
Dividivi-Extrakt	29,80 %

Man sieht schon aus dieser kleinen Übersicht, daß der Ausfall der Erschwerung, je nach der Art des Gerbextraktes, sehr verschieden sein kann.

Aber aus dem vorstehenden ist nicht zu ersehen, warum die erwähnte Erscheinung, daß eine Seidenpartie einmal voller, einmal weniger voll aus der Erschwerung kommt, immer paßweise auftritt, d. h. hei einer bestimmten Menge, welche jeweils der Erschwerung unterworfen wurde.

Nach den Erfahrungen des Verfassers spielen hier unbedingt Faktoren mit, welche das Quellungsvermögen der Seide zu beeinflussen imstande sind. Es

[1]) Heermann: Färber-Zg. 1908, S. 4.

wurde z. B. die interessante Beobachtung gemacht, daß eine Seide, die sehr stark abgesäuert wurde, zwischen den einzelnen Operationen, vom ersten bis zum dritten Pinkzug, eine normale Zinnaufnahme aufwies. Dagegen beim vierten und fünften Pinkzug absolut nicht mehr irgendwelche Erschwerung aufnahm. Im Gegensatz hierzu war eine mit Alkali behandelte Seide imstande, ganz erheblich mehr an Erschwerung aufzunehmen.

Aus diesen Beobachtungen geht ohne weiteres hervor, daß die Aufnahmefähigkeit für die Erschwerung und die dadurch bedingte Quellung der Seidenfaser von besonderen Faktoren abhängig sein muß. Wie weiter festgestellt wurde, spielt auch die Temperatur bei der Aufnahme der Erschwerung eine Rolle. Je niedriger die Temperatur, um so geringer die Aufnahme, andererseits zeigt sich bei zu großer Steigerung der Temperatur ebenfalls keine Aufnahme der Erschwerung.

Es dürfte mithin die erwähnte Erscheinung darauf zurückzuführen sein, daß bei der Arbeitsweise, die an und für sich mit vollständig genau einstehenden Bädern vor sich gegangen sein mag, insofern gefehlt worden ist, als der Säuregehalt der Pinken oder der Säurebäder zu hoch gewesen ist oder die Temperatur einzelner Bäder falsch gewählt war.

Am auffälligsten macht sich die Verschiedenheit im Griff bei der Zusammensetzung der Charge als solcher bemerkbar.

Vielleicht ließen sich diese Unterschiede durch die Feststellung des jeweiligen spezifischen Gewichtes näher ermitteln, worüber allerdings noch keine Untersuchungen vorliegen.

Über die spezifischen Gewichte der erschwerten Seiden berichtet Prof. Dr. P. Heermann[1]). Das spezifische Gewicht der entbasteten, unerschwerten Seide fand er für Organzin zu 1,368, bei Trame zu 1,369. (Persoz fand 1,357, Robinet 1,367, A. Herzog 1,37). Bei den kouleurerschwerten Seiden steigt das spezifische Gewicht mit der Höhe der Erschwerung, z. B.

Organzin	24,6%	s = 1,617
„	46,5%	„ = 1,700
„	64,6%	„ = 1,820
Trame	57,0%	„ = 1,794
„	75,1%	„ = 1,860

Bei Schwarzseiden ist auch bei den Erschwerungen bis 125% ein Ansteigen zu beobachten, bei den höheren Erschwerungen in Trame jedoch wieder ein Rückgang z. B.

Organzin	25,7%	s = 1,489
„	42,0%	„ = 1,537
„	55,7%	„ = 1,658
„	66,0%	„ = 1,675
„	125,5%	„ = 1,695
Trame	146,2%	„ = 1,678
„	193,0%	„ = 1,642

Es ist auffällig, wie sehr die Angaben in der Literatur über die Zusammensetzung der Zinncharge schwanken. Es ist erst neueren Forschungen gelungen, in dieser Hinsicht einwandfreie Werte aufzustellen.

Gnehm und Dürsteler[2]) ermittelten z. B. bei der Chinatrame, die zu 50% erschwert war, folgende Zusammensetzung der Charge:

Mineralstoffe	39,3%
Kieselsäure	15,84%
Zinnoxyd	18,73%
Phosphorsäure	1,74%

[1]) Heermann, P.: Mell. Tex. Ber. 1928, S. 217.

[2]) Gnehm und Dürsteler: Färber-Zg. 1906, S. 299.

Die Werte sind auf das Seidengewicht berechnet und wurden nach Angaben der Autoren ermittelt, indem die Kieselsäure mit Flußsäure abgeraucht, das Zinn durch Schmelzen der Asche mit Zyankalium als Metall abgeschieden und schließlich die Phosphorsäure aus der Lösung der Schmelze in der üblichen Weise bestimmt wurde.

Nach Angaben von V. Thorn[1]) wurde dagegen der der Erschwerung zugrunde liegende Körper einwandfrei von folgender Zusammensetzung gefunden:

Zinnoxyd	50,48%
Kieselsäure	40,40%
Phosphorsäure	6,35%
Natriumoxyd	2,77%

Der Unterschied im Phosphorsäuregehalt der beiden Autoren ist jedenfalls sehr erheblich. Es ist hierauf bereits früher bei der Erschwerung hingewiesen und ausgeführt worden, daß die Erschwerung teilweise im Verhältnis $SnO_2 : P_2O_5$, teilweise $2\,SnO_2 : 3\,P_2O_5$ oder $2\,SnO_2 : 1\,P_2O_5$ usw. von den verschiedenen Autoren festgestellt worden ist.

Diese Zusammensetzung der Charge interessiert uns insofern, als nachgewiesen werden konnte, daß bei gleich hoher Erschwerung die fleischig ausgefallenen Seiden eine ganz andere Zusammensetzung der Charge aufwiesen als die dünneren, papierartigen.

Aber nicht nur die Zusammensetzung der Erschwerung macht den Ausfall einer Seide bezüglich Griff so verschieden, auch die Verhältnisse in der Fabrikation beim Verweben usw. können hier einen sehr erheblichen Einfluß ausüben.

Zuerst ist hier die Tatsache zu nennen, daß eine Seide, die erst zum Gewebe verarbeitet wurde, nachdem ihr genügend Zeit zum Erholen gewährt wurde, eine bedeutend griffigere und fleischigere Ware lieferte, als dieses der Fall war, sobald die Seide direkt von der Färberei weg gespult und verwebt wurde.

Eine weitere Ursache kann aber auch darin liegen, wie die Färbungen der Seide hergestellt worden sind. Man beobachtet sehr häufig, daß z. B. Seiden, welche alkalisch oder sehr schwach sauer gefärbt wurden, ein bedeutend volleres Gewebe lieferten als Seiden, bei denen in der Färbung das Gegenteil der Fall war.

Auch hier hat sich in der Praxis gezeigt, daß z. B. helle Farben, wie Weiß, Rosa und Ciel, im Gewebe viel voller und fleischiger ausfallen, als z. B. Grün, Marine oder braune Farbtöne, die unter Verwendung größerer Mengen Säure gefärbt werden. Es ist also bei Seiden verschiedener Färbung, auch wenn dieselben in einem Satz erschwert worden sind, zu beobachten, daß schon bei den einzelnen Farben ein Unterschied in der Fülle des Gewebes besteht. Derselbe ist schwer zu vermeiden, da es der Färber nicht immer in der Hand hat, im gleichen Zeitraum bzw. mit gleich zusammengesetzten Bädern diese oder jene Färbung zu erzielen.

Ein Gewebe, welches in einem trockenen oder sogar noch heißen Raum hergestellt wurde, weist bei weitem nicht den vollen Griff auf wie ein solches, welches in einem Raume von normaler Feuchtigkeit fabriziert wurde. Sehr häufig beobachtet man dies in charakteristischer Weise an Seidenbandstühlen, bei denen eine ganze Anzahl von Bändern nebeneinander auf einem Stuhl hergestellt werden. Die am Fenster befindlichen Bänder sind fleischiger als die in der Mitte des Raumes hergestellten, weil hier meistens sich die Heizung des Raumes befindet.

Über die Bedeutung der Luftfeuchtigkeit in der Seidenweberei berichtet Centmaier[2]) und würdigt den günstigen Einfluß einer normal feuchten Atmosphäre bei der Herstellung und Lagerung von Textilmaterialien.

[1]) Thorn, V.: Inaug.-Diss. Köln 1925. [2]) Centmaier: Seide 1927, S. 61.

Ein anderer Faktor, der den Ausfall einer Ware bezüglich Griff wesentlich beeinflußt, ist die Lagerung der Ware. Es ist ganz auffällig, wie der Griff des Gewebes verschieden ausfällt, ob man es auf Papier aufwickelt oder nicht. In dem Papier vermag sich das Gewebe sehr gut zu erholen und erscheint bedeutend fleischiger und voller im Griff als das gleiche Gewebe, das nicht in dieser Weise mit Papier in Berührung gebracht worden ist.

3. Die dynamometrischen Eigenschaften der Gewebe.

Seitdem die Erschwerung der Seiden sich allgemein eingebürgert und man erkannt hat, wie ungünstig die Haltbarkeit der Gewebe durch diese Behandlungsweise beeinflußt wurde, ist es Brauch geworden, jedes Seidengewebe auf seine Reißfestigkeit zu erproben. Es ist vollkommen berechtigt, daß man die Haltbarkeit eines Gewebes mit seinem Wert in Übereinstimmung zu bringen sucht. Das Unstarkwerden der seidenen Gewebe ist ein großer Übelstand, der vom Publikum sehr empfunden wird. Die Ursache dieser Erscheinung kann eine äußerst vielseitige und verschiedene sein.

Die erste Ursache des Unstarkseins eines seidenen Gewebes wird in der Beschaffenheit des Rohmaterials zu suchen sein. Wie wir schon bei der Prüfung der Rohseide gesehen haben, sind die Anlässe zur Veränderung der dynamometrischen Eigenschaften der Seide sehr mannigfaltige. Es unterliegt keinem Zweifel, daß eine an und für sich in ihren physikalischen Eigenschaften beeinträchtigte Rohseide bei der späteren Ausrüstung Fehler in sehr vergrößertem Maßstabe aufweisen kann. Es sollte daher bei der Prüfung eines Seidengewebes auf Stärke niemals unterlassen werden, auf das Rohmaterial zum Vergleich zurückzugreifen. Die vielfach übliche Ansicht, daß die Fehler eines ausgerüsteten Seidengewebes nur dem Ausrüster zur Last zu legen sind, ist unhaltbar. Es ist eine durchaus angebrachte Übung, daß der Seidenfärber von jeder Seidenpartie einen Masten der Rohseide zurückhält, um mit ihm bei eintretenden Reklamationen unter Umständen ein wertvolles Beweisstück in Händen zu haben. Namentlich trifft dies bei den gezwirnten Seiden zu, aber auch bei den Rohgeweben aus Grège bzw. Krepp kann die Rohseide die ursprüngliche Ursache eines nachher unstarken Fertiggewebes gewesen sein. Es darf nicht vergessen werden, daß die Rohseidengewebe Stapelware darstellen, die auf Vorrat angefertigt und gelagert wird. Daß bei dieser Lagerung Schädigungen der Ware veranlaßt werden können, ist unzweifelhaft. Aber auch bei Rohseidengeweben, die mit anderen Textilien verwebt worden sind, kann eine Schädigung der Seide insofern veranlaßt werden, als durch diese Textilien in das Gewebe Stoffe hineingebracht werden, die imstande sind, die Seide zu beschädigen. Es sei hier nur an die schon mehrfach erwähnte Tatsache erinnert, daß Garne, welche beim Spinn- oder Zwirnprozeß mit Eisenanteilen verschmutzt worden sind, bei der späteren Ausrüstung Anlaß von zerstörenden katalytischen Erscheinungen werden können. Es ist dieses namentlich bei Halbseiden-Crepes sehr häufig zu beobachten.

Aber abgesehen hiervon sind bei der Lagerung derartiger Stapelwaren eine ganze Reihe von Möglichkeiten gegeben, die geeignet sind, die Seide unstark werden zu lassen. Es sei hier an die Bestrahlung durch die Sonne erinnert, die ein Verblassen des Seidenfarbstoffes bedingt, ebensogut aber auch imstande sein kann, die Seide zu schwächen. Hierhin gehören fernerhin zu trockne oder zu feuchte Lagerung der Ware, direkte Beschmutzung oder Beschädigung durch chemische Einflüsse.

Eine weitere Ursache der Beeinträchtigung der dynamometrischen Eigenschaften der Seide kann durch die eigentliche Färbung bedingt sein. Ebensogut wie durch eine zu saure Färbung das Volumen des Seidenfadens vermindert wird, ebensogut kann auch durch eine derartige Färbeweise der Seidenfaden so stark angegriffen werden, daß er spröde wird.

Umgekehrt kann aber auch eine Seide durch zu hohen Fettgehalt, der durch die Ölbestandteile der Avivage auf die Seidenfaser gebracht worden ist, geschädigt werden. Es ist eine bekannte Tatsache, daß Seide namentlich im erschwerten Zustande gegen freie Fettsäuren sehr empfindlich ist.

Eine andere Form der Schädigung durch die Färbeweise kann dadurch bedingt worden sein, daß ungeeignete Farbstoffe verwandt worden sind. So ist bekannt, daß Schwefelfarbstoffe für die Seidenfärberei weniger geeignet sind, weil die Seide durch das nicht zu vermeidende Schwefelalkali stark angegriffen wird. Wenn man auch heute wohl kaum einen Seidenfärber findet, welcher reinseidene Gewebe mit Schwefelfarbstoffen färbt, so ist die Schwefelfärbung bei gemischten Geweben dagegen vielfach sehr in Übung gekommen, und hier sehen wir denn auch, daß bei den halbseidenen Geweben die Haltbarkeit der Seiden teilweise auf ein Minimum herabgedrückt worden ist. Eine andere Färbung, die die Seide zu schädigen imstande ist, ist die Anilin-Schwarzfärbung, die namentlich bei Halbseide sehr häufig Verwendung findet. Eine derartige vorsichtig durchgeführte Färbung wird ja die Seide nur unwesentlich angreifen, sowie aber diese Vorsicht auch nur im geringsten außer acht gelassen worden ist, wird die Stärke der Seide ungünstig beeinflußt.

In noch weit ausgedehnterem Umfang, als die Färbung der Anlaß von Gewebeschwächungen der Seide sein kann, ist dieses aber bei der Erschwerung der Fall. Die Erschwerung beansprucht den Faden, wie schon oben bei der Erschwerung ausgeführt wurde, ganz erheblich. Durch die Vergrößerung des Volumens wird die Elastizität des Seidenfadens wesentlich gemindert.

Im fertigen Gewebe kann die Erschwerung insofern eine Zerstörung im Gefolge haben, als sie an und für sich zu hoch genommen worden ist. Es ist ohne Frage, daß in sehr vielen Fällen das Morschwerden der Seidengewebe auf eine zu hohe Erschwerung zurückzuführen ist. Aber die Erschwerung vermag, wenn sie nicht sachgemäß durchgeführt worden ist, auch bei nur geringer Höhe die Faser energisch zu schwächen. Namentlich bei stückerschwerter Ware machen sich die nicht genügend entfernten Zwischenprodukte, die bei der Erschwerung entstehen, in unangenehmer Weise bemerkbar, indem sie entweder die Faser direkt zerstören oder die Faser in dem Maßstabe spröde machen bzw. aufquellen, daß bei geringster Beanspruchung ein Bruch der Faser eintreten muß.

Namentlich dies letztere findet man bei den Couleurseiden sehr häufig. Man beobachtet z. B. bei weiß gefärbten Seiden, welche unter Zuhilfenahme von Wasserglas gebleicht wurden, sehr oft eine Abnahme der Festigkeit. Dieses hat seine Ursache darin, daß das an und für sich vielleicht in normaler Höhe erschwerte Gewebe durch den nachherigen Zusatz von Wasserglas zum Bleichbade weiter erschwert und derart mit Wasserglas durchlagert wird, daß es glasartig spröde geworden ist.

Die Erschwerung und die Wirkung der Zwischenprodukte macht sich teilweise auch in der Form bemerkbar, daß der Kokonfaden auseinandergesprengt wird. Man beobachtet, namentlich bei den havarierten Seiden, welche in den Tropen längere Zeit gelagert worden sind, vielfach diese Wirkung des Wasserglases bis zu solchem Grade, daß das Gewebe sich zwischen den Fingern zu feinem Staub zerreiben läßt.

Wie bei der Färbung katalytische Vorgänge durch metallische Ablagerungen auf der Faser veranlaßt werden können, so auch bei der Erschwerung. Durch die verschiedenen Prozesse der Erschwerung, bei denen Metallsalze in und auf die Faser gelangen, ist die Möglichkeit zu katalytischen Prozessen in erhöhtem Maßstabe gegeben, und keine Faser ist derart empfindlich gegen katalytische Einwirkungen wie gerade die Seide.

Noch ein anderer Fall der Schädigung durch die Erschwerung ist hier zu besprechen, das ist die Zerstörung der anderen Textilfasern, welche bei Mischgeweben mit Seide entstehen kann. Es ist z. B. nicht möglich, gemischte Gewebe, welche Baumwolle neben der Seide enthalten, zu erschweren, ohne die Baumwolle anzugreifen. Wenn Halbseiden erschwert worden sind, so ist die Lebensdauer derart erschwerter Gewebe nur eine sehr kurze. Die Baumwolle ist gegen die Einwirkung von Säuren äußerst empfindlich. Es kann deshalb auch eine Schädigung der Baumwolle schon dadurch erfolgen, daß die Seide unter Zusatz von größeren Mengen Säure aviviert worden ist. Wenn man gemischte Gewebe unbedingt erschweren will, so sollte man niemals versäumen, die Baumwolle in irgendeiner Art gegenüber den Einflüssen der Erschwerung zu schützen.

Im Zusammenhang mit diesem Thema ist verschiedentlich die Frage aufgeworfen worden, wie hoch sich überhaupt Seide erschweren läßt, ohne daß Schädigungen im Gewebe zu erwarten sind. Hier gehen die Ansichten im wesentlichen dahin, daß eine mäßige Erschwerung nicht schädlich, sondern eher förderlich sein kann.

So soll[1]) bei Couleurseiden eine Erschwerung bis 40% nicht nur unbedenklich, sondern sogar günstig sein. Erst bei einem Überschreiten von 50% Erschwerung seien Schädigungen zu erwarten. Bei Schwarz könnte die Grenze höher genommen werden.

Nach einer späteren Notiz[2]) soll bei Couleurseiden mit einer Festigkeitsabnahme erst bei 60% bzw. bei Schwarzseiden erst bei 100% zu rechnen sein.

Nach Karl Wolfgang[3]) wird durch die Erschwerung die Kohäsion der Seidenfaser stark vermindert und ist die Grenze der Erschwerung, bei der diese Schädigungen in Form von Brüchigwerden vermieden bleibt, bei 50% über pari gelegen. Seine Annahme, daß beschwerte Seidengewebe oft schon nach wenigen Monaten zerfallen, dürfte jedoch nur da zutreffen, wo unsachgemäß erschwert worden ist.

In einer anderen Richtung behandelt Ed. Aumann[4]) diese Fragen. Er bespricht das Für und Wider der Seidenerschwerung und erörtert im einzelnen, welcher Titer einer Seide für ihre Höchsterschwerung in Frage kommen könnte. Obwohl er beobachtet hat, daß eine Japantrame 34/36 Denier zu 100% erschwert Couleur sich einwandfrei hielt, ebenso eine Organzin 21/23 Denier zu 120% Schwarz erschwert, glaubt er, daß man in Organzin bei einer Erschwerung 60 bis 70% nicht unter 16 Denier und bei 70 bis 80% nicht unter 18/19 Denier gehen dürfe. Bei Blauschwarz 40 bis 50% nimmt er als Grenze 20 Denier an, da diese Färbeart die Seide mehr beansprucht. Seiner Ansicht nach liegt bei der Erschwerung die große Gefahr vor, daß die Seide um so flusiger wird, je feiner der Titer ist, ferner empfiehlt er kurzbindige Gewebe, wie Taffet, Faille, Rips, Grain, Ottomans in der Erschwerung niedriger zu halten als Gewebe mit längerer Bindung, wie Atlas, Köper, Diagonal usw.

Sehr eingehende und interessante Ausführungen über das Unstarkwerden

[1]) Melliands Textilber. 1922, S. 332. [2]) Melliands Textilber. 1924, S. 270.
[3]) Wolfgang, Karl: Kunstseide 1927, S. 17.
[4]) Aumann, Ed.: Färber-Zg. 1915, S. 301.

besonders appretierter Seidengewebe veröffentlicht L. Stein[1]). Er geht davon aus, daß die Erschwerungssubstanz, besonders Zinnphosphatsilikat, in der Seidenfaser in einer von der Seidenfaser unabhängigen chemischen Form vorliegt und je nach dem Austrocknen eine harte, splittrige Gestalt annimmt. Nimmt man der Erschwerungssubstanz die Möglichkeit, diese Form anzunehmen, was durch Zuführung von Feuchtigkeit, gegebenenfalls durch Einverleibung kleiner Mengen wasseranziehender Stoffe, wie Glyzerin, geschieht, dann wird die Gefahr des schädigenden Einflusses auf die Seidenfaser erheblich zurückgedrängt. Erheblich vergrößert wird die Gefahr dagegen durch das Appretieren, das mit dazu beiträgt, die Erschwerungsmasse splitterig hart zu machen. Um die Gefahren der Appreturmasse zu vermindern, die er für wesentlich größer hält als die der Erschwerung selbst, empfiehlt er die Ware nach dem Appretieren nicht plötzlich und stark, sondern langsam in einer feuchten, mäßig warmen Umgebung abzukühlen. Ebenso gefährlich ist natürlich die Einwirkung großer und andauernder Hitze wie die der Tropen. Wie wichtig es ist, der appretierten Ware Gelegenheit zu geben, ihre natürliche Feuchtigkeit wieder aufnehmen zu können, um dadurch die dynamometrischen Eigenschaften der Seide wiederherzustellen, zeigen am besten die mit appret chimique behandelten Seidenwaren. Durch die Harzappretur wird die Seidenfaser derart gegen die Aufnahme von Wasser abgeschlossen, daß hier die Möglichkeit des Brüchigwerdens sehr groß ist. Hierzu kommt noch die Wirkung des Benzins oder Benzols, die durch Fortnahme der natürlichen Fettbestandteile aus der Seidenfaser im verstärkten Maßstabe dazu beiträgt, die Elastizität der Faser erheblich herabzumindern.

Zum Schluß seiner Ausführungen spricht Verfasser sich dahin aus, daß man einerseits schroffe Übergänge im Trocknen oder Erhitzen vermeiden soll, d. h. lieber auf drei, aber weniger heißen Trockenzylindern trocknen soll, als auf einem einzigen von sehr hoher Temperatur. Ferner empfiehlt er, für die Möglichkeit einer entsprechenden Feuchtigkeitsaufnahme der Faser zu sorgen.

Bezüglich der Höchsterschwerung bei stückerschwerten Seiden und solchen Geweben, die bedruckt werden sollen, sind vonseiten der Stückfärbereien ganz- und halbseidener Gewebe sowie der Druckerei-Vereinigung in Deutschland, Schweiz, Italien, Frankreich und Österreich durch ein Rundschreiben[2]) genaue Grenzen festgelegt, und zwar für

Chinakrepp leicht 45—50 g	farbig und Anilinschwarz	40—50%
	Blauholzschwarz	70—80%
„ schwer über 50 g	farbig und Anilinschwarz	30—40%
	Blauholzschwarz	70—80%
Charmeuse alle Qualitäten	farbig und Anilinschwarz	50—60%
	Blauholzschwarz	70—80%
Krepp satin alle Qualitäten	farbig und Anilinschwarz	40—50%
	Blauholzschwarz	70—80%
Krepp Georgette	farbig und Anilinschwarz	30—40%
	Blauholzschwarz	50—60%
Mousseline ohne Krepp . .	unabgekocht	50—60%
	abgekocht	40—50%
Gewebe für Druck	unerschwert oder	10—20%

Weiter ist es die Appretur, die sehr häufig die dynamometrischen Eigenschaften der Seidengewebe ungünstig beeinflußt. Nicht nur im Appretieren des Gewebes liegt die Gefahr, das Seidengewebe zu beschädigen, sondern auch in der Art und der Menge des Apprets, der beim Appretieren auf das Gewebe

[1]) Stein, L.: Färber-Zg. 1917, S. 113 und 132.
[2]) Kunstseide 1928, S. 191.

gebracht wird. Namentlich ein zu starkes Appretieren eines Seidengewebes macht in ganz ähnlicher Weise, wie wir dieses bei der Einwirkung des Wasserglases besprochen haben, brüchig und unstark. Andererseits kann beim Appretieren des Gewebes auch insofern gesündigt worden sein, als die Temperatur viel zu hoch genommen worden ist. Die Nachbehandlung bei der Appretur, d. h. das Ausbrechen des Appretes und das Kalandern des Gewebes, ist eine Operation, die ebenfalls mit größter Sorgfalt durchgeführt werden muß, sollen die dynamometrischen Eigenschaften der Seiden im Gewebe nicht ungünstig beeinflußt werden.

Bei appretierten Geweben muß eine genügende Zeit zur Erholung für die Seiden vorhanden sein.

Ganz ähnlich wie die Appretur kann auch der Zeugdruck die Seidengewebe ungünstig beeinflussen. Ungenügendes Auswaschen der Druckfarbe schädigt das Gewebe ebenso wie z. B. ein dicker Appret. Der Zug und die Temperatureinwirkung, denen das Gewebe während des Druckvorganges ausgesetzt ist, wird ohne weiteres eine Herabsetzung der dynamometrischen Eigenschaften der Seide bedingen. Man wird deshalb an bedruckte bzw. appretierte Gewebe bezüglich Festigkeit andere Anforderungen stellen müssen als an nicht behandelte Gewebe.

Überhaupt spielen die Nachbehandlungen in Form des Trocknens, des Streckens, des Lüstrierens, des Chevillierens eine sehr große Rolle bezüglich der dynamometrischen Eigenschaften des Seidenfadens.

So bedarf es zur Erhaltung von Dehnbarkeit und Festigkeit der Feuchtigkeit, die der Seide als solcher eigen ist. Eine bei zu hoher Temperatur ausgetrocknete Seide wird morsch und brüchig. Es wird vielfach die Wichtigkeit des Trocknens übersehen und es werden Partien bei zu hoher Temperatur und schnell getrocknet.

Bereits bei der Ausrüstung der Seide im Strang wurde ausführlich darauf eingegangen, inwiefern eine Überstreckung der Seide möglich ist. Das gleiche gilt auch von der Stückware, sobald die Spannung z. B. auf dem Trockenrahmen eine zu starke gewesen ist. Nur ist der Unterschied, daß man bei Stückware leichter die Überspannung an der fertigen Ware erkennen kann als bei einer Ware, die aus im Strang gestreckter Seide hergestellt wurde. Es ist dieses ein noch verhältnismäßig ungeklärtes Kapitel, welches immer wieder zu Reklamationen Anlaß gibt, da man an der Faser selbst keine einwandfreien Kennzeichen für die Überstreckung nachgewiesen hat. Es müßte der Vergleich mit einwandfrei gestreckter Ware der gleichen Provenienz, Erschwerung, Färbung, überhaupt der gleichen Ausrüstung durchgeführt werden.

Was vom Strecken gesagt worden ist, gilt auch bezüglich des Lüstrierens und Chevillierens. Auch hier kann eine Überstreckung eintreten, die noch vergrößert wird durch die warme Behandlung, die der Faden bei diesen Operationen erleidet.

Wir kommen jetzt zu den Fällen einer ungünstigen Beeinflussung der dynamometrischen Eigenschaften des Seidenfadens, welche außerhalb der Ausrüstung liegen. Es sind dieses die Fälle, wo sich die Seide, ursprünglich einwandfrei, bei der Lagerung irgendwie umgewandelt hat. Die Momente, die hier zu berücksichtigen sind, sind einmal die Lagerung selbst, dann der Einfluß des Lichtes, des Klimas und der Verpackung.

Hier sei auf die Arbeiten Ristenparts[1]) verwiesen, welcher bezüglich der Einwirkung des Formaldehyds verschiedene Versuchsreihen durchgeführt hat.

---

[1]) Ristenpart: Mellands Textilber. 1921, S. 213.

Es handelt sich meistens um Konservierung zum Kleben der Pappkartons oder Umhüllung dienender Klebmittel beim Desinfizieren von Lagerräumen, das aus dem Grunde vorgenommen wurde, um die schädliche Einwirkung von Insekten hintanzuhalten. Namentlich bei rohseidenen Geweben ist dieses ein Fall, der keineswegs zu den Seltenheiten zählt.

Eine sehr ausführliche Zusammenstellung über dieses Gebiet ist vonseiten der Höchster Farbwerke[1]) veröffentlicht worden. Es sind dort namentlich die Einwirkung der schwefligen Säure in der Luft und bei der Beleuchtung mit Gaslicht sowie die Verbrennungsgase des letzteren, ferner die Einwirkung des Kochsalzes des näheren beschrieben worden. Auch Heermann[2]) hat eine ausführliche Übersicht über die verschiedenen Arten der Lagerunechtheit gegeben.

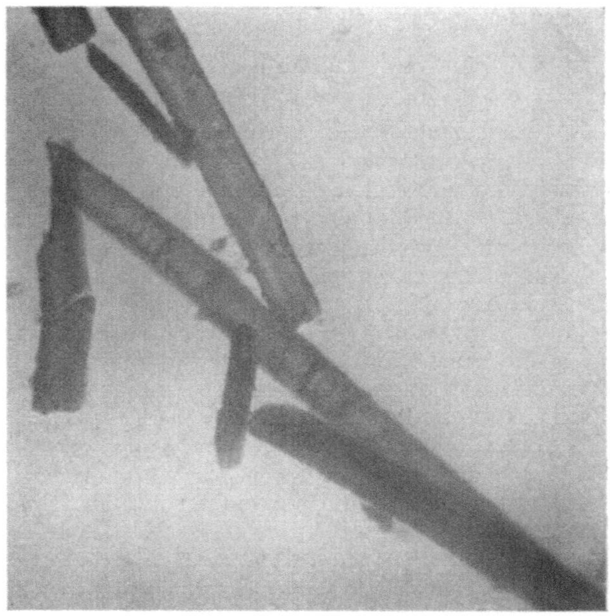

Abb. 364. Durch Lagerung zerstörte erschwerte Seide.

Ebenso haben Ristenpart[3]) und Heermann[4]) über die Einwirkung des Formaldehyds speziell auf die Färbung berichtet.

Eine eigenartige Einwirkung der Lagerung bei erschwerten Seiden ist die Umsetzung der Bestandteile der Erschwerung im Faden. Man beobachtet häufig, daß erschwerte Gewebe, die sehr lange gelagert worden sind, wie Zunder auseinanderbrechen. Bei der mikroskopischen Prüfung des diesen Geweben entnommenen Seidenfadens beobachtet man, daß er wie aufgequollen und durch Querrisse gesprengt erscheint.

Es hängt dieses mit der Umwandlung der amorphen Erschwerungsbestandteile in eine kristallinische Form zusammen. Namentlich die Kieselsäure dürfte der Hauptveranlasser dieser Erscheinung sein. Es sind Zweifel laut geworden, ob diese Annahme der Umwandlung der Erschwerungsstoffe berechtigt sei. Es konnte aber vom Verfasser eindeutig in mehreren Fällen der Beweis dafür geführt werden, weil das Vergleichsmaterial, welches derselben Seide entstammte, sich vollständig einwandfrei auswies. Bei dieser Erscheinung spielen auch klimatische Einflüsse eine Rolle.

Die Einwirkung des Lichtes kommt nicht nur im Hinblick auf die Färbung in Frage, sondern auch in bezug auf die Dehnbarkeit und Festigkeit der Seidenfaser.

---

[1]) Höchster Farbwerke: Färber-Zg. 1913, S. 93.
[2]) Heermann: Leipz. Monatsschr. Textilind. 1913, H. 7, 8 und 9
[3]) Ristenpart: Textilber. 1921, S. 213.
[4]) Heermann: Textilber. 1922, S. 101.

Sowohl Waentig[1]) als auch Turner[2]) und Vignon[3]) haben nachgewiesen, daß die Dehnbarkeit und Festigkeit der Seide durch Beleuchtung sehr rasch herabgemindert werden.

Nach H. Sommer[4]) zeigten Seidenstoffe, die ungefähr $^1/_4$ Jahr dem Einfluß der Witterung ausgesetzt waren, eine Festigkeitsabnahme von rund 90%. Merkwürdigerweise waren die erschwerten Seiden etwas widerstandsfähiger als unerschwerte Seiden. Die Empfindlichkeit der Stoffproben beurteilt nach der Zahl der Sonnenscheinstunden war für Seide im Verhältnis zu anderen Fasern am ungünstigsten. Während Seide bereits nach 200 Belichtungsstunden über 50% ihrer Festigkeit eingebüßt hatte, war das gleiche der Fall bei

Baumwolle	nach	940	Stunden
Kunstseide	„	900	„
Flachs	„	990	„
rohe Wolle	„	1120	„
chrom. Wolle	„	1900	„

Als Ursache der Schädigungen durch das Sonnenlicht sind die kurzwelligen Strahlen anzusprechen. Die zerstörende Wirkung, die sich nicht nur durch Abnahme der Festigkeit, sondern auch durch Gewichtsverlust, Entstehen saurer Reaktion und Bildung von chemischen Abbauprodukten bemerkbar macht, wird durch Anwesenheit von Feuchtigkeit begünstigt.

Neuerdings haben auch Heermann und Ristenpart ausführlich über die Lichteinwirkung sich geäußert. Im großen und ganzen wird man annehmen können, daß der Einfluß des Lichtes insofern schädigend auf die Faser einwirkt, als damit ein Oxydationsvorgang verbunden ist, der entweder als solcher die Fasersubstanz angreift oder durch Umwandlung der Erschwerungsbestandteile Stoffe erzeugt, die die Faser zu schädigen imstande sind. Namentlich wird das aus Kochsalz bzw. freier Salzsäure gebildete Chlor als Ursache vieler Seidenschädigungen angesehen. Auch die schon mehrfach erwähnten roten Flecke in der Seide dürften auf eine Oxydationswirkung des Lichtes zurückzuführen sein, wahrscheinlich derart, daß Spuren von Eisen in die Ferriform übergeführt worden sind. Die vielfach geäußerte Annahme, daß diese roten Flecken durch das Kochsalz, herrührend vom Schweiß der Haut, veranlaßt werden, ist nach dem heutigen Stand der Wissenschaft nicht mehr aufrechtzuerhalten. Es ist nicht anzunehmen, daß die roten Flecke durch die Einwirkung von Chlor, dem Oxydationsprodukt der Salzsäure, entstanden sein könnten, weil sie dann nicht rot, sondern im Gegenteil hell, bzw. farblos erscheinen müßten. Die roten Flecke dürften vielmehr der Sitz katalytischer Zerstörungsvorgänge gewesen sein, die durch die Gegenwart des Eisenrostes ausgelöst wurden.

Einflüsse des Klimas und der Atmosphäre bilden die Ursache einen guten Teils der Reklamationen bei Geweben, welche in die Tropen gesandt worden sind bzw. die Tropen passiert haben.

Es ist nicht geklärt, in welcher Weise das Klima die dynamometrischen Eigenschaften der Seide ungünstig beeinflußt. Gerade nach dieser Richtung gibt es eine Unmenge von Beanstandungen, die meistens damit motiviert werden, daß diese oder jene Sendung den Übelstand nicht gezeigt hätte. Es ist besser, von vornherein jegliches Risiko für eine Ware abzulehnen, die in üblicher Weise nach dem Zinnphosphatverfahren erschwert worden ist,

[1]) Waentig: Textile Forsch. 1921, S. 15.
[2]) Turner: J. of Soc. Dyers Col. 1920, S. 165
[3]) Vignon: Cpt. rend. hebdom. des séances de l'acad. des sciences 1920, S. 1322.
[4]) Sommer, H.: Leipz. Monatsschr. Textilind. 1927, S. 35.

sobald die Ware in den Tropen gelagert hat. Die Zinncharge ist ein Körper, der sich so verschieden verhalten kann, je nachdem kleine Abänderungen im Erschwerungsvorgange auch unbeabsichtigt unterlaufen sind, daß die Erforschung noch sehr unvollständig ist. Obendrein ist in der Mehrzahl der Fälle festzustellen, daß die zurückbehaltenen Gegenmuster von durchaus einwandfreier Beschaffenheit sind. Es wäre wirklich begrüßenswert, wenn auf diesem Gebiete einmal eine umfangreiche Forschungstätigkeit einsetzen würde, da es sich um ganz erhebliche Werte handelt, die nicht nur verlorengehen, sondern auch zu den unangenehmsten Belastungen des Lieferanten oder Ausrüsters führen.

Als letztes käme jetzt noch in Frage die ungünstige Einwirkung der Verpackung auf die dynamometrischen Eigenschaften der Seide.

Papier oder zwischengelagerte Pappdeckel, die z. B. freies Chlor und vor allen Dingen freie Mineralsäuren enthalten, setzen eingeschlagene Gewebe selbstverständlich der größten Gefahr aus. Aber auch insofern vermag die Verpackung eine Beschädigung der Seide zu veranlassen, als durch zu feste Schnürung bzw. Druck der Seidenfaser die Gelegenheit genommen ist, sich wieder auszudehnen. Derart festgepackte Gewebe neigen sehr zum Brüchigwerden. Es ist ja eine bekannte Erscheinung, daß die käuflichen Seidengewebe an den Knicken zuerst brechen, weshalb ja auch immer empfohlen wird, Seiden, die nicht direkt verarbeitet werden, in Rollenform aufzubewahren.

Über die Lagerechtheit ist sehr viel bereits veröffentlicht worden, es sei hier auf die Veröffentlichungen von den Farbwerken Höchst[1]) von W. Zänker[2]) und von P. Heermann[3]) hingewiesen.

Daß auch gewisse Spezialanforderungen bezüglich Griff und Aussehen mit der Beeinflussung der dynamometrischen Eigenschaften der Seide in nahem Zusammenhang stehen, ist bereits verschiedentlich zum Ausdruck gebracht worden, namentlich bei der Besprechung der verschiedenen Echtheitsanforderungen an Strangseide. Man ist z. B. gern geneigt, Schädigung durch Säuren oder Fettsäuren mit der Färbung oder Erschwerung in Zusammenhang zu bringen, während tatsächlich Fälle vorkommen, wo überschüssige, das sind schädliche, Mengen an Säuren bzw. Fettsäuren mit Absicht verwandt worden sind, z. B. zur Erzielung eines besonders harten oder weichen Griffes.

Zum Schluß dieses Abschnittes sei noch darauf hingewiesen, daß die Echtheitskommission für Textilerzeugnisse im deutschen Chemikerverein in ähnlicher Weise, wie sie dieses bereits für Baumwolle getan hat, jetzt auch mit der Aufstellung von Echtheitsnormen für Seide beschäftigt ist. Es wäre zu wünschen, daß sie ihre Arbeiten nicht nur im besonderen auf die Echtheit der Färbungen erstreckt, sondern noch einen Schritt weitergeht und auch bezüglich der im vorhergehenden niedergelegten Verhältnisse Normen zu schaffen versucht. Es ist dieses allerdings eine sehr schwere Aufgabe, die wohl nur in Zusammenarbeit mit den in Betracht kommenden großen Industrieverbänden zu lösen sein wird.

4. Schönheitsfehler.

In diesem Abschnitt haben wir eine ganze Anzahl von Erscheinungen zu betrachten, welche den Wert eines Gewebes bezüglich seines Aussehens ganz

---

[1]) Farbwerke Höchst: Färber-Zg. 1913, S. 93.
[2]) Zänker, W.: Färber-Zg. 1913, S. 479; 1914, S. 343; 1915, S. 337; 1916, S. 131; 1918, S. 26.
[3]) Heermann, P.: Leipz. Monatsschr. Textilind. 1913, H. 7.

wesentlich herabsetzen, ohne daß die eigentlichen Materialeigenschaften der Seide in irgendeiner Form herabgemindert würden.

Einer der hierunter zu rechnenden Fehler ist der, daß das Gewebe wie mit einem weißen Staub überdeckt erscheint. Es ist dies veranlaßt durch das Duvet, welches im Seidenfaden in mehr oder minder starkem Maßstabe aufzutreten vermag. Die Erscheinung ist verschiedentlich im Schrifttum behandelt worden, so von Wagner und Ley, worüber bereits oben berichtet wurde. Der Fehler hängt unbedingt mit der Beschaffenheit der Rohseide zusammen. Er kann aber auch künstlich in der Weise erzeugt werden, daß Faserstaub, welcher sich im Ried von den einzelnen Seidenfäden abgescheuert hat, von den Kettfäden mitgezogen und im Gewebe verwebt worden ist. Dieser Faserstaub, auch vielfach als „Mau“ bezeichnet, macht sich meistens als solcher dadurch bemerkbar, daß er verschiedenfarbig erscheint und daß man unter dem Mikroskop die abgebrochenen Faserenden deutlich erkennen kann.

Abb. 365. Fleckenförmige Blanchissuren.

Ein weiterer Fehler, der unter diese Rubrik fällt, ist das Auftreten von weißen, durch das Gewebe sich unregelmäßig hinziehenden Streifen, die man namentlich bei Stückware beobachtet. Es sind dieses die Blanchissuren.

Dieser Fehler, der zu den unangenehmsten zählt, kann durch Knickung des Gewebes veranlaßt werden. Als Stockstellen bezeichnet man mechanische Verletzung der Gewebeoberfläche durch Farbstöcke oder sonstige mechanische Einwirkung.

Ferner zählt man zu den Blanchissuren strich- oder wolkenförmige Flecke, welche bei der Erschwerung durch Ablagerung der Erschwerungsstoffe in Falten in Form von weißen Strichen oder von wolkigen Gebilden entstanden sind. Sie können entstanden sein aus Kalkverbindungen, aus Zinnverbindungen mit Phosphat oder Seife, oder auch aus Wasserglas. Während erstere leicht zu entfernen sind, sind die Silikatflecke dagegen nicht mehr zu beseitigen. Man erkennt die Silikatflecke aber auch daran, daß sie beim heißen Kalandern des Gewebes ein fettartiges Aussehen annehmen und als dunklere Streifen erscheinen. Die einzige Möglichkeit, ein derart beschädigtes Gewebe noch instand zu setzen, besteht in dem „Tamponieren“, welches bei der Ausrüstung der Stückware ja bereits besprochen worden ist.

Ein weiterer Schönheitsfehler sind die Unebenheiten, welche die Kanten, also der seitliche Schluß des Gewebes, aufweisen. Namentlich bei schmaler Ware, Bändern, wo die Kante mehr in Erscheinung tritt als bei breiten Stücken, macht sich dieser Übelstand in der Weise bemerkbar, daß die Kante wellenförmig ausgebuchtet erscheint oder daß der Schuß über die Kante herausragt und so ein unordentliches Bild hervorruft.

Es ist dieses natürlich zum größten Teil eine Erscheinung, welche mit Fehlern in der Webereitechnik zusammenhängt. Sie kann aber auch veranlaßt werden durch ungleichmäßige Spannung des Schusses, der mit der Ausdehnungsfähigkeit der Seide im Zusammenhang steht.

Die hauptsächlichsten Schönheitsfehler stellen das Barré und das Grippé dar, von denen ersteres darin besteht, daß im Gewebe Streifenbildung auftritt, während sich das zweite durch ein schachbrettartiges Zusammenkräuseln der Gewebeoberfläche bemerkbar macht. Die Ursachen dieser beiden Erscheinungen, die meistens ineinander übergreifen, können sehr vielseitige sein.

Abb. 366. Ungleiche Kante eines Taffetbandes.

Unter Barré, vielfach auch als Boldern bezeichnet, versteht man eine Streifenbildung, welche sich in der Richtung des Schusses bemerkbar macht.

Die Streifen können dicker und dünner sein, machen aber faßt immer den Eindruck einer ziemlichen Regelmäßigkeit. Nicht zu verwechseln mit dem Barré ist das „Banden“, eine Streifenbildung, welche dadurch hervorgerufen wird, daß beim Einschlagen des Schusses Seidenmaterial von verschiedener Dicke eingeschlagen worden ist.

Es ist dieses eine Erscheinung, die bei schlechtem Seidenmaterial sehr häufig zu beobachten ist und sich in Form eines scharfen Absatzes in der Dichte des Gewebes bemerkbar macht.

Abb. 367. Barré in Merveilleuxgewebe. Vergr. 1:4.

Das Barré, welches hauptsächlich bei Taffetbindung oder auch bei Satingeweben zu beobachten ist, besteht darin, daß einzelne Streifen glänzender erscheinen oder auch eine andere Färbung aufweisen, wie die neben ihnen befindlichen Gewebepartien. Während man beim Banden den Absatz in der Dichte des Gewebes deutlich erkennen kann, wenn man das Gewebe gegen das Licht hält, ist dieses beim Boldern keineswegs der Fall. Die Mehrzahl der Barrégewebe, gegen das Licht gehalten, lassen die Barréerscheinung nicht mehr erkennen.

Als Ursachen der Barrébildung können in Betracht kommen: das Material der Seide selbst und ihre Ausrüstung, ihre mechanische Verarbeitung und nicht zum mindesten atmosphärische Einflüsse auf das Gewebe. Bei der Vielseitigkeit der Ursachen ist es eigentlich zu verwundern, daß das Schrifttum über diese für manchen Fabrikanten äußerst unangenehme Erscheinung nur sehr wenig gebracht hat.

Abb. 368. Banden eines Gewebes im Aufblick. Vergr. 1:4.

Vom webereitechnischen Standpunkt aus sei auf eine diesbezügliche Veröffentlichung von E. Ulrich[1]) verwiesen. Der Verfasser schildert in der sehr eingehenden Studie über das Boldern der Taffete eine Anzahl von Ursachen dieser Erscheinung, die er hauptsächlich auf Spannungsvorgänge im Gewebe zurückführt. Sie können nicht nur durch Fehler in der Herstellung, sondern auch durch solche in der Veredlung oder der Beschaffenheit des Materials und den Einflüssen der Umgebung hervorgerufen werden. Von den ersteren werden angeführt Spannungsänderungen beim Eintragen des Schusses, beim ungleichmäßigen Lauf des Webstuhles und bei der Spannung der Kette. Hierzu gehören dann auch die Fehler, welche in der Webereivorbereitung, wie z. B. beim Zwirnen der Kette, beim Spulen des Schusses, beim Winden usw. unterlaufen können. Wenn die Ursache des Bolderns in der Veredlung zu suchen ist, so können hier die Spannungen in Frage kommen, welche beim Lüstrieren, Chevillieren und Strecken in der Seide entstehen, für deren Ausgleichung durch entsprechende Lagerung vor der Verarbeitung des Materials gesorgt werden müßte. Daß die Feuchtigkeit der Seide und der umgebenden Luft in der Weberei ausgeglichen wird, ist ebenfalls zum Vermeiden des Bolderns unbedingt erforderlich. Schließlich kommt Verfasser noch auf die Beschaffenheit des Rohmaterials zu sprechen und führt aus, daß gleichmäßiger Titer und gleichmäßige Drehung

Abb. 369. Dasselbe im Durchblick. Vergr. 1:20.

[1]) Ulrich, E.: Textilber. 1922, S. 178.

der Seide eine der wichtigsten Voraussetzungen sind, um das Boldern zu vermeiden.

Vom allgemeinen und chemischen Standpunkt aus hat dann auch H. Ley[1]) die Barré- und Grippéerscheinungen in seidenen Webwaren behandelt. Nach ihm kommen als einwandfrei erwiesene Ursachen des Barrés folgende in Frage:

a) Die Buntfärbung des Schußmaterials. Diese Tatsache erschien früher insofern unmöglich, als man annahm, daß es keinem Färber möglich sein könnte, den fortlaufenden Seidenfaden in einer Weise verschiedenfarbig zu färben, daß das regelmäßige Barré in dem Gewebe in Erscheinung treten konnte. Es ist aber einwandfrei der Nachweis geführt worden, daß es durch die Kreuzhaspelung des Seidenmastens doch möglich war, eine gewisse Regelmäßigkeit in der Barréerscheinung zu erzielen. Nach willkürlicher Buntfärbung eines Mastens, indem ein weißer Masten mit einem blauen Farbklatsch an einer Stelle versehen und dieser Masten dann in einer Kette zu einem Band verwoben wurde, resultierte ein Band, welches eine wunderbar regelmäßige, blaue Streifung aufwies. Über diesen Fall wurde ja bereits oben bei der fehlerhaften Färbung berichtet.

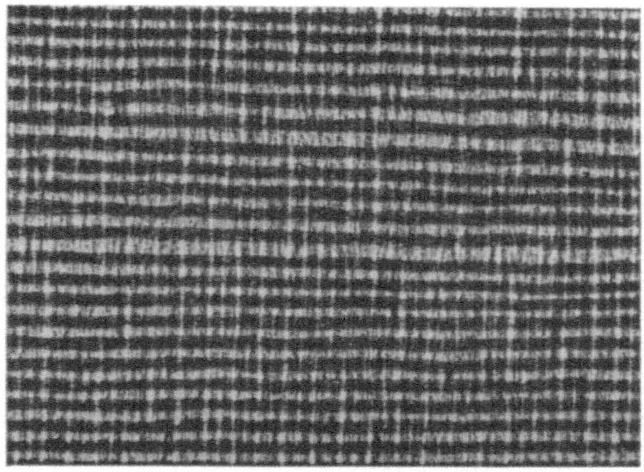

Abb. 370. Taffetgewebe mit Streifen in der Schußrichtung.

b) Ungenügende Entbastung. Wenn man berücksichtigt, daß eine Buntfärbung eines Seidenmastens imstande sein kann, ein regelmäßiges Boldern auszulösen, dann dürfte es ohne weiteres klar sein, daß auch eine ungleichmäßige Entbastung der Seide die Ursache von Barré sein kann.

c) Verschiedene Dicke des Schußfadens. Die Dicke des Schußfadens läßt sich teilweise durch fehlerhaftes Spinnen, teilweise durch verschiedenartige Erschwerung beeinflussen. Ein derart verschieden dicker Faden vermag selbstverständlich eine Streifenbildung im Gewebe, namentlich bei schmalen Bändern, hervorzurufen.

d) Verschiedene Drehung des Schußfadens. Auch hier konnte der Verfasser durch praktische Erfahrungen aus seiner Untersuchungstätigkeit den Nachweis führen, daß eine unterschiedliche Drehung im fortlaufenden Faden sehr wohl imstande ist, die in Frage stehende Erscheinung auszulösen.

e) Verschiedenheit in der Spannung des Seidenfadens. Bei der starken Dehnungsfähigkeit der Seide ist es leicht erklärlich, daß in einem Seidengewebe mehr oder weniger gespannte Fäden entstehen. Solche Unterschiede der Spannung, die sich ja in der verschiedenen Dicke des Fadens, aber auch in einer Erhöhung bzw. Minderung des Glanzes, bemerkbar machen werden, können entweder mit seiner mechanischen Beanspruchung oder mit Abgabe oder Aufnahme von Feuchtigkeit bei der Verarbeitung zusammenhängen. Bei der mechanischen Beanspruchung des Seidenfadens werden in

[1]) Ley, H.: Textilber. 1923, S. 26.

erster Linie alle Streckprozesse, die die Seide durchzumachen hat, in Form des Streckens, des Chevillierens und des Lüstrierens, eine Rolle spielen. Aber auch bei der späteren Verarbeitung der Seide, beim Winden, beim Eintragen des Schusses usw. ist eine mechanische Spannung sehr wohl erklärlich. Sehr interessant sind die Spannungserscheinungen, die im Seidenfaden durch die Einwirkung der verschiedenen Feuchtigkeit ausgelöst werden. Nicht nur eine Zufuhr von Wasser, sondern auch eine Wegnahme von Feuchtigkeit ist imstande, den ins Gewebe eingetragenen Faden zum Ausdehnen oder Sichzusammenziehen zu veranlassen. Die Mehrzahl der Barréerscheinungen ist unbedingt auf diese mit Quellungs- bzw. Entquellungsvorgängen im Gewebe zusammenhängenden Deformationserscheinungen zurückzuführen.

Über eine besondere Form des Barrés, insbesondere bei Crêpe de Chine, berichtet Th. Frey[1]). Bei einem Crêpe de Chine, der nach dem Färben einen ausgesprochenen Streifencharakter zeigte, wurde als Ursache folgendes ermittelt: Verwendet war Kantoncrêpe 13/15 zweifach mit 3000 Drehungen pro Meter, links und rechts gedreht je zwei und zwei im Schuß. Es war Material von zwei Lieferanten verwandt worden, von denen der eine die Linksdrehung blau und die Rechtsdrehung rosa, der andere dagegen die Linksdrehung lila und die Rechtsdrehung orange gefärbt hatte. Durch Versehen in der Spulerei war den Webern rosa und orange gefärbte Spulen statt blauer Spulen gegeben worden, so daß also nur Krepp mit Rechtsdrehung eingeschlagen worden war.

Abb. 371. Grippé in Taffet.

Zum Schluß sei hier noch darauf hingewiesen, daß in den Mischgeweben, namentlich in halbseidenen Geweben, die Barréerscheinung viel intensiver in Frage kommen kann, weil die verwandten Schußmaterialien viel leichter dazu neigen, Unregelmäßigkeiten in der Dicke des Fadens aufzuweisen. Allerdings tritt hier das Barré, welches durch die Einwirkung der Feuchtigkeit entstanden ist, sehr erheblich zurück.

Das Grippé, das Kräuseln der Gewebe, ist fast auf Taffetgewebe beschränkt. Das schachbrettartige Zusammenkräuseln in den Taffeten ist nur veranlaßt durch Spannungserscheinungen, die auf die Abgabe oder Aufnahme von Feuchtigkeit zurückzuführen sind. Man beobachtet in der Praxis bei Verarbeitung von Seidenmaterial, dessen Feuchtigkeit sich mit derjenigen des Webraumes hat ausgleichen können, niemals eine Grippéerscheinung.

Die zu Anfang erwähnte Ursache des Barrés, nämlich Buntfärbung und ungenügende Abkochung, lassen sich verhältnismäßig am einfachsten identifizieren. Die verschiedenen Mengen eines Farbstoffes auf der Faser machen sich beim Abziehen dieses Farbstoffes in der Weise bemerkbar, daß die größeren Mengen des Farbstoffes später verschwinden werden als die anderen. Wenn man also ein Gewebe, welches Barré aufweist, in gewohnter

[1]) Frey, Th.: Textilber. 1921, S. 82.

Form entfärbt, sei es nun mit Wasserstoffsuperoxyd oder mit Natriumhydrosulfit, so wird man bei einem Barré, welches durch Buntfärbung veranlaßt worden ist, wo also die Barréstreifen durch eine stellenweise intensivere Färbung des Schusses hervorgerufen werden, beobachten, daß diese Streifenbildung während des Abziehens bestehen bleibt. Es werden die helleren Streifen schneller entfärbt werden als die dunkleren, weil sie weniger Farbstoff enthalten wie die letzteren. Diese Methode versagt allerdings in dem Falle, wo die Buntfärbung der Seide nicht eine tatsächliche Buntfärbung ist, sondern veranlaßt wird durch die Beschaffenheit des Rohmaterials. Es kämen hier z. B. in Frage eine verschiedene Drehung des Fadens, eine verschiedene Provenienz des Seidenmaterials, eine mehr oder minder große vorherige Imprägnierung des Seidenfadens. Es ist klar, daß an den Stellen, wo diese genannten Formen vorhanden sind, die Färbung anders ausfallen wird als an anderen Stellen, die diese Beschaffenheitsänderung nicht aufweisen. Eine derartige durch das Material bedingte Buntfärbung wird sich beim Entfärben so nicht ohne weiteres erkennen lassen. Hier bedarf es noch spezieller Untersuchungen, worauf später noch zurückzukommen ist.

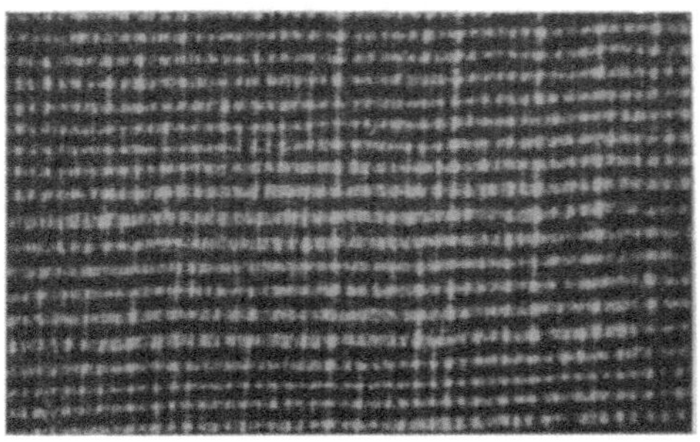

Abb. 372. Streifenbildung bei Barré, Durchblick. Vergr. 1:20.

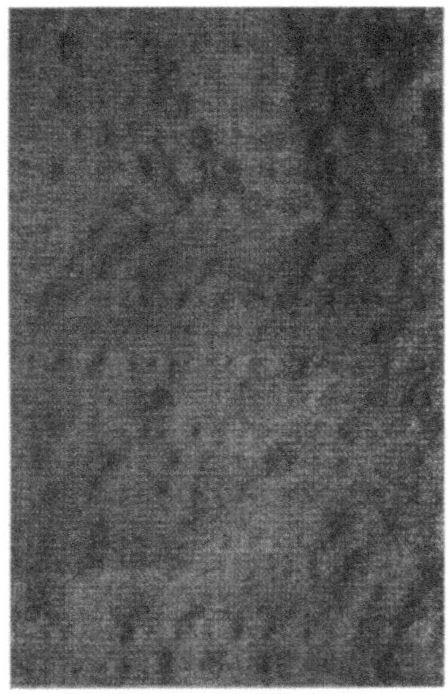

Abb. 373. Barré auf abgezogenem Taffetband, Aufblick.

Die zweite Ursache des Barrés, nämlich das ungenügende Abkochen der Seide, kann sich auch durch eine Buntfärbung bemerkbar machen, die sich beim Abziehen des Farbstoffes in bleibender Streifenbildung auswirkt. Der tatsächliche Nachweis läßt sich mittels des Mikroskopes führen.

Der dritte Fall, nämlich Verschiedenheit in der Dicke des Fadens, die ihrerseits wieder verursacht sein kann durch Unterschiede im Titer oder in der Drehung der Seide, läßt sich natürlich nur durch die Bestimmung des Titers bzw. der Drehung feststellen. Zu bemerken ist aber, daß beim Abziehen des Farbstoffes keine Streifenbildung bleibt, weil keine Ursache dafür vorliegt, daß der Farbstoff in den Streifen sich anders verhalten sollte als derjenige der helleren Partien. Hier ist die Mikrophotographie des durchscheinenden Gewebes sehr gut imstande, die Erscheinung aufzuklären. Im Durchblick sieht man bei einem derartigen Barrégewebe deutlich, wie die Schußfäden nicht nur von verschiedener Dicke sind, sondern auch strichweise im Durchblick Streifen erkennen lassen, die weniger lichtdurchlässig sind. Aus dem obenstehenden Photogramm wird dieses klar ersichtlich.

Die schwierigste Untersuchung ist diejenige, die mit der Streckung der Seide zusammenhängt. Hier den exakten Nachweis zu führen, wo diese das Barré verursachende Streckung erfolgt ist, ob in der Färberei, ob in der Winderei oder beim Weben ist heute nur möglich, wenn man im Betriebe selbst diese Vorgänge verfolgen kann. Die Ursache des Barrés in Form dieser Streckung des Fadens macht sich äußerlich dadurch bemerkbar, daß die Streifenbildung in glänzenderen und matten Streifen abwechselnd besteht. Diese glänzenden Streifen kann man auch nach dem Abziehen des Farbstoffes deutlich erkennen.

Die Einwirkung der Feuchtigkeit der Luft auf den Schuß des Gewebes kann man meistens daran erkennen, daß außer dem Barré ein Grippé vorhanden ist, sowie daran, daß die Kanten mehr oder minder eingezogen erscheinen.

Vielfach kann man es auch daran erkennen, daß man entweder durch Entziehung von Feuchtigkeit oder durch Zufuhr von Wasser die Barréerscheinung zum Verschwinden bringt.

Abb. 374. Streifenbildung in der Kettrichtung.

Abb. 375. Ausblühungen auf Hutbändern.

Welche dieser Wege eingeschlagen werden sollen, muß natürlich der Erfahrung überlassen bleiben.

Ebenso wie im Schuß, treten auch manchmal in der Kette andersfarbige Streifenbildungen auf.

Auch hier kann die Ursache, ähnlich wie beim Barré, in der Beschaffenheit des Rohmaterials oder in der Ausrüstung zu suchen sein. Im ersten Fall besteht die Ursache darin, daß in der Kette zweierlei Seiden gezettelt worden sind. Diese können Titerunterschiede aufweisen oder die Seiden sind verschiedener Provenienz. In einem Falle ließ sich der Nachweis führen, daß irrtümlicherweise einzelne Tramemasten unter eine Organzinpartie gemischt worden waren.

Seltener hängt die Streifenbildung mit einer Buntfärbung zusammen. Letztere würde sich im übrigen auch nicht in einem streifigen, sondern mehr in einem flammenden Effekt bemerkbar machen. Anders liegt die Sache allerdings, sobald irrtümlich Spulen verschiedener Färbungen miteinander verschoren worden sind, ein Fall, der namentlich bei Nachfärbungen nicht selten auftritt.

Die Ursache der Streifenbildung in der Kette aufzuklären, ist nicht so schwer, als dieses bei der Barréerscheinung der Fall war.

Zum Schluß sei noch eines Schönheitsfehlers gedacht, der eine der häufigsten Beanstandungen bildet. Dies sind die weißlichen, wolkigen Ausblühungen, die sich an konfektionierten Seidengeweben, besonders aber seidenen Hutbändern sehr häufig zeigen.

Dieser Fehler ist in der überwiegenden Mehrzahl der Fälle durch Stoffe veranlaßt, die z. B. aus dem Hutfilz stammen. Beim Feuchtwerden werden diese Stoffe aus dem Filz herausgelöst, in die Seide hineingesogen und kristallisieren hier dann beim späteren Trocknen aus.

Es kommen natürlich noch eine ganze Reihe von Schönheitsfehlern bei Seidengeweben vor, z. B. das Entstehen kleiner Löcher bei Geweben und besonders bei Wirkwaren, fehlerhafter Druck, Appreturstreifen u. a. m., auf die hier aber nicht näher eingegangen werden soll, weil sie immerhin zu den Seltenheiten zählen.

5. Feststellung der Materialbestandteile eines Gewebes.

Über den qualitativen Nachweis von Tussahseiden und Kunstseide hat E. Justin Mueller[1]) ausführlich berichtet in einer Form, die noch heute als zu Recht bestehend angesprochen werden muß. Der Verfasser hat eine Reihe von chemischen Reagenzien auf ihr Verhalten gegenüber den genannten Textilfasern geprüft, die in der folgenden tabellarischen Übersicht wiedergegeben sind.

Reagenz	Chinesische Rohseide	Tussahseide	Kunstseide
Kalilauge, konz. . .	wird gelöst schon bei leichtem Erwärmen	wird gelöst in der Siedehitze	widersteht
40% Kalilauge . .	wird angegriffen bei 65°, löst sich vollständig bei 85°	quillt bei 75°, löst sich bei 120°	löst sich nicht
Chlorzinklösung, konz.	klar gelöst bei 120°	klar gelöst bei 135°	gelöst bei 140 bis 145°
Kupfersulfat-Ammoniak-Glyzerinlösung	löst sich bei gewöhnl. Temperaturen in ½ Std.	kaum angegriffen	wird sogar in der Siedehitze nicht angegriffen
Kupferoxyd-Ammoniaklösung . . .	bis auf schleimigen Rest gelöst	nicht angegriffen	—
Ammoniakal. Nickellösung	löst sich schon bei gewöhnl. Temperatur rasch auf	auch beim Kochen nicht gelöst	—
Fehlingsche Lösung	löst sich beim Kochen leicht auf	löst sich beim Kochen leicht auf	bleibt vollkommen unangegriffen

[1]) Mueller, E. Justin: Färber-Zg. 1900, S. 283.

Fortsetzung der Tabelle auf Seite 481.

Reagenz	Chinesische Rohseide	Tussahseide	Kunstseide
Millonsches Reagens	beim Kochen violette Färbung	—	keine Veränderung, auch nicht beim Kochen
Jodlösung	starke Braunfärbung	schwache Braunfärbung	Blauschwarzfärbung
Aschengehalt . . .	0,95%	1,65%	1,60%
Verhalten bei 200° und Gewichtsabnahme	stark gebräunt, zerreißbar, 11,15%	kaum verändert, fest, 11,21%	Blauschwarzfärbung, verkohlt, 43,65%
Stickstoffgehalt . .	16,60%	16,79%	0,15%

Über eine Färbung der Wolle und Seide mit starken Säuren berichtet Dr. Paul Waentig[1]). Er hat beobachtet, daß Seide sich in reiner konz. Salzsäure zuerst farblos, dann schwach rosa, in konz. Salzsäure mit Dextrose rot, in Schwefelsäure farblos und in zuckerhaltiger Schwefelsäure rot färbte; Wolle färbt sich dagegen mit verdünnter Schwefelsäure rosa und desgleichen mit etwas Zucker bräunlich.

Bei Versuchen, die Faser nach der Vorbehandlung mit Schwefelsäure von 4° Bé im Trockenschrank bei 85° zu trocknen, stellte sich heraus, daß Wolle bei Gegenwart von Spuren von Furfurol oder Dextrose sich rotviolett färbte, während ohne diesen Zusatz nur eine schwache Rosafärbung zu erkennen war. Bei der Seide zeigte sich die gleiche Reaktion wie bei Wolle, nur sobald es sich um nicht einwandfreie Rohseide handelte, nahm die Seide beim Übergießen mit der Säure zuerst eine blaugrüne Färbung an, um dann später die charakteristische Rotfärbung erscheinen zu lassen.

Nach dem Verfasser können diese Reaktionen von Interesse sein, sobald es sich darum handelt, Halbwoll- und Halbseidenfabrikate von den entsprechenden Woll- und Seidenfabrikaten auf chemischem Wege zu unterscheiden.

Für die quantitative Bestimmung sowie auch für die qualitative Bestimmung ist von Interesse eine Veröffentlichung von W. P. Dreaper[2]). Er läßt zur Feststellung animalischer und vegetabiler Fasern in gemischten Geweben folgendermaßen verfahren: Es werden 2 g Bleiazetat in 80 cm³ Wasser gelöst, hierzu eine Lösung von 2 g Ätznatron in 30 cm³ Wasser hinzugefügt und das Gemisch bis zum Klarwerden gekocht. Nach dem Abkühlen auf 60° wird eine Lösung von 0,3 g Fuchsin in 5 cm³ Alkohol hinzugefügt; die Mischung ist alsdann farblos. Darauf füllt man auf 100 cm³ auf und filtriert. In dieser Lösung wird die zu untersuchende Probe zwei Minuten zum Sieden erhitzt, ausgewaschen, in eine dünne Lösung von Ameisensäure oder Essigsäure gebracht und auf 70° erwärmt. Beim Betrachten des Fasergutes unter dem Mikroskop ist die Seide rot, Wolle dunkelbraun bis schwarz gefärbt, alles übrige, wie Kunstseide, Baumwolle usw. bleibt farblos. Für die Unterscheidung von echter und Tussahseide dient das Millonsche Reagens, das mit ungebleichter Tussah eine schokoladenbraune, mit edler Seide dagegen eine hellrote Färbung gibt. Nach einer Methode von Lecompte stellt man sich eine Lösung von 0,5 g Natriumnitrit in 10 cm³

[1]) Waentig, Paul: Färber-Zg. 1919, S. 243 und 254.
[2]) Dreaper, W. P.: Färber-Zg. 1913, S. 448.

Wasser unter Zusatz von einigen Tropfen konz. Salzsäure her. In diese Lösung wird die Probe eingebracht, zwei Minuten gekocht und dann in einer alkalischen Betanaphthollösung nachbehandelt. Seide wird rot, Tussah oder wilde Seiden werden schokoladenbraun, pflanzliche Fasern bleiben farblos.

Die einfachste Trennung und Erkennung der Fasern gestattet die mikroskopische Untersuchung. Bei genügender Übung kann sie auch zu einer quantitativen Bestimmung der einzelnen Faser verwandt werden. Eine ausgesprochene quantitative Bestimmung der Seiden in Gemischen mit Baumwolle bzw. vegetabilischen Fasern stammt von Villavechia und Capelli[1]). Erforderlich sind 1proz. Sodalösung, 10proz. Kalilauge und Chlorzinklösung von 60° Bé. Zuerst wird die Feuchtigkeit des Gewebes durch Trocknen des Untersuchungsgutes bei 100 bis 105° bestimmt. Der erhaltene Wert wird mit p bezeichnet. Darauf werden 5 g der Probe eine Viertelstunde mit 100 cm³ der Sodalösung gekocht, gewaschen, mit Alkoholäther nachbehandelt, bei 100° getrocknet und gewogen. Das Gewicht bezeichnet man mit P. Nun wird die Probe 1 Minute in 100 cm³ kochender Chlorzinklösung behandelt, ausgewaschen, mit Alkoholäther nachbehandelt, getrocknet und gewogen. Das jetzt erhaltene Gewicht wird bezeichnet mit $P\,I$. Der Seidengehalt wird dann errechnet nach der Formel

$$\frac{(P - P\,I) \cdot 100}{p}.$$

Zur Unterscheidung von Seide und Kunstseide[2]) wird eine Behandlung mit Paranitro-Diazobenzol empfohlen. Hierbei wird sowohl erschwerte wie unerschwerte Seide rot gefärbt, Kunstseide dagegen gelb.

[1]) Villavechia und Capelli: Referat Färber-Zg. 1913, S. 310.
[2]) Z. ges. Textilind. 1921, S. 466.

Literaturverzeichnis.

Beckerath, H. v.: Die Kartelle der deutschen Seidenweberei-Industrie bis zum Frühjahr 1911.

Berichte der Reunion de l'union International des Directeurs des Conditions de soie Europiennes.

Bötzkes, Wilh.: Seidenwarenproduktion und der Seidenwarenhandel in Deutschland. 1909.

Büttel, Dr. Mina: Die Seide auf dem Weltmarkt. 1919.

Colombo, Dr. Guido: Sunto delle lezioni di Merceologia e Tecnologia dei Bozzoli e della Seta. 1917.

Dahl, F.: Die Seidenspinne und Spinnseide. 1912.

Dreger, M.: Beginn und Blüte der Wiener Seidenweberei. 1925.

Dumont: Die Seide und ihre Veredlung. 1905.

Falke, Otto: Kunstgeschichte der Seidenweberei. 1921.

Fiedler, K.: Die Materialien der Textilindustrie. 1925.

— Die Appretur der Bänder und Litzen. 1924.

Finckh, Karl: Die rheinische Seidenveredlungsindustrie von ihren Anfängen bis zur Gegenwart. 1926.

Ganswindt, A.: Das Färben der Seide, Wollseide, Halbseide und Kunstseide. 1914.

Heermann, Färberei- und textilchemische Untersuchungen. 1923.

— Technologie der Textilveredlung. 1921.

Herzog, A.: Unterscheidung der künstlichen und natürlichen Seiden. 1910.

Hooper, L.: Silk: Its Production and Manufacture.

Hurst, G. H.: Silk Dyeing. 1892.

Kline, S.: Manuel of the Processes of Winding, Warping and Quilling of Silk, and Other Various Yarns from the Skein to the Loom. 1918.

Knepscher, Walther: Die Appretur der Seiden, Halbseiden und Samtgewebe. 1912.

Krais, P.: Textilindustrie. 1924.

Leonhardt, G. P.: Der unbeschwerte Seidenstrumpf. 1926.

Ley, H.: Neuzeitliche Seidenfärberei. 1921.

Li, Kolu, Dr.: Die Seidenindustrie in China. 1927.

Massot: Appretur und Schlichteanalyse. 1910.

Meyer, H.: Einrichtung und Betrieb einer Seidenstoffabrik. 1908.

Provasi, Achille: Filatura e Torcitura della Seta. 1923.

Rawlley, Ratan C.: The Silk Industry and Trade.

Rayner, H.: Silk Throwing and Waste Silk Spinning. 1911.

Reimann, M.: Die Färberei der Seide als Garn, lose Seide und Stücke in Schwarz, Couleuren und Weiß, die Beschwerungen in Farben, wie in Schwarz, Braun und Weiß. 1901—1905.

Reuff, W.: Stoffkunde und Warenuntersuchung. 1923.

— Materiallehre. 1926.

Ristenpart, E.: (3. Auflage von Jacob Herzfeld, Das Färben und Bleichen), Chemische Technologie der Gespinstfasern. 1923—1928.

Sameli, H.: Das graphische Rechnen in der Seidenfabrikation. 1911.

Schlomann-Oldenburg: Faserrohstoffe. 1924.

Schober, Josef: Seide und Seidenwaren. 1927.

Silbermann: Die Seide. 1897.

Spennrath-Gürtler: Materiallehre für die Textilindustrie. 1920.

Wolff, Theodor: Abgekürzte Materialberechnung für Seide, Baumwolle, Wolle usw. 1926.

Züricher Usancen: Für den Handel in roher Seide.

Die Seidenwirtschaft der Welt.

Von

Dr. E. **Raemisch**, Krefeld.

I. Geschichtlicher Überblick.

Als Geburtsland der Seide ist China zu betrachten, das bereits 2500 bis 3000 Jahre vor Christi Geburt auf der Grundlage eines planmäßig betriebenen Seidenbaus die Seidenindustrie zur höchsten Entfaltung brachte. Welche einzigartige Bedeutung der Seidenindustrie in dem damaligen wirtschaftlichen Leben Chinas zukam, geht insbesondere daraus hervor, daß Kokons und Seidengewebe sich allgemeiner Beliebtheit als Tauschmittel erfreuten und Geldcharakter hatten. Ebenso kommt die Bedeutung der Seide für die chinesische Wirtschaft dadurch zum Ausdruck, daß die Kaiserin selbst alljährlich zum Frühlingsanfang der Göttin der Seidenzucht „Yuenfi" opferte. Die Aufrechterhaltung und Weiterbildung der Seidenkultur war eine der Hauptsorgen der kaiserlichen Politik, der man durch Errichtung umfangreicher kaiserlicher Manufakturen gerecht zu werden suchte. Es wurden die verschiedensten Seidengewebe hergestellt und eine Zeitlang sogar ein zum Beschreiben geeignetes Seidenpapier. Hand in Hand mit diesen innerwirtschaftlichen Maßnahmen ging die Absperrung Chinas nach außen; nur fertige Seidenwaren durften die Grenze passieren. Auf diese Weise sicherte sich China jahrhundertelang die Monopolstellung auf dem Seidengebiet und konnte sich insbesondere in der Zeit von 200 vor Christi Geburt bis 200 nach Christi Geburt zum alleinigen Versorger der damaligen Welt, vor allem des römischen Weltreiches, mit Seidengeweben aufschwingen.

Etwa 200 Jahre nach Christi Geburt drang die Seidenzucht zum erstenmal über die chinesischen Grenzen, und zwar gleichzeitig sowohl nach Japan als auch nach Indien. Insbesondere in Indien fiel der neue Gewerbezweig auf fruchtbaren Boden, weil die dortige Landwirtschaft sich bereits mit der Verarbeitung der wilden Seiden eine gewisse Fertigkeit und Erfahrung angeeignet hatte. Größeren Schwierigkeiten begegnete die Seidenzucht in Japan; jedoch war auch hier die Entwicklung nur eine Frage der Zeit, da sämtliche natürlichen sozialen und wirtschaftlichen Voraussetzungen zu einer blühenden Seidenzucht dort ebenso gegeben waren, wie in China.

Über die zentralasiatischen Staaten, deren Seidenproduktion in der Zeit vom 3. bis 6. Jahrhundert nach Christi Geburt ihren Höhepunkt erreichte, drang der Seidenbau im Zusammenhang mit der Völkerwanderung weiter nach Westen vor und gelangte an die kleinasiatische Küste, wo die Weiterverarbeitung der Gewebe vor allem auf Grund des kunstgewerblichen Geschmacks der Ägypter und Byzantiner eine beträchtliche Blüte erreichte. Das Vordringen der Seidenzucht und der Seidenindustrie nach Europa steht in den folgenden Jahrhunderten im engsten Zusammenhang mit dem Auf und Ab des politischen Lebens. Vom 9. Jahrhundert an etwa gelangte die Seidenzucht auf den Streifzügen der Mauren sowohl nach Italien als auch nach Spanien. Zwar eigneten sich die spanischen Ureinwohner sehr bald die Kenntnisse der Seidenzucht an, jedoch bestand die Hauptblütezeit der spanischen Seidenindustrie während der maurischen Zeit, wo Spanien als Hauptlieferant von Seidengeweben in den damaligen Mittelmeerländern auftrat.

Die italienische Seidenerzeugung nahm ihren Ausgangspunkt von Sizilien, wohin der Seidenbau ebenfalls durch die Mauren gebracht wurde. Hauptträger der Weiterverarbeitung aber wurden schließlich die norditalienischen Stadtrepubliken, die einen Hauptteil ihrer wirtschaftlichen Machtstellung dem Handel mit Seidenerzeugnissen verdankten. Insbesondere als nach der Eroberung Konstantinopels durch die Türken (1453) die Verbindung nach den asiatischen Seidenländern unterbrochen wurde, gelang es der italienischen Seidenproduktion immer mehr, sich die erste Stelle in der europäischen Seidenerzeugung zu erringen. Hauptbezugsländer der norditalienischen Handelsstaaten waren der Orient, Frankreich, Deutschland, Ungarn, Flandern, England und das übrige Italien. Bereits 1265 wurde beispielsweise in Venedig eine Seidenzunft gegründet, deren Beispiel 1347 die Samtweber und 1488 die Seidenzwirner folgten. Im Anfang der seidenindustriellen Entwicklung Nord-Italiens hatten die Weber ihre Produkte auf eigene Rechnung mit Hilfe einiger Lehrlinge und ihrer Frauen aus selbst gekaufter Seide hergestellt und das fertige Gewebe an die Kaufleute veräußert. Im weiteren Verlauf der Entwicklung jedoch — etwa mit Beginn des 14. Jahrunderts — setzte sich immer mehr das Verlagssystem durch, in dessen Verfolg die Kaufleute sich zum Leiter der Produktion aufschwangen, indem sie das sowohl in den europäischen als auch asiatischen Zuchtgebieten gekaufte Rohmaterial den Meistern in den verschiedenen Stadien der Produktion zur Verarbeitung übergaben und die fertigen Erzeugnisse nach allen Teilen der Welt zum Versand brachten.

Mit dem Übergreifen der politischen Interessen Frankreichs nach Italien gelangte die Seidenerzeugung auch nach Frankreich. Zunächst kam es in Frankreich nur zur Weiterverarbeitung der in Italien gekauften Rohmaterialien; jedoch war es nur eine Frage der Zeit, daß man sich auch mit dem Seidenbau versuchte. Tatsächlich gelang es Frankreich im Zusammenhang mit der Ausbildung des höfischen Lebens und der französischen Vormachtstellung in Europa bis zum 18. Jahrhundert, sich auch das seidenindustrielle Übergewicht gegenüber Italien zu sichern, ein Erfolg, der Frankreich um so leichter werden mußte, je schneller die italienischen Handelsrepubliken ihrem Niedergang entgegengingen.

Wie das bisherige Vordringen der Seidenkultur vom fernen Osten über Zentral- und Kleinasien bis nach Südeuropa im engsten Zusammenhang mit den politischen Strömungen stand, so brachten auch die Wanderungen, die sich an die religiösen Auseinandersetzungen im Laufe des 17. Jahrhunderts anschlossen, die Kenntnisse des Seidenbaues und der Weiterverarbeitung nach den nördlichen Staaten Europas. Die durch das Edikt von Nantes 1685 ausgewiesenen Hugenotten setzten sich in England, Deutschland, der Schweiz und den Niederlanden fest und begründeten damit die Anfänge der dortigen Seidenindustrie. Zwar konnte sich die Rohseidengewinnung in diesen Ländern auf die Dauer nicht halten, jedoch gelang es den merkantilistischen Bestrebungen der deutschen Fürsten und der Schweiz, die Weiterverarbeitung der Rohseide (Spinnerei, Zwirnerei, Weberei) zu außerordentlicher Blüte zu entfalten. In England und den anderen Ländern dagegen konnte sich die Seidenindustrie nicht halten und ist auch bis auf die neuere Zeit von minimaler Bedeutung geblieben.

Die Geschichte der Seide läßt im ganzen etwa 5 Entwicklungsabschnitte erkennen, die durch die seidenindustrielle Vorherrschaft einzelner Länder gekennzeichnet sind; Hand in Hand mit dem wirtschaftlichen Übergewicht geht im allgemeinen die kulturelle Vormachtstellung, so daß die führenden Seidenländer jeweils tonangebend sind in der modischen Stilrichtung:

1. Die chinesische Zeit bis etwa zum 2. und 3. Jahrhundert vor Christi. Seidenproduktion und Konsumtion ist fast ausschließlich in China monopolisiert. Das Seidengewebe gelangt nur in ganz geringem Umfange und zu phantastischen Preisen über die Grenzen nach Zentralasien und den Mittelmeerländern.

2. Die koptische und byzantinische Zeit bis zum 6. und 7. Jahrhundert nach Christi. Die Technik der Seidenverarbeitung bahnt sich ihren Weg nach Westen durch Zentral- und Kleinasien und gelangt vor allem in Persien und Ägypten zu höchster Blüte. Noch heute kennt die kunstgewerbliche Forschung aus jener Zeit den byzantinischen und koptischen Stil, die beide ihren besonderen Ausdruck in den damaligen Königsgewändern, Totengewändern usw. fanden. Insbesondere die ägyptischen Kopten waren in der Verarbeitung der Gewebe besonders gewandt und hatten aus ihr einen blühenden Gewerbezweig entwickelt, der sich bereits auf die modische Eigenart von Byzanz, Rom und anderer Gebiete der damaligen Welt einstellte.

3. Die maurische Zeit bis etwa 1300. Die arabischen Eroberer lassen sich sowohl die Erhaltung der Seidenzucht und Weiterverarbeitung in den asiatischen Gebieten als auch ihre Verpflanzung in die unterworfenen europäischen Gebiete Italiens und Spaniens dringend angelegen sein. Schon sehr bald, etwa um das 10. Jahrhundert herum, hat sich das Schwergewicht der damaligen seidenindustriellen Betätigung nach Spanien verlagert, das alle Mittelmeerländer mit Geweben beliefert. Qualität der Verarbeitung und geschmackliche Färbung sind die anerkannten Vorzüge der spanischen Artikel.

4. Die italienische Zeit bis Ende des 17. Jahrhunderts. Bereits im 9. Jahrhundert war die Seidenzucht nach Italien gekommen, hatte jedoch in ständiger Abhängigkeit von dem maurischen Einfluß gestanden. Erst als die norditalienischen Handelsrepubliken, zunächst Lucca und Amalfi, später hauptsächlich Venedig, Genua und Florenz, neben dem Handel auch die Herstellung von Seidenwaren übernahmen, eroberte sich die italienische Seide den ersten Platz der damaligen Welt. Die Kunst der Renaissance und der kirchliche Einfluß bestimmten den damaligen Modestil.

5. Die französisch-mitteleuropäische Zeit etwa ab 1700. Unterstützt durch die Ereignisse von allgemeiner wirtschaftlicher Bedeutung, Entdeckung Amerikas und des Seeweges nach dem fernen Osten und damit Verlagerung des wirtschaftlichen Schwergewichts nach dem Atlantik, nimmt der französiche Seidenbau eine sehr schnelle Entwicklung, und die starke Ausbildung des höfischen Lebens von Paris, das für ganz Europa vorbildlich wird, bringt der französischen Weiterverarbeitung die absolute Modeführung, die sie für das Gebiet der Damenbekleidung im wesentlichen heute noch besitzt, wenn sie sich auch in der Versorgung der Welt mit Seidenwaren mit Italien, der Schweiz und Deutschland teilen muß.

Wie in dem Geburtsland der Seide die Entwicklung der eigentlichen Industrie aufs engste mit der Kokongewinnung verbunden war, konnte sich auch jenseits der chinesischen Grenze eine Seidenindustrie zunächst nur auf der Grundlage einer nationalen Kokongewinnung aufbauen und eine Loslösung der Weiterverarbeitung von der Rohstoffbasis war nur in verhältnismäßig geringem Umfang möglich, sofern die Handelsbeziehungen einen normalen Bezug der Rohseide gewährleisteten, wie etwa zwischen Süd- und Norditalien oder später Frankreich und Italien. Mit der Vereinfachung der Handelsbeziehungen zwischen Ostasien und Europa, die durch das Übergreifen der türkischen Herrschaft auf Südosteuropa eine empfindliche Störung erlitten hatten, begann sich allmählich eine Umschichtung insofern durchzusetzen, als zwar das einmal errungene Übergewicht der industriellen Weiterverarbeitung bei Europa verblieb, die Rohseidenproduktion sich dagegen immer mehr nach Ostasien verlagerte. Noch bis zur Mitte des 19. Jahrhunderts wurden etwa 50% des europäischen und amerikanischen Seidenverbrauchs von europäischen Seidenzüchtern gedeckt, bis 1914 ermäßigte sich dieser Prozentsatz auf 20% und zeigte 1925 nur noch eine Höhe von 12%, eine Entwicklung, die ihre Ursachen darin findet, daß sich nach Festigung und Vereinfachung der Handelsbeziehungen die für die Kokonerzeugung gegenüber den europäischen wesentlich günstigeren wirtschaftlichen und sozialen Verhältnisse der ostasiatischen Länder durchsetzten. Sowohl in China als auch in Japan sind die klimatischen Verhältnisse für den Seidenbau besonders vorteilhaft, was vor allem daraus hervorgeht, daß beispielsweise im Bezirk Kanton bis zu 7 Ernten im Jahre möglich sind. Ebenso wirken sich die sozialen Verhältnisse zugunsten der ostasiatischen Produktion aus. In allen Berichten über die Mißerfolge der eifrigen behördlichen und auch privaten Bemühungen um Wiederauffrischung des Seidenbaues in den alten Seidenländern (Spanien, Italien, Frankreich) wird als Ursache das immer stärkere Übergewicht der ostasiatischen Produktion hervorgehoben. Die Kokonpreise werden in einer Weise von den wirtschaftlichen und sozialen Verhältnissen Ostasiens beeinflußt, daß ein starker Rückgang des Seidenbaues in den europäischen Ländern nur durch teilweise erhebliche Prämienzahlung vermieden werden konnte. Unter diesem Gesichtspunkt kann auch den in letzter Zeit häufig diskutierten und teilweise begonnenen Versuchen eines deutschen Seidenbaues nur ein Mißerfolg prophezeit werden.

An industrieller Betätigung verbleibt den ostasiatischen Ländern nur die rohstofforientierte Haspelei, während die alte im wesentlichen auch heute noch im Handbetrieb arbeitende Hausweberei sich in der Hauptsache mit der Versorgung des eigenen Marktes begnügen muß. Nur Japan ist es bisher gelungen, auch in Geweben eine nennenswerte Ausfuhr zu erzielen. Von den europäischen Seidenzuchtländern gelingt es Frankreich und Italien, über die Verarbeitung der eigenen Kokons hinaus ihre Haspelei durch Kokoneinfuhr vom Balkan und Zentral- und Vorderasien zu beschäftigen, jedoch nimmt die Kokoneinfuhr in der Nachkriegszeit infolge der Bemühungen der rohseideerzeugenden Länder um den Aufbau eigener Haspeleiindustrien dauernd ab, eine Entwicklung, die sich auch weiterhin durchsetzen dürfte. Dagegen hat sich die Zwirnerei in gewissem Umfang von der Rohstoffbasis gelöst und in Richtung der Weiterverarbeitung orientiert. Konzentriert sich die Zwirnerei bereits in Frankreich nicht mehr in den ursprünglichen Seidenbaugebieten, sondern in den Bezirken der Webereiindustrie, so ist die schweizerische, deutsche und amerikanische Zwirnerei sogar ausschließlich auf die Einfuhr von Grègen angewiesen. Auch die umfangreiche französische und schweizerische Schappeindustrie steht in ähnlicher Abhängigkeit von dem ausländischen Rohstoffbezug, ganz abgesehen von der letzten Verarbeitungsstufe der Weberei. Das einzige seidenindustrielle Land von internationaler Bedeutung, dessen Produktionsstufen überwiegend auf nationaler Rohseidengewinnung basieren, ist Italien, dessen Ausfuhr sowohl an Grègen, Florettseide, gezwirnt und ungezwirnt, als auch Geweben von hervorragender Bedeutung ist.

Die Abhängigkeit der europäischen Rohseidenerzeugung von dem ostasiatischen Angebot erhält noch ihre besondere Bedeutung durch das Auftreten Amerikas als Rohseidenkonsument, eine Tatsache, in deren Auswirkung sich auch eine wesentliche Verschiebung in den seidenindustriellen Verhältnissen der Welt bemerkbar gemacht hat. Bis etwa zu den 60er Jahren des vorigen Jahrhunderts war die Seidenindustrie auf Europa, und zwar auf Frankreich, die Schweiz, Deutschland, England, Italien konzentriert. Nord-Amerika war einer der Hauptabnehmer Europas, ohne eine eigene nennenswerte Seidenproduktion zu besitzen. Unter dem Schutz der zu diesem Zeitpunkt zur Einführung gebrachten 60proz. Zollbelastung aller Luxusartikel setzte hiernach eine beispiellose Entwicklung der amerikanischen Seidenindustrie ein, die in der Gegenwart fast vollständig den einheimischen Markt zu versorgen imstande ist. Wertmäßig kommt die amerikanische Produktion heute der europäischen gleich, weist jedoch einen grundsätzlichen Unterschied insofern auf, als die amerikanische Industrie ausschließlich auf den Innenmarkt eingestellt, die europäische Seidenindustrie dagegen zu etwa 60 bis 65% auf den Export angewiesen ist. Als Ergebnis dieses industriellen Aufschwunges sei hier nur noch die völlige Abhängigkeit der gesamten und damit auch der europäischen Rohseidenerzeugung von einer stetigen Aufnahmefähigkeit dieses amerikanischen Größtabnehmers hervorgehoben. Versagt dieselbe einmal, wenn auch nur teilweise, so sind Erschütterungen des Preisniveaus der Rohseide unvermeidlich, die die schwächsten, also die europäischen Rohseiden-Produzenten am schwersten treffen müssen.

Der Ausbau der nordamerikanischen Seidenindustrie ist das wichtigste Ereignis auf dem Seidengebiet in den letzten 50 Jahren, demgegenüber die industriellen Verschiebungen in der Kriegs- und Nachkriegszeit, die in anderen Industriegruppen eine so ausschlaggebende Rolle spielen, in der Seidenindustrie zurücktreten. Zwar spielt die Stärkung der tschechischen Seidenindustrie sowie die Zunahme der italienischen Ausfuhr und in neuester Zeit auch der japanischen für die weltwirtschaftlichen Konkurrenzverhältnisse eine nicht unwesentliche Rolle. Diese Ereignisse vermögen jedoch bei der ausgesprochenen Mode seidener und kunstseidener Erzeugnisse den Absatz der übrigen Länder noch nicht ausschlaggebend zu beeinflussen, um so weniger, als die neu auftretende Kaufkraft bisher bedeutungsloser Länder, wie Kanada, Australien, Britisch-Indien, Südafrika und Zentralasien, einen gewissen Ausgleich zu schaffen vermögen. Von schwerwiegender Bedeutung können jedoch die ernsten Bemühungen eines so kapitalstarken Landes wie Englands und auch Kanadas, eine eigene Seidenindustrie großzuziehen, für die Konkurrenzverhältnisse werden, ebenso wie zweifellos auch die amerikanische Seidenindustrie sich auf die Dauer auf dem Weltmarkt in stärkerem Maße bemerkbar machen wird.

Die heutige Verteilung der europäischen Seidengewebeproduktion nach dem Stande 1926/27 zeigt nebenstehende Darstellung.

	%	Werte in 1000 RM.
Balkan	0,5	10000
Ungarn	0,5	10500
Tschechoslowakei	3,9	83500
Österreich	0,5	11500
Spanien	1,6	35000
Italien	15,1	320000
Schweiz	9,6	203000
England	5,9	120000
Frankreich	40,3	850000
Deutschland	22,1	467000
	100	2111000

Gegenüber der Vorkriegszeit ist als wichtigste Verschiebung festzuhalten, daß es Italien gelungen ist, die schweizerische Produktion zu überholen und damit auf den dritten Platz in der europäischen Seidenindustrie aufzurücken. Vor dem Kriege wurde diese Stelle von Rußland ausgefüllt, dessen Produktion jedoch in der Nachkriegszeit nur ein Viertel des Friedensumfangs erreicht.

Hinsichtlich der Betriebsorganisation der nationalen Seidenindustrie zeigt

Frankreich eine sehr bemerkenswerte Abweichung gegenüber den übrigen Ländern. Während sowohl in Deutschland, der Schweiz, als auch in Italien und England die Stoffweberei fast ausschließlich in geschlossenen Fabrikbetrieben vor sich geht, hat sich in Frankreich das traditionelle Verlagssystem aufrechterhalten, und zwar sowohl in der Stoff- als auch in der Bandweberei. Frankreich ist das auf dem Gebiet der Damenmode herrschende Land und dieser Tatsache ist die Arbeitsorganisation angepaßt. Die Mode ist wirtschaftlich gesehen ein Bedarfsphänomen, als dessen besonderes Merkmal die dauernde Änderung anzusehen ist. Die Marktbeobachtung in der Modenindustrie nimmt daher in einer Weise die Arbeitskraft des Seidenindustriellen in Anspruch, daß derselbe sich in Frankreich frei von allen arbeitstechnischen Fragen der Produktion gehalten hat und letztere besonderen Spezialisten, den Lohnwebern, überläßt. Außerhalb Frankreichs besteht dieses System nur noch in der deutschen und schweizerischen Bandindustrie, die ebenfalls in ganz besonderem Maße der Mode unterworfen ist. Daß die übrigen außerfranzösischen Stoffwebereien sich dieses System nicht erhalten haben, liegt insbesondere daran, daß sie in ihrer Kleiderstofferzeugung modisch von Frankreich abhängig sind, und ihre modische Betätigung also im wesentlichen in der Aufnahme der in Paris und Lyon kreierten Modeschöpfungen besteht. Aber für die Arbeitsmethode auch dieser Industrien ist der allgemeine Modeeinschlag stark genug, um einen wesentlichen Einfluß auf eine andere dringliche Frage, nämlich die der Rationalisierung auszuüben. Unter dem Begriff der Rationalisierung läßt sich schlechthin alles, was der Kostensenkung dient, umfassen; für die Seidenindustrie konzentriert er sich im wesentlichen auf die Frage der technischen Verbesserungen und auf die Marktverhältnisse. Das Gebiet der Arbeit am fließenden Band und der Konzentration schaltet im allgemeinen aus, und zwar erstens, weil die Seidenweberei keine Arbeitsgänge kennt, die unmittelbar in Form eines fließenden Bandes hintereinandergeschaltet werden könnten — denn jeder Arbeitsgang, sowohl die Vorbereitungsarbeit der Weberei, wie Spulen, Bäumen u. dgl. als auch der Web- und Veredlungsprozeß sind in sich geschlossen —, und zweitens, weil die vertikale Konzentration eine Spezialisierung von Kundenbeziehungen hinsichtlich des Bezuges der Rohstoffe oder des Absatzes der eigenen Produkte, die horizontale aber im allgemeinen Schwerfälligkeit infolge der Betriebsgröße mit sich bringt, die die Mode nicht verträgt. Bisher ist es in größerem Umfang lediglich Amerika gelungen, diese Schwierigkeit zu überwinden, infolge einer Uniformität des Bedarfs, wie sie in Europa nicht denkbar ist. Für die europäische Seidenindustrie spielen eine viel stärkere Rolle die technischen Verbesserungen der Maschinen, wie Erhöhung der Tourenzahl u. dgl., Normalisierung der technischen Bedarfsartikel, Vereinheitlichung der Lieferungs- und Zahlungsbedingungen, und, was von ganz eminenter Bedeutung ist, die Normalisierung der internationalen Geschäftsbeziehungen durch Vereinheitlichung der Zolltarifschemen und des Schiedsgerichtswesens. Es besteht kein Zweifel, daß gerade die Vereinheitlichung vielleicht zunächst nur des europäischen Zolltarifschemas eine Rationalisierungsmaßnahme allerersten Ranges für die Seidenwirtschaft der Welt darstellt.

II. Die Weltproduktion von Rohseide.

1. Allgemeines.

Bereits in vorstehenden Ausführungen wurde auf die wachsende Bedeutung der ostasiatischen Rohseidenproduktion hingewiesen, eine Tatsache, deren Entwicklung nachstehende Darstellung der Weltproduktion von Rohseide aufs deutlichste kennzeichnet:

Die Welterzeugung von Rohseide.

	1871/75 t	1909/13 t	1924 t	1926 t	1927 t
Westeuropa:					
Frankreich	658	450	335	240	295
Italien	2880	3867	5255	3855	4450
Spanien	138	83	95	85	80
Österreich-Ungarn [1])	—	344	—	—	—
Gesamt	3676	4744	5685	4180	4825
Osteuropa, Levante und Mittelasien:					
Österreich, Ungarn, Tschechoslowakei, Jugoslawien, Rumänien, Bulgarien usw.	—	178	260	300	—
Griechenland, Saloniki, Adrianopel und Kreta	157	375	280	225	—
Anatolien (Brussa und Umgebung)	125	} 1129	360	335	—
Syrien und Cypern	137				
Kaukasus: (Ausfuhren)	} 257	996	195	210	—
Turkestan u. Mittelasien (Ausf.)					
Persien: (Ausfuhren)					
	676	2678	1095	1070	1100
Ferner Osten:					
China:					
Ausfuhren von Shanghai	2996	} 8039	7715	5545	5550
„ „ Kanton	945			3200	2640
Japan:					
Ausfuhren von Yokohama	691	7933	24525	30025	32100
Indien:					
Ausfuhren von Bengalen und Kashmir	562			55	75
Indochina:		203	80		
Ausfuhren von Saigon, Haiphong usw.	—			65	60
Gesamt:	5194	16175	32320	38890	40425
+	3676	4744	5685	4180	4825
+	676	2678	1095	1070	1100
Gesamt-Gesamt:	9546	23597	39100	44140	46350

Die gesamte Weltproduktion hat demnach in den letzten 50 Jahren fast eine Verfünffachung erfahren. Diese Entwicklung wird von Ostasien geführt, das in derselben Zeit die achtfache Höhe seiner Rohseidenerzeugung von 1871/75 erreicht, während Westeuropa nur eine Steigerung um 31% und Osteuropa mit Vorder- und Zentralasien eine solche um 50% aufzuweisen haben. Die enorme Erhöhung der ostasiatischen Produktionszahlen ist in der Hauptsache der japanischen Seidenzucht zuzuschreiben, die ihren Anteil an der Weltproduktion bis 1927 auf 69,2% gegenüber 33% im Durchschnitt der Jahre 1909/13 erhöhen konnte, und damit 1927 79,4% der stark vermehrten ostasiatischen Erzeugung gegenüber 49 % der Jahre 1909/13 erreichte. Als Ursache dieser starken Steigerung ist einmal der um die Mitte des vorigen Jahrhunderts plötzlich auftretende und ständig steigende Bedarf Nordamerikas anzusehen, der seine Deckung fast ausschließlich in Ostasien suchte, zum anderen aber auch die Tatsache, daß zu derselben Zeit die stetig wachsende Bevölkerung Japans nach einer lohnenden Beschäftigung suchte, die sich in der Seidenzucht zur Befriedigung des ameri-

[1]) 1909/13 i. D.

kanischen Bedarfs bot. Welche rapide Entwicklung der nordamerikanische Rohseidenverbrauch nahm, zeigt folgende Darstellung:

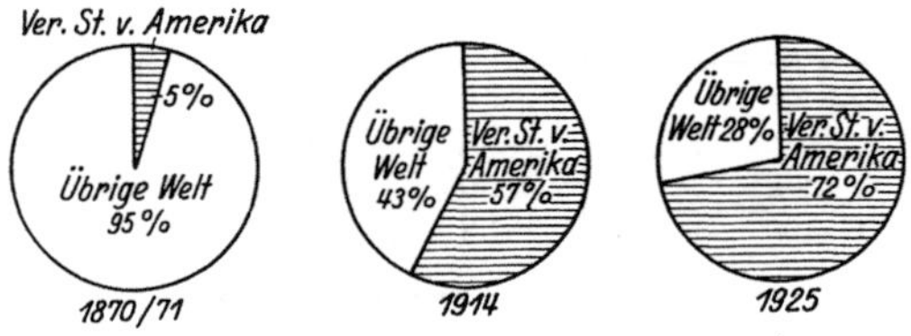

Demnach steigerte sich derselbe in den letzten 5 Jahrzehnten von 5% auf 72% des gesamten Weltverbrauchs. Allein von der japanischen Produktion gehen 95% an Nordamerika, eine Menge, die nur etwa 65% des gesamten amerikanischen Bedarfs umfaßt. Die Weite des amerikanischen Absatzmarktes für Rohseide hat einen grundsätzlich verschiedenen Charakter der Kokonbearbeitung (Haspelei) in Japan gegenüber China herausgebildet. Während in China die Haspelei nach der jahrhundertealten Tradition in der Hauptsache noch in bäuerlichen Kleinbetrieben, deren Besitzer gleichzeitig die Seidenzüchter sind, vor sich geht, und erst neuerdings eine Haspeleiindustrie in der Entwicklung begriffen ist, die allerdings an durchschnittlicher Kesselzahl pro Betrieb der japanischen voraus sein soll, hat sich in Japan bereits sehr frühzeitig eine Haspeleiindustrie gebildet. Auf die Einzelheiten wird bei der Darstellung der Verhältnisse in den einzelnen Ländern noch zurückzukommen sein.

Gegenüber dem Übergewicht der ostasiatischen, insbesondere japanischen Rohseidenerzeugung, spielen die übrigen Rohseidenproduzenten eine nur geringe Rolle. An der Spitze der europäischen und vorder- und mittelasiatischen Länder steht Italien 1927 mit einem Prozentsatz von 9,5% der Welterzeugung gegenüber 16% im Durchschnitt der Jahre 1909/13. 1871/75 machte die italienische Rohseidenerzeugung noch fast ein Drittel der gesamten Weltproduktion aus. Italien ist das einzige Land, das von den europäischen und vorder- und mittelasiatischen Rohseidenproduzenten seine absolute Produktion in den letzten 5 Jahrzehnten noch um stark 50% steigern konnte, während alle übrigen Länder einen mehr oder weniger starken Rückgang ihrer Rohseidenerzeugung zu verzeichnen haben, den auch alle intensiven privaten und behördlichen Stützungsmaßnahmen nur teilweise in den Nachkriegsjahren aufzuhalten oder gar umzukehren vermochten.

2. Einzelne Länder.

a) China. Die bisher gegebenen Zahlen über die chinesische Rohseidenproduktion umfassen nur den Export, da es sich bisher als unmöglich herausgestellt hat, aus dem weiträumigen und unorganisierten Gebiet einwandfreie Produktionszahlen zu erhalten. Es ist sowohl von europäischer als auch japanischer Seite versucht worden, auf Grund verschiedener Quellen (Rohseidenexport, Steuern, Kokonmarkt usw.) eine ungefähre Übersicht über die gesamte chinesische Kokonernte und ihre geographische Verteilung zu erhalten, und man ist dabei im allgemeinen zu demselben, folgenden Resultat für 1916 (s. S. 493) gekommen, das wohl im wesentlichen auch heute noch zutreffen dürfte.

Die gesamte chinesische Kokonernte dürfte also im Durchschnitt etwa 3 Mill. Piculs, das sind 180 Mill. kg, betragen, was einer Produktion von etwa 15 Mill. kg Rohseide entspricht. Der chinesische Export, der 1927: 8,2 Mill. kg ausmacht, erreicht mithin etwa 50 bis 55% der gesamten Rohseidenproduktion. Da eine nennenswerte Ausfuhr von chinesischen Seidenstoffen nicht stattfindet, werden

Kokonernte in China.

Provinz	Europäische Untersuchung	Japanische Untersuchung
Tschekiang	1017000 Piculs	876766 Piculs
Kiangsu	350000 „	266745 „
Nganhwei	30000 „	30000 „
Hupe	102000 „	100000 „
Hunan	25000 „	16000 „
Szetschwan	317000 „	640000 „
Schantung.	45000 „	70000 „
Kwangtung	717000 „	768300 „
Kwangsi	— „	12000 „
Honan	142000 „	— „
die übrigen Provinzen . .	72000 „	—
zusammen	2817000 Piculs	2779811 Piculs

die restlichen 7 Mill. kg Rohseide ausschließlich von der chinesischen Bevölkerung verbraucht.

Die Hauptseidenzuchtgebiete befinden sich nach obiger Aufstellung im Hinterland von Shanghai (Provinzen: Tschekiang, Kiangsu und Nganhwei) und von Kanotn (Provinz Kwangtung), an die sich das mittelchinesische Gebiet südwestlich der Stadt Tschöngtu (Provinz Szetschwan) als nächststarker Lieferant von Kokons anschließt.

Die Größe der chinesischen Seidenbaubetriebe ist sehr verschieden, je nachdem, ob die Seidenzucht im Haupt- oder Nebenberuf betrieben wird. In der überwiegenden Zahl der Produktionsstätten geht die Seidenzucht im landwirtschaftlichen Nebenberuf vor sich und nur in den Provinzen Kwangtung, Kiangsu und Tschekiang wird sie im Hauptberuf betrieben, wo sich infolgedessen auch größere Seidenzuchtbetriebe herausgebildet haben.

Neben dem Maulbeerspinner kommen für die Rohstoffgewinnung noch die verschiedensten Arten sogenannter wilder Seidenspinner in Betracht. Insbesondere ist hier der Eichenspinner erwähnenswert, dessen Seide in Verwechslung mit dem indischen Tussahspinner fälschlich Tussahseide genannt wird. Hauptproduktionsgebiete sind vor allem die Südmandschurei und Nordchina, jedoch greift die Erzeugung der Tussahseide auch nach Mittel- und Südchina über. Einen ungefähren Überblick über die Produktion an Tussahseide — Gesamtzahlen liegen nicht vor, auch im Export wird die Tussahseide mit der Edelseide zusammen ausgewiesen — vermag die Angabe zu geben, daß allein die Industrie in Tschifu jährlich 1080000 kg (18000 Piculs) Tussahseide aus in der Provinz Schantung geernteten Kokons herstellt.

Der starke Vorsprung, den die japanische Rohseidenproduktion gegenüber derjenigen des Ursprungslandes der Seide, China, erlangt hat, führte im Laufe der letzten 20 Jahre zur Gründung verschiedenster Organisationen und Institute, die sich die Förderung der chinesischen Seidenzucht aufs eifrigste angelegen sein lassen. Im Jahre 1917 wurde die „Internationale Vereinigung für die Reform der Seidenkultur“ mit dem Sitz in Shanghai gegründet, die eine Reihe von Versuchsstationen in den Hauptseidenbauprovinzen einrichtete zwecks Gewinnung gesunder Eier und Heranbildung tüchtiger Fachleute. In derselben Richtung bemühen sich das von der amerikanischen Silk Association unterstützte Seidenkultur-Institut an der Universität Nanking, und die Fachabteilungen an den christlichen Universitäten in Kanton und Futschou. Die Sorge für die nördlichen Provinzen haben insbesondere eine internationale Seidenveredelungs-Kommission in Futschou und eine chinesisch-japanische Eichenseide-Förderation in Antung in der Mandschurei übernommen. Zwar waren die Erfolge dieser zahlreichen Bemühungen um die Förderung der chinesischen Seidenzucht, insbesondere infolge der Weiträumigkeit der Zuchtgebiete und der konservativen Einstellung der kleinbäuerlichen Züchter, bisher nur gering, es besteht jedoch kein Zweifel, daß die starke Unterstützung des amerikanischen Kapitals dem chinesischen Seidenbau vielversprechende Aussichten eröffnet. Nach übereinstimmenden Nachrichten könnte allein die Seidenzucht Süd-Chinas mit Leichtigkeit auf das Vierfache der jetzigen Erträgnisse gesteigert werden. Ähnlich optimistisch lauten die Mitteilungen über die anderen Provinzen.

Nur ein minimaler Bruchteil der chinesischen Kokonernte wird unmittelbar ausgeführt, der überwiegende Teil dagegen gelangt erst in gehaspeltem Zustand zum Export. Es kann angenommen werden, daß nicht über 3% der chinesischen Kokonerzeugung ungehaspelt die Grenze passieren. Der Hauptteil dieser ausgeführten Kokons geht nach Japan.

Der Kokonhandel ist in den verschiedenen Provinzen unterschiedlich organisiert. Während in der Provinz Kwangtung eine Reihe von bedeutenden Kokonmärkten bestehen, die meistens von Rohseidenindustriellen oder Rohseidenhändlerkreisen verwaltet werden, werden die Kokons in Mittelchina von behördlich genehmigten Kokonläden aufgekauft, die entweder finanzkräftigen Einheimischen gehören, oder aber von Rohseidenhändlern oder Industriellen gepachtet sind.

Die Haspelei geschieht nach wie vor noch zum überwiegenden Teil in Hausbetrieben, die gleichzeitig Seidenzüchtungen sind. Erst unter der Einwirkung der japanischen Konkurrenz entstanden auch in China in ausgedehnterem Maße fabrikmäßige Haspeleibetriebe, so daß sich auch hier eine Arbeitsteilung zwischen Kokongewinnung und Abhaspelung durchsetzte. Zwar wurden die ersten industriellen Haspeleibetriebe bereits vor 60 Jahren ins Leben gerufen, die eigentliche Entwicklung setzt jedoch seit Anfang des 20. Jahrhunderts, besonders seit dem Weltkriege, ein. Die Größe der einzelnen Betriebe läßt sich daraus erkennen, daß diese in China eine Durchschnittszahl von 344 Kesseln besitzen, während die Durchschnittsgröße in Japan bei 64 Kesseln — wobei allerdings zu berücksichtigen ist, daß in Japan der einzelne Betrieb im Verhältnis zum Gesamtunternehmen sehr klein ist —, in Frankreich bei 47 Kesseln und in Italien bei 50 bis 60 Kesseln liegt.

Der Anteil der fabrikmäßigen Abhaspelung an der gesamten Kokonernte beträgt heute etwa 40%, während immer noch 57% in den Hausbetrieben abgehaspelt werden. Die restlichen 3% Kokons werden exportiert. Die gesamte fabrikmäßig abgehaspelte Seide gelangt zur Ausfuhr, während die hausgewerblich abgehaspelte Seide in der Hauptsache den inländischen Konsum deckt. Soweit letztere exportiert wird, muß sie vielfach noch vor der Ausfuhr einer Nachhaspelung unterzogen werden.

Die Haspeleiindustrie ist in ihrer Standortswahl durchaus rohstofforientiert, so daß die Hauptindustriegebiete sich in den Hauptseidenzuchtgebieten zentralisieren:

1. Südchina mit dem Industriezentrum Schuntö und dem Ausfuhrhafen Kanton (Provinz: Kwangtung);

2. Mittelchina:

a) Am Unterlauf des Yangtzestromes mit dem Industrie- und Ausfuhrzentrum Shanghai (Provinz Tschekiang, Kiangsu und Nganhwei);

b) am Mittel- und Oberlauf des Yangtzestroms. Es befinden sich eine Reihe von Seidenspinnereien in Hankou, Tschungking, Tungtschwan und zerstreut in den Seidengebieten der Provinz Szetschwan.

3. Nordchina: Die Kokonproduktion der Provinz Schantung wird in der Hauptsache in den Spinnereien von Tsowtoun, Itu und Tsingtao verarbeitet.

Auch die Spinnereien für die Seide des Eichenspinners sind in ähnlicher Weise rohstofforientiert und befinden sich daher in Antung, dem wichtigsten Seidenzentrum der Südmandschurei, und Tschifu in der Provinz Schantung.

Soweit das Hinterland der Industrie-Zentren zur vollen Ausnutzung der Anlagen nicht ergiebig genug ist, findet ein Bezug der Kokons aus anderen Provinzen statt.

Die Bedeutung der einzelnen Spinnereizentren geht aus folgender Aufstellung hervor:

1. Gesamtumfang der Filaturen für die Maulbeerspinnerseide:

Provinz		Filaturen	Kessel
Südchina:	Kwangtung	199	87290
Mittelchina:	Kiangsu	101	25126
,,	Tschekiang	7	1736
,,	Hupe	4	930
,,	Szetschwan	29	3197
Nordchina:	Schantung	4	210
	zusammen	344	118489

2. Gesamtumfang der Filaturen für Eichenspinnerseide (Tussah):

Ort		Filaturen	Kessel
Schantung:	Tschifu	42	16385
Südmandschurei:	Antung	66	14934
,,	Haitscheng	20	—
,,	Kaiping	17	3800
,,	Mukden	1	500
	zusammen	146	35619

(In Antung sind 3 japanische Unternehmen mitgezählt.)

Die Entwicklung der chinesischen Ausfuhr zeigt folgende Aufstellung:

Die Ausfuhr Chinas an Rohseide — seit 1891 ist die Tussahseide dazugerechnet — betrug im Durchschnitt der Jahre:

1876 bis 1880	4,1 Mill. kg
1886 ,, 1890	3,8 ,, ,,
1896 ,, 1900	6,4 ,, ,,
1906 ,, 1910	7,4 ,, ,,
1914	6 ,, ,,
1919	8,6 ,, ,,
1923	7,1 ,, ,,
1924	7,7 ,, ,,
1925	8,8 ,, ,,
1926	8,7 ,, ,,
1927	8,2 ,, ,,

Die Hauptausfuhrhäfen sind Shanghai und Kanton, und zwar war 1927 Shanghai mit etwa $^2/_3$ und Kanton mit $^1/_3$ an der Gesamtausfuhr beteiligt. Hauptabnehmer sind Nordamerika mit 38%, Frankreich mit 33%, ferner Japan und Italien; auch nach Britisch-Indien geht ein nicht unwesentlicher Teil der chinesischen Rohseide, in der Hauptsache allerdings die schlechteren Qualitäten. Speziell für Abfallseide tritt neben die schon erwähnten Länder auch Großbritannien, während der ganz überwiegende Teil der Seide des Eichenspinners von Japan (allein über 50%) und Nordamerika aufgenommen wird. Träger der Rohseidenausfuhr sind große Exporthäuser im Shanghai und Kanton, die ausschließlich in ausländischen Händen sind, jedoch wird in einzelnen Berichten bereits darauf hingewiesen, daß mit der Stärkung der Haspeleiindustrie die Chinesen sowohl für Rohseide als auch, insbesondere für die Ausfuhr nach Amerika, für Abfallseide mit ihren Abnehmern direkt in Beziehung treten.

b) Japan. Die starke Steigerung der japanischen Rohseidenproduktion setzte etwa mit den 80er Jahren des vorigen Jahrhunderts ein. Während der japanische Seidenexport bis dahin nur etwa $^2/_3$ des chinesischen ausmachte, betrug die japanische Ausfuhr dank der Einführung vorbildlicher Zucht- und Spinnmethoden bei Kriegsausbruch bereits 50% und stieg bis 1927 sogar auf 69% der gesamten Weltproduktion an Rohseide. Der Anteil des chinesischen Exports an der Weltproduktion sank in der gleichen Zeit von 36% auf unter 20%. Die starke Erhöhung des Weltverbrauchs an Rohseide, die insbesondere mit dem Auftreten Amerikas als Seidenkonsument einsetzte, geht in ausgesprochenem Maße zugunsten des japanischen Seidenbaues, eine Tatsache, die der japanischen Seide fast eine Monopolstellung auf dem Seidenweltmarkt verschafft hat. Die Entwicklung der japanischen Seidenzucht läßt die Zukunftsmöglichkeiten der chinesischen Seide, der sich zum mindesten dieselben klimatischen und sozialen und — sobald es den chinesischen und ausländischen Interessenten und Behörden gelingt, die Hindernisse, die in der Weitläufigkeit des Gebietes und der konservativen Einstellung der Züchter liegen, zu überwinden — auch wirtschaftlichen Verhältnisse bieten wie in Japan, ahnen. Die Japaner haben sich von Anfang an Neuerungen und fremden Einflüssen sehr zugänglich gezeigt; der Erfolg war die Verdreißigfachung des japanischen Rohseidenexports innerhalb von 5 Jahrzehnten. Die japanischen Behörden lassen sich die Förderung der Seidenzucht eifrigst angelegen sein und haben insbesondere durch wissenschaftliche Untersuchung des Samens, der Samenaufzucht, Unterweisung in der Seidenzucht usw. den Prozentsatz der kranken Puppen erheblich senken können, so daß derselbe heute etwa nur noch 10% der gesamten Kokons beträgt. Die japanische Kokonproduktion der letzten Jahre zeigt folgende Entwicklung:

1909/13 (durchschnittlich)	156000 t	frische Kokons
1920	237490 t	„ „
1922	227103 t	„ „
1923	260774 t	„ „
1924	276819 t	„ „
1925	317999 t	„ „
1926	325383 t	„ „
1927	342984 t	„ „

Die Hauptproduktionsgebiete sind die Provinzen Nagano, Aichi, Gunma, Saitama und Jamanashi im Zentrum des Landes; im ganzen ist die Seidenzucht über das ganze Land zerstreut und nur einige nördliche Provinzen bringen nur unwesentliche Ernten hervor. Welche Bedeutung die Kokongewinnung für die japanische Bevölkerung besitzt, geht daraus hervor, daß fast die Hälfte der japanischen landwirtschaftlichen Bevölkerung, die ihrerseits wiederum mehr als 50% der Gesamtbevölkerung ausmacht, ihre Beschäftigung im Seidenbau findet. In einigen Gegenden widmen sich sogar 70 bis 77% der ländlichen Bevölkerung der Seidenzucht. Insgesamt dürften etwa 2 Millionen Familien in der Seidenraupenzucht beschäftigt sein.

Die Kokons werden von den Seidenzüchtern an die Haspeleien abgesetzt, soweit sie nicht in den häuslichen Betrieben direkt abgehaspelt werden. Die hausgewerblich gehaspelte Seide wird jedoch nur zur Selbstversorgung verwandt, da nur die großen Dampfhaspeleien den qualitativen Ansprüchen der nordamerikanischen und europäischen Weiterverarbeiter gerecht werden können. Eine Ausfuhr von japanischen Kokons findet nicht statt, dagegen werden geringe Mengen fremder Kokons, vor allem chinesischer, eingeführt, um in Japan abgehaspelt zu werden. Bei der stark betonten Exportorientierung der japanischen Seidenzucht war Japan in viel stärkerem Maße gezwungen, sich auf die Dampfhaspelei einzustellen. Die Zahl der japanischen Haspeleien betrug in den einzelnen Jahren nach Anzahl der Bassins je Betrieb:

	über 10	unter 10	zusammen
1900	3600	425000	428600
1914	3500	300100	303600
1926	2800	175000	177800

Demnach besteht in der japanischen Haspeleiindustrie ein starker Zug zur Konzentration. Die Gesamtzahl der Bassins beträgt 627000, von denen 275000 in reinen Dampfbetrieben aufgestellt sind. Auch die japanischen Haspeleien sind in ihrer Standortswahl durchaus rohstofforientiert und verteilen sich daher auf die Hauptseidenzuchtgebiete.

Neben der Haspelei hat sich in Japan eine umfangreiche Spinnerei für Schappe- und Bourettegarn entwickelt. 1924 wurden in Japan 277000 Schappe- und 56000 Bourettespindeln gezählt, die 3125 t Schappe- und 1275 t Bourettegarn herstellten und dazu 17,5 Mill. kg Seidenabfälle verbrauchten. In Auswirkung dieser Tatsache exportierte Japan trotz der stark vermehrten Rohseidengewinnung 1924 nur 4,8 Mill. kg Seidenabfälle gegenüber 5 Mill. kg 1913 und führte 1924 bereits 160 bis 170000 kg gesponnenes Seidengarn (Florettseide) aus.

Die Bedeutung der Seidenzucht für das gesamte japanische Wirtschaftsleben geht daraus hervor, daß 1927 die Ausfuhr an Rohseide wertmäßig über $^1/_3$ der japanischen Gesamtausfuhr ausmachte (1927 334,8 Mill. Yen = 663 Mill. RM.) bei einer Gesamtausfuhr von 984,3 Mill. Yen (1950 Mill. RM.)). Die Ausfuhr betrug im Durchschnitt der Jahre

1876/80	1	Mill. kg
1886/92	2	„ „
1896/1900	3,4	„ „
1906/1910	7,4	„ „
1914	9,4	„ „
1919	15,2	„ „
1923	17,2	„ „
1924	24,5	„ „
1925	25,5	„ „
1926	30	„ „
1927	32,1	„ „

Fast die gesamte japanische Rohseidenausfuhr geht, wie bereits angeführt, nach Nordamerika (95%), der Rest in der Hauptsache nach Italien und Frankreich. Hauptabnehmer für Seidenabfälle, die zur Schappeproduktion Verwendung finden, ist Frankreich mit 70% der Gesamtausfuhr. Die Ausfuhr an Rohseide ging bis 1923 ausschließlich über Yokohama. Erst unter der Auswirkung der starken Verwüstungen, denen Yokohama durch das Erdbeben von 1923 ausgesetzt war, hat ein nicht unbeträchtlicher Teil der japanischen Seidenausfuhr den Weg über Kobe genommen. Bereits Ende 1924 wurden über 10% des Exports über Kobe geleitet. Träger der japanischen Ausfuhr sind ähnlich wie in China große Exporthäuser, die als Aufkäufer Kommissionäre ins Innere des Landes schicken.

c) Indien. Bereits lange bevor die Zucht des Maulbeerspinners in Indien heimisch wurde, kannte man daselbst die Zucht des Eichenspinners, der sogenannten wilden Seidenraupen. Im allgemeinen ist das feuchte Klima der indischen Niederungen der Seidenraupenzucht nicht günstig, und es ist daher interessant zu sehen, daß sich der Seidenbau immer mehr in die gebirgigeren Gebiete zurückzieht; er ist jedoch auch dort anscheinend noch nicht zur letzten Entfaltung gekommen. Nach einem Bericht des Imperial Institute London verteilte sich die Kokonproduktion 1921 auf die einzelnen Gebiete folgendermaßen:

Mysore	6967 t	frische Kokons
Madras	2268 t	„ „
Bengalen	3629 t	„ „
Kashmir	1198 t	„ „
Punjab	5 t	„ „
	14067 t	frische Kokons

Es werden auch in Indien energische Anstrengungen zur Förderung und Verbesserung der Seidenzucht gemacht. Bisher hat jedoch die Konkurrenzfähigkeit der indischen, insbesondere gegenüber der japanischen und italienischen Rohseide unter der Tatsache gelitten, daß die Haspelei ausschließlich mit der Hand in der Hausindustrie erfolgt. Erst in neuerer Zeit wird auch der Gebrauch der europäischen Maschinen in Indien heimisch und zeitigt recht guten Erfolg. Die Grègenproduktion verteilt sich ebenfalls auf die Hauptseidenzuchtgebiete wie nebenstehende Aufstellung (für 1916) zeigt.

Provinzen	kg
Mysore	522547
Bengalen	272160
Madras	181440
Kashmir	43545
Sonstige	13064
	1032756

Die indischen Kokons werden fast ausschließlich im Lande selbst abgehaspelt. Eine Ausfuhr findet nur in ganz minimalem Umfang, in der Hauptsache nach den Vereinigten Staaten und Japan, statt.

Die jährliche Ausfuhr von Rohseide und Seidenabfällen, die den Hauptposten des Seidenexports darstellen, schwankte bis 1914 etwa zwischen 700 bis 900000 kg. Hauptabsatzmarkt war Frankreich. Bisher konnte die indische Ausfuhr sich von der Unterbrechung infolge des Krieges noch nicht vollständig erholen und betrug 1924/25 erst wieder 670000 kg.

d) Indochina. Trotz aller Bemühungen der französischen Regierung konnte die Kokongewinnung in Indochina, wo im allgemeinen die klimatischen Verhältnisse ähnlich wie in Südchina bis zu 7 Ernten im Jahre gestatten, nur langsam fortschreiten. Die Kokonernte wird auf etwa 2 bis 3 Mill. kg geschätzt. Die daraus gewonnene und ausgeführte Rohseide betrug 1926 etwa 65000 kg, die in der Hauptsache nach Frankreich gehen. In der Vorkriegszeit wurden etwa 14000 kg Rohseide ausgeführt.

e) Zentral- und Vorderasien (einschl. der transkaukasischen Gebiete Rußlands). Die Produktion von Rohseide in den zentral- und vorderasiatischen Staaten hat eine Zeitlang eine beträchtliche Höhe erreicht, die durch vorteilhafte klimatische Verhältnisse begünstigt wurde. Insbesondere in Persien gelangte die Seidenzucht im 12. bis 14. Jahrhundert auf Grund der tatkräftigen Förderung der Venetianer zu außerordentlicher Blüte und war auch noch im 17. Jahrhundert eine der größten Quellen des Weltseidenhandels. Seuchenartige Raupenkrankheiten jedoch zeitigten verheerende Wirkungen, von denen sich die persische Seidenzucht bis in die Gegenwart noch nicht hat erholen können. Als besonderes Hemmnis einer weiteren Entwicklung stehen die primitiven Methoden sowohl der Seidenraupenzucht als auch der Haspelei im Wege. Ferner macht sich auch in Persien ein Faktor geltend, dessen Bedeutung in gleicher Weise in anderen Seidenbauländern klar hervortritt, das ist das Fehlen eines organisierten Kokonabsatzes. So wurden im Laufe der Entwicklung vielfach Maulbeerplantagen durch Reisplantagen ersetzt. Die Kokonproduktion betrug vor dem Kriege etwa 3,5 bis 5 Mill. kg, der 1927 nur eine Ernte von 2063000 kg gegenübersteht.

Hauptzuchtgebiete sind die Nordprovinzen (Guilan, Mazendaran und Extrabad) mit 1943000 kg und die Gebiete des Plateau (Ispahan, Yezi, Kachan) mit 120000 kg. Ausgeführt wurden 1914 etwa 1 Mill. kg trockener Kokons im Werte von ca. 13 Mill. Krans (9700000 M. Goldpari), denen 1925/26 2270000 Krans (1700000 M. Goldpari) gegenüberstehen. Hauptabnehmer sind Frankreich, Italien, Rußland und die Türkei. Die Rohseidenausfuhr betrug 1925/26 1500000 Krans (1120000 M. Goldpari), die in der Hauptsache nach Italien, Britisch-Indien, Afghanistan, Mesopotamien geht. Als Hauptabnehmer für Seidenabfälle, die insgesamt im Werte von 663000 Krans (500000 M Goldpari) ausgeführt wurden, traten die Türkei, Mesopotamien und in sehr viel geringerem Umfang Frankreich, Britisch-Indien, Italien und Rußland auf.

Auch in Turkestan und dem Kaukasus, wo vor dem Krieg etwa 7 bis 9 Mill. kg Kokons geerntet wurden, die in der Hauptsache nach Moskau und Marseille gingen, ist die Seidenzucht in den Kriegsjahren außerordentlich zurückgegangen, dürfte jedoch im ganzen allmählich wieder den Vorkriegsstand erreicht haben.

In Armenien sind an sich die klimatischen Verhältnisse dem Seidenbau durchaus günstig, wie auch die kulturelle Höhe und die Arbeitsbefähigung der Bevölkerung nur fördernd für die Seidenzucht sein könnten. Der Welt- und armenische Bürgerkrieg hatten jedoch die an sich schon mangelhafte Organisation des Kokonabsatzes vollständig zerstört, und es bedurfte langer Jahre, bis der Seidenbau wieder einigermaßen in Schwung kam.

Für das gesamte transkaukasische und zentralasiatische Gebiet wird von der „Vie économique des Soviets“ für 1913 eine Gesamtproduktion von 3500 t trockener Kokons (10000 t frische Kokons) angegeben, eine Menge, die bis 1927 wieder erreicht sein soll. Allein in den Nationalrepubliken an der russischen Grenze sollen etwa 2 Millionen Arbeiter in der Seidenzucht beschäftigt sein. Bemerkenswert für den raschen Wiederaufbau der Seidenzucht in jenen Gebieten, wo die Ernte an frischen Kokons innerhalb 5 Jahren von 10464 t auf 640 t zurückgegangen war, ist, daß derselbe ganz ohne staatliche Beihilfe vor sich gegangen, und die neue Blüte der Seidenzucht einzig der zweckmäßigen Organisation dieses Produktionszweiges zu verdanken sein soll. In der Vorkriegszeit wurden über 55% der Kokonernte in ausländische Haspeleien geschickt, während gleichzeitig etwa 1500 t Grègen zur Deckung des Bedarfs der Webereien eingeführt werden mußten. Neuerdings werden in Rußland außerordentliche Anstrengungen gemacht, die Haspelei zur gesamten Verarbeitung der einheimischen Kokons instand zu setzen.

In den syrischen Ländern war die Seidenraupenzucht von jeher eine Haupterwerbsquelle der Bevölkerung. Zwar hat dieselbe auch unter den Nachwirkungen des Krieges gelitten, es machen sich jedoch starke Anzeichen einer Erholung bemerkbar. Allein nach dem Kriege wurden etwa 700000 neue Maulbeerbäume angepflanzt. Während 1920 die Kokonerte erst 800000 kg betrug — in der Vorkriegszeit wurden durchschnittlich noch 5 bis 6 Mill. kg geerntet — konnte dieselbe bis 1927 bereits wieder eine Höhe von 3 Mill. kg erreichen. Hauptproduktionsgebiet ist die Republik Libanon mit 2000000 kg, der sich der Staat der Alaouiten mit 540000 und Alexandrette mit 650000 kg anschließen. Für die Trocknung und Verarbeitung der gewonnenen Seide sind in neuester Zeit große Anlagen und moderne Spinnereien eingerichtet worden. Es bestehen zur Zeit etwa 20 moderne Trockenanlagen und 90 Spinnereien. Die Rohseide gelangt fast ausschließlich nach Frankreich, jedoch sucht in letzter Zeit auch Amerika sich einen Anteil an der syrischen Produktion zu sichern.

In der Nachkriegszeit machten die Engländer außerordentliche Anstrengungen, auch auf Cypern eine leistungsfähige Seidenzucht ins Leben zu rufen. Sie suchten insbesondere die Qualität der Cypernseide durch Anlage einer Haspelei (Mai 1926), die zur Verarbeitung von jährlich 370000 lbs. (170000 kg) bei einer durchschnittlichen Ernte von 450000 lbs. (204000 kg) Kokons fähig ist, gegenüber den primitiven Haspelmethoden der Eingeborenen zu verbessern. Tatsächlich sind seit der Neuanlage 60000 neue Maulbeerbäume angepflanzt worden. Vor Mai 1926 wurden die Kokons in der Hauptsache nach Italien und Frankreich ausgeführt.

In der asiatischen Türkei stand die Seidenraupenzucht vor dem Kriege in hoher Blüte. Die Kokonernte in dem gesamten türkischen Gebiet belief sich im Durchschnitt der Jahre auf etwa 6 Mill. kg, die in der Hauptsache in dem vorderasiatischen Teil der Türkei gewonnen wurden. Die geographische Verteilung der Rohseidengewinnung illustriert nebenstehende Zusammenstellung. Insbesondere war die Seide von Brussa wegen ihrer Qualität auf dem Weltmarkt berühmt. Auch Seidenraupensamen wurde von Brussa vor allem nach den zentralasiatischen Ländern ausgeführt. Infolge der griechischen Besetzung und der nachfolgenden Auswanderung der dort ansässigen, in der Hauptsache Seidenbau treibenden griechischen Bevölkerung Brussas erlitt die türkische Seidenzucht einen außerordentlichen Verlust, den sie nur sehr schwer verwinden kann. Die an Stelle der Griechen angesiedelten Flüchtlinge aus Rumelien brachten den Tabakbau mit und ersetzten die Maulbeer- durch Tabakpflanzungen. Die Regierung in Angora läßt nichts unversucht, die Seidenraupenzucht wieder auf ihre alte Höhe zu bringen. So hat die Handelskammer von Brussa 1926 300000 und 1927 1 Million Maulbeerbäume verteilt und sucht durch Begünstigung der Zuwanderung und Schulung geeignete Arbeitskräfte als Ersatz für die abgewanderten Griechen heranzuziehen. 1913 führte die Türkei 14498 kg Seidenraupensamen, 485925 kg Kokons und 745701 kg Rohseide aus (mit Ausnahme von Beirut und Alexandrien), während bis 1927 die gesamte Kokonproduktion erst wieder 1 Mill. kg betrug — das sind etwa 90000 kg Rohseide. Im allgemeinen nimmt man an, daß 10% des Kokonertrages nach Frankreich ausgeführt, 90% dagegen im Lande selbst gehaspelt werden. Die Rohseide wiederum geht zum größten Teil ebenfalls nach Frankreich, wo man bei dem ständigen Rückgang der eigenen Rohseidengewinnung Hauptgewicht auf die asiatische Seide legt, und zu 30% nach England. In Brussa arbeiten etwa 12 Spinnereien mit 770 Haspeln. Die europäischen Gebiete der Kokongewinnung spielen gegenüber den kleinasiatischen Zuchtgebieten eine nur geringe Rolle und konzentrieren sich um Adrianopel.

	1913
Brussa	304706 kg
Ismid	51277 „
Adrianopel	61267 „
Adana	65604 „
Kreta	1267 „
Angora	2186 „
Sivas	7075 „
Schwarzes Meer	137 „
	493519 kg

f) Balkan und die österreichisch-ungarischen Nachfolgestaaten. Die gesamte Kokonproduktion des Balkans einschl. der österreichisch-ungarischen Nachfolgestaaten ist aus nebenstehender Aufstellung ersichtlich.

	1927
Griechenland	2875000 kg
Jugoslawien	970000 „
Bulgarien	2075000 „
Rumänien	500000 „
Ungarn	530000 „
Tschechoslowakei	45000 „

Sämtliche Balkanstaaten sind auf eifrigste bemüht, den Seidenbau zur Entfaltung zu bringen, und zwar insbesondere aus dem neumerkantilistischen Gedanken heraus, die Rohstoffversorgung der im Entstehen begriffenen und stark forcierten Seidenindustrie sicherzustellen. Sehr begünstigt wurden einzelne Länder durch die infolge der häufigen Balkankriege stattgefundenen Gebietsabtrennungen. Bekam nach Beendigung des zweiten Balkankrieges Bulgarien zunächst wertvolle Seidengebiete, so mußte es dieselben nach dem Weltkrieg in der Hauptsache an Griechenland und Jugoslawien abtreten. Insbesondere die griechische Seidenzucht nahm dadurch im Zusammenhang mit der Zuwanderung der griechischen Seidenbauer aus Brussa einen bemerkenswerten Aufschwung. Die griechische Regierung macht denn auch die größten Anstrengungen zur Förderung der Seidenraupenzucht und hat ein Institut für Seidenraupenzucht eingerichtet, wo sich die Züchter kostenlos 6 Monate lang alle wissenschaftlichen und technischen Berufskenntnisse aneignen können.

Die griechische Ernte verteilte sich 1927 folgendermaßen auf die einzelnen Zuchtgebiete:

Mazedonien	1000000	kg frische Kokons
West-Thrazien	700000	„ „ „
Thessalien	500000	„ „ „
Peloponnes	450000	„ „ „
Kreta	165000	„ „ „
Euböa	60000	„ „ „
insgesamt	2875000	kg

In Thrazien gab es 1923 7 Seidenspinnereien, sämtlich kleinere Betriebe, von denen der größte 200 Zisternen beschäftigt gegenüber 40—45, über die die kleineren Betriebe verfügen. Die Besitzer der Spinnereien, griechische Kapitalisten, vereinigen vielfach auch die Seidenzucht in ihren Händen. In der Nachkriegszeit ist in Saloniki eine Seidenspinnerei entstanden, deren Produktion sich allein von 7000 kg 1924 auf 300000 kg verarbeiteter trockener Kokons 1926 erhöhte. Gehemmt wird auch auf dem Balkan vielfach die Ausdehnung der Seidenzucht durch die mangelnde Absatzorganisation für Kokons, da im Lande selbst nur ungenügende Haspeleien bestehen. Der überwiegende Prozentsatz der getrockneten Kokons wird daher nach Italien, Frankreich und der Schweiz exportiert. So werden beispielsweise von der griechischen Kokonernte von insgesamt 2875000 kg etwa ein Drittel im Lande gehaspelt, der übrige Teil geht nach Marseille und Mailand.

Auch Bulgarien ist eifrig bemüht, durch Gründung von modernen Spinnereien dem Seidenbau eine gesicherte Absatzmöglichkeit zu schaffen. Die Kokonernte betrug 1927 2075000 kg, zu deren Weiterverarbeitung 5 Haspeleien mit 80 Bassins zur Verfügung standen. 1926 wurden 586769 kg trockene Kokons ausgeführt und nur 70680 kg mit einem Ergebnis von 8509 kg Rohseide in inländischen Haspeleien verarbeitet. Für die Verarbeitung der exportierten Kokonmengen könnten noch 600 Bassins im Inland neueingerichtet werden. Die eifrigen Bestrebungen, eine genügend große Haspeleiindustrie zur Verarbeitung der gesamten bulgarischen Kokonernte ins Leben zu rufen, werden gehemmt durch das Fehlen von Fachleuten und den Kapitalmangel.

Von welcher Bedeutung der gesicherte Absatz der Kokons für die Entwicklung des Seidenbaues ist, zeigt insbesondere die Steigerung der jugoslawischen Kokonernte von 111975 kg im Jahre 1919 auf annähernd 1 Mill. kg im Jahre 1927. Der größte Teil der jugoslawischen Ernte wird in staatlichen Fabriken gehaspelt und gelangt als Rohseide nach Mailand und Lyon. Die Produktion verteilt sich etwa zur Hälfte auf das Gebiet von Gulvgeli in Mittelserbien und die früheren österreichisch-ungarischen Gebiete von Agram und Neusatz (jetzt Zagreb und Novi-Sad).

Die rumänische Kokonernte betrug 1927 etwa 500000 kg, die sich je zur Hälfte etwa auf das Banat und Siebenbürgen verteilen. Auch hier sucht man durch staatlichen Aufkauf (vornehmlich aus französischen Zuchtanstalten) und Verteilung von Eiern die Seidenzucht zur Entwicklung zu bringen. Durch den Friedensvertrag von Trianon bekam Rumänien die ungarische Haspelei von Lugos, die nach einer durchgeführten Erweiterung als die größte Spinnerei des Landes jährlich 60000 kg getrocknete Kokons verarbeiten kann.

In der ehemaligen Donau-Monarchie wurde ein nennenswerter Seidenbau in den südlichen Bezirken Ungarns und in den italienischen Gebieten um Turin betrieben, das auf Grund des Friedensvertrages an Italien abgetreten wurde. Von den Nachfolgestaaten weist daher in der Nachkriegszeit nur noch Ungarn eine Seidenzucht von nennenswertem Ausmaß auf, der gegenüber die gesamte Kokonproduktion der Tschechoslowakei von 45000 kg 1927 kaum ins Gewicht fällt.

Das staatliche Interesse an der Seidenzucht hat in Ungarn bereits 1885 zur Einrichtung des Seidenbaues als Staatsmonopol geführt, eine Tatsache, die zweifellos auf die Entwicklung des ungarischen Seidenbaues von sehr günstigem Einfluß gewesen ist. Bei der Einrichtung des Staatsmonopols ging man von dem Gedanken aus, daß die Seidenraupenzucht nur bei Verwendung von einwandfreien und gesunden Eiern zu einer dauernden Entfaltung gebracht werden kann und eine der wichtigsten Aufgaben des Monopols ist daher die Beschaffung der zur Zucht notwendigen Eier. Den Höhepunkt erreichte die ungarische Ernte 1905 mit annähernd 2 Mill. kg und hatte damit den dritten Platz unter den europäischen Produzenten hinter Italien und Frankreich inne. In den ersten Nachkriegsjahren ging die Kokonernte unter den Auswirkungen des Krieges und der Gebietsabtretungen an Rumänien und Jugoslawien bis auf 50000 kg zurück, erreichte jedoch bis 1926 bereits wieder 500000 kg, was um so bemerkenswerter ist, als diese Summe die Vorkriegsproduktion auf dem jetzigen Rumpfgebiet um ein Drittel übertrifft. Die ungarischen Kokons wurden bereits vor dem Kriege im Inland versponnen und gelangten als Rohseide nach Mailand, Zürich und Lyon. Infolge des Rückganges der eigenen Produktion wurden in der Nachkriegszeit zur Ausnutzung der Leistungsfähigkeit — die Haspeleien können über 1 Mill. kg jährlich verarbeiten — Kokons aus Bulgarien und Italien importiert. Vor dem Kriege bestanden 9 Spinnereien mit 1176 Kesseln und 2650 Arbeiterinnen, in denen aus $1^1/_2$ Mill. kg abgehaspelten Kokons 130000 kg Grègen gewonnen wurden. Zur Erzeugung von Organzin und Trame wurde 1910 in Tolna die erste Seidenzwirnerei mit 4034 Spindeln eingerichtet, deren Erzeugnisse auch zur Ausfuhr gelangten. Der Friedensvertrag von Trianon beließ Ungarn nur 5 Spinnereien, und zwar in Tolna, Györ, Komárom, Békéscsaba und Mohács mit 456 Kesseln. Die Zahl der Spindeln belief sich 1921 auf 35576 und stieg bis 1926 auf 43226. Die tatsächliche Produktion der ungarischen Spinnereien betrug in den letzten Jahren etwa 25 bis 30000 kg Grège. Die Zahl der dabei beschäftigten Arbeiter beläuft sich auf etwa 1000.

g) Spanien. Jahrhundertelang hatte die spanische Seidenraupenzucht auf einer bemerkenswerten Höhe gestanden und insbesondere unter der maurischen Herrschaft bis zum 12. Jahrhundert den ersten europäischen Platz inne. Auch nach Vertreibung der Mauren blieb der Seidenbau einer der hauptsächlichsten Produktionszweige der spanischen Landwirtschaft und erst in Auswirkung der verheerenden Krankheiten des Seidenwurms um die Mitte des vorigen Jahrhunderts ging die Erzeugung rapide zurück. Während bis 1850 die Kokonernte durchschnittlich 10 bis 12 Mill. kg erreichte, machte diese um 1900 nur noch 884000 kg aus und erreichte auch bis 1925 erst wieder 10% der Ernte von 1850. Auch alle behördlichen Maßnahmen, wie zwangsweises Anpflanzen von

Maulbeerbäumen an den Landstraßen, Gewährung von Vorzugstarifen an die Raupenzüchter für den Transport von Maulbeerbäumen und Kokons sowie besondere Vergünstigungen an Spinnereien, Webereien und Fabrikanten beim Bezug von Maschinen und Werkzeugen, haben nur eine langsame Belebung bewirken können. Die Hauptursache des mangelnden Interesses der Landwirtschaft am Seidenbau trotz der günstigen klimatischen Verhältnisse liegt auch hier wieder in der mangelhaften Absatzorganisation für Kokons begründet. Die inländische Haspelei ist nur unbedeutend — 1925 bestanden 15 Spinnereien mit 200 Arbeitern —, so daß die getrockneten Kokons nach Italien und Frankreich zu sehr niedrigen Preisen ausgeführt werden müssen. An Rohseide wurden 1925 45566 kg im Werte von 2776526 Peseten (1666000 RM.) ausgeführt. Die geographische Verteilung der Kokongewinnung (1925) geht aus nachfolgender Aufstellung hervor:

Distrikt	Murcia	953000 kg
„	Valencia	150000 „
„	Albacete	25000 „
„	Tarragona	14500 „
„	Sevilla und Granada	12000 „
„	Aragonien	5000 „
		1159500 kg

h) Italien. Bis gegen Ende des vorigen Jahrhunderts war Italien erstes Rohseidenausfuhrland der Welt und nimmt auch jetzt noch die erste Stelle unter den europäischen Seidenbauländern ein. Qualitativ gilt die italienische Rohseide als die beste der Welt. Italiens Anteil an der Weltproduktion betrug 1871/75 30% und sank bis 1909/13 auf 16% und bis 1927 auf 9,5%. Die jährliche Durchschnittsernte an Kokons schwankt um 50 Mill. kg und zeigt seit 1890 folgende Zahlen:

1890	ca. 54	Mill. kg	
1900	„ 57	„ „	
1912	„ 47	„ „	
1914	„ 57	„ „	
1924	„ 49,42	„ „	
1925	„ 40,63	„ „	
1926	„ 41,33	„ „	
1927	„ 48,1	„ „	(Schätzung: Ente Nationale Serico).

Hauptzuchtgebiete sind die norditalienischen Provinzen: Lombardei, Piemont, Venezien, wo der Seidenbau die Hauptbeschäftigung der landwirtschaftlichen Bevölkerung darstellt; von einiger Bedeutung sind auch die Seidengebiete in Emilia, Toscana, den Marken und in Süditalien, vornehmlich in Calabrien. Die anteilmäßige Bedeutung der einzelnen Gebiete illustriert nebenstehende Aufstellung.

	1925
Piemont	7430000 kg
Ligurien	100000 „
Lombardei	10190000 „
Venetien und Ost-Friaul	11480000 „
Emilia	3410000 „
Toscana	1770000 „
Marken	2190000 „
Umbrien	190000 „
Latium	90000 „
Abruzzen und Molise	180000 „
Campanien	170000 „
Calabrien	1740000 „
Sizilien	120000 „
zusammen	39060000 kg
Ost-Friaul (Venetien)	290000 „
West-Venetien	1200000 „
Ost-Venetien	80000 „
zusammen	40630000 kg

Der italienische Seidenbau scheint trotz der günstigen klimatischen Verhältnisse und staatlichen Maßnahmen — Verteilung von $3^1/_2$ Millionen Maulbeerbäumen — auf seinem Höhepunkt angelangt zu sein, da zur weiteren Ausdehnung insbesondere die billigen Arbeitskräfte fehlen. Neben der Kokonproduktion für die Weiterverarbeitung besteht in Italien unter eifriger staatlicher Förderung eine stark ausgebildete Samenzucht, für die 150 Betriebe zur Verfügung stehen. Diese Samenzuchtbetriebe beschäftigen etwa 15000 Arbeiter und stellen im Durchschnitt 1 Mill. Unzen Eier im Werte von 67 bis 70 Mill. Lire (16 bis 17 Mill. Goldlire) her. Der Export an Zuchteiern, deren Qualität bekannt ist, geht insbesondere in die ausländischen Seidenbaugebiete, die ihre Kokons in die italienischen Haspeleien liefern, um auf diese Weise die Gleichmäßigkeit der Kokons zu sichern. 1926 exportierte Italien 3547 kg Seidensamen im Werte von über 4 Mill. Lire (1 Million Goldlire).

Auf der Grundlage des ausgedehnten italienischen Seidenbaues hat sich eine starke industriell betriebene Haspelei entwickelt, die sich ebenfalls in den norditalienischen Seidenzuchtgebieten konzentriert. Von den gesamten (1923) 48000 Spinnbecken befinden sich allein 28000 in der Lombardei, weitere 9000 in Venetien und 5000 in Piemont; eine ähnliche Verteilung zeigen die Spindeln. Die Gesamterzeugung von Rohseide wird für die Saison 1926/27 auf 5 Mill. kg geschätzt; 10% dieser Produktion stammt von eingeführten Kokons ausländischer Provenienz. Hauptlieferanten für trockene Kokons sind die Balkanstaaten und die vorder- und zentralasiatischen Seidenbauländer, die bisher über keine genügenden Haspeleien verfügten, jedoch, wie wir an anderer Stelle sahen, in der Nachkriegszeit um die Entwicklung derselben außerordentlich bemüht sind. Tatsächlich ist auch die italienische Einfuhr von trockenen Kokons von 2869900 kg 1925 bis auf 1531600 kg 1927 zurückgegangen. Die italienische Ausfuhr an Rohseide zeigt gegenüber der Vorkriegszeit einen erheblichen Ausfall. Diese Tatsache ist aber weniger auf einen Rückgang der italienischen Produktion zurückzuführen als darauf, daß Italien heute in weniger starkem Maße als Durchgangsland für Rohseide in Frage kommt. Der italienische Grègenimport, gezwirnt und ungezwirnt, hat sich von 2878000 kg 1913 auf 586000 kg 1927 ermäßigt, bei einem gleichzeitigen Rückgang der Ausfuhr von 7499000 kg auf 5240000 kg; der Rückgang der Einfuhr beträgt mithin 80%, während die Ermäßigung der Ausfuhr nur 30% ausmacht. An der Spitze der Bezugsländer für italienische Grègen stehen Frankreich, die Schweiz und Deutschland, denen sich Nordamerika, Österreich und Spanien anschließen. Bemerkenswert ist die überaus starke Ermäßigung des italienischen Rohseidenexports nach Nordamerika, der allein von 1925 bis 1927 von 776300 kg auf 195400 kg zurückgegangen ist. Neben der Haspelei besteht in Italien eine sehr stark ausgebaute Industrie zur Verarbeitung der bei der Haspelei entstehenden Abfälle und der für die Grègengewinnung ungeeigneten Kokons (Schappeindustrie), die eine annähernde jährliche Produktion von 1700000 kg Garn im Werte von 350 Mill. Lire (87,5 Mill. Goldlire) 1926 aufweisen. Vor allem in der Nachkriegszeit zeigt die Abfallindustrie eine beträchtliche Entwicklung, was insbesondere daraus hervorgeht, daß bei gleichbleibender Ausfuhr an rohen Seidenabfällen die Einfuhr sich versiebenfacht hat. Die Ausfuhr an Schappegarnen bleibt gleichzeitig gegenüber der Vorkriegszeit in etwa die gleiche, so daß also die starke italienische Einfuhr an Seidenabfällen auf das Konto des inneritalienischen Bedarfs zu verbuchen ist. Während Italien die rohen Abfälle und Abfallseiden in der Hauptsache aus China, Japan, daneben auch aus Frankreich und der Schweiz bezieht, liefert es selbst dieselben vorwiegend nach der Schweiz, Frankreich, Deutschland, England, Nordamerika und Britisch-Indien.

Von den 543000 italienischen Zwirnspindeln befinden sich ebenfalls 434000 in der Lombardei und 103000 in Piemont. Die Gesamtproduktion der Zwirnerei betrug 1926/27 2,5 Mill. kg gegenüber 4 Mill. kg der Vorkriegszeit. Der Rückgang kommt in der Ausfuhr nicht in dem Maße zum Ausdruck; zwar geht die Ausfuhr von gezwirnter Seide von 2833 Mill. kg 1913 auf 2103 Mill. kg 1927 zurück, jedoch steigt der Anteil der Ausfuhr von 66% auf 80% der Gesamtproduktion plus Einfuhr (das sind 70 bzw. 80% der Gesamtproduktion).

Die Gesamtzahl der in der italienischen Haspelei, Spinnerei und Zwirnerei beschäftigten Arbeiter beträgt insgesamt 260000, die sich für die Saison 1926/27 folgendermaßen verteilen:

In der Seidenhaspelei	130000
„ „ Spinnerei	95000
„ „ Zwirnerei	25000
„ „ Schappespinnerei	10000
	insgesamt 260000 Arbeiter.

i) Frankreich. Das dritte der westeuropäischen Länder, das nennenswerten Seidenbau betreibt, ist Frankreich. Die Ernte an Kokons betrug 1913 4423000 kg, eine Menge, die in der Nachkriegszeit noch nicht wieder erreicht worden ist. Während in den letzten Vorkriegsjahren die Kokonernte durchschnittlich 5 Mill. kg ausmachte, erreichte sie bis 1927 erst wieder 3654000 kg. Die Kokongewinnung betrug:

1910	4270000 kg
1911	5107000 „
1912	6279000 „
1913	4423000 „
1914	5067000 „
1925	3390000 „
1926	3173000 „
1927	3654000 „

Auch für Frankreich lag die Blütezeit des Seidenbaues in der Mitte des vorigen Jahrhunderts, wo die Kokonernte bis 26 Mill. kg betrug (1850). Raupenkrankheiten, Arbeitermangel und vor allem die starke asiatische Konkurrenz haben die französische Kokongewinnung bis auf 5 Mill. kg in der Vorkriegszeit herabgehen lassem. Als Ersatz für die eigene Kokonernte gibt sich die französische Regierung die erdenklichste Mühe, den Seidenbau in ihren Kolonien Indochina, Nordafrika, auf einen Stand zu bringen, der die Versorgung der französischen Seidenindustrie sicherstellt. Hauptproduktionsgebiete sind die Gebirgsgegenden der Cevennen und der Dauphiné (Departements Gard, Ardèche, Drôme, Var, Vaucluse), denen sich die Alpenvorländer mit geringerer Bedeutung anschließen. Der Rückgang des französischen Seidenbaues geht vor allem auch daraus hervor, daß 1927 nur noch 70254 Personen gegenüber 90517 Personen 1913 im Seidenbau beschäftigt waren. Die französische Regierung ist außerordentlich bemüht, die Seidenzucht und die sich darauf aufbauende weiterverarbeitende Industrie zu erhalten und war bereits durch Gesetz von 1892 zu einem umfangreichen Prämiensystem übergegangen. So betrug 1909 die gezahlte Prämie etwa 20% des Verkaufspreises für Kokons; infolge des Währungsverfalls hatte sie sich allerdings bis 1927 auf 2,5% ermäßigt; Anfang 1928 wurden die Prämien teilweise aufgewertet, so daß sie nun ungefähr 10% des Verkaufspreises der Kokons ausmachen. Ein ähnliches Prämiensystem besteht für die französischen Haspeleien mit einer Differenzierung für die Verarbeitung von einheimischen und ausländischen Kokons, ohne jedoch auch hier die rückläufige Bewegung aufhalten zu können. 1892 bestanden 238 Haspeleien mit 8154 Spinnbecken, die sich 1898 bis zu dem Höhepunkt von 273 Haspeleien mit 11823 Becken steigerten, um dann in ständigem Abstieg bis auf 4033 Spinnbecken (1925) zu sinken. Diese Tatsache wird noch unterstrichen durch die starke Steigerung der Einfuhr an Seidengarn bei gleichzeitigem Rückgang der Einfuhr an Kokons.

Außer der Haspelei besteht in Frankreich eine starke Schappespinnerei, die neben der schweizerischen die bedeutendste der Welt ist. Die Gesamtproduktion beträgt etwa 2,5 bis 3 Mill. kg, von denen $^1/_3$ in der Hauptsache nach der Schweiz, England und Belgien ausgeführt wird. Ähnlich wie in der Schweiz ist auch in Frankreich die Schappespinnerei kapitalistisch sehr gut durchorganisiert.

Die französische Zwirnerei hat sich im Gegensatz zu der Rohstofforientierung der italienischen an die Weberei angelehnt und konzentriert sich daher in den Bezirken von Lyon und St. Etienne. Die Gesamtproduktion der französischen Zwirnerei ist von über 3 Mill. kg 1889 bei einer Gesamtzahl von über 1 Mill. Spindeln auf zurzeit etwa $1^1/_2$ Mill. kg zurückgegangen. Ursache des Rückganges ist vor allem die starke italienische Konkurrenz, die durch die Tatsache entsprechend unterstützt wird, daß seit Einführung des französischen Zolles auf gezwirnte Seiden (1892) der Handel in denselben fast ausschließlich auf Mailand übergegangen ist. Die Ausfuhr betrug 1910 noch etwa $1^1/_2$ Mill. kg (also 50%), erreichte jedoch in der Nachkriegszeit nur noch höchstens $^1/_3$ der Gesamtproduktion.

k) Die übrigen Seidenindustrieländer: Schweiz, Deutschland, England, Nordamerika. Weder den übrigen Seidenindustrieländern Europas noch Nordamerika ist es gelungen, auf die Dauer einen eigenen Seidenbau großzuziehen. Die vielfachen Versuche hatten nur so lange Erfolg, als sie durch umfangreiche Staatsprämien unterstützt wurden. Man kann die klimatischen Verhältnisse in diesen Ländern nicht unbedingt als ungünstig bezeichnen, absolut unmöglich wird die Seidenzucht aber deshalb, weil die Kokonpreise von Ostasien von den dortigen Kulilöhnen diktiert werden und daher die Rentabilität eines Seidenbaues, der mit selbst den niedrigsten schweizerischen und deutschen Landarbeiterlöhnen zu rechnen hätte, ausgeschlossen erscheint. Es ist sicher kein Zufall, sondern die Auswirkung des Übergewichts der auf Grund der gesamten wirtschaftlichen und sozialen Verhältnisse bedeutend billigeren ostasiatischen Produktion, daß trotz aller behördlichen und privaten Propaganda und aktiver Unterstützung selbst die französische und spanische Seidenzucht, die zeitweise an der Spitze des europäischen Seidenbaues standen, im Rückgang begriffen sind.

Dagegen haben sich auch in den nicht seidenbautreibenden Ländern Industrien entwickelt, die an sich rohstofforientiert sind, sich in der Schweiz und Deutschland jedoch losgelöst von der Rohstoffbasis an die weiterverarbeitenden Industrien anlehnen; das sind einmal die Zwirnerei für Rohseide und die Schappespinnerei und -zwirnerei.

Die Seidenzwirnerei ist bereits seit dem Mittelalter in der Schweiz ansässig und in der Hauptsache um Zürich konzentriert. Ihre Produktion betrug vor dem Kriege etwa 300000 kg jährlich — in der Hauptsache Trame, während die Zwirnerei für Organzin nur unbedeutend ist —, denen 1925, in der Hauptsache aus modischen Gründen, nur 130000 bis 150000 kg gegenüberstehen. Als Ersatz für den Produktionsausfall ist das Herstellen von Kreppseide und das Zwirnen von Kunstseide aufgenommen worden. An die Zwirnerei schließt sich die Gewinnung von Näh- und Stickseide an; sie wurde aus natürlicher Seide 1925 in einer Menge von etwa 50000 kg hergestellt. Als Ausfuhrindustrie kommt die Seidenzwirnerei nicht in Frage, da sowohl in der Vor- als auch in der Nachkriegszeit ein beträchtlicher Einfuhrüberschuß besteht. An Näh- und Stickseide in Aufmachungen für den Kleinverkauf wurden 1913 38600 kg ausgeführt, die sich bis 1926 auf 76800 kg und bis 1927 auf 234800 kg erhöhten, von denen 124100 kg aus Naturseide und Seidenabfällen und 110700 kg aus Kunstseide hergestellt waren. Als wichtigste Absatzgebiete sind Deutschland, Frankreich, Großbritannien mit den Dominions und die nordischen Staaten zu nennen.

Die schweizerische Schappespinnerei ist mit der französischen die bedeutendste der Welt und beschäftigte am 31. Juli 1924 183250 Spinn- und 81512 Zwirnspindeln. Dem in der Schweiz verbleibenden Einfuhrüberschuß an Abfallseiden und ungezwirnter Florettseide in einer Gesamtmenge von 1913 2109 t, 1925 2401,1 t, 1927 1834,8 t stand ein Ausfuhrüberschuß von gezwirnter Florettseide von 1913 1212,1 t, 1925 1247,9 t und 1927 1001 t gegenüber.

Auch in Deutschland hat sich seit Beginn des 19. Jahrhunderts eine Schappespinnerei und -zwirnerei eingebürgert, deren Umfang durch die Zahl von etwa 84000 Spinn- und 75000 Zwirnspindeln (Produktionserhebung 1910) gekennzeichnet wird. Die Betriebe befinden sich in der Hauptsache in Süddeutschland. Hergestellt wird im wesentlichen Schappenähseide, die vor dem Kriege zu 70%, in der Nachkriegszeit zu etwa 50% exportiert wird. Die absolute Höhe der Ausfuhr betrug:

1913	257300 kg	im Werte von 7,5 Mill. RM.
1925	198600 ,,	,, ,, ,, 9,2 ,, ,,
1927	396200 ,,	,, ,, ,, 12,5 ,, ,,

III. Der Rohseidenhandel.

Der ostasiatische Rohseidenhandel liegt in Händen zweier Gruppen, die im ganzen genommen in China wie in Japan in derselben Form auftreten:

1. Eingeborene Händler, die in der Hauptsache unter starker Förderung der Regierung die Aufgabe des Sammelns der Rohseide in den weitläufigen Produktionsgebieten zu erfüllen haben und ihrerseits die Seide an die Exporthäuser der Hafenstädte Shanghai und Kanton liefern.

2. Die Exporthäuser der Hafenstädte.

Im Gegensatz zu den eingeborenen Händlern des Binnenlandes sind die Exporthäuser in China ausschließlich in ausländischen Händen, in der Mehrzahl Niederlassungen der Handelsfirmen der europäischen Hauptseidenplätze Mailand, Lyon, Zürich, und erst in neuester Zeit wird von einem Eindringen des chinesischen Elementes in diese Exporthäuser berichtet. Der Export in Shanghai 1921/22 ging ausschließlich über 37 große Handelshäuser, von denen

11 französische,	3 indische,
9 englische,	2 amerikanische,
5 Schweizer,	2 japanische
3 italienische,	

Firmen waren.

In Kanton bestanden zu derselben Zeit

9 französische,	3 japanische,
9 englische,	2 Schweizer,
3 amerikanische,	1 italienische

Firmen.

Die chinesischen eingeborenen Händler sind in der ,,Shanghai" und der ,,Canton Guild" organisiert, denen die Vereinigungen der ,,Shanghaier" und ,,Canton foreign Silk Association" gegenüberstehen. Von dem gesamten chinesischen Rohseidenexport gehen etwa $^2/_3$ über Shanghai und $^1/_3$ über Kanton. Das Übergewicht Shanghais resultiert einmal aus der geographischen Lage mit der Hauptseidenprovinz Tschekiang als Hinterland, und sodann daraus, daß sich seit 1922 dort eine Konditionierungsanstalt befindet.

In Japan besteht eine Rohseidenbörse in Jokohama, wo eine Standardqualität „Nr. 1 Shinshin filaturi" gehandelt wird. Im übrigen ist der Geschäftsverkehr ein ähnlicher wie in China. Die Verbindung zwischen den Exporthäusern und den Haspeleien bilden Kommissionäre. Die Vereinigung der Exporteure in Jokohama „Association of Foreign raw and Waste Silk Merchants of Jokohama" umfaßte 1922:

10 japanische,	3 italienische,
8 französische,	2 englische,
5 Schweizer,	1 amerikanische

Firmen.

In Europa sind die Hauptseidenmärkte Mailand, Lyon, Zürich und speziell für Schappe auch Basel. Die europäischen Märkte verlieren ganz naturgemäß in dem Maße an Bedeutung, wie die europäischen Rohseidenproduzenten ihre führende Stellung in der Weltversorgung an Ostasien abgeben mußten. So hat sich mit dem Wachsen des amerikanischen Verbrauchs New York als der bedeutendste Seidenhandelsplatz herausgebildet und die europäischen Märkte, auf denen bis in die Vorkriegszeit auch Nordamerika in erheblichem Umfang seinen Bedarf befriedigte, spezialisieren sich auf die Versorgung der europäischen Industrie. Der älteste und lange Zeit der einzige europäische Seidenmarkt ist Lyon, das dank seiner Messe bereits im 16. Jahrhundert sowohl die französische wie auch die italienische, spanische und vorderasiatische Seide an sich zog. Eine vorübergehende Konkurrenz entstand gegen Ende des 17. Jahrhunderts in Amsterdam für die indische und chinesische Rohseide, das aber dann bald mit der Seeherrschaft auch seine Bedeutung als Seidenhandelsplatz an London abtreten mußte. Bis etwa zur Mitte des 19. Jahrhunderts konnte sich London sein Gewicht als Markt für asiatische Seiden bewahren, und selbst Lyon mußte sich letztere in London beschaffen. Mit der Eröffnung des Suezkanals, der Gründung französischer Schiffahrtslinien nach Ostasien und der Niederlassung französischer Banken in China, ging auch die ostasiatische Seide auf Lyon über, und erst New York konnte ihr dieselbe wieder entziehen. Zwar spielt auch jetzt immer noch die ostasiatische Seide für den Lyoner Bedarf dank des stark französischen Einschlags in den ostasiatischen Handelshäusern eine bedeutungsvolle Rolle, die Verminderung setzt sich jedoch fort. Neben die ostasiatische Seide treten die italienische und vorder- und zentralasiatische, die nach den Kriegsverlusten wieder in allmählichem Steigen begriffen ist. Bereits bevor der amerikanische Bedarf zur direkten Versorgung in Ostasien überging, machte Mailand Lyon den Rang als Haupthandelsplatz für Rohseide streitig. Begünstigt wurde Mailand insbesondere durch das Übergewicht der italienischen Eigenproduktion, den Bau der großen Alpentunnels, die die Verbindung zu den Industrieländern Schweiz und Deutschland erleichterten, und die günstige Lage zu den vorder- und zentralasiatischen Seidenbaugebieten. Konnte sich bis dahin Mailand nur als Handelsplatz für rohe Seide durchsetzen, so ging seit Einführung des französischen Zolles auf gezwirnte Seide (1892) auch das Schwergewicht des Handels mit gezwirnter Seide auf Mailand über, das nunmehr mengenmäßig an der Spitze der europäischen Seidenhandelsplätze steht. Die Bedeutung Mailands geht daraus hervor, daß in der Vorkriegszeit fast $^1/_3$ der gesamten in Europa und Amerika verarbeiteten Rohseide über den italienischen Handelsmarkt ging. Im Durchschnitt der Jahre 1903/13 betrug die Menge, die über den italienischen Markt ging, 8,5 Mill. kg; bis 1926/27 dagegen hatte sich diese Menge auf 6 Mill. kg ermäßigt, das sind etwa $^1/_7$ des Weltverbrauchs. Der Rückgang ist auf die Selbstversorgung Amerikas zurückzuführen, was daraus hervorgeht, daß Italien vor dem Kriege mit 11% und nach dem Kriege nur noch mit 1,7% an der amerikanischen Einfuhr beteiligt war. Neben Mailand und Lyon hat sich Zürich zu einem bedeutungsvollen Seidenhandelsplatz entwickelt, dessen Gewicht bereits in der Vorkriegszeit, in viel stärkerem Maße aber in der Nachkriegszeit, durch die Rolle Zürichs als Kapitalmarkt unterstrichen wird.

Während die vorstehend genannten Märkte Mailand, Lyon, Zürich und Basel für den Seidenhandel von internationaler Bedeutung sind, bestehen neben denselben noch eine Reihe von Handelsplätzen, wie St. Etienne, Como, Turin, Elberfeld, Krefeld, die, inmitten der nationalen Weberei gelegen, jedoch nur eine lokale Bedeutung haben. Auch New York ist lediglich Verteilungsstelle für den amerikanischen Bedarf, erlangt aber eine internationale Bedeutung für die Preisbildung durch die beherrschende Stellung, die Nordamerika als Hauptseidenverbraucher zukommt. Das mengenmäßige Verhältnis zwischen Mailand, Lyon, Zürich und den anderen lokalen Handelsplätzen geht aus folgender Aufstellung hervor, dem die auf den einzelnen Märkten vorgenommene Konditionierung zugrunde liegt:

Seidentrocknungsanstalten:
in 1000 kg.

	1912	1925	1926	1927
Mailand	9832,2	7597,2	7038,9	6410,9
Lyon	8222,7	6559,2	6608,9	5781,9
Zürich	1505,9	837,9	726,1	937,3
St. Etienne	1363,9	429,5	420,3	291,8
Como	274,8	341,7	301,1	270,2
Turin	540,4	282,2	261,8	256,0
Basel	796,0	197,7	156,2	298,3
Elberfeld	773,6	91,9	67,9	77,0
St. Chamond	297,7	59,4	60,1	—
Avignon	216,2	41,2	37,5	18,4
Krefeld	587,0	27,1	30,9	32,1
	24401,4	16465,0	15709,7	14373,9
Andere	1018,3			
	25419,7			

Träger des Rohseidenhandels sind meistens sehr alte und finanzkräftige Handelshäuser, die organisatorisch zusammengeschlossen sind. Die einzelnen Firmen sind vielfach auf die Rohseide bestimmter Produktionsgebiete spezialisiert, andere wiederum lassen die Rohseide in eigenen oder fremden Betrieben zwirnen und bringen sie erst dann auf den Markt. Die einzelnen Rohseidenmärkte sind keine Börsen; die Organisation ist vielmehr so, daß die Usancen und die Klassifikationen der Rohseide von den Handelskammern im Einvernehmen mit den betr. Verbänden festgesetzt werden, und auch die Zusammenkünfte unter der Kontrolle der Handelskammern stattfinden. Auch die veröffentlichten Preise tragen keinen amtlichen Börsencharakter, sondern sind die Preise der getätigten privaten Geschäfte. Der Verkauf geschieht entweder direkt an die Weiterverarbeiter, oder durch Agenten. Für die Levanteseide trat der Seidenhändler vielfach nur als Kommissionär auf, jedoch ist diese Geschäftsform in der Nachkriegszeit im Verschwinden begriffen.

Die Bestrebungen, bereits in der Vorkriegszeit den Seidenmarkt in Lyon in Form einer Seidenbörse zu organisieren, sind an den angeblich schlechten Erfahrungen der Börse in Jokohama gescheitert und haben auch bis heute zu keinem Erfolg geführt. Dagegen ist Anfang April 1928 in New York die „National Raw Silk Exchange Inc" zum börsenmäßigen Handel von Rohseide gegründet worden. Bereits im Juli 1927 war Mailand mit der Einrichtung einer Kokonbörse voraufgegangen.

Der Handel der Rohseide erfolgt nach dem Titre, der die Feinheit des Rohstoffes angibt. Grundlage für die Berechnung des Titres bildet das Gewicht eines 450 m langen Rohseidenfadens, das in einer Einheit Den. = 0,5 g — seinen Ausdruck findet. Für die Feststellung der Titre und vor allem die Prüfung des Feuchtigkeitsgehaltes der Seide, die handelsbräuchlich nicht mehr als 11% Wasser enthalten darf, sind öffentliche Konditionierungsanstalten eingerichtet.

IV. Die Weltproduktion von Seidengeweben.

a) Ostasien (China, Japan, Britisch-Indien). Die ostasiatischen Webereien sind fast ausschließlich auf die Versorgung des Binnenmarktes eingestellt und, soweit eine Ausfuhr in Frage kommt, besteht dieselbe in der Hauptsache aus Spezialgeweben. Die Weberei geht im allgemeinen in Hausbetrieben vor sich, die naturgemäß gegenüber den qualitativen Erzeugnissen der modern eingerichteten Industrie Europas oder Nordamerikas nicht konkurrieren können. In China werden in neuester Zeit lebhafte Anstrengungen gemacht, die Weberei auf einen modernen Stand zu bringen. Bahnbrechend auf diesem Gebiet ist das „Tschekiang Technical College" in Hangtschou, das besondere Kurse für Maschinenweber und Färber unterhält. Infolgedessen steht die Weberei in Hangtschou an der Spitze der chinesischen Seidenindustrie. Große Erfolge hat ferner das College auf dem Gebiet des Musterzeichnens aufzuweisen, indem es Musterzeichner ausbildet, die nunmehr statt der Künstler der alten Schule mit ihrer Anhänglichkeit an überlieferte Muster die Grundlage für eine moderne Musterung der chinesischen Gewebe geben. Die Hangtschouer Seidenwebereien haben entweder ihre eigenen Musterzeichner oder aber geben ihre Aufträge an Spezialanstalten für Musterzeichnen, deren es in Hangtschou etwa 70 gibt. Im ganzen bestanden 1924 in Hangtschou 11 moderne mechanische Seidenwebereien mit 460 Webstühlen und in Shanghai 8 Seidenwebereien. Daneben gibt es noch in einigen anderen Städten moderne Webereibetriebe, die sich vielfach Haspeleien angegliedert haben. Auch für die Tussahseide werden moderne Webereien eingerichtet. So besteht beispielsweise eine in Tschifu, während die Webereien im Osten der Provinz Shantung, etwa 191 Betriebe mit 6500 Webstühlen, im wesentlichen noch nach einheimischen Methoden fabrikmäßig arbeiten. Letztere weisen eine Jahresproduktion von etwa 981000 Pieces auf. Die gesamte chinesische Ausfuhr an Seidengeweben betrug 1913: 33928 Piculs (205000 kg) im Werte von 20 Mill. Taels (55 Mill. RM.) und erreichte 1925: 31925 Piculs (193000 kg) im Werte von 23202000 Taels (74 Mill. RM.). Sie umfaßt die bekannten chinesischen Gewebe wie Pongées, Honan und Shantungseide. Hauptabnehmer sind Britisch-Indien, Amerika, Frankreich und Großbritannien, denen sich die übrigen europäischen Länder mit geringen Mengen anschließen.

Auch der japanischen Weberei kommt bei weitem nicht die Bedeutung für die japanische Volkswirtschaft zu wie der Rohseidengewinnung, jedoch gelingt es dem japanischen Eifer im wachsenden Maße, sowohl auf dem europäischen als auch amerikanischen Markt als ernsthafter Konkurrent aufzutreten. Begünstigt wird die Konkurrenzkraft der japanischen Seidenwebereien insbesondere durch den Überfluß an billigen Arbeitskräften, der im Lande herrscht, und die reichliche Versorgung mit Rohmaterial. Es werden außerordentliche Anstrengungen gemacht, die seit Jahrhunderten überlieferten primitiven Webmethoden durch die moderne mechanische Herstellungsweise zu ersetzen. Die Entwicklung der Industrie in dieser Richtung macht riesige Fortschritte. Die Gesamtzahl der Webstühle beträgt 1926 40000 und besteht zu $^1/_{10}$ aus Handstühlen und $^9/_{10}$ aus mechanischen Stühlen; 1909 zählte man noch 40000 Handstühle und nur etwa 8000 mechanische Stühle; letztere haben sich demnach in den letzten 20 Jahren fast verfünffacht, während die Zahl der Handstühle in derselben Zeit auf den zehnten Teil gesunken ist. Hauptproduktionsgebiete sind die Provinzen Fukui mit 19300 Webstühlen, davon 855 Handwebstühle, Ishikawa mit 15700 Webstühlen, davon 300 Handwebstühle und Fukushima mit 5000 Webstühlen, davon 2285 Handwebstühle.

Die japanische Produktion an Seidengeweben hat 1926 402,8 Millionen Yen (800 Millionen Mark) betragen, davon entfielen 74 Millionen auf Habutais und 103 Millionen auf Kreppgewebe. Von den Habutais wurden nur 50% auf dem Inlandsmarkt abgesetzt, während die Erzeugung an Kreppgeweben zu 75% zur Befriedigung der japanischen Nachfrage diente. Die japanische Gewebeausfuhr betrug insgesamt:

1924:	126 Millionen Yen	(218 Millionen RM.)
1925:	117 „ „	(200 „ „)
1926:	133 „ „	(263 „ „)
1927:	141 „ „	(280 „ „)

Den Hauptposten der Ausfuhr stellen die japanischen Habutaigewebe, deren Exportbedeutung allerdings erheblich nachgelassen hat; während sie 1913 noch 72% der gesamten Gewebeausfuhr ausmachen, ist ihr Anteil 1927 auf 27% gesunken. Hauptabnehmer für die japanischen Gewebe sind Nordamerika, England, Britisch-Indien, Frankreich, sowie die übrigen Länder mit geringeren Mengen. In den Jahren 1926 und 1927 treten Australien und Kanada in sehr starkem Maße als Käufer japanischer Seidenwaren auf, so daß Australien 1926 sogar Nordamerika, den bisher größten Abnehmer, überflügelt. Bis 1922 gingen noch 92% der japanischen Gewebeausfuhr über Yokohama; ähnlich wie bei der Rohseide, jedoch in einem viel stärkerem Maße und anscheinend von größerer Dauer, brachte auch hier das Erdbeben von 1923 einen Umschwung. Bereits 1923 gingen 37,5% der Gewebeausfuhr über Kobe, eine Menge, die sich 1924 bis auf 90% erhöhte. Die Ausfuhr an Habutais erfolgt heute beinahe ausschließlich über Kobe. Die Stadt Kobe ist aufs eifrigste bemüht, ihrer Stellung als zweiter Seidenhafen Japans neben Yokohamas auch die behördliche Anerkennung zu erringen, stößt bisher jedoch auf wenig Gegenliebe, und zwar insbesondere aus dem Gesichtspunkt heraus, durch Zentralisierung des gesamten japanischen Seidenhandels in Yokohama die Einheitlickeit der Preisgestaltung und damit eine Abwehr gegen das Übergewicht der neu errichteten Seidenbörse in New York zu gewährleisten. Nach den letzten Nachrichten ist auch für Kobe die Einrichtung einer Rohseidenbörse geplant.

Die Weberei in Britisch-Indien geht heute noch in überwiegendem Maße in Hausbetrieben vor sich, die sich in der Hauptsache in den bengalischen Gebieten in und um Murshidabad, Rangpur und Jalpaiguri in dem Distrikt von Benares, Birma, Mysore, Madras, Kashmir befinden. Hinzu kommen einige Webereien in Bombay und vor allem in Surat, wo insbesondere Gewebe mit Gold- und Silberfäden (Brokate) hergestellt werden. Vielfach nehmen diese Hausbetriebe ihre Aufträge von Kaufleuten, den sogenannten „master weavers" entgegen, an die sie ihre gesamte Produktion zu ganz minimalen Preisen abliefern müssen. Die benötigten Seidengarne werden in der Hauptsache aus China eingeführt (jährlich etwa 2 Mill. engl. Pfund), da der Faden der inländischen Produktion noch nicht die chinesische Feinheit und Regelmäßigkeit erreicht hat. Die Gesamtzahl der Webereien betrug um 1910 etwa 80, während 1924 nur noch 60 feststellbar waren. Zwei der bedeutendsten Webereien bestehen in Bombay und Kalkutta. Absolut gesehen ist die indische Ausfuhr ganz minimal, jedoch tritt in ihr eine bemerkenswerte Verschiebung in der Nachkriegszeit insofern auf, als sich das Hauptgewicht in zunehmendem Maße von den reinseidenen Geweben auf Mischgewebe verlegt. Während sich 1923/24 die Gesamtausfuhr von 186674 Yards noch mit 155296 Yards auf reinseidene und 31378 Yards auf Mischgewebe verteilte, betrug der Anteil der Mischgewebe 1925/26: 191122 und der reinseidenen Gewebe nur noch 56402 Yards. Hauptausfuhrhäfen für Seidenwaren sind Kalkutta und Madras, wo in der Hauptsache englische Häuser die Ausfuhr übernehmen. Hauptausfuhrwaren sind bedruckte Pongées und pongéeartige Rohgewebe, die insbesondere nach Frankreich und England gehen. Die indische Weberei reicht bei weitem nicht zur Deckung des inländischen Bedarfs aus, so daß noch beträchtliche Mengen eingeführt werden müssen, und der indische Markt ein umstrittenes Absatzgebiet der Seidenindustrieländer darstellt. Praktisch beherrscht Japan den indischen Markt, das insbesondere durch die ihm leichter fallende Einstellung auf den indischen Geschmack im Vorteil ist. Neben Japan treten vor allem noch China, England — letzteres auch in der Hauptsache als Durchgangsland für die Artikel anderer Länder —, Frankreich und Italien in den Vordergrund. Auch Deutschland weist in den letzten Jahren eine zunehmende Steigerung seiner Ausfuhr nach Britisch-Indien, insbesondere in kunstseidenen und halbseidenen Geweben auf; sein Anteil an der gesamten indischen Einfuhr betrug 1926: 6%, das sind 6% der deutschen Gesamtausfuhr an Seidengeweben. Die Einfuhr geht über Bombay und Kalkutta unter der Regie indischer Einfuhrfirmen, die allerdings häufig unter der Kontrolle japanischer, englischer, französischer oder auch chinesischer Häuser stehen.

Die Weberei Indochinas ist absolut unbedeutend und kommt für die Ausfuhr nicht in Frage.

b) Zentral- und Vorderasien. Als die Reste aus der Blütezeit der persischen Seidenweberei fanden sich im 19. Jahrhundert in Meschhed noch 1200 Stühle und in Yesd 1800 Betriebe mit 9000 Arbeitern. Bereits vor dem Kriege jedoch wurde den inländischen Webereien auf Grund der Vorliebe der begüterten Kreise für europäische Waren der Absatz immer mehr beschnitten, eine Erscheinung, die in der Nachkriegszeit in verstärktem Umfang auftritt. Auch in den übrigen zentral- und vorderasiatischen Gebieten befindet sich die Weberei in absolut primitiven Zustand und ist daher völlig bedeutungslos. Von einiger Bedeutung sind die syrischen Webereien in Aleppo, Damaskus, Home und Hama für die Herstellung von Kopftüchern und auch Seidengewändern aus der syrischen Rohseide, die von den angrenzenden Ländern aufgenommen werden.

Auf dem gesamten asiatischen und europäischen Gebiet der Türkei gibt es 42 Seidenwebereien mit einer Gesamtproduktion von 80000 m Gewebe (etwa 5000 kg) jährlich. Die motorischen Triebkräfte übersteigen nicht 50 PS, und auch in Brussa, dem Seidenzentrum, gibt es keine modern eingerichtete Seidenweberei. Neben Brussa bestehen Seidenwebereien von einiger Bedeutung in Konstantinopel, Charput, Sivas, Diarbekir und Adalia. Hergestellt werden in der Hauptsache Crêpe de Chine, Crêpon, Pongée und speziell in Smyrna seidene Teppiche und Decken. Die türkischen Seidenwebereien reichen bei weitem nicht zur Deckung des inländischen Bedarfs aus, so daß beispielsweise 1924: 240000 kg Seiden- und Kunstseidengewebe trotz des hohen Seidenzolles eingeführt wurden. Benachteiligt sind die inländischen Webereien insofern, als die Rohseide zunächst in Konstantinopel durch die fremden Unternehmer sortiert wird und nur die schlechteren Qualitäten in die inländischen Webereien gelangen. Die türkischen Verbrauchskreise für Seidengewebe ziehen daher die qualitativ bessere ausländische Ware vor. Hinzu kommt, daß die türkischen Gewebe den ausländischen hinsichtlich der modernen Musterung bei weitem nachstehen. Einem modernen

Aufbau der Webereien steht vor allem der Kapitalmangel entgegen und nur eine großzügige Unterstützung der Regierung vermöchte Wandel zu schaffen.

c) Balkan. Ähnlich wie für den Seidenbau verdankt Griechenland auch für seine Seidenweberei den Flüchtlingen aus Brussa einen außerordentlichen Ansporn, so daß man die griechische Seidenindustrie geradezu die „Flüchtlingsindustrie“ genannt hat. Einen besonderen Unterbau erhielt die Tätigkeit der Flüchtlinge durch die tatkräftige Unterstützung, die sie bei griechischen Kapitalisten fand. Die griechische Seidenindustrie soll heute bereits in der Lage sein, den gesamten inländischen Bedarf sowohl an Seidengarnen als auch -geweben zu decken, so daß die Einfuhr ständig zurückgeht. Die Entwicklung der gesamten Produktion illustriert die Tatsache, daß von der gesamten im Lande gewonnenen Rohseide, die

1923 . . . . . . 57500 kg und
1924 . . . . . . 75000 „

betrug, 1923 43% und 1924 nur 33% exportiert wurden. Der Rest wurde von der griechischen Weberei zu Stoffen, Bändern und Garnen verarbeitet. Die gesamte griechische Seidenproduktion belief sich 1927 auf 400000 kg im Werte von 72 Mill. Drachmen (3900000 RM.), von denen für 30 Mill. Drachmen (1600000 RM.) Seide und Seidenwaren exportiert wurden.

Die Struktur der bulgarischen Seidenindustrie weist insofern eine Lücke auf, als zwar eine nicht unbedeutende Seidenweberei bereits besteht, die im Lande gewonnenen Kokons aber zunächst noch ins Ausland zum Haspeln geschickt werden müssen. Der gesamte Produktionswert der 6 Seidenwebereien betrug 1926 13735000 Lewa (412000 RM.). Es besteht eine Weberei mit 20 mechanischen Webstühlen in Sofia, die jährlich 30000 m Stoff im Werte von 6 bis 8 Mill. Lewa (180 bis 240000 RM.) herstellt. Neben einem anderen Betrieb in Philippopel bestehen 2 korporative Gesellschaften in Roussy, die auf 8 mechanischen Webstühlen und 65 Handwebstühlen eine Produktion von 42000 m jährlich (Handweberei 25000 m, mechanische Stühle 17000 m) hervorbringen. Die Gesamtzahl der in den Webereien tätigen Personen beträgt 200, der vorhandenen Webstühle 92. Die Webereien sind nur Rohwebereien, so daß, da die Färberei und Appretur im Lande noch vollkommen fehlen, die Stoffe nach Frankreich, Österreich und Italien zur endgültigen Ausrüstung geschickt werden müssen. Erst in allerneuester Zeit sind einige glückliche Versuche zur Errichtung von Ausrüstungsanstalten in Bulgarien gemacht worden. Hergestellt werden Crêpe de Chine und leichte Seidenstoffe (Barisch) für Fichus, auf die, da dieselben im Lande am meisten verlangt werden und die inländischen Webereien zur Deckung des Bedarfs nicht ausreichen, auch die Einfuhr sich in der Hauptsache erstreckt.

In Rumänien wurden Ende 1927 etwa 300 Webstühle zur Erzeugung von Crêpe de Chine, Georgette, Japonais und Pongée gezählt. Während bisher nur glatte, stückgefärbte Ware in Frage kam, wurden in neuester Zeit in Bukarest auch bedruckte Seidenstoffe hergestellt, die infolge der hohen Zölle außerordentlich guten Absatz fanden. Das Tempo der Entwicklung der rumänischen Textilindustrie, das auch der Seidenindustrie zugute kommt, zeigt die Tatsache, daß allein innerhalb des Jahres 1927 sich die Produktionskapazität um ca. 60% erhöht hat.

d) Spanien. Die spanische Seidenweberei umfaßte 1925 42 Betriebe mit 3000 Arbeitern, die sich in der Hauptsache in dem Gebiet von Barcelona befinden, während um Valencia noch Brokate und Damaste nach alten Mustern im Handbetrieb hergestellt werden. Der jährliche Produktionswert beträgt etwa 50000000 Peseten (35000000 RM.). 1926 wurden an ganz- und halbseidenen Stoffen

60788 kg im Werte von 12386000 Peseten (7740000 RM.) eingeführt, denen eine Ausfuhr von nur 5606 kg im Werte von 680000 Peseten (425000 RM.) gegenüberstand. Hauptlieferant ist Frankreich, das die übrigen Länder wie Italien Schweiz, England, Deutschland weit hinter sich läßt, während die Ausfuhr zum überwiegenden Teil nach Portugal und Lateinamerika geht. Außer den Seidenwebereien bestehen in Spanien 27 Fabriken für seidene Wirkwaren mit 1000 Arbeitern, für die 1921 eine Gesamtproduktion von 75000 kg angegeben wird. Neuerdings sind einige Seidenfabriken in Reus in Katalonien eingerichtet worden, so daß die Gesamtstuhlzahl allein in Katalonien heute 1929 beträgt, von denen sich 1060 in Barcelona und 360 in Reus befinden.

e) Italien. Die italienische Seidenweberei, wie sie sich heute darstellt, ist verhältnismäßig jungen Datums, eine Tatsache, die für ihre Konkurrenzstellung von außerordentlicher Bedeutung ist, da sie sich vollständig modern einzurichten vermochte. Auf die Blüteperiode der italienischen Seidenweberei zur Zeit der norditalienischen Handelsstädte war eine Zeit langsamen Verfalls gefolgt, die zu Beginn des 19. Jahrhunderts die Industrie fast vollständig zum Erliegen gebracht hatte. Etwa um die Mitte des vorigen Jahrhunderts setzte der Umschwung ein, begünstigt durch die vorteilhafte Rohstoffversorgung und den Überfluß an billigen Arbeitskräften. Die außerordentliche Entwicklung der italienischen Seidenweberei geht daraus hervor, daß beispielsweise die Zahl der mechanischen Webstühle

1890	erst	3000,	
1910		8000,	
1917		12929,	
1923		18139	betrug und bis
1927	auf	22000	

gestiegen ist, wozu noch etwa 5000 Handwebstühle kommen. Diese Entwicklung ist um so mehr bemerkenswerter, als seit 1910 die Stuhlzahl der übrigen europäischen Seidenindustrieländer im allgemeinen die gleiche geblieben ist, während die Zahl der mechanischen Stühle Italiens sich nahezu verdreifachte. Von 193 Seidenwebereien beschäftigten 93 nur mechanische, 41 sowohl mechanische wie Handwebstühle und 59 nur Handwebstühle. Die Hausindustrie ist in Italien sehr stark zurückgegangen. Es wurden 1923 nur noch 552 Handstühle im Hausbetrieb ausgewiesen gegenüber 1150 im Jahre 1917. Auch die Zahl der in Hausbetrieben arbeitenden mechanischen Webstühle ist von 1917 bis 1923 von 60 auf 18 gesunken. Eine Reihe von Seidenwebereien haben sich Ausrüstungsanstalten angegliedert. So wird beispielsweise angegeben, daß 1923 bei einer Gesamtzahl der Betriebe von 177 von 18 Firmen, die sich eigene Ausrüstungs- und Färbereibetriebe angegliedert hatten, 14 über eigene Ausrüstung, 4 über eine eigene Färberei und 6 über eigene Ausrüstung und Färberei verfügten. In den Seidenwebereien sind zusammen etwa 38000 Arbeiter, überwiegend Frauen, beschäftigt. Die Mehrzahl der Seidenwebstühle befindet sich in der Lombardei in der Hauptsache in dem Gebiet von Como, wo 1925 allein 17000 Webstühle liefen. Der Produktionswert der italienischen Seidenindustrie (einschließlich Wirkwarenindustrie) wird auf 400 bis 500 Mill. Goldlire geschätzt; auf die Webereiindustrie (einschließlich Möbelstoffindustrie) dürften etwa 400 Mill. Goldlire fallen, und zwar davon $^{9}/_{10}$ auf die Stoffweberei und $^{1}/_{10}$ auf die Bandweberei. Der Rohseidenverbrauch beträgt etwa 1,2 Mill. kg, wozu 1926 noch 6 Mill. kg Kunstseide kamen. Innerhalb der in Italien verarbeiteten Rohstoffe sei auf die stark ausgebaute Weiterverarbeitung von Abfallseiden hingewiesen, die darin zum Ausdruck kommt, daß, während der Ausfuhrüberschuß in Rohseide gezwirnt und ungezwirnt 1927 ungefähr gleich 1913 ist, der Ausfuhrüberschuß an Florettseide gezwirnt und ungezwirnt von 3417 t auf nur 670 t zurückgeht bei einer gleichzeitigen Erhöhung der Einfuhr von 583 t 1913 auf 3267 t 1927. Hergestellt werden von der italienischen Stoffweberei sämtliche Stofftypen von den einfachsten bis zu den reichhaltigsten. Welche Rolle die einzelnen Spezialgewebe in der Gesamtproduktion der Seidenstoffweberei in Italien spielen, zeigt folgende Aufstellung:

Es waren beschäftigt:

in der Krawattenstoffweberei	1500	mechanische,
	500	Handwebstühle,
in der Schirmstoffweberei	2450	Webstühle,
in der Bandweberei	1700	„

Demnach stellen 7 bis 10% der gesamten italienischen Seidenstühle Krawattenstoffe, über 10% Schirmstoffe und etwa 7% Bänder her, während der Rest der Stühle der Erzeugung der Kleider- und Futterstoffe dient. Der Produktionswert der Krawattenstoffweberei wird mit jährlich rund 90 Mill. Lire (19 Mill. Goldlire) angegeben, von dem der größte Teil exportiert wird. Die Weberei für Schirmstoffe erreichte 1925 einen Produktionswert von 72 Mill. Lire (15 Mill. Goldlire). Die Bandweberei beschäftigt etwa 2400 Arbeiter und stellt vor allem die sogenannten Modebänder unter Verwendung von Kunstseide her. An Seidensamt wurden 1925 rund 1300000 m hergestellt, 1926 wurden 9450 kg Samte aus reiner Seide und 42278 kg aus gemischter Seide ausgeführt. Außerdem wurden 1926 beträchtliche Mengen ungestickter Schals im Betrage von rund 20 Mill. Lire (5 Mill. Goldlire) exportiert. Zur Herstellung der gestickten Schals sind etwa 1200 Arbeiterinnen, überwiegend in der Hausindustrie, tätig.

Kennzeichnend für die Außenhandelssituation der italienischen Seidenwebereien ist die Tatsache, daß, während sich die Einfuhr von Seidengeweben in einem dauernden Rückgang befindet, die Ausfuhr eine ganz beträchtliche Steigerung aufzuweisen hat, die im einzelnen nachstehende Aufstellung illustriert. Italiens Ausfuhr an Seidengeweben betrug:

	1913 kg	1925 kg	1927 kg
Pos. 728/39: Seidengewebe, roh, gebleicht, strang- u. stückgefärbt, bedruckt, uni u. gemustert	907000	912119	1125595
Pos. 745/54: Gemischte Seidengewebe Kette (6 bis 12%) Seide	600000	483701	590692
Gemischte Seidengewebe Kette (12 bis 50%) Seide		1609059	4261984
Pos. 790/91: Tüll und Krepp aus reiner u. gemischter Seide	—	521869	485587
	1507000	3526748	6463858
Pos. 792/93: Litzen, Bänder und Posamentierwaren . . .	—	84735	111167

Wertmäßig betrug die Ausfuhr in Seidenstoffen und -bändern 1925 687 Mill. Lire (142 Mill. Goldlire) und 1927 1154 Mill. Lire (309 Mill. Goldlire). Da für Ende 1925 die gesamte Produktion der italienischen Seidenwebereien auf 1 Mill. Lire (250 Mill. Goldlire) geschätzt wird, machte der Export mehr als $^2/_3$ der gesamten Produktion aus. Die Ausfuhr geht in erster Linie nach England, ferner nach Frankreich, der Schweiz, Ägyten, Argentinien und Nordamerika. Als Abnehmer für seidene Mischgewebe kommt insbesondere auch Britisch- und Niederländisch-Indien und die Türkei in Frage. Der Hauptantrieb zu der bedeutenden Vergrößerung der italienischen Produktionskapazität dürfte einmal in der Stärkung des italienischen Inlandmarktes auf Grund der Gebietserweiterung und zum andern in den energischen Maßnahmen der Regierung zum Industrieschutz und zur Exportförderung zu suchen sein.

f) Frankreich. Frankreich ist das einzige europäische Land, das in ununterbrochener Entwicklung, etwa seit dem 17. Jahrhundert, seiner Seidenindustrie den einmal errungenen Platz in der Welt erhalten und erweitern konnte. In jahrhundertelanger traditioneller Zusammenarbeit zwischen Hausbetrieb und Unternehmer, Großhändler und Konfektionär, ist hier ein Erwerbszweig entstanden, der für die französische Wirtschaft von allergrößter Bedeutung ist. Lyon und Paris haben sich in gegenseitiger Ergänzung zu den größten internationalen Modeplätzen entwickelt, die in geschmacklicher und qualitativer Beziehung, insbesondere für die Damenmode, den Weltmarkt stets beeinflußt und beherrscht haben. Dieser Entwicklung der französischen Seidenindustrie ist das Arbeitssystem aufs engste angepaßt. Ähnlich dem mittelalterlichen Verlagssystem herrscht auch heute noch in der französischen Seidenindustrie die scharfe Trennung zwischen Industriellen und Lohnweber absolut vor. Der Lyoner Seidenindustrielle besitzt in der Regel weder eine Fabrik noch einen Webstuhl, sondern gibt seine Aufträge zur Fabrikation bestimmter Artikel an die sogenannten Lohnweber. Während diese innerhalb Lyons kleinere Betriebe unterhalten, geht die Weberei in der ländlichen Umgebung von Lyon in der Hauptsache noch als Hausindustrie vor sich. Die gesamte technische Ausrüstung der Betriebe ist Eigentum dieser Lohnweber, die gleichzeitig mit den Aufträgen die Rohmaterialien von den Auftraggebern empfangen. Dieses Arbeitssystem gestattet die schärfste Konzentration des Industriellen auf die Marktbeobachtung, deren Notwendigkeit bei einer ausgesprochenen Modeindustrie eine besonders dringliche hinsichtlich des Farbstudiums und der Musterung ist, und des Fabrikanten auf die arbeitstechnischen Fragen der Produktion. In Vervollständigung dieses Systems der Arbeitsteilung hat sich zwischen Industriellen und Abnehmer, Großhandel und Konfektion noch ein Kommissionär eingeschaltet, der den Absatz der Modeartikel sowohl auf dem inländischen als auch ausländischen Markt besorgt. Wir haben hier eine völlig einzigartige Entwicklung der industriellen Betätigung des Unternehmertums, die nur verständlich wird aus der besonderen Stellung der französischen Seidenindustrie in der Welt. Allerdings sind auch in der französischen Industrie starke Tendenzen zu fabrikmäßiger Organisation der Seidenweberei festzustellen. Bereits in der Vorkriegszeit war die Hausindustrie auch in Frankreich in stetem Rückgang begriffen und die fabrikationsmäßige Herstellung der. Seidenartikel setzte sich immer mehr durch. Als Folgeerscheinung dieser Entwicklung erringen sich die Fabrikanten auch eine immer größere Bedeutung als Kaufleute, so daß die Organisation der französischen Seidenindustrie sich derjenigen der anderen Seidenindustrieländer anzupassen scheint, eine Entwicklung, die in der französischen Samtindustrie bereits vollständig durchgeführt ist. Die gesamte französische Samtproduktion ist in wenigen größeren Unternehmungen konzentriert, die in einem Kartell straff zusammengefaßt sind und den In- und Auslandsabsatz unmittelbar tätigen. Die Industrie liegt, soweit die Seidenstoff- und Samtproduktion in Betracht kommt, im wesentlichen um Lyon, und seit 1918 zu einem geringen Teil auch in Elsaß-Lothringen; die Bandindustrie gruppiert sich um St. Etienne und die Tressen- und Posamenterieindustrie um St. Chamond. Dabei ist insbesondere Lyon viel weniger das eigentliche Produktionszentrum als der finanzielle und geistige Mittelpunkt der französischen Stoffweberei. Die eigentliche Herstellung ist vielmehr auf die Departements Jsère, Loire, Rhône, Ardèche und einige andere verteilt. Lyon ist das Kapitalzentrum, der Mittelpunkt der Modeschöpfung, der Handelsplatz, und vereinigt in seiner unmittelbaren Umgebung daher auch mehr die für den Ausfall der Modewaren besonders bedeutungsvollen Ausrüstungsanstalten.

Die Entwicklung der Stoffweberei zeigt folgende Aufstellung. Es waren beschäftigt um das Jahr:

1880:	18828	mechanische Webstühle, die in 143 Betrieben zusammengefaßt waren;
1894:	25008	mechanische Webstühle, die 209 Betrieben gehörten, von denen 28 jeder mehr als 200 Stühle besaßen;
1900:	30638	mechanische Webstühle, von denen 1782 in Lyon lokalisiert sind, sich 28658 jedoch im Rhône- und den benachbarten Departements befinden. Zu derselben Zeit wurden noch 56043 Handstühle gezählt, die sich in der überwiegenden Mehrzahl auf dem Land befinden.
1914:	42413	mechanische Webstühle in 400 Betrieben, darunter 1780 Samtwebstühle.
	17270	Handwebstühle,
	2122	Stühle für Tülle und Spitzen;
1925:	45244	mechanische Webstühle,
	5413	Handwebstühle,
	1718	Stühle für Tülle und Spitzen.

In der St. Etienner Bandindustrie sind etwa 15000 Heimstühle und 3000 Fabrikstühle tätig. Entsprechend der stärkeren Modebedingtheit der Bandindustrie ist das Verlagssystem noch in viel stärkerem Maße vorhanden als in der Stoffweberei. Die in der Seidenindustrie beschäftigten Arbeiter wurden für 1924 auf 150000 geschätzt und erhöhen sich auf 250000, wenn man die im Seidenbau und im Handel beschäftigten Personen hinzunimmt. Der Produktionswert der Lyoner Seidenweberei belief sich in den Jahren 1900 bis 1927 auf:

	Papierfrancs	Goldfrancs
1900	441000000	441000000
1913	467000000	467000000
1920	2523000000	841000000
1924	3466000000	866000000
1925	4300000000	1003000000
1926	5482000000	900000000
1927	4617000000	938000000

Die Gesamterzeugung verteilte sich 1925 zu 55% auf Seiden-, 29% auf Kunstseiden- oder mit Kunstseide verarbeitete Gewebe. Für 1926 und 1927 gliedert sich die Produktion folgendermaßen auf:

Die Struktur der Lyoner Seidenwarenfabrikation.

Gewebeart	1926 (in 1000 Fr.)	1927 (in 1000 Fr.)
Gewebe aus Seide oder Schappe, rein oder gemischt, aber vorwiegend aus Seide oder Schappe	3198000	2205000
Gewebe aus Bourette, rein oder gemischt, aber vorwiegend aus Bourette	2000	2000
Gewebe usw. aus Gold, Silber oder sonstigem Metallmischgewebe	518000	492000
Gewebe aus reiner Kunstseide oder gemischt mit Seide, Schappe usw., aber vorwiegend aus Kunstseide	876000	1087000
Gewebe aus Seide, Schappe, Kunstseide, gemischt mit Baumwolle, aber vorwiegend aus Baumwolle	731000	709000
Gewebe aus Seide, Schappe, Kunstseide, gemischt mit Wolle, aber vorwiegend aus Wolle	152000	110000
Gewebe aus reiner Wolle	5000	2000
Baumwollspitzen	—	10000
Total	5482000	4617000

Demnach entfallen:

1926: 58% der Gesamterzeugung auf Seiden-,
30% auf Kunstseiden- oder mit Kunstseide verarbeitete Gewebe.
1927: 48% auf Seiden- und
39% auf Kunstseidengewebe.

Die Hauptartikel der französischen Seidenproduktion sind Crêpe de Chines und alle von diesem Stoff abgeleiteten Gewebearten, sowie insbesondere auch die undichten Schleierstoffe wie Tülle usw.

Der Produktionswert der St. Etienner Bandweberei betrug einschl. Tressen, Posamenteriewaren u. dgl.:

	Papierfrancs	Goldfrancs
1900	77000000	77000000
1913	103000000	103000000
1925	495470000	115000000
1926	679450000	111000000

Die Ausfuhr an Seidenstoffen und -bändern betrug:

1913 . . . . 386000000 Francs
1926 . . . . 4773000000 „ (785000000 Goldfrancs)
1927 . . . . 3600000000 „ (732000000 „),

das sind:

1913 . . . . . 68%,
1926 . . . . . 77%,
1927 . . . . . 70%,

der Gesamtproduktion. Hauptabnehmer waren:

1926: Großbritannien . . . . . mit 38%,
Nordamerika . . . . . . „ 13%,
Belgien-Luxemburg . . . „ 7%,
Argentinien . . . . . . „ 5%,
Kanada und die Schweiz . „ 5%,
Indochina . . . . „ 1,5%,

ferner sämtliche anderen Länder der Erde.

Der Gesamtrohseidenverbrauch Frankreichs betrug:

1913 . . . . 4,9 Mill. kg
1925 . . . . 5,4 „ „
1926 . . . . 5,9 „ „

Von sehr wesentlicher Bedeutung für die beherrschende Stellung der französischen Seidenindustrie auf dem Weltmarkt ist das Vorhandensein einer außerordentlich leistungsfähigen Veredelungsindustrie, die der Lage der Weberei entsprechend fast ausschließlich in Lyon und St. Etienne liegt. Die französische Veredelungsindustrie ist sehr straff zusammengefaßt und befindet sich in den Händen einiger weniger Konzerne.

g) Schweiz. Die Entwicklung und heutige Stellung der schweizerischen Seidenweberei in der Seidenwirtschaft der Welt ist um so bemerkenswerter, als dieselbe ohne Rohstoffbasis und kaufkräftigen Inlandsmarkt sowohl vollständig auf Rohstoffeinfuhr als auch bis zu 90% ihrer Gesamterzeugung auf den Export angewiesen ist. Bereits seit den ersten Anfängen der schweizerischen Seidenweberei gelangt ein erheblicher Teil der Produktion zur Ausfuhr. Die starken Bemühungen der Hauptabsatzländer, ihre eigene Seidenindustrie großzuziehen oder zu verstärken und die damit im Zusammenhang stehenden zollpolitischen Maßnahmen haben die schweizerische Seidenindustrie zu einer einzigartigen

Expansionspolitik getrieben. Während die Gesamtzahl der in der Schweiz befindlichen Seidenwebstühle in den letzten 30 Jahren ungefähr die gleiche geblieben ist und die Hauswebstühle im Rückgang begriffen sind, haben Schweizer Seidenfabrikanten Betriebe in Deutschland, Frankreich, Italien, England und sogar in Nordamerika errichtet, deren Stuhlzahl heute die inländisch-schweizerische bei weitem übersteigt. Unter dem Zwang dieser ausgesprochenen Exportbedingtheit der schweizerischen Seidenindustrie haben ferner die in der Schweiz verbliebenen Fabrikanten dauernde Verbesserungen ihrer technischen Anlagen und Vervollkommnungen der Arbeitsweise vornehmen müssen, so daß trotz des Rückganges der Stühle zweifellos eine Steigerung der Leistungsfähigkeit festzustellen und die schweizerische Seidenindustrie bahnbrechend auf dem Gebiet rationeller Arbeit ist. Die Zahl der mechanischen Webstühle beträgt etwa 15000 und die der Handwebstühle 1000, die sich auf etwa 50 Fabrikanten — fast ausschließlich in der deutschen Schweiz, und zwar im Kanton Zürich — verteilen. Die Gesamtzahl der Arbeiter beträgt 25500. Für die Organisation der Industrie ist kennzeichnend, daß die Betriebe unter 100 Stühlen durchaus die Ausnahme bilden, einige sogar bis zu 1000 Stühlen beschäftigen. Im Gegensatz zu Frankreich sind die Betriebe fast ausschließlich Fabrikbetriebe, nur in ganz geringem Umfang befinden sich auch in der Schweiz Lohnwebereien. Auf die Lohnweber dürfte höchstens $^1/_{10}$ der Gesamtzahl der Stühle entfallen. Der gesamte Rohseidenverbrauch der Seidenweberei einschl. Wirkerei betrug:

1913	annähernd 2 Mill. kg
1925	1,3 Mill. kg
1927	1,5 „ „

Der Produktionswert der Seidenstoffweberei belief sich vor dem Kriege auf 120 Mill. Sfrs. und dürfte heute etwa die doppelte Summe betragen. Der Ausfuhrwert betrug 1913: 105,2 Mill. Sfrs. und schwankt in der Nachkriegszeit um 200 Mill. Sfrs.:

1925 . .	207989000 Sfrs.
1926 . .	185941000 „
1927 . .	200145000 „

denen eine Einfuhr — in überwiegendem Maße aus Frankreich — von nur stark 20 Mill. Sfrs. gegenübersteht. Hauptabsatzgebiete sind Großbritannien (1926: 45%), Kanada (1926: 15%), Australien (1926: 9%), Nordamerika (1926: 5%), Österreich, Frankreich und Deutschland. Im ganzen gehen schweizerische Seidenwaren nach fast allen Ländern der Erde. Ausgeführt werden sämtliche Seidenwaren und nur Samt und Plüsch werden bisher noch nicht in größerem Maßstabe hergestellt. Einen besonderen Zweig der Seidenstoffweberei bildet die Herstellung von Seidenbeuteltuch, die auf insgesamt 1500 Handstühlen — fast ausschließlich in Appenzell und im St. Gallischen Rheintal — vorgenommen wird. Der Erzeugungswert dieses Produktionszweiges beträgt etwa 12 Mill. Sfrs., von denen 11 Mill. Sfrs. zur Ausfuhr nach Nordamerika, Deutschland, Großbritannien und vor dem Kriege auch Rußland, gelangen.

Die schweizerische Bandweberei hat ihren Standort in und um Basel und erstreckt sich von dort auch in die Juratäler der Kantone Baselland, Aarau und Solothurn. Etwa die Hälfte der Produktion wird im Hausbetrieb, vielfach neben der Landwirtschaft, hergestellt. Die jahrelange Krise, der die stark von der Mode abhängige Bandweberei in den letzten Jahren unterlag, hat die Hausindustrie im Baselland um etwa 60% auf einen Produktionswert von ungefähr 30 Mill. Franken zurückgehen lassen; auch dieser Rest hat nur mit staatlicher Unterstützung aufrecht erhalten werden können. Die schweizerische Regierung ist daher sehr eifrig bemüht, den Ausfall durch Anlage von Reb-, Gemüse-,

Beeren- und Tabakkulturen wettzumachen, und die Entwicklung geht dahin, daß die traditionelle Verbundenheit zwischen Landwirtschaft und Hausindustrie gelöst wird und sich der Fabrikbetrieb auch in der Bandweberei immer mehr durchsetzen wird. Auch die Seidenbandindustrie arbeitete seit jeher für den Export, muß denselben jedoch in den letzten Jahren sehr stark zurückgehen sehen. 1913 betrug die Ausfuhr 42 Mill. Sfrs., 1925 trotz der starken Preissteigerung 40,3 Mill. Sfrs. und sank bis 1927 auf 23 Mill. Sfrs. Hauptabnehmer ist auch für Seidenbänder Großbritannien, das 1926: 50% der gesamten Ausfuhr aufnahm und dem sich Kanada mit etwa 10%, Australien mit 13%, ferner Nordamerika und Deutschland anschließen.

h) Deutschland. Die deutsche Seidenindustrie verdankt ihre ersten nennenswerten Anfänge den aus Frankreich im 17. Jahrhundert vertriebenen Hugenotten, die bei den protestantischen brandenburgischen Fürsten Aufnahme fanden. Die deutschen Seidenwebereien konzentrierten sich daher zunächst in und um Berlin. Auch nach Sachsen und Hamburg gelangte im Zusammenhang mit den religiösen Auseinandersetzungen auf diese Weise die seidenindustrielle Betätigung. Sowohl Friedrich Wilhelm I. als auch Friedrich der Große ließen der Seidenindustrie die sorgsamste Pflege angedeihen und nichts unversucht, auch den Seidenbau in Preußen zur Blüte zu bringen. Letzterer hatte jedoch auf die Dauer trotz einiger erfreulicher Ergebnisse denselben Mißerfolg wie die schon früheren und gleichzeitigen Versuche in den süddeutschen Ländern. Während die Seidenindustrie in Hamburg schon sehr bald durch die preußische Zollpolitik erdrosselt wurde, stellte sich die sächsische Industrie im Laufe der Zeit auf Wirkwaren um, und das Schwergewicht der preußischen Seidenweberei verlegte sich von Berlin nach dem Niederrhein, speziell nach Krefeld und seiner Umgebung. Die ersten Anfänge der niederrheinischen Seidenindustrie finden sich Anfang der 60er Jahre des 17. Jahrhunderts, als ein holländischer Kaufmann sich in Krefeld niederließ, der unter anderem auch Rohseide führte und damit den notleidenden niederrheinischen Webern eine willkommene Beschäftigungsmöglichkeit bot. Friedrich der Große gewährte 1750 vollkommene Freiheit von Zöllen für diese Rohstoffe, ferner von Lizenzen und Akzisen und ließ geschickte und erfahrene Arbeiter aus Frankreich und Italien kommen. Nach Beendigung des siebenjährigen Krieges gelang es der Krefelder Seidenindustrie, sogar ein Produktionsmonopol zu erlangen, in dessen Auswirkungen bereits in den 60er Jahren ein einziges Unternehmen eine Arbeiterzahl von 1500 Personen beschäftigte. Im Laufe des 18. Jahrhunderts entstanden weitere Betriebe im Wuppertal, insbesondere in und um Elberfeld und in einigen Seitentälern der Wupper, die sich vornehmlich auf die Weberei von Bändern spezialisierten. Ferner gingen im Laufe des 19. Jahrhunderts eine Reihe von Leinenwebereien in der Bielefelder und Ravensberger Gegend zur Verarbeitung von Rohseide über, zu denen sich infolge der deutschen Schutzzollpolitik Ende des 20. Jahrhunderts noch die Gründungen einiger Schweizer Seidenfabriken in Südbaden und Württemberg und in Elsaß-Lothringen gesellten; letztere fielen bei Friedensschluß an Frankreich. Die deutsche Samtindustrie lehnt sich eng an die Seide an und ist ebenfalls zum größten Teil in und um Krefeld konzentriert.

Der heutige Umfang der deutschen Seiden- und Samtindustrie wird durch den Produktionswert von etwa 350 bis 400 Mill. RM. für die Seidenindustrie und etwa 60 bis 80 Mill. RM. für die Samtindustrie gekennzeichnet. Der Produktionswert der Seidenindustrie dürfte sich zu über 80% auf Seidenstoffe und knapp 20% auf Bänder verteilen. Die Zahl der Betriebe beträgt in der Seidenstoffweberei 160, in der Bandweberei 110, in der Samtweberei 35. An Webstühlen waren vorhanden:

		Mechanische Stühle	Handstühle
in der Stoffweberei	1913	32491	2142
	1927	31039	618
„ „ Bandweberei	1913	10312	111
	1927	6081	46
„ „ Samtweberei	1913	3768	219
	1927	2479	2
„ „ Samtbandweberei	1913	756	26
	1927	84	—

Die Webstühle sind in der Seidenstoff- und Samtweberei in festen Betrieben mit durchschnittlich 100 bis 400 Stühlen vereinigt. Lediglich in der Bandweberei ist die Hausindustrie noch von wesentlicher Bedeutung und hat sich auch während der dem Band ungünstigen Mode in der Nachkriegszeit halten können. Dagegen unterliegen die Handwebstühle einem dauernden Rückgang und finden vornehmlich noch Verwendung zur Herstellung von Spezialgeweben, deren Anfertigung auf mechanischem Wege nicht angängig ist, wie beispielsweise für bestimmte Krawattenstoffe — Turquoise — sowie für besondere Schirmstoffarten. Die Zahl der gesamt beschäftigten Angestellten und Arbeiter beträgt in der Seidenindustrie etwa 42000, wozu noch etwa 7900 Arbeiter der Samtindustrie kommen. Der gesamte deutsche Rohseidenverbrauch betrug:

1913	3,5 Mill. kg
1925	1,5 „ „
1927	2,5 „ „

von denen 1927 etwa 2 Mill. kg auf die Samt- und Seidenwebereien entfallen. Hinzu kommt für 1913 noch ein Verbrauch von 2,7 Mill. kg, für 1925: 2,5 Mill. kg und für 1927: 1,7 Mill. kg Florettseide, sowie allein für die Seiden- und Samtweberei noch annähernd 4 Mill. kg Kunstseide.

Die deutsche Seidenindustrie war im allgemeinen während der ganzen Dauer ihrer Entwicklung bis zum Ende des letzten Jahrhunderts zum wesentlichen Teil ihrer Produktion auf den Export eingestellt: 50 bis 70% wurden im Durchschnitt ausgeführt und gingen in der Hauptsache nach Nordamerika, Großbritannien, Skandinavien und Italien. Mit dem Einsetzen der amerikanischen Schutzzollpolitik in den 60er Jahren des vergangenen Jahrhunderts und der entsprechenden europäischen Politik in den letzten 3 Jahrzehnten vor Kriegsausbruch wurde die deutsche Ausfuhr ganz wesentlich beschränkt, so daß die Samt- und Seidenindustrie in verstärktem Maße ihren Absatz auf dem heimischen Markt suchen mußte. Ermöglicht wurde diese Umstellung durch die Tatsache, daß die Entwicklung der deutschen Gesamtwirtschaft eine wachsende Stärkung der Aufnahmefähigkeit des deutschen Inlandsmarktes mit sich brachte. Der Exportanteil der einzelnen Zweige der Samt- und Seidenindustrie beträgt etwa für die Seidenstoffweberei 20 bis 25%, und die Bandweberei und Samtindustrie 45 bis 50%. Die absolute Ausfuhr betrug in den einzelnen Jahren:

	1913	1925	1926	1927
	in 1000 RM.			
Seidenstoffe	60360	58987	60432	76026
Seidenbänder	34678	33467	30611	30807
Samtstoffe	25084	22323	23361	27718
Samtbänder	2486	630	1007	533

Sie richtet sich in der Hauptsache nach Großbritannien, das mit 35 bis 40% der bei weitem größte Abnehmer deutscher Erzeugnisse ist, Holland, Britisch-Indien, die Schweiz, Dänemark, Schweden, die Vereinigten Staaten von Amerika, Österreich, Australien, Kanada. Während Frankreich — wie bereits bei der Betrachtung der französischen Verhältnisse hervorgehoben — in der Welt die vorherrschende Führung auf dem Gebiete der modischen Erzeugnisse in der Damenbekleidung hat, ist die deutsche Industrie modisch tonangebend auf dem Gebiet der Erzeugung von Krawattenstoffen, Schirmstoffen und Futterstoffen. Weitere deutsche Spezialproduktionen stellen die Samtweberei, die Seidenband- und Samtbandweberei dar. In den genannten Artikeln besteht auch der größte Export, während die Erzeugung von Kleiderstoffen fast ausschließlich dem heimischen Markt zugeführt wird, weil für dieses Gebiet gegenüber Frankreich nur eine verschwindende Exportmöglichkeit besteht.

Eine entscheidende Bedeutung für die Produktion und die Ausfuhr der deutschen Samt- und Seidenindustrie hat die Entwicklung der Kunstseide erlangt, auf deren Verarbeitung sich Deutschland infolge seiner fast zehnjährigen Abschnürung vom Weltrohseidenmarkt in weitgehendem Umfange einstellen konnte. Kunstseidene Stoffe und Bänder spielen deshalb im Export die bedeutungsvollste Rolle.

Trotz des für den deutschen Innenmarkt bestehenden Zollschutzsystems war es dem Ausland immer möglich, gewisse nicht unbeträchtliche Mengen seiner Spezialerzeugnisse (insbesondere französische und schweizerische Damenbekleidungsstoffe) nach Deutschland abzusetzen. Die deutsche Einfuhr in diesen Artikeln betrug:

	in 1000 RM.
1913	31162
1924	51687
1925	39370
1926	14691
1927	38225

Die Entwicklung der deutschen Samt- und Seidenindustrie ist in wesentlichem Umfang von der außerordentlichen Leistungsfähigkeit der deutschen Veredlungsindustrie gefördert worden, die sich entsprechend der Entwicklung der Weberei auf die Eigenart und Spezialerzeugung Deutschlands einstellt.

i) Großbritannien. Die englische Seidenweberei war bereits unter der Regierungszeit Elisabeths, um 1600, eine wohlorganisierte Industrie, die etwa 40000 Arbeiter beschäftigte. Noch 1861 werden 75000 Webstühle gezählt. Mit Beginn der Freihandelsära (Handelsvertrag mit Frankreich 1860) setzte der Umschwung ein. Der englischen Seidenweberei wurde der Zollschutz genommen, und an die Stelle der Seidenindustrie trat die Baumwollindustrie. Gleichzeitig mußte London seine Rolle als Hauptmarkt für ostasiatische Seiden an Lyon abtreten. 1907 waren nur noch 30000 Arbeiter in der Seidenindustrie gegen 130000 1851 tätig. In ihrem heutigen Umfang hat die englische Seidenweberei eine nur geringe Bedeutung und dürfte etwa zur Befriedigung von 20% des heimischen Verbrauchs ausreichen. Die Hauptproduktionsgebiete sind Leek, Maccesfield, das Gebiet um Manchester, Glasgow, Tiverton und Dublin. Die Gesamtzahl der Webstühle beträgt 6 bis 8000, deren Erzeugung 1907 einen Wert von 1565000 engl. £ und 1924 von 2968000 engl. £ darstellte, die sich folgendermaßen aufteilen:

	1907 £	1924 £
Gewebe ganz aus Seide	869000	1406000
Gewebe aus Halbseide	696000	1562000
	1565000	2968000

Dazu kommen noch etwa 1 Mill. engl. £ für Bänder, Litzen und andere Artikel aus reiner oder gemischter Seide. Auch die englische Seidenweberei geht in zunehmendem Maße zur Verarbeitung von Schappe und Kunstseide über. Die Erzeugung kunstseidener Waren hat 1924 den Betrag von annähernd 2 Mill. £ erreicht. Seit 1925 setzt eine neue Schutzzolläre für die Seidenindustrie ein, für deren Ausbau die englische Kunstseidenindustrie sehr lebhaftes Interesse zeigt, und deren Impulse bereits heute sehr bemerkenswert sind. Insbesondere trägt das englische Ausfuhrrückvergütungssystem (drawbacks) in großem Umfang zum Aufbau der Seidenindustrie bei. Da die heimische Industrie nur etwa 20% des inländischen Bedarfs zu decken vermag, ist der kaufkräftige englische Markt ein umstrittenes Absatzgebiet für die europäischen Seidenindustrieländer. London ist der hauptsächlichste europäische Handelsplatz für Seidenwaren. Die englische Einfuhr an Geweben, Bändern und Spitzen aus Seide betrug 1913 14,4 Mill. engl. £ und 1925 21,6 Mill. engl. £, wozu 1925 noch 3,7 Mill. engl. £ Kunstseidenwaren traten. Sowohl in der Vor- als auch Nachkriegszeit war England in starkem Maße Durchgangsland für Seidenwaren nach seinen Dominions und nach anderen überseeischen Absatzmärkten. Seit Einführung der Seidenzölle von 1925 macht sich jedoch eine bemerkenswerte Umschichtung bemerkbar, indem die Produktionsländer in direkte Beziehungen zu ihren überseeischen Abnehmern treten, und England daher den Charakter als Zwischenhandelsland für Seidenwaren verliert. Während 1924 die Wiederausfuhr fremder Naturseidenwaren noch 4 Mill. engl. £ bei einer englischen Eigenausfuhr von 1898000 £ betrug, sank die Wiederausfuhr bis 1927 auf 1,733 Mill. engl. £ bei einer gleichzeitigen Eigenausfuhr von 1,911 Mill. engl. £. Für Kunstseidenwaren lauten die entsprechenden Zahlen 1924 604000 £ zu 2 Mill. £ Eigenausfuhr und 1927 432000 £ zu 5,8 Mill. £. Bei den zuletzt genannten Ausfuhrziffern ist jedoch zu berücksichtigen, daß die englische Baumwollindustrie in größtem Umfang Kunstseide verarbeitet, ein großer Teil der exportierten Kunstseidenwaren also nicht den Seiden-, sondern den Baumwollwebereien entstammt. Hauptlieferanten für die englische Einfuhr sind Frankreich mit 40 bis 45%, die Schweiz mit 25 bis 30%, Italien mit 10 bis 12%, Japan mit 7 bis 9%, Deutschland mit 4 bis 5%.

k) Die österreichisch-ungarischen Nachfolgestaaten (Österreich, Tschechoslowakei, Ungarn). Das Hauptgewicht der Seidenwebereien der ehemaligen Donau-Monarchie lag in den nördlichen Gebieten des Landes und konzentrierte sich insbesondere in den böhmischen Bezirken. Im Jahre 1910 bestanden in Österreich-Ungarn etwa 70 Webereien mit 16000 Webstühlen, die eine Arbeiterzahl von 22 bis 23000 beschäftigten. Durch die Auflösung der Monarchie ist die Industrie vollständig auseinandergerissen worden, so daß die Weberei zu 80% auf tschechoslowakischem Boden, die Veredlungsindustrie dagegen auf österreichischem Gebiet zu liegen kam. Die tschechoslowakische Seidenindustrie umfaßt heute 55 Betriebe, von denen 42 Stoffwebereien, 5 Samt- und 8 Bandwebereien sind. Die Zahl der Webstühle beträgt insgesamt über 14000, die sich etwa folgendermaßen aufteilen:

Stoffstühle	12400
Bandstühle	700
Samtstühle	1000

Die Stühle werden fast ausschließlich in geschlossenen Fabrikbetrieben mechanisch betrieben. Die Hausindustrie ist auch in der Bandweberei vollständig ausgeschaltet. Hergestellt werden ganz- und halbseidene Waren; die Produktion erfolgt teilweise, so insbesondere für Schirm- und Krawattenstoffe, in spezialisierten Betrieben. Der Produktionswert beträgt ca. 83 Mill. RM., von denen 1926 289 Mill. K. (36 Mill. RM.) in der Hauptsache nach Deutschland, Großbritannien, Österreich und den Balkanländern ausgeführt wurden.

In den österreichischen Seidenwebereien sind etwa 800 bis 1000 Stoffstühle und ungefähr 1300 Bandstühle vorhanden. Der Produktionswert betrug 1925 insgesamt 11,2 Mill. RM., von denen 6,4 Mill. RM. auf Stoffe und 4,8 Mill. RM. auf Bänder entfielen. Während die Stoffweberei sich in Wien, Nieder-Österreich und Vorarlberg befindet, finden sich die Bandstühle hauptsächlich in Nord-Österreich, und zwar im Waldviertel. Auch in Österreich herrscht das System der geschlossenen Fabrikbetriebe vor, die nur in wenigen Fällen auf Krawattenstoffe spezialisiert sind, im übrigen aber sämtliche Arten von ganz- und halbseidenen Waren herstellen. Insbesondere für Krawattenstoffe, die vor allem nach England, Frankreich und Amerika exportiert werden, hat sich Österreich eine beachtenswerte Stellung erringen können, so daß Wien in der Bestimmung der Krawattenmode neben Deutschland eine hervorragende Rolle spielt. Bemerkenswert ist die starke Einfuhr nach Österreich, die 1925 allein an Stoffen 42 Mill. RM. und 1926 47 Mill. RM. betrug. Diese Tatsache ist darauf zurückzuführen, daß Wien eine ganz wesentliche Rolle in der Versorgung der Balkanländer spielt. Die Ausfuhr der Stoffe betrug 1925 28 Mill. RM., machte also das Vierfache der österreichischen Stoffproduktion aus. Die Bandwebereien sind in ausgesprochenem Maße auf den Export eingestellt, da schon in der Vorkriegszeit ihre Hauptabnehmer die bäuerlichen Bezirke der jetzigen Nationalstaaten darstellten. Im Jahre 1925 betrug der Export 2 Mill. RM., das sind etwa 40% der Produktion; allerdings stand ihm ein etwa gleichgroßer Import gegenüber. Eine weit stärkere Bedeutung kommt der in Österreich verbliebenen Veredlungsindustrie (Seidenstrang- und -stückfärberei, Seidendruckereien und Appreturanstalten) zu, die sich im wesentlichen in und um Wien konzentriert. Dieselbe ist auf die große Webereiindustrie der ehemaligen Monarchie eingestellt, die sich jetzt zu 80% in der Tschechoslowakei befindet. Zur Überwindung der politischen Trennung des früher einheitlichen Wirtschaftsgebietes hat sich daher ein umfangreicher zollfreier Veredlungsverkehr zwischen Österreich und der Tschechoslowakei in Seidengeweben herausgebildet.

Die ungarische Seidenweberei zeigt in den Nachkriegsjahren einen beachtenswerten Aufschwung, und zwar stieg die Zahl der Webstühle von 540 1921 auf gegenwärtig etwa 900. Der Wert der im Inland hergestellten Seidenwaren wird auf 10,5 Mill. RM. geschätzt. Beschäftigt werden etwa 1000 Arbeiter. Die Hauptartikel sind glatte, stückgefärbte Seiden- und Halbseidenstoffe mit einfacher Bindung, in denen etwa 60 bis 70% des Inlandsbedarfs aus eigener Erzeugung gedeckt werden, während gemusterte Stoffe, Brokate und Damaste sowie verschiedenartige Samte aus dem Ausland eingeführt werden, so daß insgesamt etwa 25% des Inlandsbedarfs durch die inländische Erzeugung gedeckt werden dürften. Die größeren Betriebe befinden sich in Széntgotthard, Kispest, Mohacs und Supron. Als Rohstoff dienen überwiegend ungarische Grègen, während Organzin, Trame, Kreppgarne sowie Schappe- und Maccozwirn eingeführt werden müssen. An Stelle der durch den Friedensvertrag verloren gegangenen Webmeisterschulen von Késmark und Nagydiszuód wurde 1925 eine neue Webmeisterschule in Budapest gegründet, die bereits bemerkenswerte Erfolge zu verzeichnen hat. Auch die ungarische Seidenweberei ist hinsichtlich der Ausrüstung ihrer Artikel noch auf das Ausland angewiesen. Neben der Fabrikation von Seidenstoffen haben in Ungarn 4 bis 5 Unternehmen die Bandweberei aufgenommen, die sich zunächst auf die glatten Artikel einfacherer Ausführung erstreckt. Ebenso hat die Samtfabrikation, die Herstellung von Stickerei- und Nähzwirn (mit Hilfe deutschen Kapitals) sowie Posamentierwaren und Strick-

und Wirkwaren einen vielversprechenden Anfang genommen, denen ein Erfolg um so sicherer ist, als ausländisches Kapital sich sehr rege für die ungarische Industrie interessiert.

l) Polen. Eine nennenswerte Seidenweberei besteht in Polen nicht. Die wenigen vorhandenen Webstühle liegen im ganzen Land verstreut; den Mittelpunkt bildet Lodz. Die Webereien sind hinsichtlich ihrer Rohstoffversorgung vollständig auf die ausländische Einfuhr angewiesen und vermögen etwa 10 bis 15% des inländischen Bedarfs zu decken. Es sind 12 Stoffwebereien und 7 Bandwebereien vorhanden, in denen etwa 3000 Arbeiter beschäftigt sind. Da in Polen keine Ausrüstungsanstalten zur Verfügung stehen, werden die Rohgewebe in der Hauptsache im zollfreien Veredlungsverkehr zur Veredlung nach Wien geschickt.

m) Rußland. Nach Eroberung der transkaukasischen Seidenzuchtgebiete zu Beginn des 14. Jahrhunderts entwickelte sich in Rußland unter tätiger Mitwirkung von Lyoner Kaufleuten eine nicht unbeträchtliche Seidenindustrie, die vor dem Kriege etwa 75% des inländischen Bedarfs zu decken vermochte und den vierten Platz unter den europäischen Seidenindustrieländern einnahm. Nach dem Umsturz durch die Sowjets ist in der Seidenindustrie ein staatlicher Seidentrust, der Sholkotrust, gebildet worden, in dem etwa 28 Unternehmen, und zwar Haspeleien, Spinnereien, Zwirnereien, Webereien und Färbereien, zusammengeschlossen sind. Die Zahl der mechanischen Webstühle beträgt ungefähr 6000, wovon aber erst die Hälfte arbeiten. Dank der eifrigen Bemühungen der russischen Regierung ist die Haspelei heute bereits wieder auf dem Vorkriegsstand angelangt und vermag die heimische Weberei, deren Produktion heute erst wieder etwa 25% des Vorkriegsumfanges beträgt, mit der notwendigen Grège zu versorgen. In der Vorkriegszeit betrug die russische Grègenproduktion nur stark ein Viertel des Verbrauchs der heimischen Weberei, der sich insgesamt auf etwa 2000 t belief, so daß also bei gleichzeitiger starker Kokonausfuhr 1500 t Grège eingeführt werden mußten.

n) Sonstige europäische Länder: Holland, Belgien, Skandinavien und die Randstaaten. Die im Mittelalter sehr rührige holländische Seidenindustrie hat sich nur so lange halten können, als Amsterdam sich seine Bedeutung als Umschlagplatz für Rohseide wahren konnte und erlebte ihre Blütezeit im 12. und 13. Jahrhundert. Ebenso erging es der belgischen Seidenweberei, als deren Reste nur einige Webstühle in der Umgebung von Antwerpen geblieben sind. Beide Staaten kommen heute nur noch als Absatzgebiete in Frage. Die Einfuhr an Seidengeweben der beiden Länder betrug 1926

Holland	20,5 Mill. RM.
Belgien	31,5 „ „

deren Hauptposten aus Frankreich, der Schweiz, Deutschland, Großbritannien und Italien stammen. Eine Wiederausfuhr findet in minimalem Umfange (Holland für 1 Mill. RM., Belgien für 6,8 Mill. RM.) in der Hauptsache nach Übersee, wie Indien, Südafrika, Argentinien, von Belgien aber auch in relativ beträchtlichem Umfang nach Holland und Großbritannien statt.

Weder in den skandinavischen noch in den Randstaaten besteht eine irgendwie nennenswerte Seidenindustrie, so daß dieselben vollständig auf die Einfuhr von Seidengeweben angewiesen sind.

Unter den Lieferanten dieser Länder steht Deutschland an der Spitze, dem sich vielfach Dänemark als Zwischenhandelsland, ferner England, Frankreich, die Schweiz anschließen. Nur an der finnischen Einfuhr hatte Frankreich 1924 den größten Anteil und war mit 50% beteiligt. Die Bedeutung der einzelnen Länder als Absatzgebiete für Seidenwaren geht aus folgender Aufstellung hervor.

Es wurden an Seidengeweben eingeführt nach:

		Werte in RM.
Dänemark . . .	1924	13000000
Norwegen	1924	ca. 8000000
Schweden	1926	ca. 13000000
Estland	1926	330000
Finnland	1926	3800000
Litauen	1926	516000

o) Amerika. 1. Nordamerika. Die nordamerikanische Seidenindustrie hat innerhalb ganz kurzer Zeit die Produktionskapazität der jahrhundertealten europäischen erreicht. Die ersten Versuche zur Begründung einer amerikanischen Seidenweberei setzten bereits um 1830 ein, ohne jedoch zunächst nennenswerte Erfolge zu zeitigen. Erst nach Beendigung des Sezessionskrieges und mit Einführung der 60proz. Zollbelastung aller Luxusartikel im Jahre 1860 setzte die rapide Entwicklung ein. Während die Rohseideneinfuhr nach Nordamerika 1871/72 nur 0,4 Mill. kg betrug, stieg dieselbe 1901/02 bereits auf 4,1 Mill. kg und erreichte 1926 30 Mill. kg. Während der amerikanische Verbrauch in dem Dezennium 1913—23 um 78%, von 12,5 Mill. auf 22,2 Mill. kg gestiegen ist, hat sich demgegenüber die Rohseidenproduktion der Welt in der gleichen Zeit um nur 11% erhöht, nämlich von 27,3 Mill. kg auf 30,3 Mill. kg. Um eine eventuelle Verknappung der Rohseide zu vermeiden, ist Amerika daher sehr eifrig um die Förderung der japanischen Seidenzucht und insbesondere der entwicklungsfähigeren chinesischen bemüht. Hauptlieferant für Nordamerika ist heute Japan, von dessen Rohseidenexport allein 95% nach Amerika gehen, womit allerdings nur etwa 65% des amerikanischen Bedarfs gedeckt werden. Neben Japan bezieht Nordamerika die Rohseide aus China, Italien und von Lyon und tritt neuerdings auch als Interessent in den zentral- und kleinasiatischen Zuchtgebieten auf. Außer der Rohseide verarbeiten die amerikanischen Webereien eine beträchtliche Menge von Schappe und Kunstseide. In der amerikanischen Seidenindustrie arbeiten etwa 95000 Seidenstoff- und 8000 Bandstühle. Die Gesamtzahl der Arbeiter betrug 1925 etwa 130000. Die Hauptproduktionsgebiete zeigen nachfolgende Aufstellung:

Von den 1925 vorhandenen Betrieben in einer Gesamtmenge von 1659 lagen in:

New Jersey	825	(davon 691 in Paterson)
Pennsylvania	470	
New York	216	
Connecticut.	40	
Rhode Island	32	
Massachusetts.	27	
Virginia	12	
Maryland.	7	
Illinois	8	
Andere Staaten	22	
	1659	

Der Produktionswert der gesamten amerikanischen Erzeugung einschl. Zwirnerei, Spitzen, Besätze u. dgl. betrug:

1921	583400000	Dollar
1923	761300000	„
1925	808900000	„

1925 entfielen etwa $^5/_8$ der Gesamtproduktion (529100000 Mill. Dollar) auf Seidenstoffe. Im einzelnen wird die Zusammensetzung der Produktion der Seidenwebereien durch nachfolgende Aufstellung klar:

	Wert in Millionen Dollar	
	1921	1925
Breitgewebe:		
ganzseiden	284,8	426,—
gemischt	56,3	103,1
insgesamt	341,1	529,1
Samt und Plüsch:		
Samt	16,—	14,5
Plüsch	12,1	2,3
insgesamt	28,1	16,8
Ausstattungsgewebe	3,8	5,—
Bänder	53,6	52,1
Spitzen, Stickereien, Netze	2,9	1,3
Besätze usw.	15,9	14,5
Gespinste, gezwirnt und ungezwirnt, Maschinenzwirn, Näh- u. Stickgarn	82,2	101,8
Sonstiges	55,8	88,4
zusammen	583,4	809,0

Die Organisation der amerikanischen Seidenindustrie ist grundsätzlich verschieden von der europäischen. Nicht nur, daß die technisch vollkommensten Maschinen verwandt werden, man ist darüber hinaus auch in viel weitgehenderem Maße als in Europa dazu übergegangen, Menschenkraft durch Maschinenkraft zu ersetzen. Während in Europa der einzelne Arbeiter höchstens bis zu 2 Webstühlen bedient, ist man in Nordamerika bereits zum Vierstuhlsystem übergegangen. Erleichtert wird die Durchführung der Rationalisierungsmaßnahmen durch die außerordentliche Kapitalkraft Amerikas und die Uniformität des amerikanischen Bedarfs, die eine weitgehende Standardisierung der Gewebe ermöglicht. Die so geschaffene Möglichkeit der Serienfabrikation gestattet zudem in einem weit stärkeren Maße, als das bei dem individualisierten Bedarf Europas möglich ist, sich die Vorteile der Konzentration nutzbar zu machen. Die amerikanische Seidenweberei ist daher in weitgehendem Maße dazu übergegangen, sich sowohl eigene Zwirnereien als auch Ausrüstungsanstalten anzugliedern und dringt sogar bis in die Konfektion vor. Von welcher Bedeutung im Zusammenhang mit dem vielfach in der amerikanischen Seidenindustrie zur Anwendung gebrachten Zweischichtensystem die fortschreitende Verbesserung des Maschinenparks und die völlige Durchrationalisierung der Betriebe, die auf breiter Kapitalbasis infolge der uniformen Produktion Amerikas möglich war, für die Ausnutzung der mechanischen Anlage war, geht daraus hervor, daß in der gleichen Zeit, in der der Rohseidenverbrauch um 110% und der Produktionswert von 176 Mill. Dollar auf 581 Mill. Dollar steigt, die absolute Webstuhlzahl nur eine Erhöhung von 25% zeigt. Eine Ausfuhr amerikanischer Gewebe findet nur in minimalem Umfange statt; dieselbe betrug 1927 noch nicht 1% der Gesamterzeugung. Hauptabnehmer sind Kanada und Latein-Amerika. Dagegen findet noch eine beträchtliche Einfuhr von Waren aus Naturseide statt, die 1925 einen Gesamtwert von 17,7 Mill. Dollar (einschl. Samt und Plüsch), 1927 von 23,4 Mill. Dollar ausmachte und vorwiegend aus Japan, der Schweiz, Frankreich, Italien und China stammte. Hinzu tritt ein Import an Kunstseidenwaren in Höhe von 2 bis 3 Mill. Dollar jährlich.

2. Kanada. Die Anfänge einer kanadischen Seidenindustrie sind allerjüngsten Datums und stammen aus der Kriegs- und ersten Nachkriegszeit. Die Zahl der Unternehmen betrug 1925 11 mit einem investierten Kapital von 9244000 $. Der gesamte Produktionswert belief sich 1925 auf 5483000 $, bei

einem Verbrauch von etwa 170000 kg Rohseide. Die Gesamterzeugung verteilte sich mit 573000 Dollar auf ganzseidene, 894000 Dollar auf halbseidene und mit 4000000 Dollar auf andere Seidenwaren (Kunstseide, Wirkwaren, gezwirnte Seide), so daß die Gesamterzeugung der reinen Seidenweberei ca. 1500000 Dollar ausmachte. Die kanadische Eigenproduktion genügt bei weitem nicht zur Befriedigung des inländischen Bedarfs, so daß noch eine Einfuhr von etwa 18 Mill. Dollar stattfindet. Bemerkenswert ist, daß in steigendem Maße rohe Gewebe eingeführt werden, die erst in Kanada die endgültige Ausrüstung erhalten, und zwar stieg die Einfuhr derselben in der Zeit von 1924/26 von 576000 auf 2369300 Dollar. Hauptbezugsländer sind Nordamerika, die Schweiz, Japan, Frankreich, England, denen sich Deutschland und Italien mit weit geringeren Mengen anschließen.

3. Süd- und Mittelamerika. In Brasilien bestanden 1923 12 Seidenstoff- und Seidenbandwebereien mit 500 bis 600 Webstühlen, in denen 2000 bis 2500 Arbeiter Beschäftigung fanden. Bis 1925 sind diese Ziffern bereits auf 30 Seidenfabriken mit 1166 Stühlen gestiegen. Das investierte Kapital betrug 32437 Conto de reis (12 Mill. RM.), die Zahl der Arbeiter 3773. Die Gesamtproduktion an Seidenwaren und Bändern erreichte 1924 120365 kg im Werte von 39225 Conto de reis (13 Mill. RM.). Der Wert der eingeführten Seidenwaren einschl. Bekleidungsstücken betrug 4092 Conto de reis (2 Mill. RM.), dem eine Einfuhr an Rohseide und Seidengarn im Werte von 23043 Conto de reis (7,7 Mill. RM.) gegenüberstand.

Auch in Chile sind Anfänge einer eigenen Seidenindustrie festzustellen.

Die Bedeutung des süd- und mittelamerikanischen Marktes als Absatzgebiet für die Seidenindustrieländer geht aus folgender Aufstellung hervor. Es wurden 1926 eingeführt:

nach	Argentinien	für	56,8	Mill.	RM.
„	Brasilien .	„	5,0	„	„
„	Chile . . .	„	5,6	„	„
„	Mexiko . .	„	9,7	„	„
„	Uruguay .	„	5,8	„	„

V. Der Seidenwarenhandel.

1. Der Seidenwarengroßhandel.

Der Seidenwarengroßhandel erlangt über die allgemeine volkswirtschaftliche Funktion der Zusammenfassung der Kleinaufträge zu einem für den Fabrikanten rentablen Großauftrag und der — wenn auch heute aus Kapitalmangel stark in den Hintergrund getretenen — Finanzierung des Absatzes hinaus eine ganz besondere Bedeutung infolge des Modecharakters der Seidenindustrie. Die einzelnen Betriebe sind in ausgesprochenem Maße spezialisiert, und zwar weniger auf Kleider-, Futter-, Krawatten- oder Schirmstoffe als insofern, daß häufig der einzelne Fabrikant als Vertreter einer gewissen Geschmacksrichtung in einzelnen Stoffarten auftritt. Jedes Handelsgeschäft aber ist darauf angewiesen, Waren der verschiedensten Geschmacksrichtungen zu führen. Die Stellung des Großhandels in Modeartikeln beruht nun darauf, daß dieser die Zusammenfassung der verschiedensten Geschmacksrichtungen in seinem Lager ermöglicht und damit den Verkehr zwischen Einzelhandelsgeschäft und den weitgehend spezialisierten Fabrikationsbetrieben ganz wesentlich erleichtert. In der Nachkriegszeit wurde die Stellung des Großhandels neben dem Erstarken der Waren- und Kaufhäuser und der Einkaufsgenossenschaften stark erschüttert durch die Kapitalverluste unter der Auswirkung der Inflation und der stärkeren Modeschwankungen gegenüber der Vorkriegszeit. Es liegt auf der Hand, daß die Voraussetzung zur Aufrechterhaltung eines reichhaltigen Lagers ein gewisser Kapitalreichtum ist, und nur ein kapitalstarker Großhandel den Fabrikationsbetrieben auch zwischen den Saisons ihrer Artikel durch Vorbestellungen Beschäftigung gewährleisten kann. Diese Dispositionsmöglichkeit des Großhandels ist jedoch heute gegenüber der Vorkriegszeit erheblich eingeschränkt; Kapitalschwund und erhöhtes Moderisiko dürften für diese Entwicklung in vollem Umfange maßgebend sein. Die Bedeutung des Großhandels läßt es jedoch wünschenswert erscheinen, daß er seine Vorkriegsposition wiedererlangt.

Der Großhandel spielt im allgemeinen für den Export keine wesentliche Rolle, vielmehr wird die Ausfuhr von den Betrieben selbst getätigt. Von dem deutschen Gesamtexport dürften keinesfalls mehr als 10 bis 15% über den inländischen Großhandel gehen. Die Hauptplätze des Großhandels und der Konfektion in Seidenwaren sind innerhalb Deutschlands Berlin, Köln, Frankfurt, Dresden, München, innerhalb Frankreichs Lyon und Paris, ferner London für das britische Imperium und Ostasien und Wien für den Südosten Europas.

Während im allgemeinen in der Seidenindustrie die Absatzorganisation die gleiche ist, hat sich in Frankreich infolge der bereits angeführten strengen Arbeitsleistung zwischen Industriellen und Großhandel noch ein Kommissionär eingeschaltet, der den Absatz der Seidenwaren sowohl im Inland als auch Ausland übernimmt.

2. Der Welthandel mit Seidenwaren.

Die gesamte Seidenproduktion der Welt konzentriert sich, wie wir sahen, auf verhältnismäßig wenige Länder und es lassen sich im allgemeinen 3 große Gruppen von Produktionskreisen aufstellen:

a) das ostasiatische Gebiet, das Ursprungsland der Seide, dessen Weberei im wesentlichen auf die Deckung des Inlandsbedarfs angewiesen ist und von dem erst in neuester Zeit Japan beträchtliche Erfolge auf dem Exportgebiet zu verzeichnen hat. Der japanische Export erreichte 1927: 280000000 RM. und der chinesische 74 Mill. RM., so daß also der gesamte ostasiatische Export in Spezialgeweben (Habutais, Pongées, Fujis usw.) ein Viertel des europäischen Ausfuhrwertes ausmacht;

b) das europäische Gebiet, dessen Produktionskapazität die Konsumfähigkeit bei weitem übersteigt und das daher in ausgesprochenem Maße zur Ausfuhr gezwungen ist. Innerhalb Europas sind es wiederum in der Hauptsache 5 Länder, die für die Versorgung Europas und des Weltmarktes in Frage kommen; Frankreich, Deutschland, Italien, die Schweiz und die Tschechoslowakei;

c) Nordamerika, dessen Seidenindustrie vorläufig lediglich auf die Deckung des Inlandsverbrauchs eingestellt ist.

Die bereits früher aufgestellte Rangordnung der einzelnen Länder in der europäischen Seidenproduktion zeigt für den Export ein wesentlich anderes Bild. Zwar ist Frankreich auch an dem Export nahezu bis zu 50% des europäischen Gesamtexports beteiligt, jedoch rückt Deutschland infolge der starken Aufnahmefähigkeit des eigenen Marktes von der zweiten Produktionsstelle auf die vierte Exportstelle hinter Italien und die Schweiz. Während Deutschland nur über 30% seiner gesamten Seidenerzeugung exportiert, beträgt Italiens Ausfuhr etwa 70% und die der Schweiz sogar bis zu 90% der Gesamterzeugung. Auch Großbritannien gehört mit seinem jährlichen Eigenexport von 130 bis 135 Mill. RM. zu denjenigen Produktionsgebieten, deren Schwergewicht auf dem Auslandsabsatz liegt, allerdings besteht der größte Teil dieser Ausfuhr, nämlich

110 Mill. RM., aus rein kunstseidenen und kunstseidenen Mischwaren, von denen insbesondere letztere wichtige Spezialerzeugnisse nicht der Seidenweberei sondern der britischen Baumwollweberei sind. Außerdem tritt zu den eben ausgewiesenen britischen Exporten aus der einheimischen Produktion weiterhin noch eine erhebliche Ausfuhrtätigkeit in solchen Seidenwaren, die vorher aus dem Ausland nach England eingeführt worden sind und von London aus nach ihren endgültigen Konsumorten verteilt werden. Der Umfang dieses britischen Reexports, eine Folge der im vergangenen Jahrhundert gegründeten Handelsvormacht Großbritanniens, beläuft sich nach der amtlichen Statistik augenblicklich auf ungefähr 40 bis 45 Mill. RM., hat jedoch durch das im Jahre 1925 zur Einführung gebrachte englische Schutzzollsystem einen entscheidenden Schlag erhalten.

Die gesamte europäische Produktion an Seidenwaren beträgt, wie bereits früher festgestellt, annähernd 2 Milliarden RM., von denen etwa 1200000000 RM. jährlich exportiert werden. Den Anteil der einzelnen Länder am gesamten europäischen Export und die Bedeutung des Exports im Rahmen der nationalen Gesamterzeugung zeigt folgende Aufstellung:

Land:	1927 in 1000 RM.	% der Landesproduktion	% des europäischen Exports
Frankreich	593000	70	48
Schweiz	181000	89	14
Deutschland	146000	31	12
Italien	250000	78	20
Großbritannien (Eigenexport an Seidenwaren ohne Kunstseide) . . .	39000	48	3
Tschechoslowakei . . .	36000	43	3
	1245000		100

Österreich fällt für vorstehende Aufstellung fort, da die österreichsiche Ausfuhr an im eigenen Lande hergestellten Seidenwaren nur sehr gering ist, die Wiederausfuhr dagegen in der Zahl der übrigen Länder enthalten ist. Bei Großbritannien wird lediglich der Export reinseidener Waren einschließlich derjenigen, die Naturseide in irgendeinem Verhältnis enthalten, ausgewiesen und diese Ausfuhrmengen auch nur den entsprechenden Produktionsziffern gegenübergestellt, während Produktion und Export von Kunstseidengeweben, die, wie schon erwähnt, in England überwiegend der Baumwollindustrie zuzurechnen sind, unberücksichtigt bleiben.

Wie diese Produktions- und Exportstellen sich in die Versorgung des Weltmarktes teilen, zeigt folgende tabellarische Übersicht (s. S. 531).

Der aufnahmefähigste Markt der Welt im Sinne der Einfuhrkapazität — den größten absoluten Konsum in Seidenwaren, der jedoch weit überwiegend aus der Inlandsproduktion gedeckt wird, haben, wie schon dargelegt, die Vereinigten Staaten — ist Großbritannien, dessen jährliche Importe allein 25% der gesamten Weltausfuhrmasse ausmachen. Der Londoner Markt hat infolge dieser Aufnahmefähigkeit eine ungeheure Bedeutung für Produktionsumfang, -Art und -Richtung aller Erzeugungsgebiete erworben. Er ist vor allem die Stelle, an der der Konkurrenzkampf am intensivsten geführt wird, und die dadurch bestimmend ist für die Gestaltung des Weltmarktpreises in der gesamten seidenindustriellen Erzeugung.

In Österreich, dem zweitwichtigsten europäischen Markt, liegen die Verhältnisse ähnlich, wenn auch gradmäßig sehr abgeschwächt. Dort besteht gleichfalls

Absatzmärkte	Jährliche Einfuhrmenge[1]) in Mill. RM.	Die 10 Seidenwarenexportländer sind an der Belieferung der einzelnen Absatzmärkte mit folgenden Prozentzahlen der jeweiligen Gesamteinfuhr beteiligt:									
		Deutschland	Frankreich	Großbritannien[2])	Italien	Schweiz	Tschechoslowakei	Österreich	Japan	China	Vereinigte Staaten
Großbritannien . . .	401	4—5	44	—	10—12	25	—	—	8	—	—
Österreich	48	6	15	—	3	11—12	63	—	—	—	—
Deutschland	38	—	42	11	3	22	2	5	5	—	—
Belgien.	30	4	82	—	7	3	—	—	—	—	—
Tschechoslowakei . .	24	10	w. Lf.[3])	—	—	6	—	40	—	—	—
Schweiz	21	20	62	3	8	—	—	3	—	—	—
Niederlande.	20,5	14	58	8	4	7	—	—	—	—	—
Dänemark	20	52	19	8	10	15	—	—	—	—	—
Frankreich	19,5	2	—	12	18	16	5	—	23	—	—
Ungarn	19	8	18	—	—	30	—	35	—	—	—
Italien	14	10—15	73	—	—	8—10	—	—	—	—	—
Schweden	13	50	2	—	—	26	—	—	—	—	—
Jugoslawien	10,5	5	24	—	11	10	8	40	—	—	—
Spanien	10	—	80	5	5	5	—	—	—	—	—
Polen	7	2	60	—	—	—	—	12	—	—	—
Norwegen	5—7	20—25	2	—	—	—	—	—	—	—	—
Finnland	3,5	20	—	—	—	—	—	—	—	—	—
Portugal	3,5	7	77	—	—	—	—	—	—	—	—
Kanada	98	2	18	13	—	25	—	—	25	—	13
Vereinigte Staaten .	91	3	17	—	4	8	—	—	54	7	—
Argentinien	56,8	4	50	5	20	5	—	—	5	—	—
Mexiko	9,7	9	25	—	—	13	—	—	10	—	—
Uruguay	5,8	3	—	—	—	—	—	—	—	—	—
Chile	5,6	4	—	—	—	—	—	—	—	—	—
Brasilien	5	10	90	—	—	—	—	—	—	—	—
Britisch-Indien . . .	89	6	2	21	14	10	—	—	22	20	—
Ägypten	22,1	1	45	1	8	1	—	—	8	10	—
China	13,6	3	20	—	3	35	—	—	25	—	—
Australien	140	2	20	14	—	14	—	—	42	—	—

[1]) Der Übersicht sind in den meisten Fällen die Außenhandelsziffern von 1926, nur ausnahmsweise diejenigen von 1925, zugrunde gelegt worden.

[2]) Die Exporte Großbritanniens setzen sich nicht allein aus den 134 Mill. RM. oder 7 bis 8% des europäischen Gesamtexports betragenden Eigenausfuhrziffern zusammen, sondern auch der britische Reexport wird naturgemäß in der Handelsstatistik der einzelnen Länder als „Einfuhr aus Großbritannien“ verzeichnet; für die Beurteilung der englischen Anteile auf den Absatzmärkten der Welt ist diese Tatsache von Wichtigkeit.

[3]) w. Lf. = wichtiger Lieferant.

eine offensichtliche Diskrepanz zwischen der relativ geringen einheimischen Produktion (11 Mill. RM.) und dem jährlichen Exportbetrag von 31 Mill. RM. Der größte Teil der hereinkommenden Seidenwaren wird nicht dem eigenen Konsum zugeführt, sondern von Wien aus, dem wichtigsten Versorgungsmarkt für die Balkanstaaten, nach Süden weitergeleitet.

Auch für Belgien treffen bis zu einem gewissen Grade ähnliche Verhältnisse zu. Wenn auch der belgische Markt, hinter dem keine einheimische Produktion von nennenswerter Bedeutung steht, eine relativ hohe Konsumkraft besitzt, so wird doch von der 30 Mill. RM. betragenden Jahreseinfuhr ein erheblicher Teil an den Nachbarstaat Holland weitergegeben.

Auf den übrigen europäischen Märkten werden die jährlichen Importe durchweg zur Deckung der einheimischen Nachfrage benutzt, so daß die Einfuhrziffern ein getreues Bild der Konsumfähigkeit der einzelnen Länder vermitteln. Das gleiche gilt naturgemäß erst recht für die überseeischen Staaten, die als Verteilungsmärkte gänzlich ausfallen und lediglich Konsumzentren sind.

VI. Internationale Organisation in der Seidenindustrie.

Die Tatsache eines allgemeinen — wenn auch gradmäßig verschiedenen — Interesses der europäischen Seidenindustrieländer an der Ausfuhr ihrer Erzeugnisse hat in den letzten Jahren eine starke Gemeinsamkeit der Bestrebungen in der Richtung einer Beseitigung der Handelshemmnisse und damit einer stärkeren intereuropäischen Zusammenarbeit überhaupt gezeitigt. Dieses gemeinsame Interesse machte sich in erster Linie auf dem Zolltarifgebiet geltend und führte bereits im Juni 1925 auf dem ersten europäischen Seidenkongreß in Paris zu Bemühungen, einen einheitlichen europäischen Zolltarif für Seidengewebe zu schaffen. Wenn dieser Frage vor den übrigen Problemen besondere Beachtung geschenkt worden ist, so mag das seinen Grund darin haben, daß die sich aus der Verschiedenartigkeit der einzelnen Zollsysteme beim Export ergebenden Schwierigkeiten, die nach Abschluß der Handelsverträge und der damit im Zusammenhang stehenden vertraglichen Verbreiterung der einzelnen Zolltarife weiterhin vermehrt wurden, vor allem zur Vereinheitlichung drängten. Daß die Seidenindustrie hier über einzelne Anfangsversuche hinaus die praktische Lösung der Gesamtfrage bereits vor ihrer Behandlung auf der Weltwirtschaftskonferenz in Angriff genommen hat, mag daneben auf die an und für sich günstigen Vorbedingungen zurückzuführen sein, die für eine Zolltarifgesetzgebung auf dem Seidengebiet vorliegen. Einmal ist die Produktion von seidenen Stoffen und Bändern auf einen relativ beschränkten Länderkomplex — mit dem obenerwähnten gleichartigen Exportinteresse — beschränkt. Hinzu kommt, daß die Erzeugung, obwohl sie von einer Standardproduktion außerordentlich weit entfernt ist, dennoch gewisse einheitliche Typisierungsmerkmale aufweist, nämlich die Möglichkeit, auf Grund gewichtsmäßiger Staffelung eine relativ einwandfreie Charakterisierung, Differenzierung und zolltechnische Erfassung der Gewebe vorzunehmen.

Die im Juni 1925 in Paris begonnenen Bemühungen haben nach zweijährigen Verhandlungen zu der Annahme eines europäischen Einheitszollschemas für Seidengewebe geführt, das nicht nur die Zustimmung der Hauptindustrieländer (Frankreich, Deutschland, Italien, die Schweiz), sondern auch Englands und Ungarns und anderer weniger interessierter Staaten gefunden hat. Es ist selbstverständlich, daß der europäische Seidentarif die Wünsche keines der an den Verhandlungen beteiligten Länder voll befriedigen konnte. Immerhin konnten die Arbeiten doch zu einem Abschlusse gebracht werden, da die jetzigen Zustände eine endgültige Bereinigung erfahren mußten.

Die nächste Aufgabe wird nun darin bestehen, die europäischen Regierungen zur Einführung dieses Einheitsschemas zu veranlassen. Auch hier werden manche Widerstände überwunden werden müssen. Vorerst liegt der einheitliche europäische Tarif dem Wirtschaftskomitee des Völkerbundes vor, das ihn bereits zur Grundlage seiner Verhandlungen in dem von ihm eingesetzten Zolltarifausschuß gemacht hat.

Nächst dem Gebiet der Zölle und Steuern gibt es wohl kein Gebiet, auf dem die staatliche Vielgestaltigkeit Europas den Geschäftsverkehr so erschwert als das Gebiet des Rechts — oder präziser ausgedrückt — das Gebiet der Geltendmachung von Forderungen gegen ausländische Abnehmer. Jeder Staat — und es sind heute in Europa allein 26 — hat seine eigenen Rechtssysteme und staatlichen Gerichtshoheiten. Was die Rechtsverschiedenheit als solche anbelangt, so wird man die damit verbundenen Schwierigkeiten in Kauf nehmen müssen. Als besonders erschwerend wird aber vor allem die Verschiedenheit der Handhabung des Rechts — je nachdem ob es sich um einen Inländer oder um einen Ausländer handelt — empfunden. Neben diesem mangelnden Vertrauen in die Unvoreingenommenheit des ausländischen Gerichts kommt ferner noch eine Reihe von anderen Faktoren hinzu, wie insbesondere die Umständlichkeit, die Langwierigkeit und Kostspieligkeit der Verfahren, Momente, die jedenfalls in ihrer Gesamtheit zum Ergebnis führen, das man in 90 von 100 Fällen lieber auf die Geltendmachung seiner Forderungen verzichtet, als sie vor einem ausländischen Gericht einzuklagen.

Diese unverkennbaren Schwierigkeiten haben innerhalb der europäischen Seidenindustrie dazu geführt, auch dieser Frage die größte Aufmerksamkeit zuzuwenden. Der im Juni des Jahres 1927 in Mailand abgehaltene zweite Europäische Seidenkongreß hat deshalb auf Vorschlag Deutschlands beschlossen, den sämtlichen angeschlossenen Industrie- und Handelsgruppen die Einführung der Schiedsgerichtsklausel der Internationalen Handelskammer für alle Lieferungsverträge im internationalen Warenverkehr zu empfehlen. Der wesentliche und im Prinzip geradezu epochemachende Vorteil dieses internationalen Schiedsgerichtshofs besteht darin, daß er die Vorzüge jedes Schiedsgerichtsverfahrens vor einem ordentlichen Gerichtsverfahren voraus hat und mit der Möglichkeit verbindet, die bisherige Rechtsunsicherheit des Exportgeschäfts in wesentlichen Punkten auszuschalten.

Nach den Vereinbarungen über die Schaffung eines europäischen Zolltarifschemas und einer einheitlichen Rechtsgrundlage im intereuropäischen Warenverkehr wird die Seidenindustrie Europas sich schon in nächster Zeit mit der Frage zu befassen haben, inwieweit eine Angleichung in den Produktionsgrundlagen der einzelnen nationalen Industriegruppen auf dem Wege einer Standardisierung möglich ist. Selbstverständlich ist, daß eine solche Standardisierung bei einer modischen Einflüssen stark unterliegenden Industrie ihr Ziel nicht in einer Uniformierung der Fertigerzeugnisse finden kann. Ganz sicher wird aber durch Vereinheitlichungen auf den Gebieten der Produktionsmittel, der Rohstoffe und der Fertigerzeugnisse der Erzeugungsprozeß erheblich vereinfacht und verbilligt werden können. Daß die europäischen Industrien trotz der zwischen ihnen bestehenden schärfsten Konkurrenzverhältnisse auch auf diesem Gebiet durch Bildung einer umfassenden Standardisierungskommission mit Fachausschüssen für alle Spezialgebiete vorgegangen sind, zeigt, inwieweit allen Beteiligten der Gedanke einer gegenseitigen Annäherung geläufig ist.

Ein weiterer und nicht minder wichtiger Schritt stellt die im Juni 1927 mit dem Sitz in Paris vollzogene Gründung der Fédération Internationale de la Soie dar. Während es bisher den einzelnen nationalen Wirtschaftsgruppen unbenommen blieb, die anläßlich der europäischen Kongresse gefaßten Beschlüsse durchzuführen oder nicht, ist durch die Gründung der Fédération nunmehr die Möglichkeit geschaffen, nicht nur systematisch und einheitlich vorzugehen, sondern auch dafür Sorge zu tragen, daß die einmal gefaßten Beschlüsse geschäftsordnungsmäßig ausgewertet und in den einzelnen Landesgruppen durchgeführt werden. In dieser Tatsache dürfte neben der allgemeinen Bedeutung der Gründung ihr besonderer Vorteil zu erblicken sein. Wenn auch die Fédération als internationale Organisation aufgezogen worden ist, so wird es die Entwicklung dennoch nicht verhindern können, daß sie in der Praxis ausschließlich oder in weitaus überwiegendem Maße mit den europäischen Problemen befaßt sein wird, wie dies ihre Vorläufer, die bisherigen Seidenkongresse, waren.

Literaturverzeichnis.

Offizielle statistische Jahrbücher, Handelsausweise und andere statistische Quellenwerke der einzelnen Staaten. — Statistique de la Production de la Soie en France et à l'Etranger. Syndicat de l'Union des Marchands de Soie de Lyon. — Compte rendu des Travaux de la Chambre de Commerce de Lyon. — Jahresberichte und Mitteilungen der Zürcherischen Seidenindustrie-Gesellschaft. — Annual Report of the Silk Association of America, New York. — Semi-Annual Report of the Silk Association of Amerika, New York. — Berichte der deutschen Konsulate in den einzelnen Staaten. — Silk industry of Japan, published by the Imperial Japanese silk conditioning house. Yokohama 1909. — The China Year Book. — Actes du Congrès International du Commerce de la Soie. Turin 1911. — Hearings before the Committee on Finance United States Senate on the proposed Tariff Act of 1921. Schedule 12, Silk and Silk Goods. Washington 1922. — Departement of Commerce, Census of manufacturers. Washington 1923. — L'industrie textile en France, jährliche Veröffentlichung der französischen Zollverwaltung, von Gaston Grandgeorge und Louis Guérin. — Jahresberichte der Handelskammern zu Krefeld und zu Elberfeld. — Die Seide, Krefeld. — Der Konfektionär, Berlin. — Textilwoche, Berlin. — Der Spinner und Weber, Leipzig. — Textilzeitung, Berlin. — Mitteilungen über Textilindustrie, Zürich. — La Soierie de Lyon, Lyon. — Bulletin des Soies & des Soieries, Lyon. — Mitteilungen des Deutsch-Amerikanischen Wirtschaftsverbandes, New York-Berlin-Montreal. — Textile World, New York. — The Silk Journal, Manchester. — The Textile Mercury, Manchester. — Japan Chronicle, Kobe. — The Chinese Economic Bulletin, Peking.

Schmoller: Zur Geschichte der deutschen Kleingewerbe im 19. Jahrh. Halle 1870.

Schmoller und Hintze: Die Preußische Seidenindustrie im 18. Jahrh. und ihre Begründung durch Friedrich d. Gr. Berlin 1892.

Bujatti, F.: Geschichte der Seidenindustrie Österreichs. Wien 1893.

Silbermann, Henri: Die Seide, ihre Geschichte, Gewinnung und Verarbeitung. Dresden 1897, sowie die dort angegebene weitere Literatur.

Sieveking, H.: Die Genueser Seidenindustrie im 15. und 16. Jahrh., Jb. f. G. V. Bd. 21, S. 101ff. 1987.

Bolle, J.: Der Seidenbau in Japan. Wien 1898.

— Die Bedingungen für das Gedeihen der Seidenzucht und deren volkswirtschaftliche Bedeutung. Berlin 1916. — Die Produktion von Kokons, Honig und Wachs in dem im Reichsrate vertretenen Königreichen und Ländern im Jahre 1895; desgl. 1896. In „Statistische Monatsschrift". Wien 1896 u. 1897.

Anrooy, Jos. v.: Die Hausindustrie in der Schweizerischen Seidenstoffweberei. Zürich 1904.

Schulze, P.: Die Seidenindustrie Deutschlands, Handbuch der Wirtschaftskunde Deutschlands III. 1904.

Brauns, H.: Der Übergang von der Handweberei zum Fabrikbetrieb in der niederrheinischen Samt- und Seidenindustrie. Leipzig 1906.

Wirminghaus, A.: Art. „Seide, Seidenindustrie", im W. d. V., 3. Aufl., Bd. 2, S. 773ff. Jena 1911.

Bötzkes, W.: Die Seidenwarenproduktion und der Seidenwarenhandel in Deutschland, Tübingen 1909, sowie die dort angegebene weitere Literatur.

Deutsch, H.: Die Entwicklung der Seidenindustrie in Österreich, 1660—1840. Wien 1909.

Thürkauf: Verlag und Heimarbeit in der Baseler Seidenbandindustrie. Stuttgart 1909.

v. Beckerath, Herbert: Die Kartelle der deutschen Seidenweberei-Industrie. Karlsruhe 1910.

Schumacher: Untersuchung über die Entwicklung der Bergischen Seidenindustrie. Heidelberg 1914.

Kertezs, A.: Die Textilindustrie Deutschlands im Welthandel. Braunschweig 1915. — Die Textilindustrie sämtlicher Staaten. Braunschweig 1917.

Upwich, van der: Die Geschichte und die Entwicklung der rheinischen Samt- und Seidenindustrie, Krefeld.

Nathansohn, Albert: Seidenproduktion und Seidenhandel in China, aus: China, Wirtschaft und Wirtschaftsgrundlagen, herausg. von Dr. Hellauer. Leipzig 1921.

Clerget, Pierre: Les industries de la soie en France. Paris 1925.

Niggli, Th.: Die Schweizerische Seidenindustrie.
Iselin, H.: Seidenbandindustrie.
Sarasin, H.F.: Die Schweizerische Schappeindustrie.
} Die 3 Abhandlungen sind erschienen im Handbuch der Schweizerischen Wirtschaft, Arch. f. internationale Wirtschaftskunde, herausg. von Dr. Katz-Förstner. 1926.

United States Tariff-Commission, Broad-Silk Manufacture and the Tariff. Washington 1926.

Bruppacher, Dr. Kaspar: Die Ökonomik der Kokon- und Rohseidenproduktion. Zürich 1927.

Ko-Lu-Li, Dr.: „Die Seidenindustrie in China“. Berlin 1927.

Raemisch, Dr. E.: Seidenwirtschaft, Hdw. d. Stwi. 4. Aufl., 90. u. 91. Lief., S. 165ff. Jena 1927 und die dort angegebene Literatur.

Sachverzeichnis.

Technologie der Textilfasern

Herausgegeben von

Dr. R. O. Herzog

Professor, Direktor des Kaiser-Wilhelm-Instituts für Faserstoffchemie
Berlin-Dahlem

Band V, Zweiter Teil: Hanf und Hartfasern.

Die Hanfpflanze. Von Prof. Dr. O. Heuser.

Die Hanfweltwirtschaft. Von Direktor Dr. P. Koenig.

Mechanische Technologie des Hanfes. Von Oberingenieur O. Wagner.

Chemische Technologie des Hanfes. Von Dr. G. v. Frank.

Landwirtschaft und Weltwirtschaft der Hartfasern und anderer Fasern. Von Direktor Dr. P. Koenig.

Verarbeitung der ausländischen Fasern zu Seilerwaren. Von Hermann Oertel und Dr.-Ing. Fr. Oertel. Mit insgesamt 105 Textabbildungen. VII, 266 Seiten. 1927. Gebunden RM 24.—

Band V, Dritter Teil:

Jute. Von Direktor Dr.-Ing. E. Nonnenmacher. In Vorbereitung.

Band VI, Erster Teil:

Die Seidenspinner, Systematik, Anatomie, Physiologie und Biologie. Von Prof. Dr. Harms und Dr. Bock. In Vorbereitung.

Band VI, Zweiter Teil:

Technologie und Wirtschaft der Seide. Von Dr. Hermann Ley und Dr. Erich Raemisch. Mit 375 Textabbildungen. VIII, 551 Seiten. 1929. Gebunden RM 66.—

Band VII: Kunstseide.

Zur Kolloidchemie der Kunstseide. Von Prof. Dr. R. O. Herzog.

Die Nitrokunstseide. Von Oberreg.-Rat Prof. Dr. A. v. Vajdaffy.

Über Kupferoxyd-Ammoniak-Zellulose. Von Prof. Dr. W. Traube.

Kupferseide. Von Dr. H. Hoffmann.

Die Viskosekunstseide. Von Dr. R. Gaebel.

Über Azetatseide. Von Dr. A. Eichengrün.

Die Färberei der Kunstseide. Von Dr. A. Oppé.

Mechanische Technologie der Kunstseideverarbeitung. Von Prof. Dipl.-Ing. E. A. Anke.

Wirtschaftliches. Von Dr. Fritz Loewy.

Mit insgesamt 203 Textabbildungen. VIII, 354 Seiten. 1927. Gebunden RM 33.—

Band VIII, Erster Teil:

Wollkunde. Von Prof. Dr. Frölich, Privatdozent Dr. Spöttel und Privatdozent Dr. Tänzer. Erscheint Sommer 1929.

Band VIII, Zweiter Teil:

Mechanische Technologie der Wolle. Von Prof. Dr. Bernhardt. In Vorbereitung.

Band VIII, Dritter Teil:

Chemische Technologie der Wolle und die zugehörigen Maschinen. Von Prof. G. Ulrich und Geh. Reg.-Rat Prof. H. Glafey. In Vorbereitung.

Band VIII, Vierter Teil:

Weltwirtschaft der Wolle. Von Dr. Behnsen und Dr. Genzmer. In Vorbereitung.

Band IX—X: Ergänzungsbände. In Vorbereitung.

Mechanik der Spinnerei. Von Dr. Heinrich Brüggemann. In Vorbereitung.

Untersuchung der Textilfasern. In Vorbereitung.

Ein ausführlicher Sonderprospekt über das Gesamtwerk steht auf Wunsch zur Verfügung.

Batch number: 10684222

Printed by Printforce, the Netherlands